金属材料选择实用数据手册

张文华 编著

机械工业出版社

本手册主要提供了机械特别是通用机械产品常用金属材料的实用数据，包括材料标准规定的化学成分、性能数据、试验数据、生产实践积累的数据及为保证获得需要性能采用的主要加工工艺参数数据。

本手册除了列出目前国家标准或部颁标准中可用于机械产品的金属材料，还提供了目前尚未列入标准但已经广泛应用的新材料，或在生产中仍在使用而新标准不再列入的标准牌号，以及国外标准中确定的、经过生产和应用验证的材料共八大类超 240 个牌号，并提供了每种材料的中外牌号对照。

为了帮助读者更有针对性地正确合理选择和使用材料，本手册介绍了几类材料的特征，并为读者提供材料选择的原则和方法、不同工况条件下的材料选择指南、选择材料范围，还结合常用材料类型（锻件、铸件、板材、管材）说明了它们的质量特性和质量控制检验要点。

本手册提供的数据真实、可靠、详细、充实，实用性强，适用于设计院所、工厂企业从事设计、工艺、检验、质保的相关人员使用，也可供大专院校材料或设计、机械加工专业的师生参阅。

图书在版编目（CIP）数据

金属材料选择实用数据手册 / 张文华编著. -- 北京：机械工业出版社，2025.4. -- ISBN 978-7-111-77981-0

Ⅰ. TG14-62

中国国家版本馆 CIP 数据核字第 2025LL1716 号

机械工业出版社（北京市百万庄大街 22 号　邮政编码 100037）
策划编辑：王春雨　　　　　　责任编辑：王春雨　卜旭东
责任校对：张爱妮　陈　越　　封面设计：马精明
责任印制：任维东
河北京平诚乾印刷有限公司印刷
2025 年 7 月第 1 版第 1 次印刷
184mm×260mm・43.5 印张・2 插页・1078 千字
标准书号：ISBN 978-7-111-77981-0
定价：299.00 元

电话服务　　　　　　　　　　网络服务
客服电话：010-88361066　　　机　工　官　网：www.cmpbook.com
　　　　　010-88379833　　　机　工　官　博：weibo.com/cmp1952
　　　　　010-68326294　　　金　书　网：www.golden-book.com
封底无防伪标均为盗版　　　　机工教育服务网：www.cmpedu.com

前　　言

　　金属材料是机械产品、特别是通用机械产品使用最多、最重要的材料，在种类繁多的金属材料中，如何正确、合理选择使用以保证零部件及产品功能充分发挥和实现设计寿命呢？《金属材料选择实用数据手册》为读者提供了正确、合理选择材料的依据。

　　本手册不仅包含一些标准中提供的材料，也包括还未列入标准但已经广泛使用并有成熟经验的新材料，或在生产中仍在使用而新标准不再列入的标准牌号，以及国外标准中提供的、经过生产验证可用的材料共八大类（碳钢、合金结构钢、不锈钢、铸铁、耐蚀合金、耐热钢、低温用金属材料、有色金属及合金）超 240 个牌号。其中，对双相不锈钢、高纯不锈钢、耐蚀合金、高镍铸铁、低温用镍合金钢等材料的内容、数据进行了重点介绍。

　　本手册对每一种材料的特征、工艺特性及大致的应用范围进行了介绍，不仅提供了标准规定的化学成分、性能数据，还提供了生产中获得的数据，以及为保证性能应该采用的工艺方法、热处理参数等。对于具有特殊功能（如耐磨、耐蚀、耐高温、耐低温）的材料，还提供了其在特定条件下的性能数据。此外，本手册还提供了每一种材料的中外牌号对照。

　　为了帮助读者更有针对性地正确合理选择和使用材料，本手册用了一章（第 1 章）的篇幅，介绍了几类材料的特征，并为读者提供材料选择的原则和方法、不同工况条件下的材料选择指南、材料选择范围，还结合常用材料类型（锻件、铸件、板材、管材）说明了它们的质量特征和质量控制检验要点。

　　本手册的编写注重实用性，并尽量为读者提供实际应用中的便利。

　　作者在本手册编写过程中得到了许多同志的指导、帮助，并参考了一些书籍资料内容，借用了一些图表、数据，在此一并表示感谢！

　　由于作者水平有限，手册中可能会存在不足，欢迎批评指正。

张文华

阅 读 提 示

本手册在编写过程中一些材料标准有更新，特别是一些材料牌号表示方法有改变，所以，在本手册中凡是采用现行国家标准中的材料，都使用标准中采用的新牌号表示方法，旧牌号（习惯使用的牌号）以括号形式标注在新牌号后面。不是现行标准中的材料，仍使用原来的牌号表示方法，按国外标准生产的材料采用原牌号。其中耐蚀合金用化学元素符号表示，符合 GB/T 15007—2017 标准的，在后面用括号标注。

目 录

前言
阅读提示
第 1 章 金属材料选用的基本知识 ··· 1
1.1 金属材料的分类及主要特性 ··· 1
1.1.1 金属材料的分类 ··· 1
1.1.2 金属材料的主要特点 ··· 2
1.2 材料选用的基本原则及方法 ··· 3
1.2.1 设计选材基本原则 ··· 3
1.2.2 设计选材基本方法 ··· 4
1.3 不同条件材料选择指南 ··· 5
1.3.1 以力学性能为主的零件选材 ··· 5
1.3.2 摩擦磨损条件下零件选材 ··· 7
1.3.3 低温条件下零件选材 ··· 10
1.3.4 高温条件下零件选材 ··· 11
1.3.5 腐蚀条件下零件选材 ··· 12
1.3.6 核电设备选材 ··· 33
1.4 选用材料的质量控制 ··· 37
1.4.1 铸件质量控制 ··· 37
1.4.2 锻件质量控制 ··· 40
1.4.3 板材质量控制 ··· 44
1.4.4 管材质量控制 ··· 45
第 2 章 碳钢和合金结构钢 ··· 47
2.1 碳钢 ··· 47
2.1.1 Q195 钢 ··· 48
2.1.2 Q235A 钢 ··· 50
2.1.3 Q235B 钢 ··· 52
2.1.4 15 钢 ··· 54
2.1.5 20 钢 ··· 58
2.1.6 35 钢 ··· 62
2.1.7 45 钢 ··· 67
2.1.8 ZG230-450 钢 ··· 71
2.1.9 ZG270-500 钢 ··· 73
2.1.10 ZG310-570 钢 ··· 75
2.1.11 ZG340-640 钢 ··· 77
2.2 合金结构钢 ··· 78
2.2.1 40Cr 钢 ··· 79

2.2.2　20CrMo 钢 ······· 83
2.2.3　30CrMoA 钢 ······· 87
2.2.4　35CrMo 钢 ······· 90
2.2.5　42CrMo 钢 ······· 94
2.2.6　40CrNiMo 钢 ······· 97
2.2.7　34CrNi3Mo 钢 ······· 100
2.2.8　30CrNi4MoA 钢 ······· 103
2.2.9　40CrMnMo 钢 ······· 106
2.2.10　25Cr2MoV 钢 ······· 108
2.2.11　38CrMoAl 钢 ······· 112
2.2.12　12CrNi3 钢 ······· 116
2.2.13　ZG40Cr1（ZG40Cr）钢 ······· 120
2.2.14　ZG35Cr1Mo（ZG35CrMo）钢 ······· 122
2.2.15　ZG22CrMnMo 钢 ······· 123
2.2.16　ZG20SiMn 钢 ······· 125
2.3　弹簧钢 ······· 127
 2.3.1　70 钢 ······· 127
 2.3.2　65Mn 钢 ······· 132
 2.3.3　60Si2Mn 钢 ······· 135
 2.3.4　50CrV 钢 ······· 139
2.4　非调质钢 ······· 143
 2.4.1　FT4102 钢 ······· 143
 2.4.2　FT4201 钢 ······· 145

第3章　不锈钢 ······· 147
3.1　铁素体不锈钢 ······· 147
 3.1.1　06Cr13Al（0Cr13Al）钢 ······· 147
 3.1.2　10Cr17（1Cr17）钢 ······· 149
 3.1.3　0Cr17Ti 钢 ······· 152
 3.1.4　1Cr17Ti 钢 ······· 155
 3.1.5　1Cr17Mo2Ti 钢 ······· 157
 3.1.6　1Cr25Ti 钢 ······· 158
 3.1.7　Cr28 钢 ······· 161
 3.1.8　00Cr25Ni4Mo4（Ti，Nb）钢 ······· 163
 3.1.9　00Cr29Mo4Ni2 钢 ······· 165
3.2　奥氏体不锈钢 ······· 167
 3.2.1　06Cr19Ni10（0Cr18Ni9）钢 ······· 167
 3.2.2　12Cr18Ni9（1Cr18Ni9）钢 ······· 172
 3.2.3　17Cr18Ni9（2Cr18Ni9）钢 ······· 176
 3.2.4　022Cr19Ni10（00Cr19Ni10）钢 ······· 178
 3.2.5　06Cr19Ni10N（控氮 0Cr19Ni10）钢 ······· 181
 3.2.6　06Cr18Ni11Ti（0Cr18Ni10Ti）钢 ······· 182
 3.2.7　1Cr18Ni9Ti 钢 ······· 185
 3.2.8　1Cr18Ni9Cu3Ti 钢 ······· 189

- 3.2.9　06Cr18Ni11Nb（0Cr18Ni11Nb）钢 …… 190
- 3.2.10　06Cr25Ni20（0Cr25Ni20）和022Cr25Ni20（00Cr25Ni20）钢 …… 194
- 3.2.11　00Cr25Ni20Nb钢 …… 197
- 3.2.12　06Cr17Ni12Mo2（0Cr17Ni12Mo2）钢 …… 199
- 3.2.13　022Cr17Ni12Mo2N（00Cr17Ni12Mo2N）钢 …… 203
- 3.2.14　06Cr17Ni12Mo2Ti（0Cr18Ni12Mo3Ti）钢 …… 204
- 3.2.15　316Ti钢 …… 209
- 3.2.16　022Cr17Ni12Mo2（00Cr17Ni14Mo2）钢 …… 210
- 3.2.17　00Cr17Ni14Mo3钢 …… 215
- 3.2.18　022Cr18Ni14Mo2Cu2（00Cr18Ni14Mo2Cu2）钢 …… 218
- 3.2.19　00Cr20Ni18Mo6CuN钢 …… 220
- 3.2.20　00Cr24Ni17Mn5Mo4NNb钢 …… 223
- 3.2.21　00Cr22Ni27Mo7CuN钢 …… 224
- 3.2.22　0Cr12Ni25Mo3Cu3Si2Nb钢 …… 227
- 3.2.23　00Cr18Ni18Mo5钢 …… 230
- 3.2.24　0Cr17Ni17Mo7Cu2钢 …… 233
- 3.2.25　00Cr14Ni14Si4和ZG00Cr14Ni14Si4钢 …… 235
- 3.2.26　00Cr17Ni15Si4Nb钢 …… 238
- 3.2.27　00Cr20Ni24Si4Ti钢 …… 241
- 3.2.28　00Cr18Ni15Mo2N钢 …… 243
- 3.2.29　00Cr25Ni22Mo2N钢 …… 245
- 3.2.30　00Cr25Ni20Mn3Mo3N钢 …… 247
- 3.2.31　ZG1Cr18Ni9Ti钢 …… 249
- 3.3　奥氏体-铁素体（双相）不锈钢 …… 251
  - 3.3.1　00Cr25Ni5Mo2钢 …… 252
  - 3.3.2　022Cr19Ni5Mo3Si2N（00Cr18Ni5Mo3Si2）钢 …… 254
  - 3.3.3　0Cr21Ni5Ti钢 …… 256
  - 3.3.4　00Cr23Ni4N钢 …… 259
  - 3.3.5　022Cr22Ni5Mo3N（00Cr22Ni5Mo3N）钢 …… 261
  - 3.3.6　022Cr25Ni6Mo2N（00Cr25Ni6Mo2N）钢 …… 264
  - 3.3.7　00Cr25Ni7Mo4N钢 …… 266
  - 3.3.8　03Cr25Ni6Mo3Cu2N钢 …… 268
  - 3.3.9　00Cr25Ni7Mo3WCuN和00Cr25Ni7Mo3.5WCuN钢 …… 271
  - 3.3.10　00Cr27Ni7Mo5N钢 …… 273
  - 3.3.11　00Cr29Ni6Mo2NCu钢 …… 275
  - 3.3.12　00Cr32Ni7Mo4N钢 …… 278
- 3.4　马氏体不锈钢 …… 279
  - 3.4.1　06Cr13（0Cr13）钢 …… 280
  - 3.4.2　12Cr13（1Cr13）钢 …… 283
  - 3.4.3　20Cr13（2Cr13）钢 …… 288
  - 3.4.4　30Cr13（3Cr13）钢 …… 294
  - 3.4.5　40Cr13（4Cr13）钢 …… 298
  - 3.4.6　32Cr13Mo（3Cr13Mo）钢 …… 301

3.4.7　13Cr13Mo（1Cr13Mo）钢 ……………………………………………………… 303
3.4.8　1Cr13MoS 和 ZG1Cr13MoS 钢 ……………………………………………… 306
3.4.9　0Cr13Ni4Mo 钢 …………………………………………………………………… 308
3.4.10　00Cr13Ni5Mo 钢 ………………………………………………………………… 311
3.4.11　4Cr14Mo 钢 ……………………………………………………………………… 313
3.4.12　14Cr17Ni2（1Cr17Ni2）钢 …………………………………………………… 315
3.4.13　ZG15Cr13（ZG1Cr13）钢 …………………………………………………… 322
3.4.14　ZG20Cr13（ZG2Cr13）钢 …………………………………………………… 323
3.4.15　ZG3Cr13A 钢 …………………………………………………………………… 325
3.4.16　ZG1Cr13Ni 钢 …………………………………………………………………… 327
3.4.17　ZG2Cr13Ni 钢 …………………………………………………………………… 329
3.4.18　ZG1Cr13NiMo 钢 ……………………………………………………………… 330
3.4.19　ZG06Cr13Ni4Mo（ZG0Cr13Ni4Mo）钢 …………………………………… 332
3.4.20　ZG06Cr13Ni6Mo（ZG0Cr13Ni6Mo）钢 …………………………………… 334
3.4.21　ZG1Cr17Ni3 和 ZG1Cr17Ni2 钢 ……………………………………………… 336
3.5　沉淀硬化不锈钢 …………………………………………………………………………… 338
3.5.1　05Cr17Ni4Cu4Nb（0Cr17Ni4Cu4Nb）钢 …………………………………… 339
3.5.2　0Cr15Ni5Cu3Nb 钢 ……………………………………………………………… 344
3.5.3　0Cr15Ni5Cu2Ti 钢 ……………………………………………………………… 346
3.5.4　0Cr15Ni6MoCuNb 钢 …………………………………………………………… 349
3.5.5　00Cr12Ni8Cu2TiNb 钢 …………………………………………………………… 352
3.5.6　0Cr13Ni8Mo2Al 钢 ……………………………………………………………… 354
3.5.7　0Cr16Ni6 钢 ……………………………………………………………………… 356
3.5.8　07Cr17Ni7Al（0Cr17Ni7Al）钢 ………………………………………………… 358
3.5.9　07Cr15Ni7Mo2Al（0Cr15Ni7Mo2Al）钢 …………………………………… 362
3.5.10　0Cr17Ni5Mo3N 钢 ……………………………………………………………… 365
3.5.11　0Cr15Ni25MoTiAlVB 钢 ……………………………………………………… 367
3.5.12　00Cr16Ni25Ti3Al 钢 …………………………………………………………… 370
3.5.13　ZG0Cr17Ni4Cu3Nb 钢 ………………………………………………………… 371

第 4 章　耐热钢和低温用金属材料 …………………………………………………… 375
4.1　珠光体型耐热钢 …………………………………………………………………………… 375
4.1.1　16Mo 钢 …………………………………………………………………………… 376
4.1.2　12CrMo 钢 ………………………………………………………………………… 378
4.1.3　12Cr2Mo 钢 ……………………………………………………………………… 380
4.1.4　15CrMo 钢 ………………………………………………………………………… 383
4.1.5　12Cr5Mo（1Cr5Mo）钢 ………………………………………………………… 385
4.1.6　15Mo3 钢（德企业标准） ……………………………………………………… 387
4.1.7　WB36（15NiCuMoNb5）钢（德企业标准） ………………………………… 390
4.1.8　ZG15Cr1Mo 钢 …………………………………………………………………… 392
4.1.9　ZG15Cr2Mo1 钢 ………………………………………………………………… 394
4.1.10　ZG20CrMo 钢 …………………………………………………………………… 396
4.1.11　ZG22CrMo 钢 …………………………………………………………………… 398
4.2　其他类型耐热钢 …………………………………………………………………………… 400

4.2.1	铁素体型耐热钢	400
4.2.2	奥氏体型耐热钢	400
4.2.3	马氏体型耐热钢	401
4.2.4	沉淀硬化型耐热钢	401
4.2.5	耐热合金	401

4.3 低温用镍合金钢 ············ 401
   4.3.1 2.25Ni 钢 ············ 401
   4.3.2 3.5Ni 钢 ············ 402
   4.3.3 9Ni 钢 ············ 403

4.4 其他低温材料 ············ 404
   4.4.1 奥氏体型低温钢 ············ 405
   4.4.2 低温合金钢 ············ 405
   4.4.3 铁镍基和镍基低温合金 ············ 405
   4.4.4 铝及铝合金 ············ 405
   4.4.5 钛及钛合金 ············ 405

第5章 耐蚀合金 ············ 406

5.1 铁镍基耐蚀合金 ············ 406
   5.1.1 NS1101（0Cr20Ni32AlTi） ············ 406
   5.1.2 00Cr20Ni43Mo13 ············ 409
   5.1.3 NS1103（00Cr25Ni35AlTi） ············ 411
   5.1.4 00Cr27Ni31Mo3Cu ············ 413
   5.1.5 00Cr27Ni31Mo7CuN ············ 415
   5.1.6 NS1403（0Cr20Ni35Mo3Cu4Nb） ············ 417
   5.1.7 0Cr22Ni47Mo6.5Cu2Nb2 ············ 420
   5.1.8 NS1401（00Cr25Ni35Mo3Cu4Ti） ············ 426

5.2 镍基耐蚀合金 ············ 428
   5.2.1 NS3101（0Cr30Ni70） ············ 428
   5.2.2 NS3104（00Cr36Ni65Al） ············ 430
   5.2.3 NS3102（1Cr15Ni75Fe8） ············ 432
   5.2.4 NS3103（1Cr23Ni60Fe13Al） ············ 436
   5.2.5 0Cr15Ni70Ti3AlNb ············ 439
   5.2.6 NS4101（0Cr20Ni65Ti2AlNbFe7） ············ 441
   5.2.7 NS3301（00Cr16Ni75Mo2Ti） ············ 444
   5.2.8 NS3401（0Cr20Ni70Mo3Cu2Ti） ············ 446
   5.2.9 GH4169（0Cr20Ni55Mo3Nb5Ti） ············ 448
   5.2.10 0Cr33Ni55Mo8 ············ 450
   5.2.11 NS3306（0Cr20Ni65Mo10Nb4） ············ 453
   5.2.12 NS3304（00Cr15Ni60Mo16W4Fe5） ············ 456
   5.2.13 NS3302（00Cr18Ni60Mo17） ············ 459
   5.2.14 NS3305（00Cr16Ni66Mo16Ti） ············ 461
   5.2.15 NS3201（0Ni65Mo28Fe5V） ············ 463
   5.2.16 00Mo28Ni68Fe2 ············ 469
   5.2.17 00Mo26Ni60Cr8Fe2Co2 ············ 472

- 5.2.18 Ni68Cu28Fe ……………………………………………………………………… 475
- 5.2.19 Ni68Cu28AlTi ……………………………………………………………………… 479
- 5.2.20 K409 ……………………………………………………………………… 481
- 5.2.21 K438 ……………………………………………………………………… 483

第6章 铸铁 ……………………………………………………………………… 486
- 6.1 灰铸铁 ……………………………………………………………………… 486
  - 6.1.1 HT100 ……………………………………………………………………… 487
  - 6.1.2 HT150 ……………………………………………………………………… 488
  - 6.1.3 HT200 ……………………………………………………………………… 490
  - 6.1.4 HT250 ……………………………………………………………………… 491
  - 6.1.5 HT300 ……………………………………………………………………… 493
  - 6.1.6 HT350 ……………………………………………………………………… 494
- 6.2 球墨铸铁 ……………………………………………………………………… 496
  - 6.2.1 QT350-22 ……………………………………………………………………… 496
  - 6.2.2 QT400-18 ……………………………………………………………………… 498
  - 6.2.3 QT500-7 ……………………………………………………………………… 500
  - 6.2.4 QT600-3 ……………………………………………………………………… 502
  - 6.2.5 QT700-2 ……………………………………………………………………… 504
  - 6.2.6 QT800-2 ……………………………………………………………………… 506
- 6.3 抗磨白口铸铁（含高铬铸铁） ……………………………………………………………………… 508
  - 6.3.1 BTMCr2（KmTBCr2） ……………………………………………………………………… 508
  - 6.3.2 BTMNi4Cr2（KmTBNi4Cr2） ……………………………………………………………………… 510
  - 6.3.3 BTMCr8（KmTBCr8） ……………………………………………………………………… 511
  - 6.3.4 BTMCr9Ni5（KmTBCr9Ni5） ……………………………………………………………………… 513
  - 6.3.5 KmTBCr9Cu2 ……………………………………………………………………… 514
  - 6.3.6 BTMCr12（KmTBCr12） ……………………………………………………………………… 516
  - 6.3.7 KmTBCr15Mo ……………………………………………………………………… 517
  - 6.3.8 KmTBCr20Mo ……………………………………………………………………… 519
  - 6.3.9 BTMCr26（KmTBCr26） ……………………………………………………………………… 521
- 6.4 高硅耐蚀铸铁 ……………………………………………………………………… 522
  - 6.4.1 HTSSi15R（STSi15R） ……………………………………………………………………… 523
  - 6.4.2 STSi15Mo3R ……………………………………………………………………… 526
  - 6.4.3 STSi15Cu7R ……………………………………………………………………… 527
  - 6.4.4 HTSSi11Cu2CrR（STSi11Cu2CrR） ……………………………………………………………………… 529
- 6.5 高镍奥氏体耐蚀铸铁 ……………………………………………………………………… 530
  - 6.5.1 HTANi15Cu6Cr2（Ni-Resist1） ……………………………………………………………………… 531
  - 6.5.2 HTANi15Cu6Cr3（Ni-Resist1b） ……………………………………………………………………… 539
  - 6.5.3 HTANi20Cr2（Ni-Resist2） ……………………………………………………………………… 540
  - 6.5.4 HTANi20Cr3（Ni-Resist2b） ……………………………………………………………………… 542
  - 6.5.5 HTANi30Cr3（Ni-Resist3） ……………………………………………………………………… 543
  - 6.5.6 HTANi20Si5Cr3（NiCroSilal） ……………………………………………………………………… 544
  - 6.5.7 HTANi30Si5Cr5（Ni-Resist4） ……………………………………………………………………… 545
  - 6.5.8 QTANi20Cr2（Ni-Resist D-2） ……………………………………………………………………… 547

6.5.9 QTANi20Cr3（Ni-Resist D-2B） …………………………………………… 550
6.5.10 QTANi22（Ni-Resist D-2C） …………………………………………… 551
6.5.11 QTANi30Cr3（Ni-Resist D-3） …………………………………………… 553
6.5.12 QTANi30Cr1（Ni-Resist D-3A） ………………………………………… 555
6.5.13 QTANi20Si5Cr2（NiCroSilial spheronic） ……………………………… 556
6.5.14 QTANi30Si5Cr5（Ni-Resist D-4） ………………………………………… 558
6.5.15 QTANi30Si5Cr2（Ni-Resist D-4A） ……………………………………… 559
6.5.16 QTANi23Mn4（Ni-Resist D-2M） ………………………………………… 560
6.5.17 QTANi35（Ni-Resist D-5） ……………………………………………… 562
6.5.18 QTANi35Cr3（Ni-Resist D-5B） ………………………………………… 563
6.5.19 QTANi35Si5Cr2（Ni-Resist D-5S） ……………………………………… 565

第7章 有色金属及合金和铸造轴承合金

7.1 铜及铜合金 …………………………………………………………………… 567
　7.1.1 T3 …………………………………………………………………………… 567
　7.1.2 TP2 ………………………………………………………………………… 571
　7.1.3 H62 ………………………………………………………………………… 573
　7.1.4 H95 ………………………………………………………………………… 576
　7.1.5 HSn62-1 …………………………………………………………………… 578
　7.1.6 HSn70-1 …………………………………………………………………… 580
　7.1.7 HMn58-2 …………………………………………………………………… 583
　7.1.8 HAl77-2 …………………………………………………………………… 585
　7.1.9 HFe59-1-1 ………………………………………………………………… 587
　7.1.10 QAl7 ……………………………………………………………………… 589
　7.1.11 QAl9-4 …………………………………………………………………… 591
　7.1.12 QAl10-3-1.5 ……………………………………………………………… 594
　7.1.13 QAl10-4-4 ………………………………………………………………… 596
　7.1.14 QSn7-0.2 ………………………………………………………………… 599
　7.1.15 B19 ……………………………………………………………………… 600
　7.1.16 NCu28-2.5-1.5 …………………………………………………………… 603
　7.1.17 NiCu30-4-2-1 …………………………………………………………… 606
　7.1.18 ZCuSn10Zn2（ZQSn10-2） ……………………………………………… 609
　7.1.19 ZCuSn5Pb5Zn5（ZQSn5-5-5） ………………………………………… 611
　7.1.20 ZCuSn6Zn6Pb3（ZQSn6-6-3） ………………………………………… 612
　7.1.21 ZCuSn10P1（ZQSn10-1） ……………………………………………… 614
　7.1.22 ZCuAl10Fe3（ZQAl9-4） ……………………………………………… 616
　7.1.23 ZCuAl10Fe3Mn2（ZQAl10-3-1.5） …………………………………… 618
　7.1.24 ZCuAl8Mn13Fe3Ni2（ZQAl8-13-3-2） ……………………………… 620
　7.1.25 ZCuPb25Sn5 …………………………………………………………… 622
　7.1.26 ZCuPb10Sn10 ………………………………………………………… 623
　7.1.27 ZCuZn16Si4（ZHSi80-3） ……………………………………………… 625
　7.1.28 ZCuZn40Mn2（ZHMn58-2） …………………………………………… 627
　7.1.29 ZCuNi30Fe1Mn1（BFe30-1-1） ……………………………………… 629
　7.1.30 ZCuNi30Be1.2 ………………………………………………………… 630

- 7.2 铝及铝合金 ……………………………………………………………………………… 632
  - 7.2.1 1035（L4） …………………………………………………………………… 633
  - 7.2.2 ZAlSi7Mg（ZL101） …………………………………………………………… 638
  - 7.2.3 ZAlSi9Cu2Mg（ZL111） ………………………………………………………… 641
  - 7.2.4 ZAlMg5Si（ZL303） …………………………………………………………… 643
- 7.3 钛及钛合金 ……………………………………………………………………………… 645
  - 7.3.1 TA2 和 ZTA2（ZTi2） …………………………………………………………… 646
  - 7.3.2 TA7 和 ZTA7（ZTiAl5Sn2.5） ………………………………………………… 651
  - 7.3.3 TB2 ……………………………………………………………………………… 654
  - 7.3.4 TC4 和 ZTC4（ZTiAl6V4） …………………………………………………… 656
- 7.4 铸造轴承合金 …………………………………………………………………………… 659
  - 7.4.1 ZSnSb11Cu6（ZChSnSb11-6） ………………………………………………… 659
  - 7.4.2 ZSnSb8Cu4（ZChSnSb8-4） …………………………………………………… 661
  - 7.4.3 ZPbSb16Sn16Cu2（ZChPbSb16-16-2） ………………………………………… 662
  - 7.4.4 ZPbSb15Sn5Cu3Cd2（ZChPbSb15-5-3） ……………………………………… 663
  - 7.4.5 其他铸造轴承合金 …………………………………………………………… 665

附录 ……………………………………………………………………………………………… 666
- 附录 A 常用不锈钢材料物理化学性质 …………………………………………………… 666
- 附录 B 常用有色金属材料的密度 ………………………………………………………… 667
- 附录 C 温度换算（摄氏度⇌华氏度） …………………………………………………… 669
- 附录 D 黑色金属各种硬度之间的换算 …………………………………………………… 673
- 附录 E 肖氏硬度与洛氏、布氏、维氏硬度的换算 ……………………………………… 674
- 附录 F 钢铁硬度及强度换算（一） ……………………………………………………… 675
- 附录 G 钢铁硬度及强度换算（二） ……………………………………………………… 677
- 附录 H 力学性能新旧名称对照 …………………………………………………………… 679
- 附录 I 不同腐蚀速率单位的换算系数 …………………………………………………… 680

参考文献 ………………………………………………………………………………………… 681

第1章 金属材料选用的基本知识

1.1 金属材料的分类及主要特性

1.1.1 金属材料的分类

包括通用机械在内的机械产品使用最多的材料是金属材料。什么是金属材料？金属材料的定义是：由金属或金属元素为主构成的、具有金属特性的材料的统称。金属材料是具有光泽、延展性、导电、传热等性质的材料。

金属材料是一个庞大的材料家族，为了使用方便常对金属材料进行分类，金属材料有许多分类方法，如按化学成分、冶炼方法、材料品质、用途、金相组织、制造加工方法等分类。

本书从通用机械材料的使用特点和实用性考虑，以用途特征为主要原则、兼顾金相组织和热处理特点的方法对金属材料进行分类和说明（通用机械零部件不采用或不常采用的材料予以省略），见表1-1。

表1-1 通用机械常用金属材料分类

金属	←纯金属→	←铁、铬、铝、铜等			
	←合金→	←黑色金属及合金→（以铁基为主）	←钢→	←碳钢→	←普通碳素结构钢 ←优质碳素结构钢(含碳素弹簧钢) ←非调质钢
				←合金钢→	←合金结构钢(含合金弹簧钢) ←珠光体型耐热钢
				←不锈钢→	←奥氏体不锈钢 ←奥氏体-铁素体(双相)不锈钢 ←铁素体不锈钢 ←马氏体不锈钢 ←沉淀硬化不锈钢
			←铸 铁→	←灰铸铁 ←球墨铸铁 ←可锻铸铁 ←抗磨铸铁	
				←耐蚀铸铁→	←高硅耐蚀铸铁 ←高镍奥氏体铸铁
		←有色金属及合金（镍、铜、铝、钛合金为主）→	←耐蚀合金→	←铁镍基耐蚀合金 ←镍基耐蚀合金	
			←高温合金 ←铜及铜合金 ←铝及铝合金 ←钛及钛合金 ←铸造轴承合金		

下面简单介绍金属材料分类中的几个定义。

(1) 纯金属

只有一种元素构成的金属称为纯金属,如铁、铬、铝、铜等。"纯"的概念是相对的,因为在工程实际使用的纯金属中,都或多或少地含有冶炼过程中残留的其他元素,常称为杂质,依据金属中杂质元素含量的多少,可将纯金属分成不同等级。以加工纯铜为例,依据杂质含量(质量分数)的多少(纯度不同),加工纯铜可分为一号铜、二号铜、三号铜,其中,一号铜的杂质含量不超过0.05%;二号铜的杂质含量大于0.05%,但不超过0.10%;三号铜的杂质含量大于0.10%,但不超过0.30%。纯金属的强度都很低,如纯铝的抗拉强度只有80~100MPa。

因为纯金属的强度很低,所以在通用机械产品中很少应用,只用于密封材料或垫片等。

(2) 合金

由两种或两种以上的金属元素,或以金属元素和半金属元素,如碳、硅、硼等组成的材料称为合金。例如,钢是铁和碳的合金、黄铜是铜和锌的合金。当然,与纯金属一样,合金中也不可避免地存在杂质元素,可根据杂质元素含量的多少确定材料等级,合金结构钢的质量分级见表1-2。

表1-2 合金结构钢的质量分级(质量分数) (%)

质量等级	化学成分(≤)					
	P	S	Cu	Cr	Ni	Mo
优质钢	0.030	0.030	0.30	0.30	0.30	0.10
高级优质钢(A)	0.020	0.020	0.25	0.30	0.30	0.10
特级优质钢(E)	0.020	0.010	0.25	0.30	0.30	0.10

注:数据取自GB/T 3077—2015。

合金都具有比各种纯金属更优良的性能,因而得到更广泛的应用。机械用金属材料中95%以上是各类合金材料。

(3) 黑色金属及合金

黑色金属及合金是指铁、锰、铬和以铁、锰、铬为合金元素组成的合金。黑色金属主要包括纯铁、铁合金、生铁、铸铁、钢、铁基精密合金、铁基高温合金等,其中钢、铸铁是通用机械中使用最多的合金。

(4) 有色金属及合金

有色金属及合金是指除铁、锰、铬以外的其他有色金属和以它们为主组成的合金,如黄铜、锰青铜等是典型的有色合金。

工业上常用的有色金属合金包括铜合金、铝合金、镁合金、钛合金、高温合金、轴承合金等。

1.1.2 金属材料的主要特点

金属材料是机械产品中应用最广泛的材料,这是因为它与其他材料相比具有以下特点。

1) 金属材料普遍具有优良的力学性能,在具有较高强度的同时,还具有较好的塑性、韧性,并可通过热处理方法在很大的范围内进行性能调整,以满足使用要求。

2) 具有较高的弹性模量和高原子结合能,所以其具有较高的熔点、刚度和强度。

3）具有较好的物理性能，如优良的导电性、导热性、磁性。

4）有的金属材料具有较好的化学性能，特别是耐蚀性。

5）具有优良的可加工性，大部分金属材料可以铸造成形和塑性加工（锻、轧、冲等），也有较好的切削加工性和焊接性。

6）大部分金属材料具有可热处理性，可以采用热处理方法调整组织、改善性能，还可以通过表面强化、表面化学热处理方法改善表面性能，在保证基体内部塑性、韧性的条件下提高表面硬度、强度、抗疲劳性、耐磨性、耐蚀性。

7）金属材料的价格相对便宜，资源丰富、容易获取。

但是，金属材料也存在以下不足之处。

1）金属的弹性模量有局限性。金属材料的弹性模量很难改变，热处理可以改变组织和性能，但基本上不能改变金属的弹性模量，所以也改变不了金属材料的刚度。所有的钢，不论成分和热处理状态如何，它们的弹性模量基本在 $(1.9 \sim 2.3) \times 10^5 \mathrm{MPa}$ 的范围内。因此，依靠钢的选择或热处理改变零件刚度是很难实现的。

2）金属材料的性能会受到温度的影响。几乎所有的金属材料都会随着温度变化引起性能变化。通常是随着温度降低使强度增加而塑性、韧性降低，引起材料脆化。而在较高温度下，金属材料的强度会下降。特别是对于通过冷变形强化、相变强化提高强度的材料，这种变化更明显。

3）容易受到介质腐蚀。大多数金属材料尤其是钢铁材料容易受到腐蚀，即使是不锈钢，其耐蚀性也是有条件的。

金属材料受到广泛应用还因为其是一个庞大的家族，有钢、铸铁、有色金属及合金，以及具有特殊性能的特种合金。仅钢系列中就有碳素结构钢、碳素工具钢、合金结构钢、合金工具钢、弹簧钢、轴承钢、不锈钢、耐热钢等数十种，这些钢各自具有不同的性能和特点。

黑色金属及合金和有色金属及合金更详细的分类及特性将在后面的章节中结合机械常用材料有选择地介绍。

1.2　材料选用的基本原则及方法

如前所述，金属材料种类很多，而在机械产品制造时，在这众多的金属材料中如何选择一种能满足需要的材料、保证零件和产品功能实现、确保质量和寿命，这也是一个很重要的问题。

在机械产品制造中由于材料选择不当，影响使用功能、寿命的例子很多，甚至造成重大安全事故。所以，应该了解正确选择材料的原则、方法。

1.2.1　设计选材基本原则

设计选材首先要满足功能需要，其次要考虑材料的工艺性、成本、来源方便等基本原则。其中满足功能需要是最基本、最重要、优先考虑的选材原则。

所谓满足功能需要，主要包括满足力学条件（强度、塑性、韧性等）、环境条件（介质、温度等）及其他特殊要求条件的需要。

金属材料的使用性能如图1-1所示。

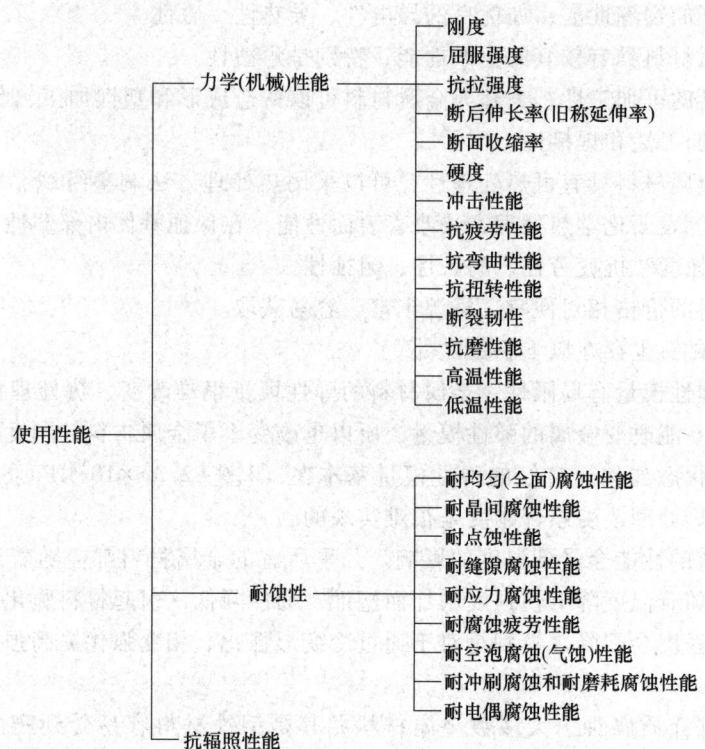

图 1-1 金属材料的使用性能

1.2.2 设计选材基本方法

产品设计选材可以按照材料范围由大到小、由粗到细分步选择。

(1) 抓住关键定范围

根据产品或零部件的使用工况、条件，找到影响功能寿命最主要的关键因素，是否存在常规要求以外的特殊条件，如腐蚀、磨损、高温、低温、核辐照等条件。如果存在这些特殊条件，材料选择首先应该确定能够满足这些条件需要的材料范围，并在这个范围内筛选。

(2) 认真分析定种类

在初步确定了应该选择的材料范围后，要进一步分析材料（零部件）可能产生的失效形式，以及强度要求、零部件成形方法、工艺特性、零部件或产品在加工制造和使用中的条件特征等因素，确定可以选择的材料种类。

(3) 仔细对比定牌号

在基本确定可以选择的材料种类后，应该进一步考虑满足功能需要的相关条件，以及经济性（成本）、取材方便性及其他因素等，在可选材料种类中确定选择材料牌号。

下面举例说明某泵用叶轮的材料选择。

这是某工程用于输送海水的泵中使用的叶轮，现在选择合适的金属材料。

该台泵在海水温度 30~35℃、海水中含有少量硬质海沙颗粒的环境中使用，经过强度计算，其主要性能指标要保证达到：室温抗拉强度 $R_m \geq 580$MPa；室温屈服强度 $R_{p0.2} \geq 350$MPa；断后伸长率 $A \geq 20\%$；硬度为 190~280HBW。

具体材料选择分析如下。

1）这是一台输送温度为 30~35℃ 海水用泵，首先考虑的问题是材料能够抵抗海水腐蚀。有较高强度和一定塑性要求，所以应该选择金属材料，叶轮形状复杂，应该选择铸造成形，即选择铸造材料。

海水对金属材料的主要破坏形式是腐蚀，主要的腐蚀形式是点蚀和缝隙腐蚀，所以材料的选择范围应该是耐海水腐蚀的材料。在众多金属材料中，具有耐海水引起的点蚀或缝隙腐蚀能力的材料有很多，选择范围包括有铜合金、钛合金，奥氏体不锈钢、奥氏体-铁素体（双相）不锈钢、耐蚀合金、奥氏体耐蚀铸铁等，这些材料都可满足耐海水腐蚀的要求。

2）除有耐蚀性要求外，还有强度和塑性要求，在上述材料种类中，铸造铜合金、奥氏体不锈钢、奥氏体耐蚀铸铁中没有同时满足耐海水腐蚀和力学性能要求的材料，主要是力学性能指标偏低；少数耐蚀合金、钛合金、奥氏体-铁素体（双相）不锈钢可以同时满足耐海水腐蚀和叶轮的力学性能要求，但是耐蚀合金价格高、钛合金价格高且生产难度较大，只有奥氏体-铁素体（双相）不锈钢相对合适。

3）奥氏体-铁素体（双相）不锈钢系列产品中，能够满足要求的牌号较多，可以同时满足耐蚀性和力学性能条件的有 ZG03Cr25Ni7Mo2N（ZG0Cr25Ni7Mo2N）、ZG03Cr25Ni6Mo3Cu2N（ZG0Cr25Ni6Mo3Cu2N）、ZG022Cr25Ni6Mo2N（ZG00Cr25Ni6Mo2N）、ZG022Cr25Ni7Mo3.5WCuN（ZG00Cr25Ni7Mo3.5WCuN）、ZG022Cr27Ni7Mo5N（ZG00Cr27Ni7Mo5N）、ZG022Cr29Ni6Mo2N（ZG00Cr29Ni6Mo2N）等。

这些牌号都能满足使用条件要求，并且工艺特性（铸造性、热处理方法、焊接性等）相似、再综合考虑生产方便（低碳钢比超低碳钢冶炼方便）、成本相对低廉（低碳钢比超低碳钢成本低、合金元素少比合金元素多的材料成本低）等因素，可选择 ZG03Cr25Ni7Mo2N（ZG0Cr25Ni7Mo2N）用于制造该泵叶轮。

ZG03Cr25Ni7Mo2N（ZG0Cr25Ni7Mo2N）材料含有足够的耐蚀合金元素，点蚀当量 PREN>30，通过正确的热处理后，具有奥氏体和铁素体两相接近各占50%的最佳比例，力学性能可以达到：室温抗拉强度 R_m 达到 690MPa；室温屈服强度 $R_{p0.2}$ 达到 450MPa；断后伸长率 A 达到 29%；硬度为 229HBW。

所以，叶轮选择 ZG03Cr25Ni7Mo2N（ZG0Cr25Ni7Mo2N）是合理的。

1.3 不同条件材料选择指南

对于一个产品或零部件实际进行材料选择时，当然要根据具体情况分析选择。下面结合几种具体条件要求，对材料选择提供参考意见。

1.3.1 以力学性能为主的零件选材

按力学性能选材是产品或零件设计选材中最常见的方法。根据产品或零件的受力状态、功能需求确定力学性能指标，大部分结构零件在以某项性能指标为主选材时，还应兼顾其他性能，如以强度指标为主选材时，首先确保产品的屈服应力低于材料的屈服极限，以防止塑性变形发生，但同时还要考虑塑性、韧性，以防脆性断裂发生。

金属材料的强度和塑性、韧性有近于反比的关系，即材料的塑性、韧性随强度提高有下降的趋势，因此，刻意追求强度有可能损害塑性、韧性而发生脆断，片面追求塑性、韧性有可能使强度不足。因此，作为结构件选材和确定性能指标时要兼顾强度和塑性、韧性。而对于非结构件，往往注重单一功能的满足，这时便可以少考虑性能配合问题。

按力学性能选材常用的方法是，根据材料标准或材料手册查找确认可满足功能要求的材料，这时必须注意准确理解材料标准或材料手册中提供的相关数据。因为材料标准或材料手册提供的数据大多是在一定条件下获取的。例如，在 GB/T 699—2015《优质碳素结构钢》中提供的 45 钢性能：$R_m \geq 600MPa$；$R_{p0.2} \geq 355MPa$；$A \geq 16\%$；$Z \geq 40\%$；$KU_2 \geq 39J$，这组数据是在采用毛坯尺寸为 25mm 的试棒，在 850℃ 左右加热正火、840℃ 左右加热淬火和 600℃ 左右回火的条件下取得的试验数据。零件设计选材时不能机械的、不加分析的套用这组性能指标。应具体考虑产品或零件的功能。对于不同机械零部件，有的要求较高强度和稍低的韧性，而有的则要求有较低的强度和更高的韧性，这需要依靠热处理方法去调整，不能一律采用标准中的性能指标。

在应用这类标准时，还应该注意具体产品或零件与试样在形状、尺寸、生产条件、检测等各方面的差异所带来的影响。

（1）尺寸和形状差异

标准提供的数据是在小截面尺寸试样的条件下得到的，而实际机械产品或零件的尺寸大多数比试样尺寸大得多，这就引申出一个性能"尺寸效应"的概念。材料性能尺寸效应是指材料性能随截面尺寸增大而变化的现象。尺寸效应的存在基于以下原因。

1）铸件会因尺寸增大、冷却速度变慢而使铸态组织粗大且不均匀，产生疏松、气孔、夹渣增多等缺陷，组织和成分不均匀性增强，这些都会导致铸件性能变差。

2）锻轧件会因为尺寸增大、变形程度不够、冷却速度降低而使组织粗大、各处组织不均。这些都会导致锻轧件质量下降、性能变差。

3）热处理时，由于尺寸变大影响热处理效果、形成组织不均，导致性能变差。实际工件形状也比试样复杂得多。在具体热处理时，应考虑裂纹、变形等因素，工艺方法也会与试验条件有差异，从而降低零件实际热处理效果。

（2）生产加工条件的差异

产品或零件的实际生产加工条件与试样有差异，也会降低产品或零件的质量效果。以热处理为例，产品或零件的尺寸大、批量大、数量多，热处理采用生产车间大设备，其在加热、冷却条件方面远不如试样在试验室中的试验条件，热处理效果会受到影响。

（3）产品或零件检验试件取样位置影响

产品或零件进行性能试验时，取样位置都有一定的标准规定，如直径为 200mm 的轴料取样通常在距表面 50mm 位置处，此处的组织、性能不如表面处好，性能会有变化，而试验用直径为 25mm 的试棒组织、性能都是优良的。产品或零件的取样位置带来的影响还在于强度与硬度的比例关系。如直径为 25mm 的试件，由于其截面尺寸小、热处理效果好，其强度与硬度的比例关系更有代表性，而产品或较大截面零件的取样位置在内部，该处所测得的强度只与该处的硬度有对应关系，但热处理车间检验硬度时只能检验产品或零件的表面硬度。这个表面硬度与拉力试件取样位置处的硬度是不同的，要高于拉力试件的硬度，即表面硬度与拉力试样所测的强度是不对应的。

综上所述，在以力学性能为主选材时，在采用、理解材料标准数据方面应予以重视。

1.3.2 摩擦磨损条件下零件选材

摩擦磨损是造成机械产品或零件功能失效的主要因素之一。机械零件可能发生和存在的摩擦磨损形式有黏着磨损、颗粒磨损、冲蚀磨损、腐蚀磨损、疲劳磨损等。有些条件可能只产生一种磨损，有时可能同时存在几种磨损。磨损失效有的可能在装配试验时就显现出来了，但更多的是在运行使用一定时间后显现出来的。避免或减少磨损的方法有的可从设计结构上考虑，但更多的应是从材料选择上考虑。减小磨损选择材料的基本原则如下。

1) 在力学性能方面应具有较高的抗拉、抗压、抗弯、抗疲劳、抗剪切、抗撕裂等各种性能，同时，还应具有足够的硬度和韧性，并且在高温高压条件下也能有较稳定的性能。

2) 具有较好的导热性、低的热膨胀性、高的热稳定性等物理性能。

3) 在腐蚀磨损条件下，具有较好的耐蚀性。

4) 具有较好的金相组织。

5) 具有较好的可热处理和可化学表面热处理的工艺性。

1. 黏着磨损及选材

（1）黏着磨损及特征

黏着磨损是机械产品常见的磨损形式，齿轮副、蜗轮副、切削刀具、轴承、泵用口环副、平衡毂副、导向轴承等都容易产生黏着磨损。

对于金属而言，产生黏着磨损时，根据摩擦副表面的破坏程度、损坏形态可分以下几种情况。

1) 当黏着点的强度比摩擦副中较软一方的金属强度高而又比较硬一方的金属强度低时，黏着点的剪切损坏发生在距黏着面很近的较软金属的浅表层内。这时，较软一方金属被黏附并涂抹在较硬一方金属表面上，形成了对较软金属的磨损。这种磨损是极轻微的黏着磨损，也常称为"涂抹"。

2) 当黏着点的强度比摩擦副中软硬双方基体金属强度都高时，黏着点的剪切破坏主要发生在较软一方金属的浅层内，较软一方金属会转移到较硬一方金属的表面上并继续对较软金属产生擦伤作用。这种磨损也属轻微磨损，常称为"擦伤（胶合或咬合）"。

3) 当黏着点的强度更高于摩擦副中软硬双方金属的强度时，黏着点的剪切破坏发生在摩擦副的一方或双方金属层的较深处，双方发生"撕脱"（也叫"咬焊"）现象。这种磨损是一种较严重的黏着磨损，它会对摩擦副产生较大破坏。

4) 当黏着点强度比摩擦副中软硬双方金属剪切强度更高时，摩擦副之间黏着面积较大，致使摩擦双方已不能做相对运动，双方发生"咬死"现象，这是一种最严重的黏着磨损。

从上述可见，影响和决定黏着磨损发生及严重程度的重要因素是摩擦副双方黏着点强度大小，以及比双方金属强度、剪切强度大的幅度情况。

黏着点强度（或称黏着力）是指摩擦副双方表面接触时双方金属原子和原子间的结合强度，即结合力。在不考虑外界条件影响的情况下，黏着强度主要取决于摩擦副双方金属材料的互溶性，相同金属或相同晶格类型、晶格常数、电子密度和电化学性能越相近的材料，其互溶性越大，越容易黏着。单就晶体结构而言，面心立方晶体结构的金属黏着倾向大于密排六方晶体结构的金属，这是因为面心立方晶体结构金属的滑移比密排六方晶体结构金属更容易。在密排六方晶体结构中，元素的 c/a 值越大，抗黏着性能越好。此外，显微组织也会产生影响，如多相金属比单相金属黏着的可能性小；金属化合物比单相固溶体黏着的可能性小；细小晶粒的金属材料比粗大晶粒的金属材料耐磨性好；钢铁中组织的铁素体含量越多，耐磨性越差；碳化物的类型、尺寸和含量对耐磨性也起重要作用。

综上所述，明确了摩擦副发生黏着磨损的原因和在材料方面的影响因素，也就明确了为防止黏着磨损在选材方面应遵循的原则。

（2）黏着磨损选材原则

1）在可能的条件下，摩擦副双方应尽量选择不同类型的金属材料，如钢-铸铁；钢-铜；铸铁-铜等。如果其他条件限制必须选择同类材料，应尽量采用双方晶体结构不同、金相组织不同、硬度搭配不同的金属材料。

2）尽量选择可通过热处理方法进行整体硬化或表面硬化的材料，如中等碳含量的碳钢或合金钢；或采用可通过化学热处理的方法，如渗碳淬火或氮化获得表面强化的中、低碳合金钢。

3）也可采用表面处理获得膜层的材料和工艺，如表面渗硫、表面硫-碳-氮共渗等。

在抗黏着磨损的众多材料中，含硫不锈钢 1Cr13MoS 的锻材或铸材得到广泛应用，因为通过淬火、回火可获得 325~375HBW 的较高硬度，同时，高的硫含量使组织中含有大量硫化锰，其有自润滑作用，这就使它在作为摩擦副材料时，与其他金属材料配合，可以发挥优异的抗黏着磨损、抗咬合的功能。但是，因其含有较高的低熔点元素硫，所以在核电产品应用中受到限制。

2. 磨料磨损、冲刷磨损或冲蚀磨损及选材

磨料磨损也叫颗粒磨损，通常指机械零件受到大量矿石、土砂、岩石、煤炭、砂浆等硬质颗粒的作用引起的磨损。冲刷磨损是指含有大量硬质颗粒的液体介质引起的磨损，而冲蚀磨损是在腐蚀性液体介质中含有大量硬质颗粒引起的磨损。

颗粒磨损可能是干磨损（物料与零件表面直接接触并发生磨损），如矿山机械、挖掘机械、冶金机械、抛丸机等机械中的磨损件及拖拉机履带板、犁铧、钢轨岔等的磨损；也可能是湿磨损（含有水分的硬质磨料与零件表面的接触磨损），如压砖机模板、湿物料球磨机等机件的磨损；还可能是流体磨料磨损（在流体介质中硬质颗粒对零件表面的磨损），如砂浆泵、泥浆泵，输送含沙的水或海水用泵等过流部件的磨损。

物料与零件的接触方式可能是滑动、冲撞、滚动甚至高速冲击，或者是硬质颗粒按一定的速度和角度对零件表面进行冲击，造成零件表面磨损。

输送含有固体颗粒的泵，如渣浆泵、含沙的海水或含沙的清水用泵、矿山泵等过流部件承受的主要是冲刷磨损或冲蚀磨损。

（1）影响磨料磨损、冲刷磨损或冲蚀磨损的因素

由于材料（零件）、物料及工况组成了一个磨损系统，因此，这类磨损的影响因素较多。磨料磨损、冲刷磨损或冲蚀磨损的效果、严重程度不仅取决于磨料情况，也取决于外部条件及零件自身条件。

1）磨料情况对磨损的影响主要与磨料形状、大小、硬度有关。磨料形状越不规则、越有尖锐棱角，对零件（材料）的磨损越严重；磨料尺寸越大，引起零件（材料）磨损的程度越大，但当达到一临界尺寸时，磨损量的增加变得缓和；磨料的硬度越高，对零件（材

料）的磨损越严重，通过研究还证明了零件材料的硬度（H_m）与磨料的硬度（H_a）的比值对磨损量有一定关系，当 $H_m/H_a \leq 0.5 \sim 0.8$ 时，通常属于硬磨料磨损，此时增加材料硬度对材料耐磨性的增加影响不大；当 $H_m/H_a > 0.5 \sim 0.8$ 时，属于软磨料磨损，此时增加材料硬度会迅速提高材料耐磨性。

2) 磨料磨损、冲刷磨损或冲蚀磨损的外部条件主要包括载荷、滑动距离、受力方向、温度及相对速度等。通常认为，载荷越大，对材料的磨损越严重；滑动距离与磨损量成正比；冲击（受力）方向一般在 90°时磨损较严重；磨料与零件材料表面的相对速度影响较复杂，一般认为在 100mm/s 以下，随着滑动速度增加，磨损率降低，当超过 100mm/s 以后，滑动速度影响较小；温度增加时，材料会发生软化现象，使磨损量增加。

3) 零件材料的情况主要指化学成分、组织状态和第二相、材料硬度等。

材料化学成分的影响是以热处理后获得的组织影响体现出来的，例如，若碳含量高，淬火后可获得高硬度的基体组织及碳化物，耐磨性好。基体组织主要是通过硬度的不同对磨损产生影响，例如，在典型基体组织中，奥氏体、铁素体属不耐磨组织，而珠光体、贝氏体、马氏体的耐磨性逐渐增大。在同是珠光体的组织中，片状珠光体的耐磨性高于球状珠光体。组织中含有的第二相越硬、分布越均匀，越有益于耐磨，其中尤其以碳化物耐磨性更好。材料硬度高，其耐磨性也高。

(2) 磨料磨损、冲刷磨损或冲蚀磨损选材

在实际应用中，磨料情况和外部条件是已经存在的，只有正确选择材料才能提高零件的耐磨性和延长使用寿命。

由以上分析可知，选择耐磨料磨损、冲刷磨损或冲蚀磨损材料的基本原则是碳含量高、能通过热处理方法获得高硬度的组织和含有硬质第二相的材料，或者对形状简单的零件外表面采用镀、焊、喷、涂等方法，提高零件表面的硬度。

根据实际工况的不同，可用于耐磨料磨损、冲刷磨损或冲蚀磨损的金属材料有铸铁、钢两类。

1) 一般性磨料磨损、载荷不大、无大的冲击力、没有腐蚀条件；工件形状较简单、不需要太大量机械加工的零部件，如农用机械、矿山工程机械、铸造机械及其他常规工程机械中的耐磨件，可选用普通白口铸铁、耐磨低合金钢、镍硬铸铁、低铬耐磨白口铸铁等。

2) 要求有一定的耐磨性、承受一定的冲击载荷、腐蚀性不强的工作条件，如矿山机械、冶金机械、化工机械、泵等机械中的耐磨件，可选用镍硬铸铁、贝氏体球墨铸铁、低铬耐磨铸铁、中铬耐磨铸铁、耐磨合金钢等。

3) 要求有较高的耐磨性、典型的磨料磨损和冲刷磨损或冲蚀磨损工作条件，要求有较高硬度、较好的耐磨蚀性、能承受中等程度的冲击载荷，如煤矿机械、水力机械、化工机械等机械中的耐磨件，可选用中铬白口耐磨铸铁、高铬白口耐磨铸铁、马氏体球墨铸铁、高合金钢等。

4) 在严重冲蚀磨损条件下，要求有高耐磨性、高硬度、较好的耐磨及耐蚀性，如化工机械、渣浆泵等机械中的耐磨件，可选用高铬白口耐磨铸铁、高合金耐磨钢及可硬化的马氏体不锈钢等。

5) 在强烈冲击磨损条件下工作时，要求有较高的韧性，如矿山机械、铁路机械、铁路设施等，可选用中锰或高锰耐磨钢。

当然，针对某一具体零件选材时，要根据实际工况、受力条件及介质条件充分论证后，才可以确定材料种类、材料牌号。

3. 气蚀及选材

如前所述，气蚀是由液体介质中气泡爆裂所产生的瞬间冲击作用、巨大的冲击力所致。气蚀是水力机械中过流部件，如水泵叶轮、水轮机叶片、船舶螺旋桨等极易产生的表面破坏现象。

由于气蚀造成的破坏发生在零件表面，类似于摩擦磨损的破坏特征，因此，有时将气蚀破坏归类于表面磨损，当液体介质是腐蚀性介质时，气蚀与腐蚀同时对零件表面产生破坏，所以，从腐蚀角度分析，也有将此类气蚀归类于空泡腐蚀。

（1）影响气蚀的因素

严格来说，减小水力零部件的气蚀破坏，主要是从零件设计方面考虑，以泵叶轮为例，改变叶轮进口直径、叶片进口宽度与形状等都对改善零件气蚀产生影响。此外，零件的安装、使用对气蚀也有影响。从材料方面，选用合适的材料对改善零件气蚀也有重要作用。

（2）气蚀选材原则

由于气蚀是液体介质中气泡爆裂瞬间产生的巨大冲击力所致，因此，零件或材料表面硬度高、耐磨性好有利于抵抗冲击力的破坏作用。在具有腐蚀性的介质中，还应考虑材料的耐蚀性。

通常认为，材料的气蚀抗力随硬度提高而升高。同时，晶粒越细，应变硬化能力越强；夹杂物越少，成分和组织越均匀，越有利于抵抗气蚀破坏。所以，在金属材料中，就耐气蚀能力来说，钢比铁（铸铁）好；可经过热处理强化、硬化的钢比不能强化、硬化的钢好；在铜合金中，青铜比黄铜好。近年来，铬镍马氏体不锈钢和马氏体沉淀硬化不锈钢得到了广泛的认可和应用。当然，必须采用正确的热处理才能更好地发挥材料的作用。

对于摩擦磨损条件下的选材，这里着重介绍了对基体材料的选择。除此之外，材料的表面变性处理（即表面硬化处理）对提高材料的耐磨损性能效果明显。在某些条件下，采用表面硬化处理比选择基本材料的方法更能降低成本，减摩、抗磨作用更好。

1.3.3 低温条件下零件选材

（1）低温及低温特性

一般 0℃ 以下通称低温状态。依据具体情况分为几个阶段。−40~0℃ 为一段，如在寒冷和高寒地区服役的桥梁、设备、机械等；−100~−40℃ 为一段，如输送、储存天然气、化工液体的设备、容器、管道等；−196~−100℃ 为一段，如输送、储存液化天然气、液氮、液氧的设备、容器、管道等；低于−196℃ 为一段，如储存、输送液氢、液氦的设备、容器、管道等。

大部分金属材料随着温度降低，韧性下降、脆性增加，当到达某一温度时突然变脆。所以，金属材料在低温条件下脆化和脆化引起的脆性断裂会使设备失去功能。

（2）低温条件下选材

低温使用设备选材时，首先要根据使用温度范围考虑材料在相应温度下的性能，如屈服强度、韧性的变化，以及与温度变化有关的材料特性变化，如线胀系数、热导率、密度等的变化。

此外，还应根据零件特征及设计要求确定选用锻件、轧材、铸件，如果是焊接结构件还应考虑焊接性。

不同低温段可选用的常用材料可按下面推荐选择。

-40~0℃：低温合金钢、奥氏体钢、2.25Ni 钢、铝合金。

-100~-40℃：奥氏体钢、3.5Ni 钢、钛合金。

-196~-100℃：奥氏体钢、5Ni 钢、9Ni 钢、铁镍基合金、钛合金。

低于-196℃：高稳定奥氏体钢、高锰奥氏体不锈钢、12Ni 钢、铁镍基合金、钛合金。

1.3.4　高温条件下零件选材

（1）高温及高温特性

从金属材料本身来讲，使用温度在 $0.3T_m$（℃）即高于材料熔点温度的 0.3 倍即认为在高温条件使用。在实际应用中，当零件使用温度高于 150℃时，就应该考虑材料的高温性能，选用耐热材料。

高温对金属材料的主要影响是强度、硬度下降，产生蠕变和应力松弛现象，严重时引起表面氧化，使零件失去使用功能。

（2）高温条件下选材

耐热、耐高温材料很多，在具体选择时应考虑使用温度，首先保证工作温度下的力学性能，再结合零件、构件的服役特点、失效形式来合理选材。在高温条件下使用主要是考虑材料高温强度、高温蠕变性能、高温持久极限、高温松弛性能等指标。如进出接管、汽轮机叶片等以高温强度和高温持久极限为主，紧固件则应重点考虑高温强度、高温松弛和高温蠕变性能。

影响高温性能的主要因素是合金成分、钢材质量、金相组织、晶粒度等。不同组织的耐热材料具有各自的特点和应用范围。

1）珠光体型耐热钢是通用机械应用最广泛的耐热材料，其具有较稳定的珠光体+铁素体组织结构，有良好的导热性和较低的线胀系数、良好的冷热加工性和焊接性，但是使用温度不能太高，一般用于 550℃以下温度。珠光体型耐热钢可用于接管、导管、紧固件、衬套、气阀等，常用的有 16Mo、12CrMo、15CrMo、15Mo3（德）、ZG20CrMo 等。

2）马氏体型耐热钢具有较高的高温强度、高温疲劳性能，多在淬火+回火状态下使用，组织不够稳定，可加工性和焊接性不如珠光体型耐热钢。依据化学成分不同，分别用于 400~600℃或 600~800℃温度区间，可用于高温高压下使用的叶片、容器等。常用的有 12Cr13、13Cr13Mo、14Cr17Ni2 等。

3）铁素体型耐热钢具有铁素体组织，强度较低、耐高温腐蚀性强、冷作硬化倾向小、耐高温氧化性好，可用于 900℃以下的抗氧化部件，如燃气轮机叶片、喷嘴、排气阀等。常用的有 10Cr17、022Cr12、06Cr13Al、16Cr25N 等。

4）奥氏体型耐热钢具有高的塑性、韧性、抗氧化性和耐蚀性，优良的加工性和焊接性，但强度较低。它可用于 600~800℃条件下的、强度要求不高的零件，如轴、紧固件、叶片、转子等。常用的奥氏体型耐热钢有 06Cr19Ni10、16Cr23Ni13、06Cr25Ni20、06Cr18Ni11Nb 等。

5）沉淀硬化型耐热钢可通过热处理强化，所以，具有较高的强度、一定的耐蚀性，但加工性、焊接性较差，可用于600℃以下、强度要求较高的紧固件、轴、叶片、弹簧等。常用沉淀硬化型耐热钢有05Cr17Ni4Cu4Nb、07Cr17Ni7Al等。

6) 高温合金种类很多，普遍具有较高的强度，在600~1200℃的温度范围内，具有足够的高温持久强度、蠕变强度、热疲劳性，还具有优良的化学稳定性和耐蚀性。具体可参见高温合金的相关标准。高温合金大多用于高温条件下工作的机械设备零件，如汽轮机叶片、燃气轮机叶片等。

1.3.5 腐蚀条件下零件选材

相对于其他工况条件的选材，腐蚀条件下的选材更困难、更复杂，因为腐蚀是多种多样的，腐蚀介质种类多，还受介质浓度、温度等因素的影响。一方面，不同腐蚀条件下产生的腐蚀形态不同，需用的金属材料当然也不同。另一方面，一种金属材料在不同的腐蚀条件下所表现出的耐蚀能力也不同。这就要求在腐蚀条件下选材时考虑更多的问题。

腐蚀无处不在，这种说法并不为过。大气、土壤、水都会对金属材料产生腐蚀，更不要说海水、酸、碱、盐及其溶液对金属的腐蚀了，只不过是腐蚀种类、腐蚀严重程度不同。

影响腐蚀的因素很多，如温度、介质浓度、流速、压力、酸碱度（pH值）等都会对腐蚀产生不同程度的影响。

从另外一个角度考虑，金属材料在不同介质、不同条件下的耐蚀能力也不同。

简而言之，在不同条件下，一种介质对不同金属产生的腐蚀类型和腐蚀程度不同，一种金属材料在不同介质条件下发生的腐蚀类型和被腐蚀的程度也不同。这就给腐蚀选材带来许多困难，所以，腐蚀条件下的材料选择，必须认真分析、对比才能选出一种合适的材料。

1. 大气腐蚀及选材

（1）大气腐蚀特征

金属材料或者构件在大气条件下发生化学或电化学反应而引起材料的破坏称为大气腐蚀。大气之所以能够引起腐蚀，是因为大气中不可避免地含有硫、氧、氮及其化合物，大气中还含有水分。金属材料在大气中的生锈现象即为典型的腐蚀。不同地区的大气中，含有的腐蚀物和数量不同，产生的腐蚀严重程度不同，金属在大气中不仅发生均匀腐蚀，当大气含有一些较高含量的某种腐蚀性成分时，还会发生局部腐蚀，如工业大气中含有高含量的H_2S，则会有发生应力腐蚀的倾向，海洋大气含有盐雾、过量的氯离子，除发生全面腐蚀外，还会发生点蚀、缝隙腐蚀、电偶腐蚀、应力腐蚀等多种形态的腐蚀。

（2）大气腐蚀选材

大气腐蚀最主要的腐蚀形式是均匀（全面）腐蚀。在含有H_2S、SO_2、NH_3、NO_2等腐蚀介质的大气中及含有Cl^-的海洋大气中，还可能产生局部腐蚀，如晶间腐蚀、点蚀、应力腐蚀等。

在普通大气中，最常用的是碳钢，碳钢表面涂防护层后就能满足不被普通大气腐蚀的要求。铸铁也可用于普通大气环境中。

加入了铜、磷、铬、镍等合金元素的低合金钢耐普通大气腐蚀的性能会更好，一般其耐蚀性是碳钢对普通大气耐蚀性的3~4倍。

我国的GB/T 4171—2008列出了耐候结构钢（即原称耐大气腐蚀低合金钢）的化学成

分和力学性能。

不锈钢在大气中都具有优良的耐蚀性，但马氏体不锈钢在湿热大气和海洋大气中受到的腐蚀较严重，且易产生应力腐蚀。其他几类不锈钢的耐大气腐蚀性能都优于马氏体不锈钢，特别是奥氏体不锈钢和奥氏体-铁素体（双相）不锈钢，在比较恶劣的大气环境中，如工业大气、海洋大气中耐均匀（全面）腐蚀和局部腐蚀的性能也比较好。具体可参见第3章相关材料。

铜及铜合金在普通大气、海洋大气中都具有较好的耐蚀性，但是黄铜在含有氨、硫化物的大气中耐蚀性不好，还可能产生应力腐蚀，应注意有选择地使用，具体参见第7章相关材料。

铝及铝合金在普通大气中有一定的耐蚀性，但在不同大气环境中腐蚀的差别较大，如果在海洋大气中应慎重选择使用，具体参见第7章相关材料。钛及钛合金在任何大气环境中都有较好的耐蚀性，具体参见第7章相关材料。

至于镍基合金，在大气腐蚀条件下有更好的耐蚀性，但成本较高，应视情况选用。

2. 地热水腐蚀及选材

（1）地热水腐蚀特征

地热水属地热资源，不同类型地热水源的物态、热力学性质及化学组成也不同，但一般都含有许多腐蚀性杂质，如氯离子、硫酸根离子、硫化氢、二氧化碳、氨、氧、二氧化硅、氢离子、泥浆、砂子及微小的粉尘。含有全部或部分上述腐蚀杂质对设备、材料均会发生不同种类、不同程度的腐蚀，再加上流体温度、流速、压力等因素，这些腐蚀也变得复杂起来。

如果地热水中含有游离的盐酸、硫酸等酸性腐蚀介质，会对设备材料产生均匀（全面）腐蚀，特别是对碳钢或低合金钢的腐蚀更重。对某些抗均匀（全面）腐蚀能力强的材料，如铝合金、不锈钢等的腐蚀不明显。但是当地热水中含有氯化物、氟化物，并且不可避免地受到大气氧的污染时，这些材料有可能产生点蚀和缝隙腐蚀。如果零件存在应力，加之介质中存在硫化氢或氯离子等，则会产生应力腐蚀，如深井泵轮、阀门常常是这类腐蚀的主要对象。

在地热环境中，材料的腐蚀疲劳强度会有所降低，如果已存在点蚀，这些腐蚀坑合成为腐蚀疲劳裂纹源，将引起零件严重的腐蚀疲劳。如汽轮机叶片、叶轮、主轴、深井泵轴等，都有在这种环境中发生腐蚀疲劳破坏的先例。

大多数地热水都会不同程度地含有杂质颗粒、泥沙、粉尘等硬质杂质，加之地热水的腐蚀性，会对设备、零件产生磨耗腐蚀。

此外，对于铜合金之类的材料还会产生选择性腐蚀，如脱锌腐蚀等。

综上所述，地热水的腐蚀性应引起注意，选材时应重视。

（2）地热水腐蚀选材

地热水依据所含成分不同，主要对金属材料产生均匀（全面）腐蚀，或兼有点蚀、缝隙腐蚀及应力腐蚀、磨耗腐蚀等。

最常见的是均匀（全面）腐蚀。根据腐蚀介质情况可选碳钢或低合金钢，碳钢或低合金钢可经过热处理，使其硬度不大于22HRC，碳钢表面还可以涂敷抗腐蚀防护层。这能基本满足一般地热水产生的腐蚀。

当然，如果条件允许，采用Cr13型马氏体不锈钢或其他耐蚀合金会更好。但是，应说明的是，如果地热水中含有氯化物、氟化物，将会发生点蚀和缝隙腐蚀，这时应选择耐点蚀性好的金属材料，如奥氏体或奥氏体-铁素体（双相）不锈钢，或采用耐蚀合金等。

地热水中如果含有硫化氢类易对金属产生应力腐蚀的腐蚀介质时，特别是对某些承受高应力、高转速的零件，如汽轮机或泵的主轴、叶轮等，防止应力腐蚀是最主要的选材原则，这时应选择经过热处理可以适当强化（硬度不大于22HRC）的材料，如碳钢、马氏体不锈钢、马氏体沉淀硬化不锈钢或耐应力腐蚀能力强的合金。同时要注意对零件应进行去应力处理，以保证其应力最小。需要指出的是，铜及铜合金不宜在地热水环境中使用，因为它们在这种环境中可能变质，产生严重的腐蚀效应。具体参见本书第3章相关材料。

3. 矿山污水、油田污水腐蚀及选材

（1）矿山污水、油田污水腐蚀特征

矿山污水和油田污水中，通常都含有各类腐蚀物，只不过是各地区、各矿山、各油田地域不同、环境不同而在腐蚀物种类或浓度、含量上有差异。

依据所含腐蚀介质种类不同和选用材料不同，所产生的腐蚀类型和程度也不同。如含有酸类介质时，再使用碳钢或低合金钢，会产生均匀（全面）腐蚀、晶间腐蚀；含有氯离子、氟离子时，对奥氏体不锈钢会产生点蚀、缝隙腐蚀；此外，这些污水中都或多或少含有硬质杂物，如沙子、粉尘等，它们与介质腐蚀联合作用，将产生磨耗腐蚀等。在某些介质中，如果采用了铜合金材料，还会发生选择性脱锌腐蚀等。

（2）矿山污水、油田污水腐蚀选材

依据所在地域不同，矿山污水和油田污水中所含腐蚀物也不同，其中常见的腐蚀形式也有均匀（全面）腐蚀、点蚀、缝隙腐蚀、磨耗腐蚀、应力腐蚀等。所以，不同材料所产生的腐蚀情况也有差异，在矿山污水或油田污水中耐蚀金属材料的选择应依据具体水质情况，参照地热水腐蚀选材。

4. 海水腐蚀特征及选材

（1）海水腐蚀特征

近年来，由于海洋开发、海水冷却、海水淡化等工程的开展，海水腐蚀问题已引起重视。海水的最大特点是含盐量高，主要成分有氯化物、硫酸盐等，也会有大量的各类离子，如 Cl^-、SO_4^{2-}、HCO_3^-、Br^-、Na^+、Mg^{2+}、Ca^{2+}、K^+ 等。因此海水对大多数金属结构具有较强的腐蚀性，海水的温度、流速等都对其腐蚀性带来不同影响。海水中不可避免地存在沙子等硬质颗粒，这也增加了腐蚀磨耗的可能性。

海水的腐蚀类型是多种多样的。大多数金属材料都会发生均匀（全面）腐蚀，依据材料不同，均匀（全面）腐蚀的严重程度不同。点蚀和缝隙腐蚀是海水的主要腐蚀形式，在全浸区、飞溅区，这类腐蚀更为严重，包括高镍不锈钢在内的许多不锈钢都会发生不同程度的点蚀和缝隙腐蚀。

空泡腐蚀也是海水腐蚀的一个主要特征，尤其是在湍流情况下的海水环境，夹带气泡的高速流动海水会对材料表面形成空泡腐蚀破坏。如船舶的螺旋桨、水泵叶轮等均易发生空泡腐蚀破坏。

海水中的沙子、硬质颗粒则会加重材料的磨耗腐蚀。在海水中承受交变应力的部件也会产生腐蚀疲劳。

（2）海水腐蚀选材

海水是腐蚀性较强的介质。海水含盐量大（约占3.5%），氯含量高达1.9%，含有大量的氯离子，属强电介质。所以，大多数金属材料在海水中都会发生腐蚀，其中点蚀、缝隙腐蚀是突出的腐蚀形式，还会伴有磨耗腐蚀和应力腐蚀。当然，这些腐蚀行为与不同海域的海水、海水温度和流速及含硬质颗粒等条件不同而异，也与金属材料的成分类别有关。

因此，海水介质中对于金属材料的选择要做具体分析，根据海水的具体条件和设备或零件的特点，有针对性地合理选材。

1) 铸铁。铸铁在海水中的耐蚀性依据铸铁成分、种类不同而存在较大差别，普通铸铁耐海水腐蚀能力较差，腐蚀速率一般为 0.15~0.25mm/a（a代表年），不同的石墨形态产生的主要腐蚀类型也不同，如片状石墨铸铁以发生均匀（全面）腐蚀为主，而球状石墨则易发生点蚀。

2) 高合金铸铁。在铸铁中加入镍等合金元素后，耐海水腐蚀性能有所改善，如加入 2.5%~4.0%镍的低镍铸铁，其在海水中的腐蚀速率为 0.13~0.16mm/a。而更高的镍含量可使耐蚀性更好，如高镍铸铁在海水中的腐蚀速率为 0.01~0.05mm/a，具体参见本书第6章相关材料。

其他铸铁，如高铬铸铁较高镍铸铁的耐蚀性差一些，而高硅铸铁在海水中的耐蚀性还不如高铬铸铁。

3) 碳钢及低合金钢。碳钢在海水中的耐蚀性较差，并且成分和组织的不均匀性都可引起局部腐蚀，特别是易引起点蚀。加入合金元素铬、钼、铜、铝后，即耐候低合金钢在海水中的耐蚀性会有改善，比碳钢的耐海水腐蚀性能更好一些。因此，选择碳钢和低合金钢在海水或海洋大气条件下使用时应慎重，尽可能不采用这些材料。

4) 不锈钢。不锈钢在海水中的腐蚀速率都比较低，但容易产生点蚀、缝隙腐蚀（相对于均匀腐蚀）。不锈钢耐海水的腐蚀主要是依靠钢表面钝化膜，而其表面钝化膜的稳定性、自我修复能力主要靠铬、钼、铜、镍、氮等合金元素的作用。所以，不锈钢成分中碳含量越低、铬含量越高，钼、铜、氮等合金元素的联合作用越好，其耐海水腐蚀性能越好。在不锈钢中，奥氏体不锈钢和奥氏体-铁素体不锈钢耐海水腐蚀性能最好，而奥氏体-铁素体（双相）不锈钢比奥氏体不锈钢耐海水腐蚀能力更好一些。奥氏体-铁素体（双相）不锈钢中，点蚀当量PREN值越高，其耐海水腐蚀性能越好。

目前，在海水和海洋大气条件下，不锈钢还是最常采用的金属材料，特别是奥氏体-铁素体（双相）不锈钢更是得到广泛应用。

在海水中应用时，某些海域海水含沙或其他硬质颗粒的比例较高，这种条件下，磨耗腐蚀成为主要问题。这时，采用沉淀硬化不锈钢，特别是马氏体沉淀硬化不锈钢，如05Cr17Ni4Cu4Nb 等是较好的选择，因为这类钢不但有接近于奥氏体不锈钢的耐蚀性，还可以通过热处理方法得到强化，具体参见本书第3章相关材料。

5) 铜及铜合金。铜及铜合金在海水中能生成一层腐蚀膜，这层膜使得铜及铜合金在海水中具有一定的耐蚀性。纯铜、青铜、黄铜、白铜在海水中的腐蚀类型主要是点蚀和缝隙腐蚀，点蚀的形态外貌呈斑状、坑状或溃疡状。另外，黄铜还能发生脱锌腐蚀，白铜会发生脱镍腐蚀。

铜及铜合金在海水中的电位较正，在与大多数金属接触时，其他金属会发生较严重的电偶腐蚀，具体参见本书第7章相关材料。

铜及铜合金密度大，铸造缺陷较多，所以其在海水中的应用逐渐有被奥氏体-铁素体（双相）不锈钢取代的趋势。

6）钛及钛合金。钛及钛合金在海水中也具有良好的耐蚀性，而且不易发生点蚀和缝隙腐蚀，具体参见本书第7章相关材料。

7）镍基和铁镍基耐蚀合金。在海水中都具有优良的耐均匀（全面）腐蚀、耐点蚀和耐缝隙腐蚀性能，具体参见本书第5章相关材料。

5. 硝酸腐蚀特征及选材

（1）硝酸腐蚀特征

硝酸是氧化性酸，随着温度和浓度的提高，其氧化性加剧。硝酸对各类金属材料都会产生程度不同的均匀（全面）腐蚀。与金属材料的均匀（全面）腐蚀随酸浓度的变化而变化的规律不同，如纯铝、高硅铸铁、钛等随酸浓度升高，腐蚀速率升高，当酸浓度达到某一极值时，腐蚀速率随酸浓度增加反而减少。而大多数金属材料，包括许多不锈钢和合金的腐蚀速率都随酸浓度升高而升高。

晶间腐蚀是硝酸的重要腐蚀类型，硝酸具有较强的晶间腐蚀能力，甚至会对晶间腐蚀不敏感的不锈钢也产生晶间腐蚀。

硝酸中含有 Cl^-（>0.1g/L）时，会使不锈钢加剧发生点蚀和缝隙腐蚀。

一些材料，特别是碳钢在96%以上浓度的硝酸中很快就会发生应力腐蚀，硝酸铵溶液会使18-8型奥氏体不锈钢产生应力腐蚀。

硝酸还会对奥氏体-铁素体（双相）不锈钢产生铁素体相的选择性腐蚀，包括焊缝中的δ铁素体相的腐蚀。

（2）硝酸腐蚀选材

硝酸具有很强的腐蚀性，属强氧化性介质，所以硝酸既有强腐蚀性又有强氧化性，因此，多数金属材料都能被硝酸迅速腐蚀，能够有效抵抗硝酸腐蚀的只有高硅铁、铝、钛、镍合金等。不锈钢在硝酸中的耐蚀性也是有限的，硝酸腐蚀产生的铬离子会很快加速腐蚀，并且，不锈钢在硝酸中还会产生晶间腐蚀。对大多数金属材料来说，硝酸的腐蚀随温度和浓度升高而加剧。

1）碳钢和普通铸铁在室温时，若硝酸浓度超过50%，则可成为钝态，浓度越高，钝化程度也越大。但是它们的钝化膜疏松、特别是难以形成大面积的均匀钝化膜，所以它们经不住硝酸的腐蚀，并且当浓度更高时还会产生晶间腐蚀。所以，在硝酸腐蚀中几乎不选用碳钢和普通铸铁。

2）高合金铸铁主要指高硅铸铁、高铬铸铁及高镍铸铁。高硅铸铁对硝酸有优异的耐蚀性。高硅铸铁可耐任意浓度的硝酸，但是在稀硝酸中，如果温度大于70℃，则其耐蚀性受影响。高硅铸铁在浓度高的热硝酸中耐蚀性甚至优于不锈钢。但高硅铸铁较脆、抗振动性能差，有时在使用上受到限制。高铬铸铁的组织属于白口铁组织，固溶体中的高铬含量提高了其电极电位，并使铸铁表面可以生成保护膜，所以在氧化性介质中有特别高的耐蚀性，可较好地应用在硝酸介质中，在浓度为30%~66%的硝酸中，常温下几乎不受腐蚀。高铬铸铁在硝酸中的耐蚀性接近于高铬不锈钢。高镍铸铁在任意浓度的硝酸中腐蚀迅速，不适用于硝酸，具体参见本书第6章相关材料。

3）不锈钢是在硝酸介质中常选用的材料，不锈钢中的铬超过一定含量后才能稳定钝化。

不同类型的不锈钢在硝酸中的耐蚀性也各有特点，在硝酸中的耐蚀性略有差别，主要规律是奥氏体不锈钢最好，铁素体不锈钢次之，马氏体不锈钢更差一些。

在室温条件下，马氏体不锈钢12Cr13对浓度不大于70%的硝酸都具有较强的耐蚀性，在20%~60%的浓度范围内，可在更高温度条件下使用。

铁素体不锈钢10Cr17Ti在常压沸点以下各种浓度的硝酸中都有较强的耐蚀性。

Cr13型马氏体不锈钢和Cr17型铁素体不锈钢对硝酸都有一定的耐蚀性且都可用，但是它们的工艺性能、焊接性、韧性等都较差，不如奥氏体不锈钢。所以，奥氏体不锈钢在硝酸介质中的应用更加广泛。

常见的18-8型奥氏体不锈钢在各种温度的稀硝酸中的耐蚀性都很好，但在温度超过常压沸点时耐蚀性较差。18-8型奥氏体不锈钢在浓硝酸中只能用于常温，不宜用于高温。另一种奥氏体不锈钢——含钼的奥氏体不锈钢虽然在硝酸中的耐蚀性与不含钼的奥氏体不锈钢相似，但是钼的存在会促进σ相形成，而σ相会受到浓硝酸的过钝化溶解，所以一般情况下含钼奥氏体不锈钢的应用较少，只有在硝酸中含有Cl^-时才使用，以提高抗点蚀能力。

当要求材料具有较高的强度时，还可用马氏体不锈钢14Cr17Ni2，其在浓度不高的稀酸中有足够的耐蚀性，并且可以通过热处理手段提高强度。

为了适应硝酸腐蚀材料的需要，我国还曾使用过一些尚未列入标准的不锈钢。其中0Cr5Al6NbTi和0Cr13Si4NbRe属铁素体不锈钢，只能应用于温度较低的浓硝酸中，而奥氏体不锈钢0Cr24Ni24Si4Ti可用于80℃的浓硝酸中，具有较好的耐蚀性。马氏体不锈钢ZG1Cr17Mn4Ti和1Cr17Mn4Mo在70℃、40%浓度的硝酸中的耐蚀性很好，且可通过热处理提高力学性能，强度比奥氏体不锈钢高近1倍。

需要指出的是，不锈钢在硝酸中具有优良的耐蚀性，即在硝酸中的均匀（全面）腐蚀速率低，但其有产生晶间腐蚀的危险。特别是经过500~900℃的温度区间加热或在较低温度下加热较长时间，都会敏化而产生晶间腐蚀，尤其是在焊缝热影响区更是易产生晶间腐蚀。为防止晶间腐蚀的发生，应采用超低碳型不锈钢或含稳定化元素钛、铌的不锈钢，具体参见本书第3章相关材料。

4）有色金属及合金。在常用的有色金属中，铝及铝合金可有限地应用在硝酸环境中，但其只有在浓度小于5%或浓度大于90%的硝酸中具有耐蚀性，且在浓硝酸中的耐蚀性更好一些，在其他浓度范围的硝酸中，其耐蚀性较差。

钛及钛合金是在硝酸中耐蚀性很好的常用金属材料，钛在低于沸点的所有浓度的硝酸中均有极好的耐蚀性。钛在发烟硝酸中的腐蚀速率极低，优于其他许多金属材料，钛在发烟硝酸中，当过量的NO_2超过2%而含水量不足（<2%）时可能引发爆炸，对这一点应引起注意。具体参见本书第7章相关材料。

5）镍基和铁镍基耐蚀合金。在镍基合金中，铬含量较高的镍铬钼合金在硝酸中均有较好的耐蚀性，属Hastelloy型合金。这类镍铬钼合金对硝酸具有很好的耐蚀性，可广泛用于硝酸或含硝酸的混合酸介质中。但是，有许多不锈钢也耐硝酸腐蚀，且价格比镍铬钼合金低廉，所以在一般情况下还是宜选不锈钢，有特殊情况时可考虑选用镍铬钼合金。

除上述金属和合金，还有更多合金可供选择，如锆、金、钽、铂等，但是这些金属均属贵重、稀缺金属，除非极特殊要求，一般不予选择。

6. 硫酸腐蚀特征及选材

（1）**硫酸腐蚀特征**

硫酸是腐蚀性很强的介质之一，酸中含有大量的氢离子，而很多金属和合金的电极电位低于氢的电极电位，所以，当它们遇到硫酸溶液时，就会迅速溶解。稀硫酸和浓硫酸的腐蚀性质又有很大差别，稀硫酸一般只具有酸性，而浓硫酸不仅具有酸性，而且还是强氧化剂。一些耐稀硫酸的材料在浓硫酸中会迅速发生腐蚀。在稀硫酸中如含有空气或其他氧化剂，也会使腐蚀加剧。也有一些不耐稀硫酸、但易于钝化的金属和合金，在浓硫酸中由于氧化产生保护层，因而具有耐浓硫酸的能力。随着温度和流速的升高，会使稀硫酸和浓硫酸的腐蚀加剧。在浓硫酸中生成的钝化膜在高温、高流速的条件下将受到破坏。

当硫酸的浓度、温度、杂质含量变化及混有其他酸时，都会对其腐蚀产生影响。当然，材料种类也对硫酸的腐蚀作用产生影响，有的适用于稀硫酸，有的则适用于浓硫酸。

任何金属材料在硫酸及其溶液中都会发生均匀（全面）腐蚀，只不过由于浓度、温度的不同，在腐蚀程度上有差异。如果硫酸中存在卤素离子（如 Cl^-、F^- 等），不仅会促进均匀（全面）腐蚀，还会引发点蚀、缝隙腐蚀、晶间腐蚀和应力腐蚀。

当硫酸及其溶液在高速流动时，特别是在湍流状态下，也会产生空泡腐蚀并加剧均匀（全面）腐蚀的程度。同样，当硫酸或其溶液中含有杂质、硬质颗粒时，也会发生腐蚀磨损。

（2）**硫酸腐蚀选材**

不同的材料在不同浓度的硫酸中各有不同的耐蚀性，微小的浓度差别有时可能会引起很大的腐蚀性质的变化。因此，在硫酸腐蚀环境中的材料选择应考虑各方面的条件。

1）普通铸铁和碳钢对浓硫酸有良好的腐蚀抵抗力，但不适用于浓度在 70%～80% 的稀硫酸，浓度越高，钢铁的腐蚀抵抗力越好，使用温度也可高达 60～80℃。钢铁在这一浓度和温度的硫酸中，表面能产生保护性的硫酸铁膜层。但是当硫酸的温度高于 80℃ 时，对钢铁材料的腐蚀又会加快，所以钢铁材料一般不用于高于 80℃ 的硫酸介质中。

稀硫酸对普通铸铁和碳钢的腐蚀很强，当酸浓度达 47% 左右时，腐蚀速率达到最高值。

铸铁不适用于浓度超过 100% 的发烟硫酸，可能是普通铸铁中的硅元素在三氧化硫作用下变脆的原因。而碳钢也不适用于浓度为 100%～102% 的发烟硫酸，却可用于浓度大于 102% 的发烟硫酸，但使用温度限制在不高于 60℃。

总之，在硫酸介质中可有限制地使用普通铸铁和碳钢，即普通铸铁和碳钢在上述适合的浓度、温度条件下可用于制作储槽和管道，但不适用于高速流动的硫酸，也不适用于温度超过 80℃ 的硫酸，还应注意，它们虽然可以用于浓硫酸，但由于硫酸吸水性较强，当储存浓硫酸的容器或管道长时间空置不用时，附着容器壁上的残酸会迅速吸收空气中的水分而变稀，腐蚀就变得严重了。具体参见本书第 2 章和第 6 章相关材料。

2）高硅铸铁对所有浓度和温度（至硫酸沸点）的硫酸都有优良的耐蚀性，是能同时抵抗稀硫酸和浓硫酸腐蚀的少有金属材料之一。在高温硫酸中均有较好的耐蚀性，适用于高温和轮流接触稀、浓硫酸的设备。但是，高硅铸铁在含有氟、氟化物、亚硫酸成分的硫酸中腐蚀严重，不可用。需要注意的是，高硅铸铁抗热振动性差、力学性能不好，在高温使用时，应尽量避免温度急速变化、骤热骤冷。

高硅铸铁可用于制作泵、阀零件及管和换热器等,具体参见本书第6章相关材料。

3) 高镍铸铁适用于中等温度、浓度在10%以下的极稀硫酸,且不能含有非氧化性硫酸盐、不充气。当提高温度、流速和空气含量时,会使腐蚀增大。高镍铸铁还适用于浓度为70%~100%、温度为70~100℃的浓硫酸,镍含量大于28%的高镍铸铁可适用于高温发烟硫酸。具体参见本书第6章相关材料。

4) 一般不锈钢在硫酸中处于不钝化状态,所以耐蚀性不好,在硫酸介质中选用的可能性很小。即使是铬镍奥氏体不锈钢,在硫酸介质中的使用范围也不大。提高奥氏体不锈钢中的镍含量或加入钼、铜等元素可改善钢在硫酸中的耐蚀性。铬镍奥氏体不锈钢可用于常温、浓度小于5%的稀硫酸或浓度大于90%的浓硫酸;含钼的奥氏体不锈钢在硫酸中的使用温度也不宜超过50~70℃;所有铬镍奥氏体不锈钢都不适用于中等浓度硫酸和发烟硫酸。

硫酸中用材选用普通不锈钢,在有限制条件下可用于制造泵、阀、管道、储槽等。

06Cr12Ni25Mo3Cu3Si2Nb是常用于硫酸介质中的奥氏体不锈钢,该钢虽然铬含量较低,但含有较高的镍及钼、硅、铜、铌等元素,其在中低浓度的硫酸中具有良好的耐蚀性。该钢可用于不超过硫酸沸点温度的、浓度低于50%的硫酸介质中。在浓度低于70%的硫酸中,该钢适用的温度高于06Cr18Ni18Mo2Cu2Nb、Incoioy825、Carpevter20Nb-3等材料的使用温度。该钢可用于浓度低于50%、温度不超过沸点的硫酸介质中的泵、阀、管道等设备。

奥氏体不锈钢虽然可有条件地应用在硫酸介质中,但其容易被氯离子侵蚀,不耐应力腐蚀。所以,一些铁素体不锈钢和奥氏体-铁素体(双相)不锈钢在硫酸介质中获得了应用。

某些铁素体不锈钢,尤其是一些超低碳的高纯铁素体不锈钢,在硫酸中的耐蚀性很好,在某些条件下甚至优于奥氏体不锈钢和一些耐蚀合金。

铁素体不锈钢00Cr28Ni4Mo2Nb在浓度低于98%的硫酸中,虽然耐蚀性略低于含硅的奥氏体不锈钢0Cr25Ni9Si7(2509Si7),但是当硫酸浓度高于98%后,不仅两者的耐蚀性已无差别,而且,随着浓度和温度的提高,00Cr28Ni4Mo2Nb的耐蚀性还会远远优于高铬镍钼氮的超级奥氏体不锈钢00Cr20Ni25Mo6N(1925hMo)和铁镍基耐蚀合金00Cr27Ni31Mo7CuN(3127hMo)。

奥氏体-铁素体(双相)不锈钢在硫酸介质中也有较好的耐蚀性,在某些条件下,其耐蚀性优于奥氏体不锈钢。在稀硫酸中奥氏体-铁素体(双相)不锈钢022Cr25Ni7Mo4N钢有良好的耐蚀性,尤其是在含氯离子的硫酸中其耐蚀性更为突出,甚至优于022Cr20Ni25Mo4.5Cu和022Cr20Ni18Mo6N等高合金奥氏体不锈钢。具体参见本书第3章相关材料

5) 对于铜和铜合金,由于其对充气作用和其他氧化条件比较敏感,在硫酸中的应用受到一定限制,但在非氧化性的稀硫酸中还是有一定的耐蚀性,但对浓度大于50%、温度大于60℃的硫酸耐蚀性差。锡青铜在80℃以下、浓度60%的硫酸中的耐蚀性尚可。硅青铜可承受稍强一些的腐蚀条件。在硫酸中应用较多的是铝青铜。在氧化性条件下也具有一定的耐蚀性。在铜合金中,NS-68合金(主要成分:$w(Ni)=8.0\%\sim10.0\%$,$w(Si)=2.0\%\sim3.0\%$,$w(Mn)=0.2\%\sim0.5\%$,$w(Fe)\leq1.0\%$,其余为铜)是一种耐高温、中等浓度硫酸的优良材料。NS-68铜合金在沸腾的40%浓度的硫酸中具有良好的耐蚀性。在其他试验的数据中已证实,NS-68铜合金在40%浓度硫酸中的耐蚀性良好,甚至优于一些镍基合金。NS-68铜合金可以用作非氧化性、浓度小于55%的高温硫酸介质中泵、阀及管道材料。具体参见本书第7章相关材料。

6) 对于钛和钛合金的分析如下。

纯钛在苛刻的硫酸腐蚀环境中不能稳定的钝化,所以,纯钛在浓度10%~98%的硫酸中是不耐蚀的,并且腐蚀速率随浓度和温度的提高而增加。纯钛不可用于硫酸中。但是,当硫酸中含有重金属离子或氧化剂时,纯钛的耐蚀性则明显提高。而在许多情况下和许多流程中,硫酸中会含有重金属离子或氧化剂,因此,钛的应用得到了重视。

当钛中含有某些合金元素,如钯、钼时,构成的钛合金在硫酸中的耐蚀性明显提高。同样含钼的钛合金在硫酸中的耐蚀性也有提高,其中 Ti-30Mo 和 Ti-32Mo 合金是在还原性介质中耐蚀性最好的钛合金。钛钼合金是在较高温度、中等浓度硫酸中具有实用价值的材料之一,但其脆性较大,更适合制作铸件。

与纯钛一样,钛钯合金和钛钼合金在含有重金属离子和氧化剂的硫酸中,其耐蚀性会更好。具体参见本书第7章相关材料。

7) 对于镍及镍合金的分析如下。

纯镍在硫酸中的耐蚀性与铜相似,适合在常温稀硫酸中使用,随温度升高腐蚀也加大,加入氧化剂(如铁离子、铜离子)后其腐蚀性也加大。所以,纯镍在硫酸中的应用并不广泛。但是,当镍中加入铜、钼、铬时,在硫酸中的耐蚀性显著提高。

① 镍铜合金。镍加入铜构成镍铜合金,铜的加入会提高镍在还原性硫酸中的耐蚀性,但会降低其在氧化性介质中的耐蚀性。

在不含空气(氧)的30℃硫酸中,Ni68Cu28Fe(Monel400)合金在浓度不超过85%的硫酸中都是耐蚀的。当浓度高于85%时,由于硫酸呈氧化性,因此其耐蚀性下降。同理,当硫酸中有空气存在时,Ni68Cu28Fe 合金的腐蚀速率升高,且在硫酸浓度为5%时出现最大值。硫酸的温度升高,Ni68Cu28Fe 合金的耐蚀性下降,当硫酸中有空气存在时,温度的影响更加突出。在60℃和95℃不含空气的硫酸中,Ni68Cu28Fe 合金的耐蚀极限浓度为65%。在沸腾的硫酸中,Ni68Cu28Fe 合金的耐蚀浓度应不超过15%。提高硫酸的流速一般会加速腐蚀,特别是当有磨蚀时更加严重。

当硫酸中含有氢氟酸或氢氟硅酸,以及有汞盐时,Ni68Cu28Fe 合金可能出现应力腐蚀,所以选择使用时应对材料进行去应力处理。

该类合金在还原性(低浓度)的硫酸介质中耐蚀性较好,而在强氧化性(高浓度)的硫酸介质中腐蚀速率剧增。

总之,镍铜合金适用于不充空气、浓度不超过80%的稀硫酸,不适用于充气的硫酸。适用的温度界限是:浓度80%左右的硫酸,可用于50℃以下;浓度60%的硫酸可用于80~90℃;浓度15%左右的硫酸可用于沸点以下。

② 镍铬合金。镍中加入铬构成镍铬合金。铬的加入可提高镍的耐蚀性,特别是氧化性酸中的耐蚀性。有证据表明,随铬含量的提高,合金的钝化电流降低,钝化区范围扩大,可见铬的加入显著利于镍耐硫酸腐蚀性能的提高。在稀硫酸中,当镍中的铬含量达到某一数值(≥15%)时更具有了活化-钝化行为,耐蚀性会有显著的提高。

Inconel600 合金 [$w(Ni)$ = 71%~78%,$w(Cr)$ = 14%~17%,$w(Fe)$ = 6%~10%,$w(C)$ ≤0.15%] 在室温条件下,对任何浓度的硫酸都具有良好的耐蚀性。

总之,镍铬合金在浓度不超过10%的硫酸中有良好的耐蚀性,使用温度可以更高一些,而对其他浓度的硫酸只适用于室温。

③ 镍钼合金。镍中加入钼构成镍钼合金。钼的加入对镍在硫酸介质中的电化学行为产生影响，从而对耐蚀性产生影响。随着钼含量提高，合金钝化电流降低，钝化区范围扩大，有利于提高镍钼合金在硫酸中的耐蚀性。

以镍钼合金 0Cr28Ni65Fe5（HastelloyB 合金）为例，在不充空气和非氧化性的稀硫酸中，该合金的耐蚀性是非常好的，可应用的浓度、温度范围较宽；在高浓度的硫酸中耐蚀性也很好；但在热的稀硫酸中耐蚀性较差。

碳含量比 HastelloyB 更低的镍钼合金 HastelloyB-2 在硫酸介质中的使用范围可以更宽。

钼含量更高一些的镍钼合金 Chloriment2 [$w(Mo) = 30\% \sim 33\%$，$w(Ni) \approx 63\%$] 在硫酸中的耐蚀性更好。

④ 镍铬钼合金。在镍中同时加入铬和钼（有的还可加入其他元素，如钨、钛等）构成镍铬钼合金，该合金比镍铬合金和镍钼合金有更好的耐蚀性，在硫酸中有更优良的耐蚀性。并且，随铬、钼等元素含量增加，耐硫酸腐蚀性能更好。

0Cr16Ni60Mo16W4（HastelloyC）合金是具有代表性的镍铬钼合金，在室温或略高于室温的条件下，该合金对任何浓度的硫酸都是耐蚀的。但在通气的情况下，该合金的耐蚀性下降。试验还表明，该合金在室温或略高于室温时在发烟硫酸中也是耐蚀的。

与 0Cr16Ni60Mo16W4（HastelloyC）合金相似的另外几种镍铬钼合金，如 0Cr18Ni62Mo18（Chlorimet3）、0Cr21Ni42Mo3Cu2（Incoloy825）、00Cr22Ni50Mo6（HastelloyF）、0Cr22Ni50Mo6CuNb（HastelloyG）00Cr16Ni60Mo16W4（HastelloyC-276）在硫酸中都有较好的耐蚀性，甚至耐蚀性更优秀。它们在各种浓度的硫酸中均有较好的耐蚀性。

00Cr16Ni60Mo16W4（HastelloyC-276）合金在含氯离子的硫酸中也有较好的耐蚀性。大多数镍铬钼合金在发烟硫酸中也有较好的耐蚀性。

综上所述，镍铬钼合金在硫酸（包括含氯离子的硫酸）、发烟硫酸中均有良好的耐蚀性。

在浓度低于30%和浓度高于80%的同类介质中，镍铬钼合金可在更高温度（大于50℃）条件下使用，而对浓度低于25%的硫酸甚至可以使用到沸点温度。

铬含量更高（$w_{Cr} = 23\% \sim 24\%$）的镍铬钼合金可耐浓度 35%~50% 的沸腾硫酸的腐蚀，也可用于90℃以下的发烟硫酸。与镍铬合金和镍钼合金相比，镍铬钼合金更适合氧化性硫酸。具体参见本书第5章相关材料。

除上述各类金属和合金，还有更多合金可供选择，如铅、钽、铂等。但在实际应用选择时，应考虑多方面情况。

7. 盐酸腐蚀特征及选材

（1）盐酸腐蚀特征

盐酸的还原性很强，以至于许多钝化型金属（如铅、纯钛和不锈钢等）都难以钝化而受到严重腐蚀。盐酸会对奥氏体不锈钢产生点蚀、缝隙腐蚀及应力腐蚀，特别是盐酸中含有铜盐或铁盐等盐类时尤其严重。盐酸及其溶液对于敏化态的不锈钢和合金同样会产生晶间腐蚀。

（2）盐酸腐蚀选材

盐酸是还原性强酸，是腐蚀性最强的介质之一。因大多数金属的标准电极电位都低于氢的标准电极电位，所以，它们与盐酸接触时便产生强烈的放氢性腐蚀。许多常用的钝化型金属（如铝、钛和不锈钢等）在盐酸中都难以钝化，只有一些贵金属和少数合金对盐酸有较好的耐蚀性。

1）碳钢和普通铸铁。一切浓度和温度的盐酸溶液，包括湿盐酸气，对碳钢和普通铸铁都会产生严重腐蚀，所以，在盐酸介质中不可选用碳钢和普通铸铁。

2）高合金铸铁。普通高硅铸铁对常温下的盐酸，以及65℃以下、浓度10%以下的稀盐酸有一定的耐蚀性，但是，含钼的高硅铸铁在盐酸中的耐蚀性更好。含钼的高硅铸铁在盐酸中有显著的钝化作用，开始时腐蚀速率可能很高，但随后迅速下降，其对中等温度以下的一切浓度盐酸都有良好的耐蚀性，但在沸腾的浓盐酸中腐蚀严重，其适合于65~80℃的浓盐酸。高镍铸铁只能用于极稀的常温盐酸溶液中，在这种情况下，高镍铸铁优于普通铸铁；而在浓度10%以上或高温下的盐酸中，腐蚀严重、不可用。具体参见本书第6章相关材料。

3）不锈钢。一般不锈钢只有在很稀的盐酸中才能钝化，因此，一般不锈钢基本不适用于盐酸介质。含钼的铬镍奥氏体不锈钢也只能用于极稀的盐酸，如在常温下用于浓度2%~3%的盐酸，在50℃时可用于浓度1%的盐酸，在75℃可用于浓度0.5%的盐酸。不锈钢中加入钼和铜，在盐酸中的腐蚀速率可有限地改善。提高不锈钢中的镍含量可显著提高其在盐酸中的耐蚀性，高合金不锈钢在盐酸中的耐蚀性也不是很好，但对常温稀盐酸有一定的耐蚀性。

虽然不锈钢在盐酸中的耐蚀性不是很好，但可在有限范围内选用。总之，铬不锈钢和铬镍不锈钢对任意浓度和温度的盐酸耐蚀性较差，不太适用。含钼的铬镍不锈钢也只能用于极稀的盐酸，但其在盐酸中易发生点蚀。具体参见本书第3章相关材料。

4）有色金属及合金。盐酸对有色金属及合金的腐蚀性也很强。纯铜只在很稀的室温盐酸中有一定的耐蚀性。纯铝在盐酸中的耐蚀性也很差。加入铝或硅的铝铁青铜和硅青铜可在室温下各种浓度的盐酸中有一定的耐蚀性。纯钛仅在温度不高的稀盐酸中有一定的耐蚀性，一般可用于室温、浓度7.5%，60℃、浓度3%和100℃、浓度0.5%的盐酸中。具体参见本书第7章相关材料。

5）镍基及铁镍基耐蚀合金。镍及镍合金在盐酸中有较好的耐蚀性，但因其所含合金元素种类、数量不同，在耐盐酸腐蚀性能方面也有差别。

① 镍和镍铜合金对稀盐酸有较好的耐蚀性，在浓度低于10%的稀盐酸中，镍比镍铜合金的耐蚀性要好一些，但在通入空气的盐酸中耐蚀性均降低。随盐酸温度和浓度升高，腐蚀速率也会升高。一般来说，对于不充气的盐酸，镍只适用于浓度低于20%的盐酸，镍铜合金只适用于浓度低于10%的盐酸；对于充气的盐酸，均适用于浓度不大于5%的稀盐酸。但在沸腾温度下，即使盐酸浓度很稀也都不耐蚀。

镍和镍合金在盐酸中不产生应力腐蚀，但不能用于氧化性的酸性氯化物盐类溶液。

② 镍铬合金。对常温的浓度不大于10%的稀盐酸有一定的耐蚀性，其耐蚀性不如镍和镍铜合金。镍铬合金在盐酸和酸性氯化物溶液中不会产生应力腐蚀，但不耐氧化性的酸性氯化物溶液。

③ 镍铬钼合金，即哈氏合金，其在盐酸中的耐蚀性最好，适用于各种浓度的盐酸，特别是$w(Mo)>16\%$后的效果更明显，如在这类合金中，0Mo28Ni65Fe5（HastelloyB）虽然几乎不含铬，但因钼含量高，所以在盐酸中的耐蚀性优于0Cr16Ni60Mo16W4（HastelloyC）

而超低碳型的镍铬钼合金00Mo28Ni68Fe2（Hastelloy B-2）不仅在盐酸中有很好的耐均匀（全面）腐蚀性能，即使在敏化态也具有耐盐酸晶间腐蚀性能。

镍铬钼合金00Mo28Ni68Fe2（Hastelloy B-2合金）可用于浓度不大于20%的稀盐酸，而在较高温度下腐蚀速率很大。试验表明，在浓度5%的沸盐酸中腐蚀速率为15mm/a；而在浓度10%~37%的盐酸中，在50℃时的腐蚀速率为0.8~1.5mm/a，温度达到70℃时的腐蚀速率上升至1.3~1.7mm/a。但该合金对于氧化性的酸性盐类溶液（如氯化铁、氯化铜溶液）有良好的耐蚀性。

8. 磷酸腐蚀特征及选材

（1）磷酸腐蚀特征

磷酸依据浓度和所含杂质种类和数量的不同，对材料造成的腐蚀也有差异。磷酸有时会含有其他酸及一些腐蚀性杂质（如F^-、Cl^-等）。所以，磷酸对材料的腐蚀也是多类型的。

磷酸对大多数材料会产生均匀（全面）腐蚀，其腐蚀程度与浓度和温度有关，也取决于活性杂质SO_4^{2+}、F^-、Cl^-的含有情况。

当磷酸中含有氯化物时，氯化物常以氯离子形式存在，因此会对不锈钢产生点蚀，所产生的点蚀不仅和温度、氯化物浓度有关，还与是否含有硫酸、二氧化硅等有关，当然也会产生缝隙腐蚀。

磷酸含有氯化物、氟化物、稀硫酸时，特别是在较高温度下，对不锈钢会产生晶间腐蚀。

在多数情况下，磷酸可能含有固体粒子、结晶物等，所以对高速运转的部件会产生磨耗腐蚀。

总之，磷酸对金属材料可能产生的腐蚀是复杂和多样的，主要取决于磷酸的具体情况。

（2）磷酸腐蚀选材

磷酸是腐蚀性较强的介质。磷酸的腐蚀性随浓度、温度、杂质含量的增加而增大，纯磷酸选材还比较简单，但实际上，许多原因使磷酸中混有杂质，如氟化物、氯化物、硫酸等，这些杂质的存在增加了磷酸对金属材料的腐蚀性，也使选材变得复杂。

1）碳钢和普通铸铁。碳钢和普通铸铁不耐磷酸腐蚀，它们在磷酸中的腐蚀速率很高，不适用。偶尔在浓度70%~85%的磷酸中使用，但还需要加入缓蚀剂。

2）高合金铸铁。高硅铸铁与磷酸作用时，在表面会生成坚韧而致密的氧化硅保护膜，所以高硅铸铁在较纯的磷酸中可耐任意浓度和温度条件下的磷酸腐蚀。但其在含有杂质（如氟化氢、氟化硅等）的磷酸中会产生腐蚀。不过，因其耐磨损能力极好，所以是常选用的材料之一。

高镍铸铁的耐磷酸腐蚀能力不如高硅铸铁，其仅在室温下的不充气稀磷酸（浓度<5%）和浓度50%~70%的中等浓度磷酸中有一定的耐蚀性；充气和高温都会使腐蚀增加，而且其价格较高，故在实际应用中较少。具体参见本书第6章相关材料。

3）不锈钢。不锈钢在磷酸中的应用情况，随环境和不锈钢类别不同而呈现不同结果，随着浓度和温度的升高，磷酸对不锈钢的腐蚀性增强，搅拌和流动也会增强腐蚀性。铁素体和马氏体不锈钢只耐充气的稀磷酸，在浓度80%以上的磷酸中也有一定的耐蚀性。

铬镍奥氏体不锈钢在稀磷酸中也有一定的耐蚀性，在铬镍奥氏体不锈钢中，铬镍钼奥氏体不锈钢的耐磷酸腐蚀能力最好，适用于浓度50%以下的沸腾酸和浓度50%~85%的100℃

左右的热磷酸，也可用于含有微量硫酸的磷酸；而不含钼的铬镍奥氏体不锈钢可耐浓度5%以下的沸腾磷酸和浓度10%的常温磷酸。特别是高合金铬镍奥氏体不锈钢对磷酸的耐蚀性更好，其对任意浓度和高温的磷酸都有良好的耐蚀性，甚至对磷酸中含有少量氟离子及石膏泥浆的腐蚀也不受影响，具体参见本书第3章相关材料。

4）有色金属和合金。铜和铜合金对不充气的磷酸一般都有较好的耐蚀性，浓度的影响不大，在100℃以下，腐蚀速率都较低；但超过100℃后，腐蚀速率可增大5倍，充气作用使腐蚀速率增大10~100倍。在多数条件下，磷酸不含或只含少量空气，所以铜和铜合金也常被使用。

钛对常温下的磷酸有一定的耐蚀性，在温度为35℃、浓度达30%的充气磷酸中，钛比较稳定，当温度升高后，其耐蚀性降低，具体参见本书第7章相关材料。

5）镍基及铁镍基耐蚀合金。镍和镍合金对磷酸都具有良好的耐蚀性，但不同种类、成分的镍合金耐磷酸腐蚀的能力有所不同。

① 对于镍铜合金，一般认为，其可耐不含氧和氧化剂、105℃以下的磷酸腐蚀。试验表明，在50℃以下的磷酸中，其腐蚀速率≤0.05mm/a；在105℃以下的磷酸中，其腐蚀速率≤0.25mm/a；充入空气将加速腐蚀。

② 镍铬合金对常温下所有浓度的磷酸都有一定的耐蚀性，但在热而浓的磷酸中腐蚀严重。

③ 镍钼合金和镍铬钼合金统称Hastelloy合金，它们对所有浓度的磷酸都有优良的耐蚀性，温度可达到沸点，一般在常温、浓磷酸中的腐蚀比在稀磷酸中更小些，在常温、浓度85%的磷酸中几乎觉察不出腐蚀。磷酸中如果含有氧化性杂质，如三价铁离子，则会增大对这类合金的腐蚀，特别是对不含铬的合金腐蚀较大，而磷酸中存在氟离子影响不大。具体参见本书第5章相关材料。

9. 乙酸（醋酸）腐蚀特征及选材

（1）乙酸（醋酸）腐蚀特征

醋酸属有机酸。由于它的离解程度比无机酸小，因此其腐蚀性一般小于无机酸。

依据醋酸浓度、温度、所含物的不同，其产生的腐蚀类型和程度有差异，当然，也与采用的材料种类有关。

无水乙酸（冰醋酸）在接近无水的条件下，醋酸中会产生醋酐，这时对铝、不锈钢都会产生较严重的腐蚀。当醋酸中通入空气（或氧）或含有氧化剂时，会使铝减少腐蚀。当含有重铬酸盐、铜盐、铁盐及通入空气和氧气时，会减缓对不锈钢的腐蚀。

当醋酸中含有氯离子时，会对铝和不锈钢产生点蚀和缝隙腐蚀。而醋酸被氨或汞污染后会使黄铜产生应力腐蚀和腐蚀疲劳。当醋酸中含有硫酸、盐酸等还原性物质时，会减缓对铜的腐蚀，但同时会加剧对不锈钢的腐蚀。化学纯醋酸不会对不锈钢产生晶间腐蚀，但工业醋酸会对不锈钢产生晶间腐蚀。

综上所述，各种醋酸对金属材料的腐蚀是复杂的、多类型的，因此，在醋酸中采用的材料应依据具体情况确定。

（2）醋酸腐蚀选材

醋酸是腐蚀较强的有机酸，但比无机酸弱。醋酸能使钝化型金属具有钝化和活化行为，当含有氧化剂时能促进钝化，提高温度会促进活化。醋酸对钢铁腐蚀严重。在醋酸中有较好耐蚀性的金属有铬镍不锈钢、高硅铁、镍铜合金等。

1）普通铸铁。普通铸铁在任意浓度和温度的醋酸中的腐蚀速率都很高，只有在露点以上的醋酸蒸气中尚有一定的耐蚀性。可见，普通铸铁只有在室温条件下极稀的醋酸中才略显一点耐蚀性。

2）高合金铸铁。高合金铸铁类型不同，在耐醋酸腐蚀能力上也有差别。

① 高硅铸铁　对沸点以下任意浓度的醋酸、醋酸蒸气和醋酐都有优良的耐蚀性。醋酸中的杂质和含氧量对硅铸铁的耐蚀性都没有大的影响，甚至可以用于130℃的醋酸。

② 高铬铸铁在温度不太高的醋酸中有足够的耐蚀性。

③ 高镍铸铁仅限于浓度10%以下不充气的稀醋酸，其中含铜的比不含铜的高镍铸铁有更好的耐蚀性。具体参见本书第6章相关材料。

3）不锈钢。不锈钢在醋酸介质中应用较广泛。铁素体不锈钢只适用于室温条件下的醋酸，在浓度≤5%或≥95%的醋酸中使用温度可更高一些。在5%~95%的宽泛浓度范围内，只可用于不大于20℃的温度条件。

铬镍奥氏体不锈钢在醋酸中均有较优良的耐蚀性。特别是含铜的奥氏体不锈钢和高合金不锈钢在醋酸中更具有优良的耐蚀性。高合金不锈钢在沸点以下的任意浓度的醋酸中，在热醋酸蒸气中的腐蚀都很轻微，在高温高浓度的醋酸中的耐蚀性优于普通不锈钢。铬镍奥氏体不锈钢可用于80℃以下、各种浓度的醋酸中，而加钼后可显著提高其在醋酸中的耐蚀性，可以耐常压、沸点以下温度、各种浓度的醋酸腐蚀。但应注意，醋酸对不锈钢有一定的晶间腐蚀能力。具体参见本书第3章相关材料。

4）有色金属和合金。

① 铜和铜合金对任意浓度的不充气醋酸都具有耐蚀性，对稀酸可耐至沸点温度；充气作用会使腐蚀加大。经验证明，纯铜比铜合金在醋酸中的耐蚀性更好。但铜在醋酸中可能产生点蚀，黄铜在醋酸中可能产生脱锌腐蚀。

② 铝在稀醋酸中的腐蚀速率较高，而在温度不太高的浓醋酸中有较好的耐蚀性。醋酸中所含杂质的含量对铝的腐蚀影响较大，如含有甲酸、醋酐、氯离子等均会加剧铝的腐蚀。另外铝在流动醋酸中的耐冲蚀能力差，不如不锈钢。

③ 钛和钛合金对任意浓度的醋酸、醋酸蒸气和醋酐都有非常优良的耐蚀性，使用温度可达沸点以上，腐蚀速率均在0.1mm/a以下。具体参见本书第7章相关材料。

5）镍基及铁镍基耐蚀合金。镍基及铁镍基耐蚀合金在醋酸中均有良好的耐蚀性。其中，镍、镍铜合金和镍铬合金对常温条件下任意浓度的不充气醋酸都有良好的耐蚀性，升温和充气作用会使腐蚀加剧。

镍铬合金对稀醋酸的耐蚀性非常好，使用温度可至沸点，而对不充气醋酸只可用于室温。其对常温、浓度10%以上的较浓醋酸有一定的耐蚀性，对热浓醋酸不耐蚀。

镍铜合金在醋酸中的耐蚀性优良，而镍合金中的镍钼合金和镍铬钼合金（即Hastelloy合金）在醋酸中的耐蚀性更优秀。此类合金对任意温度和浓度的醋酸（不论充气与否）及醋酐、醋酸蒸气都有非常好的耐蚀性。尤其是镍铬钼合金，可用于醋酸腐蚀最严重的环境中，在氧化状态下的耐蚀性特别好，在还原性条件下也较好。具体参见本书第5章相关材料。

除上述材料外，在醋酸中耐蚀性较好的金属材料还有钽、银等。

10. 氟化氢和氢氟酸腐蚀特征及选材

（1）氟化氢和氢氟酸腐蚀特征

氢氟酸是强腐蚀介质之一。氢氟酸的腐蚀有其特殊性。金属在氢氟酸中的腐蚀大多数都是严重的，多数具有优良耐蚀性的材料都不耐氢氟酸腐蚀。含硅的材料也不耐氢氟酸腐蚀，因为硅极易与氟氢酸反应生成 SiF_4。

（2）氟化氢和氢氟酸腐蚀选材

金属在氟化氢气体中也易腐蚀，各种金属在氟化氢气体中的耐蚀性依赖于金属表面氟化物的稳定性，金属中若含有铌、钛、硅、钼、钨、钽等元素时，会生成不稳定的氟化物，从而降低耐蚀性。因为这些氟化物有挥发性或者熔点极低。只有铝和镁与氟化氢生成的 AlF_3 和 MgF_2 熔点分别为 1040℃ 和 1260℃，所以铝和镁对氟化氢有较好的耐蚀性，但这两种金属的力学性能和工艺性不良，使用受到限制。

1）碳钢和普通铸铁。碳钢可以广泛应用于浓度 60%～70% 的氢氟酸和无水氟化氢，但温度不宜超过 65℃。不充气的氢氟酸腐蚀性还小一些。稀氢氟酸（浓度低于 60%）的腐蚀性很大，根据试验结果表明，碳钢在 21℃、浓度 93% 的氢氟酸中腐蚀速率只有 0.9mm/a，而在浓度 48% 的酸中腐蚀速率达 13mm/a。碳钢的碳含量越低，耐氢氟酸性能越好。碳钢对浓氢氟酸耐蚀的原因是表面会生成钝化膜。

一般认为，普通铸铁不适用于氢氟酸，虽然有些数据表示铸铁也耐浓氢氟酸腐蚀，但实际上应用很少。

2）高合金铸铁。高硅铸铁中硅含量高，易生成极易挥发的 SiF_4，所以不耐氢氟酸腐蚀，也不适用于含游离氟离子的溶液。高镍铸铁也只可用于常温下、浓度不大于 10% 的氢氟酸。具体参见本书第 6 章相关材料。

3）不锈钢。几乎所有的不锈钢都不适用于氢氟酸，因为氢氟酸可以破坏不锈钢表面的钝化膜；但不锈钢可用于室温条件下的无水氟化氢。高合金不锈钢在氢氟酸中的耐蚀性略好一些，但也不是常选用的金属材料。

4）有色金属及合金。铜及铜合金对各种浓度的氢氟酸均有良好的耐蚀性，对较稀的氢氟酸可耐蚀至沸点温度，对常温下的浓氢氟酸也有较好的耐蚀性，但随酸中的充气作用，腐蚀加大，在过饱和空气的氢氟酸中一般不使用铜及铜合金。铝和铝合金、钛和钛合金一般不用于氢氟酸中，特别是钛和钛合金在氢氟酸中腐蚀严重。具体参见本书第 7 章相关材料。

5）镍基及铁镍基耐蚀合金。镍对于室温、浓度 60% 以下的氢氟酸有良好的耐蚀性，但不适用于高温浓氢氟酸，对无水氟化氢有较好的耐蚀性。

① 镍铜合金能耐任意浓度的氢氟酸（包括无水氟化氢），温度可达 120℃，但酸内充气或含氧化剂时，腐蚀加重；酸中含有氟硅酸时，可产生应力腐蚀。镍铜合金（蒙乃尔合金）在氢氟酸中的适应性比较强。

② 相对于镍铜合金，镍铬合金在氢氟酸中的耐蚀性差一些，只能耐浓度 10% 以下的氢氟酸和无水氟化氢，但其价格较贵，实际中较少应用。

③ 镍钼合金和镍铬钼合金对任意浓度的氢氟酸和无水氟化氢都具有良好的耐蚀性，酸中是否充气都无大影响，只是对不充气的氢氟酸的使用耐蚀温度会更高一些，可达 100℃。一般镍钼合金用于还原状态，而镍铬钼合金用于氧化状态。具体参见本书第 5 章相关材料。

耐氢氟酸腐蚀的金属材料还有铂、银等。

11. 二氧化硫（亚硫酸）腐蚀特征及选材

（1）二氧化硫（亚硫酸）腐蚀特征

气态和液态二氧化硫随其所含水分不同，腐蚀性有很大差别，干二氧化硫基本不含水分，腐蚀性很弱。湿二氧化硫是指潮湿的二氧化硫气体和二氧化硫水溶液（即亚硫酸），具有强烈的腐蚀性。

（2）二氧化硫（亚硫酸）腐蚀选材

理论上一切金属对干二氧化硫都有优良的耐蚀性，温度可达材料在空气中适用的温度上限。对湿二氧化硫，不锈钢、铝、铅、铜、钛等都有很好的耐蚀性。但高硅铸铁、镍和镍合金却不耐湿二氧化硫和亚硫酸的腐蚀。

1）碳钢和普通铸铁。碳钢和普通铸铁适用于任何温度的干二氧化硫，但在湿二氧化硫气体、二氧化硫溶液、亚硫酸溶液中的腐蚀很大，不可应用。

2）高合金铸铁。高硅铁（包括含钼高硅铁）可耐干二氧化硫腐蚀，但不耐湿二氧化硫和亚硫酸腐蚀。高镍铸铁可用于干二氧化硫，不耐湿二氧化硫和亚硫酸的腐蚀。具体参见本书第6章相关材料。

3）不锈钢。铬不锈钢不耐湿二氧化硫和亚硫酸的腐蚀。铬镍不锈钢对于二氧化硫和含水汽的二氧化硫有很好的耐蚀性，但超过65℃后，腐蚀显著增加，应慎重选用。铬镍钼不锈钢的耐蚀性更好一些，可用于含硫酸和亚硫酸的条件。高合金不锈钢耐二氧化硫和亚硫酸腐蚀的性能较好，使用温度可达480℃，可在430℃以下长期使用。工厂中输送亚硫酸用泵的过流部件采用高合金不锈钢效果极好。对于含有二氧化硫的各种腐蚀性液体均可采用高合金不锈钢。具体参见本书第3章相关材料。

4）有色金属及合金。

① 铝和铝合金对硫和硫化物的耐蚀性一般都很好，可广泛应用于硫、二氧化硫、亚硫酸（浓度<10%稀酸），但不适用于浓亚硫酸和硫酸介质。

② 铜和铜合金（黄铜除外）对干二氧化硫有较好的耐蚀性，对常温的湿二氧化硫和亚硫酸有一定的耐蚀性。但当二氧化硫浓度较高，特别是含有水分时，因可能产生硫酸成分，铜及铜合金会产生较严重腐蚀。

③ 钛及钛合金耐任意浓度的亚硫酸和湿二氧化硫气体的腐蚀。但因价格较高，一般很少采用。具体参见本书第7章相关材料。

④ 铅和铅合金对干、湿二氧化硫和亚硫酸都具有良好的耐蚀性。

5）镍及镍合金。依据化学成分和种类不同，在二氧化硫及亚硫酸介质中的耐蚀性特点略有差别。镍铜和镍铬合金对干二氧化硫气体的耐蚀性很好，但当温度超过316℃时，可能会产生晶间腐蚀和金属脆化。对浓度大于0.3%的亚硫酸溶液不耐腐蚀。

镍钼和镍铬钼合金对二氧化硫、亚硫酸、亚硫酸盐溶液都有良好的耐蚀性。具体参见本书第5章相关材料。

12. 硫化物、硫化氢腐蚀特征及选材

（1）硫化物及硫化氢腐蚀特征

硫、硫化氢（H_2S）、硫化物对钢铁材料经常发生极为严重的硫化物腐蚀。硫化物应力腐蚀在石油、天然气工业中常有发生。在硫化物应力腐蚀中，硫化氢腐蚀起着主导作用，而硫化物应力腐蚀的本质是氢脆。

硫化氢水溶液（即硫化氢与水共存时）对钢材会发生严重腐蚀。钢材在硫化氢水溶液中的腐蚀为电化学反应，这种反应导致钢材可能发生各种类型的腐蚀。

硫化氢对金属材料会产生均匀（全面）腐蚀，其腐蚀特征是腐蚀产物具有成片、分层、易碎、多孔性，呈层状剥落，对金属破坏较严重。

相对而言，硫化物应力腐蚀是对材料更严重的破坏。硫化物应力腐蚀的特征是：属于低应力下的破坏，多发生在设备使用初期，甚至在无任何预兆的情况下突然发生脆性断裂。

温度、浓度、pH值、压力等条件对硫化物应力腐蚀都有影响。

（2）硫化物及硫化氢腐蚀选材

硫化氢属强腐蚀介质，硫化氢对金属的腐蚀是以 $H_2S-CO_2-Cl^--H_2O$ 的复杂介质系统中完成的，其中 H_2S 对腐蚀起主导作用；CO_2 起到促进腐蚀的作用；H_2O 是发生腐蚀的必要条件，即 H_2S 只有与水共存时才对钢材发生腐蚀作用。

硫化氢水溶液对金属材料可产生均匀（全面）腐蚀、硫化物应力腐蚀，在有 Cl^- 存在时还会产生点蚀等。

所以，在为硫化氢产生的腐蚀选材时，应充分考虑各方面的条件。对一些材料还应采用合适的热处理。

依据不同条件，可选择碳钢（如15钢、35钢、45钢等）、合金钢（如15CrMo、25CrMo、35CrMo等）、不锈钢（如12Cr13、20Cr13、06Cr19Ni10、30Cr17Ni7Mo2N等）。主要是要采用正确的热处理，控制硬度不大于22HRC（240HBW），以防止发生应力腐蚀。

13. 碱腐蚀特征及选材

（1）碱腐蚀特征

碱，通常有氢氧化钠、氢氧化钾、氢氧化钡、氢氧化锂等。碱在常温条件下产生的腐蚀不太严重，但在高温和有应力存在的条件下，会对许多金属产生严重腐蚀。特别是当浓度高于30%、温度高于80℃时，钢铁的腐蚀迅速增加，温度越高，腐蚀越严重，承受应力的部件就越容易发生危险的应力腐蚀，俗称"碱脆"。

（2）氢氧化钠腐蚀选材

氢氧化钠俗称烧碱，是一种强碱，在常温下腐蚀不严重，但在高温下对许多金属会产生严重腐蚀，在有应力情况下的零件易发生应力腐蚀（碱脆）。

在金属中，银耐氢氧化钠腐蚀的性能很好，其次是镍及镍合金。

1）碳钢和普通铸铁。碳钢和普通铸铁对常温、低浓度的碱液有良好的耐蚀性，因为铁可以在表面形成钝化膜，特别是在80℃以下的稀碱液（浓度<50%）中耐蚀性较好，其中浓度范围0.1%~40%的腐蚀速率非常低。随着碱液温度和浓度的升高，腐蚀速率也增大，数据表明，在65℃、浓度50%的氢氧化钠中的碳钢腐蚀速率约为0.2mm/a，而在105℃、浓度70%的氢氧化钠中腐蚀速率为1.5mm/a，在熔融烧碱（约400℃）中的腐蚀速率高达10~20mm/a。当碳钢件存在应力时，会产生应力腐蚀，几乎在浓度5%以上的氢氧化钠中都可以产生晶间应力腐蚀（碱脆），在浓度30%左右更敏感、碱脆一般发生60℃以上区间。

2）高合金铸铁。高硅铸铁、高铬铸铁、铝铸铁、耐碱铸铁尤其是高镍奥氏体铸铁在碱液中的耐蚀性都比普通铸铁好。高硅铸铁在常温、浓度低于70%的氢氧化钠中腐蚀速率不大，大约在1mm/a以下；超过室温时的腐蚀速率很高，不宜使用高硅铸铁。

镍加入钢铁内可以大大提高耐碱蚀性，当 $w(Ni) = 20\% \sim 30\%$ 时，耐碱蚀性明显提高，对 150℃ 以下、浓度 70% 的碱液至无水的熔融氢氧化钠都有较好的耐蚀性。数据表明，铸铁中只要加入 3%～5% 的镍，在碱中的腐蚀速率下降近 50%。具体参见本书第 6 章相关材料。

3）不锈钢。不锈钢在碱溶液中具有活化-钝化行为，提高碱液的浓度和温度会促使活化。

铬不锈钢仅在稀碱液中有一定的耐蚀性。在高温碱液中容易产生均匀（全面）腐蚀和局部腐蚀，所以很少应用。

铬镍奥氏体不锈钢适用于中等浓度和中等温度的碱液，一般用于 90℃ 以下的稀碱液中。随着不锈钢中镍含量的提高，其耐蚀性明显提高。不锈钢在碱液中也会产生应力腐蚀，主要发生在高温环境中，甚至在没有氧的情况下也能发生。不锈钢中产生的碱脆既有沿晶开裂，也有穿晶开裂（多在高温和高浓度时）。奥氏体不锈钢的碱脆一般发生在 100℃ 以上。

高合金不锈钢对浓度 50% 以下的沸腾碱液有良好的耐蚀性，特别是在 65～100℃ 时的腐蚀轻微。其在 100℃、浓度 70% 的碱液中腐蚀也很少。在更高浓度和更高温度条件下，腐蚀会增大。具体参见本书第 3 章相关材料。

4）有色金属及合金。铜和铜合金（黄铜除外）对浓度 10% 以下的沸腾氢氧化钠和浓度 30%、80℃ 以下的氢氧化钠有一定的耐蚀性，腐蚀速率约在 1mm/a 以下。超过上述温度和浓度范围，腐蚀速率会增大，如在 80℃、浓度 30%～50% 的氢氧化钠溶液中，铜的腐蚀速率为 1～2mm/a。

黄铜对浓度 10% 以下的室温碱溶液有一定的耐蚀性。温度、浓度升高或有充气作用时，腐蚀速率增加。

铝和铝合金在任意浓度和温度的碱液中都腐蚀严重，不可用。

钛和钛合金对浓度 70% 以下的氢氧化钠有优良的耐蚀性，如在 56℃、浓度 50% 的碱液中，腐蚀速率仅为 0.03mm/a，而在浓度 73% 的碱液中、110～130℃ 条件下，腐蚀速率为 0.03～0.18mm/a；但在熔融碱液中，腐蚀很严重。具体参见本书第 7 章相关材料。

5）镍基及铁镍基耐蚀合金。镍、镍铜合金、镍铬合金对氢氧化钠和氢氧化钾都有非常优良的耐蚀性。镍适用于任意浓度和温度的碱液。但在高温碱液中，设备如存在高的局部应力，可能会产生晶间应力腐蚀。镍铜和镍铬合金在碱液中也同样具有优良的耐蚀性。镍铬合金 0Cr15Ni75Fe8（NS3102）（Inconel600）可用于任何浓度和任何温度的碱液中，均具有极好的耐蚀性，特别是在浓度不大于 50% 的碱液中几乎不腐蚀。

镍铜和镍铬钼合金对浓度 80% 以下、沸点以下的氢氧化钠有优良的耐蚀性。如果浓度超过 80%，则温度不宜超过 200℃。

这类合金虽然在碱中的耐蚀性较好，但因价格较贵，一般情况下应用较少。具体参见本书第 5 章相关材料。

耐氢氧化钠腐蚀的材料还有银、锆及锆合金、铂等，这些金属和合金属稀有金属，价格昂贵，在通用机械设备中很少选用。

14. 氯化钠腐蚀特征及选材

（1）氯化钠腐蚀特征

氯化钠以固体形态存在于岩盐中，或以溶液形态存在于海水中。

大多数金属在氯化钠溶液中都会产生腐蚀。虽然有些金属在氯化钠溶液中的均匀（全面）腐蚀速率不太高，但容易产生点蚀、缝隙腐蚀和应力腐蚀。可以说，点蚀、缝隙腐蚀和应力腐蚀是氯化钠对金属材料腐蚀的最主要特征。

（2）氯化钠腐蚀选材

对于在固体氯化钠及氯化钠溶液中选材，最主要考虑的是耐点蚀、缝隙腐蚀和应力腐蚀的性能。

1) 碳钢和普通铸铁。碳钢普通铸铁在氯化钠溶液中容易产生铁锈。在盐水中，其随氯化钠浓度增大，腐蚀速率也上升，腐蚀速率在浓度2%~3%时达最高点，其后又随浓度增大而下降，这主要是由于在浓溶液中氧的溶解度降低，腐蚀速率为0.1~0.5mm/a。但钢铁表面生成的氧化层一旦形成破口，容易产生点蚀。

2) 高合金铸铁。高硅铸铁对一切浓度和温度的氯化钠溶液都有良好的耐蚀性，曾经是普遍使用的耐蚀材料。

高镍铸铁对任意浓度和温度的氯化钠溶液有优良的耐蚀性，可用于制造泵壳、叶轮。具体参见本书第6章相关材料。

3) 不锈钢。各类不锈钢对任意浓度和温度条件下的氯化钠溶液都有很低的均匀（全面）腐蚀速率，但氯离子能引起不锈钢表面钝化膜的破坏，所以同样会产生点蚀和应力腐蚀。其中，含钼的铬镍不锈钢耐点蚀性能优于其他不锈钢。

高合金不锈钢对任意浓度和温度的氯化钠溶液都有很低的均匀（全面）腐蚀速率。在洁净和充气均匀的海水中，也不会发生点蚀，但在不充气和不干净的海水中仍会发生点蚀。高合金不锈钢在氯化钠溶液中使用优于普通不锈钢和青铜合金之处，在于它和铸铁的电偶作用较小，用其制造叶轮不会加速铸铁泵壳的腐蚀。具体参见本书第3章相关材料。

4) 有色金属及合金。

① 铝及铝合金对盐水、海水有一定的耐蚀性，均匀腐蚀速率较低。但如果盐水中含有重金属杂质，则可能产生严重的局部腐蚀，类似于电偶腐蚀。

② 铜及铜合金对盐水的耐蚀性很好，如在浓度10%、40℃的氯化钠溶液中，腐蚀速率不大于0.2mm/a。铜合金在氯化钠溶液中的腐蚀情况与铜相同。但黄铜可能发生脱锌腐蚀。具体参见本书第6章相关材料。

③ 钛及钛合金对盐水和海水的耐蚀性非常好。对高温盐水的腐蚀也有很好的抵抗力。产生点蚀和应力腐蚀的倾向性小，优于不锈钢和铜合金。具体参见本书第6章相关材料。

5) 镍基及铁镍基耐蚀合金。镍及镍合金对任意浓度和温度的盐水都有很好的耐蚀性。通常腐蚀速率不大于0.1mm/a，其产生点蚀的倾向也较小，耐应力腐蚀能力也较强，常被用于重要零部件的制造。

此外，铅及铅合金对盐水和海水的耐蚀性也很好，但因铅有毒，不宜用作输送食用盐水装置。

15. 氨腐蚀特征及选材

（1）氨腐蚀特征

氨在常温下是气体，易溶于水，部分氨与水化合，生成氢氧化铵（NH_4OH）。不论是氨气还是氨溶液，对大多数金属材料的腐蚀都很轻微，但也有少数材料会遭受严重腐蚀。

（2）氨腐蚀选材

1）碳钢和普通铸铁。钢铁对氨气和氨溶液有优良的耐蚀性，腐蚀速率在 0.1mm/a 以下。在氨溶液中的腐蚀速率也不高，约在 1mm/a 以下。

2）高合金铸铁。高硅铸铁对氨气和氨溶液的耐蚀性也较好，但相对于碳钢和普通铸铁应用并不多。

高镍铸铁对氨气和氨溶液也有优良的耐蚀性。具体参见本书第 6 章相关材料。

3）不锈钢。各类不锈钢对氨气和氨溶液都有良好的耐蚀性，比普通钢铁的耐蚀性更优。特别是高合金不锈钢，在氨气和氨溶液中有更好的耐蚀性，在重要、关键设备中可采用。具体参见本书第 3 章相关材料。

4）有色金属及合金。

① 铝及铝合金对氨气和氨溶液也有较好的耐蚀性，氨溶液对高纯铝的腐蚀性较大，但纯度较低的铝和铝合金表面会生成保护膜，使腐蚀终止而减缓腐蚀。

② 铜及铜合金不适用于各种形态的氨及氨盐溶液。铜在氨溶液中会迅速溶解，生成铜氨络合物，还会产生严重的应力腐蚀。

③ 钛及钛合金对氨气和氨溶液均有较好的耐蚀性。具体参见本书第 7 章相关材料。

5）镍基及铁镍基耐蚀合金。镍及镍合金对氨气及氨溶液的耐蚀性都比较好，但镍铜合金只耐浓度3%以下、室温的氨溶液。具体参见本书第 5 章相关材料。

此外，铅及铅合金对这类介质也有较好的耐蚀性，应用温度可达到溶液的沸点温度。

16. 尿素甲铵溶液腐蚀特征及选材

（1）尿素甲铵溶液腐蚀特征

尿素和其生产原材料二氧化碳、氨虽有腐蚀性，也不算强烈，但是尿素生产过程中的中间反应产物尿素甲铵溶液在高温高压下却有很强的腐蚀性。甲铵中的氨碳比、水碳比、氧含量及温度等都对其腐蚀性产生影响。

（2）尿素甲铵溶液腐蚀选材

在实际生产流程中，产生的腐蚀可能更复杂。所以，用于尿素甲铵溶液的设备，依据不同工况应合理选材。

如往复式甲铵泵泵体承受高压及 100℃ 左右的甲铵腐蚀，还存在交变应力作用。阀门还容易受到冲刷腐蚀的作用，所以常选用的材料多为超低碳的含钼、氮、钛等元素的铬镍奥氏体不锈钢，如 022Cr18Ni13Mo2N（316LN）、022Cr16Ni15Mo3 等。

在这类介质中，耐蚀性较好、应用较广泛的还有奥氏体-铁素体（双相）不锈钢，如 022Cr25Ni7Mo3NCuW（DP12）、022Cr25Ni6.5Mo1.5N（R-5）、022Cr25Ni7Mo3N、022Cr18Ni5Mo3Si2 等。

除了应用于泵、阀设备的上述材料，过去曾经使用并有良好性能的还有曾称为尿素级奥氏体不锈钢的 022Cr18Ni15Mo2N（U1）、022Cr25Ni22Mo2N（U2）、022Cr25Ni20Mn3Mo3N（U3）等。

在尿素甲铵溶液腐蚀条件下使用的奥氏体不锈钢或奥氏体-铁素体（双相）不锈钢，除保证化学成分外，还应尽量保证少杂质、高纯度。显然，执行严格的热处理工艺制度也是保证这些材料更好发挥耐蚀作用的重要条件。

在尿素甲铵溶液腐蚀条件下，除了可以选用奥氏体不锈钢和奥氏体-铁素体（双相）不锈钢，也可选用钛合金（TC4）、镍合金、锆合金等。当然，这些合金材料的价格成本要高于不锈钢。具体参见本书第 3 章、第 5 章、第 6 章相关材料。

17. 高温腐蚀特征及选材

（1）高温腐蚀特征

高温腐蚀是常见的腐蚀，是一种很严重的腐蚀行为，一般温度每升高10℃，化学反应速率可增大1~3倍，有的腐蚀反应速率随着温度升高呈指数上升。产生高温腐蚀的介质多种多样，如高温气体（一氧化碳、二氧化碳、氯化氢、氯气、水蒸气、水煤气、二氧化硫、氯化氢等）、高温液体（热油、热态金属、熔融盐等）。不同腐蚀介质在高温条件下的腐蚀具有不同特点。

但是，在一些高温气体或热油介质中，除了常温腐蚀特性，还有一些特殊性会加速腐蚀或使腐蚀复杂化，如产生热腐蚀、硫化腐蚀、氢化腐蚀等。这使得在高温条件下的腐蚀变得复杂起来，也为选材带来困难。

（2）高温腐蚀选材

带有腐蚀性的高温气体使用温度低者在200~300℃，高者可达600~700℃。这些高温气体对金属产生的作用可能是氧化、硫化及腐蚀。这时可以根据使用温度进行材料选择。

高温腐蚀选材基本都要求有较好的高温强度、耐高温氧化、耐高温腐蚀等。各种金属材料在高温条件下的强度会有不同程度的降低，所以高温腐蚀条件的材料选择要依据腐蚀介质种类、实际温度及金属材料的成分、组织等多种条件考虑。

1）热腐蚀及选材。金属材料在高温环境中，由于表面会覆盖一薄层热态电解质，这会发生金属材料的加速腐蚀现象，如重油燃烧气氛中，一些物质形成低熔点共晶物，在金属表面构成熔融层或沉积层引起的加速腐蚀俗称热腐蚀。

在金属材料中，提高铬含量对改善耐热腐蚀性能有益，适量添加硅、铝、钛、稀土元素等也会提高耐热腐蚀性能；而钼、钨、钒等元素会加速热腐蚀。在热腐蚀条件下可使用的金属材料，如Cr13型马氏体不锈钢，1Cr18Ni9Ti、06Cr18Ni11Nb等奥氏体不锈钢，必要时也可选用镍基合金。

此外，也可采用在材料表面涂覆防腐层的方法提高材料的耐热腐蚀能力。

2）硫化腐蚀及选材。金属在高温硫化介质中，表面生成的硫化物薄膜缺陷多、疏松、易破碎、熔点低，所以金属表面会不断受到腐蚀。因此，金属在高温条件下的硫化腐蚀速度要比氧化速度快得多，这时对金属的主要破坏因素是硫化腐蚀。

钢中铬含量的提高可明显改变耐硫化腐蚀的能力，因为铬能阻止某些硫化物在钢的表面分解，阻碍金属表面进一步硫化。一般情况下，铬-钼耐热钢可满足400~500℃下耐硫化蚀的要求，如果温度再提高或环境中含有H_2S时，可采用$w_{Cr}>12\%$的Cr13型马氏体不锈钢及奥氏体不锈钢或奥氏体-铁素体（双相）不锈钢。

3）氢腐蚀及选材。在某些设备装置中存在高温、高压氢气，氢原子会渗入钢中，与碳化物反应生成甲烷气体，甲烷气体在局部产生很大压力，造成表面产生鼓包或开裂，金属表面严重脱碳，即发生了氢腐蚀。

钢中铬含量提高可提高金属耐氢腐蚀能力，如铬-钼钢中铬含量增加，其耐氢腐蚀能力显著提高。钼也是提高金属耐氢腐蚀的元素，作用甚至大于铬元素。钨的作用与钼相似。低合金钢如10M0WVNb、10MoWNbTi等，铬-钼耐热钢如15CrMo、Cr5Mo等，奥氏体不锈钢、高铬不锈钢均有较好的耐氢腐蚀能力。

18. 液态金属腐蚀特征及选材

（1）液态金属腐蚀特征

液态金属对金属材料引起的腐蚀，与一般水溶液及高温气体腐蚀性质不同，液态金属腐蚀是单纯的物理溶解和固态的相互作用，而不是电化学或化学作用。

液态金属引起腐蚀的主要类型有结构金属的溶解、液态金属扩散进入固态金属、生成金属间化合物、物质转移等。不同种类的液态金属对不同类型金属材料的腐蚀情况也不同。所以，材料选择也不同。

（2）液态金属腐蚀选材

根据理论分析和实践经验，几种典型液态金属及可适用的金属材料可参照以下原则选用。

1）液态钠、钾、钠钾混合物腐蚀选材。铁、镍、铬、钴、钼等金属在液态钠、钾和钠钾混合物中的溶解度都不高，所以铬镍奥氏体不锈钢、高合金不锈钢、镍或镍铬合金、镍钼合金和镍铬钼合金在这类液态物质中都具有优良的耐蚀性。在500℃的钠液中，奥氏体不锈钢也不会产生应力腐蚀，但如果液态钠中含有氧，则会加重金属腐蚀。

2）液态锂腐蚀选材。液态锂比液态钠和液态钾对金属的腐蚀都严重。铬、铁在液体锂中的溶解度比在液态钠中的溶解度高得多；镍在液态锂中也会发生选择性溶解和质量迁移，溶解度更高得多。钢中如果碳含量高，在液态锂中会发生脱碳而降低强度，所以大多数金属材料都很难适应在液态锂中的腐蚀，奥氏体不锈钢或高合金奥氏体不锈钢只能用于200~260℃条件下，高于300℃就难以使用。

3）汞腐蚀选材。汞在室温是液态，对金属材料腐蚀较轻，可以使用碳钢，当然，如果使用铬钼耐热钢、不锈钢效果更好。

4）液态铝腐蚀选材。液态铝的腐蚀性很强，几乎所有的金属和合金都会受到液态铝的腐蚀，包括高硅铸铁和不锈钢。

5）液态铅、铋、锡腐蚀选材。在这些液态金属中，许多金属包括铬镍奥氏体不锈钢都会产生应力腐蚀，只有镍、镍铜合金在这类介质中有较好的耐蚀性。含钼奥氏体不锈钢也可用于液态铅和液态锡介质中。

19. 熔盐腐蚀特征及选材

（1）熔盐腐蚀特征

熔盐（包括熔碱）对金属材料的腐蚀作用介于水溶液和液态金属之间，许多金属材料在熔盐（碱）中都可能发生物理溶解和由温差引起的物质转移。同时，熔盐也会引起电解质作用，能与金属发生电化学腐蚀反应。

（2）熔盐腐蚀选材

大多数金属材料都不适合在熔盐中使用，只有镍或镍合金可以较好地应用在熔盐介质中。

1.3.6 核电设备选材

在核电系统中，使用的机械设备、构件很多，泵是重要的辅助设备之一。

以目前应用最广泛的由核二代和二代加核电技术建设的压水堆核电站为例，包括在核岛一回路中用于驱动冷却剂在系统内循环流动并带走核反应产生热量的核主循环泵在内，还有属于核二级的余热排出泵、安注泵、安全壳喷淋泵和属于核三级的设备冷却水泵、重要厂用水泵等共二十余种发挥不同功能作用的泵类产品。这些泵和其他核电机械设备一样，由于应用在核环境中的特殊条件下，在材料选择和使用方面有了更高的要求。

1. 核环境的特殊性

核环境与常规条件相比有其特殊性，这些特殊性对设备及设备用材料会产生不同的影响和作用，也就要求在选材时满足这些特殊性的要求。

（1）辐照及辐照效应、辐照损伤

辐照就是核反应过程中，带有放射性的高能粒子对设备材料表面的轰击过程。辐照对金属材料会产生许多影响，常称辐照效应。

核电站主回路（一回路）中的设备（如核主泵）及有可能接触一回路冷却剂或受核污染介质的设备（如喷淋泵，余热排除泵等）都存在辐照效应问题。核反应中的中子辐射粒子撞击材料原子并产生缺陷，核反应还会产生嬗变元素（一种元素在核辐照时转变成另一种元素），结果引起金属材料宏观性能的变化，称之为辐照效应；引起金属材料性能下降的现象称为辐照损伤。

对金属材料的主要影响来自中子辐照，其反映出的辐照效应和辐照损伤主要体现在以下几个方面。

1）中子辐照，即高能粒子对金属的撞击会使金属材料的晶体结构中的原子离位，形成点阵缺陷，即形成空位和间隙原子，同时形成大量位错。这些缺陷的形成便会成为应力集中源，从而引起性能变化。

2）辐照促进缺陷形成和材料组织变化，从而引起材料力学性能的变化。这主要反映在材料的强度增加、屈服强度增加更快、屈强比值增大、塑性下降、脆性明显增加、脆塑转变温度升高，增加了材料脆断和应力腐蚀的可能性。

3）辐照效应还体现在金属材料腐蚀加剧。一方面，辐照增加了材料的缺陷，也就是增加了腐蚀源；辐照引起金属结构变化和表面原子的能量提高，加速腐蚀反应；辐照形成的结构缺陷形成应力集中、材料变脆，这增加了应力腐蚀的可能性。

另一方面，辐照还会使介质产生变化，以水为例，水经过辐照后会产生分解作用，生成H_2、O_2，这当然会促进氧化、腐蚀，产生氢蚀。此外，金属材料经受辐照后，还会产生辐照生长（在无外力作用的情况下，构件体积基本不变而形状和尺寸发生变化）、辐照肿胀（辐照后构件体积增大、密度减小）、辐照蠕变（材料蠕变速率增加，或在没有热蠕变的条件下发生蠕变）等现象，这些都是辐照损伤。

（2）腐蚀

在核电系统中，存在很多引起金属材料腐蚀的环境和介质，不同堆型中的冷却剂（压水堆中的轻水、重水堆中的重水、气冷堆中的二氧化碳或氦气、快中子堆中的液态钠等）、慢化剂（轻水、重水、石墨、氧化铍等），压水堆中的中子吸收剂（硼酸等），调介控制pH值的氢氧化锂、氢氧化钠等，以及水由辐照而分解成的H_2、O_2等都会对金属材料产生腐蚀作用。依据不同工况和不同金属材料，可能产生的腐蚀类型有均匀（全面）腐蚀、晶间腐蚀、点蚀、应力腐蚀、磨损腐蚀和冲蚀等。

（3）高温、高压

核电用设备中，特别是一回路设备（如核主泵、蒸汽发生器等）都在高温、高压条件下工作，温度可达270~350℃，压力可达17~18MPa。所以，要求使用的材料有一定的高温强度。

(4) 冷、热冲击（瞬间温度变化）

某些设备在工作时可能经受介质温度的瞬间冷、热变化，如安全壳喷淋泵要在瞬间由低温（<15℃）介质转换到高温（>100℃）状态，介质温度的突变对设备（材料）产生很大的冲击热应力，所用材料应能满足这一要求，保证组织、性能不发生变化。

(5) 安全可靠性高、寿命周期长

众所周知，核电产品设备要求安全可靠性高、使用寿命周期长。以泵为例，核二代产品设计寿命为 40 年，核三代产品设计寿命为 60 年。

2. 核电设备的选材

核电用设备、构件使用工况的特殊性，对材料的选用要求更严格。特别是压力容器、堆芯、堆内构件、一回路系统用设备、构件（包括冷却剂泵、管路），以及与冷却剂有关的机械设备和构件，还有事故工况下作为应急处理的设备、构件（包括安全注水泵、安全喷淋泵、余热排出泵等）。这些设备、构件经常或偶尔直接或间接地接触冷却剂，接受热中子辐照，所以对它们的使用材料有严格、特殊的要求。

(1) 对材料成分的要求和控制

核电用设备、构件使用材料除严格控制标准规定的常规元素外，对一些元素还有特殊的要求。

1) 硼的影响和控制。在反应堆中要实现稳定的核裂变链式反应，重要的条件是要保证反应系统内保持热中子平衡，即尽量保持系统内热中子数目不变，至少热中子的量不随时间而减少，这就要求接触中子的材料应不能过量地吸收热中子，即要求材料具有最小的热中子吸收截面的特性。事实上，任何元素、任何金属都有吸收热中子的能力，只不过这种能力有大有小而已。研究和实践证明，在众多元素中，硼是吸收热中子截面最大的元素，即硼吸收热中子的能力最强。所以，在反应堆使用的金属材料中，应严格控制硼的含量，以保证材料有尽量小的吸收热中子截面，从而保证系统中核裂变需要的热中子数目稳定，保证核裂变链式反应稳定持续进行。因此，在核电材料标准中，堆芯用钢及一回路中与通过堆芯的冷却剂接触的金属材料控制硼的质量分数不大于 0.0015%~0.0018%。

相反，在另外一些场合，如用作屏蔽热中子的装置（热屏）和储存核废料的装置，要采用硼含量较高的材料，以保证热中子在这类装置中不向外扩散，如标准中采用的 304B 不锈钢（06Cr18Ni9B）中硼的质量分数达 0.50%~0.65%。

2) 钴的影响及控制。钴也是接触一回路设备、构件用金属材料需要严格控制的元素。因为包括钴、铬、铁、镍、钒、钼在内的许多元素，一旦经热中子辐照后，会被活化产生放射性同位素。接触一回路介质的材料中，如果含有可以被活化产生放射性同位素的元素，当它们被介质腐蚀时会产生腐蚀产物，这些腐蚀产物溶解或悬浮在一回路冷却剂中，当其随介质流经活化区（中子辐照区）时，会被中子辐照而活化，产生具有放射性的同位素 ^{60}Co、^{51}Cr、^{59}Fe、^{65}Ni、^{52}V 和 ^{99}Mo 等。这时，这些腐蚀产物具有了放射性，这些被活化了的、带有感生放射性的腐蚀产物在介质中溶解度很低或根本不溶解，一般是悬浮在一回路冷却剂中，在流动过程中，它们可能沉积在设备构件和系统的内表面，也可能停留在滞留水区，这将使设备、构件、管路内表面带有放射性，这就给核反应堆中设备、构件的维修及废物处理造成困难甚至危及人身安全。

因此，对于接触冷却介质的设备、构件所用金属材料应尽量减小可产生放射性同位素的元素,这些放射性同位素的半衰期有长有短,半衰期越长,危害越大。^{60}Co是半衰期最长的放射性同位素(半衰期可达5.3年),所以,接触一回路冷却剂介质的设备、构件材料要严格控制钴含量,通常材料标准规定钴的质量分数控制不大于0.20%,最好不大于0.10%,而压水堆一回路用材料有的控制钴的质量分数在0.02%~0.06%的范围内。

3)氮的影响及控制。在压水堆和沸水堆中的某些构件(如管道),采用常规的奥氏体不锈钢时常会发生沿晶应力腐蚀而破裂。为了防止和减少这种破坏,在奥氏体不锈钢中加入质量分数为0.06%~0.12%的氮,称为控氮奥氏体不锈钢,目前有304NG(06Cr19Ni10N)316NG(06Cr17Ni12Mo2N)等牌号。

控氮奥氏体不锈钢比不控氮的奥氏体不锈钢提高了强度,还提高了抗敏化能力,改善晶间腐蚀的抵抗能力,从而提高了沿晶应力腐蚀破裂的抵抗能力。

4)低熔点元素和杂质的影响及控制。一些低熔点元素大多作为残余元素和夹杂物存在于材料中,尽管其含量不是很高,但这些元素对辐照性能的影响较大,增加了材料的脆化敏感性,提高了韧脆转变温度。

硫、磷也有加速材料脆化倾向的能力,这可能与低熔点的FeS、MnS有关。

铜对辐照危害较大,特别是与磷同时存在时,会加速磷的辐照敏感性,这可能与辐照条件下使钢中析出铜、磷,以及形成沉淀团有关。

与反应堆冷却介质接触的材料所限制的元素主要有铝、汞、硫、磷、锌、镉、锡、锑、铋、砷、铜、稀土元素(铈、镧)。

与二回路系统介质相接触的材料控制元素主要是低熔点元素及其化合物,特别是铅、汞、砷、硫。

(2)对力学性能的要求

核电设备、构件用金属材料对力学性能除有常规要求外,绝大多数材料还要进行高温拉力和低温冲击试验并满足标准性能的要求,而且这些性能指标更严格、更苛刻。特别是重要零件材料还要求进行落锤试验及平面应变断裂韧性值的测定并符合相应要求。

(3)耐蚀性的要求

核电材料中,对奥氏体不锈钢或奥氏体-铁素体(双相)不锈钢都有晶间腐蚀要求,特别是对碳的质量分数不小于0.03%的奥氏体不锈钢、碳的质量分数不小于0.035%的控氮奥氏体不锈钢、碳的质量分数不小于0.04%的含铁素体的奥氏体不锈钢也必须进行晶间腐蚀试验,并且依据种类不同有更严格的敏化处理要求。在敏化态下,晶间腐蚀试验通过方可使用。

(4)材料检验的要求和控制

核电设备、构件使用材料的表面质量检验、控制和内部质量检验、控制也是严格的。

铸件应采用液体渗透和射线检验。锻件应采用液体渗透和超声波检验。棒材应采用液体渗透(或磁粉)和超声波检验。板材应采用液体渗透和超声波检验。管材应采用液体渗透(或磁粉)和超声波、涡流检验。

对于这些检验人员的资格、使用仪器设备、检验方法和程序、验收标准等都有严格、明确的规定。

由于核设备、构件用金属材料的高质量要求,对材料的生产也提出了严格要求。

首先,在铸锭或铸件的钢水冶炼时,要选用优质原料,以降低钢中铜、钴、低熔点元素和杂质。冶炼时应采用炉内或炉外精炼、电渣重熔等先进冶炼方法，以保证低硫、低磷、低杂质含量。对钢水采用真空处理或真空浇注，以降钢中氢、氧、氮等有害气体含量。对大型铸锭可采用空心锭浇注等方式，以减少元素偏析和内部缺陷。

其次，在锻轧、热处理等工序中，也应采用先进、严格的工艺制度，以确保材料的质量。

通常核电用设备、构件使用的材料都有相应的材料标准，应严格执行。

上述只是对零部件材料选择提供一个基本原则和在几种特殊条件下选择材料的大致方向，在针对某一个零部件具体选材时，还要进行更全面的分析，综合考虑各方面的条件，了解预选材料相关方面的情况、试验及生产实践数据后确定。具体选择材料时，可优先考虑在本书以后几章中推荐、介绍的材料。

1.4 选用材料的质量控制

通用机械常用的材料品种主要有铸件、锻件、板材、管材等，这些制品由于生产加工方法不同而各有特点，也都可能存在各种质量缺陷，它们的质量对保证零部件乃至整个产品的功能实现、寿命及安全性都有重大意义。所以，对它们进行质量检验控制是十分重要的。

本节重点介绍铸件、锻件、板材、管材这几类制品可能存在的缺陷及质量检验和质量控制。

1.4.1 铸件质量控制

（1）铸件的特点和应用

铸件就是用铸造方法生产的零部件。

铸造就是将金属熔化成液态后，浇注到具有与零件形状、尺寸相适应的铸型型腔中，金属液体凝固、冷却后，最终获得零件毛坯的生产方法。

铸造生产的以下特点是其他工艺方法不能比拟的。

① 铸造适用于多种金属材料，碳钢、合金钢、不锈钢、耐热钢、铸钢和铜、铝、钛等有色金属及合金均可用于铸造成形。

② 铸造方法可以生产小至几克、大到数十吨的零部件，几乎不受零件的质量轻重限制。

③ 铸造生产适用于形状复杂，特别是有复杂内腔的零件。

④ 铸件毛坯可以尽量接近零件的尺寸和形状，加工量小，节约原材料和加工工时。以一个中等复杂的零件为例，以不同生产方法制成的毛坯加工成零件，其切削加工消耗的材料百分比：锻件为70%~75%；冲压件为40%~50%；铸造件为30%~40%。

⑤ 铸造生产中的废品可以再熔化、重新铸造零件。

铸造生产可根据工艺方法、造型材料、生产条件不同，分为砂型铸造、金属型铸造、熔模铸造、消失模铸造、离心铸造、压力铸造等。

1）砂型铸造就是将液态金属浇注入砂型的零件成形方法。砂型主要是指铸型和型芯的原材料为砂性材料。

砂型铸造是目前最常用的铸造工艺方法之一。砂型用的造型材料来源广、价格低廉、设备简单、操作方便，不受铸造合金种类、铸件形状和尺寸的限制。但是砂型铸造表面粗糙、加工余量较大、废品率偏高、工人劳动强度较大。

2) 金属型铸造就是将液态金属浇入金属铸型而获得铸件的制造方法。金属型铸造的主要特点是可以一型多次使用，因为铸型是用金属制成的，所以可以多次（几百次以上）使用。

金属型铸造与砂型铸造相比有以下优点。

① 金属型铸造的铸件，其力学性能比砂型铸件好。抗拉强度能提高 20%～25%，屈服强度能提高 15%～20%。这是因为金属型导热性好，铸件凝固冷却快，组织细密。

② 铸件的精度和表面质量好，质量和尺寸更稳定。

③ 铸件的工艺收得率高，液态金属消耗量较小，一般可节省 15%～30% 的材料。

④ 金属型铸造生产效率高、质量高、缺陷少。

⑤ 金属型铸造工序相对简单，容易实现机械化和自动化。

但是，金属型铸造成本高，金属型不透气、无退让性、冷却快，易造成浇注不足、开裂等缺陷。另外，金属型铸造只适用于不大的铸件，最好是低熔点金属，适于批量较大的铸件生产。

3) 熔模铸造是先在易熔材料（如石蜡）制成的模样上涂敷耐火材料制成型壳，再将易熔材料制成的模样熔化排出型壳获得铸型，将熔化的金属液体注入铸型，凝固冷却后形成铸件。由于常用蜡质材料制成模样，因此熔模铸造又称为"石蜡铸造"。

熔模铸造的铸件表面质量好、精度高，可制出形状复杂的薄壁件。熔模铸件加工量小，有的甚至可以不经加工直接使用。但是，熔模铸造只适用于小零件生产，而且熔模铸造工序复杂，生产周期长。

4) 消失模铸造又称实型铸造。这种铸造方法是先用可燃、可裂解的泡沫类材料（如聚苯乙烯等）制成零件模型（或模型组），然后涂刷耐火涂料并烘干，埋在石英砂中振动造型，在负压条件下浇注，熔化的金属液体使模型气化，金属液体占据模型位置，凝固冷却后形成铸件。

消失模铸造具有以下优点。

① 铸件尺寸、形状精确，具有熔模铸造的特点。

② 铸件表面质量好，铸造废品少。

③ 负压浇注，有利于液体金属的充型和补缩，铸件组织致密度高，铸件质量好。

④ 铸件更接近零件形状、尺寸，加工量小，节约材料和加工工时。

⑤ 消失模铸造适用于多种金属材料的铸造生产。

但是，消失模铸造仅适用于中小型铸件，工艺方法相对复杂。

铸造是机械零件毛坯生产的主要方法之一。特别是形状复杂、不易用其他工艺方法成形的零部件，大多需要采用铸造方法完成，如水泵泵壳、泵段、叶轮、导叶、阀体、床身等，就是采用铸造方法生产的。

(2) 铸件质量的影响因素

铸造生产是一种复杂的工艺过程。所以，影响铸造产品质量的因素也较多。

1) 金属液体流动性的影响。金属液体在浇注温度下的流动性越好，充型能力越强，越能铸造出形状完整、缺陷少的铸件；流动性不好，容易形成冷隔和产生不完整的铸件。

2) 浇注温度的影响。浇注温度对金属液体的充型能力也有显著影响。提高浇注温度，金属液体的黏度下降,流动性好,充型能力增强,易于铸件成形,但浇注温度太高,铸件容易产生缩孔、疏松、气孔、粘砂、晶粒粗大等铸造缺陷。当然,浇注温度太低会产生铸件冷隔等缺陷。

3)铸型材料的影响。铸型材料对铸件质量可能产生的影响是多方面的。

铸型材料的热导率和比热容越大,对液态合金的激冷能力越强,合金的充型能力越差。例如,金属型铸造与砂型铸造相比,易使铸件浇注不足和产生冷隔缺陷。

铸型材料的透气性不好,铸型在高温合金液作用下产生的气体不能迅速排出,易使铸件产生气孔,甚至影响液态金属的充型性。铸型材料的退让性差,会使液态合金凝固和冷却时形成的收缩受阻,使铸件产生较大的残余应力,一旦应力超过材料的抗断裂强度,将使铸件产生铸造裂纹。

除此之外,浇注条件(如空气湿度、室温、浇注速度、压力等)也会对铸件的质量产生影响。

(3)铸件可能存在的缺陷

由于影响铸件质量的因素很多,如钢水质量、浇注温度、浇注速度、浇注方式、铸型质量等都对铸件质量产生影响,所以铸件可能产生的缺陷也是多种多样的。大概可分为形状类缺陷、表面类缺陷、夹杂类缺陷、孔洞类缺陷等。

1)形状类缺陷。铸件的形状类缺陷是指铸件的形状偏差。

① 多肉。铸件表面出现不规则的金属多余部分,如飞边、毛刺、错位等。通常是型砂或芯砂被金属流冲坏、扣箱不严或不对位等原因造成铸件产生多肉现象。

② 残缺。铸件未完整成形,有残缺或冷隔,通常是铸型受损、浇注温度低、金属流受阻等原因引起铸件不成形。

③ 挠曲变形。铸件产生挠曲变形,多是由于各种应力使铸件变形,也可能由于铸型变形或热处理不当、互相挤压等使铸件变形。

④ 尺寸不符。包括外形尺寸不符,铸件不同部位、孔、凸起处尺寸、位置与图样不符。通常由于铸型、铸芯尺寸不当或扣箱时型芯偏移、错位等原因引起铸件尺寸不符。

2)表面类缺陷。铸件的表面类缺陷是指表面粘砂、夹砂、结疤和表面气泡、表面皱皮。

① 表面粘砂、夹砂、结疤。铸件表面残留型砂、芯砂不能去除。通常是由于型砂或芯砂耐火度不够或钢水浇注温度过高等原因,使砂与铸件表面层粘熔在一起,也可能是铸型或型芯强度不足,使型、芯表面砂脱落与铸件表面结合在一起。

② 表面气泡、表面皱皮。铸件表面有肉眼可见的气泡孔、皱皮,通常是气体逸出不畅、浇注温度高等原因引起的,也可能是由于钢水质量不良或铸型结构不好,钢水中不纯物滞留在铸件表面处,形成铸件表面状态不良。

3)夹杂类缺陷。由于金属液不纯净或浇注系统、浇注方法不当,金属液中熔渣、低熔点化合物或砂粒残留在铸件表面或内部,形成铸件表面或内部的夹渣、砂眼缺陷。

4)孔洞类缺陷。铸件的孔洞类缺陷包括气孔、缩孔、缩松、砂眼等。

① 铸件气孔常分布于铸件内部,多呈球状或梨形,内孔壁光滑,大孔常孤立存在,小孔常成群连片存在。气体来源可能是铸型中湿度大、有水分、钢水冷却过程中析出的气体,也有浇注时金属液流带入的气体等。这些气体在浇注或铸件冷却过程中不能充分逸出而残留

在铸件中，形成气孔缺陷。

② 缩孔是铸件在凝固过程中，由于补缩不良产生在铸件内部的孔洞。缩孔极不规则，孔壁粗糙，常出现在铸件最后凝固部位。

③ 缩松实际上也是细小的孔洞，一般不易用肉眼观察到，但在水压试验时会发生渗水和泄漏现象。

④ 砂眼、渣眼是由于铸型砂粒脱落或金属液体中的残渣被金属液体包围，凝固后在铸件本体上形成含有砂或渣的孔洞。这类孔眼一般不规则，孔眼内含有砂粒或渣块。

5) 裂纹。铸件中的裂纹一般分为热裂纹、冷裂纹和白点裂纹等。

① 热裂纹。铸件在凝固末期或凝固不久，铸件正处于低强度阶段。铸件固态收缩受阻时，会产生应力而引起铸件裂纹。热裂纹为沿晶裂纹，通常是粗细不均、不规则的，常呈曲线状。多发生在铸件突变截面部分或最后凝固部分，裂纹面有氧化色。

② 冷裂纹。铸件在凝固后，冷却到弹性状态时，铸件局部应力大于材料强度极限时会引起裂纹，称冷裂纹。冷裂纹一般为穿晶裂纹，裂纹平直，通常贯穿铸件整个截面。

③ 白点裂纹多发生在合金元素含量较高的铸件中，这种钢铸件在快速冷却时，析出氢并产生较高组织应力和热应力，在这些因素的联合作用下，铸件产生微裂纹，即白点裂纹。

(4) 铸件的质量检验和质量控制

铸件的检验应根据技术条件进行，应包括外形检验（有无多肉、缺肉、冷隔缺陷，有无变形、挠曲、错位，有无多余的飞边毛刺等）、表面检验（有无粘砂、结疤、表面孔洞、裂纹）、内在缺陷检验（有无超过标准的疏松、气孔、夹渣、裂纹等）、力学性能及不锈钢铸件的耐蚀性检验等。其中内在缺陷检验应在铸件粗加工后采用射线检验，表面缺陷可在粗加工后液体渗透检验。重要铸件还应进行金相组织和夹杂物的检验。力学性能检验和耐蚀性检验应在最终热处理后进行。泵用铸件的泵体、泵壳、泵段等承压件还应进行水压试验，以确保铸件在高压水使用条件下不泄漏。

铸件，特别是重要铸件应进行严格的质量检验和质量控制。这些检验和控制应依据铸件材质、重要程度、使用条件、技术要求按相应标准进行。

铸件的必检项目：①熔炼化学成分；②成品化学成分；③形状和尺寸检验（形状、尺寸、变形等）；④表面质量检验（表面气孔、粘砂、皱皮等）；⑤常温力学性能检验（硬度、抗拉强度、屈服强度、断后伸长率、断面收缩率、冲击吸收能量等）。

重要铸件和特殊铸件的选检项目：①铸件热处理记录和曲线；②高温性能（抗拉强度、屈服强度等）；③低温冲击吸收能量；④表面液体渗透检验；⑤射线检验；⑥金相检验（金相组织、夹杂物等）；⑦耐蚀试验（对于不锈钢）；⑧奥氏体不锈钢或奥氏体-铁素体（双相）不锈钢的铁素体含量测定；⑨物理性能检验；⑩其他检验。

1.4.2 锻件质量控制

(1) 锻件的特点和应用

锻件就是采用锻轧加工方式获得的零部件毛坯。

锻造和轧制、拉拔、冲压等加工方法统称为金属的塑性加工。所谓塑性加工，就是对金属坯料施以外力，使金属产生塑性变形，达到获得所需零部件的形状、尺寸，同时改变金属组织、性能的加工工艺方法。金属的塑性加工方法在机械工业中获得了广泛应用，这是因为塑性加工工艺方法有如下特点。

1) 通过塑性加工可以获得需要或接近需要的零件或零件毛坯的形状。

2) 金属经过塑性加工后,可弥合或消除金属铸锭内的缩孔、气孔、粗大枝状晶体,细化晶粒、改善组织,从而获得较好的力学性能。

3) 塑性加工后,毛坯件接近零件的形状、尺寸,有的可以完全达到要求的形状和尺寸,所以塑性加工获得的零件或零件毛坯可以少加工,甚至不加工,从而大大降低成本和节约原材料。

金属材料的塑性变形加工,依据加工时材料温度状态的不同可分为热变形塑性加工(如锻造、热轧等)和冷变形塑性加工(如冷拉、冷轧、冷冲压等)。这个温度界限一般以金属再结晶温度为准(通常金属的再结晶温度是该金属熔化温度的 0.4 倍)。再结晶温度以上的塑性加工叫热变形加工,再结晶温度以下的塑性加工叫冷变形加工。

金属在冷变形加工后,由于冷变形使金属晶粒在变形滑移面上产生的碎晶块及晶格变形扭曲而产生金属材料的硬化现象,使材料硬度和强度升高,而塑性和韧性下降。冷变形还能使金属得到较小的表面粗糙度,获得优良的表面质量。

金属热变形加工时,因为变形温度高,金属塑性好,热变形后获得再结晶组织,所以金属材料不产生硬化现象。

金属在变形过程中,基体中的非金属化合物、夹杂物会沿变形方向伸长并保留下来形成纤维组织,金属变形程度越大,纤维组织越明显。纤维组织会使金属在性能上产生方向性,对金属变形后的质量也有影响。纤维组织的稳定性很高,不能用热处理方法消除,只能通过热变形来改变其分布方向和形状。

锻造是金属热塑变形的主要加工形式之一。锻造就是金属在冲击力或静压力的作用下,产生塑性变形,从而获得一定的形状、尺寸和质量的加工方法。

锻造加工依据所用的设备、工具和锻造方式的不同,可分为自由锻和模锻。

自由锻就是将金属直接放在砧块上,用锻锤打击或挤压金属材料使金属成形的锻造方法。自由锻时,锻件的形状、尺寸主要由工人操作控制。自由锻采用通用设备和工具即可,成本低,但工人劳动强度大,只能锻造形状简单的零件毛坯,精度差、工件加工余量大,是大锻件加工的主要方法。

模锻是利用模具使毛坯变形而获得锻件的方法。模锻时,金属坯料在模具的模膛中被迫塑性流动变形,从而获得与模膛形状相同的零件外形。模锻可比自由锻获得质量更高的锻件,并且锻件精度高、表面质量好、加工量小或基本上无须加工。但模锻成本高,适合大批量小零件的生产,不适合大锻件生产。

从锻造时金属温度和所获得的金属组织特征可将锻造分为热锻、冷锻和温锻三种类型。

热锻是指在金属再结晶温度以上的温度进行锻造的工艺方法,由于热锻是在较高温度下进行的,金属处于高塑性状态,因此金属变形抗力小,可减少金属变形所需的锻造力。热锻可有效改变钢锭的铸态结构,在热锻过程中,钢锭中存在的粗大枝状晶体被打碎,变成细小晶粒组织,并将疏松、气孔等孔洞缺陷焊合。热锻对改善铸态组织、减少铸态缺陷有较大作用。

冷锻是指金属不加热,在室温条件下进行锻造的工艺方法。由于是在室温下加工,其适用于室温下变形抗力小的金属材料和小件生产。金属材料经过冷锻后得到强化,所获得的零件表面质量好，精度高。

温锻是指金属材料在高于室温而低于再结晶温度的温度区间进行锻造的工艺方法。一般钢材加工温度在700~800℃之间。由于也是在一定温度下，金属具有一定塑性情况下加工，因此金属变形抗力小于冷锻时的抗力。温锻可获得较高精度、较高质量的精密锻造零件。

热锻造对金属材料组织和力学性能会产生重大影响。金属材料性能主要取决于组织状态和内部缺陷情况。因为钢锭内部存在粗大的树枝晶体及化学成分、碳化物的偏析，还有疏松、气孔等孔洞缺陷，这就使得钢锭不能直接用于制造零件。而热锻造在较高温度加热和锻压力的作用下，钢锭的铸态组织结构、冶金质量都将得到改善。

首先，较高的锻造加热温度可使钢锭存在的显微偏析得到一定程度的改善，再经锻造施加的外力可打碎钢锭内的铸态粗大树枝状晶体，晶粒得到细化，金属基体内的疏松、气孔、缩孔等孔洞性缺陷被焊合，大块夹杂物被打碎并得以均匀分布。

通过锻造，金属密度增加，一般认为，当锻造比达到2.5时，金属密度即可达到最大值。通过低倍组织分析，在合理的锻造工艺加工条件下，当锻造比达到2时，金属内部疏松可达0.5~1.0级，材料成为致密的锻态组织。而要想更完全地打破枝树状晶体、完全破碎则需要更大的锻造比。但是，太大的锻造比可使金属组织中出现明显的流线组织，特别是当锻造比大于5时，流线组织更明显，尤其当钢材冶金纯净度不高，气体和夹杂物含量较高时，甚至可以产生层状断口，使钢的塑性和韧性显著下降。

热锻造对金属材料的这些作用，使材料的力学性能如强度、塑性、韧性有很大提高，再通过正确的热处理，使材料的力学性能满足产品零件的技术要求。

因此，采用热锻造方法获得的锻件内部质量优于铸件。

对于通用机械产品中要求高质量、高强度的零部件，如轴、曲轴、活塞杆、泵体、缸体、泵段等锻件基本上采用自由锻成形。

（2）锻件质量的影响因素

热锻造是一种复杂的加工工艺，工序环节多，工艺或操作不当都可能引起锻造产品质量缺陷。

1）原材料的影响。锻造使用的原材料可能是铸锭也可能是钢坯。如果原材料内部存在严重缺陷，如较大的缩孔、缩松等缺陷，锻压时不能压合就会保留在锻件中，成为微裂纹。

2）锻造加热的影响。加热温度太高或保温时间太长，会引起锻胚晶粒粗大，锻压时容易产生裂纹，严重时产生过烧现象。

加热温度不足或保温时间不足，锻压时容易产生锻造裂纹。

对一些高合金材料，加热速度过快容易产生加热裂纹。

3）停锻温度的影响。停锻温度即锻造终止温度，对锻件质量也会产生影响，停锻温度太高，会使锻件晶粒粗大，停锻温度太低，可能会产生内部微裂纹。

4）锻造比的影响。锻造比是锻造加工时的主要工艺参数，锻造比小，不能保证锻坯内部原有缺陷压合，缺陷可能保留在锻件内部成为微裂纹。不能很好地改善组织，保证不了性能；锻造比太大则锻造纤维组织太强，材料各向异性明显。

5）锻后热处理。锻后热处理是为了去除锻造应力、降低硬度、改善锻后组织。如果锻后热处理温度低或保温时间短，起不到热处理作用；如果锻后热处理温度高，可能引起锻件晶粒粗大。

(3) 锻件可能存在的缺陷

1) 过烧。由于锻坯在加热时温度过高或保温时间过长,金属组织内部产生晶粒周界的熔化、氧化,破坏了晶粒间的结合力,丧失了金属的强度,这种缺陷是不允许存在的,一旦产生过烧组织,锻件只能报废。

2) 内裂纹。温度过低、锻造变形量过大时,由于锻坯心部塑性很低,在大变形量力的作用下,在锻坯心部产生变形裂纹,常称"内裂"。对于高合金钢坯料,由于导热速度慢,如果加热过快,在热应力作用下,也会产生"内裂"。锻件一旦产生内裂,无法修复,只能报废。

3) 疏松。锻坯,特别是采用钢锭锻造时,锻坯内部质量不好、内部缺陷多、疏松严重,而锻造时锻造比不够,原疏松不能被压合而保留在组织中,疏松缺陷是否可接受,应根据缺陷严重程度和锻件的重要性确定,因为锻件中的疏松会降低锻件的性能。

4) 微裂纹。原材料存在气孔、缩孔等孔洞类缺陷,在锻造时,由于锻压力不够或锻造比不足而未能压合封闭,只是沿变形方向变形,成了变形缺陷即微裂纹。微裂纹可能成为以后热处理时的热处理裂纹源,诱发产生热处理裂纹,也会影响锻件的力学性能。锻件中微裂纹的可接受程度应根据锻件的重要性确定。

5) "白点"缺陷。锻件中的"白点"缺陷不是锻造工艺本身产生的缺陷,"白点"生成的基本条件是钢锭中存在较高的氢含量,在锻件冷却过程中,随着温度降低和 $\gamma\text{-Fe} \rightarrow \alpha\text{-Fe}$ 的组织转变而析出,钢中的残存氢会在金属缺陷(如气孔)处聚集,形成氢的偏聚区,氢的析出、聚集并相互结合为氢分子,氢分子的形成会给周围金属施加压力,这个压力大到一定程度便会在金属组织缺陷处产生微小裂纹,微小裂纹的横断面常呈圆孔状,具有白色光泽,习惯上称其为"白点",钢组织中存在"白点"缺陷的后果是严重的,不仅会在以后的热处理过程中诱发热处理裂纹,也会在零件以后的服役过程中成为裂纹源,使零件在应力作用下断裂破坏。所以,对于较重要零件的锻件,不允许存在"白点"缺陷。

(4) 锻件的质量检验和质量控制

热锻造件可能由于锻造工艺、操作或采用工具不当等原因产生某些表面缺陷,如表面脱碳、折痕、皱皮等,这些表面缺陷一般可以在锻件以后的机械加工中去除,通常不会为锻件的应用带来危害。而有一些内在缺陷则是不容忽视的。

锻件的质量控制和检验、试验项目应根据锻件的重要程度、使用条件及特殊要求确定。

有些检验、试验项目的验收条件分为不同等级。所以,具体锻件验收项目和验收等级应合理确定,既要防止少检、漏检和降低等级,也应防止不必要的多检、重复检和提高等级,以避免检验成本的提高和浪费。

锻件的必检项目:①熔炼化学成分;②成品化学成分;③常温力学性能(硬度、抗拉强度、屈服强度、断后伸长率、断面收缩率、冲击吸收能量等);④形状和尺寸检验(形状、尺寸、弯曲、偏心等);⑤表面质量检验(折叠、皱皮、过烧等)。

重要锻件和特殊锻件选检项目:①锻件的锻造比和锻造记录;②热处理温度曲线和记录;③高温力学性能(抗拉强度、屈服强度、疲劳强度、蠕变强度等);④低温冲击吸收能量;⑤扭转试验;⑥疲劳试验;⑦磨损试验;⑧断裂韧性试验;⑨耐蚀性试验(对于不锈钢);⑩低倍检验(硫印检验、酸浸检验等);⑪金相检验(金相组织、晶粒度、脱碳层、过热组织、过烧、夹杂物、铁素体含量、带状组织、纤维组织等);⑫物理性能检验;⑬其他检验。

1.4.3 板材质量控制

(1) 板材及生产的特点和应用

板材是指宽厚比和表面积很大的扁平钢材。按规格可分为薄板（厚度≤4mm）、中厚板（4mm<厚度≤25mm）、厚板（25mm<厚度≤60mm）、特厚板（厚度>60mm）。按生产方法可分为热轧板和冷轧板。一般冷轧板厚度≤5mm，热轧板厚度可为0.5~200mm，连轧板厚度为1~15mm。

板材用料可为低碳钢、低碳合金钢、不锈钢、耐热钢、有色金属及其合金。

板材主要是通过轧制获得的制品。轧制就是将金属坯料通过一对旋转轧辊间隙，由轧辊和轧坯之间形成的摩擦力将坯件拖进辊缝中，坯料受到压缩产生变形，使轧件获得一定形状和尺寸，同时使材料的组织和性能得到改善。

轧制的优点是生产率高，可连续生产，生产成本低，金属消耗少，轧制材料的组织和性能得到改善，轧制适合大批量生产。轧制适用于各种钢材，铜、铝、钛等有色金属及合金。轧制可用于各种规格的板材、带材、型材、线材、管材等产品。

轧制根据轧制时材料的温度分为热轧、温轧和冷轧。

尽管轧制可代替一些产品的锻压工艺，但是，从改善材料组织、性能上不如锻压工艺。

(2) 板材质量的影响因素

轧制产品的质量主要取决于采用的原材料质量和轧制工艺。

1) 原材料质量对轧材质量的影响。原材料表面质量会直接影响轧材的表面质量，如原材料表面缺陷（结疤、裂纹、夹渣、折叠等）会在轧制过程中不断扩大而形成更大的缺陷，也会影响变形时的塑性和成形。而原材料的内部质量不良，如有较大的夹渣物、气孔、严重的偏析、微裂纹、残余缩孔等，可能会引起轧材的内裂、分层等。所以，为保证轧材的质量，应选择优质的原材料，并彻底清除原材料的表面缺陷。

2) 轧制变形程度和变形速度的影响。一般来说，轧制变形程度越大，对材料三向压应力状态越强，对破碎树枝状晶体、晶间偏析、焊合内部缺陷、细化晶粒和改善组织的效果越好，对保证轧材的性能作用也越大，当然，变形速度过大会形成更明显的纤维组织。轧制变形速度大不仅可以提高轧制效率，也可通过对材料的硬化和再结晶效果提高材料性能。

当然，为了获得大的变形程度和变形速度，需要增大设备动力和强度，但是这样会使设备成本增加。

3) 加热和轧制温度的影响。温度的影响主要指对热轧产品的影响。对原材料加热是为了提高钢的塑性、降低材料的变形抗力、改善材料组织。从这一角度出发，较高的加热和轧制温度是有利的。但是，过高的加热温度会使材料表面脱碳、氧化，如果表面产生了氧化层，则会使轧材表面产生麻点、重皮，还会引起钢晶粒粗大，降低性能；如果温度更高，还会引起过烧，即材料晶粒晶界氧化或熔化，这会使材料难以轧制并产生裂纹而报废。

当然，加热温度低，材料塑性差，不但会提高材料的变形抗力、增加轧制成形难度，甚至会引起轧制裂纹。

4) 冷却速度的影响。热轧钢轧后的冷却速度会影响轧材的组织结构，从而影响轧材性能。较快的冷却速度可以获得细密的组织，提高轧材强度和硬度。但过大的轧后冷却速度会增大轧材的内应力，对于碳含量和合金元素含量较高的材料，还可能产生裂纹。所以，应根据材料的不同采取合适的轧后冷却速度。

(3) 板材可能存在的缺陷

轧制板材可能产生的缺陷有形状、尺寸缺陷，表面缺陷和内部缺陷。

1) 形状、尺寸缺陷。由于轧制或矫形平整、切边等工序控制不当，造成板材各向尺寸或平整度达不到要求。

2) 表面缺陷。由于用于轧板的轧坯轧前表面处理不好，轧坯的表面缺陷（如疤痕、折叠、夹杂物、裂纹等）被带入轧板，使轧板表面仍保留这类缺陷。由于轧制工艺不当或轧辊表面状态不良，造成轧板表面裂纹、疤痕、划伤等缺陷。由于酸洗工艺不当，不能有效去除轧板表面氧化层或污物，或酸洗后中和、钝化、清洗效果不好，轧板表面残留氧化层或酸蚀痕迹等造成轧板表面状况不良。

3) 内部缺陷。由于轧板用轧坯内部质量不好，存在夹渣物、气泡、缩孔、疏松、裂纹等，在轧制过程中，这些缺陷没有焊合或破碎而保留在轧板中形成板材的内部缺陷。由于开轧前轧坯加热温度高、晶粒粗大、终轧温度控制不当等原因造成轧板组织不良。由于轧制后热处理工艺或操作不当，造成轧板组织不良。

(4) 板材的质量检验和质量控制

板材的质量控制和检验、试验项目应依据应用场合、使用条件、所制产品的重要程度确定检验和试验项目及验收标准。

一般板材的必检项目：①熔炼化学成分；②成品化学成分；③形状、尺寸；④外观质量和表面质量；⑤常温力学性能。

重要用途板材选检项目：①常温弯曲和反复弯曲试验；②高温强度试验；③低温冲击试验；④金相检验（金相组织、脱碳层、夹杂物等）；⑤耐蚀性试验（用于不锈钢板材）；⑥表面液体渗透检验；⑦超声波检验；⑧其他检验。

1.4.4 管材质量控制

(1) 管材及生产的特点和应用

管材可分为无缝钢管和有缝（焊接）钢管。无缝钢管是一种具有中空截面、周边无接缝的管材。焊接钢管是用钢板或钢带经过卷曲成形后，将卷缝焊接而成的管材。

无缝钢管按制造方法可分为热轧钢管、挤压钢管、冷轧钢管、拉拔钢管等。

冷加工方式获得的管材精度高、表面质量好、强度也高。

不同的生产方式有不同的特点，以拉拔管为例，拉拔就是对金属施加拉力，使其通过模具模孔以获得与模孔形状、截面尺寸相同制品的加工工艺方法。

拉拔与其他压力加工方法相比具有如下主要特点：

1) 控制产品的尺寸精确、表面质量好。

2) 适合连续生产断面较小的产品。

3) 拉拔生产的设备、工具简单、生产方便。

拉拔工艺适用于各种钢材，铜、铝、钛等有色金属及其合金。可拉拔截面不太大的棒材、管材、型材、线材等产品。

根据拉拔方式不同分为实心拉拔（主要生产棒材、型材、线材）和空心拉拔（主要生产管材），管材拉拔比棒材拉拔更复杂一些，根据生产的产品特点，管材拉拔又分为空位拉拔、长芯杆拉拔、固定芯头拉拔、游动芯片拉拔、扩径拉拔等。

拉拔工艺会对材料组织和性能产生影响。金属材料在拉拔过程中，随着金属外形的改变，内部金属晶粒的形状大体上发生相应变化，即沿最大变形方向拉长、拉细或压扁，在金属晶粒被拉长的同时，金属夹杂物也会被拉长呈线状或链状排列，即形成纤维组织。纤维组织的形成使金属垂直于延伸方向的力学性能降低，呈现性能的各向异性。在晶粒被拉长的同时，晶粒内部也会发生变化，晶粒被分割成许多小区域，称亚结构组织。拉拔后的金属材料密度、导电性、导热性、化学稳定性均呈降低趋势，而硬度和强度会有所提高。

（2）管材质量的影响因素

不同的管材生产方式影响质量的要素也不同，以拉拔管为例：

1）由于拉拔工艺通常用于较小截面制品的生产，而且拉拔时金属材料的变形主要是沿变形方向延伸，在拉拔过程中，材料会产生不均匀变形，存在一定的残余应力，这些因素会使拉拔制品硬化而产生裂纹。

2）当材料拉拔时，因材料表面与心部的不均匀变形会在表面存在残余拉应力，加之材料表面与模腔的摩擦挤压，在拉拔体表面易产生表面裂纹。另外，拉拔时在坯料中存在内外层力学性能的不均匀性，内层强度比硬化了的表面层强度低，并且在塑性变形区内，中心层存在的轴向拉应力大于表面层，当中心层拉应力超过材料在该处的强度时便会产生拉裂。

3）当拉拔管材时，由于受力不均或拉拔模及芯头位置不正确，可能造成管壁厚度不均、偏心等缺陷。

4）由于用于拉拔管材的坯料或毛管表面质量不好，带入拉拔过程中，造成钢管表面缺陷，如疤痕、凹坑、夹杂物等。

5）由于拉拔工艺不当，拉拔用模具、芯头等工具质量不好，造成钢管表面产生划伤、凹坑、表面裂纹等缺陷。

6）由于酸洗、矫直、切削等辅助工序操作不当造成的划伤、表面污物等缺陷。

（3）管材可能存在的缺陷

1）外观、尺寸缺陷：钢管的直线度或尺寸不符合技术要求，钢管壁厚不均、偏心等缺陷。

2）表面缺陷：钢管表面产生划伤、凹坑、表面裂纹、夹杂物、表面污物等缺陷。

3）内部缺陷：钢管内部存在夹渣物、疏松、裂纹等缺陷。

（4）管材的质量检验和质量控制

钢管的质量控制和检验、试验项目应依据管材应用的重要性、使用条件等因素确定。

一般管材的必检项目：①熔炼化学成分；②成品化学成分；③外观尺寸、同心度、直线度；④表面缺陷、表面质量；⑤常温力学性能。

重要用途管材的选检项目：①高温拉力试验；②低温冲击试验；③液体渗透或磁粉检验；④超声波检验；⑤涡流检验（用于 $\phi \leqslant 50mm$ 的薄壁管）；⑥扩口试验；⑦压扁试验；⑧残余拉应力检验；⑨水压试验；⑩耐蚀性试验（用于不锈钢）；⑪其他检验。

第 2 章　碳钢和合金结构钢

碳钢也叫碳素钢,是碳的质量分数小于2%的铁碳合金,除含碳外,还含有少量的硅、锰、硫、磷等残余元素。根据碳含量多少分为低碳钢 $[w(C) \leq 0.25\%]$、中碳钢 $[0.25\% < w(C) < 0.60\%]$ 和高碳钢 $[\omega(C) \geq 0.60\%]$。用于结构用途的碳钢称为碳素结构钢。

合金结构钢中除了含有铁、碳和少量的残余元素硅、锰、硫、磷,还加入一定量的合金元素铬、钼、镍、钛、钒、铌等。

碳钢和合金结构钢是常用的金属材料,其中中等碳含量的碳钢和合金结构钢多使用于常规条件下的结构件。

本章重点介绍通用机械常用的碳素结构钢、合金结构钢、弹簧钢和非调质钢。

2.1　碳钢

碳钢根据对碳及磷、硫含量控制的程度,分为普通碳素钢和优质碳素钢。

(1) 普通碳素结构钢

对碳含量和性能范围,磷、硫等元素含量控制较宽的碳素钢称为普通碳素钢,作为结构用途的称为普通碳素结构钢。普通碳素结构钢对碳、磷、硫及其他残余元素含量控制范围较宽,其具有基本的力学性能,强度不高,低温韧性较低,但有良好的塑性、焊接性和机械加工工艺性。普通碳素结构钢热处理效果不好,一般不经热处理(有时可以退火)而直接使用。

普通碳素结构钢不具有耐蚀性,也不作考核指标。

普通碳素结构钢常用来制造棒材、板材及其他型材,主要用于无腐蚀条件下的、不重要的机械零部件或结构件。

普通碳素结构钢依据对碳含量和锰含量的控制,可具有不同的强度等级和工艺特性,适用于不同的工况条件。

Q195、Q215钢的碳含量较低,强度不高,塑性好,特别是具有优良的焊接性和良好的压力加工性。用于制造不承受大载荷的零部件,如垫铁、地脚螺栓、销、垫圈、铆钉等,也可用于生产冲压件、焊接结构件。

Q235钢是较常用的工程结构用钢,其碳含量高于Q195和Q215钢。所以强度略有提高,具有一定的塑性、韧性、焊接性和冷冲压性。可用于制作建筑构件、小载荷的机械零部件,如支架、拉杆、连杆、轴、紧固件、销等。

Q275钢具有更高的碳含量,也就具有更高的强度,而塑性、韧性、焊接性、压力加工性较差。该钢可用于制作承受一定载荷和一定强度要求的零部件,如螺栓、螺母、轴、拉杆、链轮、齿轮、键、接管等。

通用机械中的机座、法兰、键、小轴等常用普通碳素结构钢制造。

(2) 优质碳素结构钢

与普通碳素结构钢相比，优质碳素结构钢所含杂质、磷、硫及非金属夹杂物少，质量更纯净，具有更优良的性能。优质碳素结构钢中的大部分钢种可以通过热处理手段调整性能，所以应用更广泛。

优质碳素结构钢根据锰含量的多少分为普通锰含量优质碳素结构钢和高锰含量优质碳素结构钢，提高了锰含量的优质碳素结构钢具有更高的淬透性，热处理后具有更高的屈服点、强度、硬度和耐磨性，但塑性和韧性稍差。

大部分优质碳素结构钢可采用热处理方法调整性能，以满足不同条件的使用要求。

碳的质量分数小于 0.25% 的优质碳素结构钢强度低，塑性、韧性好，压力加工性和焊接性优良，可制造载荷小、无太高强度要求但有较高塑性和韧性要求的机械零件，如摩擦片、容器、垫片、支架、筋板、机座等。还可进行渗碳处理，经过渗碳处理的零部件在保证心部有良好塑性、韧性的条件下，表面具有高硬度、高强度和高耐磨性，用以制造齿轮、链轮、套筒、小轴等。

碳的质量分数在 0.25%~0.60% 的优质碳素结构钢可通过热处理方法在较大范围内改善性能，满足不同条件下的使用要求。这类钢还具有良好的切削加工性，但压力加工性和焊接性较差。经过调质热处理可得到较好的综合力学性能，广泛用于制造各类机械零部件，如轴、推力盘、平衡盘、联轴器、螺柱、螺母、泵体、键，在采用表面处理后，可用于制造齿轮、套筒、轴套、密封环等。

碳的质量分数大于 0.6% 的优质碳素结构钢在热处理后具有较高的硬度、强度，但塑性、韧性差，适用于制造有抗磨要求的机械零件，也广泛用于制造圆盘弹簧、扁形弹簧等弹性元件。

优质碳素结构钢不耐腐蚀，也不作考核，所以，只用于无腐蚀条件下使用的零件。

(3) 铸造碳钢

铸造碳钢，顾名思义就是采用铸造成形方法制造机械零部件的钢种。锻轧可成形的零件都可铸造成形，一些结构、形状复杂，不能锻轧成形的零件都可采用铸造方法实现。机械产品中许多结构、形状和截面复杂的零件，以及中空断面零件都是采用铸造方法成形的，如机壳、泵壳、叶轮、泵座、导叶等。

铸造碳钢就是采用铸造方法（不经过锻造、轧制的再加工）生产的铸件，所以将铸钢产品称铸钢件。铸造碳钢的主要成分也是铁和碳，具体成分根据用途不同而有一定差别。

相对于锻轧材料，铸造碳钢在力学性能上没有各向异性，整体结构性强，铸造碳钢件的质量可以在很大范围变动，可以低至数克，也可以高达数十吨，但是由于熔点高、流动性差，在生产过程中容易生成气孔、夹杂、缩孔等缺陷。

铸造碳钢也可以通过热处理调整性能，依据化学成分不同，在性能上存在差异，如碳含量高的铸钢通过热处理可以获得较高强度，但是韧性、塑性差，焊接性能差。

碳素铸钢的耐蚀性差，一般不做考核指标。

2.1.1 Q195 钢

(1) 概述

Q195 钢属乙类普通碳素结构钢，曾称 A1 钢。普通碳素钢与优质碳素钢的主要区别在于，前者对碳含量、性能要求及对磷、硫和其他残余元素含量限制较宽。

Q195 钢生产工艺简单，具有较高的塑性和焊接性，有良好的压力加工性，但强度较低。对其要求是保证化学成分和力学性能。

Q195 钢可制成棒材、板材、管材、锻件等。

（2）工艺特性

Q195 钢有较好的热加工性，热加工开始温度为 1200～1250℃，终止温度为 800～850℃，锻轧后空冷。

Q195 钢通常在热锻、轧制状态使用，不必进行热处理，但为提高某些零件的表面硬度和耐磨性，可对零件进行表面渗碳，渗碳温度大约为 920～940℃，渗碳后再经 780～800℃ 加热淬火，并进行 180～240℃ 的回火。

Q195 钢的焊接性良好，可采用多种方法焊接，焊前无须预热，焊后可不进行热处理。但对于某些构件，为保证尺寸稳定性，可进行去应力退火，加热温度可为 580～620℃，加热、保温后空冷或缓冷。

Q195 钢具有良好的冷加工性和冷变形性。

（3）应用

Q195 钢可用于制造强度不高的零件或构件，如地脚螺栓、铆钉、焊管、吊钩、支架、泵座等构件。

（4）化学成分（见表 2-1）

表 2-1　化学成分（质量分数）（GB/T 700—2006）　　　（%）

C	Si	Mn	P	S
≤0.12	≤0.30	≤0.50	≤0.035	≤0.040

（5）物理性能（见表 2-2）

表 2-2　物理性能

温度/℃	室温	100	200	300	400	500	600	700
热导率 λ/[W/(m·℃)]	72.0	68.0	60.0	53.0	48.0	45.0	—	—
比定压热容 c_p/[J/(kg·℃)]	—	481	481	502	540	553	—	—
线胀系数/10^{-6}℃$^{-1}$	—	8.8	12.4	13.0	13.6	14.0	14.7	14.8
弹性模量 E/10^4MPa	21.2	20.9	20.2	19.6	19.1	17.9		
切变模量 G/10^3MPa	82.4	81.2	79.4	76.5	72.6	66.7		
泊松比 μ/10^{-1}	2.86	2.83	2.72	2.82	3.18	3.46		
电阻率 ρ/10^{-8}Ω·m	—							

注：密度为 7.69g/cm³。

（6）常见热处理制度（见表 2-3）

表 2-3　常见热处理制度

热处理	加热温度/℃	冷却方法	金相组织
焊接件去应力	580～620	空冷或炉冷	铁素体+珠光体

（7）力学性能

① 技术标准规定的力学性能见表 2-4。

表 2-4 技术标准规定的力学性能

品种(标准)	规格/mm	状态	力学性能(≥)					HBW
			R_m/MPa	R_{eH}/MPa	$A(\%)$	$Z(\%)$	KV_2/J	
GB/T 700—2006	≤16	热轧	315~430	195	33	—	—	—
	>16~40			185	33	—	—	—

② 室温下的力学性能见表 2-5。

表 2-5 室温下的力学性能

状态	温度/℃	R_m/MPa	$R_{p0.2}$/MPa	$A(\%)$	$Z(\%)$	KV_2/J	HBW
热轧	室温	421	301	38	70	178	114

(8) 耐蚀性

Q195 钢的耐蚀性差,一般不作考核,也不作选材依据。

(9) 常用标准牌号对照 (见表 2-6)

表 2-6 常用标准牌号对照

国别	中国	国际标准化	欧洲		英国	德国	
标准	GB	ISO	EN	Mat. No	BS	DIN	W-Nr
牌号	Q195	HR2/E185	S185	1.0035	S185/040A10	S185/St33	1.0035

国别	法国	韩国	俄罗斯	日本	美国			
标准	NF	KS	ГОСТ	JIS	ASTM	UNS	AISI	SAE	ASI
牌号	S185/A33	—	СТ.1КЛ	—	Gr. B				

2.1.2 Q235A 钢

(1) 概述

Q235A 钢,也曾称 A3 钢,也是普通碳素钢。对其要求化学成分和力学性能均应保证符合标准,其塑性、韧性较好,具有一定的强度。具有良好的冷、热加工性和焊接性。

Q235A 钢可制成锻件、板材、型材、管材及焊接件。

(2) 工艺特性

Q235A 钢热加工性良好,锻轧开始温度为 1200~1250℃,终止温度为 800~850℃,锻轧后可空冷。

Q235A 钢一定在热轧状态使用,必要时可进行正火处理,正火加热温度一般为 900~930℃,保温后空冷。

为提高某些零件的表面硬度和耐磨性,可对零件表面进行渗碳处理,渗碳温度一般为 900~930℃,渗碳后还应进行 780~800℃ 的淬火处理,并经 180~240℃ 的回火处理。

Q235A 钢的焊接性良好,可采用各种方法焊接,焊前无须预热、焊后可不进行退火处理,但对于一些有尺寸稳定性要求的构件,焊后应进行 580~620℃ 的去应力退火,加热保温后空冷或缓冷。

(3) 应用

Q235A 钢用途广泛,各种型材可以焊接成不同构件,如桥梁、泵座、底座等;可以用来制造不重要零件,如螺栓、拉杆、套杆、紧固件等,使用温度不宜高于 350℃。

第2章 碳钢和合金结构钢

(4) 化学成分 (见表2-7)

表2-7 化学成分 (质量分数) (GB/T 700—2006) (%)

C	Si	Mn	P	S
≤0.22	≤0.35	≤1.40	≤0.045	≤0.050

(5) 物理性能 (见表2-8)

表2-8 物理性能

密度/(g/cm³)	熔点/℃	临界点/℃					
		Ac_1	Ac_3	Ar_1	Ar_3	Ms	Mf
7.86	1468	724	856	640	812	—	—

温度/℃	室温	100	200	300	400	500	600	700
热导率 λ/[W/(m·℃)]	—	—	61.1	55.3	48.6	42.7	38.1	34.2
比定压热容 c_p/[J/(kg·℃)]	—	—	745	770	783	833	—	—
线胀系数/10^{-6}℃$^{-1}$	—	12.0	12.6	13.3	13.9	14.2	14.6	14.8
弹性模量 E/10^4MPa	21.2	20.9	20.1	19.3	18.4	17.5	—	—
切变模量 G/10^3MPa	82.3	80.9	77.7	75.0	71.9	67.7	—	—
泊松比 μ/10^{-1}	2.88	2.91	2.94	2.88	2.83	2.89	—	—
电阻率 ρ/10^{-8}Ω·m	—	—	29.3	38.3	47.9	59.7	72.8	83.7

(6) 常见热处理制度 (见表2-9)

表2-9 常见热处理制度

热处理	加热温度/℃	冷却方法	金相组织
正火	900~930	空冷	铁素体+珠光体

(7) 力学性能

① 技术标准规定的力学性能见表2-10。

表2-10 技术标准规定的力学性能

品种(标准)	规格/mm	状态	力学性能(≥)					HBW
			R_m/MPa	R_{eH}/MPa	A(%)	Z(%)	KV_2/J	
GB/T 700—2006	≤16	热轧	370~500	235	26	—	—	
	>16~40			225	26	—	—	
	>40~60			215	25	—	—	
	>60~100			215	24	—	—	
	>100~150			195	22	—	—	
	>150~200			185	21	—	—	

② 不同温度下的力学性能见表2-11。

表2-11 不同温度下的力学性能 (平均值)

状态	温度/℃	R_m/MPa	屈服点/MPa	A(%)	Z(%)	KV_2/J	HBW
热轧(光滑试样)	室温	407	231	30	54		117~129
热轧(缺口试样)	室温	572	316	—			117~129
热轧(纵向试样)	室温	454	303	37.3	64.6		—
热轧(横向试样)	室温	456	301	34.3	61.8		—
热轧	200	395	233	—			
	100	380	213				
	200	—	—				
	300	—	146				

③ 低温冲击性能见表 2-12。

表 2-12 低温冲击性能（平均值）

状态	温度/℃	0	-10	-20	-30	-40	-50	-60
热轧（横向样）	KV_2/J	24	12	9	5	5	—	—
状态	温度/℃	0	-10	-20	-30	-40	-50	-60
热轧	KV_2/J	21	—	8	—	4	—	4

（8）耐蚀性

Q235A 钢的耐蚀性差，一般不作考核，也不作选材依据。

（9）常用标准牌号对照（见表 2-13）

表 2-13 常用标准牌号对照

国别	中国	国际标准化	欧洲		英国	德国	
标准	GB	ISO	EN	Mat. No	BS	DIN	W-Nr
牌号	Q235A	Fe360A	S235JR	1.0037	S235JR	S235JR	1.0037
国别	法国	韩国	俄罗斯	日本	美国		
标准	NF	KS	ГОСТ	JIS	ASTM	UNS	AISI	SAE	SAI
牌号	S235JR	SS400	СТ.3КЛ-2	S5400	Gr. A	K02501	—	—	—

2.1.3 Q235B 钢

（1）概述

Q235B 钢属普通碳素钢。在采购上，对其化学成分和力学性能的要求必须满足条件要求。与 Q235A 钢相比，二者的化学成分和力学性能基本相似，但 Q235B 钢对 20℃时的冲击吸收能量有要求。

Q235B 钢可制成锻件、板材、型材、管材等，也多用于焊接构件。

（2）工艺特性

见 Q235A 钢工艺特性。

（3）应用

Q235B 钢主要用于建筑、桥梁工程及其他主要的焊接结构件，也可以制造对强度要求不高的机械零件，如轴、紧固件、连杆等。

（4）化学成分（见表 2-14）

表 2-14 化学成分（质量分数）（GB/T 700—2006）   （%）

C	Si	Mn	P	S
≤0.20	≤0.35	≤1.40	≤0.045	≤0.045

（5）物理性能（见表 2-15）

表 2-15 物理性能

密度/(g/cm³)	熔点/℃	临界点/℃					
		Ac_1	Ac_3	Ar_1	Ar_3	Ms	Mf
7.83	—	723	855	706	795	—	—
温度/℃	室温	100	200	300	400	500	600	700
热导率 λ/[W/(m·℃)]	56.0	49.0	45.0	41.0	37.0	41.0	37.0	—
比定压热容 c_p/[J/(kg·℃)]	—	—	—	—	—	—	—	—

(续)

线胀系数/$10^{-6}℃^{-1}$	—	8.0	11.3	12.9	13.6	14.0	14.4	14.6
弹性模量 $E/10^4$MPa	21.0	20.6	19.9	19.4	18.5	17.5	—	—
切变模量 $G/10^3$MPa	82.4	80.4	78.4	76.5	71.6	67.7	—	—
泊松比 $\mu/10^{-1}$	2.74	2.80	2.69	2.69	2.95	2.90	—	—
电阻率 $\rho/10^{-8}\Omega\cdot m$	—	—	—	—	—	—	—	—

(6)常见热处理制度(见表2-16)

表 2-16 常见热处理制度

热处理	加热温度/℃	冷却方法	金相组织
正火	900~930	空冷	铁素体+珠光体

(7)力学性能

① 技术标准规定的力学性能见表2-17。

表 2-17 技术标准规定的力学性能

品种(标准)	规格/mm	状态	力学性能(≥)					HBW
			R_m/MPa	R_{eH}/MPa	$A(\%)$	$Z(\%)$	KV_2/J(20℃)	
GB/T 700—2006	≤16	热轧	370~500	235	26	—	27	—
	>16~40			225	26	—	27	—
	>40~60			215	25	—	27	—
	>60~100			215	24	—	27	—
	>100~150			195	22	—	27	—
	>150~200			185	21	—	27	—

② 不同温度下的力学性能见表2-18。

表 2-18 不同温度下的力学性能

状态	温度/℃	R_m/MPa	$R_{p0.2}$/MPa	$A(\%)$	$Z(\%)$	KV_2/J	HBW
热轧	室温	441	300	37	65	99(10℃)	136

③ 低温冲击性能见表2-19。

表 2-19 低温冲击性能

状态	温度/℃	10	0	-10	-20	-40
热轧	KV_2/J	99	79	66	35	6.7

(8)耐蚀性

Q235B 钢的耐蚀性差,一般不作考核,也不作选材依据。

(9)常用标准牌号对照(见表2-20)

表 2-20 常用标准牌号对照

国别	中国	国际标准化	欧洲		英国	德国	
标准	GB	ISO	EN	Mat. No	BS	DIN	W-Nr
牌号	Q235B	Fe360D	S235JRG1	1.0036	S235JRG1	S235JRG1	1.0036

国别	法国	韩国	俄罗斯	日本	美国			
标准	NF	KS	ГОСТ	JIS	ASTM	UNS	AISI	SAE	SAI
牌号	S235JRG1	SS400B	СТ.3КЛ-3	SS400B	Gr. D	K02502			

2.1.4 15钢

（1）概述

15钢属低碳优质碳素钢，有很好的塑性、韧性，但强度低、硬度低。

15钢可用来制造锻件，可采用热（或冷）轧、拉、拔、冲压等加工方法制成板材、带材、管材等各种型材。

依据生产品种、规格不同，可在退火或热轧状态供货使用。

（2）工艺特性

15钢有较好的冷、热加工性。

锻造的始锻温度为1200~1230℃；终锻温度通常为800~850℃。锻后可堆冷或空冷。

15钢一般不需通过热处理来调整性能，但可采用退火、正火或去应力处理改善组织和去应力，可进行表面硬化处理。

15钢的焊接性良好，可采用各类焊接方法，焊前一般不用预热，当焊件较大或环境温度较低时可焊前预热到100~150℃。焊后一般可不进行热处理，对于大件、形状复杂零部件、重要件可采用600~650℃退火处理。

15钢的切削加工性较差，为提高切削速度和质量，可在900℃左右加热水冷。

（3）应用

15钢可用来制造受力不大、强度不高的零件，如法兰、盘、储器、紧固件、拉条、筒体等，也可通过表面渗碳淬火、碳氮共渗淬火等方法强化表面，用来制造强度要求不高、表面可承受磨损的零件，如轴套等。

（4）化学成分（见表2-21）

表2-21 化学成分（质量分数）   （%）

C	Si	Mn	P	S	Cr	Ni	Mo	Cu	备注
0.12~0.18	0.17~0.37	0.35~0.65	≤0.035	≤0.035	≤0.25	≤0.30	—	≤0.25	（GB/T 699—2015）适用热轧棒
0.12~0.18	0.17~0.37	0.35~0.65	≤0.035	≤0.035	≤0.25	≤0.30	—	≤0.25	（GB/T 3078—2019）适用冷拉棒
0.12~0.18	0.17~0.37	0.35~0.65	≤0.035	≤0.030	≤0.25	≤0.30	—	≤0.25	（GB/T 711—2017）适用热轧厚板材
0.12~0.18	0.17~0.37	0.35~0.65	≤0.03	≤0.035	≤0.25	≤0.30	—	≤0.25	（GB/T 13237—2013）适用冷轧薄板
0.12~0.19	0.17~0.37	0.35~0.65	≤0.035	≤0.035	≤0.25	≤0.25	—	≤0.25	（GB/T 17107—1997）适用锻件

（5）物理性能（见表2-22）

表2-22 物理性能

密度/(g/cm³)	熔点/℃	临界点/℃					
		Ac_1	Ac_3	Ar_1	Ar_3	Ms	Mf
7.83	1400	735	836	685	840	—	—

(续)

温度/℃	20	100	200	300	400	500
热导率 λ/[W/(m·℃)]	—	40.0	46.7	45.5	43.1	40.3
比定压热容 c_p/[J/(kg·℃)]	—	486	503	515	528	549
线胀系数/10^{-6}℃$^{-1}$	—	11.87	12.33	13.16	13.66	14.07
弹性模量 E/10^4MPa	21.3	20.9	20.2	19.4	18.5	17.8
切变模量 G/10^3MPa	82.6	80.9	78.4	75.2	71.9	68.7
泊松比 μ/10^{-1}	2.89	2.92	2.88	2.90	2.87	2.95
电阻率 ρ/$10^{-8}\Omega\cdot m$	11.5	—	—	—	—	—

(6) 热处理

① 奥氏体连续冷却转变图见图 2-1。

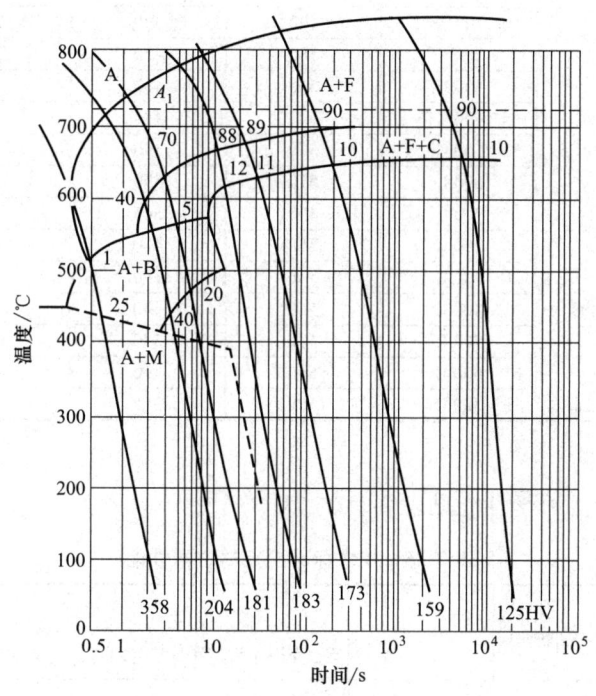

图 2-1 奥氏体连续冷却转变图

② 常见热处理制度见表 2-23。

表 2-23 常见热处理制度

热处理	加热温度/℃	冷却方法	金相组织
退火	880~900	炉冷	铁素体+珠光体
正火	890~930	空冷	铁素体+珠光体
高温回火	600~650	空冷	铁素体+珠光体
渗碳	900~950	—	珠光体+渗碳体(渗层)
渗碳淬火	770~800	水冷	淬火马氏体+碳化物(渗层)
回火	150~180	空冷	回火马氏体+碳化物(渗层)

③ 热处理对室温力学性能的影响见表 2-24。

表 2-24 不同热处理制度下的室温力学性能

毛坯直径/mm	热处理制度		R_m/MPa	$R_{p0.2}$/MPa	$A(\%)$	$Z(\%)$
	淬火	回火				
6	900~920℃,水淬	200℃	1325	1255	9	42
		300℃	1195	1175	10	60
		400℃	1000	960	14	68
		500℃	785	705	15	70
		600℃	685	590	18	72
		700℃	590	490	23	80
20	900~920℃,水淬	200℃	685	520	23	67
		300℃	685	520	23	70
		400℃	685	590	24	74
		500℃	610	490	25	70
		600℃	590	440	30	76
		700℃	490	390	34	80
36	900~920℃,水淬	200℃	580	420	28	74
		300℃	560	430	28	76
		400℃	520	420	30	75
		500℃	530	390	30	74
		600℃	510	390	32	76
		700℃	490	345	35	80
55	900~920℃,水淬	200℃	580	410	28	73
		300℃	540	390	30	75
		400℃	540	400	30	72
		500℃	530	380	32	74
		600℃	540	390	30	72
		700℃	480	315	35	78

（7）力学性能

① 技术标准规定的力学性能见表 2-25。

表 2-25 技术标准规定的力学性能

品种(标准)	规格/mm	状态	力学性能(≥)					HBW
			R_m/MPa	R_{eL}/MPa	$A(\%)$	$Z(\%)$	KU_2/J	
热轧棒(GB/T 699—2015)	ϕ25	正火	375	225	27	55	—	—
冷拉棒材(GB/T 3078—2019)	—	冷拉	470	—	8	45	—	≤229
		退火	345	—	28	55	—	≤179
厚板材(GB/T 711—2017)	—	正火,退火或高温回火	375		30	—	—	—
冷轧薄板材(GB/T 13237—2013)	≤0.6	拉延	335~470		19(80mm×20mm)			—
	>0.6~1.0				21(80mm×20mm)			
	>1.0~1.5				23(80mm×20mm)			
	>1.5~2.0				24(80mm×20mm)			
	>2.0~2.5				25(80mm×20mm)			
	>2.5				26(80mm×20mm)			

(续)

品种（标准）	规格/mm	状态	力学性能(≥)					HBW
			R_m/MPa	R_{eL}/MPa	$A(\%)$	$Z(\%)$	KU_2/J	
锻件 (GB/T 17107—1997)	≤100	正火+回火 （纵向）	320	195 （屈服点）	27	55	47	97~143
	>100~300		310	165 （屈服点）	25	50	47	
	>300~500		300	145 （屈服点）	24	45	43	

② 不同温度下的力学性能见表2-26。

表2-26 不同温度下的力学性能

状态	温度/℃	R_m/MPa	$R_{p0.2}$/MPa	$A(\%)$	$Z(\%)$	KU_2/J
900~920℃正火	200	520	230	19.5	53.0	156.9
	300	540	230	18.5	51.0	109.8
	400	425	186	27.0	68.0	78.4
	450	385	181	29.0	70.0	66.6
	500	305	172	26.5	66.0	62.7
	550	225	152	24.0	69.5	—
	600	157	123	30.0	80.5	274.5
900~920℃ 正火+ 650~660℃ 回火	200	400	196	24.0	68.0	172.6
	300	420	172	24.0	63.0	188.2
	400	380	152	32.5	71.0	125.5
	450	295	162	35.0	75.0	102.0
	500	235	147	36.0	75.0	98.1
	550	172	132	30.0	75.5	—
	600	137	98	34.5	76.0	258.8

③ 低温冲击性能见表2-27。

表2-27 低温冲击性能

状态	温度/℃	20	0	-20	-40	-60
900~920℃正火+ 650~660℃回火	KU_2/J	169.4	155.3	141.2	98.1	90.24

（8）耐蚀性

15钢的耐蚀性差，一般不作考核，也不作选材依据。

（9）常用标准牌号对照（见表2-28）

表2-28 常用标准牌号对照

国别	中国	国际标准化	欧洲		英国	德国	
标准	GB	ISO	EN	Mat. No	BS	DIN	W-Nr
牌号	15	C15E4	C15E	1.1141	050A15	CK15/C15	1.1141/1.0401
国别	法国	韩国	俄罗斯	日本	美国			
标准	NF	KS	ГОСТ	JIS	ASTM	UNS	AISI	SAE	ASI
牌号	XC15	SM15C	15	S15C	1015	G10150	—	—	—

2.1.5　20钢

(1) 概述

20钢属低碳优质碳素钢，有优良的塑性、韧性，有一定的强度，强度高于15钢，在530℃以下有一定的抗氧化性。

20钢可用来制造锻件、板材、管材等各种型材。

根据产品品种、规格不同，可在轧制、退火或正火状态供货。

(2) 工艺特性

20钢的可锻性良好，可锻制成各类锻件和轧制板材。开始锻轧温度一般为1200~1250℃，锻轧终止温度不低于800℃，锻轧后可空冷。

20钢因碳含量低，淬火效果不明显，但对于大件，为改善其组织和性能，可以采用860~900℃加热、保温后再水冷处理，并加以适当温度去应力。可以通过提高表面碳含量（如渗碳、碳氮共渗）后再淬火、回火的方式提高表面硬度和耐磨性。

20钢的焊接性优良，可采用气焊、电弧焊、自动焊等，焊前一般可不预热，但焊接大件或焊接环境温度低时，可进行100~150℃的焊前预热。焊后一般可不进行热处理，对重要件也可进行550~600℃的退火处理。

(3) 应用

20钢在机械工业上应用较广泛，用于制造不受很大应力而要求较大塑性、韧性的各类机械零件，如杠杆、拉杆、起重机吊钩等，可用于制造使用温度不大于450℃的锅炉和压力容器用的锻件、板材、管道材料；还可以通过表面强化处理后用于制造齿轮、链轮、辊子、轴套等。

泵用筒体、联轴器、导叶体、紧固件等也可用20钢制造，渗碳淬火后可用于制造轴套等表面耐磨件。

(4) 化学成分（见表2-29）

表2-29　化学成分（质量分数）　（%）

C	Si	Mn	P	S	Cr	Ni	Mo	Cu	备注
0.17~0.23	0.17~0.37	0.35~0.65	≤0.035	≤0.035	≤0.25	≤0.30	—	≤0.25	(GB/T 699—2015) 适用热轧棒
0.17~0.23	0.17~0.37	0.35~0.65	≤0.035	≤0.035	≤0.25	≤0.30	—	≤0.25	(GB/T 3078—2019) 适用冷拉棒
0.17~0.23	0.17~0.37	0.35~0.65	≤0.035	≤0.030	≤0.20	≤0.30	—	≤0.25	(GB/T 711—2017) 适用热轧厚板材
0.17~0.23	0.17~0.37	0.35~0.65	≤0.035	≤0.035	≤0.25	≤0.30	—	≤0.25	(GB/T 13237—2013) 适用冷轧薄板
0.17~0.24	0.17~0.37	0.35~0.65	≤0.035	≤0.035	≤0.25	≤0.25	—	≤0.25	(GB/T 17107—1997) 适用锻件

(5) 物理性能（见表2-30）

表 2-30 物理性能

密度/(g/cm³)	熔点/℃	临界点/℃					
		Ac_1	Ac_3	Ar_1	Ar_3	Ms	Mf
7.80	1430	735	855	680	835	—	—

温度/℃	室温	100	200	300	400	500
热导率 λ/[W/(m·℃)]	—	45.0	42.9	38.7	35.8	32.8
比定压热容 c_p/[J/(kg·℃)]	—	485	506	519	531	556
线胀系数/10^{-6}℃$^{-1}$	—	11.92	12.65	13.15	13.76	14.07
弹性模量 E/10^4MPa	21.3	20.9	20.3	19.6	18.9	17.9
切变模量 G/10^3MPa	83.1	81.8	78.9	76.2	72.8	68.8
泊松比 μ/10^{-1}	2.82	2.78	2.86	2.86	2.98	3.04
电阻率 ρ/10^{-8}Ω·m	12.0	—	—	—	—	—

(6) 热处理

① 奥氏体连续冷却转变图见图 2-2。

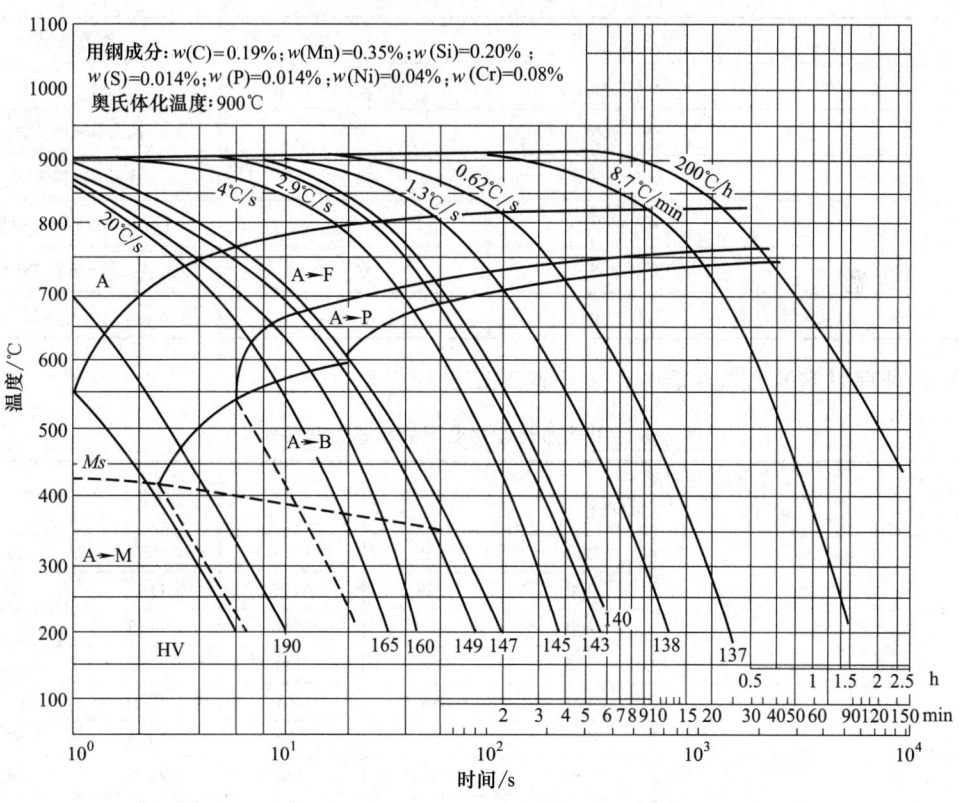

图 2-2 奥氏体连续冷却转变图

② 淬透性曲线见图 2-3。

③ 常见热处理制度见表 2-31。

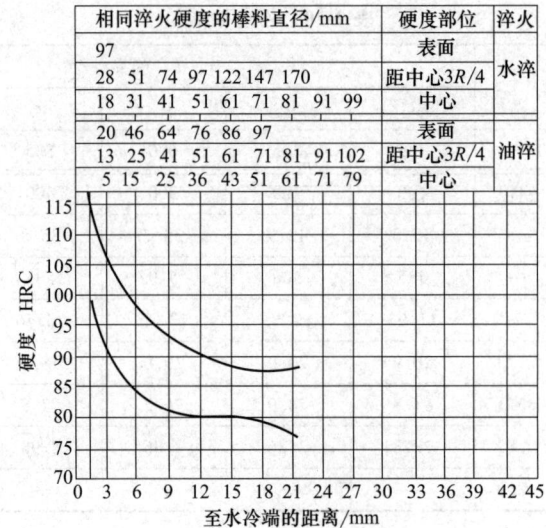

图 2-3 淬透性曲线

表 2-31 常见热处理制度

热处理	加热温度/℃	冷却方法	金相组织
退火	880~900	炉冷	铁素体+珠光体
正火	890~920	空冷	铁素体+珠光体
高温回火	600~650	空冷	铁素体+珠光体
渗碳	900~920	—	珠光体+渗碳体（渗层）
渗碳淬火	780~800	水冷	淬火马氏体+碳化物（渗层）
回火	150~180	空冷	回火马氏体+碳化物（渗层）

④ 热处理对室温力学性能的影响见表 2-32 和图 2-4。

表 2-32 不同热处理制度下的室温力学性能

毛坯直径/mm	热处理制度		R_m/MPa	$R_{p0.2}$/MPa	A(%)	Z(%)
	淬火	回火/℃				
10	920℃水淬	200	1355	1275	10.0	45.0
		300	1225	1175	11.0	50.0
		400	1130	1080	11.5	53.0
		450	960	900	13.0	62.0
10	900℃水淬	500	845	785	15.0	65.0
		600	665	570	19.5	67.0
		650	610	490	21.0	68.0
		700	590	470	24.0	73.0
25	940℃正火+930℃伪渗碳 8h+880℃水淬+230℃回火		595	435	39.0	64.0
	940℃正火+930℃伪渗碳 8h，炉冷至 830℃，水淬+230℃回火		560	420	30.0	67.7

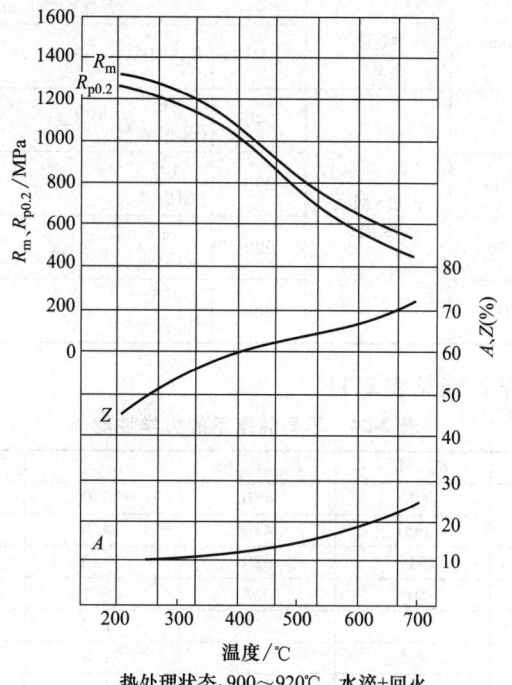

图 2-4 回火温度对力学性能的影响

（7）力学性能

① 技术标准规定的力学性能见表2-33。

表 2-33 技术标准规定的力学性能

品种（标准）	规格/mm	状态	力学性能（≥）					HBW
			R_m/MPa	R_{eL}/MPa	A(%)	Z(%)	KU_2/J	
热轧棒材 (GB/T 699—2015)	φ25	热轧	—	—	—	—	—	≤156
		正火	410	245	25	55	—	—
冷拉棒材 (GB/T 3078—2019)	—	冷拉	510	—	7.5	40	—	≤229
	—	退火	390	—	21	50	—	≤179
厚板材 (GB/T 711—2017)	—	正火、退火或高温回火	410	—	25	—	—	—
冷轧薄板材 (GB/T 13237—2013)	≤0.6	拉延	335~490	—	18(80mm×20mm)	—	—	—
	>0.6~1.0				20(80mm×20mm)			
	>1.0~1.5				22(80mm×20mm)			
	>1.5~2.0				23(80mm×20mm)			
	>2.0~2.5				24(80mm×20mm)			
	>2.5				25(80mm×20mm)			

(续)

品种(标准)	规格/mm	状态	力学性能(≥)					HBW
			R_m/MPa	R_{eL}/MPa	A(%)	Z(%)	KU_2/J	
锻件 (GB/T 17107—1997)	≤100	正火+回火 (纵向)	340	215 (屈服点)	24	50	43	103~156
	>100~300		330	195 (屈服点)	23	45	39	
	>300~500		320	185 (屈服点)	22	40	39	
	>500~1000		300	175 (屈服点)	20	35	35	

② 不同温度下的力学性能见表 2-34。

表 2-34 不同温度下的力学性能

状态	温度/℃	R_m/MPa	$R_{p0.2}$/MPa	A(%)	Z(%)	KU_2/J
880℃正火	-100	620	450	30.0	64.0	—
	-70	600	410	34.0	62.0	—
	-40	540	380	33.0	64.0	—
	20	505	365	29.1	65.1	
880~920℃正火	20	500	319	30.7	67.0	78.4~156.8
	200	495	279	21.0	61.5	99.2~148.8
	300	519	206	26.0	66.5	94.4~172.8
	400	412	196	25.0	75.0	70.4~86.4
	450	324	172	27.0	76.5	55.2~62.4
	500	250	167	28.0	76.0	53.6
	600	127	100	36.0	79.0	62.4~125.6

③ 低温冲击性能见表 2-35。

表 2-35 低温冲击性能

状态	温度/℃	0	-10	-20	-40
900℃正火	KV_2/J	127	113	95	43

(8) 耐蚀性

20 钢的耐蚀性差,一般不作考核,也不作选材依据。

(9) 常用标准牌号对照(见表 2-36)

表 2-36 常用标准牌号对照

国别	中国	国际标准化	欧洲		英国	德国	
标准	GB	ISO	EN	Mat. No	BS	DIN	W-Nr
牌号	20	C20E4	C20E	1.1151	050A20	CK22/C22	1.1151

国别	法国	韩国	俄罗斯	日本	美国			
标准	NF	KS	ГОСТ	JIS	ASTM	UNS	AISI	SAE	ASI
牌号	XC18	SM20C	20	S20C	1020	G10200	—	—	—

2.1.6 35 钢

(1) 概述

35 钢属于中碳钢中碳含量居中下限的优质碳素钢,其具有良好的塑性及一定的强度,切削加工性良好，冷变形塑性较高，可在冷状态下拉拔、镦粗，焊接性尚可。热处理时的淬透性较差。大多数在正火状态、有时在水冷并高温回火状态使用。

35钢可用来制成锻件、板材、管材等。

（2）工艺特性

35钢的锻轧性能好。开始锻轧温度为1200℃，锻轧终止温度为800℃。尺寸在300mm以下的中小锻件，锻轧后一般采用空冷；尺寸大于300mm的锻件锻轧后宜采用炉冷等缓慢冷却方式。

35钢焊接性尚可，但焊前应预热至150~200℃，焊后应进行600~650℃的去应力处理。

35钢的淬透性较差，通常在正火或正火+回火状态下使用，对于较大零件，为提高使用性能，可在840~860℃水冷并在550~600℃回火后使用。这种处理后的组织依零件尺寸大小有差异，可能为索氏体、索氏体+铁素体或珠光体+铁素体。

（3）应用

35钢可用来制造强度要求不高的零件，如轴、曲轴、连杆、横梁、轮圈及紧固件等。

（4）化学成分（见表2-37）

表2-37 化学成分（质量分数） （%）

C	Si	Mn	P	S	Cr	Ni	Mo	Cu	备注
0.32~0.39	0.17~0.37	0.50~0.80	≤0.035	≤0.035	≤0.25	≤0.30	—	≤0.25	（GB/T 699—2015）适用热轧棒
0.32~0.39	0.17~0.37	0.50~0.80	≤0.035	≤0.030	≤0.20	≤0.30		≤0.25	（GB/T 711—2017）适用热轧厚板材
0.32~0.39	0.17~0.37	0.50~0.80	≤0.035	≤0.030	≤0.20	≤0.30		≤0.25	（GB/T 8162—2018）适合无缝钢管
0.32~0.40	0.17~0.37	0.50~0.80	≤0.035	≤0.035	≤0.25	≤0.25		≤0.25	（GB/T 17107—1997）适用锻件

（5）物理性能（见表2-38）

表2-38 物理性能

密度/(g/cm³)	熔点/℃	临界点/℃					
		Ac_1	Ac_3	Ar_1	Ar_3	Ms	Mf
7.87	1395	741	802	658	748	370	—

温度/℃	室温	100	200	300	400	500
热导率 λ/[W/(m·℃)]	—	46.0	48.2	44.9	41.4	38.1
比定压热容 c_p/[J/(kg·℃)]		482	494	515	532	555
线胀系数/10⁻⁶℃⁻¹	—	12.45	12.87	13.50	13.90	14.30
弹性模量 E/10⁴MPa	21.2	20.7	20.1	19.4	18.7	17.6
切变模量 G/10³MPa	82.1	80.5	78.0	75.2	72.1	68.1
泊松比 μ/10⁻¹	2.91	2.86	2.88	2.90	2.97	2.92
电阻率 ρ/10⁻⁸Ω·m	12.3	—				

（6）热处理

① 奥氏体等温转变图和奥氏体连续冷却转变图分别见图2-5和图2-6。

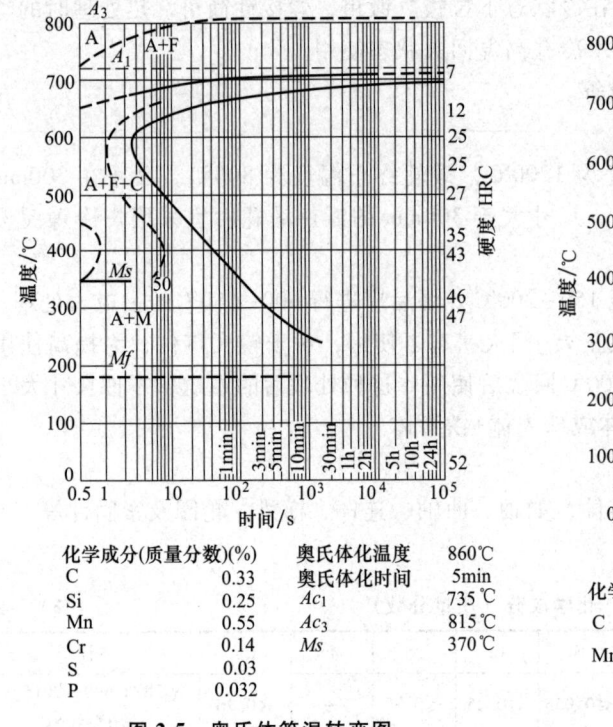

图 2-5 奥氏体等温转变图

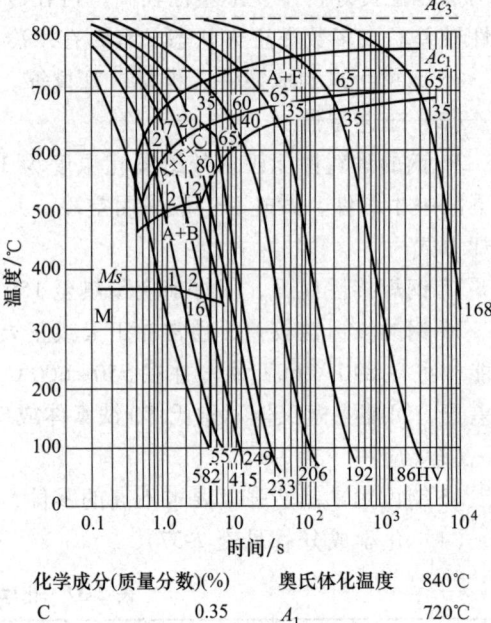

图 2-6 奥氏体连续冷却转变图

② 淬透性曲线见图 2-7。

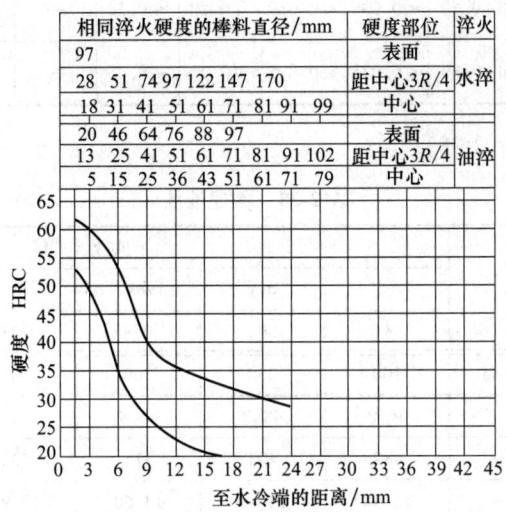

图 2-7 淬透性曲线

③ 常见热处理制度见表 2-39。

表 2-39 常见热处理制度

热处理	加热温度/℃	冷却方法	金相组织
正火	850~870	空冷	珠光体+铁素体
淬火	840~860	水冷	马氏体+铁素体

(续)

热处理	加热温度/℃	冷却方法	金相组织
回火	550~600	空冷	珠光体+铁素体或索氏体+铁素体

④ 热处理对力学性能的影响见表2-40和表2-41。

表2-40 35钢不同直径钢坯的力学性能

热处理制度	直径/mm	取样部位	$R_{p0.2}$/MPa	R_m/MPa	$A(\%)$	$Z(\%)$	HBW
930℃正火+ 870℃淬火+ 540℃回火	12.5	中心	525	640	28.0	58.0	187
	25	中心	480	615	28.0	68.5	179
	50	R/2	450	605	28.0	66.0	170
	100	R/2	385	565	32.0	68.0	163
930℃正火+ 870℃淬火+ 590℃回火	12.5	中心	450	620	29.0	70.0	179
	25	中心	—	595	29.0	71.0	170
	50	R/2	405	585	29.0	69.0	167
	100	R/2	380	560	32.0	68.5	163
930℃正火+ 870℃淬火+ 650℃回火	12.5	中心	435	600	30.0	70.5	174
	25	中心	430	595	28.5	71.5	170
	50	R/2	400	560	30.0	71.0	156
	100	R/2	345	520	34.0	71.0	149

表2-41 不同热处理制度对35钢大锻件的力学性能影响

零件名称	截面尺寸/mm	热处理制度	$R_{p0.2}$/MPa	R_m/MPa	$A(\%)$	$Z(\%)$	KU_2/J
电动机转子	500	870~880℃正火 580~600℃回火	280	550	29.0	49.0	66.4
	600		276	550	30.7	50.0	69.6
水压机立柱	750	860~880℃正火+ 550~570回火	278	510	30.0	49.0	—

（7）力学性能

① 技术标准规定的力学性能见表2-42。

表2-42 技术标准规定的力学性能

品种（标准）	规格/mm	状态	力学性能（≥）					HBW
			R_m/MPa	R_{eL}/MPa	$A(\%)$	$Z(\%)$	KU_2/J	
棒材 （GB/T 699—2015）	φ25	正火	530	315	20	45	55	—
板材 （GB/T 711—2017）	4~60	热轧或退火	530	—	20	—	—	—
管材 （GB/T 8162—2018）	≤16	热轧或退火	510	305	17	—	—	—
	>16~30			295				
	≥30			285				
锻件 （GB/T 17107—1997）	≤100	正火或正火+ 回火（纵向）	510	265 （屈服点）	18	43	28	149~187
	>100~300		490	255 （屈服点）	18	40	24	149~187
	>300~500		470	235 （屈服点）	17	37	24	143~186
	>500~750		450	225 （屈服点）	16	32	20	137~187
	>750~1000		430	215 （屈服点）	15	28	20	137~187

(续)

品种(标准)	规格/mm	状态	力学性能(≥)					HBW
			R_m/MPa	R_{eL}/MPa	$A(\%)$	$Z(\%)$	KU_2/J	
锻件 (GB/T 17107—1997)	>100~300	正火+回火 (切向)	470	245 (屈服点)	13	30	20	—
	>300~500		450	225 (屈服点)	12	28	20	—
	>500~750		430	215 (屈服点)	11	24	16	—
	>750~1000		410	205 (屈服点)	10	22	16	—
	≤100	调质	550	295 (屈服点)	19	48	47	156~207
	>100~300		530	275 (屈服点)	18	40	3	156~207

② 不同温度下的力学性能见表2-43。

表2-43 不同温度下的力学性能

状态	温度/℃	R_m/MPa	$R_{p0.2}$/MPa	$A_{11.3}(\%)$	$Z(\%)$	KU_2/J
正火	20	545	331	24.8	52.4	51.2
	100	516	313	19.8	53.8	58.4
	200	590	313	9.5	39.1	67.2
	300	592	207	21.3	51.7	57.6
	400	512	187	23.1	64.0	48.0
	450	429	178	24.0	66.9	40.0
	500	365	154	24.0	70.3	35.2
	550	297	118	26.5	69.8	33.6
	600	197	83	34.8	82.8	60.8

③ 低温冲击性能见表2-44。

表2-44 低温冲击性能

状态	温度/℃	20	10	0	-10	-20	-40	-60
正火	KV_2/J	48	38	33	25	23	13	8.4

(8) 耐蚀性

35钢的耐蚀性差,一般不作考核,也不作选材依据。

(9) 常用标准牌号对照 (见表2-45)

表2-45 常用标准牌号对照

国别	中国	国际标准化	欧洲		英国	德国	
标准	GB	ISO	EN	Mat. No	BS	DIN	W-Nr
牌号	35	C35E4	C35E	1.1181	1C35	CK35	1.1181

国别	法国	韩国	俄罗斯	日本	美国				
标准	NF	KS	ГОСТ	JIS	ASTM	UNS	AISI	SAE	ASI
牌号	1C35	SM35C	35	S35C	1035	G10350	—	—	—

2.1.7　45钢

(1) 概述

45钢是机械制造中广泛使用的材料，属中碳优质碳素结构钢，适当热处理后具有较高的强度和一定的塑性、韧性；可用来制造锻件，可采用热（或冷）轧、拉、拔等加工方法制造板材、带材、管材、线材等各类型材，也可用于生产铸件。

依据生产品种、规格不同，可采用退火、正火或冷拉、轧、拔状态供货。

(2) 工艺特性

45钢具有较好的锻轧性，锻轧开始温度通常为1200℃，锻轧终止温度不低于800℃。视工件大小及复杂程度，锻后可采用空冷或缓冷。锻件可采用退火或正火状态交货。

45钢有一定的铸造性，可用来生产要求较高强度的简单形状铸件，铸后应及时退火。

45钢的淬透性较差，淬火时通常采用水冷，但形状复杂的零件易产生淬火裂纹。可采用表面感应加热或火焰加热进行表面淬火处理，表面硬度可达55HRC以上。渗氮处理效果不好。

该钢的焊接性较差，焊前应预热至200~250℃，焊后应缓冷。焊后应及时进行550~650℃的去焊接应力处理。

该铜的切削加工性良好，特别是在正火状态，机械加工性更优。

(3) 应用

45钢可用来制作有较高强度的机械构件，如轴、齿轮、齿条、活塞杆、曲轴、推力盘、平衡盘、轴套、紧固件等。

(4) 化学成分（见表2-46）

表2-46　化学成分（质量分数）　　　　　　　　　　（%）

C	Si	Mn	P	S	Cr	Ni	Mo	Cu	备注
0.42~0.50	0.17~0.37	0.50~0.80	≤0.035	≤0.035	≤0.25	≤0.30	—	≤0.25	（GB/T 699—2015）适用热轧棒、冷拉棒
0.42~0.50	0.17~0.37	0.50~0.80	≤0.035	≤0.035	≤0.25	≤0.30	—	≤0.25	（GB/T 3078—2019）适用冷拉棒
0.42~0.50	0.17~0.37	0.50~0.80	≤0.035	≤0.030	≤0.20	≤0.30	—	≤0.25	（GB/T 711—2017）适用热轧厚板材
0.42~0.50	0.17~0.37	0.50~0.80	≤0.035	≤0.035	≤0.25	≤0.25	—	≤0.25	（GB/T 17107—1997）适用锻件

(5) 物理性能（见表2-47）

表2-47　物理性能

密度/(g/cm^3)	熔点/℃	临界点/℃					
		Ac_1	Ac_3	Ar_1	Ar_3	Ms	Mf
7.89	1433	721	778	619	723	345	—

温度/℃	室温	100	200	300	400	500	600	700
热导率 $\lambda/[W/(m\cdot ℃)]$	—	48.2	46.9	45.2	42.3	39.4	35.6	31.0
比定压热容 $c_p/[J/(kg\cdot ℃)]$	—	—	578	624	649	716	804	
线胀系数 $/10^{-6}℃^{-1}$	—	11.70	12.43	13.13	13.67	14.10	14.47	14.76
弹性模量 $E/10^4 MPa$	20.9	20.7	20.2	19.6	18.6	17.4		
切变模量 $G/10^3 MPa$	82.3	81.5	80.2	74.8	71.2	67.8		
泊松比 $\mu/\times 10^{-1}$	2.69	2.70	2.60	3.12	3.09	3.00		
电阻率 $\rho/10^{-8}\Omega\cdot m$	—	—	32.0	41.6	50.2	61.8	77.0	97.7

（6）热处理

① 奥氏体等温转变图和奥氏体连续冷却转变图分别见图 2-8 和图 2-9。

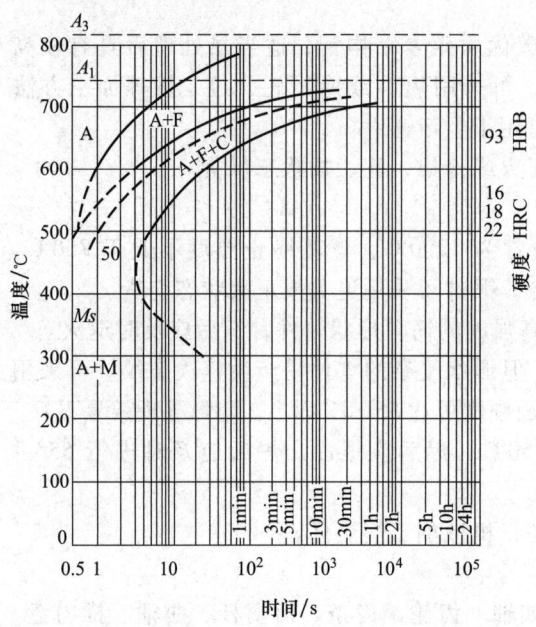

化学成分(质量分数)(%)		奥氏体化温度	850℃
C	0.46	Ac_1	740℃
Si	0.19	Ac_3	805℃
Mn	0.80	Ms	345℃
Cr	0.13		

图 2-8　奥氏体等温转变图

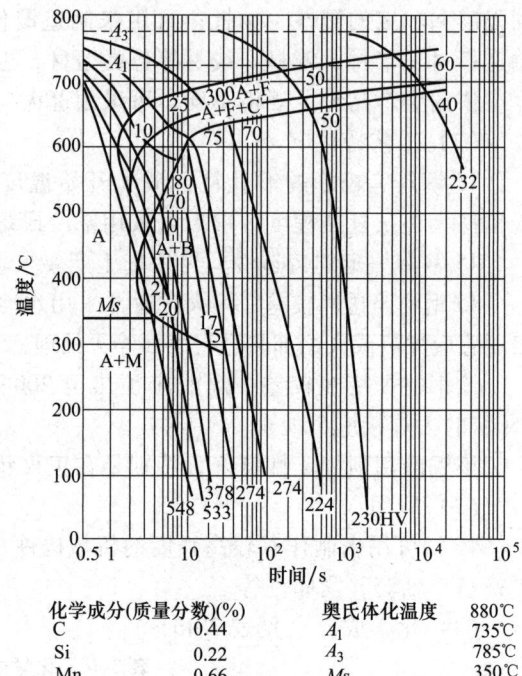

化学成分(质量分数)(%)		奥氏体化温度	880℃
C	0.44	A_1	735℃
Si	0.22	A_3	785℃
Mn	0.66	Ms	350℃
Cr	0.15		
V	0.02		

图 2-9　奥氏体连续冷却转变图

② 淬透性曲线见图 2-10。

相同淬火硬度的棒料直径/mm	硬度部位	淬火
97	表面	水淬
28 51 74 97 122 147 170	距中心3R/4	水淬
18 31 41 51 61 71 81 91 99	中心	水淬
20 46 64 76 86 97	表面	油淬
13 25 41 51 61 71 81 91 102	距中心3R/4	油淬
5 15 25 36 43 51 61 71 79	中心	油淬

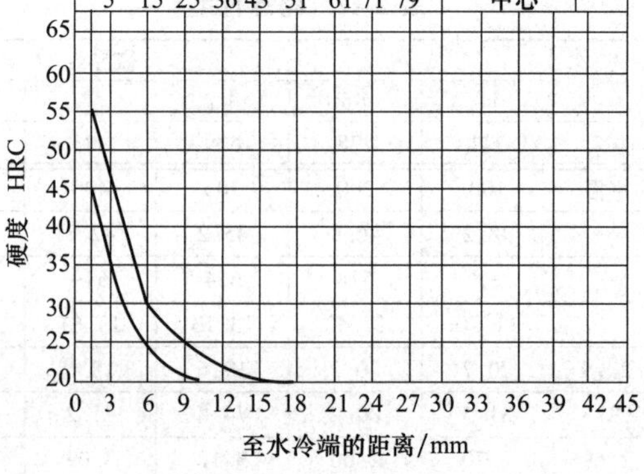

图 2-10　淬透性曲线

③ 常见热处理制度见表2-48。

表2-48 常见热处理制度

热处理	加热温度/℃	冷却方法	金相组织
退火	820~840	炉冷	珠光体+铁素体
正火	840~870	空冷	珠光体+铁素体
淬火	820~840	水冷	淬火马氏体
回火	580~650	空冷	回火索氏体
回火	180~220	空冷	回火马氏体

④ 热处理对力学性能的影响见表2-49、图2-11及图2-12。

表2-49 不同直径钢坯热处理后的力学性能

热处理制度	毛坯直径/mm	取样部位	R_m/MPa	屈服点/MPa	$A(\%)$	$Z(\%)$	KU_2/J	HBW
840℃淬盐水+500℃回火	12.5	中心	1080	1010	14.5	59.0	—	308
	25	中心	960	745	18.5	61.0	127.2	274
	50	中心	920	615	21.5	57.5	88.0	255
	100	中心	820	505	20.0	57.0	81.6	230
	100	$R/2$	845	525	23.5	57.5	84	241
840℃淬盐水+575℃回火	12.5	中心	880	790	21.0	63.0	—	259
	25	中心	840	620	23.5	65.0	139.2	241
	50	中心	835	525	23.0	61.0	133.6	229
	100	中心	745	425	25.0	62.5	97.6	218
	100	$R/2$	815	485	26.0	63.5	92.0	229
840℃淬盐水+600℃回火	12.5	中心	760	670	25.5	67.0	—	227
	25	中心	755	555	26.5	68.0	129.6	220
	50	中心	750	470	27.0	63.5	126.4	208
	100	中心	645	375	31.0	65.5	98.4	188
	100	$R/2$	670	420	30.0	66.0	81.6	191

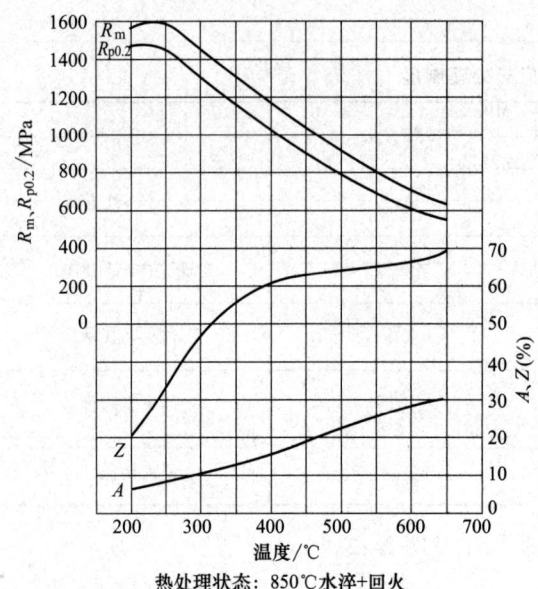

图 2-11 回火温度对拉伸性能的影响
热处理状态：850℃水淬+回火

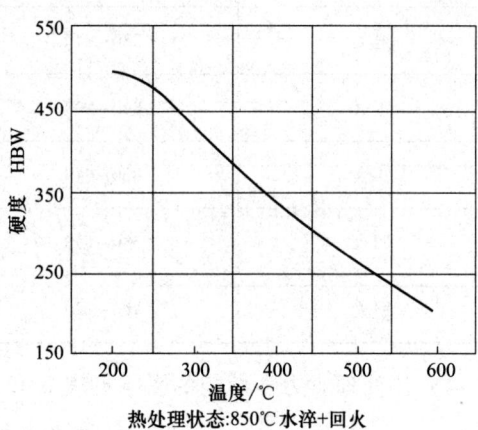

图 2-12 回火温度对硬度的影响
热处理状态：850℃水淬+回火

（7）力学性能

① 技术标准规定的力学性能见表 2-50。

表 2-50 技术标准规定的力学性能

品种（标准）	规格/mm	状态	力学性能（≥）					HBW
			R_m/MPa	R_{eL}/MPa	$A(\%)$	$Z(\%)$	KU_2/J	
热轧棒 (GB/T 699—2015)	$\phi 25$	热轧	—	—	—	—	—	≤229
		正火	600	355	16	40	39	—
冷拉棒材 (GB/T 3078—2019)	—	冷拉	635	—	6	30	—	≤255
	—	退火	540	—	13	40	—	≤229
厚板材 (GB/T 711—2017)		热轧	600	—	17	—	—	—
锻件 (GB/T 17107—1997)	≤100	正火或正火+回火（纵向）	590	295（屈服点）	15	38	23	170~217
	>100~300		570	285（屈服点）	15	35	19	163~217
	>300~500		550	275（屈服点）	14	32	19	163~217
	>500~1000		530	265（屈服点）	13	30	15	156~217
	>100~300	正火+回火+（切向）	540	275（屈服点）	10	25	16	—
	>300~500		520	265（屈服点）	10	23	16	—
	>500~750		500	265（屈服点）	9	21	12	—
	>750~1000		480	245（屈服点）	8	20	12	—

(续)

品种(标准)	规格/mm	状态	力学性能(≥)					HBW
			R_m/MPa	R_{eL}/MPa	$A(\%)$	$Z(\%)$	KU_2/J	
锻件 (GB/T 17107—1997)	≤100	调质(纵向)	630	370 (屈服点)	17	40	31	207~302
	>100~250		590	345 (屈服点)	18	35	31	197~286
	>250~500		590	345 (屈服点)	17			187~255

② 不同温度下的力学性能见表 2-51。

表 2-51 不同温度的下力学性能

状态	温度/℃	R_m/MPa	$R_{p0.2}$/MPa	$A_{11.3}(\%)$	$Z(\%)$	KU_2/J
热轧	20	639	366	22	50	37
	100	605	338	16	50	50
	200	702	357	10	36	51
	300	728	263	22	45	54
	400	573	229	21	65	44
	450	489	215	21	67	39
	500	383	179	24	67	31
	550	342	125	29	77	30
	600	222	78	34	90	47

注：冲击试样为钥形孔缺口。

③ 低温冲击性能见表 2-52。

表 2-52 低温冲击性能

状态	温度/℃	10	0	-20	-30	-40
850℃水冷+ 570℃回火	KV_2/J	42~48	33~36	29~32	25~30	22~28

(8) 耐蚀性

45 钢的耐蚀性差，一般不作考核，也不作选材依据。

(9) 常用标准牌号对照（见表 2-53）

表 2-53 常用标准牌号对照

国别	中国	国际标准化	欧洲		英国	德国	
标准	GB	ISO	EN	Mat. No	BS	DIN	W-Nr
牌号	45	C45E4	C45E	1.1191	1C45	CK45	1.1191
国别	法国	韩国	俄罗斯	日本	美国			
标准	NF	KS	ГOCT	JIS	ASTM	UNS	AISI	SAE	ASI
牌号	1C45	SM45C	45	S45C	1045	G10450	—	—	—

2.1.8 ZG230-450 钢

(1) 概述

ZG230-450（曾标注为 ZG25）钢有一定的强度和较好的塑性、韧性，可满足一般强度要求的零件、构件需要，还具有一定的中温（400~450℃）强度，而且具有良好的工艺性和焊接性，所以应用较广泛。

(2) 工艺特性

ZG230-450钢的铸造性良好，钢水流动性好。对于主要的铸件一般采用电炉冶炼，以获得规定的化学成分和良好的纯洁度。

ZG230-450钢一般在退火或正火+回火热处理状态下使用。退火采用880~920℃加热，保温后炉冷至650℃以下出炉。正火采用880~920℃加热，保温后空冷或风冷，之后在630~670℃之间加热回火。

ZG230-450钢具有良好的焊接性，视工件情况，焊前可不预热或低温（100~150℃）预热。焊后应进行去应力退火，去应力退火温度可在580~650℃之间选用。特别是高温下工作的部件或重要件，要尽量减小内应力。

（3）应用

ZG230-450钢常用在400~450℃温度以下工作的铸件，如汽轮机铸件、泵体、泵轮、泵盖、阀体、齿轮等。

（4）化学成分（见表2-54）

表2-54 化学成分（质量分数）（GB/T 11352—2009） （%）

C	Si	Mn	S	P	残余元素					
					Ni	Cr	Cu	Mo	V	总量
0.30	0.60	0.90	0.035	0.035	0.40	0.35	0.40	0.20	0.05	1.00

（5）物理性能（见表2-55）

表2-55 物理性能

密度/(g/cm^3)	熔点/℃	临界点/℃					
		Ac_1	Ac_3	Ar_1	Ar_3	Ms	Mf
7.83	—	735	840	680	824	—	—

温度/℃	室温	100	200	300	400	500	600
热导率 λ/[W/(m·℃)]	49	45	44	39	38	34	
比定压热容 c_p/[J/(kg·℃)]	—	494	510	507	540	557	
线胀系数/10^{-6}℃$^{-1}$	—	9.6	12.1	13.2	13.7	14.1	14.5
弹性模量 E/10^4MPa	21.1	20.8	20.5	19.7	19.0	18.2	
切变模量 G/10^3MPa	80.4	79.4	78.9	75.8	73.8	67.7	
泊松比 μ/10^{-1}	3.11	3.09	3.03	3.00	2.90	3.46	
电阻率 ρ/10^{-8}Ω·m	—	—	—	—	—	—	

（6）常见热处理制度（见表2-56）

表2-56 常见热处理制度

热处理	加热温度/℃	冷却方法	金相组织
退火	880~920	炉冷	铁素体+珠光体
正火	880~920	空冷	铁素体+珠光体
回火	630~670	空冷	铁素体+珠光体
去应力退火	580~650	空冷或炉冷	铁素体+珠光体

（7）力学性能

① 技术标准规定的力学性能见表2-57。

表 2-57 技术标准规定的力学性能

品种(标准)	规格/mm	状态	力学性能(≥)						HBW
			R_m/MPa	R_{eH}/MPa	$A(\%)$	$Z(\%)$	KV_2/J	KU_2/J	
铸件(GB/T 11352—2009)	≤100	退火或正火+回火	450	230	22	22	25	35	—

② 不同温度下的力学性能见表2-58。

表 2-58 不同温度下的力学性能

状态	温度/℃	R_m/MPa	$R_{p0.2}$/MPa	$A(\%)$	$Z(\%)$	KU_2/J
900℃退火	20	421~480	206~255	22~33	37~51	43.2~86.4
	100	402~451	196~255	15~27	36~46	70.4~101.6
	200	363~421	167~196	16~28	40~58	78.4~125.6
	300	372~451	157~196	14~26	34~43	70.4~109.6
	400	343~451	157~196	15~28	30~60	55.2~78.4
	500	225~294	127~157	26~34	60~75	43.2~66.4
	600	108~157	83~118	24~36	59~73	47.2~94.4
900℃正火+620~680℃回火	20	≥490	235~265	22~26	37~51	43.2~55.2
	200	≥461	≥225	16~20	40~45	86.4~94.4
	300	≥470	≥225	14~17	24~31	78.4~101.6
	400	≥431	≥225	18~21	54~62	≥62.4
	500	≥245	≥186	≥22	≥70	≥43.2
	600	≥147	≥132	22~27	≥73	≥47.2

(8) 耐蚀性

ZG230-450钢的耐蚀性较差,一般不作考核,也不作选材依据。

(9) 常用标准牌号对照 (见表2-59)

表 2-59 常用标准牌号对照

国别	中国	国际标准化	欧洲		英国	德国	
标准	GB	ISO	EN	Mat. No	BS	DIN	W-Nr
牌号	ZG230-450	230-450	GP240GR	1.0621	A_1	GS-45	1.0446
国别	法国	韩国	俄罗斯	日本	美国		
标准	NF	KS	ГОСТ	JIS	ASTM	UNS	AISI	SAE	ASI
牌号	GE230	SC450	25Л	SC450	450-240	J03101	—	—	—

2.1.9 ZG270-500 钢

(1) 概述

ZG270-500(曾标注为ZG35)钢具有较高的强度和较好的塑性,可满足大部分机械零件和构件的性能需求,有一定的中温(400~450℃)强度,具有良好的工艺性,应用较广泛。

(2) 工艺特性

ZG270-500钢的铸造性良好,钢水流动性好,一般采用电炉冶炼,可获得良好的钢水质量,满足使用要求。

ZG270-500钢一般在退火或正火+回火热处理状态下使用。退火采用870~900℃加热、保温后炉冷至650℃以下出炉。正火采用870~900℃加热、保温后空冷或风冷,之后在

630~670℃之间加热回火。铸件粗加工或补焊后可在 600~620℃ 条件下进行去应力退火。

ZG270-500 钢的焊接性良好，焊前可预热到 150~200℃，焊后应进行去应力退火，焊后退火可采用 600~620℃ 加热，保温后炉冷。特别是在高温条件下使用或重要的铸件，更应注意去铸件应力。

（3）应用

ZG270-500 钢主要用于受力不大、要求较好韧性的铸件，如外壳、轴承盖、泵体、阀体、叶轮、链轮、缸体、箱体、曲轴等。

（4）化学成分（见表2-60）

表2-60 化学成分（质量分数，≤）（GB/T 11352—2009） （%）

C	Si	Mn	S	P	残余元素					
					Ni	Cr	Cu	Mo	V	总量
0.40	0.60	0.90	0.035	0.035	0.40	0.35	0.40	0.20	0.05	1.00

（5）物理性能（见表2-61）

表2-61 物理性能

密度/(g/cm^3)	熔点/℃	临界点/℃					
		Ac_1	Ac_3	Ar_1	Ar_3	Ms	Mf
7.84	1140	724	802	680	774	—	—

温度/℃	室温	100	200	300	400	500	600
热导率 $\lambda/[W/(m·℃)]$	—	75.4	64.5	—	44.0	—	37.3
比定压热容 $c_p/[J/(kg·℃)]$	489	—	—	—	—	—	—
线胀系数/$10^{-6}℃^{-1}$	—	11.1	11.9	—	13.4	—	14.4
弹性模量 $E/10^4$ MPa	20.6	—	—	—	—	—	—
切变模量 $G/10^3$ MPa	77	—	—	—	—	—	—
泊松比 $\mu/10^{-1}$	3.4	—	—	—	—	—	—
电阻率 $\rho/10^{-8}\Omega·m$	—	—	—	—	—	—	—

（6）常见热处理制度（见表2-62）

表2-62 常见热处理制度

热处理	加热温度/℃	冷却方法	金相组织
退火	870~900	炉冷	铁素体+珠光体
正火	870~900	空冷	铁素体+珠光体
回火	630~670	空冷	铁素体+珠光体
去应力退火	600~620	空冷或炉冷	铁素体+珠光体

（7）力学性能

① 技术标准规定的力学性能见表2-63。

表2-63 技术标准规定的力学性能

品种（标准）	规格/mm	状态	力学性能（≥）						HBW
			R_m/MPa	R_{eH}/MPa	A（%）	Z（%）	KV_2/J	KU_2/J	
铸件（GB/T 11352—2009）	≤100	退火或正火+回火	500	270	18	25	22	27	—

② 不同温度下的力学性能见表 2-64。

表 2-64 不同温度下的力学性能（实测数据）

状态	温度/℃	R_m/MPa	$R_{p0.2}$/MPa	A(%)	Z(%)	KU_2/J
870℃正火+ 600~620℃回火	20	421~481	206~255	22~23	—	—
	100	402~451	196~226	15~27	—	70.4~102
	200	363~421	167~196	16~28	—	78.4~125.4
	300	373~451	157~196	15~28	—	55~78.4
	400	226~343	137~186	13~26	—	47~63
850℃~870℃ 水冷+530~ 550℃回火	室温	823	789	5.1	13	64
	0	—	—	—	—	56
	-20	—	—	—	—	52.8
	-40	—	—	—	—	44.8
	-60	—	—	—	—	33.6

（8）耐蚀性

ZG270-500 钢的耐蚀性较差，一般不作考核，也不作选材依据。

（9）常用标准牌号对照（见表 2-65）

表 2-65 常用标准牌号对照

国别	中国	国际标准化	欧洲		英国	德国	
标准	GB	ISO	EN	Mat. No	BS	DIN	W-Nr
牌号	ZG270-500	270-480	GP280GH	1.0625	A_2	GS-52	1.0552

国别	法国	韩国	俄罗斯	日本	美国			
标准	NF	KS	ГОСТ	JIS	ASTM	UNS	AISI	SAE	ASI
牌号	GE280	SC480	35Л	SC480	485~275	J02501	—	—	—

2.1.10 ZG310-570 钢

（1）概述

ZG310-570（曾标注为 ZG45）钢有较高的强度和一定的塑性、韧性，经过淬火和回火后，强度更高，并具有较好的耐磨性；常用来制作要求较高强度和耐磨性的铸件，也是应用较广泛的铸钢。

（2）工艺特性

ZG310-570 钢的铸造性尚可，有一定的铸造裂纹倾向，通常采用电炉冶炼，以保证获得合格的化学成分和力学性能。

ZG310-570 钢可以在退火、正火+回火或淬火+回火状态下使用。退火可采用 860~880℃加热、保温后炉冷至 650℃以下出炉。正火采用 860~880℃加热、保温后空冷或风冷，之后在 620~680℃之间回火。因其有足够高的碳含量，所以可采用淬火+回火热处理方式，以获得更高的强度和耐磨性。淬火加热温度一般为 830~850℃，加热、保温后水冷，依据对强度的要求，在 550~650℃之间选择回火温度进行回火。此钢有产生淬火裂纹倾向。

此钢焊接性尚好，焊前应预热到 150~200℃，焊后进行 600~620℃的去应力退火。

（3）应用

ZG310-570 钢用于制造高强度、高耐磨要求的零件，如齿轮、联轴器、气缸、荷重架等，适合制造简单形状的铸件。

（4）化学成分（见表2-66）

表2-66 化学成分（质量分数，≤）（GB/T 11352—2009） （%）

C	Si	Mn	S	P	残余元素					
					Ni	Cr	Cu	Mo	V	总量
0.50	0.60	0.90	0.035	0.035	0.40	0.35	0.40	0.20	0.05	1.00

（5）物理性能（见表2-67）

表2-67 物理性能

密度/(g/cm³)	熔点/℃	临界点/℃					
		Ac_1	Ac_3	Ar_1	Ar_3	Ms	Mf
7.82	1365	750	815	665	735	—	—

温度/℃	室温	100	200	300	400	500	600
热导率 λ/[W/(m·℃)]	—	48.1	46.5	—	41.4	—	35.2
比定压热容 c_p/[J/(kg·℃)]	—	—	—	—	—	—	—
线胀系数/10^{-6}℃$^{-1}$	—	11.6	12.3	—	13.7	—	14.7
弹性模量 E/10^4MPa	21.4	21.0	20.5	19.8	18.9	17.9	—
切变模量 G/10^3MPa	83.0	81.2	77.8	76.5	73.0	69.2	—
泊松比 μ/10^{-1}	2.89	2.93	3.17	2.94	2.94	2.93	—
电阻率 ρ/10^{-8}Ω·m	—	—	—	—	—	—	—

（6）常见热处理制度（见表2-68）

表2-68 常见热处理制度

热处理	加热温度/℃	冷却方法	金相组织
退火	860~880	炉冷	铁素体+珠光体
正火	860~880	空冷	铁素体+珠光体
回火	620~680	空冷	铁素体+珠光体
去应力退火	600~620	空冷或炉冷	铁素体+珠光体
淬火+回火	830~850 550~650	水冷 空冷	回火索氏体

（7）力学性能

① 技术标准规定的力学性能见表2-69。

表2-69 技术标准规定的力学性能

品种(标准)	规格/mm	状态	力学性能(≥)						HBW
			R_m/MPa	R_{eH}/MPa	A(%)	Z(%)	KV_2/J	KU_2/J	
铸件(GB/T 11352—2009)	≤100	退火或正火+回火	570	310	15	21	15	24	—

② 不同温度下的力学性能见表2-70。

表2-70 不同温度下的力学性能（实测值）

状态	温度/℃	R_m/MPa	$R_{p0.2}$/MPa	A(%)	Z(%)	KU_2/J
840℃水冷+550℃空冷	室温	1012	915	9	16	25.6
	0	—	—	—	—	18.4
	−20	—	—	—	—	15.2
	−40	—	—	—	—	9.6
	−60	—	—	—	—	4.6

(8)耐蚀性

ZG310-570钢的耐蚀性较差,一般不作考核,也不作选材依据。

(9)常用标准牌号对照(见表2-71)

表2-71 常用标准牌号对照

国别	中国	国际标准化	欧洲		英国	德国	
标准	GB	ISO	EN	Mat. No	BS	DIN	W-Nr
牌号	ZG310-570	—	—	—	—	GS-60	1.0558

国别	法国	韩国	俄罗斯	日本	美国			
标准	NF	KS	ГОСТ	JIS	ASTM	UNS	AISI	SAE
牌号	GE320	SCC5	45Л	SCC5	550-345	J05002	—	—

2.1.11 ZG340-640 钢

(1)概述

ZG340-640(曾标注为ZG55)钢有更高的强度、硬度和耐磨性,而塑性、韧性相对较低,可通过淬火+回火获得较好的综合力学性能。

(2)工艺特性

ZG346-640钢的铸造性能尚可,但有铸造裂纹倾向,一般采用电炉冶炼,以保证获得合格的化学成分和力学性能。

ZG340-640钢可在退火、正火+回火或淬火+回火状态下使用。退火可采用860~880℃加热,保温后炉冷,冷至650℃以下出炉。正火采用860~880℃加热,保温后空冷或风冷,之后在620~680℃之间回火。ZG340-640钢可通过淬火+回火提高强度和硬度,淬火加热温度一般为820~840℃,保温后水冷,依据强度要求,可在550~630℃之间选择回火温度。该钢淬火时产生的淬火裂纹倾向较大,应注意采取防裂措施。

该钢焊接性较差,焊前应预热至200~250℃,焊后应及时进行600~620℃的去应力退火。

(3)应用

ZG340-640钢主要用于制造高强度和高耐磨条件的零件,如齿轮、缸体、叉头等形状简单的铸件。

(4)化学成分(见表2-72)

表2-72 化学成分(质量分数,≤)(GB/T 11352—2009) (%)

C	Si	Mn	S	P	残余元素					
					Ni	Cr	Cu	Mo	V	总量
0.60	0.60	0.90	0.035	0.035	0.40	0.35	0.40	0.20	0.05	1.00

(5)物理性能(见表2-73)

表2-73 物理性能

温度/℃	室温	100	200	300	400	500
热导率λ/[W/(m·℃)]	—	38.0	42.4	41.3	39.6	37.7
比定压热容c_p/[J/(kg·℃)]	—	486	494	511	517	557
线胀系数/10^{-6}℃$^{-1}$						

（续）

弹性模量 $E/10^4$ MPa	19.5	19.2	18.7	18.5	—	—
切变模量 $G/10^3$ MPa	76.2	74.4	71.3	70.3	—	—
泊松比 $\mu/10^{-1}$	2.80	2.90	3.00	3.10	—	—
电阻率 $\rho/10^{-8}\Omega\cdot m$	—	—	—	—	—	—

注：密度为 7.82g/cm³；熔点为 1400℃。

（6）常见热处理制度（见表2-74）

表 2-74 常见热处理制度

热处理	加热温度/℃	冷却方法	金相组织
退火	860~880	炉冷	铁素体+珠光体
正火	860~880	空冷	铁素体+珠光体
回火	620~680	空冷	铁素体+珠光体
去应力退火	600~620	空冷或炉冷	铁素体+珠光体
淬火+回火	820~840 550~630	水冷 空冷	回火索氏体

（7）力学性能

① 技术标准规定的力学性能见表2-75。

表 2-75 技术标准规定的力学性能

品种（标准）	规格/mm	状态	力学性能（≥）						HBW
			R_m/MPa	R_{eH}/MPa	A(%)	Z(%)	KV_2/J	KU_2/J	
铸件（GB/T 11352—2009）	≤100	退火或正火+回火	640	340	10	18	10	16	

② 不同温度下的力学性能见表2-76。

表 2-76 不同温度下的力学性能

状态	温度/℃	R_m/MPa	R_{eH}/MPa	A(%)	Z(%)	KU/J	HBW
830℃水冷,600℃回火	室温	1044	973	9.8	21	18.4	300

（8）耐蚀性

ZG340-640 钢的耐蚀性较差，一般不作考核，也不作选材依据。

（9）常用标准牌号对照（见表2-77）

表 2-77 常用标准牌号对照

国别	中国	国际标准化	欧洲		英国	德国	
标准	GB	ISO	EN	Mat. No	BS	DIN	W-Nr
牌号	ZG340-640	340-550	—		A_5		

国别	法国	韩国	俄罗斯	日本	美国				
标准	NF	KS	ГОСТ	JIS	ASTM	UNS	AISI	SAE	ASI
牌号	GE370	—	50Л						

2.2 合金结构钢

合金结构钢是在优质碳素钢的基础上加入一种或几种合金元素形成的钢种。由于合金元素的加入提高了钢的淬透性、增加了抗回火稳定性，在热处理后会得到比碳素钢更优良的性能。

合金元素促使高温奥氏体的稳定性提高，在比较缓慢的冷却条件下获得满意的淬火效果，所以，许多大截面、形状复杂的机械零件也采用合金结构钢制造。采用合金结构钢并通过合理的热处理方法，使得机械零件能得到期望的各种力学性能。

碳的质量分数小于 0.30% 的合金结构钢可以用来制造对强度要求不高、截面尺寸不大的机械零部件，如轴、曲轴、螺栓、螺母、连杆、轴套等。这类合金结构钢也可以进行渗碳热处理，再经过淬火、回火处理后，使零件内部有优良的塑性、韧性，而表面具有高硬度、高强度、高耐磨性，用于制造齿轮、齿套、齿圈、凸轮轴、活塞杆、蜗杆、套筒等。

碳的质量分数大于 0.30% 的合金结构钢通过调质热处理可获得优良的综合力学性能，用于制造各类机械零部件，如轴、曲轴、齿轮轴、螺栓、螺母、泵体、泵盖、联轴器、平衡盘、推力盘、键等。采用高频表面淬火后可用来制造齿轮、齿圈、密封环、套筒等。

某些合金元素的加入，还会使钢具有某些特殊的性能，如加入钼、钒的钢具有热强性，可用于制造较高温度下使用的构件；加入铬、钼、铝的钢可通过渗氮处理得到高硬度、高耐磨性和耐蚀性的表面，专门用于渗氮零件。

合金结构钢虽具有一定的合金元素，但达不到耐蚀的含量。所以，合金结构钢不耐蚀，也不作考核指标，只可用于无腐蚀环境下工作的零部件。

2.2.1 40Cr 钢

（1）概述

40Cr 钢是机械制造业中常用的钢种，其具有较好的综合力学性能和较高的抗拉强度及疲劳强度。40Cr 钢热处理后的抗拉强度和屈服强度比相同碳含量的碳钢高约 20%，其还可通过表面淬火得到硬度大于 50HRC 的表面强度，从而提高表面耐磨性和抗疲劳性。

40Cr 钢可以制成锻件、棒材、板材、管材及铸件。

（2）工艺特性

40Cr 钢有良好的锻轧性。锻轧开始温度约为 1200℃，锻轧终止温度不低于 800℃。锻后可采用缓冷或空冷。40Cr 钢具有白点敏感性。

40Cr 钢具有良好的淬透性，通过调质处理可在较大范围内调整力学性能。在淬火冷却时，应根据截面大小、工件形状等因素采用油冷或水冷。其具有一定的回火脆性倾向。

该钢的焊接性较差，存在焊裂的倾向。焊件厚度在 3mm 以上时，必须焊前预热到 150℃以上，焊后要及时进行去应力退火处理。

40Cr 钢切削加工性尚好，冷加工塑性中等。

（3）应用

40Cr 钢应用广泛，经过调质处理后可制成多种零件，如在交变载荷下工作的零件，中等转速与中等载荷下工作的各类零件；常用于制造轴、曲轴、连杆、紧固件等；可制成齿轮（调质状态下的软齿面齿轮和齿部进行表面淬火的硬齿面齿轮）。

在泵产品中常用于制作泵轴、穿杠、螺母、平衡盘、轴套等零件。

（4）化学成分（见表 2-78）

表 2-78　化学成分（质量分数）　　　　　　　　　　　　　　（%）

C	Si	Mn	P	S	Cr	Ni	Mo	Cu	备注
0.37~0.44	0.17~0.37	0.50~0.80	≤0.030	≤0.030	0.80~1.10	≤0.30	≤0.10	≤0.30	(GB/T 3077—2015)适用棒材
0.37~0.44	0.17~0.37	0.50~0.80	≤0.035	≤0.035	0.80~1.10	≤0.30	—	≤0.30	(GB/T 17107—1997)适用锻件

(5) 物理性能（见表2-79）

表 2-79 物理性能

密度/ (g/cm³)	熔点/℃	临界点/℃					
		Ac_1	Ac_3	Ar_1	Ar_3	Ms	Mf
7.87	1400	747	784	674	729	325	—

温度/℃	室温	100	200	300	400	500	600	700
热导率 $\lambda/[W/(m \cdot ℃)]$	—	—	44.0	42.3	39.6	37.4	34.8	32.9
比定压热容 $c_p/[J/(kg \cdot ℃)]$			553	599	636	704	—	—
线胀系数 $/10^{-6}℃^{-1}$		11.99	12.79	13.40	13.86	14.19	14.42	14.60
弹性模量 $E/10^4$ MPa	21.1	20.8	20.2	19.5	18.6	17.7	16.8	—
切变模量 $G/10^3$ MPa	82.8	80.9	78.9	75.6	72.2	69.1	64.5	—
泊松比 $\mu/10^{-1}$	2.77	2.36	2.83	2.90	2.92	2.77	2.84	—
电阻率 $\rho/10^{-8}\Omega \cdot m$	—	34.1	43.3	52.8	62.9	77.0	91.6	—

(6) 热处理

① 奥氏体等温转变图和奥氏体连续冷却转变图分别见图2-13和图2-14。

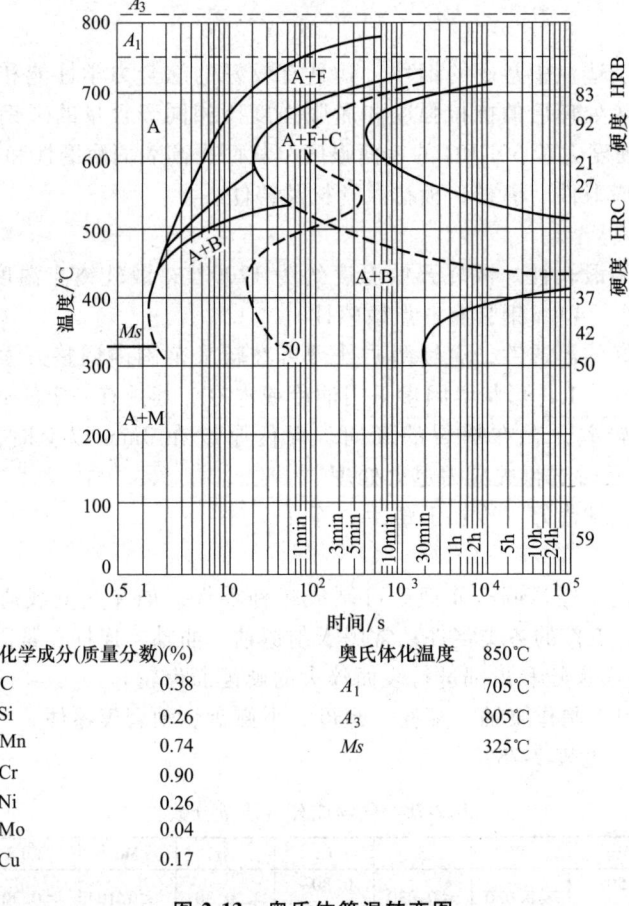

化学成分(质量分数)(%)		奥氏体化温度	850℃
C	0.38	A_1	705℃
Si	0.26	A_3	805℃
Mn	0.74	Ms	325℃
Cr	0.90		
Ni	0.26		
Mo	0.04		
Cu	0.17		

图 2-13 奥氏体等温转变图

② 淬透性曲线见图2-15。

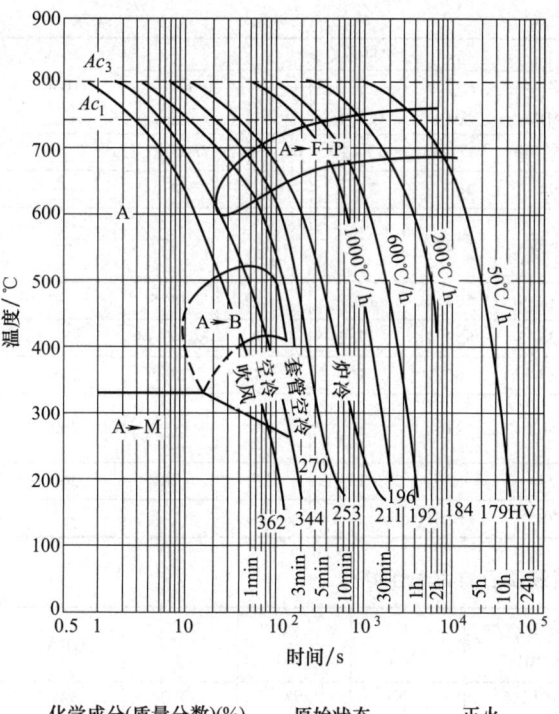

化学成分(质量分数)(%)		原始状态	正火
C	0.43	奥氏体化温度	850℃
Si	0.25	奥氏体化时间	10min
Mn	0.67		
P	0.022		
S	0.004		
Cr	0.89		

图 2-14 奥氏体连续冷却转变图

相同淬火硬度的棒料直径/mm	硬度部位	淬火
97	表面	水淬
28 51 74 97 122 147 170	距中心3R/4	
18 31 41 51 61 71 81 91 99	中心	
20 46 64 78 86 97	表面	油淬
13 25 41 51 61 71 81 91 102	距中心3R/4	
5 15 25 36 43 51 61 71 79	中心	

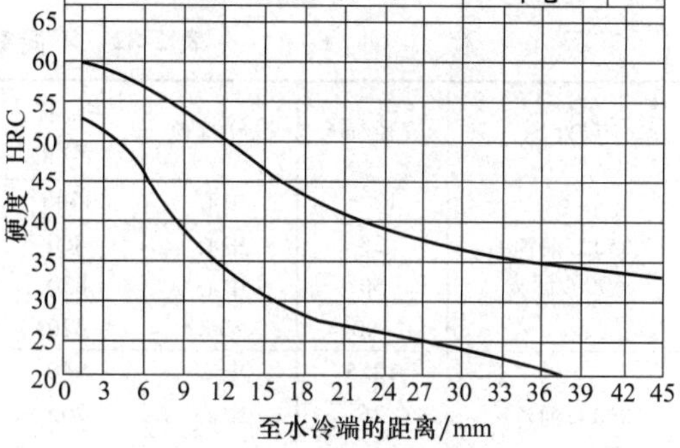

图 2-15 淬透性曲线

③ 常见热处理制度见表 2-80。

表 2-80 常见热处理制度

热处理	加热温度/℃	冷却方法	金相组织
退火	820~840	炉冷	珠光体+铁素体
正火	850~870	空冷	珠光体+铁素体
高温回火	680~700	空冷	珠光体+铁素体
淬火	830~860	水或油	马氏体
回火	550~650	空冷	索氏体

④ 热处理对力学性能的影响见表 2-81 和表 2-82。

表 2-81 不同截面尺寸钢材在不同热处理下的力学性能

状态	圆截面直径尺寸/mm	取样部位	热处理状态		力学性能(≥)					HBW
					R_m/MPa	$R_{p0.2}$/MPa	A(%)	Z(%)	KU_2/J	
正火	<60	纵向 $R/2$	850℃空冷		726	438.4	21.6	57	70	170~207
	60~100				617706	343~441	16~20	40~50	31~39	156~187
	>100~200				539~637	343~392	16~18	40~50	31~39	—
调质	120	纵向中心	840~860℃油冷	550℃回火	814	608	18	52.1	42.4	—
				600℃回火	736	529	19	58	74.5	—
				650℃回火	726	490	22	60.4	82.4	—

（续）

状态	圆截面直径尺寸/mm	取样部位	热处理状态	力学性能（≥）					HBW
				R_m/MPa	$R_{p0.2}$/MPa	A(%)	Z(%)	KU_2/J	
调质	140	纵向R/2	860℃油冷+600℃回火	868~897	637~657	17~19	60~60.5	77.7~87.1	—
		纵向中心		694.3	465.8	25.8	60.3	55~64	—
	240	纵向中心	840~860℃水冷+560~600℃水冷	637	392	14	45	47	
	300	纵向R/2	850~860℃油冷+580~590℃回火	818.9	537.4	17.2	56.2	78.5	
		纵向表面		836.5	553.1	17.2	54	66.7~69	—
正火+回火	50	纵向中心	850℃正火+660℃回火	834	657	16	58	78.5	248
		纵向表面	850℃淬火+560~580℃水冷	883	716	—	—	—	262
调质	100	纵向中心	850℃正火+560℃回火	726	520	17	57	78	300
		纵向R/2	850℃水冷+600℃空冷	785	588	—	—	—	—

表 2-82 不同截面调质后的力学性能

热处理	直径/mm	取样部位	$R_{p0.2}$/MPa	R_m/MPa	A(%)	Z(%)	KU_2/J	HBW
850℃油淬+500℃回火	12.5	中心	1145	1245	13	54	63.2	341
	25	中心	860	1085	14	56	60.0	311
	50	中心	830	940	16	55	60.0	255
	100	R/2	870	955	17	51	46.4	269
850℃油淬+575℃回火	12.5	中心	940	1015	17	58	95.2	302
	25	中心	795	930	17	60	107.2	255
	50	中心	—	815	21	61	100	229
	100	R/2	670	875	19	57	56	235
850℃油淬+650℃回火	12.5	中心	795	910	20	64	120	255
	25	中心	665	840	23	67	135.2	235
	50	中心	550	750	24	66	132	207
	100	R/2	—	785	22	62	76	207

（7）力学性能

① 技术标准规定的力学性能见表2-83。

表 2-83 技术标准规定的力学性能

品种（标准）	规格/mm	状态	力学性能（≥）					HBW
			R_m/MPa	R_{eL}/MPa	A(%)	Z(%)	KU_2/J	
棒材（GB/T 3077—2015）	直径25	850℃油冷 520℃水或油冷	980	785	9	45	47	—
锻件（GB/T 17107—1997）	≤100	调质（纵向）	735	540（屈服点）	15	45	39	241~286
	>100~300		685	490（屈服点）	14	45	31	241~286
	>300~500		635	440（屈服点）	10	35	23	229~269
	>500~800		590	345（屈服点）	8	30	16	217~255

② 不同温度下的力学性能见表2-84。

表 2-84 不同温度下的力学性能

热处理	温度/℃	R_m/MPa	$R_{p0.2}$/MPa	A(%)	Z(%)	KU_2/J
820~840℃油冷+ 550℃回火 3h	20	955	805	13.0	55.5	68
	200	905	720	15.0	42.0	96
	300	895	695	17.5	58.5	—
	400	700	625	18.0	68.0	80
	450	600	550	18.5	75.5	—
	500	500	440	21.0	80.5	64
820~840 油冷+ 680℃回火 3h	20	710	580	26.0	60.0	176
	200	660	485	17.5	66.5	—
	400	605	435	19.0	71.0	172
	450	445	405	27.5	85.0	—
	500	430	370	24.0	79.0	108
	550	—	—	—	—	100
	600	250	215	32.5	89.5	—
820~840℃油冷+ 720℃回火 8h	20	560	400	29.0	71.0	144
	300	575	330	19.5	65.5	216
	400	500	310	27.5	71.0	104
	450	420	300	24.0	75.0	—
	500	320	250	28.0	78.0	84
	550	250	220	30.0	87.0	—
	600	210	190	33.0	89.5	256

③ 低温冲击性能见表 2-85。

表 2-85 低温冲击性能

状态	温度/℃	-20	-25	-40	-70
850℃水冷,650℃水冷	KU_2/J	120.0	113.8	98.9	75.3
状态	温度/℃	-20	-25	-40	-70
850℃油冷,650℃油冷	KU_2/J	127.9	118.5	85.5	68.3

(8) 耐蚀性

40Cr 钢的耐蚀性差,一般不作考核,也不作选材依据。

(9) 常用标准牌号对照(见表 2-86)

表 2-86 常用标准牌号对照

国别	中国	国际标准化	欧洲		英国	德国	
标准	GB	ISO	EN	Mat. No	BS	DIN	W-Nr
牌号	40Cr	41Cr4	41Cr4	1.7035	41Cr4	41Cr4	1.7035
国别	法国	韩国	俄罗斯	日本	美国			
标准	NF	KS	ГОСТ	JIS	ASTM	UNS	AISI	SAE	ASI
牌号	41Cr4	SCr440	40X	SCr440	5140	G51400	—	—	—

2.2.2 20CrMo 钢

(1) 概述

20CrMo 钢是被广泛应用的铬钼结构钢,具有良好的冶炼工艺稳定性和各项工艺性能;淬透性好,热处理变形小;有良好的热强性,可用于 520℃以下使用的零件;可以渗碳或碳氮共渗,经热处理后,工件表面可获得高硬度,而心部具有良好的综合力学性能。

(2) 工艺特性

20CrMo 钢有较好的锻轧性，锻轧开始温度为 1200~1220℃，锻轧终止温度不小于 800℃。锻件应采用缓慢冷却。

20CrMo 有良好的淬透性，淬火加热温度为 870~910℃，视情况采用油冷或水冷。采用大于 580℃的回火，空冷。为改善热处理性，淬火前可进行退火或正火处理。

焊接性尚好，但焊前应预热到 250~350℃；焊后应进行 650~680℃的去应力退火。

叶片可冷拉成形，成形后应经 480~520℃退火。

(3) 应用

20CrMo 钢可用来制造叶片等汽轮机用零件，也可制造轴、中小模数齿轮、紧固件等，也可作为渗碳件使用。

(4) 化学成分（见表 2-87）

表 2-87 化学成分（质量分数）（GB/T 3077—2015） （%）

C	Si	Mn	P	S	Cr	Ni	Mo	Cu
0.17~0.24	0.17~0.37	0.40~0.70	≤0.030	≤0.030	0.80~1.10	≤0.30	0.15~0.25	≤0.30

(5) 物理性能（见表 2-88）

表 2-88 物理性能

密度/(g/cm³)	熔点/℃	临界点/℃					
		Ac_1	Ac_3	Ar_1	Ar_3	Ms	Mf
7.84	1400	713	818	504	746	380	—

温度/℃	室温	100	200	300	400	500
热导率 λ/[W/(m·℃)]	—	39.0 (97℃)	39.8 (196℃)	38.2 (293℃)	37.0 (392℃)	35.4 (488℃)
比定压热容 c_p/[J/(kg·℃)]	—	503	530	551	565	570
线胀系数/10^{-6}℃$^{-1}$	—	12.7	13.1	13.9	14.1	13.4
弹性模量 E/10^4MPa	21.0	20.6	20.0	19.3	18.4	17.6
切变模量 G/10^3MPa	82.2	80.4	78.2	75.3	71.6	67.9
泊松比 μ/10^{-1}	2.78	2.82	2.77	2.80	2.87	2.97
电阻率 ρ/10^{-8}Ω·m	—					

(6) 热处理

① 奥氏体等温转变图和奥氏体连续冷却转变图分别见图 2-16 和图 2-17。

② 淬透性曲线见图 2-18。

③ 常见热处理制度见表 2-89。

表 2-89 常见热处理制度

热处理	加热/℃	冷却方法	金相组织
退火	860~880	炉冷	铁素体+珠光体
正火	870~890	空冷	铁素体+珠光体
淬火	870~900	水或油	马氏体或贝氏体
回火	600~630	空冷	回火索氏体(贝氏体)
去应力退火	650~680	空冷	铁素体+珠光体
冷成形退火	480~520	空冷	铁素体+珠光体

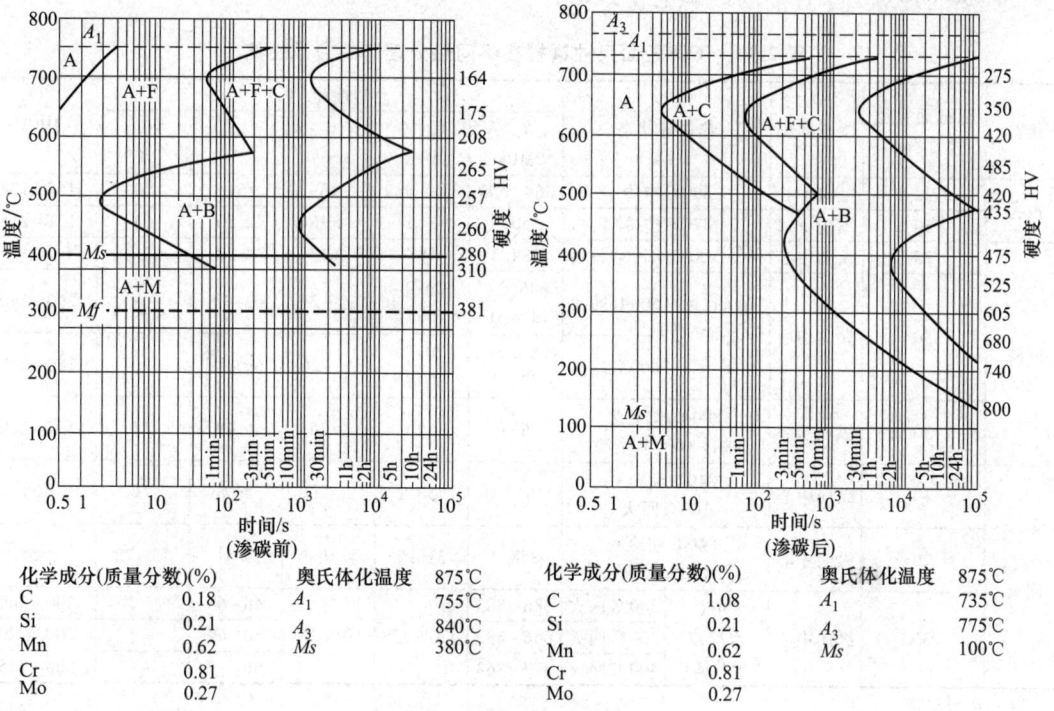

图 2-16 奥氏体等温转变图

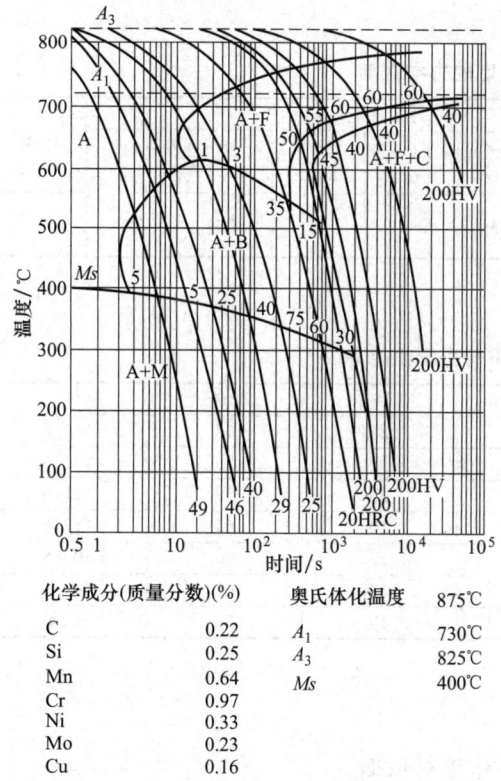

图 2-17 奥氏体连续冷却转变图

图 2-18 淬透性曲线

④ 热处理对力学性能的影响见表2-90。

表2-90 不同截面尺寸钢材在不同热处理下的力学性能

状态	圆截面直径尺寸/mm	取样部位	热处理状态	力学性能(≥)					HBW
				R_m/MPa	$R_{p0.2}$/MPa	A(%)	Z(%)	KU_2/J	
正火	22	纵向中心	890℃空冷	568~579	392~412	15	51	70	167~174
	50	纵向$R/2$	870℃空冷	509	343	≥18	≥50	63	151~215
调质	25	纵向中心	860~900℃水冷或油冷	784.5	588	≥12	≥50	71	—
	30	纵向中心	870℃水冷或830℃油冷 500℃回火	686.5~814.0	509.9~706.1	22~23	62~73	—	200~240
			870℃水冷或830℃油冷 600℃回火	666.9~774.7	470.7~608	24~26	69~75	—	180~210
	50	纵向$R/3$	800℃水冷或油冷+600℃空冷	637	490	≥14	≥40	55	197~229
淬火+回火	10	纵向中心	840℃油冷+160℃回火	1064.0	750.2	≥12.8	≥48	71	308
	20	纵向中心	840℃油冷+160℃回火	858.1	510.9	≥19.6	≥51	73~78	≥241
	30	纵向中心	870℃水冷或830℃油冷 200℃回火	686~883	470~736	19~26	48~68	—	200~300
			300℃回火	686~883			50~69	—	200~270
			400℃回火	677~863			56~72	—	200~255

注：R为半径。

(7) 力学性能

① 技术标准规定的力学性能见表2-91。

表2-91 技术标准规定的力学性能

品种(标准)	规格/mm	状态	力学性能(≥)					HBW
			R_m/MPa	R_{eL}/MPa	$A_{11.3}$(%)	A(%)	Z(%)	KU_2/J	
棒材(GB/T 3077—2015)	ϕ15	880℃水冷或油冷+500℃回火	885	685	—	12	50	78	—

② 不同温度下的力学性能见表2-92。

表2-92 不同温度下的力学性能

状态	温度/℃	R_m/MPa	$R_{p0.2}$/MPa	A(%)	Z(%)	KU_2/J
860~870℃油冷+690~700℃回火(切向)	20	564	436	25	67	117.6
	320	534	427	17	59	125.6
	370	534	422	20	59	121.6
	420	530	422	20	64	113.6
	470	476	373	17	66	105.6
	520	441	363	18	69	109.6
	570	402	348	19	76	86.4

③ 低温冲击性能见表2-93。

(8) 耐蚀性

20CrMo钢的耐蚀性差，一般不作考核，也不作选材依据。

(9) 常用标准牌号对照（见表2-94）

表 2-93 低温冲击性能

状态	温度/℃	18	0	−21	−40	−60.5	−70.5
870℃油冷+830℃油冷+180℃空冷	KU_2/J	64.8	61.6	60	52	47.2	44

表 2-94 常用标准牌号对照

国别	中国	国际标准化	欧洲		英国		德国	
标准	GB	ISO	EN	Mat. No	BS		DIN	W-Nr
牌号	20CrMo	18CrMo4	20CrMo5	1.7264	708M20		20CrMo5	1.7264
国别	法国	韩国	俄罗斯	日本	美国			
标准	NF	KS	ГOCT	JIS	ASTM	UNS	AISI	SAE	ASI
牌号	18CD4	SCM420	20XM	SCM420	4118	—	—	—	—

2.2.3 30CrMoA 钢

（1）概述

30CrMoA 钢是常用的铬钼调质合金结构钢，具有较好的淬透性和综合力学性能，也具有较好的热处理、焊接及加工性。该钢的低温冲击韧性较好，冷变形塑性中等。

30CrMoA 钢可制成锻件、棒材、板材，需要时也可制成铸件。

（2）工艺特性

30CrMoA 钢的热压力加工性良好，锻轧开始温度大约为 1150℃，锻轧终止温度不低于 850℃，大直径锻件应采用缓慢冷却方式。

该钢的热处理性好，有较好的淬透性，主要在调质状态下使用。淬火加热温度可为 860~890℃，采用油冷却，水冷时会有淬火裂纹倾向，应注意调整加热温度及操作方式。依据对强度、力学性能的要求不同，采用 500~650℃ 之间温度回火。

30CrMoA 钢的焊接性尚可，焊前应预热到 250~350℃，焊后应进行去应力退火。

冷成形性能尚可，可进行冷拉等加工。

（3）应用

30CrMoA 钢可用于制造截面较大、在高应力条件下工作的调质零件，如主轴、齿轮、紧固件等，可用于制造 400℃ 以下使用的紧固螺栓、导管、法兰盘等。

（4）化学成分（见表 2-95）

表 2-95 化学成分（质量分数） (%)

C	Si	Mn	P	S	Cr	Ni	Mo	Cu	备注
0.26~0.33	0.17~0.37	0.40~0.70	≤0.020	≤0.020	0.80~1.10	≤0.30	0.15~0.25	≤0.25	（GB/T 3077—2015）适用棒材
0.26~0.34	0.17~0.37	0.40~0.70	≤0.025	≤0.025	0.80~1.10	≤0.30	0.15~0.25	≤0.25	（GB/T 17107—1997）适用锻件

（5）物理性能（见表 2-96）

表 2-96 物理性能

密度/(g/cm³)	熔点/℃	临界点/℃					
		Ac_1	Ac_3	Ar_1	Ar_3	Ms	Mf
7.82	—	757	807	693	763	345	—

(续)

温度/℃	室温	100	200	300	400	500	600	700
热导率 λ/[W/(m·℃)]	—	46.05	43.96	41.87	41.87	38.94	37.26	35.26
比定压热容 c_p/[J/(kg·℃)]	—	—	—	—	—	—	—	—
线胀系数/10^{-6}℃$^{-1}$	—	—	11.4	12.7	13.5	14.2	14.7	14.5
弹性模量 E/10^4MPa	20.9	—	20.4	20.7	18.8	17.6	16.0	—
切变模量 G/10^3MPa	82.4	81.4	—	74.0	—	64.7	—	—
泊松比 μ/10^{-1}	—	—	—	—	—	—	—	—
电阻率 ρ/$10^{-8}\Omega\cdot$m	29.0	—	—	—	—	—	—	—

(6) 热处理

① 奥氏体等温转变图和奥氏体连续冷却转变图分别见图 2-19 和图 2-20。

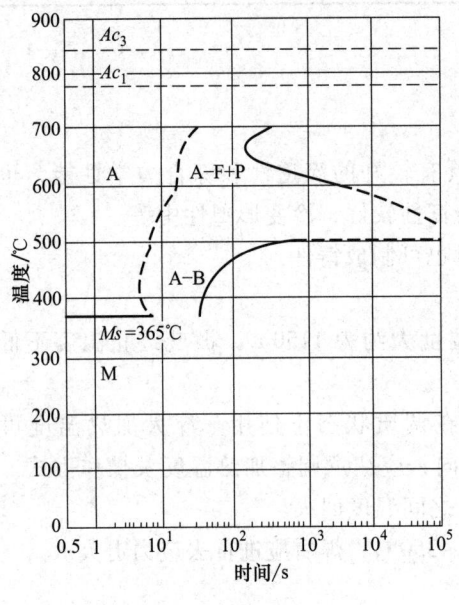

图 2-19 奥氏体等温转变图

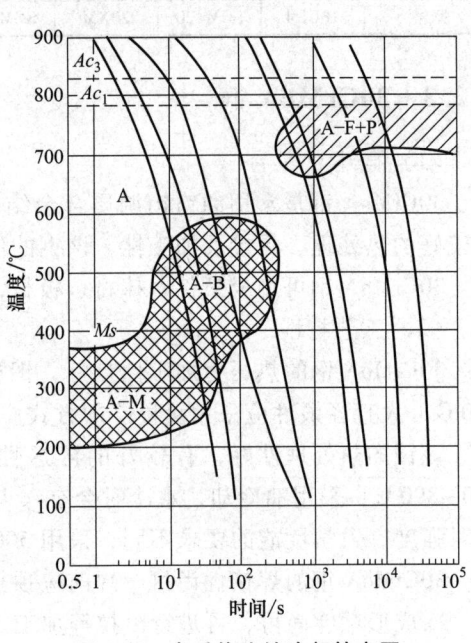

图 2-20 奥氏体连续冷却转变图

② 淬透性曲线见图 2-21。

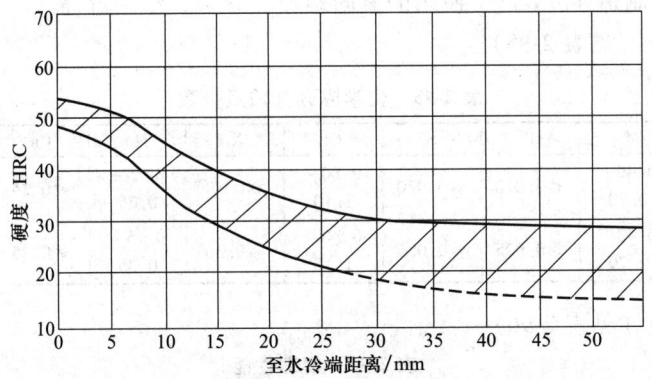

图 2-21 淬透性曲线

③ 常见热处理制度见表 2-97。

表 2-97 常见热处理制度

热处理	加热温度/℃	冷却方法	金相组织
退火	870~890	炉冷	珠光体+铁素体
正火	870~890	空冷	珠光体+铁素体
淬火	860~890	油冷	马氏体
回火	500~650	空冷	回火索氏体

④ 热处理对力学性能的影响见表 2-98 和表 2-99，图 2-22 和图 2-23。

表 2-98 不同直径钢坯热处理后的力学性能

毛坯直径/mm	淬火介质	取样部位	R_m/MPa	$R_{p0.2}$/MPa	A(%)	Z(%)	毛坯直径/mm	淬火介质	取样部位	R_m/MPa	$R_{p0.2}$/MPa	A(%)	Z(%)
40	水	中心	930	795	13	61	80	油	R/2	795	657	17	67
	油	中心	825	645	17	71	100	水	R/2	835	696	17	65
60	水	中心	875	745	16	64		油	R/2	785	608	18	64
	油	中心	805	725	17	69	120	水	R/2	845	686	18	63
80	水	R/2	890	765	14	64		油	R/2	755	617	19	63

注：热处理状态为 880℃淬火+550℃回火。

表 2-99 不同直径钢坯热处理后的冲击吸收能量

毛坯直径/mm	淬火冷却介质	取样部位	KU_2/J	毛坯直径/mm	淬火冷却介质	取样部位	KU_2/J
40	水	中心	94	80	油	R/2	110
	油	中心	118	100	水	R/2	110
60	水	中心	102		油	R/2	118
	油	中心	125	120	水	R/2	94
80	水	R/2	86		油	R/2	110

注：热处理状态为 880℃淬火+500℃回火。

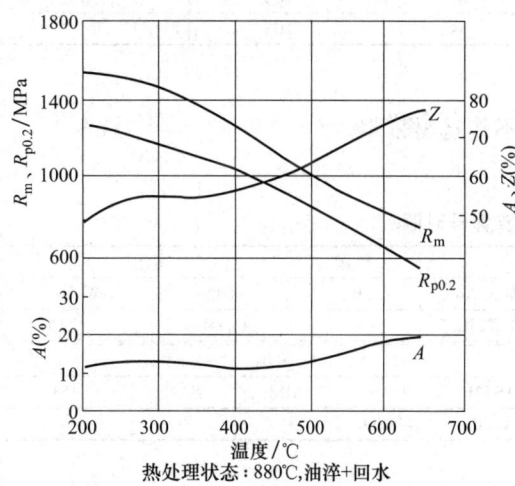

图 2-22 回火温度对力学性能的影响
热处理状态：880℃,油淬+回水

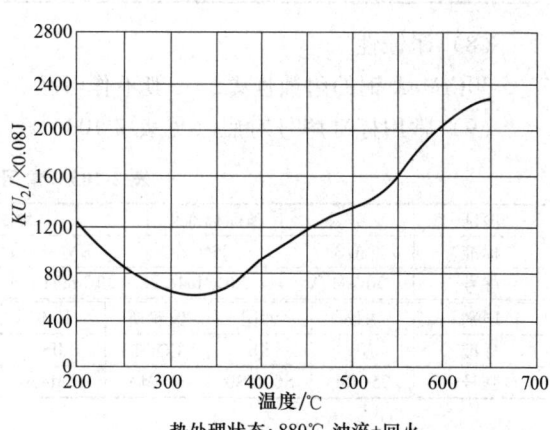

图 2-23 回火温度对冲击韧性的影响
热处理状态：880℃,油淬+回火

(7) 力学性能
① 技术标准规定的力学性能见表 2-100。
② 不同温度下的力学性能见表 2-101。
③ 蠕变极限和持久极限见表 2-102。

表 2-100 技术标准规定的力学性能

品种(标准)	规格/mm	状态	力学性能(≥)					HBW
			R_m/MPa	R_{eL}/MPa	A(%)	Z(%)	KU_2/J	
棒材(GB/T 3077—2015)	$\phi 25$	880℃油冷+600℃水或油冷	930	735	12	50	71	—
锻件(GB/T 17107—1997)	≤100	调质	620	410(屈服点)	16	40	49	196~240
	>100~300		590	390(屈服点)	15	40	44	196~240

表 2-101 不同温度下的力学性能

状态	温度/℃	R_m/MPa	$R_{p0.2}$/MPa	A(%)	Z(%)	KU_2/J
880℃油冷,560℃水冷	室温	990	865	13	57	86.4
870℃油冷+650℃回火	20	725	590	19	70	149
	200	655	490	20	69	
	300	715	520	21	68	164.7
	400	630	480	22	75	156.8
	450	580	450	23	77	125.5
	500	560	420	22	80	109.8
	550	460	420	21	82	
	600	345	325	29	89	113.8

表 2-102 蠕变极限和持久极限

状态	温度/℃	蠕变极限/MPa		持久极限/MPa	
		$\sigma_{1/10^4}$	$\sigma_{1/10^5}$	σ_{10^3}	σ_{10^4}
—	450	—	108	295	225
	500	139	69	186	132
	550	58	34	108	76

(8) 耐蚀性

30CrMoA 钢的耐蚀性差,一般不作考核,也不作选材依据。

(9) 常用标准牌号对照(见表 2-103)

表 2-103 常用标准牌号对照

国别	中国	国际标准化	欧洲		英国	德国	
标准	GB	ISO	EN	Mat. No	BS	DIN	W-Nr
牌号	30CrMoA	25CrMo4	30CrMo4	1.7216	—	30CrMo4	1.7216

国别	法国	韩国	俄罗斯	日本	美国				
标准	NF	KS	ГОСТ	JIS	ASTM	UNS	AISI	SAE	ASI
牌号	25CD4	SCM430	30ХМА	SCM430	4130	G41300	—	—	—

2.2.4 35CrMo 钢

(1) 概述

35CrMo 钢属中碳铬钼结构钢,具有较高的强度和韧性,在较高温度下有良好的蠕变强度和持久强度,可在 500℃下长期工作。

35CrMo 钢可制成锻件、板材、管材,有时可铸造成零件。

(2) 工艺特性

35CrMo钢具有良好的锻轧性,锻轧开始温度通常为1150~1200℃,锻轧终止温度为850℃。锻后宜缓冷,大锻件具有白点倾向。

35CrMo钢有一定的淬透性,通过热处理可以在较大范围内调整力学性能;可进行退火,多在调质状态下使用。它的焊接性较差,焊前需预热至300~400℃,焊后应尽快进行去应力退火。冷变形能力中等,切削性尚可。

(3) 应用

35CrMo钢可用来制造承受冲击、振动、弯曲、扭转载荷的各类机械零件,如轧钢机人字齿轮、曲轴、发动机传动件、风机轴、风机叶轮、泵轴、平衡盘及480℃以下工作的螺栓和510℃以下工作的螺母等。

(4) 化学成分(见表2-104)

表 2-104 化学成分(质量分数) (%)

C	Si	Mn	P	S	Cr	Ni	Mo	Cu	备注
0.32~0.40	0.17~0.37	0.40~0.70	≤0.030	≤0.030	0.80~1.10	≤0.30	0.15~0.25	≤0.30	(GB/T 3077—2015) 适用棒材
0.32~0.40	0.17~0.37	0.40~0.70	≤0.035	≤0.035	0.80~1.10	—	0.15~0.25	≤0.30	(GB/T 17107—1997) 适用锻件

(5) 物理性能(见表2-105)

表 2-105 物理性能

密度/(g/cm³)	熔点/℃	临界点/℃					
		Ac_1	Ac_3	Ar_1	Ar_3	Ms	Mf
7.87	1403	744	792	628	728	370	

温度/℃	室温	100	200	300	400	500	600	700
热导率 λ/[W/(m·℃)]	—	47.7	47.7	44.0	41.0	38.1	35.6	33.1
比定压热容 c_p/[J/(kg·℃)]	—	561	599	611	657	716	779	—
线胀系数/10^{-6}℃$^{-1}$	—	12.5	13.1	13.6	14.0	14.3	14.6	14.8
弹性模量 E/10^4MPa	21.3	20.9	20.5	19.9	18.1	17.7	—	—
切变模量 G/10^3MPa	82.4	81.4	79.5	77.5	70.6	68.7	—	—
泊松比 μ/10^{-1}	2.86	2.88	2.88	2.93	2.81	2.95	—	—
电阻率 ρ/10^{-8}Ω·m	—	26.0	33.0	41.5	51.7	63.3	76.3	90.9

(6) 热处理

① 奥氏体等温转变图和奥氏体连续冷却转变图分别见图2-24和图2-25。

② 淬透性曲线见图2-26。

③ 常见热处理制度见表2-106。

表 2-106 常见热处理制度

热处理	加热温度/℃	冷却方法	金相组织
退火	840~860	炉冷	珠光体+铁素体
正火+回火	880~900 560~650	空冷	珠光体+铁素体
淬火	860~880	水或油冷	马氏体
回火	550~650	空冷	回火索氏体

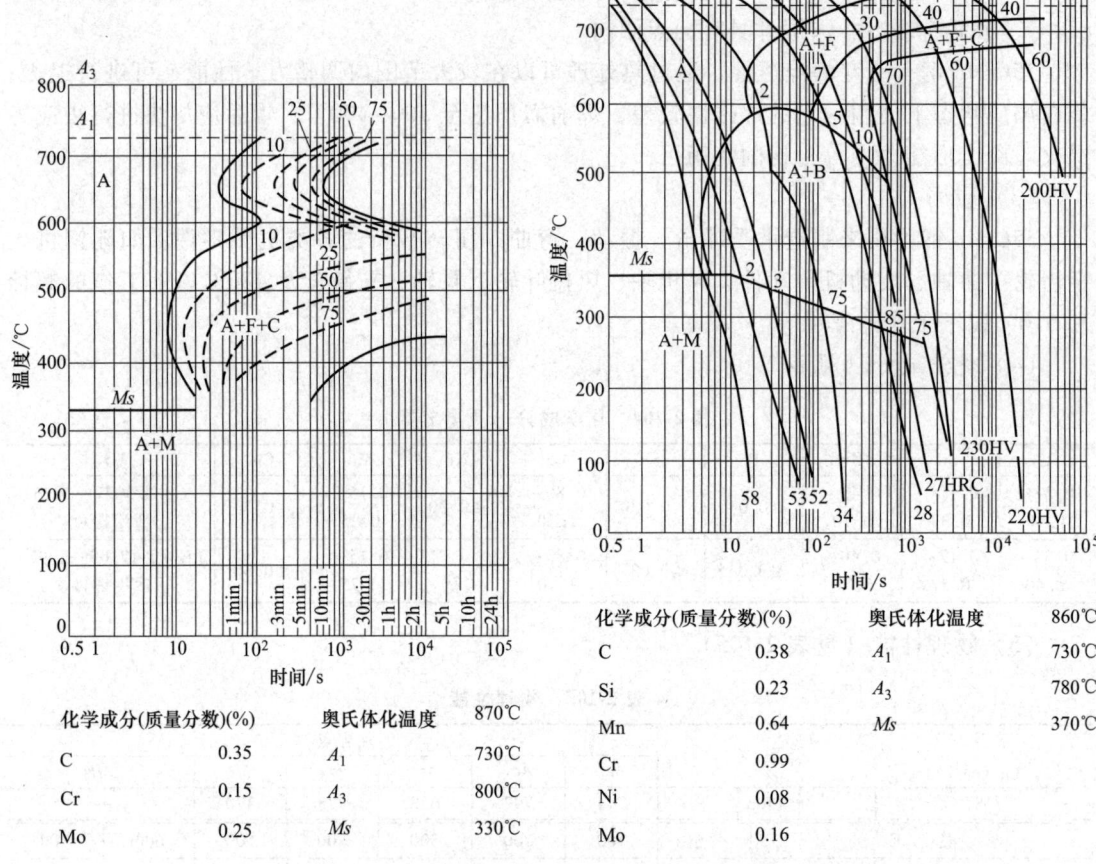

图 2-24 奥氏体等温转变图

图 2-25 奥氏体连续冷却转变图

图 2-26 淬透性曲线

(7) 力学性能

① 技术标准规定的力学性能见表 2-107。

表 2-107 技术标准规定的力学性能

品种(标准)	规格/mm	状态	力学性能(≥)					HBW
			R_m/MPa	R_{eL}/MPa	A(%)	Z(%)	KU_2/J	
棒材(GB/T 3077—2015)	φ25	850℃油冷+550℃水或油冷	980	835	12	45	63	—
锻件(GB/T 17107—1997)	≤100	调质(纵向)	735	540(屈服点)	15	47	47	207~269
	>100~300		685	490(屈服点)	15	40	39	207~269
	>300~500		635	440(屈服点)	15	35	31	207~269
	>500~800		590	390(屈服点)	12	30	23	—
	>100~300	调质(切向)	635	440(屈服点)	11	30	27	
	>300~500		590	390(屈服点)	10	24	24	
	>500~800		540	345(屈服点)	9	20	20	

② 不同温度下的力学性能见表 2-108。

表 2-108 不同温度下的力学性能

状态	温度/℃	R_m/MPa	$R_{p0.2}$/MPa	A(%)	Z(%)	KU_2/J	HBW
860℃退火	20	682	366	22.3	55.2	72	179
	400	658	307	26.0	75.0	93.6	—
	450	556	277	27.5	80.6	92.8	—
	500	492	269	28.8	84.8	115.2	—
880℃正火+650℃回火	20	713	534	22.0	68.7	129.6	207
	400	662	430	26.0	75.0	121.6	—
	450	550	409	23.8	80.0	111.2	—
	500	476	393	25.0	84.2	99.2	—
880℃淬火+650℃回火	20	895	787	22.6	66.0	158.4	269
	400	748	587	22.8	70.7	136	—
	450	683	566	22.9	78.2	109.6	—
	500	557	497	23.3	85.8	100.8	—

③ 低温冲击性能见表 2-109。

表 2-109 低温冲击性能

状态	温度/℃	20	-20	-50	-80	-100	-140	-183
830℃油冷,645℃回火	KU_2/J	>136.8	137.6	128	105.6	72.8	43.2	40
状态	温度/℃	20	-20	-50	-80	-100	-140	-183
830℃油冷,580℃回火	KU_2/J	114.4	108	107.2	108	48	35.2	28.8

(8) 耐蚀性

35CrMo 钢的耐蚀性差,一般不作考核,也不作选材依据。

(9) 常用标准牌号对照(见表 2-110)

表 2-110 常用标准牌号对照

国别	中国	国际标准化	欧洲		英国	德国	
标准	GB	ISO	EN	Mat. No	BS	DIN	W-Nr
牌号	35CrMo	34CrMo4	34CrMo4	1.7220	708M37	34CrMo4	1.7220

(续)

国别	法国	韩国	俄罗斯	日本	美国				
标准	NF	KS	ГOCT	JIS	ASTM	UNS	AISI	SAE	ASI
牌号	35CD4	SCM435	35XM	SCM435	4137	—	—	—	—

2.2.5　42CrMo 钢

（1）概述

42CrMo 钢亦属中碳铬钼结构钢。其比 35CrMo 钢有更好的淬透性、更高的强度，有一定的塑性、韧性，在高温下有更高的蠕变强度和持久强度。

42CrMo 钢用于制成锻件、轧制棒材、板材等。

（2）工艺特性

42CrMo 钢可以进行锻轧，锻轧开始温度通常为 1130~1180℃，锻轧终止温度应大于 850℃。锻后应缓冷。

42CrMo 钢有较好的热处理性，淬火宜采用油冷。

42CrMo 钢焊接性不良，应慎重选用焊接工艺。

（3）应用

42CrMo 钢用于制造有较高强度要求、截面尺寸较大的锻件，比 35CrMo 钢有更高的强度，如制造大齿轮、轴、发动机气缸、弹簧、拉杆；可制造 500℃ 左右条件下使用的紧固螺栓、螺母等；在泵产品生产中，常用来制造泵轴、穿杠等。

（4）化学成分（见表 2-111）

表 2-111　化学成分（质量分数）　（%）

C	Si	Mn	P	S	Cr	Ni	Mo	Cu	备注
0.38~0.45	0.17~0.37	0.50~0.80	≤0.030	≤0.030	0.90~1.20	≤0.30	0.15~0.25	≤0.30	（GB/T 3077—2015）适用棒材
0.38~0.45	0.17~0.37	0.40~0.70	≤0.035	≤0.035	0.90~1.20	—	0.15~0.25	≤0.30	（GB/T 17107—1997）适用锻件

（5）物理性能（见表 2-112）

表 2-112　物理性能

密度/(g/cm^3)	熔点/℃	临界点/℃					
		Ac_1	Ac_3	Ar_1	Ar_3	Ms	Mf
7.85	1390	750	801	656	716	310	
温度/℃		室温	100	200	300	400	500
热导率 $\lambda/[W/(m·℃)]$		43.2	—				
比定压热容 $c_p/[J/(kg·℃)]$		—	482	498	511	525	540
线胀系数/$10^{-6}℃^{-1}$		—	12.43	13.01	13.62	13.93	14.28
弹性模量 $E/10^4MPa$		21.2	20.9	20.3	19.6	18.8	17.8
切变模量 $G/10^3MPa$		82.5	81.3	79.0	75.5	71.7	68.6
泊松比 $\mu/10^{-1}$		2.80	2.80	2.80	3.00	3.10	3.00
电阻率 $\rho/10^{-8}Ω·m$		—					

（6）热处理

① 奥氏体等温转变图见图 2-27。

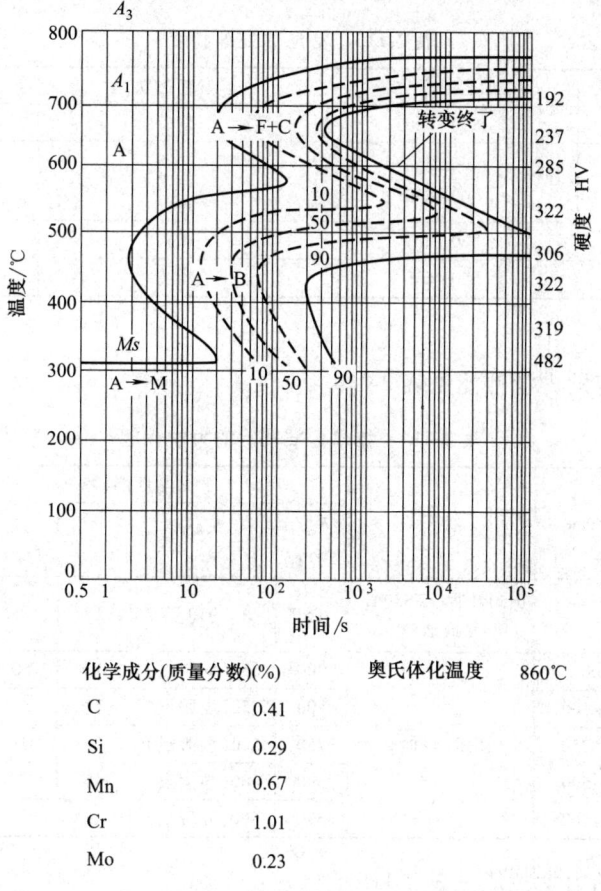

化学成分(质量分数)(%)		奥氏体化温度	860℃
C	0.41		
Si	0.29		
Mn	0.67		
Cr	1.01		
Mo	0.23		

图 2-27 奥氏体等温转变图

② 淬透性曲线见图 2-28。

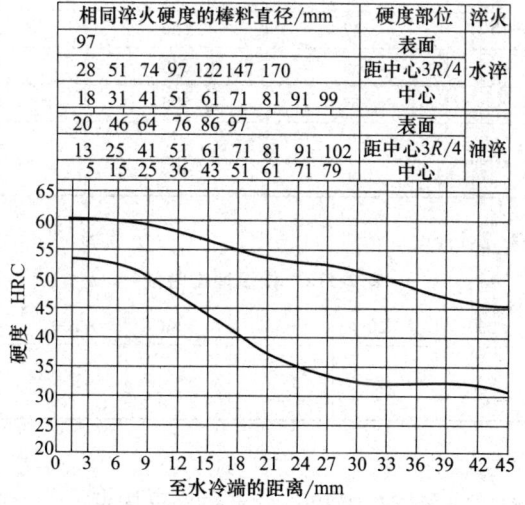

相同淬火硬度的棒料直径/mm	硬度部位	淬火
97	表面	水淬
28 51 74 97 122 147 170	距中心3R/4	
18 31 41 51 61 71 81 91 99	中心	
20 46 64 76 86 97	表面	油淬
13 25 41 51 61 71 81 91 102	距中心3R/4	
5 15 25 36 43 51 61 71 79	中心	

图 2-28 淬透性曲线

③ 常见热处理制度见表 2-113。

表 2-113　常见热处理制度

热处理	加热温度/℃	冷却方法	金相组织
退火	840~860	炉冷	珠光体+铁素体
正火+回火	880~900 560~650	空冷	珠光体+铁素体
淬火	850~860	油冷	马氏体
回火	550~650	空冷	回火索氏体

(7) 力学性能

① 技术标准规定的力学性能见表 2-114。

表 2-114　技术标准规定的力学性能

品种(标准)	规格/mm	状态	力学性能(≥)					HBW
			R_m/MPa	R_{eL}/MPa	A(%)	Z(%)	KU_2/J	
棒材(GB/T 3077—2015)	φ25	850℃油冷+560℃水或油冷	1080	930	12	45	63	—
锻件(GB/T 17107—1997)	≤100	调质(纵向)	900	650(屈服点)	12	50	—	—
	>100~160		800	550(屈服点)	13	50	—	—
	>160~250		750	500(屈服点)	14	55	—	—
	>250~500		690	460(屈服点)	15	—	—	—
	>500~700		590	390(屈服点)	16	—	—	—

② 不同温度下的力学性能见表 2-115。

表 2-115　不同温度下的力学性能

状态	温度/℃	R_m/MPa	$R_{p0.2}$/MPa	A(%)	Z(%)
调质	100	865	693	20	60
	200	847	650	18	58
	300	858	640	16	56
	400	795	595	26	76
	500	673	573	27	77
	600	490	458	31	85

③ 低温冲击性能见表 2-116。

表 2-116　低温冲击性能

状态	温度/℃	20	-20	-50	-80	-100	-140	-183	253
880℃油冷+580℃回火	KU_2/J	92	92	85.6	65.6	45.6	36.8	36	18.4

(8) 耐蚀性

42CrMo 钢的耐蚀性差，一般不作考核，也不作选材依据。

(9) 常用标准牌号对照（见表 2-117）

表 2-117 常用标准牌号对照

国别	中国	国际标准化	欧洲		英国	德国	
标准	GB	ISO	EN	Mat. No	BS	DIN	W-Nr
牌号	42CrMo	42CrMo4	42CrMo4	1.7225	708M40	42CrMo4	1.7225
国别	法国	韩国	俄罗斯	日本	美国		
标准	NF	KS	ГOCT	JIS	ASTM	UNS	AISI	SAE	ASI
牌号	42CD4	SCM440	40XM	SCM440	4140	G41400	—		

2.2.6 40CrNiMo 钢

(1) 概述

40CrNiMo 钢是一种优良的调质钢,属超高强度钢,其有很好的淬透性,调质处理后,在大截面工件上能获得强度和塑性、韧性良好配合的均匀优良性能,具有较高的疲劳性、低的缺口敏感性,在较低温度下也能获得较高的冲击韧性,还具有抗过热稳定性。但 40CrNiMo 钢具有白点敏感性和回火脆性倾向。

40CrNiMo 钢多用于制造锻件、棒材。

(2) 工艺特性

40CrNiMo 钢可进行锻轧。锻轧开始温度一般为 1150℃,锻轧终止温度为 850℃。

该钢的热处理性能良好,通常在调质状态下使用,淬火冷却采用油冷。

该钢的焊接性不好,一般不进行焊接使用。

该钢的切削性能一般,并且冷变形能力较差。

(3) 应用

40CrNiMo 钢宜用于制造大截面、重要零件,特别是要求高强度和塑性、韧性良好配合的关键性零件,如发动机涡轮轴、螺旋桨轴、活塞杆以及重要的紧固件、大齿轮等。

(4) 化学成分(见表 2-118)

表 2-118 化学成分(质量分数) (%)

C	Si	Mn	P	S	Cr	Ni	Mo	Cu	备注
0.37~0.44	0.17~0.37	0.50~0.80	≤0.030	≤0.030	0.60~0.90	1.25~1.65	0.15~0.25	≤0.30	(GB/T 3077—2015) 适用棒材
0.37~0.44	0.17~0.37	0.50~0.80	≤0.035	≤0.035	0.60~1.20	1.25~1.65	0.15~0.25	≤0.30	(GB/T 17107—1997) 适用锻件

(5) 物理性能(见表 2-119)

表 2-119 物理性能

密度/(g/cm³)	熔点/℃	临界点/℃					
		Ac_1	Ac_3	Ar_1	Ar_3	Ms	Mf
7.85	1408	713	761	571	654	275	—

温度/℃	室温	100	200	300	400	500	600	700
热导率 λ/[W/(m·℃)]	—	46.05	43.96	41.87	39.44	37.68	36.68	33.06
比定压热容 c_p/[J/(kg·℃)]	—		582	607	670	723	—	—
线胀系数/10^{-6}℃$^{-1}$	—	12.8	13.4	14.6	14.8	14.7	14.7	14.7
弹性模量 E/10^4MPa	20.9	20.5	20.0	19.0	18.3	17.4		
切变模量 G/10^3MPa	80.7	79.5	77.3	74.6	69.6	65.0		
泊松比 μ/10^{-1}	2.95	2.91	2.95	2.77	3.19	3.36		
电阻率 ρ/10^{-8}Ω·m			41.0	50.4	60.0	70.7	82.4	96.4

（6）热处理

① 奥氏体等温转变图和奥氏体连续冷却转变图分别见图 2-29 和图 2-30。

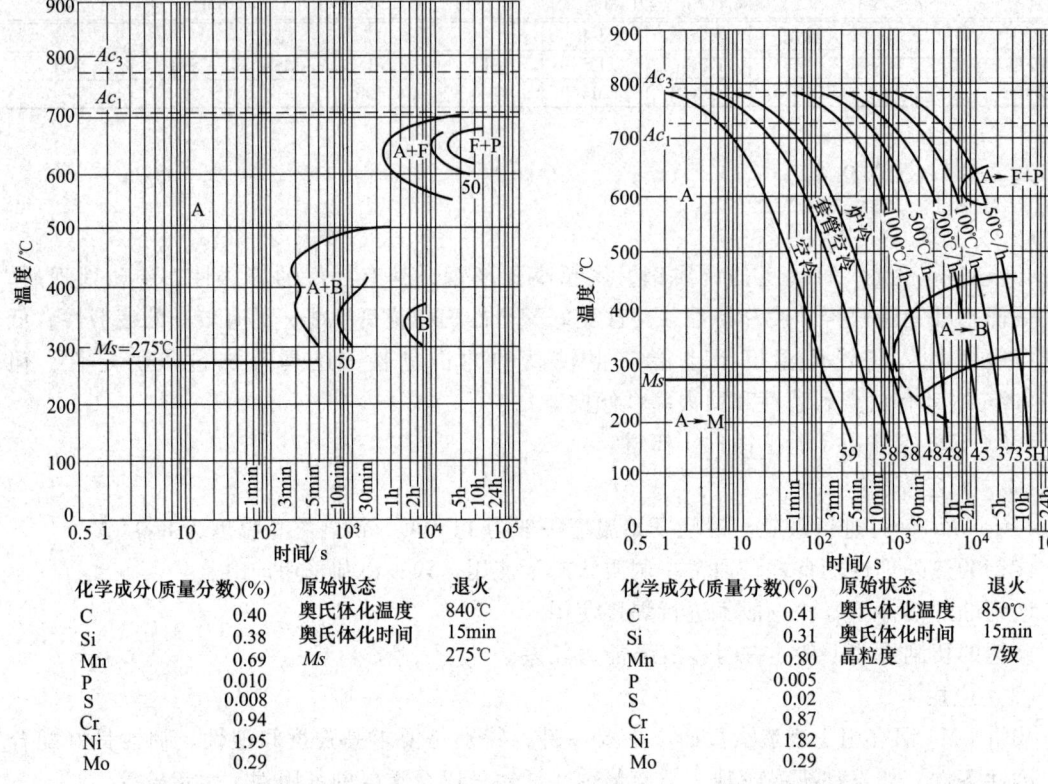

化学成分(质量分数)(%)		原始状态	退火
C	0.40	奥氏体化温度	840℃
Si	0.38	奥氏体化时间	15min
Mn	0.69	M_s	275℃
P	0.010		
S	0.008		
Cr	0.94		
Ni	1.95		
Mo	0.29		

图 2-29 奥氏体等温转变图

化学成分(质量分数)(%)		原始状态	退火
C	0.41	奥氏体化温度	850℃
Si	0.31	奥氏体化时间	15min
Mn	0.80	晶粒度	7级
P	0.005		
S	0.02		
Cr	0.87		
Ni	1.82		
Mo	0.29		

图 2-30 奥氏体连续冷却转变图

② 淬透性曲线见图 2-31。

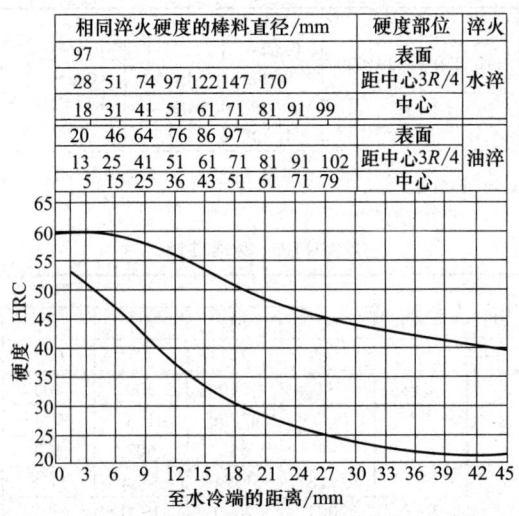

图 2-31 淬透性曲线

③ 常见热处理制度见表 2-120。

表 2-120　常见热处理制度

热处理	加热温度/℃	冷却方法	金相组织
退火	860~880	炉冷	珠光体+铁素体
淬火+回火	850 620	油冷 油冷	回火索氏体

④ 热处理对力学性能的影响见表 2-121 和图 2-32~图 2-35。

表 2-121　不同回火温度、不同直径坯料的力学性能

热处理制度	直径/mm	取样部位	R_m/MPa	$R_{p0.2}$/MPa	$A(\%)$	$Z(\%)$
900℃正火+850℃ 油淬+500℃回火	12.5	中心	1255	1195	13.0	52.0
	25	中心	1275	1215	13.0	60.0
	50	中心	1195	1080	13.0	55.0
	100	$R/2$	1020	900	16.0	56.0
900℃正火+850℃ 油淬+575℃回火	12.5	中心	1090	1030	16.0	56.0
	25	中心	1100	1030	13.0	60.0
	50	中心	1010	890	17.5	60.0
	100	$R/2$	940	810	21.0	62.0
900℃正火+850℃ 油淬+650℃回火	12.5	中心	960	865	18.0	63.0
	25	中心	960	865	18.0	64.0
	50	中心	890	745	20.0	64.0
	100	$R/2$	885	715	20.0	64.0

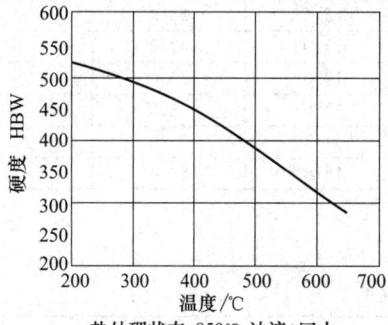

图 2-32　回火温度对硬度的影响

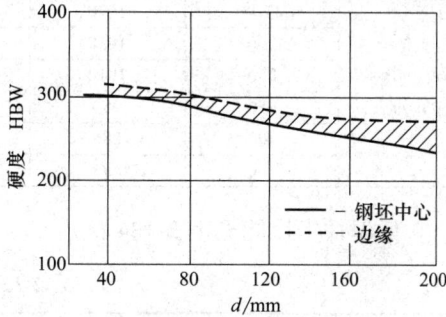

图 2-33　不同尺寸钢坯热处理后的硬度曲线

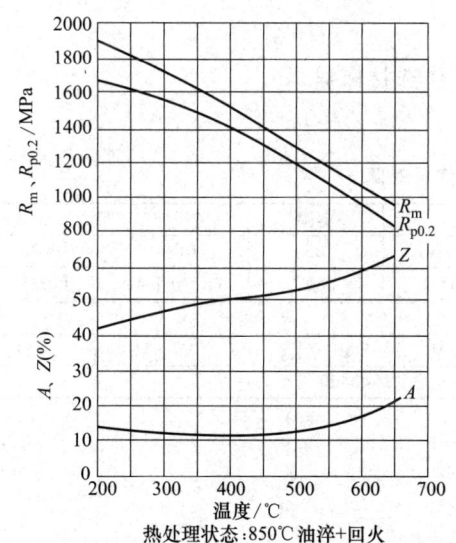

图 2-34　回火温度对拉伸性能的影响

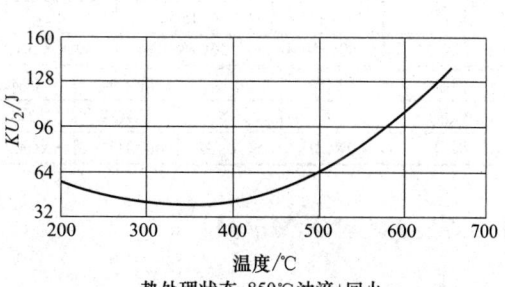

图 2-35　回火温度对冲击韧性的影响

(7) 力学性能

① 技术标准规定的力学性能见表2-122。

表2-122 技术标准规定的力学性能

品种(标准)	规格/mm	状态	力学性能(≥)					HBW
			R_m/MPa	R_{eL}/MPa	A(%)	Z(%)	KU_2/J	
棒材(GB/T 3077—2015)	φ25	850℃油冷+600℃油冷	980	835	12	55	78	—
锻件(GB/T 17107—1997)	≤80	淬火+回火(纵向)	980	835(屈服点)	12	55	78	—
	>80~100		980	835(屈服点)	11	50	74	—
	>100~150		980	835(屈服点)	10	45	70	—
	>150~250		980	835(屈服点)	9	40	66	—
	>100~300	调质(纵向)	785	640(屈服点)	12	38	39	241~293
	>300~500		685	540(屈服点)	12	33	35	207~262

② 不同温度下的力学性能见表2-123。

表2-123 不同温度下的力学性能

状态	温度/℃	R_m/MPa	$R_{p0.2}$/MPa	A(%)	Z(%)	KU_2/J
860℃油冷+580℃回火	20	1070	950	15.6	58.0	62.4
	200	1010	835	13.0	47.0	—
	250	1010	815	17.0	53.0	78.4
	350	950	775	17.0	63.0	—
	400	885	765	17.5	74.0	70.4
	500	695	675	18.0	80.0	47.2

③ 低温冲击性能见表2-124。

表2-124 低温冲击性能

状态	温度/℃	0	-20	-40	-60
860℃油冷+620℃回火	KU_2/J	92	90.4	82.4	64

(8) 耐蚀性

40CrNiMo钢的耐蚀性差,一般不作考核,也不作选材依据。

(9) 常用标准牌号对照(见表2-125)

表2-125 常用标准牌号对照

国别	中国	国际标准化	欧洲		英国	德国	
标准	—	ISO	EN	Mat. No	BS	DIN	W-Nr
牌号	40CrNiMo	36CrNiMo4	39CrNiMo3	1.6511	3S97	36CrNiMo4	1.6511
国别	法国	韩国	俄罗斯	日本	美国		
标准	NF	KS	ΓOCT	JIS	ASTM	UNS	AISI	SAE	ASI
牌号	40NCD3	SCM439	40XHMA	SNCM439	4340	G43400	—	—	—

2.2.7 34CrNi3Mo 钢

(1) 概述

34CrNi3Mo钢是大截面高强度用钢,具有良好的综合力学性能和工艺性。当使用温度为

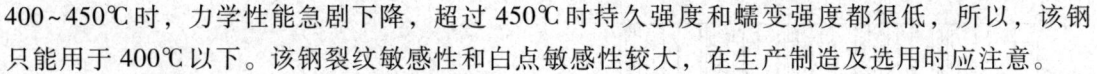

400~450℃时，力学性能急剧下降，超过450℃时持久强度和蠕变强度都很低，所以，该钢只能用于400℃以下。该钢裂纹敏感性和白点敏感性较大，在生产制造及选用时应注意。

该钢主要制成锻件应用，必要时可制铸件。

（2）工艺特性

34CrNi3Mo钢的锻轧性能尚可，锻轧开始温度约为1200℃，锻轧终止温度不低于850℃。因其白点敏感性较大，锻后应进行去白点退火。

34CrNi3Mo钢通常在调质状态下使用，淬火加热温度一般为840~870℃，加热保温后采用油冷。依据对力学性能的要求，采用560~650℃之间回火。

该钢焊接性差。

（3）应用

34CrNi3Mo钢主要用来制造使用温度在400℃以下的重要零件，如轴、叶轮、汽轮机转子等。

（4）化学成分（见表2-126）

表 2-126　化学成分（质量分数）　　　　　　　　　　（%）

C	Si	Mn	P	S	Cr	Ni	Mo	Cu	备注
0.30~0.40	0.17~0.37	0.50~0.80	≤0.035	≤0.035	0.70~1.10	2.75~3.25	0.25~0.40	≤0.30	（GB/T 17107—1997）适用锻件

（5）物理性能（见表2-127）

表 2-127　物理性能

密度/(g/cm³)	熔点/℃	临界点/℃					
		Ac_1	Ac_3	Ar_1	Ar_3	Ms	Mf
7.83	—	720	790	—	—	290	—

温度/℃	室温	100	200	300	400	500
热导率 λ/[W/(m·℃)]	—	41.0	37.7	33.9	30.6	
比定压热容 c_p/[J/(kg·℃)]	—	—	—	—	—	
线胀系数/10^{-6}℃$^{-1}$		10.8	11.6	13.3	13.7	
弹性模量 E/10^4MPa	—	21.1	20.7	19.6	17.6	17.3
切变模量 G/10^3MPa	79.4					
泊松比 μ/10^{-1}						
电阻率 ρ/10^{-8}Ω·m						

（6）热处理

① 奥氏体等温转变图和奥氏体连续冷却转变图分别见图2-36和图2-37。

② 常见热处理制度见表2-128。

表 2-128　常见热处理制度

热处理	加热温度/℃	冷却方法	金相组织
退火	840~860	炉冷	珠光体+铁素体
正火	840~860	空冷	珠光体+铁素体
淬火	850~880	油冷	马氏体+贝氏体
回火	550~640	空冷	回火索氏体

（7）力学性能

① 技术标准规定的力学性能见表2-129。

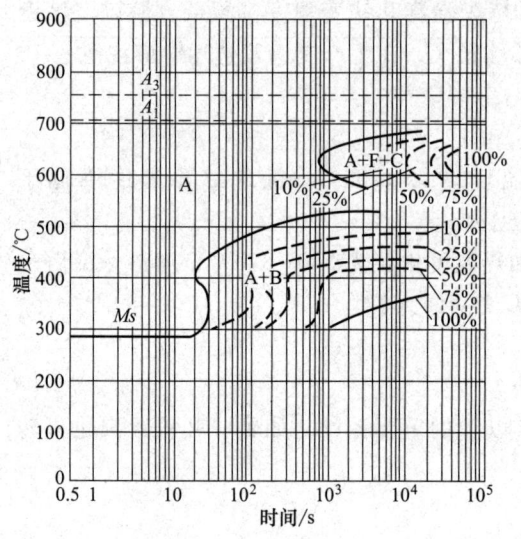

图 2-36 奥氏体等温转变图

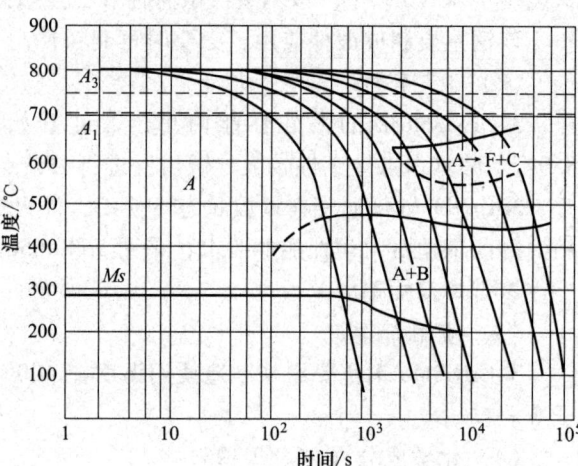

图 2-37 奥氏体连续冷却转变图

表 2-129 技术标准规定的力学性能

品种(标准)	规格/mm	状态	力学性能(≥)					HBW
			R_m/MPa	$R_{p0.2}$/MPa	A(%)	Z(%)	KU_2/J	
锻件(GB/T 17107—1997)	≤100	调质(纵向)	900	785	14	40	55	269~341
	>100~300		850	735	14	38	47	269~321
	>300~500		805	685	13	35	39	241~302
	>500~800		755	590	12	32	32	241~302

② 不同温度下的力学性能见表 2-130。

表 2-130 不同温度下的力学性能

状态	温度/℃	R_m/MPa	$R_{p0.2}$/MPa	A(%)	Z(%)	KU_2/J
850~870℃油冷 690℃回火 (棒材)	20	847	528	17	49	64.8
	400	726	497	22	68	—
	450	—	—	—	—	69.6
	500	601	466	24	76	63.2
	550	—	—	—	—	60.8
	600	351	323	32	91	76.8
调质 (叶轮切向)	20	1010	853	15	52	41.6
	100	981	834	14	46	82.4
	200	902	765	10	42	82.4
	300	917	755	9.0	36	78.4
	400	829	686	15	58	78.4
	450	755	647	16	65	74.4
	500	686	628	15	68	59.2
	550	579	544	19	77	55.2
	600	392	363	19	79	121.6

③ 蠕变极限和持久极限见表 2-131。

表 2-131 蠕变极限和持久极限

状态	温度/℃	蠕变极限/MPa		持久极限/MPa	
		$\sigma_{1/10^4}$	$\sigma_{1/10^5}$	σ_{10^4}	σ_{10^5}
调质硬度 293~311HBW （叶轮切向）	450	294	157	324	226
	500	98	34	113~152	59~76
	550	31	12	69	39
	575	—	—	54	31

（8）耐蚀性

34CrNi3Mo 钢的耐蚀性较差，一般不作考核，也不作选材依据。

（9）常用标准牌号对照（见表 2-132）

表 2-132 常用标准牌号对照

国别	中国	国际标准化	欧洲		英国	德国	
标准	GB	ISO	EN	Mat. No	BS	DIN	WNr
牌号	34CrNi3Mo	—	—	—	—	33CrNiMo145	1.6956

国别	法国	韩国	俄罗斯	日本	美国				
标准	NF	KS	ГOCT	JIS	ASTM	UNS	AISI	SAE	ASI
牌号	30NCD12	—	34ХН3М	—	—	—	—	—	—

2.2.8　30CrNi4MoA 钢

（1）概述

30CrNi4MoA 钢是提高了镍含量的铬镍钼调质钢，淬透性好，调质后在大截面上可获得均匀的高强度和塑性、韧性的配合性能。该钢冷脆转变温度低、缺口敏感性小，有良好的抗疲劳性。但其有较明显的白点敏感性，锻后应缓慢冷却。

该钢切削性尚好，但冷塑性变形能力较差，焊接性不好，通常不作为焊接件使用。

（2）工艺特性

30CrNi4MoA 钢热加工成形性良好，锻轧开始温度通常为 1080~1120℃，锻轧终止温度不小于 850℃，锻轧后缓冷或进行去氢退火。

该钢焊接性差，不宜焊接。

该钢冷变形塑性差，不宜冷变形加工。

（3）应用

30CrNi4MoA 钢常用于要求性能高的较大截面零件，如轴、螺栓、齿轮、发电机和汽轮机的转子以及直升机用零件等。

（4）化学成分（见表 2-133）

表 2-133　化学成分（质量分数）　　　　　　（%）

C	Si	Mn	P	S	Cr	Ni	Mo	Cu	备注
0.26~0.34	0.10~0.35	0.46~0.70	≤0.025	≤0.020	1.10~1.40	3.90~4.30	0.20~0.35	≤0.20	(GJB 8747—2015) 适用棒材

（5）物理性能（见表 2-134）

表 2-134 物理性能

密度/(g/cm^3)	熔点/℃	临界点/℃						备注
		Ac_1	Ac_3	Ar_1	Ar_3	Ms	Mf	
7.85	—	664	755	—	—	310	90	—

温度/℃	室温	100	200	300	400	500	600	700
热导率 $\lambda/[W/(m\cdot℃)]$	31.0	31.8	32.2	32.2	31.0	30.6	30.6	31.4
比定压热容 $c_p/[J/(kg\cdot℃)]$	498.2	—	—	—	—	—	—	—
线胀系数/$10^{-6}℃^{-1}$	—	11.5	11.8	12.2	12.7	13.1	13.5	13.6
弹性模量 $E/10^4$ MPa	20.4	20.1	19.6	19.0	18.0	17.0	—	—
切变模量 $G/10^3$ MPa	78.0	76.4	74.4	71.6	68.1	64.1	—	—
泊松比 $\mu/10^{-1}$	3.08	3.15	3.17	3.27	3.22	3.26	—	—
电阻率 $\rho/10^{-8}\Omega\cdot m$	—	—	—	—	—	—	—	—

(6) 热处理

① 奥氏体等温转变图和奥氏体连续冷却转变图分别见图 2-38 和图 2-39。

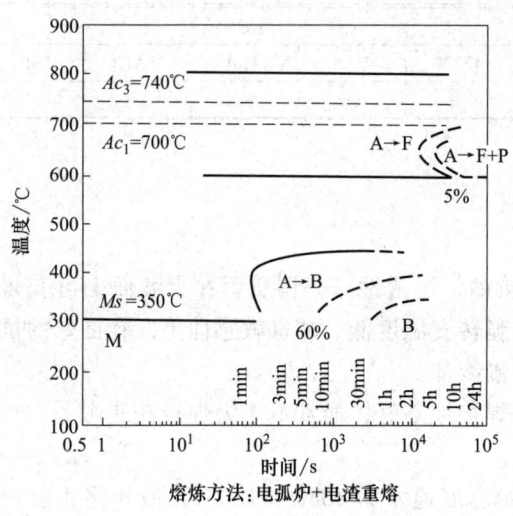

图 2-38 奥氏体等温转变图

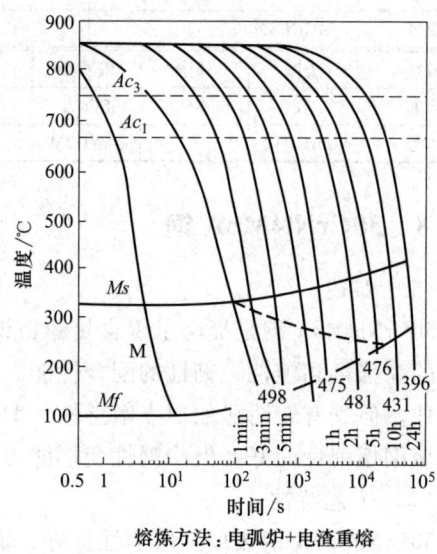

图 2-39 奥氏体连续冷却转变图

② 淬透性曲线见图 2-40。

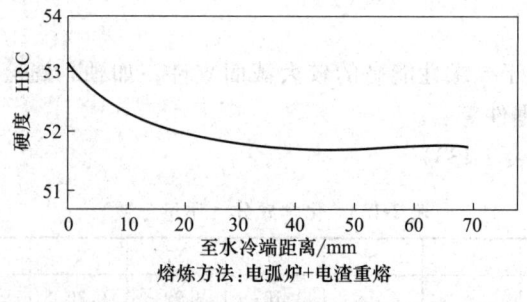

图 2-40 淬透性曲线

③ 常见热处理制度见表 2-135。

表 2-135 常见热处理制度

热处理	加热温度/℃	冷却方法	金相组织
退火	850~870	炉冷	珠光体+铁素体
正火	860~880	空冷	珠光体+铁素体
高温回火	650~680	空冷	珠光体+铁素体
淬火	840~860	油冷	马氏体
回火	520~600	空冷	回火索氏体

④ 热处理对力学性能的影响见表 2-136 和表 2-137。

表 2-136 不同温度回火后的硬度

热处理制度		HRC	热处理制度		HRC
淬火	回火		淬火	回火	
850℃,油淬	200℃,2h,油冷	47.2	850℃,油淬	530℃,2h,油冷	39.5
	250℃,2h,油冷	45.4		560℃,2h,油冷	37.9
	300℃,2h,油冷	44.3		580℃,2h,油冷	35.0
	350℃,2h,油冷	42.8		600℃,2h,油冷	33.7
	400℃,2h,油冷	41.3		630℃,2h,油冷	30.3
	450℃,2h,油冷	40.9		660℃,2h,油冷	28.7
	500℃,2h,油冷	40.0		—	—

表 2-137 不同温度回火后的力学性能

热处理制度		R_m/MPa	$R_{p0.2}$/MPa	A(%)	Z(%)	热处理制度		R_m/MPa	$R_{p0.2}$/MPa	A(%)	Z(%)
淬火	回火					淬火	回火				
850℃,油淬	200℃,2h,油冷	1665	1285	14.6	56.9	850℃,油淬	530℃,2h,油冷	1245	1095	16.9	63.5
	250℃,2h,油冷	1555	1245	13.6	58.9		560℃,2h,油冷	1185	1055	17.5	66.6
	300℃,2h,油冷	1495	1230	13.5	60.9		580℃,2h,油冷	1080	975	16.6	68.7
	350℃,2h,油冷	1420	1180	12.4	58.9		600℃,2h,油冷	1050	935	18.1	69.6
	400℃,2h,油冷	1365	1160	13.4	56.6		630℃,2h,油冷	970	835	19.8	70.6
	450℃,2h,油冷	1305	1135	13.5	57.7		660℃,2h,油冷	945	785	20.1	71.0
	500℃,2h,油冷	1270	1125	15.6	61.1		—	—	—	—	—

注：表列数据均为 3 个试样的平均值。

(7) 力学性能

① 技术标准规定的力学性能见表 2-138。

表 2-138 技术标准规定的力学性能

品种(标准)	规格	状态	力学性能(≥)					HBW
			R_m/MPa	R_{eL}/MPa	A(%)	Z(%)	艾氏冲击 $\alpha_{KI}^{①}$/J	
(GJB 8747—2015)	试样	810~840℃空冷+200~250℃空冷	1540	1130	8	45	20	444

① 艾氏冲击试验相关标准已废止，此值仅作为参考。

② 不同温度下的力学性能见表 2-139。

表 2-139 不同温度下的力学性能

状态	温度/℃	R_m/MPa	$R_{p0.2}$/MPa	A(%)	Z(%)	KU_2/J
850℃油冷+525°油冷	20	1262	1190	17.2	73.0	84.8
	100	1219	1154	16.0	70.6	75.2

(续)

状态	温度/℃	R_m/MPa	$R_{p0.2}$/MPa	A(%)	Z(%)	KU_2/J
850℃油冷+ 525°油冷	150	1196	1138	15.3	69.5	—
	200	1175	1133	17.0	68.5	65.6
	250	1136	1074	14.5	70.0	—
	300	1147	1049	15.3	71.0	81.6
	350	1098	1014	15.5	73.0	—
	400	1074	1010	16.5	74.5	73.6
	450	1020	910	16.5	74.0	—
	500	986	907	16.0	75.0	65.6
	550	868	821	15.0	75.5	—
	600	783	750	17.8	77.0	—
	650	652	635	20.0	72.5	—
850℃油冷+ 535℃油冷	20	1090	990	17.3	65.9	
	0	110	1025	21.0	65.0	
	-20	1110	1025	22.5	64.5	
	-40	1145	1050	22.5	65.4	
	-60	1180	1060	22.0	65.5	
	-80	1180	1076	18.4	61.9	

(8) 耐蚀性

30CrNi4MoA 钢的耐蚀性差，一般不作考核，也不作选材依据。

(9) 常用标准牌号对照（见表 2-140）

表 2-140 常用标准牌号对照

国别	中国	国际标准化	欧洲	英国	德国	
标准	—	ISO	EN	Mat. No	BS	DIN	W-Nr
牌号	30CrNi4MoA	—	—	—	835M30		
国别	法国	韩国	俄罗斯	日本	美国				
标准	NF	KS	ГОСТ	JIS	ASTM	UNS	AISI	SAE	ASI
牌号	30NCD16	SNCM625	30H4XMA	SNCM625	—				

2.2.9 40CrMnMo 钢

(1) 概述

40CrMnMo 钢是无镍的低合金高强度钢，具有较高的疲劳强度和低的缺口敏感性，低温冲击韧性也高，且无明显的回火脆性。该钢主要在调质状态下使用，可获得较好的力学性能。

40CrMnMo 钢可制成锻件、棒材、板材等。

(2) 工艺特性

40CrMnMo 钢有良好的锻轧性，锻轧开始温度约为 1180℃，锻轧终止温度不低于 850℃，锻轧后可采用灰冷或缓冷。锻轧后应及时进行退火处理。

40CrMnMo 钢主要在淬火+高温回火状态下应用。淬火加热温度通常为 840~860℃，加热保温后油冷。回火温度依据对性能的要求，可采用 550~640℃，为保证得到最好性能，回火可采用油冷。

40CrMnMo 钢的焊接性较差。如焊接应在焊前预热到 250~300℃，焊后应及时进行去应力退火。

该钢可加工性较好。

(3) 应用

40CrMnMo钢主要用于制造承受冲击载荷下的高强度零件和截面较大的零件,如曲轴、偏心轴、齿轮轴、连杆、齿轮等,可代替40CrNiMo钢使用。

(4) 化学成分（见表2-141）

表2-141 化学成分（质量分数）（GB/T 3077—2015） (%)

C	Si	Mn	P	S	Cr	Ni	Mo	Cu
0.37~0.45	0.17~0.37	0.90~1.20	≤0.030	≤0.030	0.90~1.20	≤0.30	0.20~0.30	≤0.30

(5) 物理性能（见表2-142）

表2-142 物理性能

密度/(g/cm^3)	熔点/℃	临界点/℃					
		Ac_1	Ac_3	Ar_1	Ar_3	Ms	Mf
7.85	—	735	780	680	—	340	—

温度/℃	室温	100	200	300	400	500
热导率 $\lambda/[W/(m\cdot℃)]$	—	33.0	38.1	37.2	35.8	34.6
比定压热容 $c_p/[J/(kg\cdot℃)]$	—	477	511	527	534	556
线胀系数/$10^{-6}℃^{-1}$	—	—	—	—	—	—
弹性模量 $E/10^4$MPa	21.1	20.6	20.1	19.4	18.6	17.5
切变模量 $G/10^3$MPa	81.4	80.0	77.6	75.3	71.2	67.3
泊松比 $\mu/10^{-1}$	2.9	2.9	2.9	2.9	3.0	3.0
电阻率 $\rho/10^{-8}\Omega\cdot m$	—	—	—	—	—	—

(6) 热处理

① 奥氏体等温转变图见图2-41。

② 淬透性曲线见图2-42。

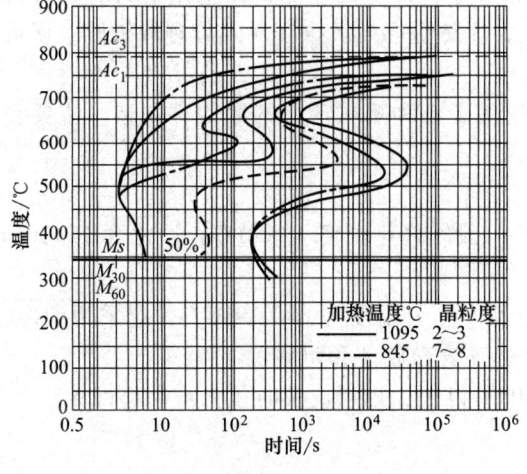

图2-41 奥氏体等温转变图

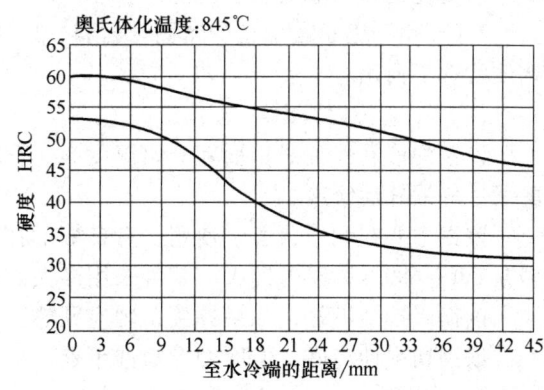

图2-42 淬透性曲线

③ 常见热处理制度见表2-143。

表 2-143 常见热处理制度

热处理	加热温度/℃	冷却方法	金相组织
退火	840~850	炉冷	珠光体+铁素体
淬火	840~850	油冷	马氏体
回火	550~650	空冷	回火索氏体

（7）力学性能

技术标准规定的力学性能见表 2-144。

表 2-144 技术标准规定的力学性能

品种（标准）	规格/mm	状态	力学性能（≥）					HBW
			R_m/MPa	R_{eL}/MPa	A(%)	Z(%)	KU_2/J	
棒材（GB/T 3077—2015）	φ25	850 油冷+600℃水冷或油冷	980	785	10	45	63	—

（8）耐蚀性

40CrMnMo 钢的耐蚀性差，一般不作考核，也不作选材依据。

（9）常用标准牌号对照（见表 2-145）

表 2-145 常用标准牌号对照

国别	中国	国际标准化	欧洲		英国	德国	
标准	GB	ISO	EN	Mat. No	BS	DIN	W-Nr
牌号	40CrMnMo	42CrMo4	42CrMo4	1.7225	708A42	42CrMo4	1.7225

国别	法国	韩国	俄罗斯	日本	美国			
标准	NF	KS	ГОСТ	JIS	ASTM	UNS	AISI	SAE	ASI
牌号	42CrMo4	SCM440	40ХГМ	SCM440	4142	G41420	—	—	—

2.2.10 25Cr2MoV 钢

（1）概述

25Cr2MoV 钢属中碳、珠光体型耐热合金钢，其综合力学性能好，在室温下具有良好的强度和韧性，具有良好的热强性和抗松弛稳定性，无热脆倾向。该钢对热处理较敏感，回火温度的变化会较明显地改变性能。

25Cr2MoV 钢是较优良的紧固件材料，广泛应用于各种机械产品的紧固件制造，主要在调质状态下使用。

（2）工艺特性

该钢的锻轧性良好。锻轧开始温度为 1200℃，锻轧终止温度为 850℃，尺寸大于 40mm 的锻件应锻轧后缓冷。

该钢主要在调质状态下使用，有良好的淬透性。淬火温度为 880~920℃，应采用油冷，多在 620~680℃区间内回火。其可采用渗氮处理提高表面硬度和耐磨性。

该钢焊接性不好，如果焊接，则应预热至 400℃以上，焊后应及时正火或高温回火。

该钢切削性尚好，但冷变形塑性不良。

（3）应用

25Cr2MoV 钢主要用于制造紧固件，可在 510℃以下长期使用，也可用于制造汽轮机转子；渗氮后可用于制造齿轮、阀杆等。

（4）化学成分（见表2-146）

表2-146 化学成分（质量分数）（GB/T 3077—2015） （%）

C	Si	Mn	P	S	Cr	Ni	Mo	Cu	V
0.22~0.29	0.17~0.37	0.40~0.70	≤0.020	≤0.020	1.50~1.80	≤0.30	0.25~0.35	≤0.25	0.15~0.30

（5）物理性能（见表2-147）

表2-147 物理性能

密度/(g/cm³)	熔点/℃	临界点/℃					
		Ac_1	Ac_3	Ar_1	Ar_3	Ms	Mf
7.62	1400	770	840	700	780	365	—

温度/℃	室温	100	200	300	400	500
热导率 $\lambda/[W/(m \cdot ℃)]$	—	32.0	32.9	31.8	29.7	28.2
比定压热容 $c_p/[J/(kg \cdot ℃)]$	—	519	519	519	523	523
线胀系数 $/10^{-6}℃^{-1}$	—	11.8	12.6	13.2	13.7	14.0
弹性模量 $E/10^4$ MPa	21.1	20.8	20.3	19.7	18.8	17.8
切变模量 $G/10^3$ MPa	81.0	79.9	77.6	75.0	71.6	67.7
泊松比 $\mu/10^{-1}$	3.0	3.0	3.1	3.1	3.2	3.2
电阻率 $\rho/10^{-8}\Omega \cdot m$	—	—	—	—	—	—

（6）热处理

① 奥氏体等温转变图和奥氏体连续冷却转变图分别见图2-43和图2-44。

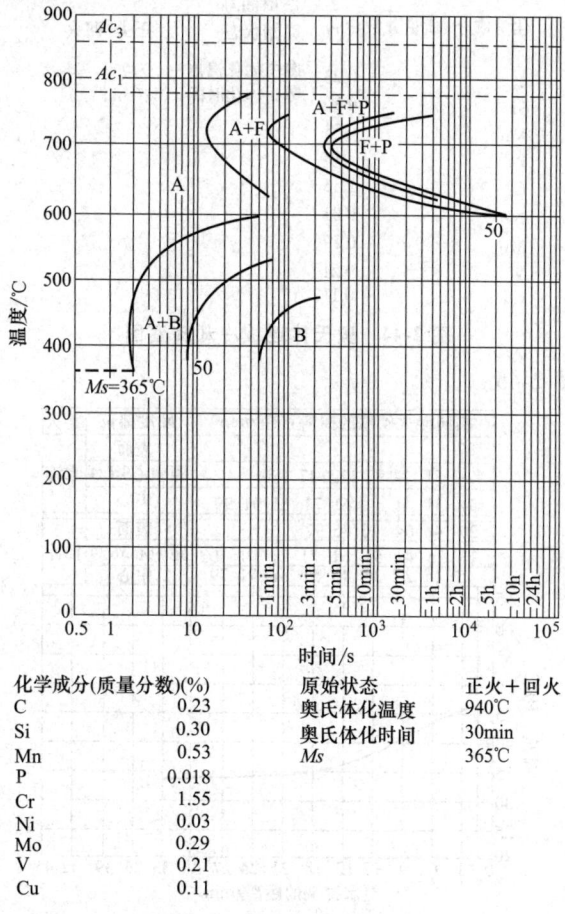

图2-43 奥氏体等温转变图

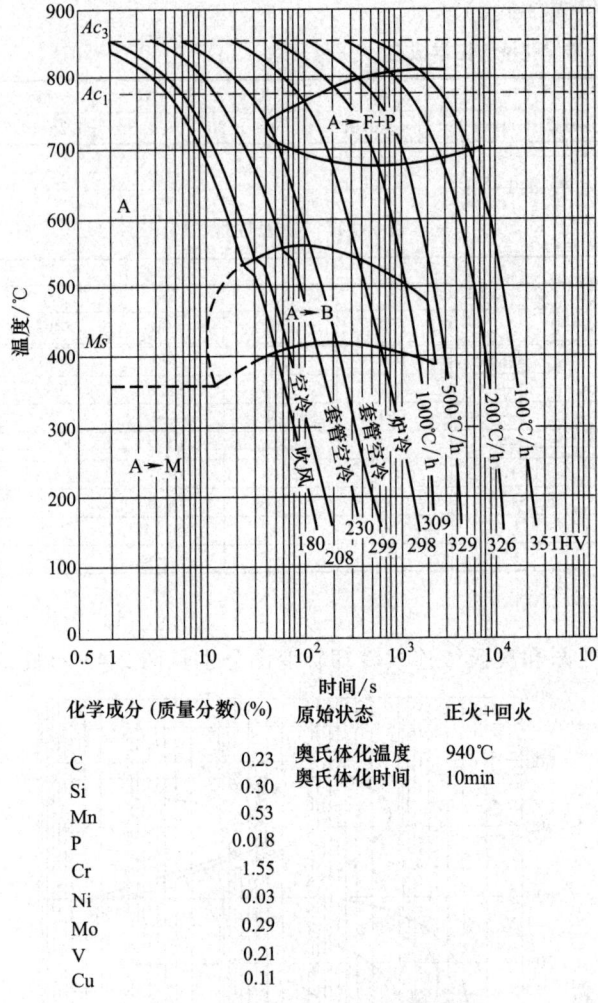

化学成分 (质量分数)(%)		原始状态	正火+回火
C	0.23	奥氏体化温度	940℃
Si	0.30	奥氏体化时间	10min
Mn	0.53		
P	0.018		
Cr	1.55		
Ni	0.03		
Mo	0.29		
V	0.21		
Cu	0.11		

图 2-44 奥氏体连续冷却转变图

② 淬透性曲线见图 2-45。

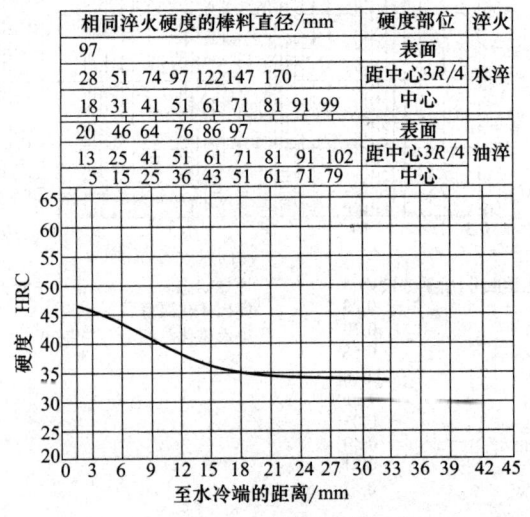

图 2-45 淬透性曲线

③ 常见热处理制度见表 2-148。

表 2-148 常见热处理制度

热处理	加热温度/℃	冷却方法	金相组织
退火	860~880	炉冷	珠光体+铁素体
正火	930~950	空冷	珠光体+铁素体
高温回火	660~700	空冷	珠光体+铁素体
淬火	880~920	油冷	马氏体
回火	600~660	空冷	回火索氏体

(7) 力学性能

① 技术标准规定的力学性能见表 2-149~表 2-151。

表 2-149 技术标准规定的力学性能

品种(标准)	规格/mm	状态	力学性能(≥)					HBW
			R_m/MPa	R_{eL}/MPa	A(%)	Z(%)	KU_2/J	
棒材(GB/T 3077—2015)	φ25	900℃油冷+640℃空冷	930	785	14	55	63	295—341

表 2-150 不同标准紧固件的力学性能要求

产品名称	相关标准	产品规格	热处理状态	力学性能(≥)				HBW
				R_m/MPa	R_{eL}/MPa	A(%)	KU_2/J	
螺栓	HG/T 20634—2009	≤M48	调质处理(回火温度≥600℃)	835	735(屈服点)	15	—	269~321
		>M48		805	685(屈服点)	15	—	245~277
	SH/T 3404—2013	M10~M48	调质	835	735	14	—	≤321
		M52~M105	调质	805	685	14	—	≤321
螺母	SH/T 3404—2013	M10~M105	调质	—	—	—	—	234~321

表 2-151 用于大于 300℃条件螺栓的力学性能要求

规格	使用状态	R_m/MPa	$R_{p0.2}$/MPa	A(%)	450℃ σ_s/MPa	500℃ σ_s/MPa	KV_2/J	HBW
≤M50	调质	≥835	≥735	≥14	≥530	≥480	≥47	269~321
M52~M105		≥805	≥685		≥500	≥450		262~302
M110~M120		≥735	≥590		≥430	≥390		245~277

② 不同温度下的力学性能见表 2-152。

表 2-152 不同温度下的力学性能

状态	温度/℃	R_m/MPa	$R_{p0.2}$/MPa	A(%)	Z(%)	KU_2/J
920℃正火+650℃回火	20	935	850	15.6	63.0	98.4
	500	706	625	15.4	62.4	87.2
	525	676	634	15.4	73.5	84.0
	550	623	595	17.8	76.1	84.0
920℃油冷+650℃回火	20	959	901	16.6	63.9	134.4
	500	757	702	17.6	68.4	92.0
	525	678	664	16.6	74.3	83.2
	550	676	651	15.3	75.0	92.0

(续)

状态	温度/℃	R_m/MPa	$R_{p0.2}$/MPa	$A(\%)$	$Z(\%)$	KU_2/J
930~950℃油冷+ 620~650℃回火	400	714	612	17.3	67.9	—
	450	688	585	16.7	70.8	—
	500	625	582	19.0	75.0	—
	550	549	486	19.5	70.4	—

(8) 耐蚀性

25Cr2MoV 钢的耐蚀性差，一般不作考核，也不作选材依据。

(9) 常用标准牌号对照（见表 2-153）

表 2-153 常用标准牌号对照

国别	中国	国际标准化	欧洲		英国	德国	
标准	GB	ISO	EN	Mat. No	BS	DIN	W-Nr
牌号	25Cr2MoV	—	—	—	—	—	—
国别	法国	韩国	俄罗斯	日本	美国			
标准	NF	KS	ГОСТ	JIS	ASTM	UNS	AISI	SAE	ASI
牌号	—	—	25Х2МФА	—					

2.2.11 38CrMoAl 钢

(1) 概述

38CrMoAl 钢是常用的渗氮钢，有很好的力学性能和渗氮能力。其渗氮后的表面硬度很高，可达 950~1200HV，渗层有较好的耐磨性、耐蚀性，可耐热温度达 500~600℃，渗层抗疲劳能力较强。渗氮后，心部仍具有很高的强度和韧性。该钢在渗氮温度下长期保温并缓慢冷却后也不会产生回火脆性。

(2) 工艺特性

38CrMoAl 钢因铝含量较高，冶金缺陷（夹杂）倾向较大，如采用真空浇注可以减少夹杂。

该钢可以锻轧，锻轧开始温度通常为 1050~1150℃，锻轧终止温度不低于 900℃。大于 75mm 的锻件应锻后缓冷。

38CrMoAl 钢可进行调质处理，以保证组织均匀，综合力学性能好，并提高渗氮层质量。淬火通常采用 930~950℃油冷，回火采用 600~670℃。

该钢切削性能尚好，但冷变形塑性低，焊接性差。

(3) 应用

38CrMoAl 钢适用于制造要求表面高强度、高耐磨性和较高疲劳强度而心部要求较好综合力学性能的零件，如汽车缸套、齿轮、滑阀、轴套、轴等零件。泵产品中常用来制造螺杆泵螺杆、密封环、挡套等。

(4) 化学成分（见表 2-154）

表 2-154 化学成分（质量分数） (%)

C	Si	Mn	P	S	Cr	Ni	Mo	Cu	Al	备注
0.35~ 0.42	0.20~ 0.45	0.30~ 0.60	≤0.030	≤0.030	1.35~ 1.65	≤0.30	0.15~ 0.25	≤0.30	0.70~ 1.10	（GB/T 3077—2015） 适用棒材

（5）物理性能（见表2-155）

表2-155 物理性能

密度/ (g/cm³)	熔点/℃	临界点/℃					
		Ac_1	Ac_3	Ar_1	Ar_3	Ms	Mf
7.71	—	760	885	675	740	380	

温度/℃	室温	100	200	300	400	500	600
热导率 $\lambda/[W/(m\cdot℃)]$	—	37.7	—	—	—	—	—
比定压热容 $c_p/[J/(kg\cdot℃)]$	—	—	—	—	—	—	—
线胀系数/$10^{-6}℃^{-1}$	—	12.3	13.1	13.3	13.5	13.5	13.8
弹性模量 $E/10^4$ MPa	19.9	—	—	—	—	—	—
切变模量 $G/10^3$ MPa							
泊松比 $\mu\times10^{-1}$							
电阻率 $\rho/10^{-8}\Omega\cdot m$							

（6）热处理

① 奥氏体等温转变图和奥氏体连续冷却转变图分别见图2-46和图2-47。

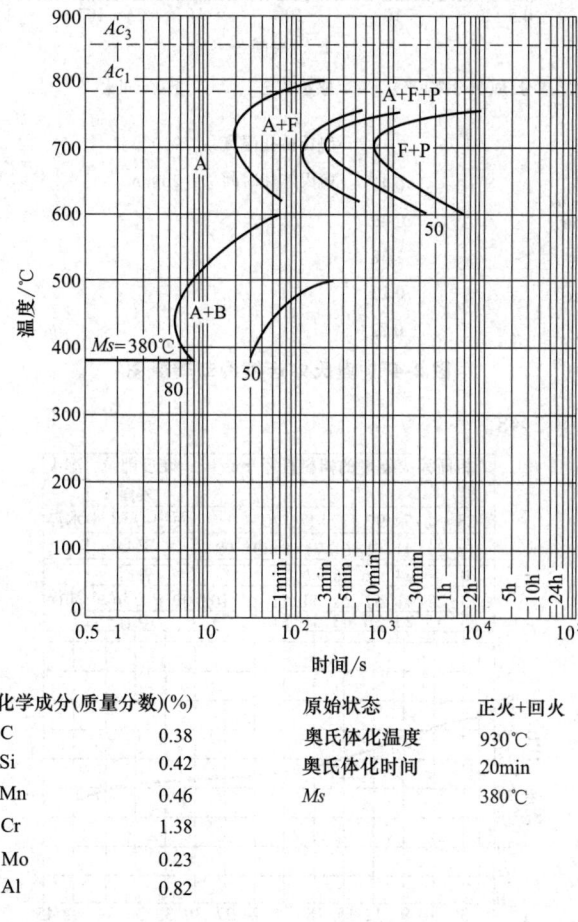

化学成分(质量分数)(%)		原始状态	正火+回火
C	0.38	奥氏体化温度	930℃
Si	0.42	奥氏体化时间	20min
Mn	0.46	Ms	380℃
Cr	1.38		
Mo	0.23		
Al	0.82		

图2-46 奥氏体等温转变图

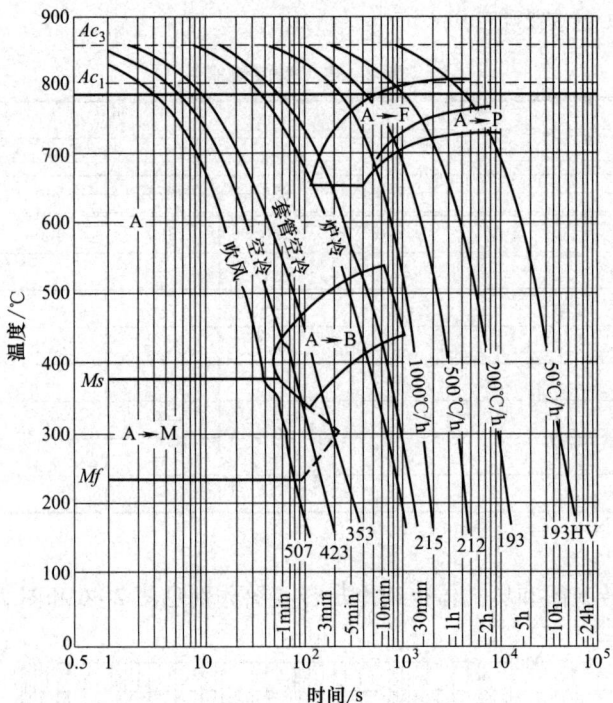

化学成分(质量分数)(%)		原始状态	正火+回火
C	0.38	奥氏体化温度	930℃
Si	0.42	奥氏体化时间	20min
Mn	0.46		
Cr	1.38		
Mo	0.23		
Al	0.82		

图 2-47 奥氏体连续冷却转变图

② 淬透性曲线见图 2-48。

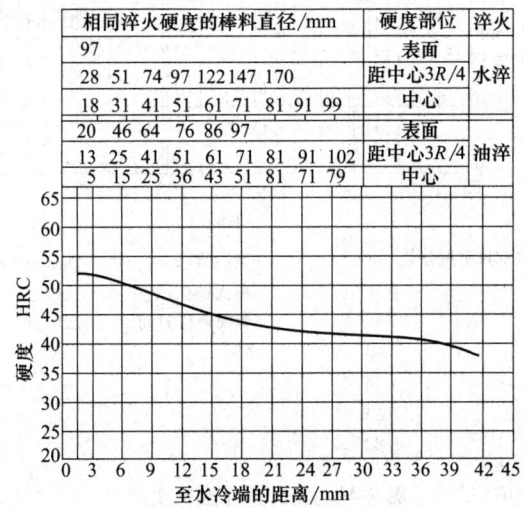

图 2-48 淬透性曲线

③ 常见热处理制度见表2-156。

表 2-156 常见热处理制度

热处理	加热温度/℃	冷却方法	金相组织
退火	940~950	炉冷	珠光体+铁素体
正火	940~950	空冷	珠光体+铁素体
高温回火	650~680	空冷	珠光体+铁素体
淬火	930~950	油冷	马氏体
回火	600~670	油冷	回火索氏体
渗氮	500~600	炉冷	含氮索氏体+渗化物(渗层) 回火索氏体(心部)

④ 热处理对力学性能影响见图2-49~图2-52。

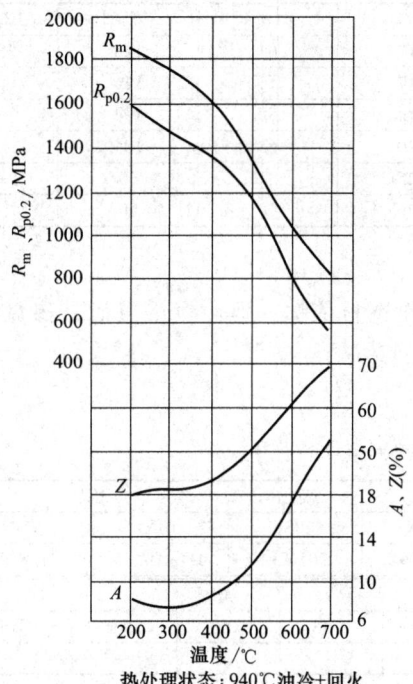

图 2-49 回火温度对力学性能的影响

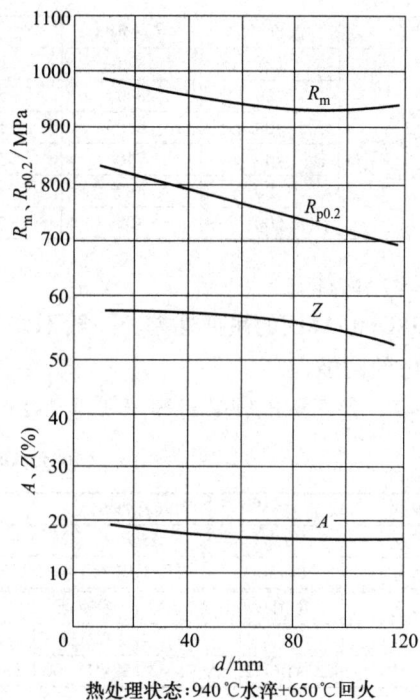

图 2-50 不同尺寸钢坯热处理后的力学性能

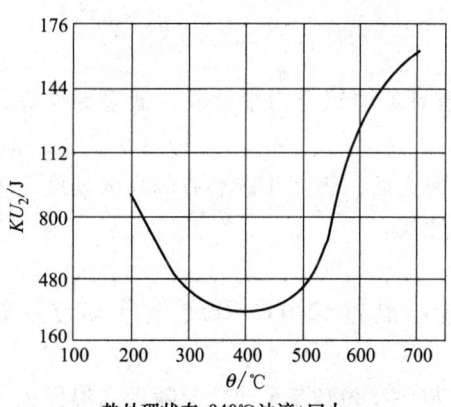

图 2-51 回火温度对冲击韧性的影响

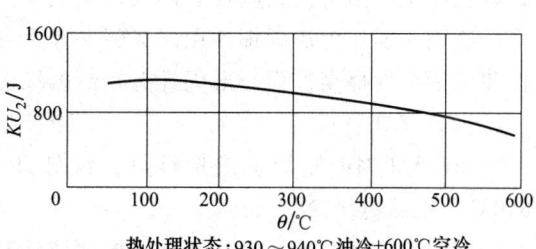

图 2-52 试验温度对冲击韧性的影响

(7) 力学性能

① 技术标准规定的力学性能见表 2-157。

表 2-157 技术标准规定的力学性能

品种(标准)	规格/mm	状态	力学性能(≥)					
			R_m/MPa	R_{eL}/MPa	A(%)	Z(%)	KU_2/J	HBW
棒材(GB/T 3077—2015)	φ30	940℃油冷+640℃油冷	980	835	14	50	71	—

② 不同温度下的力学性能见表 2-158。

表 2-158 不同温度下的力学性能

状态	温度/℃	R_m/MPa	$R_{p0.2}$/MPa	A(%)	Z(%)	KU_2/J	HBW
930~940℃油冷+660℃回火	20	825	665	17	64	128	255
	200	800	595	17	56	124	—
	300	830	580	18	58	104	—
	400	740	560	20	63	104	—
	500	480	430	25	81	80	—
	600	305	280	26	90	80	—

(8) 耐蚀性

38CrMoAl 钢的耐蚀性差，一般不作考核，也不作选材依据。但经过渗氮后，渗氮层具有良好的耐蚀性。

(9) 常用标准牌号对照（见表 2-159）

表 2-159 常用标准牌号对照

国别	中国	国际标准化	欧洲		英国	德国	
标准	GB	ISO	EN	Mat. No	BS	DIN	W-Nr
牌号	38CrMoAl	41CrAlMo74	41CrAoMoη-10	1.8509	905M39	41CrAlMo7	1.8509

国别	法国	韩国	俄罗斯	日本	美国			
标准	NF	KS	ГОСТ	JIS	ASTM	UNS	AISI	SAE	ASI
牌号	40CAD6-12	SACM645	38XM1~0A	SACM645	—	—	—	—

2.2.12 12CrNi3 钢

(1) 概述

12CrNi3 钢在淬火后高温回火或低温回火都具有良好的综合力学性能，低温韧性好，缺口敏感性小，但有回火脆性和形成白点的倾向。

该钢主要作为渗碳钢使用。渗碳并淬火和低温回火后，表面渗碳后有较高的硬度，耐磨性和抗疲劳性提高，而心部仍具有较高的综合力学性能。

(2) 工艺特性

12CrNi3 钢锻轧加工成形性好，锻轧开始温度一般为 1200℃，锻轧终止温度不低于 850℃，锻后应缓冷。

该钢有良好的淬透性。制造结构调质件时采用 860~880℃淬火油冷，随后高温回火，渗碳后淬火宜采用 780~810℃油冷后再 150~200℃低温回火。

该钢冷变形塑性中等,切削加工性较好,焊接性一般。

(3) 应用

12CrNi3钢可作为调质件,用于截面大、载荷高、韧性好、缺口不敏感的齿轮、传动轴。其渗碳淬火回火件可用于要求表面硬度高、心部综合性能优良的零件。

(4) 化学成分(见表2-160)

表2-160 化学成分(质量分数)(GB/T 3077—2015) (%)

C	Si	Mn	P	S	Cr	Ni	Mo	Cu	备注
0.10~0.17	0.17~0.37	0.30~0.60	≤0.030	≤0.030	0.60~0.90	2.75~3.15	≤0.10	≤0.30	—

(5) 物理性能(见表2-161)

表2-161 物理性能

密度/(g/cm³)	熔点/℃	临界点/℃					
		Ac_1	Ac_3	Ar_1	Ar_3	Ms	Mf
7.84	—	736	820	620	720	409	

温度/℃	室温	100	200	300	400	500
热导率 λ/[W/(m·℃)]	—	37.0	39.2	38.0	35.8	34.2
比定压热容 c_p/[J/(kg·℃)]	—	477	490	563	513	528
线胀系数/10^{-6}℃$^{-1}$	—	11.9	12.4	12.9	13.2	13.4
弹性模量 E/10^4MPa	21.2	20.8	20.0	19.3	18.4	17.7
切变模量 G/10^3MPa	80.9	79.8	76.7	74.4	71.0	67.6
电阻率 ρ/10^{-8}Ω·m	—					
泊松比 μ/10^{-1}	3.10	3.03	3.04	2.97	2.96	3.09

(6) 热处理

① 奥氏体等温转变图和奥氏体连续冷却转变图分别见图2-53和图2-54。

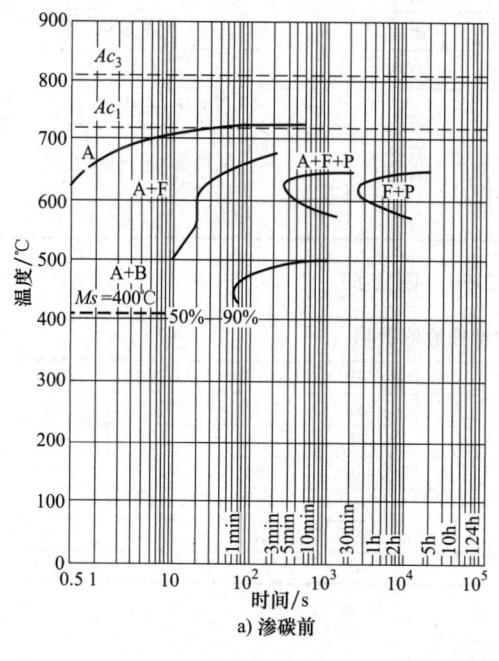

a) 渗碳前

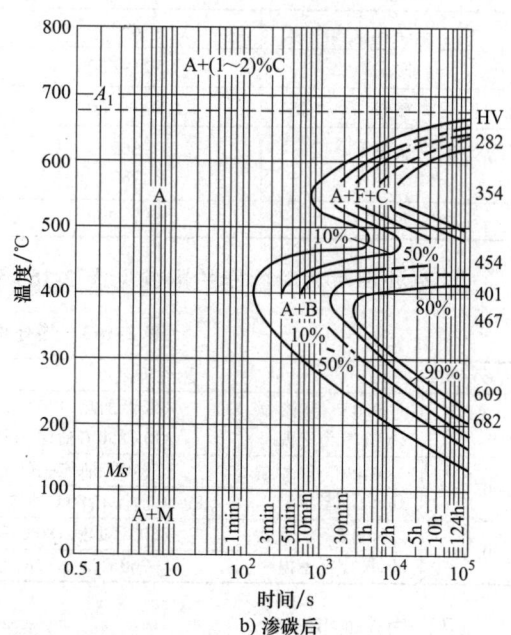

b) 渗碳后

图2-53 奥氏体等温转变图

② 淬透性曲线见图 2-55。

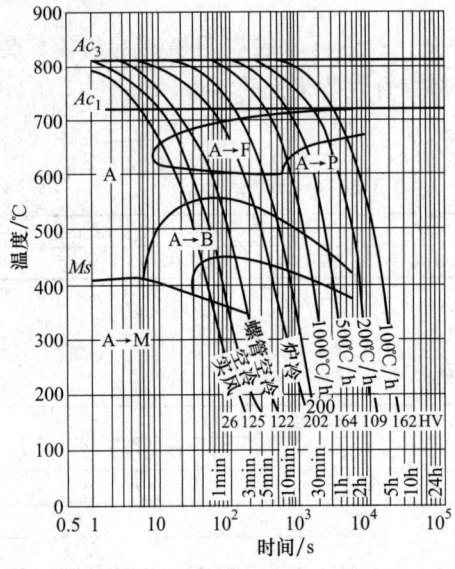

图 2-54　奥氏体连续冷却转变图

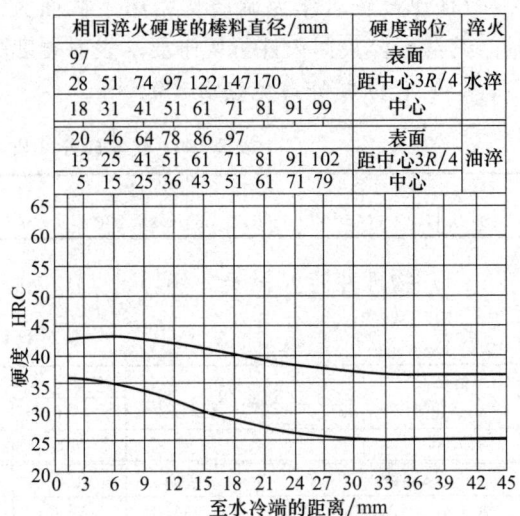

图 2-55　淬透性曲线

③ 常见热处理制度见表 2-162。

表 2-162　常见热处理制度

热处理	加热温度/℃	冷却方法	金相组织
退火	890	炉冷	铁素体+珠光体
正火	890	空冷	铁素体+珠光体
高温回火	650~680	空冷	铁素体+珠光体
淬火	890	油冷	马氏体
回火	500~650	油冷	回火索氏体
渗碳	900~920	—	珠光体+碳化物（渗层）
一次淬火 二次淬火	860 780	油冷 油冷	马氏体+碳化物（渗层）
回火	150~200	空冷	回火马氏体+碳化物（渗层）

④ 热处理对力学性能的影响见表 2-163 和图 2-56、图 2-57。

表 2-163　热处理对力学性能的影响

$w(C)(\%)$	热处理制度		R_m/MPa	$R_{p0.2}/MPa$	$A(\%)$	$Z(\%)$
0.1	900℃ 伪渗碳 6h，缓冷至室温	850℃ 加热，180℃ 等温淬火	1150	1065	14.5	63
		830~850℃ 油淬+160℃ 回火	990	885	15	64.6
0.13	940℃ 伪渗碳 7h，缓冷至室温	870℃ 油淬+200℃ 回火	1110	890	15	59
		890℃ 油淬+780℃ 油淬+200℃ 回火	980	685	18	60
0.16	900℃ 伪渗碳 6h，缓冷至室温	850℃ 加热，180℃ 等温淬火	1335	1225	12.9	59
		760℃ 油淬+160℃ 回火	1140	1025	13.9	67.9

（7）力学性能

① 技术标准规定的力学性能见表 2-164。

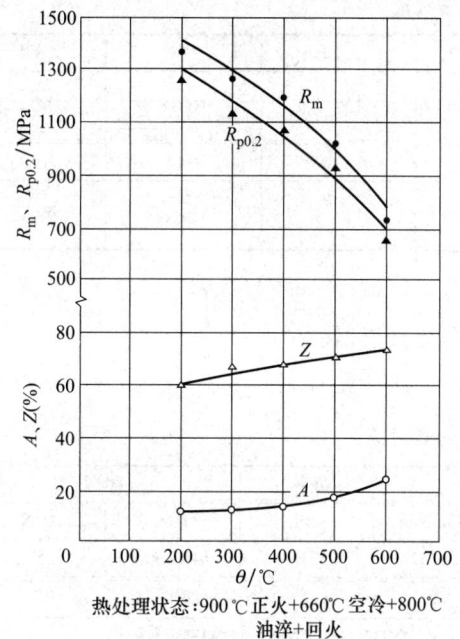

图 2-56 不同温度回火对力学性能的影响

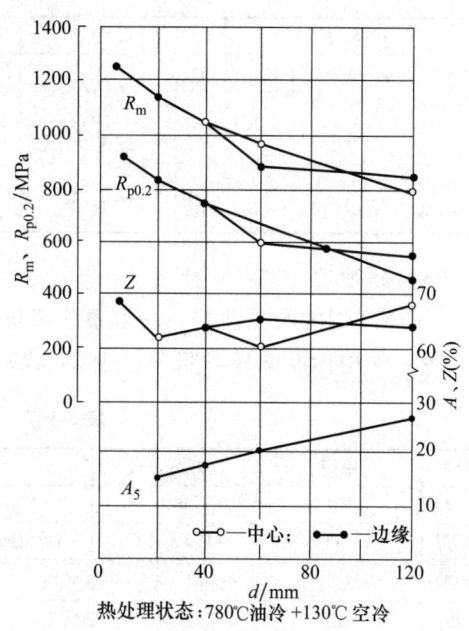

图 2-57 不同尺寸钢坯热处理后的力学性能

表 2-164 技术标准规定的力学性能

品种(标准)	规格/mm	状态	R_m/MPa	R_{eL}/MPa	A(%)	Z(%)	KU_2/J	HBW
棒材(GB/T 3077—2015)	φ15	680℃油冷+780℃油冷+200℃回火	930	685	11	50	71	—

② 不同温度下的力学性能见表 2-165。

表 2-165 不同温度下的力学性能

状态	温度/℃	R_m/MPa	$R_{p0.2}$/MPa	A(%)	Z(%)	KU_2/J
880~900℃正火+650℃回火	20	550~580	390~440	26	73	188.2
	100	520	395	26.5	74.5	—
	200	515	375	22	72	180.4
	300	540	375	20	68	196.1
	400	465	340	20.5	75.5	164.7
	450	440	345	21	78.5	—
	500	350	305	20.5	83.5	117.7
	600	200	177	26	86	207.8
890~900℃油冷+500℃回火	20	800	740	17	68.5	125.5
	200	795	725	14	61	156.9
	300	805	725	16	65	117.1
	400	630	590	17	75	94.1
	500	490	450	18	75	94.1

③ 低温冲击性能见表 2-166。

表 2-166 低温冲击性能

状态	温度/℃	0	-20	-40	-60
900℃正火 + 660℃空冷 + 860℃油冷 + 180℃空冷	KU_2/J	146.6	131.0	109.8	94.1
状态	温度/℃	0	-20	-40	-60
900℃正火 + 660℃空冷 + 860℃油冷 + 780℃油冷 + 180℃空冷	KU_2/J	134.1	119.9	111.4	98.8

（8）耐蚀性

12CrNi3 钢的耐蚀性差，一般不作考核，也不作选材依据。

（9）常用标准牌号对照（见表 2-167）

表 2-167 常用标准牌号对照

国别	中国	国际标准化	欧洲	英国	德国	
标准	GB	ISO	EN	Mat. No	BS	DIN	W-Nr
牌号	12CrNi3	15NiCr13	14NiCr14	1.5752	832H13	14NiCr14	1.5752
国别	法国	韩国	俄罗斯	日本	美国		
标准	NF	KS	ГОСТ	JIS	ASTM	UNS	AISI	SAE	ASI
牌号	14NC12	SNC815	12ХН3А	SNC815	3310	G33100	—	—	—

2.2.13 ZG40Cr1（ZG40Cr）钢

（1）概述

ZG40Cr1 钢具有较好的综合力学性能，可承受较高载荷，耐冲击，铸造性尚好，但焊接性较差。

（2）工艺特性

ZG40Cr1 钢应采用电弧炉或中频感应电炉冶炼，以保证化学成分和铸件质量。该钢成形性能尚好，可采用砂型、熔模铸造等多种铸造方法。

ZG40Cr1 钢一般在正火+回火或淬火+回火状态下使用。正火加热温度可为 830~860℃，保温后空冷或强制风冷。淬火适用于形状简单、不易形成淬火裂纹的铸件，小件可采用油冷，大件采用水冷时应严格控制，防止淬火裂纹产生。正火或淬火后，依据对性能的要求，可在 520~680℃ 之间加热回火。

ZG40Cr1 钢的焊接性较差，补焊或焊前应预热至 250~350℃，焊后应及时进行不低于 520℃ 的去应力退火。

（3）应用

ZG40Cr1 钢常用于制作高强度铸造零件，如齿轮、齿圈、泵体、阀体、叶轮、轴套等。

（4）化学成分（见表 2-168）

表 2-168 化学成分（质量分数）（JB/T 6402—2018） （%）

C	Si	Mn	P	S	Cr	Ni	Mo	Cu
0.35~0.45	0.20~0.40	0.50~0.80	≤0.030	≤0.030	0.80~1.10	—	—	—

（5）物理性能（见表 2-169）

表 2-169 物理性能

密度/(g/cm³)	熔点/℃	临界点/℃					
		Ac_1	Ac_3	Ar_1	Ar_3	Ms	Mf
7.72	1390	770	830	695	750	—	—

温度/℃	室温	100	200	300	400	500
热导率 $\lambda/[W/(m \cdot ℃)]$	—	—	—	—	—	—
比定压热容 $c_p/[J/(kg \cdot ℃)]$	—	—	—	—	—	—
线胀系数 $/10^{-6}℃^{-1}$	—	12.26	12.63	13.28	13.90	14.31
弹性模量 $E/10^4$MPa	21.5	21.1	20.4	19.8	19.0	17.9
切变模量 $G/10^3$MPa	84.2	82.9	81.0	78.1	74.3	69.9
泊松比 $\mu/10^{-1}$	2.7	2.7	2.6	2.7	2.8	2.3
电阻率 $\rho/10^{-8}\Omega \cdot m$	—	—	—	—	—	—

（6）常见热处理制度（见表 2-170）

表 2-170 常见热处理制度

热处理	加热温度/℃	冷却方法	金相组织
铸后退火	860~900	炉冷	珠光体+铁素体
正火	830~860	空冷或风冷	珠光体+铁素体
淬火	820~840	油冷或水冷	贝氏体+马氏体
回火	520~680	空冷	回火贝氏体+回火索氏体

（7）力学性能

① 技术标准规定的力学性能见表 2-171。

表 2-171 技术标准规定的力学性能

品种（标准）	规格/mm	状态	力学性能（≥）					HBW
			R_m/MPa	R_{eH}/MPa	A(%)	Z(%)	KU_2/J	
铸件（JB/T 6402—2018）	—	正火+回火	630	345	18	26	—	≥212

② 不同温度下的力学性能见表 2-172。

表 2-172 不同温度下的力学性能

状态	温度/℃	R_m/MPa	R_{eH}/MPa	A(%)	Z(%)	KU_2/J	HBW
850℃油冷+540℃水冷	室温	977	—	—	—	17.6	291
	0					16	—
	-20					13	
	-40					11	
	-60					6.3	

（8）耐蚀性

ZG40Cr1 钢的耐蚀性差，一般不作考核，也不作选材依据。

（9）常用标准牌号对照（见表 2-173）

表 2-173 常用标准牌号对照

国别	中国	国际标准化	欧洲		英国	德国	
标准	GB	ISO	EN	Mat. No	BS	DIN	W-Nr
牌号	ZG40Cr	—	—	—	—	—	—

(续)

国别	法国	韩国	俄罗斯	日本	美国				
标准	NF	KS	ГОСТ	JIS	ASTM	UNS	AISI	SAE	ASI
牌号	—	—	40ХЛ	—					

2.2.14 ZG35Cr1Mo（ZG35CrMo）钢

（1）概述

ZG35Cr1Mo 钢属优质低合金铸造结构钢，其具有较高的强度、较好的韧性，有良好的热处理性，通过热处理可提高其力学性能。该钢铸造性良好，铸造裂纹倾向性小，有良好的切削加工性，也可以焊接，应用较广泛。

（2）工艺特性

ZG35Cr1Mo 钢应采用电弧炉或中频感应电炉冶炼，以保证其化学成分和铸件质量及力学性能。该钢铸造成形性能良好，可采用砂型铸造及熔模铸造等多种铸造方法。

ZG35Cr1Mo 钢通常在热处理状态下应用，以确保性能，一般采用 820~840℃ 加热、保温后可采用油冷，如果采用水冷，则应防止淬火裂纹产生。淬火后采用 550~580℃ 回火。铸造后应采用完全退火，以改善铸态组织和去铸造应力。有时也可采用正火+回火处理。

该钢的焊接性尚可，但补焊或焊接前应预热至 250~300℃，焊后应及时进行不低于 550℃ 的去应力退火。

（3）应用

ZG35Cr1Mo 钢在机械行业应用较广泛，可用于制造有一定强度要求的铸件，如缸体、泵体、阀体、叶轮、叶片及其他承压件和功能件，如齿轮、轴套、链轮等。

（4）化学成分（见表 2-174）

表 2-174 化学成分（质量分数）（JB/T 6402—2018） （%）

C	Si	Mn	P	S	Cr	Ni	Mo	Cu
0.30~0.37	0.30~0.50	0.50~0.80	≤0.030	≤0.030	0.80~1.20	—	0.20~0.30	—

（5）物理性能（见表 2-175）

表 2-175 物理性能

密度 /(g/cm³)	熔点/℃	临界点/℃					
		Ac_1	Ac_3	Ar_1	Ar_3	Ms	Mf
7.86	1403	755	800	695	750		

温度/℃	室温	100	200	400
热导率 λ/[W/(m·℃)]	—	47.7	—	—
比定压热容 c_p/[J/(kg·℃)]	—	561	—	—
线胀系数/10^{-6}℃$^{-1}$	—	12.5	—	—
弹性模量 E/10^4MPa	21.7	—	—	—
切变模量 G/10^3MPa	84.0	—	—	—
泊松比 μ/10^{-1}	2.86	—	—	—
电阻率 ρ/10^{-8}Ω·m	26.0	—	—	—

（6）常见热处理制度（见表 2-176）

（7）力学性能

① 技术标准规定的力学性能见表 2-177。

表 2-176 常见热处理制度

热处理	加热温度/℃	冷却方法	金相组织
铸后退火	870~910	炉冷	珠光体+铁素体
正火	870~910	空冷或风冷	珠光体+铁素体
淬火	820~860	油冷或水冷	贝氏体+马氏体
回火	560~620	空冷	回火贝氏体+回火索氏体

表 2-177 技术标准规定的力学性能

品种(标准)	规格/mm	状态	R_m/MPa	R_{eH}/MPa	A(%)	Z(%)	KU_2/J	HBW
铸件(JB/T 6402—2018)	—	正火+回火	588	392	12	20	23.5	—
		调质	686	490	12	25	31	≥201

② 室温下的力学性能见表 2-178。

表 2-178 室温下的力学性能

状态	温度/℃	R_m/MPa	$R_{p0.2}$/MPa	A(%)	Z(%)	KU_2/J	HBW
840℃淬火+550℃回火	室温	1070	975	10.2	—	—	—

(8) 耐蚀性

ZG35Cr1Mo 钢的耐蚀性较差,一般不作考核,也不作选材依据。

(9) 常用标准牌号对照(见表 2-179)

表 2-179 常用标准牌号对照

国别	中国	国际标准化	欧洲		英国	德国	
标准	GB	ISO	EN	Mat. No	BS	DIN	W-Nr
牌号	ZG35CrMo					GS-34CrMo4	1.7220
国别	法国	韩国	俄罗斯	日本	美国		
标准	NF	KS	ГОСТ	JIS	ASTM	UNS	AISI	SAE	ASI
牌号	G35CrMo4	SCCrM3	35ХМЛ	SCrM3	—	J13048			

2.2.15 ZG22CrMnMo 钢

(1) 概述

ZG22CrMnMo 钢是在广泛应用的铬钼铸钢成分基础上改进而成的一种高强度、高韧性铸钢,其塑性与韧性接近于同类钢锻件,能满足重要受力构件的要求。该钢易于铸造和焊接,裂纹倾向性小。该钢还具有良好的工艺性,但在淬火+回火状态下使用时,因淬透性较差,不适合制作大件。

(2) 工艺特性

ZG22CrMnMo 钢适合在碱性炉衬的电炉中熔炼,可采用砂型或熔模铸造等多种铸造工艺方法,其成形性良好,钢液流动性好。

ZG22CrMnMo 钢一般在淬火+回火状态下使用。以熔模铸造小型铸件为例,淬火多采用 880~920℃加热、油冷却,依据强度要求的不同采用不同的回火温度,如采用 520~560℃回火,R_m 可达 1080~1275MPa;220~260℃回火,R_m 可达 1275~1470MPa。回火后可采用空冷、油冷或水冷,该钢回火脆性倾向小。

ZG22CrMnMo 钢的焊接性较好，焊前可预热至 150~250℃，焊后可采用 500~520℃ 去应力退火或 200~220℃ 去应力退火。

（3）应用

ZG22CrMnMo 钢可用于受力较大的构件，如齿轮、缸体、阀体、泵体、叶轮、转子等。

（4）化学成分（见表 2-180）

表 2-180 化学成分（质量分数）（HB 5001—2012） （%）

C	Si	Mn	P	S	Cr	Ni	Mo	Cu
0.19~0.24	0.17~0.45	0.70~1.00	≤0.025	≤0.025	1.00~1.30	—	0.50~0.70	—

（5）物理性能（见表 2-181）

表 2-181 物理性能

密度/(g/cm³)	熔点/℃	临界点/℃					
		Ac_1	Ac_3	Ar_1	Ar_3	Ms	Mf
7.81	—	774	852	—	—	—	—

温度/℃	室温	100	200	300	400	500	600
热导率 λ/[W/(m·℃)]	—	41.0	39.9	38.7	37.7	—	—
比定压热容 c_p/[J/(kg·℃)]							
线胀系数/$10^{-6}℃^{-1}$	—	11.6	12.5	13.2	13.5	13.7	14.0
弹性模量 E/10^4MPa	20.1						
切变模量 G/10^3MPa							
泊松比 μ/10^{-1}							
电阻率 ρ/$10^{-8}\Omega\cdot m$							

（6）常见热处理制度（见表 2-182）

表 2-182 常见热处理制度

热处理	加热温度/℃	冷却方法	金相组织
铸后退火	880~920	炉冷	珠光体+铁素体
淬火	880~920	油冷	马氏体
回火	220~260	空冷	回火马氏体
回火	520~560	空冷	回火索氏体

（7）力学性能

① 技术标准规定的力学性能见表 2-183。

表 2-183 技术标准规定的力学性能（HB 5001—2012）

| 品种 | 状态 | 力学性能（≥） | | | | | HBW | 备注 |
		R_m/MPa	$R_{p0.2}$/MPa	A(%)	Z(%)	KU_2/J		
熔模铸造	890~910℃油冷	1080	835	9	30	35	311~388	热型
	520~560℃油冷或空冷	1080	835	10	35	39	311~388	冷型
	890~910℃油冷	1175	835	9	30	35	331~415	热型
	500~540℃油冷或空冷	1175	835	10	35	39	331~415	冷型
	890~910℃油冷	1470	1080	5	12	13	415~495	热型
	220~260℃空冷	1470	1080	5	18	16	415~495	冷型
	890~910℃加热 280~340℃等温冷却+200~250℃回火	1275	980	5	15	13	363~444	热型
		1275	980	6	20	16	363~444	冷型

② 不同温度下的力学性能见表 2-184。

表 2-184　不同温度下的力学性能

状态		温度/℃	R_m/MPa	$R_{p0.2}$/MPa	$A(\%)$	$Z(\%)$	KU_2/J	HBW
900℃油冷	200℃回火	室温	1640	—	11	34	41	461
	260℃回火	室温	1620	—	9.7	39	33	461
	500℃回火	室温	1336	—	13	42	41	401
	520℃回火	室温	1336	—	13	40	46	401
	540℃回火	室温	1290	—	13	45	50	391
	560℃回火	室温	1277	—	16	46	55	391
900℃油冷 560℃回火		250	1149	—	14	53	—	
		300	1145	—	13	54	58	
		350	1104	—	16	58	66	
		400	1055	—	15	62	59	
		450	1008	—	14	61	54	
		500	916	—	15	61	48	
		550	827	—	16	65	—	

（8）耐蚀性

ZG22CrMnMo 钢的耐蚀性较差，一般不作考核，也不作选材依据。

（9）常用标准牌号对照（见表 2-185）

表 2-185　常用标准牌号对照

国别	中国	国际标准化	欧洲		英国	德国	
标准	—	ISO	EN	Mat. No	BS	DIN	W-Nr
牌号	ZG22CrMnMo	—	—	—	—	—	—

国别	法国	韩国	俄罗斯	日本	美国			
标准	NF	KS	ГОСТ	JIS	ASTM	UNS	AISI	SAE	ASI
牌号	—	—	20ХСМЛ	—	—	—	—	—	—

2.2.16　ZG20SiMn 钢

（1）概述

ZG20SiMn 钢具有较好的强度和塑性，铸造时的液态流动性好，铸造性好，并有较好的焊接性。

（2）工艺特性

ZG20SiMn 钢适用于电弧炉或中频感应电炉冶炼，铸造性好，易于成形；可采用砂型或熔模铸造等多种铸造方法。

ZG20SiMn 钢通常在正火+回火状态下使用。正火加热温度为 880~930℃，加热保温后，小件可采用空冷，较大铸件最好采用强制风冷或其他较快冷却方法，回火温度一般为 550~620℃。

该钢的焊接性较好，但焊前应预热到 150℃~250℃，焊后可进行 500~550℃ 去应力退火。

（3）应用

ZG20SiMn 钢主要用于有较高强度要求的铸件，如水压机工作缸、泵体、转子、叶轮等零件。

（4）化学成分（见表2-186）

表 2-186 化学成分（质量分数）（专用标准） （%）

C	Si	Mn	P	S	Cr	Ni	Mo
≤0.23	≤0.60	1.00~1.50	≤0.025	≤0.025	≤0.30	≤0.40	≤0.15

（5）物理性能（见表2-187）

表 2-187 物理性能

密度/(g/cm^3)	熔点/℃	临界点/℃					
		Ac_1	Ac_3	Ar_1	Ar_3	Ms	Mf
7.86	1430	732	837	615	759	—	—

温度/℃	室温	100	200	300	400	500
热导率 λ/[W/(m·℃)]	—	—	—	—	—	—
比定压热容 c_p/[J/(kg·℃)]	—	475	512	532	540	544
线胀系数/10^{-6}℃$^{-1}$	—	12.65	13.12	13.65	14.04	14.34
弹性模量 E/10^4MPa	21.1	20.8	20.3	19.3	18.6	17.4
切变模量 G/10^3MPa	82.1	80.6	78.4	75.4	71.8	66.9
泊松比 μ/10^{-1}	2.9	2.9	2.9	2.9	3.0	3.0
电阻率 ρ/$10^{-8}\Omega\cdot m$	—	—	—	—	—	—

（6）常见热处理制度（见表2-188）

表 2-188 常见热处理制度

热处理	加热/℃	冷却方法	金相组织
铸后退火	870~910	炉冷	珠光体+铁素体
正火	880~930	空冷或风冷	珠光体+铁素体
回火	550~620	空冷	珠光体+铁素体

（7）力学性能

① 技术标准规定的力学性能见表2-189。

表 2-189 技术标准规定的力学性能（专用标准）

品种（标准）	规格/mm	状态	力学性能（≥）				
			R_m/MPa	R_{eL}/MPa	A(%)	Z(%)	HBW
铸件	≤100	正火+回火	510	295	14	30	156
		调质	500~650	300	24	39	150~190

② 室温下的力学性能见表2-190。

表 2-190 室温下的力学性能

状态	温度/℃	R_m/MPa	$R_{p0.2}$/MPa	$A_{11.3}$(%)	Z(%)	KU_2/J	HBW
正火+回火	室温	516	327	26	61	87	156

（8）耐蚀性

ZG20SiMn 钢的耐蚀性较差，一般不作考核，也不作选材依据。

（9）常用标准牌号对照（见表2-191）

表 2-191 常用标准牌号对照

国别	中国	国际标准化	欧洲		英国	德国	
标准	—	ISO	EN	Mat. No	BS	DIN	W-Nr
牌号	ZG20SiMn	—	—	—	—	GS20Mn5	1.1120

国别	法国	韩国	俄罗斯	日本	美国			
标准	NF	KS	ГОСТ	JIS	ASTM	UNS	AISI	SAE	ASI
牌号	FB-M	—	20ГХСЛ	SCW480	LCC	J02505			

2.3 弹簧钢

用于制造弹性元件的材料应该具有高的弹性极性、抗拉强度、屈服强度,还应有一定的塑性和韧性,具有较高的疲劳强度,在交变应力作用下能保持稳定的尺寸、形状。

弹簧钢中碳的质量分数一般在 0.60%~1.05%,为提高性能,还加入不同的合金元素,如锰、硅、铬、钒等。作为弹性元件,弹簧钢一般在淬火和中温回火后,在回火托氏体组织状态下使用。这类钢还特别要求质量纯净和优良的表面质量。

碳素钢不耐蚀,但是在某些条件下和使用环境中,还要求弹簧具有耐蚀性、抗氧化性、高强度等,这时,可在满足弹簧钢的基本要求条件下,在不锈钢、耐热钢或耐热耐蚀合金中选择弹簧材料。

2.3.1 70 钢

(1) 概述

70 钢属高碳钢,在热处理后具有高强度和良好的塑性,一般可作为制造圆弹簧或扁弹簧的材料。冷作硬化的钢丝、在冷状态下缠绕成形,成形后的弹簧只做低温回火、去除内应力即可使用。

(2) 工艺特性

70 钢的热加工成形性尚可,热压力加工的加热温度一般为 1100~1150℃,锻轧开始温度为 1100~1150℃,锻轧终止温度不低于 800℃,锻轧后空冷。

70 钢的热处理淬透性较差,热处理工艺方法依据零件或毛坯种类及技术要求的不同选择,可采用退火、正火、淬火+回火。退火加热温度通常选用 760~780℃,保温后炉冷,正火加热温度为 800~840℃,保温后空冷;淬火加热温度为 800~840℃,保温后视情况采用水冷或油冷。该钢加热时应注意防止表面脱碳、氧化。如果采用冷作硬化钢丝制成弹簧,则弹簧成形后采用 260~300℃加热、空冷的去应力(回火)工艺。

70 钢的焊接性差,冷变形塑性差,切削加工性尚可。

(3) 应用

70 钢可制成小型螺旋弹簧、弹簧片、弹性垫圈、止动圈等小截面(厚度不大于 15mm)的弹性元件。

(4) 化学成分(见表 2-192)

表 2-192 化学成分（质量分数） （%）

C	Si	Mn	P	S	Cr	Ni	Mo	Cu	备注
0.67~0.75	0.17~0.37	0.50~0.80	≤0.030	≤0.030	≤0.30	≤0.35	—	≤0.25	（GB/T 1222—2016）适用丝材
0.67~0.75	0.17~0.37	0.50~0.80	≤0.035	≤0.035	≤0.25	≤0.30		≤0.25	（GB/T 699—2015）适用丝材
0.67~0.75	0.17~0.37	0.50~0.80	≤0.035	≤0.030	≤0.20	≤0.30		≤0.25	（GB/T 711—2017）适用丝材
0.35~1.00	0.10~0.37	0.30~1.20	≤0.030	≤0.030	—	—		≤0.20	（GB/T 4357—2022）适用丝材（S 级）
0.45~1.00	0.10~0.37	0.30~1.20	≤0.020	≤0.025	—	—		≤0.12	（GB/T 4357—2022）适用称丝（D 级）

（5）物理性能（见表 2-193）

表 2-193 物理性能

密度/(g/cm³)	熔点/℃	临界点/℃					
		Ac_1	Ac_3	Ar_1	Ar_3	Ms	Mf
7.81	—	730	743	693	727	285	—

温度/℃	室温	100	200	300	400	500	600
热导率 λ/[W/(m·℃)]	—	67.4	51.9	—	36.4	29.5	—
比定压热容 c_p/[J/(kg·℃)]	—	481	486	—	519	—	565
线胀系数/10^{-6}℃$^{-1}$	—	11.5	12.3	13.0	13.8	—	—
弹性模量 E/10^4MPa	20.6	—	—	—	—	—	—
切变模量 G/10^3MPa	79	—	—	—	—	—	—
泊松比 μ/10^{-1}	3.01	—	—	—	—	—	—
电阻率 ρ/10^{-8}Ω·m	13.0	—	—	—	—	—	—

（6）热处理

① 奥氏体等温转变图见图 2-58。

② 淬透性曲线见图 2-59。

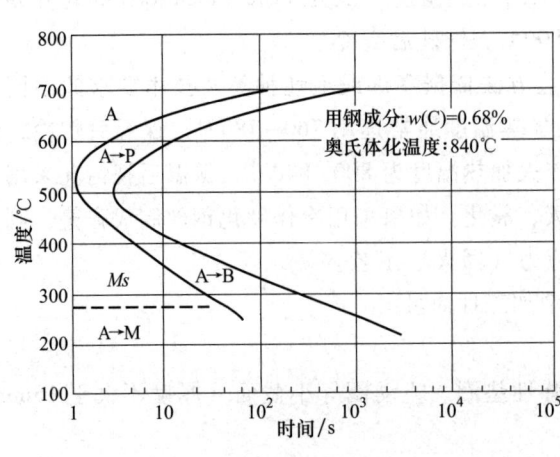

图 2-58 奥氏体等温转变图

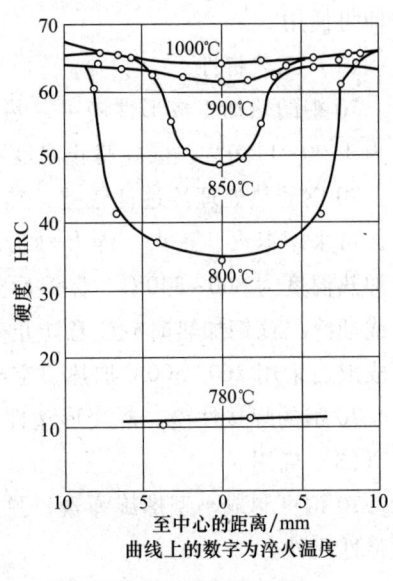

图 2-59 淬透性曲线

③ 常见热处理制度见表2-194。

表 2-194 常见热处理制度

热处理	加热温度/℃	冷却方法	金相组织
退火	760~780	炉冷	珠光体+碳化物
正火	800~840	空冷	珠光体+碳化物
淬火	800~840	水冷或油冷	马氏体+碳化物
回火	400~500	空冷	回火索氏体+碳化物
冷拉钢丝弹簧回火	260~300	空冷	回火马氏体+碳化物

④ 热处理对力学性能的影响见图2-60~图2-62。

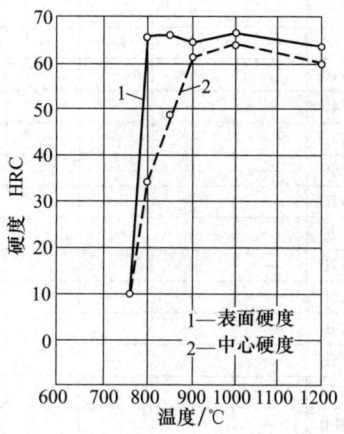

图 2-60 淬火温度对硬度的影响

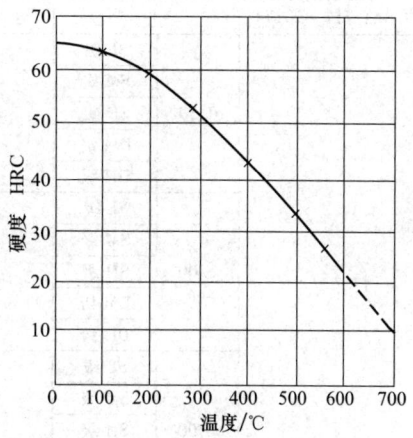

图 2-61 回火温度对硬度的影响

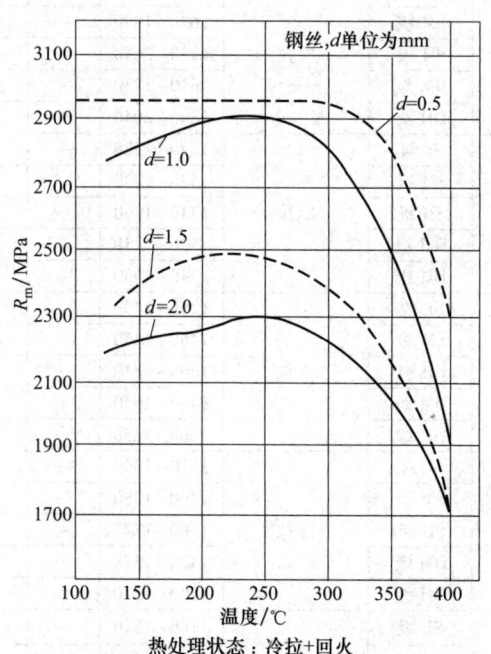

热处理状态：冷拉+回火

图 2-62 回火温度和钢丝尺寸对抗拉强度的影响

(7) 力学性能（见表 2-195～表 2-197）

① 技术标准规定的力学性能见表 2-195。

表 2-195 技术标准规定的力学性能（部分规格）

品种(标准)	规格/mm	状态	力学性能(≥)					
			R_m/MPa	R_{eL}/MPa	A(%)	Z(%)	KU_2/J	HBW
棒材 (GB/T 1222—2016)	—	热轧	—	—	—	—	—	≤285
	—	830℃油冷+480℃空冷	1030	835	8($A_{11.3}$)	30	—	—
棒材(GB/T 699—2015)	—	930℃正火	715	420	9	30	—	—
板材(GB/T 711—2017)	—	退火或正火	715	—	9	9	—	—
冷拉钢丝 (GB/T 4357—2022)	0.50	SL级	冷拉	—	—	—	—	—	—
		SM级	冷拉	2200~2470	—	—	—	—	—
		SH级	冷拉	2480~2740	—	—	—	—	—
		DM级	冷拉	2200~2470	—	—	—	—	—
		DH级	冷拉	2480~2740	—	—	—	—	—
	1.00	SL级	冷拉	1720~1970	—	—	—	—	—
		SM级	冷拉	1980~2220	—	—	—	—	—
		SH级	冷拉	2230~2470	—	—	—	—	—
		DM级	冷拉	1980~2220	—	—	—	—	—
		DH级	冷拉	2230~2470	—	—	—	—	—
	2.00	SL级	冷拉	1520~1750	—	—	—	—	—
		SM级	冷拉	1760~1970	—	—	—	—	—
		SH级	冷拉	1980~2200	—	—	—	—	—
		DM级	冷拉	1760~1970	—	—	—	—	—
		DH级	冷拉	1980~2200	—	—	—	—	—
	3.00	SL级	冷拉	1410~1620	—	—	—	—	—
		SM级	冷拉	1630~1830	—	—	—	—	—
		SH级	冷拉	1840~2040	—	—	—	—	—
		DM级	冷拉	1630~1830	—	—	—	—	—
		DH级	冷拉	1840~2040	—	—	—	—	—
	4.00	SL级	冷拉	1320~1520	—	—	—	—	—
		SM级	冷拉	1530~1730	—	—	—	—	—
		SH级	冷拉	1740~1930	—	—	—	—	—
		DM级	冷拉	1530~1730	—	—	—	—	—
		DH级	冷拉	1740~1930	—	—	—	—	—
	5.00	SL级	冷拉	1260~1450	—	—	—	—	—
		SM级	冷拉	1460~1650	—	—	—	—	—
		SH级	冷拉	1660~1830	—	—	—	—	—
		DM级	冷拉	1460~1650	—	—	—	—	—
		DH级	冷拉	1660~1830	—	—	—	—	—
	6.00	SL级	冷拉	1210~1390	—	—	—	—	—
		SM级	冷拉	1400~1580	—	—	—	—	—
		SH级	冷拉	1590~1770	—	—	—	—	—
		DM级	冷拉	1400~1580	—	—	—	—	—
		DH级	冷拉	1590~1770	—	—	—	—	—
	7.00	SL级	冷拉	1160~1340	—	—	—	—	—
		SM级	冷拉	1350~1530	—	—	—	—	—
		SH级	冷拉	1540~1710	—	—	—	—	—

(续)

品种(标准)	规格/mm		状态	力学性能(≥)					HBW
				R_m/MPa	R_{eL}/MPa	A(%)	Z(%)	KU_2/J	
冷拉钢丝 (GB/T 4357—2022)	7.00	DM 级	冷拉	1350~1530	—	—	—	—	
		DH 级		1540~1710	—	—	—	—	
	8.00	SL 级	冷拉	1120~1300	—	—	—	—	
		SM 级		1310~1480	—	—	—	—	
		SH 级		1490~1660	—	—	—	—	
		DM 级		1310~1480	—	—	—	—	
		DH 级		1490~1660	—	—	—	—	
	9.00	SL 级	冷拉	1090~1260	—	—	—	—	
		SM 级		1270~1440	—	—	—	—	
		SH 级		1450~1610	—	—	—	—	
		DM 级		1270~1440	—	—	—	—	
		DH 级		1450~1610	—	—	—	—	
	10.00	SL 级	冷拉	1060~1230	—	—	—	—	
		SM 级		1240~1400	—	—	—	—	
		SH 级		1410~1570	—	—	—	—	
		DM 级		1240~1400	—	—	—	—	
		DH 级		1410~1570	—	—	—	—	
	11.00	SL 级	冷拉	—	—	—	—	—	
		SM 级		1210~1270	—	—	—	—	
		SH 级		1380~1530	—	—	—	—	
		DM 级		1210~1270	—	—	—	—	
		DH 级		1380~1530	—	—	—	—	
	12.00	SL 级	冷拉	—	—	—	—	—	
		SM 级		1180~1340	—	—	—	—	
		SH 级		1350~1500	—	—	—	—	
		DM 级		1180~1340	—	—	—	—	
		DH 级		1350~1500	—	—	—	—	

② 不同热处理条件下的室温力学性能见表 2-196。

表 2-196 不同热处理条件下的室温力学性能

状态	温度/℃	R_m/MPa	$R_{p0.2}$/MPa	A(%)	Z(%)	KU_2/J	HBW
830℃油冷,480℃空冷	室温	1138	—	15	49	—	330
820~860℃空冷	室温	730	430	9	30	—	—
780~810℃油冷,480℃空冷	室温	800~1100	570	11	25	—	—

③ 低温冲击性能见表 2-197。

表 2-197 低温冲击性能

状态	温度/℃	24	−20	−40
820~830℃油冷,480℃空冷	KU_2/J	28	2.08	1.60

(8) 耐蚀性

70 钢的耐蚀性差,一般不作考核,也不作选材依据。

(9) 常用标准牌号对照(见表 2-198)

表 2-198 常用标准牌号对照

国别	中国	国际标准化	欧洲		英国	德国	
标准	GB	ISO	EN	Mat. No	BS	DIN	W-Nr
牌号	70	Type DC	C70D	1.0615	070A72	CK75	1.1248
国别	法国	韩国	俄罗斯	日本	美国		
标准	NF	KS	ГОСТ	JIS	ASTM	UNS	AISI	SAE	ASI
牌号	XC70	—	70	S70C-CSP	1070	G10700	—	—	—

2.3.2 65Mn 钢

（1）概述

65Mn 钢属含锰弹簧用钢，与同样碳含量的碳钢相比，具有更高的强度、硬度、弹性和淬透性。该钢的淬火加热脱碳倾向较小，但存在过热敏感性和一定的回火脆性。淬火时通常采用油冷，当截面尺寸大于 80mm 时应采用水淬油冷。其在退火状态下的切削性能尚可，但冷变形塑性低，焊接性差。

65Mn 钢主要在淬火和中温回火后使用，其主要制成丝材和板材、带材。

（2）工艺特性

热加工的加热温度为 1100~1150℃，开始锻轧温度通常为 1050~1100℃，锻轧终止温度应为 800~850℃，锻轧后空冷。弹簧热卷温度为 830~880℃，卷后空冷。

65Mn 钢的淬火温度为 780~840℃，根据产品情况、截面尺寸大小选用油冷或水淬油冷。采用水冷时要慎重，依据硬度和性能要求，回火温度 350~520℃为宜。

采用弹簧钢丝进行冷卷弹簧成形后应进行去应力处理。

（3）应用

65Mn 钢常用于制造承受中等载荷的弹性元件，如制造 5~15mm 厚度的板弹簧或直径为 7~20mm 的螺旋弹簧。

（4）化学成分（见表 2-199）

表 2-199 化学成分（质量分数） （%）

C	Si	Mn	P	S	Cr	Ni	Mo	Cu	备注
0.62~0.70	0.17~0.37	0.90~1.20	≤0.030	≤0.030	≤0.25	≤0.35	—	≤0.25	（GB/T 1222—2016）适用丝材
0.62~0.70	0.17~0.37	0.90~1.20	≤0.025	≤0.015	≤0.25	≤0.35	—	≤0.25	（GB/T 3279—2023）适用热轧板材

（5）物理性能（见表 2-200）

表 2-200 物理性能

密度/(g/cm^3)	熔点/℃	临界点/℃					
		Ac_1	Ac_3	Ar_1	Ar_3	Ms	Mf
7.82	1415	726	765	689	741	270	—
温度/℃		室温	100	200	300	400	500
热导率 λ/[W/(m·℃)]		—	50.0	50.5	46.8	42.9	39.0
比定压热容 c_p/[J/(kg·℃)]		—	477	507	528	528	557
线胀系数/10^{-6}℃$^{-1}$		—	12.20	12.65	12.33	13.84	14.25
弹性模量 E/10^4MPa		21.1	20.8	20.1	19.3	18.5	18.0
切变模量 G/10^3MPa		81.9	80.7	78.4	75.2	71.9	69.2

（续）

泊松比 $\mu/10^{-1}$	2.88	2.89	2.82	2.83	2.86	3.01
电阻率 $\rho/10^{-8}\Omega\cdot m$	—	—	—	—	—	—

(6) 热处理

① 奥氏体等温转变图见图 2-63。

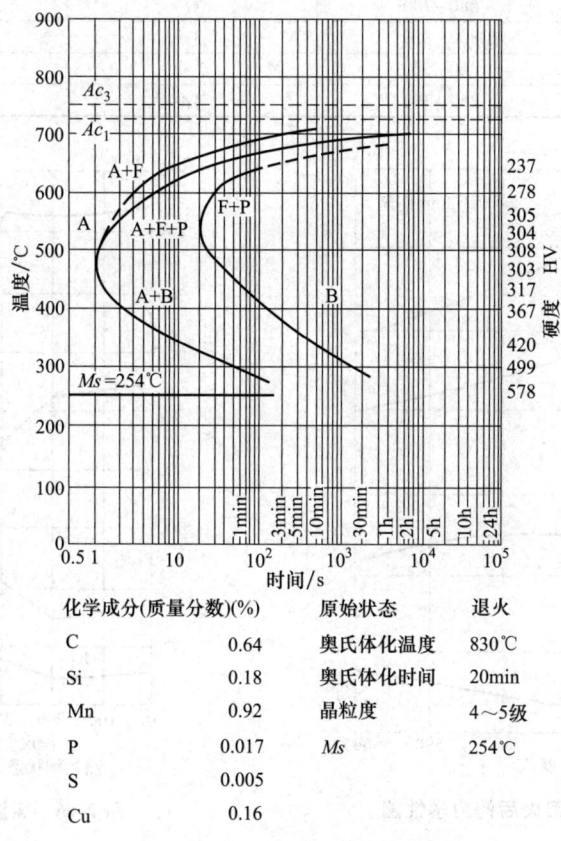

化学成分(质量分数)(%)		原始状态	退火
C	0.64	奥氏体化温度	830℃
Si	0.18	奥氏体化时间	20min
Mn	0.92	晶粒度	4～5级
P	0.017	Ms	254℃
S	0.005		
Cu	0.16		

图 2-63 奥氏体等温转变图

② 淬透性曲线见图 2-64。

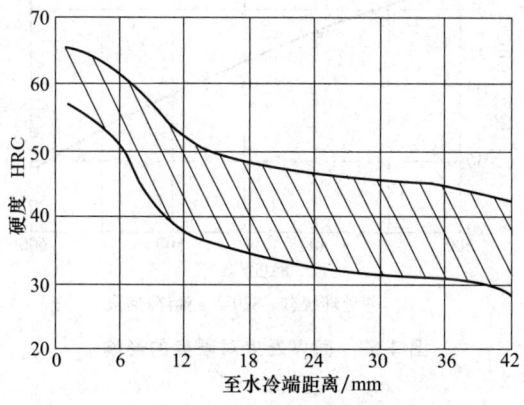

图 2-64 淬透性曲线

③ 常见热处理制度见表2-201。

④ 热处理对力学性能的影响见图2-65~图2-67。

表 2-201　常见热处理制度

热处理	加热温度/℃	冷却方法	金相组织
退火	800~820	炉冷	珠光体+铁素体
高温回火	680~700	空冷	珠光体+铁素体
淬火	800~820	油冷	马氏体
回火	360~570	空冷	回火屈氏体
冷卷弹簧去应力回火	250~360	空冷	索氏体

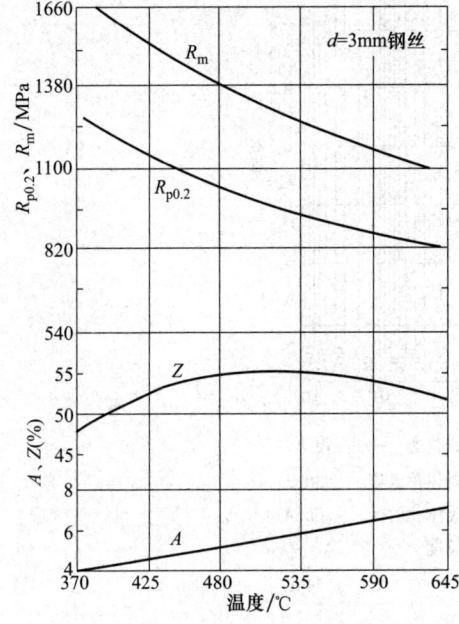

图 2-65　钢丝油淬回火后的力学性能

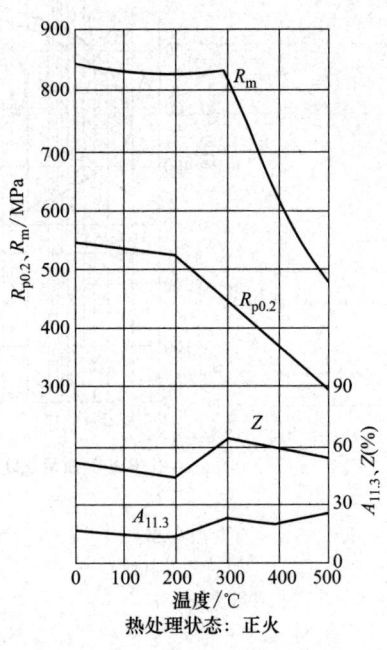

图 2-66　高温力学性能

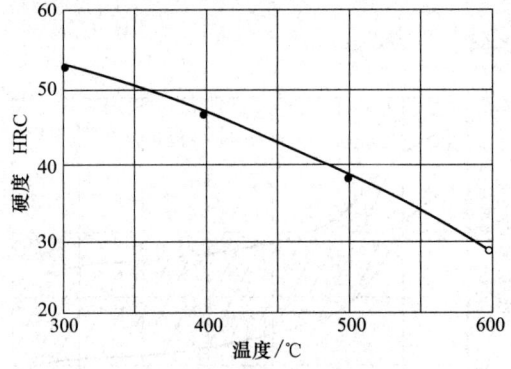

图 2-67　回火温度对硬度的影响

(7) 力学性能

① 技术标准规定的力学性能见表2-202。

② 不同温度下的力学性能见表2-203。
③ 低温冲击性能见表2-204。

表2-202 技术标准规定的力学性能

品种（标准）	规格/mm	状态	力学性能（≥）					HBW
			R_m/MPa	R_{eL}/MPa	A(%)	Z(%)	KU_2/J	
棒材 （GB/T 1222—2016）	—	热轧	—	—	—	—	—	≤302
	—	830℃油冷+ 540℃回火	980	785	8($A_{11.3}$)	30	—	—
板材 （GB/T 3279—2023）	<3.0	退火或高 温回火	850	—	12($A_{11.3}$)	—	—	—
	≤3.0		850	—	12	—	—	—

表2-203 不同温度下的力学性能

状态	温度/℃	R_m/MPa	$R_{p0.2}$/MPa	$A_{11.3}$(%)	Z(%)	KU_2/J
正火	100	883	559	15	50	80
	200	873	500	65	48	80
	300	804	441	28	68	80
	400	598	392	27	65	80
	500	490	294	30	59	40

表2-204 低温冲击性能

状态	温度/℃	0	-20	-40	-70
—	KU_2/J	56	22.4	19.2	9.6
状态	温度/℃	0	-20	-40	-70
830℃油冷，360℃回火	KV_2/J	—	4.6	2.6	—

（8）耐蚀性

65Mn钢的耐蚀性差，一般不作考核，也不作选材依据。

（9）常用标准牌号对照（见表2-205）

表2-205 常用标准牌号对照

国别	中国	国际标准化	欧洲		英国	德国	
标准	GB	ISO	EN	Mat. No	BS	DIN	W-Nr
牌号	65Mn	Type DC	—	—	080 A67	—	—
国别	法国	韩国	俄罗斯	日本	美国		
标准	NF	KS	ГОСТ	JIS	ASTM	UNS	AISI	SAE	ASI
牌号	—	—	65Г	—	1566	G15660	—	—	—

2.3.3 60Si2Mn 钢

（1）概述

60Si2Mn钢属硅锰弹簧钢，也是常用的弹簧钢种，其强度和弹性极限比65Mn钢更高，淬透性优于65Mn钢。该钢高温回火后具有良好的综合力学性能，热处理后具有很好的韧性，但有较大的脱碳倾向，热处理加热时不易过热、抗回火稳定性和抗松弛性好。由于其硅含量高，轧制比较困难。

60Si2Mn钢主要在淬火和中温回火后使用，其主要制成丝材和板材、带材。

(2) 工艺特性

锻轧开始温度通常为 1050~1100℃，锻轧终止温度一般为 850~930℃，锻轧后宜缓冷。热卷弹簧温度宜为 900~1000℃。

淬火加热温度通常为 840~870℃，淬火宜采用油冷，视硬度和性能要求，回火温度在 400~550℃ 之间为宜。

由弹簧丝进行热卷成形的产品可在 900~930℃ 时直接淬火并回火使用，冷卷成形产品应进行去应力处理。

(3) 应用

60Si2Mn 钢可用于制造 300℃ 以下工作的耐热弹簧及承受交变载荷和高应力下工作的弹簧，宜制成板簧、碟簧、安全阀弹簧等。

(4) 化学成分（见表 2-206）

表 2-206 化学成分（质量分数） (%)

C	Si	Mn	P	S	Cr	Ni	Mo	Cu	备注
0.56~0.64	1.50~2.00	0.70~1.00	≤0.025	≤0.020	≤0.35	≤0.35	—	≤0.25	（GB/T 1222—2016）适用丝材
0.56~0.64	1.50~2.00	0.70~1.00	≤0.020	≤0.010	≤0.35	≤0.35	—	≤0.25	（GB/T 3279—2023）适用热轧板材

(5) 物理性能（见表 2-207）

表 2-207 物理性能

密度/(g/cm^3)	熔点/℃	临界点/℃					
		Ac_1	Ac_3	Ar_1	Ar_3	Ms	Mf
7.74	1357	765	802	660	700	305	—

温度/℃	室温	100	200	300	400	500	600	700
热导率 λ/[W/(m·℃)]	—	—	29.3	30.1	31.0	30.1	28.9	27.6
比定压热容 c_p/[J/(kg·℃)]	—	460	527	544	599	641	—	—
线胀系数/10^{-6}℃$^{-1}$	—	12.6	13.3	13.6	13.5	11.8	11.1	12.4
弹性模量 E/10^{4}MPa	20.6	20.4	19.9	19.1	18.3	17.6	—	—
切变模量 G/10^{3}MPa	79.9	79.2	76.9	73.3	70.1	67.2	—	—
泊松比 μ/10^{-1}	2.90	2.88	2.95	3.06	3.09	3.07	—	—
电阻率 ρ/10^{-8}Ω·m	—	—	55.1	65.5	70.9	80.1	93.3	109.3

(6) 热处理

① 奥氏体等温转变图和奥氏体连续冷却转变图分别见图 2-68 和图 2-69。

② 淬透性曲线见图 2-70。

③ 常见热处理制度见表 2-208。

表 2-208 常见热处理制度

热处理	加热温度/℃	冷却方法	金相组织
退火	850~870	炉冷	珠光体+铁素体
高温回火	680~700	空冷	珠光体+铁素体
淬火	850~870	油冷	马氏体
回火	400~500	空冷	回火屈氏体

④ 热处理对力学性能的影响见图 2-71 和图 2-72。

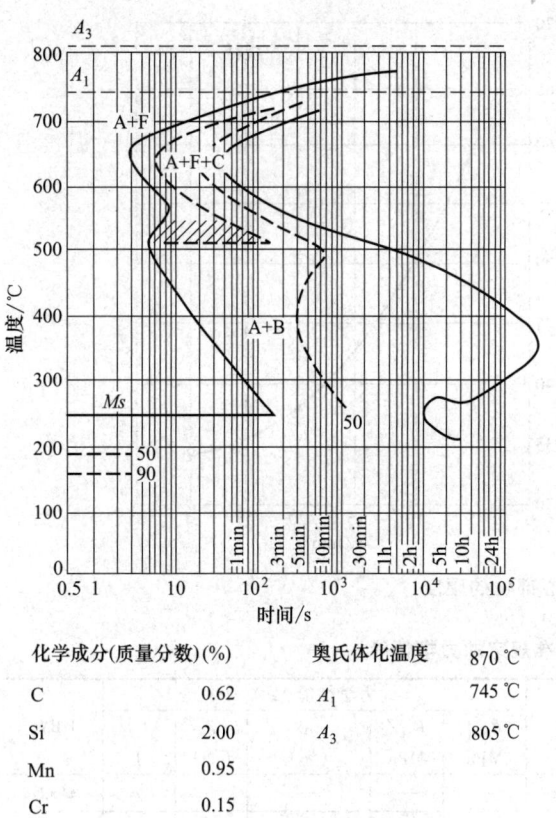

化学成分(质量分数)(%)		奥氏体化温度	870℃
C	0.62	A_1	745℃
Si	2.00	A_3	805℃
Mn	0.95		
Cr	0.15		

图 2-68 奥氏体等温转变图

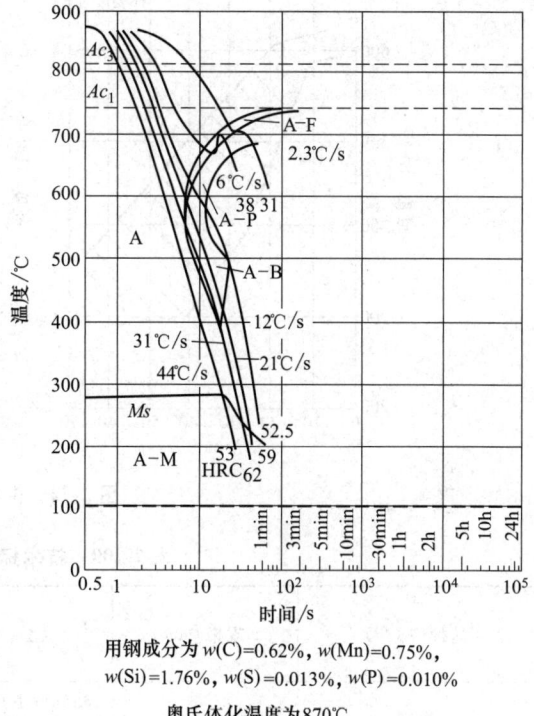

用钢成分为 $w(C)=0.62\%$, $w(Mn)=0.75\%$, $w(Si)=1.76\%$, $w(S)=0.013\%$, $w(P)=0.010\%$
奥氏体化温度为870℃

图 2-69 奥氏体连续冷却转变图

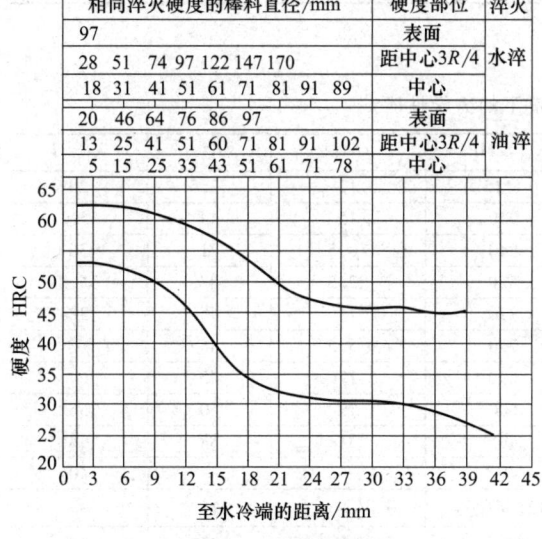

图 2-70 淬透性曲线

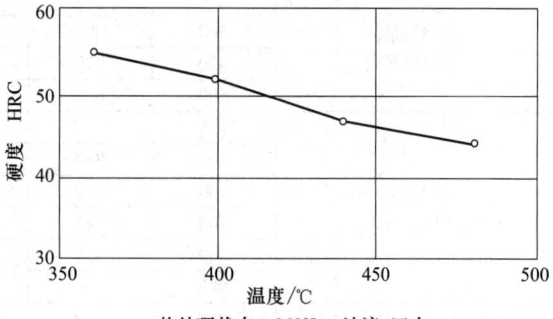

热处理状态：860℃，油淬+回火

图 2-71 回火温度对硬度的影响

(7) 力学性能

① 技术标准规定的力学性能见表 2-209。

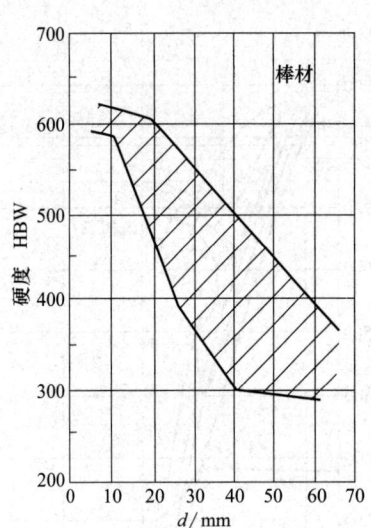
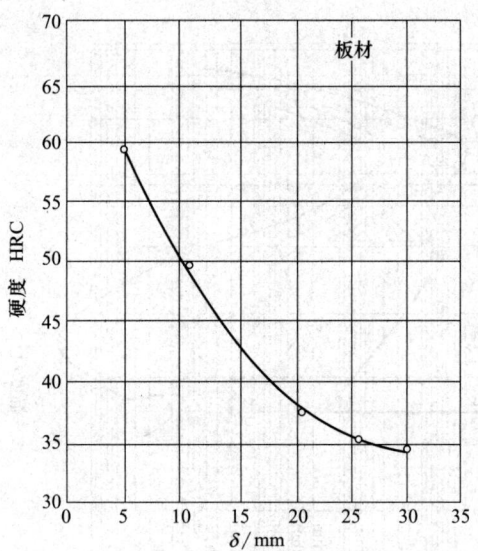

图 2-72 中心部位的硬度

表 2-209 技术标准规定的力学性能

品种(标准)	规格/mm	状态	力学性能(≥)					
			R_m/MPa	R_{eL}/MPa	A(%)	Z(%)	KU_2/J	HBW
棒材 (GB/T 1222—2016)	—	热轧或退火	—	—	—	—	—	≤321
		830℃油冷+ 540℃回火	1570	1375	5.0($A_{11.3}$)	—	—	—
板材 (GB/T 3279—2023)	<3.0	退火或高 温回火	950	—	12($A_{11.3}$)	—	—	—
	≥3.0		930	—	12	—	—	—

② 不同温度下的力学性能见表 2-210。

表 2-210 不同温度下的力学性能

状态	温度/℃	R_m/MPa	$R_{p0.2}$/MPa	A(%)	Z(%)	KU_2/J
860℃油冷+ 550℃回火	20	1300	1115	12	32.5	20
	300	1250	950	15	44	35.2
	400	970	840	18.5	71	36
	500	605	520	22.5	87	35.2
860℃油冷+ 600℃回火	20	1065	870	14	45	32
	200	980	730	15.5	45	—
	300	970	690	17	45	64
	400	720	600	19	70	56
	500	450	405	34	88	48
	600	—	—	—	—	40
880℃油冷+360℃回火	室温	2266	1913(屈服点)	4.3($A_{11.3}$)	11	—
880℃油冷+400℃回火	室温	1940	1884(屈服点)	5.0($A_{11.3}$)	21	—
880℃油冷+450℃回火	室温	1708	1570(屈服点)	7.0($A_{11.3}$)	24	—
880℃油冷+500℃回火	室温	1469	1335(屈服点)	8.6($A_{11.3}$)	20	—
880℃油冷+550℃回火	室温	1278	1164(屈服点)	10($A_{11.3}$)	21	—

③ 低温冲击性能见表 2-211。

表 2-211 低温冲击性能

状态	温度/℃	24	0	-10	-20	-30	-50
870℃油冷+460℃回火	KU_2/J	30.4	28.0	27.2	28.8	25.6	25.6
状态	温度/℃	24	0	-10	-20	-30	-50
870℃油冷+460℃回火	KV_2/J	20	17	18	17	15	16

(8) 耐蚀性

60Si2Mn 钢的耐蚀性差,一般不作考核,也不作选材依据。

(9) 常用标准牌号对照 (见表 2-212)

表 2-212 常用标准牌号对照

国别	中国	国际标准化	欧洲		英国	德国	
标准	GB	ISO	EN	Mat. No	BS	DIN	W-Nr
牌号	60Si2Mn	59Si7	60SiCr7	1.7108	251H60	60SiCr7	1.7108
国别	法国	韩国	俄罗斯	日本	美国		
标准	NF	KS	ГОСТ	JIS	ASTM	UNS	AISI	SAE	ASI
牌号	609i7/60S7	S9S3	60С2Г	SUP6	9260	GP2600	—	—	—

2.3.4 50CrV 钢

(1) 概述

50CrV 钢属铬钒弹簧钢,其热处理后具有较高的强度、弹性极限和疲劳极限,屈服强度高,韧性好,淬透性更高,热处理时不易过热及脱碳。50CrV 钢具有很好的抗回火稳定性,在 500℃以下的工作性能比较稳定,但略有回火脆性倾向。它有较好的切削加工性,但冷变形塑性低、焊接性差,热加工时有形成白点倾向。

50CrV 钢主要在淬火和中温回火后使用,它主要制成丝材和板材、带材。

(2) 工艺特性

50CrV 钢的锻轧开始温度通常为 1100~1150℃,锻轧终止温度为 850~900℃,锻后宜缓冷。热成形弹簧温度可为 900~1000℃。

热处理淬火通常采用 850~890℃加热后油冷。冷成形弹簧应进行去应力处理。

(3) 应用

50CrV 钢主要用于制造大截面、高载荷的重要弹性件及工作温度不大于 400℃的耐热弹簧、大型板簧、碟簧等。

(4) 化学成分 (见表 2-213)

表 2-213 化学成分 (质量分数) (%)

C	Si	Mn	P	S	Cr	Ni	V	Cu	备注
0.46~0.54	0.17~0.37	0.50~0.80	≤0.025	≤0.020	0.80~1.10	≤0.35	0.10~0.20	≤0.25	(GB/T 1222—2016) 适用丝材
0.46~0.54	0.17~0.37	0.50~0.80	≤0.020	≤0.010	0.80~1.10	≤0.35	0.10~0.20	≤0.25	(GB/T 3279—2023) 适用板材
0.47~0.54	0.17~0.37	0.50~0.80	≤0.030	≤0.030	0.80~1.10	≤0.30	0.10~0.20	0.10~0.20	(GB/T 8162—2018) 适用管材
0.47~0.54	0.17~0.37	0.50~0.80	≤0.030	≤0.030	0.80~1.10	≤0.30	0.10~0.20	0.10~0.20	(YB/T 5301—2010) 适用丝材

(5) 物理性能（见表2-214）

表 2-214 物理性能

密度/(g/cm³)	熔点/℃	临界点/℃					
		Ac_1	Ac_3	Ar_1	Ar_3	Ms	Mf
7.84	—	734	816	665	726	300	

温度/℃	室温	100	200	300	400	500
热导率 $\lambda/[W/(m \cdot ℃)]$	—	42.0	43.3	41.1	38.3	36.2
比定压热容 $c_p/[J/(kg \cdot ℃)]$	—	503	515	528	540	544
线胀系数/$10^{-6}℃^{-1}$	—	12.2	12.9	13.4	13.8	14.3
弹性模量 $E/10^4$MPa	21.7	21.4	20.7	19.8	18.8	18.1
切变模量 $G/10^3$MPa	83.6	82.2	79.8	76.3	72.9	69.3
泊松比 $\mu/10^{-1}$	2.9	3.0	2.9	3.0	3.0	3.0
电阻率 $\rho/10^{-8}\Omega \cdot m$	23.0	—				

(6) 热处理

① 奥氏体等温转变图和奥氏体连续冷却转变图分别见图2-73和图2-74。

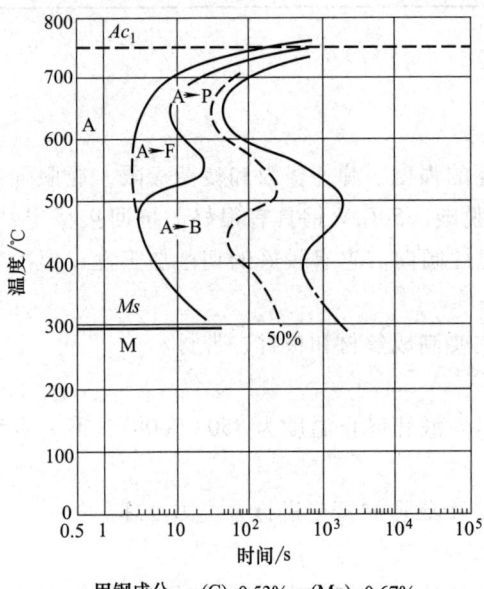

用钢成分：$w(C)=0.53\%$，$w(Mn)=0.67\%$，
$w(Si)=0.33\%$，$w(Cr)=0.93\%$，$w(V)=0.18\%$
奥氏体化温度：860℃

图 2-73 奥氏体等温转变图

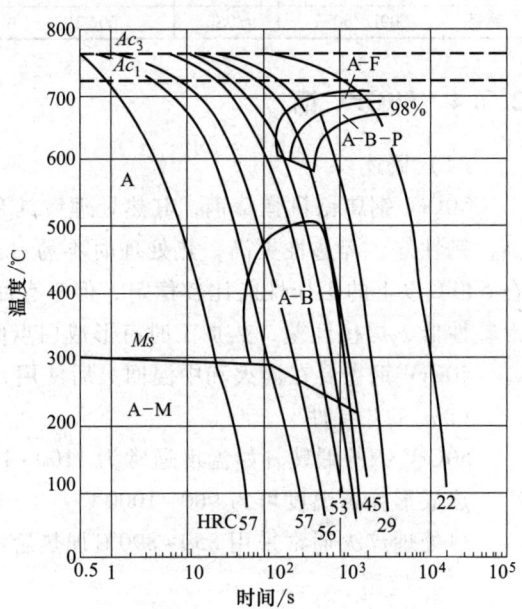

用钢成分：$w(C)=0.47\%$，$w(Mn)=1.04\%$，
$w(Si)=0.38\%$，$w(Cr)=1.20\%$，$w(V)=0.18\%$
奥氏体化温度：880℃

图 2-74 奥氏体连续冷却转变图

② 淬透性曲线见图2-75。

③ 常见热处理制度见表2-215。

表 2-215 常见热处理制度

热处理	加热温度/℃	冷却方法	金相组织	热处理	加热温度/℃	冷却方法	金相组织
退火	820~860	炉冷	珠光体+铁素体	回火	400~500	空冷	回火屈氏体
高温回火	640~680	空冷	珠光体+铁素体	冷成形弹簧去应力回火	315~370	空冷	索氏体
淬火	850~880	油冷	马氏体				

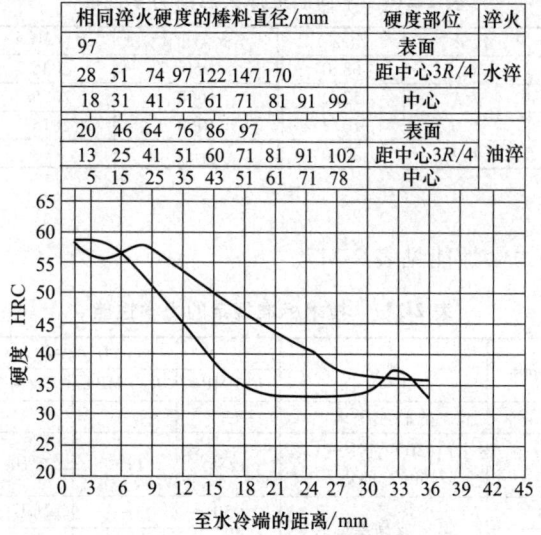

图 2-75 淬透性曲线

④ 热处理对力学性能的影响见表 2-216 和图 2-76~图 2-78。

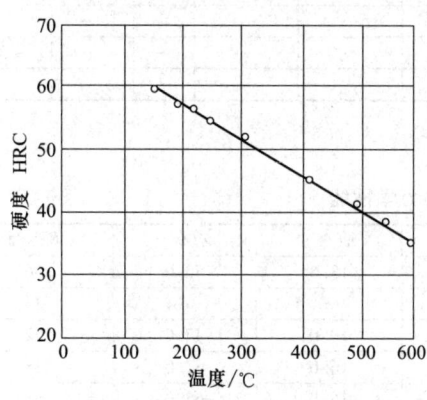

图 2-76 回火温度对硬度的影响

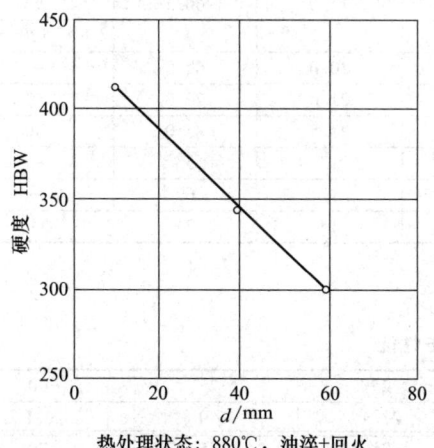

热处理状态：880℃，油淬+回火

图 2-77 不同尺寸钢坯热处理后的硬度变化

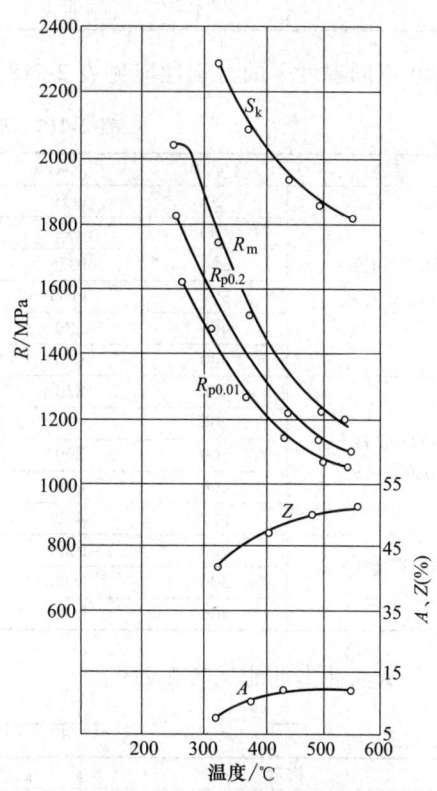

热处理状态：830℃，油淬+回火

图 2-78 回火温度对力学性能的影响

表 2-216 不同温度淬火后的力学性能

淬火温度/℃	R_m/MPa	$A(\%)$	$Z(\%)$	淬火温度/℃	R_m/MPa	$A(\%)$	$Z(\%)$
750	620	26.7	68.0	950	2035	5.3	19.5
800	785	7.1	52.2	1000	2075	6.5	27.3
850	1910	1.6	10.2	1050	2015	5.2	18.8
900	2020	4.7	20.0	—	—	—	—

（7）力学性能

① 技术标准规定的力学性能见表 2-217。

表 2-217 技术标准规定的力学性能

品种（标准）	规格/mm	状态	力学性能（≥）					HBW
			R_m/MPa	R_{eL}/MPa	$A(\%)$	$Z\%$	KU_2/J	
丝材 （GB/T 1222—2016）	—	热轧或退火	—	—	—	—	—	≤321
	—	850℃油冷+ 500℃回火	1275	1130	10	40	—	—
板材 （GB/T 3279—2023）	<3	退火或高温回火	950	—	$12(A_{11.3})$	—	—	—
	≥3		930	—	12	—	—	—
板材 （GB/T 8162—2018）	—	860℃油冷+ 500℃水油冷	1275	1080	10	—	—	—
丝材 （YB/T 5301—2010）	<5	冷拉	1080	—	—	—	—	—
		退火	930	—	—	—	—	—
	≥5	冷拉	—	—	—	—	—	≤302
		退火	—	—	—	—	—	≤296

② 不同温度下的力学性能见表 2-218。

表 2-218 不同温度下的力学性能

状态	温度/℃	R_m/MPa	R_{eL}/MPa	$A(\%)$	$Z(\%)$	KU_2/J
860℃油冷+ 600℃回火	20	1150	1050	13.5	50.0	36
	100	—	—	—	—	44
	200	1075	920	10.0	47.0	52
	300	1100	920	16.0	57.0	48
	400	830	750	15.0	65.0	68
	500	650	585	18.5	72.5	52
860℃油冷+ 680℃回火	20	830	680	17.0	60.5	92
	200	—	—	—	—	120
	300	800	590	20.0	62.5	—
	400	640	540	21.0	72.0	52
	500	430	400	28.5	85.0	80
850℃油冷+ 400℃回火	200	1660	$1472(R_{p0.2})$	13	53	—
	300	1503	$1341(R_{p0.2})$	17	69	—
	400	1203	$1069(R_{p0.2})$	15	71	—

③ 低温冲击性能见表 2-219。

表 2-219 低温冲击性能

状态	温度/℃	25	−25	−70
850℃油冷+450℃回火	KU_2/J	27.4	25.1	20.1
状态	温度/℃	25	−25	−70
850℃油冷+540℃回火	KU_2/J	30.6	24.3	20.4

(8) 耐蚀性

50CrV 钢的耐蚀性差，一般不作考核，也不作选材依据。

(9) 常用标准牌号对照（见表 2-220）

表 2-220　常用标准牌号对照

国别	中国	国际标准化	欧洲		英国	德国	
标准	GB	ISO	EN	Mat. No	BS	DIN	W-Nr
牌号	50CrV	51CrV4	51CrV4	1.8159	735A51	50CrV4	1.8159
国别	法国	韩国	俄罗斯	日本	美国		
标准	NF	KS	ГОСТ	JIS	ASTM	UNS	AISI	SAE	ASI
牌号	50CrV4	SPS6	50ХФА	SUP10	6150	G61500	—	—	—

2.4　非调质钢

非调质钢，顾名思义指不用调质的钢，其更深入和确切的含义为：不经过调质热处理就能达到某些钢（如 45、40Cr、35CrMo、42CrMo 等）需要经过调质（即淬火+高温回火）才能达到的性能，从而可在某些条件下取代调质钢使用的钢材。

非调质钢之所以不用调质处理就能取得满意的力学性能，首先，是因为其在成分设计中加入了可以细化晶粒，冷却过程中可以均匀、弥散析出第二相，从而使合金得到强化的微量元素，常加入的微量合金元素有钛、钒、铌、硼等。其次，在合金熔炼、锻轧生产过程中采用先进设备和工艺技术，如精炼、真空精炼及控轧等方法，净化了钢水，获得高质量的、纯净的内在质量，并保证加入的微量合金元素能够均匀、弥散地析出第二相，不仅保证获得了优良的性能，也保证了在较大截面上的组织和性能的均匀性。简言之，非调质钢优良的性能和特性是生产过程中微合金化技术和控轧控冷技术相互作用的结果。

目前，在非调质钢中已经形成了切削加工用非调质钢、热压力加工用非调质钢、高强度高韧性非调质钢、冷作强化非调质钢四大种类。

综上所述，非调质钢在工程应用上显现出了独具的优势。首先，钢中只加入微量合金元素，比调质合金钢的成本更低；其次，不需要调质热处理，降低了零件生产过程中的热处理成本及由于热处理变形需要矫正的工序和成本；再次，不需要调质热处理，减小了由于零件调质热处理可能产生的变形、脱碳、氧化、开裂等风险，提高了零件成品率；最后，不需要调质热处理，减少了热处理工序、矫正工序，大大缩短了零件的制造周期。此外，零件不用调质热处理，使产品在制造过程中节约了能耗，减少了对环境的污染，可取得良好的社会效益。

目前，非调质钢已广泛应用于机械行业，制造曲轴、齿轮、半轴，拉杆、钻杆等各类产品，在通用机械产品生产中也有更广阔的应用空间，可以代替 45、35CrMo、40Cr、42CrMo 等调质钢。

非调质钢不具有耐蚀性，只能在无腐蚀条件下应用。

2.4.1　FT4102 钢

(1) 概述

FT4102钢是某企业生产的以钒为主要强化元素的非调质结构钢之一,其主要用于直接切削加工的零件。

FT4102钢经热轧后具有晶粒度为10~11级的极细珠光体组织,金属组织均匀、洁净,表面至心部组织变化不大(心部略粗于表面)。较大截面的零部件也可保证较优良的力学性能(见表2-224),其可满足一般机械零件的性能要求。

(2) 工艺特性

FT4102钢热轧后无须进行调质处理,可直接加工成零件使用,对于有要求去加工应力的零件,加工后可在不大于600℃的温度进行去应力处理。去应力处理后,性能可能略有下降。

FT4102钢的切削性良好,与40Cr钢和42CrMo钢相当或更优。

(3) 应用

FT4102钢可用于制造轴、杆、套等零件,可代替45、40Cr、35CrMo、42CrMo等中碳钢和中碳合金调质钢。

(4) 化学成分(见表2-221)

表2-221 化学成分(质量分数) (%)

C	Si	Mn	P	S	Cr	Ni	Mo	V	Al	Cu
0.38~0.45	0.20~0.40	0.80~1.20	≤0.020	≤0.035	≤0.30	—	—	0.06~0.15	≤0.030	≤0.20

注:其他化学成分相应(近似)牌号为F40VS。

(5) 物理性能(见表2-222)

表2-222 物理性能(供参考)

温度/℃	室温	100	200	250	350	400	500	600
热导率 $\lambda/[W/(m \cdot ℃)]$	—	59.4	53.2	—	—	46.9	—	—
比定压热容 $c_p/[J/(kg \cdot ℃)]$	—	486	—	527	569	—	695	—
线胀系数 $/10^{-6}℃^{-1}$	—	9.4	—	—	—	—	—	14.3
弹性模量 $E/10^4$ MPa	20.4	—	—	—	—	—	—	—
切变模量 $G/10^3$ MPa								
泊松比 $\mu/10^{-1}$								
电阻率 $\rho/10^{-8} \Omega \cdot m$								

注:密度为7.81g/cm³。

(6) 常见热处理制度

FT4102钢属非调质钢,无须热处理即可满足性能要求。

(7) 力学性能

① 企业技术标准规定的力学性能见表2-223。

表2-223 技术标准规定的力学性能

品种 (标准)	规格/mm	状态	力学性能(≥)					HBW
			$R_m/$ MPa	$R_{p0.2}/$ MPa	A (%)	Z (%)	$KU_2/$J	
轧材	>70~105	轧制	740	500	15	35	40	220~280
	>105~140	轧制	700	490	14	30	32	210~270

② 室温下的力学性能见表2-224。

表 2-224 室温下的力学性能

状态	温度/℃	力学性能(≥)					HBW
		R_m/MPa	$R_{p0.2}$/MPa	$A(\%)$	$Z(\%)$	KU_2/J	
ϕ120mm，轧制	室温	960	715	21	56	52	270
ϕ120mm，600℃去应力	室温	895	645	21	58	50	245

（8）耐蚀性

FT4102 钢的耐蚀性较差，一般不作考核，也不作选材依据。

2.4.2 FT4201 钢

（1）概述

FT4201 钢是某企业生产的以钒为主要强化元素的非调质钢之一，其主要用于直接切削加工零件。

FT4201 钢经热轧后更具有良好的组织和性能，细片状珠光体的晶粒度可达 10~11 级，组织均匀，虽其心部组织略粗于表面层组织，但也是十分均匀的，不存在其他不良相和组织。因此，其大截面材料自表面至心部的硬度、性能的变化也小，沿整个截面的性能均匀。以 ϕ100mm 圆钢为例，其沿截面的硬度变化及与 40Cr 钢和 42CrMo 钢调质后的硬度变化对比见表 2-229。

（2）工艺特性

FT4201 钢无须调质处理，可直接加工成零件使用。对于有要求去除加工应力的零件，加工后可在不大于 600℃温度下进行去应力处理，这里性能略有降低。

FT4201 钢的切削加工性与 40Cr 钢、42CrMo 钢相当。

（3）应用

FT4201 钢可用于制造轴、杆及其他机械零件，可代替 45、35CrMo、40Cr、42CrMo 等中碳钢和中碳合金钢质钢。

（4）化学成分（见表 2-225）

表 2-225 化学成分（质量分数） （%）

C	Si	Mn	P	S	Cr	Ni	Mo	V	Al	Cu
0.38~0.45	0.30~0.50	1.20~1.60	≤0.020	≤0.035	≤0.030	—	—	0.06~0.15	≤0.030	≤0.02

注：其他化学成分的相应（近似）牌号为 F40MnVS。

（5）物理性能（见表 2-226）

（6）常见热处理制度

FT4201 钢属非调质钢，无须热处理即可满足性能要求。

表 2-226 物理性能（供参考）

温度/℃	室温	100	—	—	—	—	—	—
热导率 λ/[W/(m·℃)]	—	—	—	—	—	—	—	—
比定压热容 c_p/[J/(kg·℃)]	—	—	—	—	—	—	—	—
线胀系数/10^{-6}℃$^{-1}$	—	11.5	—	—	—	—	—	—
弹性模量 E/10^4MPa	—	—	—	—	—	—	—	—
切变模量 G/10^3MPa	—	—	—	—	—	—	—	—
泊松比 μ/10^{-1}	—	—	—	—	—	—	—	—
电阻率 ρ/$10^{-8}\Omega\cdot$m	—	—	—	—	—	—	—	—

注：密度为 7.8g/cm³。

(7) 力学性能

① 技术标准规定的力学性能见表 2-227。

表 2-227 技术标准规定的力学性能

品种(标准)	规格/mm	状态	力学性能(≥)					HBW
			R_m/MPa	$R_{p0.2}$/MPa	$A(\%)$	$Z(\%)$	KU_2/J	
轧材	70~105	轧制	900	590	15	35	35	245~280
	>105~140	轧制	860	560	13	30	30	230~280

② 室温下的力学性能见表 2-228。

表 2-228 室温下的力学性能（实测平均值）

状态	温度/℃	力学性能(≥)					HBW
		R_m/MPa	$R_{p0.2}$/MPa	$A(\%)$	$Z(\%)$	KU_2/J	
ϕ80mm 轧制	室温	946~974	646~710	19~22	55~60	60~67	—
ϕ100mm 轧制	室温	893~939	584~695	19~20	54~60	53~57	—
ϕ125mm 轧制	室温	901~959	603~680	18	47~55	45~49	—

③ 硬度沿截面的变化及对比见表 2-229。

表 2-229 硬度沿截面的变化及对比（ϕ100mm）（实测平均值） （HBW）

材料	状态	测点位置(R 为半径)			
		3R/4	R/2	R/4	中心
FT4201	轧制	282	275	279	277
40Cr	调质	261	265	249	231
42CrMo	调质	266	275	255	240

(8) 耐蚀性

FT4201 钢的耐蚀性较差，一般不作考核，也不作选材依据。

第3章 不 锈 钢

不锈钢也叫不锈耐酸钢，是指在有腐蚀介质（如腐蚀气体、酸、碱、盐及其溶液、海水等）的条件下，具有抵抗腐蚀能力的金属材料。不锈钢最大的成分特征是铬的质量分数至少在12%以上，还依据使用要求不同含有其他合金元素，主要有镍、钼、钛、锰、铜、硅、氮、钨等。

为适应不同腐蚀条件下的耐蚀能力，研制和生产了不同成分、不同组织和不同特性的不锈钢。通常把不锈钢分为铁素体不锈钢、奥氏体不锈钢、奥氏体-铁素体（双相）不锈钢、马氏体不锈钢和沉淀硬化不锈钢五类。

这五类不锈钢在成分、组织、性能、热处理方式等方面各具特点。

不锈钢可以用来制作各种结构件和非结构件，如轴、杆、体、轮、套、盘、螺栓和螺母等。具体应该根据产品或零部件工作的腐蚀条件、力学性能要求及其他条件合理选用。

3.1 铁素体不锈钢

铁素体不锈钢一般铬的质量分数为11.0%~30.0%，基本不含镍，还有的添加钼、铝、钛等，依据铬含量多少，大致分为低铬铁素体不锈钢 [$w(Cr)$= 11%~14%]、中铬铁素体不锈钢 [$w(Cr)$= 14%（不含）~19%]、高铬铁素体不锈钢 [$w(Cr)$= 19%（不含）~30%] 三类。

铁素体不锈钢具有稳定的铁素体组织，所以强度较低，有一定的塑性、韧性。铁素体不锈钢不能通过热处理方法调整性能，经退火处理后具有一定的强度、塑性，但脆性较大。

铁素体不锈钢对硝酸等氧化性介质有较好的耐蚀性，在含有氯化物的介质中有良好的抗应力腐蚀能力，还具有良好的抗氧化性。

3.1.1 06Cr13Al（0Cr13Al）钢

（1）概述

06Cr13Al钢是低铬铁素体不锈钢，其虽含有11%~13%的铬，但因含碳量偏低，又含有铝，抑制了高温时铁素体向奥氏体的转变，所以，在室温下的组织基本上是铁素体。

06Cr13Al钢具有低铬钢的不锈性和抗氧化性，耐蚀性优于同等含铬量的Cr13型马氏体不锈钢，其具有良好的塑性、韧性和冷成形性，这些性能优于更高含铬量的其他铁素体不锈钢。

06Cr13Al钢主要制成锻件、铸件、棒材、板材等。

（2）工艺特性

06Cr13Al钢可进行锻轧，锻轧开始温度通常为1040~1150℃，锻轧终止温度不低于800℃，应注意控制钢的晶粒度不宜太粗大，保持细小晶粒度，可有利于以后处理时获得较好的塑性和韧性。

这类铁素体不锈钢常采用退火处理，退火加热温度为780~830℃，加热保温后空冷或缓冷，急速冷却有产生裂纹倾向。

06Cr13Al钢可焊接，但有一定的焊后硬化倾向。焊前应经250~350℃预热，焊后可进行700~730℃去应力处理，如采用奥氏体不锈钢焊条，焊后可不热处理。

06Cr13Al钢有一定冷成形性，可拉伸、轧制、冲压加工。

（3）应用

06Cr13Al钢主要用于生产硝酸的化工设备，可制成泵体、叶轮、阀体、叶片及硝酸热交换器、容器、管道等。

（4）化学成分（见表3-1）

表3-1 化学成分（质量分数）（GB/T 1220—2007） （%）

C	Si	Mn	P	S	Cr	Ni	Mo	Al
≤0.08	≤1.00	≤1.00	≤0.040	≤0.030	11.50~14.50	(≤0.60)	—	0.10~0.30

（5）物理性能（见表3-2）

表3-2 物理性能

温度/℃	室温	100	316	538	649
热导率 $\lambda/[W/(m \cdot ℃)]$	—	27	—	—	—
比定压热容 $c_p/[J/(kg \cdot ℃)]$	502	—	—	—	—
线胀系数 $/10^{-6}℃$	—	10.8	11.52	12.06	12.96
弹性模量 $E/10^4 MPa$	22				
切变模量 $G/10^3 MPa$					
泊松比 $\mu/10^{-1}$					
电阻率 $\rho/10^{-8}\Omega \cdot m$	60				

注：密度为8.027g/cm³；熔点为1482~1532℃。

（6）常见热处理制度（见表3-3）

表3-3 常见热处理制度

热处理	加热温度/℃	冷却方法	金相组织
退火	780~830	空冷或缓冷	铁素体

（7）力学性能

① 技术标准规定的力学性能见表3-4。

表3-4 技术标准规定的力学性能

品种（标准）	规格/mm	状态	力学性能（≥）						HBW
			R_m/MPa	$R_{p0.2}$/MPa	Z(%)	$A_{11.3}$(%)	A(%)	KU_2/J	
棒材或锻件（GB/T 1220—2007）	≤75	退火	410	175	60	—	20	78	≤183

② 室温下的力学性能见表3-5。

表3-5 室温下的力学性能

状态	温度/℃	R_m/MPa	$R_{p0.2}$/MPa	A(%)	Z(%)	KU_2/J	HBW
退火	室温	448	262	31	—	—	112

(8) 耐蚀性

耐全面（均匀）腐蚀性能见表3-6。

表 3-6 耐全面（均匀）腐蚀性能（现场挂片试验，供参考）

介质	浓度(%)	压力/MPa	温度/℃	时间/h	腐蚀速率 mm/a[①]	腐蚀速率 g/(m²·h)	备注
氢氰酸 乙腈	99.5 0.5	—	常温	952	0.0009	—	
巴豆醛 乙醛 乙酸	9 0.5~1.0 0.5~1.0	—	90~100	950	0.0015	—	
巴豆醛 丁醛 丁醇 水	34.5 9.1 18.4 余量	—	110~136	1608	0.0987	—	
丁醛 巴豆醛 丁醇	75 13 1	—	70	1508	0.0007	—	
巴豆醛 乙酸	78 10	—	90~100	950	0.0015	—	
巴豆醛 丁醛 水	90 2 余量	—	110~136	1608	0.0805	—	
工业磷酸	85	—	90	100	0.598	—	
丙烯酸	2	—	室温	3024	0.0001	—	
乙醇胺	30	—	45	300	0.0006	—	
碳酸氢钠	25	—	45	300	16.4	—	
柠檬酸	25	—	45	300	12.6	—	

① "a"代表"年"。

(9) 常用标准牌号对照（见表3-7）

表 3-7 常用标准牌号对照

国别	中国	国际标准化	欧洲		英国	德国	
标准	GB	ISO	EN	Mat. No	BS	DIN	W-Nr
牌号	06Cr13Al	X6CrAl13	X6CrAl13	1.4002	405S17	X6CrAl13	1.4002

国别	法国	韩国	俄罗斯	日本	美国			
标准	NF	KS	ГОСТ	JIS	ASTM	UNS	AISI	SAE	ASI
牌号	Z6CA16	STS405	—	SUS405	405	S40500	—	—	

3.1.2 10Cr17（1Cr17）钢

(1) 概述

10Cr17钢是中等铬含量的铁素体不锈钢，当碳含量较高而铬含量较低时，钢的组织中除铁素体外还会有一定量的珠光体（铁素体+碳化物）。钢的脆性较大，脆性转变温度在室温以上，存在缺口敏感性，所以，不适于制作在室温以下承受载荷的设备和部件。

10Cr17钢在大气、水蒸气等介质中有不锈性，但当介质中含有较高Cl⁻时，耐蚀性变差，其在氧化性酸溶液中的耐蚀性接近06Cr19Ni10奥氏体不锈钢，主要用于生产硝酸、硝铵的化工设备，如泵、阀等。

10Cr17钢可制成铸件、锻件、板材、管板等。

（2）工艺特性

10Cr17钢的热加工开始温度通常为1050~1150℃，为了获得细晶粒组织和较好的塑性，应控制锻轧终止温度不高于850℃，并保证足够的变形量。

10Cr17钢常用的热处理方法是退火，一般退火加热温度为780~850℃，空冷或缓冷。

10Cr17钢有一定的焊接性，焊前可预热至200℃左右，焊后热处理可采用750~800℃加热退火。在焊接热影响区的组织会发生变化，主要是在875℃以上区间，一部分组织可转变成奥氏体，在随后的冷却过程中这部分奥氏体可转变成马氏体。这些马氏体在晶界处呈不连续分布，增大了钢的脆性。所以，采用焊后750~800℃的退火，促使马氏体向铁素体加碳化物转变，从而改善焊接热影响区的塑性，降低脆性。如果采用奥氏体不锈钢焊条焊接，也可不进行焊后热处理。

10Cr17钢有一定的冷加工成形性。

（3）应用

10Cr17钢主要用于生产硝酸的化工设备，可用于泵、阀、管路，制成泵体、阀体、叶轮等零部件。

（4）化学成分（见表3-8）

表3-8 化学成分（质量分数）（GB/T 1220—2007） （%）

C	Si	Mn	P	S	Cr	Ni	Mo
≤0.12	≤1.00	≤1.00	≤0.040	≤0.030	16.00~18.00	(≤0.60)	—

（5）物理性能（见表3-9）

表3-9 物理性能

温度/℃	室温	100	200	300	400	500
热导率 λ/[W/(m·℃)]	25	—	—	—	—	—
比定压热容 c_p/[J/(kg·℃)]	460	—	—	—	—	—
线胀系数/10^{-6}℃$^{-1}$	—	10.0	10.0	10.5	10.5	11.0
弹性模量 E/10^4MPa	—	—	—	—	—	—
切变模量 G/10^3MPa	—	—	—	—	—	—
泊松比 μ/10^{-1}	—	—	—	—	—	—
电阻率 ρ/10^{-8}Ω·m	60	—	—	—	—	—

注：密度为7.72g/cm³；熔点为1427~1510℃。

（6）常见热处理制度（见表3-10）

表3-10 常见热处理制度

热处理	加热温度/℃	冷却方法	金相组织
退火	750~850	空冷或缓冷	铁素体

（7）力学性能

① 技术标准规定的力学性能见表3-11。

表 3-11 技术标准规定的力学性能

品种(标准)	规格/mm	状态	力学性能(≥)						HBW
			R_m/MPa	$R_{p0.2}$/MPa	$A_{11.3}$(%)	A(%)	Z(%)	KU_2/J	
棒材或锻件 (GB/T 1220—2007)	≤75	退火 780~850℃ 空冷或缓冷	450	205	—	22	50	—	≤183

② 室温下的力学性能见表 3-12。

表 3-12 室温下的力学性能

状态	温度/℃	R_m/MPa	$R_{p0.2}$/MPa	A(%)	Z(%)	KU_2/J	HBW
780~800℃,空冷	室温	412~632	245~285	20~57	—	—	140~170

(8) 耐蚀性

① 耐全面(均匀)腐蚀性能见表 3-13。

表 3-13 耐全面(均匀)腐蚀性能

介质	浓度(%)	压力/MPa	温度/℃	时间/h	腐蚀速率		备注
					mm/a	g/(m²·h)	
硝酸	5	—	20	—	<0.1	—	
	5	—	沸点	—	<0.1	—	
	20	—	20	—	<0.1	—	
	20	—	沸点	—	<0.1	—	
	30	—	80	—	0.03	—	
	50	—	80	—	0.02	—	
	65	—	85	—	<0.1	—	
	65	—	沸腾	—	2.20	—	
	90	—	70	—	1.0~3.0	—	
	90	—	沸腾	—	1.0~3.0	—	
磷酸	10	—	20	—	<0.1	—	
	10	—	沸点	—	<0.1	—	
	45	—	20~沸点	—	0.1~3.0	—	
	80	—	20	—	<0.1	—	
	80	—	110~120	—	>10.0	—	
乙酸	10	—	20	—	<0.1	—	
	10	—	100	—	1.0~3.0	—	
硫酸	5	—	20	—	>10.0	—	
	50	—	20	—	>10.0	—	
	80	—	20	—	1.0~3.0	—	
硫酸 硝酸	48 31	—	90	24	0.46	—	
硫酸 硝酸	60 20	—	50	72	0.21	—	
硫酸 硝酸	88.7 4.7	—	50	47	0.13	—	
硫酸 硝酸	93.8 1.3	—	20	1200	0.007	—	
硼酸	50~饱和溶液	—	100	—	<0.1	—	
硝酸 (含Cl⁻)	26	—	40	144	0.0018	—	
		—	80	144	0.038	—	

(续)

介质	浓度(%)	压力/MPa	温度/℃	时间/h	腐蚀速率 mm/a	腐蚀速率 g/(m²·h)	备注
氢氧化钠	20	—	20	—	<0.1	—	
氢氧化钾	20	—	20~沸点	—	<0.1	—	
	50	—	20~沸点	—	>10.0	—	
氢氧化钙	溶液	—	20	—	<0.1	—	
硫酸铵	饱和溶液	—	20	—	<1.0	—	
		—	100	—	<10.0	—	
硫酸铁	20	—	沸点	—	<0.1	—	
硫酸钾	20	—	20	720	0.85	—	
	10	—	沸点	96	0.95	—	
亚硫酸钠	50	—	沸点	—	<10.0	—	
硝酸钾	25~50	—	20~沸点	—	<0.1	—	
	熔体	—	550	—	<0.1	—	
硝酸铁	溶液	—	20	—	<0.1	—	
氯化钾	饱和溶液	—	20	—	<1.0	—	
		—	沸点	—	>10.0	—	
氯化钠	10	—	20	883	0.035	—	
明矾	10	—	20	—	0.1~1.0	—	
		—	100	—	<10.0	—	
钾铬矾	溶液	—	20	—	<10.0	—	
纤维素	蒸煮时	—	—	190	0.24	—	
三氯化钾	纯	—	—	沸点	<0.1	—	

② 耐晶间腐蚀性能如下。

10Cr17钢属铁素体不锈钢,在400~600℃的温度区间或者高于1100℃时属敏化温度区间,也会产生晶间腐蚀,但腐蚀特性与奥氏体不锈钢不同。

10Cr17钢在760~820℃退火处理后,耐晶间腐蚀性能提高,在用硫酸-硫酸铜-铜屑法或65%HNO₃法进行晶间腐蚀试验时,均不产生晶间腐蚀。

(9) 常用标准牌号对照 (见表3-14)

表3-14 常用标准牌号对照

国别	中国	国际标准化	欧洲		英国	德国	
标准	GB	ISO	EN	Mat. No	BS	DIN	W-Nr
牌号	10Cr17	X6Cr17	X6Cr17	1.4016	430S15	X6Cr17	1.4016
国别	法国	韩国	俄罗斯	日本	美国		
标准	NF	KS	ΓOCT	JIS	ASTM	UNS	AISI	SAE	ASI
牌号	Z8C17	STS430	12X17	SUS430	430	S43000	—	—	—

3.1.3 0Cr17Ti 钢

(1) 概述

0Cr17Ti钢是在1Cr17钢的基础上加入了钛并降低了碳含量,属铁素体不锈钢。由于加入了钛和降低了碳含量,因此其耐蚀性提高,提高了耐晶间腐蚀能力,同时改善了焊接性。但是,0Cr17Ti钢有较大的脆性,不宜制造受冲击载荷的设备,不宜在475℃左右的脆性温度范围和形成σ相的温度区间长期使用和停留,以防止脆性增加。

0Cr17Ti钢可制成锻件、棒材、板材及铸件。

(2) 工艺特性

0Cr17Ti 钢的工艺特性与 1Cr17 钢相当，但焊接性更好，铁素体组织更稳定，一般情况下可采用 18-8 型焊条焊接，焊前可不预热，焊后也无须热处理。

0Cr17Ti 钢应在退火状态下使用，退火温度通常为 750~800℃，保温后空冷。

(3) 应用

0Cr17Ti 钢适合制造生产硝酸、硝铵等要求耐氧化酸的容器、管道、泵体、叶轮、阀体等。

(4) 化学成分（见表 3-15）

表 3-15 化学成分（质量分数）   (%)

C	Si	Mn	P	S	Cr	Ni	Mo	Ti
≤0.08	≤0.80	≤0.80	≤0.035	≤0.030	16.0~18.0	0.06	—	5×C ~0.8

(5) 物理性能（见表 3-16）

表 3-16 物理性能

温度/℃	室温	100	200	300	400	500
热导率 $\lambda/[W/(m\cdot℃)]$	25	—	—	—	—	—
比定压热容 $c_p/[J/(kg\cdot℃)]$	460	—	—	—	—	—
线胀系数 $/10^{-6}℃^{-1}$	—	10.0	10.0	10.5	10.5	11.0
弹性模量 $E/10^4$MPa	20.6	—	—	—	—	—
切变模量 $G/10^3$MPa	—	—	—	—	—	—
泊松比 $\mu/10^{-1}$	—	—	—	—	—	—
电阻率 $\rho/10^{-8}\Omega\cdot m$	60	—	—	—	—	—

注：密度为 7.70g/cm³，熔点为 1427~1510℃。

(6) 常见热处理制度（见表 3-17）

表 3-17 常见热处理制度

热处理	加热温度/℃	冷却方法	金相组织
退火	750~800	空冷	铁素体

(7) 力学性能

① 技术标准规定的力学性能见表 3-18。

表 3-18 技术标准规定的力学性能

| 品种（标准） | 规格/mm | 状态 | 力学性能（≥） | | | | | HBW |
			R_m/MPa	$R_{p0.2}$/MPa	$A_{11.3}$(%)	A(%)	Z(%)	KU_2/J	
棒材或锻件	≤75	780~850℃ 空冷	441	294	—	20	—	—	—

② 室温下的力学性能见表 3-19。

表 3-19 室温下的力学性能

状态	温度/℃	R_m/MPa	$R_{p0.2}$/MPa	A(%)	Z(%)	KU_2/J	HBW
780℃空冷	室温	525~544	314~324	33.0~34.0	—	—	—

③ 蠕变极限和持久极限见表 3-20。

表 3-20 蠕变极限和持久极限

状态	温度/℃	蠕变极限/MPa $\sigma_{1/10^3}$	状态	温度/℃	蠕变极限/MPa $\sigma_{1/10^3}$
退火	550	52.9	退火	700	9.8
	600	34.3		750	6.9
	650	14.7		—	—

（8）耐蚀性

① 耐全面（均匀）腐蚀性能见表 3-21。

表 3-21 耐全面（均匀）腐蚀性能

介质	浓度(%)	压力/MPa	温度/℃	时间/h	腐蚀速率 mm/a	腐蚀速率 g/(m²·h)	备注
硝酸	25	—	沸点	48~96	—	0.062	
	40		60	48		0.023	
			沸点	48~96		0.156	
	50		60	48		0.0295	
			—	48		0.2	
			沸点	48~96		0.2	
				96~144		0.2	
	65		沸点	48		0.4	
				48~96		0.6	
				96~144		0.8	
乙酸 乙酸乙烯	91~97 2~8	—	124~141		0.870	—	
磷酸	85	—	90	100	0.0158	—	
丙烯腈 乙腈 氢氰酸 总醛	76.5 8.79 6.98 1.70	—	95~100	240	0.0003	—	—
巴豆醛 乙醛 乙酸	90 0.5~1.0 0.5~1.0	—	90~100	950	0.0011	—	
巴豆醛 乙醛 丁醇 水、氢气	34.5 29.1 18.4 余量	—	110~136	1608	0.0839	—	
丁醛 巴豆醛 丁醇 水、氢气	75 13 1 余量	—	70	1608	0.0009	—	
辛烯醛 水、氢气	28.7 余量	—	78	1608	0.0014	—	

② 耐晶间腐蚀性能：0Cr17Ti 钢的耐晶间腐蚀性能良好，但其焊接试样在用 65%沸腾硝酸法检验时存在刀口腐蚀。

（9）常用标准牌号对照（见表 3-22）

表 3-22 常用标准牌号对照

国别	中国	国际标准化	欧洲		英国	德国	
标准	—	ISO	EN	Mat. No	BS	DIN	W-Nr
牌号	0Cr17Ti	X3CrTi17	X3CrTi17	1.4510	—	X3CrTi17	1.4510
国别	法国	韩国	俄罗斯	日本	美国		
标准	NF	KS	ГОСТ	JIS	ASTM	UNS	AISI	SAE	ASI
牌号	Z4CT17	STS430LX	08X17Ti	SUS430LX	439	S43035	—	—	—

3.1.4　1Cr17Ti 钢

（1）概述

1Cr17Ti 钢是在 1Cr17 的基础上加入了钛元素，由于加入了钛，使钢的组织为纯铁素体，比 1Cr17 钢的铁素体组织更稳定，并且其耐晶间腐蚀能力及成形性、焊接性更优于 1Cr17 钢。1Cr17Ti 钢的脆性转变温度也在室温以上，也有缺口敏感性，不适于在室温以下使用的设备和部件中应用。

1Cr17Ti 钢的耐蚀性和抗氧化性与 1Cr17 相当（耐晶间腐蚀性能好于 1Cr17）。

1Cr17Ti 钢主要用于生产硝酸和硝铵的设备如泵、阀等。

1Cr17Ti 钢可制成铸件、锻件、棒材、板材等。

（2）工艺特性

1Cr17Ti 钢的工艺特性与 1Cr17 钢相当，但焊接性更好，因为加入了稳定化元素钛，铁素体组织更稳定，在焊接热影响区的脆性明显降低，塑性、韧性得到明显改善。

1Cr17Ti 钢应在退火状态下使用，退火加热温度通常为 750～800℃，保温后空冷。

（3）应用

1Cr17Ti 钢主要用于有生产硝酸的化工设备，如泵、阀等，可制造泵体、阀体、叶轮、叶片等零件。

1Cr17Ti 钢也可应用于有一定晶间腐蚀倾向的介质。

（4）化学成分（见表 3-23）

表 3-23 化学成分（质量分数） （%）

C	Si	Mn	P	S	Cr	Ni	Mo	Ti
≤0.12	≤0.80	≤0.80	≤0.035	≤0.030	16.00～18.00	≤0.06	—	5×C～0.80

（5）物理性能（见表 3-24）

表 3-24 物理性能

温度/℃	室温	100	200	300	400	500
热导率 λ/[W/(m·℃)]	25	—	—	—	—	—
比定压热容 c_p/[J/(kg·℃)]	460	—	—	—	—	—
线胀系数/10^{-6}℃$^{-1}$	—	10.0	10.0	—	10.5	11.0
弹性模量 E/10^4MPa	20.6	—	—	—	—	—
切变模量 G/10^3MPa	—	—	—	—	—	—
电阻率 ρ/10^{-8}Ω·m	60	—	—	—	—	—
泊松比 μ/10^{-1}	—	—	—	—	—	—

注：密度为 7.70g/cm³；熔点为 1427～1510℃。

(6) 常见热处理制度（见表3-25）

表3-25 常见热处理制度

热处理	加热温度/℃	冷却方法	金相组织
退火	750~800	空冷	铁素体

(7) 力学性能

① 技术标准规定的力学性能见表3-26。

表3-26 技术标准规定的力学性能

品种(标准)	规格/mm	状态	力学性能(≥)						HBW
			R_m/MPa	$R_{p0.2}$/MPa	$A_{11.3}$(%)	A(%)	Z(%)	KU_2/J	
棒材或锻件	≤75	780~850℃ 空冷	441	294	—	20	—	—	—

② 室温下的力学性能见表3-27。

表3-27 室温下的力学性能

状态	温度/℃	R_m/MPa	$R_{p0.2}$/MPa	A(%)	Z(%)	KU_2/J	HBW
750~800℃,空冷	室温	444~490	294~341	25~30	—	—	—

(8) 耐蚀性

① 耐全面（均匀）腐蚀性能见表3-28。

表3-28 耐全面（均匀）腐蚀性能

介质	浓度(%)	压力/MPa	温度/℃	时间/h	腐蚀速率		备注
					mm/a	g/(m²·h)	
硝酸	5	—	沸腾	—	0.010	—	
	25	—	沸腾	—	0.072	—	
	30	—	40	—	0.007	—	
	30	—	80	—	0.024	—	
	45	—	沸腾	—	0.179	—	
	50	—	40	—	0.018	—	
	50	—	80	—	0.045	—	
	65	—	沸腾	—	0.414	—	
乙酸+乙酸乙烯	50~55	—	120	2015	0.093	—	
硝酸	47~49	—	40	6920	0.0084	—	
磷酸	85	—	90	100	0.0158	—	

② 耐晶间腐蚀性能同1Cr17。

(9) 常用标准牌号对照（见表3-29）

表3-29 常用标准牌号对照

国别	中国	国际标准化	欧洲		英国	德国	
标准	—	ISO	EN	Mat. No	BS	17006	17007
牌号	1Cr17Ti	—	—	—	—	—	—

国别	法国	韩国	俄罗斯	日本	美国			
标准	NF	KS	ГOCT	JIS	ASTM	UNS	AISI	SAE	ASI
牌号	—	—	12X17T	—	—	—	—	—	—

3.1.5 1Cr17Mo2Ti 钢

(1) 概述

1Cr17Mo2Ti 钢属中铬含钼铁素体不锈钢，因含有质量分数为 2% 左右的钼，所以比 1Cr17 和 0Cr17Ti 有更好的耐蚀性，尤其对有机酸类（如乙酸、果胶等）的耐腐蚀效果更好，在某些情况下甚至优于 18-8 型奥氏体不锈钢 06Cr19Ni10，由于含钛，其耐晶间腐蚀性能有所提高。

1Cr17Mo2Ti 钢主要用于制造与有机酸相关的设备，如容器等。

1Cr17Mo2Ti 钢的主要产品有铸件、锻件、棒材、板材、管材等。

(2) 工艺特性

1Cr17Mo2Ti 钢的热加工温度通常为 1100~1150℃，锻轧终止温度应不大于 800℃。温度过高，容易引起晶粒粗大、增加脆性；温度太低不易加工，易产生裂纹。

1Cr17Mo2Ti 钢热处理采用 700~800℃ 退火，空气冷却。

1Cr17Mo2Ti 钢可焊接，但应焊前预热至 200℃ 以上，焊后应及时进行 700~800℃ 的去应力退火。

该材料韧性低，冷变形加工应在预热 200~600℃ 后进行，以防产生裂纹。

(3) 应用

1Cr17Mo2Ti 钢主要用于制造与有机酸类相关的设备，如容器、泵体、阀体、泵轮、管道等。

(4) 化学成分（见表 3-30）

表 3-30 化学成分（质量分数） （%）

C	Si	Mn	P	S	Cr	Ni	Mo	Ti
≤0.10	≤0.80	≤0.80	≤0.035	≤0.030	16.00~18.00	—	1.60~1.90	≥7×C

(5) 物理性能（见表 3-31）

表 3-31 物理性能

温度/℃	室温	100	200	300	400	500
热导率 λ/[W/(m·℃)]	25	—	—	—	—	—
比定压热容 c_p/[J/(kg·℃)]	460	—	—	—	—	—
线胀系数/10^{-6}℃$^{-1}$	—	10.5	11.0	11.5	12.0	12.0
弹性模量 E/10^4MPa	19.6	—	—	—	—	—
切变模量 G/10^3MPa	—	—	—	—	—	—
泊松比 μ/10^{-1}	—	—	—	—	—	—
电阻率 ρ/10^{-8}Ω·m	70	—	—	—	—	—

注：密度为 7.6g/cm³；熔点为 1427~1510℃。

(6) 常见热处理制度（见表 3-32）

表 3-32 常见热处理制度

热处理	加热温度/℃	冷却方法	金相组织
退火	750~800	空冷	铁素体

(7) 力学性能

技术标准规定的力学性能见表3-33。

表 3-33 技术标准规定的力学性能

品种(标准)	规格/mm	状态	力学性能(≥)						HBW
			R_m/MPa	$R_{p0.2}$/MPa	$A_{11.3}$(%)	A(%)	Z(%)	KU_2/J	
棒材	≤75	780~850℃ 空冷	490	294	—	20	55	—	—

（8）耐蚀性

耐全面（均匀）腐蚀性能见表3-34。

表 3-34 耐全面（均匀）腐蚀性能

介质	浓度(%)	压力/MPa	温度/℃	时间/h	腐蚀速率/(mm/a)
硝酸	10	—	沸点	—	0.36
	50	—	沸点	—	1.00
	65	—	20~沸点	48	1.79
乙酸	10~浓	—	沸点	—	<0.1
	65	—	沸点	98	<0.01
	98	—	沸点	98	<0.01
乳酸	10	—	20~沸点	—	<0.1
	浓	—	20	—	<0.1
	浓	—	沸点	—	<0.1
甲酸	10~50	—	20	—	<1.0
	10	—	沸点	—	<1.0
	50	—	沸点	—	>10.0
柠檬酸	1~50	—	20~沸点	—	<0.1
	50	1.32	140	—	<1.0
五倍子酸	饱和	—	100	—	<0.1
葡萄酸	—	—	20~沸点	—	<0.1
铬酸	10	—	20~沸点	—	<0.1
	50	—	20	—	<10.0
水杨酸	—	—	20	—	<0.10

用较高温度（如840~850℃）退火比用较低温度（如700℃）退火时的耐蚀性更好。

（9）常用标准牌号对照（见表3-35）

表 3-35 常用标准牌号对照

国别	中国	国际标准化	欧洲		英国	德国	
标准	—	ISO	EN	Mat. No	BS	DIN	W-Nr
牌号	1Cr17Mo2Ti	—	—	—	—	—	—
国别	法国	韩国	俄罗斯	日本	美国			
标准	NF	KS	ГОСТ	JIS	ASTM	UNS	AISI	SAE	ASI
牌号	—	—	12X17M2T	—	436	S43600	—	—	—

3.1.6 1Cr25Ti 钢

（1）概述

1Cr25Ti 钢属高铬铁素体不锈钢。因其铬含量较高，所以耐蚀性更好，又含有钛，其耐晶间腐蚀性能也好。但其工艺性较差，特别是冷加工性差，易过热和晶粒粗大，脆性大。

1Cr25Ti 钢主要用于含有 Cl⁻ 介质或不同浓度的硝酸、磷酸等介质的设备制造。

1Cr25Ti 钢可以制成铸件、锻件、棒材、板材等。

（2）工艺特性

1Cr25Ti 钢的工艺特性相似于 1Cr17Ti。但因其铬含量更高，晶粒容易过热、长大，所以在冷热加工时更应注意。尤其是焊接时，应预热至 200℃ 左右，焊后及时进行去应力退火。

热加工加热温度不宜超过 1150℃，终止温度应不大于 800℃，防止粗晶和晶粒不均，也防止低温加工产生裂纹。

（3）应用

1Cr25Ti 钢主要用于与含 Cl⁻ 介质及硝酸、磷酸等腐蚀介质相关的设备。

1Cr25Ti 钢可制成泵体、叶轮、阀体、容器、换热器等。

（4）化学成分（见表 3-36）

表 3-36 化学成分（质量分数） (%)

C	Si	Mn	P	S	Cr	Ni	Mo	Ti
≤0.12	≤1.0	≤0.80	≤0.035	≤0.030	24.00~27.00	—	—	5×C~0.80

（5）物理性能（见表 3-37）

表 3-37 物理性能

温度/℃	室温
热导率 λ/[W/(m·℃)]	17.0
比定压热容 c_p/[J/(kg·℃)]	460
线胀系数/10^{-6}℃$^{-1}$	10.6
弹性模量 E/10^4MPa	—
切变模量 G/10^3MPa	—
泊松比 μ/10^{-1}	—
电阻率 ρ/10^{-8}Ω·m	—

注：密度为 7.6g/cm³。

（6）常见热处理制度（见表 3-38）

表 3-38 常见热处理制度

热处理	加热温度/℃	冷却方法	金相组织
退火	750~800	空冷	铁素体

（7）力学性能

① 技术标准规定的力学性能见表 3-39。

表 3-39 技术标准规定的力学性能

品种(标准)	规格/mm	状态	力学性能(≥)						HBW
			R_m/MPa	$R_{p0.2}$/MPa	$A_{11.3}$(%)	A(%)	Z(%)	KU_2/J	
棒材	≤75	780~850℃ 空冷	441	294	—	20	45	—	—

② 不同温度下的力学性能见表 3-40。

表 3-40 不同温度下的力学性能（实测值）

状态	温度/℃	力学性能(≥)					HBW
		R_m/MPa	$R_{p0.2}$/MPa	$A(\%)$	$Z(\%)$	KU_2/J	
750~800℃空冷	室温	441~618	324~520	20~39	45~76	—	—
退火	20	531	—	28.1	70.6	93.1	160.5
	100	494	—				157.5
	200	494	—				144.0
	300	465	—				130.5
	500	384	—				
	600	141	—				112.0

③ 持久极限见表 3-41。

表 3-41 持久极限

状态	温度/℃	持久极限/MPa			
		σ_{10^2}	σ_{10^3}	σ_{10^4}	σ_{10^5}
退火	650	40.7	28.4	20.0	13.8
	760	16.7	11.8	8.2	6.3
	870	8.2	5.1	3.1	2.0
	980	4.6	2.6	1.6	1.0

（8）耐蚀性

① 耐全面（均匀）腐蚀性能见表 3-42。

表 3-42 耐全面（均匀）腐蚀性能

介质	浓度(%)	压力/MPa	温度/℃	时间/h	腐蚀速率/(mm/a)
硝酸	6	—	70	480	<0.001
	6	—	沸点	480	<0.01
	30~40	—	20~70	480	<0.01
	30	—	沸点	480	<0.01
	59	—	70	480	0.01
磷酸	10~85	—	20~40	744	<0.001
	10~85	—	70	480	<0.001
	10~20	—	沸点	480	<0.01
	55	—	沸点	480	0.18
	85	—	沸点	480	11.6
乙酸	15	—	20~70	470	<0.001
	15	—	20~沸点	490	<0.01
	25	—	20~沸点	490	<0.01
	45	—	20~沸点	490	<0.01

② 抗氧化性见表 3-43。

表 3-43 抗氧化性

温度/℃	900	1000	1100
失重/[g/(m²·h)]	0.35	0.85	1.95

（9）常用标准牌号对照（见表 3-44）

表 3-44 常用标准牌号对照

国别	中国	国际标准化	欧洲		英国	德国	
标准	—	ISO	EN	Mat. No	BS	DIN	W-Nr
牌号	1Cr25Ti						
国别	法国	韩国	俄罗斯	日本	美国		
标准	NF	KS	ГOCT	JIS	ASTM	UNS	AISI	SAE	ASI
牌号	—	—	15X25T	—	—	—	—	—	—

3.1.7 Cr28 钢

（1）概述

Cr28 钢属高铬铁素体不锈钢。由于铬含量很高，因此其耐蚀性更好，但也更脆，冷热加工更困难，特别是焊接性更差。

Cr28 钢对有氧化作用的酸类，尤其是对在一定浓度与温度下的硝酸具有良好的耐蚀性，此外，也能耐碱性溶液、盐水、苯、次氯酸钠、磷酸钠的腐蚀。该钢的抗氧化性好，在 1100℃ 高温仍具有较好的抗氧化性。

该钢可生产成铸件、锻件、棒材、板材等。

（2）工艺特性

Cr28 钢可进行热加工，但应控制装炉温度和升温速度，锻轧开始温度为 1050~1100℃，锻轧终止温度应控制在不大于 800℃。终止温度过高，易产生粗晶和晶粒不均；温度过低又难于加工，易产生裂纹。锻轧后应缓冷。

该钢热处理方式是退火，退火温度通常为 700~800℃，加热、保温后空冷。

该钢不适于焊接，如果要焊接必须预热至 300~500℃，焊后应及时去应力退火，温度为 700~800℃。冷变形困难，须经预热至 200~600℃，可少量变形。

（3）应用

该钢用于腐蚀条件下如硝酸、磷酸类介质的容器、泵阀、轮、管道等。

（4）化学成分（见表 3-45）

表 3-45 化学成分（质量分数） (%)

C	Si	Mn	P	S	Cr	Ni	Mo	Ti
≤0.15	≤1.00	≤0.80	≤0.035	≤0.030	27.00~30.00	—	—	≤0.20

（5）物理性能（见表 3-46）

表 3-46 物理性能

温度/℃	室温	100	200	300	400	500
热导率 $\lambda/[W/(m \cdot ℃)]$	17	—	—	—	—	—
比定压热容 $c_p/[J/(kg \cdot ℃)]$	460	—	—	—	—	—
线胀系数 $/10^{-6}℃^{-1}$	—	10.0	10.5	10.5	11.0	11.0
弹性模量 $E/10^4 MPa$	—	19.6	—	—	—	—
切变模量 $G/10^3 MPa$	—	—	—	—	—	—
泊松比 $\mu/10^{-1}$	—	—	—	—	—	—
电阻率 $\rho/10^{-8} \Omega \cdot m$	70	—	—	—	—	—

注：密度为 $7.72 g/cm^3$；熔点为 1427~1520℃。

（6）常见热处理制度（见表 3-47）

表 3-47 常见热处理制度

热处理	加热温度/℃	冷却方法	金相组织
退火	750~800	空冷	铁素体

(7) 力学性能

① 技术标准规定的力学性能见表 3-48。

表 3-48 技术标准规定的力学性能

品种(标准)	规格/mm	状态	力学性能(≥)						HBW
			R_m/MPa	$R_{p0.2}$/MPa	$A_{11.3}$(%)	A(%)	Z(%)	KU_2/J	
棒材或锻件	≤75	780~850℃ 空冷	441	294	—	20	45	—	—

② 室温下的力学性能见表 3-49。

表 3-49 室温下的力学性能

状态	温度/℃	R_m/MPa	$R_{p0.2}$/MPa	A(%)	Z(%)	KU_2/J	HBW
700~800℃,空冷	室温	441~834	294~618	20~38	45~68	—	—
850℃,水冷	室温	569	382	26	61	—	159
950℃,空冷	室温	451	333	5	6	—	137
热轧后	室温	608	422	9	11	—	170

③ 蠕变极限和持久极限见表 3-50。

表 3-50 蠕变极限和持久极限

状态	温度/℃	蠕变极限/MPa	持久极限/MPa		状态	温度/℃	蠕变极限/MPa	持久极限/MPa	
		$\sigma_{1/10^4}$	σ_{10^3}	σ_{10^5}			$\sigma_{1/10^4}$	σ_{10^3}	σ_{10^5}
退火	537	41.2	—	—	退火	704	4.1	19.6	9.8
	593	20.6	41.2	—		760	2.1	—	—
	649	9.8	27.5	13.7					

(8) 耐蚀性

① 耐全面(均匀)腐蚀性能见表 3-51。

表 3-51 耐全面(均匀)腐蚀性能

介质	浓度(%)	压力/MPa	温度/℃	时间/h	腐蚀速率		备注
					mm/a	g/(m²·h)	
硝酸	30	—	60	—	<0.1	—	—
	30	—	沸点	—	<1.0	—	
	50	—	50	—	<1.0	—	
	50	—	沸点	—	<1.0	—	
	65	—	60	—	<1.0	—	
	65	—	沸点	—	<3.0	—	
	80	—	65	—	<1.0	—	
	80	—	沸点	—	<3.0	—	
	90	—	20	—	<3.0	—	
	90	—	沸点	—	<3.0	—	
	99	—	20	—	<1.0	—	
	99	—	沸点	—	<4.0	—	

(续)

介质	浓度(%)	压力/MPa	温度/℃	时间/h	腐蚀速率 mm/a	腐蚀速率 g/(m²·h)	备注
硫酸	3	—	20	—	3.0~10.0	—	
	5	—	20	—	>10.0	—	
	10	—	20	—	>10.0	—	
	40	—	20	—	>10.0	—	
盐酸	1	—	20	—	<3.0	—	
	5	—	20	—	>10.0	—	
	10	—	20	—	>10.0	—	
磷酸	5	—	20	—	<0.1	—	—
	5	—	85	—	<1.0	—	
	10	—	20	—	<0.1	—	
	10	—	沸点	—	<1.0	—	
	40	—	50	—	<1.0	—	
	40	—	沸点	—	<3.0	—	
	65	—	20	—	<1.0	—	
	65	—	110	—	>10.0	—	
	85	—	20	—	<0.1	—	
	85	—	85	—	<1.0	—	
	90	—	20	—	<0.1	—	
氯酸	90	—	20	—	1.0~3.0	—	
高氯酸	90	—	20	—	1.0~3.0	—	

② 耐晶间腐蚀性能：虽然 Cr28 钢中铬含量较高，但耐晶间腐蚀能力并不强，在 925℃ 敏化后，Cr28 钢在硫酸铜溶液（T 法）、65%沸腾的硝酸溶液（X 法）以及氟氢酸-硝酸混合溶液中试验时，都容易产生晶间腐蚀。而在 650~815℃ 下进行短时间退火后，能使已敏化的 Cr28 钢恢复抗晶间腐蚀能力。

③ 抗氧化性能：在 1100℃ 的空气介质中加热 50h，增重 $2.5mg/cm^2$；在 982℃ 的硫化氢介质中加热 50h，增重 $820mg/cm^2$。

（9）常用标准牌号对照（见表 3-52）

表 3-52 常用标准牌号对照

国别	中国	国际标准化	欧洲		英国	德国	
标准	—	ISO	EN	Mat. No	BS	DIN	W-Nr
牌号	Cr28	—	—	—	—	—	—
国别	法国	韩国	俄罗斯	日本	美国			
标准	NF	KS	ГОСТ	JIS	ASTM	UNS	AISI	SAE	ASI
牌号	—	—	15X28	—	—	—	—	—	—

3.1.8 00Cr25Ni4Mo4(Ti,Nb)钢

（1）概述

00Cr25Ni4Mo4（Ti，Nb）钢是加入稳定化元素钛或铌的铁素体不锈钢，因其耐点蚀当量 PRE≥35，所以把它列入超级铁素体不锈钢。因其提高了铬、增加了钼含量，所以其耐蚀性更优于一般铁素体不锈钢，加入镍降低了钢的脆性转变温度，加入稳定化元素钛或铌可以提高耐晶间腐蚀能力，特别是可以防止焊后或高温冷却后在使用过程中产生晶间腐蚀。高

铬和高钼提高了该钢的耐蚀性，特别是在含 Cl⁻ 的介质中具有较高的对由于氯化物引起的局部腐蚀的抗性。铬、钼同时提高了该钢的强度，在一些介质条件下可代替高镍奥氏体不锈钢和部分高镍耐蚀合金。

该钢的成分决定了在铁素体基体中可能会存在少量的碳、氮化合物及 α′、σ、χ 等脆性金属间相。

00Cr25Ni4Mo4（Ti，Nb）钢的商业牌号是 MONIT，简称 25-4-4 铁素体不锈钢。

该钢可生产锻件、棒材、板材、铸件等。

（2）工艺特性

00Cr25Ni4Mo4（Ti，Nb）钢的热加工性能良好，易于进行锻轧加工，锻轧开始温度通常为 1130~1160℃，锻轧终止温度不低于 850℃，锻轧后可采用空冷或堆冷。

该钢应采用高温退火处理，加热温度通常为 1080~1120℃，保温后急速冷却，尤其注意不能在 600~950℃ 温度区间停留或缓冷，以防止 σ、χ 等脆性金属间相析出，从而保证钢的性能，特别是保证良好的塑性、韧性和耐蚀性。

00Cr25Ni4Mo4（Ti，Nb）钢具有良好的焊接性，可不进行焊前预热，一般也可不进行焊后热处理。其焊接时如采用与母材相同的焊材，则焊缝和热影响区的脆性转变温度在 0℃ 左右。最好采用气体保护焊，防止污染。

该钢冷变形性能较好，可以进行冷轧、弯曲、扩孔等冷变形加工，但不适于拉伸成形。

（3）应用

00Cr25Ni4Mo4（Ti，Nb）钢因具有高强度以及较好的塑性、韧性和焊接性，同时具有较高的耐氯化物应力腐蚀、耐点蚀、耐缝隙腐蚀等优良的耐蚀性，还具有耐晶间腐蚀性能，所以主要用于耐海水和其他含氯化物介质腐蚀的设备，如泵体、泵轮、阀体、冷凝器、热交换器等。

（4）化学成分（见表 3-53）

表 3-53 化学成分（质量分数） （%）

C	Si	Mn	P	S	Cr	Ni	Mo	N	Ti+Nb
≤0.025	≤0.50	≤0.50	≤0.040	≤0.030	24.5~26.0	3.50~4.50	3.50~4.50	≤0.025	加入（0.02~1.0）

注：其他相应（近似）牌号有 MONIT、25-4-4、UNSS44635。

（5）物理性能（见表 3-54）

表 3-54 物理性能

温度/℃	室温	100	200	300	400
热导率 λ/[W/(m·℃)]	22.0	—	23.0	—	25.0
比定压热容 c_p/[J/(kg·℃)]	400	—	—	—	—
线胀系数/10^{-6}℃$^{-1}$	—	11.0	11.0	—	11.5
弹性模量 E/10^4MPa	22.0	—	—	—	—
切变模量 G/10^3MPa	—	—	—	—	—
泊松比 μ/10^{-1}	—	—	—	—	—
电阻率 ρ/10^{-8}Ω·m	—	—	—	—	—

注：密度为 7.6g/cm³。

（6）常见热处理制度（见表 3-55）

表 3-55 常见热处理制度

热处理	加热温度/℃	冷却方法	金相组织
高温退火	1080~1120	急冷	铁素体

(7) 室温下的力学性能（见表 3-56）

表 3-56 室温下的力学性能

状态	温度/℃	R_m/MPa	$R_{p0.2}$/MPa	$A(\%)$	$Z(\%)$	KU_2/J	HBW
6mm 板材退火，纵向	室温	700	590	31	—	—	—
6mm 板材退火，横向	室温	720	620	29	—	—	—
12mm 板材退火，纵向	室温	690	560	26	—	—	—
12mm 板材退火，横向	室温	720	590	25	—	—	—

此外，试验研究表明，钢中的碳、氮及钛影响韧性和脆性转变温度。但其脆性转变温度仍在-25℃以下，室温韧性仍可达 20J 以上。

(8) 耐蚀性

① 耐全面（均匀）腐蚀性能：00Cr25Ni4Mo4（Ti，Nb）钢在 H_2SO_4、H_3PO_4 和含 F^- 的 H_3PO_4 中具有良好的耐蚀性。其耐全面（均匀）腐蚀性能优于高钼奥氏体不锈钢。

② 耐晶间腐蚀性能：在加钛和铌的钢中，有较好的耐晶间腐蚀性能，也可降低焊接状态晶间腐蚀倾向性。

③ 耐点蚀和耐缝隙腐蚀性能：00Cr25Ni4Mo4（Ti，Nb）钢具有优良的耐点蚀和耐缝隙腐蚀性能。试验研究表明 00Cr25Ni4Mo4（Ti，Nb）钢的耐点蚀和耐缝隙腐蚀比奥氏体不锈钢、奥氏体-铁素体（双相）不锈钢和一般铁素体不锈钢优良得多。

④ 耐应力腐蚀性能：00Cr25Ni4Mo4（Ti，Nb）的耐应力腐蚀性能优于奥氏体不锈钢及某些超级奥氏体不锈钢和一些奥氏体-铁素体（双相）不锈钢。

3.1.9 00Cr29Mo4Ni2 钢

(1) 概述

00Cr29Mo4Ni2 钢是含有 2% 镍（质量分数）的高铬、钼超级铁素体不锈钢。镍的加入使钢具有更高的韧性和更低的脆性转变温度。由于含有较高的铬和钼，使钢具有更优良的耐全面（均匀）腐蚀和耐点蚀、耐缝隙腐蚀性能。

00Cr29Mo4Ni2 钢在 750~950℃ 温度区间可能析出 λ 等金属间相，高于 950℃ 又会有碳化物 $Cr_{23}C_6$、氮化物 Cr_2N 析出。高的铬、钼含量使这些析出相更容易产生。这都会影响钢的塑性、韧性及形成贫铬区，从而对腐蚀增加敏感性。

00Cr29Mo4Ni2 钢的商业牌号是 Al29-4-2。

该钢可制成锻件、铸件、板材、管材等。

(2) 工艺特性

00Cr29Mo4Ni2 钢具有较好的热加工性能，锻轧开始温度为 1130~1160℃，锻轧终止温度不低于 850℃。

常用热处理方式为高温退火，高温退火的加热温度为 950~1050℃，加热保温后快速冷却，低于 950℃ 可能有 σ 相析出，高于 1050℃ 又会有碳化物、氮化物析出，这都会影响钢的性能和耐蚀性。

00Cr29Mo4Ni2钢具有良好的焊接性，可用于焊接含钼的Cr-Ni奥氏体不锈钢或镍基合金，焊接过程中应严格保持钢的纯洁度，需采用保护气体。焊后应及时清理焊接接头的污染。一般情况下无须焊前预热和焊后热处理。

该钢冷加工塑性良好，冷加工硬化倾向小，但当冷加工20%以上时，断后伸长率明显下降。

（3）应用

00Cr29Mo4Ni2钢具有较高的室温韧性和较低的脆性转变温度，又具有较好的耐蚀性，特别是耐磷酸、耐甲酸的全面腐蚀，耐氯化物的应力腐蚀，耐点蚀、耐缝隙腐蚀性能都好。所以其可用于制造在硫酸、甲酸、乙酸、草酸等酸性介质及海水和含Cl^-介质中的设备，可用于制造泵体、阀体、泵轮、管道和容器等。

（4）化学成分（见表3-57）

表3-57　化学成分（质量分数）　　　　　　　　　　　（%）

C	Si	Mn	P	S	Cr	Ni	Mo	N	C+N	Cu
≤0.010	≤0.20	≤0.30	≤0.025	≤0.020	28.0~30.0	2.0~2.5	3.5~4.2	≤0.020	≤0.025	≤0.15

注：其他相应（近似）牌号有A229-4-2、UNS S44800。

（5）物理性能（见表3-58）

表3-58　物理性能

温度/℃	室温	100
热导率λ/[W/(m·℃)]	—	17
比定压热容c_p/[J/(kg·℃)]	448	—
线胀系数/10^{-6}℃$^{-1}$	—	9.4
弹性模量E/10^4MPa	—	—
切变模量G/10^3MPa	—	—
泊松比μ/10^{-1}	—	—
电阻率ρ/10^{-8}Ω·m	72	—

注：密度为7.7g/cm³。

（6）常见热处理制度（见表3-59）

表3-59　常见热处理制度

热处理	加热温度/℃	冷却方法	金相组织
高温退火	950~1050	快冷	铁素体

（7）室温下的力学性能（见表3-60）

表3-60　室温下的力学性能

状态	温度/℃	R_m/MPa	$R_{p0.2}$/MPa	A/%	Z(%)	KU_2/J	HBW
管材,退火	室温	690	550	25	—	—	—
板材,退火	室温	655	515	25	—	—	—
ASTM最小值	室温	550	415	20	—	—	—

（8）耐蚀性

① 耐全面（均匀）腐蚀性能见表3-61。

表 3-61 耐全面（均匀）腐蚀性能

介质条件	压力/MPa	温度/℃	时间/h	腐蚀速率		备注
				mm/a	g/(m²·h)	
45%甲酸	—	沸点	—	0.1	—	
10%草酸	—	沸点	—	0.1	—	
65%硫酸氢钠	—	沸点	—	0	—	
10% H_2SO_4	—	沸点	—	0.2	—	
1%HCl	—	沸点	—	0.2	—	

② 耐点蚀和缝隙腐蚀性能：00Cr29Mo4Ni2 钢有较好的耐点蚀和耐缝隙腐蚀性能。例如，在 2%$KMnO_4$-NaCl、pH=7.5 的溶液中，采用无缝隙试样，在室温~90℃条件下均耐蚀；在 10% $FeCl_3·6H_2O$、pH=1.6 的溶液中，采用有缝隙试样，在室温和 50℃条件下均耐蚀。但是，在敏化温度区间停留，会因碳化物及金属间相的析出而降低耐点蚀和耐缝隙腐蚀性能。在 800~900℃是以 σ 相、χ 相等金属相析出为主；在 1050℃以上，主要以碳化物、氮化物析出为主。

③ 耐应力腐蚀性能：试验研究证明，00Cr29Mo4Ni2 钢的耐应力腐蚀能力优于奥氏体不锈钢，只要尽量降低碳含量，并防止在敏化状态下使用，00Cr29Mo4Ni2 钢及同类超级铁素体不锈钢对于氯化物应力腐蚀是安全的。

④ 耐海水腐蚀性能：00Cr29Mo4Ni2 钢除耐海水腐蚀外，在含杂质等污染物的高速流动海水中的使用条件下仍具有优良的耐蚀性，优于铝而与钛相当。

3.2 奥氏体不锈钢

奥氏体不锈钢碳含量较低，铬的质量分数较高，一般在 17.0%~20.0%，镍的质量分数为 8.0%~11.0%，有的以锰代镍，为进一步提高耐蚀性，有时还加入钼、铜、硅、钛、铌等合金元素。奥氏体不锈钢在常温下具有奥氏体组织，有时含有少量铁素体。

奥氏体不锈钢不能用热处理方法调整性能，但可通过冷变形得到一定程度的强化。在固溶状态下，奥氏体不锈钢具有较低的强度，高的塑性、韧性，以及较好的低温韧性。为了保证耐蚀性，奥氏体不锈钢必须在固溶热处理后使用。

奥氏体不锈钢最大的特点是具有较高的耐蚀性，特别是在氧化性介质中耐蚀性更优，加入钛或铌的稳定化了的奥氏体不锈钢具有较好的抗晶间腐蚀能力。奥氏体不锈钢还具有抗氧化性和良好的焊接性。

3.2.1 06Cr19Ni10（0Cr18Ni9）钢

（1）概述

06Cr19Ni10 钢属奥氏体不锈钢，是使用量较大的广泛应用的不锈钢。

该钢具有优良的耐蚀性，对氧化性酸（如硝酸）等有很强的抗腐蚀能力，对碱液及大部分有机酸、无机酸也有较好的抗蚀能力，具有良好的耐晶间腐蚀、耐点蚀性，但若长期在水及蒸汽中工作，也会产生晶间腐蚀的倾向。06Cr19Ni10 钢低温性能较好，可以用于低温环境。

06Cr19Ni10 钢可制成锻件、铸件，通过轧、拔等加工方法制成棒材、板材、带材、丝材、管材等各种型材。

(2) 工艺特性

06Cr19Ni10钢具有良好的锻轧性能，锻轧开始温度通常为1130~1180℃，锻轧终止温度≥850℃。该钢的导热性差，应缓慢加热，锻后可采用堆放冷却。

该钢有较好的铸造性，可制成各类铸件。

06Cr19Ni10钢具有较好的焊接性，可采用各种方法进行焊接，如果焊条选用正确（如采用A002焊条），不会产生刀状腐蚀。

热处理应采用固溶处理，加热温度一般为1080~1100℃，采用水冷或快冷。其可采用表面渗氮、堆焊等工艺方法进行表面硬化，以提高表面硬度和耐磨性。

06Cr19Ni10钢的冷加工性能良好，可采用轧、拔、拉、挤等工艺方法成形；但有加工硬化倾向，应采用中间退火，以保证冷加工质量。

该钢不能通过热处理方法强化，但可以采用冷变形方法提高强度。

因其有加工硬化倾向，机械加工应选用合适的刀具和合理的加工方法，应采用切削冷却液，以减少切削刀具磨损、提高加工效率。

(3) 应用

06Cr19Ni10钢的良好性能，使其成为应用量大、使用范围广的不锈钢，其适用于制造输送腐蚀介质的管道、容器、泵阀及其他机械零部件，也用于制造无磁、低温设备和部件。

在泵生产中，其可做泵轴、叶轮、泵体等过流或非过流零部件，也用来制作紧固件等。

(4) 化学成分（见表3-62）

表3-62 化学成分（质量分数） (%)

C	Si	Mn	P	S	Cr	Ni	N	备注
≤0.08	≤1.00	≤2.00	≤0.045	≤0.030	18.00~20.00	8.00~11.00	—	(GB/T 1220—2007) 适用棒材
≤0.07	≤0.075	≤2.00	≤0.045	≤0.030	17.50~19.50	8.00~10.50	≤0.10	(GB/T 4238—2015) 适用热轧板材
≤0.07	≤0.075	≤2.00	≤0.045	≤0.030	17.50~19.50	8.00~10.50	≤0.10	(GB/T 3280—2015) 适用冷轧板材，带材
≤0.08	≤1.00	≤2.00	≤0.030	≤0.030	18.00~20.00	8.00~11.00	—	(JB/T 6398—2018) 适用锻件

(5) 物理性能（见表3-63）

表3-63 物理性能

温度/℃	室温	100	200	300	400	500	600	700
热导率 λ/[W/(m·℃)]	16.7	17.7	20.2	21.3	—	22.2	23.9	25.1
比定压热容 c_p/[J/(kg·℃)]	—	487	502	519	—	—	—	—
线胀系数/10^{-6}℃$^{-1}$	—	16.0	17.0	18.0	—	—	—	—
弹性模量 E/10^4MPa	20.4	19.9	18.9	18.2	—	—	—	—
切变模量 G/10^3MPa	79.4	77.3	73.0	69.8	—	—	—	—
泊松比 μ/10^{-1}	2.85	2.87	2.95	3.04	—	—	—	—
电阻率 ρ/10^{-8}Ω·m	80	—	—	—	—	—	—	—

注：密度为7.93g/cm³；熔点为1395℃。

(6) 常见热处理制度（见表3-64）

表 3-64 常见热处理制度

热处理	加热温度/℃	冷却方法	金相组织
固溶处理	1010~1050	水冷	奥氏体

(7) 力学性能

① 技术标准规定的力学性能见表 3-65。

表 3-65 技术标准规定的力学性能

品种(标准)	规格/mm	状态	力学性能(≥)						HBW
			R_m/MPa	$R_{p0.2}$/MPa	$A_{11.3}$(%)	A(%)	Z(%)	KU_2/J	
棒材 (GB/T 1220—2007)	≤180	固溶处理	520	205	—	40	60	—	≤187
热轧板 (GB/T 4238—2015)	—	固溶处理	515	205	—	40	—	—	≤201
冷轧板 冷轧带 (GB/T 3280—2015)	—	固溶态	515	205	—	40	—	—	—
	<0.4	1/4 硬化	860	515	—	10	—	—	—
	0.4~0.8					10			
	≥0.8					12			
	<0.4	1/2 硬化	1035	760	—	6	—	—	—
	0.4~0.8					7			
	≥0.8					7			
锻件 (JB/T 6398—2018)	—	固溶处理	520	205	—	40	60	—	≤187

② 不同温度下的力学性能见表 3-66。

表 3-66 不同温度下的力学性能

状态	温度/℃	R_m/MPa	$R_{p0.2}$/MPa	A(%)	Z(%)
1050℃水冷	-196	1609	232	38.2	67
	-140	1368	247	41.2	68
	-100	1282	223	42.9	69
	-50	1101	237	50.1	71
	-20	976	241	55.9	67
	0	885	243	64.7	75
	20	569	206	50	75
	400	412	108	45	69
	480	382	98	45	69
	540	363	96	44	70
	600	333	82	39	58
	650	294	75	37	44
	700	235	73	35	36
	750	186	73	31	28
	800	147	69	30	28

③ 低温冲击性能见表 3-67。

表 3-67 低温冲击性能

状态	温度/℃	0	-20	-50	-100	-140	-196
固溶处理	KV_2/J	208	198	198	172	164	172
状态	温度/℃	0	-20	-60	-100	-140	-196
1080~1130℃水冷	KV_2/J	—	294	125	113	108	92.5

④ 冷加工对力学性能的影响见表3-68。

表3-68 冷加工对06Cr19Ni10钢室温力学性能的影响

试验钢化学成分(质量分数,%)	冷加工量(%)	$R_{p0.2}$/MPa	R_m/MPa	A(%)
C　　Mn　　Si 0.056　0.87　0.43 Cr　　Ni 18.60　10.25	0	253	605	53
	10	464	696	37
	20	682	802	24
	30	844	921	16
	40	956	1026	13
	50	1025	1118	10
	60	1069	1174	6

(8) 耐蚀性

① 耐全面（均匀）腐蚀性能见表3-69。

表3-69 耐全面（均匀）腐蚀性能

介质	浓度(%)	压力/MPa	温度/℃	时间/h	腐蚀速率 mm/a	腐蚀速率 g/(m²·h)	备注
CH_3COOH	20	—	沸点	24	0.74	—	非活化试样
柠檬酸	20	—	沸点	24	0.01	—	非活化试样
甲酸	30	—	沸点	24	1.98	—	非活化试样
乳酸	20	—	沸点	24	1.79	—	非活化试样
硝酸	40	—	沸点	24	0.06	—	非活化试样
草酸	3	—	沸点	24	2.7	—	非活化试样
草酸	10	—	沸点	24	1.81	—	非活化试样
磷酸	50	—	沸点	24	1.92	—	非活化试样
硫酸	2	—	30	24	0.03	—	非活化试样
氢氧化钠	25	—	100	24	0.027	—	非活化试样
氢氧化钠	35	—	100	24	0.05	—	非活化试样
氢氧化钠	60	—	100	24	0.07	—	非活化试样
海水	—	—	—	438d	—	29.17×10⁻⁴	
海水	—	—	—	667d	—	102.09×10⁻⁴	
硝酸	0.5~99	—	20	—	<0.1	—	
硝酸	7~37	—	沸点	—	0.1~1.0	—	
硝酸	65	—	沸点	—	<1.0	—	
硝酸	93	—	39	—	0.01	—	
硝酸	93	—	55	—	0.21	—	
硝酸	97	—	55	—	0.76	—	
硝酸	99	—	55	—	1.25	—	
硝酸	99	—	沸点	—	<10.0	—	
乙酸	10	—	沸点	—	<0.1	—	—
乙酸	50	—	沸点	—	<1.0	—	
乙酸	80	—	沸点	—	<3.0	—	
硫酸	0.5	—	190	100	0.06~0.14	—	
硫酸	1	—	20~90	360	0.002	—	
硫酸	5	—	20	384	0.6	—	
硫酸	5	—	40	—	<3.0	—	
硫酸	5	—	100~105	16~43	3.3~15.0	—	
硫酸	10~50	—	20	—	2.0~5.0	—	
硫酸	90~95	—	20	360~1032	0.0006~0.0008	—	

(续)

介质	浓度(%)	压力/MPa	温度/℃	时间/h	腐蚀速率 mm/a	腐蚀速率 g/(m²·h)	备注
柠檬酸	1~50	—	20	—	<0.1	—	—
	5	—	140	—	<1.0	—	
	50	—	沸点	—	<10.0	—	
	95	—	20~140	—	<0.1	—	

② 点蚀速率见表3-70。

表3-70 点蚀速率

介质	温度/℃	时间/h	腐蚀速率/[g/(m²·h)]
50g/L FeCl$_3$+0.05mol/L HCl	50	48	15~20

③ 在反应堆环境中的全面（均匀）腐蚀见表3-71~表3-73。

表3-71 在反应堆去污溶液中的腐蚀

介质条件	腐蚀量/mm	备注
在103℃的10%NaOH+3% KMnO$_4$中2h，再加上98℃的10%柠檬酸铵中15min	35.56×10^{-6}	—
	119.38×10^{-6}	敏化
在105℃的18%NaOH+3% KMnO$_4$中30min，再加上100℃的10%柠檬酸铵中15min	43.18×10^{-6}	—
在60~70℃的1%二氟化铵+邻苯二酸中3~5h	381.10×10^{-6}	—
	1143.0×10^{-6}	敏化

表3-72 在等温钠盐中的腐蚀

温度/℃	动态	静态	时间/h	质量变化/[mg/(dm²·m)]	备注
274	—	△	100	<-10	
510	△	—	—	-3	
566	—	△	1913	+17	
593	—	△	1000	<-10	
593	△	—	1000	+15	
704	—	△	—	+38	
1000	—	△	400	+2550	
593	△	—	400	+30	经焊接和敏化处理
593	—	△	500	+75	

表3-73 在氦中的腐蚀

介质条件	温度/℃	时间/h	质量变化/[mg/(dm²·m)]
He+0.244%(体积分数)CO$_2$	760	350	+19~+27
He+0.244%(体积分数)CO$_2$	432	818	+11
He+0.244%(体积分数)CO$_2$	816	818	-41
He+0.244%(体积分数)CO$_2$	990	818	+1392
He+0.0077% CO$_2$+0.177% CO(体积分数)	982	700	+139
He+0.0063% CO$_2$+0.0141% CO(体积分数)	982	700	+144

④ 耐应力腐蚀性能：06Cr19Ni10钢在高浓氯化物中的耐应力腐蚀性能不良。

⑤ 耐晶间腐蚀性能：零件长期在腐蚀介质、水或蒸汽介质中工作时，可能发生晶间腐蚀。

（9）常用标准牌号对照（见表3-74）

表 3-74 常用标准牌号对照

国别	中国	国际标准化	欧洲		英国	德国	
标准	GB	ISO	EN	Mat. No	BS	DIN	W-Nr
牌号	06Cr19Ni10	X5CrNi18-9	X5CrNi18-10	1.4301	304S15	X5CrNi18-10	1.4301

国别	法国	韩国	俄罗斯	日本	美国		
标准	NF	KS	ГOCT	JIS	ASTM	UNS	AISI	SAE	ASI
牌号	Z6CN18-09	STS304	08X18H0	SUS304	304	S30400	—	—	—

3.2.2 12Cr18Ni9（1Cr18Ni9）钢

（1）概述

12Cr18Ni9 钢属奥氏体不锈钢，其碳含量高于 06Cr19Ni10 钢，所以其实际强度要略高于 06Cr19Ni10 钢，而耐蚀性要低于 06Cr19Ni10 钢，特别是耐晶间腐蚀性能不如 06Cr19Ni10 钢和 1Cr18Ni9Ti 钢。

12Cr18Ni9 钢对强氧化性酸有较好的耐蚀性，如≤65%的硝酸，对碱性溶液及大部分有机酸和无机酸也有一定的耐蚀性，也可用于低温环境。

12Cr18Ni9 钢可以制成锻件、铸件、棒材、板材、管材、丝材等各种型材。

（2）工艺特性

12Cr18Ni9 钢的热加工性能良好，锻轧开始温度为 1160~1180℃，锻轧终止温度不低于 850℃。该钢的导热性差，应注意缓慢加热，锻轧后可采用空冷或堆放冷却。

该钢的铸造性能良好，可以制成各类铸件。

12Cr18Ni9 钢不能通过热处理方法强化，可通过冷变形方法进行一定程度的强化。

12Cr18Ni9 钢应经固溶处理后使用，以保证其耐蚀性，固溶处理加热温度为 1080~1130℃，保温后水冷。

该钢的焊接性良好，可采用各种方法焊接。但焊后的耐蚀性不如 06Cr19Ni10 钢和 1Cr18Ni9Ti 钢。

在固溶状态下，该钢有很好的塑性，可以进行各种形式的冷加工成形。但该钢有冷作硬化倾向。

（3）应用

12Cr18Ni9 钢的良好性能使其应用较广泛，可制造输送腐蚀介质的管道，容器等。

该钢在泵生产中可做泵轴、铸造叶轮、泵体以及阀体，也用于紧固件生产。

（4）化学成分（见表 3-75）

表 3-75 化学成分（质量分数） （%）

C	Si	Mn	P	S	Cr	Ni	N	备注
≤0.15	≤1.00	≤2.00	≤0.045	≤0.030	17.00~19.00	8.00~10.00	≤0.10	(GB/T 1220—2007) 适用棒材
≤0.15	≤0.075	≤2.00	≤0.045	≤0.030	17.00~19.00	8.00~10.00	≤0.10	(GB/T 3280—2015) 适用冷轧板、带材
≤0.15	≤1.00	≤2.00	≤0.040	≤0.030	17.00~19.00	8.00~10.00	≤0.10	(GB/T 14975—2012) 适用钢管
≤0.15	≤1.00	≤2.00	≤0.030	≤0.020	17.00~19.00	≤8.00~10.00	≤0.10	(JB/T 6398—2018) 适用锻件

(5) 物理性能（见表3-76）

表 3-76 物理性能

温度/℃	室温	100	200	300	400	500	600	700
热导率 λ/[W/(m·℃)]	15.9	16.3	18.0	18.8	20.1	21.4	23.9	25.5
比定压热容 c_p/[J/(kg·℃)]	—	511	528	544	565	590	636	628
线胀系数/10^{-6}℃$^{-1}$	—	16.6	17.0	17.2	17.5	17.9	18.2	18.6
弹性模量 E/10^4MPa	19.8	19.4	19.8	18.1	17.4	16.6	15.7	14.7
切变模量 G/10^3MPa	74.0	—	68.0	65.0	—	—	—	—
泊松比 μ/10^{-1}	2.43	—	2.50	2.62	—	—	—	—
电阻率 ρ/$10^{-8}\Omega$·m	70	74	85	91	97	102	107	111

注：密度为 7.92g/cm³；熔点为 1398~1420℃。

(6) 常见热处理制度（见表3-77）

表 3-77 常见热处理制度

热处理	加热温度/℃	冷却方法	金相组织
固溶处理	1050~1150	水冷	奥氏体

(7) 力学性能

① 技术标准规定的力学性能见表3-78。

表 3-78 技术标准规定的力学性能

品种（标准）	规格/mm	状态	R_m/MPa	$R_{p0.2}$/MPa	$A_{11.3}$(%)	A(%)	Z(%)	KU_2/J	HBW
棒材 (GB/T 1220—2007)	≤180	固溶处理	520	205	—	40	60	—	≤187
冷轧板 冷轧带 (GB/T 3280—2015)	≤180	固溶处理	515	205	—	40	—	—	≤201
	<0.4	1/4 硬化	860	515	—	10	—	—	—
	0.4~<0.8	1/4 硬化	860	515	—	10	—	—	—
	≥0.8	1/4 硬化	860	515	—	12	—	—	—
	<0.4	1/2 硬化	1035	760	—	9	—	—	—
	0.4~<0.8	1/2 硬化	1035	760	—	9	—	—	—
	≥0.8	1/2 硬化	1035	760	—	10	—	—	—
	<0.4	3/4 硬化	1205	930	—	5	—	—	—
	0.4~<0.8	3/4 硬化	1205	930	—	6	—	—	—
	≥0.8	3/4 硬化	1205	930	—	6	—	—	—
	—	硬化	1275	965	—	3	—	—	—
	—	硬化	1275	965	—	4	—	—	—
	—	硬化	1275	965	—	4	—	—	—
钢管 (GB/T 14975—2012)	—	固溶处理	520	205	—	35	—	—	≤192
锻件 (JB/T 6398—2018)	—	固溶处理	520	205	—	40	—	—	—

② 不同温度下的力学性能见表3-79。

表 3-79 不同温度下的力学性能

状态	温度/℃	R_m/MPa	$R_{p0.2}$/MPa	A(%)	Z(%)	KU_2/J	HBW
棒材，固溶处理	室温	593	235	64	74	≥196	140

(续)

状态		温度/℃	R_m/MPa	$R_{p0.2}$/MPa	A(%)	Z(%)	KU_2/J	HBW
带材,固溶处理		室温	633	251	—	—	—	—
板材	冷轧	室温	686	461	55	—	—	—
	1050℃,水冷	室温	637	382	69	82	—	—
	1100℃,水冷	室温	540~706	201~382	49~69	59~81	—	—
	1200℃,水冷	室温	579	294	63	51	—	—
棒材,1050℃水冷		20	605	240	64	70	≥200	
		650	380	100	33	40	—	
		760	215	100	17	18	—	
		870	140	70	19	27	—	
固溶处理		700	216	—	47.3	76.3	201	
		800	122	—	57.2	69.5	202	
		900	69	—	64.8	66.1	174	
		1000	39	—	56.1	60.4	152	
		1100	31	—	63.8	59.6	114	
带材,1080℃水冷		538	362	104	44	70	—	
		648	294	75	37	44	—	
		760	186	73	31	28	—	
		871	118	—	31	36	—	
		927	69	—	47	43	—	
—		20	567	219	67.0	76.8	184(KV_2)	
		0	733	237	86.2	79.0	205(KV_2)	
		-20	838	252	67.1	75.0	193(KV_2)	
		-50	954	290	60.2	74.4	190(KV_2)	
		-100	1115	247	54.1	71.0	190(KV_2)	
		-140	1235	252	47.2	72.2	193(KV_2)	
		-196	1458	262	47.8	59.2	211(KV_2)	

③ 蠕变极限和持久极限见表3-80。

表 3-80 蠕变极限和持久极限

状态	温度/℃	蠕变极限/MPa		持久极限/MPa			
		$\sigma_{1/10^4}$	$\sigma_{1/10^5}$	σ_{10}	σ_{10^2}	σ_{10^3}	σ_{10^4}
固溶处理	427	234	176	—	—	—	—
	482	168	124	—	—	344	259
	538	124	80	—	—	245	188
	593	80	50	—	—	158	119
	649	49	28	—	—	100	68
	704	27	17	130	100	64	39
	760	17	12	67	44	42	27
	815	9	8.3	—	—	25	17
	871	4.2	—	—	—	19	13.5

(8) 耐蚀性

耐全面（均匀）腐蚀性能见表3-81。

表 3-81 耐全面（均匀）腐蚀性能

介质	浓度(%)	压力/MPa	温度/℃	时间/h	腐蚀速率		备注
					mm/a	g/(m²·h)	
硫酸	5	—	30~70	—	<1.0	—	
		—	80	—	<3.0	—	
		—	90	—	<10.0	—	
	10	—	30	—	<1.0	—	
		—	40~60	—	<3.0	—	
		—	70~80	—	<10.0	—	
	20	—	<40	—	3.0	—	
		—	60	—	10.0	—	

（续）

介质	浓度(%)	压力/MPa	温度/℃	时间/h	腐蚀速率 mm/a	腐蚀速率 g/(m²·h)	备注
硫酸	30	—	<25	—	<3.0	—	—
		—	30~50	—	<10.0	—	—
	40	—	<20	—	<3.0	—	—
		—	40	—	<10.0	—	—
	50~60	—	20	—	<10.0	—	—
	60	—	40	—	>10.0	—	—
	70	—	20	—	<3.0	—	—
		—	40	—	<10.0	—	—
	80	—	20	—	<0.1	—	—
		—	30	—	0.3~1.0	—	—
		—	50	—	<10.0	—	—
	90	—	<30	—	<1.0	—	—
		—	50	—	<1.0	—	—
	98	—	<40	—	<0.1	—	—
盐酸	1	—	20	—	<0.1	—	—
	2	—	20~30	—	<0.3	—	—
		—	40	—	<1.0	—	—
		—	50~70	—	<3.0	—	—
		—	80~100	—	<10.0	—	—
	5	—	20	—	≤0.3	—	—
		—	25~30	—	<1.0	—	—
		—	40	—	<3.0	—	—
		—	50~70	—	<10.0	—	—
	10	—	20	—	<1.0	—	—
		—	30	—	<3.0	—	—
		—	40	—	<10.0	—	—
	15	—	30	—	<10.0	—	—
甲酸	10~95	—	20	—	<0.1	—	—
	10~90	—	40	—	<1.0	—	—
	20	—	30~70	—	<1.0	—	—
		—	80~沸腾	—	<10.0	—	—
	40	—	50~沸腾	—	<10.0	—	—
	60	—	50~70	—	<10.0	—	—
醋酸	80	—	30~90	—	<0.1	—	—
	90	—	30~100	—	<2.0	—	—
硝酸	20	—	20~90	—	<0.01	—	—
	40	—	20~80	—	<0.01	—	—
	60	—	20~70	—	<0.01	—	—
	80	—	20~50	—	<0.01	—	—
		—	60~70	—	<0.1	—	—
		—	80	—	<0.2	—	—
		—	100~沸点	—	<1.0	—	—
	65	—	沸点	—	0.40	—	—
	90	—	80	—	1.12	—	—
磷酸	10	—	20~沸点	—	<0.01	—	—
	20~45	—	20~100	—	<0.01	—	—
	60	—	20~90	—	<0.01	—	—
		—	100	—	<0.1	—	—
		—	110	—	<3.0	—	—

(续)

介质	浓度(%)	压力/MPa	温度/℃	时间/h	腐蚀速率 mm/a	腐蚀速率 g/(m²·h)	备注
磷酸	70	—	20~80	—	<0.01		
	70	—	90~100	—	<0.1		
	80	—	20~70	—	<0.01		
	80	—	80~90	—	<0.1		
	80	—	100	—	<0.3		
	90	—	20~50	—	<0.01		
	90	—	60~80	—	<0.1		
乙酸	10~20	—	20~90	—	<0.1		
	40	—	20	—	<0.05		
	40	—	30~85	—	<0.1		
	60~90	—	20	—	<0.05		
	60	—	100	—	<1.0		
海水	清洁	—	常温	—	0.005		
	污染	—	常温	—	0.028		

（9）常用标准牌号对照（见表3-82）

表3-82 常用标准牌号对照

国别	中国	国际标准化	欧洲		英国	德国	
标准	GB	ISO	EN	Mat. No	BS	DIN	W-Nr
牌号	12Cr18Ni9	—	X12CrNi18-8	1.4300	302S25	X12CrNi18-8	1.4300

国别	法国	韩国	俄罗斯	日本	美国			
标准	NF	KS	ГОСТ	JIS	ASTM	UNS	AISI	SAE	ASI
牌号	Z10CN18.09	STS302	12X18H9	SUS302	302	S30200	—	—	

3.2.3 17Cr18Ni9（2Cr18Ni9）钢

（1）概述

17Cr18Ni9钢是碳含量较高的奥氏体不锈钢，由于碳含量提高，在实际强度上比06Cr19Ni10和12Cr18Ni9钢略高，但其耐蚀性却明显下降，特别是耐晶间腐蚀能力更差。过去由于熔炼水平限制、不易控制低碳含量，所以17Cr18Ni9曾较多生产，现在由于熔炼水平的提高，控制低碳已不是难事，所以17Cr18Ni9钢生产越来越少，在许多情况下已被06Cr19Ni10或12Cr18Ni9钢取代。

17Cr18Ni9钢不能通过热处理强化，可采用冷变形方法进行一定程度的强化，但冷变形比06Cr18Ni9和12Cr18Ni9钢会更困难一些。

17Cr18Ni9钢可制成锻件、铸件、棒材、板材、管材等型材。

（2）工艺特性

17Cr18Ni9钢可以进行热加工，锻轧开始温度为1160~1180℃，锻轧终止温度不低于900℃。该钢导热性差，应注意缓慢加热，碳含量偏高，容易在晶界析出碳化物，影响锻轧质量，应注意控制。

该钢铸造性尚好，可制成各类铸件。

17Cr18Ni9钢必须在固溶状态下使用，固溶加热温度为1100~1150℃，保温后水冷。

该钢的焊接性良好，可用多种方法焊接，但焊后在一些腐蚀介质中有晶间腐蚀倾向，固溶处理后,可通过硫酸铜和硫酸沸腾晶间腐蚀试验法检验。

17Cr18Ni9钢固溶处理后有很好的塑性,可以进行各种形式的冷加工成形,但加工时应注意防止晶间析出物引起的裂纹。

(3) 应用

17Cr18Ni9钢可以用于晶间腐蚀倾向小的介质和腐蚀能力不强的介质条件下对温度有一定要求的构件,如容器外壳、有一定温度要求的构件,也可铸造泵体、叶轮、阀体等。

(4) 化学成分 (见表3-83)

表3-83 化学成分(质量分数) (%)

C	Si	Mn	P	S	Cr	Ni	Mo
0.13~0.21	≤1.00	≤2.00	≤0.035	≤0.030	17.00~19.00	8.00~10.00	—

(5) 物理性能 (见表3-84)

表3-84 物理性能

温度/℃	室温	100	200	300	400	500	600
热导率 λ/[W/(m·℃)]	18.0	19.0	20.0	21.0	22.0	23.0	25.0
比定压热容 c_p/[J/(kg·℃)]	500	—	—	—	—	—	—
线胀系数/10^{-6}℃$^{-1}$	—	16.0	—	—	—	18.0	—
弹性模量 E/10^4MPa	20.0	—	—	—	—	—	—
切变模量 G/10^3MPa	—	—	—	—	—	—	—
泊松比 μ/10^{-1}	—	—	—	—	—	—	—
电阻率 ρ/10^{-8}Ω·m	72	73	—	—	—	—	—

注:密度为7.85g/cm³;熔点为1398~1420℃。

(6) 常见热处理制度 (见表3-85)

表3-85 常见热处理制度

热处理	加热温度/℃	冷却方法	金相组织
固溶处理	1100~1150	水冷	奥氏体

(7) 力学性能

① 技术标准规定的力学性能见表3-86。

表3-86 技术标准规定的力学性能

品种(标准)	规格/mm	状态	力学性能(≥)					HBW
			R_m/MPa	$R_{p0.2}$/MPa	$A_{11.3}$(%)	A(%)	Z(%)	KU_2/J
热轧棒	≤180	固溶处理	569	216	—	40	55	—

② 不同温度下的力学性能见表3-87。

表3-87 不同温度下的力学性能

状态	温度/℃	R_m/MPa	$R_{p0.2}$/MPa	A(%)	Z(%)	KU_2/J	HBW
1100~1150℃,水冷	室温	598~796	245~510	40~68	55~79	—	—
	704	284	—	—	—	—	—
	815	186	—	—	—	—	—
	920	118	—	—	—	—	—

(8) 耐蚀性

耐全面（均匀）腐蚀性能见表3-88。

表3-88 耐全面（均匀）腐蚀性能

介质	浓度(%)	压力/MPa	温度/℃	时间/h	腐蚀速率 mm/a	腐蚀速率 g/(m²·h)	备注
硝酸	0.5~99	—	20	—	<0.1	—	—
	7~37	—	沸点	—	0.1~1.0	—	—
	65	—	沸点	—	<1.0	—	—
	93	—	37	—	0.01	—	—
		—	55	—	0.21	—	—
	97	—	55	—	0.76	—	—
	99	—	55	—	1.25	—	—
		—	沸点	—	<10.0	—	—
乙酸	10	—	沸点	—	<0.1	—	—
	50	—	沸点	—	<1.0	—	—
	80	—	沸点	—	<3.0	—	—
硫酸	0.5	—	190	100	0.06~0.14	—	—
	1	—	20~90	360	0.002	—	—
		—	20	384	0.6	—	—
	5	—	40	—	<3.0	—	—
		—	50	—	3.0~4.5	—	—
		—	100~105	16~43	3.3~15.0	—	—
	10~50	—	20	—	2.0~5.0	—	—
	80	—	20	—	0.46	—	—
	90~95	—	20	360~1032	0.0006~0.08	—	—
柠檬酸	1~50	—	20	—	<0.1	—	—
	5	—	140	—	<1.0	—	—
	50	—	沸点	—	<10.0	—	—
	95	—	20~140	—	<0.1	—	—

（9）常用标准牌号对照（见表3-89）

表3-89 常用标准牌号对照

国别	中国	国际标准化	欧洲	英国	德国	
标准	—	ISO	EN	Mat. No	DIN	W-Nr
牌号	17Cr18Ni9	—	—	—	—	—
国别	法国	韩国	俄罗斯	日本	美国			
标准	NF	KS	ГOCT	JIS	ASTM	UNS	AISI	SAE	ASI
牌号	—	—	20X18H9	—	—	—	—	—	—

3.2.4 022Cr19Ni10（00Cr19Ni10）钢

（1）概述

022Cr19Ni10钢是在06Cr19Ni10钢的基础上降低了碳含量和略提高了镍含量而形成的超低碳奥氏体不锈钢。这种化学成分上的调整使其具有了更高的因$Cr_{23}C_6$析出而产生晶间腐蚀的抗力。在敏化状态的抗晶间腐蚀能力明显优于06Cr19Ni10钢，但其强度低于06Cr19Ni10钢。在严重的产生应力腐蚀环境及易产生点蚀、缝隙腐蚀的条件下仍有腐蚀倾向。

022Cr19Ni10钢主要用于需焊接而焊后又不能进行固溶化处理的耐腐蚀设备和部件，属于核级奥氏体不锈钢。

该钢可制成锻件、铸件、板材、管材、棒材等各类型材。

（2）工艺特性

该钢的工艺特性参见06Cr19Ni10钢，其在低温环境中具有良好组织稳定性，冷变形、深冲压性好，焊接性好，焊后无须热处理。

（3）应用

022Cr19Ni10钢是在06Cr19Ni10钢的基础上进化而来的不锈钢，所以凡可用06Cr19Ni10钢制造的设备和部件都可用022Cr19Ni10钢制造。022Cr19Ni10钢更因其突出的抗晶间腐蚀能力和抗晶间应力腐蚀能力而被广泛应用于核电领域。

（4）化学成分（见表3-90）

表3-90 化学成分（质量分数） （%）

C	Si	Mn	P	S	Cr	Ni	N	备注
≤0.030	≤1.00	≤2.00	≤0.045	≤0.030	18.00~20.00	8.00~12.00	≤0.10	（GB/T 1220—2007）适用棒材
≤0.030	≤0.75	≤2.00	≤0.045	≤0.030	17.50~19.50	8.00~12.00	≤0.10	（GB/T 3280—2015）适用冷轧板材、带材

（5）物理性能（见表3-91）

表3-91 物理性能

温度/℃	室温	100	200	300	400	500	600	700
热导率 λ/[W/(m·℃)]	15	16	—	18	—	21		
比定压热容 c_p/[J/(kg·℃)]	500	—						
线胀系数/10^{-6}℃$^{-1}$	—	16.8	17.1	17.5	17.4	18.3	18.7	19.0
弹性模量 E/10^4MPa								
切变模量 G/10^3MPa								
泊松比 μ/10^{-1}								
电阻率 ρ/10^{-8}Ω·m	72							

注：密度为7.90g/cm^3；熔点为1398~1454℃。

（6）常见热处理制度（见表3-92）

表3-92 常见热处理制度

热处理	加热/℃	冷却方法	金相组织
固溶处理	1080~1150	水冷	奥氏体

（7）力学性能

① 技术标准规定的力学性能见表3-93。

表3-93 技术标准规定的力学性能

| 品种（标准） | 规格/mm | 状态 | 力学性能（≥） | | | | | | HBW |
			R_m/MPa	$R_{p0.2}$/MPa	$A_{11.3}$(%)	A(%)	Z(%)	KU_2/J	
棒材（GB/T 1220—2007）	≤180	固溶处理	480	175	—	40	60	—	≤187
冷轧板 冷轧带（GB/T 3280—2015）	—	固溶处理	485	180		40			≤201
	<0.4	1/4硬化	860	515		8			
	0.4~0.8	1/4硬化	860	515		8			
	≥0.8	1/4硬化	860	515		10			
	<0.4	1/2硬化	1035	760		5			
	0.4~0.8	1/2硬化	1035	760		6			
	≥0.8	1/2硬化	1035	760		6			

② 不同温度下的力学性能见表 3-94。

表 3-94 不同温度下的力学性能

状态	温度/℃	R_m/MPa	$R_{p0.2}$/MPa	$A(\%)$	$Z(\%)$	KV_2/J
棒材,1050℃水冷	室温	541~618	235~274	53~69	69~77	—
	200	412	118	52	75	—
	426	392	96	48	68	—
	538	353	82	45	67	—
	-77	960	—	50	52	—
	-196	1304	—	42	50	90.9
	-252	1510	—	41	56	90.9

③ 蠕变极限和持久极限见表 3-95。

表 3-95 蠕变极限

状态	温度/℃	蠕变极限/MPa $\sigma_{1/10^3}$	持久极限/MPa σ_{10^4}	状态	温度/℃	蠕变极限/MPa $\sigma_{1/10^3}$	持久极限/MPa σ_{10^4}
固溶处理	538	262	200	固溶处理	849	25	17
	649	110	69		982	1.0	—
	732	52	34				

(8) 耐蚀性

① 耐全面（均匀）腐蚀性能见表 3-96。

表 3-96 耐全面（均匀）腐蚀性能

介质	浓度(%)	压力/MPa	温度/℃	时间/h	腐蚀速率 mm/a	腐蚀速率 g/(m²·h)	备注
硝酸	65	—	沸点	3×48	0.32	—	
硝铵	任何	—	任何		0		
硫铵	10	—	室温		0		
硫氰酸铵	460g/L	—	室温	27	<0.0007		
	30	—	68	17	0.0007		
硫酸镁	任何	—	任何		0		
过硫酸钾	5	—	34	476	0		
硝酸钠	53	—	29.5	28	<0.0007		
碳酸钠	10	—	15.6		<0.0007		
磷酸钠	10	—	15.6		0		
硫化钠	0.4	—	42	43	0.0014		
	50	—	160	324	0.044		

② 耐晶间腐蚀性能：022Cr19Ni10 钢有优良的耐晶间腐蚀性能，可通过 X 法（65% HNO_3 法）和 T 法（硫酸铜与硫酸加铜屑法）检验。X 法检验的最大腐蚀速率为 0.2~0.6mm/a。

(9) 常用标准牌号对照（见表 3-97）

表 3-97 常用标准牌号对照

国别	中国	国际标准化	欧洲		英国	德国	
标准	GB	ISO	EN	Mat. No	BS	DIN	W-Nr
牌号	022Cr19Ni10	X2CrNi19-11	X2CrNi19-11	1.4306	304S12	X2CrNi1911	1.4306
国别	法国	韩国	俄罗斯	日本	美国		
标准	NF	KS	ГОСТ	JIS	ASTM	UNS	AISI	SAE	ASI
牌号	Z2CN18.10	STS304L	03X18H11	SUS304L	304L	S30403			

3.2.5　06Cr19Ni10N（控氮0Cr19Ni10）钢

(1) 概述

06Cr19Ni10N 钢是在 06Cr19Ni10 钢基础上控制氮含量的奥氏体不锈钢。美国记为 304NX，我国 GB/T 1220—2007 中的相似牌号为 06Cr19Ni10N，在成分上略有差别。

通过加入适量的氮，可以提高该钢的强度和耐蚀性，特别是耐晶间腐蚀性能。降低了碳含量，进一步提高了钢的抗敏化能力。控氮奥氏体不锈钢已成为各国原子能反应堆建造中使用的主要材料。

该钢可用作锻件、铸件、棒材、板材、管材等。

(2) 工艺特性

06Cr19Ni10N 钢与 06Cr19Ni10 和 022Cr19Ni10 钢具有相同的工艺性，其冷变形、深冲压、可加工性及焊接性均好，焊件在热影响区出现刀口腐蚀倾向小。

(3) 应用

06Cr19Ni10N 钢除了应用于其他奥氏体不锈钢可使用的场合，更适用于制造核反应堆类设施的设备。

(4) 化学成分（见表3-98）

表3-98　化学成分（质量分数）　　　　（%）

C	Si	Mn	P	S	Cr	Ni	Mo	N	Co	备注
≤0.035	≤1.00	≤2.00	≤0.030	≤0.020	18.50~20.00	9.00~10.0	—	0.06~0.12	≤0.08	核级
≤0.08	≤1.00	≤2.00	≤0.045	≤0.030	18.00~20.00	8.00~11.00	—	0.10~0.16	—	GB/T 1220—2007

(5) 物理性能（见表3-99）

表3-99　物理性能

温度/℃	室温	100	200	300	400	500
热导率 $\lambda/[W/(m \cdot ℃)]$	14.5	16.0	17.6	19.2	20.5	21.4
比定压热容 $c_p/[J/(kg \cdot ℃)]$	461	478	497	515	532	546
线胀系数 $/10^{-6}℃^{-1}$	—	15.92	17.62	18.57	19.16	19.56
弹性模量 $E/10^4$ MPa	20.3	19.7	18.8	17.9	17.0	16.2
切变模量 $G/10^3$ MPa	78.4	75.8	71.9	68.3	64.6	61.2
泊松比 $\mu/10^{-1}$	3.0	3.0	3.1	3.1	3.2	3.3
电阻率 $\rho/10^{-8}\Omega \cdot m$	—	—	—	—	—	—

注：密度为 $7.85g/cm^3$；熔点为 1398~1454℃。

(6) 常见热处理制度（见表3-100）

表3-100　常见热处理制度

热处理	加热温度/℃	冷却方法	金相组织
固溶处理	1000~1100	水冷	奥氏体

(7) 力学性能

① 技术标准规定的力学性能见表3-101。

表 3-101 技术标准规定的力学性能

品种(标准)	规格/mm	状态	R_m/MPa	$R_{p0.2}$/MPa	$A_{11.3}$(%)	A(%)	Z(%)	KU_2/J	HBW
核级锻件(切向20℃)	—	固溶处理	500	210	—	40	50	100	—
核级锻件(切向350℃)			372	135	—	35	50	—	
核级板材(横向20℃)	—	固溶处理	510	205	—	40	55	134	—
核级板材(横向300℃)			395	147	—	35	50	—	
核级管材(纵向20℃)	—	固溶处理	510	205	—	40	55	134	—
核级管材(纵向300℃)			395	147	—	35	50	—	
棒材(GB/T 1220—2007)	≤180	固溶处理	550	275	—	35	50	—	≤217

② 不同温度下的力学性能见表 3-102。

表 3-102 不同温度下的力学性能（实测值）

状态	温度/℃	R_m/MPa	$R_{p0.2}$/MPa	A(%)	Z(%)	KU_2/J
锻件,固溶处理	20	585	285	62.5	83	>234
	300	423	179	46.5	81	—
	350	420	145	46	80	—
50mm 板 固溶处理	20	595	307	50.5	73	225
	300	445	179	40	74	—
	350	440	146	38	68	—
18mm 板 固溶处理	20	620	290	57	78	—
	300	442	177	42	77	—
7mm 板 固溶处理	20	610	265	56.5	—	—
	300	455	186	42	77	—
φ18mm×2.5mm 管 固溶处理	20	657	302	60	—	—
	300	480	178	38.5	—	—
φ185mm 圆钢 固溶处理	20	600	285	61	80	232
	300	429	196	36	70	—

（8）耐蚀性

① 耐全面（均匀）腐蚀性能：06Cr19Ni10N 钢在酸、碱、盐等介质中的耐全面（均匀）腐蚀速性能与 022Cr19Ni10 相当。

② 耐点蚀性能：06Cr19Ni10N 钢板材在 50℃、6% $FeCl_3$+0.05mol/L HCl 溶液中的腐蚀速率约为 13.89g/($m^2 \cdot h$)，锻件为 13.97g/($m^2 \cdot h$)。

③ 耐晶间腐蚀性能：06Cr19Ni10N 钢在敏化条件下具有良好的耐晶间腐蚀性能。

（9）常用标准牌号对照（见表 3-103）

表 3-103 常用标准牌号对照

国别	中国	国际标准化	欧洲		英国	德国	
标准	GB	ISO	EN	Mat. No	BS	DIN	W-Nr
牌号	06Cr19Ni10N	X5CrNiN18-8	X2CrNiN18-10	1.4311	304S61	X2CrNiN18-10	1.4311
国别	法国	韩国	俄罗斯	日本		美国		
标准	NF	KS	ГОСТ	JIS	ASTM	UNS	AISI	SAE	ASI
牌号	Z2CN19-10	STS304N1	—	SUS304N	304N	S30451	—	—	—

3.2.6 06Cr18Ni11Ti（0Cr18Ni10Ti）钢

（1）概述

06Cr18Ni11Ti 钢是为解决一般 18-8 型奥氏体不锈钢的晶间腐蚀问题，在 18-8 型钢基本化学成分的基础上，加入了钛元素，由于钛可以优先于铬与碳形成 TiC，减少了钢中形成 $Cr_{23}C_6$ 的机会，避免了大量网状 $Cr_{23}C_6$ 沿晶界析出，从而减轻了晶界处的贫铬程度，因此大大提高了钢的抗晶间腐蚀能力，但由于钛的加入为钢的冶炼、轧制带来一些不利因素，近些年，该钢已逐渐有被超低碳奥氏体不锈钢取代的趋势，但在某些特定环境（如抗氢腐蚀），在高温条件下仍在应用。

06Cr18Ni11Ti 钢可以制成锻件、铸件、板材等。

06Cr18Ni11Ti 钢也属于核级奥氏体不锈钢。

（2）工艺特性

06Cr18Ni11Ti 钢的一般工艺特性与 06Cr19Ni10 钢相同。

该钢的冷热加工性优良、可承受任何形式的冷加工和冷成形，可加工成板、管、带、线、棒材等。

06Cr18Ni11Ti 钢常用的热处理是固溶热处理，加热温度一般为 980~1100℃，采用水冷。与普通 18-8 钢热处理的不同点是，其可采用 850~930℃加热后空冷的稳定化处理，目的是更充分地发挥钛的稳定化作用，进一步保证抗晶间腐蚀能力。

该钢可采用各种方法焊接，一般情况下焊后无须进行热处理。

（3）应用

06Cr18Ni11Ti 钢可应用于石油化工，制造泵、阀、锅炉以及核工业耐蚀部件和高温焊接构件，如主管道、过热器、泵体、叶轮、紧固件等。

（4）化学成分（见表 3-104）

表 3-104 化学成分（质量分数） (%)

C	Si	Mn	P	S	Cr	其他元素	备注
≤0.08	≤1.00	≤2.00	≤0.045	≤0.030	17.00~19.00	Ti = 5C~0.70	（GB/T 1220—2007）适用棒材
≤0.08	≤1.00	≤2.00	≤0.030	≤0.020	17.00~19.00	Ti ≥ 5C	（JB/T 6398—2018）适用锻件
≤0.08	≤0.75	≤2.00	≤0.045	≤0.030	17.00~19.00	N ≤ 0.10 Ti ≥ 5C	（GB/T 3280—2015）适用冷轧板材、带材

（5）物理性能（见表 3-105）

表 3-105 物理性能

温度/℃	室温	100	200	300	400	500	600	700
热导率 $\lambda/[W/(m \cdot ℃)]$	—	16.3	17.6	18.8	20.5	21.8	23.5	24.7
比定压热容 $c_p/[J/(kg \cdot ℃)]$	502	—	—	—	—	—	—	—
线胀系数 $/10^{-6}℃^{-1}$	—	16.6	17.0	17.2	17.5	17.9	18.2	18.6
弹性模量 $E/10^4$ MPa	19.8	19.4	19.8	18.1	17.4	16.6	15.7	14.7
切变模量 $G/10^3$ MPa	74	—	68	65	—	—	—	—
泊松比 $\mu/10^{-1}$	—	—	—	—	—	—	—	—
电阻率 $\rho/10^{-8} \Omega \cdot m$	75	80	87	94	99	105	107	114

注：密度为 $7.9g/cm^3$；熔点为 1400~1425℃。

（6）常见热处理制度（见表 3-106）

表 3-106 常见热处理制度

热处理	加热温度/℃	冷却方法	金相组织
固溶处理	950~1150℃	水冷	奥氏体
稳定化处理	850~930	空冷	奥氏体

(7) 力学性能

① 技术标准规定的力学性能见表 3-107。

表 3-107 技术标准规定的力学性能

品种(标准)	规格/mm	状态	力学性能(≥)						HBW
			R_m/MPa	$R_{p0.2}$/MPa	$A_{11.3}$(%)	A(%)	Z(%)	KU_2/J	
棒材 (GB/T 1220—2007)	≤180	固溶处理	520	205	—	40	50	—	≤187
锻件 (JB/T 6398—2018)	—	固溶处理	520	205	—	40	50	—	≤187
材板 (GB/T 3280—2015)	—	固溶处理	515	205	—	40	—	—	≤217

② 不同温度下的力学性能见表 3-108。

表 3-108 不同温度下的力学性能

状态	温度/℃	R_m/MPa	$R_{p0.2}$/MPa	A(%)	Z(%)	KV_2/J
固溶处理	21	569	207	71.0(A4)	79.5	—
	205	421	145	48.0(A4)	76.0	—
	425	400	121	425(A4)	71.5	—
	540	379	124	42.0(A4)	70.5	—
	650	303	117	37.0(A4)	57.5	—
	760	210	114	44.5(A4)	53.0	—
	870	117	93	57.0(A4)	82.0	—
	980	63	50	78.0(A4)	96.0	—
固溶处理	0	776	288	64	75	203
	-20	898	254	54	72	230
	-50	1038	243	48	70	214
	-100	1195	247	40	67	169
	-140	1331	247	37	68	144
	-196	1594	268	36	58	136

③ 持久极限见表 3-109。

表 3-109 持久极限

状态	温度/℃	持久极限/MPa			状态	温度/℃	持久极限/MPa		
		σ_{10^3}	σ_{10^4}	σ_{10^5}			σ_{10^3}	σ_{10^4}	σ_{10^5}
固溶处理	480	340	295	—	固溶处理	705	75	40	3.5
	540	290	235	—		760	45	25	2.0
	595	200	145	11.5		815	30	15	—
	650	130	85	6.5		—	—	—	—

④ 冷加工(变形)对室温力学性能的影响见表 3-110。

表 3-110 冷加工（变形）对 06Cr18Ni11Ti 钢的室温力学性能的影响

冷加工量(%)	R_m/MPa	$R_{p0.2}$/MPa	A(%)	冷加工量(%)	R_m/MPa	$R_{p0.2}$/MPa	A(%)
0	630	210	54	40	1050	940	6
10	700	490	44	50	1130	1000	4
20	820	700	27	60	1180	1030	3
30	960	840	12	—	—	—	—

（8）耐蚀性

① 耐全面（均匀）腐蚀性能：优于 1Cr18Ni19Ti，可参见表 3-119。

② 耐点蚀性能：在 22℃、6% $FeCl_3 \cdot 6H_2O$ 溶液中进行点蚀试验，平均腐蚀速率为 15.2562g/($m^2 \cdot h$)，最大点蚀深度为 1.4mm。

③ 耐应力腐蚀性能见表 3-111。

表 3-111 06Cr18Ni11Ti 钢在各种介质中的应力腐蚀试样结果（U 形试样）

钢种	状态	42% $MgCl_2$ 沸腾	40% $CaCl_2$ 沸腾	20% NaCl +1% $Na_2Cr_2O_7$ 沸腾	20% NaCl +1% Na_2NaNO_3 沸腾	20% NaCl +1% $Na_2H_2O_2$ 沸腾
06Cr18Ni11Ti (SUS 304)	固溶	<24 <24 ● ●	150 150 ● ●	320 490 ● ●	192 192 ● ●	890 890 ○ ○
	敏化	<24 <24 ● ●	110 110 ● ●	150 150 ● ●	120 480 ● ●	890 890 ○ ○

钢种	状态	饮用 H_2O +pH0.1 (HCl) 25℃	10mol/L H_2CO_4 +0.5mol/L HCl 25℃	25% NH_4Cl +100×10^{-6} H_2C,pH1 (HCl) 25℃	33% KCl 沸腾	50% LiCl 沸腾	36% NH_4Cl 沸腾	54% $ZnCl_2$ 沸腾
06Cr18Ni11Ti (SUS 304)	固溶	500 500 ● ●	61 71	260 260 ● ●	500 500 ○ ○	500 500 ○ ○	500 500 ○ ○	500 500 ○ ○
	敏化	168 168	—	500 500 ○ ○				

注：● 表示试样破裂；○ 表示试样未破裂；数字表示腐蚀时间（h）。

（9）常用标准牌号对照（见表 3-112）

表 3-112 常用标准牌号对照

国别	中国	国际标准化	欧洲		英国	德国	
标准	GB	ISO	EN	Mat. No	BS	17006	17007
牌号	06Cr18Ni11Ti	X6CrNiTi18-10	X6CrNiTi18-10	1.4541	321S31	X6CrNiTi18-10	1.4541
国别	法国	韩国	俄罗斯	日本	美国		
标准	NF	KS	ГОСТ	JIS	ASTM	UNS	AISI	SAE	ASI
牌号	Z6CNT18.10	STS321	09X18H10T	SUS321	321	S32100	—	—	—

3.2.7 1Cr18Ni9Ti 钢

（1）概述

1Cr18Ni9Ti 钢是在 18-8 钢基础上加入钛的稳定型奥氏体不锈钢。钢中加钛是为了提高抗晶间腐蚀能力，特别是为了防止在 500~800℃ 范围内出现的晶间腐蚀倾向。这是因为钛与钢中碳的结合能力高于铬与碳的结合能力，使钢中碳优先与钛形成 TiC，减少了形成 $Cr_{23}C_6$ 的机会，避免了大量网状 $Cr_{23}C_6$ 沿晶界析出造成的晶间贫碳。但是，由于钛的加入，为钢在冶炼和热加工时带来不利影响，特别是易形成 TiN 夹杂物、降低耐蚀性、易产生裂纹，近些年，已逐渐有被超低碳奥氏体不锈钢取代的趋势。但在某些特定环境（如抗氢腐蚀）中、高温使用条件下仍在应用。

1Cr18Ni9Ti 钢具有优良的抗氧化酸均匀（全面）腐蚀性能，但是耐应力腐蚀和耐点蚀能力较差。该钢具有良好的塑性和韧性以及冲压性，低温冲击韧性也较好。

1Cr18Ni9Ti 钢可以制成锻件、铸件及各种型材。

（2）工艺特性

1Cr18Ni9Ti 钢热加工性能良好，锻轧开始温度为 1140~1180℃，锻轧终止温度不低于 850℃，缓慢加热。

该钢焊接性良好，可采用各种方法焊接，但为防止焊接重复加热引起碳化物析出导致性能降低，不宜采用过大焊接电流。一般焊后无须进行热处理，必要时采用稳定化处理。

该钢主要的热处理方式为固溶处理。固溶加热温度为 1030~1120℃，水冷。为充分发挥钛的作用，改善抗晶间腐蚀能力，多采用 860~920℃ 之间加热空冷的稳定化热处理。

该钢的冷加工性良好，可在室温进行冷轧、拔、弯、深拉等冷加工。

该钢的切削性能尚可，但切削速度应低，避免冷作硬化。

（3）应用

该钢用于航空业及各行业的耐酸条件下工作的容器、管道、焊接构件、泵体、叶轮、阀体、阀盖等，特别是对耐晶间腐蚀有较高要求的构件和零件。

（4）化学成分（见表 3-113）

表 3-113 化学成分（质量分数） （%）

C	Si	Mn	P	S	Cr	Ni	Ti	备注
≤0.12	≤0.80	≤2.00	≤0.035	≤0.020	17.00~19.00	8.00~11.00	5(C-0.02)~0.80	(GJB 2294A—2014) 适用棒材
≤0.12	≤0.80	≤2.00	≤0.035	≤0.025	17.00~19.00	8.00~11.00	5(C-0.02)~0.80	(GJB 2295A—2006) 适用钢板材
≤0.12	≤0.80	≤2.00	≤0.035	≤0.025	17.00~19.00	8.00~11.00	5(C-0.02)~0.80	(GJB 2296A—2005) 适用钢管材

（5）物理性能（见表 3-114）

表 3-114 物理性能

温度/℃	室温	100	200	300	400	500	600	700
热导率 $\lambda/[W/(m·℃)]$	—	16.3	17.6	18.8	20.5	21.8	23.5	24.7
比定压热容 $c_p/[J/(kg·℃)]$	502	—	—	—	—	—	—	—
线胀系数 $/10^{-6}℃^{-1}$	—	16.6	17.0	17.2	17.5	17.9	18.2	18.6
弹性模量 $E/10^4$ MPa	19.8	19.4	19.8	18.1	17.4	16.6	15.7	14.7
切变模量 $G/10^3$ MPa	—	—	—	—	—	—	—	—
泊松比 $\mu/10^{-1}$	—	—	—	—	—	—	—	—
电阻率 $\rho/10^{-8}\Omega·m$	75	80	87	94	99	105	107	114

注：密度为 $7.9g/cm^3$；熔点为 1398~1427℃。

（6）常见热处理制度（见表 3-115）

表 3-115 常见热处理制度

热处理	加热温度/℃	冷却方法	金相组织
固溶处理	920~1150	水冷	奥氏体
稳定化处理	860~920	空冷	奥氏体

(7) 力学性能

① 技术标准规定的力学性能见表 3-116。

表 3-116 技术标准规定的力学性能

品种(标准)	规格/mm	状态	力学性能(≥)						
			R_m/MPa	$R_{p0.2}$/MPa	$A_{11.3}$(%)	A(%)	Z(%)	KU_2/J	HBW
棒材(GJB 2974A—2014)	25	1010~1150 水冷	540	196	—	45	55	98	—
板材(GJB 2295A—2006)	—	1010~1150 水冷	540	196	—	42	—	—	—
钢管(GJB 2296A—2021)	—	固溶处理	550	—	—	40	—	—	—

② 不同温度下的力学性能见表 3-117。

表 3-117 不同温度下的力学性能

状态	温度/℃	R_m/MPa	$R_{p0.2}$/MPa	A(%)	Z(%)	KU_2/J
1050℃ 水冷或空冷 (棒材)	20	610	275	41	63	
	300	450	196	31	65	—
	400	440	176	31	65	
	500	440	176	29	65	
	600	390	176	25	61	
	700	275	157	26	59	
	800	176	98	35	69	
1050℃ 空冷 (板材)	20	645	—	59	50	
	500	440	—	34	32	
	600	430	—	35	30	
	700	285	—	44	47	
	800	186	—	53	50	
1130~1160℃ 水冷,再经 800℃、10h 或 700℃、20h 时效	20	640	305	55.0	75.5	196
	100	500	240	44.0	76.5	
	200	455	200	38.0	70.0	290.4
	300	440	2.5	29.0	66.0	
	400	445	215	26.5	64.5	248.8
	500	420	205	30.0	64.5	286.4
	550	445	177	40.5	61.5	286.4
	600	350	205	28.5	64.5	282.4
	650	350	191	30.0	68.3	
	700	270	205	29.5	57.5	266.4
1150℃ 水冷+ 800℃、10h	—	室温	640	305	55.0	75.5	196
	500℃,10^{4}h	室温	680	295	56.5	70.0	148.8
	550℃,10^{4}h	室温	625	310	54.0	68.0	192
	550℃,2×10^{4}h	室温	625	295	54.0	71.0	231.2
	600℃,5×10^{3}h	室温	600	330	50.0	73.0	188
	600℃,10^{4}h	室温	630	305	59.6	67.5	231.2
	650℃,10^{4}h	室温	610	265	46.0	72.0	133.6

（续）

状态		温度/℃	R_m/MPa	$R_{p0.2}$/MPa	A(%)	Z(%)	KU_2/J
1050℃ 空冷	—	室温	660	240	69.5	79.5	223.2
	550℃,3×10³h	室温	600	270	60.5	71.5	137.6
	600℃,3×10³h	室温	610	290	61.5	70.5	148.8
	650℃,3×10³h	室温	605	270	57.5	70.0	144.8
1100℃水冷		20	617	249	37.5	75.2	—
		−50	1012	322	35.1	67.2	—
		−196	1598	506	28.9	53.9	—

③ 持久极限见表3-118。

表 3-118 持久极限

状态	温度/℃	持久极限/MPa							
		$\sigma_{5\times10^1}$	σ_{10^2}	$\sigma_{2\times10^2}$	$\sigma_{5\times10^2}$	σ_{10^3}	$\sigma_{5\times10^3}$	σ_{10^4}	σ_{10^5}
1050~ 1100℃ 固溶 处理	550	—	—	305	275	245	196	177	137~196
	600	255	145	235	205	177	137	127	88~127
	650	—	196	177	147	137	98	78	39~69
	700	137	127	118	—	69~118	—	49~69	29~49
	760	—	—	—	—	37	—	—	—
	800	59	49	29	—	—	—	—	—
	815	—	—	—	—	25	—	—	—
	870	—	—	—	—	19	—	—	—

（8）耐蚀性

① 耐全面（均匀）腐蚀性能见表3-119。

表 3-119 耐全面（均匀）腐蚀性能

介质	浓度(%)	压力/MPa	温度/℃	时间/h	腐蚀速率		备注
					mm/a	g/(m²·h)	
硝酸	30	—	20	720	0.007	—	
	50~66	—	20		0	—	
	93	—	43		0.05	—	
	95	—	37~55		0.03	—	
	97	—	55		0.76	—	
	99	—	55		1.25	—	
	99.67	—	55		<10.0	—	
硫酸	2	—	50	68	0.016	—	
	2	—	100	42	30~65	—	
	5	—	50	≤20	3.0~4.5	—	
	5	—	100~105	16~43	3.3~15	—	
	80	—	20	120	0.46	—	
混合酸	硫酸:78 硝酸:0.5	—	20	360	0.003	—	
			90		0.05	—	
	硫酸:78 硝酸:1.0	—	20		0.0018	—	
			90		0.0251	—	
氢氧化钠	≈12	—	100	48	0.0044	—	
	≈35			143	0.008	—	
硫	熔化的	—	130		<0.1	—	
			445		<3.0	—	
氯气	干燥的	—	20		<0.1	—	
			100		>10.0	—	
氯化氢		—	200~100		<1.0	—	
			100~500		<10.0	—	

② 耐晶间腐蚀性能：按晶间腐蚀试验标准试验，可通过试验。

（9）常用标准牌号对照（见表3-120）

表3-120 常用标准牌号对照

国别	中国	国际标准化	欧洲		英国	德国	
标准	—	ISO	EN	Mat. No	BS	17006	17007
牌号	1Cr18Ni9Ti	X10CrNiTi18-10	X10CrNiTi18-10	1.4878	321S20	X12CrNiTi18-9	1.4878

国别	法国	韩国	俄罗斯	日本	美国			
标准	NF	KS	ГОСТ	JIS	ASTM	UNS	AISI	SAE	ASI
牌号	Z6CNT18.12	STS321	12X18H10T	SUS321	321	S32100			

3.2.8 1Cr18Ni9Cu3Ti 钢

（1）概述

1Cr18Ni9Cu3Ti 钢是在 18-8 型奥氏体不锈钢中加入 3% 左右的铜，由于铜的加入，有效地提高了钢的耐蚀性，特别是耐硫酸腐蚀的能力及抗应力腐蚀能力。

该钢可制成锻件、铸件、板材、管材等。

（2）工艺特性

1Cr18Ni9Cu3Ti 钢的导热性差，特别是含有较高的铜元素，所以锻轧时应注意防止裂纹。

该钢锻轧开始温度通常为 1150~1200℃，锻轧终止温度不低于 900℃。锻后宜堆放冷却。

该钢主要的热处理工艺是固溶化处理，加热温度为 1080~1120℃，水冷。

该钢有良好的焊接性，一般焊后可不热处理。

（3）应用

该钢可替代一般奥氏体不锈钢，特别适合制造应用在硫酸类介质中的零件。

该钢可广泛应用于石化机械，泵、阀等有强硫酸介质腐蚀的构件和零件，可制造泵体、叶轮等。

（4）化学成分（见表3-121）

表3-121 化学成分（质量分数） （%）

C	Si	Mn	P	S	Cr	Ni	Cu	Ti
≤0.10	≤0.8	≤0.8	≤0.035	≤0.030	17.0~19.0	8.0~10.0	2.8~3.2	≥7×C

（5）物理性能（见表3-122）

表3-122 物理性能

温度/℃	室温	100	200	300	400	500
热导率 $\lambda/[W/(m \cdot ℃)]$	16.3	—	—	—	—	—
比定压热容 $c_p/[J/(kg \cdot ℃)]$	503	—	—	—	—	—
线胀系数 $/10^{-6}℃^{-1}$	—	16.5	17.5	17.5	18.5	18.5
弹性模量 $E/10^4$ MPa	20.0					
切变模量 $G/10^3$ MPa						
泊松比 $\mu/10^{-1}$						
电阻率 $\rho/10^{-8} \Omega \cdot m$	85					

注：密度为 8.0g/cm³。

(6) 常见热处理制度（见表3-123）

表3-123 常见热处理制度

热处理	加热温度/℃	冷却方法	金相组织
固溶处理	1080~1120	水冷	奥氏体

(7) 力学性能

技术标准规定的力学性能见表3-124。

表3-124 技术标准规定的力学性能

品种	规格/mm	状态	力学性能（≥）					HBW
			R_m/MPa	$R_{p0.2}$/MPa	A(%)	Z(%)	KU_2/J	
—	—	固溶处理	540	245	45	—	245	—

(8) 耐蚀性

耐全面（均匀）腐蚀性能见表3-125。

表3-125 耐全面（均匀）腐蚀性能

介质	浓度(%)	压力/MPa	温度/℃	时间/h	腐蚀速率		备注
					mm/a	g/(m²·h)	
硫酸	2	—	20	100	≤0.002	—	—
	2	—	80	100	1.167	—	—
	5	—	20	100	≤0.001	—	—
	5	—	80	100	2.761	—	—
	10	—	20	100	0.002	—	—
	10	—	80	100	0.983	—	—

(9) 常用标准牌号对照（见表3-126）

表3-126 常用标准牌号对照

国别	中国	国际标准化	欧洲		英国	德国	
标准	—	ISO	EN	Mat. No	BS	DIN	W-Nr
牌号	1Cr18Ni9Cu3Ti	—	—	—	—	—	S—

国别	法国	韩国	俄罗斯	日本	美国			
标准	NF	KS	ГОСТ	JIS	ASTM	UNS	AISI	SAE	ASI
牌号	—	—	10Х18Н9Д3Т	—	—	—	—	—	—

3.2.9 06Cr18Ni11Nb（0Cr18Ni11Nb）钢

(1) 概述

06Cr18Ni11Nb钢是用合金元素铌做稳定化元素的奥氏体不锈钢，具有较高的耐晶间腐蚀性能，可与06Cr18Ni11Ti相比，有较好的热强性和抗氧化性，在碱、大部分酸及海水中均有较好的耐蚀性。

该钢具有较好的焊接性、工艺性，广泛应用于制造航空、石油化工、造纸、食品、锅炉等行业的耐腐蚀和耐热零部件。

该钢可制成锻件、铸件、板材、管材等。

(2) 工艺性能

06Cr18Ni11Nb钢可方便地进行热加工，锻轧开始温度为1150~1200℃，锻轧终止温度不低于900℃。其导热性差、变形阻力大，应缓慢均匀加热。

该钢通常在固溶处理状态下使用，固溶处理加热温度范围为1000~1150℃，采用水冷。为充分发挥稳定化元素铌的作用，提高抗晶间腐蚀能力，可进行850~900℃的稳定化处理。

06Cr18Ni11Nb钢的焊接性良好，可采用通常的焊接方法焊接，一般件焊后可不进行热处理。焊接接头能通过硫酸-硫酸铜法的晶间腐蚀试验。

该钢的冷变形能力良好，可进行冷轧、冷拔、弯曲、深冲等冷加工，但钢的冷作硬化效应较大。

(3) 应用

该钢可用于大型锅炉过热器、蒸汽管道、石油化工设备中的耐腐蚀件、焊接构件，如泵体、叶轮、轴、阀体、阀盖等，在核反应堆工程中，可用于各类设备的锻件、板材、管材、棒材、主泵轴等。

(4) 化学成分（见表3-127）

表3-127 化学成分（质量分数） （%）

C	Si	Mn	P	S	Cr	Ni	Nb	备注
≤0.08	≤1.00	≤2.00	≤0.045	≤0.030	17.00~19.00	9.00~12.00	10C~1.10	(GB/T 1220—2007) 适用棒材
≤0.08	≤1.00	≤2.00	≤0.040	≤0.030	17.00~19.00	9.00~12.00	10C~1.10	(GB/T 14975—2012) 适用管材
≤0.08	≤1.00	≤2.00	≤0.030	≤0.020	17.00~19.00	9.00~13.00	≥10C	(JB/T 6398—2018) 适用锻件

(5) 物理性能（见表3-128）

表3-128 物理性能

温度/℃	室温	93	204	316	427	593	704	816
热导率 λ/[W/(m·℃)]	—	—	—	—	—	—	—	—
比定压热容 c_p/[J/(kg·℃)]	431	—	490	—	561	—	—	657
线胀系数/10^{-6}℃$^{-1}$	—	16.5	17.0	—	18.0	—	18.7 (649℃)	—
弹性模量 E/10^4MPa	20.4	19.8	18.8	17.9	16.9	15.5	14.6	13.6
切变模量 G/10^3MPa	—	77.3	73.1	68.9	64.7	58.4	54.8	50.6
泊松比 μ/10^{-1}	—	—	3.0 (149℃)	—	3.3 (482℃)	3.1	3.5	2.8
电阻率/10^{-8}Ω·m	73	80	88	91	99	—	—	120

注：密度为8.00g/cm³；熔点为1398~1472℃。

(6) 常见热处理制度（见表3-129）

表3-129 常见热处理制度

热处理	加热温度/℃	冷却方法	金相组织
固溶处理	1000~1150	水冷	奥氏体
稳定化处理	850~900	空冷	奥氏体

(7) 力学性能

① 技术标准规定的力学性能见表3-130。

表 3-130 技术标准规定的力学性能

品种(标准)	规格/mm	状态	R_m/MPa	$R_{p0.2}$/MPa	$A_{11.3}$(%)	A(%)	Z(%)	KU_2/J	HBW
棒材 (GB/T 1220—2007)	≤180	固溶处理	520	205	—	40	50	—	≤187
管材 (GB/T 14975—2012)	—	980~1150 水冷	520	205	35	—	—	—	≤192
锻件 (JB/T 6398—2018)	—	固溶处理	520	205	—	40	50	—	≤187

② 不同温度下的力学性能见表 3-131。

表 3-131 不同温度下的力学性能

状态	温度/℃	R_m/MPa	$R_{p0.2}$/MPa	A(%)	Z(%)	KU_2/J
1050℃ 水冷	20	559~637	235~247	53~61	63~69	164.8~219.2
	500	392~429	147~216	28~36	56~66	188~227.2
	600	362~382	137~186	28~34	54~65	196~243.2
	650	304~363	118~169	31~38	54~61	188~251.2
	700	245~304	—	31~42	44~60	196~235.2
固溶处理	0	785	282	65	76	—
	−20	894	301	56	74	—
	−50	1024	315	50	70	178
	−100	1202	304	42	70	152
	−140	1323	306	40	65	135
	−196	1564	273	38	58	124

③ 冷加工对力学性能的影响见表 3-132。

表 3-132 冷加工对力学性能的影响

化学成分(%)	冷加工量(%)	R_m/MPa	$R_{p0.2}$/MPa	A(%)
C:0.088 Mn:1.55 Cr:17.42 Ni:10.79 Nb:0.88	0	675	274	50
	10	731	548	32
	20	858	745	13
	30	998	886	8
	40	1111	970	5
	50	1181	1005	4
	60	1209	1041	3

④ 蠕变极限和持久极限见表 3-133。

表 3-133 蠕变极限和持久极限

状态	温度/℃	蠕变极限/MPa		持久极限/MPa	
		$\sigma_{1/10^4}$	$\sigma_{1/10^5}$	σ_{10^4}	σ_{10^5}
1050~1100℃ 空冷	600	130~140	85~100	130~175	100~135
	650	—	—	80~118	55~90
	700	—	—	38~63	21~40

(8) 耐蚀性

① 耐全面(均匀)腐蚀性能见表 3-134~表 3-136。

表 3-134 耐全面（均匀）腐蚀性能

介质	浓度(%)	压力/MPa	温度/℃	时间/h	腐蚀速率		备注
					mm/a	g/(m²·h)	
硝酸	0.5~99	—	20	—	<0.1	—	
	7~37	—	沸点	—	0.1~1.0	—	
	65	—	沸点	—	<1.0	—	
	93	—	37	720	0.01	—	
	93	—	55	720	0.21	—	
	97	—	37	720	0.22	—	
	99	—	55	720	0.76	—	
	97	—	37	720	0.58	—	
	99	—	55	720	1.25	—	
	99.67	—	沸点	720	<10.0	—	
硫酸	1	—	20	—	<0.1	—	
	1	—	85	—	3.0~10.0	—	
	5	—	20	—	<1.0	—	
	5	—	50	—	<3.0	—	
	5	—	80	—	1.0~3.0	—	
	10	—	20	—	<3.0	—	
	10	—	80	—	>10.0	—	
	20	—	20	—	<3.0	—	
	20	—	80	—	>10.0	—	
乙酸	10~100	—	20~90	—	<0.1	—	
	10	—	沸点	—	<1.0	—	
	25	—	沸点	—	1~3	—	
	50	—	沸点	—	<3.0	—	
	80	—	沸点	—	1~3	—	
磷酸	1~90	—	20	—	<0.1	—	
	10	—	沸点	—	<0.1	—	
	25	—	85	—	<0.1	—	
	40	—	100	—	<0.1	—	
	65	—	110	—	>10.0	—	
	80	—	60	—	<0.1	—	
	80	—	110	—	>10.0	—	
	90	—	80	—	<1.0	—	
	90	—	110	—	<10.0	—	
盐酸	0.2~10	—	20	—	<0.1	—	
	1	5	50	—	<3.0	—	
	3	—	60	—	3~10	—	
	10	—	60	—	>10.0	—	
	20	—	20	—	<3.0	—	
	20	—	60	—	>10.0	—	
	30	—	20	—	>10.0	—	
甲酸	500~100	—	20	—	<0.1	—	
	50	—	沸点	—	>10.0	—	
	80	—	沸点	—	>3.0	—	
	100	—	沸点	—	>1.0	—	
氢氧化钾	25	—	沸点	—	<0.1	—	
	50	—	沸点	—	<1.0	—	
	68	—	120	—	<0.1	—	
	熔体	—	300	—	3.0~10	—	

(续)

介质	浓度(%)	压力/MPa	温度/℃	时间/h	腐蚀速率 mm/a	腐蚀速率 g/(m²·h)	备注
氢氧化钾	10~50	—	90		<0.1		
	20	—	沸点		<0.1		
	30	—	沸点		0.1~10		
	40	—	100		<1.0		—
	60	—	120		<1.0		
	70	—	沸点		<3.0		
	90	—	300		<3.0		
	熔体	—	318		3~10		
柠檬酸	1~50	—	20		<0.1		
	5	0.3	140		<1.0		
	50	—	沸点		<10.0		

表 3-135 06Cr18Ni11Nb 在钠中的腐蚀

温度/℃	动态	静态	溶解氧/10⁻⁶	时间/h	质量变化/[mg/(dm²·m)](未脱模样)
510	×		—	—	<−10
593	×		—	500	+146
593		×	—	500	+22
649		×	—	—	<−10
704		×	—	—	<−10
1000		×	—	400	+1870
500	—	—	100	—	<−10
500	—	—	1000	—	−50
500	—	—	5000	—	−50

表 3-136 06Cr18Ni11Nb 在氦中的腐蚀

介质条件	温度/℃	时间/h	质量变化/[mg/(dm²·m)]
2500×10^{-6} CO + 2500×10^{-6} H$_2$	650	2000	+21
2500×10^{-6} CO + 2500×10^{-6} H$_2$	760	3000	+42
2500×10^{-6} CO + 2500×10^{-6} H$_2$	650	1500	+8
2500×10^{-6} CO + 2500×10^{-6} H$_2$	760	1500	+35

② 耐晶间腐蚀性能：可以通过晶间腐蚀试验的 T 法、L 法和 X 法检验。

③ 抗氧化性能：在 750~800℃ 空气中具有稳定的抗氧化性能。

（9）常用标准牌号对照（见表 3-137）

表 3-137 常用标准牌号对照

国别	中国	国际标准化	欧洲		英国	德国	
标准	GB	ISO	EN	Mat. No	BS	17006	17007
牌号	06Cr18Ni11Nb	X6CrNiNb18-10	X6CrNiNb18-10	1.4550	347S31	X6CrNiNb18-10	1.4550
国别	法国	韩国	俄罗斯	日本	美国		
标准	NF	KS	ГОСТ	JIS	ASTM	UNS	AISI	SAE	ASI
牌号	Z6CNNb18.10	STS347	08Х18Н12Б	SUS347	347	S34700	—	—	—

3.2.10 06Cr25Ni20（0Cr25Ni20）和 022Cr25Ni20（00Cr25Ni20）钢

（1）概述

06Cr25Ni20 钢属高铬镍奥氏体不锈钢，常称 25-20 钢。相对于普通奥氏体不锈钢，其有更高的铬和镍含量,因此具有更优良的耐蚀性,特别是在氧化性介质中的耐蚀性尤为突出。其耐点蚀性和抵抗氯化物应力腐蚀能力也好于一般奥氏体不锈钢。

在06Cr25Ni20成分中进一步降低碳含量,形成了超低碳高铬镍奥氏体不锈钢022Cr25Ni20,更低的碳含量提高了其耐晶间腐蚀性能,并解决了钢在焊后耐蚀性劣化的问题。

25-20钢同时具有良好的高温性,可以用于高温耐蚀部件的制造。

25-20钢可用于强氧化性酸腐蚀条件下的部件制造,如设备、装置等。其可用作锻件、铸件和各类型材。

(2) 工艺特性

06Cr25Ni20钢的工艺性能良好,与18-8型奥氏体不锈钢无显著差别。

适宜的热加工范围为900~1180℃。一般锻轧开始温度为1150~1180℃,锻轧终止温度不低于900℃。

常用的热处理工艺是固溶处理,固溶加热温度为1030~1150℃,水冷。

25-20型钢焊接性良好,可采用多种方法焊接,一般情况下可不预热,但含铌的钢具有较高的热裂倾向。通常焊后可不进行热处理。

25-20型钢冷加工及冷成形性与18-8奥氏体不锈钢相似。

(3) 应用

06Cr25Ni20钢主要用于强氧化性腐蚀环境中,在18-8型奥氏体不锈钢耐蚀性不能满足要求的条件下可选用25-20型钢。

06Cr25Ni20钢广泛用于硝酸引起腐蚀的设备、构件。在泵、阀生产中,其可做轴、体、轮、阀体、阀盖等。

(4) 化学成分(见表3-138)

表3-138 化学成分(质量分数)   (%)

C	Si	Mn	P	S	Cr	Ni	备注
≤0.08	≤1.50	≤2.00	≤0.045	≤0.030	24.00~26.00	19.00~22.00	06Cr25Ni20(GB/T 1220—2007)适用棒材
≤0.08	≤1.00(≤1.50)	≤2.00	≤0.030	≤0.020	24.00~26.00	19.00~22.00	06Cr25Ni20(JB/T 6398—2018)适用锻件
≤0.08	≤1.50	≤2.00	≤0.035	≤0.030	24.00~26.00	19.00~22.00	06Cr25Ni20
≤0.02	≤0.80	≤0.80	≤0.020	≤0.015	≤24.50~26.00	20.00~22.00	022Cr25Ni20

(5) 物理性能(见表3-139)

表3-139 物理性能(06Cr25Ni20/022Cr25Ni20)

温度/℃	室温	100	200	300	400	500
热导率 λ/[W/(m·℃)]	—/14.0	14.2/15.0	—/16.0	—/17.0	—/19.0	18.7/—
比定压热容 c_p/[J/(kg·℃)]	—	500/—	—	—	—	—
线胀系数/10^{-6}℃$^{-1}$	—	15.9/15.7	—/16.0	16.2/16.3	—	—
弹性模量 E/10^4MPa	20.0/17.0	—	—/12.0	—	—/11.0	—
切变模量 G/10^3MPa	—	—	—	—	—	—
泊松比 μ/10^{-1}	—	—	—	—	—	—
电阻率 ρ/10^{-8}Ω·m	—	—	—	—	—	—

注:密度为8.0g/cm³;熔点为1400~1450℃。

(6) 常见热处理制度（见表3-140）

表3-140　常见热处理制度

热处理	加热温度/℃	冷却方法	金相组织
固溶处理	1030~1150	水冷	奥氏体

(7) 力学性能

① 技术标准规定的力学性能见表3-141。

表3-141　技术标准规定的力学性能

品种（标准）	规格/mm	状态	力学性能（≥）						HBW
			R_m/MPa	$R_{p0.2}$/MPa	$A_{11.3}$(%)	A(%)	Z(%)	KU_2/J	
棒材（06Cr25Ni20）(GB/T 1220—2007)	≤180	固溶处理	520	205	—	40	50	—	≤187
锻件（06Cr25Ni20）(JB/T 6398—2018)	—	固溶处理	520	205	—	40	50	—	≤187
(06Cr25Ni20)	—	固溶处理	520	205	—	40	50	—	≤187
(022Cr25Ni20)	—	固溶处理	500~700	210	—	35	—	—	—

② 不同温度下的力学性能见表3-142。

表3-142　不同温度下的力学性能（06Cr25Ni20）

状态	温度/℃	R_m/MPa	$R_{p0.2}$/MPa	A(%)	Z(%)
固溶处理	21	625	290	47	70
	150	600	240	39	70
	205	585	230	38	69
	260	570	220	37	69
	315	565	205	37	69
	370	560	200	37	67
	425	525	185	36	63
	480	515	180	34	61
	540	495	165	33	55
	595	480	150	33	50
	650	385	145	35	45
	705	340	140	36	40
	760	285	130	37	39
	815	235	125	50	38
	870	185	110	45	37
	925	115	—	50	40
	980	90	—	57	40
固溶处理（锻件，横向）	24	585	260	54	71
	−196	1100	605	72	52
	−269	1300	815	64	45

③ 蠕变极限和持久极限见表3-143。

(8) 耐蚀性

① 耐全面（均匀）腐蚀性能：25-20型钢均有较好的耐全面（均匀）腐蚀性能，特别是在强氧化性酸中耐蚀性更好。

表 3-143 蠕变极限和持久极限 (06Cr25Ni20)

状态	温度/℃	蠕变极限/MPa		持久极限/MPa		
		$\sigma_{1/10^4}$	$\sigma_{1/10^5}$	σ_{10^3}	σ_{10^4}	σ_{10^5}
固溶处理	540	140	90	220	170	125
	595	105	55	160	110	83
	650	55	40	110	69	55
	705	35	30	69	40	35
	760	15	15	50	30	20
	815	7	—	35	15	7
	870			20	7	—
	980			7	—	—

022Cr25Ni20 在 65% HNO_3 的沸腾状态下浸蚀 5×48h，其腐蚀率分别为 0.06~0.07g/($m^2 \cdot h$)（固溶态）和 0.21g/($m^2 \cdot h$)（敏化态）。

② 其他耐蚀性能：022Cr25Ni20 的耐晶间腐蚀性能、耐点蚀性和耐应力腐蚀性能均优于 022Cr19Ni10。

(9) 常用标准牌号对照（见表 3-144）

表 3-144 常用标准牌号对照 (06Cr25Ni20)

国别	中国	国际标准化	欧洲		英国	德国	
标准	GB	ISO	EN	Mat. No	BS	DIN	W-Nr
牌号	06Cr25Ni20	X6CrNi25-20	X6CrNi25-20	1.4951	304S24	X12CrNi25-20	1.4951
国别	法国	韩国	俄罗斯	日本	美国		
标准	NF	KS	ГОСТ	JIS	ASTM	UNS	AISI	SAE	ASI
牌号	Z12CN25.20	STS310S	08X25H18	SUS310S	310S	S31008	—		

3.2.11 00Cr25Ni20Nb 钢

(1) 概述

00Cr25Ni20Nb 钢也属高铬镍奥氏体不锈钢，是在 00Cr25Ni20 钢基础上加入铌的钢种，由于该钢中镍含量较高，降低了碳在奥氏体中的溶解度，虽然增加了碳化物晶间析出的可能性，但是在碳含量较低的情况下又加入了铌，可以更进一步提高在敏化状态下的耐晶间腐蚀能力。该钢耐点蚀和抗氯化物应力腐蚀能力都优于 18-8 型奥氏体不锈钢。

00Cr25Ni20Nb 钢可用于强氧化性酸腐蚀条件下的零部件，也可用于高晶间腐蚀介质中的使用零件。其可制成锻材、铸件和各种型材。

(2) 工艺特性

00Cr25Ni20Nb 钢工艺性能良好，与 18-8 型钢相似。

热加工温度范围为 900~1180℃，锻轧开始温度为 1150~1180℃，锻轧终止温度不低于 900℃。

该钢应采用固溶热处理，固溶加热温度一般为 1050~1150℃保温后水冷；还可采用稳定化热处理，加热温度为 850~950℃，充分保温后空冷。

00Cr25Ni20Nb 钢有较好的焊接性，但其相对于不含铌的 25-20 型钢有一定的热裂纹倾向，焊后可不进行热处理。

00Cr25Ni20Nb 钢冷加工和冷成形性与 18-8 型奥氏体不锈钢相似。

(3) 应用

00Cr25Ni20Nb 钢可用于强氧化性酸的腐蚀环境中,如硝酸或硝铵生产中的容器、管路等设备,并已成功应用于核燃料后处理过程中的高放射性废物的处理装置。其可制作泵体、泵轮、阀体、泵轴等零件。

(4) 化学成分(见表 3-145)

表 3-145 化学成分(质量分数) (%)

C	Si	Mn	P	S	Cr	Ni	Mo	Nb
≤0.03	≤0.8	≤1.80	≤0.02	≤0.015	24.50~26.00	20.00~22.00	—	0.20~0.35

(5) 物理性能(见表 3-146)

表 3-146 物理性能

温度/℃	室温	100	200	300	400	500
热导率 $\lambda/[W/(m \cdot ℃)]$	13.8	14.7	15.0	17.6	19.0	—
比定压热容 $c_p/[J/(kg \cdot ℃)]$	—	—	—	—	—	—
线胀系数 $/10^{-6}℃^{-1}$	—	15.4	16.1	16.4	16.1	17.0
弹性模量 $E/10^4$MPa	16.7	—	11.8	—	10.8	—
切变模量 $G/10^3$MPa						
泊松比 $\mu/10^{-1}$						
电阻率 $\rho/10^{-8}\Omega \cdot m$						

注:密度为 7.94g/cm³。

(6) 常见热处理制度(见表 3-147)

表 3-147 常见热处理制度

热处理	加热温度/℃	冷却方法	金相组织
固溶处理	1050~1150	水冷	奥氏体
稳定化处理	850~950	空冷	奥氏体

(7) 力学性能

① 技术标准规定的力学性能见表 3-148。

表 3-148 技术标准规定的力学性能

品种(标准)	规格/mm	状态	力学性能(≥)						HBW
			R_m/MPa	$R_{p0.2}$/MPa	$A_{11.3}$(%)	A(%)	Z(%)	KU_2/J	
棒材	—	固溶处理	500~700	210	—	35	50	—	≤187

② 不同温度下的力学性能见表 3-149。

表 3-149 不同温度下的力学性能

状态	温度/℃	R_m/MPa	$R_{p0.2}$/MPa	A(%)	Z(%)
棒材,固溶处理	室温	570~585	230	46.3~47.5	76.8~78.3
板材,固溶处理	室温	580~585	265~270	46.5~51.5	—
棒材,固溶处理	100	510~515	185~195	43.6~45.8	75.8~76.8
	200	465~470	160~165	41.4~43.8	76.1~76.4
	300	440~445	144	42.0~44.0	74.8~76.4
	350	440	130	39.8~43.8	74.9~75.9
	400	455	130	43.4~44.4	69.8~71.2

(8) 耐蚀性

① 耐全面（均匀）腐蚀性能见表3-150。

表3-150 耐全面（均匀）腐蚀性能

介质	浓度(%)	压力/MPa	温度/℃	时间/h	腐蚀速率		备注
					mm/a	g/(m^2·h)	
HNO$_3$	30	—	沸点	5×48	—	0.0165/0.0147	固溶态/敏化态（敏化:650℃×1h）
	40	—	沸点	5×48	—	0.0268/0.0277	
	60	—	沸点	5×48	—	0.0728/0.0724	
	75	—	沸点	100	—	0.364/0.486	
				3×100	—	0.968/1.46	

② 耐晶间腐蚀性能：00Cr25Ni20Nb钢有良好的耐晶间腐蚀性能，其晶间腐蚀最敏感温度为650℃，但其产生晶间腐蚀倾向的敏化时间较长，所以耐晶间腐蚀能力好。

③ 耐点蚀性能：00Cr25Ni20Nb钢因含有较多的铬，比022Cr19Ni10钢具有更优越的耐点蚀能力。

(9) 常用标准牌号对照（见表3-151）

表3-151 常用标准牌号对照

国别	中国	国际标准化	欧洲		英国	德国	
标准	—	ISO	EN	Mat. No	BS	DIN	W-Nr
牌号	00Cr25Ni20Nb	—	—	—	—	—	—

国别	法国	韩国	俄罗斯	日本	美国				
标准	NF	KS	ГОСТ	JIS	ASTM	UNS	AISI	SAE	ASI
牌号	Z3CNNb25.20	—	03Х25Н206	—	310Cb	S31040	—	—	—

3.2.12 06Cr17Ni12Mo2（0Cr17Ni12Mo2）钢

(1) 概述

06Cr17Ni12Mo2钢是在18-8型奥氏体不锈钢基础上发展起来的含钼奥氏体不锈钢，由于加了钼元素，为调整钼对组织的影响，适当地降低了铬的含量、提高了镍的含量。

06Cr17Ni12Mo2钢除了具有18-8型奥氏体不锈钢的特征外，由于加了2%左右的钼，提高了其在还原性介质中的耐蚀能力。其在各种有机酸、无机酸、碱、盐类介质及海水中均具有优良的耐蚀性。在还原性酸性介质中的耐蚀能力远优于06Cr19Ni10和022Cr19Ni10等奥氏体不锈钢。其强度也高于普通奥氏体不锈钢，且有良好的低温性能。

06Cr17Ni12Mo2钢可以制成锻件、铸件、板、管等型材。

06Cr17Ni12Mo2钢也属于核级奥氏体不锈钢。

(2) 工艺特性

06Cr17Ni12Mo2钢具有良好的强度、塑性、韧性，所以冷成形能力较好，可进行冷轧、冷拔、深冲等冷加工成形。

适宜的热加工温度为920~1200℃，锻轧开始温度为1130~1180℃，锻轧终止温度不低于880℃，由于钢中含钼量较高，其变形抗力高于18-8型奥氏体不锈钢。

最主要的热处理是固溶处理，固溶加热温度为1050~1100℃，通常采用水冷。固溶状态下呈稳定的奥氏体组织。

06Cr17Ni12Mo2 钢焊接性良好，可以采用多种方法焊接。为保持良好的抗晶间腐蚀能力，焊后最好进行固溶处理，如无条件热处理，可采用超低碳的同类奥氏体钢焊条焊接。

（3）应用

06Cr17Ni12Mo2 钢主要用于制造化工、化肥、石油化工行业的泵、阀等产品中的耐腐蚀构件和零件，也可作为紧固件材料。

在核反应堆工程中，可用于主管道、锻件、板材、管材及紧固件。

（4）化学成分（见表 3-152）

表 3-152 化学成分（质量分数） （%）

C	Si	Mn	P	S	Cr	Ni	Mo	备注
≤0.08	≤1.00	≤2.00	≤0.045	≤0.030	16.00~18.00	10.00~14.00	2.00~3.00	（GB/T 1220—2007）适用棒材
≤0.08	≤1.00	≤2.00	≤0.040	≤0.030	16.00~18.00	10.00~14.00	2.00~3.00	（GB/T 14975—2012）适用管材

（5）物理性能（见表 3-153）

表 3-153 物理性能

温度/℃	室温	93	204	260	316	427	538	649
热导率 $\lambda/[W/(m \cdot ℃)]$	13.4	—	15.5	—	—	18.8	—	21.8
比定压热容 $c_p/[J/(kg \cdot ℃)]$	444	—	515	—	—	561	—	582
线胀系数 $/10^{-6}℃^{-1}$	—	—	16.3	—	—	17.5	—	18.3
弹性模量 $E/10^4 MPa$	—	19.8	18.9	18.5	18.0	17.0	16.0	15.1
切变模量 $G/10^3 MPa$	—	77.3	72.4	70.3	68.2	64.0	59.8	56.9
泊松比 $\mu/10^{-1}$								
电阻率 $\rho/10^{-8}\Omega \cdot m$	67		81		95		108	116

注：密度为 8.0g/cm³；熔点为 1371~1398℃。

（6）常见热处理制度（见表 3-154）

表 3-154 常见热处理制度

热处理	加热温度/℃	冷却方法	金相组织
固溶处理	1010~1150	水冷	奥氏体

（7）力学性能

① 技术标准规定的力学性能见表 3-155。

表 3-155 技术标准规定的力学性能

品种（标准）	规格/mm	状态	力学性能（≥）						HBW
			R_m/MPa	$R_{p0.2}$/MPa	$A_{11.3}(\%)$	$A(\%)$	$Z(\%)$	KU_2/J	
棒材（GB/T 1220—2007）	≤180	固溶处理	520	205	—	40	50	—	≤187
钢管（GB/T 14975—2012）	—	固溶处理	515	205	35				≤192

② 不同温度下的力学性能见表3-156。

表3-156 不同温度下的力学性能

状态	温度/℃	R_m/MPa	$R_{p0.2}$/MPa	A(%)	Z(%)	KV_2/J
固溶处理	205	560	240	51	76	—
	315	540	215	45	72	—
	425	525	195	47	66	—
	540	485	165	44	60	—
	650	395	145	40	53	—
	700	240	125	37	46	—
	870	165	110	39	44	—
	0	693	266	80	62	196
	−20	737	293	87	74	196
	−50	849	343	84	74	190
	−100	1025	391	67	75	187
	−140	1159	425	60	70	158
	−196	1387	453	56	67	169

③ 06Cr17Ni12Mo2钢的持久极限见表3-157。

表3-157 持久极限

状态	温度/℃	持久极限/MPa			状态	温度/℃	持久极限/MPa		
		σ_{10^3}	σ_{10^4}	σ_{10^5}			σ_{10^3}	σ_{10^4}	σ_{10^5}
固溶处理	600	241	192	149	固溶处理	700	104	73	51
	650	161	115	82		800	48	30	20

④ 低温冲击性能见表3-158。

表3-158 低温冲击性能

状态	温度/℃	0	−20	−50	−100	−140	−196
固溶处理	KV_2/J	196	196	190	187	158	169

（8）耐蚀性

① 耐全面（均匀）腐蚀性能见表3-159。

表3-159 耐全面（均匀）腐蚀性能

介质	浓度(%)	压力/MPa	温度/℃	时间/h	腐蚀速率		备注
					mm/a	g/(m²·h)	
硝酸	发烟	—	121~149	—			
	90.4	—	室温	—	0	—	
磷酸	5	—	93	—	0.0025		
	20	—	93	—	0.05		
	60	—	93	—	0.127		
	85	—	98	—	0.711		
	85	—	113	—	1.32		
盐酸	稀酸气相	—	25	—	0.03		
	10	—	102	—	60.9		
	50	—	110	—	1066.8	—	
乙酸	0~冷酸	—	室温	3768	<0.00025	—	
	2.2	—	沸点		0.196		
	10	—	沸点	96	0.022		
	20	—	沸点	2640	0.018		
	88~100	—	沸点	1920	0.058		
	99	—	沸点	1968	0.064		
	无水乙酸	—	沸点	504	0.0020		

(续)

介质	浓度(%)	压力/MPa	温度/℃	时间/h	腐蚀速率 mm/a	腐蚀速率 g/(m²·h)	备注
乙酸 (无空气)	50	—	24	—	<0.049	—	
	50	—	100	—	<0.049	—	
	无水乙酸	—	24	—	0.49~1.225	—	
	无水乙酸	—	100	—	<0.49	—	
乙酸 (充空气)	50	—	24	—	<0.049	—	
	50	—	100	—	<0.049	—	
	无水乙酸	—	24	—	<0.049	—	
	无水乙酸	—	100	—	<0.049~1.225	—	—
甲酸	50	—	24	—	>1.225	—	
	50	—	100	—	>1.225	—	
	80	—	24	—	>1.225	—	
	80	—	100	—	>1.225	—	
乙酸+甲酸	99.7+0	—	120	—	0.01		
	25+4	—	93	—	0.084		
	30+8	—	135	—	0.114		
	0+90	—	100	—	0.097		

② 耐点蚀性能见表 3-160。

表 3-160 06Cr17Ni12Mo2 钢在卤素盐中的腐蚀

介质	浓度(%)	温度/℃	通气	流速/(m/min)	时间/h	位置	腐蚀速率/(mm/a)	点蚀深度/mm
氯化铝	26	10	未	—	500	浸入槽中	0.02	未见
二氟化铵	浓	沸点	未	有些	672	浸入反应器中	1.19	未见
过氯酸铵	500g/L	90	未	有些	300	浸入	<0.002	未见
氯化铵	35	107	—	—	1632	浸入在槽中	0.025	0.5
氯化钡	350g/L	100	未	有些	400	浸入在槽中	0.022	—
氯化钙	58	166	未	有些	264	在蒸发器中	0.043	—
氯化铁	10	30	饱和	4.8	91	浸入	7.44	0.78(穿孔)
氯化铁	10	66	饱和	4.8	91	浸入	0.10	0.78(穿孔)
氯化亚铁	饱和	135	—	大	24	浸在蒸发器中	0.127	—
碘化铁	62	24	有些	有些	66	浸入	0.076	—
氯化锂	30	116	未	有些	960	浸入	<0.0002①	—
氯化镁	48	166	未	有些	1320	浸入蒸发器中	0.076	—
氯化亚锰	37	104	低	有些	456	部分浸入	0.66	—
氯化钾	31.5	82	有些	低	1.560	浸入	0.005	0.36
二氟化钠	8	82	大	大	240	浸入	1.42	0.127
氟化锌	50	71	未	未	648	浸入	1.73	0.78(穿孔)

① 出现应力腐蚀裂纹。

(9) 常用标准牌号对照（见表 3-161）

表 3-161 常用标准牌号对照

国别	中国	国际标准化	欧洲	英国	德国	
标准	GB	ISO	EN	Mat. No	BS	DIN	W-Nr
牌号	06Cr17Ni12Mo2	X5CrNiMo17-12-2	X59CrNiMo17-12-2	1.4401	316S16	X5CrNiMo17-12-2	1.4401
国别	法国	韩国	俄罗斯	日本	美国		
标准	NF	KS	ГOCT	JIS	ASTM	UNS	AISI	SAE	ASI
牌号	Z6CND17.11	STS316	08X17H12M2	SUS316	316	S31600	—	—	—

3.2.13 022Cr17Ni12Mo2N（00Cr17Ni12Mo2N）钢

（1）概述

06Cr17Ni12Mo2 钢虽然有很多优点，但仍会在核反应堆中使用时产生晶间应力腐蚀，为了进一步提高这种耐蚀能力，在降低碳含量的同时，基本成分中加入一定含量的氮，不仅会提高钢的强度，更可以提高抗敏化能力，从而提高在反应堆高温水中的抗晶间应力腐蚀能力。

因为 022Cr17Ni12Mo2N 钢既具有 06Cr17Ni12Mo2 的强度，又有超低碳奥氏体不锈钢的耐蚀能力，所以在核电站反应堆工程中得到广泛应用。核级用 022Cr17Ni12Mo2N 与 GB/T 1220—2007 中 022Cr17Ni12Mo2N 钢成分相似，但控制钴、硼含量。

022Cr17Ni12Mo2N 钢可制造锻件、铸件、板材、管材等。

（2）工艺特性

022Cr17Ni12Mo2N 钢的工艺性与 06Cr17Ni12Mo2 相当，可方便进行各种冷成形加工，适宜的热加工温度为 1000~1250℃，锻轧开始温度为 1130~1180℃，锻轧终止温度不低于 880℃，但其变形抗力较大。

该钢的主要热处理工艺为固溶处理，加热温度为 1020~1130℃，水冷。

该钢的焊接性良好，可采用多种方法焊接，不易产生刀状腐蚀。

（3）应用

该钢可广泛应用于化工、石油化工机械，特别是在反应堆中有高抗晶间应力腐蚀要求的锻件、铸件、管道等。

（4）化学成分（见表 3-162）

表 3-162 化学成分（质量分数） （%）

C	Si	Mn	P	S	Cr	Ni	Mo	N	Co	B	备注
≤0.03	≤0.75	≤2.00	≤0.035	≤0.030	17.00~18.50	11.50~13.00	2.30~3.00	0.06~0.12	≤0.2	≤0.0018	核用
≤0.03	≤1.00	≤2.00	≤0.045	≤0.030	16.00~18.00	10.00~13.00	2.00~3.00	0.10~0.16	—	—	GB/T 1220—2007

（5）物理性能（见表 3-163）

表 3-163 物理性能（供参考）

温度/℃	室温	100	200	300	400	500
热导率 λ/[W/(m·℃)]	—	16.4	18.5	20.0	21.8	23.6
比定压热容 c_p/[J/(kg·℃)]	—	482	500	514	518	521
线胀系数/$10^{-6}℃^{-1}$	—	15.0	15.8	16.6	17.3	17.6
弹性模量 E/10^4MPa	20	19.2	18.6	17.9	17.1	16.1
切变模量 G/10^3MPa	76.0	75.0	71.4	67.9	64.2	57.1
泊松比 μ/10^{-1}	3.1	3.1	3.1	3.2	3.3	3.4
电阻率 ρ/10^{-8}Ω·m	—	—	—	—	—	—

注：密度为 8.04g/cm³。

（6）常见热处理制度（见表 3-164）

表 3-164 常见热处理制度

热处理	加热温度/℃	冷却方法	金相组织
固溶处理	1020~1130	水冷	奥氏体

(7) 力学性能

① 技术标准规定的力学性能见表 3-165。

表 3-165 技术标准规定的力学性能

品种(标准)	规格/mm	状态	力学性能(≥)						HBW
			R_m/MPa	$R_{p0.2}$/MPa	$A_{11.3}$(%)	A(%)	Z(%)	KU_2/J	
核用	—	固溶处理	490	210	—	40	55	112	—
棒材(GB/T 1220—2007)	≤180	固溶处理	550	245	—	40	50	—	≤217

② 不同温度下的力学性能见表 3-166。

表 3-166 不同温度下的力学性能

状态	温度/℃	R_m/MPa	$R_{p0.2}$/MPa	A(%)	Z(%)	KU_2/J
固溶处理（钢管）	室温	573	278	56	74	296
	200	473	196	46	78	—
	300	458	175	43	76	—
	350	450	168	42	74	—
	400	453	155	43	74	—

(8) 耐蚀性

① 022Cr17Ni12Mo2N 钢的耐全面（均匀）腐蚀性能优于不控氮同类钢，其在腐蚀介质中更容易钝化。

② 耐晶间腐蚀能力：该钢有极好的抗敏化能力和耐晶间腐蚀能力，优于不控氮同类钢。

③ 耐点蚀能力：其耐点蚀能力优于 06Cr18Ni11Ti 钢。在 22℃、6% $FeCl_3 \cdot 6H_2O$ 介质中平均腐蚀率为 1.9855g/($m^2 \cdot h$)，最大腐蚀深度为 0.8mm。

(9) 常用标准牌号对照（见表 3-167）

表 3-167 常用标准牌号对照

国别	中国	国际标准化	欧洲		英国	德国	
标准	GB	ISO	EN	Mat. No	BS	DIN	W-Nr
牌号	022Cr17Ni12Mo2N	X2CrNiMoN17-12-3	X2CrNiMoN17-12-2	(1.4495)	316S61	X2CrNiMoN17-12-2	1.4406

国别	法国	韩国	俄罗斯	日本	美国			
标准	NF	KS	ГОСТ	JIS	ASTM	UNS	AISI	SAE	ASI
牌号	Z2CND17.12	STS316LN	03Х17Н12М2А	SUS316LN	316LN	S31653	—	—	—

3.2.14 06Cr17Ni12Mo2Ti（0Cr18Ni12Mo3Ti）钢

(1) 概述

06Cr17Ni12Mo2Ti 钢属奥氏体不锈钢，是在 18-12 型铬镍奥氏体不锈钢基础上加入 1.8%~3.0% 的钼而成的。这两种钢在各种无机酸、有机酸、碱和海洋大气中的耐蚀性比 18-12 型钢有显著提高。高温蠕变性能也优于不含钼的铬镍奥氏体不锈钢。其常用来制造耐低温稀硫酸、磷酸及有机酸的设备。

该钢可制成锻件、铸件、棒材、板材等各种型材。

（2）工艺特性

该钢可锻轧热加工，锻轧开始温度为1100~1200℃，锻轧终止温度不低于850℃，锻后可空冷。该钢导热性差，变形抗力大。

该钢应在固溶处理后使用，固热加热温度为1000~1100℃，保温后水冷。

该钢焊接性良好，可用各种方法焊接，焊后可不热处理。焊缝金属能通过T法（铜屑、硫酸铜和硫酸沸腾试验法）的检验。

该钢固溶处理后的冷加工性良好，可进行各类冷变形加工，但有加工硬化倾向。

（3）应用

06Cr17Ni12Mo2Ti钢可用于各种酸的腐蚀条件，也可用于制造使用于碱及海洋大气条件中的设备。其可制造容器、管道、泵体、泵轮、阀体等。

（4）化学成分（见表3-168）

表3-168 化学成分（质量分数） （%）

C	Si	Mn	P	S	Cr	Ni	Mo	Ti	备注
≤0.08	≤1.00	≤2.00	≤0.045	≤0.030	16.00~18.00	10.00~14.00	2.00~3.00	≥5C	06Cr17Ni12Mo2Ti（GB/T 1220—2007）

（5）物理性能（见表3-169）

表3-169 物理性能

温度/℃	室温	100	200	300	400	500	600
热导率 λ/[W/(m·℃)]	16.0	20.0	21.0	22.0	23.0	24.0	25.0
比定压热容 c_p/[J/(kg·℃)]	500	—	—	—	—	—	—
线胀系数/10^{-6}℃$^{-1}$	—	15.7	16.1	16.7	17.2	17.6	17.9
弹性模量 E/10^4MPa	19.9	—	—	—	—	—	—
切变模量 G/10^3MPa	—	—	—	—	—	—	—
泊松比 μ/10^{-1}	—	—	—	—	—	—	—
电阻率 ρ/10^{-8}Ω·m	75	—	—	—	—	—	—

注：密度为7.90g/cm³。

（6）常见热处理制度（见表3-170）

表3-170 常见热处理制度

热处理	加热温度/℃	冷却方法	金相组织
固溶处理	1000~1100	水冷	奥氏体

（7）力学性能

① 技术标准规定的力学性能见表3-171。

表3-171 技术标准规定的力学性能

品种（标准）	规格/mm	状态	力学性能(≥)						HBW
			R_m/MPa	$R_{p0.2}$/MPa	$A_{11.3}$（%）	A（%）	Z（%）	KU_2/J	
棒材（GB/T 1220—2007）	≤180	固溶处理	530	205	—	40	55	—	≤187

② 不同温度下的力学性能见表 3-172。

表 3-172 不同温度下的力学性能

状态	温度/℃	R_m/MPa	$R_{p0.2}$/MPa	$A(\%)$	$Z(\%)$	KU_2/J	HBW
1040℃,水冷	20	588	255	65	75	205	—
	200	451	177	38	68	—	—
	400	451	177	32	61	282	—
	500	431	127	40	62	282	—
	600	392	118	35	62	282	—
	700	304	118	47	47	258	—
高温缓慢冷却	21	932	824	23	73	—	—
	-76	1275	932	31	60	—	—

③ 蠕变极限和持久极限见表 3-173。

表 3-173 蠕变极限和持久极限

状态	温度/℃	蠕变极限/MPa			持久极限/MPa		
		$\sigma_{1/10^3}$	$\sigma_{1/10^4}$	$\sigma_{1/10^5}$	σ_{10^3}	σ_{10^4}	σ_{10^5}
固溶处理	538	167	103	—	—	—	—
	600	108	59	—	—	—	—
	650	88	49	59	177	108	69
	700	54~67	39	29	69	39	29
固溶处理+750℃时效	550	—	—	—	333	275	235
	600	—	—	—	265	177	127

(8) 耐蚀性

① 耐全面（均匀）腐蚀性能见表 3-174。

表 3-174 耐全面（均匀）腐蚀性能

介质	浓度(%)	压力/MPa	温度/℃	时间/h	腐蚀速率		备注
					mm/a	g/(m²·h)	
硫酸	1	—	85	—	<1.0	—	
	3	—	80	—	<3.0	—	
	5	—	20	—	<0.1	—	
		—	60	—	<0.004	—	
		—	80	—	1.0~3.0	—	
	10	—	20	—	<0.1	—	
		—	50	—	0.003	—	
		—	60	—	0.54	—	
		—	80	—	1.0~3.0	—	
	20	—	20	—	<0.1	—	
		—	50	—	<0.13	—	
		—	60	—	<3.0	—	
	40	—	20	—	<0.1	—	
		—	60	—	>10	—	
	80	—	20	—	<1.0	—	
		—	80	—	3.0~10.0	—	
亚硫酸	20	—	20	—	<0.1	—	
	饱和溶液	—	20	—	<0.1	—	
	潮湿气体	—	20	—	<0.1	—	
	饱和溶液	0.8~2.0	160~200	—	<0.1	—	

（续）

介质	浓度(%)	压力/MPa	温度/℃	时间/h	腐蚀速率 mm/a	腐蚀速率 g/(m²·h)	备注
盐酸	0.5	—	20	—	<0.1	—	
			沸点	—	<3.0	—	
	1		20	—	<0.1	—	
			50	—	<3.0	—	
	5		20	—	<0.1	—	
			60	—	<3.0	—	
	10		20	—	<10	—	
			60	—	3.0~10.0	—	
	20		20	—	<3.0	—	
			60	—	>10.0	—	
	30	—	20	—	3.0~10.0	—	
磷酸	1~80	—	20	—	<0.1	—	
	1~45	—	沸点	—	<0.1	—	
	1	0.3	140	—	<0.1	—	
	80	—	60	—	<0.1	—	
			110~沸点	—	1.0~3.0	—	
铬酸	10	—	20	—	<0.1	—	
			沸点	—	<1.0	—	
	50		20	—	<0.1	—	
			沸点	—	<3.0	—	
氢氧化钾	20~50	—	20~沸点	—	<0.1	—	
	68	—	120	—	<0.1	—	
	熔体	—	300	—	1.0~3.0	—	
氢氧化钠	10~30	—	20~沸点	—	<0.1	—	—
	40~60	—	120	—	<0.1	—	
	60	—	160	—	<3.0	—	
	78	—	120	—	<0.1	—	
	熔体	—	318	—	1.0~3.0	—	
氯	干燥的	—	20	—	<0.1	—	
	潮湿的	—	20	—	<10.0	—	
			100	—	>10.0	—	
	氯水	—	沸点	—	<0.1	—	
氯苯	纯	—	沸点	—	<0.1	—	
氯化氢	干燥的气体	—	20~100	—	<1.0	—	
			200	—	<10.0	—	
氯化铁	30~50	—	20	—	3.0	—	
氯化铵	20~饱和	—	100	—	<0.1	—	
氯化钙	饱和溶液	—	100	—	<0.1	—	
碘	溶液	—	20	—	>10.0	—	
碘仿	蒸气	—	60	—	<0.1	—	
溴化钾	溶液	—	20	—	<0.1	—	
亚硫酸酐	潮湿的	—	20	—	<0.1	—	
			300	—	<0.1	—	
			500	—	<0.1	—	
			900	—	<3.0	—	
亚硫酸钠	50	—	沸点	—	<0.1	—	
亚硫酸氢钠	50	—	沸点	—	<0.1	—	
纤维素	蒸煮时	—	沸点	190	0	—	
尿素	溶液	—	20	—	<0.1	—	

(续)

介质	浓度(%)	压力/MPa	温度/℃	时间/h	腐蚀速率 mm/a	腐蚀速率 g/(m²·h)	备注
HAC(乙酸) HCOOH(甲酸) Cl⁻	95 1 185μL/L	—	沸点	24	—	1.37	
				100	—	0.72	
			80	24	—	1.89	
				100	—	0.72	
	60 15 185μL/L	—	沸点	24	—	4.21~7.34	
				100	—	1.09~2.71	
	30 6 185μL/L	—	沸点	24	—	0.59	
				100	—	0.14	
FeCl₃·6H₂O HCl	50g/L 0.05N	—	40	24	—	12.50	—
				100	—	12.24	
FeCl₃·6H₂O NaCl HAC	0.9 3 20μL/L	—	40	24	—	0.79	
				100	—	—	
HCOOH	15	—	沸点	24	—	0.56	
				100	—	0.46	

② 耐晶间腐蚀性能:06Cr17Ni12Mo2Ti 钢具有良好的耐晶间腐蚀性能。

按 GB/T 4334.3—2008《不锈钢 65%硝酸腐蚀试验方法》试验的失重腐蚀速率为 33.80g/(m²·h)。

按 GB/T 4334.5—2008《不锈钢硫酸-硫酸铜试验方法》试验的评定结论为无晶间腐蚀倾向。

③ 耐点蚀性能:06Cr17Ni12Mo2Ti 钢均有较好的耐点蚀性能。

按 GB/T 17897—2016《金属和合金的腐蚀 不锈钢三氯化铁点腐蚀试验方法》试验的失重腐蚀速率为 11.7~15.0g/(m²·h)。

按 GB/T 17899《金属和合金的腐蚀 不锈钢在氯化钠溶液中点蚀电位的动电位测量方法》测得击穿电位 E_b 为+(308~336)mV。

④ 抗氧化性能:该钢在 850℃时仍有良好的抗氧化性能。

(9) 常用标准牌号对照(见表 3-175)

表 3-175 常用标准牌号对照

国别	中国	国际标准化	欧洲		英国	德国	
标准	GB	ISO	EN	Mat. No	BS	17006	17007
牌号	06Cr17Ni12Mo2Ti	X6CrNiMoTi17-12-2	X6CrNiMoTi17-12-2	1.4571	320S17	X6CrNiMoTi17-12-2	1.4571

国别	法国	韩国	俄罗斯	日本	美国			
标准	NF	KS	ГОСТ	JIS	ASTM	UNS	AISI	SAE	ASI
牌号	Z6CNDT17.12	STS316Ti	08X17H13M2T	SUS316Ti	316Ti	S31635	—	—

3.2.15 316Ti 钢

(1) 概述

316Ti 钢因多用于核反应堆工程中,常称核级 316Ti,以区别于通常的加钛奥氏体不锈钢。由于主要为在核反应堆工程中应用,因此其在化学成分上控制更严格、特别是对钴、硼、氮都提出了控制指标。除具有一般奥氏体不锈钢特性外,其还具有更好的高温长时力学性能、抗辐照性能等。

316Ti 钢可制造锻件、铸件、板材、管材等。

316Ti 钢与我国标准中 06Cr17Ni12Mo2Ti 钢基本相似,但略有区别,性能指标更高一些。

(2) 工艺特性

316Ti 钢工艺特性相当于 06Cr17Ni12Mo2Ti 钢。但该钢对纯洁度要求高,不能采用通常的冶炼不锈钢工艺,应采用真空+真空自耗或真空+电渣双连冶炼工艺。

(3) 应用

316Ti 钢目前主要用于核反应堆中的管路、容器、热交换器等构件。

(4) 化学成分(见表 3-176)

表 3-176 化学成分(质量分数) (%)

C	Si	Mn	P	S	Cr	Ni	Mo	Ti	Co	B	N	备注
≤0.08	≤1.00	≤2.00	≤0.45	≤0.030	16.00~18.00	10.00~14.00	2.00~3.00	5(C+N)~0.07	—	—	≤0.01	316Ti
≤0.08	≤1.00	≤2.00	≤0.045	≤0.030	16.00~18.00	10.00~14.00	2.00~3.00	≥5C	—	—	—	06Cr17Ni12Mo2Ti

(5) 物理性能(见表 3-177)

表 3-177 物理性能

温度/℃	室温	100	200	300	400	500	600	700
热导率 λ/[W/(m·℃)]	15.9	19.7	20.5	21.3	23	24.3	25.0	—
比定压热容 c_p/[J/(kg·℃)]	—	500	—	—	—	—	—	—
线胀系数/10^{-6}℃$^{-1}$	—	15.7	16.1	16.7	17.2	17.6	17.9	18.2
弹性模量 E/10^4MPa	19.9	—	—	—	—	—	—	—
切变模量 G/10^3MPa								
泊松比 μ/10^{-1}								
电阻率 ρ/10^{-8}Ω·m	75.0							

注:密度为 7.9g/cm³。

(6) 常见热处理制度(见表 3-178)

表 3-178 常见热处理制度

热处理	加热温度/℃	冷却方法	金相组织
固溶处理	1000~1100	水冷	奥氏体

(7) 力学性能

① 技术标准规定的力学性能见表 3-179。

表 3-179 技术标准规定的力学性能

品种(标准)	规定/mm	状态	力学性能(≥)					HBW
			R_m/MPa	$R_{p0.2}$/MPa	$A(\%)$	$Z(\%)$	KU_2/J	
—	—	固溶处理	600	400	25	80	—	—

② 不同温度下的力学性能见表 9-180。

表 3-180 不同温度下的力学性能

状态	温度/℃	R_m/MPa	$R_{p0.2}$/MPa	$A(\%)$	$Z(\%)$
316Ti 固溶处理	400	≥516	≥236		
	500	≥468	≥228		
	540				
	650	≥300	≥200	≥15	≥50

③ 316Ti 钢蠕变和持久极限指标见表 3-181。

表 3-181 蠕变极限和持久极限指标

状态	温度/℃	蠕变极限/MPa	持久极限/MPa	
		$\sigma_{1/10^4}$	σ_{10^3}	σ_{10^4}
固溶处理	600	≥127.9	≥231	≥174
	650	≥89.3	≥173	≥127
	700	≥55.5	≥123	≥84

(8) 耐蚀性

316Ti 钢质量更纯,所以其耐蚀性、耐晶间腐蚀性能、耐点蚀性能都优于 06Cr17Ni12Mo2Ti 钢,具体可参见 06Cr17Ni12Mo2Ti 钢的相关内容。

(9) 常用标准牌号对照(见表 3-182)

表 3-182 常用标准牌号对照(供参考)

国别	中国	国际标准化	欧洲		英国	德国	
标准	—	ISO	EN	Mat. No	BS	DIN	W-Nr
牌号	06Cr17Ni12Mo2Ti	X6CrNiMoTi17-12-2	X6CrNiMoTi17-12-2	1.4571	316S31	X6CrNiMoTi12-12-2	1.4571

国别	法国	韩国	俄罗斯	日本	美国			
标准	NF	KS	ГОСТ	JIS	ASTM	UNS	AISI	SAE	ASI
牌号	Z6CNDT17.12	SiS316Ti	08X17H13M3T	SUS316Ti	316Ti	S31635			

3.2.16 022Cr17Ni12Mo2(00Cr17Ni14Mo2)钢

(1) 概述

022Cr17Ni12Mo2 钢是应用较广泛的超低碳奥氏体不锈钢。该钢对于各种无机酸、碱、盐类均有良好的耐蚀性。由于碳含量很低,其耐晶间腐蚀性能也较好,具有优良的焊接性,适用于多层焊接，焊后无刀口腐蚀倾向，焊后无须热处理。

022Cr17Ni12Mo2钢应用广泛，可制成锻件、铸件、棒材、指板、管材等各种型材。

（2）工艺特性

022Cr17Ni12Mo2钢有优良的热加工性，过热敏感性低，热加工加热温度为1150～1260℃，锻轧终止温度不低于930℃，其应在固溶处理状态下使用，固溶处理加热温度为1050～1100℃，保温后水冷。

该钢焊接性良好，可采用多种方法焊接，焊后仍具有良好的耐蚀性，不出现刀口状腐蚀，焊接接头可以通过T法（铜屑-硫酸铜-硫酸沸腾法）检验。

该钢具有良好的冷加工性，可进行各种冷变形加工。

（3）应用

022Cr17Ni12Mo2钢广泛用于石油化工、合成纤维、化肥等各行业。

该钢可制成泵体、泵轮、阀体、容器、管路等零件或装置。

（4）化学成分（见表3-183）

表3-183 化学成分（质量分数）（GB/T 1220—2007） （%）

C	Si	Mn	P	S	Cr	Ni	Mo
≤0.030	≤1.00	≤2.00	≤0.045	≤0.030	16.00～18.00	10.00～14.00	2.00～3.00

（5）物理性能（见表3-184）

表3-184 物理性能

温度/℃	室温	100	200	300	400	500
热导率 $\lambda/[W/(m\cdot℃)]$	—	15.0	—	18.0	—	21.0
比定压热容 $c_p/[J/(kg\cdot℃)]$	50	—	—	—	—	—
线胀系数/$10^{-6}℃^{-1}$	—	16.0	17.0	17.5	17.8	—
弹性模量 $E/10^4$ MPa	—	—	—	—	—	—
切变模量 $G/10^3$ MPa	—	—	—	—	—	—
泊松比 $\mu/10^{-1}$	—	—	—	—	—	—
电阻率 $\rho/10^{-8}\Omega\cdot m$	71	—	—	—	—	—

注：密度为7.96g/cm³。

（6）力学性能

① 技术标准规定的力学性能见表3-185。

表3-185 技术标准规定的力学性能（GB/T 1220—2007）

品种（标准）	规格/mm	状态	力学性能（≥）					HBW
			R_m/MPa	$R_{p0.2}$/MPa	A（%）	Z（%）	KU_2/J	
棒材	≤180	固溶处理	480	175	40	60	—	≤187

② 室温下的力学性能见表3-186。

表3-186 室温下的力学性能

状态	温度/℃	R_m/MPa	$R_{p0.2}$/MPa	A（%）	Z（%）
1050℃水冷	室温	579	265	54.0	76.0
1100℃水冷	室温	505～554	230～255	56.0～63.5	76.0～81.0

（7）耐蚀性

① 耐全面（均匀）腐蚀性能见表3-187。

表 3-187 耐全面（均匀）腐蚀性能

介质	浓度(%)	压力/MPa	温度/℃	时间/h	腐蚀速率 mm/a	腐蚀速率 g/(m²·h)	备注
HNO_3	0.5~5	—	20~250	—	<0.1	—	
	5	—	290	—	>1.0	—	
	7~10	—	20~沸点	—	<0.1	—	
	10	—	145	—	>1.0	—	
	20~50	—	20~100	—	<0.1	—	
	50	—	沸点	—	0.1~1.0	—	
	60	—	50~90	—	<0.1	—	
		—	>90~沸点	—	0.1~1.0	—	
	65	—	20~80	—	<0.1	—	
		—	>80~沸点	—	0.1~1.0	—	
	80	—	30~60	—	<0.1	—	
		—	80~沸点	—	0.1~1.0	—	
	90	—	20	—	<0.1	—	
		—	80~沸点	—	>0.1	—	
	94	—	30	—	<0.1	—	
	97	—	25	—	<0.1	—	
	99	—	40~沸点	—	>1.0	—	
H_2SO_4	0.1~0.5	—	20~100	—	<0.1	—	
	0.5	—	100	—	0.1~1.0	—	
	1	—	20~70	—	<0.1	—	
		—	85	—	0.1~1.0	—	
		—	100	—	0.1~1.0	—	
	2	—	20~50	—	<0.1	—	
	3	—	20~50	—	<0.1	—	
		—	85	—	0.1~1.0	—	
		—	100	—	>1.0	—	
	5	—	20~60	—	<0.1	—	
		—	75	—	0.1~1.0	—	
		—	85~沸点	—	>1.0	—	
	10	—	20~50	—	<0.1	—	
		—	60	—	0.1~1.0	—	
		—	80~沸点	—	>1.0	—	
	20	—	20	—	<0.1	—	
		—	40~50	—	0.1~1.0	—	
		—	60~100	—	>1.0	—	
	30	—	20	—	0.1~1.0	—	
		—	40~70	—	>1.0	—	
	40	—	20~90	—	>1.0	—	
	50	—	20~70	—	>1.0	—	
	60	—	20~70	—	>1.0	—	
	70	—	20~70	—	>1.0	—	
	80	—	20~40	—	0.1~1.0	—	
		—	50~60	—	>1.0	—	
	85	—	20	—	<0.1	—	
		—	40	—	0.1~1.0	—	
		—	50	—	>1.0	—	
	90	—	20	—	<0.1	—	
		—	40	—	0.1~1.0	—	
		—	70	—	>1.0	—	

(续)

介质	浓度(%)	压力/MPa	温度/℃	时间/h	腐蚀速率 mm/a	腐蚀速率 g/(m²·h)	备注
H_2SO_4	94	—	40	—	<0.1	—	—
			50	—	0.1~1.0	—	
	96.4	—	35~40	—	<0.1	—	
			50	—	0.1~1.0	—	
	98	—	30~40	—	<0.1	—	
			50	—	0.1~1.0	—	
			80	—	>1.0	—	
	100	—	70	—	<0.1	—	
HCl	0.1	—	20~50	—	<0.1	—	易点蚀
			沸点	—	<0.1	—	易点蚀应力腐蚀
	0.2~0.5	—	20~50	—	<0.1	—	易点蚀
	0.5	—	沸点	—	>1.0	—	—
	1	—	20	—	<0.1	—	易点蚀
			50	—	0.1~1.0	—	易点蚀
			60~沸点	—	>1.0	—	—
	2	—	20	—	0.1~1.0	—	易点蚀
			60~100	—	>1.0	—	—
	3	—	20	—	0.1~1.0	—	易点蚀
			60~沸点	—	>1.0	—	—
	5~37	—	20~沸点	—	>1.0	—	—
H_3PO_4	1~30	—	20~沸点	—	<0.1	—	—
	40	—	35~100	—	<0.1	—	
			沸点	—	0.1~1.0	—	
	50	—	20~100	—	<0.1	—	
			沸点	—	>1.0	—	
	60	—	20~35	—	<0.1	—	
			100	—	0.1~1.0	—	
			沸点	—	>1.0	—	
	80	—	20~80	—	<0.1	—	
			100	—	0.1~1.0	—	
			沸点	—	>1.0	—	
	85	—	20~95	—	<0.1	—	
			沸点	—	>1.0	—	
HCOOH	0.5~2	—	20	—	<0.1	—	—
	5	—	20~沸点	—	0.1~1.0	—	
	10	—	20~100	—	<0.1	—	
			沸点	—	0.1~1.0	—	
	25	—	20~80	—	<0.1	—	
			90	—	0.1~1.0	—	
			90~沸点	—	0.1~1.0	—	
	50	—	20~80	—	<0.1	—	
			100~沸点	—	0.1~1.0	—	
	65	—	60~80	—	<0.1	—	
			100	—	0.1~1.0	—	
	80	—	20	—	<0.1	—	
			沸点	—	0.1~1.0	—	
	90	—	20~80	—	<0.1	—	
			100	—	0.1~1.0	—	
			沸点	—	>1.0	—	

(续)

介质	浓度(%)	压力/MPa	温度/℃	时间/h	腐蚀速率 mm/a	腐蚀速率 g/(m²·h)	备注
HCOOH	100	—	20~60	—	<0.1	—	
			100~沸点	—	0.1~1.0	—	
HAC	60	—	沸点	100	—	0.017	—
	70			100	—	0.042	
	80			100	—	0.062	
	90			100	—	0.021	
	99			100	—	0.032	
HCOOH	15	—	沸点	24	—	0.91	—
				100	—	0.76	
				24	—	1.25	含 Cl^- 140×10⁻⁶
				100	—	1.06	
				24	—	1.15	含 Cl^- 230×10⁻⁶
				100	—	0.74	
				24	—	1.61	含 Cl^- 460×10⁻⁶
				100	—	1.49	
HAC HCOOH	82 18	—	沸点	100	—	0.234	易点腐蚀
	90 10	—	沸点	100	—	0.27	易点腐蚀
	95 5	—	沸点	100	—	0.138	易点腐蚀
	99 1	—	沸点	100	—	0.058	易点腐蚀
	95 1	—	沸点	24	—	0.11~1.90	—
				100	—	0.032	
				24	—	1.5~2.25	含 Cl^- 100×10⁻⁶
				100	—	0.43	
				24	—	1.84	含 Cl^- 185×10⁻⁶
				100	—	0.84	
				24	—	1.94~2.90	含 Cl^- 200×10⁻⁶
				100	—	0.66	
				24	—	2.05~3.88	含 Cl^- 300×10⁻⁶
				100	—	0.88	
	80 15	—	沸点	24	—	0.54	—
				100	—	0.62	
				24	—	1.80	含 Cl^- 185×10⁻⁶
				100	—	2.35	
				24	—	3.83	含 Cl^- 323×10⁻⁶
				100	—	1.76	
				24	—	6.18	含 Cl^- 460×10⁻⁶
				100	—	5.36	
	60 15	—	沸点	240	—	1.90	—
				100	—	0.575	
				24	—	3.63	含 Cl^- 185×10⁻⁶
				100	—	1.46	
	30 60	—	沸点	24	—	0.80	含 Cl^- 185×10⁻⁶
				100	—	0.21	

(续)

介质	浓度(%)	压力/MPa	温度/℃	时间/h	腐蚀速率 mm/a	腐蚀速率 g/(m²·h)	备注
HAC	20	—	沸点	100	—	1.94	含 Cl^- 185× 10^{-6}
	60						
HAC HCOOH	20	—	沸点	24	—	0.223	含 Cl^- 185×10^{-6}
				100		0.213	
	50			24		0.734	
				100		0.273	
$FeCl_3$ HAC NaCl	0.9 20mL/L 3	—	40	24	—	1.64	—
				100		1.30	
$FeCl_3·6H_2O$ HAC	50g/L 0.05mol/L	—	40	24	—	3.36	—
				100		2.81	

② 耐晶间腐蚀性能：022Cr17Ni12Mo2 钢具有较好的耐晶间腐蚀性能，可通过 X 法（不锈钢 65%硝酸腐蚀试验法）和 L 法（不锈钢硫酸-硫酸铜腐蚀试验法）检验。在 X 法检验中，失重腐蚀速率为 0.18~2.42g/(m²·h)。

③ 耐点蚀性能：022Cr17Ni12Mo2 钢有一定的耐点蚀性能，在采用不锈钢三氯化铁腐蚀方法试验时，失重腐蚀速率为 2.61~12.08g/(m²·h)。

在采用不锈钢点蚀电位测量法试验时，击穿电位为 E_b = +258 ~ +294mV。

④ 耐缝隙腐蚀性能：022Cr17Ni12Mo2 钢有一定的耐缝隙腐蚀性能，在采用不锈钢三氯化铁缝隙腐蚀试验法试验时，失重腐蚀速率为 3.36g/(m²·h)（35℃时）和 9.81g/(m²·h)（50℃时）。

⑤ 耐应力腐蚀性能：022Cr17Ni12Mo2 钢有一定的耐应力腐蚀性能，在介质为 25%NaCl+1%$K_2Cr_2O_7$+24%H_2O、沸腾温度的条件下出现裂纹时间为 16~40h，而完全断裂时间大于 1000h。

(8) 常用标准牌号对照（见表 3-188）

表 3-188 常用标准牌号对照

国别	中国	国际标准化	欧洲		英国	德国	
标准	—	ISO	EN	Mat. No	BS	DIN	W-Nr
牌号	022Cr17Ni12Mo2	X2CrNiMo17-12-2	X2CrNiMo17-12-2	14401	316S11	X2CrNiMo17-12-2	1.4435
国别	法国	韩国	俄罗斯	日本	美国		
标准	NF	KS	ГОСТ	JIS	ASTM	UNS	AISI SAE ASI
牌号	Z2CND17.13	STS316L	03X17H14M2	SOS316L	316L	S31603	

3.2.17 00Cr17Ni14Mo3 钢

(1) 概述

00Cr17Ni14Mo3 钢是奥氏体不锈钢，其耐蚀性优于 316L 即 022Cr17Ni12Mo2 钢。该钢在各种有机酸、无机酸、碱、盐等介质中都具有较好的耐蚀性，特别是在含氯化物的溶液中有更良好的耐点蚀性，其耐蚀性优于 022Cr17Ni12Mo2 钢。由于碳含量低、不含钛、铌等元素，焊后无刀口腐蚀倾向，焊接时热裂纹倾向小。又由于碳低、镍高和钢质纯净，因此钢的冷作性能好。

00Cr17Ni14Mo3 钢可制成锻件、板材、管材及铸件等。

（2）工艺特性

00Cr17Ni14Mo3 钢有良好的热加工性，锻轧开始温度为 1130~1180℃，锻轧终止温度不低于 880℃，由于钢中含钼量较高，有较大的热变形抗力。

该钢的主要热处理工艺是固溶处理，固溶处理加热温度为 1050~1100℃，保温后水冷。

该钢焊接性良好，可采用电弧焊、氩弧焊等焊接方法，为获得良好的耐晶间腐蚀性能，焊后最好采用固溶处理。焊后有良好的耐蚀性，不易产生刀口腐蚀。

（3）应用

00Cr17Ni14Mo3 钢主要用于石油化工、合成纤维、造纸等化工行业，可制造工业设备，如容器、管道、泵体、泵轮、阀体等。

（4）化学成分（见表 3-189）

表 3-189　化学成分（质量分数）　　　　　　　　　　　　　　（%）

C	Si	Mn	P	S	Cr	Ni	Mo
≤0.03	≤1.00	≤2.00	≤0.035	≤0.030	16.0~19.0	12.0~16.0	2.50~3.50

（5）物理性能（见表 3-190）

表 3-190　物理性能

温度/℃	室温	100	200	300	400	500
热导率 $\lambda/[W/(m\cdot℃)]$	—	15.0	—	18.0	—	21.0
比定压热容 $c_p/[J/(kg\cdot℃)]$	500	—	—	—	—	—
线胀系数/$10^{-6}℃^{-1}$	—	16.0	17.0	17.5	17.8	—
弹性模量 $E/10^4$ MPa	—	—	—	—	—	—
切变模量 $G/10^3$ MPa	—	—	—	—	—	—
泊松比 $\mu/10^{-1}$	—	—	—	—	—	—
电阻率 $\rho/10^{-8}\Omega\cdot m$	—	—	—	—	—	—

注：密度为 7.98g/cm³。

（6）常见热处理制度（见表 3-191）

表 3-191　常见热处理制度

热处理	加热温度/℃	冷却方法	金相组织
固溶处理	1050~1100	水冷	奥氏体

（7）力学性能

① 技术标准规定的力学性能见表 3-192。

表 3-192　技术标准规定的力学性能

品种(标准)	规格/mm	状态	力学性能（≥）					HBW
			R_m/MPa	$R_{p0.2}$/MPa	A(%)	Z(%)	KU_2/J	
锻轧材	—	固溶处理	481	177	40	60	—	—

② 不同温度下的力学性能见表 3-193。

（8）耐蚀性

耐全面（均匀）腐蚀性能见表 3-194。

表 3-193 不同温度下的力学性能

状态	温度/℃	R_m/MPa	$R_{p0.2}$/MPa	$A(\%)$	$Z(\%)$	KU_2/J	HBW
板材,固溶处理	室温	559	265	56.5	72.5	—	137
固溶处理	800	277	—	43.5	86.1	—	—
	900	130	—	94.1	88.5	—	—
	1000	78	—	68.5	76.0	—	—
	1100	47	—	71.4	63.7	—	—
	1200	29	—	59.2	—	—	—

表 3-194 耐全面（均匀）腐蚀性能

介质	浓度(%)	压力/MPa	温度/℃	时间/h	腐蚀速率 mm/a	腐蚀速率 g/(m²·h)	备注
HAC	10	—	沸点	—	—	0.007	含5~10 mg/L 的卤素离子
	24	—	沸点	—	—	0.063	
	83	—	沸点	—	—	0.093	
	87	—	沸点	—	—	0.024	
	98	—	沸点	—	—	0.024	
	99.5	—	沸点	—	—	0.009	
H_2SO_4	5	—	50	—	—	0.008	—
		—	60	—	—	0.003	
	10	—	50	—	—	0.036	
		—	60	—	—	0.076	
	20	—	50	—	—	0.004	
		—	60	—	—	0.32	
HAC+HCOOH	95 1	—	沸点	24	—	0.013	—
		—	沸点	100	—	0.021	
		—	沸点	24	—	0.14	含100mg/L Cl^-
		—	沸点	100	—	0.42	
		—	沸点	24	—	1.27	含185mg/L Cl^-
		—	沸点	100	—	0.44	
		—	沸点	24	—	1.58	含200mg/L Cl^-
		—	沸点	100	—	0.67	
		—	沸点	24	—	2.61	含300mg/L Cl^-
		—	沸点	100	—	1.02	
		—	80	24	—	2.0	含185mg/L Cl^-
		—	80	100	—	1.02	
	60 15	—	沸点	24	—	0.79	含185mg/L Cl^-
		—	沸点	100	—	0.42	
	30 6	—	沸点	24	—	0.12	含185mg/L Cl^-
		—	沸点	100	—	0.25	
	20 60	—	沸点	24	—	0.82	含185mg/L Cl^-
		—	沸点	100	—	0.43	
	2~10 30~50	—	沸点	24	—	0.045~0.255	
	1.25 25	—	沸点	24	—	0.023	
	4 25	—	沸点	24	—	0.045	

（续）

介质	浓度（%）	压力/MPa	温度/℃	时间/h	腐蚀速率 mm/a	腐蚀速率 g/(m²·h)	备注
HCOOH	15	—	沸点	24	—	0.76	含140mg/L Cl⁻
			沸点	100	—	0.26	
			沸点	24	—	0.63	含230mg/L Cl⁻
			沸点	100	—	0.47	
			沸点	24	—	0.44	含460mg/L Cl⁻
			沸点	100	—	0.47	
HCOOH+HAC	15 80	—	沸点	24	—	0.29	
			沸点	100	—	0.34	
			沸点	24	—	0.82	含185×10⁻⁶ Cl⁻
			沸点	100	—	0.58	
			沸点	24	—	1.90	含323×10⁻⁶ Cl⁻
			沸点	100	—	0.69	
			沸点	24	—	2.25	含460×10⁻⁶ Cl⁻
			沸点	100	—	2.10	
HAC	30		沸点	100		0	—
	99		沸点	100		0	—
FeCl₃·6H₂O +HCl	5g/L 0.05mol/L	—	40 400	24 100		2.44 1.84	
FeCl₃·6H₂O +HAC+ NaCl	0.9 20mL/L 3	—	40 40	24 100		1.64 1.63	

（9）常用标准牌号对照（见表3-195）

表3-195　常用标准牌号对照

国别	中国	国际标准化	欧洲		英国	德国	
标准	—	ISO	EN	Mat. No	BS	DIN	W-Nr
牌号	00Cr17Ni14Mo3	X2CrNiMo17-12-3	X2CrNiMo18-14-3	1.4435	S316S12	X2CrNiMo18-14-3	1.4435

国别	法国	韩国	俄罗斯	日本	美国			
标准	NF	KS	ГOCT	JIS	ASTM	UNS	AISI	SAE	ASI
牌号	Z3CND18-14-03	STS316L	03X16H15M3	SUS316L	316L	S31603			

3.2.18　022Cr18Ni14Mo2Cu2（00Cr18Ni14Mo2Cu2）钢

（1）概述

022Cr18Ni14Mo2Cu2钢属超低碳、含钼、铜的奥氏体不锈钢。低碳及含钼、铜的成分特点，使其在各类酸中均具有良好的耐蚀性，尤其在稀、中等浓度的硫酸介质中具有很高的耐蚀能力，也具有较好的耐晶间腐蚀性能。

该钢可制成锻件、铸件、板材、管材。

（2）工艺特性

该钢导热性差，热加工时应缓慢加热。锻轧开始温度为1150~1200℃，锻轧终止温度不低于900℃，锻后可堆放冷却。

热处理固溶加热温度可为1050~1100℃，水冷。

022Cr18Ni14Mo2Cu2钢具有较好的焊接性，焊后仍保持良好的耐蚀性，不易出现刀口状腐蚀。焊接接头强度高于母材，但塑性稍低。

（3）应用

该钢主要用于制造酸性介质中的腐蚀零件，其可应用于化工、化肥、化纤等工业设备中的重要耐蚀零部件。在泵、阀产品中用作体、轮、盖等耐蚀件。

（4）化学成分（见表3-196）

表3-196 化学成分（质量分数）（GB/T 1220—2007） （%）

C	Si	Mn	P	S	Cr	Ni	Mo	Cu
≤0.030	≤1.00	≤2.00	≤0.045	≤0.030	17.00～19.00	12.00～16.00	1.20～2.75	1.00～2.50

（5）物理性能（见表3-197）

表3-197 物理性能

温度/℃	室温	100	200	300	400	500
热导率 λ/[W/(m·℃)]	—	16.0	—	—	—	21.0
比定压热容 c_p/[J/(kg·℃)]	500	—	—	—	—	—
线胀系数/10^{-6}℃$^{-1}$	—	16.0	—	—	—	18.6
弹性模量 E/10^4MPa	—	—	—	—	—	—
切变模量 G/10^3MPa	—	—	—	—	—	—
泊松比 μ/10^{-1}	—	—	—	—	—	—
电阻率 ρ/10^{-8}Ω·m	—	—	—	—	—	—

注：密度为8.03g/cm³。

（6）常见热处理制度（见表3-198）

表3-198 常见热处理制度

热处理	加热温度/℃	冷却方法	金相组织
固溶处理	1050～1100	水	奥氏体

（7）力学性能

① 技术标准规定的力学性能见表3-199。

表3-199 技术标准规定的力学性能（GB/T 1220—2007）

品种（标准）	规格/mm	状态	力学性能(≥)					HBW
			R_m/MPa	$R_{p0.2}$/MPa	A(%)	Z(%)	KU_2/J	
棒材（GB/T 1220—2007）	—	固溶处理	480	175	40	60	—	≤187

② 不同温度下的力学性能见表3-200。

表3-200 不同温度下的力学性能

状态	温度/℃	R_m/MPa	$R_{p0.2}$/MPa	A(%)	Z(%)
1100℃固溶处理	800	226	—	22.0	24.2
	900	138	—	27.5	31.0
	1000	86	—	55.2	49.0
	1100	52	—	67.2	61.7
	1150	48	—	65.2	58.5
	1200	36	—	67.0	71.2

（8）耐蚀性

耐全面（均匀）腐蚀性能见表3-201。

表 3-201 耐全面（均匀）腐蚀性能

介质	浓度(%)	压力/MPa	温度/℃	时间/h	腐蚀速率 mm/a	腐蚀速率 g/(m²·h)	备注
H₂SO₄（工业纯）	3	—	20	6	—	0.0170	—
			40	6	—	0.0165	
			60	6	—	0.0508	
			80	6	—	0.0862	
			沸点	6	—	4.5820	
	5	—	20	6	—	0.0251	
			40	6	—	0.0259	
			60	6	—	0.0425	
			80	6	—	2.075	
			沸点	6	—	6.60	
	10	—	20	6	—	0.0	
			40	6	—	0.0259	
			60	6	—	0.0676	
			80	6	—	3.60	
	20	—	20	6	—	0.0170	
			40	6	—	0.0226	
			60	6	—	0.737	
			80	6	—	6.125	
	40	—	20	6	—	0.0427	
			40	6	—	0.253	
			60	6	—	3.135	
	60	—	20	6	—	0.621	
			40	6	—	2.105	
			60	6	—	5.105	
	80	—	20	6	—	0.0169	
			40	6	—	0.265	
			60	6	—	2.340	
			80	6	—	6.030	

（9）常用标准牌号对照（见表 3-202）

表 3-202 常用标准牌号对照

国别	中国	国际标准化	欧洲		英国	德国	
标准	GB	ISO	EN	Mat. No	BS	DIN	W-Nr
牌号	022Cr18Ni14Mo2Cu2	—	—	—	—	—	—

国别	法国	韩国	俄罗斯	日本	美国			
标准	NF	KS	ГОСТ	JIS	ASTM	UNS	AISI	SAE	ASI
牌号	—	STS316J1L	03Х18Н14М2Д2	SUS316JIL					

3.2.19 00Cr20Ni18Mo6CuN 钢

（1）概述

00Cr20Ni18Mo6CuN 钢，商业牌号为 254SMO，是开发较早的超级奥氏体不锈钢之一。一方面，其在还原性介质中具有良好的耐全面（均匀）腐蚀性能，在含有氯化物的介质中还有较好的抗点蚀和抗缝隙腐蚀性能。另一方面，由于氮的强化作用，其又具有比一般奥氏体不锈钢更高的强度性能。因此，在某些情况下可以代替部分高镍耐蚀合金。

00Cr20Ni18Mo6CuN 钢经固溶处理后具有单一的奥氏体组织。但因含有较高的钼存在，在热加工或焊接冷却过程中会有碳化物和金属间相化合物析出，相比于其他高钼奥氏体不锈钢，其金属间相化合物的析出敏感性更强烈。析出敏感温度在 800~900℃。这些析出相对钢的性能会带来不利影响，所以在热加工、热成形和焊接加工过程中应采取必要措施，防止金属间相化合物的析出。

该钢可以制成锻件、铸件、棒材及其他型材。

（2）工艺特性

00Cr20Ni18Mo6CuN 钢的冷热加工性能较好，合适的热加工温度为 1000~1150℃。锻轧开始温度为 1100~1150℃，锻轧终止温度不低于 900℃。

主要的热处理工艺是固溶处理，固溶加热温度为 1080~1150℃，水冷。

焊接性良好，可用常用焊接工艺方法进行焊接。不需要焊前预热和焊后热处理，焊后无晶间腐蚀敏感性。

00Cr20Ni18Mo6CuN 钢的冷加工硬化倾向较大，但一般情况下不影响冷弯、冲压等冷成形加工，当加工变形量取大时，应进行中间软化热处理。

（3）应用

00Cr20Ni18Mo6CuN 钢主要用于耐海水腐蚀的设备、构件，在化工、石油、造纸等行业获得广泛应用，可制成轴、体、轮、管道等。

（4）化学成分（见表 3-203）

表 3-203 化学成分（质量分数） （%）

C	Si	Mn	P	S	Cr	Ni	Mo	Cu	N
≤0.02	≤0.8	≤1.0	≤0.03	≤0.01	19.5~20.5	17.5~18.5	6.0~6.5	0.5~1.00	0.18~0.22

（5）物理性能（见表 3-204）

表 3-204 物理性能

温度/℃	室温	100
热导率 λ/[W/(m·℃)]	13.5	—
比定压热容 c_p/[J/(kg·℃)]	500	—
线胀系数/10^{-6}℃$^{-1}$	—	16.5
弹性模量 E/10^4MPa	—	—
切变模量 G/10^3MPa	—	—
泊松比 μ/10^{-1}	—	—
电阻率 ρ/10^{-8}Ω·m	—	—

注：密度为 8.0g/cm^3。

（6）常见热处理制度（见表 3-205）

表 3-205 常见热处理制度

热处理	加热温度/℃	冷却方法	金相组织
固溶处理	1080~1150	水冷	奥氏体

（7）力学性能

① 技术标准规定的力学性能见表 3-206。

表 3-206 技术标准规定的力学性能

品种(标准)	规格/mm	状态	力学性能(≥)					HBW
			R_m/MPa	$R_{p0.2}$/MPa	$A(\%)$	$Z(\%)$	KV_2/J	
—	—	固溶处理	650	300	35	—	96	≤210

② 不同温度下的力学性能见表 3-207。

表 3-207 不同温度下的力学性能

状态	温度/℃	R_m/MPa	$R_{p0.2}$/MPa	$A(\%)$	$Z(\%)$	KV_2/J	HBW
固溶处理	50	≥635	≥270	—	—	—	—
	100	≥615	≥235	—	—	—	—
	200	≥560	≥195	—	—	—	—
	300	≥525	≥175	—	—	—	—
	400	≥510	≥160	—	—	—	—

(8) 耐蚀性

① 耐全面(均匀)腐蚀性能：00Cr20Ni18Mo6CuN 钢具有较好的耐全面(均匀)腐蚀性能，特别是在还原性介质中耐蚀性能更好(见表 3-208)。

表 3-208 在混合酸中的腐蚀速率

介质	温度/℃	腐蚀速率/(mm/a)
54% P_2O_5 + 0.06% Cl^- + 1.1% F^- + 4% H_2SO_4 + 0.27% Fe_2O_3 + 0.17% Al_2O_3 + 0.1% SiO_2 + 0.20% CaO + 0.7% MgO	60	0.05
30% HNO_3 + 4% HF	25	0.51

② 耐点蚀和耐缝隙腐蚀性能：在相同试验条件下，00Cr20Ni18Mo6CuN 钢的耐点钢蚀和缝隙腐蚀性能优于 06Cr17Ni12Mo2 奥氏体不锈钢和奥氏体-铁素体(双相)不锈钢 00Cr25Ni6Mo3Cu2N。在动态海水试验中，在15℃时，不管是否对海水进行氯化处理，均有较好耐点蚀性，但在40℃时，只对不加氯化处理的海水中有一定耐点蚀能力，在经氯化处理的海水中不再耐点蚀。

在 $FeCl_3$ 溶液进行缝隙腐蚀试验时，临界缝隙温度可达45℃，优于 00Cr18Ni12Mo2 钢，也优于铁镍基耐蚀合金 Incoloy825 及 Hastelloy-G 合金。按 ASTM G48 试验方法，在 $FeCl_3$ 溶液中，其产生缝隙腐蚀临界温度为40℃，优于奥氏体不锈钢 06Cr17Ni12Mo2 钢和奥氏体-铁素体(双相)不锈钢 00Cr25Ni7Mo4N 钢。

③ 耐应力腐蚀和晶间腐蚀性能：在 40%$CaCl_2$ 和 25%NaCl 溶液中进行应力腐蚀试验，结果未见应力腐蚀发生，也无点蚀和缝隙腐蚀。

该钢还具有较好的耐晶间腐蚀性能。

(9) 常用标准牌号对照(见表 3-209)

表 3-209 常用标准牌号对照

国别	中国	国际标准化	欧洲		英国	德国	
标准	—	ISO	EN	Mat. No	BS	DIN	W-Nr
牌号	00Cr20Ni18Mo6CuN	—	—	—	—	—	—

国别	法国	韩国	俄罗斯	日本	美国		
标准	NF	KS	ГОСТ	JIS	ASTM	UNS	AISI	SAE	ASI
牌号	—	—	—	—	—	S31254	—	—	—

注：254SMO 为 S31254 的商业牌号。

3.2.20　00Cr24Ni17Mn5Mo4NNb 钢

(1) 概述

00Cr24Ni17Mn5Mo4NNb 钢，商业牌号为 NIROSTA 4565S，该钢是一种高强度、高耐蚀性的超级奥氏体不锈钢，固溶处理后的强度 $R_m \geqslant 800MPa$；$R_{p0.2} \geqslant 420MPa$。其耐点蚀当量 PRE 值大于 50，所以在氯化物环境中，特别是在海水中具有优良的耐点蚀和耐缝隙腐蚀性能。

氮元素在奥氏体不锈钢中可以抑制 σ 相形成，可以提高在氧化性酸和还原性酸中的耐蚀性，还能显著提高钢的室温和高温强度。所以，00Cr24Ni17Mn5Mo4NNb 钢中含有较高的氮含量。另一方面，为了减少较高氮含量可能产生的不利作用，如对冷热加工和冷成形性的不利作用及提高晶间腐蚀的敏感性等，钢中加入了 3.5%～6.5% 的合金元素锰。锰的加入起到一定的强化作用，因此，该钢同时具有力学性能和耐蚀性优良的特点。

该钢可制成锻件、铸件、板材、管材、棒材等产品。

(2) 工艺特性

00Cr24Ni17Mn5Mo4NNb 钢具有良好的冷热加工性，可采用常用的冷、热加工和成形工艺，但由于氮含量较高，热加工难度较大，应采用合适的加工工艺。锻轧开始温度为 1150～1230℃，锻轧终止温度不小于 850℃。

常见的热处理工艺是固溶处理，固溶加热温度通常为 1120～1170℃，水冷，可获得奥氏体组织和较好的力学性能和耐蚀性。

该钢可焊接，但应注意采用合理的焊接工艺方法，要特别注意控制热输出量不要过大，以防止在焊接及冷却过程中有中间相的析出。

该钢可进行冷加工，但因材料有硬化倾向，当变形量太大时，应进行中间热处理和酸洗、清理。

(3) 应用

00Cr24Ni17Mn5Mo4NNb 钢主要用于含有 Cl^- 的介质中，尤其适用于海水介质中。其可用于化工、造纸、烟气脱硫、海上油气生产和输送管道、泵、阀等产品、设备中的耐腐蚀件，如轴、叶轮、阀体、容器等各类零件。

(4) 化学成分（见表 3-210）

表 3-210　化学成分（质量分数）　　　　　　　　　　　(%)

C	Si	Mn	P	S	Cr	Ni	Mo	N	Nb
≤0.03	≤1.0	3.5～6.5	≤0.030	≤0.010	23.0～25.0	16.0～18.0	3.5～5.0	0.4～0.6	≤0.10

(5) 物理性能（见表 3-211）

表 3-211　物理性能

温度/℃	室温	100	200	300	400	500
热导率 $\lambda/[W/(m \cdot ℃)]$	12.0	—	—	—	—	—
比定压热容 $c_p/[J/(kg \cdot ℃)]$	450	—	—	—	—	—
线胀系数 $/10^{-6}℃^{-1}$	—	14.5	—	16.3	—	17.2
弹性模量 $E/10^4 MPa$	—	—	—	—	—	—
切变模量 $G/10^3 MPa$	—	—	—	—	—	—
泊松比 $\mu/10^{-1}$	—	—	—	—	—	—
电阻率 $\rho/10^{-8}\Omega \cdot m$	—	—	—	—	—	—

注：密度为 $8.0g/cm^3$。

(6) 常见热处理制度（见表3-212）

表3-212 常见热处理制度

热处理	加热温度/℃	冷却方法	金相组织
固溶处理	1100~1170	水冷	奥氏体

(7) 力学性能

① 技术标准规定的力学性能见表3-213。

表3-213 技术标准规定的力学性能

品种(标准)	规格/mm	状态	力学性能(≥)					HBW
			R_m/MPa	$R_{p0.2}$/MPa	A(%)	Z(%)	KV_2/J	
—	—	固溶处理	800~1000	420	30	—	70	—

② 不同温度下的力学性能见表3-214。

表3-214 不同温度下的力学性能

状态	温度/℃	R_m/MPa	$R_{p0.2}$/MPa	A(%)	Z(%)
固溶处理	50	—	400	—	—
	100	—	350	—	—
	150	—	310	—	—
	200	—	270	—	—
	250	—	255	—	—
	300	—	240	—	—
	350	—	225	—	—
板材,固溶处理	室温	956	546	43.5	
焊管,固溶处理	室温	900~907	543~559	45.9~46.3	

(8) 耐蚀性

00Cr24Ni17Mn5Mo4NNb钢因有较高的铬、钼及氮含量，其PRE值大于50，有很好的耐点蚀和耐缝隙腐蚀性能，在含有Cl^-、F^-及烟气脱硫环境中，其耐蚀性明显优于其他奥氏体不锈钢。

(9) 常用标准牌号对照（见表3-215）

表3-215 常用标准牌号对照

国别	中国	国际标准化	欧洲		英国	德国	
标准	—	ISO	EN	Mat. No	BS	DIN	W-Nr
牌号	00Cr24Ni17Mn5-Mo4NNb	—	—	—	—	—	—
国别	法国	韩国	俄罗斯	日本	美国		
标准	NF	KS	ГОСТ	JIS	ASTM	UNS	AISI	SAE	ASI
牌号	—	—	—	—	—	S34565	—	—	—

注：NIROSTA 45655（商业牌号）。

3.2.21 00Cr22Ni27Mo7CuN钢

(1) 概述

00Cr22Ni27Mo7CuN钢，商业牌号为Incoloy 27-7M。钢中的高铬、钼、氮含量使其具有优良的耐点蚀、耐缝隙腐蚀性能，也具有耐还原性酸介质腐蚀能力。镍和氮的同时存在也使此钢有耐应力腐蚀和耐碱腐蚀的能力。钢中的高铬、氮含量克服了高钼含量的一些不良作用，又具有良好的耐含氯化物酸介质腐蚀的能力。

该钢中的高合金元素含量，以及较高的氮量，通过固溶强化使其具有较高的强度。

00Cr22Ni27Mo7CuN 钢在固溶状态下是奥氏体组织，但在 600~930℃ 的温度区间会有 σ 相等金属间相沉淀析出，由于碳含量很低，碳化物析出量很少。

该钢优异的综合性能及与高镍合金相比有较低的价格，使其获得了广泛应用，可制成锻件、铸件、棒材及其他型材。

（2）工艺特性

00Cr22Ni27Mo7CuN 钢的热塑性低、强度高、变形抗力大，因此，热加工温度范围较窄，以 980~1150℃ 之间为宜，锻轧开始温度为 1100~1150℃，锻轧终止温度不低于 950℃。热加工后避免在 600~930℃ 的范围内缓冷或停留，以防止 σ 相析出而产生脆性。

常用热处理工艺是固溶处理，固溶处理加热温度一般采用 1120~1180℃，水冷，尤其防止在 600~930℃ 之间缓冷。

该钢可采用多种方法进行焊接，焊接材料也应选择铬、钼、氮含量较高的材料。注意采用合理的焊接工艺，尽量防止金属间相析出，以保证耐蚀性和韧性。一般情况下可不进行焊前预热和焊后热处理。

（3）应用

由于 00Cr22Ni27Mo7CuN 钢具有优良的耐蚀性和强度，属超级奥氏体不锈钢，因此广泛应用于电力、海洋、化工、石油、造纸等各行业，可制成轴、叶轮、泵体、阀体、管道等设备。

（4）化学成分（见表 3-216）

表 3-216 化学成分（质量分数）　　　　　　　　　　　（%）

C	Si	Mn	P	S	Cr	Ni	Mo	Cu	N
≤0.02	≤0.5	≤3.0	≤0.03	≤0.01	20.5~23.0	26.0~28.0	6.5~8.0	0.5~1.5	0.3~0.4

（5）物理性能（见表 3-217）

表 3-217 物理性能

温度/℃	室温	100	200	300
热导率 $\lambda/[W/(m \cdot ℃)]$	10.1	12.1	—	16.2
比定压热容 $c_p/[J/(kg \cdot ℃)]$	454	—	—	—
线胀系数/$10^{-6}℃^{-1}$	—	—	—	—
弹性模量 $E/10^4$MPa	—	—	—	—
切变模量 $G/10^3$MPa	—	—	—	—
泊松比 $\mu/10^{-1}$	—	—	—	—
电阻率 $\rho/10^{-8}\Omega \cdot m$	100	—	—	—

注：密度为 8.02g/cm³。

（6）常见热处理制度（见表 3-218）

表 3-218 常见热处理制度

热处理	加热温度/℃	冷却方法	金相组织
固溶处理	1120~1180	水冷	奥氏体

（7）力学性能

① 技术标准规定的力学性能见表 3-219。

表 3-219 技术标准规定的力学性能

品种(标准)	规格/mm	状态	力学性能(≥)					HBW
			R_m/MPa	$R_{p0.2}$/MPa	$A(\%)$	$Z(\%)$	KU_2/J	
—		固溶处理	827	404	50	—	—	

② 不同温度下的力学性能见表 3-220。

表 3-220 不同温度下的力学性能

状态	温度/℃	R_m/MPa	$R_{p0.2}$/MPa	$A(\%)$	$Z(\%)$
固溶处理	−200	1186	655	57.5	—
	0	882.5	452	62.5	—
	200	752	345	56.3	—
	400	679	298	63.7	—
	600	645	294	62.5	—
	800	602	259	65.6	—

(8) 耐蚀性

① 耐全面（均匀）腐蚀性能见表 3-221。

表 3-221 耐全面（均匀）腐蚀性能

介质	浓度(%)	压力/MPa	温度/℃	时间/h	腐蚀速率		备注
					mm/a	g/(m²·h)	
HCl	0.5	—	沸点	—	0.018	—	
	1	—	沸点	—	0.033	—	
	5	—	50	—	<0.0025	—	
H_2SO_4	95	—	90	—	0.025	—	
H_2SO_4+HCl	10 2	—	50	—	<0.0025	—	
H_2SO_4+Cl^-	10 1	—	65	—	<0.01	—	
	10 0.5	—	65	—	0	—	
H_3PO_4+Cl^-	60.7 0.2	—	116	—	0.36	—	
	58 0.2	—	85	—	0.04	—	
	70 0.08	—	沸点 (130)	—	0.16	—	
H_3PO_4	85	—	沸点	—	0.69	—	

② 耐点蚀和缝隙腐蚀性能：在 11.9%H_2SO_4+1.3%HCl_3+1%$FeCl_3$+1%$CuCl_2$ 的混合溶液（Green Death 溶液）中进行点蚀试验，00Cr22Ni27Mo7CuN 钢的耐点蚀性仅低于镍基耐蚀合金 C-276，优于 06Cr17Ni12Mo2 和 00Cr20Ni25Mo6CuN 奥氏体不锈钢，也优于 00Cr25Ni7Mo4N 和 00Cr22Ni5Mo3N 奥氏体-铁素体（双相）不锈钢。

00Cr22Ni27Mo7CuN 钢在不同检验方法及介质中的点蚀和缝隙腐蚀结果见表 3-222 和表 3-223。

表 3-222 点蚀和缝隙腐蚀试验结果

检验方法	介质	温度/℃	时间/h	结果
G28-A	50%H$_2$SO$_4$+42g/LFe$_2$(SO$_4$)$_3$	沸点	120	0.5mm/a
G28-C	6%FeCl$_3$+1%HCl(析点蚀)	85	72	边角处点蚀
G28-D	6%FeCl$_3$+1%HCl(析缝隙腐蚀)	45	72	无缝隙腐蚀
Green Death	11.9%H$_2$SO$_4$+1.3%HCl+1%FeCl$_3$+1%(CuCl$_2$)	70	72	无点蚀

表 3-223 临界点蚀温度和临界缝隙腐蚀温度

检验方法	临界点蚀温度/℃	临界缝隙腐蚀温度/℃
ASTM-G48	>85	45
Green Death	75	60

③ 耐应力腐蚀性能：00Cr22Ni27Mo7CuN 钢耐应力腐蚀性能优于一般奥氏体不锈钢。

（9）常用标准牌号对照（见表3-224）

表 3-224 常用标准牌号对照

国别	中国	国际标准化	欧洲		英国	德国	
标准	—	ISO	EN	Mat. No	BS	DIN	W-Nr
牌号	00Cr22Ni27Mo7CuN	—	—	—	—	—	—
国别	法国	韩国	俄罗斯	日本	美国				
标准	NF	KS	ГОСТ	JIS	ASTM	UNS	AISI	SAE	ASI
牌号	—	—	—	—	—	S31277	—	—	—

注：Incoloy 27-7Mo（商业牌号）。

3.2.22 0Cr12Ni25Mo3Cu3Si2Nb 钢

（1）概述

0Cr12Ni25Mo3Cu3Si2Nb 钢是铬含量比较低的奥氏体不锈钢，虽然铬含量较低，但是含有较高的镍及钼、铜、硅、铌等元素，所以仍具有优良的耐蚀性，尤其是在中等浓度（40%~65%）的热硫酸（约100℃）介质中。其在沸腾温度的浓度为50%硫酸中，腐蚀速率小于0.4mm/a；在沸腾的各种浓度的磷酸中，腐蚀速率小于 0.3mm/a；在浓度低于65%的100℃以下硫酸介质中，腐蚀速率小于 0.5mm/a。

该钢还具有较好的热加工、焊接、铸造性，其主要产品有板材、管材、铸件等。

（2）工艺特性

0Cr12Ni25Mo3Cu3Si2Nb 钢可锻轧成形，锻轧开始温度为 1100~1150℃，锻轧终止温度不小于900℃。

固溶处理加热温度为 1050~1100℃，保温后水冷。

该钢焊接性良好，可采用成分相近的焊材焊接，焊缝力学性能与母材相当，但耐蚀性略低于母材。焊后可不进行热处理。

（3）应用

0Cr12Ni25Mo3Cu3Si2Nb 钢适用于化工行业耐硫酸腐蚀的设备、管道、泵体、泵轮、阀体等零件。

（4）化学成分（见表3-225）

表 3-225 化学成分（质量分数） (%)

C	Si	Mn	P	S	Cr	Ni	Mo	Cu	Nb
≤0.08	1.8~2.2	≤1.00	≤0.035	≤0.030	11.0~14.0	24.0~27.0	3.0~4.0	3.0~4.0	8×C~1.0

（5）物理性能（见表 3-226）

表 3-226 物理性能

温度/℃	室温	100	200	300	400	500	600	700
热导率 λ/[W/(m·℃)]	—	14.0(95℃)	—	18.0(308℃)	—	21.0(490℃)	—	23.0(685℃)
比定压热容 c_p/[J/(kg·℃)]	—	—	—	—	—	—	—	—
线胀系数/10^{-6}℃$^{-1}$	—	15.09	15.57	16.47	16.77	17.48	18.51	18.86
弹性模量 E/10^4MPa	18.0							
切变模量 G/10^3MPa								
泊松比 μ/10^{-1}								
电阻率 ρ/$10^{-8}\Omega\cdot m$	106	110	114	118	121	124	125	123

注：密度为 8.01g/cm³；熔点为 1375~1430℃。

（6）常见热处理制度（见表 3-227）

表 3-227 常见热处理制度

热处理	加热温度/℃	冷却方法	金相组织
固溶处理	1050~1100	水冷	奥氏体

（7）力学性能

① 技术标准规定的力学性能见表 3-228。

表 3-228 技术标准规定的力学性能

品种(标准)	规格/mm	状态	力学性能(≥)					HBW
			R_m/MPa	$R_{p0.2}$/MPa	A(%)	Z(%)	KV_2/J	
—	—	固溶处理	540	240	30	45	—	—

② 不同温度下的力学性能见表 3-229。

表 3-229 不同温度下的力学性能

状态	温度/℃	R_m/MPa	$R_{p0.2}$/MPa	A(%)	Z(%)	KV_2/J	HBW
固溶处理	室温	590~650	250~440	24.5~48.0	57.5~70.0	104~213.6	155~165
固溶处理	600	530~574	—	35.0~37.0	43.0~50.0	—	—
	700	343~380	—	45.0~66.5	58.5~61.5	—	—
	800	218~240	—	58.5~77.5	70.3~77.0	—	—
	900	130~141	—	56.7~64.4	84.1~87.0	—	—
	950	—	—	—	—	—	—
	1000	76~80	—	54.5	86.5~88.5	—	—
	1050	64~70	—	51.5~54.5	87.1~90.0	—	—
	1100	46~47	—	53.5	84.0~87.0	—	—
	1150	34~40	—	57.5~59.0	95.4~95.5	—	—
	1200	24~27	—	53.0~58.0	97.8~99.5	—	—

（8）耐蚀性

① 耐全面（均匀）腐蚀性能见表 3-230。

表 3-230 耐全面（均匀）腐蚀性能

介质	浓度(%)	压力/MPa	温度/℃	时间/h	腐蚀速率 mm/a	腐蚀速率 g/(m²·h)	备注
H_2SO_4	10	—	40	96	0.13	—	—
		—	60	96	0.24~0.25	—	—
		—	80	96	0.33~0.35	—	—
		—	100	96	0.25~0.26	—	—
		—	沸点	96	0.24	—	—
	20	—	40	96	0.088~0.095	—	—
		—	60	96	0.11	—	—
		—	80	96	0.34~0.36	—	—
		—	100	96	0.23~0.24	—	—
		—	沸点	96	0.18	—	—
	30	—	40	96	0.083~0.10	—	—
		—	60	96	0.22~0.23	—	—
		—	80	96	0.26	—	—
		—	100	96	0.21~0.22	—	—
		—	沸点	96	0.16~0.17	—	—
	40	—	40	96	0.072~0.082	—	—
		—	60	96	0.14	—	—
		—	80	96	0.22~0.25	—	—
		—	100	96	0.22	—	—
		—	沸点	96	0.15~0.28	—	—
	50	—	40	96	0.055	—	—
		—	60	96	0.099~0.10	—	—
		—	80	96	0.16~0.38	—	—
		—	100	96	0.21	—	—
		—	沸点	96	0.17~0.37	—	—
	55	—	沸点	96	0.32~0.59	—	—
	60	—	40	96	0.047~0.049	—	—
		—	60	96	0.082~0.084	—	—
		—	80	96	0.11~0.14	—	—
		—	100	96	0.21~0.24	—	—
		—	120	96	0.40~0.86	—	—
		—	沸点	96	0.76~2.50	—	—
	65	—	100	96	0.20~0.27	—	—
	70	—	40	96	0.032~0.033	—	—
		—	60	96	0.061~0.070	—	—
		—	70	96	0.080~0.093	—	—
		—	80	96	0.086~0.14	—	—
		—	100	96	2.39~2.41	—	—
		—	沸点	96	17.0~27.0	—	—
	75	—	60	96	0.090~0.10	—	—
		—	80	96	2.10~4.70	—	—
	80	—	40	96	0.16~0.26	—	—
		—	50	96	0.32~0.65	—	—
		—	60	96	0.55~0.69	—	—
		—	70	96	0.66~0.80	—	—
		—	80	96	1.10~3.04	—	—
		—	100	96	7.34~8.08	—	—
	85	—	60	96	0.30~0.42	—	—

(续)

介质	浓度(%)	压力/MPa	温度/℃	时间/h	腐蚀速率 mm/a	腐蚀速率 g/(m²·h)	备注
H₂SO₄	90	—	40	96	0.069~0.22	—	—
		—	60	96	0.22~0.23	—	—
		—	70	96	0.36~0.41	—	—
		—	80	96	0.91~0.98	—	—
		—	100	96	2.47~2.62	—	—
	98	—	40	96	0.035	—	—
		—	60	96	0.072~0.12	—	—
		—	80	96	0.54~0.55	—	—
		—	100	96	0.86~0.98	—	—
HCl	5	—	50	96	0.26~0.29	—	—
		—	80	96	1.03~1.16	—	—
	15	—	50	96	0.35~0.41	—	—
		—	80	96	4.37~5.57	—	—
HNO₃	10	—	沸点	96	0.22~1.10	—	—
	30	—	沸点	48	1.10~3.97	—	—
H₃PO₄	10	—	沸点	96	0.073	—	—
	20	—	沸点	96	0.128	—	—
	30	—	沸点	120	0.25	—	—
	40	—	沸点	96	0.22	—	—
	50	—	沸点	96	0.294	—	—
	60	—	沸点	96	0.046~0.17	—	—
	70	—	沸点	96	0.075~0.11	—	—
	80	—	沸点	96	0.16~0.18	—	—
	86	—	沸点	96	0.325~0.327	—	—

② 耐晶间腐蚀性能：0Cr12Ni25Mo3Cu3Si2Nb 钢有较好的耐晶间腐蚀性能。例如，在经过固溶处理后，再经700℃敏化处理，可通过铜屑-硫酸铜-硫酸沸腾试验法（T法）的晶间腐蚀检验。

③ 耐应力腐蚀性能：0Cr12Ni25Mo3Cu3Si2Nb 钢在50%硫酸中煮沸480h和在42%氯化镁溶液中煮沸470h均未发生应力腐蚀（用U形弯曲法试验）。

3.2.23 00Cr18Ni18Mo5 钢

（1）概述

00Cr18Ni18Mo5 钢是超低碳高钼奥氏体不锈钢。由于钼含量较高，其在酸溶液和含 Cl⁻的酸中的耐蚀性好，对硫酸、甲酸、乙酸、氨碱及海水等介质中均有较高的耐蚀性。又加入0.1%~0.2%氮，其耐点蚀性会有更大改善。该钢组织稳定，即使经 700~950℃敏化处理，耐点蚀性也不会下降。氮的加入也大大提高了其耐应力腐蚀性能。

00Cr18Ni18Mo5 钢可制成锻件、板材、棒材及铸件。

（2）工艺特性

00Cr18Ni18Mo5 钢有较好的热加工性，锻轧开始温度为1100~1150℃，锻轧终止温度不低于900℃。

该钢应在固溶处理状态下使用，固溶加热温度为1140~1160℃，保温后水冷。

00Cr18Ni18Mo5钢有很好的焊接性，可用多种方法焊接，因含碳量较低，焊后不产生晶间腐蚀倾向，焊后无硬化现象。但由于钼含量较高，有可能析出金属相，因此应合理控制焊接工艺方法。一般情况下，焊前不需预热，焊后不必热处理。

（3）应用

00Cr18Ni18Mo5钢适用于石油化工、海洋开发、氨碱生产等要求耐点蚀、缝隙腐蚀并伴有应力腐蚀倾向的介质条件中。

该钢可制造容器、管道、泵体、泵轮、阀体等零件。

（4）化学成分（见表3-231）

表3-231 化学成分（质量分数） （%）

C	Si	Mn	P	S	Cr	Ni	Mo	N
≤0.03	≤1.0	≤1.0	≤0.035	≤0.030	17.0~19.0	17.0~20.0	4.5~5.5	≤0.15

（5）物理性能（见表3-232）

表3-232 物理性能

温度/℃	室温	100	200	300	400	500
热导率 $\lambda/[W/(m \cdot ℃)]$	17.0	13.0	—	15.1	—	—
比定压热容 $c_p/[J/(kg \cdot ℃)]$	—	500	—	540	—	—
线胀系数 $/10^{-6} ℃^{-1}$	—	15.3	15.8	16.2	16.6	—
弹性模量 $E/10^4 MPa$	—	—	—	—	—	—
切变模量 $G/10^3 MPa$	—	—	—	—	—	—
泊松比 $\mu/10^{-1}$	—	—	—	—	—	—
电阻率 $\rho/10^{-8} \Omega \cdot m$	—	—	—	—	—	—

注：密度为8.0g/cm³。

（6）常见热处理制度（见表3-233）

表3-233 常见热处理制度

热处理	加热温度/℃	冷却方法	金相组织
固溶处理	1140~1160	水冷	奥氏体

（7）力学性能

技术标准规定的力学性能见表3-234。

表3-234 技术标准规定的力学性能

品种（标准）	规格/mm	状态	力学性能（≥）					HBW
			R_m/MPa	$R_{p0.2}$/MPa	$A(\%)$	$Z(\%)$	KU_2/J	
棒材、板材	—	1140~1160℃ 水冷	490	275~343	30	50	235	125~150
热轧管材	—	1140~1160℃ 水冷	441~647	206	38~57	—	240	125~150

（8）耐蚀性

① 耐全面（均匀）腐蚀性能见表3-235。

表 3-235 耐全面（均匀）腐蚀性能

介质	浓度(%)	压力/MPa	温度/℃	时间/h	腐蚀速率 mm/a	腐蚀速率 g/(m²·h)	备注
H₂SO₄（硫酸）	5	—	50	—	—	0.001	—
	5	—	60	—	—	0.003	—
	10	—	50	—	—	0.001	—
	10	—	60	—	—	0.004	—
	20	—	50	—	—	0.006	—
	20	—	60	—	—	0.21	—
HAC	5	—	沸点	—	—	2.07	—
	60	—	沸点	—	—	0.004	—
	70	—	沸点	—	—	0.003	—
	80	—	沸点	—	—	0.003	—
	90	—	沸点	—	—	0.008	—
	100	—	沸点	—	—	0	—
HAC中含HCOOH量	0	—	沸点	—	—	0.0008	—
	1	—	沸点	—	—	0.0008	—
	5	—	沸点	—	—	0.0028	—
	10	—	沸点	—	—	0.112	—
	18	—	沸点	—	—	0.249	—
FeCl₃+HAC+NaCl	0.9 20mL/L 3	—	40	24	—	0.036	—
				100	—	0.018~0.05	—
HAC HCOOH	95 1	—	沸点	24	—	0.013	—
				100	—	0.0048	—
				24	—	1.42	含Cl⁻ 100×10⁻⁶
				100	—	0.35	含Cl⁻ 100×10⁻⁶
				24	—	1.14~2.07	含Cl⁻ 185×10⁻⁶
				100	—	0.37~0.57	含Cl⁻ 185×10⁻⁶
				24	—	1.16~1.42	含Cl⁻ 200×10⁻⁶
				100	—	0.27~0.34	含Cl⁻ 200×10⁻⁶
				24	—	0.78~1.44	含Cl⁻ 300×10⁻⁶
				100	—	0.25~0.35	含Cl⁻ 300×10⁻⁶
		—	80	24	—	1.11	含Cl⁻ 185×10⁻⁶
				100	—	0.55	含Cl⁻ 185×10⁻⁶
	60 15	—	沸点	24	—	1.63	—
				100	—	0.74	—
				24	—	0.52~0.67	含Cl⁻ 185×10⁻⁶
				100	—	0.42~0.60	含Cl⁻ 185×10⁻⁶
	30 6	—	沸点	24	—	0.076~0.087	含Cl⁻ 185×10⁻⁶
				100	—	0.052~0.053	含Cl⁻ 185×10⁻⁶
	20 60	—	沸点	24	—	4.17	含Cl⁻ 185×10⁻⁶
				100	—	2.10~2.11	含Cl⁻ 185×10⁻⁶
	20 50	—	沸点	24	—	0.845	—
				100	—	4.26	—
				24	—	0.435	含Cl⁻ 185×10⁻⁶
				100	—	2.40	含Cl⁻ 185×10⁻⁶

② 耐晶间腐蚀性能：00Cr18Ni18Mo5 钢具有优良的耐晶间腐蚀性能，无论是母材或是焊缝，均不产生晶间腐蚀。

③ 耐点蚀性：00Cr18Ni18Mo5 钢具有良好的耐点蚀性，有较高的击穿电位（E_b），见表 3-236。

表 3-236 点蚀试验结果

介质条件	试验温度/℃	E_b/mV
1mol/L NaCl	30	未击穿
	40	未击穿
	50	615、535、425、445
	60	425、445、370、335
	70	295、290、275、205、220、225
	80	260、295、300、185~285
	87	195~220、110~170
6%NaCl	35	未击穿
6%NaCl+ 0.005mol/L H_2SO_4	35	未击穿
	60	590~815
海水	30	未击穿
	40	未击穿
	50	720~760
	60	530~570
	70	475
	80	310~400
饱和氨盐水	30	未击穿
	40	未击穿
	50	>600
	60	700

④ 耐应力腐蚀性能：00Cr18Ni18Mo5 钢具有较好的耐应力腐蚀性能。当采用 U 形弯曲试样时，在 40% $CaCl_2$ 沸腾溶液中，00Cr18Ni18Mo5 钢经 1000h 未发现应力腐蚀，而 022Cr18Ni10 钢不足 12h 即产生应力腐蚀。

3.2.24　0Cr17Ni17Mo7Cu2 钢

（1）概述

0Cr17Ni17Mo7Cu2 钢是钼含量较高的奥氏体不锈钢，并加入了 2%左右的铜。因此，其在一定浓度和温度的硫酸或低温盐酸的介质中，特别是在含有少量氯化物及 Fe^{3+}、Cu^{2+} 等氧化性离子的稀硫酸介质中都具有良好的耐蚀性。

0Cr17Ni17Mo7Cu2 钢可制成棒材、板材、管材及铸件等产品。

（2）工艺特性

0Cr17Ni17Mo7Cu2 钢可锻轧加工，锻轧开始温度为 1100~1150℃，锻轧终止温度不小于 900℃。

该钢应在固溶处理后使用，可保证其力学性能和耐蚀性，固溶处理加热温度为 1100~1150℃，保温后水冷。

该钢焊接性良好，可用各种方法进行焊接，通常采用与母材相同成分焊材焊接，焊后通常不用热处理。

（3）应用

0Cr17Ni17Mo7Cu2 钢可广泛用于石油化工等行业要求有耐硫酸等还原性酸介质的条件下，其可制成容器、管路、泵体、泵轮、阀体等零件。

（4）化学成分（见表3-237）

表3-237 化学成分（质量分数） （%）

C	Si	Mn	P	S	Cr	Ni	Mo
≤0.05	≤0.080	≤0.080	≤0.035	≤0.030	16.5~18.5	16.0~18.0	6.0~7.0

（5）物理性能（见表3-238）

表3-238 物理性能

温度/℃	室温	100	200	300	400	500	600
热导率 $\lambda/[W/(m\cdot℃)]$	—	12.0	14.0	16.0	17.0	18.0	21.0
比定压热容 $c_p/[J/(kg\cdot℃)]$	—	—	—	—	—	—	—
线胀系数 $/10^{-6}℃^{-1}$	—	16.6	16.99	17.04	17.30	17.40	17.60
弹性模量 $E/10^4$ MPa	19.8	—	—	—	—	—	—
切变模量 $G/10^3$ MPa	—	—	—	—	—	—	—
泊松比 $\mu/10^{-1}$	3.12	—	—	—	—	—	—
电阻率 $\rho/10^{-8}\Omega\cdot m$	—	—	—	—	—	—	—

（6）常见热处理制度（见表3-239）

表3-239 常见热处理制度

热处理	加热温度/℃	冷却方法	金相组织
固溶处理	1100~1150	水冷	奥氏体

（7）力学性能

① 技术标准规定的力学性能见表3-240。

表3-240 技术标准规定的力学性能

品种(标准)	规格/mm	状态	力学性能(≥)					HBW
			R_m/MPa	$R_{p0.2}$/MPa	A(%)	Z(%)	KU_2/J	
—	—	1100~1150℃ 水冷	588	343	35	50		

② 室温下的力学性能见表3-241。

表3-241 室温下的力学性能

状态	温度/℃	R_m/MPa	$R_{p0.2}$/MPa	A(%)	Z(%)	KU_2/J	HBW
1150℃ 水冷	室温	598~657	343~378	39.5~41	55~59.5		

（8）耐蚀性

耐全面（均匀）腐蚀性能见表3-242。

表3-242 耐全面（均匀）腐蚀性能

介质	浓度(%)	压力/MPa	温度/℃	时间/h	腐蚀速率		备注
					mm/a	g/($m^2\cdot h$)	
HCl	10	—	30	64	—	0.380	—
	10	—	50	60	—	1.688	—
	36	—	40	100	—	0.21~0.35	—

(续)

介质	浓度(%)	压力/MPa	温度/℃	时间/h	腐蚀速率 mm/a	腐蚀速率 g/(m²·h)	备注
H₂SO₄	15	—	60	100	—	0.003	—
	30	—	60	100	—	0.0045~0.006	
	50	—	60	100	—	0.045~0.06	
	60	—	60	100	—	0.015~0.025	
	75	—	60	100	—	0.015~0.017	
HNO₃	50	—	60	100	—	0.013~0.014	
	65	—	60	100	—	0.025~0.027	
	75	—	60	100	—	0.031~0.036	
	85	—	60	100	—	0.031~0.035	
	95	—	60	100	—	0.050~0.0581	

3.2.25 00Cr14Ni14Si4 和 ZG00Cr14Ni14Si4 钢

（1）概述

00Cr14Ni14Si4 钢是高硅奥氏体不锈钢，过去曾简称 C4 不锈钢，其对应的铸钢牌号为 ZG00Cr14Ni14Si4。该钢硅含量较高，所以抗浓硝酸腐蚀能力较强，主要适合在温度不超过 50℃、硝酸浓度大于 98% 的浓硝酸介质中使用，经固溶处理后，腐蚀速率低于 0.1mm/a，焊后不产生刀口腐蚀，并且具有非常优良的耐晶间腐蚀和抗应力腐蚀能力。

00Cr14Ni14Si4 钢易于变形和铸造，易于加工，可以制成锻件、棒材、板材及铸件。

（2）工艺特性

00Cr14Ni14Si4 钢可以锻轧加工，通常锻轧开始温度为 1150~1180℃，锻轧终止温度不低于 850℃，锻后空冷或堆放冷却。

该钢铸造性良好，可制成各种铸件。

00Cr14Ni14Si4 钢应在固溶处理后使用，固溶温度为 1000~1050℃，保温后水冷。

该钢焊接性良好，可用各种方法焊接，不易产生刀状腐蚀。

该钢有加工硬化倾向，但可进行各种方式冷加工及变形。

（3）应用

00Cr14Ni14Si4 钢主要用于浓硝酸腐蚀条件下，可用于制造浓硝酸设备及泵体、泵轮、阀体等。

（4）化学成分（见表 3-243）

表 3-243 化学成分（质量分数）（%）

C	Si	Mn	P	S	Cr	Ni
≤0.03	3.5~4.5	≤1.0	≤0.035	≤0.030	13.0~15.0	13.0~15.0

（5）物理性能（见表 3-244）

表 3-244 物理性能（锻态/铸态）

温度/℃	室温	100	200	300	400	500	600	700
热导率 λ/[W/(m·℃)]	—	$\frac{13}{14}$ (108℃)	$\frac{15}{14}$ (203℃)	$\frac{16}{15}$ (304℃)	$\frac{18}{17}$ (395℃)	$\frac{20}{18}$ (497)	—	—

(续)

比定压热容 c_p/[J/(kg·℃)]	—	—	—	—	—	—	—
线胀系数/10^{-6}℃$^{-1}$	—	$\frac{15.1}{17.5}$	—	$\frac{16.2}{17.9}$	$\frac{16.7}{18.1}$	$\frac{16.9}{18.1}$	$\frac{17.3}{18.1}$	$\frac{17.8}{18.5}$
弹性模量 E/10^4MPa	$\frac{19.9}{16.4}$						
切变模量 G/10^3MPa	$\frac{73.5}{63.7}$						
泊松比 μ/10^{-1}	$\frac{3.5}{2.8}$						
电阻率 ρ/10^{-8}Ω·m	—	$\frac{106}{(97.3℃)}$	$\frac{105.7}{(203℃)}$	$\frac{115.7}{(294℃)}$	$\frac{113.6}{(395℃)}$	$\frac{123.6}{(490℃)}$	—

注：密度为 7.7g/cm³。

(6) 常见热处理制度（见表3-245）

表 3-245 常见热处理制度

热处理	加热温度/℃	冷却方法	金相组织
固溶处理	1000～1050	水冷	奥氏体

(7) 力学性能

① 技术标准规定的力学性能见表3-246。

表 3-246 技术标准规定的力学性能

品种(标准)	规格/mm	状态	力学性能(≥)					HBW
			R_m/MPa	$R_{p0.2}$/MPa	A(%)	Z(%)	KU_2/J	
锻材	—	固溶处理	520	—	40	—	94.4	—
铸材	—	固溶处理	300	—	20	—	94.4	—

② 不同温度下的力学性能见表3-247。

表 3-247 不同温度下的力学性能

状态	温度/℃	R_m/MPa	$R_{p0.2}$/MPa	A(%)	Z(%)	KU_2/J	HBW
轧材 固溶处理	室温	711～716	324	63～63.5	66.5～67.5	176.8	140
	100	628～638	239～242	62.8	71～70.8	—	—
	200	532～527	203	54.4～55.6	70.8	—	—
	300	525～520	169～185	53.4～54	69.2～66.4	—	—
	400	525～520	196～199	50	66.2	—	—
	500	502～505	161～190	48.8～49.6	66.2～66.8	—	—
	600	445～437	155～165	49.6～53.6	45.2～44	—	—
	700	347～307	165～178	66.8～65.2	61.5～59	—	—
	800	193～165	138～120	70.2～83.6	61.2～61.5	—	—
铸材固溶处理	室温	368	216	26.0	31.6	>245	—

(8) 耐蚀性

① 耐全面（均匀）腐蚀性能见表3-248。

② 耐点蚀性能：00Cr14Ni14Si4 钢比 1Cr18Ni9Ti 钢和 022Cr19Ni10 钢具有更好的耐点蚀

能力。例如，在 1.5%FeCl$_3$·6H$_2$O+3%NaCl+20mL/L HAC 的溶液中，40℃温度保持 24h 试验，00Cr14Ni14Si4 钢平均腐蚀速率为 1.04g/(m^2·h)，而 1Cr18Ni9Ti 和 022Cr19Ni10 钢分别为 3.77g/(m^2·h) 和 2.73g/(m^2·h)。

③ 耐应力腐蚀性能：00Cr14Ni14Si4 钢比 1Cr18Ni9Ti 钢有更好的耐应力腐蚀的能力。

在 42%MgCl$_2$ 沸腾溶液中进行恒应力腐蚀试验，在 294MPa 压力下，00Cr14Ni14Si4 钢无论是固溶态还是敏化态，经 300h 试验后未发生应力腐蚀，而 1Cr18Ni9Ti 钢 1h 试验后即发生应力腐蚀并破裂。

在同样介质中，采用 U 形试样进行恒变形应力腐蚀试验，00Cr14Ni14Si4 试样经 300h 试验后未发生应力腐蚀，而 1Cr18Ni9Ti 钢不到 1h 试验后即发生应力腐蚀并破裂。

而在 225℃ 的空气饱和氧的高温高压水中（含 200×10^{-6}Cl$^-$）进行 U 形试样应力腐蚀试验，00Cr14Ni14Si4 钢经 169h 发生应力腐蚀并破裂，而 1Cr18Ni9Ti 钢不足 24h 试验后即发生应力腐蚀并破裂。

表 3-248 耐全面（均匀）腐蚀性能

介质	浓度(%)	压力/MPa	温度/℃	时间/h	腐蚀速率 mm/a	腐蚀速率 g/(m^2·h)	备注
HNO$_3$（挂片试验）	50	—	30~40	5 个月	—	0.0124	
	98		常温	2 个月	—	0.00578	板材固溶态处理
			35~40	—	—	—	
			85	4 个月		0.423	
	50		30~40	5 个月	—	0.0178	
	98		常温	2 个月	—	0.00660	板材敏化态
			35~40	—	—	—	
			85	—		0.462	
	98		常温	2 个月		0.021	铸材固溶态
			35~40	7 个月		0.0452	
			35~40	7 个月		0.0457	铸材敏化态
HNO$_3$	20	—	50	3×100		0.00384	板材固溶态
	40					0.0123	
	65					0.0263	
	75					0.0210	
	85					0.0170	
	98					0.0144	
	20	—	50	3×100		0.00374	板材敏化态
	40					0.0129	
	65					0.0240	
	75					0.0197	
	85					0.0157	
	98					0.0188	
	65	—	沸点	3×48		1.06	板材固溶态
						1.03	板材敏化态
	98	—	沸点	1210		0.102	铸材固溶态
						0.140	铸材敏化态
H$_2$SO$_4$+HNO$_3$ 混合酸	20+80	—	50	100		0.0238	板材固溶态
	40+60					0.0297	
	70+30					0.0230	
	92+8					0.00896	
	100+0					0.00107	

(续)

介质	浓度(%)	压力/MPa	温度/℃	时间/h	腐蚀速率 mm/a	腐蚀速率 g/(m²·h)	备注
$H_2SO_4+HNO_3$ 混合酸 另含有：N_2O_3:0.7%~4.07% CH:0.08%~0.2% NC:5.5%~12.13% （挂片试验）	85.57+2.77	—	100	—	—	0.187	—
	85.37+2.66	—	100	—	—	0.182	
	84.9+2.18	—	100	—	—	0.0843	
	84.14+2.94	—	95	—	—	0.0978	
	79.22+2.33	—	90	—	—	0.0698	
	74.95+1.95	—	70	—	—	0.0414	

3.2.26 00Cr17Ni15Si4Nb 钢

（1）概述

00Cr17Ni15Si4Nb 钢也属高硅奥氏体不锈钢。比 00Cr14Ni14Si4 钢的铬、镍、硅含量都略有提高，并增加了稳定化元素铌。其因为超低碳、含稳定化元素，所以在敏化态的耐晶间腐蚀能力也很强，制作焊接设备等更有利。并且加工、焊接性良好。该钢过去曾称 C2 钢。

该钢在不大于 60℃ 的浓硝酸（浓度>98%HNO_3）中具有优良的耐蚀性，同时对 60℃ 温度以下的任何浓度的硝酸都有较好的耐蚀能力，比一般铬镍奥氏体不锈钢的耐硝酸腐蚀能力优良得多。00Cr17Ni15Si4Nb 钢还具有抗铬酸和硝硫混合酸的能力，也具有优良的耐氯化物应力腐蚀的能力。

00Cr17Ni15Si4Nb 钢可制成板材、管材和铸件。

（2）工艺特性

00Cr17Ni15Si4Nb 钢热加工锻轧开始温度为 1150~1180℃，锻轧终止温度不低于 850℃。锻轧后可空冷或堆放。

该钢应在固溶化处理后使用，固溶加热温度为 1000~1050℃，保温后水冷。

该钢可焊接，也可与 18-8 型奥氏体不锈钢对焊，应采用同材质焊条。

该钢有较好冷加工性，但有加工硬化倾向。

（3）应用

00Cr17Ni15Si4Nb 钢主要用于硝酸、铬酸、硝硫混合酸腐蚀工况下。

该钢可用于制造容器、管道、铸件，可制成泵体、泵轮、阀体等。

（4）化学成分（见表 3-249）

表 3-249 化学成分（质量分数） （%）

C	Si	Mn	P	S	Cr	Ni	Mo	Nb
≤0.03	3.50~4.50	≤1.00	≤0.035	≤0.030	16.0~18.0	14.0~16.0	—	0.40~0.80

（5）物理性能（见表 3-250）

表 3-250 物理性能

温度/℃	室温	100	200	300	400	500	600	700
热导率 λ/[W/(m·℃)]	—	—	15.0 (201.50)	17.0	18.0 (396℃)	21.0 (496℃)	23.0 (596℃)	27.0 (693℃)

（续）

比定压热容 c_p/[J/(kg·℃)]	—	—	—	—	—	—	—
线胀系数/10^{-6}℃$^{-1}$	—	15.8	16.3	16.7	17.1	17.4	17.8	18.2
弹性模量 E/10^4MPa	19.7~20.0	19.1~19.5	18.5~18.8					
切变模量 G/10^3MPa	71.4							
泊松比 μ/10^{-1}	3.0							
电阻率 ρ/10^{-8}Ω·m	—	—	106(201.5℃)	110	114(396℃)	115(496℃)	120(596℃)	123(693℃)

注：密度为 7.72g/cm³。

（6）常见热处理制度（见表3-251）

表 3-251　常见热处理制度

热处理	加热温度/℃	冷却方法	金相组织
固溶处理	1000~1050	水冷	奥氏体

（7）力学性能

① 技术标准规定的力学性能见表3-252。

表 3-252　技术标准规定的力学性能

品种(标准)	规格/mm	状态	力学性能(≥)					HBW
			R_m/MPa	$R_{p0.2}$/MPa	$A(\%)$	$Z(\%)$	KU_2/J	
—	—	1000~1050℃水冷	550	—	35	—	—	—

② 不同温度下的力学性能见表3-253。

表 3-253　不同温度下的力学性能

状态	温度/℃	R_m/MPa	$R_{p0.2}$/MPa	$A(\%)$	$Z(\%)$	KU_2/J	HBW
锻件，固溶处理	室温	711	353~368	50	59	140	179
轧材，固溶处理	室温	716~745	314~353	51~55	58~63	120~127	—
中板，固溶处理	室温	677~755	—	44~59			
薄板	室温	706~755	392~510	42~59	—		
—	室温	726	296	58.8	63.9		
	100	637	275	55.6	64		
	200	569	238	46.8	65		
	300	559	201	42	60		
	400	561	189	41	59.5		
	500	552	223	41	59.5		
	600	490	221	45.6	67.4		
	700	343		83	75.4		
	800	168		99.5	96		
	900	107	76	73.6	95.2		
	950	78	42	122.4	94.2		
	1000	57	36	93.2	94.2		

（8）耐蚀性

① 耐全面（均匀）腐蚀性能：00Cr17Ni15Si4Nb 钢在各种浓度和温度的硝酸及硝硫混合酸中均具有优良的耐蚀性，见表3-254。

② 耐晶间腐蚀性能：00Cr17Ni15Si4Nb 钢具有优良的耐晶间腐蚀性能。

当采用 X 法（65%沸腾硝酸）进行晶间腐蚀试验时，在 3×48h 试验周期内，无论是固溶态还是敏化态均不发生晶间腐蚀。在硝酸现场挂片试验中，在 30~45℃ 的 50%HNO$_3$ 介质中经 3444h 和在常温的 98%HNO$_3$ 中经 1493h 试验，无论固溶态还是敏化态试片均不产生晶间腐蚀。

表 3-254 耐全面（均匀）腐蚀性能

介质	浓度(%)	压力/MPa	温度/℃	时间/h	腐蚀速率 mm/a	腐蚀速率 g/(m²·h)	备注
HNO$_3$	20	—	60	100	—	0.00449	固溶态
	40	—	60	100	—	0.0175	
	65	—	60	100	—	0.0360	
	80	—	60	100	—	0.0378	
	98	—	60	100	—	0.119	
	20	—	60	100	—	0.00465	敏化态
	40	—	60	100	—	0.0119	
	65	—	60	100	—	0.0316	
	80	—	60	100	—	0.0323	
	98	—	60	100	—	0.110	
	40	—	沸点	144	—	0.229	固溶态
	65	—	沸点	100	—	0.552	
	75	—	沸点	100	—	0.298	
	75	—	沸点	300	—	0.271	
	85	—	沸点	100	—	0.0653	
	85	—	沸点	300	—	0.0555	
	98	—	沸点	100	—	0.0834	
	40	—	沸点	144	—	0.240	敏化态
	65	—	沸点	100	—	0.501	
	75	—	沸点	100	—	0.270	
	75	—	沸点	300	—	0.287	
	85	—	沸点	100	—	0.0616	
	85	—	沸点	300	—	0.0577	
	98	—	沸点	100	—	0.0810	
H$_2$SO$_4$+HNO$_3$ 混合酸	20+80	—	60	100	—	0.0306	固溶态
	40+60	—	60	100	—	0.0348	
	70+30	—	60	100	—	0.0262	
	92+8	—	60	100	—	0.0121	
	100+0	—	60	100	—	0.0821	
	92+8	—	105~108	100	—	0.150	
	20+80	—	60	100	—	0.0246	敏化态
	40+60	—	60	100	—	0.0252	
	70+30	—	60	100	—	0.0203	
	92+8	—	60	100	—	0.0096	
	100+0	—	60	100	—	0.0242	
	92+8	—	105~108	100	—	0.122	

采用焊接试样，在 55℃ 的浓度 98%HNO$_3$ 或 25%N$_2$O$_4$ 中经 2880h 和在 85℃（沸腾）浓度 98%浓硝酸中经 2880h，均未发生刀口腐蚀。

③ 耐点蚀性能：00Cr17Ni15Si4Nb 钢比 1Cr18Ni9Ti 钢、304L 钢都具有更好的耐点蚀性能。如在 35℃ 的 3%NaCl（相对饱和甘汞电极）的电化学法试验中，00Cr17Ni15Si4Nb 钢和 1Cr18Ni9Ti 钢及 304L 钢的击穿电位分别为 0.265V、0.175V 和 0.220V。而在 40℃ 的 1.5%

$FeCl_3 \cdot 6H_2O + 3\% NaCl + 20mL/L$ 乙酸溶液中浸泡 24h 的化学浸渍腐蚀方法中，00Cr17Ni15Si4Nb 钢和 1Cr18Ni9Ti 钢、304L 钢、316L 钢的腐蚀速率分别为 $2.15g/(m^2 \cdot h)$、$3.77g/(m^2 \cdot h)$、$2.73g/(m^2 \cdot h)$ 和 $2.61g/(m^2 \cdot h)$。可见无论采用何种方法试验，00Cr17Ni15Si4Nb 钢的结果都是优良的。

④ 耐应力腐蚀性能：00Cr17Ni15Si4Nb 钢具有较好的耐应力腐蚀性能，如采用恒变形（U 形试样）应力腐蚀试验，在 $42\% MgCl_2$ 沸腾溶液中，1Cr18Ni9Ti 试样不到 1h 即发生应力腐蚀并断裂，而 00Cr17Ni15Si4Nb 钢固溶态试样经 500h、敏化试样经 300h 均未发生应力腐蚀。而在含 $500 \times 10^{-6} Cl^-$ 和 8×10^{-6} [O] 的 225℃ 高温高压水中，1Cr18Ni9Ti 试样经 9~25h 发生应力腐蚀并断裂，而无论是固溶态还是敏化态的 00Cr17Ni15Si4Nb 试样经 600h 均未发生应力腐蚀断裂。可见，00Cr17Ni15Si4Nb 钢的耐应力腐蚀能力优于 1Cr18Ni9Ti 钢。

3.2.27 00Cr20Ni24Si4Ti 钢

（1）概述

00Cr20Ni24Si4Ti 钢是具有更高铬镍含量的高硅奥氏体不锈钢，并且含有稳定化元素钛，过去曾称 C6L 钢。

00Cr20Ni24Si4Ti 钢经固溶处理后，在沸腾的浓度 98% 浓硝酸中具有良好的耐蚀性，同时也耐中低温各种浓度的硝酸腐蚀，还具有优良的抗氯化物点蚀和耐应力腐蚀的性能。但该钢热加工难度较大，在敏化态下对晶间腐蚀敏感。

（2）工艺特性

00Cr20Ni24Si4Ti 钢热加工困难，必须在严格固溶处理条件下使用，固溶加热温度为 1050~1100℃，保温后水冷。

该钢具有一定的焊接性，但在沸腾硝酸中使用易产生刀口腐蚀，因在敏化态下对晶间腐蚀敏感，不宜以焊接状态在浓硝酸介质中使用。

（3）应用

00Cr20Ni24Si4Ti 钢在固溶态下耐硝酸腐蚀性能优良，所以广泛应用于硝酸介质中的设备，如泵体、泵轮、阀门等，但不宜在焊接状态下使用。

（4）化学成分（见表 3-255）

表 3-255 化学成分（质量分数） （%）

C	Si	Mn	P	S	Cr	Ni	Mo	Ti
≤0.03	3.50~4.50	≤1.00	≤0.035	≤0.030	19.0~21.0	23.0~25.0	—	0.20~0.60

（5）物理性能（见表 3-256）

表 3-256 物理性能

温度/℃	室温	100	200	300	400	500	600	700
热导率 $\lambda/[W/(m \cdot ℃)]$	—	12 (109.9℃)	14 (199.6℃)	15 (298.9℃)	17 (404.5℃)	19 (494℃)	20 (591.8℃)	22 (687.4℃)
比定压热容 $c_p/[J/(kg \cdot ℃)]$	—	—	—	—	—	—	—	—
线胀系数 $/10^{-6} ℃^{-1}$	—	—	15.9	—	16.7	—	17.3	17.8
弹性模量 $E/10^4 MPa$	20.3（横向）							

（续）

切变模量 $G/10^3$ MPa	73.5	—	—	—	—	—	—
泊松比 $\mu/10^{-1}$	3.8	—	—	—	—	—	—
电阻率 $\rho/10^{-8}\Omega\cdot m$	—	109 (109.9℃)	112.6 (199.6℃)	116.2 (298.9℃)	119.2 (404.5℃)	122.3 (494℃)	124.9 (591.8℃)	126.7 (687.4℃)

注：密度为 7.73g/cm³。

（6）常见热处理制度（见表3-257）

表3-257 常见热处理制度

热处理	加热温度/℃	冷却方法	金相组织
固溶处理	1050~1100	水冷	奥氏体

（7）力学性能

① 技术标准规定的力学性能见表3-258。

表3-258 技术标准规定的力学性能

品种（标准）	规格/mm	状态	力学性能（≥）					HBW
			R_m/MPa	$R_{p0.2}$/MPa	$A(\%)$	$Z(\%)$	KU_2/J	
—	—	固溶处理	588	—	40	—	94.4	

② 不同温度下的力学性能见表3-259。

表3-259 不同温度下的力学性能

状态	温度/℃	R_m/MPa	$R_{p0.2}$/MPa	$A(\%)$	$Z(\%)$	KU_2/J
棒材 固溶处理 （平均值）	450	551	—	56.6	69.3	—
	650	409	—	72.6	81.5	—
	800	214	—	87.6	83.3	—
	850	136	—	124	97.5	—
	900	110	—	137.7	98.2	—
	950	74	60	113.8	99	—
	1000	56	41	151.1	99.4	—
	1050	41	28	142.4	99.4	—
	1100	30	30	159.4	99	—
	1150	24	24	145.9	98.2	—
	1200	20	—	126.6	99.4	—

（8）耐蚀性

① 耐全面（均匀）腐蚀性能见表3-260。

表3-260 耐全面（均匀）腐蚀性能（挂片试验）

介质	浓度（%）	压力/MPa	温度/℃	时间/h	腐蚀速率		备注
					mm/a	g/(m²·h)	
HNO₃	98	—	沸点	3×48	—	0.0578	棒材 固溶态
	98	—	80~85	4个月	—	0.827	
	98	—	沸点	3×48	—	0.0874	棒材,敏化态
	98	—	沸点	3×48	—	0.042	板材 固溶态
	50	—	45	5个月	—	0.00612	
	98	—	80~85	4个月	—	0.384	
	50	—	45	5个月	—	0.0140	板材 敏化态
	98	—	80~85	4个月	—	2.510	

注：敏化态试样均产生晶间腐蚀。

② 耐晶间腐蚀性能：00Cr20Ni24Si4Ti 钢在用沸腾硝酸法（X 法）进行 3×48h 的晶间腐蚀试验时，固溶态试样无晶间腐蚀，而敏化态试样有晶间腐蚀。挂片试样也是这种结果，可见，该钢固溶态耐晶间腐蚀性能好，而敏化态不耐晶间腐蚀。

③ 耐点蚀性能：00Cr20Ni24Si4Ti 钢在 1.5%$FeCl_3 \cdot 6H_2O$+3%NaCl+20mL/L HAC 溶液中经 40℃浸泡 24h 的化学法试验时，腐蚀速率为 1.15g/($m^2 \cdot h$) 而 1Cr18Ni9Ti 钢为 3.77g/($m^2 \cdot h$)。在 3%NaCl 溶液中，在 35℃条件下（参比电极为饱和甘汞电极）测定电化学法击穿电位为 0.500V，而 1Cr18Ni9Ti 钢为 0.175V。可见，该钢耐点蚀性能优于 1Cr18Ni9Ti 钢。

④ 耐应力腐蚀性能：00Cr20Ni24Si4Ti 钢在沸腾的 42%$MgCl_2$ 溶液中，在 294MPa 恒应力作用下持续 300h 以上未发生应力腐蚀，而 1Cr18Ni9Ti 钢不到 1h 即发生应力腐蚀并断裂。可见该钢耐应力腐蚀性能优于 1Cr18Ni9Ti 钢。

3.2.28 00Cr18Ni15Mo2N 钢

（1）概述

00Cr18Ni15Mo2N 钢属尿素级奥氏体不锈钢，曾简称 U_1 钢。在化肥生产行业，特别是尿素生产行业，由于高温高压尿素甲铵液具有强烈的腐蚀性，对使用的不锈钢提出了更高的要求，因而研制和生产了所谓的尿素级奥氏体不锈钢。这类奥氏体不锈钢的突出特点是在敏化态和非敏化态对耐晶间腐蚀和选择性腐蚀的能力较强。

00Cr18Ni15Mo2N 钢在 316L 奥氏体不锈钢的基础上调整了成分、提高了纯度。所以，保证获得纯奥氏体组织。该钢不仅在尿素介质中，在其他介质中的耐腐蚀能力也优于 316L 钢。

00Cr18Ni15Mo2N 钢可以制成锻件、板材、管材及铸件。

（2）工艺特性

00Cr18Ni15Mo2N 钢具有较好的热加工性，锻轧开始温度为 1130~1180℃，锻轧终了温度不低于 880℃，由于含钼量较高，变形抗力较大。

固溶处理加热温度为 1020~1100℃，保温后水冷。

该钢焊接性良好，可采用各种方法焊接，为保证良好的耐晶间腐蚀能力，焊接后最好固溶处理。如果无条件焊后热处理，可采用超低碳奥氏体焊条。

（3）应用

00Cr18Ni15Mo2N 钢主要用于化肥行业尿素生产设备，如高压管路、泵体、泵轮、阀体等，也可用于有同类腐蚀作用的其他介质。

（4）化学成分（见表 3-261）

表 3-261 化学成分（质量分数） （%）

C	Si	Mn	P	S	Cr	Ni	Mo	N
≤0.025	≤0.60	1.5~2.0	≤0.030	≤0.020	17.0~19.0	13.5~16.0	2.2~2.8	0.1~0.2

（5）物理性能（见表 3-262）

表 3-262 物理性能

温度/℃	室温	100	200	300	400	500	600	700
热导率 λ/[W/(m·℃)]	—	15.0 (99.1℃)	18.0 (201℃)	19.0 (295.6℃)	20.0 (394.1℃)	22.0 (494.7℃)	24.0 (590.8℃)	26.0 (691.9℃)

（续）

比定压热容 $c_p/[J/(kg\cdot℃)]$	—	—	—	—	—	—	—	—
线胀系数 $/10^{-6}℃^{-1}$	—	11.86	13.78	14.64	16.10	17.42	18.21	19.01
弹性模量 $E/10^4$MPa	22.4							
切变模量 $G/10^3$MPa								
泊松比 $\mu/10^{-1}$	3.2							
电阻率 $\rho/10^{-8}\Omega\cdot m$	—	84 (99.1℃)	90 (201℃)	96 (295.6℃)	101 (394.1℃)	106 (494.7℃)	109 (590.8℃)	113 (691.9℃)

注：密度为 $7.98g/cm^3$。

（6）常见热处理制度（见表3-263）

表3-263　常见热处理制度

热处理	加热温度/℃	冷却方法	金相组织
固溶处理	1020~1100	水冷	奥氏体

（7）力学性能

① 技术标准规定的力学性能见表3-264。

表3-264　技术标准规定的力学性能

品种(标准)	规格/mm	状态	力学性能(≥)					HBW
			R_m/MPa	$R_{p0.2}$/MPa	A(%)	Z(%)	KU_2/J	
锻轧材	—	固溶处理	549	245	35	—	—	—
铸材	—	固溶处理	441	196	25	—	—	—

② 不同温度下的力学性能见表3-265。

表3-265　不同温度下的力学性能

状态	温度/℃	R_m/MPa	$R_{p0.2}$/MPa	A(%)	Z(%)	KU_2/J	HBW
锻材,固溶处理	室温	693	342	45.9	74.1	>250	151
铸件,固溶处理	室温	549	244	36.5	—	—	136
锻材,固溶处理	室温	705	347	45.2	77.1	—	
	300	549	208	37.3	74.5		
	850	206	108	99.3	93.7		
	900	161	110	57.6	93.5		
	950	117	88	85.0	92.2		
	1000	88	70	75.0	79.8		
	1050	66	47	63.8	66.9		
	1100	52	35	84.7	64.6		
	1150	42	29	65.2	53.0		
	1200	32	24	41.1	51.2		

（8）耐蚀性

① 耐全面（均匀）腐蚀性能：00Cr18Ni15Mo2N钢对尿素类介质（高温、高压尿素-甲胺溶液）有很好的耐蚀性，比316L钢优良得多。

以在尿素合成塔内的现场挂片腐蚀试验为例。试片的腐蚀条件为：介质是尿液、氨、二氧化碳、氨基甲酸铵和水的混合物，温度为190℃，压力为19.61MPa，时间为3299h，结果是固溶态试片腐蚀速率为 $0.0276g/(m^2\cdot h)$，敏化态试样为 $0.0315g/(m^2\cdot h)$，并且不发生晶间腐蚀和选择性腐蚀。而同样试验条件下的316L试片，固溶态试片腐蚀速率为 $0.0490g/(m^2\cdot h)$，敏化态试片为 $0.0595g/(m^2\cdot h)$，并均发生晶间腐蚀和选择性腐蚀，选择性腐蚀最大深度分别为 8μm 和 10μm。

又如，在进行休氏法（Huey 法）试验，即用失重测定法在浓度 65% 的沸腾硝酸介质中进行腐蚀试验时，00Cr18Ni15Mo2N 钢的固溶态试样 5 个周期（每周期为 48h），试验的平均腐蚀速率只为 $0.177g/(m^2 \cdot h)$ 和 0.194mm/a，也远比 316L 的腐蚀结果好。

② 耐晶间腐蚀性能：00Cr18Ni15Mo2N 钢耐晶间腐蚀性能优良，比 316L 钢好得多，在用休氏法试验和尿素合成塔挂片试验中，00Cr18Ni15Mo2N 钢无论是固溶态试片还是敏化态试片均不发生晶间腐蚀和局部腐蚀，而 316L 钢却都发生了晶间腐蚀和局部腐蚀。

③ 耐点蚀性能：00Cr18Ni15Mo2N 钢耐点蚀性能好，且比 316L 钢耐蚀能力强。

例如，在用三氯化铁腐蚀试验方法试验（35℃，24h，介质为 6% $FeCl_3 \cdot 6H_2O$ + 0.05mol/L HCl）时，00Cr18Ni15Mo2N 钢腐蚀速率为 $1.23 \sim 1.60g/(m^2 \cdot h)$，而 316L 钢为 $19.0g/(m^2 \cdot h)$。在采用电化学法测定击穿电位试验时，00Cr18Ni15Mo2N 钢击穿电位为 438~538mV，而 316L 钢只有 118mV。

④ 耐冲刷腐蚀性能：00Cr18Ni15Mo2N 钢因耐蚀性优良，又含氮，所以其耐冲刷腐蚀性能好，寿命是 316L 钢的 2~4 倍。

（9）常用标准牌号对照（见表 3-266）

表 3-266 常用标准牌号对照

国别	中国	国际标准化	欧洲		英国	德国	
标准	—	ISO	EN	Mat. No	BS	DIN	W-Nr
牌号	00Cr18Ni15Mo2N	—	X2CrNiMo18-14-3	1.4435	316S13	X2CrNiMo18-14-3	1.4435
国别	法国	韩国	俄罗斯	日本	美国		
标准	NF	KS	ΓOCT	JIS	ASTM	UNS	AISI	SAE	ASI
牌号	Z3CND18-14-3								

注：Sandvik 3R69（瑞典）。

3.2.29 00Cr25Ni22Mo2N 钢

（1）概述

00Cr25Ni22Mo2N 钢也属尿素级奥氏体不锈钢，曾简称 U_2 钢，其比 316L 等不锈钢含有更高的铬、镍和较低的杂质元素，又含有钼和氮元素，大大改善了不锈钢在低氧条件下的钝化能力和耐局部腐蚀的性能。此钢特别适合在高温高压尿素-甲铵溶液的强腐蚀条件下使用。该钢在硝酸、硫酸、磷酸、乙酸及其混合酸等介质中也具有较好的耐蚀性。

00Cr25Ni22Mo2N 钢可制成锻件、板材、管材、铸件等各类产品。

（2）工艺特性

00Cr25Ni22Mo2N 钢具有良好的热加工性，锻轧开始温度为 1130~1180℃，锻轧终止温度不低于 880℃。

固溶处理温度为 1050~1100℃，保温后水冷。

该钢焊接性良好，可采用各种方法焊接，但最适合采用氩弧焊，焊接效果更佳。其应采成分相近的焊材，焊接后最好采用固溶处理，以提高耐蚀性。

（3）应用

00Cr25Ni22Mo2N 钢适用于尿素生产中产生强腐蚀条件下的设备，也适用于硝酸、硫酸、磷酸等介质腐蚀条件，可制成泵体、泵轮、阀体、管路等。

（4）化学成分（见表 3-267）

表 3-267 化学成分（质量分数） （%）

C	Si	Mn	P	S	Cr	Ni	Mo	N
≤0.020	≤0.40	1.5~2.0	≤0.020	≤0.015	24.5~25.5	21.5~22.5	1.9~2.3	0.10~0.14

（5）物理性能（见表 3-268）

表 3-268 物理性能

温度/℃	室温	100	200	300	400	500	600	700
热导率 $\lambda/[W/(m \cdot ℃)]$	—	14.0 (96.9℃)	17.0 (197.1℃)	18.0 (295.1℃)	20.0 (396.3℃)	21.0 (495.9℃)	23.0 (591.6℃)	25.0 (691.7℃)
比定压热容 $c_p/[J/(kg \cdot ℃)]$	—	—	—	—	—	—	—	—
线胀系数/$10^{-6}℃^{-1}$	—	12.49	13.71	13.92	15.42	16.26	16.72	18.39
弹性模量 $E/10^4$MPa	22.0	—	—	—	—	—	—	—
切变模量 $G/10^3$MPa	—	—	—	—	—	—	—	—
泊松比 $\mu/10^{-1}$	4.1	—	—	—	—	—	—	—
电阻率 $\rho/10^{-8}\Omega \cdot m$	—	91.6 (96.9℃)	96.6 (197.1℃)	101 (295.1℃)	106 (396.3℃)	109 (495.9℃)	113 (591.6℃)	115 (691.7℃)

注：密度为 7.98g/cm³。

（6）常见热处理制度（见表 3-269）

表 3-269 常见热处理制度

热处理	加热温度/℃	冷却方法	金相组织
固溶处理	1050~1100	水冷	奥氏体

（7）力学性能

① 技术标准规定的力学性能见表 3-270。

表 3-270 技术标准规定的力学性能

品种（标准）	规格/mm	状态	力学性能(≥)					HBW
			R_m/MPa	$R_{p0.2}$/MPa	A(%)	Z(%)	KU_2/J	
锻轧材	—	固溶处理	539	255	30	—	—	156

② 不同温度下的力学性能见表 3-271。

表 3-271 不同温度下力学性能

状态	温度/℃	R_m/MPa	$R_{p0.2}$/MPa	A(%)	Z(%)	KU_2/J	HBW
棒材,固溶处理	室温	684	347	43.9	74.4	>248	156
锻、棒材,固溶处理	室温	679	305	45.0	77.2	—	156
	300	563	219	33.4	68.4	—	—
	850	195	141	69.1	85.7	—	—
	900	150	124	59.3	87.2	—	—
	950	111	86	60.0	78.7	—	—
	1000	88	67	49.8	68.2	—	—
	1050	66	43	49.3	47.2	—	—
	1100	49	35	48.2	41.1	—	—
	1200	39	26	49.0	38.2	—	—
	1250	31	17	31.4	23.0	—	—

（8）耐蚀性

① 耐全面（均匀）腐蚀性能：00Cr25Ni22Mo2N 钢具有优良的耐蚀性，特别是耐尿素-

甲铵液高温高压下的腐蚀能力以及耐局部腐蚀的能力。

以尿素合成塔内的现场挂片腐蚀试验为例，试片的腐蚀条件为：介质为尿液、氨、二氧化碳、氨基甲酸铵和水的混合物，温度为 190℃，压力为 19.61MPa，时间为 3299h。00Cr25Ni22Mo2N 钢的腐蚀速率为：固溶态试片是 $0.0111g/(m^2 \cdot h)$，敏化态试片是 $0.0132g/(m^2 \cdot h)$，且均未发现局部选择性腐蚀，而在同样试验条件下的 316L 固溶态试片腐蚀率是 $0.0490g/(m^2 \cdot h)$，敏化态试片是 $0.0595g/(m^2 \cdot h)$，选择性腐蚀的最大深度分别为 $8\mu m$ 和 $10\mu m$。

又如，在进行休氏法（Huey 法）即用失重测定法在浓度 65% 的沸腾硝酸介质中进行腐蚀试验时，00Cr25Ni22Mo2N 钢的固溶态试样每个周期腐蚀速率的均匀值仅为 $0.0730g/(m^2 \cdot h)$ 和 0.0798mm/a。可见 00Cr25Ni22Mo2N 钢耐蚀性优于 316L 钢。

② 耐晶间腐蚀性能：00Cr25Ni22Mo2N 钢耐晶间腐蚀性能也很好，在挂片试验中，所有试片均未发生晶间腐蚀。焊接试样也未发现刀口腐蚀。

③ 耐点蚀性能：00Cr25Ni22Mo2N 钢的耐点蚀性能优于 316L 钢。

如在用三氯化铁腐蚀试验法时（35℃，24h，介质为 $6\% FeCl_3 \cdot 6H_2O + 0.05mol/L$（HCl），00Cr25Ni22Mo2N 钢的腐蚀速率为 $0.181g/(m^2 \cdot h)$，而 316L 钢为 $19.0g/(m^2 \cdot h)$。在采用电化学法测定击穿电位试验时，00Cr25Ni22Mo2N 钢的击穿电位为 598mV，而 316L 钢只有 118mV。

④ 耐应力腐蚀性能：00Cr25Ni22Mo2N 钢有优越的耐应力腐蚀性能，比如，采用 U 形试样弯曲固定变形法在进行高温去离子水的应力腐蚀试验（25℃去离子水配制 $500 \times 10^{-6} Cl^-$，8×10^{-6} 饱和氧）时，00Cr25Ni22Mo2N 钢经 2256h 试验，多数未发生应力腐蚀，而 316L 钢试样在 465h 试验时即发生应力腐蚀并断裂。

⑤ 耐冲刷腐蚀性能：在同等试验条件下，00Cr25Ni22Mo2 钢耐冲刷腐蚀能力是 316 钢的 4 倍以上。

（9）常用标准牌号对照（见表 3-272）

表 3-272 常用标准牌号对照

国别	中国	国际标准化	欧洲		英国	德国	
标准	—	ISO	EN	Mat. No	BS	DIN	W-Nr
牌号	00Cr25Ni22Mo2N	—	X1CrNiMoN25-22-2	1.4466	—	X1CrNiMoN25-22-2	1.4466

国别	法国	韩国	俄罗斯	日本	美国			
标准	NF	KS	ГОСТ	JIS	ASTM	UNS	AISI	SAE	ASI
牌号	Z2CND25-22Az	—	—	—	—	—	—	—	—

注：Sandvik 2RE69（瑞典）。

3.2.30　00Cr25Ni20Mn3Mo3N 钢

（1）概述

00Cr25Ni20Mn3Mo3N 钢也是尿素级奥氏体不锈钢，曾简称 U_3 钢。因含有较高的氮元素，该钢的屈服强度、耐冲刷腐蚀能力、耐点蚀和腐蚀疲劳性能都有提高。特别是铬、锰、钼、氮元素的复合作用，使其耐冲刷腐蚀能力优于 00Cr25Ni22Mo2N 钢和 316L 钢，而且耐点蚀能力比 316L 钢提高数百倍。该钢还可用于其他有机酸和无机酸的腐蚀介质中。

00Cr25Ni20Mn3Mo3N 钢主要用作锻、铸件产品。

(2) 工艺特性

00Cr25Ni20Mn3Mo3N 钢的热加工难度较大,锻轧开始温度为 1130~1200℃,锻轧终止温度不低于 950℃。

该钢应在固溶态下使用,固溶加热温度为 1060~1150℃,保温后水冷。

该钢焊接性良好,可采用多种方法焊接,适合于氩弧焊,焊后最好采用固溶处理,以提高耐蚀性。

(3) 应用

00Cr25Ni20Mn3Mo3N 钢主要用于尿素生产中易受腐蚀的零件和其他有机酸、无机酸腐蚀环境。

该钢可制造泵体、泵轮、阀体及管道、容器等。

(4) 化学成分(见表 3-273)

表 3-273 化学成分(质量分数) (%)

C	Si	Mn	P	S	Cr	Ni	Mo	N
≤0.02	≤0.40	2.5~3.0	≤0.020	≤0.015	24.0~26.0	19.0~21.0	2.5~3.0	0.20~0.30

(5) 物理性能(见表 3-274)

表 3-274 物理性能

温度/℃	室温	100	200	300	400	500	600	700
热导率 $\lambda/[W/(m\cdot℃)]$	—	13.0 (103.8℃)	15.0 (199.4℃)	17.0 (293.4℃)	19.0 (398.0℃)	20.0 (494.0℃)	22.0 (587.5℃)	25.0 (691.5℃)
比定压热容 $c_p/[J/(kg\cdot℃)]$	—	—	—	—	—	—	—	—
线胀系数/$10^{-6}℃^{-1}$	—	12.73	14.14	14.71	16.03	17.34	18.13	19.05
弹性模量 $E/10^4$ MPa	21.1	—	—	—	—	—	—	—
切变模量 $G/10^3$ MPa	74.4	—	—	—	—	—	—	—
泊松比 $\mu/10^{-1}$	3.2	—	—	—	—	—	—	—
电阻率 $\rho/10^{-8}\Omega\cdot m$	—	92.6 (103.8℃)	97.9 (199.4℃)	103 (293.4℃)	107 (398.0℃)	111 (494.0℃)	114 (587.5℃)	117 (691.5℃)

注:密度为 7.97g/cm³。

(6) 常见热处理制度(见表 3-275)

表 3-275 常见热处理制度

热处理	加热温度/℃	冷却方法	金相组织
固溶处理	1060~1150	水冷	奥氏体

(7) 力学性能

① 技术标准规定的力学性能见表 3-276。

表 3-276 技术标准规定的力学性能

品种(标准)	规格/mm	状态	力学性能(≥)					HBW
			R_m/MPa	$R_{p0.2}$/MPa	A(%)	Z(%)	KU_2/J	
锻轧材	—	固溶处理	579	294	30	—	—	—
铸材	—	固溶处理	481	245	25	—	—	—

② 不同温度下的力学性能见表 3-277。

表 3-277　不同温度下的力学性能

状态	温度/℃	R_m/MPa	$R_{p0.2}$/MPa	$A(\%)$	$Z(\%)$	KU_2/J	HBW
棒材,固溶处理	室温	798	409	41.5	62.4	123	—
铸材,固溶处理	室温	614	299	42.6	—	—	—
锻材,固溶处理	室温	799	397	44.1	67.8	—	212
	300	684	293	35.2	55.9	—	—
	850	250	179	78.6	79.3	—	—
	900	195	165	63.0	79.7	—	—
	950	137	108	64.0	74.7	—	—
	1000	108	86	63.5	79.6	—	—
	1050	78	59	57.8	52.7	—	—
	1100	58	43	68.0	47.2	—	—
	1150	43	31	84.3	56.1	—	—
	1200	33	20	56.9	44.6	—	—

（8）耐蚀性

① 耐全面（均匀）腐蚀性能：00Cr25Ni20Mn3Mo3N 钢具有优良的耐蚀性，特别是在耐尿素-甲胺液高温高压下的耐蚀能力强。以尿素合成塔内的挂片试验为例，试片的腐蚀条件：介质为尿液、氨、二氧化碳、氨基甲酸铵和水的混合物，温度为 190℃，压力为 20MPa，时间为 3299h；00Cr25Ni22Mn3Mo3N 钢的腐蚀速率：固溶态试片为 0.00911g/(m^2·h)，敏化态试片为 0.0108g/(m^2·h)，且均无局部选择性腐蚀。

又如，当进行休氏法（Huey 法）即用失重测定法在浓度 65% 的沸腾硝酸介质中进行腐蚀试验时，00Cr25Ni22Mn3Mo3N 钢每个周期的腐蚀速率为 0.0887g/(m^2·h) 和 0.970mm/a。其焊接按试样用休氏法试验，5 周期选择性腐蚀效果优于 00Cr18Ni15Mo2N 钢和 00Cr25Ni22Mo2N 钢。

② 耐晶间腐蚀性能：00Cr25Ni20Mn3Mo3N 钢在现场挂片试验中未见晶间腐蚀，而 316L 钢的敏化态和非敏化态试样均产生晶间腐蚀或选择性腐蚀。

③ 耐点蚀性能：00Cr25Ni20Mn3Mo3N 钢有优良的耐点蚀性能。

如在用三氯化铁腐蚀试验方法试验（35℃，24h，介质浓度为 6% $FeCl_3$·$6H_2O$ + 0.05mol/L HCl）时，00Cr25Ni20Mn3Mo3N 钢的腐蚀速率为 0.030g/(m^2·h)，而在同等条件下，316L 钢的腐蚀速率为 19.0g/(m^3·h)。当采用电化学法测定击穿电位试验时，00Cr25Ni20Mn3Mo3N 钢始终保持钝态不击穿，而 316L 击穿电位为 118mV，00Cr25Ni22Mo2N 钢的击穿电位为 598mV。

④ 耐应力腐蚀性能：00Cr25Ni20Mn3Mo3N 钢具有优良的耐应力腐蚀性能。例如，采用 U 形试样弯曲固定变形法在高温去离子水的应力腐蚀试验（225℃ 去离子水配制到 500×10^{-6} Cl^-、8×10^{-6} [O]）中，00Cr25Ni20Mn3Mo3N 钢经 2256h 试验后多数未发生应力腐蚀，而 316L 钢经 465h 后已发生应力腐蚀并断裂。

3.2.31　ZG1Cr18Ni9Ti 钢

（1）概述

ZG1Cr18Ni9Ti 钢是含稳定化元素钛的奥氏体铸造不锈钢，具有高的韧性、塑性和良好的抗氧化性、耐蚀性及耐晶间腐蚀的能力。其曾经是广泛应用的不锈钢材料，因含钛，使其在冶炼、加工过程中存在困难，易产生缺陷，所以，在许多情况下用超低碳奥氏体不锈钢取代。

ZG1Cr18Ni9Ti 钢具有良好的焊接性，但不能用热处理方法强化，可用冷变形方法提高强度。

（2）工艺特性

ZG1Cr18Ni9Ti 钢中含钛，所以在熔炼或重熔过程中易产生铬和钛的氧化膜，使钢铸造性能变坏。其在浇注时，宜采用高温快铸工艺。

该钢在固熔热处理状态下使用，固溶加热温度一般为 1050~1100℃，采用水冷却。为提高耐晶间腐蚀能力，充分发挥钛的作用，固溶处理后还应采用稳定化处理，稳定化处理加热温度通常为 850~950℃，保温后空冷。同样由于钛的存在，其去应力温度范围可更宽一些，甚至不受限制。

（3）应用

ZG1Cr18Ni9Ti 钢广泛应用于耐腐蚀特别是耐晶间腐蚀的铸件，如泵体、泵叶轮、阀体、叶片等各类铸件。

（4）化学成分（见表 3-278）

表 3-278 化学成分（质量分数） （%）

C	Si	Mn	P	S	Cr	Ni	Mo	Ti
≤0.12	≤1.50	0.80~2.00	≤0.035	≤0.030	17.00~20.00	8.00~11.00	—	5×(C-0.02)~0.7

（5）物理性能（见表 3-279）

表 3-279 物理性能

温度/℃	室温	100	200	300	400	500	600	700
热导率 $\lambda/[W/(m·℃)]$	—	15.9	17.6	18.8	21.4	23.0	24.7	26.8
比定压热容 $c_p/[J/(kg·℃)]$	502~544	—	—	—	—	—	—	—
线胀系数/$10^{-6}℃^{-1}$	—	14.8	16.0	16.9	17.1	17.6	18.0	18.4
弹性模量 $E/10^4$MPa	16.7	—	—	14.7（350℃）	13.7	12.8	12.8	—
切变模量 $G/10^3$MPa	—	—	—	—	—	—	—	—
泊松比 $\mu/10^{-1}$	—	—	—	—	—	—	—	—
电阻率 $\rho/10^{-8}\Omega·m$	75	—	87	—	97	—	108	114

注：密度为 7.9g/cm³；熔点为 1370~1425℃。

（6）常见热处理制度（见表 3-280）

表 3-280 常见热处理制度

热处理	加热温度/℃	冷却方法	金相组织
固溶处理	1030~1100	水淬	奥氏体+少量铁素体
稳定化处理	850~950	空冷	奥氏体+少量铁素体

（7）力学性能

① 技术标准规定的力学性能见表 3-281。

表 3-281 技术标准规定的力学性能

品种(标准)	规格/mm	状态	力学性能(≥)				
			R_m/MPa	$R_{p0.2}$/MPa	$A(\%)$	$Z(\%)$	KU_2/J
铸件	—	1100℃,水冷	440	195	25	32	78.4

② 不同温度下的力学性能见表 3-282。

表 3-282 不同温度下的力学性能

状态	温度/℃	R_m/MPa	$R_{p0.2}$/MPa	$A(\%)$	$Z(\%)$	KU_2/J
1100℃,固溶	室温	490	270	27	36	—
1100℃固溶+ 800℃稳定化处理	20	600~655	235	24~35	30	62.8
	350	330~370	195	11~13	25~29	47.4~78.4
	400	350~370	195	12~17	24~41	54.9~86.4
	450	350	165	23	42~46	62.8~78.4
	500	340	185	17	35~42	54.9~70.4
	550	305	165	23	51	78.4
	600	275	155	24	47	70.6
	650	275	175	17~21	33~39	62.8~86.4
	700	225~255	175	15~17	26~38	70.4

③ 蠕变极限和持久极限见表 3-283。

表 3-283 蠕变极限和持久极限

状态	温度/℃	蠕变极限/MPa	持久极限/MPa		
		$\sigma_{1/10^5}$	σ_{10^3}	σ_{10^4}	σ_{10^5}
1100℃固溶处理+ 800℃稳定化处理	550	—	—	196	157
	600	118	177	157	128

(8) 耐蚀性

ZG1Cr18Ni9Ti 钢具有优良的抗氧化性酸腐蚀的性能,但是耐应力腐蚀和耐点蚀能力较差。具体参见 1Cr18Ni9Ti 钢的腐蚀数据。

(9) 常用标准牌号对照(见表 3-284)

表 3-284 常用标准牌号对照

国别	中国	国际标准化	欧洲		英国	德国	
标准	—	ISO	EN	Mat. No	BS	DIN	W-Nr
牌号	ZG1Cr18Ni9Ti	C-50	GX5CrNiNb18-9	1.4552	347C17	GX5CrNiNb18-9	1.4552
国别	法国	韩国	俄罗斯	日本	美国		
标准	NF	KS	ГОСТ	JIS	ASTM	UNS	AISI	SAE	ASI
牌号	—	STS21	12Х18Н9ТЛ	SCS21	CF-8C				

3.3 奥氏体-铁素体(双相)不锈钢

奥氏体-铁素体(双相)不锈钢的碳含量很低,铬的质量分数为 17.0%~30.0%,镍的质量分数为 3.0%~8.0%,另外还有的加入钼、铜、铝、氮、钨等合金元素,这种合金成分配比的不锈钢具有奥氏体和铁素体两相共存组织,只不过是依据化学成分的比例不同,有的奥氏体含量大些,有的铁素体含量大些。

这类钢基本上不能通过热处理方法调整力学性能。采用固溶处理后,具有比奥氏体不锈钢更高的强度、塑性、韧性也好。为了保证耐蚀性，奥氏体-铁素体（双相）不锈钢必须在固溶处理后使用。

因这类钢具有高的铬含量和一定的镍含量，碳含量又低，所以具有高的耐蚀性，特别是在含有 Cl⁻ 的介质中有较好的耐点蚀、缝隙腐蚀和抗氧腐蚀的特点。其冷变形能力比奥氏体不锈钢差。

3.3.1　00Cr25Ni5Mo2 钢

（1）概述

00Cr25Ni5Mo2 钢是一种比较简单的奥氏体-铁素体（双相）不锈钢，是比较少见的不加氮的奥氏体-铁素体（双相）不锈钢。

该钢在海水及有机酸中有良好的耐点蚀、耐缝隙腐蚀性能，在含氯化物的介质中有较好的耐应力腐蚀的能力。在各种有机酸中的耐蚀性优于 316 型奥氏体不锈钢。但该钢具有 475℃ 脆性及 σ 相脆性。

00Cr25Ni5Mo2 钢主要用于代替在含有氯化物介质中易产生应力腐蚀的 18-8 型奥氏体不锈钢。

00Cr25Ni5Mo2 钢可制成锻件、棒材、板材、管材及铸件。

（2）工艺特性

00Cr25Ni5Mo2 钢有较好的热加工成形性，热加工变形抗力较低，锻轧开始温度可采用 1150~1200℃，锻轧终止温度不低于 900℃。

00Cr25Ni5Mo2 钢应在固溶处理后使用，固溶加热温度一般为 980~1020℃，保温后水冷。

该钢焊接性好，可用各种方法焊接，但应注意在热影响区的韧性和耐蚀性下降，最好焊后进行固溶处理。

（3）应用

00Cr25Ni5Mo2 钢主要在含 Cl⁻ 或产生应力腐蚀环境及在海水介质中使用，可制成泵体、泵轮、阀体、泵轴、管道、热交换器等。

（4）化学成分（见表 3-285）

表 3-285　化学成分（质量分数）　　　　　　　　　　（%）

C	Si	Mn	P	S	Cr	Ni	Mo	Nb
≤ 0.03	≤ 0.80	≤ 0.80	≤ 0.030	≤ 0.030	24.0~26.0	4.0~6.0	1.5~3.0	15×C+N

（5）物理性能（见表 3-286）

表 3-286　物理性能

温度/℃	室温	100	500	650
热导率 $\lambda/[W/(m \cdot ℃)]$	—	21.0	25.0	—
比定压热容 $c_p/[J/(kg \cdot ℃)]$	460~540	—	—	—
线胀系数/$10^{-6}℃^{-1}$	—	—	—	12.8
弹性模量 $E/10^4$ MPa	19.3	—	—	—
切变模量 $G/10^3$ MPa				
泊松比 $\mu/10^{-1}$				
电阻率 $\rho/10^{-8}\Omega \cdot m$				

注：密度为 7.7g/cm³。

(6) 常见热处理制度（见表 3-287）

表 3-287 常见热处理制度

热处理	加热温度/℃	冷却方法	金相组织
固溶处理	980~1020	水冷	奥氏体+铁素体

(7) 力学性能

① 技术标准规定的力学性能见表 3-288。

表 3-288 技术标准规定的力学性能

品种（标准）	规格/mm	状态	力学性能（≥）					HBW
			R_m/MPa	$R_{p0.2}$/MPa	$A(\%)$	$Z(\%)$	KU_2/J	
—	—	固溶处理	600	441	25	50		约 220

② 不同温度下的力学性能见表 3-289。

表 3-289 不同温度下的力学性能

状态	温度/℃	R_m/MPa	$R_{p0.2}$/MPa	$A(\%)$	$Z(\%)$	KU_2/J
固溶处理	室温	706	539	26.5	73	151
	50	—	≥441	—	—	—
	100	—	≥422	—	—	—
	200	—	≥412	—	—	—
	300	—	≥373	—	—	—

(8) 耐蚀性

① 耐全面（均匀）腐蚀性能见表 3-290。

② 耐晶间腐蚀性能：固溶敏化后，可通过 T 法（铜屑、硫酸铜和硫酸沸腾试验法）晶间腐蚀检验（试验钢中含 0.52% 钛）。

③ 耐点蚀性能：在 3%NaCl+5%H_2SO_4 溶液中，至 35℃ 条件下，经过 48h 试验，年腐蚀速率为 0。

表 3-290 耐全面（均匀）腐蚀性能

介质	浓度(%)	压力/MPa	温度/℃	时间/h	腐蚀速率		备注
					mm/a	g/(m²·h)	
H_2SO_4	5	—	50	100		0.0003	
		—	60	100		0.0004	
	10	—	50	100		0.0001	
		—	60	100		0.0002	
	20	—	50	100		0.0004	
HAC+HCOOH+Cl⁻	30 6 185μL/L	—	沸点	100		0.005	—
	60 15 185μL/L	—	沸点	100		0.005	
	95 1 185μL/L	—	沸点	100		0.50	
	20 60 185μL/L	—	沸点	100		0.56	

(续)

介质	浓度 (%)	压力/MPa	温度/℃	时间/h	腐蚀速率		备注
					mm/a	g/(m²·h)	
NaCl+ K₂Cr₂O₇	25 1	—	沸点	96	0.012		
海水 NaCl（脱气）	6	—	125	500	20		

④ 耐缝隙腐蚀性能：在介质为海水、3%NaCl+0.05mol/L Na$_2$SO$_4$ 溶液中，pH=4，80℃，经过30天试验，年腐蚀率为0。

⑤ 耐应力腐蚀性能：采用U形弯曲试样，在25%NaCl+1%K$_2$Cr$_2$O$_7$介质中，pH=5，108℃，经过1000h未发生应力腐蚀。

（9）常用标准牌号对照（见表3-291）

表3-291 常用标准牌号对照

国别	中国	国际标准化	欧洲		英国	德国	
标准	—	ISO	EN	Mat. No	BS	DIN	W-Nr
牌号	00Cr25Ni5Mo2	—	X3CrNiMo27-5-2	1.4460	—	X3CrNiMo27-5-2	1.4460
国别	法国	韩国	俄罗斯	日本	美国		
标准	NF	KS	ГОСТ	JIS	ASTM	UNS	AISI	SAE	ASI
牌号	—	STS329J1	—	SUS329J1	329	S32900	—	—	—

3.3.2 022Cr19Ni5Mo3Si2N（00Cr18Ni5Mo3Si2）钢

（1）概述

022Cr19Ni5Mo3Si2N钢是合金元素含量较低的奥氏体-铁素体（双相）不锈钢，也是少有的含硅的奥氏体-铁素体（双相）不锈钢。硅的加入可以提高材料在氧化性介质中的耐蚀性、耐晶间腐蚀性能和耐点蚀性。硅又是铁素体形成元素，可补充较低铬含量产生的两相组织不平衡的作用。在钢的实际成分中还加入0.08%左右的氮，不仅可以改善钢耐应力腐蚀的能力，也有利于两相组织平衡，提高在高温条件下奥氏体相的稳定性。

022Cr19Ni5Mo3Si2N钢易析出σ相、χ相等金属间相，降低钢的韧性和耐蚀性，所以，应严格控制热处理及热加工工艺。

022Cr19Ni5Mo3Si2N钢可制成锻件、铸件及各种型材。

（2）工艺特性

022Cr19Ni5Mo3Si2N钢的热塑性较好，热加工温度范围较宽，热变形抗力较低。锻轧开始温度可采用1150~1200℃，锻轧终止温度不小于900℃。

022Cr19Ni5Mo3Si2N钢应在固溶热处理状态下使用，固溶处理加热温度可采用980~1050℃，保温后水冷。

该钢焊接性良好，热裂纹倾向比较低，脆化倾向较小。一般不需要焊前预热和焊后热处理。如采用超低碳奥氏体不锈钢焊材，可保证焊缝及热影响区的组织、力学性能和耐蚀性。

022Cr19Ni5Mo3Si2N钢的冷加工及冷成形性尚可，但不如奥氏体不锈钢。其有加工硬化倾向，当变形量超过25%时，应进行固溶化热处理。

(3) 应用

022Cr19Ni5Mo3Si2N 钢可应用在发生应力腐蚀环境下及存在腐蚀疲劳的工况条件下。该钢可制成泵体、泵轮、热交换器、冷却器等设备和零件,在许多情况下可取代 304L 和 316L 超低碳奥氏体不锈钢。

(4) 化学成分(见表 3-292)

表 3-292 化学成分(质量分数) (%)

C	Si	Mn	P	S	Cr	Ni	Mo	N
≤0.030	1.30~2.00	1.00~2.00	≤0.03	≤0.03	18.0~19.0	4.2~5.2	2.5~3.0	0.05~0.10

(5) 物理性能(见表 3-293)

表 3-293 物理性能

温度/℃	室温	100	200	300
热导率 λ/[W/(m·℃)]	20	20	22	24
比定压热容 c_p/[J/(kg·℃)]	470	490	520	550
线胀系数/10^{-6}℃$^{-1}$	—	13.1	13.7	14.1
弹性模量 E/10^4MPa	19.6	18.1	17.4	16.4
切变模量 G/10^3MPa	—	—	—	—
泊松比 μ/10^{-1}	—	—	—	—
电阻率 ρ/10^{-8}Ω·m	—	—	—	—

注:密度为 7.7g/cm³。

(6) 常见热处理制度(见表 3-294)

(7) 力学性能

① 技术标准规定的力学性能见表 3-295。

② 不同温度下的力学性能见表 3-296。

表 3-294 常见热处理制度

热处理	加热温度/℃	冷却方法	金相组织
固溶处理	980~1050	水冷	奥氏体+铁素体

表 3-295 技术标准规定的力学性能

品种(标准)	规格/mm	状态	力学性能(≥)					HBW
			R_m/MPa	$R_{p0.2}$/MPa	A(%)	Z(%)	KV_2/J	
—	—	固溶处理	630	440	25	60	150	约225

表 3-296 不同温度下的力学性能

状态	温度/℃	R_m/MPa	$R_{p0.2}$/MPa	A(%)	Z(%)	KV_2/J	HBW
固溶处理	室温	700~900	450	30	—	150	257
固溶处理	100	678	500	41	—	—	—
	200	640	395	35	—	—	—
	300	635	375	31	—	—	—
	400	648	355	30	—	—	—

(8) 耐蚀性

① 耐全面(均匀)腐蚀性能见表 3-297。

表 3-297 耐全面（均匀）腐蚀性能

介质	浓度(%)	压力/MPa	温度/℃	时间/h	腐蚀速率 mm/a	腐蚀速率 g/(m²·h)	备注
硫酸	5	—	50	100	—	0.00	—
			60	100	—	0.00	—
	10		50	100	—	0.00	
			60	100	—	0.07	
	20		50	100	—	0.02	
			60	100	—	0.02~0.03	
甲酸	25	—	沸点	100	—	0.27	—
	50		沸点	100	—	0.63	
	80		沸点	100	—	0.88~1.66	
乙酸	100		沸点	100			
乙酸+甲酸	30 6		沸点	100		0.00	含 Cl⁻ 230×10⁻⁶
	60 15		沸点	100		0.19~0.22	含 Cl⁻ 230×10⁻⁶

② 耐晶间腐蚀性能：022Cr19Ni5Mo3Si2N 钢碳含量低，又具有两相组织，因此耐晶间腐蚀性能优于一般奥氏体不锈钢。但在高温敏化温度区加热或焊接，在出现单相铁素体组织时，仍会呈现晶间腐蚀敏感性，当加热温度高于 1250~1280℃ 时，晶间腐蚀敏感性增加，在 700℃ 敏化处理后，有晶间腐蚀倾向。

③ 耐点蚀性能：022Cr19Ni5Mo3Si2N 钢在含氯环境中，耐点蚀性能优于 304L 和 316L 钢、其孔蚀指数 PRE 也高于 304L 和 316L 钢。在实际试验中，也证明 022Cr19Ni5Mo3Si2N 钢的孔蚀率远低于 304、316L 及含钛的 06Cr18Ni11Ti 和 06Cr17Ni12Mo2Ti 钢。

（9）常用标准牌号对照（见表 3-298）

表 3-298 常用标准牌号对照

国别	中国	国际标准化	欧洲		英国	德国	
标准	GB	ISO	EN	Mat. No	BS	DIN	W-Nr
牌号	022Cr19Ni5Mo3Si2N	—	X2CrNiMoSi19-5	1.4417	—	X2CrNiMoSi19.5	1.4417

国别	法国	韩国	俄罗斯	日本	美国			
标准	NF	KS	ГОСТ	JIS	ASTM	UNS	AISI	SAE	ASI
牌号	—	—	—	—		S31500	—		

注：SS2376（瑞典）；3RE60（瑞典，sandvik 公司）；VEWA903（奥地利，VE 公司）；DP1（日本，住友金属）。

3.3.3 0Cr21Ni5Ti 钢

（1）概述

0Cr21Ni5Ti 钢是点蚀当量 PRE 不足 25 的低合金级别的奥氏体-铁素体（双相）不锈钢。钢中含钛，既可提高抗晶间腐蚀能力，又提高抗点蚀能力，又起到强化作用，所以，0Cr21Ni5Ti 钢具有较好的耐氧化性酸腐蚀能力，无论何种温度和浓度的氧化性酸介质中均有优良的耐蚀能力。

该钢在 400~750℃ 温度区间停留会产生脆化效应，这与不同温度段有不同析出的脆化相有关。

0Cr21Ni5Ti 钢经固溶化处理后，铁素体含量比奥氏体含量略多。因此，热处理应采用中下限加热温度，防止铁素体量进一步增多。

该钢可制成锻件、铸件、棒材及板材等各种型材。

（2）工艺特性

0Cr21Ni5Ti 钢有良好的热加工性能，在 950~1050℃ 时钢中的两相组织的力学性能接近，有最好的热塑性。锻轧开始温度为 1100~1050℃，锻轧终止温度不应低于 900℃。

常用热处理工艺是固溶处理，固溶处理加热温度通常为 1000~1050℃，水冷。

0Cr21Ni5Ti 钢焊接性良好，可用各种方法进行焊接，焊接接头处仍保持较高的力学性能和耐蚀性。

由于该钢的屈服强度较高，因此冷加工特别是深冲加工时比一般奥氏体不锈钢困难。

（3）应用

0Cr21Ni5Ti 钢可应用在 350℃ 温度条件下的耐蚀结构件中，具有很好的耐晶间腐蚀和耐应力腐蚀性能，比相似成分的奥氏体不锈钢有更高的强度。

该钢可制造焊接结构件、管件、容器、壳体以及泵体、阀体、轴、轮等各类零件。

（4）化学成分（见表 3-299）

表 3-299 化学成分（质量分数） （%）

C	Si	Mn	P	S	Cr	Ni	Mo	Ti
≤0.08	≤0.8	≤0.8	≤0.035	≤0.025	20.0~22.0	4.8~5.8	—	5×C~0.7

（5）物理性能（见表 3-300）

表 3-300 物理性能

温度/℃	室温	100	200	300	400	500	600	700
热导率 $\lambda/[W/(m\cdot℃)]$	17.0	—	—	—	—	—	—	25.0
比定压热容 $c_p/[J/(kg\cdot℃)]$	—	—	—	—	—	—	—	—
线胀系数 $/10^{-6}℃^{-1}$	—	9.6	13.8	16.0	16.0	16.45	16.20	16.50
弹性模量 $E/10^4$ MPa	19.9	19.7	18.9	17.8	16.1	15.9	15.1	13.8
切变模量 $G/10^3$ MPa								
泊松比 $\mu/10^{-1}$								
电阻率 $\rho/10^{-8}\Omega\cdot m$	79							

注：密度为 7.8g/cm³；熔点为 1500℃。

（6）常见热处理制度（见表 3-301）

表 3-301 常见热处理制度

热处理	加热温度/℃	冷却方法	金相组织
固溶处理	1000~1050	水冷	奥化体+铁素体

（7）力学性能

① 技术标准规定的力学性能见表 3-302。

表 3-302 技术标准规定的力学性能

品种(标准)	规格/mm	状态	力学性能(≥)					HBW
			R_m/MPa	$R_{p0.2}$/MPa	A(%)	Z(/%)	KU_2/J	
—		950~1050℃ 加热水冷	540	343	25	40	—	—

② 不同温度下的力学性能见表3-303。

表3-303 不同温度下的力学性能

状态	温度/℃	R_m/MPa	$R_{p0.2}$/MPa	$A(\%)$	$Z(\%)$
1000℃加热水冷	100	600	300	35	—
	200	550	300	30	—
	300	500	250	30	—
	400	500	250	30	—
	500	420	240	30	—
	600	300	180	35	—
	700	180	—	40	—
	800	110	—	62	72
	900	70	—	60	65
	1000	30	—	66	82
	1100	20	—	100	75
	1200	20	—	65	75

（8）耐蚀性

耐全面（均匀）腐蚀性能见表3-304。

表3-304 耐全面（均匀）腐蚀性能

介质	浓度(%)	压力/MPa	温度/℃	时间/h	腐蚀速率 mm/a	腐蚀速率 g/(m²·h)	备注
HAC	60	—	沸点	100	—	0.05	
	80	—	沸点	100	—	0.27	
HCOOH	10	—	沸点	100	—	1.32	
	50	—	沸点	100	—	4.87	
草酸	10	—	沸点	100	—	0.70	
乳酸	10	—	沸点	100	—	0.007	
HNO₃	65	—	50	200	—	0.002	
	65	—	沸点	75	—	0.69	
HNO₃	35	—		100	—	0.071	—
	45	—		100	—	0.142	
	50	—		100	—	0.13	
	55	—		100	—	0.23	
HAC HCOOH	80 / 0.1	—	103	500	—	0.7	
	96 / 0.35	—	113	500	—	0.9	
			70	500	—	0.01	
	98~99 / 0.3	—	118	500	—	3.0	
			50	500	—	0	
	63 / 3.3	0.8	145	500	—	0.2	

（9）常用标准牌号对照（见表3-305）

表3-305 常用标准牌号对照

国别	中国	国际标准化	欧洲		英国	德国	
标准	—	ISO	EN	Mat. No	BS	DIN	W-Nr
牌号	0Cr21Ni5Ti	—	—	—	—	—	—

(续)

国别	法国	韩国	俄罗斯	日本	美国				
标准	NF	KS	ΓOCT	JIS	ASTM	UNS	AISI	SAE	ASI
牌号	—	—	10X21H5T						

3.3.4 00Cr23Ni4N 钢

(1) 概述

00Cr23Ni4N 钢也是点蚀当量 PRE 不足 25 的低合金级别的奥氏体-铁素体（双相）不锈钢，它是开发较早的奥氏体-铁素体（双相）不锈钢、其铬、镍含量较低，不含钼，但具备奥氏体-铁素体（双相）不锈钢的基本特征，有较高的强度和耐应力腐蚀性能，由于铬含量高达 23% 左右，因此，也具有较好的耐点蚀、耐缝隙腐蚀和耐全面（均匀）腐蚀的性能，可代替 022Cr19Ni10 (304L) 和 022Cr17Ni12Mo2 (316L) 等奥氏体不锈钢。目前，许多国家都开发和应用了 00Cr23Ni4N (SAF2304) 奥氏体-铁素体（双相）不锈钢。

00Cr23Ni4N 钢经合适的热处理后可获得几乎各占二分之一的两相组织，即组织中有 40%~50% 的铁素体和 60%~50% 的奥氏体，并且奥氏体相较稳定。

00Cr23Ni4N 钢可制成锻件、铸件及各种型材。

(2) 工艺特性

00Cr23Ni4N 钢具有很好的热成形性。锻轧开始温度为 1080~1100℃，锻轧终止温度不低于 900℃。

该钢应在固溶处理状态下使用，固溶加热温度为 980~1050℃，保温后水冷。当需要去应力时，去应力退火温度可为 550~600℃。

00Cr23Ni4N 钢有良好的焊接性，焊前不必预热，焊后也无须热处理。焊材应选用含镍、钼的，与母材相似的焊材，可获得良好的组织比例。

00Cr23Ni4N 钢有较好的冷成形性，但也有硬化倾向。

(3) 应用

00Cr23Ni4N 钢可代替 304L 钢和 316L 钢，可广泛应用在产生点蚀、缝隙腐蚀的介质中以及海水中。

该钢可制成泵体、泵轮、阀体及其他设备、零件。

(4) 化学成分（见表 3-306）

表 3-306 化学成分（质量分数） （%）

C	Si	Mn	P	S	Cr	Ni	Mo	N
≤0.030	≤1.00	≤2.00	≤0.035	≤0.020	22.0~23.5	4.00~5.50	—	0.05~0.15

(5) 物理性能（见表 3-307）

表 3-307 物理性能

温度/℃	室温	100	200	300	400	500	600	700
热导率 λ/[W/(m·℃)]	16.0	17.0	18.0	19.0	—	—	—	—
比定压热容 c_p/[J/(kg·℃)]	500	—	—	—	620	—	—	—
线胀系数/$10^{-6}℃^{-1}$	—	13.0	—	—	14.5	—	—	—
弹性模量 E/10^4MPa	20.0	—	—	—	17.2	—	—	—

(续)

切变模量 $G/10^3$MPa	—	—	—	—	—	—	—
泊松比 $\mu/10^{-1}$	—	—	—	—	—	—	—
电阻率 $\rho/10^{-8}\Omega\cdot m$	—	—	—	—	—	—	—

注：密度为 7.8g/cm³。

(6) 常见热处理制度（见表 3-308）

表 3-308 常见热处理制度

热处理	加热温度/℃	冷却方法	金相组织
固溶处理	980~1050	水冷	奥氏体+铁素体

(7) 力学性能

① 技术标准规定的力学性能见表 3-309。

表 3-309 技术标准规定的力学性能

品种(标准)	规格/mm	状态	力学性能(≥)					HBW
			R_m/MPa	$R_{p0.2}$/MPa	$A(\%)$	$Z(\%)$	KV_2/J	
钢管	外径≤25.4	固溶处理	690	450	25	—	—	—
钢板	—	固溶处理	600	400	25	—	100	—

② 不同温度下的力学性能见表 3-310。

表 3-310 不同温度下的力学性能

状态	温度/℃	R_m/MPa	$R_{p0.2}$/MPa	$A(\%)$	$Z(\%)$	KV_2/J	HBW
钢板，固溶处理	50	600	370	—	—	—	—
	100	570	330	—	—	—	—
	200	530	290	—	—	—	—
	300	500	260	—	—	—	—

(8) 耐蚀性

① 耐均匀（全面）腐蚀性能：00Cr23Ni4N 钢含有较低的碳和较高的铬，在酸性介质中有很好的耐蚀性，在一些酸中（如在硫酸中）的耐蚀性与 316L 钢相当，在有机酸（如甲酸）中的耐蚀性优于 316L 钢。

② 耐晶间腐蚀性能：00Cr23Ni4N 钢由于碳含量很低，因此有良好的耐晶间腐蚀性能，可以通过硫酸铜-硫酸铜屑法的检验，在休氏检验法中通过 5 个周期试验，腐蚀速率只有 0.2g/(m²·h)。但应避免在 500℃ 左右温度下使用，在此温度范围由于有 α′ 相析出，腐蚀速率明显增加。

③ 耐点蚀性能：试验研究表明，00Cr23Ni4N 钢在中性氯化物溶液中的临界点蚀温度（CPT）高于 316L 钢，更高于 304L 钢，所以，其耐点蚀性能优于 316L 钢和 304L 钢。

④ 耐应力腐蚀性能：试验研究表明，00Cr23Ni4N 钢在中性氯化物溶液中，温度高于 60℃ 时，其耐应力腐蚀能力优于 316L 钢和 304L 钢。在试验中，其产生应力腐蚀的临界温度也高于 304L 钢和 316L 钢近 100℃，说明该钢耐应力腐蚀能力远高于 316L 钢和 304L 钢。

(9) 常用标准牌号对照（见表 3-311）

表 3-311 常用标准牌号对照

国别	中国	国际标准化	欧洲		英国	德国	
标准	—	ISO	EN	Mat. No	BS	DIN	W-Nr
牌号	00Cr23Ni4N	—	X2CrNiN23-4	1.4362	—	X2CrNiN23-4	1.4362

国别	法国	韩国	俄罗斯	日本	美国			
标准	NF	KS	ГOCT	JIS	ASTM	UNS	AISI	SAE	ASI
牌号	ZCNU23-04A2	—	03X23H4A	—	—	—	—	—	—

注:UR35N(法国,CL1公司);SS2307(瑞典);SAF2304(瑞典,Sandvik公司);DP11(日本,住友金属)。

3.3.5 022Cr22Ni5Mo3N(00Cr22Ni5Mo3N)钢

(1) 概述

022Cr22Ni5Mo3N 钢属含氮的中等级奥氏体-铁素体(双相)不锈钢。钢中加氮改善了耐点蚀和耐应力腐蚀性能,同时强化了基体强度,具有良好的力学性能。氮的加入还提高了钢中奥氏体含量比例,稳定钢中两相组织,在高温加热和焊接时仍存在一定的奥氏体,有利于焊接并保证了焊缝处的力学性能和耐蚀性。氮的加入提高了钢在中性氯化物溶液和 H_2S 介质中的耐应力腐蚀能力,使其优于奥氏体不锈钢 022Cr19Ni10、022Cr17Ni12Mo2 及部分奥氏体-铁素体(双相)不锈钢。022Cr22Ni5Mo3N 钢经固溶处理后,铁素体组织约为 40%~50%,接近平衡的两相组织比例也有利于钢的耐点蚀和耐应力腐蚀的能力。

022Cr22Ni5Mo3N 钢在 350~970℃ 温度区间加热并停留时,会析出 σ、χ、α′ 等金属间相,影响钢的韧性和耐腐蚀性。

022Cr22Ni5Mo3N 钢可制成锻件、铸件、棒材、板材、管材等各种型材。

(2) 工艺特性

022Cr22Ni5Mo3N 钢可进行锻轧等热加工,锻轧开始温度为 110~1150℃,锻轧终止温度不低于 900℃,其屈服强度较高,所以,热加工相对困难。低于 950℃ 会析出 σ 相等金属间相,热加工后应进行固溶处理。

常用的热处理方式为固溶处理,固溶加热温度通常为 1020~1100℃,水冷获得奥氏体-铁素体(双相)组织。在 750~950℃ 温度区间会有脆性析出,影响韧性和耐蚀性。

022Cr22Ni5Mo3N 钢焊接性良好,热裂纹倾向低,脆化倾向小,可采用多种方法焊接。一般不需要焊前预热和焊后热处理。焊接时应尽量控制钢中的两相比例,保证一定数量的奥氏体,以保证焊接接头处具有优良的力学性能和耐蚀性。

该钢屈服强度较高,所以,冷加工和冷成形性不如奥氏体不锈钢,特别是深拉、深冲等冷成形有一定困难。其可进行热弯或冷弯,但冷弯变形量超过 20% 时,有产生应力腐蚀倾向。这时应进行去应力处理,最好是固溶处理。

(3) 应用

022Cr22Ni5Mo3N 钢是应用较多的奥氏体-铁素体(双相)不锈钢,可广泛应用于酸性油气井生产、炼油、化肥、海洋开发等各个领域。

该钢可制成焊接构件、容器、管道、泵体、阀体、轮、轴等各种耐腐蚀和有一定强度要求的零部件。

(4) 化学成分(见表 3-312)

表 3-312　化学成分（质量分数）（GB/T 1220—2007）　　　　　　　　　（%）

C	Si	Mn	P	S	Cr	Ni	Mo	N
≤0.030	≤1.00	≤2.00	≤0.030	≤0.020	21.00~23.00	4.50~6.50	2.50~3.50	0.08~0.20

（5）物理性能（见表 3-313）

表 3-313　物理性能

温度/℃	20	100	200	300	400
热导率 $\lambda/[W/(m\cdot℃)]$	19	19	—	23	—
比定压热容 $c_p/[J/(kg\cdot℃)]$	470	500	530	560	—
线胀系数 $/10^{-6}℃^{-1}$	—	13.7	14.2	14.7	—
弹性模量 $E/10^4$ MPa	20.0	19.0	18.0	17.0	—
切变模量 $G/10^3$ MPa	—	—	—	—	—
泊松比 $\mu/10^{-1}$	—	—	—	—	—
电阻率 $\rho/10^{-8}\Omega\cdot m$	—	—	—	—	—

注：密度为 7.8g/cm³。

（6）常见热处理制度（见表 3-314）

表 3-314　常见热处理制度

热处理	加热温度/℃	冷却方法	金相组织
固溶处理	1020~1100	水冷	奥氏体+铁素体

（7）力学性能

① 技术标准规定的力学性能见表 3-315。

表 3-315　技术标准规定的力学性能（GB/T 1220—2007）

品种（标准）	规格/mm	状态	力学性能（≥）					HBW
			R_m/MPa	$R_{p0.2}$/MPa	$A(\%)$	$Z(\%)$	KU_2/J	
—	棒材≤75	固溶处理	620	450	25	—	—	≤290

② 不同温度下的力学性能见表 3-316。

表 3-316　不同温度下的力学性能

状态	温度/℃	R_m/MPa	$R_{p0.2}$/MPa	$A(\%)$	$Z(\%)$	KU_2/J	HBW
ϕ25mm 锻材	100	710	470	37	—	—	—
	200	680	393	32	—	—	—
	300	645	380	30	—	—	—
≤20mm（壁厚）管材	100	>630	>370	—	—	—	—
	200	>580	>330	—	—	—	—
	300	>560	>310	—	—	—	—
≤20mm 锻件	100	>630	>365	—	—	—	—
	200	>580	>315	—	—	—	—
	300	>560	>285	—	—	—	—

（8）耐蚀性

① 耐全面（均匀）腐蚀性能见表 3-317。

表 3-317 耐全面（均匀）腐蚀性能

介质	浓度(%)	压力/MPa	温度/℃	时间/h	腐蚀速率 mm/a	腐蚀速率 g/(m²·h)	备注
甲酸	0~80	—	沸点	—	—	—	完全耐蚀
甲酸蒸气	0~80	—	沸点	—	—	—	基本完全耐蚀
NH_4Cl 饱和液	0~50	—	室温~115	—	—	—	完全耐蚀
乙酸	0~50	—	室温~80	—	—	—	完全耐蚀
乳酸	0~80	—	沸点	—	—	—	完全耐蚀
HNO_3	65	—	沸点	—	—	—	不完全耐蚀
H_3PO_4	0~60	—	沸点	—	—	—	完全耐蚀
H_3PO_4	70	—	100	—	—	—	完全耐蚀
H_3PO_4	80~100	—	90	—	—	—	完全耐蚀
H_2SO_4	0~40	—	室温	—	—	—	完全耐蚀
H_2SO_4	50~70	—	室温	—	—	—	基本完全耐蚀
H_2SO_4	60~100	—	室温	—	—	—	完全耐蚀
H_2SO_4	0~20	—	室温~50	—	—	—	完全耐蚀
H_2SO_4	10	—	70	—	—	—	基本完全耐蚀
H_2SO_4	10	—	90	—	—	—	不完全耐蚀
H_2SO_4	20	—	70	—	—	—	不完全耐蚀
H_2SO_4	40	—	50	—	—	—	不耐蚀
H_2SO_4	90	—	50	—	—	—	基本完全耐蚀

② 耐点蚀性能：022Cr22Ni5Mo3N 平均点蚀指数 PREN 达 35，所以其在含氯的环境中耐点蚀性能优于 18-5Mo 奥氏体-铁素体（双相）不锈钢和 316L 奥氏体不锈钢。

该钢在浓度 3%NaCl+浓度 5%H_2SO_4 介质、35℃条件下，孔蚀电位值约为 850mV，远高于 316L 和 317L 不锈钢。

该钢在 $FeCl_3$ 溶液中的点蚀速率见表 3-318。

表 3-318 在 $FeCl_3$ 溶液中的点蚀速率

介质	温度/℃	时间/h	点蚀速率/[g/(m²·h)]
1.5%$FeCl_3$·6H_2O+3%NaCl+20mL/L HAC	40	24	6.21
50g/L $FeCl_3$·6H_2O+0.5mol/L HCl	50	48	2.71

③ 耐缝隙腐蚀性能：在 10%$FeCl_3$·H_2O 溶液中，在 20℃和 72h 试验条件下失重 0.52g，优于 316L 奥氏体不锈钢，但低于 25%Cr 的同样含钼量的奥氏体-铁素体（双相）不锈钢。

④ 耐应力腐蚀性能：在不同的试验条件下，022Cr22Ni5Mo3N 钢的耐应力腐蚀性能均优于 316L 和 304L 奥氏体不锈钢。

⑤ 耐晶间腐蚀性能：022Cr22Ni5Mo3N 钢始终能保持铁素体和奥氏体两相组织，这种两相组织结构降低了钢的晶间腐蚀倾向，使钢具有良好的耐晶间腐蚀性能。

试验表明，其在经过高温（1150℃、1200℃、1250℃、1300℃）敏化处理后，进行硫酸-硫酸铜法晶间腐蚀试验时，均不产生晶间腐蚀。

（9）常用标准牌号对照（见表 3-319）

表 3-319 常用标准牌号对照

国别	中国	国际标准化	欧洲		英国	德国	
标准	GB	ISO	EN	Mat. No	BS	DIN	W-Nr
牌号	022Cr22Ni5Mo3N	X2CrNiMoN 22-5-3	X2CrNiMoN 22-5-3	1.4462	X2CrNiMoN 22-5-3	X2CrNiMoN 22-5-3	1.4462

(续)

国别	法国	韩国	俄罗斯	日本	美国			
标准	CL1	KS	ГOCT	JIS	ASTM	UNS	AISI	SAE	ASI
牌号	23CND22、05AZ	STS 329J3L	03X22H5M3A	SU5329J3L	—	S31803			

注：DP8（日本，住友金属）；SS2377（瑞典）；SAF2205（瑞典，Sandvik 公司）；UR45N（法国，CLI 公司）；UR45N⁺（法国，CLI 公司）。

3.3.6　022Cr25Ni6Mo2N（00Cr25Ni6Mo2N）钢

（1）概述

022Cr25Ni6Mo2N 钢是有代表性的、中等级的奥氏体-铁素体（双相）不锈钢。这类铬的质量分数约为 25% 的奥氏体-铁素体（双相）不锈钢是目前应用很广泛的钢种，比低等级的 0Cr21Ni5Ti、022Cr22Ni5Mo3N 奥氏体-铁素体（双相）不锈钢有更好的耐蚀性，其固溶处理后，具有两相组织比例接近 1:1 的组织结构。

该钢存在 475℃ 脆性、σ 相脆性及高温敏感脆性，在 700~1000℃ 的温度范围内也会有 σ 相析出，但由于钼含量不是太高，σ 相析出时间偏长。

022Cr25Ni6Mo2N 钢可制成锻件、铸件及各类型材。

（2）工艺特性

022Cr25Ni6Mo2N 钢有较好的热加工性，锻轧开始温度为 1100~1150℃，锻轧终止温度不低于 900℃，最好在 950℃ 以上，以减少或防止有害相析出。

固溶处理是该钢的主要热处理方式，固溶加热温度为 1020~1100℃，保温后水冷，可获得两相组织比例合适的组织构成。该钢在 650~950℃ 温度范围内加热，会有脆性相析出，影响钢的塑性、韧性和耐蚀性。如果需要进行去应力处理，可采用不高于 450℃ 的温度。

该钢焊接性良好，相似于奥氏体不锈钢，焊前不需要预热，焊后一般也不需要热处理。但当工件用于苛刻的腐蚀或应力腐蚀条件下时，可采用固溶处理。

该钢可进行冷加工和冷变形，但因其屈服强度较高，在冷成形加工特别是深冲、深压加工时，应采用合理的工艺方法。

（3）应用

022Cr25Ni6Mo2N 钢是目前应用较广泛的钢种，主要用在化肥、石油化工、海洋工程等各个领域，可以制成交换器、管道、泵体、叶轮、阀体、轴等各种耐腐蚀件。

（4）化学成分（见表 3-320）

表 3-320　化学成分（质量分数）（GB/T 1220—2007）　（%）

C	Si	Mn	P	S	Cr	Ni	Mo	N
≤0.030	≤1.00	≤2.00	≤0.035	≤0.030	24.00~26.00	5.50~6.50	1.20~2.50	0.10~0.20

（5）物理性能（见表 3-321）

表 3-321　物理性能

温度/℃	20	100	200	300	400	500
热导率 $\lambda/[W/(m \cdot ℃)]$	—	21	—	—	—	25
比等压热容 $c_p/[J/(kg \cdot ℃)]$	—	520	—	—	—	—
线胀系数/$10^{-6}℃^{-1}$	—	—	—	—	—	12.1(550℃)
弹性模量 $E/10^4$MPa	19.7	18.2	16.0	15.8	—	—

(续)

切变模量 $G/10^3$MPa	—	—	—	—	—	—	—
泊松比 $\mu/10^{-1}$	—	—	—	—	—	—	—
电阻率 $\rho/10^{-8}\Omega \cdot m$	—	—	—	—	—	—	—

注：密度为 7.8g/cm³。

(6) 常见热处理制度（见表 3-322）

表 3-322 常见热处理制度

热处理	加热温度/℃	冷却方法	金相组织
固溶处理	1000~1100	水冷	奥氏体+铁素体

(7) 力学性能

① 技术标准规定的力学性能见表 3-323。

表 3-323 技术标准规定的力学性能（GB/T 1220—2007）

品种(标准)	规格/mm	状态	力学性能(≥)					HBW
			R_m/MPa	$R_{p0.2}$/MPa	$A(\%)$	$Z(\%)$	KU_2/J	
—	—	固溶处理	620	450	20	—	—	≤260

② 不同温度下的力学性能见表 3-324。

表 3-324 不同温度下的力学性能

状态	温度/℃	R_m/MPa	$R_{p0.2}$/MPa	$A(\%)$	$Z(\%)$
00Cr25Ni6Mo2N（锻态）	100	800	675	22	72
	200	740	600	20	71
	300	730	590	19	65
00Cr25Ni6Mo2N（铸态）	100	615	395	32	67
	200	590	320	28	58
	300	560	310	25	49

(8) 耐蚀性

① 耐全面（均匀）腐蚀性能见表 3-325。

表 3-325 耐全面（均匀）腐蚀性能

介质	浓度(%)	压力/MPa	温度/℃	时间/h	腐蚀速率		备注
					mm/a	g/(m²·h)	
HCl	1	—	室温	100	—	0	
	3	—	室温	100	—	3.930	
	5	—	室温	100	—	18.330	
H₂SO₄（试件先在5%HCl中活化20s）	5	—	沸点	100	—	1.099	—
	20	—	60	100	—	0.021	
HNO₃	65	—	沸点	48×3	—	0.119	
HAC	100	—	沸点	100	—	0.001	
HCOOH	80	—	沸点	100	—	2.443	
HCOOH HAC	60 20	—	沸点	100	—	1.602	含 Cl⁻ 230 ×10⁻⁶

② 耐点蚀性能：在含氯的环境中，其耐点蚀性能优于 316L 钢和 317L 钢。在 $FeCl_3$ 溶液中的点蚀速率见表 3-326。

表 3-326 在 $FeCl_3$ 溶液中的点蚀速率

介质	温度/℃	时间/h	点蚀速率/[g/(m²·h)]	钢种
5%$FeCl_3$·$6H_2O$+20mL/L HAC	50	24	0.35	00Cr25Ni6Mo2N
			0	00Cr25Ni7Mo3N
1.5%$FeCl_3$·$6H_2O$+20mL/L HAC+3%NaCl	50	24	0.218	00Cr25Ni6Mo2N
			0.007	00Cr25Ni7Mo3N

③ 耐缝隙腐蚀性能见表 3-327。

表 3-327 耐缝隙腐蚀性能

介质	温度/℃	时间/h	失重/g	钢种
10%$FeCl_3$·$6H_2O$	40	72	0.1727	00Cr25Ni6Mo2N
			0.052	00Cr25Ni7Mo3N

④ 耐应力腐蚀性能 在低应力条件下，产生应力腐蚀的下限应力高于奥氏体不锈钢，但在高应力条件下具有与奥氏体不锈钢相同的敏感性。如在 40%$CaCl_2$ 介质中，100℃温度条件下，在 500h 试验时仍不见发生应力腐蚀。

（9）常用标准牌号对照（见表 3-328）

表 3-328 常用标准牌号对照

国别	中国	国际标准化	欧洲		英国	德国	
标准	GB	ISO	EN	Mat. No	BS	DIN	W-Nr
牌号	022Cr25Ni6Mo2N	—	—	—	—	—	—
国别	法国	韩国	俄罗斯	日本	美国		
标准	NF	KS	ГОСТ	JIS	ASTM	UNS	AISI	SAE	ASI
牌号	—	—	03Х25Н6М2А	—	—	S31200	—	—	—

注：Zeron 25（英国，M·P 公司）；NTK-R4（日本，日本金属）；NTK-R5（日本，日本金属）。

3.3.7 00Cr25Ni7Mo4N 钢

（1）概述

00Cr25Ni7Mo4N 钢是点腐蚀当量 PRE 大于 40 的超级奥氏体-铁素体（双相）不锈钢。由于含有较高的铬、钼、氮，使钢具有很高的耐应力腐蚀能力及耐点蚀和缝隙腐蚀的能力。在有机酸和某些无机酸中也有低的腐蚀速率。其适用于苛刻的腐蚀介质，特别是含氯的环境。

00Cr25Ni7Mo4N 钢经固溶处理后，奥氏体呈岛状形态分布于铁素体基体上，两相比例接近于 1∶1。但随加热温度升高（高于 1050℃时），铁素体量变多。

00Cr25Ni7Mo4N 钢较突出的特点是在中温时效后没有碳化物的析出，金属间相 X 相的析出温度低于 σ 相析出温度，但其析出时间短。

00Cr25Ni7Mo4N 钢可以制成锻件、铸件及各种类型的轧材。

（2）工艺特性

00Cr25Ni7Mo4N 钢具有较好的锻轧热加工性，锻轧开始温度为 1100~1150℃，锻轧终止温度不应低于 950℃，因其含钼量较高，更应严格控制终锻温度。

00Cr25Ni7Mo4N 钢应在固溶处理后使用，固溶加热温度为 1050~1120℃，保温后水冷。去应力温度不应大于 420℃，在此温度下，长时间保温也不会有金属相析出。

该钢焊接性较好,可以采用各种方法焊接,但要注意选择同类材质焊材。注意控制层间温度不大于150℃,因钢中合金元素较高,过慢冷却可能引起有害相析出。

该钢可以进行冷变形加工,但应控制变形量不超过20%。当冷变形量较大或在苛刻介质中使用时,为减少应力腐蚀,应进行固溶化处理。

(3) 应用

00Cr25Ni7Mo4N钢可以用于较苛刻的腐蚀介质中,特别是含Cl^-的介质中,如海水等,可有较高的耐点蚀、缝隙腐蚀和应力腐蚀的能力。其可用于制造如含胺的溶液管线、接触海水的热交换器、各类管道以及泵体、叶轮、阀体等。

(4) 化学成分(见表3-329)

表3-329 化学成分(质量分数) (%)

C	Si	Mn	P	S	Cr	Ni	Mo	N
≤0.030	≤0.80	≤1.20	≤0.035	≤0.020	24.0~26.0	6.00~8.00	3.50~5.00	0.24~0.32

(5) 物理性能(见表3-330)

表3-330 物理性能

温度/℃	室温	100	200	300	400
热导率 $\lambda/[W/(m·℃)]$	14	15	16	18	—
比定压热容 $c_p/[J/(kg·℃)]$	—	—	—	—	—
线胀系数 $/10^{-6}℃^{-1}$	—	13.0	—	—	—
弹性模量 $E/10^4 MPa$	—	—	—	—	—
切变模量 $G/10^3 MPa$	—	—	—	—	—
泊松比 $\mu/10^{-1}$	—	—	—	—	—
电阻率 $\rho/10^{-8}\Omega·m$	—	—	—	—	—

注:密度为7.8g/cm³。

(6) 常见热处理制度(见表3-331)

表3-331 常见热处理制度

热处理	加热温度/℃	冷却方法	金相组织
固溶处理	1050~1120	水冷	奥氏体+铁素体

(7) 力学性能

① 技术标准规定的力学性能见表3-332。

表3-332 技术标准规定的力学性能

品种(标准)	规格/mm	状态	力学性能(≥)					HBW
			R_m/MPa	$R_{p0.2}$/MPa	$A(\%)$	$Z(\%)$	KU_2/J	
钢管	$\delta<20$	固溶处理	800~1000	550	25			
钢板		热轧态	730	530	20			

② 不同温度下的力学性能见表3-333。

表3-333 不同温度下的力学性能

状态	温度/℃	R_m/MPa	$R_{p0.2}$/MPa
固溶处理 (钢板)	室温	—	≥530
	100	—	≥450
	200	—	≥400

(8) 耐蚀性

① 耐均匀（全面）腐蚀性能：00Cr25Ni7Mo4N 钢在一些有机酸和无机酸环境中具有良好的耐蚀性，如在甲酸和乙酸中可以代替高合金奥氏体不锈钢。腐蚀速率远低于 316L、317L 奥氏体不锈钢和 022Cr22Ni5Mo3N 奥氏体-铁素体（双相）不锈钢。

② 耐晶间腐蚀性能：00Cr25Ni7Mo4N 钢实际上很少发现有碳化物析出，敏化问题可以忽略，即该钢耐晶间腐蚀性能良好。

③ 耐点蚀性能：00Cr25Ni7Mo4N 钢有较高的铬含量和钼含量，因此点蚀指数 PRE 高达 42，且有更高的临界孔蚀温度，CPT 值远高于 304L 钢、316L 钢及许多奥氏体-铁素体（双相）不锈钢，所以其耐点蚀性能很好。

④ 耐应力腐蚀性能：试验研究表明，00Cr25Ni7Mo4N 钢比 304、304L 奥氏体不锈钢有更高的耐应力腐蚀能力，也优于 00Cr25Ni5Mo3N 及 00Cr23Ni4N 等奥氏体-铁素体（双相）不锈钢。

⑤ 耐磨损腐蚀性能：00Cr25Ni7Mo4N 钢具有高硬度和高耐蚀性的良好综合性能，其在带有高磨损性固体颗粒的流动介质或在高流速的介质中都具有良好的耐磨损腐蚀性能，特别适合输送含沙的海水或者输送含有腐蚀介质的泵流体部件、阀体等。

(9) 常用标准牌号对照（见表 3-334）

表 3-334 常用标准牌号对照

国别	中国	国际标准化	欧洲		英国	德国	
标准	—	ISO	EN	Mat. No	BS	DIN	W-Nr
牌号	00Cr25Ni7Mo4N	—	X2CrNiMoN 25-7-4	1.4410	X2CrNiMoN 25-7-4	X2CrNiMoN 25-7-4	1.4410
国别	法国	韩国	俄罗斯	日本	美国		
标准	NF	KS	ГОСТ	JIS	ASTM	UNS	AISI	SAE	ASI
牌号	Z3CND-25-06Az								

注：UR47N$^+$（法国，CLI 公司）；SS2328（瑞典）；SAF2507（瑞典，A·S 公司）。

3.3.8 03Cr25Ni6Mo3Cu2N 钢

(1) 概述

03Cr25Ni6Mo3Cu2N 钢属于加铜的 25Cr 型奥氏体-铁素体（双相）不锈钢（常称 255 合金），由于铜的加入，提高了钢在低 pH 值环境（如酸性油井、污染了的海水等）的耐蚀性，也对高流速下介质产生的磨损腐蚀和空泡腐蚀有良好的抵抗能力。

由于氮、铜的强化作用，其在固溶处理状态下具有很高的强度，特别是在固溶处理后再经 500℃ 时效，其抗拉强度 $R_m \geq 850$MPa。同时其还具有在含 Cl^- 及海水介质中的高耐点蚀和缝隙腐蚀的能力及耐空泡腐蚀、磨损腐蚀能力。由于具有高的强度和疲劳强度，其耐应力腐蚀能力也有提高。在许多环境条件下，其耐全面（均匀）腐蚀能力也较好。

如果氮、铜的加入量控制合适，会保证该钢具有良好的热加工性能。

(2) 工艺特性

03Cr25Ni6Mo3Cu2N 钢可进行锻轧等热加工，锻轧开始温度为 1100~1150℃，锻轧终止温度不低于 950℃。由于钢中含铜元素对热塑性产生不利作用，因而进行热加工时应予以注意，不宜采用更高的热加工温度，而且热加工温度范围较窄。

固溶处理加热温度可选 1020~1100℃，水冷，获奥氏体+铁素体组织。也应注意避免在 650~800℃ 区间加热产生的脆性相析出问题。

03Cr25Ni6Mo3Cu2N 钢焊接性尚好，可采用各种方法进行焊接，可与其他奥氏体-铁素体（双相）不锈钢、奥氏体不锈钢、碳钢进行焊接。焊前最好进行 150℃ 左右的预热，焊后一般不采用热处理。

由于钢的强度高，冷变形加工相对有困难，可预热到 200℃ 左右，降低屈服强度再进行冷变形加工。

（3）应用

03Cr25Ni6Mo3Cu2N 钢具有高的强度和耐点蚀、缝隙腐蚀和应力腐蚀性能，又易于焊接成形，所以其应用很广泛，适用于制造多种工业上的设备、部件。

该钢在石油化工、石油天然气及海洋开发等各个领域被大量使用，在既要求耐氯化物腐蚀又要求耐颗粒、泥浆磨损腐蚀的条件下，也发挥了不可替代的作用。该钢可以制成焊接构件、管道、搅拌器、泵体、阀体、轮、轴、叶片、紧固件等各类零部件。

（4）化学成分（见表 3-335）

表 3-335 化学成分（质量分数）（GB/T 1220—2007） （%）

C	Si	Mn	P	S	Cr	Ni	Mo	Cu	N
≤0.04	≤1.00	≤1.50	≤0.035	≤0.03	24.00~27.00	4.50~6.50	2.90~3.90	1.50~2.50	0.10~0.25

（5）物理性能（见表 3-336）

表 3-336 物理性能

温度/℃	20	100	200	300
热导率 $\lambda/[W/(m\cdot℃)]$	13.5	15.1	17.2	19.1
比定压热容 $c_p/[J/(kg\cdot℃)]$	475	500	532	561
线胀系数/$10^{-6}℃^{-1}$	—	11.0	12.6	13.0
弹性模量 $E/10^4$MPa	21.0	20.6	19.8	19.0
切变模量 $G/10^3$MPa	—	—	—	—
泊松比 $\mu/10^{-1}$	—	—	—	—
电阻率 $\rho/10^{-8}\Omega\cdot m$	—	—	—	—

注：密度为 7.8g/cm³。

（6）常见热处理制度（见表 3-337）

表 3-337 常见热处理制度

热处理	加热温度/℃	冷却方法	金相组织
固溶处理	1020~1100	水冷	奥氏体+铁素体

（7）力学性能

① 技术标准规定的力学性能见表 3-338。

表 3-338 技术标准规定的力学性能（GB/T 1220—2007）

品种（标准）	规格/mm	状态	力学性能（≥）					HBW
			R_m/MPa	$R_{p0.2}$/MPa	A(%)	Z(%)	KU_2/J	
棒材	≤180	固溶处理	750	550	25	—	—	≤290

② 不同温度下的力学性能见表 3-339。

表 3-339 不同温度下的力学性能

状态	温度/℃	R_m/MPa	$R_{p0.2}$/MPa	$A(\%)$
锻轧	100	740	505	33
	200	710	460	30
	300	700	450	30
铸态	100	680	455	31
	200	603	358	27
	300	625	348	29

（8）耐蚀性

① 耐全面（均匀）腐蚀性能：03Cr25Ni6Mo3Cu2N 钢的耐全面（均匀）腐蚀性能优于一般奥氏体不锈钢，在一些介质中的腐蚀速率与 316L 的对比情况见表 3-340。

表 3-340 与 316L 腐蚀速率对比

介质	255 合金	316L
10%H_2SO_4，沸腾	0.76mm/a	30.5mm/a
38%P_2O_5，工业酸 85℃	0mm/a	0.13mm/a

② 耐点蚀性能：03Cr25Ni6Mo3Cu2N 钢点腐蚀当量 RPEN 接近 38，远高于 316L、317L 等奥氏体不锈钢。

在 3%NaCl+5%H_2SO_4 介质中、在 35℃条件下测定点蚀电位为 874mV，远高于 316L 和 317L 奥氏体不锈钢。在 $FeCl_3$ 溶液中，40℃和 50℃条件下点腐蚀速率分别为 0.014g/($m^2 \cdot h$) 和 1.088g/($m^2 \cdot h$)，远低于在同等条件下 316L 钢的点腐蚀速率 2.378g/($m^2 \cdot h$) 和 4.842g/($m^2 \cdot h$)。

③ 耐缝隙腐蚀性能：03Cr25Ni6Mo3Cu2N 钢在 25℃海水中浸泡 30 天的缝隙组合试样试验结果为腐蚀深度 0.05~0.9mm，远低于 316L 钢的 0.2~1.9mm。

④ 耐应力腐蚀性能：03Cr25Ni6Mo3Cu2N 钢有较好的耐应力腐蚀能力，在 pH=6、沸腾温度（108℃）的 25%NaCl+1%$K_2Cr_2O_2$ 溶液中采用恒变形 U 形弯曲试样进行应力腐蚀试验，在 515h 后仍未发生应力腐蚀，而 316L 钢在 12h 即发生应力腐蚀并破裂。

⑤ 耐晶间腐蚀性能：在 65%HNO_3、沸腾温度下进行晶间腐蚀试验，结果表明，03Cr25Ni6Mo3Cu2N 钢的平均腐蚀量只接近于 316L，是奥氏体不锈钢的二分之一。

（9）常用标准牌号对照（见表 3-341）

表 3-341 常用标准牌号对照

国别	中国	国际标准化	欧洲		英国	德国	
标准	GB	ISO	EN	Mat. No	BS	DIN	W-Nr
牌号	03Cr25Ni6Mo3Cu2N	X2CrNiMoCuN25-6-3	X2CrNiMo-CuN25-6-3	1.4507	X2CrNiMo-CuN25-6-3	X2CrNiMo-CuN25-6-3	1.4507

国别	法国	韩国	俄罗斯	日本	美国			
标准	NF	KS	ГОСТ	JIS	ASTM	UNS	AISI	SAE	ASI
牌号	Z3NDU25-07AZ	STS 329 J4L	05Х25Н6М3ДА	SUS 329J4L	—	S32550	—	—	—

注：UR52N（法国，CLI 公司）；Ferralium255（美国，B·L 公司）。

3.3.9　00Cr25Ni7Mo3WCuN 和 00Cr25Ni7Mo3.5WCuN 钢

(1) 概述

这两种钢号实质上是一类钢，属超低碳、含钨、铜、氮的超级奥氏体-铁素体（双相）不锈钢，只是由于开发厂商不同，在一些元素上略有差别。

这类钢的成分特点是超低碳、高铬、高钼，另加钨、铜及氮元素。这就使得其有更高的耐点蚀、耐缝隙腐蚀和耐应力腐蚀的能力，而且具有很高的强度，已成为耐氯化物腐蚀（热海水、盐卤水等介质）以及海底油气田开发环境介质条件下（含氯化物、CO_2、H_2S 等成分）耐蚀的优选材料。

这类钢由于含较高的铬、钼、钨，比其他奥氏体-铁素体（双相）不锈钢更容易形成金属间相。在 400℃ 左右加热时，钨和铜的析出加速了钢的硬化，但钢的耐蚀性并不发生显著恶化，还能保持一定的韧性。基于这一特点，其可用作耐磨损腐蚀的材料，如制造泵轮等。

(2) 工艺特性

这类钢可进行热加工，但其高的铬、钼、钨及铜元素的存在，使其热加工性受到一定影响。锻轧开始温度可控制在 1120~1150℃，锻轧终止温度不低于 950℃，并避免因 σ 相等金属相析出而产生裂纹。

固溶处理温度为 1000~1100℃，水冷。为防止金属间相析出，应采用大的冷却速度。

脆性相析出最敏感温度为 800~900℃。

这类钢焊接性尚好，热裂纹倾向较小，可采用多种方法进行焊接。一般不需要焊前预热和焊后热处理。焊接时应适当控制焊接能量不宜过大，层间温度以不大于 150℃ 为好。

对这类钢的焊接焊缝的质量要求一般要达到以下标准：-20℃ 时的冲击吸收能量平均为 40J，最小值不低于 28J；硬度值不大于 28HRC；能通过 6%$FeCl_3$ 在 35℃ 试验条件下不产生点蚀，注意控制焊缝中的铁素体含量在 35%~60% 之间，这样就可保证得到优良的力学性能和耐蚀性。

这类钢可进行冷加工，但冷加工硬化效应明显，变形抗力大。

(3) 应用

00Cr25Ni7Mo3WCuN 及 00Cr25Ni7Mo3.5WCuN 钢在许多领域都获得广泛应用，如石油化工、化肥、海洋工程、海底油气开发、烟道脱硫等。其可用来制作热交换器、管道、反应器、泵体、阀体、叶轮、轴、紧固件等。

(4) 化学成分（见表 3-342）

表 3-342　化学成分（质量分数）（00Cr25Ni7Mo3WCuN）　　（%）

C	Si	Mn	P	S	Cr	Ni	Mo	Cu	N	W
≤0.03	≤1.0	≤1.0	≤0.035	≤0.02	24.0~26.0	6.0~8.0	3.0~4.0	0.5~1.0	0.20~0.30	1.5~2.0

(5) 物理性能（见表 3-343）

表 3-343　物理性能

温度/℃	20	100	200
热导率 $\lambda/[W/(m\cdot℃)]$	17.0	18.0	19.0
比定压热容 $c_p/[J/(kg\cdot℃)]$	450	510	530

（续）

线胀系数/10^{-6}℃$^{-1}$	—	14.0	14.5
弹性模量 $E/10^4$MPa	—	19.5	18.5
切变模量 $G/10^3$MPa	—	—	—
泊松比 $\mu/10^{-1}$	—	—	—
电阻率 $\rho/10^{-8}\Omega\cdot m$	—	—	—

注：密度为 7.8g/cm³。

（6）常见热处理制度（见表 3-344）

表 3-344 常见热处理制度

热处理	加热温度/℃	冷却方法	金相组织
固溶处理	1000~1100	水冷	奥氏体+铁素体

（7）力学性能

① 技术标准规定的力学性能见表 3-345。

表 3-345 技术标准规定的力学性能（00Cr25Ni7Mo3WCuN）

品种(标准)	规格/mm	状态	力学性能（≥）					HBW
			R_m/MPa	$R_{p0.2}$/MPa	A(%)	Z(%)	KV_2/J	
—	—	固溶处理	750	550	25	—	—	—

② 不同温度下的力学性能见表 3-346。

表 3-346 不同温度下的力学性能

状态	温度/℃	R_m/MPa	$R_{p0.2}$/MPa	A(%)	Z(%)	KV_2/J	HBW
固溶处理	100	727	518	32	78	—	—
	200	690	446	31	75	—	—
	300	745	426	29	69	—	—
钢板 10~34mm 固溶处理	室温	843~874	627~671	—	—	211~241	308~400
	-30					183~248	

（8）耐蚀性

① 耐全面（均匀）腐蚀性能见表 3-347。

表 3-347 耐全面（均匀）腐蚀性能（00Cr25Ni7Mo3WCuN）

介质	浓度(%)	压力/MPa	温度/℃	时间/h	腐蚀速率		备注
					mm/a	g/(m²·h)	
HCl	1	—	室温	100	—	0	
	3	—	室温	100	—	0.380	
	5	—	室温	100	—	1.850	
H_2SO_4（试件在 5%HCl 中室温条件活化 20s）	5	—	沸点	100	—	0.791	—
		—	60	100	—	0.002	
	20	—	沸点	48×3	—	0.117	
HNO_3	65	—	沸点	100	—	0	
HAC	100	—	沸点	100	—	0.606	
HCOOH	80						
60%HCOOH+2%HAC+0.023% Cl$^-$		—	沸点	100	—	0.903	

② 耐点蚀性能：00Cr25Ni7Mo3WCuN 钢在海水中的点蚀电位值远大于 316L 奥氏体不锈钢，见表 3-348 和表 3-349。

表 3-348 在海水中点蚀电位值 E_b （单位：mV）

钢种	天然海水,50℃ 扫描速度:20mV/min	合成海水,50℃ 扫描速度:50mV/min
00Cr25Ni7Mo3WCuN	900	1000
316L	100	0

表 3-349 点蚀试验结果

介质	温度/℃	时间/h	腐蚀速率/[g/(m²·h)]	
			00Cr25Ni7Mo3WCuN	316L
3%NaCl+1.5%FeCl$_3$+20mL/LHAC	50	24	0.310	1.000
2.3%NaCl+3.3%KCl+23.3%MgCl$_2$ 流速 2m/s,三元卤水介质动态试验	35	720	0.001	0.004

结果表明，00Cr25Ni7Mo3WCuN 钢的耐点蚀性能比 316L 奥氏体不锈钢好。

③ 耐缝隙腐蚀性能：在 0.5M 的 NaCl 溶液中进行缝隙腐蚀电位测量，00Cr25Ni7Mo3WCuN 钢的腐蚀电位高于 316L 钢。在三元卤水介质溶液中缝隙腐蚀试验结果见表 3-350。

表 3-350 缝隙腐蚀试验结果

介质	温度/℃	时间/h	失重/g	
			00Cr25Ni7Mo3WCuN	316L
10%FeCl$_3$·6H$_2$O	40	72	0.12	1.62
三元卤水介质	35	72	1.00	3.90

④ 耐应力腐蚀性能：在 25%NaCl+1%K$_2$Cr$_2$O$_7$ 沸腾溶液中，pH = 3.5~4 的条件下；采用恒应变 U 形试样进行应力腐蚀试验时，00Cr25Ni7Mo3WCuN 钢在 500h 不见应力腐蚀裂纹，而 316L 钢在 12h 即出现应力腐蚀并开裂。这说明其耐应力腐蚀能力优于 316 奥氏体不锈钢。

⑤ 耐晶间腐蚀性能：钢材经固溶处理后，再进行 650℃×1h 敏化处理的试件，采用 CuSO$_4$+H$_2$SO$_4$+Cu 屑法晶间腐蚀试验，无晶间腐蚀倾向。这说明 00Cr25Ni7Mo3WCuN 钢耐晶间腐蚀能力优良。

（9）常用标准牌号对照（见表 3-351）

表 3-351 常用标准牌号对照

国别	中国	国际标准化	欧洲		英国	德国	
标准	—	ISO	EN	Mat. No	BS-EN	DIN	W-Nr
牌号	00Cr25Ni7Mo3WCuN	X2CrNiMoCu-WN25-7-4	X2CrNiMo-CuWN25-7-4	1.4501	X2CrNiMo-CuWN25-7-4	X2CrNiMo-CuWN25-7-4	1.4501

国别	法国	韩国	俄罗斯	日本	美国			
标准	NF-EN	KS	ГОСТ	JIS	ASTM	UNS	AISI	SAE	ASI
牌号	X2CrNiMoCuWN25-7-4	329J2L	02Х25Н7М3ДВА	329J2L	DP-3	S31260	—	—	—

注：Zeron 100（英国，M·P 公司）；DP12（日本，神户制钢）；NAR-DP-3（日本，日本不锈钢公司）。

3.3.10 00Cr27Ni7Mo5N 钢

（1）概述

00Cr27Ni7Mo5N 钢主要是为了解决超级奥氏体-铁素体（双相）不锈钢在耐热氯化物介

质中局部腐蚀能力偏弱和强度不足的问题而研发生产的,是铬含量更高的超级奥氏体-铁素体(双相)不锈钢,有时称其为特超级奥氏体-铁素体(双相)不锈钢。00Cr27Ni7Mo5N 钢点蚀当量值 PRE 可达 49 以上,高的铬、钼、氮含量和双相组织特点使钢的强度大大提高,管材的抗拉强度和屈服强度分别可达 1000MPa 和 800MPa 以上,而塑性、韧性仍保持在较高水平。

00Cr27Ni7Mo5N 钢在经过适宜的固溶处理后,显微组织中 α 相和 γ 相接近平衡。当固溶温度在 1050℃ 以上时,随温度升高,钢中铁素体量会有所增加,但不会很明显。该钢若经不同温度时效(或受热影响时),在 α+γ 基体上会有 γ_2 及金属间相 σ、X、R、α′ 和 Cr_2N 等氮化物析出。

00Cr27Ni7Mo5N 钢在氯化物环境中具有优异的耐点蚀、耐缝隙腐蚀和耐应力腐蚀的性能。

00Cr27Ni7Mo5N 钢可制成锻件、铸件及各种型材。

(2)工艺特性

00Cr27Ni7Mo5N 钢的热加工塑性略低于普通奥氏体-铁素体(双相)不锈钢,耐变形抗力又大于普通奥氏体-铁素体(双相)不锈钢。所以要严格控制热变形温度,如果温度偏低,钢中铁素体相因塑性不良会先产生裂纹。如果温度过高,又会因铁素体强度较低而产生裂纹。该钢热加工温度为 1020~1125℃,为防止金属间相析出,热加工后,宜采用较快速度冷却。

00Cr27Ni7Mo5N 钢应在固溶处理后使用,固溶处理的加热温度一般为 1050~1120℃,保温后应以较快速度冷却,试验研究表明,当冷却速度大于 5000℃/h 时,才能获得最佳性能,特别是低温下的冲击吸收能量。满足上述冷却条件时,该钢在-50℃时的冲击吸收能量可达 50J。

该钢在热处理时,如果加热温度不合适或保温时间过少或过长,以及冷却速度不足均会影响韧性。

00Cr27Ni7Mo5N 钢焊接性良好,可采用多种方法焊接,当要求焊缝有足够的韧性时,宜采用较高镍含量的焊材,以促进焊缝组织中的两相平衡和保持较高韧性。

00Cr27Ni7Mo5N 钢冷加工性较好,处理后可进行各类冷变形加工,但钢易产生冷作硬化,当变形量大于 20% 时,应重新进行固溶处理。

(3)应用

00Cr27Ni7Mo5N 钢特别适宜在氯化物介质中使用,也可在有机酸和无机酸中使用。

该钢可制成泵体、泵轮、阀体、管路、容器等零件和产品。

(4)化学成分(见表 3-352)

表 3-352 化学成分(质量分数)　　　　　　　　　(%)

C	Si	Mn	P	S	Cr	Ni	Mo	N	Cu
≤0.03	≤1.0	≤1.50	≤0.035	≤0.020	26.0~29.0	5.50~9.50	4.0~5.0	0.3~0.5	≤1.0

(5)常见热处理制度(见表 3-353)

表 3-353 常见热处理制度

热处理	加热温度/℃	冷却方法	金相组织
固溶处理	1050~1120	水冷	奥氏体+铁素体

(6) 力学性能

① 技术标准规定的力学性能见表3-354。

表 3-354 技术标准规定的力学性能

品种(标准)	规格/mm	状态	力学性能(≥)					HBW
			R_m/MPa	$R_{p0.2}$/MPa	A(%)	Z(%)	KU_2/J	
—	—	固溶处理	1000	800	—	—	—	—

② 不同温度下的力学性能见表3-355。

表 3-355 不同温度下的力学性能

状态	温度/℃	R_m/MPa	$R_{p0.2}$/MPa	A(%)	Z(%)	KU_2/J	HBW
固溶处理	室温	>1000	>800	—	—	—	—
	100	930	670	—	—	—	—
	200	890	630	—	—	—	—
	300	880	600	—	—	—	—

(7) 耐蚀性

① 耐全面(均匀)腐蚀性能：00Cr27Ni7Mo5N钢在甲酸和乙酸等有机酸中有良好的耐蚀性，可用于在沸腾温度下的任何浓度的甲酸和乙酸的腐蚀。试验结果表明：在105℃的条件下，在任何浓度的甲酸中00Cr27Ni7Mo5N钢的耐蚀性优于镍基耐蚀合金C-276（00Cr16Ni60Mo16W4）。但在甲酸5%浓度的沸腾条件下除外。

② 耐点蚀和缝隙腐蚀性能：试验表明，在浓度6%$FeCl_3$溶液中00Cr27Ni7Mo5N钢的临界点蚀温度达97.5℃，高于00Cr25Ni7Mo4N钢的临界点蚀温度（80℃）。试验结果也表明，00Cr27Ni7Mo5N钢的耐点蚀和耐缝隙腐蚀能力远远优于00Cr25Ni7Mo4N钢。

③ 耐应力腐蚀性能：00Cr27Ni7Mo5N钢在高温氯化物溶液中有优良的耐应力腐蚀能力。

试验表明，在高温氯化物溶液中，加载应力为试验温度（分别为300℃和250℃）下的屈服强度时，即使在300℃、0.1% Cl^-和250℃、1% Cl^-条件下经1000h试验都未出现应力腐蚀。其耐应力腐蚀能力不仅远高于304、304L、316、316L奥氏体不锈钢，也优于铁镍基耐蚀合金00Cr28Ni31Mo3Cu。

(8) 常用标准牌号对照（见表3-356）

表 3-356 常用标准牌号对照

国别	中国	国际标准化	欧洲		英国	德国	
标准	—	ISO	EN	Mat. No	BS	DIN	W-Nr
牌号	00Cr27Ni7Mo5N	—	—	—	—	—	—
国别	法国	韩国	俄罗斯	日本	美国		
标准	NF	KS	ΓOCT	JIS	ASTM	UNS	AISI	SAE	ASI
牌号	—	—	—	—	—	S32707	—	—	—

注：SAF2707HD（瑞典，Sandvik公司）。

3.3.11 00Cr29Ni6Mo2NCu 钢

(1) 概述

00Cr29Ni6Mo2NCu钢是对00Cr25Ni7Mo4N钢的改进，在00Cr25Ni7Mo4N钢的基础上提高了铬的含量，降低了镍和钼的含量，加入Cu，虽耐点蚀当量PRE降低（PRE约为41），但成分更加平衡，热稳定性有所改善。该钢耐碱腐蚀及各类局部腐蚀的性能优良。

该钢具有良好的冲击韧性，脆性转变温度大约为-100℃，在-50℃条件下冲击吸收能量仍可达120J。

该钢在固溶状态下具有α/γ近于1的相比例，但在高温冷却过程中也会有σ、χ、R等金属间相和氮化物析出。但由于钼含量较低而氮含量较高，使σ相等金属间析出物的析出时间延缓了。该钢有较高的组织热稳定性，可制成锻件、铸件及各种型材。

（2）工艺特性

00Cr29Ni6Mo2NCu钢的热变形抗力较大，热加工性相对较差，应严格控制热加工工艺，采用合适的加热温度和工艺方法。热加工开始温度为1020~1125℃，热加工终止温度不低于950℃。加工后应快速冷却。

该钢应在固溶处理后使用，固溶加热温度为1040~1080℃，保温后水冷或快冷。

该钢焊接性良好，可采用多种方法焊接，注意控制层间温度不大于150℃，防止冷却过程中析出脆性相。

00Cr29Ni6Mo2NCu钢因有较高的强度，变形需要更大的力，通常控制变形量不大于20%，当冷变形量较大或在苛性介质中使用时，为减少应力腐蚀倾向，应重新进行固溶化处理。

（3）应用

00Cr29Ni6Mo2NCu钢主要用于耐碱腐蚀条件及对耐点蚀、耐缝隙腐蚀有更高要求的设备、零件。其可制成泵体、泵轮、阀体、管路、容器等。

（4）化学成分（见表3-357）

表3-357 化学成分（质量分数） （%）

C	Si	Mn	P	S	Cr	Ni	Mo	N	Cu
≤0.03	≤0.5	≤1.0	≤0.035	≤0.020	28.0~30.0	5.0~7.0	1.5~2.5	0.30~0.50	0.30~0.50

（5）物理性能（见表3-358）

表3-358 物理性能

温度/℃	室温	100	200	300
热导率λ/[W/(m·℃)]	13.0	14.0	—	18.0
比定压热容c_p/[J/(kg·℃)]	480	500	—	560
线胀系数/10^{-6}℃$^{-1}$	—	11.5	12.0	12.5
弹性模量E/10^4MPa	—	—	—	—
切变模量G/10^3MPa	—	—	—	—
泊松比μ/10^{-1}	—	—	—	—
比电阻ρ/$10^{-8}\Omega\cdot$m	81	—	—	—

注：密度为7.8g/cm³。

（6）常见热处理制度（见表3-359）

表3-359 常见热处理制度

热处理	加热温度/℃	冷却方法	金相组织
固溶处理	1040~1080	水冷	奥氏体+铁素体

(7) 力学性能

① 技术标准规定的力学性能见表 3-360。

表 3-360 技术标准规定的力学性能

品种(标准)	规格/mm	状态	力学性能(≥)					HBW
			R_m/MPa	$R_{p0.2}$/MPa	$A(\%)$	$Z(\%)$	KU_2/J	
管材	<10(壁厚)	固溶处理	800	650	25	—	—	—
	≥10(壁厚)		750	550	25	—	—	—

② 不同温度下的力学性能见表 3-361。

表 3-361 不同温度下的力学性能

状态	温度/℃	R_m/MPa	$R_{p0.2}$/MPa	$A(\%)$
壁厚<10mm 管材 固溶处理	100	≥750	≥550	≥25
	200	≥720	≥470	≥25
	300	≥710	≥450	≥25
壁厚≥10mm 管材 固溶处理	100	≥730	≥500	≥25
	200	≥700	≥430	≥25
	300	≥690	≥410	≥25

(8) 耐蚀性

① 耐全面(均匀)腐蚀性能：00Cr29Ni6Mo2NCu 钢含有较高的铬含量和氮含量，所以，在苛性介质中具有优良的耐蚀性。试验研究表明，该钢在纯 NaOH 介质中或在 NaOH 中加入 NaCl 和含有 $NaClO_3$ 的介质中的耐蚀性优于其他不锈钢，甚至可与纯镍(Ni200)相比。

具体耐腐蚀情况见表 3-362。

表 3-362 耐腐蚀性能

介质	浓度(%)	压力/MPa	温度/℃	时间/h	腐蚀速率		备注
					mm/a	g/(m²·h)	
NaOH	32	—	沸点	—	<0.01	—	含 Cl^- 30×10⁻⁶+ $NaClO_3$ 20×10⁻⁶
	50		沸点		<0.01		
NaOH NaCl	10 2		100 沸点		<0.01 <0.01		含 $NaClO_3$ 800×10⁻⁶
	50 7		100 沸点		<0.01 <0.016		

② 耐点蚀和缝隙腐蚀性能：00Cr29Ni6Mo2NCu 钢含有较高铬、氮和适宜的钼，所以具有较好的耐点蚀和耐缝隙腐蚀性能。采用 ASTM GB 48 方法试验，在 6%$FeCl_3$ 溶液中进行试验测得其临界点腐蚀温度为 75℃，临界缝隙腐蚀温度为 42.5℃，高于奥氏体不锈钢和 SAF2205 奥氏体-铁素体(双相)不锈钢。

③ 耐应力腐蚀性能：00Cr29Ni6Mo2N 钢具有良好的耐氯化物应力腐蚀性能，优于 SAF2205 奥氏体-铁素体(双相)不锈钢和 316L 等奥氏体不锈钢。

(9) 常用标准牌号对照（见表 3-363）

表 3-363 常用标准牌号对照

国别	中国	国际标准化	欧洲		英国	德国	
标准	—	ISO	EN	Mat. No	BS	DIN	W-Nr
牌号	00Cr29Ni6Mo2NCu	—	—	—	—	—	—

(续)

国别	法国	韩国	俄罗斯	日本	美国			
标准	NF	KS	ГОСТ	JIS	ASTM	UNS	AISI	SAE	ASI
牌号	—	—	—	—		S32906	—	—	—

注：SAF2906（瑞典，A·S公司）。

3.3.12　00Cr32Ni7Mo4N 钢

（1）概述

00Cr32Ni7Mo4N 钢是为深海（水深近 2500m，压力高于 25MPa）用设施研制的材料。由于钢中铬和氮含量提高，使其具有更高的强度，可承受更高的外加载荷，同时具有更加优异的耐蚀性，以满足更加苛刻的腐蚀介质的要求。其点蚀当量 PRE 接近 50。

该钢的化学成分保证了其组织结构的稳定性，在固溶状态下，可保持的两相组织比值近于 1。

由于该钢合金元素含量高，具有微细的双相组织结构，因此具有非常高的拉伸性能，在奥氏体-铁素体（双相）不锈钢中属强度较高的钢。

00Cr32Ni7Mo4N 钢可制成锻件、铸件和各种型材。

（2）工艺特性

00Cr32Ni7Mo4N 钢虽然在成分中含铬量更高，但组织结构特点不变，依然是两相组织比例相近的奥氏体-铁素体（双相）不锈钢，所以，也具有奥氏体-铁素体（双相）不锈钢相同的热加工工艺特点，即热塑性不高，相对于奥氏体不锈钢其热加工更困难一些，因此热加工工艺制定十分重要。热加工后的冷却速度也要大一些，以防止脆性相析出。

该钢冷加工成形性也低于奥氏体不锈钢，因为其屈服强度偏高、变形抗力较大、伸长率较低、各向异性大，所以冷加工相对较为困难。

该奥氏体-铁素体（双相）不锈钢的焊接性较好，焊接热裂纹敏感性较小，焊接要点是要控制焊后热影响区的两相组织比例适宜，防止熔合线和焊缝热影响区产生单相铁素体组织而导致性能下降。

00Cr32Ni7Mo4N 钢应在固溶处理后使用，以保证各项性能。

00Cr32Ni7Mo4N 钢工艺特性可参照 00Cr27Ni7Mo5N 奥氏体-铁素体（双相）不锈钢。

（3）应用

00Cr32Ni7Mo4N 钢比一般奥氏体-铁素体（双相）不锈钢具有更高的强度和更优良的抗疲劳、耐腐蚀疲劳性以及更优异的耐蚀性，更适用于深海环境。

该钢可制成各类零件如管道等。

（4）化学成分（见表 3-364）

表 3-364　化学成分（质量分数）　（%）

C	Si	Mn	P	S	Cr	Ni	Mo	N
≤0.03	≤0.5	≤1.5	≤0.035	≤0.020	29.0~33.0	6.0~9.0	3.0~5.0	0.40~0.60

（5）常见热处理制度（见表 3-365）

表 3-365　常见热处理制度

热处理	加热温度/℃	冷却方法	金相组织
固溶处理	1050~1120	水冷	奥氏体+铁素体

(6) 力学性能

① 技术标准规定的力学性能见表 3-366。

表 3-366 技术标准规定的力学性能

品种(标准)	规格/mm	状态	力学性能(≥)					HBW
			R_m/MPa	$R_{p0.2}$/MPa	$A(\%)$	$Z(\%)$	KU_2/J	
—	—	固溶处理	1020	850	—	—	—	—

② 不同温度下的力学性能见表 3-367。

表 3-367 不同温度下的力学性能

状态	温度/℃	R_m/MPa	$R_{p0.2}$/MPa	$A(\%)$
固溶处理	室温	1020~1040	860~960	—
	100	930~970	750~780	26~30
	150	920~940	720~750	—
	200	900~930	690~720	28~33
	250	890~920	690~720	—

(7) 耐蚀性

00Cr32Ni7Mo4N 钢由于含有更高的铬、钼、氮等元素，因此其耐蚀性更优良，在同类介质中优于其他奥氏体-铁素体（双相）不锈钢。

① 耐点蚀和耐缝隙腐蚀性能：00Cr32Ni7Mo4N 钢的 PRE 值大于 50，高于其他奥氏体-铁素体（双相）不锈钢，所以，其具有更加优良的耐点蚀和耐缝隙腐蚀性能。

采用 ASTM 48A 试验方法，在 6%$FeCl_3$ 溶液中进行临界点蚀温度试验，母材和焊缝的临界点蚀温度分别为 85~93℃ 和 69℃，高于 SAF2507（00Cr25Ni7Mo4N）钢的 65~75℃ 和 55℃。

而在 6%$FeCl_3$ 溶液中进行临界缝隙温度试验时，00Cr32Ni7Mo4N 钢 CCT 值≥75℃，而 00Cr25Ni7Mo4N 钢的 CCT 值只有 50℃。

又如，在充入空气的人造海水中进行一个月的腐蚀试验，00Cr32Ni7Mo4N 钢可通过 90℃ 的试验，而 00Cr25Ni7Mo4N 钢仅通过 70℃ 试验。

② 耐疲劳和腐蚀疲劳性能：试验研究表明，00Cr32Ni7Mo4N 钢的耐疲劳和耐腐蚀疲劳性能优于 00Cr25Ni7Mo4N 钢。

(8) 常用标准牌号对照（见表 3-368）

表 3-368 常用标准牌号对照

国别	中国	国际标准化	欧洲		英国	德国	
标准	—	ISO	EN	Mat. No	BS	DIN	W-Nr
牌号	00Cr32Ni7Mo4N	—	—	—	—	—	—

国别	法国	韩国	俄罗斯	日本	美国			
标准	NF	KS	ГОСТ	JIS	ASTM	UNS	AISI	SAE	ASI
牌号	—	—	—	—	—	S33207	—	—	—

注：SAF3207HD（瑞典，A·S 公司）。

3.4 马氏体不锈钢

马氏体不锈钢主要含 12.0%~18.0 的铬，碳的质量分数在 0.1%~0.4%，用于制造工具时碳的质量分数可控制在 0.8%~1.0%。为提高抗回火稳定性，还加入钼、钒、铌等合金元素。

这类钢经高温加热淬火后，基本是马氏体组织，依据碳和合金元素的差异，有的可能会含有少量铁素体或碳化物，有时也能含有少量残余奥氏体。

马氏体不锈钢可通过热处理方法，在很大范围内调整力学性能，以满足不同使用条件下的零部件性能要求。由于大量的合金元素使马氏体不锈钢的高温奥氏体更稳定，在较缓慢的冷却条件下也能得到马氏体组织，所以，比相同碳含量的碳素钢有更高的淬透性，保证较大截面的零部件也能获得良好的热处理效果。

马氏体不锈钢的耐蚀性不如奥氏体不锈钢和奥氏体-铁素体（双相）不锈钢，但在有机酸中有较好的耐蚀性。

3.4.1　06Cr13（0Cr13）钢

（1）概述

06Cr13钢由于碳含量低，组织中铁素体含量较高，因此，常将其归类于铁素体不锈钢中。但06Cr13钢的许多特征又与12Cr13、20Cr13、30Cr13、40Cr13等Cr13型马氏体不锈钢具有可比性，在热处理时，又可通过淬火+高温回火方式调整性能，获得淬火马氏体组织，因此在许多标准中也将其归于马氏体不锈钢序列中，所以，本书将06Cr13钢与Cr13型马氏体不锈钢放在一起予以阐述。

06Cr13钢的碳含量比其他Cr13型不锈钢都低，所以，其强度、硬度低，但塑性、韧性、冷变形性和焊接性都优于其他Cr13型不锈钢、耐蚀性更优于其他Cr13型不锈钢。

06Cr13钢主要用于在水蒸气、碳酸氢铵母液、热含硫石油及其他腐蚀性不强的介质中工作的零部件。

06Cr13可制成锻件、棒材、板材、丝材等产品，也可制成铸件。

（2）工艺特性

06Cr13钢具有良好的热加工性。加热温度为1180℃，开始锻轧温度为1100~1150℃，锻轧终止温度不低于850℃，锻后采用缓冷。

06Cr13钢可通过热处理方法调整力学性能，对于锻件、铸件可采用完全退火处理，以改善组织、降低硬度和去应力，加热温度为850~900℃，保温后炉冷，对于不太重要的零件可以在退火状态下使用，更多的则是采用调质热处理，以保证其力学性能，淬火加热温度一般为980~1050℃，保温后采用油冷，也可采用水冷，但应严格工艺制度和操作程序，防止产生淬火裂纹。回火温度应依据对力学性能的要求，在450~700℃之间选择。

06Cr13钢的焊接性良好，但有焊后硬化倾向，焊前应预热至250~350℃，焊后应及时去应力退火。

（3）应用

06Cr13钢主要用于有腐蚀条件下，对强度和硬度要求不高的零件，如油泵轴、泵体、叶轮、阀门、叶片、紧固件等。

（4）化学成分（见表3-369）

表3-369　化学成分（质量分数）（GB/T 1220—2007）　　（%）

C	Si	Mn	P	S	Cr	Ni
≤0.08	≤1.00	≤1.00	≤0.040	≤0.030	11.50~13.50	(≤0.60)

（5）物理性能（见表3-370）

表3-370 物理性能

密度/(g/cm³)	熔点/℃	临界点/℃					
		Ac_1	Ac_3	Ar_1	Ar_3	Ms	Mf
7.76	—	800	905	—	—	370	—

温度/℃	室温	100	200	300	400	500
热导率 $\lambda/[W/(m \cdot ℃)]$	25.0	—	—	—	—	—
比定压热容 $c_p/[J/(kg \cdot ℃)]$	480	—	—	—	—	—
线胀系数/10^{-6}℃$^{-1}$	—	10.5	—	11.5	12.0	12.0
弹性模量 $E/10^4$MPa	22.0	—	—	—	—	—
切变模量 $G/10^3$MPa	—	—	—	—	—	—
泊松比 $\mu/10^{-1}$	—	—	—	—	—	—
电阻率 $\rho/10^{-8}\Omega \cdot m$	—	—	—	—	—	—

（6）热处理

① 奥氏体等温转变图见图3-1。

② 常见热处理制度见表3-371。

（7）力学性能

① 技术标准规定的力学性能见表3-372。

② 室温下的力学性能见表3-373。

（8）耐蚀性

耐全面（均匀）腐蚀性能见表3-374。

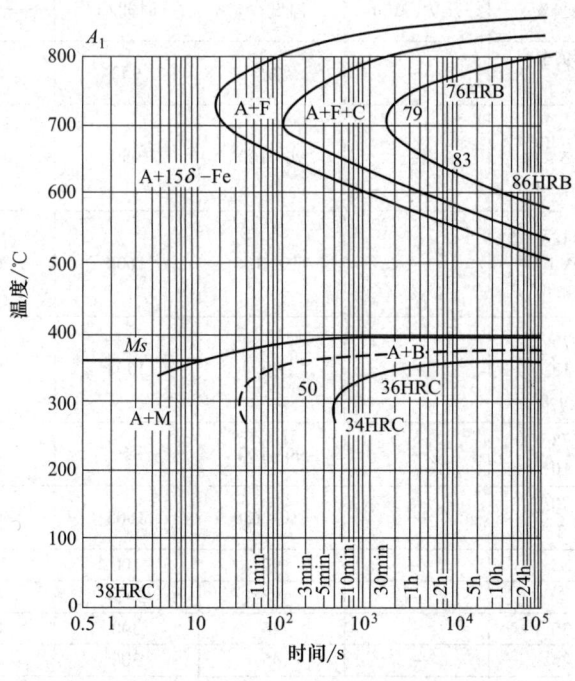

图3-1 奥氏体等温转变图

表 3-371 常见热处理制度

热处理	加热温度/℃	冷却方法	金相组织
完全退火	850~900	炉冷	珠光体+铁素体
淬火	980~1050	油冷或水冷	马氏体+铁素体
回火	450~700	空冷	回火索氏体+铁素体

表 3-372 技术标准规定的力学性能

品种(标准)	规格/mm	状态	力学性能(≥)					HBW
			R_m/MPa	$R_{p0.2}$/MPa	$A(\%)$	$Z(\%)$	KU_2/J	
钢棒 (GB/T 1220—2007)	≤75	950~1000℃油冷 700~750℃快冷	490	345	24	60	—	—

表 3-373 室温下的力学性能

状态		温度/℃	R_m/MPa	$R_{p0.2}$/MPa	$A(\%)$	$Z(\%)$
955℃ 油冷	425℃空冷	室温	1138	951	15.5	64.5
	480℃空冷	室温	1118	951	17.0	66.0
	540℃空冷	室温	1049	863	16.0	69.5
	595℃空冷	室温	721	623	20.5	74.5
	650℃空冷	室温	667	559	21.5	75.0
	705℃空冷	室温	603	471	25.0	77.0
	760℃空冷	室温	564	397	29.0	78.0
1050℃油冷,700~ 750℃空冷		室温	559~721	424~520	24~28	74~80.5

表 3-374 耐全面(均匀)腐蚀性能

介质	浓度(%)	压力/MPa	温度/℃	时间/h	腐蚀速率 mm/a	备注
氢氰酸 乙腈	99.5 0.5	—	常温	952	0.0009	
巴豆醛 乙醛 乙酸	9 0.5~1 0.5~1	—	90~100	950	0.0015	
巴豆醛 丁醛 丁醇	34.5 9.1 18.4	—	110~136	1608	0.0987	
丁醛 巴豆醛 丁醇	75 13 1	—	70	1508	0.0007	现场挂片试验
巴豆醛 乙酸	78 10	—	90~100	950	0.0015	
巴豆醛 丁醛	90 2	—	110~136	1608	0.0805	
工业磷酸	85	—	90	100	0.598	
乙烯酸	2	—	室温	3024	0.0001	
乙醇胺	30	—	45	300	0.0006	
碳酸氢钠	25	—	45	300	16.4	
柠檬酸	25	—	45	300	12.6	

(9) 常用标准牌号对照(见表 3-375)

表 3-375 常用标准牌号对照

国别	中国	国际标准化	欧洲		英国	德国	
标准	GB	ISO	EN	Mat. No	BS	DIN	W-Nr
牌号	06Cr13	X6Cr13	X6Cr13	1.4000	—	X6Cr13	1.4000
国别	法国	韩国	俄罗斯	日本	美国		
标准	NF	KS	ГOCT	JIS	ASTM	UNS	AISI	SAE	ASI
牌号	Z6C13	STS405	06X13	SUS405	405	S40500	—	—	—

3.4.2 12Cr13（1Cr13）钢

（1）概述

12Cr13 钢基本上属马氏体不锈钢（也有的归类于马氏体-铁素体不锈钢）。其具有一定的碳含量，在油冷或空冷淬火后，基本上具有马氏体组织（有时会含有一定量的铁素体）。

经过热处理后，12Cr13 钢具有一定的强度和塑性韧性，有一定的热强性和减振性。为了提高零件的表面硬度、耐磨性和抗疲劳性，还可采用表面淬火、渗氮等工艺。

12Cr13 钢经热处理后，具有一定耐蚀性，在温度不超过 30℃ 的弱腐蚀性介质中（如盐水溶液、稀硝酸、某些浓度不高的有机酸）有较好的耐蚀能力。在淡水、蒸汽、潮湿大气中有足够的抗锈性和耐蚀性。在 700℃ 以下温度具有稳定的抗氧化性。

12Cr13 钢可以制作锻件、铸件、棒材、板材、管材、丝材等各种型材。

（2）工艺特性

12Cr13 钢具有较好的热加工性能，加热温度为 1180℃，开始锻轧温度通常为 1100~1050℃，锻轧终止温度不低于 850℃，锻轧后应缓慢冷却。锻轧时应严格控制始锻和终锻温度，以防止过热使晶粒粗大和析出较多 δ 铁素体，导致韧性下降、影响耐蚀性，一旦形成过热的粗大晶粒组织，难以用热处理方法消除；还应适当控制锻轧终止温度不宜太低，以防产生锻轧裂纹。

12Cr13 钢有较好的热处理性能及一定的淬透性。通常在调质状态下使用，淬火加热温度一般为 950~1000℃，油冷；高温回火温度应视对性能要求选择为 580~720℃，空冷或油冷。为保证较高的强度和硬度，也可淬火后采用 200~300℃ 加热低温回火。12Cr13 钢应避免在 370~560℃ 的温度范围回火，以防产生脆性。

对于锻件或铸件，应采用成形后退火，退火温度一般选择为 800~900℃，缓慢冷却。如果只为了降低硬度，也可采用 700~750℃ 的温度加热，低温退火。

12Cr13 钢可以采用表面淬火提高表面硬度，但表面硬度只能达到 38~45HRC；也可采用表面渗氮处理，渗氮后表面硬度可达 800HV 以上。

12Cr13 钢具有一定的焊接性，但焊前应预热至 250℃ 以上，焊后应缓慢冷却并及时进行焊后去应力退火。

12Cr13 钢在室温下具有较好塑性，一般无须预热就可以进行冷加工成形，加工性尚好。

（3）应用

12Cr13 钢应用较广泛，可应用于 450℃ 温度以下使用的零部件；可用于制造承受高应力的零件和承受一定腐蚀的零部件，如汽轮机叶片、紧固件、泵体、泵轴、轴、阀体等。

（4）化学成分（见表 3-376）

表 3-376 化学成分（质量分数） (%)

C	Si	Mn	P	S	Cr	Ni	Mo	备注
0.08~0.15	≤1.00	≤1.00	≤0.040	≤0.030	11.50~13.50	(0.60)	—	(GB/T 1220—2007) 适用棒材
≤0.15	≤1.00	≤1.00	≤0.020	≤0.015	11.50~13.50	0.60		(JB/T 6398—2018) 适用锻件
≤0.15	≤1.00	≤1.00	≤0.040	≤0.030	11.50~13.50	0.60		(GB/T 3280—2015) 适用冷轧板材,带材

（5）物理性能（见表 3-377）

表 3-377 物理性能

密度/(g/cm³)	熔点/℃	临界点/℃					
		Ac_1	Ac_3	Ar_1	Ar_3	Ms	Mf
7.77	1430	800	880	700	820	345	—

温度/℃	室温	100	200	300	400	500
热导率 λ/[W/(m·℃)]	—	25.5	28.0	28.6	29.2	30.6
比定压热容 c_p/[J/(kg·℃)]	—	435	486	519	544	548
线胀系数/10^{-6}℃$^{-1}$	—	11.3	11.5	11.8	12.0	12.2
弹性模量 E/10^4MPa	21.6	21.2	20.6	19.9	19.0	17.8
切变模量 G/10^3MPa	84.1	82.6	80.1	76.6	73.8	69.3
泊松比 μ/10^{-1}	2.8	2.8	2.8	2.9	2.9	2.9
电阻率 ρ/10^{-8}Ω·m	50	58	68	77	85	93

（6）热处理

① 奥氏体等温转变图见图 3-2。

② 常见热处理制度见表 3-378。

③ 热处理对力学性能的影响见表 3-379、表 3-380 和图 3-3。

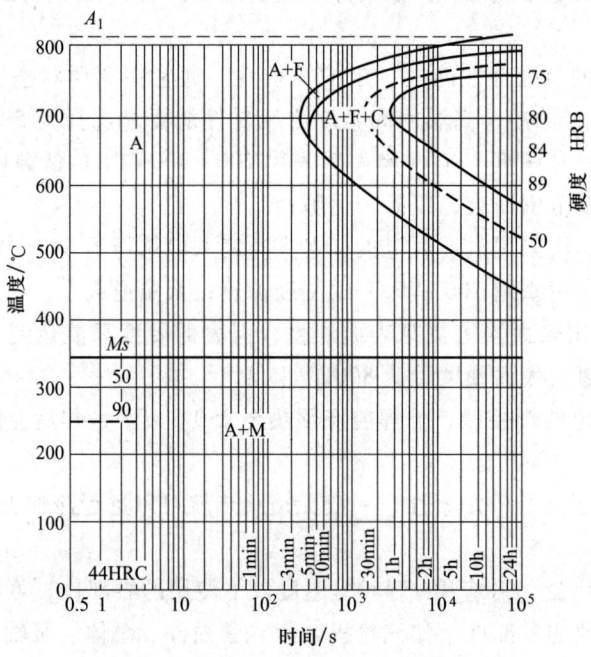

图 3-2 奥氏体等温转变图

表 3-378 常见热处理制度

热处理	加热温度/℃	冷却方法	金相组织
退火	850~880	炉冷	珠光体+铁素体
淬火	980~1050	油冷	马氏体+少量铁素体
回火	530~720	空冷	回火索氏体+少量铁素体

表 3-379 回火温度对硬度影响

热处理制度		HRC	HRB	HBW	热处理制度		HRC	HRB	HBW
淬火	回火温度/℃				淬火	回火温度/℃			
925~1000℃,油冷	不回火	39~43	—	380~415	925~1000℃,油淬	650	—	93~97	200~230
	230~370	37~40	—	360~380		700	—	92~96	195~220
	540	25~34	—	360~330		760	—	86~92	170~195
	600	—	95~100	210~250					

表 3-380 回火温度对力学性能影响

热处理制度		R_m/MPa	$R_{p0.2}$/MPa	$A(\%)$	$Z(\%)$	热处理制度		R_m/MPa	$R_{p0.2}$/MPa	$A(\%)$	$Z(\%)$
淬火	回火温度/℃					淬火	回火温度/℃				
925~1000℃,油淬	300	1275	930	15	60	925~1000℃,油淬	650	715	590	23	68
	540	980	785	20	65		700	685	540	25	69
	600	785	620	22	65		760	620	410	30	72

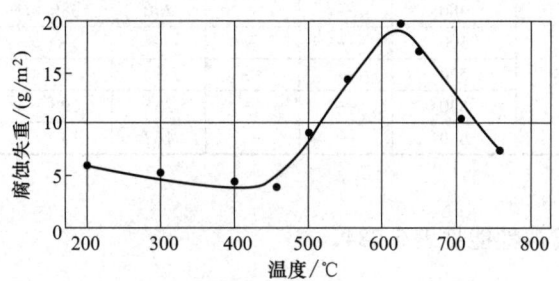

图 3-3 回火温度对 3.5%NaCl 溶液中腐蚀失重的影响

(7) 力学性能
① 技术标准规定的力学性能见表 3-381。
② 不同温度下的力学性能见表 3-382。
③ 蠕变极限和持久极限见表 3-383。

表 3-381 技术标准规定的力学性能

品种（标准）	规格/mm	状态	力学性能(≥)						HBW
			R_m/MPa	$R_{p0.2}$/MPa	$A_{11.3}(\%)$	$A(\%)$	$Z(\%)$	KU_2/J	
棒材(GB/T 1220—2007)	≤75	调质	540	345	—	22	55	78	≥159
锻件(JB/T 6398—2018)	≤75	调质	540	345	25		55		≥158
冷轧板材(GB/T 3280—2015)	—	退火	450	205		30			≤217

表 3-382 不同温度下的力学性能

状态	温度/℃	R_m/MPa	$R_{p0.2}$/MPa	A(%)	Z(%)	KU_2/J	HBW
1050℃油冷 720℃空冷	室温	721	59.5	22	73	—	222
	90	651~751	500~606	18~28	61~81	—	
	205	603~703	466~574	16~26	60~81	—	
	315	569~669	455~569	14~25	59~80	—	
	425	510~614	433~537	14~25	60~81	—	
	540	397~490	344~468	18~30	67~87	—	
	650	191~309	173~296	30~40	83~103	—	
1030~1050℃油冷 750℃油冷	20	600	400	22	60	86.4	
	200	536	365	15	60		
	400	490	365	16	58	156.8	
	500	365	275	18	64	188	
	600	225	175	18	70	124.8	

表 3-383 蠕变极限和持久极限

状态	温度/℃	蠕变极限/MPa		持久极限/MPa				
		$\sigma_{1/10^4}$	$\sigma_{1/10^5}$	σ_{10^2}	$\sigma_{3\times10^2}$	σ_{10^3}	σ_{10^4}	σ_{10^5}
1030℃油冷+ 750℃回火	400	121	—	—	—	—	—	—
	450	103	—	—	—	—	—	—
	500	93	56	—	—	—	—	—
1050℃油冷+ 720℃回火	470	—	—	—	—	295	255	215
	480	—	—	390	380	345	295	—
	500	—	—	—	—	265	215	186
	530	—	—	—	—	225	186	157
	540	—	—	235	205	177	137	—
	600	—	—	167	137	108	69	—

（8）耐蚀性

耐全面（均匀）腐蚀性能见表 3-384。

表 3-384 耐全面（均匀）腐蚀性能

介质	浓度(%)	压力/MPa	温度/℃	时间/h	腐蚀速率		备注
					mm/a	g/(m²·h)	
硫酸	5	—	20	—	>10.0	—	—
	50	—	20	—	>10.0	—	—
	80	—	20	—	<10.0	—	—
柠檬酸	1	—	20	—	<0.1	—	—
	—	—	沸点	—	<10.0	—	—
	5	—	140	—	<10.0	—	—
	25	—	20	720	0.58	—	—
	—	—	沸点	720	不可用	—	—
硝酸	5	—	20	—	<0.1	—	—
	—	—	沸点	—	1.0~3.0	—	—
	7	—	20	720	0.004	—	—
	20	—	20	—	<0.1	—	—
	—	—	沸点	—	<1.0	—	—
	30	—	沸点	25	1.43	—	—
	50	—	20	—	<0.1	—	—
	—	—	沸点	24	1.21	—	—

（续)

介质	浓度(%)	压力/MPa	温度/℃	时间/h	腐蚀速率 mm/a	腐蚀速率 g/(m²·h)	备注
硝酸	65	—	20	—	<0.1	—	—
		—	沸点	24	2.2	—	—
	90	—	20	—	<0.1	—	—
		—	70	—	<3.0	—	—
		—	沸点	—	<10.0	—	—
乙酸	10~50	—	20~40	—	0.15~1.0	—	—
	50	—	沸点	—	不可用	—	—
乙酸(无空气)	50	—	24	—	>1.25	—	—
		—	100	—	>1.25	—	—
乙酸(充空气)	50	—	24	—	>1.25	—	—
		—	100	—	>1.25	—	—
无水乙酸	—	—	24	—	<0.5	—	—
		—	100	—	>1.25	—	—
甲酸	10~50	—	20	—	<0.1	—	—
		—	沸点	—	<10.0	—	—
	50	—	24	—	0.5~1.25	—	—
		—	100	—	>1.25	—	—
	80	—	24	—	>1.25	—	—
		—	100	—	>1.25	—	—
乳酸	1.5	—	20~沸点	—	<1.0	—	—
氢氧化钠	20	—	50	—	<0.1	—	—
		—	沸点	—	<1.0	—	—
	30	—	100	—	<1.0	—	—
	40	—	100	—	<1.0	—	—
	50	—	100	—	1.0~3.0	—	—
	60	—	90	—	<1.0	—	—
	熔体	—	318	—	>10.0	—	—
氢氧化钾	25	—	沸点	—	<0.1	—	—
	50	—	20	—	<0.1	—	—
		—	沸点	—	<1.0	—	—
	68	—	120	—	<1.0	—	—
	熔体	—	300	—	>10.0	—	—
硫	熔化的	—	130	—	<0.1	—	—
	熔化的	—	445	—	>10.0	—	—
硝酸银	10	—	沸点	—	<0.1	—	—
	熔化的	—	250	—	>10.0	—	—
硝酸铵	约65	—	20	1127	0.0022	—	—
		—	125	110	0.165	—	—
氨	溶液与气体	—	20~100	—	<0.1	—	—
过氧化氢	20	—	20	—	0	—	—
	—	—	80	—	稍腐蚀	—	—
硫酸镁	5~饱和溶液	—	20	—	<0.1	—	—
	20	—	沸腾	—	<0.1	—	—
重铬酸钾	25	—	20	—	<0.1	—	—
		—	沸腾	—	>10.0	—	—

(续)

介质	浓度(%)	压力/MPa	温度/℃	时间/h	腐蚀速率 mm/a	腐蚀速率 g/(m²·h)	备注
硝酸钾	25~50	—	20	—	<0.1	—	—
	—		沸点	—	>10.0	—	—
	10+相对密度为1.52的HNO₃	—	沸点	—	<0.1	—	—
硫酸钾	10	—	20	720	0.002	—	—
		—	沸点	72	1.04	—	—
碳酸钾	溶液		20		<0.1		
			沸点		<0.1		
氯酸钾	饱和溶液		100		<0.1		
草酸钾	浓溶液		20		<0.1		
			沸点		>10.0		
硝酸钠	溶液		沸点		<0.1		
	熔体		—		>10.0		
硫酸钠	15℃时的饱和溶液		沸点	72	0.0044		
乙酸钠	沸腾时的饱和溶液		沸点	120	0.0011		

(9) 常用标准牌号对照（见表 3-385）

表 3-385 常用标准牌号对照

国别	中国	国际标准化	欧洲		英国	德国	
标准	GB	ISO	EN	Mat. No	BS	DIN	WNr
牌号	12Cr13	X12Cr13	X12Cr13	1.4006	410S21	X10Cr13	1.4006

国别	法国	韩国	俄罗斯	日本	美国			
标准	NF	KS	ГОСТ	JIS	ASTM	UNS	AISI	SAE	ASI
牌号	Z12C13	STS410	12X13	SUS410	410	S41000	410	—	—

3.4.3 20Cr13（2Cr13）钢

(1) 概述

20Cr13 钢属于马氏体不锈钢，其碳含量高于 12Cr13 钢，所以室温强度和硬度高于 12Cr13 钢，但韧性和耐蚀性比 12Cr13 钢差。

20Cr13 钢具有一定的韧性和冷变形性，在 700℃ 以下，具有较好的热强性、减振性及在空气中的抗氧化性。在淡水、海水、蒸汽及潮湿大气条件下，有较好的耐蚀性。热处理后经过抛光处理，可适应 30℃ 以下的弱腐蚀介质，如盐水溶液、某些浓度不高的有机酸中的腐蚀条件。但 20Cr13 钢在硫酸、盐酸、热硝酸、熔融碱等介质中耐蚀性较差。

20Cr13 钢可通过表面强化、如渗氮、碳氮共渗等方法提高其抗磨性和抗疲劳性。

20Cr13 钢可制成锻件、棒材、板材、管材及铸件。

(2) 工艺特性

20Cr13 钢可进行锻轧等热加工，锻轧开始温度为 1100~1150℃，锻轧终止温度不低于 850℃，锻轧后应缓慢冷却并及时退火。

20Cr13 钢的锻件、铸件应采用退火，以改善组织和降低硬度，完全退火加热温度为

850~880℃，保温后炉冷，也可采用低温退火，加热温度通常为 730~780℃，保温后空冷或缓冷，以降低硬度，便于加工。20Cr13 钢一般在调质状态下使用，淬火加热温度通常采用 980~1020℃，保温后油冷。依据对强度要求的不同，可采用 500~720℃回火。20Cr13 钢可采用表面加热淬火，但淬火硬度一般不大于 50HRC。

20Cr13 钢有一定的焊接性，但焊后硬化倾向较大，易产生裂纹，焊前应预热至 250~350℃，焊后应及时进行去应力退火，根据具体情况选用 500~700℃加热、保温。

20Cr13 钢冷加工成形性较好，可在室温下进行弯曲、折叠、冷轧、深冲等加工。

（3）应用

20Cr13 钢通常在调质状态下应用，可制成承受高应力的零件，如汽轮机叶片、泵体、泵盖、叶轮、阀体、紧固件等；也可用于在有机酸、盐的水溶液等弱腐蚀条件下工作的构件。

（4）化学成分（见表 3-386）

表 3-386 化学成分（质量分数） (%)

C	Si	Mn	P	S	Cr	Ni	Mo	备注
0.16~0.25	≤1.00	≤1.00	≤0.040	≤0.030	12.00~14.00	(0.60)	—	(GB/T 1220—2007) 适用棒材
0.16~0.25	≤1.00	≤1.00	≤0.020	≤0.015	12.00~14.00	0.60		(JB/T 6398—2018) 适用锻件
0.16~0.25	≤1.00	≤1.00	≤0.040	≤0.030	12.00~14.00	0.60		(GB/T 3280—2015) 适用冷轧板材，带材

（5）物理性能（见表 3-387）

表 3-387 物理性能

密度/(g/cm³)	熔点/℃	临界点/℃					
		Ac_1	Ac_3	Ar_1	Ar_3	Ms	Mf
7.75	1403	817	893	671	743	340	—

温度/℃	室温	100	200	300	400	500	600
热导率 λ/[W/(m·℃)]	—	26.8 (150℃)	27.2	27.2	27.6	27.6	28.0
比定压热容 c_p/[J/(kg·℃)]	—	536 (150℃)	544	599	645	716	
线胀系数/10^{-6}℃$^{-1}$	—	10.8	11.1	11.4	11.7	12.0	12.2
弹性模量 E/10^4MPa	22.3	21.9	21.4	20.9	19.9	18.5	
切变模量 G/10^3MPa	85.8	83.2	79.5	77.9	74.5	69.1	
泊松比 μ/10^{-1}	2.97	3.15	3.46	3.42	3.37		
电阻率 ρ/10^{-8}Ω·m	—	67.9 (150℃)	72.0	79.6	87.3	95.1	103

（6）热处理

① 奥氏体等温转变图见图 3-4。

② 常见热处理制度见表 3-388。

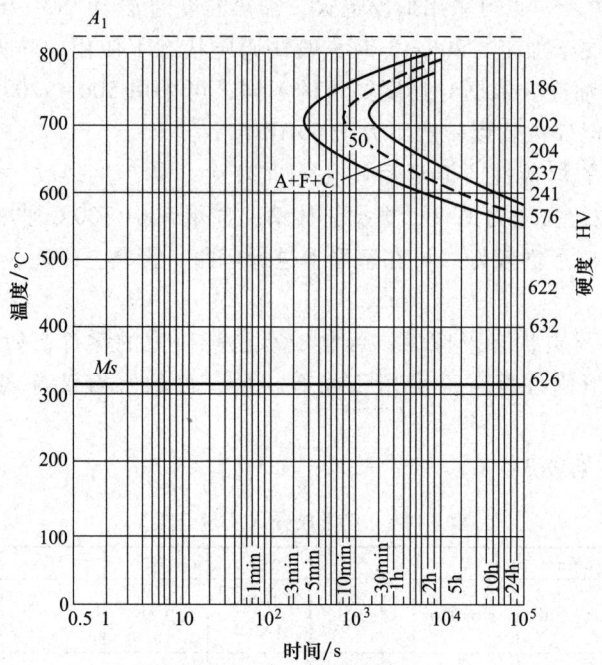

图 3-4 奥氏体等温转变图

表 3-388 常见热处理制度

热处理	加热温度/℃	冷却方法	金相组织
低温退火	730~780	缓冷或空冷	珠光体+铁素体
完全退火	850~880	炉冷	珠光体+铁素体
淬火	980~1020	油冷	马氏体+少量贝氏体
回火	500~720	油冷或空冷	回火索氏体

③ 热处理对力学性能影响见图 3-5~图 3-8 和表 3-389。

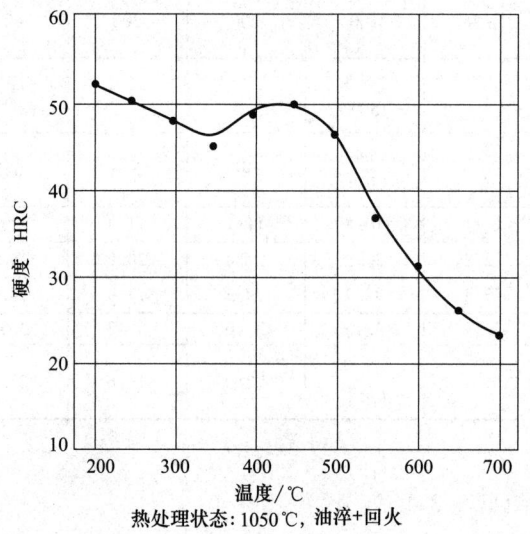

热处理状态：1050℃，油淬+回火

图 3-5 回火温度对硬度的影响

第3章 不锈钢

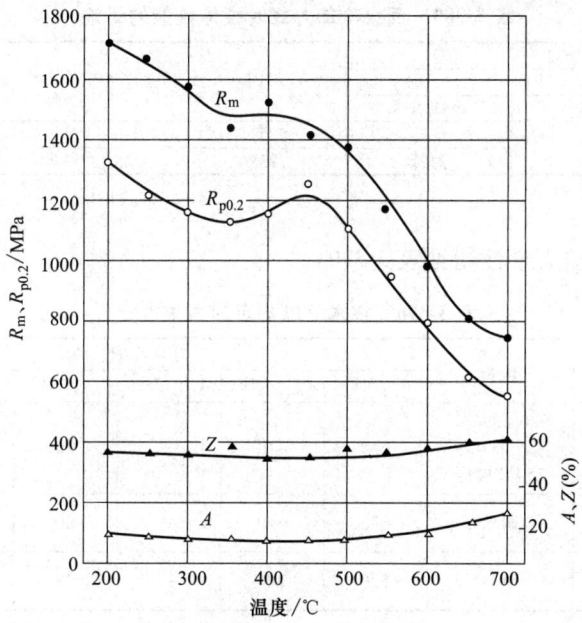

热处理状态：1050℃,油淬+回火

图 3-6 回火温度对拉伸性能的影响

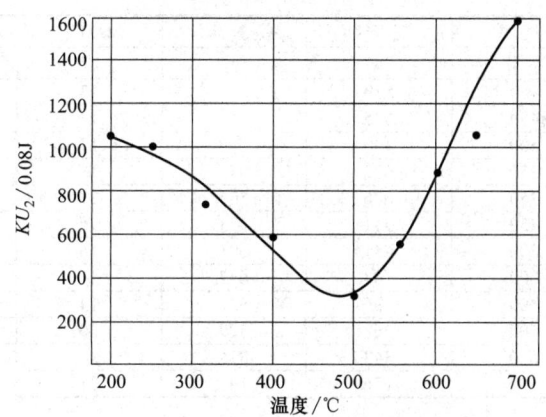

热处理状态：1050℃,油淬+回火

图 3-7 回火温度对冲击韧性的影响

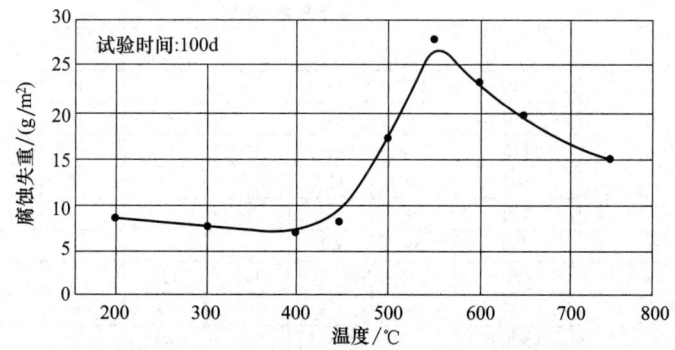

图 3-8 回火温度对 3%NaCl 溶液中腐蚀失重的影响

表 3-389　回火冷却方式对拉伸性能的影响

热处理制度			R_m/MPa	$R_{p0.2}$/MPa	$A(\%)$	$Z(\%)$
淬火	回火					
	温度	冷却方式				
980℃，油淬	670℃	空冷	825	660	20.4	59.0
		油冷	795	645	21.0	71.5

(7) 力学性能

① 技术标准规定的力学性能见表 3-390。

表 3-390　技术标准规定的力学性能

品种(标准)	规格/mm	状态	力学性能(≥)						HBW
			R_m/MPa	$R_{p0.2}$/MPa	$A_{11.3}(\%)$	$A(\%)$	$Z(\%)$	KU_2/J	
棒材 (GB/T 1220—2007)	≤75	920~980℃油冷+600~750℃快冷	640	440	—	20	50	63	≥192
锻件 (JB/T 6398—2018)	≤75	调质	635	440	—	20	50	63	≥195
冷轧板材 (GB/T 3280—2015)	—	退火	520	225	18	—	—	—	≤223

② 不同温度下的力学性能见表 3-391。

表 3-391　不同温度下的力学性能

状态	温度/℃	R_m/MPa	$R_{p0.2}$/MPa	$A(\%)$	$Z(\%)$	KU_2/J
1000℃油冷，700℃回火	室温	747	563	22	64	—
950~1000℃油冷 640~720℃回火	400	589	—	13	69	—
	450	555	—	12	68	—
	500	490	—	13	75	—
1000℃油冷 700℃回火	250	672	541	18	68	—
	350	626	505	17	64	—
	450	541	473	16	67	—
1050℃油冷 720℃回火	200	781	691	16	61	125.6
	300	764	647	11	62	123.2
	400	735	627	14	60	117.6
	500	568	529	20	76	109.6
	600	343	314	30	89	124
	700	176	147	31	93	145.6

③ 蠕变极限和持久极限见表 3-392。

表 3-392　蠕变极限和持久极限

状态	温度/℃	蠕变极限/MPa				持久极限/MPa			
		$\sigma_{0.2/10^4}$	$\sigma_{1.0/10^4}$	$\sigma_{0.1/10^4}$	$\sigma_{1.0/10^5}$	σ_{10^2}	σ_{10^3}	σ_{10^4}	σ_{10^5}
1000~1020℃空冷+ 700~750℃空冷	450	177	—	—	—	390	325	290	255
	470	—	—	—	—	—	255	211	186
	475	118	—	—	—	—	—	—	—
	500	68	157	—	—	185	225	191	157
	530	—	—	—	—	—	157	103	75
	550	39	69	—	—	—	—	—	—
950~1000℃油冷+ 640~700℃空冷	450	—	—	118	127	—	—	295	245
	475	—	—	—	78	—	—	—	—
	500	—	—	49	49	—	—	186	147
	550	—	—	29	29	—	—	—	—

（8）耐蚀性

耐全面（均匀）腐蚀性能见表3-393。

表 3-393 耐全面（均匀）腐蚀性能

介质	浓度(%)	压力/MPa	温度/℃	时间/h	腐蚀速率 mm/a	腐蚀速率 g/(m²·h)	备注
硝酸	5	—	20	—	<0.1	—	—
		—	沸点	—	3.0~10.0	—	—
	20	—	20	—	<0.1	—	—
		—	沸点	—	1.0~3.0	—	—
	30	—	沸点	—	<3.0	—	—
	50	—	20	—	<1.0	—	—
		—	沸点	—	<3.0	—	—
	65	—	20	—	<0.1	—	—
		—	沸点	—	3.4~10.0	—	—
	90	—	20	—	<1.0	—	—
		—	沸点	—	<10.0	—	—
硼酸	50~饱和溶液	—	100	—	<0.1	—	—
乙酸	1	—	90	—	<0.1	—	—
	5	—	20	—	<1.0	—	—
		—	沸点	—	>10.0	—	—
	10	—	20	—	<1.0	—	—
		—	沸点	—	>10.0	—	—
酒石酸	10~50	—	20	—	<0.1	—	—
		—	沸点	—	<1.0	—	—
	饱和溶液	—	沸点	—	<10.0	—	—
柠檬酸	1	—	20	—	<0.1	—	—
		—	沸点	—	<10.0	—	—
	5	—	140	—	<10.0	—	—
	10	—	沸点	—	>10.0	—	—
乳酸	相对密度：1.01~1.04	—	沸点	72	>10.0	—	—
	相对密度：1.04	—	20	600	0.27	—	—
甲酸	10~50	—	20	—	<0.1	—	—
		—	沸点	—	>10.0	—	—
水杨酸	—	—	20	—	<0.1	—	—
二氧化碳和碳酸	干燥的	—	<100	—	<0.1	—	—
	潮湿的	—	<100	—	<0.1	—	—
氢氧化钠	20	—	50	—	<0.1	—	—
		—	沸点	—	<1.0	—	—
	30	—	100	—	<1.0	—	—
	40	—	100	—	<1.0	—	—
	50	—	100	—	1.0~3.0	—	—
	60	—	90	—	<1.0	—	—
	90	—	300	—	>10.0	—	—
	熔体	—	318	—	>10.0	—	—
氢氧化钾	25	—	沸点	—	<1.0	—	—
	50	—	20	—	<1.0	—	—
		—	沸点	—	<1.0	—	—
	68	—	120	—	<1.0	—	—
	熔体	—	300	—	>10.0	—	—

(续)

介质	浓度(%)	压力/MPa	温度/℃	时间/h	腐蚀速率 mm/a	腐蚀速率 g/(m²·h)	备注
硝酸铵	约65	—	20	1269	0.0011	—	—
		—	125	110	1.43	—	—
氯化铵	饱和溶液		沸点	—	<10.0		
过氧化氢	20		20	—	0		
碘	干燥的		20		<0.1		
	溶液		20		>10.0		
硝酸钾	25~50		20		<0.1		
			沸点		<10.0		
硫酸钾	10		20	720	0.07		
			沸点	96	1.18		
硝酸银	10		沸点		<10.0		
	熔化的		250		>10.0		
过氧化钠	10		20		<10.0		
			沸点		>10.0		
明矾	10		20		0.1~1.0		
			100		<10.0		
重铬酸钾	25		20		<0.1		
			沸点		>10.0		
氯酸钾	饱和溶液		100		<0.1		

(9) 常用标准牌号对照（见表3-394）

表3-394 常用标准牌号对照

国别	中国	国际标准化	欧洲		英国	德国	
标准	GB	ISO	EN	Mat. No	BS	DIN	W-Nr
牌号	20Cr13	X20Cr13	X20Cr13	1.4021	420S37	X20Cr13	1.4021

国别	法国	韩国	俄罗斯	日本	美国			
标准	NF	KS	ГОСТ	JIS	ASTM	UNS	AISI	SAE	ASI
牌号	Z20C13	STS420J₁	20X13	SUS420J	420	S42000	420	—	

3.4.4 30Cr13（3Cr13）钢

(1) 概述

30Cr13钢属马氏体不锈钢。其碳含量高于12Cr13钢和20Cr13钢，所以比它们具有更高的强度和硬度，有更好的淬透性。但是，其耐蚀性和在700℃以下的热稳定性都不如12Cr13钢和20Cr13钢。30Cr13钢不宜焊接。

30Cr13钢可制成锻件、棒材、板材等型材，也可制成铸件。

(2) 工艺特性

30Cr13钢可进行锻轧等热加工，加热温度可采用1180℃，锻轧开始温度一般为1150℃，锻轧终止温度不低于850℃。因30Cr13钢导热性较差、热应力较大，应注意缓慢加热，锻轧后炉冷。又因30Cr13钢在热加工过程中变形抗力较大，易产生表面缺陷，要注意热加工操作和采用合适工艺。

30Cr13钢锻件、铸件可采用退火，以改善组织、降低硬度和去应力，完全退火加热温度一般为840~800℃，保温后炉冷。30Cr13钢通常在淬火并回火的条件下使用，以获得需要的性能。淬火加热温度一般为980~1020℃，保温后可采用空冷或油冷，对于要求较高韧性的重要零件如泵轴等，应采用油冷。回火温度的选择应依据工件种类和用途确定，如对于高硬度刀具等应采用较低温度（200~300℃）回火，保温后油冷，硬度可达48HRC以上；对于弹簧类弹性件可采用中等温度（480~520℃）回火，保温后油冷。对于大多数结构件应在高温度范围内回火，以保证获得良好的综合性能，依据对硬度和力学性能要求的不同，可选用550~700℃温度回火，保温后可采用空冷或油冷。30Cr13钢在制作轴套、平衡盘等要求表面有高硬度的零件时，可采用表面淬火，再采用180~200℃低温回火，表面硬度可大于50HRC。

30Cr13钢焊接性较差，焊前应预热到250~300℃。焊后应及时进行去应力退火，去应力退火温度一般在500~550℃。

（3）应用

30Cr13钢主要用于制造耐磨、耐腐蚀的零件、构件，如300℃以下温度使用的弹簧，400℃以下温度使用的轴、紧固件、泵体、叶轮、叶片、阀门、轴套、轴承等。

（4）化学成分（见表3-395）

表3-395 化学成分（质量分数） （%）

C	Si	Mn	P	S	Cr	Ni	Mo	备注
0.26~0.35	≤1.00	≤1.00	≤0.040	≤0.030	12.00~14.00	(0.60)	—	(GB/T 1220—2007) 适用棒材
0.26~0.35	≤1.00	≤1.00	≤0.020	≤0.015	12.00~14.00	0.60	—	(JB/T 6398—2018) 适用锻件
0.26~0.35	≤1.00	≤1.00	≤0.040	≤0.030	12.00~14.00	0.60	—	(GB/T 3280—2015) 适用冷轧板材、带材

（5）物理性能（见表3-396）

表3-396 物理性能

密度/(g/cm³)	熔点/℃	临界点/℃					
		A_{c1}	A_{c3}	A_{r1}	A_{r3}	Ms	Mf
7.74	1365	800	836	699	742	240	—

温度/℃	室温	100	200	300	400	500
热导率 λ/[W/(m·℃)]	—	24.6	28.5	28.6	28.9	28.2
比定压热容 c_p/[J/(kg·℃)]	—	473	502	531	544	553
线胀系数/10^{-6}℃$^{-1}$	—	10.21	10.78	11.13	11.46	11.67
弹性模量 E/10^4MPa	22.2	21.8	21.2	20.4	19.5	18.3
切变模量 G/10^3MPa	86.0	84.5	81.7	79.2	74.3	70.6
泊松比 μ/10^{-1}	2.9	2.9	2.9	2.9	3.1	3.0
电阻率 ρ/$10^{-8}\Omega\cdot m$	55	65	—	—	—	—

（6）热处理

① 奥氏体等温转变图和奥氏体连续冷却转变图分别见图3-9和图3-10。

② 常见热处理制度见表3-397。

③ 热处理对力学性能影响见表3-398和表3-399。

回火温度对耐蚀性的影响见图3-11。

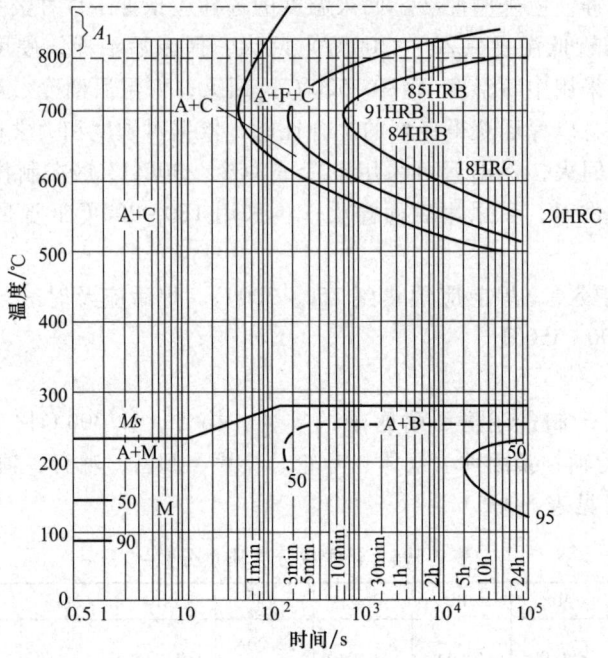

图 3-9 奥氏体等温转变图

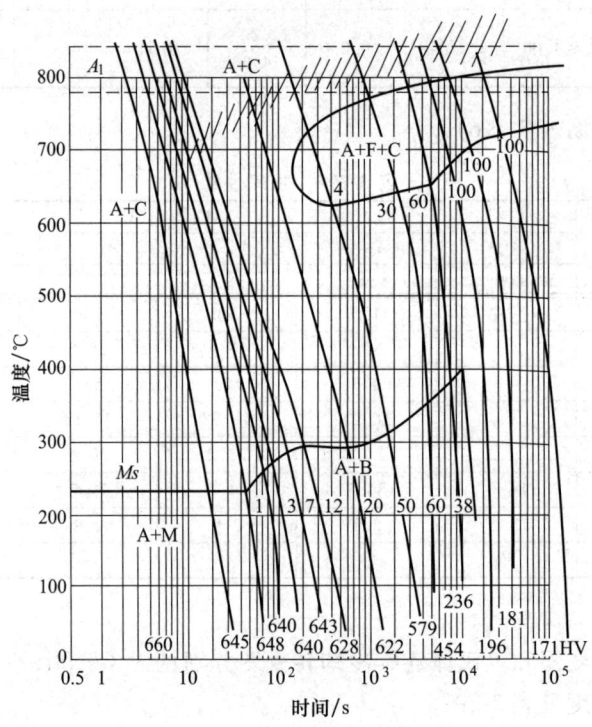

图 3-10 奥氏体连续冷却转变图

表 3-397 常见热处理制度

热处理	加热温度/℃	冷却方法	金相组织
退火	850~900	炉冷	球光体+铁素体
淬火	980~1020	空冷或油冷	马氏体
低温回火	180~300	空冷或油冷	回火马氏体
中温回火	480~520	油冷	回火屈氏体
高温回火	550~700	空冷或油冷	回火索氏体

表 3-398 不同热处理制度对硬度的影响

热处理制度	HBW	HRB	HRC
870~900℃,缓冷	155~180	81	—
760℃,空冷	205~225	80~92	—
980~1050℃,油冷	530~560	—	53~56
980~1050℃,油淬+150~370℃,回火	470~530	—	48~53

表 3-399 不同热处理制度对拉伸性能的影响

热处理制度	R_m/MPa	$R_{p0.2}$/MPa	$A(\%)$	$Z(\%)$
870~900℃,缓冷	665	410	25	60
760℃,空冷	705	540	22	55
980~1050℃,油淬+150~370℃,回火	1715	1520	8	—
1000℃,正火+650℃,回火	940	695	16	52

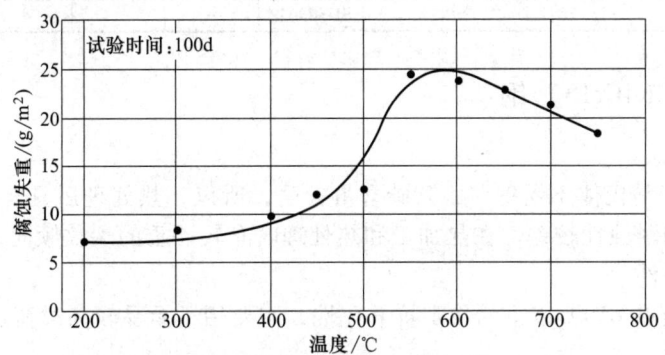

图 3-11 回火温度对钢在 3%NaCl 溶液中腐蚀失重的影响

(7) 力学性能

① 技术标准规定的力学性能见表 3-400。

表 3-400 技术标准规定的力学性能

品种(标准)	规格/mm	状态	力学性能(≥)						HBW
			R_m/MPa	$R_{p0.2}$/MPa	$A_{11.3}(\%)$	$A(\%)$	$Z(\%)$	KU_2/J	
棒材(GB/T 1220—2007)	≤75	920~990℃油冷+600~750℃快冷	735	540	—	12	40	24	≥217
锻件(JB/T 6398—2018)	≤75	调质	735	540	—	12	40	24	≥217
冷轧板(GB/T 3280—2015)	—	退火	540	225	—	18	—	—	≤235

② 不同温度下的力学性能见表 3-401。

表 3-401 不同温度下的力学性能

状态	温度/℃	R_m/MPa	$R_{p0.2}$/MPa	$A(\%)$	$Z(\%)$	KU_2/J	HBW
950℃油冷+600℃回火	室温	842	672	19	57	60	256
1000℃空冷+650℃回火	20	940	790	16	52	43.2	—
	200	815	660	14	57	78.4	—
	300	775	630	13	53	98.4	—
	400	710	570	12	52	125.6	—
	500	610	530	14	54	129.6	—
	550	530	480	16	69	125.6	—
	600	450	410	21	80	125.6	—

(8) 耐蚀性

由于碳含量高于 12Cr13 和 20Cr13。所以 30Cr13 耐蚀性比 12Cr13 和 20Cr13 耐蚀性更低，但在大气、水及常温、低浓度酸、碱中仍有一定耐蚀能力。

(9) 常用标准牌号对照（见表 3-402）

表 3-402 常用标准牌号对照

国别	中国	国际标准化	欧洲		英国	德国	
标准	GB	ISO	EN	Mat. No	BS	DIN	W-Nr
牌号	30Cr13	X30Cr13	X30Cr13	1.4028	420S45	X30Cr13	1.4028

国别	法国	韩国	俄罗斯	日本	美国			
标准	NF	KS	ГОСТ	JIS	ASTM	UNS	AISI	SAE	ASI
牌号	Z30Cr13	STS420J2	30X13	SUS420J2					

3.4.5 40Cr13（4Cr13）钢

(1) 概述

40Cr13 钢属于马氏体不锈钢，因其碳含量较高，所以，热处理后具有高的强度和硬度，但其塑性、韧性和耐蚀性较差。在热加工和热处理时有较严重的裂纹倾向，不易焊接，一般情况下不做焊接构件。

40Cr13 钢具有在 650℃ 以下的稳定抗氧化性，主要用于承受较高载荷、少冲击、弱腐蚀条件下的工作零件。

40Cr13 钢可制成锻件、棒材、板材、带材、丝材等。

(2) 工艺特性

40Cr13 钢可以进行热加工，锻轧开始温度为 1100~1150℃，锻轧终止温度不低于 850℃，导热性差，应缓慢加热，锻轧后炉冷并及时进行退火处理。在热加工过程中变形抗力较大，易产生表面缺陷。

40Cr13 钢锻件及产品应进行退火，以改善组织，降低应力和硬度，完全退火加热温度一般为 850~900℃，保温后炉冷，硬度可低于 229HBW。

40Cr13 钢淬火加热温度为 1000~1050℃，较高的加热温度可保证碳化物充分溶解，回火温度依工件种类和性能要求选定，如高硬度刀具类可在 200~300℃回火，弹簧类弹性件可在 460~520℃回火，硬度达 40~46HRC；要求有综合性能的结构件也可进行高温回火，依据对硬度和性能要求的不同，采用 600~720℃温度回火；对于耐磨性要求的零件，可进行表面淬火，低温回火后，硬度可大于 50HRC。40Cr13 钢不宜焊接。

(3) 应用

40Cr13 钢主要用于弱腐蚀条件下要求有较高强度和硬度的零件，如热泵轴、阀片、轴承、轴套等，也可制成弹簧类弹性件及要求高硬度的刀具等。

（4）化学成分（见表3-403）

表3-403 化学成分（质量分数） （%）

C	Si	Mn	P	S	Cr	Ni	Mo	备注
0.36~0.45	≤1.00	≤1.00	≤0.040	≤0.030	12.00~14.00	(0.60)	—	（GB/T 1220—2007）适用棒材
0.36~0.45	≤0.60	≤0.80	≤0.020	≤0.015	12.00~14.00	0.60	—	（JB/T 6398—2018）适用锻件
0.36~0.45	≤1.00	≤1.00	≤0.040	≤0.030	12.00~14.00	0.60	—	（GB/T 3280—2015）适用冷轧板材,带材

（5）物理性能（见表3-404）

表3-404 物理性能

密度/(g/cm³)	熔点/℃	临界点/℃					
		Ac_1	Ac_3	Ar_1	Ar_3	Ms	Mf
7.75	—	790	850	—	—	270	—

温度/℃	室温	100	200	300	400	500	600
热导率 $\lambda/[W/(m \cdot ℃)]$	28	28.1	29.3	29.3	29.3	28.9	28.6
比定压热容 $c_p/[J/(kg \cdot ℃)]$	460	473	510		599	779	
线胀系数/$10^{-6}℃^{-1}$	—	10.5	11.0	11.0	11.5	12.0	
弹性模量 $E/10^4$ MPa	21.5	21.0	20.2	19.4	18.4	17.3	16.0
切变模量 $G/10^3$ MPa							
泊松比 $\mu/10^{-1}$							
电阻率 $\rho/10^{-8} \Omega \cdot m$	59	65	71	79	86	94	100

（6）热处理

① 奥氏体等温转变图和奥氏体连续冷却转变图分别见图3-12和图3-13。

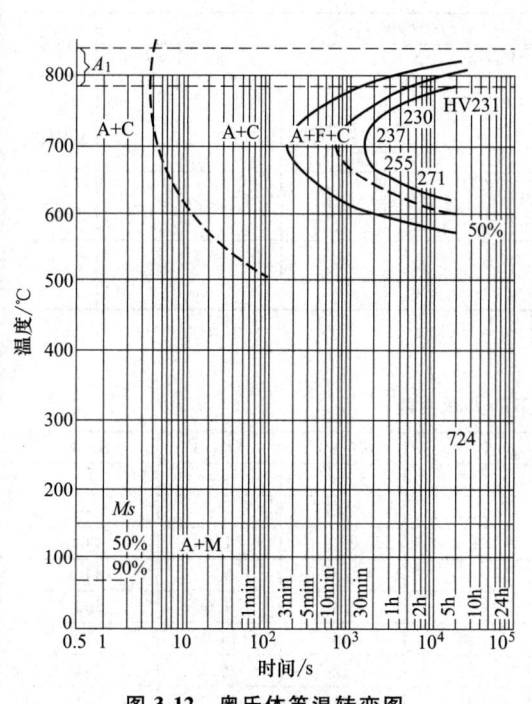

图3-12 奥氏体等温转变图

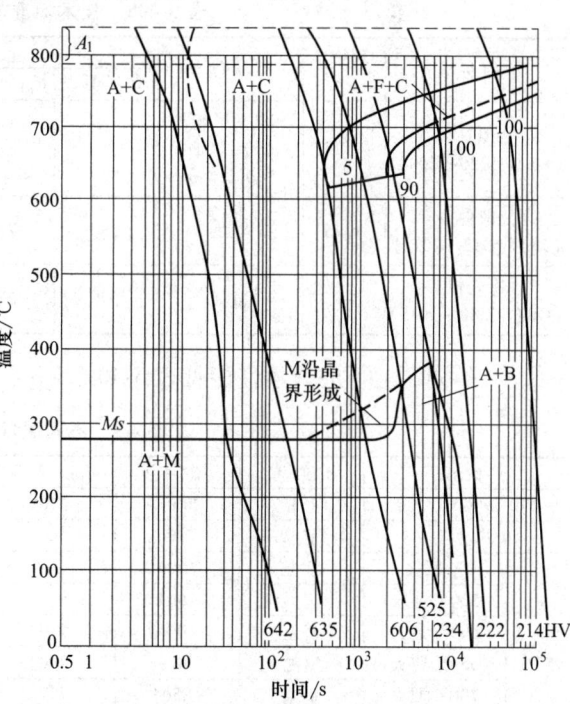

图3-13 奥氏体连续冷却转变图

② 常见热处理制度见表3-405。

表3-405 常见热处理制度

热处理	加热温度/℃	冷却方法	金相组织
完全退火	850~900	炉冷	珠光体+碳化物
淬火	1000~1050	空冷或油冷	马氏体+碳化物
低温回火	200~300	空冷	回火马氏体+碳化物
中温回火	460~520	空冷或油冷	回火屈氏体+碳化物
高温回火	600~720	空冷	回火索氏体+碳化物

③ 热处理对力学性能影响见表3-406和表3-407。

表3-406 不同热处理制度对硬度的影响

热处理制度	HBW	HRC	热处理制度	HBW	HRC
1050℃,淬火+200℃,回火	>500	>52	1030~1080℃,空冷	—	51~52
1050℃,淬火+510℃,回火	>480	>52	760℃,2~6h,空冷	205~225	—
780~900℃完全退火	155~185	HRB91			

表3-407 不同热处理制度对拉伸性能的影响

热处理制度	R_m/MPa	$R_{p0.2}$/MPa	A(%)	Z(%)	热处理制度	R_m/MPa	$R_{p0.2}$/MPa	A(%)	Z(%)
1050℃,淬火+200℃,回火	1650	1375	4	8	870~900℃,完全退火	665	410	25	60
1050℃,淬火+510℃,回火	1665	1395	9	20	760℃,2~6h,空冷	705	540	22	55

（7）力学性能

① 技术标准规定的力学性能见表3-408。

表3-408 技术标准规定的力学性能

品种(标准)	规格/mm	状态	力学性能(≥)					HBW
			R_m/MPa	$R_{p0.2}$/MPa	$A_{11.3}$(%)	A(%)	Z(%)	KU_2/J	
棒材(GB/T 1220—2007)	≤75	1050~1100℃油冷+200~300℃空冷	—	—	—	—	—	—	≥50HRC
锻件(JB/T 6398—2018)	≤75	淬火+回火	930	735	—	9	—	—	≥279
冷轧板(GB/T 3280—2015)	—	退火	590	225	—	15	—	—	—

② 不同温度下的力学性能见表3-409。

表3-409 不同温度下的力学性能

状态		温度/℃	R_m/MPa	$R_{p0.2}$/MPa	A(%)	Z(%)	KU_2/J	HBW
870~900℃,炉冷		室温	665	410	25	60	—	—
760℃,空冷		室温	705	540	22	55	—	—
900℃空冷	未回火	室温	1606	—	3.0	3.2	4.0	444
	500℃回火	室温	1644	—	9.0	25	6.4	444
	600℃回火	室温	1024	910	12	28	9.6	302
	650℃回火	室温	888	790	18	38	14.4	269
	700℃回火	室温	850	737	21	52	26.4	241
	750℃回火	室温	816	668	21	45	35.2	241

(续)

状态	温度/℃	R_m/MPa	$R_{p0.2}$/MPa	A(%)	Z(%)	KU_2/J	HBW
1050℃空冷 600℃回火	室温	1140	910	13	32	9.6	311~331
1050℃空冷 650℃回火	室温	950	725	14	42	20.0	277~286
1030℃空冷 450℃空冷	400	1720~1770	1530~1590	5.0	—	—	—
	450	1600~1660	1350~1480	3.2	—	—	—
	500	1450~1480	1280~1320	5~6	—	—	—
1030℃空冷 500℃空冷	400	1660~1700	1450~1480	6.0	—	—	—
	450	1570~1600	1380~1420	5~6	—	—	—
	500	1310~1340	1250~1290	6.5	—	—	—
1030℃空冷 550℃空冷	400	1080	980~1010	7.0	—	—	—
	450	990~1030	880~950	6.0~6.5	—	—	—
	500	890~920	830~850	6.5~8.5	—	—	—
1030℃空冷 600℃空冷	400	920~960	790~830	8.3~10.0	—	—	—
	450	800~820	620~650	10.0~12.0	—	—	—
	500	710~730	560~600	14.5~15.0	—	—	—
1030℃空冷 500℃空冷	20	1775	1610	2.5	—	—	—
	400	1650	1435	6	—	—	—
	450	1555	1360	5.5	—	—	—
	500	1300	1245	6.5	—	—	—
1030℃空冷 600℃空冷	20	1125	950	9.6	—	—	—
	400	920	795	9.2	—	—	—
	450	795	625	11	—	—	—
	500	705	580	14.8	—	—	—
1050℃空冷 600℃空冷	200	960	830	11	40	40.0	—
	300	920	730	10	39	56.0	—
	400	795	685	12	45	60.0	—
	500	530	475	20	77	64.0	—
	600	310	260	21	84	96.0	—
1050℃空冷 650℃空冷	400	—	—	—	—	76.0	—
	450	650	555	15	44	—	—
	500	555	—	18	67	108	—

(8) 耐蚀性

40Cr13钢在大气、水及弱酸性介质中有一定的耐蚀性,其耐蚀性低于30Cr13钢。

(9) 常用标准牌号对照 (见表3-410)

表3-410 常用标准牌号对照

国别	中国	国际标准化	欧洲		英国	德国	
标准	GB	ISO	EN	Mat. No	BS	DIN	W-Nr
牌号	40Cr13	X39Cr13	X39Cr13	1.4031	—	X38Cr13	1.4031

国别	法国	韩国	俄罗斯	日本	美国			
标准	NF	KS	ГОСТ	JIS	ASTM	UNS	AISI	SAE	ASI
牌号	Z40Cr13	—	40X13	—	—	—	—	—	—

3.4.6 32Cr13Mo (3Cr13Mo) 钢

(1) 概述

32Cr13Mo钢是在马氏体不锈钢30Cr13钢基础上,加入合金元素钼形成的含钼马氏体不锈钢。其主要性能与30Cr13钢相似,但改善了钢的强度和硬度,增强了二次硬化效应,同时改善了钢的耐蚀性。

32Cr13Mo钢可以制成锻件、棒材、板材等各类型材,需要时也可制成铸件。

(2) 工艺特性

32Cr13Mo钢可以进行锻轧加工,锻轧开始温度通常为1150~1200℃,锻轧终止温度不低于850℃,锻后应缓冷并及时进行退火。退火温度为850~880℃,炉冷。

32Cr13Mo钢通常在热处理后使用,可以在1020~1075℃加热后油冷淬火,获得马氏体组织,淬火后可以采用较低温度,如200~300℃回火,以获得较高硬度,也可在550~700℃温度区间高温回火,以获得较好的综合力学性能,供结构件使用。

32Cr13Mo钢焊接性较差,焊前应预热至250~300℃,焊后及时去应力退火。

(3) 应用

32Cr13Mo钢在淬火并低温回火后,可用于制作具有高硬度、高耐磨性的热油泵轴、阀片、轴承、医疗器械、弹簧等。淬火并高温回火后,可制作具有较好综合性能的结构件,如泵轴、泵轮、泵体、紧固件等。

(4) 化学成分(见表3-411)

表3-411 化学成分(质量分数)(GB/T 1220—2007) (%)

C	Si	Mn	P	S	Cr	Ni	Mo
0.28~0.35	≤0.80	≤1.00	≤0.040	≤0.030	12.00~14.00	(≤0.60)	0.50~1.00

(5) 物理性能(见表3-412)

表3-412 物理性能

密度/(g/cm³)	熔点/℃	临界点/℃					
		Ac_1	Ac_3	Ar_1	Ar_3	Ms	Mf
7.71	—	840	890	750	790	—	—

温度/℃	室温	100	200	300	400	500	600	700
热导率 $\lambda/[W/(m \cdot ℃)]$	—	—	—	—	—	—	—	—
比定压热容 $c_p/[J/(kg \cdot ℃)]$	—	—	—	—	—	—	—	—
线胀系数/$10^{-6}℃^{-1}$	—	10.5	10.9	11.2	11.7	11.9	11.7	11.5
弹性模量 $E/10^4$MPa	22.2	21.7	21.3	20.5	19.6	18.5	17.2	—
切变模量 $G/10^3$MPa								
泊松比 $\mu/10^{-1}$								
电阻率 $\rho/10^{-8}\Omega \cdot m$	—	—	—	31.6	43.6	55.0	66.4	—

(6) 常见热处理制度(见表3-413)

表3-413 常见热处理制度

热处理	加热温度/℃	冷却方法	金相组织
退火	850~900	炉冷	珠光体+铁素体
淬火	1020~1075	油冷	马氏体
低温回火	200~300	空冷或油冷	回火马氏体
高温回火	550~700	空冷或油冷	回火索氏体

(7) 力学性能

① 技术标准规定的性能见表3-414。

表 3-414 技术标准规定的力学性能

品种(标准)	规格/mm	状态	力学性能(≥)						HBW
			R_m/MPa	$R_{p0.2}$/MPa	$A_{11.3}$(%)	A(%)	Z(%)	KU_2/J	
棒材 (GB/T 1220—2007)	≤75	退火	—	—	—	—	—	—	≤207
		1025~1075℃ 油冷+200~ 300℃回火	—	—	—	—	—	—	≥50 (HRC)

② 室温下的力学性能见表3-415。

表 3-415 室温下的力学性能

状态	温度/℃	力学性能(≥)					HBW
		R_m/MPa	$R_{p0.2}$/MPa	A(%)	Z(%)	KU_2/J	
1050℃油冷+200℃回火	室温	—	—	—	—	—	50~60(HRC)

(8) 耐蚀性

耐全面(均匀)腐蚀性能见表3-416。

表 3-416 耐全面(均匀)腐蚀性能

介质	浓度(%)	压力/MPa	温度/℃	时间/h	腐蚀速率		备注
					mm/a	g/(m²·h)	
食盐	0.9	—	室温	480	0.0226	—	—
过氧化氢	30	—	室温	72	0.0790	—	—

(9) 常用标准牌号对照(见表3-417)

表 3-417 常用标准牌号对照

国别	中国	国际标准化	欧洲		英国	德国	
标准	GB	ISO	EN	Mat. No	BS	DIN	W-Nr
牌号	32Cr13Mo						

国别	法国	韩国	俄罗斯	日本	美国		
标准	NF	KS	ГОСТ	JIS	ASTM	UNS	AISI	SAE	ASI
牌号			30Х13М						

3.4.7 13Cr13Mo(1Cr13Mo)钢

(1) 概述

13Cr13Mo钢是在铬的质量分数为12%~13%的马氏体不锈钢中加入了0.3%~0.6%钼。由于钼的加入对其热强性和耐蚀性有改善作用。

13Cr13Mo钢具较高的室温强度、较高的韧性和冷变形性、较高的热强性和耐蚀性及良好的抗衰减性,是汽轮机叶片的主要材料。

13Cr13Mo钢可制成锻件、棒材、板材及铸件。

(2) 工艺特性

13Cr13Mo钢有良好的锻轧性能,加热温度为1180℃,锻轧开始温度约为1150℃,锻轧终止温度不小于850℃,锻轧后应缓慢冷却并及时退火。

13Cr13Mo钢可通过热处理调整性能。完全退火温度为860~920℃,保温后炉冷。淬火加热温度通常采用940~1020℃,保温后油冷却。回火温度依据使用要求选用,可在520~

650℃回火，对于汽轮机叶片等较高温度下使用的零件，回火温度应大于650℃，通常采用650~710℃。

13Cr13Mo钢焊接性较差，焊前应预热250~350℃，焊后及时去应力退火。

（3）应用

13Cr13Mo钢主要用于制作工作温度在450℃以下使用的汽轮机叶片，也可用于制作泵轴、泵叶轮、紧固件等。

（4）化学成分（见表3-418）

表3-418 化学成分（质量分数）（GB/T 1220—2007） （%）

C	Si	Mn	P	S	Cr	Ni	Mo
0.08~0.18	≤0.60	≤1.00	≤0.040	≤0.030	11.50~14.00	(≤0.60)	0.30~0.60

（5）物理性能（见表3-419）

表3-419 物理性能

密度/(g/cm³)	熔点/℃	临界点/℃					
		Ac_1	Ac_3	Ar_1	Ar_3	Ms	Mf
7.75	—	770	810	—	—	250	—

温度/℃	室温	100	200	300	400	500	600
热导率 λ/[W/(m·℃)]	24.9	25.9	26.9	27.9	28.7	—	—
比定压热容 c_p/[J/(kg·℃)]	461	—	—	—	—	—	—
线胀系数/$10^{-6}℃^{-1}$	—	10.4	10.6	10.9	11.3	11.6	12.0
弹性模量 E/10^4MPa	21.9	21.4	20.9	20.2	19.5	18.4	16.9
切变模量 G/10^3MPa	79						
泊松比 μ/10^{-1}	3.1						
电阻率 ρ/$10^{-8}\Omega\cdot m$	—						

（6）热处理

常见热处理制度见表3-420。

表3-420 常见热处理制度

热处理	加热温度/℃	冷却方法	金相组织
退火	850~920	炉冷	珠光体+铁素体
淬火	940~1020	油冷	马氏体+少量铁素体
回火	520~710	空冷	回火索氏体+少量铁素体

注：调质后，铁素体量不宜超过5%。

（7）力学性能

① 技术标准规定的力学性能见表3-421。

表3-421 技术标准规定的力学性能

品种（标准）	规格/mm	状态	力学性能(≥)					HBW
			R_m/MPa	$R_{p0.2}$/MPa	A(%)	Z(%)	KU_2/J	
棒材（GB/T 1220—2007）	≤75	900~1000℃,油冷 700~750℃,快冷	690	490	20	60	78	≥192
叶片锻件	纵向	调质	690~900	550~760	20	60	55	223~248
	横向	调质	690~900	550~760	18	55	55	223~248

② 不同温度下的力学性能见表3-422。

表 3-422 不同温度下的力学性能

状态	温度/℃	R_m/MPa	$R_{p0.2}$/MPa	A(%)	Z(%)	KU_2/J	HBW
970℃油冷	650℃空冷	室温	804	662	20	68	101	225
	670℃空冷	室温	775	608	23	64	140	241
	690℃空冷	室温	745	579	25	70	139	235
	710℃空冷	室温	706	539	26	71	150	215
	730℃空冷	室温	696	515	28	70	148	217
1000℃油冷	650℃空冷	室温	815	662	20	66	103	255
	670℃空冷	室温	784	618	26	65	120	241
	690℃空冷	室温	765	598	23	70	141	241
	710℃空冷	室温	721	549	26	69	169	229
	730℃空冷	室温	716	534	28	70	164	220
1030℃油冷	650℃空冷	室温	799	632	25	65	119	255
	670℃空冷	室温	780	618	23	59	140	241
	690℃空冷	室温	760	588	25	67	131	241
	710℃空冷	室温	760	593	24	65	155	239
	730℃空冷	室温	721	549	26	69	—	222
970℃油冷 680℃空冷		100	706	584	26	74	—	—
		200	682	559	22	71	—	—
		300	647	534	21	73	—	—
		400	618	505	20	70	—	—
		450	593	495	21	72	—	—
		480	539	476	22	75	—	—
		500	502	462	21	77	—	—

③ 低温冲击性能见表 3-423。

表 3-423 低温冲击性能（平均值）

状态	温度/℃	25	0	-10	-20	-40	-60	-80
970℃油冷,680℃空冷	KU_2/J	135	129	103.5	66	36.3	21.5	13.5

④ 蠕变极限和持久极限见表 3-424。

表 3-424 蠕变极限和持久极限

状态	温度/℃	蠕变极限/MPa		持久极限/MPa	
		$\sigma_{1/10^4}$	$\sigma_{1/10^5}$	σ_{10^4}	σ_{10^5}
970~990℃,油冷 630~640℃,空冷	430	—	—	379	346
	470	—	—	273	236
	510	—	—	184	149
	550	—	—	116	85
960℃,油冷 680℃,空冷	450	—	319	—	340
	500	178	145	236	—
	510	—	117	—	151
—	450	293	236	310	260
	500	179	131	220	156
	550	96.5	63.4	125	85.5

（8）耐蚀性

13Cr13Mo 钢耐蚀性与 12Cr13 不锈钢相当，并具有较好的耐腐蚀疲劳性。

（9）常用标准牌号对照（见表 3-425）

表 3-425　常用标准牌号对照

国别	中国	国际标准化	欧洲		英国	德国	
标准	GB	ISO	EN	Mat. No	BS	DIN	W-Nr
牌号	13Cr13Mo	X12CrMo12-6	—		420S29		

国别	法国	韩国	俄罗斯	日本	美国			
标准	NF	KS	ГОСТ	JIS	ASTM	UNS	AISI	SAE	ASI
牌号	—	STS410J1	12X13M	SUS410J1	F6b	S41026	—	—	—

3.4.8　1Cr13MoS 和 ZG1Cr13MoS 钢

（1）概述

1Cr13MoS 钢是在 12Cr13Mo 钢基础上将硫的质量分数提高至 0.25%～0.30% 而形成的耐磨件专用马氏体不锈钢，其铸钢牌号为 ZG1Cr13MoS，国外某企业标准中标记为 RWA350。

该钢中钼的存在可保证形成不易分解的碳化物，提高钢的耐磨性，还使钢在加热时保持细晶粒，提高抗回火稳定性，提高硫的含量，这是该钢最重要的特征。硫与锰可形成点状或纺锤状的分布均匀的 MnS。当材料与另外的马氏体不锈钢组成摩擦副时，在高速运转条件下，较软的 MnS 会改变两零件接触应力的分布状态，减少接触应力集中，较好地改善两零件之间的摩擦状况，减少磨损，提高抗咬合能力，防止两零件之间粘连、磨损。所以，1Cr13MoS 钢是耐磨、抗咬合的可贵材料。

1Cr13MoS 钢可制成锻件，也可制成铸件。

（2）工艺特性

1Cr13MoS 钢中的硫含量较高，所以为熔炼和锻轧加工带来不利影响。在熔炼时，考虑硫化亚铁或硫化铁密度小，应注意加入时要先除渣或扒渣，使加入物能充分熔入钢水中，保证硫的收得率。在锻轧热加工时要注意低熔点硫化物对锻轧质量的影响，在锻轧加热时要控制加热和锻轧的工艺方法和温度，锻轧开始温度可采用 1120～1160℃，锻轧终止温度不应小于 900℃。锻轧后应缓慢冷却并及时退火。

1Cr13MoS 钢的主要功能是保证其高硬度和高耐磨性、高抗咬合能力，所以，其热处理时最重要的目标是硬度要达到 325～370HBW，锻后或铸后为降低硬度便于加工，可采用 800～820℃ 的软化退火。加工后应进行淬火+回火处理，以保证获得高硬度，淬火加热温度通常为 980～1020℃，保温后油冷。该钢化学成分及热处理淬火效果对淬火硬度影响较大，所以回火温度根据淬火硬度效果可采用 480～540℃。

1Cr13MoS 钢焊接性较差，不建议大面积补焊或焊接。

为保证功能发挥，工作面必须在毛坯件加工后不大于 5mm 的位置。

（3）应用

1Cr13MoS 钢主要用于摩擦副零件，特别是对马氏体不锈钢为配合件的耐磨件，如口环、密封环、平衡鼓、平衡盘等。

在实际应用中，力学性能只供参考，以硬度为验收依据。

（4）化学成分（见表 3-426）

表 3-426　化学成分（质量分数）　　　　　　　　　　　　　　（%）

C	Si	Mn	P	S	Cr	Ni	Mo
0.10～0.15	≤1.00	≤1.50	≤0.030	0.23～0.32	12.00～14.00	≤0.35	0.30～0.60

(5) 物理性能（见表 3-427）

表 3-427 物理性能

密度/(g/cm³)	熔点/℃	临界点/℃					
		Ac_1	Ac_3	Ar_1	Ar_3	Ms	Mf
7.63	—	800	845	—	—	—	—

温度/℃	室温	100	200	300	400	500	600	700
热导率 λ/[W/(m·℃)]	—	—	—	—	—	—	—	—
比定压热容 c_p/[J/(kg·℃)]	—	—	—	—	—	—	—	—
线胀系数/10^{-6}℃$^{-1}$	—	6.8	8.0	9.6	10.75	11.40	11.50	11.57
弹性模量 E/10^4MPa	21.0	—	—	—	—	—	—	—
切变模量 G/10^3MPa	—	—	—	—	—	—	—	—
泊松比 μ/10^{-1}	—	—	—	—	—	—	—	—
电阻率 ρ/10^{-8}Ω·m	—	—	—	—	—	—	—	—

(6) 常见热处理制度（见表 3-428）

表 3-428 常见热处理制度

热处理	加热温度/℃	冷却方法	金相组织
退火	800~820	炉冷	珠光体+铁素体+MnS
淬火	980~1020	油冷	马氏体+少量铁素体+MnS
回火	480~540	空冷	回火索氏体+少量铁素体+MnS

(7) 力学性能

① 技术标准规定的力学性能见表 3-429。

表 3-429 技术标准规定的力学性能

品种（标准）	规格/mm	状态	力学性能(≥)					HBW
			R_m/MPa	$R_{p0.2}$/MPa	A(%)	Z(%)	KU_2/J	
锻件或铸件	—	淬火+回火	1000~1250	900	—	—	1.4 (DVM)	325~375

② 室温下的力学性能见表 3-430。

表 3-430 室温下的力学性能

状态	温度/℃	R_m/MPa	$R_{p0.2}$/MPa	A(%)	Z(%)	KU_2/J	HBW
淬火+回火	室温	1130	993	—	—	—	345

(8) 耐蚀性

1Cr13MoS 钢耐蚀性可参照 12Cr13Mo 钢，但因硫含量高，有 MnS 存在，其耐蚀性可能受到影响。

(9) 常用标准牌号对照（见表 3-431）

表 3-431 常用标准牌号对照

国别	中国	国际标准化	欧洲		英国	德国	
标准	—	ISO	EN	Mat. No	BS	DIN	W-Nr
牌号	1Cr13MoS	X12CrS13	X12CrS13	1.4005	X12CrS13	X12CrS13	1.4005

国别	法国	韩国	俄罗斯	日本	美国			
标准	NF	KS	ГОСТ	JIS	ASTM	UNS	AISI	SAE	ASI
牌号	—	STS416	—	SUS416	416	S41600	—	—	—

注：X12CrS13 中 w(Mo) = 0.3%~0.6%。

3.4.9　0Cr13Ni4Mo 钢

（1）概述

0Cr13Ni4Mo 钢是在 Cr13 型马氏体不锈钢基础上降低了碳的含量并加入了镍、钼元素而发展起来的一种高强度、高韧性、耐蚀的马氏体不锈钢。

0Cr13Ni4Mo 钢中 4% 左右镍的加入降低了钢的相变点，增加了奥氏体的稳定性；钼的加入不但可以稳定钢的耐蚀性，还会抑制钢在高温加热时晶粒长大倾向和提高抗回火稳定性。正是由于这种成分配比特点加之采用合理的热处理工艺，使该钢在调质热处理状态下具有板条状马氏体形态的回火索氏体+逆变（诱导）奥氏体的特殊组织结构，从而使该钢具有了高强度、高韧性的力学性能。0Cr13Ni4Mo 钢还具有高的淬透性，在 400mm 大截面的零件中，经调质处理后，其自表面至心部的硬度差不大于 30HB，组织形态几乎无差别，这是其他钢种难以达到的效果。

正是由于 0Cr13Ni4Mo 钢的这种优势，使其在机械行业包括核电行业中获得了认可和在重要零部件上的应用。

0Cr13Ni4Mo 钢可制成锻件、棒材和铸件。

（2）工艺特性

0Cr13Ni4Mo 钢的成分组成是其具有优良性能的基础，为了更好发挥材料的功能，熔炼时最好采用电炉熔炼+电渣重熔工艺，如果采用真空处理会更有利于保证钢的质量。

0Cr13Ni4Mo 钢有较好的锻轧性能，锻轧开始温度约为 1150℃，锻轧终止温度不低于 850℃，注意缓慢加热，锻轧后缓慢冷却，锻轧后及时退火。

由于该钢成分及组织的特性，其热处理有不同之处。由于其含 4% 左右的镍，相变点降低，使奥氏体更稳定，高温加热后即使缓慢冷却也会有较高硬度，因此，为降低硬度、便于加工，退火温度选择为 620~660℃，可获得最低硬度达 240~270HBW，同样因其相变点较低，淬火加热温度采用 980~1040℃ 即可，试验研究表明，这一温度加热淬火并回火后可得到较高的强度和塑性；当淬火温度高于 1100℃ 时，冷却后会产生较多的残余奥氏体，不利于性能的改善，而且还有晶粒长大的危险。加热保温后虽然空冷也会得到足够的马氏体和较好的淬透深度，但得不到最佳的力学性能配合，因此保温后应采取油冷，为防止淬火裂纹产生，可适当控制冷却操作和控制出油温度。经验证明，出油时工件表面温度保持在 80~100℃ 即可。0Cr13Ni4Mo 钢淬火后获得板条状马氏体，已具有较好的强度和塑性、韧性，但也应进行回火处理，以去淬火应力和稳定组织。试验研究表明，淬火后在 200~300℃ 之间回火，即可获得较高的强度和韧性，但硬度偏高，应力消除效果不明显，马氏体形态变化不大。在 350~500℃ 之间回火，在强度、硬度、塑性没有太大变化的情况下，冲击韧性显著下降，在 560~620℃ 区间回火，钢的强韧性达到最佳配合，组织为具有板条状马氏体形态的回火索氏体+逆变（诱导）奥氏体，硬度达 250~280HBW。所以，该材料淬火后较适宜的回火温度为 560~620℃，回火后空冷。如果回火后由于回火温度偏高引起硬度、强度偏高，冲击韧性或塑性偏低，也可再进行一次回火，第二次回火温度应低于第一次回火温度 30~40℃。

0Cr13Ni4Mo 钢具有较好的焊接性，采用同材质焊条焊接并经调质处理，焊缝及热影响区的组织和性能与母材相当。但是，重要的零部件不建议焊接。

（3）应用

0Cr13Ni4Mo 锻件或轧材可用于耐蚀、抗汽蚀、抗水下疲劳及综合力学性能要求较高的零部件，如轴、锻制叶轮、叶片及其他重要件。

（4）化学成分（见表3-432）

表3-432 化学成分（质量分数） （%）

C	Si	Mn	P	S	Cr	Ni	Mo
≤0.05	0.30~0.60	0.50~1.00	≤0.03	≤0.02	12.0~14.0	3.5~4.5	0.3~0.7

（5）物理性能（见表3-433）

表3-433 物理性能

密度/(g/cm³)	熔点/℃	临界点/℃					
		Ac_1	Ac_3	Ar_1	Ar_3	Ms	Mf
7.74	—	630	810	—	—	225	145

温度/℃	室温	100	200	300	400	500	600	700
热导率 λ/[W/(m·℃)]	—	—	18.7	21.3	22.4	21.9	19.7	23.4
比定压热容 c_p/[J/(kg·℃)]	—	—	587	646	685	703	701	680
线胀系数/10^{-6}℃$^{-1}$	—	—	10.0	10.7	11.2	11.6	11.7	10.3
弹性模量 E/10^4MPa	20.9	20.7	20.2	19.5	18.7	17.6	16.2	14.7
切变模量 G/10^3MPa	—	—	—	—	—	—	—	—
泊松比 μ/10^{-1}								
电阻率 ρ/10^{-8}Ω·m								

（6）热处理

① 常见热处理制度见表3-434。

表3-434 常见热处理制度

热处理	加热温度/℃	冷却方法	金相组织
退火	620~660	空冷	类似回火组织
淬火	980~1040	油冷	板条状马氏体
回火	560~620	空冷	具有板条状马氏体形态的回火索氏体+逆变（诱导）奥氏体

② 热处理对力学性能影响见表3-435和表3-436。

表3-435 淬火温度对力学性能影响

淬火	回火	R_m/MPa	$R_{p0.2}$/MPa	A(%)	Z(%)	KV_2/J
850℃,油冷	590℃×4h 空冷	895	844	20	75	198
900℃,油冷		878	821	20	74	196
950℃,油冷		875	821	21	73	186
1000℃,油冷		876	820	21	72	180
1050℃,油冷		914	868	21	74	181
1100℃,油冷		913	872	19	72	185

表3-436 回火温度对力学性能影响

淬火	回火	R_m/MPa	$R_{p0.2}$/MPa	A(%)	Z(%)	KV_2/J	HBW
1040℃ 油冷	200℃,空冷	1136	944	70	17	140	365
	300℃,空冷	1135	1056	71	17	159	317
	400℃,空冷	1188	903	70	16	51	363

(续)

淬火	回火	R_m/MPa	$R_{p0.2}$/MPa	A(%)	Z(%)	KV_2/J	HBW
1040℃ 油冷	500℃,空冷	1166	922	72	18	24	375
	600℃,空冷	864	804	71	22	202	252
	650℃,空冷	841	634	74	21	182	272
	700℃,空冷	1069	1004	70	15	142	337

(7) 力学性能

① 技术标准规定的力学性能见表3-437。

表3-437 技术标准规定的力学性能

品种(标准)	规格/mm	状态	力学性能(≥)					HBW
			R_m/MPa	$R_{p0.2}$/MPa	A(%)	Z(%)	KV_2/J	
锻材	≤400	调质	780~980	685	15	30	49(ISO)	275~325

② 不同温度下的力学性能见表3-438。

表3-438 不同温度下的力学性能

状态	温度/℃	R_m/MPa	$R_{p0.2}$/MPa	A(%)	Z(%)	KV_2/J	HBW
1000℃空冷,600℃空冷	室温	864	804	22	71	202	252
1000℃空冷,650℃空冷	室温	841	634	21	74	182	272
1000℃空冷,700℃空冷	室温	1069	1004	15	70	142	337
调质 (≤160mm)	100	745	650	14	35	—	—
	150	730	635	14	35	—	—
	200	715	620	13	30	—	—
	250	700	605	12	30	—	—
	300	685	590	11	30	—	—
	350	670	575	10	30	—	—
调质 (160~400mm)	100	695	600	14	35	—	—
	150	680	585	14	35	—	—
	200	665	570	13	30	—	—
	250	650	555	12	30	—	—
	300	635	540	11	30	—	—
	350	620	525	10	30	—	—
1020℃油冷+590℃空冷+550℃空冷	20	855~890	779	22~23	64~65	—	—
	200	723~725	649~650	17~18	69~71	—	—
	350	676~678	607~612	16	69	—	—
1020℃油冷+560℃空冷+530℃空冷	20	1016~1033	929~950	22~23	68~71	—	—
	200	792~852	721~740	20~21	72~78	—	—
	300	756~761	686~692	16~19	68~70	—	—
	350	735~758	667~690	16	68~70	—	—
	400	728~747	667~684	16~17	70~71	—	—

③ 低温冲击性能见表3-439。

表3-439 低温冲击性能

状态	温度/℃	20	0	-20	-40	-60
1020℃空冷+600℃空冷	KV_2/J	190	206	191	188	181

(续)

状态	温度/℃	20	0	-20	-40	-60
1020℃空冷+600℃空冷+550℃空冷	KV_2/J	163~174	—	167~170	160~164	130~150

(8) 耐蚀性

0Cr13Ni4Mo 钢具有较好的耐蚀性，可参照 06Cr13 钢，或优于 06Cr13 钢。

(9) 常用标准牌号对照（见表 3-440）

表 3-440　常用标准牌号对照

国别	中国	国际标准化	欧洲		英国	德国	
标准	—	ISO	EN	Mat. No	BS	DIN	W-Nr
牌号	0Cr13Ni4Mo	X3CrNiMo13-4	X3CrNiMo13-4	1.4313	X3CrNiMo13-4	X3CrNiMo13-4	1.4313
国别	法国	韩国	俄罗斯	日本	美国		
标准	NF	KS	ГОСТ	JIS	ASTM	UNS	AISI	SAE	ASI
牌号	X3CrNiMo13-4	ST5F6NM	03X13H4M	SUSF6NM	CA6NM	S41500			

3.4.10　00Cr13Ni5Mo 钢

(1) 概述

00Cr13Ni5Mo 钢是在 0Cr13Ni4Mo 钢基础上发展起来的超低碳马氏体不锈钢，该钢不是以高碳马氏体和形成碳化物的方式为强化手段，而是以具有高韧性的低碳马氏体并以镍、钼等合金元素补充强化的方式为强化手段。通过适当的热处理使之具有低碳板条状马氏体与逆变（诱导）奥氏体的复相组织，从而保留了高的强度水平，又提高了钢的韧性和焊接性，同时具有良好的耐磨蚀性。

该钢在正常的淬火和 600℃ 左右的温度回火时，显微组织为细板条状马氏体形态的回火索氏体和逆变（诱导）奥氏体组成，此时，钢具有良好的综合力学性能。当高于 630℃ 以上回火时，在原奥氏体晶界有析出相析出，随着温度升高，析出相粗化，逆变（诱导）奥氏体量减少（有一部分转变成二次马氏体），会使钢的塑性、韧性下降。

00Cr13Ni5Mo 钢主要以锻轧产品（锻件）、板材、管材、带材等型材供应和使用（铸件常用 ZG0Cr13Ni4Mo 和 ZG0Cr13Ni6Mo）。

(2) 工艺特性

00Cr13Ni5Mo 钢具有良好的热加工和热弯成形性，热加工锻轧开始温度为 1160~1180℃，锻轧终止温度不低于 900℃，锻轧后应缓慢冷却和及时退火，厚板材的热成形温度宜在 700~1000℃ 之间进行。

00Cr13Ni5Mo 钢应在淬火并高温回火后使用，淬火加热温度一般为 1040~1080℃，保温后油冷，回火温度宜为 580~620℃，保温后空冷。

热处理时应注意退火温度的合理选择，因钢中镍含量较高、相转变点降低、奥氏体更稳定，所以，高温加热后就是采用很缓慢的冷却速度，也会有大量的马氏体形成，使硬度很高，因此，可采用 600~640℃ 加热，保温后的退火方式，以降低硬度和便于加工、去应力。

00Cr13Ni5Mo 钢具有良好的焊接性，可采用多种方法焊接，焊材宜采用同类型、铬、镍偏高些的材料，一般情况下可不焊前预热和焊后热处理。试验研究表明，焊缝和热影响区仍具有良好的综合力学性能和耐蚀性。

(3) 应用

00Cr13Ni5Mo钢可广泛用于制造应用在有一定腐蚀条件、具有综合力学性能的大截面构件，如水轮机转轮、泵体、泵轮、轴、管线等。

(4) 化学成分（见表3-441）

表3-441 化学成分（质量分数） （%）

C	Si	Mn	P	S	Cr	Ni	Mo
≤0.03	≤0.80	0.4~1.0	≤0.035	≤0.035	12.0~14.0	4.0~6.0	0.5~1.0

(5) 物理性能（见表3-442）

表3-442 物理性能

温度/℃	室温	100	200	300
热导率 λ/[W/(m·℃)]	16.3	18.2	20.4	22.4
比定压热容 c_p/[J/(kg·℃)]	465.1	492.0	526.8	565.3
线胀系数/10^{-6}℃$^{-1}$	—	11.1	11.1	11.7
弹性模量 E/10^4MPa	20.1	19.7	19.3	18.8
切变模量 G/10^3MPa	—	—	—	—
泊松比 μ/10^{-1}	3.10	2.90	2.96	2.90
电阻率 ρ/10^{-8}Ω·m				

注：密度为7.79g/cm³。

(6) 常见热处理制度（见表3-443）

表3-443 常见热处理制度

热处理	加热温度/℃	冷却方法	金相组织
退火	600~640	空冷或缓冷	类似回火组织
淬火	1040~1080	油冷或空冷	板条状马氏体
回火	580~620	空冷	具有板条状马氏体形态的回火索氏体+逆变（诱导）奥氏体

(7) 力学性能

① 技术标准规定的力学性能见表3-444。

表3-444 技术标准规定的力学性能

标准	品种规格/mm	热处理制度	力学性能（≥）					HBW
			R_m/MPa	$R_{p0.2}$/MPa	A(%)	Z(%)	KV_2/J	
棒材、锻件	—	淬火、回火	790	620	15	45	65	225~315

② 不同温度下的力学性能见表3-445。

表3-445 不同温度下的力学性能

状态	温度/℃	R_m/MPa	$R_{p0.2}$/MPa	A(%)	Z(%)	KV_2/J
厚板、调质态	室温	850~865	730~745	19~22	58~62	>100
—	200	870	775~780	14.6~15.4	71~71.6	—
	300	860~865	720~765	12.7~13.4	69.0~70.2	
	400	830~835	700~765	12.7~13.2	65.8~66.2	
	500	640~645	580~605	20~22.8	77.5~80.5	
	600	390~420	320~350	34.4~45.6	83.5~88.5	

(续)

状态	温度/℃	R_m/MPa	$R_{p0.2}$/MPa	A(%)	Z(%)	KV_2/J
—	700	195~210	120~140	101.5~103.1	87.6~88.1	—
	800	140~145	85~100	73.8	65.3~73.3	—
	900	85~90	55~60	61.4~74.5	48~57.3	—
	1000	50~55	35~40	57.2~62.1	46.8~52.5	—

(8) 耐蚀性

00Cr13Ni5Mo 钢具有良好的耐蚀性，在介质中的腐蚀情况可参见 06Cr13 钢，且优于 06Cr13 钢。

00Cr13Ni5Mo 钢的可贵之处是具有优良的耐磨蚀性，试验研究和实际使用证明，其在含泥沙的水中耐磨蚀性优于奥氏体不锈钢和某些马氏体不锈钢，也优于同类型的材料，如优于 0Cr13Ni4Mo 钢和 0Cr13Ni6Mo 钢。00Cr13Ni5Mo 钢在含沙量为 50kg/m³、转速为 13.24~14.45m/s 的条件下，经 4h 运转，其试验结果及与其他材料的对比情况见表 3-446。

表 3-446 耐蚀性对比

钢号	硬度 HBW	时间/h	磨蚀速度/[mg/(cm³·h)]
00Cr13Ni5Mo	285	4	1.12
05Cr17Ni4Cu4Nb	321	4	4.35
06Cr19Ni10	158	4	4.63
0Cr13Ni6Mo	269	4	4.80
0Cr13Ni4Mo	253	4	4.87
ZG30	121	4	7.47

(9) 常用标准牌号对照（见表 3-447）

表 3-447 常用标准牌号对照

国别	中国	国际标准化	欧洲		英国	德国	
标准	—	ISO	EN	Mat. No	BS	DIN	WNr
牌号	00Cr13Ni5Mo	X3CrNiMo13-4	X3CrNiMo13-4	1.4313	—	X3CrNiMo13-4	1.4313
国别	法国	韩国	俄罗斯	日本	美国			
标准	NF	KS	ГОСТ	JIS	ASTM	UNS	AISI	SAE	ASI
牌号	Z3CND13.04	STSF6NM	03X13H5M	SUSF6NM	CA6NM	S41500			

3.4.11 4Cr14Mo 钢

(1) 概述

4Cr14Mo 钢是作为结构件使用的碳含量、铬含量较高的马氏体不锈钢，在国外某企业标准中标示为 IR3Mo 不锈钢。

由于碳含量较高，会提高钢的淬透性、硬度和强度，保证大截面零件的热处理力学性能。较高的铬含量不仅保证了钢的耐蚀特性，而且与较高的碳含量配合，在钢组织中会产生更多的含铬碳化物，从而提高钢的硬度、强度和抗回火稳定性，有利于钢在较高的回火温度下保持较高的强度。钼的加入既可以稳定钢的耐蚀性，又可抑制钢在高温加热时的晶粒长大倾向，还可以平衡较高铬含量对钢组织的影响作用。这里还应指出的是，在这个类型的钢中，不同国家、不同标准中对镍的含量有不同的考虑，有的不加镍，有的适当加入 0.5% 左右的镍。镍的加入可以提高钢的冲击韧性，还有的试验研究证明，镍的加入可以降低最佳淬火加热温度,这对防止钢的晶粒长大、便于热处理生产当然是有利的。

综上所述,4Cr14Mo钢适合制造有一定耐蚀和强度要求的大截面零件。

(2) 工艺特性

由于4Cr14Mo钢多用于大截面、重要零件,且碳及合金元素含量较高,因此建议采用电弧炉或电弧炉+电渣重熔,以及更优良的熔炼方法。

锻轧加工时,应注意缓慢加热,锻轧开始温度为1160~1200℃,锻轧终止温度不应低于850℃。锻轧后应缓冷且及时退火。

4Cr14Mo钢退火可以采用完全退火,加热温度一般为870~900℃,保温后炉冷至550℃以下出炉,也可以采用730~780℃加热的低温退火,降低硬度和去应力。其应在调质状态下使用,淬火加热温度可采用970~1020℃,充分保温后油冷,淬火冷却时应适当控制出油温度,防止淬火裂纹产生。淬火后应及时回火,回火加热温度可采用680~720℃,要保证回火充分,回火后可采用空冷或油冷。

4Cr14Mo钢焊接性不好,不宜进行焊接。

(3) 应用

4Cr14Mo钢主要用于制造有一定耐蚀性要求、截面比较大、有较好综合力学性能的零件,如给水泵轴等。

(4) 化学成分(见表3-448)

表3-448 化学成分(质量分数) (%)

C	Si	Mn	P	S	Cr	Ni	Mo
0.36~0.42	≤0.60	≤0.80	≤0.025	≤0.020	13.0~15.0	0.4~0.6	0.4~0.6

(5) 物理性能(见表3-449)

表3-449 物理性能(供参考)

温度/℃	室温	100	200	300	400	500	600
热导率 $\lambda/[W/(m \cdot ℃)]$	17.6	—	—	—	—	—	—
比定压热容 $c_p/[J/(kg \cdot ℃)]$	—	—	—	—	—	—	—
线胀系数/$10^{-6}℃^{-1}$	—	11.1	12.1	12.9	13.5	13.9	14.1
弹性模量 $E/10^4$ MPa	21.0						
切变模量 $G/10^3$ MPa							
泊松比 $\mu/10^{-1}$							
电阻率 $\rho/10^{-8} \Omega \cdot m$							

注:密度为7.85g/cm³。

(6) 常见热处理制度(见表3-450)

表3-450 常见热处理制度

热处理	加热温度/℃	冷却方法	金相组织
完全退火	870~900	缓冷	珠光体+碳化物
低温退火	730~780	炉冷	珠光体+碳化物
淬火	970~1020	油冷	马氏体+少量碳化物+少量残余奥氏体
回火	680~720	空冷或油冷	回火索氏体+少量碳化物+少量残余奥氏体

(7) 力学性能

① 技术标准规定的力学性能见表 3-451。

表 3-451 技术标准规定的力学性能

品种(标准)	规格/mm	状态	力学性能(≥)					HBW
			R_m/MPa	$R_{p0.2}$/MPa	$A(\%)$	$Z(\%)$	KU_2/J	
锻材	≤180	淬火+回火	735	540	14	—	27(DVM) 31(KV_2)	229~269

② 不同温度下的力学性能见表 3-452。

表 3-452 不同温度下的力学性能

状态	温度/℃	R_m/MPa	$R_{p0.2}$/MPa	$A(\%)$	$Z(\%)$	KU_2/J	HBW
淬火+回火	室温	833	671	19.4	51	29(DVM)	255
淬火+回火	20	—	519	—	—	—	—
	100	—	500	—	—	—	—
	150	—	490	—	—	—	—
	200	—	451	—	—	—	—
	300	—	412	—	—	—	—
	350	—	392	—	—	—	—

(8) 耐蚀性

4Cr14Mo 钢在大气、水中及弱酸性介质中有一定的耐蚀性。

(9) 常用标准牌号对照（见表 3-453）

表 3-453 常用标准牌号对照

国别	中国	国际标准化	欧洲		英国	德国	
标准	—	ISO	EN	Mat. No	BS	DIN	W-Nr
牌号	4Cr14Mo	—	—	—	—	X40CrMo14	—

国别	法国	韩国	俄罗斯	日本	美国			
标准	NF	KS	ГОСТ	JIS	ASTM	UNS	AISI	SAE	ASI
牌号	Z39CD14	STS420F	40X14M	SUS420F	—	—	—	—	—

3.4.12 14Cr17Ni2（1Cr17Ni2）钢

(1) 概述

14Cr17Ni2 钢属马氏体不锈钢，因其含有较高的铬及一定的镍，当碳、铬、镍成分变化时，组织中可能含有一定量的铁素体，所以，有的也将其归类于马氏体-铁素体不锈钢。经验证明，当组织中含有大于 15% 铁素体时，其性能特别是冲击韧性会明显下降，因此，在实际应用时，力求将碳、镍控制在上限，铬控制在下限，以保证热处理后组织中的铁素体含量不大于 15%，从而保证获得较好的力学性能。

14Cr17Ni2 钢经较低温度回火后，具有高的强度、韧性和耐蚀性。为了满足某些零件的综合力学性能要求，也采用高温回火，以保证足够的韧性。

14Cr17Ni2 钢具有较好的强度、韧性、耐蚀性及冷热加工性和焊接性，所以获得广泛应用。

14Cr17Ni2钢可制成锻件、棒材、板材、管材也可制成铸件。

（2）工艺特性

14Cr17Ni2钢可以锻轧，锻轧开始温度为1100~1150℃，锻轧终止温度不小于850℃，锻轧后应缓冷并及时退火。

14Cr17Ni2钢中因含有2%左右镍，高温奥氏体更稳定，高温加热后冷却时不易发生珠光体转变，所以不宜采用完全退火，只能采用较低温度加热、退火，使硬度有一定程度下降，一般退火温度采用680~750℃，保温后炉冷至500℃以下出炉，退火后硬度可达250~280HBW。

14Cr17Ni2钢具有较好的热处理性，在热处理后使用。淬火加热温度为950~1050℃，常用980~1020℃，加热保温后采用油冷。回火温度依据技术要求不同，可采用在275~350℃或560~680℃两种温度段回火，较低温度的回火可获得高的硬度、强度，但塑性、韧性较低，作为大部分的机械零件采用高温度段回火，以保证取得良好的综合力学性能，回火可采用空冷或油冷。空冷可能有回火脆性倾向。

14Cr17Ni2钢焊接性较差，焊前应预热250~300℃，焊后及时退火处理。

（3）应用

14Cr17Ni2钢主要用于制造高强度和耐腐蚀，特别是耐硝酸和有机酸腐蚀的零件，可制造叶片、叶轮、轴、阀杆、紧固件等。

（4）化学成分（见表3-454）

表3-454 化学成分（质量分数）（GB/T 1220—2007） （%）

C	Si	Mn	P	S	Cr	Ni
0.11~0.17	≤0.80	≤0.80	≤0.04	≤0.03	16.00~18.00	1.50~2.50

（5）物理性能（见表3-455）

表3-455 物理性能

密度/(g/cm³)	熔点/℃	临界点/℃					
		Ac_1	Ac_3	Ar_1	Ar_3	Ms	Mf
7.75	—	810	—	780	—	357	—

温度/℃	室温	100	200	300	400	500	600	700
热导率 λ/[W/(m·℃)]	20.9	21.8	22.6	23.4	24.3	25.1	26.0	26.8
比定压热容 c_p/[J/(kg·℃)]	481	—	—	—	—	—	—	—
线胀系数/10^{-6}℃$^{-1}$	—	10.3	10.3	11.2	11.8	12.4	—	—
弹性模量 E/10^4MPa	19.3	—	—	16.4	15.9	14.8	13.3	—
切变模量 G/10^3MPa								
泊松比 μ/10^{-1}								
电阻率 ρ/$10^{-8}\Omega\cdot m$	73							

（6）热处理

① 奥氏体等温转变图见图3-14。

② 常见热处理制度见表3-456。

③ 热处理及组织对力学性能的影响见图3-15~图3-22和表3-457~表3-459。

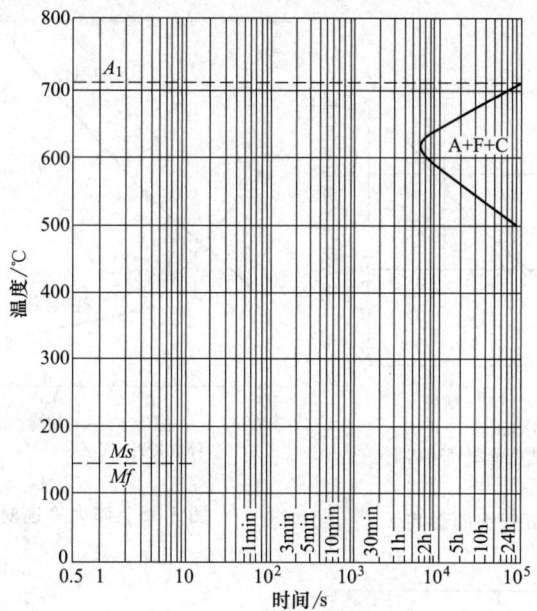

图 3-14 奥氏体等温转变图

表 3-456 常见热处理制度

热处理	加热温度/℃	冷却方法	金相组织
退火	680~750	炉冷≤550℃出炉	珠光体+铁素体
淬火	950~1050	油冷	马氏体+少量铁素体
回火	275~350	空冷或油冷	回火马氏体+少量铁素体
	560~680	空冷或油冷	索氏体+少量铁素体

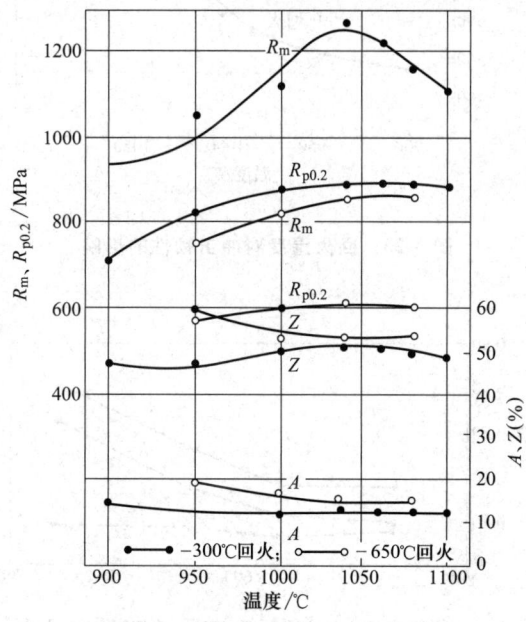

图 3-15 淬火温度对拉伸性能的影响

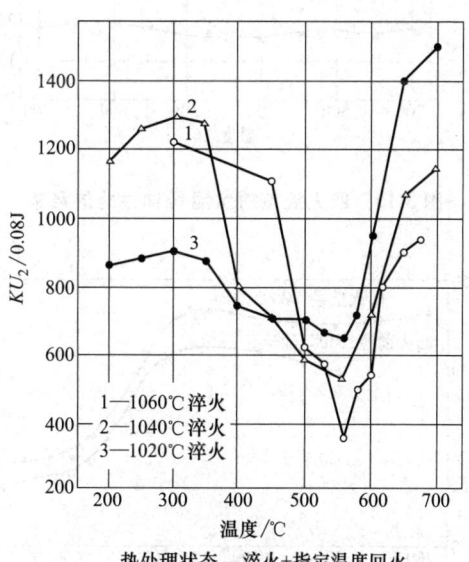

图 3-16 淬火温度对冲击韧性的影响

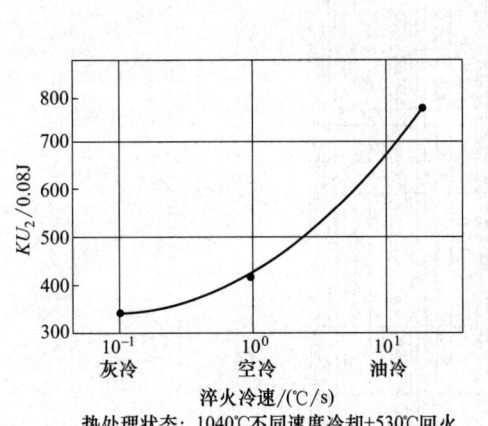

图 3-17 淬火冷速对冲击韧性的影响

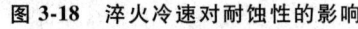

图 3-18 淬火冷速对耐蚀性的影响

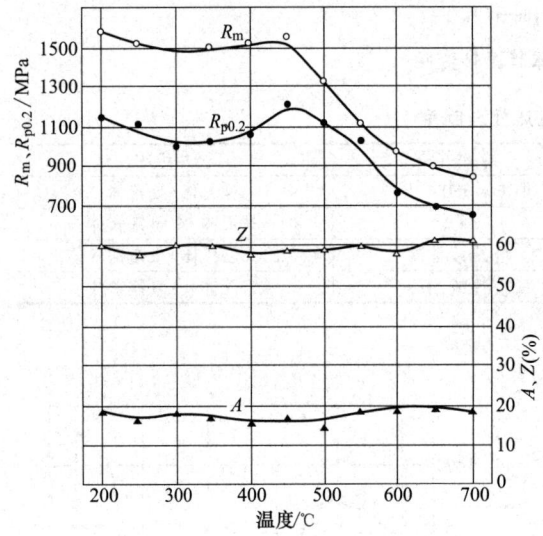

图 3-19 回火温度对室温拉伸性能的影响

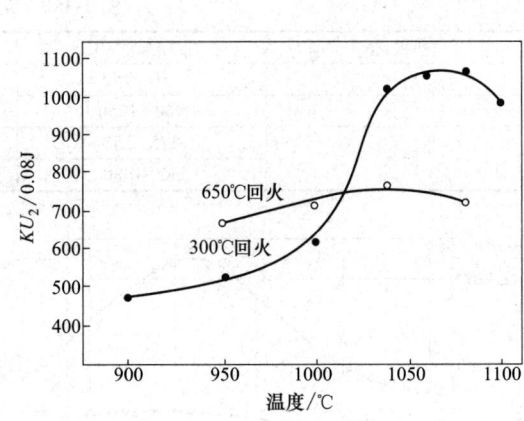

图 3-20 回火温度对冲击韧性的影响

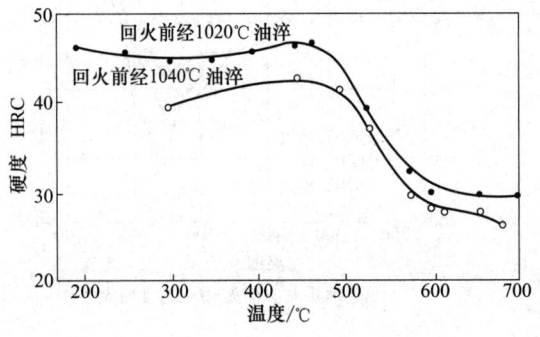

图 3-21 回火温度对硬度的影响

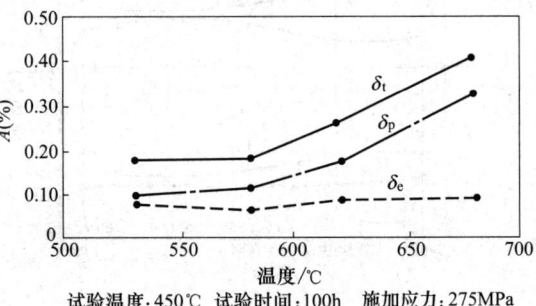

图 3-22 回火温度对蠕变性能的影响

表 3-457　回火冷却方式对冲击吸收能量 KU_2 的影响

热处理	回火冷却	
	油冷	空冷
1030℃油冷+550℃回火 2h	122J	92J

表 3-458　铁素体含量对拉伸性能的影响

热处理制度	δ铁素体(%)	R_m/MPa	$R_{p0.2}$/MPa	A(%)	Z(%)
1000℃,油淬+ 650~680℃,回火	<10	847	663	17.5	51.1
	15	853	673	15.0	43.7
	30	815	663	15.5	41.9
	50	745	594	15.8	29.8

注：试样取自锻件切向。

表 3-459　铁素体含量对冲击韧性的影响

热处理制度	δ铁素体(%)	KU_2/J	热处理制度	δ铁素体(%)	KU_2/J
1000℃,油淬+ 650~680℃,回火	<10	54.4	1000℃,油淬+ 650~680℃,回火	30	15.2
	15	34.4		50	13.6

注：试样取自锻件的切向。

(7) 力学性能

① 技术标准规定的力学性能见表 3-460。

表 3-460　技术标准规定的力学性能

品种(标准)	规格/mm	状态	力学性能(≥)					HBW
			R_m/MPa	$R_{p0.2}$/MPa	A(%)	Z(%)	KU_2/J	
棒材 (GB/T 1220— 2007)	≤75	950~1050℃,油冷 275~350℃,空冷	1080	—	10	—	39	—

② 不同温度下的力学性能见表 3-461。

表 3-461　不同温度下的力学性能

状态		温度/℃	R_m/MPa	$R_{p0.2}$/MPa	A(%)	Z(%)	KU_2/J
1040℃ 油冷	300℃回火	室温	1422	1007	19	68	—
	550℃回火	室温	1085	937	17	61	41.6
	680℃回火	室温	946	755	17	59	—
950℃,油冷 510℃,回火		20	1067	1023	13.0	52.0	—
		200	913	832	11.6	58.0	—
		300	886	810	12.8	54.4	—
		400	870	800	11.0	60.0	—
		500	766	620	16.0	65.6	—
1000℃,油冷 510℃,回火		20	1176	1026	14.0	50.6	—
		200	1046	940	11.3	52.4	—
		300	1022	922	10.5	55.3	—
		400	983	853	13.0	61.4	—
		500	770	714	24.0	72.0	—
		600	—	—	34.0	80.0	—

(续)

状态	温度/℃	R_m/MPa	$R_{p0.2}$/MPa	A(%)	Z(%)	KU_2/J
1030℃,油冷 680℃,回火	20	960	770	17.0	59.0	—
	300	840	690	14.0	53.0	—
	400	870	700	13.0	37.0	—
	500	650	550	18.0	66.0	—
	600	460	360	29.0	88.0	—
1050℃,油冷 510℃,回火	20	1256	1054	12.5	62.5	—
	200	1120	980	12.0	62.0	—
	300	1085	968	12.0	58.2	—
	400	1084	957	10.4	61.2	—
	500	833	805	13.4	63.5	—
	600	636	256	23.4	71.3	—
1050℃,油冷 550℃,回火	20	1106	955	16.6	61.0	42.4
	200	960	804	13.9	61.5	116.8
	300	930	794	13.4	59.6	110.4
	400	843	798	12.3	57.4	110.4
	500	814	730	13.9	63.0	104
	600	429	390	28.5	77.0	—
1040℃,油冷 550℃回火(棒材)	200	941	788	14	62	114.4
	300	912	778	13	60	108
	400	818	783	12	58	108
	500	798	716	14	63	101.6
	600	421	382	29	77	—
1030℃,油冷 680℃,回火(棒材)	300	828	677	14	53	—
	400	751	666	13	37	—
	500	637	539	18	66	—
	600	556	453	29	78	—
1040℃,油冷 680℃,回火 (板材)	20	686	451	15	—	—
	300	569	353	12	—	—
	450	530	353	9	—	—

③ 蠕变极限和持久极限见表3-462。

表3-462 蠕变极限和持久极限

状态	温度/℃	蠕变极限/MPa	持久极限/MPa					
		$\sigma_{0.2/10^2}$	σ_{10^2}	$\sigma_{2\times10^2}$	$\sigma_{3\times10^2}$	$\sigma_{5\times10^2}$	σ_{10^3}	$\sigma_{2\times10^3}$
1050℃,油冷 550℃,回火	300	345	—	805	—	—	—	—
	400	295	725	—	765	695	645	630
	450	275	—	610	—	—	—	—
	500	—	—	—	265	—	—	—
1050℃,油冷 680℃,回火	300	365	—	—	—	—	—	—
	400	315	—	—	—	—	—	—
	500	49	—	—	—	—	—	—

(8) 耐蚀性

耐全面(均匀)腐蚀性能见表3-463。

(9) 常用标准牌号对照(见表3-464)

表 3-463 耐全面（均匀）腐蚀性能

介质	浓度(%)	压力/MPa	温度/℃	时间/h	腐蚀速率 mm/a	g/(m²·h)	备注
硝酸	10	—	50	—	<0.1	—	—
		—	85	—	<0.1	—	—
	30	—	60	—	<0.1	—	—
		—	沸点	—	<1.0	—	—
	50	—	50	—	<0.1	—	—
		—	80	—	0.1~1.0	—	—
		—	沸点	—	<0.30	—	—
	60	—	60	—	<0.1	—	—
硫酸	1	—	20	—	3.0~10.0	—	—
	5	—	20	—	>10.0	—	—
	10	—	20	—	>10.0	—	—
磷酸	5	—	20	—	<0.1	—	—
		—	85	—	<0.1	—	—
	10	—	20	—	<3.0	—	—
	25	—	20	—	3.0~10.0	—	—
盐酸	1	—	20	—	<3.0	—	—
	2	—	20	—	3.0~10.0	—	—
	5	—	20	—	>10.0	—	—
乙酸	10	—	75	—	<3.0	—	—
		—	90	—	3.0~10.0	—	—
	15	—	20	—	<1.0	—	—
		—	40	—	<3.0	—	—
	25	—	50	—	<1.0	—	—
		—	90	—	<3.0	—	—
		—	沸点	—	3.0~10.0	—	—
氢氧化钠	10	—	90	—	<0.1	—	—
	20	—	50	—	<0.1	—	—
		—	沸点	—	<0.1	—	—
	30	—	20	—	<0.1	—	—
		—	100	—	<1.6	—	—
	40	—	90	—	<1.0	—	—
	50	—	100	—	<1.0	—	—
	60	—	90	—	<1.0	—	—
氢氧化钾	25	—	沸点	—	<0.1	—	—
	50	—	20	—	<0.1	—	—
		—	沸点	—	<1.0	—	—
	68	—	120	—	<1.0	—	—
	熔体	—	300	—	>10.0	—	—
硫酸铝	10	—	50	—	<0.1	—	—
		—	沸点	—	1.0~3.0	—	—

表 3-464 常用标准牌号对照

国别	中国	国际标准化	欧洲		英国	德国	
标准	GB	ISO	EN	Mat. No	BS	DIN	W-Nr
牌号	14Cr17Ni2	X17CrNi16-2	X17CrNi16-2	1.4057	431S29	X20CrNi17-2	1.4057

国别	法国	韩国	俄罗斯	日本	美国			
标准	NF	KS	ГОСТ	JIS	ASTM	UNS	AISI	SAE	ASI
牌号	Z15CN16.02	STS431	14X17H2	SUS431	431	S43100	431	—	—

3.4.13 ZG15Cr13（ZG1Cr13）钢

（1）概述

ZG15Cr13钢基本上属铸造马氏体不锈钢（也有的归类于铸造马氏体-铁素体不锈钢）。相对于锻、轧12Cr13钢，其组织中的δ-铁素体量可能会更多一些。

ZG15Cr13钢在温度不超过30℃的弱腐蚀介质中有良好的耐蚀性，在淡水、蒸汽和潮湿大气中有足够的耐蚀性。

ZG15Cr13钢经热处理后，有良好的力学性能，在退火状态下塑性较高，焊接及切削加工性良好。

（2）工艺特性

ZG15Cr13钢的铸造性良好，对于泵叶轮等形状复杂的铸件，应适当考虑铸造工艺和操作，防止产生铸造裂纹。

ZG15Cr13钢铸后应进行退火处理，以改善铸态组织，去应力和降低硬度，退火温度通常为880~920℃，保温后炉冷。对于重要铸件应在调质热处理后使用，淬火加热温度为1020~1050℃，保温后油冷或空冷，回火温度应依据对性能的要求在550~720℃之间选择，保温后空冷。

ZG15Cr13钢具有较好的焊接性，铸件补焊后应及时进行去应力处理。

（3）应用

ZG15Cr13钢可用于有一定耐蚀性要求、承受冲击要求和一定强度要求的铸件，如泵体、叶轮、水轮机转轮、叶片及螺旋桨、阀体等零件。

（4）化学成分（见表3-465）

表3-465 化学成分（质量分数）（GB/T 2100—2017） （%）

C	Si	Mn	P	S	Cr	Ni	Mo	Cu
≤0.15	≤0.80	≤0.80	≤0.035	≤0.025	11.50~13.50	≤1.00	≤0.50	

（5）物理性能（见表3-466）

表3-466 物理性能

温度/℃	室温	100	200	300	400	500
热导率 λ/[W/(m·℃)]	—	25.7(101℃)	28.0(195℃)	28.1(289℃)	28.9(392℃)	28.9(491℃)
比定压热容 c_p/[J/(kg·℃)]	—	460	490	519	539	556
线胀系数/10^{-6}℃$^{-1}$	—	10.22	10.78	11.18	11.52	11.74
弹性模量 E/10^4MPa	21.9	21.5	20.8	20.2	19.1	17.9
切变模量 G/10^3MPa	85.5	83.8	81.4	78.4	74.0	69.3
泊松比 μ/10^{-1}	2.81	2.83	2.78	2.88	2.91	2.91
电阻率 ρ/10^{-8}Ω·m	—	—	—	—	—	—

注：密度为7.72g/cm³。

（6）常见热处理制度（见表3-467）

（7）力学性能

① 技术标准规定的力学性能见表3-468。

② 室温下的力学性能见表3-469。

表 3-467 常见热处理制度

热处理	加热温度/℃	冷却方法	金相组织
退火	880~920	炉冷	珠光体+铁素体
淬火	950~1050	油冷或空冷	马氏体+少量铁素体
回火	650~750	空冷	回火索氏体+少量铁素体

表 3-468 技术标准规定的力学性能

品种(标准)	规格/mm	状态	力学性能(≥)						HBW
			R_m/MPa	$R_{p0.2}$/MPa	$A_{11.3}$(%)	A(%)	Z(%)	KV_2/J	
铸件 (GB/T 2100—2017)	≤150	950~1050℃ 空冷+650~ 750℃空冷	620	450	—	15	—	20	—

表 3-469 室温下的力学性能

状态	温度/℃	R_m/MPa	$R_{p0.2}$/MPa	A(%)	Z(%)	KU_2/J	HBW
试块,850℃正火	室温	824	678	11	23	22.4	
试块,950℃退火	室温	754	642	13	40	18.4	214
1020℃ 空冷	600℃回火	室温	730	520	14			
	650℃回火	室温	670	480	16			

(8) 耐蚀性

ZG15Cr13 钢在温度不大于 30℃ 的氧化性酸中(硝酸、盐酸、有机酸等)有良好的耐蚀性,在淡水、海水、蒸汽、潮湿大气中有足够的耐蚀性。具体耐蚀性参见 12Cr13 钢,但由于其铸态组织特征,比锻-轧态的 12Cr13 耐蚀性略低。

(9) 常用标准牌号对照 (见表 3-470)

表 3-470 常用标准牌号对照

国别	中国	国际标准化	欧洲		英国	德国	
标准	GB	ISO	EN	Mat. No	BS	DIN	W-Nr
牌号	ZG15Cr13	C39r1	GX10Cr13	1.4006	410C21	GX10Cr13	1.4006
国别	法国	韩国	俄罗斯	日本	美国			
标准	NF	KS	ГОСТ	JIS	ASTM	UNS	AISI	SAE	ASI
牌号	Z12C13M	SCS1	15Х13Л	SCS1	CA-15	J91150			

3.4.14 ZG20Cr13(ZG2Cr13)钢

(1) 概述

ZG20Cr13 钢属于马氏体不锈铸钢,其在强度上比 ZG15Cr13 钢要高,但耐蚀性不如 ZG15Cr13 钢。

ZG20Cr13 钢在 700℃ 以下有较好的热强性和减振性,在空气介质中有一定的抗氧化性。在淡水、蒸汽及潮湿大气条件下有较好的耐蚀性。在室温条件下的弱腐蚀介质(如盐水溶液、浓度不高的有机酸)中,有一定耐蚀性。

ZG20Cr13 钢经热处理后具有较好的强度。

(2) 工艺特性

ZG20Cr13 钢铸造性良好,但对于形状复杂的铸件,如泵叶轮、导叶等应注意防止产生铸造裂纹。

ZG20Cr13 钢铸后应进行退火处理，以改善铸态组织、去铸造应力，退火加热温度可选用 880~920℃，保温后炉冷至 550℃ 以下出炉。大部分铸件应在调质热处理状态下使用，淬火加热温度为 1000~1050℃，保温后油冷或空冷。回火温度可采用 550~720℃，保温后空冷。

ZG20Cr13 钢有一定的焊接和补焊性，焊前应预热至 250~350℃，焊后及时退火。

（3）应用

ZG20Cr13 钢可用于有耐蚀性和一定强度要求的铸件，如泵体、叶轮、导叶、阀体、叶片、螺旋桨等铸件。

（4）化学成分（见表 3-471）

表 3-471 化学成分（质量分数）（GB/T 2100—2017） (%)

C	Si	Mn	P	S	Cr	Ni	Mo	Cu
0.16~0.24	≤1.00	≤0.60	≤0.035	≤0.025	11.50~14.00	—	—	—

（5）物理性能（见表 3-472）

表 3-472 物理性能

温度/℃	室温	100	200	300	400	500
热导率 $\lambda/[W/(m·℃)]$	—	25.4	265	26.7	27.0	27.0
比定压热容 $c_p/[J/(kg·℃)]$	—	468	497	523	542	558
线胀系数 $/10^{-6}℃^{-1}$	—	10.5	10.9	11.1	11.4	11.6
弹性模量 $E/10^4 MPa$	22.4	22.0	21.6	21.1	20.1	18.7
切变模量 $G/10^3 MPa$	85.7	84.0	81.7	78.7	74.4	69.6
泊松比 $\mu/10^{-1}$	2.81	—	—	—	—	—
电阻率 $\rho/10^{-8}\Omega·m$	—	—	—	—	—	—

注：密度为 7.75g/cm³。

（6）常见热处理制度（见表 3-473）

表 3-473 常见热处理制度

热处理	加热温度/℃	冷却方法	金相组织
退火	880~920	炉冷	珠光体+铁素体
淬火	950~1050	油冷或空冷	马氏体+少量贝氏体
回火	680~740	空冷	回火索氏体

（7）力学性能

① 技术标准规定的力学性能见表 3-474。

表 3-474 技术标准规定的力学性能

品种（标准）	规格/mm	状态	力学性能（≥）						HBW
			R_m/MPa	$R_{p0.2}$/MPa	$A_{11.3}$(%)	A(%)	Z(%)	KV_2/J	
铸件（GB/T 2100—2017）	≤150	1020~1050℃油冷+720℃空冷	590	390	—	15	—	20	—

② 室温下的力学性能见表 3-475。

表 3-475 室温下的力学性能

状态	温度/℃	R_m/MPa	$R_{p0.2}$/MPa	A(%)	Z(%)	KV_2/J	HBW
1020℃空冷+680℃回火	室温	682	492	17	—	—	—

(8) 耐蚀性

ZG20Cr13 钢耐蚀性参见 20Cr13 钢，但由于 ZG20Cr13 钢是铸态组织，所以，实际耐蚀性可能低于 20Cr13 钢。

(9) 常用标准牌号对照（见表 3-476）

表 3-476 常用标准牌号对照

国别	中国	国际标准化	欧洲		英国	德国	
标准	GB	ISO	EN	Mat. No	BS	DIN	W-Nr
牌号	ZG20Cr13	—	GX20Cr14	1.4027	420C29	G-X20Cr14	1.4027
国别	法国	韩国	俄罗斯	日本	美国		
标准	NF	KS	ГОСТ	JIS	ASTM	UNS	AISI	SAE	ASI
牌号	Z20C13M	SCS2	20Х13Л	SCS2	CA-40	J91153	—	—	—

3.4.15 ZG3Cr13A 钢

(1) 概述

ZG3Cr13A 钢是铸造马氏体不锈钢，与 ZG15Cr13 钢、ZG20Cr13 钢相比，其有更高的强度、硬度和淬透性，有一定的铸造性，但耐蚀性较差。

ZG3Cr13A 钢主要是在调质状态下使用，用于在一定的腐蚀条件下，要求有较高强度、硬度、耐磨性的各类铸件。

(2) 工艺特性

ZG3Cr13A 钢有较好的铸造性，但在铸造形状复杂或薄壁铸件时，宜采用较高的浇注温度，一般为 1650~1680℃。铸件应及时退火，以改善铸态组织、去应力和降低硬度。

ZG3Cr13A 钢铸后退火温度为 880~950℃，保温后炉冷。淬火加热温度常采用 980~1040℃，保温后空冷，回火温度依据零件性能要求可选择 580~700℃。

ZG3Cr13A 焊接性不好，一些重要铸件不允许补焊。

(3) 应用

ZG3Cr13A 钢用于有一定耐蚀要求及较高强度和耐磨性的铸件，如泵叶轮、杠杆、轴承座等。

(4) 化学成分（见表 3-477）

表 3-477 化学成分（质量分数） (%)

C	Si	Mn	P	S	Cr	Ni	Mo
0.25~0.32	≤0.80	≤1.00	≤0.035	≤0.025	12.00~14.00	≤1.00	—

(5) 物理性能（见表 3-478）

表 3-478 物理性能

温度/℃	室温	100	200	300	400	500
热导率 λ/[W/(m·℃)]	—	25.1	25.5	25.6	25.7	25.8
比定压热容 c_p/[J/(kg·℃)]	—	482	502	540	582	653

(续)

线胀系数/10^{-6}℃$^{-1}$	—	10.5	11.0	11.5	11.5	12.0
弹性模量 E/10^4MPa	—	—	—	—	—	—
切变模量 G/10^3MPa	—	—	—	—	—	—
泊松比 μ/10^{-1}	—	—	—	—	—	—
电阻率 ρ/$10^{-8}\Omega\cdot m$	52	59	68	77	85	93

注：密度为 7.76g/cm³。

(6) 常见热处理制度（见表 3-479）

表 3-479 常见热处理制度

热处理	加热温度/℃	冷却方法	金相组织
退火	880~950	炉冷	珠光体+铁素体
淬火	980~1040	空冷或油冷	马氏体
回火	580~700	空冷	回火索氏体

(7) 力学性能

① 技术标准规定的力学性能见表 3-480。

表 3-480 技术标准规定的力学性能

品种(标准)	规格/mm	状态	力学性能(≥)					HBW
			R_m/MPa	$R_{p0.2}$/MPa	A(%)	Z(%)	KU_2/J	
—	—	975℃,油冷 600℃,空冷	880~1080	640	8	—	—	260~315

② 室温下的力学性能见表 3-481。

表 3-481 室温下的力学性能

状态	温度/℃	R_m/MPa	$R_{p0.2}$/MPa	A(%)	Z(%)	KU_2/J	HBW
975℃油冷,600℃空冷	室温	941	768	12.2	—	—	—

(8) 耐蚀性

ZG3Cr13A 钢耐蚀性比 ZG15Cr13 钢、ZG20Cr13 钢差。

ZG3Cr13A 钢耐蚀性与回火温度有关，见图 3-23。

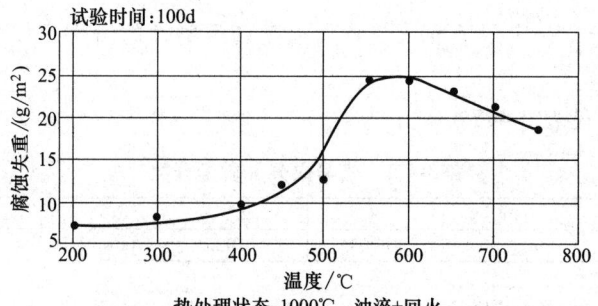

图 3-23 回火温度对 3%NaCl 溶液中
的腐蚀失重的影响

(9) 常用标准牌号对照（见表 3-482）

表 3-482 常用标准牌号对照

国别	中国	国际标准化	欧洲		英国	德国	
标准	—	ISO	EN	Mat. No	BS	DIN	W-Nr
牌号	ZG3Cr13A	—	—	—	—	—	—

国别	法国	韩国	俄罗斯	日本	美国				
标准	NF	KS	ГОСТ	JIS	ASTM	UNS	AISI	SAE	ASI
牌号	Z30Cr13M	SCS2A	30Х13Л	SCS2A	—	—	—	—	—

3.4.16 ZG1Cr13Ni 钢

(1) 概述

ZG1Cr13Ni 钢是在传统的 ZG15Cr13 钢基础上加入质量分数为 1% 左右的镍 [最佳镍含量（质量分数）为 0.5%~0.8%] 形成的马氏体不锈铸钢。虽然加入了含量不高的镍，但其对不锈钢的组织、性能却起到很大作用。镍是扩大 γ 相区的元素，会增加奥氏体的稳定性，使转变温度降低，从而增加了淬透性，在相同的冷却速度下会比 ZG15Cr13 钢获得更多的马氏体含量，减少 δ-铁素体量。这不仅会提高铸件的性能，特别是提高塑性、韧性，而且减少了铸件自高温冷下来产生的脆性危害，减少了铸造裂纹的产生，提高了铸件成品率，同时还会改善铸件焊接或补焊性。

由于 ZG1Cr13Ni 钢的诸多优点，其在许多铸件的生产中取代了 ZG15Cr13 钢。

ZG1Cr13Ni 钢还有一定的耐蚀性和耐冲刷性，在抗汽蚀方面也优于 ZG15Cr13 钢。

(2) 工艺特性

ZG1Cr13Ni 钢铸件应在热处理后使用。对于大型、复杂、应力大的铸件，在铸后应采取完全退火处理，完全退火加热温度通常为 840~900℃，注意缓慢加热和保温后的缓慢冷却（一般不大于 50℃/h），冷却到温度不大于 600℃ 时出炉。除必须完全退火的铸件，大部分铸件可采用较低温度退火，加热温度一般采用 750~800℃，加热保温后炉冷至 550℃ 以下出炉，可达到去除应力和降低硬度的目的。ZG1Cr13Ni 钢淬火加热温度可选择 980~1040℃，保温后空冷或油冷。回火温度一般为 600~720℃，保温后空冷。ZG1Cr13Ni 钢的热处理效果受成分影响较明显，尤其是碳、镍的含量控制。

ZG1Cr13Ni 钢焊接和补焊性尚好，依据焊条类型和条件影响，焊前预热可控制在 250~350℃。焊后应及时进行去应力处理，焊后去应力处理一般加热至 550~700℃。

(3) 应用

ZG1Cr13Ni 钢主要用于有一定耐腐蚀要求、承受冲击和一定强度要求的复杂铸件，完全可取代 ZG15Cr13 钢，用于制造泵体、叶轮、叶片、阀体、螺旋桨等重要铸件。

(4) 化学成分（见表 3-483）

表 3-483 化学成分（质量分数） (%)

C	Si	Mn	P	S	Cr	Ni	Mo
0.08~0.15	≤1.00	≤1.00	≤0.040	≤0.030	12.0~13.5	0.50~1.50	—

(5) 物理性能（见表 3-484）

表 3-484 物理性能

温度/℃	室温	100	200	300	400	500	600
热导率 λ/[W/(m·℃)]	25.1	—	—	—	—	—	—

(续)

比定压热容 c_p/[J/(kg·℃)]	460.5	—	—	—	—	—
线胀系数/10^{-6}℃$^{-1}$	—	10.5	11.0	—	11.5	12.5
弹性模量 E/10^4MPa	21.0	—	—	—	—	—
切变模量 G/10^3MPa	—	—	—	—	—	—
泊松比 μ/10^{-1}	—	—	—	—	—	—
电阻率 ρ/10^{-8}Ω·m	55	—	—	—	—	—

注：密度为 7.7g/cm³。

(6) 常见热处理制度（见表3-485）

表3-485 常见热处理制度

热处理	加热温度/℃	冷却方法	金相组织
完全退火	840~900	缓慢冷却	珠光体+铁素体
低温退火	750~800	炉冷	珠光体+铁素体
淬火	980~1040	空冷或油冷	马氏体+少量铁素体
回火	600~720	空冷	回火索氏体+少量铁素体

(7) 力学性能

① 技术标准规定的力学性能见表3-486。

表3-486 技术标准规定的力学性能

品种（标准）	规格/mm	状态	力学性能(≥)					HBW
			R_m/MPa	$R_{p0.2}$/MPa	A(%)	Z(%)	KU_2/J	
铸件	—	淬火+回火	590~785	440	15	35	28(DVM)	180~250

② 不同温度下的力学性能见表3-487。

表3-487 不同温度下的力学性能

状态	温度/℃	R_m/MPa	$R_{p0.2}$/MPa	A(%)	Z(%)	KU_2/J	HBW
1020℃空冷,700℃空冷 淬火+回火	室温	740	516	21	—	34(DVM)	230
	200	—	421	—	—	—	—
	250	—	343	—	—	—	—
	300	—	323	—	—	—	—

(8) 耐蚀性

ZG1Cr13Ni 钢有一定耐蚀性，但对海水、酸、热碱、高氯离子水等介质慎用，具体可参照 15Cr13 钢。

(9) 常用标准牌号对照（见表3-488）

表3-488 常用标准牌号对照

国别	中国	国际标准化	欧洲		英国	德国	
标准	企业标准	ISO	EN	Mat. No	BS	DIN	W-Nr
牌号	ZG1Cr13Ni	C39CH	GX12Cr14	1.4008	410C21	G-X12Cr14	1.4008

国别	法国	韩国	俄罗斯	日本	美国			
标准	NF	KS	ГОСТ	JIS	ASTM	UNS	AISI	SAE	ASI
牌号	GX12Cr12	SCS1	12Х13НЛ	SCS1	CA15	—	—	—	—

3.4.17 ZG2Cr13Ni 钢

(1) 概述

ZG2Cr13Ni 钢是在传统的 ZG20Cr13 钢基础上加入 1% 左右的镍，或者说是在 ZG1Cr13Ni 钢的基础上提高了碳的含量。因此，ZG2Cr13Ni 钢除了具有 ZG1Cr13Ni 钢的特性，有更高的强度，在退火状态下便能达到 ZG1Cr13Ni 钢的力学性能，如果采用淬火+回火的调质热处理，则会具有更高的力学性能。当然，由于碳含量的提高，其耐蚀性比 ZG1Cr13Ni 钢差。

ZG2Cr13Ni 钢比传统的 ZG20Cr13 钢有更好的性能，特别是制造较复杂的铸件时，不易产生裂纹，大大提高铸件成品率，且易于补焊。

(2) 工艺特性

ZG2Cr13Ni 钢有较好的熔炼和铸造性，可采用电弧炉或感应炉熔炼。对于形状复杂的铸件（如叶轮、导叶等），应注意采取措施，防止裂纹产生，铸造后应及时退火。

ZG2Cr13Ni 钢用于要求强度不高或静载荷零件时，用退火即可满足要求，对于高强度铸件应采用淬火+回火的调质工艺。对于大型、形状复杂的铸件，铸后可采用完全退火处理，加热至 840~900℃，保温后缓慢冷却，一般加热和冷却速度不大于 50℃/h。对于一般铸件可采用较低温度的退火，一般采用 750~800℃，保温后炉冷至 500℃以下出炉。采用这种温度退火，可满足一般铸件的力学性能要求。对重要件可采用调质处理，淬火温度一般为 1000~1050℃，保温后空冷或油冷。再采用 650~750℃ 的温度回火，保温后空冷或油冷。由于提高了碳含量，因此热处理后组织中的铁素体含量会更少。

ZG2Cr13Ni 钢有一定的补焊和焊接性，焊前应预热至 250~350℃，焊后及时去应力退火。

(3) 应用

ZG2Cr13Ni 钢主要用于制造有一定耐蚀要求和力学性能要求的铸件，如泵轮、导叶、阀门、叶片等形状复杂的铸件。

(4) 化学成分（见表 3-489）

表 3-489 化学成分（质量分数） （%）

C	Si	Mn	P	S	Cr	Ni	Mo
0.15~0.24	≤1.00	≤1.00	≤0.040	≤0.030	12.0~13.5	0.50~1.00	—

(5) 物理性能（见表 3-490）

表 3-490 物理性能

温度/℃	室温	100	200	300	400	500	600
热导率 λ/[W/(m·℃)]	29.3	—	—	—	—	—	—
比定压热容 c_p/[J/(kg·℃)]	460.5	—	—	—	—	—	—
线胀系数/10^{-6}℃$^{-1}$	—	10.5	11.0	11.0	11.5	12.0	—
弹性模量 E/10^4MPa	—	—	—	—	—	—	—
切变模量 G/10^3MPa	—	—	—	—	—	—	—
泊松比 μ/10^{-1}	—	—	—	—	—	—	—
电阻率 ρ/10^{-8}Ω·m	—	—	—	—	—	—	—

注：密度为 7.7g/cm³。

(6) 常见热处理制度（见表3-491）

表3-491 常见热处理制度

热处理	加热温度/℃	冷却方法	金相组织
完全退火	840~900	缓慢冷却	珠光体+铁素体
低温退火	750~800	炉冷	珠光体+铁素体
淬火	1000~1050	空冷或油冷	马氏体
回火	650~750	空冷或油冷	回火索氏体

(7) 力学性能

① 技术标准规定的力学性能见表3-492。

表3-492 技术标准规定的力学性能

品种（标准）	规格/mm	状态	力学性能（≥）					HBW
			R_m/MPa	$R_{p0.2}$/MPa	$A(\%)$	$Z(\%)$	KU_2/J	
铸件	—	退火	590~785	390	12	—	—	180~240

② 不同温度下的力学性能见表3-493。

表3-493 不同温度下的力学性能

状态	温度/℃	R_m/MPa	$R_{p0.2}$/MPa	$A(\%)$	$Z(\%)$	KU_2/J	HBW
退火	室温	754	507	17	—	13(DVM)	232
退火	100	—	363	—	—	—	—
	150	—	353	—	—	—	—
	200	—	343	—	—	—	—
	250	—	333	—	—	—	—
	300	—	333	—	—	—	—
	350	—	314	—	—	—	—
	400	—	304	—	—	—	—

(8) 耐蚀性

ZG2Cr13Ni钢有一定的耐蚀性，但对于海水、酸、热碱、高氯离子水等介质慎用，具体可参见20Cr13钢。

(9) 常用标准牌号对照（见表3-494）

表3-494 常用标准牌号对照

国别	中国	国际标准化	欧洲		英国	德国	
标准	企业标准	ISO	EN	Mat. No	BS	DIN	W-Nr
牌号	ZG2Cr13Ni	—	G-X20Cr14	1.4027	420C28	G-X20Cr14	1.4027
国别	法国	韩国	俄罗斯	日本	美国		
标准	NF	KS	ГОСТ	JIS	ASTM	UNS	AISI	SAE	ASI
牌号	GX20Cr12	SCS2	20X13НЛ	SCS2	CA40				

3.4.18 ZG1Cr13NiMo 钢

(1) 概述

ZG1Cr13NiMo钢是在ZG1Cr13Ni钢基础上加入了钼形成的铸造马氏体不锈钢。在某些企业标准中曾记为S14S280。

由于加入了钼，该铸钢经热处理后提高了硬度、强度和耐磨性，并具有 ZG1Cr13Ni 钢的耐蚀性。

ZG1Cr13NiMo 钢在组织、性能、铸造性、焊接性上都与 ZG1Cr13Ni 钢相似；但其硬度、强度更高，热强性能也远高于 ZG1Cr13Ni 钢，因此更适合铸造有高强度、高耐磨性要求的铸件，如更适合制造铸造泵叶轮。

在实际生产中，镍的质量分数控制在 0.5%~0.8%，钼的质量分数控制在 0.3%~0.5%。

(2) 工艺性能

ZG1Cr13NiMo 钢具有一定的熔炼和铸造性，可采用电弧炉或感应炉熔炼。但铸造形状复杂的铸件时还应注意防止铸造裂纹，铸后应及时去应力退火。

ZG1Cr13NiMo 钢可热处理性优于 ZG1Cr13Ni 钢，一般在淬火+回火状态使用，以获得高硬度和高强度。退火通常采用较低温度，加热至 750~800℃，保温后炉冷。淬火加热温度通常采用 1000~1050℃，保温后油冷。回火温度为 540~620℃，保温后空冷。

ZG1Cr13NiMo 钢的补焊和焊接性比 ZG1Cr13Ni 钢略差，预热温度应采用 300~400℃，焊后及时退火。

(3) 应用

ZG1Cr13NiMo 钢更适合制造有一定耐蚀性要求且对硬度和强度要求更高的铸件，主要用于制造叶轮、叶片等。

(4) 化学成分（见表 3-495）

表 3-495 化学成分（质量分数） (%)

C	Si	Mn	P	S	Cr	Ni	Mo
0.08~0.15	≤1.00	≤1.00	≤0.030	≤0.025	12.0~14.0	0.15~1.5	0.15~1.00

(5) 物理性能（见表 3-496）

表 3-496 物理性能

温度/℃	室温	100	200	300	400	500
热导率 λ/[W/(m·℃)]	29.3	—	—	—	—	—
比定压热容 c_p/[J/(kg·℃)]	460	—	—	—	—	—
线胀系数/10^{-6}℃$^{-1}$	—	10.5	11.0	11.0	11.5	12.0
弹性模量 E/10^4MPa	20.5	—	—	—	—	—
切变模量 G/10^3MPa	—	—	—	—	—	—
泊松比 μ/10^{-1}	—	—	—	—	—	—
电阻率 ρ/$10^{-8}\Omega\cdot m$	55	—	—	—	—	—

注：密度为 7.7g/cm³。

(6) 常见热处理制度（见表 3-497）

表 3-497 常见热处理制度

热处理	加热温度/℃	冷却方法	金相组织
退火	750~800	炉冷	珠光体+铁素体
淬火	1000~1050	油冷	马氏体
回火	540~620	空冷	回火索氏体

(7) 力学性能

① 技术标准规定的力学性能见表 3-498。

表 3-498 技术标准规定的力学性能

品种(标准)	规格/mm	状态	力学性能(≥)					HBW
			R_m/MPa	$R_{p0.2}$/MPa	$A(\%)$	$Z(\%)$	KU_2/J	
铸件	—	淬火+回火	740~950	590	10	—	—	265~321

② 不同温度下的力学性能见表 3-499。

表 3-499 不同温度下的力学性能

状态	温度/℃	R_m/MPa	$R_{p0.2}$/MPa	$A(\%)$	$Z(\%)$	KU_2/J	HBW
淬火+回火	室温	806	678	18.2	—	—	250
淬火+回火	200		570				

(8) 耐蚀性

ZG1Cr13NiMo 钢有一定耐蚀性,具体可参见 ZG1Cr13Ni 钢。

(9) 常用标准牌号对照(见表 3-500)

表 3-500 常用标准牌号对照

国别	中国	国际标准化	欧洲		英国	德国	
标准	企业标准	ISO	EN	Mat. No	BS	DIN	W-Nr
牌号	ZG1Cr13NiMo	C39Ni1-1	G-X10CrMo13	1.4106	—	G-X10CrMo13	1.4106
国别	法国	韩国	俄罗斯	日本	美国		
标准	NF	KS	ГОСТ	JIS	ASTM	UNS	AISI	SAE	ASI
牌号	GX7CrNiMo12-1	SCS3	12Х13НМЛ	SCS3	CA15-M				

注:S14S280(德国,KSB 公司)。

3.4.19 ZG06Cr13Ni4Mo(ZG0Cr13Ni4Mo)钢

(1) 概述

ZG06Cr13Ni4Mo 钢是低碳马氏体铸钢,是在 06Cr13 钢基础上加入 4% 左右(质量分数)的镍和一定量的钼。为了提高冶炼和铸造质量、净化钢水、降低夹杂物含量,在生产铸件时有时加入稀土元素。

4% 左右镍的加入降低了钢的相变点,增加了奥氏体的稳定性,还减少了由于低碳及加钼会增加钢中铁素体含量的倾向。同时由于相变点降低和奥氏体的稳定,使其在热处理后的组织中会产生并存在一定的逆变(诱导)奥氏体,因此使钢有了更好的强韧性配合。该钢还具有较好的淬透性和焊接性。更重要的是,该钢具有较好的抗气蚀、抗水下疲劳的性能,也具有较好的抵抗裂纹扩展能力和断裂韧性。

ZG06Cr13Ni4Mo 钢主要用于铸造水轮机或其他水力机械零部件。

(2) 工艺性能

ZG06Cr13Ni4Mo 钢有较好的熔炼、铸造性,但冶炼时应适当控制 Ni/Cr 当量比,最好不小于 0.31,还可有效提高大截面零件的心部性能,减少钢中的铁素体含量。由于该钢收缩量较大,在浇铸时应适当提高浇注速度,以保证铸件质量。

ZG06Cr13Ni4Mo钢铸件有较好的热处理性。由于镍的加入，稳定了奥氏体、降低了钢相变点，致使其在较高加热温度下冷却时，也有较强的空冷自硬性，所以，退火加热温度不宜过高，在600~660℃加热，保温、冷却后即可降低硬度，控制马氏体量。淬火加热温度一般选择在980~1040℃，保温后空冷即可获得足够的板条状马氏体。一般铸件的回火采用580~650℃的一次回火即可满足性能要求。也可采用二次回火，这时，第一次回火温度可取温度上限，如620~650℃；第二次回火可选用580~600℃，回火冷却采用空冷即可。与一次回火相比，采用二次回火会降低一些强度和硬度，但塑性、韧性明显提高，同时会提高钢的屈强比。对于重要铸件或大型铸件建议采用二次回火。

ZG06Cr13Ni4Mo钢具有较好的焊接和补焊性，如果采用同材质焊条，且焊后进行淬火+回火处理，焊缝处的组织和性能不低于母材本体性能。

（3）应用

ZG06Cr13Ni4Mo钢主要用于有气蚀、水下疲劳的环境，以及制造要求有较高综合力学性能的大型铸件，如水轮机叶片、水泵泵体、叶轮等零部件。

（4）化学成分（见表3-501）

表3-501 化学成分（质量分数）（JB/T 7349—2014） （%）

C	Si	Mn	P	S	Cr	Ni	Mo	Cu	W	V
≤0.060	≤1.00	≤1.00	≤0.030	≤0.025	11.50~14.00	3.50~4.50	0.40~1.00	≤0.50	≤0.10	≤0.08

（5）物理性能（见表3-502）

表3-502 物理性能

密度/(g/cm³)	熔点/℃	临界点/℃					
		Ac_1	Ac_3	Ar_1	Ar_3	Ms	Mf
7.72	1466~1491	560~600	809~823	—	—	230~280	70~100

温度/℃	室温	100	175	285	395	505	625	710
热导率 λ/[W/(m·℃)]	19.3	19.4	21.1	22.2	23.0	24.0	26.5	27.0
比定压热容 c_p/[J/(kg·℃)]	502	515	564	597	624	681	761	869
线胀系数/10⁻⁶℃⁻¹	—	8.61 (~100℃)	10.5 (~200℃)	11.7 (~300℃)	12.6 (~400℃)	13.0 (~500℃)	13.2 (~600℃)	12.9 (~700℃)
弹性模量 E/10⁴MPa	20.0	—	—	—	—	—	—	—
切变模量 G/10³MPa	—	—	—	—	—	—	—	—
泊松比 μ/10⁻¹	—	—	—	—	—	—	—	—
电阻率 ρ/10⁻⁸Ω·m	78	—	—	—	—	—	—	—

（6）常见热处理制度（见表3-503）

表3-503 常见热处理制度

热处理	加热温度/℃	冷却方法	金相组织
退火	600~660	空冷	类似于回火组织
淬火	980~1040	空冷或油冷	板条状马氏体+少量铁素体
回火	580~650	空冷	具有板条状马氏体形态的回火索氏体+逆变(诱导)奥氏体+少量铁素体
	620~650	空冷	
	580~600		

(7) 力学性能

① 技术标准规定的力学性能见表 3-504。

表 3-504 技术标准规定的力学性能

品种(标准)	规格/mm	状态	力学性能(≥)						HBW
			R_m/MPa	R_{eH}/MPa	$A_{11.3}$(%)	A(%)	Z(%)	KV_2/J	
铸件 (JB/T 7349—2014)	—	淬火+回火	750	550	—	15	35	50(0℃)	≥221

② 室温下的力学性能见表 3-505。

表 3-505 室温下的力学性能

状态	温度/℃	R_m/MPa	R_{eH}/MPa	A(%)	Z(%)	KV_2/J	HBW
1000℃ 空冷	460℃回火	室温	1080	925	16.0	63	106~101	323~321
	470℃回火	室温	1060	910	17.5	67	136~137	329~323
	480℃回火	室温	1000~1050	900~905	16.5~17.5	64.5~67	141~119	319~326
	500℃回火	室温	915~950	875~885	17.5~18.0	65~67	136~132	298~315
	550℃回火	室温	1000	950	18	75	130	311
	620℃回火+ 550℃回火	室温	805	630	23.5	69.5	>150	225

注：表 3-505 中，460℃回火行的 R_m 列对应 1080，R_{eH} 列对应 925。

(8) 耐蚀性

ZG06Cr13Ni4Mo 钢铸件主要用于水介质。其他耐蚀性可参考 06Cr13 钢或 12Cr13 钢。

(9) 常用标准牌号对照（见表 3-506）

表 3-506 常用标准牌号对照

国别	中国	国际标准化	欧洲		英国	德国	
标准	JB	ISO	EN	Mat. No	BS	DIN	W-Nr
牌号	ZG06Cr13Ni4Mo	C39NiHJ	G-X5CrNi13-4	1.4313	425C12	G-X5CrNi13-4	1.4313
国别	法国	韩国	俄罗斯	日本	美国				
标准	NF	KS	ГОСТ	JIS	ASTM	UNS	AISI	SAE	ASI
牌号	Z4CND13.4M	SCS6	07Х13Н4МД	SCS6	CA-6NM	JA1540	—	—	—

3.4.20 ZG06Cr13Ni6Mo（ZG0Cr13Ni6Mo）钢

(1) 概述

ZG06Cr13Ni6Mo 钢比 ZG06Cr13Ni4Mo 钢含有更高的镍，所以，对钢相变点及热处理后产生逆变（诱导）奥氏体的影响更明显。经热处理后，Ni6 钢铸件比 Ni4 铸件的大截面强度略高，但塑性、韧性下降，Ni6 钢铸件在大截面情况下从心部到边缘的力学性能变化更小些。两者焊接性相似，Ni6 钢更适宜采用固溶处理后的二次回火方法。

ZG06Cr13Ni6Mo 钢具有较好的强韧性配合，特别是具有较高的抗气蚀性和抗水下疲劳性，也有较好的耐泥沙冲刷性，因此更适合制造大截面的、大中型水轮机转轮、叶片等铸件。其与 GB/T 6967—2009 中的 ZG06Cr13Ni5Mo 钢相似。

(2) 工艺性能

ZG06Cr13Ni6Mo 钢具有较好的熔炼、铸造性，但对于铸件应采用较快的浇注速度，因其在较高温度范围的收缩量较大，又因该钢有铸造冷却时在 200~250℃ 区间会因马氏体相变而体积膨胀的特性，所以应采用合适的铸造工艺。

ZG06Cr13Ni6Mo 钢有较好的热处理性。镍的加入使奥氏体更稳定，因此在高温冷却时的空气自硬性明显，应采用较低温度退火，以降低硬度和去应力。退火加热温度一般为 620~660℃，保温后炉冷或空冷。ZG06Cr13Ni6Mo 钢常用于大截面的铸件，考虑铸件成分和组织不均匀的特点，淬火加热温度应更高一些，通常选用 1020~1070℃，保温后空冷或鼓风冷却。由于该钢马氏体相变点很低，所以淬火冷却必须充分。该钢虽然也可采用一次回火，但是对于大截面铸件如果采用二次回火，对提高组织和性能的均匀性更有好处，而且经过二次回火后，还会明显提高钢的屈服强度和屈强比，塑性、韧性也略有提高。ZG06Cr13Ni6Mo 钢第一次回火温度一般在 580~660℃，第二次回火温度为 550~600℃。回火保温后可采用空冷。

ZG06Cr13Ni6Mo 钢具有良好的焊接和补焊性，如采用同材质焊条并经焊后热处理，焊缝处性能可相当于母材的性能。

（3）应用

ZG06Cr13Ni6Mo 钢主要用于有汽蚀、水下疲劳的环境及制造有较高性能要求的大截面铸件，如大中型水轮机转轮、叶片、泵体、泵轮等铸件。

（4）化学成分（见表 3-507）

表 3-507 化学成分（质量分数）（JB/T 7349—2014） （%）

C	Si	Mn	P	S	Cr	Ni	Mo	Cu	W	V
≤0.060	≤1.00	≤1.00	≤0.030	≤0.025	12.00~14.00	5.50~6.50	0.40~1.00	≤0.50	≤0.10	≤0.08

（5）物理性能（见表 3-508）

表 3-508 物理性能

密度/(g/cm³)	熔点/℃	临界点/℃					
		Ac_1	Ac_3	Ar_1	Ar_3	Ms	Mf
7.73	—	545	735	—	—	160	30

温度/℃	室温	100	200	300	400	500
热导率 λ/[W/(m·℃)]	—	18.6(108℃)	21.6(195℃)	23.2(295℃)	24.9(394℃)	25.2(493℃)
比定压热容 c_p/[J/(kg·℃)]	—	477	510	532	540	565
线胀系数/10^{-6}℃$^{-1}$	—	10.78	11.30	11.76	12.08	12.16
弹性模量 E/10^4MPa	20.3	19.8	19.2	18.5	17.6	16.6
切变模量 G/10^3MPa	78.6	76.9	74.3	71.5	67.7	63.4
泊松比 μ/10^{-1}	2.91	2.87	2.92	2.94	3.00	3.09
电阻率 ρ/10^{-8}Ω·m	—	—	—	—	—	—

（6）常见热处理制度（见表 3-509）

表 3-509 常见热处理制度

热处理	加热温度/℃	冷却方法	金相组织
退火	620~660	空冷或炉冷	类似于回火组织
淬火	1020~1070	空冷或风冷	板条状马氏体+少量铁素体
回火	580~660+ 550~600	空冷	具有板条状马氏体形态的回火索氏体+逆变（诱导）奥氏体+少量铁素体

(7) 力学性能

① 技术标准规定的力学性能见表 3-510。

表 3-510 技术标准规定的力学性能

品种（标准）	规格/mm	状态	力学性能（≥）						HBW
			R_m/MPa	R_{eH}/MPa	$A_{11.3}$(%)	A(%)	Z(%)	KV_2/J	
铸件 (JB/T 7349—2014)	—	淬火+回火	750	550	—	15	35	50(0℃)	≥221

② 室温下的力学性能见表 3-511。

表 3-511 室温下的力学性能

状态	温度/℃	R_m/MPa	R_{eH}/MPa	A(%)	Z(%)	KV_2/J	HBW
1000℃空冷 620℃空冷+590℃空冷	室温	779	581	19	27	106	247

(8) 耐蚀性

ZG06Cr13Ni6Mo 钢铸件主要用于水介质。其他耐蚀性参数可参考 06Cr13 钢或 12Cr13 钢。

(9) 常用标准牌号对照（见表 3-512）

表 3-512 常用标准牌号对照

国别	中国	国际标准化	欧洲		英国	德国	
标准	JB	ISO	EN	Mat. No	BS	DIN	W-Nr
牌号	ZG06Cr13Ni6Mo	—	—	—	—	—	—
国别	法国	韩国	俄罗斯	日本	美国			
标准	NF	KS	ГОСТ	JIS	ASTM	UNS	AISI	SAE	ASI
牌号	Z4CND13.6M	—	07X13H6МЛ	—	—	—	—	—	—

3.4.21 ZG1Cr17Ni3 和 ZG1Cr17Ni2 钢

(1) 概述

ZG1Cr17Ni3 钢属铸造马氏体不锈铸钢。由于含有较高的铬和镍，因此获得以马氏体为基体并含有少量铁素体的马氏体铸钢。其具有较高的强度和热强性及抗氧化性，在氧化类酸、有机盐水溶液中具有良好的耐蚀性。

ZG1Cr17Ni3 钢有一定的铸造性、焊接性，但淬透性较差。为保证较好的力学性能，应从成分和熔炼、铸造及热处理工艺上适当控制铁素体的含量。常用的 ZG1Cr17Ni2 钢性能数据可参照 ZG1Cr17Ni3 钢。

(2) 工艺特性

ZG1Cr17Ni3 钢具有较好的铸造性，可采用砂型或熔模等铸造方法铸造。但该钢一次晶粒粗大、预热性较差、凝固收缩大，铸件容易产生热裂，应注意采用合适的铸造工艺方法。

ZG1Cr17Ni3 钢铸件退火温度为 680~750℃，保温后炉冷至 500℃以下出炉。更高的退火温度冷却后不易发生珠光体转变，会具有较高的硬度和应力。淬火加热温度通常为 950~1050℃，保温后用油冷却。回火温度可依据零件功能要求，采用较低温度或较高温度，通常采用 520~680℃ 加热温度。

ZG1Cr17Ni3钢具有一定的焊接性和补焊性,可以进行氩弧焊、点焊。但焊前应进行250~300℃的预热,焊后应及时进行去应力处理。其有一定的空冷自硬性,注意防止产生焊接裂纹。

(3) 应用

ZG1Cr17Ni3钢主要用于有一定腐蚀条件的环境,特别是制造耐硝酸和潮湿空气介质中的铸件,如汽轮机叶片、泵体、泵轮、阀体等铸件,使用温度不超过400℃。

(4) 化学成分(见表3-513)

表 5-513　化学成分(质量分数)　　　　　　　　(%)

C	Si	Mn	P	S	Cr	Ni
0.05~0.12	0.80~1.50	0.30~0.80	≤0.035	≤0.030	15.00~18.00	2.80~3.80

(5) 物理性能(见表3-514)

表 3-514　物理性能

温度/℃	室温	100	200	300	400	500	600	700
热导率 λ/[W/(m·℃)]	18.0	19.7	21.4	22.6	24.7	26.4	27.6	28.5
比定压热容 c_p/[J/(kg·℃)]	461	—	—	—	—	—	—	—
线胀系数/10^{-6}℃$^{-1}$	—	10.3	10.7	11.1	11.35	11.7	—	—
弹性模量 E/10^4MPa								
切变模量 G/10^3MPa								
泊松比 μ/10^{-1}								
电阻率 ρ/10^{-8}Ω·m	81.0							

注:密度为7.8g/cm³;熔点为1440~1500℃。

(6) 热处理

① 常见热处理制度见表3-515。

表 3-515　常见热处理制度

热处理	加热温度/℃	冷却方法	金相组织
退火	680~750	炉冷	珠光体+少量铁素体
淬火	950~1050	油冷	马氏体+少量铁素体
回火	520~680	空冷	回火索氏体+少量铁素体

② 热处理对力学性能的影响见表3-516和表3-517。

表 3-516　回火温度对硬度的影响

回火温度/℃	400	500	550	600	650
硬度 HBW	388	378	321	293	293

表 3-517　回火温度对冲击韧性的影响

回火温度/℃	400	500	550	600	650
KU_2/J	15.7	17.3	19.6	35.2	39.2

(7) 力学性能

① 技术标准规定的力学性能见表3-518。

② 不同温度下的力学性能见表3-519。

表 3-518 技术标准规定的力学性能

品种(标准)	规格/mm	状态	R_m/MPa	$R_{p0.2}$/MPa	$A_{11.3}$(%)	A(%)	Z(%)	KU_2/J	HBW
铸件(熔模)	—	680℃空冷	835	640	—	6	10	5.6	229~363
		1050℃油冷+550℃空冷	930	735	—	7	18	15.7	255~363

表 3-519 不同温度下的力学性能

状态	温度/℃	R_m/MPa	$R_{p0.2}$/MPa	A(%)	Z(%)
680℃空冷	室温	840	630	11	36
	300	745	600	6	23
	450	630	540	8	27
980℃油冷+520℃空冷	20	1205	990	6	14
	300	1130	950	4	10
	450	970	835	6	12
1050℃油冷+550℃空冷	20	1105	950	12	34
	300	960	810	9	35
	400	930	785	8	32
	500	850	765	20	52
	600	430	370	16	78

③ 蠕变极限和持久极限见表 3-520。

表 3-520 蠕变极限和持久极限

状态	温度/℃	蠕变极限/MPa $\sigma_{0.2/25}$	持久极限/MPa σ_{10^2}
1050℃油冷+550℃空冷	400	375	785
	450	245	—
	500	—	295
	550	—	196

(8) 耐蚀性

在硝酸中的腐蚀速度：在 1000℃ 油冷后，在 640℃、680℃、720℃ 回火时，依次为 0.01mm/a、0.007mm/a、0.008mm/a。

在其他介质中的腐蚀情况参见 14Cr17Ni2 钢。

(9) 常用标准牌号对照（见表 3-521）

表 3-521 常用标准牌号对照

国别	中国	国际标准化	欧洲		英国	德国	
标准	—	ISO	EN	Mat. No	BS	DIN	W-Nr
牌号	ZG1Cr17Ni3						
国别	法国	韩国	俄罗斯	日本	美国			
标准	NF	KS	ГОСТ	JIS	ASTM	UNS	AISI	SAE	ASI
牌号	—	—	09Х17Н3СЛ	—	—	—	—	—	—

3.5 沉淀硬化不锈钢

沉淀硬化不锈钢的成分特点是有不太高的碳含量，除铬、镍等元素外，还分别或同时含有铜、铝、钛、铌等可以产生时效沉淀析出物的合金元素。

钢在经固溶和时效处理后,具有较好的力学性能,并且可依据时效温度的变化来调整力学性能。这类钢主要是依靠析出沉淀相强化,其碳含量可以控制得很低。因此,其具有比马氏体不锈钢更好的耐蚀性,耐蚀性与铬镍奥氏体不锈钢相当。

3.5.1 05Cr17Ni4Cu4Nb(0Cr17Ni4Cu4Nb)钢

(1)概述

05Cr17Ni4Cu4Nb钢是一种马氏体沉淀硬化不锈钢,国外常记为17-4PH。

05Cr17Ni4Cu4Nb钢含有铜、铌等合金元素,在固溶化处理后获得过饱和铜、铌的马氏体,再经过时效处理,通过铜和铌的第二相析出而强化。所以其可以通过热处理调整强度级别。又因其有较低的含碳量、较高的含铬量及含铜元素,其耐蚀性高于马氏体不锈钢。该钢衰减性好,抗腐蚀疲劳和抗冲蚀能力优于Cr13型马氏体不锈钢。其可焊接,但较难进行深度冷成形,主要用于制造要求一定的耐蚀且较高强度的构件、零件。使用温度最好不超过300℃。

该钢可制成锻件、铸件、棒料和型材。

(2)工艺特性

05Cr17Ni4Cu4Nb钢可锻轧成形,锻轧开始温度为1100~1150℃,锻轧终止温度不低于850℃,锻轧后缓冷。

05Cr17Ni4Cu4Nb钢通常采用固溶处理+时效处理,固溶加热温度可为1020~1060℃,一般采用油冷,如果采用水冷,应注意调整加热温度和水冷时间,以防止产生裂纹,尽量不采用空冷。时效温度应根据对性能的要求而定,通常采用时效温度范围为480~620℃,空冷。应在固溶处理充分冷却后再进行时效处理。

该钢焊接性较差,焊接前应预热不低于450℃,焊后应及时进行去应力处理,去应力处理温度应低于时效温度以下30℃。

(3)应用

该钢可应用于制造使用温度不高于300℃、有一定耐蚀要求、有一定强度和硬度要求的零部件和结构件,如汽轮机叶片、泵轴、叶轮、紧固件、阀杆等。

(4)化学成分(见表3-522)

表3-522 化学成分(质量分数)(GB/T 1220—2007) (%)

C	Si	Mn	P	S	Cr	Ni	Mo	Cu	Nb
≤0.07	≤1.00	≤1.00	≤0.040	≤0.030	15.00~17.50	3.00~5.00	—	3.00~5.00	0.15~0.45

(5)物理性能(见表3-523)

表3-523 物理性能(固溶+480℃时效)

密度/(g/cm³)	熔点/℃	临界点/℃					
		Ac_1	Ac_3	Ar_1	Ar_3	Ms	Mf
7.78	1400~1440	670	740	—	—	140	32
温度/℃		室温	100	200	300	400	500	600
热导率λ/[W/(m·℃)]		15.9	17.2	18.8	20.1	21.4	23.0	—

(续)

比定压热容 c_p/[J/(kg·℃)]	502	—	—	—	—	—	—
线胀系数/$10^{-6}℃^{-1}$	—	11.10	11.50	11.78	12.20	12.58	12.74
弹性模量 E/10^4MPa	21.3	21.0	20.5	19.8	19.0		
切变模量 G/10^3MPa	77.3	—					
泊松比 μ/10^{-1}	2.7						
电阻率 ρ/$10^{-8}\Omega·m$	77.0	—	—	—	—		

(6) 热处理

① 常见热处理制度见表 3-524。

表 3-524 常见热处理制度

热处理	加热温度/℃	冷却方法	金相组织
固溶处理	1020~1060	空冷或油冷或水冷	板条状马氏体
时效处理	480	空冷	板条状马氏体+沉淀相
	550		
	580		
	620		

② 热处理对力学性能影响见表 3-525 和表 3-526。

表 3-525 时效温度对力学性能影响（一次固溶）

状态	时效温度/℃	R_m/MPa	$R_{p0.2}$/MPa	A(%)	Z(%)	KV_2/J
1040℃×1h 加热、空冷	200	1365	988	15.6	64.3	15.2
	250	1368	1057	15.9	65.8	16.8
	300	1375	1052	15.5	66.8	24.0
	350	1452	1085	14.9	64.3	24.0
	400	1588	1235	13.2	63.8	48.8
	450	1692	1455	10.7	56.0	—
	500	1710	1470	9.8	56.0	—
	550	1450	1213	11.3	59.5	—
	600	1372	1180	14.6	59.5	86.4
	650	1252	1065	15.5	61.8	132.8

表 3-526 时效温度和时间对力学性能影响（二次固溶）

固溶处理	时效处理 温度/℃	时效处理 时间/h	时效处理 冷却	R_m/MPa	$R_{p0.2}$/MPa	A(%)	Z(%)	KV_2/J	HBW
1040℃×1h 加热、空冷+ 816℃×0.5h 加热、空冷	500	3	空冷	1400	1195	11.6	64.0	124.0	370
	535			1280	1060	14.7	64.0	136.8	332
	570			1202	1005	15.0	66.5	149.6	311
	605			1165	988	16.9	67.2	156.0	307
	640			1095	865	19.4	68.2	166.4	277
	500	5	空冷	1145	990	14.7	64.0	127.2	340
	535			1078	905	16.7	64.5	130.8	316
	570			1053	870	17.0	66.0	136.0	307
	605			985	808	19.2	67.8	153.6	295
	640			955	755	19.5	68.2	154.4	—

(7) 力学性能

① 技术标准规定的力学性能见表3-527。

表3-527 技术标准规定的力学性能

品种(标准)	规格/mm	状态	力学性能(≥)					HBW
			R_m/MPa	$R_{p0.2}$/MPa	A(%)	Z(%)	KU_2/J	
棒材 (GB/T 1220—2007)	≤φ75	固溶处理	—	—	—	—	—	≤363
		固溶+480℃时效	1310	1180	10	40	—	≥375
		固溶+550℃时效	1070	1000	12	45	—	≥331
		固溶+580℃时效	1000	865	13	45	—	≥302
		固溶+620℃时效	930	725	16	50	—	≥277

② 不同温度下的力学性能见表3-528。

表3-528 不同温度下的力学性能

状态	温度/℃	R_m/MPa	$R_{p0.2}$/MPa	A(%)	Z(%)	KU_2/J	HBW
1050℃油冷(A)	室温	1050	770	13	54	68	363
A+470℃×1h 空冷	室温	1400	1250	12	48	40	413
A+500℃×4h, 空冷	室温	1330	1230	14	54	56	391
A+550℃×4h, 空冷	室温	1190	1160	15	56	86.4	350
A+580℃×4h, 空冷	室温	1160	1050	16	58	88	332
A+620℃×4h, 空冷	室温	1010	870	19	60	112	306
1050℃固溶处理+ 550℃×2h 空冷	室温	1180	1110	12.8	51.0	40	—
	100	1130	1040	11.0	45.2	—	—
	200	1050	915	10.2	—	64	—
	300	1005	915	8.0	45.2	79.2	—
	400	955	885	8.0	37.6	79.2	—
	500	785	660	8.2	45.2	80	—
1050℃固溶处理+ 780℃×1h 空冷+ 550℃×2h 空冷	室温	935	840	18.2	62.8	72.8	—
	100	910	810	16.8	61.6	—	—
	200	845	765	15.0	60.3	89.6	—
	300	790	730	13.4	59.0	93.2	—
	400	760	685	11.8	45.2	99.2	—
	500	645	560	14.0	57.8	80	—
1040℃固溶处理+ 640℃×4h 空冷	20	917	738	26(A_4)	—	—	—
	80	858	733	24(A_4)	—	—	—
	100	848	738	24(A_4)	—	—	—
	200	794	716	21(A_4)	—	—	—
	300	760	682	19(A_4)	—	—	—
	350	745	662	16(A_4)	—	—	—
	400	724	655	15(A_4)	—	—	—
	500	584	569	20(A_4)	—	—	—
	600	471	456	25(A_4)	—	—	—
固溶处理+482℃ 时效处理	315	1190	1035	10	31	—	—
	370	1165	1105	8	25	—	—
	425	1115	972	10	21	—	—
	480	1025	910	10	30	—	—
	540	820	731	15	46	—	—

（续）

状态	温度/℃	R_m/MPa	$R_{p0.2}$/MPa	A(%)	Z(%)	KU_2/J	HBW
固溶处理+496℃时效处理	315	1135	1100	12	32	—	—
	370	1110	980	12	33	—	—
	425	1070	958	10	21	—	—
	480	1000	883	10	35	—	—
	540	800	710	16	45	—	—
固溶处理+552℃时效处理	315	1005	931	12	42	—	—
	370	979	903	10	38	—	—
	425	945	—	11	39	—	—
	480	869	814	12	30	—	—
	540	731	696	15	43	—	—
固溶处理+580℃时效处理	315	980	910	9	38	—	—
	370	924	876	9	33	—	—
	425	883	834	10	30	—	—
	480	786	758	11	38	—	—
	540	680	650	16	55	—	—
固溶处理+621℃时效处理	315	855	827	12	54	—	—
	370	827	786	12	52	—	—
	425	800	772	13	43	—	—
	480	752	717	13	51	—	—
	540	660	640	15	55	—	—

③ 不同状态和温度下的冲击性能见表3-529。

表3-529 不同状态和温度下的冲击性能（实测数据）

状态	温度/℃	KV_2/J		
1040℃×1h 加热、空冷+640℃×4h 加热、空冷	100	153	—	166
	60	141	—	156
	20	139	—	140
	0	128	119	137
	-10	121	—	—
	-20	114	137	147
	-60	78	69	62
	-70	92	78	57
	-80	41	33	31
	-90	26	20	17
	液氮	7	5	5
1038℃×1h 加热、空冷+816℃×1h 加热、空冷+595℃×5h 加热、空冷	0	132.8	—	132.8
	-20	132.8	—	120
	-40	120	—	124
	-60	94.4	84	88
	-70	70.4	80	84
	-80	51.2	56.8	60
	-90	43.2	44	46.4
	-100	38.4	38.4	39.2
	-110	32.8	34.4	39.2
	-120	24	24.8	28
	-195	24	22.4	26.4

④ 蠕变极限和持久极限见表3-530。

表 3-530 蠕变极限和持久极限

状态	温度/℃	蠕变极限/MPa		持久极限/MPa		
		$\sigma_{1/10^4}$	$\sigma_{1/10^5}$	σ_{10^2}	σ_{10^3}	σ_{10^4}
482℃时效处理	316	990	745	1125	1097	998
	371	830	562	1041	1027	844
	427	350	—	963	816	352
	482	—	—	647	415	—

(8) 耐蚀性

耐全面（均匀）腐蚀性能见表 3-531。

表 3-531 耐全面（均匀）腐蚀性能

介质	浓度(%)	压力/MPa	温度/℃	时间/h	腐蚀速率		备注
					mm/a	g/(m²·h)	
H_2SO_4	5	—	沸点	8	—	178	退火态
					—	178	
					—	431	时效态
					—	427	
H_2SO_4	10	—	室温	48	—	4.58	退火态
					—	4.69	
					—	6.30	时效态
					—	6.27	
HNO_3	40	—	沸点	8	—	0.25	退火态
					—	0.28	
					—	0.31	时效态
					—	0.27	
HCl	10	—	30	48	—	0.51	退火态
					—	0.50	
					—	0.50	时效态
					—	0.49	
CH_3COOH	80	—	沸点	8	—	0.83	退火态
					—	0.79	
					—	0.10	时效态
					—	0.15	
H_2S	饱和	—	室温	48×3	—	0	—
HNO_3	65	—	沸点	—	—	3.4757	
HNO_3	70	—	40	100	—	0.0012	
H_2SO_4	30	—	40	100	—	67.1408	
H_2SO_4	1.8	—	室温	100	—	0.0077	
饱和$(NH_4)_2SO_4$ + 5%H_2SO_4	—	—	沸点	100	—	0.258	
CH_3COOH	98	—	40	100	—	0	

(9) 常用标准牌号对照（见表 3-532）

表 3-532 常用标准牌号对照

国别	中国	国际标准化	欧洲		英国	德国	
标准	GB	ISO	EN	Mat. No	BS-EN	DIN	W-Nr
牌号	05Cr17Ni4Cu4Nb	X5CrNiCuNb16-4	X5CrNiCuNb16-4	1.4542	X5CrNiCuNb16-4	X5CrNiCuNb16-4	1.4542

(续)

国别	法国	韩国	俄罗斯	日本	美国				
标准	NF	KS	ГОСТ	JIS	ASTM	UNS	AISI	SAE	ASI
牌号	ZbCNU17.04	STS630	08Х17Н4Д4Б	SUS630	630	S17400	630	—	—

注：17-4PH（美国）。

3.5.2　0Cr15Ni5Cu3Nb 钢

（1）概述

0Cr15Ni5Cu3Nb 钢是在 05Cr17Ni4Cu4Nb 钢基础上发展起来的马氏体沉淀硬化不锈钢。与 05Cr17Ni4Cu4Nb 钢相比，降低了铬、铜的含量，提高了镍的含量。此钢具有高的强度，并且具有较高的横向韧性及良好的可锻性，而其耐蚀性与 05Cr17Ni4Cu4Nb 钢相当，国外常记为 15-5PH。

0Cr15Ni5Cu3Nb 钢主要应用于要求具有高强度、良好韧性及优良耐蚀性的环境条件下工作。

0Cr15Ni5Cu3Nb 钢可制成锻件、铸件及各种型材。

（2）工艺特性

0Cr15Ni5Cu3Nb 钢的热加工范围为 1000~1200℃，最适宜的热加工开始温度为 1175~1200℃，热加工终止温度为 850~950℃，锻轧后应快冷到室温。

该钢应在固溶处理+时效处理后使用，固溶处理加热温度为 1025~1050℃，保温后油冷或空冷。固溶处理后应根据对性能的要求在 480~620℃之间选择沉淀时效温度。时效保温时间不少于 4h，保温后空冷。必要时，可采用固溶处理后做一次 760℃左右的调整处理，之后在 620℃左右温度进行时效处理。

0Cr15Ni5Cu3Nb 钢可进行焊接，可采用惰性气体保护焊，不宜采用氧-乙炔焊接。焊前应预热至 450℃左右，焊后及时进行去应力处理。去应力处理温度应低于时效温度 30℃。

（3）应用

0Cr15Ni5Cu3Nb 钢适用于有高强度、高韧性要求和有耐蚀性要求的零件。

该钢可制作飞机部件、化工机械产品，如泵体、泵轮、阀体等。

（4）化学成分（见表 3-533）

表 3-533　化学成分（质量分数）　　　　（%）

C	Si	Mn	P	S	Cr	Ni	Mo	Cu	Nb
≤0.07	≤1.00	≤1.00	≤0.04	≤0.03	14.00~15.50	3.50~5.50	—	2.50~4.50	0.15~0.45

（5）物理性能（见表 3-534）

表 3-534　物理性能（固溶处理+480℃时效）

温度/℃	室温	93	149	204	260	316	427	460
热导率 λ/[W/(m·℃)]	—	—	17.9	—	19.5	—	—	22.5
比定压热容 c_p/[J/(kg·℃)]	419	—	—	—	—	—	—	—
线胀系数/10^{-6}℃$^{-1}$	—	10.8	—	10.8	—	11.34	11.70	—
弹性模量 E/10^4MPa	—							
切变模量 G/10^3MPa	75(扭转)							
泊松比 μ/10^{-1}								
电阻率 ρ/$10^{-8}\Omega$·m	77							

注：密度为 7.8g/cm³。

(6) 常见热处理制度（见表 3-535）

表 3-535 常见热处理制度

热处理	加热温度/℃	冷却方法	金相组织
固溶处理	1025~1050	油冷或空冷	板条状马氏体
时效处理	480~620	空冷	板条状马氏体+沉淀相
调整处理+时效处理	760±10 620±10	空冷	板条状马氏体+沉淀相

(7) 力学性能

① 技术标准规定的力学性能见表 3-536。

表 3-536 技术标准规定的力学性能

品种 （标准）	规格/mm	状态	力学性能（≥）						HBW
			R_m/MPa	屈服点/MPa	A(%)		Z(%)		
					纵向	横向	纵向	横向	
棒材， 锻件	—	固溶处理+480℃时效处理	1310	1170	10	6	35	15	≥380
		固溶处理+499℃时效处理	1170	1070	10	7	38	20	≥360
		固溶处理+550℃时效处理	1070	1000	12	8	45	27	≥330
		固溶处理+580℃时效处理	1000	860	13	9	45	28	≥308
		固溶处理+590℃时效处理	965	795	14	10	45	29	≥300
		固溶处理+620℃时效处理	930	725	16	11	50	30	≥280
		固溶处理+760℃调整处理+ 620℃时效处理	795	515	18	14	55	35	324

② 不同温度下的力学性能见表 3-537。

表 3-537 不同温度下的力学性能

状态		温度/℃	R_m/MPa	$R_{p0.2}$/MPa	A(%)	Z(%)
1040℃ 固溶处理	480℃时效 处理	24	1310	1205	16	59
		204	1150	1045	15	54
		316	1090	960	14	59
		427	1020	865	15	60
		649	400	315	26	83
	550℃时效 处理	24	1140	1105	17	64
		204	1010	955	15	58
		316	955	900	14	57
		427	910	815	15	60
		649	370	280	28	83
	590℃时效 处理	24	1065	1030	19	67
		204	945	920	16	62
		316	905	865	14	57
		427	845	780	14	60
	760℃调整 处理+620℃ 时效处理	24	890	715	23	75
		204	760	685	20	64
		316	715	660	19	70
		427	670	605	17	69

③ 低温冲击性能见表 3-538。

表 3-538　低温冲击性能

状态	温度/℃	24	-12	-40	-79	-196
固溶处理+480℃时效处理	KV_2/J	78	38	22	9.5	—
状态	温度/℃	24	-12	-40	-79	-196
固溶处理+550℃时效处理	KV_2/J	113	62	31	12	3
状态	温度/℃	24	-12	-40	-79	-196
固溶处理+590℃时效处理	KV_2/J	130	108	73	36	4.7
状态	温度/℃	24	-12	-40	-79	-196
固溶处理+760℃调整处理+620℃时效处理	KV_2/J	235	232	225	205	45

（8）耐蚀性

0Cr15Ni5Cu3Nb 钢的耐蚀性优于马氏体不锈钢 12Cr13 和 14Cr17Ni2 钢，与 05Cr17Ni4Cu4Nb 钢相当，其在固溶处理+480℃时效状态的耐蚀性最好，在固溶状态或在固溶+520℃以上温度的时效状态具有良好的耐海洋大气的应力腐蚀性能。在饱和 H_2S 中应力腐蚀性能优于 12Cr13 马氏体不锈钢，但低于 05Cr17Ni4Cu4Nb 沉淀硬化不锈钢。

（9）常用标准牌号对照（见表 3-539）

表 3-539　常用标准牌号对照

国别	中国	国际标准化	欧洲		英国	德国	
标准	—	ISO	EN	Mat. No	BS	DIN	W-Nr
牌号	0Cr15Ni5Cu3Nb	—	X5CrNiCuNb16-4	1.4542	—	X5CrNiCuNb16-4	1.4542
国别	法国	韩国	俄罗斯	日本	美国			
标准	NF	KS	ГОСТ	JIS	ASTM	UNS	AISI	SAE	ASI
牌号	ZbCNU15.05	—	08Х15Н5Д3Б	—	XM-12	S15500	S15500		

注：15-5PH（美国）。

3.5.3　0Cr15Ni5Cu2Ti 钢

（1）概述

0Cr15Ni5Cu2Ti 钢属马氏体沉淀硬化不锈钢，经过固溶时效后，在马氏体基体中有铜和钛的析出强化相，即以碳化物和金属间化合物起到沉淀强化作用。

该钢具有高的强度和综合力学性能、良好的耐蚀性，也具有较好的焊接性。

0Cr15Ni5Cu2Ti 钢可制成锻件、铸件及各种型材。

（2）工艺特性

0Cr15Ni5Cu2Ti 钢具有较好的热加工成形性，锻轧开始温度为 1100~1120℃，锻轧终止温度不低于 900℃，锻轧后可空冷或堆冷。

该钢应在固溶+时效状态下使用，固溶加热温度通常为 950~1000℃，保温后空冷或水冷，水冷时应注意控制，防止产生裂纹。固溶处理后应进行时效处理，时效处理温度可在 450~520℃的温度区间选择，时效加热保温后可空冷。有的参考资料上介绍有更复杂的热处理方法，即固溶处理+过时效+固溶处理+低温（-70℃）处理+时效处理，这种处理方法会对组织稳定性和力学性能发挥起到积极作用，但操作过于麻烦，一般很少采用。

该钢焊接性良好、焊接变形小、裂纹倾向不敏感，如果采用气体保护焊，则效果更好。

0Cr15Ni5Cu2Ti 钢具有良好的冷加工成形性,但应控制在常温下的变形量。该钢在固溶状态和时效状态下均具有良好的切削加工性。

(3) 应用

0Cr15Ni5Cu2Ti 钢可用于制造一定的腐蚀条件下有强度和综合力学性能要求的零件,如轴、泵体、泵轮、阀体等。

(4) 化学成分(见表3-540)

表3-540 化学成分(质量分数) (%)

C	Si	Mn	P	S	Cr	Ni	Mo	Cu	Ti
≤0.08	≤0.70	≤1.00	≤0.020	≤0.018	13.50~14.80	4.80~5.80	—	1.75~2.50	0.03~0.15

(5) 物理性能(见表3-541)

表3-541 物理性能

密度/(g/cm³)	熔点/℃	临界点/℃						
		Ac_1	Ac_3	Ar_1	Ar_3	Ms	Mf	
7.76	1580	640	750	—	—	140	40	

温度/℃	室温	100	200	300	400	500	600
热导率 λ/[W/(m·℃)]	17.4	19.2	20.6	22.4	24.5	26.3	—
比定压热容 c_p/[J/(kg·℃)]	—	461	503	587	671	796	880
线胀系数/10^{-6}℃$^{-1}$	—	9.5	10.5	10.8	11.1	11.0	—
弹性模量 E/10^4MPa	19.0	18.5	—	17.0	16.0	—	—
切变模量 G/10^3MPa	—	—	—	—	—	—	—
泊松比 μ/10^{-1}	—	—	—	—	—	—	—
电阻率 ρ/10^{-8}Ω·m	98	—	—	—	—	—	—

(6) 热处理

① 常见热处理制度见表3-542。

表3-542 常见热处理制度

热处理	加热温度/℃	冷却方法	金相组织
固溶处理	950~1000	空冷或水冷	马氏体
时效处理	450~520	空冷	马氏体+沉淀相

② 热处理对力学性能的影响见表3-543和表3-544。

表3-543 固溶温度对力学性能的影响

材料	固溶温度/℃	R_m/MPa	$R_{p0.2}$/MPa	$A(\%)$	$Z(\%)$	KU_2/J
棒材	900	1160	790	14	65	188
	950	1220	860	16	64	177
	1000	1180	790	14	67	187
	1050	1170	790	14	69	182
板材	850	955	725	7.3	—	—
	900	980	795	8	—	—
	950	1000	795	8	—	—

（续）

材料	固溶温度/℃	R_m/MPa	$R_{p0.2}$/MPa	$A(\%)$	$Z(\%)$	KU_2/J
板材	975	1000	805	7	—	—
	1000	1010	820	6.5	—	—
	1050	1050	810	7.3	—	—
	1100	1055	845	8.5	—	—

表 3-544 时效温度对力学性能的影响

状态	时效温度/℃	R_m/MPa	$R_{p0.2}$/MPa	$A(\%)$	$Z(\%)$	KU_2/J
950℃空冷（棒材）	400	1080	860	20	73	178
	450	1270	1120	20	69	112
	500	1200	1090	20	73	156
	600	960	685	22	73	168
	650	915	740	22	75	214
	700	950	725	20	75	190
950℃空冷（板材）	300	985	820	12	—	—
	350	990	830	12	—	—
	400	1035	880	12	—	—
	450	1250	1140	15	—	—
	500	1155	1065	16	—	—
	550	1015	970	14	—	—
	600	910	745	16	—	—
	650	915	650	11	—	—
	700	930	710	10	—	—

（7）力学性能

① 技术标准规定的力学性能见表 3-545。

表 3-545 技术标准规定的力学性能

品种（标准）	规格/mm	状态	力学性能(≥)					HBW
			R_m/MPa	$R_{p0.2}$/MPa	$A(\%)$	$Z(\%)$	KU_2/J	
棒材	φ25	950℃空冷	1080	785	10	55	96	—
		950~1000℃空冷+ 650℃空冷+ 950℃空冷+ -70℃空冷+ 425~450℃空冷	1225	930	10	55	64	—
板材	—	950~975℃空冷	980	785	8	—	—	—
		950~975℃空冷+ 450℃空冷	1225	1080	9	—	—	—
		950~975℃空冷+ 510℃空冷	1130	930	9	—	—	—

② 不同温度下的力学性能见表 3-546。

（8）耐蚀性

0Cr15Ni5Cu2Ti 钢耐蚀性与 05Cr17Ni4Cu4Nb 钢相当，可参见 05Cr17Ni4Cu4Nb 钢的耐蚀性参数。

表 3-546 不同温度下的力学性能

状态	温度/℃	R_m/MPa	$R_{p0.2}$/MPa	A(%)	Z(%)
950℃空冷 （棒材）	-196	1200	850	12.5	60
	20	1180	805	19.5	64.5
950℃空冷+ 450℃空冷 （φ25mm 棒材）	-196	1350	1260	15.0	60
	20	1270	1130	17.5	63
	200	1230	1180	17	64
	300	1150	1050	16	65
	400	1080	950	17	65
950℃空冷 （板材）	-196	1250	880	7.0	—
	20	1150	800	9.0	—
950℃空冷+ 450℃空冷 （δ1.2mm 板材）	-196	1390	1250	8.0	—
	20	1320	1160	12.5	—
	200	1310	1150	10.5	—
	300	1180	1050	11.0	—
	400	1090	950	11.5	—

（9）常用标准牌号对照（见表 3-547）

表 3-547 常用标准牌号对照

国别	中国	国际标准化	欧洲		英国	德国	
标准	—	ISO	EN	Mat. No	BS	DIN	W-Nr
牌号	0Cr15Ni5Cu2Ti						
国别	法国	韩国	俄罗斯	日本	美国		
标准	NF	KS	ГОСТ	JIS	ASTM	UNS	AISI	SAE	ASI
牌号	—	—	08Х15Н5Д2Т	—	15-5PH	S15500	—	—	—

3.5.4 0Cr15Ni6MoCuNb 钢

（1）概述

0Cr15Ni6MoCuNb 钢是马氏体沉淀硬化不锈钢，有的记为 Custom450。

与 05Cr17Ni4Cu4Nb 钢相比，该钢除铬、镍、铜含量有差别外，还加入了钼元素，通过固溶+时效处理后，可以获得较高的强度、韧性、塑性和耐蚀性。在一些腐蚀环境中的耐蚀性相当于 06Cr19Ni10 钢，其强度却是 06Cr19Ni10 钢的 3 倍。又因其铜含量的降低，改善了热加工性，被广泛应用于化工防腐设备和涡轮机零部件等。

该钢可制成锻件、铸件、棒料及各种型材。

（2）工艺特性

0Cr15Ni6MoCuNb 钢易于热加工，为便于热加工并获得细小晶粒，锻轧开始温度可为 1150~1170℃，锻轧终止温度应不低于 850℃，锻轧后缓慢冷却。

热处理常采用固溶+时效处理，固溶加热温度可为 1020~1050℃，采用油冷或水冷。时效温度依据对强度、塑性、韧性的要求，可选择在 480~620℃；当时效温度高于 540℃时，强度会明显降低。

该钢有较好的焊接性，可采用各种焊接方法焊接，一般情况下，焊前可不预热，如果预热，预热温度不宜超过 450℃；如果要求达到最佳耐蚀性，最好进行焊后固溶处理。如果为去焊接应力，则去应力温度应低于时效温度以下 30℃。

该钢冷加工硬化倾向低，可进行较大量冷变形加工。

（3）应用

该钢主要应用于有耐蚀性要求并有较高强度要求的零件和构件，如飞机、涡轮机、汽轮机部件、泵、阀及其他化工设备中的耐蚀件，如泵轴、叶轮、阀体、活塞杆、叶片等。

（4）化学成分（见表3-548）

表3-548 化学成分（质量分数） （%）

C	Si	Mn	P	S	Cr	Ni	Mo	Cu	Nb
≤0.05	≤1.00	≤1.00	≤0.03	≤0.03	14.00~16.00	5.00~7.00	0.50~1.00	1.25~1.75	≥8w(C)

（5）物理性能（见表3-549）

表3-549 物理性能

密度/(g/cm^3)	熔点/℃	临界点/℃					
		Ac_1	Ac_3	Ar_1	Ar_3	Ms	Mf
7.75(7.76)	—	632	707	—	—	118	38

温度/℃	室温	95	150	205	260	370	480	595
热导率 λ/[W/(m·℃)]	—							
比定压热容 c_p/[J/(kg·℃)]	—							
线胀系数/10^{-6}℃$^{-1}$	—	10.6(10.8)	10.1(10.4)	10.3(10.6)	10.4(11.0)	10.8(11.3)	11.1(11.7)	11.2(11.75)
弹性模量 E/10^{4}MPa	19.3							
切变模量 G/10^{3}MPa								
泊松比 μ/10^{-1}								
电阻率 ρ/10^{-8}Ω·m	99							

注：括号内数据为固溶+480℃时效，其余为固溶态。

（6）常见热处理制度（见表3-550）

表3-550 常见热处理制度

热处理	加热温度/℃	冷却方法	金相组织
固溶处理(A)	1035	水冷	板条状马氏体
固溶处理+时效处理	1035	水冷	板条状马氏体+沉淀相
	538	空冷	
固溶处理+时效处理	1035	水冷	板条状马氏体+沉淀相
	620	空冷	

（7）力学性能

① 技术标准规定的力学性能见表3-551。

表3-551 技术标准规定的力学性能（截面尺寸≤13mm）

品种（标准）	规格/mm	状态	力学性能（≥）						HBW
			R_m/MPa	$R_{p0.2}$/MPa	A(%)		Z(%)		
					纵向(L)	横向(T)	纵向(L)	横向(T)	
棒材、锻件	—	固溶处理	860	655	10	—	40	15	≤316
		固溶处理+482℃时效处理	1240	1170	10	6	40	20	≥370
		固溶处理+510℃时效处理	1170	1100	10	7	40	22	≥350
		固溶处理+538℃时效处理	1100	1030	12	8	45	27	≥341

（续）

品种 （标准）	规格/mm	状态	力学性能（≥）						HBW
			R_m/MPa	$R_{p0.2}$/MPa	A(%)		Z(%)		
					纵向(L)	横向(T)	纵向(L)	横向(T)	
棒材，锻件	—	固溶处理+550℃时效处理	1030	965	12	—	45	—	≥325
		固溶处理+566℃时效处理	1000	930	12	9	45	30	≥325
		固溶处理+593℃时效处理	895	725	16	11	50	30	≥293
		固溶处理+621℃时效处理	860	515	18	12	55	35	≥265

② 不同温度下的力学性能见表3-552。

表3-552 不同温度下的力学性能

状态	温度/℃	R_m/MPa	$R_{p0.2}$/MPa	A(%)	Z(%)	KV_2/J	HBW
固溶处理:1080℃水冷	室温	990	805	14	60	81	278
固溶处理+482℃时效处理	室温	1340	1295	14	57	54	411
固溶处理+510℃时效处理	室温	1285	1260	16	59	63	400
固溶处理+538℃时效处理	室温	1185	1160	17	62	69	370
固溶处理+566℃时效处理	室温	1090	1045	20	65	93	351
固溶处理+621℃时效处理	室温	980	640	23	69	131	278
固溶处理+315℃时效处理	480	1105	951	12	47.7	54	—
	565	1050	1005	12.4	49.3	68	—
	620	917	862	14.1	53.7	111	—
固溶处理+425℃时效处理	480	1035	903	12.4	44.5	57	—
	565	986	896	12.2	44.5	73	—
	620	834	793	13.4	49.1	111	—
固溶处理+565℃时效处理	480	580	525	24	74.6	89	—
	565	585	540	26.5	73.7	91	—
	620	540	485	30	76.6	113	—

③ 冷加工硬化倾向见表3-553。

表3-553 0Cr15Ni6MoCuNb 冷加工硬化倾向

冷变形量(%)	0	20	40	60	80
R_m/MPa	933	995	1015	1160	1260
$R_{p0.2}$/MPa	795	910	1010	1110	1220

(8) 耐蚀性

耐全面（均匀）腐蚀性能见表3-554。

表3-554 耐全面（均匀）腐蚀性能

介质	浓度(%)	压力/MPa	温度/℃	时间/h	腐蚀速率		备注
					mm/a	g/($m^2 \cdot h$)	
HNO_3	20	—	93	48	0.05		固溶处理+600℃时效
H_2SO_4	5	—	24	48	0.025		
CH_3COOH	50	—	沸点	48	0.025		

在上述腐蚀条件下，0Cr15Ni6MoCuNb 钢的耐蚀性优于马氏体不锈钢 12Cr13，与 06Cr19Ni10 奥氏体不锈钢相当。

(9) 常用标准牌号对照（见表3-555）

表 3-555 常用标准牌号对照

国别	中国	国际标准化	欧洲		英国	德国	
标准	—	ISO	EN	Mat. No	BS	DIN	W-Nr
牌号	0Cr15Ni6MoCuNb	—	—	—	—	—	—
国别	法国	韩国	俄罗斯	日本	美国			
标准	NF	KS	ГОСТ	JIS	ASTM	UNS	AISI	SAE	ASI
牌号	—	—	05Х15Н6МДБ	—	XM25	S45000	—	—	—

注:Custom450(美国商品牌号)。

3.5.5 00Cr12Ni8Cu2TiNb 钢

(1) 概述

00Cr12Ni8Cu2TiNb 钢是超低碳型马氏体沉淀硬化不锈钢,经固溶+时效处理便可获得高强度与塑性、韧性的良好配合,因其有铜、钛、铌等几种可沉淀析出的时效强化元素,所以其比一般马氏体沉淀硬化不锈钢有更高的强度。其有良好的耐蚀性,特别是有更好的耐应力腐蚀性。此钢可常期使用在 450℃ 下,瞬时使用温度可达 800℃。其有良好的工艺性,可加工成锻件、铸件、板件、棒材、丝材等各种型材,在部件加工制造过程易于加工、成形。

00Cr12Ni8Cu2TiNb 钢主要用于耐蚀的承压部件。

00Cr12Ni8Cu2TiNb 钢常记为 Custom455。

(2) 工艺特性

00Cr12Ni8Cu2TiNb 钢是比较容易进行热加工的材料。锻轧开始温度可在 1040~1150℃ 范围,锻轧终止温度可控制在 900℃ 左右,可获得细小晶粒和热处理后的最佳性能。

00Cr12Ni8Cu2TiNb 钢常用热处理方法是固溶+时效处理,其固溶温度比其他马氏体沉淀硬化不锈钢低,通常采用 820~850℃ 加热,水冷。对于大截面尺寸钢材或零件,为获得良好的横向性能,可采用二次固溶工艺,即第一次加热温度为 960~1000℃,水冷或油冷,之后再经 800~840℃ 加热并水冷。时效硬化温度通常选择在 480~540℃,这可获得最大强度,再提高时效温度,强度会明显下降。

该钢焊接性优良,一般不需要焊前预热和焊后热处理。

(3) 应用

该钢主要用于制造不大于 420℃ 条件下工作的耐蚀承压、高强度零部件,如叶片、阀门、泵轴、齿轮、叶轮、紧固件等。

(4) 化学成分(见表 3-556)

表 3-556 化学成分(质量分数) (%)

C	Si	Mn	P	S	Cr	Ni	Mo	Cu	Ti	Nb+Ta
≤0.03	≤0.5	≤0.5	≤0.04	≤0.03	11.00~13.00	7.00~10.00	—	1.00~3.00	0.90~1.40	0.10~0.50

(5) 物理性能(见表 3-557)

(6) 常见热处理制度(见表 3-558)

(7) 力学性能

① 技术标准规定的力学性能见表 3-559。

表 3-557　物理性能（固溶+时效）

温度/℃	室温	93	480	620
热导率 λ/[W/(m·℃)]	17.16	—	—	—
比定压热容 c_p/[J/(kg·℃)]	—	—	—	—
线胀系数/10^{-6}℃$^{-1}$	—	10.6	12.02	12.55
弹性模量 E/10^4MPa	19.9	—	—	—
切变模量 G/10^3MPa	—	—	—	—
泊松比 μ/10^{-1}	3.0	—	—	—
电阻率 ρ/10^{-8}Ω·m	90	—	—	—

注：密度为 7.7g/cm^3。

表 3-558　常见热处理制度

热处理	加热温度/℃	冷却方法	金相组织
固溶处理	816~843	水冷	板条状马氏体
固溶处理+时效处理	816~843	水冷	板条状马氏体+沉淀相
	480~540	空冷	

表 3-559　技术标准规定的力学性能（供参考）

品种（标准）	规格/mm	状态	R_m/MPa	$R_{p0.2}$/MPa	A(%)	Z(%)	KV_2/J	HBW
棒材	25mm	固溶处理	950	770	10	50	90	≤291
		固溶处理+480℃时效处理	1670	1500	18	40	8	≥486
		固溶处理+510℃时效处理	1570	1480	10	45	10	≥470
		固溶处理+538℃时效处理	1400	1330	12	50	16	≥428

② 不同温度下的力学性能见表 3-560。

表 3-560　不同温度下的力学性能

状态	温度/℃	R_m/MPa	$R_{p0.2}$/MPa	A(%)	Z(%)	KV_2/J	HBW	备注
固溶处理	室温	960.4	788.9	12	50	—	300	ϕ100mm 棒材
固溶处理+510℃时效处理	室温	1577.8	1509.2	10	45	10.8	472	
固溶处理+538℃时效处理	室温	1406.3	1337.7	12	45	16.3	434	
固溶处理	室温	994.7	788.9	14	60	94.8	300	ϕ25mm 棒材
固溶处理+480℃时效处理	室温	1680.7	—	10	45	12.2	485	
固溶处理+510℃时效处理	室温	1577.8	1509.2	12	50	19	472	
固溶处理+538℃时效处理	室温	1406.3	1337.7	16	55	27.1	434	
815℃加热、水冷 480℃时效处理	室温	1680.7	1625.8	11	48	—	485	—
	260	1468	1385	10	49	—	485	
	316	1399.4	1289.7	11	50	—	485	
	371	1337.7	1234.8	12	52	—	485	
	427	1234.8	1138.5	14	56	—	485	

③ 持久极限见表 3-561。

表 3-561　持久极限

状态	温度/℃	持久极限/MPa		
		σ_{10}	σ_{10^2}	σ_{10^3}
816℃水冷 480℃时效处理	427	1034	827	641
816℃水冷 510℃时效处理	427	979	807	627
	482	752	565	372

(8) 耐蚀性和抗氧化性

00Cr12Ni8Cu2TiNb 钢具有良好耐蚀性，尤其具有良好耐应力腐蚀性能，长期服役温度可达 450℃，瞬时使用温度可达 800℃。

(9) 常用标准牌号对照（见表 3-562）

表 3-562　常用标准牌号对照

国别	中国	国际标准化	欧洲		英国	德国	
标准	—	ISO	EN	Mat. No	BS	DIN	W-Nr
牌号	00Cr12Ni8Cu2TiNb	—	—	—	—	—	—
国别	法国	韩国	俄罗斯	日本	美国		
标准	NF	KS	ГОСТ	JIS	ASTM	UNS	AISI	SAE	ASI
牌号	—	—	03Х12Н8Д2ТБ	—	XM-16	S45500	—	—	—

注：Custom455（美国企业牌号）。

3.5.6　0Cr13Ni8Mo2Al 钢

(1) 概述

0Cr13Ni8Mo2Al 钢是一种高强度沉淀硬化马氏体不锈钢，该钢突出特点是具有高强度和优良的断裂韧性、良好的横向力学性能和在海洋中的耐应力腐蚀性能。为保证钢的性能，严格控制合金成分、减少钢中的有害气体含量、提高钢的纯洁度。若对冶炼工艺有较高要求，应采用高水平的冶炼工艺方法，建议采用 VIM+VAR 双真空冶炼工艺。0Cr13Ni8Mo2Al 常记为 PH13-8Mo。

该钢的优良性能使其在航空、核反应堆、石油化工设备中获得广泛应用。其可制成锻件、铸件、棒材及其他各种型材。

(2) 工艺特性

0Cr13Ni8Mo2Al 钢除了在冶炼工艺上有特殊要求外，其他工艺特性与其他马氏体沉淀硬化不锈钢相似。

该钢可锻轧，锻轧开始温度最佳范围为 1170~1200℃，为获得较细晶粒组织，在 1040℃ 以下温度宜采用较大变形量。锻轧终止温度不低于 850℃。

0Cr13Ni8Mo2Al 钢的固溶处理加热温度通常为 900~940℃，采用油冷。时效温度依据强度要求不同，可选择 500~620℃。为了得到更好的性能，有时在固溶处理后进行一次 -75℃ 的冷处理，再进行时效处理。

该钢可以在任何条件下进行焊接，一般不需进行焊前预热，焊后可采用低于时效温度以下 30℃ 的去应力处理，也可在固溶处理状态下焊接，焊后进行时效处理。对于要求高耐蚀或严格去应力的情况，可在固溶并焊接后进行一次固溶处理，再时效处理。

该钢冷加工性能较好，适于冷拔、冷拉等冷加工。

(3) 应用

该钢主要用于有耐蚀要求和高强度要求的部件和构件，在航空航天、核反应堆及各类化工机械中被广泛应用，可制造轴、叶轮、叶片、紧固件等。

(4) 化学成分（见表 3-563）

表 3-563 化学成分（质量分数） （%）

C	Si	Mn	P	S	Cr	Ni	Mo	Al	N
≤0.05	≤0.10	≤0.10	≤0.01	≤0.008	12.25~13.25	7.50~8.50	2.00~2.50	0.90~1.35	≤0.01

（5）物理性能（见表 3-564）

表 3-564 物理性能

温度/℃	室温	100	200	3.5	425	540	600
热导率 λ/[W/(m·℃)]	—	14.0	15.8	17.9	20.5	22.0	22.6
比定压热容 c_p/[J/(kg·℃)]	—	—	—	—	—	—	—
线胀系数/10^{-6}℃$^{-1}$	—	(10.4)	(10.8)	(11.2)	(11.3)	(11.9)	—
弹性模量 E/10^4MPa	(19.5)						
切变模量 G/10^3MPa							
泊松比 μ/10^{-1}	(2.78)						
电阻率 ρ/10^{-8}Ω·m	100.1	101.9	104.9	106.1	108.1	109.1	109.5

注：括号内数据为固溶处理+538℃时效处理，其余为固溶态。密度为 7.76g/cm³。

（6）常见热处理制度（见表 3-565）

表 3-565 常见热处理制度

热处理	加热温度/℃	冷却方法	金相组织
固溶处理	920~930	空冷或油冷	板条状马氏体
固溶处理+时效处理	920~930	空冷或油冷	板条状马氏体+沉淀相
	510~620	空冷	
固溶处理+冷处理+时效处理	920~930	空冷或油冷	板条状马氏体+沉淀相
	-73	冰冷处理	
	510~620	空冷	

（7）力学性能

① 技术标准规定的力学性能见表 3-566。

表 3-566 技术标准规定的力学性能

品种（标准）	规格/mm	状态	力学性能（≥）						
			R_m/MPa	$R_{p0.2}$/MPa	A_{4mm}(%)	Z(%)		KV_2/J	HBW
						纵向(L)	横向(T)		
棒材或锻件	—	固溶处理+510℃时效处理	1520	1410	10	45	35	—	≥434
		固溶处理+538℃时效处理	1410	1310	10	50	45	—	≥434
		固溶处理+551℃时效处理	1275	1210	11	50	45	—	≥390
		固溶处理+566℃时效处理	1210	1140	12	50	45	—	≥380
		固溶处理+593℃时效处理	1030	930	14	50	—	—	≥325
		固溶处理+621℃时效处理	930	620	14	50	—	—	≥293
		固溶处理+760℃调整处理+620℃时效处理	860	585	16	55	—	—	≥265

② 不同温度下的力学性能见表 3-567。

表 3-567 不同温度下的力学性能

状态	温度/℃	R_m/MPa	$R_{p0.2}$/MPa	A_{4mm}(%)	Z(%)	KV_2/J	HBW	备注
固溶处理	室温	1010	825	17	65	81	316	纵向
	室温	1010	825	17	65	54	316	横向

(续)

状态	温度/℃	R_m/MPa	$R_{p0.2}$/MPa	A_{4mm}(%)	Z(%)	KV_2/J	HBW	备注
固溶处理+510℃时效处理	室温	1545	1440	12	50	27	460	纵向
	室温	1545	1440	12	40	20	460	横向
固溶处理+538℃时效处理	室温	1475	1405	13	55	41	434	纵向
	室温	1475	1405	13	50	27	434	横向
固溶处理+566℃时效处理	室温	1305	1235	15	55	68	411	纵向
	室温	1305	1235	15	55	41	411	横向
固溶处理+593℃时效处理	室温	1100	1030	18	60	54	332	纵向
	室温	1100	1030	18	60	54	332	横向
固溶处理+621℃时效处理	室温	995	720	20	63	108	316	纵向
	室温	995	720	20	63	81	316	横向
固溶处理+760℃调整处理+621℃时效处理	室温	890	585	22	70	162	308	纵向
	室温	890	585	22	70	108	308	横向
固溶处理+-73℃冷处理+510℃时效处理	室温	1610	1475	12	45	27	473	纵向
	室温	1610	1475	12	35	14	473	横向
固溶处理+538℃时效处理，φ25.4mm棒材（平均值）	27	1145	995	22(A)	69	—	—	—
	93	1065	1000	23(A)	69	—	—	—
	149	1055	1000	22(A)	70	—	—	—
	204	1015	965	20(A)	70	—	—	—
	260	990	945	19(A)	69	—	—	—
	316	975	925	18(A)	69	—	—	—
	371	945	885	18(A)	69	—	—	—

（8）耐蚀性

0Cr13Ni8Mo2Al钢的耐蚀性优于12Cr13和14Cr17Ni2马氏体不锈钢，在某些条件下低于05Cr17Ni4Cu4Nb马氏体沉淀硬化不锈钢，在565℃以下温度时效时，有氢脆敏感性，在高于595℃以上温度时效时具有优良的耐硫化物应力腐蚀性能。

（9）常用标准牌号对照（见表3-568）

表3-568 常用标准牌号对照

国别	中国	国际标准化	欧洲		英国	德国	
标准	—	ISO	EN	Mat. No	BS	DIN	W-Nr
牌号	0Cr13Ni8Mo2Al	—	—	—	—	—	—

国别	法国	韩国	俄罗斯	日本	美国			
标准	NF	KS	ГOCT	JIS	ASTM	UNS	AISI	SAE	ASI
牌号	—	—	05Х13Н8М2Ю	—	XM-13	S13800	—	—	—

注：PH13-8Mo（美国商业牌号）。

3.5.7 0Cr16Ni6钢

（1）概述

0Cr16Ni6钢属半奥氏体型沉淀硬化不锈钢。其马氏体转变点低，固溶冷却到室温后，仍具有奥氏体和马氏体组织，需经过冷变形加工或冷处理使部分奥氏体转变为马氏体组织，再经过时效处理而获得高硬度和高强度。在固溶状态下的组织为40%左右马氏体和60%左右奥氏体，冷处理和冷变形后具有90%左右马氏体，其余为奥氏体。

0Cr16Ni6钢经过热处理后具有较高的硬度、强度和塑性、韧性，缺口敏感性较低，对氢脆不敏感，有较好的耐应力腐蚀能力，还具有良好的热加工性和冷变形性。

0Cr16Ni6 钢可制成铸件、锻件、棒材、板材等。

（2）工艺特性

0Cr16Ni6 钢可采用电炉或电炉+电渣重熔及其他炉外精炼方法，熔炼时应注意将氮的质量分数控制在 0.1% 以下。

该钢热加工性能较好，锻轧开始温度为 1050~1100℃，锻轧终止温度不低于 900℃，锻轧可空冷。

为充分发挥性能，应采取固溶处理+冷处理+时效处理工艺。固溶处理温度可采用 1080~1120℃，保温后水冷，冷处理温度可在 -80~-70℃ 之间，时效加热温度为 410~430℃，保温后空冷。

0Cr16Ni6 钢焊接性较好，可采用多种方法焊接，通常在固溶状态下焊接，焊前可不预热，焊后最好应进行固溶处理。之后再进行冷处理和时效处理，以保证性能。

该钢冷加工性能介于奥氏体不锈钢和马氏体不锈钢之间，可在室温下轧制。机械加工可在固溶状态下，硬度较低时进行，留有少量余量后进行冷处理和时效处理。

（3）应用

0Cr16Ni6 钢主要用于有耐蚀要求和一定强度要求的零件和构件，可用于在 350℃ 以下工作的受力构件，如承轴、阀片等，铸件可制成泵叶轮等零件。

（4）化学成分（见表 3-569）

表 3-569 化学成分（质量分数） （%）

C	Si	Mn	P	S	Cr	Ni	Mo	Ti	N
0.05~0.09	0.30~0.80	0.30~0.80	≤0.030	≤0.020	15.00~17.00	5.00~7.50	—	≤0.05	≤0.10

（5）物理性能（见表 3-570）

表 3-570 物理性能

密度/(g/cm³)	熔点/℃	临界点/℃					
		Ac_1	Ac_3	Ar_1	Ar_3	Ms	Mf
7.72	1360~1450	600	650	—	—	-9	-85

温度/℃	室温	100	200	300	400	500	600
热导率 λ/[W/(m·℃)]	—	18.0	19.3	20.9	22.2	23.0	24.3
比定压热容 c_p/[J/(kg·℃)]	444	—	—	—	—	—	—
线胀系数/10^{-6}℃$^{-1}$	—	9.5	11.0	12.0	12.5	13.0	13.0
弹性模量 E/10^4MPa	20.2	19.7	19.0	18.3	17.5	16.6	15.5
切变模量 G/10^3MPa	78.5	—	—	—	60.8	—	—
泊松比 μ/10^{-1}	2.3	—	—	2.4	2.6	—	—
电阻率 ρ/10^{-8}Ω·m	83.7	—	—	—	—	—	—

（6）常见热处理制度（见表 3-571）

表 3-571 常见热处理制度

热处理	加热温度/℃	冷却方法	金相组织
固溶处理	1080~1120	水冷	马氏体+奥氏体
冷处理	-80~-70	—	马氏体+少量奥氏体
时效处理	410~430	空冷	马氏体+少量奥氏体+沉淀相

(7) 力学性能

① 技术标准规定的力学性能见表3-572。

表3-572 技术标准规定的力学性能

品种(标准)	规格/mm	状态		力学性能(≥)					
				R_m/MPa	$R_{p0.2}$/MPa	A(%)	Z(%)	KU_2/J	HBW
内部标准	—	固溶处理+冷处理+420℃时效处理	室温	1175	930	12	50	—	380~470
			400℃	930	735	12	50	—	—

② 不同温度下的力学性能见表3-573。

表3-573 不同温度下的力学性能

状态	温度/℃	R_m/MPa	$R_{p0.2}$/MPa	A(%)	Z(%)
固溶处理+冷处理+420℃时效处理(热轧棒材)	20	1325	1255	19	62
	350	1285	1130	17	64
	400	1235	1030	17	65
	450	1170	980	16	63
	500	805	640	18	72
固溶处理+冷处理+420℃时效处理(锻造棒材)	20	1355	1295	20	61
	350	1300	1180	16	63
	400	1190	1100	15	66
	450	1180	1025	16	65
	500	845	650	14	70

③ 蠕变极限和持久极限见表3-574。

表3-574 蠕变极限和持久极限

状态	温度/℃	蠕变极限/MPa $\sigma_{0.2/10^2}$	持久极限/MPa σ_{10^2}
固溶处理+冷处理+420℃时效处理	400	275	950
	450	98	510
	500	59	—

(8) 耐蚀性

0Cr16Ni6钢的耐均匀(全面)腐蚀性能与14Cr17Ni2马氏体不锈钢及07Cr17Ni7Al沉淀硬化不锈钢相似,具有较好的耐晶间腐蚀性能,可以通过硫酸铜和硫酸沸腾晶间腐蚀试验方法检验。其还具有良好的耐应力腐蚀性能。

(9) 常用标准牌号对照(见表3-575)

表3-575 常用标准牌号对照

国别	中国	国际标准化	欧洲		英国	德国	
标准	—	ISO	EN	Mat. No	BS	DIN	W-Nr
牌号	0Cr16Ni6	—	—	—	—	—	—
国别	法国	韩国	俄罗斯	日本	美国		
标准	NF	KS	ГOCT	JIS	ASTM	UNS	AISI	SAE	ASI
牌号	—	—	07X16H6	—	—				

3.5.8 07Cr17Ni7Al(0Cr17Ni7Al)钢

(1) 概述

07Cr17Ni7Al钢是半奥氏体型沉淀硬化不锈钢,也记为17-7PH。

该钢马氏体点低,在固溶处理后仍保留大量奥氏体,硬度低,便于加工成形。之后采用调整处理提高马氏体转变点后冷却下来,基本上是马氏体组织,在此基础上进行时效处理,可获得所需的强度和韧性。其强化相为铝-镍金属间相化合物。

该钢中含有较高的铬和镍,所以具有较好的耐蚀性,接近于18-8型奥氏体不锈钢。

该钢可用于350℃以下长期工作、要求有耐蚀性和一定强度的部件和构件。

其可制成锻件、铸件、棒材、板材等各种型材。

(2) 工艺特性

该钢可锻轧,锻轧开始温度通常为1050~1100℃,锻轧终止温度不低于950℃,锻轧后可堆冷或空冷。

07Cr17Ni7Al钢是半奥氏体型沉淀硬化不锈钢,故其热处理工艺方法较为复杂。

首先要进行固溶处理,采用1030~1060℃加热,水冷或油冷,获得基体组织为大量的奥氏体组织,硬度很低,在这种组织状态下直接进行时效处理时,强度很低,效果不好,所以必须先进行一次调整处理,提高马氏体转变点,调整处理冷却下来后获以马氏体为主的基体组织,这时再进行时效处理会得到较高的强度。调整处理可以是760℃左右加热空冷,也可以是960℃左右加热、冷却后再进行-70℃左右的冷处理。后一种调整热处理的效果更好。

时效处理温度可依据调整处理情况确定,通常是采用760℃调整处理时,在560℃左右时效。采用960℃加热并附加冷处理的调整处理时,可在510℃左右时效。

对于07Cr17Ni7Al钢半奥氏体沉淀硬化不锈钢,如果需要冷变形加工,可以在固溶处理后进行冷变形加工,(如冷拉、冷拔、冷轧等加工),之后直接进行时效处理即可获得满意的性能,这时的时效处理通常选择490℃左右的加热温度。

07Cr17Ni7Al钢的焊接性较好,可采用各种方法焊接,一般在固溶状态下焊接,焊前可不预热,但焊后最好进行固溶处理,也可在焊后进行时效处理,同时起到了去除焊接应力的作用。

该钢加工硬化倾向较大,所以,进行冷变形加工时应合理控制加工工艺。

(3) 应用

该钢主要应用于有耐蚀要求、有一定强度要求的部件和构件,可用于长期在350℃条件下工作的容器、管道、弹簧、泵叶轮、阀片、泵轴等。

(4) 化学成分 (见表3-576)

表3-576 化学成分 (质量分数) (GB/T 1220—2007) (%)

C	Si	Mn	P	S	Cr	Ni	Mo	Al	Cu
≤0.09	≤1.00	≤1.00	≤0.040	≤0.030	16.00~18.00	6.50~7.75	—	0.75~1.50	—

(5) 物理性能 (见表3-577)

表3-577 物理性能

温度/℃	室温	100	150	260	316	427	480
热导率λ/[W/(m·℃)]	—	—	(17.2)	(18.4)	—	—	(20.9)
比定压热容c_p/[J/(kg·℃)]	460.6	—	—	—	—	—	—
线胀系数/10^{-6}℃$^{-1}$	—	15.3 (10.08)	—	—	17.1 (11.34)	17.3 (11.88)	—

(续)

弹性模量 $E/10^4$ MPa	—	—	—	—	—	16.3	—
切变模量 $G/10^3$ MPa	—	—	—	—	—	—	—
泊松比 $\mu/10^{-1}$	—	—	—	—	—	—	—
电阻率 $\rho/10^{-8}\Omega\cdot m$	80 (82.5)	—	—	—	—	—	—

注：括号内数据为固溶+760℃调整处理+565℃时效，其余为固溶态。密度为 7.81g/cm³；熔点为 1415~1450℃。

(6) 常见热处理制度（见表 3-578）

表 3-578　常见热处理制度

热处理	加热温度/℃	冷却方法	金相组织
TH 处理：固溶处理+ 调整处理+ 时效处理	1050 760 565	水冷或空冷 空冷 空冷	板条状马氏体+沉淀相
RH 处理：固溶处理+ 调整处理+ 冷处理+时效处理	1050 950 -73 510	水冷或空冷 空冷 冷处理 空冷	板条状马氏体+沉淀相
CH 处理：固溶处理+ 冷变形+ 时效处理	1050 冷变形约60% 480	水冷或空冷 — 空冷	板条状马氏体+沉淀相

(7) 力学性能

① 技术标准规定的力学性能见表 3-579。

表 3-579　技术标准规定的力学性能

品种(标准)	规格/mm	状态	力学性能(≥)					HBW
			R_m/MPa	$R_{p0.2}$/MPa	A(%)	Z(%)	KU_2/J	
棒材或锻件 (GB/T 1220—2007)	<75mm	固溶处理	≤1030	≤380	20	—	—	≤229
		固溶处理+510℃空冷	1230	1030	4	10	—	≥388
		固溶处理+565℃空冷	1140	960	5	25	—	≥363

② 不同温度下的力学性能见表 3-580。

表 3-580　不同温度下的力学性能

状态	温度/℃	R_m/MPa	$R_{p0.2}$/MPa	A(%)	Z(%)	KU_2/J	HBW	备注
1050℃水冷或空冷	室温	892	275	35	—	—	166	
1050℃水冷或空冷+ 760℃空冷+565℃空冷	室温	1370	1275	9	—	—	410	
1050℃水冷或空冷+ 950℃空冷+-73℃处理+ 510℃空冷	室温	1615	1510	6	—	—	472	薄板
1050℃水冷或空冷+冷 变形+480℃空冷	室温	1820	1785	2	—	—	472	
1050℃水冷或空冷+ 760℃空冷+565℃空冷	93	1301	1230	—	—	—	—	—
	204	1223	1160	—	—	—	—	—
	316	1139	1090	—	—	—	—	—
	371	1090	1020	—	—	—	—	—
	426	1012	911	—	—	—	—	—

(续)

状态	温度/℃	R_m/MPa	$R_{p0.2}$/MPa	$A(\%)$	$Z(\%)$	KU_2/J	HBW	备注
1050℃水冷或空冷+ 760℃空冷+565℃空冷	482	872	633	—	—	—	—	
	538	—	—	—	—	—	—	
1050℃水冷或空冷+ 950℃空冷+-73℃处理+ 510℃空冷	93	1477	1406	—	—	—	—	
	204	1378	1259	—	—	—	—	
	316	1294	1153	—	—	—	—	
	371	1230	1083	—	—	—	—	
	426	1125	963	—	—	—	—	
	482	935	794	—	—	—	—	
	538	654	534	—	—	—	—	

③ 蠕变极限和持久极限见表3-581。

表3-581 蠕变极限和持久极限

状态	温度/℃	蠕变极限/MPa		持久极限/MPa	
		$\sigma_{0.1/10^3}$	$\sigma_{0.01/10^3}$	σ_{10^2}	σ_{10^3}
1050℃水冷或空冷+ 760℃空冷+565℃空冷	316	949	879	1195	1111
	371	738	703	914	858
	427	422	316	773	633
	482	162	—	548	366
1050℃水冷或空冷+ 950℃空冷+-73℃处理+ 510℃空冷	316	886	733	1322	1126
	371	612	422	1180	1027
	427	253	218	794	647
	482	98	88	429	309
1050℃水冷或空冷+冷 变形+480℃空冷	316	—	—	1547	1519
	371	—	—	1364	1266
	427	—	—	949	513
	482	—	—	373	253

（8）耐蚀性

耐全面（均匀）腐蚀性能见表3-582。

表3-582 耐全面（均匀）腐蚀性能

介质	浓度(%)	压力/MPa	温度/℃	时间/h	腐蚀速率		备注
					mm/a	g/($m^2 \cdot h$)	
海水	—	—	—	6年	0.075	—	固溶+调整+ 480℃时效
H_2SO_4	10	—	常温	24	8.9152	—	A
					21.0896	—	T
					108.976	—	TH565
					38.192	—	CH480
					59.1136	—	RH490
	5	—	沸点	8	343.84	—	A
					全溶	—	T
					全溶	—	TH565
					全溶	—	CH480
					全溶	—	RH490
HNO_3	40	—	沸点	8	0.112	—	A
					0.1232	—	T

(续)

介质	浓度(%)	压力/MPa	温度/℃	时间/h	腐蚀速率 mm/a	腐蚀速率 g/(m²·h)	备注
HNO$_3$	40	—	沸点	8	0.3472	—	TH565
					0.112	—	CH480
					0.1904	—	RH490
	40	—	沸点	6	0.2016	—	A
					0.2016	—	A+T+O
					0.2240	—	A+T+O+H510
					0.1904	—	A+T+O+H565
	65	—	沸点	8	0.5152	—	A
					0.616	—	T
					2.8448	—	TH565
					0.6048	—	CH480
					2.0496	—	RH490
HCl	10	—	常温	24	16.128	—	A
					28.168	—	T
					59.416	—	TH565
					33.8464	—	CH480
					40.096	—	RH490
H$_2$SO$_4$	0.05mol/L	—	沸点	6	4.9504	—	A
					11.760	—	A+T+O
					49.280	—	A+T+O+H510
					12.880	—	A+T+O+H565
CH$_3$COOH	1mol/L	—	沸点	6	0.0336	—	A
					0.0448	—	A+T+O
					0.0336	—	A+T+O+H510
					0.0336	—	A+T+O+H565
HCOOH	1mol/L	—	沸点	6	2.3968	—	A
					2.1952	—	A+T+O
					8.2208	—	A+T+O+H510
					7.1008	—	A+T+O+H565

（9）常用标准牌号对照（见表 3-583）

表 3-583 常用标准牌号对照

国别	中国	国际标准化	欧洲		英国	德国	
标准	GB	ISO	EN	Mat. No	BS	DIN	W-Nr
牌号	07Cr17Ni7Al	X7CrNiAl17-7	X7CrNiAl17-7	1.4568	—	X7CrNiAl17-7	1.4532
国别	法国	韩国	俄罗斯	日本	美国		
标准	NF	KS	ГОСТ	JIS	ASTM	UNS	AISI	SAE	ASI
牌号	Z8CNA17-07	STS631	09X17H7Ю	SVS631	631	S17700	—	—	—

3.5.9 07Cr15Ni7Mo2Al（0Cr15Ni7Mo2Al）钢

（1）概述

07Cr15Ni7Mo2Al 钢也是一种半奥氏体沉淀硬化不锈钢，在固溶状态下存在大量奥氏体组织（可能含有 5%～20% 的 δ 铁素体）。其在固溶状态下加工成形性好，易于加工制造，之后再进行调整处理和时效处理，镍-铝化合物作为强化相，提高其强度。钢中铜的加入提高了在还原性介质中的耐蚀能力。

07Cr15Ni7Mo2Al 钢的综合性能优于 07Cr17Ni7Al 钢，应用更广泛。该钢主要用于宇航、石油化工、能源工业中要求耐蚀的设备，适于制造 400℃ 以下温度长期工作的承压构件、容器、弹性元件等。

该钢的不足之处是要精确控制成分，塑性、韧性的方向性较强。

该钢可制成锻件、铸件、板材等各种型材。

(2) 工艺特性

07Cr15Ni7Mo2Al 钢的锻轧开始温度可取 1100~1150℃，锻轧终止温度不低于 900℃。锻轧后可空冷。

该钢的热处理也较复杂，固溶处理加热温度通常为 1020~1060℃，油冷或空冷。调整温度为 940~980℃，之后应进行一次 -70℃ 左右的冷处理，时效温度一般选择为 450~550℃，空冷。有些弹性元件的材料在固溶和冷变形状态下供货时，只进行时效处理即可满足使用要求。根据需要可进行二次时效处理，第二次时效温度应低于第一次时效温度。

该钢可进行焊接，最好采用气体保护焊，焊接通常在固溶状态下进行，焊后再进行调整处理和时效处理，有时为保证耐蚀性和强度，焊后最好进行固溶化处理，再进行调整和时效处理。

该钢冷加工硬化倾向较大，冷加工最好在固溶状态下进行。

(3) 应用

07Cr15Ni7Mo2Al 钢主要应用于薄壁结构件、容器等，也可以用来制作叶片、轴、齿轮、阀片等。

(4) 化学成分（见表 3-584）

表 3-584 化学成分（质量分数）（GB/T 1220—2007） (%)

C	Si	Mn	P	S	Cr	Ni	Mo	Al
≤0.09	≤1.00	≤1.00	≤0.040	≤0.030	14.00~16.00	6.50~7.75	2.00~3.00	0.75~1.50

(5) 物理性能（见表 3-585）

表 3-585 物理性能（固溶态+570℃时效）

温度/℃	室温	100	200	300	400	500
热导率 λ/[W/(m·℃)]	—	18.0	18.8	19.7	21.4	20.9
比定压热容 c_p/[J/(kg·℃)]	—	—	—	—	—	—
线胀系数/$10^{-6}℃^{-1}$	—	11.20	11.50	11.90	12.10	—
弹性模量 E/10^4MPa	—	—	—	—	—	—
切变模量 G/10^3MPa	—	—	—	—	—	—
泊松比 μ/10^{-1}	—	—	—	—	—	—
电阻率 ρ/$10^{-8}\Omega·m$	82.0	—	—	—	—	—

注：密度为 7.69g/cm³；熔点为 1415~1450℃。

(6) 常见热处理制度（见表 3-586）

表 3-586 常见热处理制度

热处理	加热温度/℃	冷却方法	金相组织
固溶处理	1050	空冷或油冷	奥氏体
调整处理	750~760	空冷	马氏体
调整处理+冷处理	950+-70	空冷	马氏体
时效处理	400~600	空冷	马氏体+沉淀相

(7) 力学性能

① 技术标准规定的力学性能见表3-587。

表3-587 技术标准规定的力学性能（GB/T 1220—2007）

品种（标准）	规格/mm	状态	力学性能(≥)					HBW
			R_m/MPa	$R_{p0.2}$/MPa	$A(\%)$	$Z(\%)$	KU_2/J	
棒材或锻件	<75	固溶处理	—	—	—	—	—	≤269
		固溶处理+565℃空冷	1210	1100	7	25	—	≥375
		固溶处理+510℃空冷	1320	1210	6	20	—	≥388

② 不同温度下的力学性能见表3-588。

表3-588 不同温度下的力学性能

状态	温度/℃	R_m/MPa	$R_{p0.2}$/MPa	$A(\%)$	$Z(\%)$	KU_2/J	HBW	备注
1050℃水冷或空冷	室温	892	378	35	—		169	
1050℃水冷或空冷+760℃空冷+565℃空冷	室温	1442	1373	7			425	
1050℃水冷或空冷+950℃空冷+−73℃处理+510℃空冷	室温	1648	1545	6			470	薄板
1050℃水冷或空冷+冷变形+480℃空冷	室温	1819	1785	2			500	
1050℃空冷+950℃空冷+−70℃×2h冷处理	400℃×1h	室温	1250	—	8.7	45.9	—	—	
	450℃×1h	室温	1361	—	9.8	42.7			
	500℃×1h	室温	1535	—	11.2	35.7			
	550℃×1h	室温	1581	—	8.8	35.8			棒材
	600℃×1h	室温	1284	—	13.7	41.9			
	450℃×1h+400℃×8h	室温	1460	—	11.1	39.1			
	550℃×1h+400℃×8h	室温	1628	—	8.3	41.9			
1050℃空冷+760℃×1.5h空冷+15℃×1.5h	500×1.5h	室温	1556	—	7.6	31.4			—
	600×1.5h	室温	1263	—	10.0	39.6			
1050℃空冷+950℃×10min空冷+−70℃×2h+500℃×1h空冷	20	1528	1321	11.4	—			
	200	1314	1047	5.9				
	300	1275	937	7.2				
	400	1189	790	7.3				
	450	1059	739	6.9				
	500	984	628	10.4				
	550	691	375	14.8				
	600	624	223	32.0				钢带
	700	239	107	49.4				
	800	123	51	76.6				
1050℃空冷+950℃×10min空冷+−70℃×2h+450℃×1h空冷	20	1380	1180	13.7				
	300	1190	887	6.15				
	400	1160	877	6.4				
	450	1143	821	6.3				
	500	1074	726	7.6				

(续)

状态	温度/℃	R_m/MPa	$R_{p0.2}$/MPa	$A(\%)$	$Z(\%)$	KU_2/J	HBW	备注
1050℃空冷+975℃水冷+-70℃×2h+450℃×1h空冷	20	1358	1104	12.8$_{(A_{11.3})}$	47.8			棒材
	350	1248	892	7.4$_{(A_{11.3})}$	40.7			
	400	1247	765	7.6$_{(A_{11.3})}$	40.9			
	450	1226	770	7.7$_{(A_{11.3})}$	44.8			
	500	1114	—	6.4$_{(A_{11.3})}$	52.8			
	550	948	605	7.5$_{(A_{11.3})}$	61.9			
	600	577	334	15.8$_{(A_{11.3})}$	80.3			

（8）耐蚀性

耐全面（均匀）腐蚀性能见表3-589。

表3-589 耐全面（均匀）腐蚀性能

介质	浓度(%)	压力/MPa	温度/℃	时间/h	腐蚀速率		备注
					mm/a	g/(m²·h)	
发烟硝酸	—		15.5	8	—	5.78	1050℃空冷+950℃空冷+-70℃×2h+510℃空冷
硝酸	65		沸点	8	—	4.51	
硫酸	9.5		15.5	24	—	0.0117	
盐酸	9.12		15.5	24	—	7.34	
发烟硝酸	—		15.5	8	—	23.0	1050℃空冷+760℃空冷+560℃空冷
硝酸	65		沸点	8	—	23.6	
硫酸	10		15.5	24	—	19.8	
盐酸	10		15.5	24	—	16.6	

（9）常用标准牌号对照（见表3-590）

表3-590 常用标准牌号对照

国别	中国	国际标准化	欧洲		英国	德国	
标准	GB	ISO	EN	Mat. No	BS	DIN	W-Nr
牌号	07Cr15Ni7Mo2Al	X8CrNiMoAl15-7-2	X8CrNiMoAl15-7-2	1.4532	—	X8CrNiMoAl15-7-2	1.4532
国别	法国	韩国	俄罗斯	日本	美国		
标准	NF	KS	ГОСТ	JIS	ASTM	UNS	AISI	SAE	ASI
牌号	Z8CNDA17-07	STS632	09X15H7M2Ю	SUS632	632	S15700	—	—	—

注：PH15-7Mo（美国商业牌号）。

3.5.10 0Cr17Ni5Mo3N 钢

（1）概述

0Cr17Ni5Mo3N钢是以Cr_2N作为强化相的半奥氏体沉淀硬化不锈钢，有时记作AM350。其组织和热处理特性类似于07Cr17Ni7Al钢。该钢在固溶处理+调整处理+时效处理后具有较高的强度和良好的韧性，可制作在中温条件下工作、要求耐蚀和高强度的部件。

该钢可制成锻件、铸件和板、带等型材。

（2）工艺特性

该钢的热加工和冷加工性能参考07Cr15Ni7Mo2Al钢。

0Cr17Ni5Mo3N钢的热处理也较为复杂，通常采用固溶处理+调整处理+时效处理。固溶处理加热温度为1050~1080℃，油冷或水冷。调整处理加热温度为930℃，空冷。时效温度依强度要求而定，一般在450~550℃之间选择。

该钢的焊接性较好，可采用多种方法焊接，在固溶状态下焊接，焊后可采用930~950℃空冷处理，即达到调整处理目的，又可较好地去焊接应力，之后再进行时效处理。

（3）应用

该钢主要用于有一定耐蚀性且具有高强度的部件和构件，如压力容器、叶片、叶轮、轴、高温弹簧等。

（4）化学成分（见表3-591）

表3-591 化学成分（质量分数） （%）

C	Si	Mn	P	S	Cr	Ni	Mo	N
0.07~0.11	≤0.5	0.50~1.25	≤0.04	≤0.03	16.0~17.0	4.0~5.0	2.50~3.25	0.07~0.13

（5）物理性能（见表3-592）

表3-592 物理性能

温度/℃	室温	100	205	315	370	400	425	500
导热系数 $\lambda/[W/(m \cdot ℃)]$	14.5	15.4	17.0	18.7	19.6	—	20.2	—
比定压热容 $c_p/[J/(kg \cdot ℃)]$	—	—	—	—	—	—	—	—
线胀系数:(室温~1)$\times 10^{-6}$/℃	—	11.34 (17.28)	—	12.24 (17.64)	—	12.60 (17.82)	—	12.96 (18.72)
弹性模量 $E/10^4$MPa	20.3	—	18.8	17.9	17.4	—	16.8	—
切变模量 $G/10^3$MPa	78	—	72	68	66	—	64	—
泊松比 $\mu/10^{-1}$	—	—	—	—	—	—	—	—
比电阻 $\rho/10^{-8}\Omega \cdot m$	78.8	82.6	—	—	—	—	—	—

注：括号内数据为固溶态，其余为固溶+953℃空冷+-73℃处理+454℃时效。

（6）常见热处理制度（见表3-593）

表3-593 常见热处理制度

热处理	加热/℃	冷却方法	金相组织
固溶处理	1055~1075	水冷或空冷	奥氏体
固溶处理+调整处理	1055~1075	水冷或空冷	板条状马氏体+奥氏体
	920~940	空冷	
固溶处理+调整处理+冰冷处理+时效处理	1055~1075	水冷或空冷	板条状马氏体+沉淀相
	920~940	空冷	
	-80~-73	缓冷	
	455~535	空冷	

（7）力学性能

① 技术标准规定的力学性能见表3-594。

表3-594 技术标准规定的力学性能

品种（标准）	规格/mm	状态	力学性能(≥)					HBW
			R_m/MPa	$R_{p0.2}$/MPa	A(%)	Z(%)	KV_2/J	
板材带材	—	固溶处理(1065℃空冷)	≤1380	585~620	8~12	—	—	≤293
		固溶处理+953℃空冷+-73℃处理+454℃空冷	1275	1030	2~8	—	—	≥400
		固溶处理+953℃空冷+-73℃处理+538℃空冷	1140	1000	2~8	—	—	≥342

② 不同温度下的力学性能见表3-595。

表3-595 不同温度下的力学性能

状态	温度/℃	R_m/MPa	$R_{p0.2}$/MPa	A(%)	Z(%)	KV_2/J	HBW
固溶处理	室温	999.8	413.7	40	—	—	229
固溶处理+953℃空冷+-73℃处理+454℃时效处理(薄板材)	室温	1420	1207	12	—	19	434
	93	1372	1099	13	—	33	—
	149	1351	1051	10	—	—	—
	204	1351	1020	9	—	41	—
	260	1353	991	10	—	—	—
	316	1356	960	7	—	45	—
	371	1358	915	10	—	—	—
	427	1308	861	11	—	—	—
	482	1191	796	—	—	—	—
	538	866	641	11	—	—	—
固溶处理+953℃空冷+-73℃处理+538℃时效处理	室温	1165.3	1026.5	15	—	33.9	360
固溶处理+734℃空冷+454℃空冷	室温	1282.5	1027.4	12	—	—	390
冷轧+454℃空冷(板材)	室温	1441	1303	10	—	—	—

③ 蠕变极限和持久极限见表3-596。

表3-596 蠕变极限和持久极限

状态	温度/℃	蠕变极限/MPa			持久极限/MPa		
		$\sigma_{0.1/10^2}$	$\sigma_{0.1/10^3}$	$\sigma_{0.2/10^3}$	σ_{10}	σ_{10^2}	σ_{10^3}
455℃时效处理	425	—	—	—	1280	1270	1255
	480	—	—	—	1015	835	655
540℃时效处理	425	—	—	—	925	895	885
	480	—	—	—	745	710	625
455℃时效处理	316	—	765	896	—	—	—
	371	—	696	869	—	—	—
	427	738	379	586	—	—	—

（8）耐蚀性和抗氧化性

0Cr17Ni5Mo3N钢的耐蚀性类似或略优于07Cr15Ni7Mo2Al钢。

（9）常用标准牌号对照（见表3-597）

表3-597 常用标准牌号对照

国别	中国	国际标准化	欧洲		英国	德国	
标准		ISO	EN	Mat. No	BS	DIN	W-Nr
牌号	0Cr17Ni5Mo3N	—	—	—	—	—	—

国别	法国	韩国	俄罗斯	日本	美国			
标准	NF	KS	ГОСТ	JIS	ASTM	UNS	AISI	SAE	ASI
牌号	—	—	08X17H5M3A	—	633	S35000			

注：AM350（美国商业牌号）。

3.5.11 0Cr15Ni25MoTiAlVB 钢

（1）概述

0Cr15Ni25MoTiAlVB钢的成分决定了其奥氏体组织很稳定，马氏体点极低，在固溶状态下的基体组织是奥氏体,所以其属于奥氏体沉淀硬化不锈钢,沉淀强化相是镍-铝-钛组成的金属间化合物,如 $Ni_3(Al、Ti)$ 等。钢中钼同时起到对基体的固溶强化作用。钒、硼都会以析出相形式起到强化作用。

该钢主要用于不大于 700℃ 工作环境下、要求具有高强度和耐蚀性部件,其可制成锻件、铸件及棒、板、带等型材。

在美国、日本等国家将 0Cr15Ni25MoTiAlVB 钢列入奥氏体不锈钢系列。

(2) 工艺特性

该钢可锻轧,锻轧开始温度通常为 1040~1120℃,锻轧终止温度不低于 940℃。锻轧后可空冷。

该钢热处理工艺较简单,即固溶处理+时效处理、固溶加热温度可为 900~980℃,水冷或油冷。时效温度一般采用 700~730℃,但时效时间不应小于 12h。

该钢可焊接,最好采用气体保护焊,在固溶处理下焊接,一般焊后进行时效处理。

该钢的冷加工成形性较好,但加工硬化速度较一般奥氏体不锈钢快。

(3) 应用

该钢主要用于高温耐蚀部件,如发动机叶片、紧固件、轴等。

(4) 化学成分(见表 3-598)

表 3-598 化学成分(质量分数) (%)

C	Si	Mn	P	S	Cr	Ni	Mo	Ti	V	B	Al
≤0.08	≤1.00	≤2.00	≤0.025	≤0.025	13.50~16.00	24.00~27.00	1.00~1.50	1.90~2.35	0.10~0.50	0.003~0.01	≤0.035

(5) 物理性能(见表 3-599)

表 3-599 物理性能

温度/℃	室温	100	500	538	600	649	760	816
热导率 $\lambda/[W/(m·℃)]$	—	15.1(150℃)	—	—	23.8	—	—	—
比定压热容 $c_p/[J/(kg·℃)]$	460	—	—	—	—	—	—	—
线胀系数/$10^{-6}℃^{-1}$	—	16.9	17.4	—	—	17.6	17.7	19.4
弹性模量 $E/10^4$ MPa	20.1	—	—	16.2	—	15.3	14.2	13.7
切变模量 $G/10^3$ MPa	71.7	—	—	57.9	—	54.5	51.7	50.3
泊松比 $\mu/10^{-1}$	3.06	—	—	3.28	—	3.36	3.40	3.44
电阻率 $\rho/10^{-8}\Omega·m$	91.0	—	—	115.6	—	118.8	—	122.4

注:密度为 7.92g/cm³;熔点为 1371~1427℃。

(6) 常见热处理制度(见表 3-600)

表 3-600 常见热处理制度

热处理	加热/℃	冷却方法	金相组织
固溶处理+时效处理	900℃×2h+700~730℃	水冷或油冷 / 空冷	奥氏体+沉淀相
	980℃×2h+700~730℃	水冷或油冷 / 空冷	奥氏体+沉淀相

（7）力学性能

① 技术标准规定的力学性能见表 3-601。

表 3-601 技术标准规定的力学性能

品种（标准）	规格/mm	状态	力学性能(≥)					HBW
			R_m/MPa	$R_{p0.2}$/MPa	$A(\%)$	$Z(\%)$	KV_2/J	
棒材锻件	—	900℃,水冷或油冷	≤724	—	—	—	—	≤201
		900℃,水冷或油冷+700~730℃空冷	965	655	12	15	—	277~363
		980℃,水冷或油冷	≤724	—	—	—	—	≤263
		980℃,水冷或油冷+700~730℃空冷	895	586	15	20	—	≥201

② 不同温度下的力学性能见表 3-602。

表 3-602 不同温度下的力学性能

状态	温度/℃	R_m/MPa	$R_{p0.2}$/MPa	$A(\%)$	$Z(\%)$	KV_2/J	HBW
固溶处理+时效处理	-190	—	—	—	—	77	—
	-73	—	—	—	—	92	—
	20	1007	703	25.0	36.8	87	—
	205	1000	645	21.5	52.8	80	—
	370	948	645	22.0	45.0	—	—
	425	951	645	18.5	35.0	70	—
	540	903	603	18.5	31.2	62	265
	595	841	621	21.0	23.0	60	252
	650	714	607	—	—	48	—
	705	596	—	—	—	60	—
	760	441	—	—	23.4	—	116
	816	252	—	—	37.5	—	91

③ 蠕变极限见表 3-603。

表 3-603 蠕变极限

状态	温度/℃	蠕变极限/MPa
		$\sigma_{1/10^2}$
固溶处理+时效处理	540	586
	595	483
	650	283
	705	155

（8）耐蚀性和抗氧化性

该钢的耐蚀性优于 07Cr15Ni7Mo2Al 钢，在还原性酸性介质中接近于 316 钢，抗氧化性相当于 06Cr25Ni20 奥氏体不锈钢。

（9）常用标准牌号对照（见表 3-604）

表 3-604 常用标准牌号对照

国别	中国	国际标准化	欧洲		英国	德国	
标准	—	ISO	EN	Mat. No	BS	DIN	W-Nr
牌号	0Cr15Ni25MoTiAlVB	X6NiCrTiMoVB 25-15-2	X5NiCrTiMoVB 25-15-2	1.4606	—	X5NiCrTiMoVB 25-15-2	1.4606
国别	法国	韩国	俄罗斯	日本	美国			
标准	NF	KS	ГОСТ	JIS	ASTM	UNS	AISI	SAE	ASI
牌号	—	STS660	—	SUH660	—	S66286	660	—	—

注：A-286（美国商业牌号）。

3.5.12 00Cr16Ni25Ti3Al 钢

（1）概述

00Cr16Ni25Ti3Al 钢属超低碳奥氏体沉淀硬化不锈钢，镍含量较高，奥氏体较稳定，在经固溶处理和后来的时效过程中，由镍-铝-钛组成的金属间化合物相如 Ni_3（Al、Ti）等沉淀析出，形成强化相，保证其时效后的钢具有较高强度。

该钢主要用于制造在高温下受力、耐磨、耐蚀条件下的抗咬死部件，也可用于制作高强度无磁性部件。

00Cr16Ni25Ti3Al 钢可制成锻件、铸件、棒材等。

（2）工艺特性

00Cr16Ni25Ti3Al 钢可锻轧加工，锻轧开始温度一般为 1040~1120℃，锻轧终止温度不低于 940℃，锻轧后空冷。

该钢应在固溶+时效处理后使用，固溶加热温度通常为 970~1000℃，保温后空冷或油冷、水冷；时效温度为 710~730℃，保温时间应不低于 8h。

该钢可焊接，最好采用气体保护焊，最好在固溶状态下焊接，焊后进行时效处理。

（3）应用

该钢用于制造高温条件下耐蚀、耐磨的零件，如耐磨环、叶轮等。

（4）化学成分（见表 3-605）

表 3-605 化学成分（质量分数） （%）

C	Si	Mn	P	S	Cr	Ni	Mo	Ti	V	Al
≤0.03	≤0.2	≤0.15	≤0.01	≤0.01	15.0~17.0	25.0~27.0	—	2.5~3.5	0.25~0.35	0.15~0.35

（5）物理性能（见表 3-606）

表 3-606 物理性能

温度/℃	室温	100	200	300	400	500	600	700
热导率 $\lambda/[W/(m \cdot ℃)]$	—							
比定压热容 $c_p/[J/(kg \cdot ℃)]$	—							
线胀系数$/10^{-6}℃^{-1}$	—	16.1	16.5	16.8	17.0	17.1	17.1	—
弹性模量 $E/10^4$ MPa	23.3	23.6	21.9	20.9	20.2	19.1	18.5	17.7
切变模量 $G/10^3$ MPa	86.5	83.9	80.7	76.6	74.0	69.5	67.5	63.8
泊松比 $\mu/10^{-1}$	3.46	3.49	3.55	3.66	3.66	3.75	3.70	3.83
电阻率 $\rho/10^{-8} \Omega \cdot m$	—							

注：密度为 $7.90 g/cm^3$。

（6）常见热处理制度（见表3-607）

表3-607 常见热处理制度

热处理	加热温度/℃	冷却方法	金相组织
固溶处理+时效处理	980℃空冷+720℃空冷	空冷或油冷 空冷	奥氏体+沉淀相

（7）力学性能

① 技术标准规定的力学性能见表3-608。

表3-608 技术标准规定的力学性能

品种（标准）	规格/mm	状态	力学性能（≥）					
			R_m/MPa	$R_{p0.2}$/MPa	A(%)	Z(%)	KU_2/J	HRC
—	—	980℃,45min,空冷+ 720℃,12h,空冷	980	686	18	30	39	30

② 不同温度下的力学性能见表3-609。

表3-609 不同温度下的力学性能（实测平均值）

状态	温度/℃	力学性能（≥）					
		R_m/MPa	$R_{p0.2}$/MPa	A(%)	Z(%)	KU_2/J	硬度
980℃,45min,空冷	室温	618	147	42	70	—	80HRB
980℃,45min,空冷+ 720℃,12h,空冷	室温	1108~1125	726~793	21~22	34~44	59~78	30~35HRC
	300	300	951~1016	17	35~41	46~65	30~34HRC

（8）耐蚀性

① 耐全面（均匀）腐蚀性能：在高压水介质中，当压力为13.9MPa、温度为377℃时，经1090h试验后，腐蚀速率为48.48mg/(dm^2·a)。

② 耐晶间腐蚀性能：可通过T法（铜屑、硫酸铜和硫酸沸腾试验）和X法（硝酸沸腾试验）检验。X法检验时腐蚀速率为1.66mm/a。

③ 耐缝隙腐蚀性能：在压力为1393MPa、温度为377℃的高纯水中，经过1090h试验，缝隙宽度为0.03~0.06mm，腐蚀速率为44.16~49.92mg/(dm^2·a)。

（9）常用标准牌号对照（见表3-610）

表3-610 常用标准牌号对照

国别	中国	国际标准化	欧洲		英国	德国	
标准	—	ISO	EN	Mat. No	BS	DIN	W-Nr
牌号	00Cr16Ni25Ti3Al	—	—	—	—	—	—

国别	法国	韩国	俄罗斯	日本	美国				
标准	NF	KS	ГОСТ	JIS	ASTM	UNS	AISI	SAE	ASI
牌号	—	—	03Х16Н25Т3Ю	—	—	—	—	—	—

3.5.13 ZG0Cr17Ni4Cu3Nb 钢

（1）概述

ZG0Cr17Ni4Cu3Nb钢是铸造的马氏体沉淀硬化不锈钢。该钢具有较高的强度、塑性、耐蚀性、良好的工艺性、焊接性、铸造性，还可以用热处理方法调整其力学性能，特别是时效温度对性能产生明显影响。

ZG0Cr17Ni4Cu3Nb 钢适用于 320℃ 以下温度、对耐蚀性、强度、耐磨性有要求的铸件。

（2）工艺特性

ZG0Cr17Ni4Cu3Nb 钢最好采用电弧炉、感应炉或电渣重熔等方法熔炼。其铸造性能较好，可采用砂型、熔模铸造等。

ZG0Cr17Ni4Cu3Nb 钢主要在固溶 + 时效热处理状态下使用，固溶加热温度为 1020 ~ 1100℃，保温后空冷或水冷，对于复杂铸件水冷时应注意防止裂纹产生，时效硬化温度依据对性能的要求在 470 ~ 620℃ 之间选择。

ZG0Cr17Ni4Cu3Nb 钢的焊接性较差，焊前应预热至 250 ~ 300℃，焊后应及时去应力处理。

（3）应用

ZG0Cr17Ni4Cu3Nb 钢主要用于 320℃ 以下要求耐蚀、耐磨的铸件，如泵体、泵叶轮、叶片及其他铸件。

（4）化学成分（见表 3-611）

表 3-611 化学成分（质量分数） （%）

C	Si	Mn	P	S	Cr	Ni	Cu	Nb	N
≤0.06	0.50~1.00	≤0.70	≤0.04	≤0.03	15.50~16.70	3.60~4.60	2.80~3.50	0.15~0.40	≤0.05

（5）物理性能（见表 3-612）

表 3-612 物理性能

密度/ (g/cm³)	熔点/ ℃	临界点/℃					
		Ac_1	Ac_3	Ar_1	Ar_3	Ms	Mf
7.74	1400~1440	627	704	—	—	132	32
温度/℃		室温		—			
热导率 λ/[W/(m·℃)]		11.3		—			
比定压热容 c_p/[J/(kg·℃)]		—		—			
线胀系数/10^{-6}℃$^{-1}$		—		—			
弹性模量 E/10^4MPa		—		—			
切变模量 G/10^3MPa		—		—			
泊松比 μ/10^{-1}		—		—			
电阻率 ρ/$10^{-8}\Omega\cdot m$		98		—			

（6）热处理

① 常见热处理制度见表 3-613。

表 3-613 常见热处理制度

热处理	加热温度/℃	冷却方法	金相组织
固溶处理	1020~1100	空冷或水冷	马氏体+少量铁素体
时效处理	470~620	空冷	马氏体+少量铁素体+析出相（ε）

② 热处理对力学性能的影响见图 3-24、图 3-25 和表 3-614。

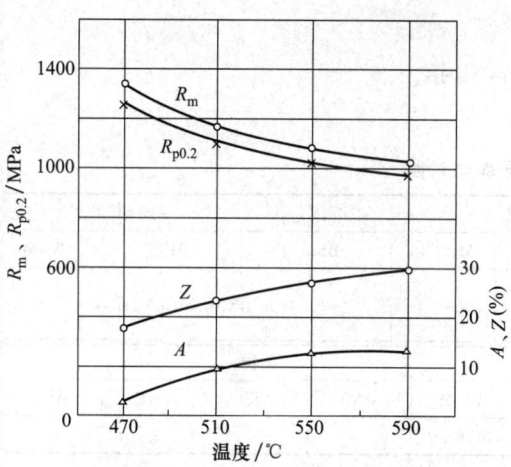
图 3-24 时效温度对拉伸性能的影响

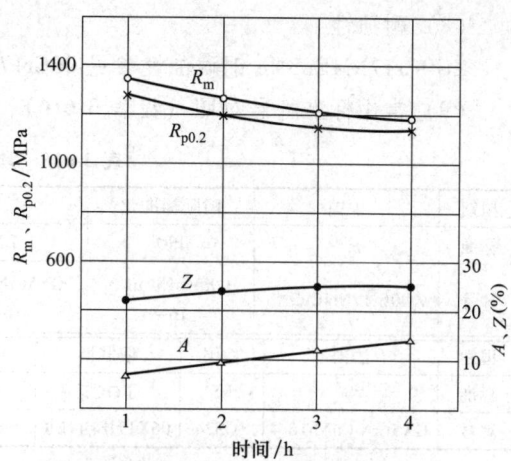
图 3-25 时效保温时间对拉伸性能的影响

表 3-614 热处理对拉伸性能的影响

热处理制度	R_m/MPa	$R_{p0.2}$/MPa	$A(\%)$	$Z(\%)$
1050℃,4h,空冷+630℃,4h,空冷	990	—	15	—
1160℃,2h,油淬+1040℃,40min,油淬+490℃,4h,空冷	1345	1285	8	30

(7) 力学性能

① 技术标准规定的力学性能见表 3-615。

表 3-615 技术标准规定的力学性能

品种(标准)	规格/mm	状态	力学性能(≥)					HRC
			R_m/MPa	$R_{p0.2}$/MPa	$A(\%)$	$Z(\%)$	KU_2/J	
铸件	—	1050℃空冷,630℃空冷	930	—	10	—	35	25~34
		1050℃空冷,490℃空冷	1235	1030	6	15	—	≥40

② 不同温度下的力学性能见图 3-26。

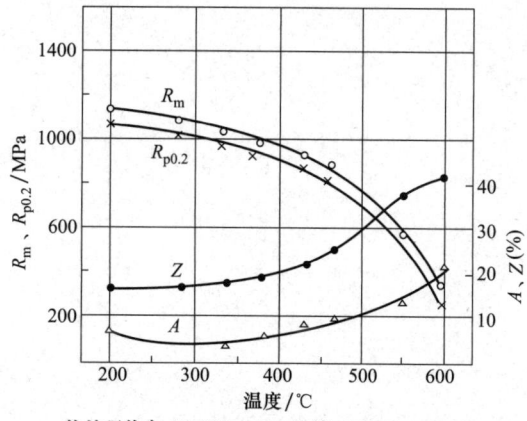

热处理状态:1160℃,2h,油淬+1040℃,40min,油淬+490℃,4h,空冷

图 3-26 不同温度下的力学性能

(8) 耐蚀性

ZG0Cr17Ni4Cu3Nb 钢耐蚀性参见 06Cr17Ni4Cu4Nb 钢。

(9) 常用标准牌号对照（见表 3-616）

表 3-616 常用标准牌号对照

国别	中国	国际标准化	欧洲		英国	德国	
标准	—	ISO	EN	Mat. No	BS	DIN	W-Nr
牌号	ZG0Cr17Ni4Cu3Nb	GX5CrNiCuNb 16-4	GX5CrNiCuNb 16-4	—	—	GX5CrNiCuNb16-4	—

国别	法国	韩国	俄罗斯	日本	美国			
标准	NF	KS	ГОСТ	JIS	ASTM	UNS	AISI	SAE	ASI
牌号	GX5CrNiCuNb16-4	SCS24	06Х17Н4Д4БЛ	SCS24	CB7Cu-1	—			

第4章 耐热钢和低温用金属材料

温度对金属材料性能有很大影响，许多金属材料可以应用于常温，但是不能应用于高温或低温。

在温度较高的环境中应该采用耐热钢或高温合金，而在低温环境中应该采用低温钢或低温金属材料。

耐热钢是指在高温条件下具有抗氧化性、具有一定的高温强度、耐热性良好的钢，一般包括抗氧化钢和热强钢两类。抗氧化钢在高温条件下具有不氧化或少氧化的特性，有较强的稳定性。热强钢不仅具有抗氧化和稳定性，还具有高温条件下的耐蚀性和较高的热强性。所谓的热强性包括抗高温蠕变性能（在高温和外应力小于材料屈服极限的条件下，随着时间的推移，材料不发生或很少发生塑性变形的能力）、持久强度（在规定的温度和时间内，材料不发生断裂的能力）、抗应力松弛性（材料在高温长期应力作用时，在总变形不变的条件下，材料中应力随时间延长不下降或很少下降的能力）、抗热疲劳性（材料在温度交变条件下不发生破坏的能力）。

耐热钢中通常加入铬、镍、铝、硅、钨、钼、钴等合金元素，其中铬是耐热钢的基本元素，能形成致密的氧化膜，使钢具有高耐蚀性和高抗氧化性；镍可以强化基体并提高抗氧化性；硅、铝可提高抗氧化性；钨、钴可提高热硬性；钒、钛、铌可提高强度和热硬性。

耐热钢按照组织分类可分为奥氏体型耐热钢、铁素体型耐热钢、马氏体型耐热钢、珠光体型耐热钢、沉淀硬化型耐热钢（在有一些标准和资料中把珠光体型耐热钢列入马氏体型耐热钢中），具体根据零部件使用温度、介质、力学性能要求及其他条件合理选用。

低温钢是指适合于在室温以下温度使用的钢，有的可以适用于-200℃或更低温度。

低温对钢的最大影响是脆化，所以，对低温钢的主要评价指标是在低温条件下的韧性和韧脆转变温度的高低。对低温钢的期望就是在低温时仍具有较高且稳定的塑性、韧性指标。

通常认为，影响钢低温性能的主要因素是化学成分，碳、硅、磷、硫、氮等元素使钢的低温韧性恶化，其中磷的危害最大。锰、镍等元素可提高钢的低温韧性，根据试验，镍的质量分数每增加1%，脆性临界转变温度可降低约20℃。面心立方结构的钢比体心立方结构的钢低温性能好。晶粒细的钢比晶粒粗的钢有更好的韧性。所以，低杂质元素的纯净钢、通过热处理可以细化晶粒的钢及奥氏体钢低温性能好。

4.1 珠光体型耐热钢

珠光体型耐热钢是指具有珠光体组织的耐热钢。珠光体型耐热钢也常称低合金耐热钢，其特点是合金元素含量较少、价格便宜、具有优良的工艺性和物理性能，这是其他耐热钢不可比拟的，所以在通用机械中获得广泛应用。

4.1.1 16Mo 钢

（1）概述

16Mo 钢是成分最简单的珠光体型耐热钢，是广泛应用的钢种，其热强性显著优于碳素钢，而工艺性与碳素钢相当。16Mo 钢在 450~550℃ 的温度区间内有足够的抗蠕变强度，并且不产生热脆性和回火脆性，其冷加工性和切削性良好，焊接性好。

16Mo 钢在 500~550℃ 的温度区间内长期工作会有石墨化倾向，这种石墨化倾向在焊缝和热影响区尤为明显，因此，在焊后应高温回火，以减少其石墨化倾向。

16Mo 钢通常在正火并高温回火后使用，对于大截面工件，为保证力学性能，可采用水冷代替空冷。

16Mo 钢使用温度可在 -40~500℃ 范围内。

16Mo 钢用于制造板材、管材、锻件、铸件。

（2）工艺特性

16Mo 钢常用于锻件，锻轧开始温度通常在 1260℃ 左右，锻轧终止温度不小于 850℃，锻轧后可堆冷和空冷。

16Mo 钢退火温度为 850~880℃，正火温度为 880~940℃，大多采用空冷，大截面工件为保证性能可采用油冷或水冷，正火后应在 600~680℃ 回火。

16Mo 钢的焊接性良好，焊前预热至 150~250℃，焊接效果更好，焊后可在 600~620℃ 的温度下去应力退火。

（3）应用

16Mo 钢主要用于低中压条件下、450~520℃ 温度范围的壳体、管道、法兰等零件。

（4）化学成分（见表 4-1）

表 4-1 化学成分（质量分数） （%）

C	Si	Mn	P	S	Cr	Ni	Mo
0.13~0.19	0.20~0.40	0.40~0.70	≤0.040	≤0.040	—	—	0.40~0.55

（5）物理性能（见表 4-2）

表 4-2 物理性能

密度/(g/cm³)	熔点/℃	临界点/℃					
		Ac_1	Ac_3	Ar_1	Ar_3	Ms	Mf
7.85	—	735	875~900	610	830	—	—
温度/℃		室温	100	200	300	400	500	600
热导率 λ/[W/(m·℃)]		49.0	47.7	46.5	44.4	41.9	38.5	34.8
比定压热容 c_p/[J/(kg·℃)]		460	500	500	540	630	710	800
线胀系数/10^{-6}℃$^{-1}$		—	12.5	13.1	13.6	14.0	14.4	14.7
弹性模量 E/10^4MPa		21.7	21.3	20.6	19.7	18.9	17.9	16.9
切变模量 G/10^3MPa								
泊松比 μ/10^{-1}								
电阻率 ρ/10^{-8}Ω·m		20.0	23.0	30.0	38.0	49.0	60.0	76.0

（6）常见热处理制度（见表4-3）

表4-3 常见热处理制度

热处理	加热温度/℃	冷却方法	金相组织
退火	850~870	炉冷	珠光体+铁素体
正火	880~940	空冷	珠光体+铁素体
回火	620~680	空冷	珠光体+铁素体
焊后去应力	600~620	空冷	珠光体+铁素体

（7）力学性能

① 技术标准规定的力学性能见表4-4。

表4-4 技术标准规定的力学性能

标准	品种规格/mm	状态	力学性能(≥)					HBW
			R_m/MPa	$R_{p0.2}$/MPa	$A(\%)$	$Z(\%)$	KU_2/J	
—	—	880℃空冷+630℃空冷	390	245	25	60	94.4	≤180

② 不同温度下的力学性能见表4-5。

表4-5 不同温度下的力学性能

状态	温度/℃	R_m/MPa	$R_{p0.2}$/MPa	$A(\%)$	$Z(\%)$	KU_2/J
900~950℃ 正火	20	470~540	275~335	24~28	64.0	88.3
	200	520	300	15.5	61.8	135
	350	550	220	26.5	68.0	74.5
	450	460	220	25.0	77.0	39.2
	500	390	205	23.0	78.0	—
	550	330	185	22.0	78.0	39.2
	600	225	180	28.0	86.0	—
900~950℃正火+ 630~700℃回火	20	485	220	33.7	64.8	87.3
	200	520	220	21.7	55.4	182
	300	490	215	23.0	45.8	182
	400	470	150	26.3	54.6	110
	450	445	150	32.0	63.9	83.4
	500	355	170	24.3	66.0	71.6
	550	320	165	26.3	67.0	69.6
	600	275	155	31.6	67.9	—

③ 蠕变极限和持久极限见表4-6。

表4-6 蠕变极限和持久极限

状态	温度/℃	蠕变极限/MPa		持久极限/MPa		
		$\sigma_{1/10^3}$	$\sigma_{1/10^5}$	σ_{10^4}	σ_{10^5}	$\sigma_{2\times10^5}$
900~950℃ 正火	480	165	105	230	145	120
	490	150	89.0	200	115	96.0
	500	130	73.5	175	93.0	74.5
	510	115	59.0	150	73.5	57.0
	520	99.0	46.0	125	59.0	45.0
	530	84.5	36.5	105	47.0	36.5

（8）耐蚀性和抗氧化性

16Mo钢的耐蚀性不良，可满足在550℃以下温度的抗氧化需要。

（9）常用标准牌号对照（见表 4-7）

表 4-7 常用标准牌号对照

国别	中国	国际标准化	欧洲		英国	德国	
标准	—	ISO	EN	Mat. No	BS	DIN	W-Nr
牌号	16Mo				0.5Mo	16Mo5	1.5423
国别	法国	韩国	俄罗斯	日本	美国		
标准	NF	KS	ГOCT	JIS	ASTM	UNS	AISI	SAE	ASI
牌号	—	—	16M	STB39	TP1	—	—	—	—

4.1.2 12CrMo 钢

（1）概述

12CrMo 钢是铬、钼的质量分数均为 0.5% 左右的低合金珠光体型耐热钢。由于钢中加入了 0.5% 左右的铬，提高了钢中碳化物的稳定性，有效阻止了碳的石墨化倾向，并提高了钢的热强性，又不影响其他工艺性。该钢在 480～540℃ 下使用可保持热强性和运行可靠性，具有较好的抗蠕变和抗松弛性。

该钢可制成管材、板材、锻件、铸件。

（2）工艺特性

12CrMo 钢有较好的锻轧性能，锻轧开始温度约为 1200℃，锻轧终止温度不低于 800℃，锻轧后宜堆冷。

12CrMo 钢热处理多采用正火，正火温度为 900～930℃，大截面工件可采用油冷或水冷处理，正火后回火温度为 670～720℃。

12CrMo 钢焊接性良好，大截面焊件焊前宜预热至 200～250℃，焊后应进行 680～720℃ 去应力退火处理。但截面小于 13mm 的焊件可不进行焊后热处理。

12CrMo 钢的冷热弯曲性较好，壁厚大于 20mm 的大口径管应热弯。

（3）应用

12CrMo 钢可用于制造 520～540℃ 使用的过热管及 510℃ 以下使用的高、中压导管。

（4）化学成分（见表 4-8）

表 4-8 化学成分（质量分数） （%）

C	Si	Mn	P	S	Cr	Ni	Mo	其他	备注
0.08~0.15	0.17~0.37	0.40~0.70	≤0.035	≤0.035	0.40~0.70	≤0.30	0.40~0.55	—	（GB/T 3077—2015）适用棒材
0.08~0.15	0.17~0.37	0.40~0.70	≤0.025	≤0.015	0.40~0.70	≤0.30	0.40~0.55	Cu≤0.20 V≤0.08 Ti≤0.01 Zr≤0.01	（GB/T 5310—2017）适用管材（12CrMoG）
0.08~0.15	0.17~0.37	0.40~0.70	≤0.035	≤0.035	0.40~0.70	≤0.30	0.40~0.55	Cu≤0.30	（GB/T 17107—1997）适用锻件

（5）物理性能（见表 4-9）

表 4-9 物理性能

密度/(g/cm³)	熔点/℃	临界点/℃					
		Ac_1	Ac_3	Ar_1	Ar_3	Ms	Mf
7.85	—	720	880	695	790	—	—

(续)

温度/℃	室温	100	200	300	400	500	600	700
热导率 λ/[W/(m·℃)]	—	50.2	50.2	50.2	48.6	46.9	46.1	44.0
比定压热容 c_p/[J/(kg·℃)]	—	—	—	—	—	—	—	—
线胀系数/10^{-6}℃$^{-1}$	—	11.2	12.5	12.7	12.9	13.2	13.5	13.8
弹性模量 E/10^4MPa	21.05	—	—	—	17.37 (450℃)	—	—	—
切变模量 G/10^3MPa	—	—	—	—	—	—	—	—
泊松比 μ/10^{-1}	—	—	—	—	—	—	—	—
电阻率 ρ/10^{-8}Ω·m	—	—	—	—	—	—	—	—

(6) 常见热处理制度（见表4-10）

表4-10 常见热处理制度

热处理	加热温度/℃	冷却方法	金相组织
退火	860~870	炉冷	珠光体+铁素体
正火	900~930	空冷	珠光体+铁素体
回火	670~720	空冷	珠光体+铁素体
焊后去应力	630~650	空冷	珠光体+铁素体

(7) 力学性能

① 技术标准规定的力学性能见表4-11。

表4-11 技术标准规定的力学性能

品种（标准）	规格/mm	状态	力学性能（≥）						HBW
			R_m/MPa	R_{eL}/MPa	$A_{11.3}$(%)	A(%)	Z(%)	KU_2/J	
棒材 （GB/T 3077—2015）	30	淬火+回火	410	265	—	24	60	110	—
管材（12CrMoG） （GB/T 5310—2017）	—	—	410~560	205	—	21（纵向） 19（横向）	—	40(KV_2)（纵向） 27(KV_2)（横向）	125~170
锻件 （GB/T 17107—1997）	≤100（纵向）	正火+回火	440	275（屈服点）	—	20	50	55	≤159
	>100~300（纵向）		440	275（屈服点）	—	20	45	55	≤159

② 不同温度下的力学性能见表4-12。

表4-12 不同温度下的力学性能（实测值）

状态	温度/℃	R_m/MPa	$R_{p0.2}$/MPa	A(%)	Z(%)	KU_2/J
920℃正火+ 680~690℃回火 （ϕ270mm×28mm 管） （纵向）	0	—	—	—	—	138.4
	20	446	279	32	66	151.2
	100	423	263	24	63	157.6
	200	449	249	20	62	147.2
	300	474	286	20	57	125.6
	400	449	252	23	62	142.4
	450	429	253	22	60	77.6
	500	397	235	22	62	75.2
	550	385	221	22	64	61.6
	600	306	221	26	64	113.6

③ 蠕变极限和持久极限见表 4-13。

表 4-13 蠕变极限和持久极限

状态	温度/℃	蠕变极限/MPa		持久极限/MPa	
		$\sigma_{1/10^4}$	$\sigma_{1/10^5}$	σ_{10^4}	σ_{10^5}
920℃正火+ 680~690℃回火	480	220	150	250	200
	510	—	—	160	120
	540	—	35	110	70
910~930℃正火+ 670~690℃回火 缓冷至300℃	450	240	200	340	270
	480	225	115	255	200
	510	170	120	165	120
	540	122	82	110	73

（8）耐蚀性和抗氧化性

12CrMo 钢的耐蚀性较差，不作考核，也不作选材依据。抗氧化性可满足 540℃ 的温度使用需求。

（9）常用标准牌号对照（见表 4-14）

表 4-14 常用标准牌号对照

国别	中国	国际标准化	欧洲		英国	德国	
标准	GB	ISO	EN	Mat. No	BS	DIN	W-Nr
牌号	12CrMo	13CrMo4-5	13CrMo4-5	1.7335	0.5Cr-0.5Mo	13CrMo44	1.7335
国别	法国	韩国	俄罗斯	日本	美国		
标准	NF	KS	ГОСТ	JIS	ASTM	UNS	AISI	SAE	ASI
牌号	15CD3	—	12XM	—	F12/TP2	—	—	—	—

4.1.3 12Cr2Mo 钢

（1）概述

12Cr2Mo 钢也是一种典型的低合金珠光体型耐热钢。比耐热钢 12CrMo 钢具有更高的钼含量，更有效地改善了低碳钢的石墨化倾向，具有很好的综合性能和工艺性，其热强性显著高于 12CrMo 钢。12Cr2Mo 钢最突出的特点是热强性对热处理不敏感，易于在大截面上获得均匀性能，具有较高的持久强度。

12Cr2Mo 钢可用于制造管材、板材、锻件、铸件等。

（2）工艺特性

12Cr2Mo 钢可以铸造或锻轧生产，锻轧开始温度大约为 1100℃，锻轧终止温度不低于 850℃。锻轧后宜堆冷。

12Cr2Mo 钢的热处理方式多为正火、回火处理。正火加热温度为 900~930℃，一般为空气冷却，截面较大时可采用油冷。回火温度为 680~720℃。

12Cr2Mo 钢可采用多种方法进行焊接。焊前需预热至 200~300℃，焊后应进行 650~720℃ 的去应力退火处理。该钢有一定的焊后延迟冷裂现象。

（3）应用

12Cr2Mo 钢宜用于制造 570℃ 以下的受热管道、法兰、接管及高压容器。

（4）化学成分（见表 4-15）

表 4-15 化学成分（质量分数） (%)

C	Si	Mn	P	S	Cr	Ni	Mo	其他	备注
0.08~0.15	≤0.50	0.40~0.60	≤0.025	≤0.015	2.00~2.50	≤0.30	0.90~1.15	Cu≤0.20 V≤0.08 Ti≤0.01 Zr≤0.01	GB/T 5310—2017 适用管材（12Cr2MoG）

（5）物理性能（见表 4-16）

表 4-16 物理性能

密度/(g/cm³)	熔点/℃	临界点/℃					
		Ac_1	Ac_3	Ar_1	Ar_3	Ms	Mf
7.83	—	804	870	720	820	—	—

温度/℃	室温	100	200	300	400	500	600	650
热导率 λ/[W/(m·℃)]	37.4	40.1	41.5	41.5	40.1	37.4	37.4	35.1
比定压热容 c_p/[J/(kg·℃)]	419	429	456	482	509	535	562	575
线胀系数/10^{-6}℃$^{-1}$	—	11.1	12.0	12.6	13.0	13.4	13.8	14.0
弹性模量 E/10^4MPa	20.1	19.1	18.8	18.1	17.3	16.3	15.0	14.2
切变模量 G/10^3MPa	70.8	77.9	75.1	73.4	69.1	63.7	50.8	
泊松比 μ/10^{-1}	2.91	2.92	2.93	2.96	2.99	3.04	3.11	
电阻率 ρ/10^{-8}Ω·m	30	34	41	50	59	70	82	

（6）常见热处理制度（见表 4-17）

表 4-17 常见热处理制度

热处理	加热温度/℃	冷却方法	金相组织
退火	860~870	炉冷	珠光体+铁素体
正火	900~930	空冷	珠光体+铁素体
回火	680~720	空冷	珠光体+铁素体
焊后去应力	650~720	空冷	珠光体+铁素体

（7）力学性能

① 技术标准规定的力学性能见表 4-18。

表 4-18 技术标准规定的力学性能

品种（标准）	规格/mm	状态	力学性能(≥)					HBW
			R_m/MPa	R_{eL}/MPa	$A_{11.3}$(%)	A(%)	Z(%)	KV_2/J	
管材（12CrMoG） （GB/T 5310—2017）	—	—	450~600	280	—	22（纵向） 20（横向）	—	40（纵向） 27（横向）	125~180

② 不同温度下的力学性能见表 4-19。

表 4-19 不同温度下的力学性能

状态	温度/℃	R_m/MPa	$R_{p0.2}$/MPa	A(%)	Z(%)
棒材 910℃空冷 700℃回火	25	580	440	28(A_4)	71
	100	547	393	26(A_4)	70
	200	528	372	24(A_4)	68
	300	520	358	22(A_4)	67
	400	500	358	22(A_4)	68

(续)

状态	温度/℃	R_m/MPa	$R_{p0.2}$/MPa	A(%)	Z(%)
棒材 910℃空冷 700℃回火	500	446	334	24(A_4)	72
	600	342	280	30(A_4)	81
	650	267	239	35(A_4)	88
管材 900~960℃空冷 700~750℃回火	100	443	294	23	79
	200	431	288	20	78
	250	424	272	18	77
	300	433	273	16	75
	350	453	275	16	73
	400	453	273	17	73
	450	424	268	17	75
	500	396	243	18	77

③ 蠕变极限和持久极限见表 4-20。

表 4-20 蠕变极限和持久极限

状态	温度/℃	蠕变极限/MPa		持久极限/MPa		
		$\sigma_{1/10^4}$	$\sigma_{1/10^5}$	σ_{10^4}	σ_{10^5}	$\sigma_{2\times10^5}$
正火+回火	450	240	166	306	221	201
	460	219	155	286	205	186
	470	200	145	264	188	169
	480	180	130	241	170	152
	490	163	116	219	152	136
	500	147	103	196	135	120
	510	132	90	176	118	105
	520	119	78	156	103	91
	530	107	68	138	90	79
	540	94	58	122	78	68
	550	83	49	108	68	58
	560	73	41	96	58	50
	570	65	35	85	51	43
	580	57	30	75	44	37
	590	50	26	68	38	32
	600	54	22	61	34	28

（8）耐蚀性和抗氧化性（见表 4-21）

表 4-21 耐蚀性和抗氧化性

温度/℃	指标	试验时间/h			
		500	1000	2000	3000
600	单位面积增重/(g/m²)	0.669	1.148	1.243	1.243
	平均氧化速度/[g/(m²·h)]	0.0013	0.0011	0.0006	0.0004
	年腐蚀深度/(mm/a)	0.0014	0.0012	0.0007	0.00045

（9）常用标准牌号对照（见表 4-22）

表 4-22 常用标准牌号对照

国别	中国	国际标准化	欧洲		英国	德国	
标准	—	ISO	EN	Mat. No	BS	DIN	W-Nr
牌号	12Cr2Mo	—	—	—	—	10CrMo910	—

(续)

国别	法国	韩国	俄罗斯	日本	美国				
标准	NF	KS	ГОСТ	JIS	ASTM	UNS	AISI	SAE	ASI
牌号	—	—	12X2M	STBA24	A213-T22	—	—	—	—

4.1.4 15CrMo 钢

(1) 概述

15CrMo 钢是广泛应用的珠光体型耐热钢,由于含有铬,减轻了石墨化倾向,甚至在 500~550℃ 的温度下长期使用也无石墨化倾向;但因具有比 12CrMo 钢更高的碳含量,在高温下长期使用可能引起珠光体球化倾向、合金元素可能从铁素体向碳化物转移并发生碳化物类型转变,从而导致钢的强度和热强性降低。当工作温度超过 550℃ 时,抗氧化性变差,热强性下降。

15CrMo 钢具有良好的拉拔、焊接等工艺性,可制成板材、管材、锻件、铸件。

(2) 工艺特性

锻造性良好,锻轧开始温度为 1200℃,锻轧终止温度为 850℃,锻轧后宜堆冷。

15CrMo 钢通常在正火+回火状态使用,正火温度为 920~950℃,回火温度为 670~720℃,宜采用下限回火温度,过高的回火温度(特别是接近 Ac_1 温度)可能导致部分奥氏体发生转变,冷却时一旦产生非珠光体组织,则会降低钢的热强性。对于使用温度较低又要求较高力学性能的大截面工件,可以降低加热温度,在 900℃ 左右加热保温后油冷或水冷,在 650℃ 左右回火。

15CrMo 钢焊接性良好,小截面焊件可不预热,较大截面焊件(大于 15mm)焊前应预热至 200~250℃,焊后应进行 650~680℃ 去应力退火处理。

15CrMo 钢管件可以进行冷、热弯加工,小口径钢管可冷弯、弯后不必进行热处理;对于壁厚大于 10~20mm 的大口径钢管应采用热弯,但弯后应进行高温回火处理。

(3) 应用

15CrMo 钢可以用于制造 510~540℃ 下使用的过热器管、接管、法兰等零件。

(4) 化学成分(见表 4-23)

表 4-23 化学成分(质量分数)　(%)

C	Si	Mn	P	S	Cr	Ni	Mo	其他	备注
0.12~0.18	0.17~0.37	0.40~0.70	≤0.035	≤0.035	0.80~1.10	≤0.30	0.40~0.55	—	(GB/T 3077—2015) 适用棒材
0.12~0.18	0.17~0.37	0.40~0.70	≤0.025	≤0.015	0.80~1.10	≤0.30	0.40~0.55	Cu≤0.20 V≤0.08 Ti≤0.01 Zr≤0.01	(GB/T 5310—2017) 适用管材(15CrMoG)
0.12~0.18	0.17~0.37	0.40~0.70	≤0.035	≤0.035	0.80~1.10	≤0.30	0.40~0.55	Cu≤0.30	(GB/T 17107—1997) 适用锻件

(5) 物理性能(见表 4-24)

表 4-24 物理性能

密度/(g/cm³)	熔点/℃	临界点/℃					
		Ac_1	Ac_3	Ar_1	Ar_3	Ms	Mf
7.88	1440	752	862	623	786	—	—

(续)

温度/℃	室温	100	200	300	400	500	600	700
热导率 λ/[W/(m·℃)]	—	—	46.1	43.5	40.6	38.1	35.6	33.4
比定压热容 c_p/[J/(kg·℃)]	—	—	590	607	637	712	800	—
线胀系数/10^{-6}℃$^{-1}$	—	13.37	13.38	13.70	14.06	14.36	14.63	14.81
弹性模量 E/10^4MPa	21.2	21.0	20.4	19.7	18.7	17.7	—	—
切变模量 G/10^3MPa	82.5	81.0	78.8	74.1	71.8	67.5	—	—
电阻率 ρ/10^{-8}Ω·m	—	—	33.6	42.0	52.1	63.3	75.2	90.1
泊松比 μ/10^{-1}	2.84	2.95	2.94	3.31	3.04	3.08	—	—

（6）常见热处理制度（见表4-25）

表4-25 常见热处理制度

热处理	加热温度/℃	冷却方法	金相组织
退火	860~870	炉冷	珠光体+铁素体
正火	920~940	空冷	珠光体+铁素体
回火	680~720	空冷	珠光体+铁素体
焊后去应力	650~720	空冷	珠光体+铁素体

（7）力学性能

① 技术标准规定的力学性能见表4-26。

表4-26 技术标准规定的力学性能

品种（标准）	规格/mm	状态	力学性能（≥）						HBW
			R_m/MPa	R_{eL}/MPa	$A_{11.3}$(%)	A(%)	Z(%)	KU_2/J	
棒材 (GB/T 3077—2015)	30	淬火+回火	440	295	—	22	60	94	—
管材(15CrMoG) (GB/T 5310—2017)	—	—	440~640	295	—	21（纵向） 19（横向）	—	40(KV_2)（纵向） 27(KV_2)（横向）	125~170
锻件 (GB/T 17107—1997)	≤100（切向）	正火+回火	440	275（屈服点）	—	20	—	55	116~179
	>100~300（切向）	正火+回火	440	275（屈服点）	—	20	—	55	116~179
	>300~500（切向）		430	255（屈服点）	—	19	—	47	116~179

② 不同温度下的力学性能见表4-27。

表4-27 不同温度下的力学性能

状态	温度/℃	R_m/MPa	$R_{p0.2}$/MPa	A(%)	Z(%)
950℃正火+ 680℃回火	20	476	308	32	75
	200	440	265	24	71
	300	464	234	24	67
900~920℃正火+ 630~650℃回火	400	495	245	24	70
	450	481	245	22	74
	500	441	265	20	76
	550	412	245	21	78

③ 蠕变极限和持久极限见表 4-28。

表 4-28 蠕变极限和持久极限

状态	温度/℃	蠕变极限/MPa	持久极限/MPa		
		$\sigma_{1/10^5}$	σ_{10^4}	σ_{10^5}	$\sigma_{2\times10^5}$
900~920℃ 正火+ 630~650℃ 回火	425	147	—		
	480	98	303.5	236.6	215.7
	500	78	245.5	173.5	151.7
	530	—	154.0	91.7	79.8
	550	44	90.9	64.7	58.4

（8）耐蚀性和抗氧化性（见表 4-29）

表 4-29 耐蚀性和抗氧化性

温度/℃	500	550	580	600
平均氧化速度/[g/(m·h)]	9.3×10^{-3}	1.4×10^{-2}	3.1×10^{-2}	1.4×10^{-1}
腐蚀速率/(mm/a)	2.4×10^{-2}	3.6×10^{-2}	7.9×10^{-2}	3.6×10^{-1}

（9）常用标准牌号对照（见表 4-30）

表 4-30 常用标准牌号对照

国别	中国	国际标准化	欧洲		英国	德国	
标准	GB	ISO	EN	Mat. No	BS	DIN	W-Nr
牌号	15CrMo	—	15CrMo5	1.7262	1%Cr-Mo/1653	15CrMo5	1.7262

国别	法国	韩国	俄罗斯	日本	美国			
标准	NF	KS	ГOCT	JIS	ASTM	UNS	AISI	SAE	ASI
牌号	15CD4	SCM415	15XM	SCM415/ STB42C	A387 Gr·13	—	—	—	—

4.1.5 12Cr5Mo（1Cr5Mo）钢

（1）概述

12Cr5Mo 钢也属于珠光体型耐热钢（有的也归类为马氏体型耐热钢），虽耐热性不是很高，但也有一定的热强性，其高温性能高于其他珠光体型耐热钢，多用于制作使用温度不大于 650℃ 的耐热、抗氧化零件。

该钢可用于制造锻件、铸件、管材等。

（2）工艺特性

12Cr5Mo 钢可进行锻轧加工，锻轧开始温度为 1130~1150℃，锻轧终止温度不低于 850℃。

12Cr5Mo 钢可在调质或正火状态下使用，淬火可采用油冷。加热温度为 880~920℃，回火多采用高温回火，可在 540~700℃ 之间回火。

12Cr5Mo 钢焊接性差，有空淬倾向，焊后硬度高、塑性差。焊前应预热至 400~450℃，焊后缓冷，并进行不低于 700℃ 的去应力退火处理。

12Cr5Mo 钢的切削性能一般。

（3）应用

12Cr5Mo 钢多用于制造在 650℃下使用的耐热零件，如缸套、法兰、接管等。

（4）化学成分（见表 4-31）

表 4-31 化学成分（质量分数）（GB/T 1221—2007） （%）

C	Si	Mn	P	S	Cr	Ni	Mo
≤0.15	≤0.50	≤0.60	≤0.040	≤0.030	4.00~6.00	≤0.60	0.40~0.60

（5）物理性能（见表 4-32）

表 4-32 物理性能

密度/(g/cm³)	熔点/℃	临界点/℃					
		Ac_1	Ac_3	Ar_1	Ar_3	Ms	Mf
7.76	—	815	850	716	810	—	—

温度/℃	室温	100	200	300	400	500	600
热导率 λ/[W/(m·℃)]	—	36.7	36.0	35.3	34.3	33.7	—
比定压热容 c_p/[J/(kg·℃)]	—	460	—	—	—	—	—
线胀系数/10^{-6}℃$^{-1}$	—	12.3 (0~425)	12.5 (0~485)	12.7 (0~540)	12.8 (0~595)	13.0 (0.650)	13.1 (0~705)
弹性模量 E/10^4MPa	20.7	—	—	18.9 (315℃)	20.2 (425℃)	16.9 (540℃)	—
切变模量 G/10^3MPa							
泊松比 μ/10^{-1}							
电阻率 ρ/10^{-8}Ω·m	40.0						

（6）常见热处理制度（见表 4-33）

表 4-33 常见热处理制度

热处理	加热温度/℃	冷却方法	金相组织
退火	850~870	炉冷	珠光体+铁素体
正火	80~920	空冷	珠光体+铁素体
淬火	880~920	油冷	马氏体
回火	540~720	空冷	索氏体

（7）力学性能

① 技术标准规定的力学性能见表 4-34。

表 4-34 技术标准规定的力学性能

品种（标准）	规格/mm	状态	力学性能（≥）					HBW
			R_m/MPa	$R_{p0.2}$/MPa	A(%)	Z(%)	KU_2/J	
棒材（GB/T 1221—2007）	—	900~950℃油冷 600~700℃空冷	590	390	18	—	—	—

② 不同温度下的力学性能见表 4-35。

表 4-35 不同温度下的力学性能（实测值）

状态	温度/℃	R_m/MPa	$R_{p0.2}$/MPa	A(%)	Z(%)	KU_2/J	HBW
退火	30	460.6	176.4	39.0	80.0	—	≤163
	400	357.7	142.1	30.0	77.0	—	
	480	328.3	137.2	28.0	77.0	—	

(续)

状态	温度/℃	R_m/MPa	$R_{p0.2}$/MPa	A(%)	Z(%)	KU_2/J	HBW
退火	540	303.8	117.6	28.0	74.0	—	—
	650	176.4	73.5	46.0	91.0	—	—
900℃正火 540℃回火	25	1244.6	1180.9	17.0	61.0	—	353
	315	1318.1	1024.1	13.0	51.5	—	—
	425	1225.0	970.2	14.0	55.5	—	—
	540	886.9	774.2	13.5	52.5	—	—
900℃油冷 540℃回火	25	1210.3	1166.2	17.5	64.5	—	341
	315	1146.6	916.3	15.0	55.5	—	—
	425	1068.2	882.0	16.5	60.0	—	—
	540	803.6	676.2	16.5	62.5	—	—

③ 蠕变极限和持久极限见表 4-36。

表 4-36 蠕变极限和持久极限

状态	温度/℃	蠕变极限/MPa		持久极限/MPa	
		$\sigma_{1/10^4}$	$\sigma_{1/10^5}$	σ_{10^4}	σ_{10^5}
退火	450	117.6	95.1	—	—
	500	96.0	71.5	137.2	111.7
	525	—	—	109.8	87.2
	550	64.7	44.1	90.2	69.6
	575	—	—	75.5	55.9
	600	37.2	21.6	57.9	44.1
	650	17.6	10.8	—	—
1000℃正火 700℃回火	500	—	—	223.4	186.2
	525	—	—	164.6	125.4
	550	—	—	117.6	86.2
	575	—	—	90.2	66.6
	600	—	—	68.6	51.9

(8) 耐蚀性和抗氧化性

12Cr5Mo 钢在 550℃ 以下温度，在含硫的氧化气氛和石油介质中有良好的抗氧化能力，空气中温度高于 650℃ 时开始剧烈氧化。

(9) 常用标准牌号对照（见表 4-37）

表 4-37 常用标准牌号对照

国别	中国	国际标准化	欧洲		英国	德国	
标准	GB	ISO	EN	Mat. No	BS	DIN	W-Nr
牌号	12Cr5Mo	—	—	—	—	12CrMo195	1.7362

国别	法国	韩国	俄罗斯	日本	美国			
标准	NF	KS	ГОСТ	JIS	ASTM	UNS	AISI	SAE	ASI
牌号	—	—	15Х5М	STBA25	TP5	—	—	—	—

4.1.6 15Mo3 钢（德企业标准）

(1) 概述

15Mo3 钢是德国钢号的表示方法，是德国较先采用的珠光体型耐热钢。我国引进使用该材料后，有的也沿用了德国的牌号标识。15Mo3 钢与我国的 16Mo 钢在成分上基本相似，其特点和应用也类同于 16Mo 钢，可参照 16Mo 钢使用。

15Mo3钢多用于制造锻件、铸件。

（2）工艺特性

15Mo3钢的锻轧和热成形温度为1100~850℃，如果锻轧终止温度超过900℃，锻轧后应采用正火，以改善锻后组织。

在正火回火状态下使用，正火温度通常为870~940℃，大截面工件为保证性能可采用油冷或水冷，正火后应采用600~660℃回火。

15Mo3钢有较好的焊接性，但大截面工件焊接应采用120~200℃预热，焊后应采用600~620℃去应力退火。

（3）应用

15Mo3钢多用于530℃温度以下、在不大于3.9MPa的压力下工作的管道、接管、法兰等零件。

（4）化学成分（见表4-38）

表4-38 化学成分（质量分数） （%）

C	Si	Mn	P	S	Cr	Ni	Mo
0.12~0.20	0.10~0.35	0.40~0.80	≤0.035	≤0.035	—	—	0.25~0.35

（5）物理性能（见表4-39）

表4-39 物理性能

温度/℃	室温	100	200	300	400	500	600
热导率 λ/[W/(m·℃)]	48.8	47.7	46.5	44.2	41.9	38.4	34.9
比定压热容 c_p/[J/(kg·℃)]	460	500	500	540	630	710	800
线胀系数/10^{-6}℃$^{-1}$	—	12.5	13.1	13.6	14.0	14.4	14.7
弹性模量 E/10^4MPa	21.3	20.9	20.2	19.3	18.5	17.6	16.6
切变模量 G/10^3MPa	—	—	—	—	—	—	—
泊松比 μ/10^{-1}	—	—	—	—	—	—	—
电阻率 ρ/10^{-8}Ω·m	20.0	23.0	30.0	38.0	49.0	60.0	70.0

注：密度为7.82g/cm³。

（6）常见热处理制度（见表4-40）

表4-40 常见热处理制度

热处理	加热温度/℃	冷却方法	金相组织
退火	850~870	炉冷	珠光体+铁素体
正火	870~890	空冷	珠光体+铁素体
回火	620~640	空冷	珠光体+铁素体
焊后去应力	600~620	空冷	珠光体+铁素体

（7）力学性能

① 技术标准规定的力学性能见表4-41。

表4-41 技术标准规定的力学性能

品种	规格/mm	状态	力学性能（≥）					HBW
			R_m/MPa	$R_{p0.2}$/MPa	A(%)	Z(%)	KU_2/J	
管材	≤10	正火+回火	450~600	285	22(纵向)	—	—	—
	>10		450~600	275	22(纵向)	—	—	—

② 不同温度下的力学性能见表 4-42。

表 4-42 不同温度下的力学性能

状态	温度/℃	R_m/MPa	$R_{p0.2}$/MPa	A(%)	Z(%)	KU_2/J	HBW	截面尺寸/mm
正火+回火	200	—	240	—	—	—	—	≤10
	250	—	220	—	—	—	—	
	300	—	195	—	—	—	—	
	350	—	815	—	—	—	—	
	400	—	175	—	—	—	—	
	450	—	170	—	—	—	—	
	500	—	165	—	—	—	—	
	200	—	225	—	—	—	—	>10~40
	250	—	205	—	—	—	—	
	300	—	180	—	—	—	—	
	350	—	170	—	—	—	—	
	400	—	160	—	—	—	—	
	450	—	155	—	—	—	—	
	500	—	150	—	—	—	—	
	200	—	210	—	—	—	—	>40~60
	250	—	195	—	—	—	—	
	300	—	170	—	—	—	—	
	350	—	160	—	—	—	—	
	400	—	150	—	—	—	—	
	450	—	145	—	—	—	—	
	500	—	140	—	—	—	—	
	200	—	200	—	—	—	—	>60~100
	250	—	185	—	—	—	—	
	300	—	160	—	—	—	—	
	350	—	155	—	—	—	—	
	400	—	145	—	—	—	—	
	450	—	140	—	—	—	—	
	500	—	135	—	—	—	—	
	200	—	190	—	—	—	—	>100~150
	250	—	175	—	—	—	—	
	300	—	150	—	—	—	—	
	350	—	145	—	—	—	—	
	400	—	140	—	—	—	—	
	450	—	135	—	—	—	—	
	500	—	130	—	—	—	—	

③ 蠕变极限和持久极限见表 4-43。

表 4-43 蠕变极限和持久极限

状态	温度/℃	蠕变极限/MPa		持久极限/MPa		
		$\sigma_{1/10^4}$	$\sigma_{1/10^5}$	σ_{10^4}	σ_{10^5}	$\sigma_{2\times10^5}$
正火	450	216	167	298	245	228
	460	199	146	273	209	189
	470	182	126	247	174	153
	480	166	107	222	143	121
	490	149	89	196	117	96
	500	132	73	171	93	75

(续)

状态	温度/℃	蠕变极限/MPa		持久极限/MPa		
		$\sigma_{1/10^4}$	$\sigma_{1/10^5}$	σ_{10^4}	σ_{10^5}	$\sigma_{2\times10^5}$
正火	510	115	59	147	74	57
	520	99	46	129	59	45
	530	84	36	102	47	36

(8) 耐蚀性和抗氧化性

15Mo3 钢的耐蚀性不良,但可满足 530℃ 以下温度的抗氧化需要。

(9) 常用标准牌号对照 (见表 4-44)

表 4-44 常用标准牌号对照

国别	中国	国际标准化	欧洲		英国	德国	
标准	企业标准	ISO	EN	Mat. No	BS	DIN	W-Nr
牌号	15Mo3	—	—	—	0.5Mo	15Mo3	1.5415
国别	法国	韩国	俄罗斯	日本	美国		
标准	NF	KS	ГОСТ	JIS	ASTM	UNS	AISI	SAE	ASI
牌号	—	—	16M	STB39	A335 P1	—	—	—	—

4.1.7 WB36 (15NiCuMoNb5) 钢 (德企业标准)

(1) 概述

WB36 钢是商业牌号,德国也标记为 15NiCuMoNb5 钢,是一种镍-铜-钼低合金钢,已广泛作为耐热钢使用。该钢具有较高的强度,室温抗拉强度可达 610MPa 以上,屈服强度大于 440MPa,有一定的蠕变极限和高温持久强度。钢中加入铜元素,可提高在大气条件下的耐蚀性,而镍的加入不仅对性能有好处,还可消除或减弱由铜引起的热脆性,其焊接性、加工性良好。WB36 钢目前已在我国的许多行业中采用,用作传热管道、接管、法兰等。

(2) 工艺特性

WB36 钢的锻轧性能良好,锻轧开始温度为 1050℃,锻轧终止温度为 850℃。加热温度和保温时间应适当控制,防止晶粒长大和含铜带来的不利影响。该钢锻轧后宜堆冷。

WB36 钢应在正火和回火后使用,正火温度在 880~960℃ 范围内,小截面工件空冷,对于截面尺寸大于 40mm 的工件可采用油冷或水冷即淬火,正火或淬火后应在 580~680℃ 范围内回火。

WB36 钢焊接性良好,但焊前应预热 150℃ 以上。焊后应进行去应力退火,视情况选择 530~620℃ 加热保温。

(3) 应用

WB36 钢可用于制造使用温度不大于 500℃ 的传热管、接管、法兰、压力容器件等。

(4) 化学成分 (见表 4-45)

表 4-45 化学成分 (质量分数)   (%)

C	Si	Mn	P	S	Cr	Ni	Mo	Cu	Nb	N	Ae	备注
0.10~0.17	0.25~0.50	0.80~1.20	≤0.020	≤0.025	≤0.30	1.00~1.30	0.25~0.50	0.50~0.80	0.015~0.045	≤0.020	≤0.050	熔炼分析
0.08~0.19	0.20~0.56	0.75~1.30	≤0.025	≤0.030	≤0.35	0.95~1.35	0.22~0.54	0.45~0.85	0.010~0.050	≤0.022	≤0.055	成品分析

(5) 物理性能（见表4-46）

表4-46 物理性能

温度/℃	室温	100	200	300	400	500	600
热导率 λ/[W/(m·℃)]	44.8	44.2	43.0	41.9	39.0	—	—
比定压热容 c_p/[J/(kg·℃)]	469	—	—	—	—	—	—
线胀系数/10^{-6}℃$^{-1}$	—	11.1	12.1	12.9	13.5	13.9	14.1
弹性模量 E/10^4MPa	20.6	—	—	18.1	17.2	16.2	15.2
切变模量 G/10^3MPa	—	—	—	—	—	—	—
泊松比 μ/10^{-1}	—	—	—	—	—	—	—
电阻率 ρ/10^{-8}Ω·m	—	—	—	—	—	—	—

注：密度为7.85g/cm³。

(6) 常见热处理制度（见表4-47）

表4-47 常见热处理制度

热处理	加热温度/℃	冷却方法	金相组织
正火	900~950	空冷	珠光体+铁素体
淬火	900~950	油或水冷	板条状马氏体+贝氏体
回火	580~660	空冷	回火索氏体
焊后去应力	530~620	空冷	回火索氏体

(7) 力学性能

① 技术标准规定的力学性能见表4-48。

表4-48 技术标准规定的力学性能

品种	规格/mm	状态	力学性能（≥）					HBW
			R_m/MPa	$R_{p0.2}$/MPa	A(%)	Z(%)	KU_2/J	
锻件	—	正火+回火	610~760	430	16	—	41(DVM,20℃) 31(ISO-V,0℃)	—

② 不同温度下的力学性能见表4-49。

表4-49 不同温度下的力学性能

状态	温度/℃	R_m/MPa	$R_{p0.2}$/MPa	A(%)
正火+回火	20	—	430	—
	100	—	402	—
	150	—	392	—
	200	—	382	—
	250	—	373	—
	300	—	363	—
	350	—	353	—
	400	—	333	—
	450	—	304	—
ϕ344.5mm×45mm 管，纵/横 940℃空冷,660℃回火	室温	650/654	510/515	26/24
ϕ219mm×17.5mm 管，纵 910℃空冷,625℃回火	室温	713	539	24
ϕ273mm×32.5mm 管，纵 910℃空冷,625℃回火	室温	727	570	24
ϕ244.5mm×17.5mm 管，纵 910℃空冷,625℃回火	室温	724	537	22

(续)

状态	温度/℃	R_m/MPa	$R_{p0.2}$/MPa	A(%)
φ175mm×25mm 管,纵向 910℃空冷,625℃回火	室温	733	550	28
φ82.5mm×8mm 管,纵向 910℃空冷,625℃回火	室温	740	574	22

③ 蠕变极限和持久极限见表 4-50。

表 4-50 蠕变极限和持久极限

状态	温度/℃	蠕变极限/MPa		持久极限/MPa	
		$\sigma_{1/10^4}$	$\sigma_{1/10^5}$	σ_{10^4}	σ_{10^5}
正火+回火	400	324	294	402	373
	410	315	279	385	349
	420	306	263	368	325
	430	295	245	348	300
	440	281	227	328	273
	450	265	206	304	245
	460	239	180	274	210
	420	212	151	242	175
	480	180	120	212	139
	490	145	84	179	104
	500	108	49	147	68

(8) 耐蚀性和抗氧化性

WB36 钢的耐蚀性不作考核，但耐大气腐蚀性能优于其他珠光体型耐热钢。

(9) 常用标准牌号对照（见表 4-51）

表 4-51 常用标准牌号对照

国别	中国	国际标准化	欧洲		英国	德国	
标准	企业标准	ISO	EN	Mat. No	BS	DIN	W-Nr
牌号	WB36	—	15NiCuMoNb5	1.6368	—	15NiCuMoNb5	1.6368
国别	法国	韩国	俄罗斯	日本	美国		
标准	NF	KS	ГОСТ	JIS	ASTM	UNS	AISI	SAE	ASI
牌号	—	—	—	15NiCuMoNb5					

4.1.8 ZG15Cr1Mo 钢

(1) 概述

ZG15Cr1Mo 钢是国外常用的铸钢材料，相当于美国材料 ASME SA217 WC6 和 ASTM A356 Gr.6，通常称为 1¼Cr-½Mo 钢。该钢有一定的强度和较好的塑性、韧性，其热强性可满足 540℃以下温度的工作条件。

(2) 工艺特性

ZG15Cr1Mo 钢可采用平炉或电炉冶炼，尽可能采用真空除气或氩氧脱碳法，以保证钢液成分和纯净度，有利于铸件质量。

ZG15Cr1Mo 钢通常采用正火+回火热处理方法，以细化晶粒，改善铸态组织，保证力学性能。正火温度一般采用 930~960℃，充分保温后空冷或风冷，再加热到 700~750℃回火。

该钢焊接性尚好,但焊前应预热至 20~300℃,焊后应进行 680~700℃去应力退火处理。

(3) 应用

ZG15Cr1Mo 钢多用于制造使用温度不高于 540℃的壳体、阀体、缸体、泵体、接管等。

(4) 化学成分(见表 4-52)

表 4-52 化学成分(质量分数,熔炼分析) (%)

C	Si	Mn	P	S	Cr	Ni	Mo	Al	Cu	V
≤0.20	≤0.60	0.50~0.80	≤0.030	≤0.025	1.00~1.50	≤0.50	0.45~0.65	≤0.0025	≤0.25	≤0.03

(5) 物理性能(见表 4-53)

表 4-53 物理性能

温度/℃	室温	90	205	315	425	540	650
热导率 λ/[W/(m·℃)]	39.8	—	—	—	—	—	—
比定压热容 c_p/[J/(kg·℃)]	419	—	—	—	—	—	—
线胀系数/10^{-6}℃$^{-1}$	—	—	—	—	—	14.04	—
弹性模量 E/10^4MPa	20.7	20.3	19.7	18.8	17.8	15.7	11.0
切变模量 G/10^3MPa	79.3	77.2	75.5	72.4	67.6	59.3	39.3
泊松比 μ/10^{-1}	2.91	2.92	2.94	2.99	3.02	3.06	3.13
电阻率 ρ/10^{-8}Ω·m	—	—	—	—	—	—	—

注:密度为 7.83g/cm³。

(6) 常见热处理制度(见表 4-54)

表 4-54 常见热处理制度

热处理	加热温度/℃	冷却方法	金相组织
正火	930~960	空冷或风冷	贝氏体+铁素体
回火	700~720	空冷	回火贝氏体+铁素体

(7) 力学性能

① 技术标准规定的力学性能见表 4-55。

表 4-55 技术标准规定的力学性能

品种	规格/mm	状态	力学性能(≥)					HBW
			R_m/MPa	屈服强度/MPa	A(%)	Z(%)	KV_2/J	
—	—	正火+回火	485~655	275	22	35	—	—

② 不同温度下的力学性能见表 4-56。

表 4-56 不同温度下的力学性能(平均值)

状态	温度/℃	R_m/MPa	$R_{p0.2}$/MPa	$A_{11.3}$(%)	Z(%)	KV_2/J
960~970℃风冷+670℃回火	室温	536	328	28(A5)	63	—
	100	490	276	21	60	—
	200	482	248	20	60	—
	300	476	241	19	62	—
	400	455	228	22	65	—
	500	407	207	25	70	—
	595	330	173	28	77	—

(续)

状态	温度/℃	R_m/MPa	$R_{p0.2}$/MPa	$A_{11.3}$(%)	Z(%)	KV_2/J
960~970℃风冷+ 670℃回火	20	—	—	—	—	≥2.9
	40	—	—	—	—	≥16
	60	—	—	—	—	≥29
	80	—	—	—	—	≥40
	100	—	—	—	—	≥47
	120	—	—	—	—	≥53
	140	—	—	—	—	≥57
	160	—	—	—	—	≥58
	180	—	—	—	—	≥59
	200	—	—	—	—	≥59

③ 蠕变极限和持久极限见表4-57。

表4-57 蠕变极限和持久极限

状态	温度/℃	蠕变极限/MPa			持久极限/MPa		
		$\sigma_{1/10^4}$	$\sigma_{1/10^5}$	$\sigma_{1/10^7}$	σ_{10^4}	σ_{10^5}	σ_{10^6}
正火+回火	480	170	125	87	221	165	118
	510	131	88	56	—	—	—
	540	94	59	33	125	89	49
	560	65	31	—	—	—	—
	595	42	—	—	60	31	—

(8) 耐蚀性和抗氧化性

ZG15Cr1Mo 钢耐蚀性不良,可满足在540℃以下温度的抗氧化需要。

(9) 常用标准牌号对照(见表4-58)

表4-58 常用标准牌号对照

国别	中国	国际标准化	欧洲		英国	德国	
标准	—	ISO	EN	Mat. No	BS	DIN	W-Nr
牌号	ZG15Cr1Mo	—	—	—	—	—	—

国别	法国	韩国	俄罗斯	日本	美国			
标准	NF	KS	ГОСТ	JIS	ASTM	UNS	AISI	SAE	ASI
牌号	—	—	15Х1М-Л	—	A356-Gr. 6	—	—	—	—

4.1.9 ZG15Cr2Mo1 钢

(1) 概述

ZG15Cr2Mo1 钢是国外常见的热强钢,相当于美国材料 ASME SA217 WC9 和 ASTM A356 Cr.10,通常也称为 2¼Cr-1Mo 钢。该钢具有良好的综合性能和工艺性,其耐蚀性、抗氧化性能优于 ZG15Cr1Mo 钢。

(2) 工艺特性

ZG15Cr2Mo1 钢可采用平炉或电炉冶炼,尽可能采用真空除气和氩氧脱碳工艺,以保证钢液质量。如用铝脱氧,应注意控制含铝残余量,不应超过 0.25%。

ZG15Cr2Mo1 钢常采用正火+回火热处理方法和去应力处理。正火可改善铸态组织,细化晶粒,保证力学性能。正火温度通常采用940~970℃,充分保温后空冷或风冷,回火温度采用 690~720℃，以保证力学性能。

该钢的焊接性尚可，焊前应预热至 250℃ 以上，焊后应进行 680~700℃ 加热的去应力退火。

(3) 应用

ZG15Cr2Mo1 钢多用于使用温度不大于 570℃ 工作条件的缸体、阀体、泵体、接管等。

(4) 化学成分（见表 4-59）

表 4-59 化学成分（质量分数，熔炼分析） (%)

C	Si	Mn	P	S	Cr	Ni	Mo	Al	V	Cu
≤0.18	≤0.60	0.40~0.70	≤0.60	≤0.04	2.00~2.75	≤0.50	0.90~1.20	≤0.025	≤0.03	≤0.25

(5) 物理性能（见表 4-60）

表 4-60 物理性能

密度/(g/cm^3)	熔点/℃	临界点/℃					
		Ac_1	Ac_3	Ar_1	Ar_3	Ms	Mf
7.88	1445	790	860	700	780		

温度/℃	室温	100	200	300	400	500	600
热导率 λ/[W/(m·℃)]	—	—	36.1 (199℃)	35.6 (298℃)	34.5	33.4 (494℃)	32.4 (594℃)
比定压热容 c_p/[J/(kg·℃)]	—	—	502	512	523	535	559
线胀系数/10^{-6}℃$^{-1}$	—	—	13.15	13.80	13.95	14.12	14.30
弹性模量 E/10^4MPa	21.3	21.0	20.2	19.4	18.6	17.9	17.1
切变模量 G/10^3MPa	83.3	82.2	79.5	76.5	73.4	69.3	65.6
泊松比 μ/10^{-1}	2.79	2.77	2.70	2.68	2.67	2.91	3.03
电阻率 ρ/10^{-8}Ω·m							

(6) 常见热处理制度（见表 4-61）

表 4-61 常见热处理制度

热处理	加热温度/℃	冷却方法	金相组织
正火	940~970	空冷或风冷	贝氏体+铁素体
回火	690~720	空冷	回火贝氏体+铁素体

(7) 力学性能

① 技术标准规定的力学性能见表 4-62。

表 4-62 技术标准规定的力学性能

品种(标准)	规格/mm	状态	力学性能(≥)					HBW
			R_m/MPa	$R_{p0.2}$/MPa	A_4(%)	Z(%)	KV_2/J	
—	—	正火+回火	485~655	275	20	35	—	—

② 不同温度下的力学性能见表 4-63。

表 4-63 不同温度下的力学性能

状态	温度/℃	R_m/MPa	$R_{p0.2}$/MPa	A_4(%)	Z(%)	KV_2/J
950℃正火 705℃回火	室温	575	399	27	70	
	300	459	—	18	73	
	400	484	—	20	64	

(续)

状态	温度/℃	R_m/MPa	$R_{p0.2}$/MPa	A_4(%)	Z(%)	KV_2/J
950℃正火 705℃回火	500	407	—	20	73	—
	540	376	—	23	75	—
	570	322	—	24	81	—
	-20	—	—	—	—	3.9
	0	—	—	—	—	12
	20	—	—	—	—	25
	40	—	—	—	—	36
	60	—	—	—	—	46
	80	—	—	—	—	54
	100	—	—	—	—	57
	120	—	—	—	—	58
	140	—	—	—	—	58

③ 蠕变极限和持久极限见表 4-64。

表 4-64 蠕变极限和持久极限

状态	温度/℃	蠕变极限/MPa			持久极限/MPa	
		$\sigma_{1/10^4}$	$\sigma_{1/10^5}$	$\sigma_{1/10^6}$	σ_{10^4}	σ_{10^5}
正火+回火	510	123	85	58	155	115
	540	89	60	—	118	85
	565	65	—	—	89	62
	590	46	—	—	67	46
	620	—	—	—	49	—

（8）耐蚀性和抗氧化性

ZG15Cr2Mo1 钢耐蚀性不良，但可满足在 570℃ 以下温度的抗氧化需要。

（9）常用标准牌号对照（见表 4-65）

表 4-65 常用标准牌号对照

国别	中国	国际标准化	欧洲		英国	德国	
标准	—	ISO	EN	Mat. No	BS	DIN	W-Nr
牌号	ZG15Cr2Mo1	—	—	—	—	—	—
国别	法国	韩国	俄罗斯	日本	美国		
标准	NF	KS	ГОСТ	JIS	ASTM	UNS	AISI	SAE	ASI
牌号	—	—	15Х2М1-Л	—	A356-Gr.10	—	—	—	—

4.1.10 ZG20CrMo 钢

（1）概述

ZG20CrMo 钢是一种广泛应用的耐热铸钢材料，在 500℃ 以下具有较好的热强性，其使用温度一般不超过 520℃。它在使用温度下力学性能稳定，且具有较为满意的工艺性，但在超过 500℃ 时，钢的热强性会显著下降。

（2）工艺特性

ZG20CrMo 钢采用平炉或电炉冶炼，尽可能采用真空除气或氩氧脱碳工艺，如果采用铝脱氧，铝残余量不应超过 0.25%。

ZG20CrMo 钢应在正火+回火状态下使用,以保证力学性能。正火加热温度一般为 890~920℃,充分保温后空冷或风冷。回火温度一般为 650~680℃,保温后空冷或炉冷。粗加工或补焊后应进行去应力退火,加热温度一般为 620~650℃,保温后空冷。

该钢的焊接性尚可,焊前应预热至 250~300℃,焊后应进行去应力退火。

(3) 应用

ZG20CrMo 钢主要用于制造 500℃温度以下使用的阀门、缸体、接管及其他承压零件。

(4) 化学成分(见表 4-66)

表 4-66 化学成分(质量分数) (%)

C	Si	Mn	P	S	Cr	Ni	Mo
0.15~0.25	0.20~0.45	0.50~0.80	≤0.04	≤0.04	0.50~0.80	≤0.03	0.40~0.60

(5) 物理性能(见表 4-67)

表 4-67 物理性能

温度/℃	室温	100	200	300	400	500	600
热导率 $\lambda/[W/(m\cdot ℃)]$	—	—	—	—	—	—	—
比定压热容 $c_p/[J/(kg\cdot ℃)]$	—	—	—	—	—	—	—
线胀系数/$10^{-6}℃^{-1}$	—	10.86	12.43	12.78	13.12	13.57	13.94
弹性模量 $E/10^4$ MPa	—	—	—	—	—	—	—
切变模量 $G/10^3$ MPa	—	—	20.0	19.0	18.0	17.4	16.6
泊松比 $\mu/10^{-1}$	—	—	—	—	—	—	—
电阻率 $\rho/10^{-8}\Omega\cdot m$	—	—	—	—	—	—	—

注:密度为 7.8g/cm³。

(6) 常见热处理制度(见表 4-68)

表 4-68 常见热处理制度

热处理	加热温度/℃	冷却方法	金相组织
正火	890~920	空冷或风冷	贝氏体+铁素体
回火	650~680	空冷或炉冷	回火贝氏体+铁素体

(7) 力学性能

① 技术标准规定的力学性能见表 4-69。

表 4-69 技术标准规定的力学性能

品种(标准)	规格/mm	状态	力学性能(≥)					HBW
			R_m/MPa	$R_{p0.2}$/MPa	A(%)	Z(%)	KU_2/J	
—	—	正火+回火	461	245	18	30	23	135~180

② 不同温度下的力学性能见表 4-70。

表 4-70 不同温度下的力学性能

状态	温度/℃	R_m/MPa	$R_{p0.2}$/MPa	A(%)	Z(%)	KU_2/J
退火 880~900℃	400	470	370	17~22	41~51	60
	450	440~480	310~350	20	55~59	52
	500	400~420	300~330	14~24	64~79	40
	550	340~400	250~290	20~23	64~79	32
	600	310~350	250~270	24~26	73	44~52
	650	235	200	28	75	40

（续）

状态	温度/℃	R_m/MPa	$R_{p0.2}$/MPa	$A(\%)$	$Z(\%)$	KU_2/J
正火 890~910℃ 回火 640~660℃	20	480~560	310~400	12~28	27~66	56~136
	400	440	350	17~21	59~62	64
	450	420	320	22	62~69	76
	500	385	300	22	69~75	60
	550	340	260	24.5	77	56
	600	295	200~240	27.5	81.5	52
	650	240	205	30	80	56

③ 蠕变极限和持久极限见表4-71。

表4-71 蠕变极限和持久极限

状态	温度/℃	蠕变极限/MPa		持久极限/MPa	
		$\sigma_{1/10^4}$	$\sigma_{1/10^5}$	σ_{10^4}	σ_{10^5}
正火 890~910℃ 回火 640~660℃	470	—	162	288~306	260~278
	510	180	66	182~200	142~157
	550	80	29	92~98	60~65

（8）耐蚀性和抗氧化性

ZG20CrMo钢耐蚀性不良，但可满足500℃以下温度的抗氧化需要。

（9）常用标准牌号对照（见表4-72）

表4-72 常用标准牌号对照

国别	中国	国际标准化	欧洲		英国	德国	
标准	—	ISO	EN	Mat. No	BS	DIN	W-Nr
牌号	ZG20CrMo	—	—	—	—	—	—

国别	法国	韩国	俄罗斯	日本	美国			
标准	NF	KS	ГОСТ	JIS	ASTM	UNS	AISI	SAE	ASI
牌号	—	—	20ХМ-Л	—	A356-Gr.5	—	—	—	—

4.1.11 ZG22CrMo钢

（1）概述

ZG22CrMo钢是常用的耐热铸钢材料，相当于美国材料ASTM A356 Gr.5钢，通常也称为½Cr-½Mo钢。该钢有较好的组织稳定性和良好的工艺性，比ZG20CrMo钢有更高的强度。

（2）工艺特性

ZG22CrMo钢可采用平炉或电炉冶炼，应尽量采用真空除气或氩氧脱碳法，如果采用铝脱氧，铝的残余量不应超过0.25%。

ZG22CrMo钢应在正火+回火状态使用，以保证力学性能。正火加热温度一般采用930~980℃，充分保温后空气冷却或风冷。回火采用660~720℃的温度，保温后应缓慢冷却至310℃以下出炉空冷。

在不降低力学性能的条件下，该钢的去应力退火温度可采用640~700℃，缓慢冷却至310℃以下出炉空冷。

该钢焊接性尚可，但应焊前预热至250~300℃，焊后及时进行去应力退火。

（3）应用

ZG22CrMo钢主要用于制造工作温度不大于520℃的阀门、缸体、接管及承压零件。

（4）化学成分（见表4-73）

表4-73 化学成分（质量分数，熔炼分析） （%）

C	Si	Mn	P	S	Cr	Ni	Mo	Al	V	Cu
≤0.25	≤0.60	≤0.70	≤0.040	≤0.040	0.40~0.70	≤0.50	0.40~0.60	≤0.025	≤0.03	≤0.25

（5）物理性能（见表4-74）

表4-74 物理性能

温度/℃	室温	90	205	315	425	540	650
热导率 λ/[W/(m·℃)]	39.8	—	—	—	—	—	—
比定压热容 c_p/[J/(kg·℃)]	419	—	477	507	536	557	586
线胀系数/10^{-6}℃$^{-1}$	—	12.51	13.05	13.50	13.97	14.35	14.67
弹性模量 E/10^4MPa	22.4	21.7	20.6	19.5	18.6	17.6	16.8
切变模量 G/10^3MPa	80.9	—	—	—	—	—	—
泊松比 μ/10^{-1}	3.0	—	—	—	—	—	—
电阻率 ρ/10^{-8}Ω·m	—	—	—	—	—	—	—

注：密度为7.83g/cm³。

（6）常见热处理制度（见表4-75）

表4-75 常见热处理制度

热处理	加热温度/℃	冷却方法	金相组织
正火	930~980	空冷或风冷	贝氏体+铁素体
回火	660~720	缓冷后空冷	回火贝氏体+铁素体

（7）力学性能

① 技术标准规定的力学性能见表4-76。

表4-76 技术标准规定的力学性能

品种(标准)	规格/mm	状态	力学性能(≥)					HBW
			R_m/MPa	$R_{p0.2}$/MPa	A(%)	Z(%)	KU_2/J	
—	—	正火+回火	490~657	314	22	35	—	—

② 不同温度下的力学性能见表4-77。

表4-77 不同温度下的力学性能（平均值）

状态	温度/℃	R_m/MPa	$R_{p0.2}$/MPa	A(%)	Z(%)	KV_2/J
正火 930~980℃ 回火 660~720℃	25	534	324	25(标距50mm)	49	—
	100	500	276	21(标距50mm)	38	—
	200	493	252	17(标距50mm)	31	—
	300	493	248	16(标距50mm)	31	—
	400	482	252	18(标距50mm)	37	—
	500	424	241	25(标距50mm)	52	—
	600	296	207	36(标距50mm)	77	—
	650	193	173	45(标距50mm)	90	—
	20					4.9

(续)

状态	温度/℃	R_m/MPa	$R_{p0.2}$/MPa	A(%)	Z(%)	KV_2/J
正火 930~980℃ 回火 660~720℃	40	—	—	—	—	12
	60	—	—	—	—	22
	80	—	—	—	—	36
	100	—	—	—	—	44
	120	—	—	—	—	52
	140	—	—	—	—	57
	160	—	—	—	—	60
	180	—	—	—	—	62
	200	—	—	—	—	62

（8）耐蚀性和抗氧化性

ZG22CrMo 钢耐蚀性不良，但可满足 520℃ 以下温度的抗氧化需要。

（9）常用标准牌号对照（见表 4-78）

表 4-78 常用标准牌号对照

国别	中国	国际标准化	欧洲		英国	德国	
标准	—	ISO	EN	Mat. No	BS	DIN	W-Nr
牌号	ZG22CrMo						

国别	法国	韩国	俄罗斯	日本	美国			
标准	NF	KS	ГОСТ	JIS	ASTM	UNS	AISI	SAE	ASI
牌号	—	—	22ХМ-Л	—	A356 Gr. 5	—	—	—	—

4.2 其他类型耐热钢

其他类型耐热钢是指除珠光体型耐热钢之外的含有较多合金元素、具有铁素体组织、奥氏体组织、马氏体组织及沉淀硬化型的耐热钢。这些耐热钢因为含有更多的合金元素，所以耐高温性更好，但是价格较高，工艺性也不如珠光体型耐热钢。

至于耐热合金，虽然其耐热性更好，但价格较高，在通用机械中很少采用。

4.2.1 铁素体型耐热钢

铁素体型耐热钢具有铁素体组织，在退火状态下使用。具体示例如下。

1）06Cr13Al 钢：冷作硬化倾向小，可用于制作耐热叶片等，参见本书 3.1.1 小节。

2）10Cr17 钢：可用于 900℃ 温度以下的一些耐氧化件，参见本书 3.1.2 小节。

4.2.2 奥氏体型耐热钢

奥氏体型耐热钢具有奥氏体组织，在固溶状态下使用。具体示例如下。

1）06Cr19Ni10 钢：可承受 870℃ 以下温度，参见本书 3.2.1 小节。

2）06Cr18Ni11Ti 钢：可用于 400~900℃ 温度下使用的零部件及高温用焊接结构件，参见本书 3.2.6 小节。

3）1Cr18Ni9Ti 钢：具有良好的耐热性和耐蚀性，参见本书 3.2.7 小节。

4) 06Cr18Ni11Nb 钢：可用于 400~900℃ 温度下使用的零部件及高温用焊接结构件，参见本书 3.2.9 小节。

5) 06Cr25Ni20 钢：抗氧化性较好，可承受 1050℃ 加热，参见本书 3.2.10 小节。

6) 06Cr17Ni12Mo2 钢：具有优良的抗蠕变性能，可用于高温耐蚀螺栓等，参见本书 3.2.12 小节。

7) 00Cr14Ni14Si4 钢：具有与 06Cr25Ni20 相当的抗氧化性，参见本书 3.2.25 小节。

4.2.3 马氏体型耐热钢

1) 12Cr13 钢：可做 800℃ 以下的抗氧化件和耐热件，参见本书 3.4.2 小节。

2) 20Cr13 钢：在热处理状态下有较高强度，可做叶片等，参见本书 3.4.3 小节。

3) 13Cr13Mo 钢：可用于 800℃ 以下工作零部件、叶片等，参见本书 3.4.7 小节。

4.2.4 沉淀硬化型耐热钢

1) 05Cr17Ni4Cu4Nb 钢：可用于制造叶片等，参见本书 3.5.1 小节。

2) 07Cr17Ni7Al 钢：可用于制造高温弹簧等，参见本书 3.5.8 小节。

4.2.5 耐热合金

耐热合金也称为高温合金或热强合金，此类合金中含有较多的合金元素，具有优良的高温强度、高温蠕变性、高温持久性，使用温度可达 700~900℃。按含有合金元素不同常分为铁基、镍基、钴基等类型。耐热合金价格较高，一般情况下较少使用。耐热合金的具体参数可参见相关标准。

4.3 低温用镍合金钢

镍合金钢是通用机械常采用的低温钢之一。

镍合金钢是指镍的质量分数为 2.25%~9% 的钢。镍会增大奥氏体组织的稳定性，在力学性能影响上的主要表现是，在提高室温强度的同时，不会显著降低韧性，可以减小钢对缺口的敏感性。镍是提高钢的低温韧性、降低脆性转变温度的最有效元素。在镍钢中，由韧性向脆性的迁移是在很宽的温度范围内缓慢进行的，随着镍含量的增加，低温韧性提高、脆性转变温度移向更低温度。但当镍的质量分数大于 9% 时，这种影响会变弱。常见的镍钢使用温度可达 -100℃ 或更低。

4.3.1 2.25Ni 钢

（1）概述

2.25Ni 钢是低温用镍合金钢中镍含量较低，相对比较经济型低温用钢的一个钢号。

（2）应用

该钢主要应用于不低于 -60℃ 温度范围的零部件，如液态丙烯（-59℃）等介质。

（3）标准规定化学成分（见表 4-79）

表 4-79　2.25Ni 钢的化学成分（质量分数）　　　　　　　　　　　　　（%）

组别及板厚/mm		C	Mn	Si	Ni
A	≤50	≤0.17	≤0.80	0.10~0.30	2.20~2.50
	>50~100	≤0.20	≤0.90		
	>100~150	≤0.23	≤0.90		
B	≤50	≤0.21	≤0.70	0.15~0.30	2.10~2.50
	>50~100	≤0.24	≤0.80		
	>100~150	≤0.25	≤0.80		

（4）标准规定的力学性能（见表 4-80）

表 4-80　标准规定的力学性能

组别	R_m/MPa	$R_{p0.2}$/MPa	A(%)	Z(%)	冲击吸收能量/J（钥匙孔型试样夏比冲击试验）(-60℃)
A	446~529	≥206	≥21	≥25	19.1
B	480~583	≥186	≥19	≥23	19.1

（5）热处理

① 正火加热温度：(900±10)℃，保温后空冷。

② 去应力加热温度：不超过 640℃，保温后空冷。

（6）脆性转变温度（见表 4-81）

表 4-81　脆性转变温度

板厚/mm	热处理	脆性转变温度/℃（V 型缺口夏比冲击试验 20.3J）
12.5	870℃正火	-90
12.5	870℃正火+600℃去应力	-70
25	870℃正火	-70
25	870℃正火+600℃去应力	-75

（7）疲劳极限

该钢的旋转弯曲疲劳极限为 314MPa。

（8）-70℃冲击吸收能量（见表 4-82）

表 4-82　-70℃冲击吸收能量（压延方向三个试块平均值）

板材厚度/mm	7.6~8.5	>8.5~11.0	≥11.0
试块横截面规格(长×宽)/mm	10×5	10×7.5	10×10
冲击吸收能量 KV_2/J	≥11	≥17	≥21

4.3.2　3.5Ni 钢

（1）概述

3.5Ni 钢的镍含量比 2.25Ni 钢高，所以其使用温度可以更低。

（2）应用

该钢可用于不低于-100℃温度范围的零部件，可接触如硫化氢（-59.5℃）、乙炔（-84℃）、乙烷（-88.8℃）等介质。

（3）标准规定的化学成分（见表 4-83）

表 4-83　3.5Ni 钢的化学成分（质量分数） （%）

组别	C	Mn	Si	Ni
D	≤0.17	≤0.80	0.15~0.30	3.25~3.75
E	≤0.20	≤0.80	0.15~0.30	3.25~3.75

（4）标准规定的力学性能（见表 4-84）

表 4-84　标准规定的力学性能

组别	R_m/MPa	$R_{p0.2}$/MPa	A(%)	Z(%)	冲击吸收能量/J(钥匙孔型试样夏比冲击试验)(-60℃)
D	446~529	≥206	≥21	≥25	≥20.3
E	480~583	≥186	≥19	≥23	≥20.3

（5）热处理

① 正火加热温度：870℃±10℃，保温后空冷。

② 去应力加热温度：不超过 640℃，保温后空冷。

（6）脆性转变温度（见表 4-85）

表 4-85　脆性转变温度

板厚/mm	热处理	脆性转变温度/℃(V型缺口夏比冲击试验 20.3J)
12.5	870℃正火	-150
12.5	870℃正火+620℃去应力	-140
25	870℃正火	-125
25	870℃正火+620℃去应力	-120

（7）疲劳极限

该钢的旋转弯曲疲劳极限为 333MPa。

（8）-101℃ 冲击吸收能量（见表 4-86）

表 4-86　-101℃冲击吸收能量（压延方向三个试块平均值）

板材厚度/mm	7.6~8.5	>8.5~11.0	≥11.0
试块横截面规格(长×宽)/mm	10×5	10×7.5	10×10
冲击吸收能量 KV_2/J	≥11	≥17	≥21

4.3.3　9Ni 钢

（1）概述

9Ni 钢是镍含量比较高的钢，其力学性能更高，可使用温度更低。

（2）应用

该钢主要应用于不低于-200℃温度范围的零部件，可接触如乙烯（-103.8℃）、甲烷（-161.5℃）、氧气（-182.9℃）、氩气（-185.9℃），氮气（-195.8℃）等介质。

（3）标准规定的化学成分（见表 4-87）

表 4-87　9Ni 钢的化学成分（质量分数） （%）

C	Mn	Si	Ni
≤0.13	≤0.90	0.15~0.30	8.50~9.50

（4）标准规定的力学性能（见表 4-88）

表 4-88 标准规定的力学性能

热处理	R_m/MPa	$R_{p0.2}$/MPa	A(%)(50mm)	KV_2/J(V型试样夏比冲击试验)(-198℃)
QT	686~823	≥519	≥22	≥40.7
NNT	686~823	≥519	≥22	≥33.9

注：QT 指 900℃水冷+570~610℃保温后，以大于 170℃/h 的速度冷却；NNT 指 900℃空冷+790℃空冷+570~610℃保温后，以大于 170℃/h 的速度冷却。

(5) 热处理

9Ni 钢可以采用以下两种热处理方式。

① QT：900℃水冷+570~610℃保温后，以大于 170℃/h 的速度冷却。

② NNT：900℃空冷+790℃空冷+570~610℃保温后，以大于 170℃/h 的速度冷却。

(6) 不同热处理方法对冲击吸收能量的影响（见表 4-89）

表 4-89 不同热处理方法对冲击吸收能量的影响（V_2 型缺口夏比冲击试验，此表数据供参考）

(单位：J)

热处理	方向	温度/℃				
		0	-50	-100	-150	-200
QT	延伸方向	78.6	77.3	74.5	67.8	56.9
	垂直方向	67.8	67.1	65.1	57.6	46.1
NNT	延伸方向	75.9	74.6	71.9	63.7	46.1
	垂直方向	67.8	67.1	63.7	52.9	39.3

(7) 不同热处理方法对疲劳强度的影响（见表 4-90）

表 4-90 热处理对疲劳强度的影响 （单位：MPa）

旋转次数	10^5	10^6	10^7	10^8
QT	548.8	441.0	421.4	411.6
NNT	607.6	470.4	470.4	470.4

(8) -196℃冲击吸收能量（见表 4-91）

表 4-91 -196℃冲击吸收能量（压延方向三个试块平均值）

板材厚度/mm	7.6~8.5	>8.5~11.0	≥11.0
试块横截面规格(长×宽)/mm	10×5	10×7.5	10×10
冲击吸收能量 KV_2/J	≥21	≥29	≥41

(9) 不同温度下的力学性能（见表 4-92）

表 4-92 不同温度下的力学性能

状态	温度/℃	R_m/MPa	$R_{p0.2}$/MPa	A(%)	Z(%)
钢板(纵向) NNT	24	780	680	28	70
	-151	1030	850	17	61
	-196	1190	950	25	58
	-253	1430	1320	18	43
	-269	1590	1480	21	—
钢板(纵向) QT	24	770	695	27	69
	-151	995	885	18	42
	-196	1150	960	—	38

4.4 其他低温材料

其他低温材料是指除镍合金钢外可用于低温环境的钢，主要有奥氏体型低温钢、低温合金钢等。此外，钛及钛合金也是较好的低温材料。

4.4.1 奥氏体型低温钢

奥氏体型低温钢属于面心立方晶体结构，不存在脆性转变温度，在低温下具有良好的塑性和韧性，可用于-200℃以下温度，具体示例如下。

1) 06Cr19Ni10 钢：参见本书 3.2.1 小节。
2) 1Cr18Ni9Ti 钢：参见本书 3.2.7 小节。
3) 022Cr19Ni10 钢：参见本书 3.2.4 小节。
4) 12Cr18Ni9 钢：参见本书 3.2.2 小节。
5) 06Cr17Ni12Mo2 钢：参见本书 3.2.12 小节。

其他钢种可参见本书 3.2 节。

4.4.2 低温合金钢

低温合金钢是在碳素钢基础上添加少量合金元素（一般合金元素的质量分数为3%~5%）形成的。它们的使用温度一般为-70~-30℃。

常用的低温合金钢有 16MnDR、16MnNiDR、09MnNiDR、07MnNiCrMoVDR 等。涉及具体钢种的应用可查阅相关标准。

4.4.3 铁镍基和镍基低温合金

镍与铁、铬、铜、钼等元素组成的镍基合金在低温下具有较好的强度和塑性、韧性，可以作为低温材料应用，具体示例如下。

1) 00Cr25Ni35AlTi：参见本书 5.1.3 小节。
2) 1Cr15Ni75Fe8：参见本书 5.2.3 小节。
3) 0Ni65Mo28Fe5V：参见本书 5.2.15 小节。
4) Ni68Cu28Fe：参见本书 5.2.18 小节。

其他铁镍基和镍基合金参见本书 5.1~5.2 节。

4.4.4 铝及铝合金

铝及铝合金具有面心立方晶格结构，在低温条件下仍可保持良好的强度和塑性、韧性，而且密度小、热导率大、无磁性，在低温环境中得到广泛应用，如 ZAlSi7Mg（参见本书 7.2.2 小节）。

其他铝及铝合金如 5A05、6A02 等可参见相关标准。

4.4.5 钛及钛合金

钛及钛合金在低温条件下具有较好的强度、塑性和韧性，而且密度小、热导率大、在低温环境中得到广泛应用，如 TA2（参见本书 7.3.1 小节）、TA7（参见本书 7.3.2 小节）、TC4（参见本书 7.3.4 小节）。

其他钛合金可参见相关标准。

第 5 章 耐 蚀 合 金

耐蚀合金是指在腐蚀介质中具有特别抵抗腐蚀能力的合金,其以铬镍为主要元素,再加入其他一些元素构成。根据主要合金元素的组成不同,基本上可分为铁镍基耐蚀合金和镍基耐蚀合金两大类(通常统称高镍合金)。铁镍基耐蚀合金和镍基耐蚀合金的组织基本上是奥氏体。

镍元素本身有很好的耐蚀性,如果说镍元素在奥氏体不锈钢中主要起到调整组织的作用,并通过调整组织使钢成为奥氏体,从而发挥耐蚀作用的话,那么镍元素在铁镍基合金和镍基合金中因为质量分数超过了 27%,就和其他合金元素一起共同发挥了耐蚀作用。

耐蚀合金依据成分和强化方法的不同,可获得不同等级的力学性能。某些耐蚀合金的主要功能是其耐蚀性,不同成分、种类的耐蚀合金的耐蚀性略有区别。

耐蚀合金在机械设备中的主要部件上应用广泛,可制造特殊条件下使用的轴、泵体、阀体、缸体、叶轮、密封环等零部件,还可用于制造某些承压件。

根据生产加工方式不同,耐蚀合金分为变形耐蚀合金和铸造耐蚀合金两大类。

5.1 铁镍基耐蚀合金

铁镍基耐蚀合金中镍的质量分数一般在 30%~50%,并且镍、铁的质量分数之和不小于 60%,是一种比奥氏体不锈钢镍含量更高、耐蚀性更好的金属材料。

铁镍基耐蚀合金的耐蚀性能好,铬、钼等元素的含量高,并且合金的热稳定性优于奥氏体不锈钢,所以其耐蚀性优于奥氏体不锈钢。

依据加入其他合金元素种类及含量的不同,铁镍基耐蚀合金又分为 Ni-Fe-Cr、Ni-Fe-Cr-Mo、Ni-Fe-Cr-Mo-Cu 等多个系列,当然,除了这些主要合金元素,还有的加入 Nb、W、Ti、Nl 等合金元素。依据合金类型、成分不同,其热处理方式、可获得的力学性能、耐蚀性也会显示出差别。

5.1.1 NS1101(0Cr20Ni32AlTi)

(1)概述

0Cr20Ni32AlTi 是铬的质量分数为 20% 左右、镍的质量分数为 32% 左右的铁镍基合金之一,商业牌号为 Incoloy-800 合金。经研究证明,在 Fe-Cr-Ni 合金中,当镍的质量分数在 25%~65% 时,既不会产生穿晶应力腐蚀,也不会产生晶间应力腐蚀;当镍的质量分数低于 25% 时,合金易产生穿晶断裂;当镍的质量分数高于 65% 时,合金易产生晶间断裂。目前,为了适应不同条件的需要,Cr20Ni32AlTi 系即 Incoloy-800 系合金有标准型、高碳型、中碳型和超低碳型等不同种类。0Cr20Ni32AlTi 即是该系列合金中的标准型合金。

0Cr20Ni32AlTi 合金在固溶状态下是纯奥氏体组织。在奥氏体基体上可能会有少量的氮化物、碳化物和氮碳化物析出。该合金在540~705℃的温度区间长期停留（>100h）时，还会有富镍、富铝、富钛的γ'相沉淀析出。

0Cr20Ni32AlTi合金既有较好的耐蚀性，又有较好的热强性，所以，既可作为耐蚀合金使用，又可作为耐热合金使用。该合金相当于GB/T 15008—2020中的NS1101合金，过去曾称NS111合金。

0Cr20Ni32AlTi合金可制成铸件、锻件及各种型材。

0Cr20Ni32AlTi及同系合金广泛用于核反应堆中。

（2）工艺特性

0Cr20Ni32AlTi合金具有良好的热加工性，适宜的热成形温度为870~1200℃。应避免在650~870℃之间加工，易引起热加工裂纹。

0Cr20Ni32AlTi合金应采用固溶处理，通常固溶处理加热温度为980~1060℃，加热保温后水冷，可获得单一的奥氏体组织。

0Cr20Ni32AlTi合金有良好的焊接性，常用的焊接方法有氩弧焊、气体保护焊、埋弧焊等，应选用合适焊材。

0Cr20Ni32AlTi合金冷加工性与一般奥氏体不锈钢相近，但也有一定的加工硬化倾向，与18-8型奥氏体不锈钢相比，其硬化倾向偏低。

（3）应用

0Cr20Ni32AlTi合金及其同系列合金的耐蚀性、热强性优于奥氏体不锈钢，可代替奥氏体不锈钢应用在需要耐蚀、耐晶间腐蚀、耐点蚀及耐应力腐蚀的各种工况条件下。目前，该系列合金已广泛应用在核反应堆-回路系统内的设备、构件等，也可以用于泵、阀、管路等零部件。

（4）化学成分（见表5-1）

表5-1 化学成分（质量分数）（GB/T 15008—2020） （%）

C	Si	Mn	P	S	Cr	Ni	Mo	Al	Ti	Cu	Fe
≤0.10	≤1.00	≤1.50	≤0.030	≤0.015	19.0~23.0	30.0~35.0	—	0.15~0.60	0.15~0.60	≤0.75	余量

注：其他相应（近似）牌号为Incoloy-800。

（5）物理性能（见表5-2）

表5-2 物理性能

温度/℃	室温	100	300	500	700
热导率 λ/[W/(m·℃)]	11.5	13.0	16.3	19.5	22.8
比定压热容 c_p/[J/(kg·℃)]	—	460	—	—	—
线胀系数/10^{-6}℃$^{-1}$	—	14.4	16.2	16.8	17.5
弹性模量 E/10^4MPa	—	—	—	—	—
切变模量 G/10^3MPa	—	—	—	—	—
泊松比 μ/10^{-1}	—	—	—	—	—
电阻率 ρ/10^{-8}Ω·m	98.9	103.5	112.7	119.1	125.1

注：密度为7.94g/cm³。

（6）常见热处理制度（见表5-3）

表5-3 常见热处理制度

热处理	加热温度/℃	冷却方法	金相组织
固溶处理	1000~1060	水冷	奥氏体

(7) 力学性能

① 技术标准规定的力学性能见表 5-4。

表 5-4 技术标准规定的力学性能 (GB/T 15008—2020)

品种(标准)	规格/mm	状态	力学性能(≥)					HBW
			R_m/MPa	$R_{p0.2}$/MPa	A(%)	Z(%)	KU_2/J	
棒材	≤80	1000~1060℃水冷	515	205	30	—	—	—

② 不同温度下的力学性能见表 5-5。

表 5-5 不同温度下的力学性能

状态	温度/℃	R_m/MPa	$R_{p0.2}$/MPa	A(%)	Z(%)	KV_2/J
固溶处理(棒材)	100	560	227	46	—	—
	200	520	187	44	—	—
	300	507	160	45	—	—
	400	513	140	47	—	—
	500	493	127	46	—	—
	600	453	120	40	—	—
	700	353	120	33	—	—
	800	280	120	70	—	—
	900	—	—	91	—	—
固溶处理(板材)	21	—	—	—	—	122(纵向)
	21	—	—	—	—	112(横向)
	−79	—	—	—	—	122(纵向)
	−79	—	—	—	—	115(横向)
	−196	—	—	—	—	106(纵向)
	−196	—	—	—	—	94(横向)
	−253	—	—	—	—	99(纵向)
	−253	—	—	—	—	87(横向)

(8) 耐蚀性

① 耐高温腐蚀性能：0Cr20Ni32AlTi 合金在湿态介质中具有较好的耐蚀性，也具有优良的耐高温腐蚀性能。在高温条件下，由于合金具有较高的铬含量和足够的镍含量，使其表面可形成抗氧化性良好的氧化膜，因而具有良好的抗氧化性。如在含有 2%~4%CO、4%~8% CO_2，温度为 870~1150℃ 的炉气中，试验 3 个月，其腐蚀速率为 0.15mm/a，远远优于各类奥氏体不锈钢。而在 400℃ 的 H_2+1.5% H_2S 气体中，其腐蚀速率为 0.08mm/a。

② 耐晶间腐蚀性能：0Cr20Ni32AlTi 合金有一定的耐晶间腐蚀性能。但在敏化状态下仍具有晶间腐蚀的倾向，这种倾向随该系列合金中碳含量越高越明显。这种倾向主要是 $M_{23}C_6$ 型碳化物析出形成的贫铬区引起的。

③ 耐应力腐蚀性能：0Cr20Ni32AlTi 合金具有一定的耐应力腐蚀性能，但对应力腐蚀并不是免疫的，特别是与具体成分、热处理条件、冷变形条件等各种因素有关。

(9) 常用标准牌号对照 (见表 5-6)

表 5-6 常用标准牌号对照

国别	中国	国际标准化	欧洲		英国	德国	
标准	GB	ISO	EN	Mat. No	BS	DIN	W-Nr
牌号	NS1101	—	X8NiCrAlTi 32-21	1.4959	NA15	X8NiCrAlTi 32-20	1.4876

(续)

国别	法国	韩国	俄罗斯	日本	美国				
标准	NF	KS	ГОСТ	JIS	ASTM	UNS	AISI	SAE	ASI
牌号	—	NCF800	—	NCF800	Incoloy-800	N08800	—	—	—

5.1.2 00Cr20Ni43Mo13

(1) 概述

00Cr20Ni43Mo13 合金属铁镍基耐蚀合金,由于合金中含有较高的铬及适量钼的复合作用,其在氧化性和还原性介质中均有良好的耐蚀性,尤其在含有 Cl^- 及其他活性阴离子的氧化还原复合介质中的耐点蚀性更为优异。在某些介质(如湿氯、染料等)中可代替 Hastelloy-c 合金。该合金还具有较好的工艺性。

00Cr20Ni43Mo13 合金在锻轧后,空冷的组织是在奥氏体基体上分布着一些岛状碳化物(M_6C)和条状的 σ 相。这些析出相会随着热处理时加热温度的升高逐渐溶解,σ 相和碳化物的溶解开始温度分别为 1100℃ 和 1150℃,但加热到 1200℃ 仍会有少量 σ 相存在,到 1250℃ 仍会有少量碳化物未溶解。所以,00Cr20Ni43Mo13 合金在固溶状态(1150~1200℃ 加热,水冷或空冷)的组织为奥氏体+σ+M_6C。当在 950℃ 加热和停留时会有大量 σ 相析出,对力学性能和耐蚀性产生不利作用。

00Cr20Ni43Mo13 合金可生产成铸件、锻件、棒材、板材、管材等。

(2) 工艺特性

00Cr20Ni43Mo13 合金难以进行热变形,应予以注意。锻轧开始温度通常为 1150~1200℃,锻轧终止温度不低于 950℃。

00Cr20Ni43Mo13 合金只有经过固溶处理才能获得良好的力学性能和耐蚀性。固溶处理加热温度为 1150~1200℃,加热保温后应水冷。

该材料可以焊接,但应注意采用较小的热输入。应严格控制母材及焊材中的碳、硅含量,以减少和防止焊缝及热影响区的点蚀和晶间腐蚀倾向。

00Cr20Ni43Mo13 合金有一定的冷加工成形性,但冷加工硬化倾向较大,所以,经过大量的冷变形加工后应采取热处理软化,并在变形后采用去应力处理。

(3) 应用

该合金主要用于氧化性或还原性及含 Cl^- 的腐蚀介质中应用的化工设备。

该合金可制造泵体、叶轮、阀体、轴、管道等零部件。

(4) 化学成分(见表 5-7)

表 5-7 化学成分(质量分数) (%)

C	Si	Mn	P	S	Cr	Ni	Mo	Fe
≤0.03	≤0.70	≤1.00	≤0.020	≤0.020	17.0~22.0	40.0~46.0	11.0~14.0	余量

注:其他相应(近似)牌号为 X-9。

(5) 物理性能(见表 5-8)

表 5-8 物理性能

温度/℃	室温	100	200	300	400	500	600	700
热导率 λ/[W/(m·℃)]	—	—	—	—	—	—	—	—
比定压热容 c_p/[J/(kg·℃)]	—	—	—	—	—	—	—	—

(续)

线胀系数/10^{-6}℃$^{-1}$	—	14.2	14.4	14.5	14.7	14.8	14.8	15.3
弹性模量 $E/10^4$MPa	—	—	—	—	—	—	—	—
切变模量 $G/10^3$MPa	—	—	—	—	—	—	—	—
泊松比 $\mu/10^{-1}$	—	—	—	—	—	—	—	—
电阻率 $\rho/10^{-8}\Omega\cdot m$	—	—	—	—	—	—	—	—

注：密度为 8.35g/cm³。

(6) 常见热处理制度（见表 5-9）

表 5-9　常见热处理制度

热处理	加热温度/℃	冷却方法	金相组织
固溶处理	1150~1200	水冷	奥氏体

(7) 力学性能

① 技术标准规定的力学性能见表 5-10。

表 5-10　技术标准规定的力学性能

品种(标准)	规格/mm	状态	力学性能(≥)					HBW
			R_m/MPa	$R_{p0.2}$/MPa	$A(\%)$	$Z(\%)$	KU_2/J	
棒材	—	1150~1200℃ 水冷	588	275	30	35	—	—

② 不同温度下的力学性能见表 5-11。

表 5-11　不同温度下的力学性能

状态	温度/℃	R_m/MPa	$R_{p0.2}$/MPa	$A(\%)$	$Z(\%)$
1150~1200℃,水冷	室温	≥588	≥275	≥30	≥35
1100℃,水冷	室温	765	392	32	45
1150℃,水冷	室温	765	382	40	45
1200℃,水冷	室温	745	343	44	50
1150℃,水冷	1000	118	—	85	67
	1050	78	—	62	76
	1100	62	—	57	65
	1050	49	—	44	47
	1200	39	—	41	33

(8) 耐蚀性

① 耐全面（均匀）腐蚀性能见表 5-12。

表 5-12　耐全面（均匀）腐蚀性能

介质条件	压力/MPa	温度/℃	时间/h	腐蚀速率		备注
				mm/a	g/(m²·h)	
40%H_2SO_4	—	沸腾	—		17.0	
40%H_2SO_4+0.5g/L $Fe_2(SO_4)_3$	—	沸腾	—	—	0.484	
40%H_2SO_4+1.0g/L $Fe_2(SO_4)_3$	—	沸腾	—	—	0.453	
40%H_2SO_4+1.5g/L $Fe_2(SO_4)_3$	—	沸腾	—	—	0.566	—
10%HCl	—	70	—		2.48	
10%HCl+1.0g/L $FeCl_3$	—	70	—		0.028	
10%HCl+1.5g/L Fe_3Cl	—	70	—		0.032	
10%HCl+2.0g/L Fe_3Cl_3	—	70	—		0.030	

(续)

介质条件	压力/MPa	温度/℃	时间/h	腐蚀速率		备注
				mm/a	g/(m²·h)	
40%~50%CH₃COOH+25%~40%HCOOH	—	120	1320	—	0.0035	现场试验
60%CH₃COOH+8%~15%HCOOH	—	120	—	—	0.0015	
湿氯气	—	25	150	—	0.007	—

② 耐点蚀性能：00Cr20Ni43Mo13 合金在多种介质中，其耐点蚀性能都优于奥氏体不锈钢和 Hastelloy-c 合金。

③ 抗氧化性能：00Cr20Ni43Mo13 合金具有较好的抗氧化性能，例如，在 900℃、100h 条件下，其氧化率只为 0.168g/(m²·h)。

5.1.3 NS1103（00Cr25Ni35AlTi）

（1）概述

00Cr25Ni35AlTi 合金属含稳定化元素的超低碳型铁镍基耐蚀合金。相当于 GB/T 15008—2020 中的 NS1103 合金，过去曾称 NS113 合金。

由于 00Cr25Ni35AlTi 合金碳含量更低、铬含量更高，合金表面形成的耐蚀膜的致密度、稳定性、黏附性更好，所以其耐蚀性特别是耐应力腐蚀效果更优良。

该钢在固溶处理状态下是纯奥氏体组织，经敏化处理或热加工、焊接后的敏化区停留，会在奥氏体晶内和晶界处有少量碳化物析出。

00Cr25Ni35AlTi 合金可制成铸件、锻件及各种型材。

（2）工艺特性

00Cr25Ni35AlTi 合金具有良好的热加工变形性。热加工成形温度通常在 950~1060℃ 的温度区间，注意防止在敏化温度区内加工成形。

该钢通常在固溶化处理状态下使用，固溶加热温度一般为 980~1050℃，水冷，获奥氏体组织。

该钢焊接性良好，可采用氩弧焊、气体保护焊、埋弧焊等工艺方法焊接，焊接接头具有较好的性能和耐蚀性。

该钢也具有较好的冷加工成形性，但有加工硬化倾向。

（3）应用

00Cr25Ni35AlTi 合金耐应力腐蚀、耐点蚀等综合性能较好，可在腐蚀条件下代替奥氏体不锈钢，在核反应堆工程中用作蒸汽发生器等构件。

（4）化学成分（见表 5-13）

表 5-13 化学成分（质量分数）（GB/T 15008—2020） （%）

C	Si	Mn	P	S	Cr	Ni	Mo	Al	Ti	Fe
≤0.030	0.30~0.70	0.50~1.50	≤0.030	≤0.030	24.0~26.5	34.0~37.0	—	0.15~0.45	0.15~0.60	余量

（5）物理性能（见表 5-14）

表 5-14 物理性能

温度/℃	室温	100	200	300	400	500
热导率 λ/[W/(m·℃)]	—	14.6	—	18.8	—	23.0

（续）

比定压热容 c_p/[J/(kg·℃)]	—	545	554	562	—	—
线胀系数/10^{-6}℃$^{-1}$	—	—	15.6	15.9	—	16.5
弹性模量 E/10^4MPa	20.9	20.3	19.8	19.2	—	—
切变模量 G/10^3MPa	—	—	—	—	—	—
泊松比 μ/10^{-1}	—	—	—	—	—	—
电阻率 ρ/10^{-8}Ω·m	—	—	—	—	—	—

注：密度为 8.0g/cm³。

（6）常见热处理制度（见表 5-15）

表 5-15 常见热处理制度

热处理	加热温度/℃	冷却方法	金相组织
固溶处理	1000~1050	水冷	奥氏体

（7）力学性能

① 技术标准规定的力学性能见表 5-16。

表 5-16 技术标准规定的力学性能（GB/T 15008—2020）

品种（标准）	规格/mm	状态	力学性能(≥)					HBW
			R_m/MPa	$R_{p0.2}$/MPa	A(%)	Z(%)	KU_2/J	
棒材	≤80	1000~1050℃ 水冷	515	205	30	—	—	—

② 不同温度下的力学性能见表 5-17。

表 5-17 不同温度下的力学性能

状态	温度/℃	R_m/MPa	$R_{p0.2}$/MPa	A(%)	Z(%)	KU_2/J	HBW
管材,固溶处理	室温	560~700	245~275	≥45			
	350	540~555	210~280				
棒材,固溶处理	室温	539~588	225~245	45~55	≥70	157	120~190
	350	441~490	127~156	35~45	≥50		
固溶处理	650	264	—	47	53		
	750	285	—	67	70		
	900	102	—	87	96		
	1000	60	—	104	97		
	1100	60	—	112	94		

（8）耐蚀性

① 耐全面（均匀）腐蚀性能见表 5-18。

表 5-18 耐全面（均匀）腐蚀性能

介质条件	压力/MPa	温度/℃	时间/h	腐蚀速率		备注
				mm/a	g/(m²·h)	
高纯水	—	300	2000	7.7×10^{-7}	7.2×10^{-4}	
	—	300	5000	2.5×10^{-7}	2.3×10^{-4}	—
含硼水	—	335	2000	13.8×10^{-7}	12.7×10^{-4}	

② 耐点蚀性能：00Cr25Ni35AlTi 合金在 30℃ 的 5%NaCl+0.01mol/LH$_2$SO$_4$ 溶液中进行点蚀试验，结果优于奥氏体不锈钢及同类合金。

③ 耐应力腐蚀性能：在同等条件下，00Cr25Ni35AlTi 合金的耐应力腐蚀性能优于 18-8 型奥氏体不锈钢及同类合金。

5.1.4　00Cr27Ni31Mo3Cu

（1）概述

00Cr27Ni31Mo3Cu 合金属铁镍基超低碳奥氏体型合金，常用商业牌号为 Sanicro 28 或 Nicrofer 3127LC。其在化学工业苛刻的腐蚀介质中具有优异的耐蚀性，还具有优良的耐点蚀、耐缝隙腐蚀和耐晶间腐蚀及耐应力腐蚀的性能。

在正常的固溶处理状态下，00Cr27Ni31Mo3Cu 合金是无磁性的完全奥氏体组织，但是若在 500~720℃ 的温度区间长期停留，会在基体上和晶界上析出碳化物和 σ、χ 等金属间相，这些析出相对合金的力学性能和耐蚀性都会产生不利影响。

00Cr27Ni31Mo3Cu 合金在硫酸、磷酸、盐酸、氢氟酸、硝酸、乙酸、甲酸及其不同混合酸中，以及在氢氧化钠介质中均具有优良的耐蚀性。

00Cr27Ni31Mo3Cu 合金可制成铸件、锻件、板材、管材等各种产品。

（2）工艺特性

00Cr27Ni31Mo3Cu 合金热加工温度范围为 950~1150℃，最合适的加热温度为 1120℃。应避免在 500~720℃ 区间进行热成形操作。

该合金只有经过固溶化处理才具有最佳耐蚀性，固溶处理的温度为 1080~1140℃，加热保温后采用水冷。

00Cr27Ni31Mo3Cu 合金的焊接性良好，热裂倾向小，一般情况下焊前无须预热，焊后也无须热处理。可采用常规的焊接方法，焊接时应使用低的热输入。

该合金易于冷成形，冷成形后一般不需要热处理，但在深冷加工成形后，如果在易产生应力腐蚀的条件下使用，为防止和减少应力腐蚀，应重新进行固溶处理，以去除残余应力。

（3）应用

00Cr27Ni31Mo3Cu 合金主要用于湿法磷酸生产。此外，在海水冷却、含 F^- 和 Cl^- 介质的化学加工工艺介质、有机酸生产中都有广泛应用。

该合金可用于制作管道、井管、热交换器、泵体、泵轮、阀体等各种耐蚀零件、部件。

（4）化学成分（见表 5-19）

表 5-19　化学成分（质量分数）　　　　　　　　　（%）

C	Si	Mn	P	S	Cr	Ni	Mo	Cu	Fe
≤0.02	≤1.0	≤2.0	≤0.02	≤0.015	26.0~28.0	30.0~32.0	3.0~4.0	1.0~1.4	余量

注：其他相应（近似）牌号为 Sanicro 28；Nicrofer 3127LC、alloy28。

（5）物理性能（见表 5-20）

表 5-20　物理性能

温度/℃	室温	100	200	300	400
热导率 $\lambda/[W/(m\cdot℃)]$	11.4	12.9	14.3	15.3	16.7
比定压热容 $c_p/[J/(kg\cdot℃)]$	450	470	490	510	530
线胀系数/$10^{-6}℃^{-1}$	—	15.0	15.5	16.0	16.5
弹性模量 $E/10^4 MPa$	20.0	19.5	19.0	18.0	17.0

(续)

切变模量 $G/10^3$MPa	—	—	—	—	—
泊松比 $\mu/10^{-1}$	—	—	—	—	—
电阻率 $\rho/10^{-8}\Omega\cdot m$	99	107	116	122	125

注：密度为 $8.0g/cm^3$。

(6) 常见热处理制度（见表5-21）

表 5-21 常见热处理制度

热处理	加热温度/℃	冷却方法	金相组织
固溶处理	1080~1140	水冷	奥氏体

(7) 不同温度下的力学性能（见表5-22）

表 5-22 不同温度下的力学性能

状态	温度/℃	R_m/MPa	$R_{p0.2}$/MPa	$A(\%)$	$Z(\%)$	KU_2/J	HBW
固溶处理	20	500~750	≥220	35	—	—	—
	100	—	≥190	—	—	—	—
	200	—	≥160	—	—	—	—
	300	—	≥150	—	—	—	—
	400	—	≥135	—	—	—	—

(8) 耐蚀性

① 耐全面（均匀）腐蚀性能见表5-23。

表 5-23 耐全面（均匀）腐蚀性能

介质条件	压力/MPa	温度/℃	时间/h	腐蚀速率 mm/a	腐蚀速率 g/($m^2\cdot h$)	备注
50%H_2SO_4	—	80	24+72+72	0.23		
60%H_2SO_4	—	60		0.08		
65%H_2SO_4	—	60		0.07		
70%H_2SO_4	—	60		0.08		
96%H_2SO_4	—	80		0.29		
65%HNO_3	—	沸腾	48×5	0.06		—
90%乙酸	—	150	240×3	0.001		
85%乙酸+5%甲酸	—	150	240×3	0.001		
7%乙酸+15%甲酸	—	15	240×3	0.17		
20%NaOH	—	100		0.000		
30%NaOH	—	100		≤0.10		
70%H_3PO_4+4%H_2SO_4+0.5%F^-+60×10^6Cl^-+0.6%Fe^{3+}	—	90		0.12		二水法模拟液
42%P_2O_5+2%H_2SO_4+0.57%F^-+0.23%Cl^-+1.36%Fe^{3+}	—	90		0.06		半水法模拟液

此外，00Cr27Ni31Mo3Cu 合金在盐酸中也具有较好的耐蚀性；在氢氟酸中，只有在室温条件下才具有较好的耐蚀性。

② 耐晶间腐蚀性能：00Cr27Ni31Mo3Cu 合金，由于其碳含量极低，因此具有良好的耐晶间腐蚀性能，经多次焊接后并不会使耐蚀性能下降。大量试验研究表明，00Cr27Ni31Mo3Cu 合金甚至在很强的腐蚀介质中仍保持很小的晶间腐蚀敏感性。

③ 耐点蚀和缝隙腐蚀性能：00Cr27Ni31Mo3Cu 合金含有较高的铬、钼元素，因此具有

优良的耐点蚀和耐缝隙腐蚀性能。试验表明,在50℃的海水中,历经1400h试验,也不发生缝隙腐蚀。在3%NaCl溶液中的点蚀电位在任何温度下都远高于各类奥氏体不锈钢。

④ 耐应力腐蚀能力:00Cr27Ni31Mo3Cu合金具有良好的耐应力腐蚀能力,试验证实,其在氯化物的溶液中对应力腐蚀是免疫的。

5.1.5 00Cr27Ni31Mo7CuN

(1) 概述

00Cr27Ni31Mo7CuN合金是在00Cr27Ni31Mo3Cu耐蚀合金基础上提高了钼含量,并加入氮而形成的超低碳铁镍基耐蚀合金。由于提高了钼含量和加入了氮,使其耐蚀性进一步提高,在一些介质中既有优良的耐全面(均匀)腐蚀性能又有优良的耐晶间腐蚀、耐点蚀、耐缝隙腐蚀和耐应力腐蚀的性能。

该合金冷热加工成形性、焊接性能、塑韧性都好。该合金虽然提高了钼含量,但由于氮的加入,使其仍具有无磁的奥氏体组织。该合金在中温区仍然会有碳化物和金属间相析出。

(2) 工艺特性

00Cr27Ni31Mo7CuN合金冷热加工和成形性尚好,但由于钼含量较高且含氮,冷加工成形较其他合金略有困难。热加工的适宜温度为1000~1200℃,应避免在敏化温度成形。在热加工后可采用空冷。

该合金的固溶化处理加热温度为1100~1150℃,加热保温后应采用水冷等快冷方式,避免碳化物或金属间相析出。

该合金焊接性良好,可采用通用方法焊接,焊接热裂倾向小。一般情况下可不进行焊前预热和焊后热处理。

(3) 应用

该合金主要应用于生产和处理磷酸的设备,还可用于与硫酸相接触的管路、容器,与海水接触的冷却器,油气生产用装备、构件。其可用于制造泵体、泵轮、阀体等耐腐蚀零部件。

(4) 化学成分(见表5-24)

表5-24 化学成分(质量分数) (%)

C	Si	Mn	P	S	Cr	Ni	Mo	Cu	N	Fe
≤0.015	≤1.0	≤2.0	≤0.02	≤0.02	26.0~28.0	30.0~32.0	6.0~7.0	1.0~1.4	0.15~0.25	余量

注:其他相应(近似)牌号为Nicrofer 3127hMo、UNS08031。

(5) 物理性能(见表5-25)

表5-25 物理性能

温度/℃	室温	100	200	300
热导率 $\lambda/[W/(m \cdot ℃)]$	—	—	—	—
比定压热容 $c_p/[J/(kg \cdot ℃)]$	452	—	—	—
线胀系数 $/10^{-6}℃^{-1}$	—	—	—	15.1
弹性模量 $E/10^4 MPa$	19.8	—	—	—
切变模量 $G/10^3 MPa$	—	—	—	—
泊松比 $\mu/10^{-1}$	—	—	—	—
电阻率 $\rho/10^{-8}\Omega \cdot m$	103	—	—	—

注:密度为8.1g/cm³。

(6) 常见热处理制度（见表 5-26）

表 5-26 常见热处理制度

热处理	加热温度/℃	冷却方法	金相组织
固溶处理	1100~1150	水冷	奥氏体

(7) 不同温度下的力学性能（见表 5-27）

表 5-27 不同温度下的力学性能

状态	温度/℃	R_m/MPa	$R_{p0.2}$/MPa	$A(\%)$	$Z(\%)$	KU_2/J	HBW
固溶处理	20	650	280	50	—	—	227
	100	630	210	50	—	—	—
	200	580	180	50	—	—	—
	300	530	165	50	—	—	—
	400	500	150	50	—	—	—
	500	470	135	50	—	—	—

(8) 耐蚀性

① 耐全面（均匀）腐蚀性能见表 5-28。

表 5-28 耐全面（均匀）腐蚀性能

介质条件	压力/MPa	温度/℃	时间/h	腐蚀速率 mm/a	腐蚀速率 g/(m²·h)	备注
52% P_2O_5 + 4.5% H_2SO_4 + 0.9% H_2SiF_6 + 1.5% Fe_2O_3 + 400×10⁻⁶ Cl^-	—	80	—	0.02		
	—	120	—	0.78		
52% P_2O_5	—	116	—	0.08		
30% P_2O_5 + 2.4% H_2SO_4 + 2.3% H_2SiF_6 + 1% Fe_2O_3 + 1000×10⁻⁶ Cl^-	—	80	—	0.015		—
54% P_2O_5	—	120	—	0.05		
54% P_2O_5 + 2000×10⁻⁶ Cl^-	—	100	—	1.30		
	—	120	—	2.04		
80% H_2SO_4 未搅拌、未充气，Fe<2×10⁻⁶	—	80	—	4.34		
80% H_2SO_4，充氮搅拌	—	80	—	2.67		H_2SO_4 为化学纯
80% H_2SO_4 + 100mg/L Fe^{3+}，充氮搅拌	—	80	—	0.03		
80% H_2SO_4，未搅拌、未充气，Fe<30×10⁻⁶，N_2O_3<10×10⁻⁶	—	80	—	0.02		

② 耐晶间腐蚀性能：00Cr27Ni31Mo7CuN 合金母材及焊接后的耐晶间腐蚀性能都很好，优于同类合金。按 ASTM G28 A 法进行的试验结果和 SEP 1877 Ⅱ 方法的试验结果见表 5-29。

表 5-29 耐晶间腐蚀试验结果

试验方法	时间/h	腐蚀速率/(mm/a) 母材	腐蚀速率/(mm/a) 焊接试样
ASTM G28 A 法	120	0.18, 0.13	0.17, 0.20
SEP 1877 Ⅱ 法	24	0.04	0.05

③ 耐点蚀和耐缝隙腐蚀性能：试验研究表明，00Cr27Ni31Mo7CuN 合金耐蚀性很好，在海水中具有较高的腐蚀电位，并且，即使海水温度升高到 90℃，电位值变化也不大，这是由于合金中钼和氮的作用。

在经过苛刻的氯化处理的天然海水中试验，即使在 45℃ 温度下，也表现出优良的耐缝隙腐蚀性能。

（9）常用标准牌号对照（见表 5-30）

表 5-30 常用标准牌号对照

国别	中国	国际标准化	欧洲		英国	德国	
标准	—	ISO	EN	Mat. No	BS	DIN	W-Nr
牌号	00Cr27Ni31Mo7CuN	—	—	—	—	—	—
国别	法国	韩国	俄罗斯	日本	美国		
标准	NF	KS	ГОСТ	JIS	ASTM	UNS	AISI	SAE	ASI
牌号	—	—	—	—	—	08031	—	—	—

5.1.6 NS1403（0Cr20Ni35Mo3Cu4Nb）

（1）概述

0Cr20Ni35Mo3Cu4Nb 合金是在高镍奥氏体不锈钢的基础上发展起来的铁镍基耐蚀合金。镍的质量分数由原来的 28% 左右提高到 33%~38% 后，进一步提高了耐蚀能力，特别是显著提高了在 H_2SO_4 溶液中的耐应力腐蚀的能力，同时还提高了其在还原性酸中的耐蚀性和可加工性。

0Cr20Ni35Mo3Cu4Nb 合金商业牌号为 Carpenter 20Cb-3，相当于 GB/T 15008—2020 中 NS1403 合金，过去曾称 NS143 合金。

0Cr20Ni35Mo3Cu4Nb 合金在固溶处理条件下为奥氏体组织，但在敏化状态下，会在奥氏体基体和晶界上析出碳化物 $M_{23}C_6$ 和 NbC。其敏化敏感温度区间为 650~870℃，最敏感温度是 760℃。

0Cr20Ni35Mo3Cu4Nb 合金可制成铸件、锻件、棒材、板材、管材等产品。

（2）工艺特性

0Cr20Ni35Mo3Cu4Nb 合金的热成形温度为 930~1060℃，不可在腐蚀敏感温度 650℃ 以下进行成形操作，如果在高于 1060℃ 的温度下成形，最终成形应在 870~980℃ 温度范围内进行，以保证获得良好的耐晶间腐蚀性能。

固溶处理可保证其获得最好的性能，固溶处理加热温度应在 1000~1120℃，水冷。因为其含有稳定化元素铌，所以，还应在 940℃ 左右温度进行稳定化处理，以利于提高其耐晶间腐蚀性能。

该合金有良好的焊接性，可采用通常的焊接方法进行焊接。一般情况下可不进行焊前预热和焊后热处理。

该合金适于冷加工成形，冷加工成形性相当于奥氏体不锈钢。

（3）应用

0Cr20Ni35Mo3Cu4Nb 合金主要应用于硫酸、磷酸、硫酸+硝酸的混合酸的腐蚀介质中，可制造热交换器、管路、泵体、叶轮、阀体等耐蚀零部件。

（4）化学成分（见表 5-31）

表 5-31 化学成分（质量分数）（GB/T 15008—2020） （%）

C	Si	Mn	P	S	Cr	Ni	Mo	Cu	Nb+Ta	Fe
≤0.07	≤0.8	≤1.0	≤0.03	≤0.03	19.0~21.0	32.0~38.0	2.0~3.0	3.0~4.0	8×C%~1.00	余量

注：其他相应（近似）牌号为 Carpenter 20Cb-3、Nicrofer 3620Nb、NS1403。

（5）物理性能（见表 5-32）

表 5-32 物理性能

温度/℃	室温	100	200	300
热导率 $\lambda/[W/(m·℃)]$	13.5	—	—	—
比定压热容 $c_p/[J/(kg·℃)]$	500	—	—	—
线胀系数/$10^{-6}℃^{-1}$	—	—	—	16.5
弹性模量 $E/10^4$ MPa	20	—	—	—
切变模量 $G/10^3$ MPa	—	—	—	—
泊松比 $\mu/10^{-1}$	—	—	—	—
电阻率 $\rho/10^{-8}\Omega·m$	103	—	—	—

注：密度为 8.1g/cm³。

（6）常见热处理制度（见表 5-33）

表 5-33 常见热处理制度

热处理	加热/℃	冷却方法	金相组织
固溶处理	1000~1120	水冷	奥氏体
稳定化处理	930~950	空冷	奥氏体

（7）力学性能

① 技术标准规定的力学性能见表 5-34。

表 5-34 技术标准规定的力学性能（GB/T 15008—2020）

品种（标准）	规格/mm	状态	力学性能（≥)					HBW
			R_m/MPa	$R_{p0.2}$/MPa	$A(\%)$	$Z(\%)$	KU_2/J	
棒材	≤80	1000~1050℃ 水冷	540	215	35	—	—	—

② 不同温度下的力学性能见表 5-35。

表 5-35 不同温度下的力学性能

状态	温度/℃	R_m/MPa	$R_{p0.2}$/MPa	$A(\%)$	$Z(\%)$	KU_2/J	HBW
固溶处理	20	≥590	≥275	30	—	—	—
	100	≥580	≥250	—	—	—	—
	200	≥560	≥235	—	—	—	—
	300	≥540	≥220	—	—	—	—
	400	≥520	≥205	—	—	—	—

（8）耐蚀性

① 耐全面（均匀）腐蚀性能见表 5-36。

表 5-36　耐全面（均匀）腐蚀性能

介质条件	压力/MPa	温度/℃	时间/h	腐蚀速率 mm/a	腐蚀速率 g/(m²·h)	备注
10%H₂SO₄	—	80	—	0.15	—	
20%H₂SO₄	—	80	—	0.25	—	
30%H₂SO₄	—	80	—	0.30	—	
40%H₂SO₄	—	80	—	0.25	—	
50%H₂SO₄	—	80	—	0.20	—	
60%H₂SO₄	—	80	—	0.30	—	
70%H₂SO₄	—	80	—	1.25	—	
80%H₂SO₄	—	80	—	0.45	—	—
90%H₂SO₄	—	80	—	0.50	—	
10%H₂SO₄	—	沸腾	—	0.210	—	
20%H₂SO₄	—	沸腾	—	0.625	—	
30%H₂SO₄	—	沸腾	—	0.906	—	
40%H₂SO₄	—	沸腾	—	1.063	—	
1%HCl	—	沸腾	—	2.29	—	
5%HCl	—	66	—	2.29	—	

此外，该合金在不含杂质的磷酸中，特别是在浓度80%以下的磷酸中，直到沸腾温度都是耐蚀的，但在含杂质（如Cl^-、F^-等）磷酸中耐蚀性较差，不适合在湿法磷酸介质中应用。

② 耐晶间腐蚀性能：0Cr20Ni35Mo3Cu4Nb合金由于含稳定化元素铌，其具有良好的耐晶间腐蚀性能，在正常情况下，焊接件仍具有较好的耐晶间腐蚀性能；但在敏化状态（敏化敏感温度区间为650~870℃，最敏感温度为760℃）下，由于$M_{23}C_6$的析出，会降低耐晶间腐蚀性能。所以不应在中温敏化状态应用，一旦出现敏化，应进行固溶处理，以提高耐晶间腐蚀的能力。

③ 耐点蚀和缝隙腐蚀性能：0Cr20Ni35Mo3Cu4Nb合金在苛刻的点蚀和缝隙腐蚀条件下耐蚀性能欠佳。特别是在低pH值和高浓度氯化物环境中耐点蚀和耐缝隙腐蚀性能不好，见表5-37。

表 5-37　耐缝隙腐蚀性能

介质	温度/℃	时间/h	平均腐蚀速度/(mm/a)
10%FeCl₃	25	100	5.21
	50	100	9.65
	75	100	17.78

④ 耐应力腐蚀性能：0Cr20Ni35Mo3Cu4Nb合金中镍的质量分数达35%，所以，在高浓氯化物环境中，耐应力腐蚀能力得到提高，如在沸腾的42%$MgCl_2$溶液中，出现应力腐蚀裂纹时间为22h，优于奥氏体不锈钢。

（9）常用标准牌号对照（见表5-38）

表 5-38　常用标准牌号对照

国别	中国	国际标准化	欧洲		英国	德国	
标准	—	ISO	EN	Mat. No	BS	DIN	W-Nr
牌号	0Cr20Ni35Mo3Cu4Nb	—	—	—	—	—	—

(续)

国别	法国	韩国	俄罗斯	日本	美国				
标准	NF	KS	ГОСТ	JIS	ASTM	UNS	AISI	SAE	ASI
牌号	—	—	—	—	Carpenter 20Cb-3	N08020	—	—	—

5.1.7 0Cr22Ni47Mo6.5Cu2Nb2

（1）概述

0Cr22Ni47Mo6.5Cu2Nb2 合金，又称 Hastelloy-G 合金。在 H_2SO_4、H_3PO_4 中尤其具有优良耐蚀性，在氧化-还原性介质中也具有优良的耐蚀能力。在含氟硅酸、硫酸盐、氯离子、氟离子、硝酸的 H_2SO_4 和 H_3PO_4 的混合介质中也具有优异的耐蚀性。此外，该钢还具有良好的耐晶间腐蚀、点蚀和缝隙腐蚀的性能。

0Cr22Ni47Mo6.5Cu2Nb2 合金在固溶处理条件下具有奥氏体基体组织，在基体上可能存在少量 M_6C 或 MC 型碳化物。在 650~1090℃ 的温度区间，合金可能析出 NbC 等 M_6C、MC 型碳化物及 Laves 相（Fe_2Mo）、Z 相等金属间相，这些相的析出对合金的耐蚀性特别是耐晶间腐蚀性能有不利影响。

0Cr22Ni47Mo6.5Cu2Nb2 合金可生产成铸件、锻件、棒材、板材、管材等产品。

（2）工艺特性

0Cr22Ni47Mo6.5Cu2Nb2 合金的热加工性良好。热加工温度范围为 900~1150℃，最适宜的加热温度为 1150℃。热加工成形后应进行固溶化处理，以保证合金的力学性能和耐蚀性。

热处理方式为固溶化处理，固溶处理加热温度应选用 1100~1150℃，加热保温后水冷，经固溶处理后，合金可获得最佳的力学性能和耐蚀性。

0Cr22Ni47Mo6.5Cu2Nb2 具有良好的焊接性，可采用常规焊接方法焊接，不需要焊前预热和焊后热处理，但焊接时应适当控制热输入量。

合金的冷却成形性良好，但有较大的冷加工硬化倾向，比奥氏体不锈钢更强烈。冷加工硬化可以通过中间退火软化。

（3）应用

0Cr22Ni47Mo6.5Cu2Nb2 合金可应用于硫酸、磷酸、核燃料溶解液及其他要求耐腐蚀的设备中，可制作管道、容器、泵体、叶轮、阀门等耐腐蚀零部件。

（4）化学成分（见表 5-39）

表 5-39 化学成分（质量分数） （%）

C	Si	Mn	P	S	Cr	Ni	Mo	Nb	Fe	Cu	W	Co
≤0.05	≤1.0	≤1.0	≤0.04	≤0.03	21.0~23.5	余量	5.5~7.5	1.75~2.50	18.0~21.0	1.5~2.0	≤1.0	≤2.5

（5）物理性能（见表 5-40）

表 5-40 物理性能

温度/℃	室温	100	200	300	400	500	600	700	800	900
热导率 λ/[W/(m·℃)]	10.1	11.2	12.8	14.3	15.9	17.5	19.2	20.8	22.4	24.0
比定压热容 c_p/[J/(kg·℃)]	—	455	481	501	518	535	552	568	585	602
线胀系数/10^{-6}℃$^{-1}$	—	13.4(约93℃)	13.8(约204℃)	14.3(约316℃)	14.9(约426℃)	15.7(约538℃)	16.4(约649℃)	—	—	—
弹性模量 E/10^4MPa	18.7	—	18.0(204℃)	17.4(315℃)	16.7(426℃)	16.0(538℃)	15.1(449℃)	14.2(760℃)	—	—
切变模量 G/10^3MPa	—	—	—	—	—	—	—	—	—	—
泊松比 μ/10^{-1}	—	—	—	—	—	—	—	—	—	—
电阻率 ρ/10^{-8}Ω·m	—	—	—	—	—	—	—	—	—	—

注：密度为 8.31g/cm³。

（6）常见热处理制度（见表 5-41）

表 5-41 常见热处理制度

热处理	加热温度/℃	冷却方法	金相组织
固溶处理	1100~1150	水冷	奥氏体

（7）力学性能

① 不同温度下的力学性能见表 5-42。

表 5-42 不同温度下的力学性能

状态	温度/℃	R_m/MPa	$R_{p0.2}$/MPa	$A(\%)$	$Z(\%)$	KU_2/J	HBW
固溶处理 (<3.0mm 板)	-160	834	443	48	—	—	—
	-65	783	400	50	52	—	—
	室温	700	317	61	52	—	—
	93	665	289	56	50	—	—
	204	624	256	74	47	—	—
	315	604	245	82	48	—	—
	426	584	229	84	47	—	—
	538	562	225	83	47	—	—
	649	523	220	82	46	—	—
	760	440	216	61	41	—	—
固溶处理 (9~16mm 板)	-160	835	462	60	58	—	—
	-65	796	399	55	48	—	—
	室温	684	309	62	57	—	—
	93	652	263	61	51	—	—
	204	603	232	63	52	—	—
	315	579	205	68	52	—	—
	426	563	199	70	52	—	—
	538	524	192	73	57	—	—
	649	502	196	68	55	—	—
	760	414	189	57	40	—	—
焊缝金属	室温	746	518	23	31	—	—
	260	596	409	28	36	—	—
	538	542	379	27	38	—	—

② 蠕变极限和持久极限见表5-43。

表5-43 蠕变极限和持久极限

状态	温度/℃	持久极限/MPa				
		σ_{10}	σ_{10^2}	$\sigma_{5\times10^2}$	σ_{10^3}	$\sigma_{2\times10^3}$
板材,固溶处理	649	384	309	243	—	233
	760	189	138	122	109	102
	871	89	63	51	46	42
	982	44	25.5	17	14	12

(8) 耐蚀性

① 耐全面（均匀）腐蚀性能见表5-44。

表5-44 耐全面（均匀）腐蚀性能

介质条件	压力/MPa	温度/℃	时间/h	腐蚀速率		备注
				mm/a	g/(m²·h)	
20%H_2SO_4	—	65.5	—	0.025	—	
40%H_2SO_4	—	65.5	—	0.101	—	
40%H_2SO_4	—	93	—	0.303	—	
50%H_2SO_4	—	93	—	0.331	—	
60%H_2SO_4	—	65.5	—	0.127	—	
70%H_2SO_4	—	65.5	—	0.178	—	
70%H_2SO_4	—	93	—	0.606	—	
80%H_2SO_4	—	38	—	0.076	—	
80%H_2SO_4	—	65.5	—	1.37	—	
90%H_2SO_4	—	38	—	0.127	—	
96%H_2SO_4	—	38.5	—	0.127	—	工厂实际条件
2%H_2SO_4	—	沸点	—	0.117	—	
5%H_2SO_4	—	沸点	—	0.282	—	
10%H_2SO_4	—	沸点	—	0.364	—	
25%H_2SO_4	—	沸点	—	0.840	—	
50%H_2SO_4	—	沸点	—	2.472	—	
60%H_2SO_4	—	沸点	—	10.403	—	
77%H_2SO_4	—	沸点	—	25.4	—	
80%H_2SO_4	—	沸点	—	25.4	—	
85%H_2SO_4	—	沸点	—	25.4	—	
90%H_2SO_4	—	沸点	—	25.4	—	
28%H_2SO_4+5.9%HF	—	49~79.5	—	0.149	—	
85%H_2SO_4 液相	—	40	—	0.404	—	
85%H_2SO_4+0.32%HCl 液相	—	40	—	2.311	—	
85%H_2SO_4 气相	—	40	—	<0.025	—	—
85%H_2SO_4+0.32%HCl 气相	—	40	—	<0.025	—	
90%H_2SO_4 雾	—	150	—	0.202	—	
95%H_2SO_4 液相	—	40	—	0.808	—	

（续）

介质条件	压力/MPa	温度/℃	时间/h	腐蚀速率 mm/a	g/(m²·h)	备注
95%H₂SO₄+0.36%HCl 液相	—	40	—	0.584	—	—
95%H₂SO₄ 气相	—	40	—	<0.0254	—	
95%H₂SO₄+0.36%HCl 气相	—	40	—	<0.0254	—	
96%H₂SO₄ 雾	—	150	—	0.127	—	
77%H₂SO₄ 雾	—	126	—	0.381	—	
10%H₃PO₄	—	沸点	—	0.0254	—	H₃PO₄ 为化学纯
20%H₃PO₄	—	沸点	—	0.0254	—	
30%H₃PO₄	—	沸点	—	0.101	—	
40%H₃PO₄	—	沸点	—	0.058	—	
50%H₃PO₄	—	沸点	—	0.176	—	
60%H₃PO₄	—	沸点	—	0.279	—	
70%H₃PO₄	—	沸点	—	0.406	—	
85%H₃PO₄	—	沸点	—	0.505	—	
36%H₃PO₄+2.9%H₂SO₄+350×10⁻⁶Cl⁻+HF+30%石膏	—	78	—	0.033	—	—
36%H₃PO₄+2.9%H₂SO₄+350×10⁻⁶Cl⁻+氟硅酸	—	38~43.9	—	0.0178	—	
52.5%H₃PO₄+2.9%H₂SO₄+400×10⁻⁶Cl⁻+痕量氟硅酸	—	45	—	0.0178	—	
10%H₃PO₄+1.17%固体+0.4%F⁻	—	149	—	0.200	—	
45%H₃PO₄+45%H₂SO₄+10%H₂O	—	18~130	—	0.707	—	
45%H₃PO₄+45%H₂SO₄+10%H₂O	—	130	—	4.724	—	
55%H₃PO₄+3%H₂SO₄+CaSO₄+氟化物	—	105~127	—	0.838	—	
55%H₃PO₄+40.8%HF	—	109	—	0.228	—	
75%H₃PO₄	—	100	—	0.18	—	
85%H₃PO₄	—	55	—	0.0025	—	
85%H₃PO₄	—	75	—	0.0178	—	
85%H₃PO₄	—	100	—	0.111	—	
85%H₃PO₄	—	125	—	0.249	—	
93.5%H₃PO₄+4.3%H₂SO₄+4.4%(Fe+Al)	—	204~210	—	0.889	—	
1%HCl	—	室温	—	0.0025	—	
2%HCl	—	室温	—	0.0203	—	
5%HCl	—	室温	—	0.091	—	
10%HCl	—	室温	—	0.226	—	
15%HCl	—	室温	—	0.251	—	

(续)

介质条件	压力/MPa	温度/℃	时间/h	腐蚀速率 mm/a	腐蚀速率 g/(m²·h)	备注
1%HCl	—	65	—	0.0025	—	
2%HCl	—	65	—	—	—	
5%HCl	—	65	—	2.362	—	
10%HCl	—	65	—	3.658	—	
15%HCl	—	65	—	4.847	—	—
37%HCl	—	65	—	7.798	—	
45%HF	—	室温	—	0.101	—	
8MHF	—	沸点	168	7.82	—	
8MHF+1.3MZr	—	沸点	168	5.79	—	
10%~11%H_2SiF_6	—	71	—	0.025	—	湿法磷酸
12%~13%H_2SiF_6	—	71	—	0.071	—	
10%HNO_3	—	室温	—	<0.0025	—	
20%HNO_3	—	室温	—	<0.0025	—	
30%HNO_3	—	室温	—	<0.0025	—	
40%HNO_3	—	室温	—	<0.0025	—	
50%HNO_3	—	室温	—	<0.0025	—	
60%HNO_3	—	室温	—	<0.0025	—	
65%HNO_3	—	室温	—	<0.0025	—	
70%HNO_3	—	室温	—	<0.0025	—	
10%HNO_3	—	沸点	—	0.0203	—	
20%HNO_3	—	沸点	—	0.061	—	
30%HNO_3	—	沸点	—	0.101	—	
40%HNO_3	—	沸点	—	0.180	—	
50%HNO_3	—	沸点	—	0.330	—	
60%HNO_3	—	沸点	—	0.406	—	
65%HNO_3	—	沸点	—	0.558	—	
70%HNO_3	—	沸点	—	0.762	—	
49%HNO_3+4%H_3PO_4+37%磷灰石	—	80~84	—	0.053	—	—
53%HNO_3+4%K_2SO_4+37%磷灰石	—	80~84	—	0.0279	—	
72%HNO_3+6%H_2SO_4	—	80~84	—	0.0203	—	
30%盐酸胺+20%NH_3+50%H_2O	—	160	—	0.132	—	
40%盐酸胺+20%NH_3+40%H_2O	—	185	—	2.337	—	
27%氨+6%CO_2+66%H_2O	—	70	—	0.025	—	
14.7%NH_4Cl+7.6%NaCl+4.2%CO_2+2.2%NH_3	—	55	—	0.013	—	
77%黑液(H_2SO_4回收)	—	179	—	1.118	—	
饱和盐水(KCl−NaCl+$MgCl_2$+H_2S)	—	29~40	—	0.008	—	
饱和盐水(KCl−NaCl+$MgCl_2$+H_2S,点蚀)	—	90~92	—	0.114	—	
湿氯	—	室温	—	0.009	—	
ClO_2水溶液	—	4~6	—	0.182	—	

(续)

介质条件	压力/MPa	温度/℃	时间/h	腐蚀速率 mm/a	腐蚀速率 g/(m²·h)	备注
60%氯苯+40%三氯乙醛+痕量HCl	—	4~38	—	0.0025	—	
10%铬酸	—	沸点	—	4.01	—	
20%铬酸	—	沸点	—	14.656	—	
9%乙醇+12%乙醚+痕量SO_2和$H_2SO_4+H_2O$	—	110	—	5.842	—	—
20%乙醇+痕量乙醚+SO_2和H_2SO_4气	—	100	—	4.318	—	
100%乙醚(粗料)	—	90	—	0.076	—	
硫酸亚铁铵,1390g/L	—	100	—	0.025	—	

② 耐晶间腐蚀性能:由于0Cr22Ni47Mo6.5Cu2Nb2合金含有稳定化元素铌,因此具有良好的耐晶间腐蚀能力,但是在敏化条件下,正常组织受到破坏后,在苛刻的腐蚀介质中会产生晶间腐蚀。如在649~1093℃下经1h敏化,在浓度65%HNO_3介质中240h或在浓度50%$H_2SO_4+42g/L\ Fe_2(SO_4)_3$介质中经120h试验,晶间腐蚀峰值出现在704℃左右,随着敏化温度提高,腐蚀峰值也有变化。

研究结果表明,合金在650~870℃间敏化,在奥氏体基体和晶界处会析出$M_{23}C_6$、M_6C和金属间化合物(σ相、Z相等),高出此温度会析出Laves相,这些析出物的析出引起其附近区域的铬、钼、镍贫化,当在沿晶界形成网时,在足够的晶间腐蚀条件下会产生晶间腐蚀。

③ 耐点蚀和缝隙腐蚀性能:0Cr22Ni47Mo6.5Cu2Nb2合金由于高的铬含量和钼含量,因此具有良好的耐点蚀和耐缝隙腐蚀的性能。

在10%$FeCl_3$溶液中的缝隙腐蚀试验结果见表5-45。

表5-45 缝隙腐蚀试验结果

介质	温度/℃	时间/h	腐蚀速率/(mm/a)
10%$FeCl_3$	25	100	0.36
	50	100	2.16
	75	100	13.97

④ 耐应力腐蚀性能:0Cr22Ni47Mo6.5Cu2Nb2合金耐应力腐蚀性能优于奥氏体不锈钢,如在沸腾的浓度为42%$MgCl$介质试验中,06Cr19Ni10和06Cr17Ni12Mo2钢在1~2h即发生应力腐蚀并破裂,而0Cr22Ni47Mo6.5Cu2Nb2合金到1000h仍不发生应力腐蚀。

(9)常用标准牌号对照(见表5-46)

表5-46 常用标准牌号对照

国别	中国	国际标准化	欧洲		英国	德国	
标准	—	ISO	EN	Mat. No	BS	DIN	W-Nr
牌号	0Cr22Ni47Mo6.5Cu2Nb2						

(续)

国别	法国	韩国	俄罗斯	日本	美国			
标准	NF	KS	ГОСТ	JIS	ASTM	UNS	AISI	SAE	ASI
牌号	—	—	—	—	Hastelloy-G	—	—	—	—

5.1.8 NS1401（00Cr25Ni35Mo3Cu4Ti）

（1）概述

00Cr25Ni35Mo3Cu4Ti 合金属铁镍基耐蚀合金，具有单一的奥氏体组织。其在某些氧化性介质、还原性介质及氧化-还原复合介质中都有良好的耐蚀性，在硫酸或某些复杂混合酸中的耐蚀性也很优良。在沸腾硝酸中或在浓度低于 40% 的沸腾硫酸中，以及温度低于 100℃ 的浓度为 50% 的硫酸中、沸腾的磷酸中均有较好的耐蚀性。在含 20% 左右的 H_2SO_4 矿浆中，该材质部件使用寿命达到 4000h 以上。该合金的抗氧化性较好，还具有较好的焊接性。

00Cr25Ni35Mo3Cu4Ti 合金在 600~800℃ 的温度区间可析出 $M_{23}C_6$ 型碳化物，并有其他金属间相。在 800~1000℃ 的温度区间析出以 σ 相为主的金属间相。这些析出相对力学性能和耐蚀性均产生不利作用。该合金相当于 GB/T 15008—2020 中的 NS1401 合金，过去曾称 NS141 合金。

该合金可生产铸件、锻件、棒材、板材、管材等。

（2）工艺特性

为提高 00Cr25Ni35Mo3Cu4Ti 合金的纯度，可采用电渣重熔等工艺生产，可大大改善钢的耐蚀性和高温塑性。

热处理方式是固溶处理，通常采用 1050~1100℃ 加热后水冷，获单一奥氏体组织。应避免在 650~850℃ 区间加热过长时间，防止出现析出相。

该合金焊接性良好，应采用镍基焊材，焊后不需热处理。

00Cr25Ni35Mo3Cu4Ti 合金虽含有较多铜，但其仍具有较好的冷热加工性和成形性，与奥氏体不锈钢相似。

（3）应用

该合金可应用于硫酸、硝酸、磷酸及它们的混合酸介质，可制造容器、管道、泵体、叶轮、阀体等耐腐蚀零部件。

（4）化学成分（见表 5-47）

表 5-47 化学成分（质量分数）（GB/T 15008—2020） （%）

C	Si	Mn	P	S	Cr	Ni	Mo	Cu	Ti	Fe
≤0.030	≤0.70	≤1.00	≤0.030	≤0.030	25.0~27.0	34.0~37.0	2.0~3.0	3.0~4.0	0.40~0.90	余量

（5）物理性能（见表 5-48）

表 5-48 物理性能

温度/℃	室温	100	200	300	400	500	600	700
热导率 λ/[W/(m·℃)]	—	12.0	13.0	15.0	16.0	18.0	19.0	20.0
比定压热容 c_p/[J/(kg·℃)]	—	—	—	—	—	—	—	—

(续)

线胀系数/$10^{-6}℃^{-1}$	—	15.7	15.8	15.9	16.1	16.3	16.7	17.1
弹性模量 $E/10^4$ MPa	18.7	—	18.2	17.6	16.8	16.1	15.3	15.0
切变模量 $G/10^3$ MPa	—	—	—	—	—	—	—	—
泊松比 $\mu/10^{-1}$	—	—	—	—	—	—	—	—
电阻率 $\rho/10^{-8}\Omega \cdot m$	107.2	—	—	—	—	—	—	—

(6) 常见热处理制度 (见表5-49)

表5-49 常见热处理制度

热处理	加热温度/℃	冷却方法	金相组织
固溶处理	1050~1100	水冷	奥氏体

(7) 力学性能

① 技术标准规定的力学性能见表5-50。

表5-50 技术标准规定的力学性能 (GB/T 15008—2020)

品种(标准)	规格/mm	状态	力学性能(≥)					HBW
			R_m/MPa	$R_{p0.2}$/MPa	$A(\%)$	$Z(\%)$	KU_2/J	
棒材	≤80	1000~1050℃水冷	540	215	35	—	—	—

② 不同温度下的力学性能见表5-51。

表5-51 不同温度下的力学性能

状态	温度/℃	R_m/MPa	$R_{p0.2}$/MPa	$A(\%)$	$Z(\%)$	KU_2/J	HBW
1100℃,水冷	室温	612~618	—	45~46.5	—	—	—
	800	245		97			
	900	137~147		66~68			
	1000	69~83		82~86			
	1050	49~59		84~106			
	1100	39~44		49~103			

(8) 耐蚀性

① 耐全面(均匀)腐蚀性能见表5-52。

表5-52 耐全面(均匀)腐蚀性能

介质条件	压力/MPa	温度/℃	时间/h	腐蚀速率		备注
				mm/a	g/(m²·h)	
20%H_2SO_4	—	沸点	84		0.13	
35%H_2SO_4	—	90~95	96		0.0579	
39%H_2SO_4	—	沸点	96		0.218	
44%H_2SO_4	—	50	176		0.0039	
	—	90	176		0.3361	
50%H_2SO_4	—	45	84		0.008	—
	—	90~95	96		0.111	
	—	沸点	96		0.578	
20%H_2SO_4+AS_2O_3(微量)	—	沸点	72		0.043	
20%H_2SO_4+$AgNO_3$(微量)	—	沸点	72		0.108	
65%HNO_3	—	沸点	96		0.076	
3mol/L HNO_3+2mol/L HCl	—	80	96		0.089	

(续)

介质条件	压力/MPa	温度/℃	时间/h	腐蚀速率		备注
				mm/a	g/(m²·h)	
5mol/L HNO₃+0.5mol/L Fe(NO₃)₂	—	100	96		0.244	
12mol/L HNO₃+0.3mol/L HF	—	沸点	20		4.14	
12mol/L HNO₃+0.3mol/L HF 汽	—	沸点	12		5.02	
40%HF	—	40	176		0.6736	
11g/L H₂SO₄+HF(微量)	—	50	176		0.0003	
106g/L H₂SO₄+0.93g/L HF	—	40	176		0.0002	—
308g/L H₂SO₄+3g/L HF	—	40	176		0.0057	
337g/L H₂SO₄+11.6g/L HF	—	50	176		0.0303	
337g/L H₂SO₄+11.6g/L HF	—	70	176		0.099	
4.5mol/L H₂SO₄	—	50	176		0.0082	
40%HF	—	40	176		0.67	
30%~35%H₂SO₄+40%~50%HNO₃	—	沸点	168		0.254	

② 耐点蚀性能：在相同试验条件下，00Cr25Ni35Mo3Cu4Ti 合金耐点蚀性能优于 18-8 型奥氏体不锈钢，也优于 Incoloy 800 合金和 Inconel 600 合金。

③ 耐应力腐蚀性能：00Cr25Ni35Mo3Cu4Ti 合金在 $MgCl_2$ 溶液用 U 型试样试验结果，其耐应力腐蚀性能优于 18-8 型奥氏体不锈钢和 Incoloy 800 合金。在含 Cl^- 的高温水的应力腐蚀试验结果表明，00Cr25Ni35Mo3Cu4Ti 合金优于 18-8 型奥氏体不锈钢、Inconel 600 合金。在 300℃高温氢氧化钠中，其耐应力腐蚀性能优于 06Cr18Ni11Ti 奥氏体不锈钢，与 Inconel 600 合金、Incoloy 800 合金相当。

5.2 镍基耐蚀合金

镍基耐蚀合金中镍的质量分数大于 50%。因为镍元素本身具有较好的耐蚀性，但是在某些介质及高温、高浓度条件下，耐蚀性还是尚显不足，并且镍本身强度、硬度较低。所以，加入一些其他合金元素可以改善这些不足，特别是 Cr、Mo、Cu、W、Si、Al 等元素在镍中的溶解度大于它们在铁中的溶解度，使得这些元素能更好地发挥作用。还有些元素如 Ti、Al 等，可通过固溶强化起到提高合金硬度、强度的作用。因此，镍基合金也有不同系列，主要有 Ni-Cu、Ni-Cr、Ni-Mo、Ni-Cr-Mo、Ni-Cr-Mo-Cu 等系列。

依据合金类型、成分不同，其热处理方式、可获得的力学性能、耐蚀性也会显示出差别。

5.2.1 NS3101（0Cr30Ni70）

(1) 概述

0Cr30Ni70 合金是合金元素比较简单的镍基耐蚀合金。该合金含有较高的铬、几乎不含铁，所以其具有很强的耐蚀能力，特别是在硝酸、硝酸-氢氟酸混合酸等氧化性介质中及在含硫的高温气体环境中具有良好的耐蚀能力和抗氧化能力，同时还具有高电阻和低导磁等特性。该合金相当于 GB/T 15008—2020 中的 NS3101 合金，过去曾称 NS311 合金。

该合金由于成分较单纯、简单，在组织中少有金属间相，这使其耐蚀性和抗氧化性及生产工艺都有明显改善，但会有碳化物或 σ 相析出。

(2) 工艺特性

0Cr30Ni70合金可进行热加工,热加工温度为900~1150℃。

该合金应在固溶处理状态使用,固溶加热温度为1050~1100℃,保温后水冷。

该合金具有良好的焊接性,焊接工艺与奥氏体不锈钢相似。宜采用成分相近的焊材,焊接处的力学性能和耐蚀性与母材相当。

该合金可进行各类冷成形加工,但存在硬化倾向。

(3) 应用

0Cr30Ni70合金适用于硝酸及硝酸-氢氟酸混合酸介质,还适用于无磁条件下使用的零部件。

该合金可制成、泵体、泵轮、阀体及其他铸、锻件。

(4) 化学成分(见表5-53)

表5-53 化学成分(质量分数) (%)

C	Si	Mn	P	S	Cr	Ni	Ti	Al	Fe	备注
≤0.06	0.50	≤1.20	≤0.020	≤0.020	28.0~31.0	余量	—	≤0.30	≤1.0	(GB/T 15008—2020)适用棒材

(5) 物理性能(见表5-54)

表5-54 物理性能

温度/℃	室温	100
热导率 λ/[W/(m·℃)]	13.0	—
比定压热容 c_p/[J/(kg·℃)]	460	—
线胀系数/10^{-6}℃$^{-1}$	—	12.2
弹性模量 E/10^4MPa		
切变模量 G/10^3MPa		
泊松比 μ/10^{-1}		
电阻率 ρ/$10^{-8}\Omega \cdot m$	118	

注:密度为8.11g/cm³;熔点为1377℃。

(6) 常见热处理制度(见表5-55)

表5-55 常见热处理制度

热处理	加热温度/℃	冷却方法	金相组织
固溶处理	1050~1100	水冷	奥氏体

(7) 力学性能

① 技术标准规定的力学性能见表5-56。

表5-56 技术标准规定的力学性能

品种(标准)	规格/mm	状态	力学性能(≥)						HBW
			R_m/MPa	$R_{p0.2}$/MPa	$A_{11.3}$(%)	A(%)	Z(%)	KU_2/J	
棒材(GB/T 15008—2020)	≤80	1050~1100℃水冷	570	245	—	40	—	—	—

② 室温下的力学性能见表5-57。

表 5-57 室温下的力学性能

状态	温度/℃	R_m/MPa	$R_{p0.2}$/MPa	A(%)	Z(%)	KU_2/J	HBW
棒材、固溶处理	室温	664	—	51.8	74.6	282	—
带材、冷轧、纵向	室温	890	—	14			
带材、冷轧、横向	室温	883	—	15			

（8）耐蚀性

耐全面（均匀）腐蚀性能见表 5-58。

表 5-58 耐全面（均匀）腐蚀性能

| 介质条件 | 压力/MPa | 温度/℃ | 时间/h | 腐蚀速率 | | 备注 |
				mm/a	g/(m²·h)	
12mol/L HNO₃+0.3mol/L HF	—	沸点	20	2.35	—	液相
			12	2.27	—	气相
8.5mol/L HCl+0.3mol/L HF	—	沸点	11.5	730.6	—	
40%~42%HF	—	室温	312	0.0797	—	—
HF(气态)	0.27~0.33	90	—	—	1.04×10⁻⁴	

5.2.2 NS3104（00Cr36Ni65Al）

（1）概述

00Cr36Ni65Al 合金也是铬含量较高的奥氏体镍基耐蚀合金。由于含有铝，组织中会有 Ni₃Al 型金属间化合物成为强化相。由于较高的铬含量，其在氧化性介质（如硝酸、硝酸-氢氟酸等介质）中有良好的耐蚀性，在含硫的高温气体中也具有良好的耐蚀能力和抗氧化能力。该合金相当于 GB/T 15008—2020 中的 NS3104 合金，过去曾称 NS314 合金。

00Cr36Ni65Al 合金可以制成锻件、铸件、棒材、板材、带材等各种型材。

（2）工艺特性

00Cr36Ni65Al 合金具有较好的热加工性，可在 1050~1200℃ 的区间进行加工，最低的热变形温度不小于 880℃。

00Cr36Ni65Al 合金应在固溶状态下使用，固溶加热温度为 1050~1100℃，保温后水冷。

该合金焊接性良好，宜采用钨极氩弧焊方法焊接，应采用相同成分的焊材，这样不易产生裂纹，且有较好的耐晶间腐蚀能力。

00Cr36Ni65Al 合金也具有良好的冷加工成形性，可进行各种方式的冷成形加工，但有一定的冷作硬化倾向。

（3）应用

00Cr36Ni65Al 合金一般用于耐氧化性酸介质中工作的零部件，可制作容器、轴、泵体、泵轮、阀体等。

（4）化学成分（见表 5-59）

表 5-59 化学成分（质量分数） （%）

C	Si	Mn	P	S	Cr	Ni	Ti	Al	Fe	备注
≤0.030	0.50	≤1.00	≤0.030	≤0.020	35.0~38.0	余量	—	0.20~0.50	≤1.0	(GB/T 15008—2020) 适用棒材

(5) 物理性能（见表 5-60）

表 5-60 物理性能

温度/℃	室温	100	200	300	400	500	600	700
热导率 λ/[W/(m·℃)]	12.5	—	—	—	—	—	—	—
比定压热容 c_p/[J/(kg·℃)]	460	—	—	—	—	—	—	—
线胀系数/10^{-6}℃$^{-1}$	—	—	12.5	12.9	13.5	13.7	14.5	15.0
弹性模量 E/10^4MPa	—	—	—	—	—	—	—	—
切变模量 G/10^3MPa	—	—	—	—	—	—	—	—
泊松比 μ/10^{-1}	—	—	—	—	—	—	—	—
电阻率 ρ/10^{-8}Ω·m	118	—	—	—	—	—	—	—

注：密度为 8.08g/cm³；熔点为 1350~1410℃。

(6) 常见热处理制度（见表 5-61）

表 5-61 常见热处理制度

热处理	加热温度/℃	冷却方法	金相组织
固溶处理	1080~1120	水冷	奥氏体

(7) 力学性能

① 技术标准规定的力学性能见表 5-62。

表 5-62 技术标准规定的力学性能

品种（标准）	规格/mm	状态	力学性能(≥)						HBW
			R_m/MPa	$R_{p0.2}$/MPa	$A_{11.3}$(%)	A(%)	Z(%)	KU_2/J	
棒材（GB/T 15008—2020）	≤80	1080~1120℃ 水冷	520	195	—	35	—	—	—

② 室温下的力学性能见表 5-63。

表 5-63 室温下的力学性能

状态	温度/℃	R_m/MPa	$R_{p0.2}$/MPa	A(%)	Z(%)
ϕ30mm 棒材,固溶	室温	704~713	298~304	50.3~50.8	73.1~75.3
ϕ5mm 板材,固溶	室温	612~637	257	50.0~58.7	68.8~69.7
ϕ3.2mm 丝材,固溶	室温	785~790	—	39.4~41.1	52.1~55.6
ϕ2.5mm×2.5mm 管材,固溶	室温	627~649	—	55.7~56.9	54.0~54.5

(8) 耐蚀性

耐全面（均匀）腐蚀性能见表 5-64。

表 5-64 耐全面（均匀）腐蚀性能

介质条件	压力/MPa	温度/℃	时间/h	腐蚀速率		备注
				mm/a	g/(m²·h)	
65%HNO$_3$	—	沸点	96		0.0531	—
98%HNO$_3$	—	沸点	48		0.3474	
10mol/L HNO$_3$+0.05mol/L HF+0.05mol/L Hg(NO$_3$)$_2$	—	沸点(114)	48		0.82	液相
			96		0.71	
			240		0.623	
10mol/L HNO$_3$+0.05mol/L HF+0.05mol/L Hg(NO$_3$)$_2$	—	沸点	48		0.73	气相
			96		0.64	
			240		0.544	

(续)

介质条件	压力/MPa	温度/℃	时间/h	腐蚀速率 mm/a	腐蚀速率 g/(m²·h)	备注
10mol/L HNO₃+0.05mol/L HF+ 0.05mol/L Hg(NO₃)₂	—	沸点	48	—	0.99	液-气界面
			96	—	0.97	
			240	—	0.641	
12mol/L HNO₃+0.04mol/L HF+ 0.04mol/L Hg(NO₃)₂	—	沸点	48	—	0.926	母材
			48	—	0.925	焊接件
			96	—	0.882	
			48	—	0.182	加入0.04mol/L Al(NO₃)₃
			48	—	0.050	未加 HF
8mol/L HNO₃	—	沸点	96	—	0.014	—
12mol/L HNO₃	—	沸点	48	—	0.051	—
13mol/L HNO₃	—	沸点	96	—	0.036	—
15mol/L HNO₃	—	沸点	48	—	0.056	—
			96	—	0.053	
			96	—	0.067	焊接件
			240	—	0.044	焊接件,暴露144h
			48	—	0.063	焊接件
			96	—	0.044	焊接件
			240	—	0.040	焊接件,暴露144h
23.5mol/L HNO₃		沸点(83)	48	—	0.347	
		45	2760	—	0.091	现场挂片

5.2.3 NS3102(1Cr15Ni75Fe8)

(1)概述

1Cr15Ni75Fe8 合金是成分简单的镍-铬型镍基耐蚀合金。其在固溶状态具有纯奥氏体组织,同时在奥氏体基体上存在着少量的化合物,但在 540~980℃ 之间保持,会有 Cr_7C_3 和 $Cr_{23}C_6$ 等碳化物在基体或晶界处析出。研究表明,在低于 760℃ 时主要析出 $Cr_{23}C_6$,高于 760℃ 时主要析出 Cr_7C_3 类碳化物。

1Cr15Ni75Fe8 合金具有耐蚀、耐热、抗氧化性能,又有较好的冷热加工性能,完全可代替 18-8 型奥氏体不锈钢,在核反应堆用设备中获得广泛应用。该合金相当于 GB/T 15008—2020 中的 NS3102 合金,过去曾称 NS312 合金。

1Cr15Ni75Fe8 合金可制成锻件、铸件、板材、管材等。

(2)工艺特性

1Cr15Ni75Fe8 合金热加工温度为 870~1200℃,依据变形量大小可分别选择上限温度和下限温度,由于其在 650~870℃ 之间有热脆区,热加工时应避开这一温度区间。

1Cr15Ni75Fe8 合金应采用固溶化处理,固溶加热温度为 1090~1150℃,通过固溶处理可获得较好的耐全面(均匀)腐蚀性能、抗高温蠕变性能和持久性能。如果采用较低固溶温度,可使合金保持细晶粒度,则可获得较高的强度、耐疲劳性能和耐蚀性。为了提高耐应力腐蚀性能,固溶处理后最好进行一次(700~750℃)×15h 的时效处理(也称脱敏处理)。

1Cr15Ni75Fe8 合金具有较好的焊接性,可采用常规焊接方法焊接,不同焊接方法可选用不同焊材。

该合金具有冷加工硬化倾向，但比奥氏体不锈钢硬化倾向小。

（3）应用

1Cr15Ni75Fe8合金具有强韧性和耐蚀性的综合性能，广泛应用于化工、石油工业中，也是核电产品中常选的材料，可制成铸件、锻件及各种型材。

（4）化学成分（见表5-65）

表5-65 化学成分（质量分数） （%）

C	Si	Mn	P	S	Cr	Ni	Ti	Cu	Fe	备注
≤0.15	0.50	≤1.00	≤0.030	≤0.015	14.0~17.0	余量	—	≤0.50	6.0~10.0	（GB/T 15008—2020）适用棒材

（5）物理性能（见表5-66）

表5-66 物理性能

温度/℃	室温	100	300	500
热导系数 $\lambda/[W/(m·℃)]$	14.9	15.9	19.0	22.1
比定压热容 $c_p/[J/(kg·℃)]$	444	—	—	—
线胀系数 $/10^{-6}℃^{-1}$	—	13.3	14.2	14.9
弹性模量 $E/10^4$ MPa	20.67	—	—	—
切变模量 $G/10^3$ MPa	—	—	—	—
泊松比 $\mu/10^{-1}$	2.9	—	—	—
电阻率 $\rho/10^{-8}\Omega·m$	103	—	—	—

注：密度为8.43g/cm³；熔点为1354~1413℃。

（6）常见热处理制度（见表5-67）

表5-67 常见热处理制度

热处理	加热/℃	冷却方法	金相组织
固溶处理	1000~1050	水冷	奥氏体

（7）力学性能

① 技术标准规定的力学性能见表5-68。

表5-68 技术标准规定的力学性能

品种（标准）	规格/mm	状态	力学性能（≥）					HBW
			R_m/MPa	$R_{p0.2}$/MPa	$A_{11.3}$(%)	A(%)	Z(%)	KU_2/J	
棒材（GB/T 15008—2020）	≤80	1000~1050℃水冷	550	240	—		30	—	—

② 不同温度下的力学性能见表5-69。

表5-69 不同温度下的力学性能（参考）

状态	温度/℃	R_m/MPa	$R_{p0.2}$/MPa	A(%)	Z(%)	KU_2/J	HBW
棒材,冷拔	室温	750~1035	550~860	30~10	—	—	185~293
棒材,冷拔+固溶处理	室温	550~690	170~345	55~35	—	—	115~166
棒材,热加工	室温	585~830	240~620	50~30	—	—	137~210
棒材,热加工+固溶处理	室温	550~690	205~345	55~35	—	—	121~166
板材,热轧	室温	580~760	240~450	50~30	—	—	150~210
板材,热轧+固溶处理	室温	550~725	205~345	55~35	—	—	115~166

(续)

状态	温度/℃	R_m/MPa	$R_{p0.2}$/MPa	A(%)	Z(%)	KU_2/J	HBW
热轧棒(固溶处理)	100	650	275	44	—	—	—
	200	642	256	46	—	—	—
	300	637	237	48	—	—	—
	400	625	235	45	—	—	—
	500	581	240	42	—	—	—
	600	525	215	42	—	—	—
	700	400	195	57	—	—	—
	800	238	150	73	—	—	—
冷轧棒(冷轧)	100	870	800	14	—	—	—
	200	820	790	14	—	—	—
	300	805	760	14	—	—	—
	400	815	755	14	—	—	—
	450	800	730	18	—	—	—
	500	780	695	16	—	—	—
	550	760	680	11	—	—	—
	600	720	640	13	—	—	—
	700	470	450	40	—	—	—

③ 持久极限见表 5-70。

表 5-70 持久极限

状态	温度/℃	持久极限/MPa				
		σ_{10}	σ_{10^2}	σ_{10^3}	σ_{10^4}	σ_{10^5}
冷拔后经 954℃空冷	538	510.2	344.8	234.4	158.6	110.3
	649	344.4	158.6	100.0	61.8	41.4
	760	89.6	57.9	38.6	24.8	16.5
	871	51.7	33.1	20.7	13.1	8.3
	982	30.3	19.3	12.4	7.9	5.0
	1093	14.5	9.7	6.3	4.3	2.9
热轧后经 899℃空冷	732	137.9	93.1	63.4	44.1	30.3
	871	55.8	36.5	24.1	15.2	10.3
	982	30.3	19.3	12.4	7.9	5.0
	1093	14.5	9.7	6.3	4.3	2.8
热轧后经 1121℃空冷	732	131.0	96.5	67.6	48.3	34.5
	816	79.3	55.2	38.6	27.6	19.3
	871	55.2	36.5	24.1	15.9	10.3
	982	30.3	19.3	12.4	7.9	5.0
	1093	14.5	9.7	6.3	4.3	2.8
	1149	11.0	7.6	—	—	—

④ 冲击性能见表 5-71。

表 5-71 冲击性能 KV_2 （单位：J）

温度/℃	21	430	540	650	760
冷拔	165	114	116	141	221
固溶	244	254	217	217	209

（8）耐蚀性

① 耐全面（均匀）腐蚀性能：1Cr15Ni75Fe8 合金在大气、水和蒸汽介质中的耐蚀性很

好。在一些弱酸、稀的氧化性和稀还原性酸中的耐蚀性也很好。在各种弱有机酸中的腐蚀速率也很低。如在室温乙酸中，腐蚀速率在 0.0025~0.1mm/a。该合金还特别能耐碱腐蚀，就是在 NaOH 的浓度达到 80% 时也很耐蚀。1Cr15Ni75Fe8 合金还耐各种中性、苛性盐的腐蚀。但在一些强酸中其耐蚀性不良，如在 H_3PO_4 和 H_2SO_4 中，只能用于室温条件下；而在盐酸和氢氟酸中，只能用于室温、浓度不高的条件下。在 H_2SO_4 和 HCl 中的腐蚀速率见表 5-72。

表 5-72 在 H_2SO_4 和 HCl 中的腐蚀速率

介质条件	压力/MPa	温度/℃	时间/h	腐蚀速率 mm/a	腐蚀速率 g/(m²·h)	备注
10% H_2SO_4	—	室温	—	0.081		
	—	沸点	—	3.429		
20% H_2SO_4	—	室温	—	0.051		
	—	沸点	—	4.724		
30% H_2SO_4	—	室温	—	0.064		
	—	沸点	—	5.486		
40% H_2SO_4	—	室温	—	0.046		
	—	沸点	—	17.79		
50% H_2SO_4	—	室温	—	0.041		
60% H_2SO_4	—	室温	—	0.048		—
70% H_2SO_4	—	室温	—	0.058		
80% H_2SO_4	—	室温	—	0.566		
98% H_2SO_4	—	室温	—	0.188		
5%HCl,充氢气流速 5.1m/min	—	30	20	0.33		
5%HCl,充空气流速 5.1m/min	—	30	20	2.46		
5.9%HCl,充空气流速 0m/min	—	30	120	1.14		
5.9%HCl,充空气流速 0m/min	—	80	120	18.03		
5%HCl,充氢气流速 5.1m/min	—	85	20	40.38		
5%HCl,充空气流速 5.1m/min	—	85	20	49.53		

② 耐晶间腐蚀性能：1Cr15Ni75Fe8 合金的耐晶间腐蚀能力欠佳，这是因为碳在 1Cr15Ni75Fe8 合金的奥氏体基体中的溶解度较低，特别是在较低温度下更低。所以，合金如果经过 550~850℃ 敏化处理时，会由于 $Cr_{23}C_6$ 和 Cr_7C_3 等碳化物沿界析出产生贫铬区，致使在一些介质中产生晶间腐蚀，并且这种晶间腐蚀倾向高于 18-8 型和 18-12Mo 型奥氏体不锈钢。试验表明，1Cr15Ni75Fe8 合金在较低温度下（300~350℃）长期停留（10^4h 以上），也有产生晶间腐蚀的危险。

研究表明，为提高 1Cr15Ni75Fe8 合金的耐晶间腐蚀能力，在固溶处理后，再经 700℃ 温度长期保温（不低于 100h），可消除贫铬区，从而提高其在腐蚀介质中耐晶间腐蚀和应力腐蚀的能力。

③ 耐应力腐蚀性能：1Cr15Ni75Fe8 合金有一定的耐应力腐蚀能力，但在某些条件下仍会产生应力腐蚀敏感性，所以，可以通过固溶处理后再进行脱敏处理的方法改善。

④ 耐点蚀性能：由于 1Cr15Ni75Fe8 合金的铬含量不太高，又不含钼，因此，其耐点蚀能力较差，应慎用。

(9) 常用标准牌号对照（见表 5-73）

表 5-73 常用标准牌号对照

国别	中国	国际标准化	欧洲		英国	德国	
标准	GB	ISO	EN	Mat. No	BS	DIN	W-Nr
牌号	NS3102	—	NiCr15Fe8	2.4816	NA14	NiCr15Fe8	2.4816

国别	法国	韩国	俄罗斯	日本	美国			
标准	NF	KS	ГОСТ	JIS	ASTM	UNS	AISI	SAE	ASI
牌号	—	NCF600	—	NCF600	Inconel600	No6600	—	—	—

5.2.4 NS3103（1Cr23Ni60Fe13Al）

（1）概述

1Cr23Ni60Fe13Al 合金是既耐蚀、抗氧化又具有较好热强性的镍基耐蚀合金。该合金的铬含量较高，在氧化性酸介质中有较好的耐蚀性，又含有铝，与较高的铬含量配合，其又具有较好的抗氧化和抗硫化性。

1Cr23Ni60Fe13Al 合金在固溶状态下具有稳定的奥氏体组织，同时在基体上分布有少量的弥散碳化物和氮化物，因此具有一定的强度。该合金最大的特点是不存在 σ 相等脆性金属间相。

1Cr23Ni60Fe13Al 合金具有优异的耐高温腐蚀特性，最高使用温度可达 1260℃，这是因为该合金表面在高温下能够形成非常致密且黏性较好的氧化膜。许多试验结果表明，1Cr23Ni60Fe13Al 合金的高温抗氧化性和抗硫化性能均优于 0Cr20Ni32Fe 及 1Cr15Ni75Fe8 等合金。该合金相当于 GB/T 15008—2020 中的 NS 3103 合金，过去曾称 NS313 合金。

1Cr23Ni60Fe13Al 合金可以制成锻件、铸件、板材、棒材、管材等。

（2）工艺特性

1Cr23Ni60Fe13Al 合金具有良好的热加工性。合适的热加工变形温度为 870~1230℃，在 650~870℃ 的温度区间存在一个低塑性区，故热加工变形不应在此温度区进行。在热加工冷却过程中，要防止在敏化区（540~760℃）停留，并且最好在此区间快速冷却。

1Cr23Ni60Fe13Al 合金应采用固溶处理，固溶加热温度为 1100~1150℃，加热保温后急速冷却，以获得良好性能的奥氏体组织。

1Cr23Ni60Fe13Al 合金具有良好的焊接性，可采用氩弧焊和埋弧焊等焊接工艺方法，并考虑选用合适的焊材。

该合金具有一定的冷作硬化倾向，相似于 06Cr19Ni10 奥氏体不锈钢。

（3）应用

1Cr23Ni60Fe13Al 合金可用于化工设备中的冷凝器管、硝酸生产中的一些设备，更多的用于制造各类加热设备中的部件。

（4）化学成分（见表 5-74）

表 5-74 化学成分（质量分数） （%）

C	Si	Mn	P	S	Cr	Ni	Cu	Al	Fe	备注
≤0.10	0.50	≤1.00	≤0.030	≤0.015	21.0~25.0	余量	≤1.00	1.00~1.70	10.0~15.0	（GB/T 15008—2020）适用棒材

(5) 物理性能 (见表5-75)

表5-75 物理性能

温度/℃	室温	100	300
热导率 λ/[W/(m·℃)]	11.2	12.7	16.0
比定压热容 c_p/[J/(kg·℃)]	448	—	—
线胀系数/10^{-6}℃$^{-1}$	—	13.75	14.58
弹性模量 E/10^4MPa	—	—	—
切变模量 G/10^3MPa	—	—	—
泊松比 μ/10^{-1}	—	—	—
电阻率 ρ/$10^{-8}\Omega·m$	118.0	119.2	122.0

注：密度为8.11g/cm³；熔点为1308~1368℃。

(6) 常见热处理制度 (见表5-76)

表5-76 常见热处理制度

热处理	加热温度/℃	冷却方法	金相组织
固溶处理	1100~1150	急冷	奥氏体

(7) 力学性能

① 技术标准规定的力学性能见表5-77。

表5-77 技术标准规定的力学性能

品种(标准)	规格/mm	状态	力学性能(≥)						HBW
			R_m/MPa	$R_{p0.2}$/MPa	$A_{11.3}$(%)	A(%)	Z(%)	KU_2/J	
棒材 (GB/T 15008—2020)	≤80	1100~1150℃ 水冷	550	195	—	30	—	—	—

② 不同温度下的力学性能见表5-78。

表5-78 不同温度下的力学性能 (供参考)

状态	温度/℃	R_m/MPa	$R_{p0.2}$/MPa	A(%)	Z(%)	KV_2/J	HBW
棒材,热加工	室温	585~825	240~690	61~15	—	—	116~210
棒材,固溶	室温	550~790	205~415	70~40	—	—	107~150
板材,固溶	室温	550~690	205~310	65~45	—	—	107~137
管材,固溶	室温	550~760	205~415	65~35	—	—	125~210
棒材,980℃、固溶处理	200	750	433	37	—	—	—
	400	725	375	35	—	—	—
	600	553	275	33	—	—	—
	800	183	167	30	—	—	—
棒材,1150℃、固溶处理	100	675	217	50	—	—	—
	200	650	192	50	—	—	—
	300	642	187	51	—	—	—
	400	617	183	54	—	—	—
	500	592	170	53	—	—	—
	600	533	167	50	—	—	—
	700	417	165	62	—	—	—
	800	217	158	75	—	—	—

(续)

状态	温度/℃	R_m/MPa	$R_{p0.2}$/MPa	A(%)	Z(%)	KV_2/J	HBW
φ19mm 棒材,980℃、空冷	室温	793	452	41	—	134	—
φ19mm 棒材,1150℃、空冷	室温	703	248	49	—	184	—
φ16mm 棒材,980℃、空冷	室温	772	455	41	—	140	—
φ16mm 棒材,1150℃、空冷	室温	703	239	50	—	176	—

(8) 耐蚀性

① 耐全面（均匀）腐蚀性能见表 5-79。

表 5-79 耐全面（均匀）腐蚀性能

介质条件	压力/MPa	温度/℃	时间/h	腐蚀速率 mm/a	腐蚀速率 g/(m²·h)	备注
5%HNO$_3$	—	沸点	—	0.002	—	
10%HNO$_3$	—	沸点	—	0.005	—	
20%HNO$_3$	—	沸点	—	0.018	—	
30%HNO$_3$	—	沸点	—	0.030	—	
40%HNO$_3$	—	沸点	—	0.046	—	
50%HNO$_3$	—	沸点	—	0.061	—	
60%HNO$_3$	—	沸点	—	0.130	—	
70%HNO$_3$	—	沸点	—	0.193	—	
10%NaOH	—	80	—	<0.002	—	
10%NaOH	—	沸点	—	<0.002	—	
20%NaOH	—	80	—	<0.002	—	
20%NaOH	—	沸点	—	<0.005	—	
30%NaOH	—	80	—	<0.005	—	
30%NaOH	—	沸点	—	<0.018	—	
40%NaOH	—	80	—	<0.010	—	
40%NaOH	—	沸点	—	<0.002	—	
50%NaOH	—	80	—	<0.002	—	
50%NaOH	—	沸点	—	<0.002	—	
60%NaOH	—	80	—	0.008	—	—
60%NaOH	—	沸点	—	<0.002	—	
70%NaOH	—	80	—	0.018	—	
70%NaOH	—	沸点	—	0.005	—	
98%NaOH	—	熔融	—	0.075	—	
10%乙酸	—	室温	168	<0.002	—	
10%乙酸+0.5%NaCl	—	室温	720	0.554	—	
10%乙酸+0.5%H$_2$SO$_4$	—	室温	168	1.161	—	
5%明矾	—	室温	168	0.726	—	
5%硫酸铝	—	室温	168	<0.002	—	
5%氯化铝	—	室温	720	0.002	—	
5%氢氧化铝	—	室温	168	无	—	
10%氢氧化铝	—	室温	168	无	—	
10%氯化钡	—	室温	720	0.002	—	
5%氯化钙	—	室温	720	0.002	—	
5%铬酸	—	室温	168	0.091	—	
10%柠檬酸	—	室温	168	<0.002	—	
10%硫酸铜	—	室温	168	无	—	
5%氯化铁	—	室温	168	8.99	—	

（续）

介质条件	压力/MPa	温度/℃	时间/h	腐蚀速率 mm/a	腐蚀速率 g/(m²·h)	备注
10%乳酸	—	室温	168	0.925	—	
甲醇	—	室温	168	无	—	
5%草酸	—	室温	168	0.605	—	
10%草酸	—	室温	168	1.326	—	
5%亚硫酸钠	—	室温	168	<0.002	—	
5%铁氰化钾	—	室温	168	无	—	
10%碳酸钠	—	室温	168	无	—	
10%氯化钠	—	室温	720	0.005	—	—
20%氯化钠	—	室温	720	0.008	—	
1%次氯酸钠	—	室温	168	0.089(点蚀)	—	
5%次氯酸钠	—	室温	168	0.175(点蚀)	—	
5%硫酸钠	—	室温	168	无	—	
10%硫酸钠	—	室温	168	<0.002	—	
10%氯化锌	—	室温	168	0.002	—	
20%酒石酸	—	室温	168	0.554	—	

② 耐应力腐蚀性能：1Cr23Ni60Fe13Al 合金耐氯化物、氢氧化物的应力腐蚀性能良好，见表 5-80。

表 5-80　耐应力腐蚀性能

介质	45%MgCl₂	10%NaOH	5%NaOH	70%NaOH	98%NaOH	Hg
温度/℃	154	106	150	184	320	21
状态	冷轧,固溶	冷轧,固溶	冷轧,固溶	冷轧,固溶	冷轧	冷轧,固溶
结果	30天无应力腐蚀	30天无应力腐蚀	30天无应力腐蚀	30天无应力腐蚀	2天内产生应力腐蚀	30天无应力腐蚀

（9）常用标准牌号对照（见表 5-81）

表 5-81　常用标准牌号对照

国别	中国	国际标准化	欧洲		英国	德国	
标准	GB	ISO	EN	Mat. No	BS	DIN	W-Nr
牌号	NS3103	—	NiCr23Fe	2.4851	—	NiCr23Fe	2.4851

国别	法国	韩国	俄罗斯	日本	美国			
标准	NF	KS	ГОСТ	JIS	ASTM	UNS	AISI	SAE	ASI
牌号	—	NCF601	—	NCF601	Inconel601	N06601	—	—	

5.2.5　0Cr15Ni70Ti3AlNb

（1）概述

0Cr15Ni70Ti3AlNb 合金是一种耐蚀、抗氧化和耐高温、高强度的沉淀硬化型镍基合金，通常用在深冷~650℃之间。根据其具有高强度、在高温水中的耐蚀性及对辐照的稳定性等特点，常用于轻水反应堆核电厂中的堆内构件。

0Cr15Ni70Ti3AlNb 合金在固溶状态下是纯奥氏体组织，在经不同温度时效后含有 $Ni_3(Al/Ti)$ 等金属间相和 $M_{23}C_6$ 碳化物析出。这些析出相的出现和存在对合金耐应力腐蚀性能有很大影响，因此，采用正确的热处理工艺、控制析出相，对合金应力腐蚀敏感性的改善有十分重要的作用。试验研究结果表明，采用的热处理工艺方法如果使 $M_{23}C_6$ 碳化物能够呈半连续的、与基体具有 B 型共格的关系，则会有较好的耐应力腐蚀性能，即不易产生应力腐蚀，否则会产生应力腐蚀。这种热处理工艺方法基本上是在 1080~1100℃ 固溶处理后，在 700~760℃ 之间时效处理。

该合金可制成锻件、板材、棒材等。

（2）工艺特性

0Cr15Ni70Ti3AlNb 合金的热变形温度在 950~1200℃ 之间，大的变形量需在 1040℃ 以上进行。

0Cr15Ni70Ti3AlNb 合金的热处理应是固溶处理+时效处理，但应根据使用条件和性能要求的不同选用不同的工艺参数。对于工作温度在 600℃ 以上长期使用的设备、部件，一般是经 1150℃ 固溶处理，再经过 845℃ 稳定化处理，最后再在 705℃ 进行时效处理。对于在 600℃ 以下工作的设备和部件，可在固溶处理后直接进行时效处理。对于有严格应力腐蚀性能要求的工况，应在 1080~1100℃ 固溶处理，再经 700~760℃ 时效处理。时效时间不低于 8~16h，而在应力腐蚀条件下工作零件的时效时间不低于 16~24h。

该合金焊接性良好，可采用氩弧焊、电子束焊、等离子焊等，应在固溶状态焊接，焊后进行时效处理。

0Cr15Ni70Ti3AlNb 合金冷加工性良好，可进行冷轧、冷拔等加工，但有加工硬化倾向，多次冷加工之间应进行固溶处理，以防开裂。

（3）应用

0Cr15Ni70Ti3AlNb 合金因具有良好的力学性能、耐蚀性和抗氧化性，因此，在轻水核反应堆中主要用作压力壳密封环、螺栓、定位销等部件。

（4）化学成分（见表 5-82）

表 5-82　化学成分（质量分数）　　　　　　　　　　（%）

C	Si	Mn	P	S	Cr	Ni	Mo	Fe	Nb	Ti	Al	Cu	Co
≤0.08	≤0.5	≤0.1	≤0.010	≤0.010	14.0~17.0	余量	—	5.0~9.0	0.7~1.2	2.25~2.75	0.4~1.0	≤0.5	≤1.0

注：其他相应（近似）牌号为 Inconel X-750、NC15FeTiNbA（法国）。

（5）物理性能（见表 5-83）

表 5-83　物理性能

温度/℃	室温	93	204	316	538
热导率 $\lambda/[W/(m\cdot℃)]$	12.35	13.24	14.00	16.22	19.34
比定压热容 $c_p/[J/(kg\cdot℃)]$	448	—	—	—	—
线胀系数 $/10^{-6}℃^{-1}$	—	9.02	—	12.8	14.4
弹性模量 $E/10^4$MPa					
切变模量 $G/10^3$MPa					
泊松比 $\mu/10^{-1}$					
电阻率 $\rho/10^{-8}\Omega\cdot m$					

注：密度为 8.24g/cm³。

（6）常见热处理制度（见表 5-84）

表 5-84 常见热处理制度

热处理	加热温度/℃	冷却方法	金相组织
固溶处理	1080~1150	水冷或空冷	奥氏体
稳定化处理	850~950	空冷	
时效处理	620~730	空冷	奥氏体+析出相

（7）不同温度下的力学性能（见表5-85）

表 5-85 不同温度下的力学性能

状态	温度/℃	R_m/MPa	$R_{p0.2}$/MPa	A(%)	Z(%)	KV_2/J	HBW
885℃×24h 空冷+ 705℃×20h 空冷 （≤100mm）	室温	≥1132	≥920	≥20	≥25	— — —	— — —
885℃×24h 空冷+ 705℃×20h 空冷 （≤16mm）	315 425 535	1149.0 1128.0 1111.0	802.0 785.0 751.0	23.0 24.0 20.0	35.0 39.0 25.0		
980℃×1h 空冷 （25mm）	200 315 425	1142.0 1087.4 1077.4	779.0 691.0 684.0	29.0 30.0 31.0	40.0 37.0 42.0		
980℃空冷+760℃ 炉冷至620℃空冷+ 620℃×6h 空冷 （25mm）	315 425 53.5 650	1228.0 1199.0 1175.0 978.0	915.6 909.0 889.0 827.0	24.5 24.5 16.0 6.0	36.5 37.5 26.0 9.5		

（8）耐蚀性

0Cr15Ni70Ti3AlNb 合金在压水堆和沸水堆—回路水介质中的耐全面（均匀）腐蚀性能与18-8 型奥氏体不锈钢和0Cr15Ni75Fe 镍基合金相似，在其他介质中耐蚀性与0Cr15Ni75Fe 合金相近。

（9）常用标准牌号对照（见表5-86）

表 5-86 常用标准牌号对照

国别	中国	国际标准化	欧洲		英国	德国	
标准	—	ISO	EN	Mat. No	BS	DIN	W-Nr
牌号	0Cr15Ni70Ti3 AlNb	—	—	—	—	—	—

国别	法国	韩国	俄罗斯	日本	美国			
标准	NF	KS	ГОСТ	JIS	ASTM	UNS	AISI	SAE	ASI
牌号	Nc15FeTiNbA	—	—	—	Inconel X-750	—	—	—	—

5.2.6 NS4101（0Cr20Ni65Ti2AlNbFe7）

（1）概述

0Cr20Ni65Ti2AlNbFe7 合金也是以钛、铝、铌等合金元素时效硬化的奥氏体镍基合金。与0Cr15Ni70Ti3AlNb 合金相比，只是提高了铬含量，降低了镍含量，合金化原理和组织结构变化基本相同；热处理工艺对其组织变化、作用也基本相同。

0Cr20Ni65Ti2AlNbFe7 合金在腐蚀和摩擦碰撞条件下有优良的耐蚀性，尤其在氧化性硝酸介质中的耐蚀性更好，比其他沉淀硬化型不锈钢及耐蚀合金的耐蚀性好。在含某些金属离子、硫酸根、氟离子的硝酸介质中也有优良的耐蚀性，相当于 GB/T 15008—2020 中 NS4101 合金，过去曾称 NS411 合金。

该合金可以经过冷加工或热加工成形，可制成锻件、棒材、板材、带材等各类型材。

（2）工艺特性

0Cr20Ni65Ti2AlNbFe7 合金有较好的热加工性，热变形温度大约为 950~1100℃。超过 1100℃时会有过热倾向，易开裂。

该合金应在合适的热处理条件下使用，常用热处理方法是固溶处理+时效处理。在不高于 400℃的温度条件下使用时，可采用 1060~1100℃加热水冷的固溶处理，之后再进行 750℃左右的时效处理，或进行 750℃时效后再进行一次 620℃左右的二次时效处理。如果工作环境温度高，为保证组织的稳定性，可在固溶处理后、时效处理前增加一次稳定化处理，稳定化处理可在 840~860℃加热，空冷。该合金固溶状态硬度≤207HBW，时效后硬度可达 40HRC。

0Cr20Ni65Ti2AlNbFe7 合金的焊接性良好，可采用氩弧焊、等离子焊等方法焊接。焊接时，合金应是固溶状态，如果合金焊件在焊前处于时效状态，或需在时效状态下使用时，应在焊后进行固溶处理+时效处理。

该合金冷加工性较好，可进行冷拔、冷轧、深冲压等各类冷加工。当进行多次冷加工时，工序之间的退火温度应为 1050~1080℃。

（3）应用

0Cr20Ni65Ti2AlNbFe7 合金主要用于耐蚀条件下有摩擦、冲击、振动条件的工件，如计量泵截止球阀；也可以制作其他耐蚀零部件，如泵体、泵轮、阀体以及螺栓、密封环等。

（4）化学成分（见表 5-87）

表 5-87 化学成分（质量分数） （%）

C	Si	Mn	P	S	Cr	Ni	Mo	Ti	Al	Fe	Nb	备注
≤0.05	0.80	≤1.00	≤0.030	≤0.030	19.0~21.0	余量	19.0~21.0	2.25~2.75	0.40~1.00	5.0~9.0	0.70~1.20	（GB/T 15008—2020）适用棒材

（5）物理性能（见表 5-88）

表 5-88 物理性能

温度/℃	室温	100	200	300	400	500	600	700
热导率 $\lambda/[W/(m\cdot℃)]$	—	11.0	13.0	15.0	17.0	18.0	20.0	22.0
比定压热容 $c_p/[J/(kg\cdot℃)]$	—	—	—	—	—	—	—	—
线胀系数 $/10^{-6}℃^{-1}$	—	13.1	13.4	13.9	14.0	14.63	14.60	15.70
弹性模量 $E/10^4 MPa$	23.3	—	—	—	—	—	—	—
切变模量 $G/10^3 MPa$								
泊松比 $\mu/10^{-1}$								
电阻率 $\rho/10^{-8}\Omega\cdot m$								

注：密度为 8.3g/cm³；熔点为 1395~1425℃。

（6）常见热处理制度（见表 5-89）

表 5-89 常见热处理制度（依需要选择）

热处理	加热/℃	冷却方法	金相组织
固溶处理	1060~1100	水冷	奥氏体
时效处理	740~760	空冷	
双时效处理	740~760+620~650	空冷	

（7）力学性能

① 技术标准规定的力学性能见表 5-90。

表 5-90 技术标准规定的力学性能

品种（标准）	规格/mm	固溶	时效	力学性能（≥）					HRC
				R_m/MPa	$R_{p0.2}$/MPa	$A_{11.3}$(%)	Z(%)	KU_2/J	
棒材（GB/T 15008—2020）	≤80	1080~1100℃ 快冷	750~780℃ 空冷 620~650℃ 空冷	910	690	—	20	—	80	32

② 不同温度下的力学性能见表 5-91。

表 5-91 不同温度下的力学性能

状态	温度/℃	R_m/MPa	$R_{p0.2}$/MPa	A(%)	Z(%)	KU_2/J	HBW
970℃ 退火（真空熔炼+电渣重熔）	室温	995~1128	544~677	27~35	44.5~54.0	—	—
1080~1100℃，水冷（真空熔炼+电渣重熔）	室温	760~873	348~471	50~62	62~68	≥294	170~197
1080℃ 水冷+750℃ 空冷+620℃空冷（真空熔炼）	室温	1245~1249	—	29.7~33.2	45.9~47.0	≥89.6	323~360
1080℃ 水冷（真空熔炼）	800	642~647	—	2.0~2.4	7.8~8.6	—	—
	850	504~547	—	2.0~2.4	8.2~9.6	—	—
	900	374~388	—	8.0~8.8	12.0~14.2	—	—
	950	199~215	—	15.2~21.2	21.5~26.0	—	—
	1000	—	—	—	—	—	—
	1050	64~66	—	114.7~117.3	—	—	—
	1100	46~48	—	136.0~174.2	—	—	—
	1150	36~37	—	102.1~113.5	—	—	—
1080℃ 水冷（真空熔炼+电渣重熔）	800	—	—	—	—	—	—
	850	—	—	—	—	—	—
	900	235~245	—	18.5~19.0	29.0~31.0	—	—
	950	—	—	—	—	—	—
	1000	98~123	—	55.5~92.5	94.0~97.5	—	—
	1050	74~88	—	93.0~102.4	95.0~96.6	—	—
	1100	69~74	—	90.5~99.5	90.0~94.0	—	—
	1150	54~59	—	75.0~107.5	87.0~89.0	—	—

（8）耐蚀性

0Cr20Ni65Ti2AlNbFe7 合金在氧化性介质中具有优良的耐蚀性，比通常使用的 95Cr18 不锈轴承钢的耐蚀性高数倍甚至几十倍；在硝酸介质中比其他沉淀硬化不锈钢及合金的耐蚀性都要好，在含有某些金属离子、硫酸根及氟离子的硝酸介质中也有优良的耐蚀性。

0Cr20Ni65Ti2AlNbFe7 合金在一些介质中的耐蚀性见表 5-92。

表 5-92 耐蚀性

介质条件	压力/MPa	温度/℃	时间/h	腐蚀速率 mm/a	腐蚀速率 g/(m²·h)	备注
5%NaOH+0.05%KMnO$_4$	—	95	9	—	0	
3%HNO$_3$+0.2%H$_2$CrO$_4$+0.21%HF	—	95	9	—	0.26	—
4.57mol/L HNO$_3$+0.008mol/L Na$_2$SO$_4$+ 0.007mol/L FeSO$_4$	—	80	240	—	0.0097	
	—	40	240	—	0.0004	

5.2.7 NS3301（00Cr16Ni75Mo2Ti）

（1）概述

00Cr16Ni75Mo2Ti 合金是在 0Cr15Ni75Fe 合金的基础上进行成分调整，降低了碳含量，加入了钼和钛，因此，比 0Cr15Ni75Fe 合金具有更好的耐蚀性和高温强度，所以可以用在更苛刻的腐蚀条件下。其在含 F$^-$、Cl$^-$ 的酸介质中，在高温 HF 中有良好的耐蚀性。其在固溶状态下为纯奥氏体组织，在时效或敏化状态下会有少量碳化物析出。

00Cr16Ni75Mo2Ti 合金易加工、成形和焊接，而且价格低于同类型的镍-铬-钼基合金，得到了广泛应用，相当于 GB/T 15008—2020 中的 NS3301 合金，过去曾称 NS331 合金。

该合金可制成锻件、铸件、棒材、板材、管材等。

（2）工艺特性

00Cr16Ni75Mo2Ti 合金有良好的热加工性。热加工的适宜温度为 950~1200℃。

该合金应在固溶处理状态下使用，以便获得最佳耐蚀性，固溶处理加热温度为 1100~1150℃，急冷。为了更好地发挥稳定化元素钛的固碳作用、提高耐晶间腐蚀性能，允许采用稳定化处理。

00Cr16Ni75Mo2Ti 合金焊接性良好，焊接工艺与奥氏体不锈钢相似。根据焊接方法的不同，可采用不同焊材。试验表明，其焊接接头的力学性能和耐蚀性与母材相当。

00Cr16Ni75Mo2Ti 合金具有良好的冷加工成形性，其冷加工特性与铬镍奥氏体不锈钢相似，冷轧、冷拔、冷作等容易进行。

（3）应用

00Cr16Ni75Mo2Ti 合金主要用于湿法或干法生产某一些核物料的设备，以解决含 F$^-$、Cl$^-$ 的酸性溶液和含 HF、HCl、H$_2$O 气体的高温腐蚀；也可用于类似环境的耐蚀构件、零部件，如管道、泵体、泵轮、阀体等。

（4）化学成分（见表 5-93）

表 5-93 化学成分（质量分数） （%）

C	Si	Mn	P	S	Cr	Ni	Ti	Mo	Fe	备注
≤0.030	0.70	≤1.00	≤0.030	≤0.020	14.0~17.0	余量	0.40~0.90	2.0~3.0	≤8.0	（GB/T 15008—2020）适用棒材

（5）物理性能（见表 5-94）

表 5-94 物理性能

温度/℃	室温	100	200	300	400	500	600	700
热导率 λ/[W/(m·℃)]	—	12.0	13.0	15.0	17.0	19.0	20.0	22.0
比定压热容 c_p/[J/(kg·℃)]	—	—	—	—	—	—	—	—
线胀系数/10^{-6}℃$^{-1}$	—	—	—	14.27	14.63	14.91	15.36	16.70
弹性模量 E/10^4MPa	—	—	—	—	—	—	—	—
切变模量 G/10^3MPa	—	—	—	—	—	—	—	—
泊松比 μ/10^{-1}	—	—	—	—	—	—	—	—
电阻率 ρ/$10^{-8}\Omega$·m	145.8	—	—	—	—	—	—	—

注：密度为 8.45g/cm³。

(6) 常见热处理制度（见表 5-95）

表 5-95 常见热处理制度

热处理	加热温度/℃	冷却方法	金相组织
固溶处理	1050~1100	急冷	奥氏体

(7) 力学性能

① 技术标准规定的力学性能见表 5-96。

表 5-96 技术标准规定的力学性能

品种（标准）	规格/mm	状态	力学性能（≥）						HBW
			R_m/MPa	$R_{p0.2}$/MPa	$A_{11.3}$(%)	A(%)	Z(%)	KU_2/J	
棒材（GB/T 15008—2020）	≤80	1050~1100℃ 快冷	540	195	—	35	—	—	—

② 不同温度下的力学性能见表 5-97。

表 5-97 不同温度下的力学性能

状态	温度/℃	R_m/MPa	$R_{p0.2}$/MPa	A(%)	Z(%)	KU_2/J	HBW
1100℃水冷（热加工棒材）	室温	637~667	<206	<57	<72	>282	—
	550	<539	—	<63.8	<61.4	>94.4	—
	650	<402	—	<35.0	<33.0	>94.4	—
	750	<314	—	<27.9	<27.0	>94.4	—
	850	<182	—	<39.0	<33.0	—	—
	950	<98	—	<20.5	<15.5	—	—
	1050	<78	—	<21.5	<21.5	—	—
铸态（铸件）	室温	481~520	186~225	35~69	36~75	>282	—
	550	226~275	—	<32	—	>94.4	—
	650	206~294	—	<40	—	—	—
	750	226~265	—	20~39	—	—	—
	850	<98	—	<29	—	—	—
	950	<59	—	—	—	—	—
	1050	<39	—	—	—	—	—

(8) 耐蚀性

耐全面（均匀）腐蚀性能见表 5-98。

表 5-98　耐全面（均匀）腐蚀性能

介质条件	压力/MPa	温度/℃	时间/h	腐蚀速率 mm/a	腐蚀速率 g/(m²·h)	备注
氟气	—	150	88	—	0.0016	
	—	200	88	—	0.0035	
	—	300	88	—	0.023	
氯化氢(气体)	—	150	120	—	0.0013	
	—	200	120	—	0.0040	
	—	300	124	—	0.022	
	—	400	96	—	0.216	
无水 HF	—	450	23	—	0.064	
	—	550	15	—	0.164	
	—	550	110	—	0.054	
	—	660	24	—	0.979	
70%HF+30%H₂O	—	550	15	—	0.117	
	—	550	120	—	0.042	
	—	650	20	—	0.520	—
	—	650	86	—	0.333	
70%HF+30%H₂O+1%空气	—	550	15	—	0.168	
	—	550	112	—	0.059	
70%HF+30%H₂O+2%空气	—	550	15	—	0.204	
	—	550	65	—	0.077	
60%HF+40%H₂O	—	450	24	—	0.033	
	—	600	24	—	0.200	
	—	600	100	—	0.120	
60%HF+40%H₂O+3.5%空气	—	450	24	—	0.037	
	—	550	24	—	0.084	
	—	600	24	—	0.21	
38%HF+62%H₂O	—	600	24	—	0.200	
	—	700	24	—	0.800	

5.2.8　NS3401（0Cr20Ni70Mo3Cu2Ti）

（1）概述

0Cr20Ni70Mo3Cu2Ti 合金是含有较高铬和由钼-铜复合合金化的奥氏体型镍基耐蚀合金。由于钼、铜的复合作用，该合金在一些还原性或氧化性复合介质中有较好的耐蚀性，在含氯、氟离子的酸性介质中，其耐冲刷腐蚀性能优于其他镍基合金。

该合金易于冷、热加工，有良好的焊接性，还具有较好的室温和高温力学性能。该合金相当于 GB/T 15008—2020 中的 NS3401 合金，过去曾称 NS341 合金。

0Cr20Ni70Mo3Cu2Ti 合金可制成锻件、铸件及各类型材。

（2）工艺特性

0Cr20Ni70Mo3Cu2Ti 合金有良好的热加工性，适宜的热加工温度为 950~1180℃，不宜在更高温度下加工，防止开裂。

该合金应在固溶处理状态下应用，固溶加热温度为 1050~1100℃，保温后水冷，注意在 650~750℃长时间加热时会有微量合金碳化物析出。

该合金焊接性良好，不易产生热裂纹，焊接部位的力学性能和耐蚀性与母材相似，宜采用同材质焊材。

该合金可进行各类冷或热加工,但有一定硬化倾向。

(3) 应用

0Cr20Ni70Mo3Cu2Ti 合金适用于含氯、氟离子的酸性介质和复合性介质中,可制成泵体、泵轮、阀体及其他零部件。

(4) 化学成分 (见表 5-99)

表 5-99 化学成分 (质量分数) (%)

C	Si	Mn	P	S	Cr	Ni	Ti	Mo	Fe	Cu	备注
≤0.030	0.70	≤1.00	≤0.030	≤0.030	19.0~21.0	余量	0.4~0.9	2.0~3.0	≤7.0	1.0~2.0	(GB/T 15008—2020) 适用棒材

(5) 物理性能 (见表 5-100)

表 5-100 物理性能

温度/℃	室温	100	200	300	400	500	600	700
热导率 λ/[W/(m·℃)]	—	12.0	13.0	14.0	16.0	18.0	19.0	21.0
比定压热容 c_p/[J/(kg·℃)]	—	—	—	—	—	—	—	—
线胀系数/10^{-6}℃$^{-1}$	—	14.7	14.8	14.8	15.1	15.3	15.5	16.0
弹性模量 E/10^4MPa	20.8	—	19.8	19.2	18.5	18.0	17.5	16.8
切变模量 G/10^3MPa	—	—	—	—	—	—	—	—
泊松比 μ/10^{-1}	—	—	—	—	—	—	—	—
电阻率 ρ/10^{-8}Ω·m	98.9	—	—	—	—	—	—	—

(6) 常见热处理制度 (见表 5-101)

表 5-101 常见热处理制度

热处理	加热温度/℃	冷却方法	金相组织
固溶处理	1050~1100	水冷	奥氏体

(7) 力学性能

① 技术标准规定的力学性能见表 5-102。

表 5-102 技术标准规定的力学性能

品种(标准)	规格/mm	状态	力学性能(≥)					HBW
			R_m/MPa	$R_{p0.2}$/MPa	$A_{11.3}$(%)	A(%)	Z(%)	KU_2/J	
棒材 (GB/T 15008—2020)	≤80	1050~1100℃, 水冷	590	195	—	40			

② 不同温度下的力学性能见表 5-103。

表 5-103 不同温度下的力学性能

状态	温度/℃	R_m/MPa	$R_{p0.2}$/MPa	A(%)	Z(%)	KU_2/J	HBW
1100℃水冷	室温	628~647	—	58~62	74~75		
	650	433		34.2			
	800	265		39~41	37.2		

(续)

状态	温度/℃	R_m/MPa	$R_{p0.2}$/MPa	$A(\%)$	$Z(\%)$	KU_2/J	HBW
1100℃水冷	900	147~162	—	65~68	36~39	—	—
	950	98~108	—	51.0	48	—	—
	1000	75~88	—	63~67	45~46	—	—
	1050	64~69	—	69~86	36~71	—	—
	1100	52	—	56~121	36~82	—	—
	1150	39~44	—	123~168	43~88	—	—
	1200	≥34	—	86~123	61~99.5	—	—

（8）耐蚀性

0Cr20Ni70Mo3Cu2Ti 合金在一些含 F^-、Cl^- 的酸性介质中的耐冲刷腐蚀性能优于其他镍基合金，在一些氧化-还原性复合介质中也有较好的耐蚀性，具体见表5-104。

表 5-104 耐全面（均匀）腐蚀性能

介质条件	压力/MPa	温度/℃	时间/h	腐蚀速率		备注
				mm/a	g/(m²·h)	
42%HF	—	40	176	0.3819	—	—
9%H₂SO₄	—	50	176	0.0981	—	
	—	90	154	0.1715	—	
10%H₂SO₄+0.09%HF	—	40	154	0.0009	—	
26%H₂SO₄+1.04%HF	—	70	192	0.1543~0.1848	—	

5.2.9 GH4169（0Cr20Ni55Mo3Nb5Ti）

（1）概述

0Cr20Ni55Mo3Nb5Ti 合金是沉淀硬化型镍基高温合金，也是一种高强度的耐蚀合金。在不大于650℃的条件下，强度高、塑性好，同时具有较好的耐蚀性、抗氧化性、热加工性、成形性和抗辐照性能。该合金在 -253~700℃ 的温度范围内组织稳定。

0Cr20Ni55Mo3Nb5Ti 合金在固溶时效后具有奥氏体基体组织，在基体组织上有弥散析出的 γ' 相（AlTiNb）和 γ'' 相（Ni_3Nb）等金属间相，以及 NbC 和 δ 铁素体。金相组织可能随固溶和时效处理工艺不同而变化。

0Cr20Ni55Mo3Nb5Ti 合金既可应用在深冷温度条件，又可用于高温条件，也是核反应堆辐照条件下可选用的合金。过去曾称 GH169 合金。

该合金可制成锻件、铸件、棒材、板材等。

（2）工艺特性

0Cr20Ni55Mo3Nb5Ti 合金的高温强度高、变形抗力大，热加工时有一定难度。合适的热变形温度为 900~1120℃。

合适的热处理方法应是固溶处理+时效处理。常使用的热处理制度有以下两种。

① 固溶处理（1065℃×1h，空冷）+时效处理（760℃×10h，以 55℃/h 的速度炉冷到 650℃×8h，空冷）。

② 固溶处理（950~980℃×1h，空冷）+时效处理（720℃×8h，以 55℃/h 的速度炉冷到

620℃×8h，空冷）。

0Cr20Ni55Mo3Nb5Ti 合金具有良好的焊接性，适合采用钨极氩弧焊，并选用同成分焊丝。

焊接后，最好在 930~980℃ 退火处理，以去除焊接应力。对于复杂的焊接部件，为更好地去除焊接应力、稳定尺寸，可采用 930℃ 加热，保温 1h 空冷，再经 720℃ 加热，保持 16h，空冷处理。

该合金在固溶或时效状态下都容易实现机械加工。

（3）应用

0Cr20Ni55Mo3Nb5Ti 合金可用于从低温到高温的任何温度。常用于核反应堆中的高强度零部件，如螺栓、弹簧、定位销及堆中结构焊接件等。

（4）化学成分（见表 5-105）

表 5-105 化学成分（质量分数） （%）

C	Si	Mn	P	S	Cr	Ni	Mo
≤0.08	≤0.35	≤0.35	≤0.035	≤0.015	17.00~21.00	50.00~55.00	2.80~3.30
Nb	Ti	Al	B	Fe	Co	Mg	Cu
4.75~5.50	0.65~1.15	0.20~0.80	≤0.06	余量	≤1.00	≤0.010	≤0.300

（5）物理性能（见表 5-106）

表 5-106 物理性能

温度/℃	室温	100	300	500	700
热导率 λ/[W/(m·℃)]	—	14.05	17.58	19.99	—
比定压热容 c_p/[J/(kg·℃)]	435	—	—	—	—
线胀系数/10^{-6}℃$^{-1}$	—	13.2	13.8	14.6	15.8
弹性模量 E/10^4MPa	20.58	20.09	18.91		
切变模量 G/10^3MPa	78.89	77.20	75.52		
泊松比 μ/10^{-1}					
电阻率 ρ/$10^{-8}\Omega\cdot m$	—				

注：密度为 8.04g/cm^3。

（6）常见热处理制度（见表 5-107）

表 5-107 常见热处理制度

热处理	加热温度/℃	冷却方法	金相组织
固溶处理+时效处理	1060+760 炉冷至 650	空冷	奥氏体+析出相
固溶处理+时效处理	950+980+720 炉冷至 620	空冷	奥氏体+析出相

（7）不同温度下的力学性能（见表 5-108）

表 5-108 不同温度下的力学性能

状态	温度/℃	R_m/MPa	$R_{p0.2}$/MPa	$A(\%)$	$Z(\%)$	KU_2/J	HBW
90 方锻材（真空感应熔炼+真空自耗重熔）950℃空冷 + 700℃ 炉冷至 620℃ 出炉	20	1372.0	1176.5	14.6	28.8	45.8	—
	350	1293.0	1156.4	17.2	42.1	53.4	—
	450	1195.0	1087.8	18.6	41.9	45.9	—
	550	1214.0	1117.2	16.9	38.7	55.7	—
	600	1214.0	1075.5	15.2	39.6	45.5	—
	650	1165.0	1600.0	19.0	39.5	46.3	—
	700	1358.8	930.5	15.9	24.9	47.9	—
	750	862.4	764.4	21.4	47.7	52.6	—
90 方锻材（真空感应熔炼+电渣重熔）950℃空冷 + 700℃炉冷至620℃出炉	20	1391.6	—	14.3	41	43.2~47.1	
	300	1254.4	—	18.4	46	51.0~59.6	
	400	1323.0	—	19.6	47	43.2~53.0	
	500	1362.0	—	17	46	50.2~51.0	
	550	1342.6	—	18	44	51.0~62.0	
	600	1293.1	—	14.6	45	54.9~66.7	
	650	1136.2	—	20	37.8	39.2~57.3	
	700	1029.0	—	23.9	43.6	44.7~47.1	
	750	842.8	—	25	53.1	66.7	
	800	617.4	—	32.8	57.7	65.1~70.6	

（8）耐蚀性

0Cr20Ni55Mo3Nb5Ti 合金的成分特点使其具有高的耐蚀性，高镍含量有利于合金的耐应力腐蚀；高铬含量有利于合金耐氧化性介质腐蚀和耐硫化物腐蚀，也有利于抗氧化。3%的钼含量（质量分数）与铬配合有利于合金耐点蚀和耐应力腐蚀；钛和铌的存在有利于耐晶间腐蚀。

该合金中的碳含量和热处理制度对耐蚀性有一定的影响。

（9）常用标准牌号对照（见表 5-109）

表 5-109 常用标准牌号对照

国别	中国	国际标准化	欧洲		英国	德国	
标准	—	ISO	EN	Mat. No	BS	DIN	W-Nr
牌号	0Cr20Ni55Mo3Nb5Ti	—	NiCr19Fe19Nb5Mo3	2.4668	Inconel718	Nicr19Fe19Nb5Mo3	2.4668
国别	法国	韩国	俄罗斯	日本	美国		
标准	NF	KS	ГОСТ	JIS	ASTM	UNS	AISI	SAE	ASI
牌号	ATGC1	NCF718	—	NCF718	—	No7718	—	—	—

5.2.10 0Cr33Ni55Mo8

（1）概述

0Cr33Ni55Mo8 合金属镍-铬-钼型镍基合金，是 Hastelloy 系列合金的一种。相较而言，其铬、镍含量较高，铁含量较低，不含铜，碳含量也较高。与传统使用在湿法磷酸中的高铬不锈钢和一些铁镍基耐蚀合金相比，其耐蚀性优异，对氯化物应力腐蚀敏感性较低，同时耐点蚀、耐缝隙腐蚀的性能优良。

该合金可制成锻件、铸件、棒材、板材、管材等。

(2) 工艺特性

0Cr33Ni55Mo8 合金不含铜,所以其热加工性优于含铜的同系列镍基耐蚀合金。

0Cr33Ni55Mo8 合金应在固溶处理状态下使用,固溶加热温度约为 1210℃,保温后快冷。该合金也有在敏化区析出碳化物和金属间相的倾向性,一旦析出,会对性能特别是耐蚀性产生不良影响。

0Cr33Ni55Mo8 合金焊接性良好,板材焊接可根据板材厚度适当选择焊接方法。为减少热影响区的二次沉淀相析出,层间温度应不大于 90℃。

该合金有良好的冷加工成形性,但加工硬化倾向高于奥氏体不锈钢,成形时不仅需要更大外力,还必须及时进行去应力处理。

(3) 应用

0Cr33Ni55Mo8 合金主要用于湿法磷酸生产中的设备、硝酸与氢氟酸溶液用设备,以及在化学工业中用于硝酸和氯化物腐蚀环境中的设备、苛性介质中及耐高温(不大于 650℃)腐蚀的构件和零部件。

该合金可以用于制造泵体、泵轮、阀体等。

(4) 化学成分(见表 5-110)

表 5-110 化学成分(质量分数)(典型化学成分供参考) (%)

C	Si	Mn	P	S	Cr	Ni	Mo	Fe
≤0.05	≤0.60	≤0.50	≤0.030	≤0.020	32~34	余量	7~9	≤2

注:其他相应(近似)牌号为 Hastelloy-G35。

(5) 物理性能(见表 5-111)

表 5-111 物理性能

温度/℃	室温	100	300	500
热导率 λ/[W/(m·℃)]	10.0	12.0	16.0	19.0
比定压热容 c_p/[J/(kg·℃)]	450	470	510	530
线胀系数/10^{-6}℃$^{-1}$	—	13.3	13.2	13.6
弹性模量 E/10^4MPa	—	—	—	—
切变模量 G/10^3MPa	—	—	—	—
泊松比 μ/10^{-1}	—	—	—	—
电阻率 ρ/10^{-8}Ω·m	118	119	121	124

注:密度为 8.22g/cm³;熔点为 1332~1361℃。

(6) 常见热处理制度(见表 5-112)

表 5-112 常见热处理制度

热处理	加热温度/℃	冷却方法	金相组织
固溶处理	1200~1220	急冷	奥氏体

(7) 不同温度下的力学性能(见表 5-113)

表 5-113 不同温度下的力学性能

状态	温度/℃	R_m/MPa	$R_{p0.2}$/MPa	A(%)	Z(%)	KU_2/J	HBW
3.2mm 板,1135℃固溶处理	室温	745	348	59	—	—	—
6.4mm 板,1121℃固溶处理	室温	703	344	66	—	—	—

（续）

状态	温度/℃	R_m/MPa	$R_{p0.2}$/MPa	$A(\%)$	$Z(\%)$	KU_2/J	HBW
12.7mm 板,1121℃固溶处理	室温	689	318	72	—	—	—
ϕ1mm 棒,1121℃固溶处理	室温	710	319	66	—	—	—
ϕ2.5mm 棒,1121℃固溶处理	室温	689	338	68	—	—	—
固溶处理（平均值）	93	692	313	69.3	—	—	—
	149	656	278	68.2	—	—	—
	204	623	248	69.5	—	—	—
	260	600	232	67.9	—	—	—
	316	583	219	68.8	—	—	—
	371	570	217	72.3	—	—	—
	427	561	215	72.8	—	—	—
	482	543	204	71.0	—	—	—
	538	521	194	72.7	—	—	—
	593	501	185	72.0	—	—	—
	649	483	184	70.0	—	—	—

（8）耐蚀性

① 耐全面（均匀）腐蚀性能见表 5-114。

表 5-114 耐全面（均匀）腐蚀性能

介质条件	压力/MPa	温度/℃	时间/h	腐蚀速率 mm/a	腐蚀速率 g/(m²·h)	备注
1%盐酸	—	沸腾	—	0.05	—	
5%盐酸	—	79	—	1.23	—	
10%盐酸	—	38	—	0.17	—	
20%盐酸	—	38	—	0.42	—	
2.5%氢溴酸	—	沸腾	—	<0.01	—	
5%氢溴酸	—	93	—	<0.01	—	
7.5%氢溴酸	—	93	—	<0.01	—	
10%氢溴酸	—	79	—	<0.01	—	
20%氢溴酸	—	66	—	0.44	—	
1%氢氟酸	—	79	—	0.15	—	
5%氢氟酸	—	52	—	0.10	—	
10%氢氟酸	—	52	—	0.24	—	
20%氢氟酸	—	52	—	3.49	—	—
10%铬酸	—	66	—	0.15	—	
20%铬酸	—	66	—	0.85	—	
10%硫酸	—	93	—	<0.01	—	
20%硫酸	—	93	—	0.01	—	
30%硫酸	—	93	—	2.62	—	
40%硫酸	—	79	—	<0.01	—	
50%硫酸	—	79	—	2.30	—	
20%硝酸	—	沸点	—	<0.01	—	
40%硝酸	—	沸点	—	0.01	—	
60%硝酸	—	沸点	—	0.06	—	
70%硝酸	—	沸点	—	0.10	—	
50%磷酸	—	沸点	—	0.01	—	

(续)

介质条件	压力/MPa	温度/℃	时间/h	腐蚀速率		备注
				mm/a	g/(m²·h)	
60%磷酸	—	沸点	—	0.01	—	
70%磷酸	—	沸点	—	0.11	—	
80%磷酸	—	沸点	—	0.42	—	—
99%磷酸	—	沸点	—	<0.01	—	
88%甲酸	—	沸点	—	0.07	—	
ASTM G28-A 方法	—	—	—	0.09	—	

② 耐应力腐蚀性能：0Cr33Ni55Mo8 合金耐氯化物应力腐蚀性能良好。在 45% $MgCl_2$ 沸腾溶液中，其耐应力腐蚀性能优于 316L 奥氏体不锈钢、245SMo 超级奥氏体不锈钢及部分铁镍基耐蚀合金。

③ 耐点蚀和耐缝隙腐蚀性能：0Cr33Ni55Mo8 合金的耐点蚀当量值 RPE 达到 59，所以其具有优良的耐点蚀和耐缝隙腐蚀性能，优于 316 奥氏体不锈钢、254SMo 超级奥氏体不锈钢及部分铁镍基耐蚀合金。

5.2.11 NS3306（0Cr20Ni65Mo10Nb4）

（1）概述

0Cr20Ni65Mo10Nb4 合金是奥氏体型镍基合金中铌含量较高的一种合金，也属沉淀硬化型奥氏体镍基合金。因其碳含量较高和含有较多的铌元素，所以，在经固溶处理获得奥氏体后，会有 MC、M_6C 和 $M_{23}C_6$ 型合金碳化物及 γ″和 δ 相沉淀，从而使合金获得高强度。此外，该合金还可以在固溶处理后，借冷加工来提高强度。

0Cr20Ni65Mo10Nb4 合金具有良好的耐蚀性和抗氧化性。其在大气、天然水、海水、中性盐和碱等弱腐蚀性介质中，基本上无明显腐蚀；在更苛刻的介质中，由于铬的存在能耐氧化性酸腐蚀并抗高温氧化，又由于是镍基合金且含较多铜，又耐还原性酸介质的腐蚀，同时也有较好的耐点蚀、耐缝隙腐蚀及耐应力腐蚀能力，高的铌含量又保证了合金不易产生晶间腐蚀。

0Cr20Ni65Mo10Nb4 合金还具有良好的韧性和成形性。该合金相当于 GB/T 15008—2020 中的 NS3306 合金，过去曾称 NS336 合金。

（2）工艺特性

0Cr20Ni65Mo10Nb4 合金有较高的高温变形抗力，因此，进行热加工时应需要较高的加热温度，一般在 1170℃左右，大量变形可取中上限温度，微量变形可取 930℃左右的温度。

0Cr20Ni65Mo10Nb4 合金应依据使用条件、用途选择合适的热处理方法，如果用于高温高强度条件，应采用 1120℃加热后水冷的固溶处理；如果用于耐湿态腐蚀，多采用退火处理，加热温度为 950~1050℃，如果为防止焊后的晶间腐蚀倾向，也可在 900~1100℃进行稳定化处理。

00Cr20Ni65Mo10Nb4 合金具有良好的焊接性，可采用通用的焊接方法，尽量采用同成分焊材。

该材料也具有一定的冷加工成形性，但冷作硬化倾向较大，在多次冷成形时，应采取中间软化退火处理。

(3) 应用

00Cr20Ni65Mo10Nb4 合金既具有高的耐蚀性，又具有高的热强性，因此，既可以作为耐蚀合金又可作为耐热合金使用。其主要以耐 HNO_3、$HNO_3+H_2SO_4$、HNO_3+HF 等混合酸腐蚀为主，对含 H_2SO_4 和 Cl^-、F^- 的湿法磷酸及海水均有良好耐蚀性，所以，可用其制作反应器、换热器、容器以及泵体、泵轮、阀件、紧固件等。

(4) 化学成分（见表 5-115）

表 5-115 化学成分（质量分数）

C	Si	Mn	P	S	Cr	Ni	Ti	Al	Fe	Nb	Mo	Co	备注
≤0.10	≤0.50	≤0.50	≤0.015	≤0.015	20.0~23.0	余量	≤0.40	≤0.40	≤5.0	3.15~4.15	8.0~10.0	≤1.0	（GB/T 15008—2020）适用棒材

(5) 物理性能（见表 5-116）

表 5-116 物理性能

温度/℃	室温	40	93	200	316	538
热导率 $\lambda/[W/(m·℃)]$	9.2	10.1	—	12.5	—	17.4
比定压热容 $c_p/[J/(kg·℃)]$	410	—	—	—	460	—
线胀系数 $/10^{-6}℃^{-1}$	—	—	12.78	13.14	—	14.94
弹性模量 $E/10^4 MPa$	—	—	—	—	—	—
切变模量 $G/10^3 MPa$	—	—	—	—	—	—
泊松比 $\mu/10^{-1}$	—	—	—	—	—	—
电阻率 $\rho/10^{-8}\Omega·m$	129	129	—	134	—	—

注：密度为 8.44g/cm³；熔点为 1288~1349℃。

(6) 常见热处理制度（见表 5-117）

表 5-117 常见热处理制度（依需要选用）

热处理	加热温度/℃	冷却方法	金相组织
固溶处理	1020~1100	水冷或空冷	奥氏体
时效处理	720~750	空冷	奥氏体+析出相
双时效处理	720~750 610~630	空冷	奥氏体+析出相
稳定化处理	900~1000	空冷	奥氏体+析出相

(7) 力学性能

① 技术标准规定的力学性能见表 5-118。

表 5-118 技术标准规定的力学性能

品种（标准）	规格/mm	状态	力学性能（≥)						HBW
			R_m/MPa	$R_{p0.2}$/MPa	$A_{11.3}$(%)	A(%)	Z(%)	KU_2/J	
棒材（GB/T 15008—2020）	≤80	1100~1150℃快冷	690	275	—	30	—	—	

② 不同温度下的力学性能见表 5-119。

表 5-119 不同温度下的力学性能

状态	温度/℃	R_m/MPa	$R_{p0.2}$/MPa	$A(\%)$	$Z(\%)$	KU_2/J	HBW
棒材,板材,热轧	室温	850~1100	400~750	60~30	60~40	—	175~240
棒材,板材,退火	室温	850~1050	400~650	60~30	60~40	—	145~220
棒材,板材,固溶	室温	700~900	300~400	65~40	90~60	—	116~194
管材,退火	室温	850~950	400~500	55~30	—	—	—
管材,固溶	室温	700~850	300~400	60~40	—	—	—
冷轧(变形25%)	24	1048	889	29	59	—	—
	232	924	807	24	57	—	—

(8) 耐蚀性

① 耐全面（均匀）腐蚀性能：0Cr20Ni65Mo10Nb4 合金在大气、海水、中性盐和碱等弱介质中基本无明显腐蚀，其还耐氧化性酸、还原性酸介质腐蚀，同时具有抗高温氧化性。

该合金对于浓度不大于50%的磷酸有良好的耐蚀性，但当浓度大于50%时，耐蚀性明显下降。其在室温的盐酸中有良好耐蚀性，但温度升高后耐蚀性下降。在 NaOH 等碱性介质中也有良好的耐蚀性。

在一些介质中的耐全面（均匀）腐蚀性能见表 5-120。

表 5-120 耐全面（均匀）腐蚀性能

介质条件	压力/MPa	温度/℃	时间/h	腐蚀速率 mm/a	腐蚀速率 g/(m²·h)	备注
65%HNO₃	—	沸点	—	≤0.075	—	—
15%H₂SO₄		80		0.185	—	通空气
				0.185	—	通氮气
50%H₂SO₄		80		0.420	—	
60%H₂SO₄		80		0.700	—	—
70%H₂SO₄		80		1.600	—	
80%H₂SO₄		80		2.250	—	
H₂SO₄		沸点		不耐蚀	—	
28%H₂SO₄+5.9%HF		50~79		1.225	—	
HF 气体				0.075	—	挂片试验
55%H₃PO₄+0.8%HF				0.412	—	
28%H₃PO₄(20%P₂O₅)+20%~22%H₂SO₄+1~1.5%氟化物		82~110	1008	0.035	—	充空气自然对流
HF 气体+SiF₄ 气体+SO₂ 气体	—	15.6~343	500	0.052	—	充空气高速气流
5%HCl			—	1.7	—	
10%HCl				2.02	—	
15%HCl				1.60	—	
20%HCl	—	66		1.25	—	
25%HCl				0.85	—	
30%HCl				0.85	—	
浓 HCl				0.375	—	
50%NaOH	—			0.0125	—	

② 耐晶间腐蚀性能：0Cr20Ni65Mo10Nb4 合金具有较高的铌含量，因此，具有很好的耐敏化态晶间腐蚀性能，在敏化处理和焊后都无须再进行固溶处理。例如，按 ASTMG28-A 法

进行晶间腐蚀试验，即在硫酸铁+50%H_2SO_4沸腾溶液中试验，经24%~25%冷轧变形的0Cr20Ni65Mo10Nb4合金试样的腐蚀速率为$4.32×10^{-4}$mm/a；最大晶间腐蚀深度为$1.3×10^{-5}$mm，比其他耐蚀合金优良得多。

③ 耐点蚀性能：0Cr20Ni65Mo10Nb4合金具有良好的耐点蚀性能，经24%~25%冷轧变形的0Cr20Ni65Mo10Nb4合金板材，在6%$FeCl_3$+1%HCl介质中试验24h，其点蚀温度不低于98℃，优于其他镍基合金。在酸性$FeCl_3$溶液中，经35℃、4h试验，该合金无点蚀现象。

④ 耐缝隙腐蚀性能：0Cr20Ni65Mo10Nb4合金具有较好的耐缝隙腐蚀性能，如经冷变形24%~25%的0Cr20Ni65Mo10Nb4合金，在6%$FeCl_3$+1%HCl介质中经72h试验，当试验温度分别为40℃和55℃时，缝隙腐蚀失重分别为3.7mg/cm^2和13.7mg/cm^2。

此外，0Cr20Ni65Mo10Nb4合金还具有较好的耐应力腐蚀和耐腐蚀疲劳的能力。

（9）常用标准牌号对照（见表5-121）

表5-121　常用标准牌号对照

国别	中国	国际标准化	欧洲		英国	德国	
标准	GB	ISO	EN	Mat. No	BS	DIN	W-Nr
牌号	NS3306	N06625	NiCr22Mo9Nb	2.4856	NA21	NiCr22Mo9Nb	2.4856
国别	法国	韩国	俄罗斯	日本	美国			
标准	NF	KS	ГOCT	JIS	ASTM	UNS	AISI	SAE	ASI
牌号	—	NCF625		NCF625	Inconel625	N06625			

5.2.12　NS3304（00Cr15Ni60Mo16W4Fe5）

（1）概述

00Cr15Ni60Mo16W4Fe5合金是低碳、低硅、含钨的镍-铬-钼型镍基合金。极低的碳含量可以减少合金中的碳化物析出量，降低硅含量可以减少合金中金属间相的沉淀析出数量，从而提高合金的耐晶间腐蚀性能，并改善合金塑性、韧性和加工成形性。

该合金主要耐湿氯、各种氧化性氯化物（如氯化铁、氯化铜等）、氯化盐溶液（如氯化钙、氯化镁、氯化铅等的溶液）、硫酸与氧化性盐的混合物、亚硫酸、沸腾温度的各种有机酸的腐蚀，还能耐氯化物和海水的点蚀和缝隙腐蚀。

00Cr15Ni60Mo16W4Fe5合金在大于1150℃时才具有均匀的单相固溶体（奥氏体）组织。当温度低于1150℃时，特别是在700~1050℃时，合金中会有一定量的碳化物和金属间相析出，由于低碳和低硅，这种析出相量不大。该合金相当于GB/T 15008—2020中的NS3304合金，过去曾称NS334合金。

00Cr15Ni60Mo16W4Fe5合金可以制成锻件、铸件、棒材、板材、管材等。

（2）工艺特性

00Cr15Ni60Mo16W4Fe5合金的热加工性较差，因为其合金成分特征使得其变形抗力大，必须严格控制热加工工艺。采用电渣重熔冶炼的合金可有较高的热塑性。合金的热加工和成形温度通常在1100~1200℃为宜。

00Cr15Ni60Mo16W4Fe5合金应在固溶处理状态下应用，这可以使其具有最佳的耐蚀性和力学性能。固溶处理加热温度通常在1120℃左右，保温后急速冷却。

该合金焊接性良好，可采用通用的焊接方法焊接。焊接时应防止热输入过大。

00Cr15Ni60Mo16W4Fe5合金具有一定的冷加工成形性，但其变形抗力较大，应采用合适的工艺方法。

(3) 应用

00Cr15Ni60Mo16W4Fe5 合金可用于各种氯化物、氯化物盐，以及各种氧化性盐混合物、硫酸、亚硫酸、磷酸、各种有机酸、高温氟化氢等腐蚀介质的环境中，可制造管道、容器、泵体、泵轮、阀体等耐腐蚀构件和零部件。

(4) 化学成分（见表5-122）

表 5-122 化学成分（质量分数） （%）

C	Si	Mn	P	S	Cr	Ni	W	V	Fe	Mo	Co	备注
≤0.010	≤0.08	≤1.00	≤0.040	≤0.030	14.5~16.5	余量	3.0~4.5	≤0.35	4.0~7.0	15.0~17.0	≤2.5	(GB/T 15008—2020) 适用棒材

(5) 物理性能（见表5-123）

表 5-123 物理性能

温度/℃	室温	93	204	316	427	538	649
热导率 $\lambda/[W/(m\cdot℃)]$	9.4	11.4	13.0	—	—	19.0	—
比定压热容 $c_p/[J/(kg\cdot℃)]$	427	—	—	—	—	—	—
线胀系数 $/10^{-6}℃^{-1}$	—	11.2	12.0	12.8	13.2	13.4	14.1
弹性模量 $E/10^4$ MPa	20.5	—	19.5	18.8	—	—	—
切变模量 $G/10^3$ MPa							
泊松比 $\mu/10^{-1}$							
电阻率 $\rho/10^{-8}\Omega\cdot m$	130						

注：密度为 8.8g/cm³；熔点为 1323~1371℃。

(6) 常见热处理制度（见表5-124）

表 5-124 常见热处理制度

热处理	加热温度/℃	冷却方法	金相组织
固溶处理	1120~1200	急冷	奥氏体

(7) 力学性能

① 技术标准规定的力学性能见表5-125。

表 5-125 技术标准规定的力学性能

品种（标准）	规格/mm	状态	力学性能(≥)					HBW
			R_m/MPa	$R_{p0.2}$/MPa	$A_{11.3}$(%)	A(%)	Z(%)	KU_2/J	
棒材 (GB/T 15008—2020)	≤80	1150~1200℃ 快冷	690	285		40			—

② 不同温度下的力学性能见表5-126。

表 5-126 不同温度下的力学性能

状态	温度/℃	R_m/MPa	$R_{p0.2}$/MPa	A(%)
2mm 板材 1121℃,水冷	室温	792	356	61
	204	694	290	59
	316	681	248	68
	427	650	225	67

(续)

状态	温度/℃	R_m/MPa	$R_{p0.2}$/MPa	A(%)
25.4mm 板材 1121℃,水冷	室温	785	365	59
	316	664	250	63
	427	654	210	61

(8) 耐蚀性

① 耐全面（均匀）腐蚀性能见表5-127。

表 5-127 耐全面（均匀）腐蚀性能

介质条件	压力/MPa	温度/℃	时间/h	腐蚀速率		备注
				mm/a	g/(m²·h)	
10%铬酸	—	沸点	210	1.65	—	固溶态
				2.06	—	焊态
				1.06	—	焊接+焊后热处理
20%甲酸	—	沸点	210	0.12	—	固溶态
				0.09	—	焊态
				0.09	—	焊接+焊后热处理
10%盐酸	—	66	210	0.53	—	固溶态
				0.51	—	焊态
				0.53	—	焊接+焊后热处理
10%盐酸	—	75	210	1.02	—	固溶态
				1.27	—	焊态
10%盐酸+0.1FeCl₃	—	75	210	0.99	—	固溶态
				1.14	—	焊态
10%盐酸+0.05%NaOCl	—	75	210	1.17	—	固溶态
				1.27	—	焊态
3.5%盐酸+8%FeCl₃	—	88	210	0.13	—	焊态
1%盐酸+25%FeCl₂	—	93	210	1.14	—	焊态
10%硝酸	—	沸点	210	0.41	—	固溶态
				0.43	—	焊态
				0.43	—	焊后+焊后热处理
10%硝酸+3%HF	—	70	210	8.89	—	固溶态
				9.65	—	焊态
10%硫酸	—	沸点	210	0.38	—	固溶态
				0.36	—	焊态
				0.46	—	焊态+焊后热处理

② 耐晶间腐蚀性能：00Cr16Ni60Mo16W4Fe5 合金有较好的耐晶间腐蚀性能，但在 600～1150℃敏化或焊后缓慢冷却时，合金仍有二次碳化物和金属间相析出，在某些腐蚀介质中仍有晶间腐蚀倾向。

③ 耐点蚀和耐缝隙腐蚀性能：00Cr16Ni60Mo16W4Fe5 合金在产生点蚀和缝隙腐蚀介质中，耐点蚀和耐缝隙腐蚀性能良好。

(9) 常用标准牌号对照（见表5-128）

表 5-128 常用标准牌号对照

国别	中国	国际标准化	欧洲		英国	德国	
标准	GB	ISO	EN	Mat. No	BS	DIN	W-Nr
牌号	NS3304	—	NiMo16Cr16W	2.4819	NA45	NiMo15Cr15W	2.4819

(续)

国别	法国	韩国	俄罗斯	日本	美国				
标准	NF	KS	ГОСТ	JIS	ASTM	UNS	AISI	SAE	ASI
牌号	—	—	—	—	Hastelloy C-276	N10276	—	—	—

5.2.13 NS3302（00Cr18Ni60Mo17）

（1）概述

00Cr18Ni60Mo17合金是钼含量比较高的镍基耐蚀合金，由于含有较多的铬、钼，其对氧化性和还原性介质都具有较好的耐蚀性，尤其是在含有氯离子的氧化-还原复合介质中，其抗点蚀性、耐全面（均匀）腐蚀性能都优于其他合金。

00Cr18Ni60Mo17合金在热加工状态的组织为奥氏体，基体上有大量的 M_6C_3 型碳化物存在，当加热到900℃时，有σ相析出，沿奥氏体晶界还会有 Ni_2Mo 型金属间相存在，但经1100℃以上温度固溶后，σ相可全部溶解，但 M_6C_3 型碳化物需要高温下才可固溶于奥氏体中。该合金相当于GB/T 15008—2020中的NS3302合金，过去曾称NS332合金。

00Cr18Ni60Mo17合金可制成锻件、铸件、棒材、板材等各类型材。

（2）工艺特性

00Cr18Ni60Mo17合金高温抗力较大，不易变形，故热加工相对困难，适宜的热变形加热温度为1150~1200℃，热加工终止温度应不低于1000℃。

00Cr18Ni60Mo17合金应在固溶处理状态下应用，以保证良好的性能，固溶加热温度宜于在1180~1220℃，保温后水冷以保证其更好的耐蚀性。

该合金焊接性良好，可采用通用方法焊接，焊材最好选用与母材相同成分的合金。如果焊缝区的碳、硅含量较高，则在焊缝区和热影响区易发生点蚀、晶间腐蚀。此时，应进行固溶处理。

00Cr18Ni60Mo17合金的冷加工性尚好，但也有冷作硬化倾向，因此，在冷变形加工中应进行固溶化处理，并进行去应力处理，以保证耐蚀性。当然，去应力处理的加热温度应避开碳化物和金属间相析出温度区间。

（3）应用

00Cr18Ni60Mo17合金可应用于湿氯、亚硫酸、次氯酸、乙酸及含有氯离子的氧化-还原复合介质中，可制成泵体、泵轮、阀体、管道、过滤器等。

（4）化学成分（见表5-129）

表5-129 化学成分（质量分数） （%）

C	Si	Mn	P	S	Cr	Ni	Ti	Mo	Fe	备注
≤0.030	0.70	≤1.00	≤0.030	≤0.030	17.0~19.0	余量	—	16.0~18.0	≤1.0	（GB/T 15008—2020）适用棒材

（5）物理性能（见表5-130）

表 5-130　物理性能（供参考）

温度/℃	室温	93	204	316	427	538	649
热导率 λ/[W/(m·℃)]	10.0	11.4（100℃）	13.2（200℃）	14.9（300℃）	16.6（400℃）	—	—
比定压热容 c_p/[J/(kg·℃)]	—	427（100℃）					
线胀系数/10^{-6}℃$^{-1}$	—	10.8	11.9	12.6	13.0	13.0	13.5
弹性模量 E/10^4MPa	20.5	—	19.5	18.8	—	—	—
切变模量 G/10^3MPa	—	—	—	—	—	—	—
泊松比 μ/10^{-1}	—	—	—	—	—	—	—
电阻率 ρ/10^{-8}Ω·m	—	—	—	—	—	—	—

注：密度为 8.64g/cm³。

(6) 常见热处理制度（见表 5-131）

表 5-131　常见热处理制度

热处理	加热温度/℃	冷却方法	金相组织
固溶处理	1160~1210	水冷	奥氏体

(7) 力学性能

① 技术标准规定的力学性能见表 5-132。

表 5-132　技术标准规定的力学性能

品种（标准）	规格/mm	状态	力学性能(≥)					HBW
			R_m/MPa	$R_{p0.2}$/MPa	$A_{11.3}$(%)	A(%)	Z(%)	KU_2/J	
棒材（GB/T 15008—2020）	≤80	1160~1210℃水冷	735	295	—	30	—	—	—

② 不同温度下的力学性能见表 5-133。

表 5-133　不同温度下的力学性能（供参考）

状态	温度/℃	R_m/MPa	$R_{p0.2}$/MPa	A(%)	Z(%)	KU_2/J	HBW
1150℃水冷	室温	830	<650	57	77	300	—
固溶处理	1000	110	—	65	70	—	—
	1050	89	—	98	65	—	—
	1100	71	—	75	48	—	—

(8) 耐蚀性

00Cr18Ni60Mo17 合金的耐蚀性较好，特别是耐点蚀性优于许多其他合金材料，如在 50%H_2SO_4 的 120℃介质中，腐蚀速率≤2.5g/(m^2·h)；在 85%CH_3COOH+Pt、Li、Cu 等的氯化物中，当压力为 196~245MPa、温度为 120℃时，腐蚀速率仅为 0.002g/(m^2·h)，且无点蚀。

该合金的耐蚀情况可参考表 5-127。

(9) 常用标准牌号对照（见表 5-134）

表 5-134 常用标准牌号对照

国别	中国	国际标准化	欧洲		英国	德国	
标准	GB	ISO	EN	Mat. No	BS	DIN	W-Nr
牌号	00Cr18Ni60Mo17	—	—	—	—	—	—
国别	法国	韩国	俄罗斯	日本	美国				
标准	NF	KS	ΓOCT	JIS	ASTM	UNS	AISI	SAE	ASI
牌号	—	—	—	—	Chromet-3	—	—	—	—

5.2.14 NS3305（00Cr16Ni66Mo16Ti）

（1）概述

00Cr16Ni66Mo16Ti 合金是低碳、低硅的镍-铬-钼型镍基耐蚀合金。极低的碳含量可以减少合金中的碳化物析出量，低硅可以减少合金中金属间相的析出数量，加入钛元素，进一步提高了合金的耐晶间腐蚀性能和组织热稳定性，为合金的焊接和热成形提供了条件。

由于合金碳化物、金属间相析出量少，因此其耐介质腐蚀的性能更好，但耐盐酸等还原性酸的能力稍差。该合金相当于 GB/T 15008—2020 中的 NS3305 合金，过去曾称 NS335 合金。

00Cr16Ni66Mo16Ti 合金可以制成锻件、铸件、棒材、板材等。

（2）工艺特性

00Cr16Ni66Mo16Ti 合金在高温下的变形抗力较小，更易于热加工，热加工和热成形温度以 1000~1200℃ 为宜。

00Cr16Ni66Mo16Ti 合金通常在固溶处理状态下使用，以保证具有最佳耐蚀性和塑性、韧性。固溶加热温度应在 1040℃ 左右，保温后急冷。

该合金焊接性良好，焊后仍具有高耐蚀性，合金更适合在焊接状态下使用，可采用常用的焊接方法，但不宜使用乙炔焊。焊接时应注意防止过热。

（3）应用

00Cr16Ni66Mo16Ti 合金主要用于盐酸、硫酸等无机酸或甲酸等有机酸，以及含氯介质等腐蚀条件。

该合金可制造管道、构件、泵体、泵轮、阀体等耐蚀产品或零件。

（4）化学成分（见表 5-135）

表 5-135 化学成分（质量分数） （%）

C	Si	Mn	P	S	Cr	Ni	Ti	Al	Fe	Mo	Co	备注
≤0.015	≤0.08	≤1.00	≤0.040	≤0.030	14.0~18.0	余量	≤0.70	≤0.30	≤3.0	14.0~17.0	≤2.0	（GB/T 15008—2020）适用棒材

（5）物理性能（见表 5-136）

表 5-136 物理性能

温度/℃	室温	93	100	200	204	300	316	400
热导率 $\lambda/[W/(m \cdot ℃)]$	10.0	—	11.4	13.2	—	14.9	—	16.6
比定压热容 $c_p/[J/(kg \cdot ℃)]$	—	—	427	—	—	—	—	—
线胀系数 $/10^{-6}℃^{-1}$	—	10.8	—	—	11.9	—	12.6	—

(续)

弹性模量 $E/10^4$MPa	20.5	—	—	—	19.5	—	18.8	—
切变模量 $G/10^3$MPa	—	—	—	—	—	—	—	—
泊松比 $\mu/10^{-1}$	—	—	—	—	—	—	—	—
电阻率 $\rho/10^{-8}\Omega\cdot m$	124.8	—	—	—	—	—	—	—

注：密度为 8.64g/cm³。

(6) 常见热处理制度（见表 5-137）

表 5-137 常见热处理制度

热处理	加热温度/℃	冷却方法	金相组织
固溶处理	1050~1100	急冷	奥氏体

(7) 力学性能

① 技术标准规定的力学性能见表 5-138。

表 5-138 技术标准规定的力学性能

品种（标准）	规格/mm	状态	力学性能（≥）					
			R_m/MPa	$R_{p0.2}$/MPa	$A_{11.3}$(%)	A(%)	Z(%)	KU_2/J	HBW
棒材 (GB/T 15008—2020)	≤80	1050~1100℃快冷	690	275	—	40	—	—	—

② 不同温度下的力学性能见表 5-139。

表 5-139 不同温度下的力学性能

状态	温度/℃	R_m/MPa	$R_{p0.2}$/MPa	A(%)	Z(%)	KU_2/J	HBW
3.1mm 板材 1066℃ 固溶	室温	800.62	420.29	54	—	—	92
	204	677.18	319.70	54	—	—	—
	316	671.77	302.47	59	—	—	—
	427	643.5	302.47	62	—	—	—
	538	643.7	302.40	55	—	—	—
	649	570.50	290.70	50	—	—	—
	760	475.41	259.75	44	—	—	—
3.1mm 板材 900℃ 时效	室温	789.60	365.20	56	—	—	—
	204	711.00	324.50	54	—	—	—
	316	685.55	296.95	57	—	—	—
	427	658.33	279.70	60	—	—	—
	538	642.80	275.90	57	—	—	—
	649	596.67	256.30	56	—	—	—
	760	525.00	250.00	56	—	—	—
12.5mm 板材 1066℃ 固溶	室温	804.70	334.85	63	—	—	—
	93	—	—	70	—	—	—
	204	763.40	301.10	61	—	—	—
	316	724.82	263.88	65	—	—	—
	427	706.22	246.66	66	—	—	—
	649	634.56	235.64	71	—	—	—
12.5mm 板材 TIG 焊态	室温	776.50	470.58	40	—	—	—
	260	653.86	351.40	39	—	—	—
	538	601.50	342.40	35	—	—	—

(8) 耐蚀性

① 耐全面（均匀）腐蚀性能：00Cr16Ni66Mo16Ti 合金耐蚀性较好。该合金在一些酸介质中耐全面（均匀）腐蚀性能见表 5-140。

表 5-140 耐全面（均匀）腐蚀性能

介质条件	压力/MPa	温度/℃	时间/h	腐蚀速率		备注
				mm/a	g/(m²·h)	
20%甲酸	—	沸点	—	0.0725	—	固溶态
				0.0875	—	TIG 焊态
				0.0875	—	900℃×100h 时效
10%盐酸	—	75	—	0.900	—	固溶态
				0.850	—	TIG 焊态
				0.875	—	900℃×100h 时效
10%硝酸	—	沸点	—	0.1475	—	固溶态
				0.1775	—	TIG 焊态
				0.2300	—	900℃×100h 时效
85%硝酸	—	沸点	—	1.525	—	固溶态
				1.300	—	TIG 焊态
				0.2125	—	900℃×100h 时效
10%硫酸	—	沸点	—	0.550	—	固溶态
				0.750	—	TIG 焊态
				0.500	—	900℃×100h 时效
85%硫酸	—	75	—	0.575	—	固溶态
				0.425	—	TIG 焊态
				0.525	—	900℃×100h 时效

② 耐晶间腐蚀性能：00Cr16Ni66Mo16Ti 合金因碳含量很低，又含有稳定化元素钛，所以其耐晶间腐蚀性能较好，即使在敏化状态下也有较好的耐晶间腐蚀性能。在同类合金中，其对敏化最不敏感。

(9) 常用标准牌号对照（见表 5-141）

表 5-141 常用标准牌号对照

国别	中国	国际标准化	欧洲		英国	德国	
标准	GB	ISO	EN	Mat. No	BS	DIN	W-Nr
牌号	NS3305	—	NiMo16Cr16Ti	2.4610	—	NiMo16Cr16Ti	2.4610
国别	法国	韩国	俄罗斯	日本	美国		
标准	NF	KS	ГОСТ	JIS	ASTM	UNS	AISI	SAE	ASI
牌号	—	—	—	—	Hastelloy C-4	No6455	—	—	—

5.2.15 NS3201（0Ni65Mo28Fe5V）

(1) 概述

0Ni65Mo28Fe5V 合金是镍-钼型镍基合金。该合金在所有大气条件下（包括海洋和工业大气）都具有较好的耐蚀性，在天然水和高纯水中的耐蚀性能极好。其耐点蚀和耐缝隙腐蚀性能甚至优于纯镍，在酸、碱、盐等腐蚀介质中也具有较好的耐蚀性。

0Ni65Mo28Fe5V 合金在固溶状态下为过饱和固溶体（过饱和奥氏体），在中温时效时会有β（Ni4Mo）、γ（Ni₃Mo）等金属相和 Mo₆C、M₂C 等碳化物在基体上和晶界处析出，会对合金性能产生不利作用。该合金相当于 GB/T 15008—2020 中的 NS3201 合金，过去曾称 NS321 合金。

0Ni65Mo28Fe5V 合金可制成锻件、铸件、棒材、板材、管材等。

（2）工艺特性

0Ni65Mo28Fe5V 合金有较好的热加工成形性，热加工温度通常在 1000~1200℃。

0Ni65Mo28Fe5V 合金应在固溶处理状态下使用，可具有最佳的耐蚀性和强韧性的良好配合。最适宜的固溶温度是 1150~1170℃，加热保温后应快冷。

该合金有良好的焊接性，与一般奥氏体不锈钢相似，可采用通用的焊接方法。应采用与其成分相同的焊接材料。合金热膨胀系数、电阻温度系数，热导率都比碳钢低，焊接时应考虑这一特点。为了保证合金焊后在盐酸、硫酸等介质中的耐蚀性，焊后最好进行固溶处理。

0Ni65Mo28Fe5V 合金具有良好的冷加工塑性和冷成形性，但有明显的冷变形硬化倾向。过量的冷变形中间应进行退火，以保证合金塑性的恢复，中间退火的温度在 1000~1100℃。为保证性能，特别是耐蚀性，在冷变形后应进行固溶处理。

（3）应用

0Ni65Mo28Fe5V 合金的主要特点是耐盐酸腐蚀，也耐湿 HCl 气体、硫酸、磷酸的腐蚀，所以，可广泛应用于上述介质腐蚀环境，可用于制造管道、泵体、泵轮、阀体等。

（4）化学成分（见表 5-142）

表 5-142　化学成分（质量分数）　　　　　　　　　　（%）

C	Si	Mn	P	S	Cr	Ni	Mo	V	Fe	Co	备注
≤0.05	≤1.00	≤1.00	≤0.030	≤0.030	≤1.00	余量	26.0~30.0	0.20~0.40	4.0~6.0	≤2.5	（GB/T 15008—2020）适用棒材

（5）物理性能（见表 5-143）

表 5-143　物理性能

温度/℃	室温	100	200	300
热导率 $\lambda/[W/(m\cdot℃)]$	—	—	—	—
比定压热容 $c_p/[J/(kg\cdot℃)]$	—	—	—	—
线胀系数 $/10^{-6}℃^{-1}$	—	11.2	11.4	11.5
弹性模量 $E/10^4$MPa	—	—	—	—
切变模量 $G/10^3$MPa	—	—	—	—
泊松比 $\mu/10^{-1}$	—	—	—	—
电阻率 $\rho/10^{-8}\Omega\cdot m$	135	—	—	—

注：密度为 9.24g/cm³；熔点为 1320~1350℃。

（6）常见热处理制度（见表 5-144）

表 5-144　常见热处理制度

热处理	加热温度/℃	冷却方法	金相组织
固溶处理	1140~1190	急冷	奥氏体

（7）力学性能

① 技术标准规定的力学性能见表 5-145。

表 5-145 技术标准规定的力学性能

品种(标准)	规格/mm	状态	R_m/MPa	$R_{p0.2}$/MPa	$A_{11.3}$(%)	A(%)	Z(%)	KU_2/J	HBW
棒材(GB/T 15008—2020)	≤80	1140~1190℃ 快速水冷	690	310	—	40	—	—	—

② 不同温度下的力学性能见表 5-146。

表 5-146 不同温度下的力学性能

状态	温度/℃	R_m/MPa	$R_{p0.2}$/MPa	A(%)	Z(%)	KU_2/J	HBW
30mm 棒材,固溶	室温	871.22	382.2	45.0	—	—	209
300mm 板材,固溶	室温	902.6	388.0	60.0	—	—	195
固溶	700	539.0	—	17.7	—	—	—
固溶	800	417.48	—	12.5	—	—	—
固溶	950	269.50	—	25.1	—	—	—
固溶	1050	166.6	—	37.0	—	—	—
固溶	1100	109.10	—	56.6	—	—	—
固溶	1150	88.20	—	53.2	—	—	—
固溶	1200	64.68	—	82.5	—	—	—

(8) 耐蚀性

① 耐全面(均匀)腐蚀性能见表 5-147。

表 5-147 耐全面(均匀)腐蚀性能

介质条件	压力/MPa	温度/℃	时间/h	腐蚀速率 mm/a	腐蚀速率 g/(m²·h)	备注
工业大气	—	—	105120	0.0030	—	
工业大气	—	—	201480	0.0025	—	
海洋大气	—	—	131400	0.0004	—	
2%H_2SO_4	—	室温	—	0.0254	—	
2%H_2SO_4	—	65	—	0.1270	—	
2%H_2SO_4	—	沸点	—	0.0254	—	
5%H_2SO_4	—	室温	—	0.0254	—	
5%H_2SO_4	—	65	—	0.1026	—	
5%H_2SO_4	—	沸点	—	0.0254	—	
10%H_2SO_4	—	室温	—	0.0254	—	
10%H_2SO_4	—	65	—	0.0762	—	
10%H_2SO_4	—	沸点	—	0.0508	—	
25%H_2SO_4	—	室温	—	0.0254	—	—
25%H_2SO_4	—	65	—	0.0254	—	
25%H_2SO_4	—	沸点	—	0.0508	—	
50%H_2SO_4	—	室温	—	0.0102	—	
50%H_2SO_4	—	65	—	0.0254	—	
50%H_2SO_4	—	沸点	—	0.0508	—	
60%H_2SO_4	—	室温	—	0.0051	—	
60%H_2SO_4	—	65	—	0.0254	—	
60%H_2SO_4	—	沸点	—	0.1778	—	
77%H_2SO_4	—	室温	—	0.0051	—	
77%H_2SO_4	—	65	—	0.0102	—	
77%H_2SO_4	—	沸点	—	—	—	
80%H_2SO_4	—	室温	—	0.0025	—	
80%H_2SO_4	—	65	—	0.0076	—	
85%H_2SO_4	—	室温	—	0.0025	—	
85%H_2SO_4	—	65	—	0.0076	—	
90%H_2SO_4	—	室温	—	0.0025	—	
90%H_2SO_4	—	65	—	0.0076	—	

(续)

介质条件	压力/MPa	温度/℃	时间/h	腐蚀速率 mm/a	腐蚀速率 g/(m²·h)	备注
96%H$_2$SO$_4$	—	室温	—	0.0051	—	
	—	65	—	0.0076	—	
1%HCl	—	室温	—	0.0762	—	
	—	65	—	0.2286	—	
	—	沸点	—	0.0508	—	
2%HCl	—	室温	—	0.0508	—	
	—	65	—	0.2286	—	
	—	沸点	—	0.0762	—	
5%HCl	—	室温	—	0.0508	—	
	—	65	—	0.2286	—	
	—	沸点	—	0.1776	—	
10%HCl	—	室温	—	0.0508	—	
	—	65	—	0.1778	—	
	—	沸点	—	0.2286	—	
15%HCl	—	室温	—	0.0254	—	
	—	65	—	01524	—	
	—	沸点	—	0.3556	—	
20%HCl	—	室温	—	0.0508	—	
	—	65	—	0.1270	—	
	—	沸点	—	0.6096	—	
25%HCl	—	室温	—	0.0254	—	
	—	65	—	0.1026	—	
31%HCl	—	室温	—	0.0076	—	
	—	65	—	0.0508	—	
10%HCl 充氮气	14	70	—	—	—	
	14	100	—	0.200	—	
	14	135	—	0.500	—	
10%HCl 充20%O$_2$+ 80%N$_2$气	14	70	—	2.125	—	
	14	100	—	6.550	—	
	14	135	—	10.050	—	
25%HCl 充氮气	14	70	—	0.050	—	
	14	100	—	0.200	—	
	14	135	—	1.225	—	
25%HCl 充20%O$_2$+ 80%N$_2$气	14	70	—	1.450	—	
	14	100	—	3.875	—	
	14	135	—	8.400	—	
37%HCl 充氮气	14	70	—	0.050	—	
	14	100	—	0.300	—	
	14	135	—	2.200	—	
37%HCl 充20%O$_2$+ 80%N$_2$气	14	70	—	0.175	—	
	14	100	—	2.030	—	
	14	135	—	7.375	—	
5%HF	—	室温	24	0.100	—	
25%HF	—	室温	24	0.125	—	
40%HF	—	55		0.0225	—	
45%HF	—	室温	24	0.075	—	
60%HF	—	室温		0.400	—	
10%H$_3$PO$_4$	—	室温	—	0.0076	—	
	—	65	—	0.0508	—	
	—	沸点	—	0.0254	—	

(续)

介质条件	压力/MPa	温度/℃	时间/h	腐蚀速率 mm/a	腐蚀速率 g/(m²·h)	备注
30%H_3PO_4	—	室温	—	0.0076	—	
	—	65	—	0.0203	—	
	—	沸点	—	0.0762	—	
50%H_3PO_4	—	室温	—	0.0025	—	
	—	65	—	0.0076	—	
	—	沸点	—	0.0762	—	
86%H_3PO_4	—	室温	—	微量	—	
	—	65	—	0.0102	—	
	—	沸点	—	0.7112	—	
78%~85%H_3PO_4	—	115	—	0.130	—	
80%H_3PO_4	—	138	360	0.2375	—	
85%H_3PO_4	—	121	72	0.025	—	
85%H_3PO_4	—	150	72	0.375	—	
86%H_3PO_4	—	110	96	0.100	—	
87%~90%H_3PO_4	—	90	2448	0.075	—	
96%H_3PO_4	—	255~288	73	1.00	—	
98%H_3PO_4	—	93	696	0.00075	—	
98%H_3PO_4	—	150	696	0.0326	—	
100%H_3PO_4	—	176	72	0.100	—	
100%H_3PO_4	—	205	72	0.250	—	
2%$CuCl_2$	—	—	—	3.825	—	
10%$CuCl_2$	—	—	—	>25.00	—	
2%$FeCl_3$	—	—	—	5.85	—	
10%$FeCl_3$	—	—	—	>25.00	—	
10%CH_3COOH	—	室温	24	0.0125	—	
	—	65	24	0.0175	—	
	—	101	96	0.0750	—	
	—	沸点	24	0.1500	—	
20%CH_3COOH	—	100	7800	0.0500	—	
50%CH_3COOH	—	室温	24	0.0250	—	
	—	65	24	0.0010	—	
	—	沸点	24	0.1000	—	
	—	102	96	0.1250	—	
85%~95%CH_3COOH	—	118	720	0.1250	—	
99%CH_3COOH	—	室温	24	0.0025	—	
	—	65	24	0.0050	—	
	—	沸点	24	0.0125	—	
99.6%CH_3COOH	—	118	96	<0.025	—	
55%$CaCl_2$(液相)	—	93	696	0.050	—	
62%$CaCl_2$(液相)	—	154	1344	0.025	—	
73%$CaCl_2$(液相)	—	177	864	0.050	—	
26%$AlCl_3$(在槽中)	—	18	504	0.010	—	
30%~40%$BaCl_2$	—	150	840	0.0775	—	
100%$POCl_3$(在缸中)	—	21	1608	0.0050	—	
48%$ZnSO_3$	—	105	1416	0.1130	—	
氯(含0.04%H_2O)	—	室温	48	0.100	—	
湿氯	—	室温	24	11.95	—	
干溴(含0.003%H_2O)	—	室温	240	0.0130	—	

(续)

介质条件	压力/MPa	温度/℃	时间/h	腐蚀速率 mm/a	腐蚀速率 g/(m²·h)	备注
溴(含0.04%H₂O)	—	室温	1656	0.035		
溴水		室温	24	3.050		
高温碘蒸气		300	—	0.00310		
		450		0.0375		
干CCl₄,500mL/h		400		0.00050		
		500		0.0015		
		600		0.20		
CoCl₂+水+饱和空气 1000mL/h		400		0.0050		
		500		0.020~0.0225		
		600		0.10~0.175		
CCl₄+干空气 500mL/h		500		0.0125~0.020		
		600	—	0.120		

此外,0Ni65Mo28Fe5V合金对碱介质也有良好的耐蚀性,如在浓度≤70% NaOH 溶液、温度≤120℃的条件下,其腐蚀速率仅为0.050mm/a;在沸点为165℃的浓度60%NaOH溶液和沸点为191℃的浓度70%NaOH溶液中,腐蚀速率≤0.50mm/a;在100~180℃的条件下,浓度为60%的Na₂S溶液中,腐蚀速率为0.55mm/a。

该合金在一些中性或碱性非氧化性盐中有良好的耐蚀性;该合金在低浓度的氧化性酸性盐中耐蚀,但当浓度升高时,耐蚀性明显下降。

② 耐晶间腐蚀性能:0Ni65Mo28Fe5V合金虽然耐硫酸、盐酸腐蚀性能好(在固溶状态时),但经过焊接后使用时,在焊缝处易出现刀口状腐蚀,在热影响区出现晶间腐蚀。0Ni65Mo28Fe5V合金存在两个敏化区,即1200~1300℃高温敏化区和600~900℃中温敏化区,合金经过两个敏化区时会产生晶间腐蚀,并引起硬度升高。

在大于1250℃的高温区,合金析出相有钼含量较高的M_6C、M_2C等碳化物以及λ相;在590~900℃中温区会有Ni-Mo金属间相和M_6C、M_2C等碳化物析出,这些金属间相和碳化物均含有较多钼,所以,它们析出时沿晶界沉淀,可引起周围钼贫化,从而导致晶间腐蚀。可以说,即使在固溶状态下,较高碳含量的0Ni65Mo28Fe5V合金也难以保证不产生晶间腐蚀。因此,为防止晶间腐蚀产生,只有降低碳含量。所以出现了碳的质量分数低于0.01%的超低碳的Mo-Ni-Fe合金以及加钒的镍基合金,如00Mo28Ni68合金和00Mo28Ni68V合金。

(9) 常用标准牌号对照(见表5-148)

表5-148 常用标准牌号对照

国别	中国	国际标准化	欧洲		英国	德国	
标准	GB	ISO	EN	Mat. No	BS	DIN	W-Nr
牌号	NS3201	—	NiMo30	2.4800		NiMo30	2.4800

国别	法国	韩国	俄罗斯	日本	美国				
标准	NF	KS	ГОСТ	JIS	ASTM	UNS	AISI	SAE	ASI
牌号	—				Hastelloy B	N10001			

5.2.16 00Mo28Ni68Fe2

(1) 概述

00Mo28Ni68Fe2合金也是镍钼型奥氏体型耐蚀合金。与0Ni65Mo28Fe5V合金相比，降低了碳、硅及铁的含量，这种成分上的变化使合金在基体上或晶界间的析出相明显减少，从而有效地提高了其耐全面（均匀）腐蚀和耐晶间腐蚀的性能。试验研究和实际使用效果表明，尽管00Mo28Ni68Fe2与0Ni65Mo28Fe5V这两种合金在耐盐酸、硫酸、磷酸等无机酸方面的性能特点基本相同，但前者耐蚀效果更好，特别是焊后的耐蚀性更明显。在沸腾的20%盐酸中，其冷加工变形量达50%，也不影响耐蚀性。该合金相当于GB/T 15008—2020中的NS3202合金，过去曾称NS322合金。

00Mo28Ni68Fe2合金可以生产锻件、铸件以及板材、管材、带材等各种型材。

(2) 工艺特性

00Mo28Ni68Fe2合金有更好的热加工性，当对合金中的铁、铬含量加以适当控制时，其热加工成形性会有很大的改善，热加工温度通常在1000~1200℃。

00Mo28Ni68Fe2合金通常应在固溶处理后使用，固溶加热温度一般在1055~1070℃，保温后急冷。为防止碳化物或金属间相析出而影响性能，一般情况下不要在540~820℃的温度区间停留和使用。

00Mo28Ni68Fe2合金具有良好的焊接性，因碳、硅和铁的含量都比较低，焊后耐晶间腐蚀能力更好，不易产生刀口腐蚀。如果对铁和铬的含量更严格控制，则对焊接件的耐蚀性更好，焊接性也得到明显改善。

一般情况下，00Mo28Ni68Fe2合金焊后不必进行热处理。

00Mo28Ni68Fe2合金具有良好的冷加工成形性，但存在冷加工硬化倾向，过量的冷变形和多次冷变形应注意采用中间退火，中间退火温度一般在1000~1100℃。

(3) 应用

00Mo28Ni68Fe2合金可用于在无机酸（盐酸、硫酸、磷酸等）介质腐蚀条件下的零部件制造，特别适合于焊接件的制造。

其可制成轴、泵体、泵轮、阀体、容器、管道等。

(4) 化学成分（见表5-149）

表5-149 化学成分（质量分数） (%)

C	Si	Mn	P	S	Cr	Ni	Ti	Mo	Fe	Co	备注
≤0.020	≤1.00	≤1.00	≤0.040	≤0.030	≤1.00	余量	—	26.0~30.0	≤2.0	≤1.0	(GB/T 15008—2020)适用棒材

(5) 物理性能（见表5-150）

表5-150 物理性能

温度/℃	0	室温	93	100	204	300	316	538
热导率 λ/[W/(m·℃)]	11.1	—	—	12.2	—	14.6	—	—
比定压热容 c_p/[J/(kg·℃)]	320	—	—	340	—	380	—	—
线胀系数/10^{-6}℃$^{-1}$	—	—	10.3	—	10.8	—	11.2	—
弹性模量 E/10^4MPa	—	21.7	—	—	—	—	20.2	18.9

(续)

切变模量 $G/10^3$ MPa	—	—	—	—	—	—	—
泊松比 $\mu/10^{-1}$	—	—	—	—	—	—	—
电阻率 $\rho/10^{-8}\Omega\cdot m$	137	—	—	138	—	139	—	—

注：密度为 9.217g/cm³。

（6）常见热处理制度（见表5-151）

表 5-151　常见热处理制度

热处理	加热温度/℃	冷却方法	金相组织
固溶处理	1040~1090	急冷	奥氏体

（7）力学性能

① 技术标准规定的力学性能见表5-152。

表 5-152　技术标准规定的力学性能

品种(标准)	规格/mm	状态	力学性能(≥)						HBW
			R_m/MPa	$R_{p0.2}$/MPa	$A_{11.3}$(%)	A(%)	Z(%)	KU_2/J	
棒材 (GB/T 15008—2020)	≤80	1040~1090℃ 水冷	760	350	—	40	—	—	—

② 不同温度下的力学性能见表5-153。

表 5-153　不同温度下的力学性能

状态	温度/℃	R_m/MPa	$R_{p0.2}$/MPa	A(%)	Z(%)	KU_2/J	HBW
1.3~3.1mm 板材 1066℃,急冷	室温	955	526	53	—	—	240
	204	885	451	50	—	—	—
	316	864	426	49	—	—	—
	427	866	418	51	—	—	—
2.5~8.9mm 板材 1066℃,急冷	室温	894	412	61	—	—	210
	204	849	350	59	—	—	—
	316	823	328	60	—	—	—
	427	806	310	60	—	—	—
9.1~51mm 板材 1066℃,急冷	室温	902	407	61	—	—	205
	204	871	361	60	—	—	—
	316	840	336	60	—	—	—
	427	823	319	61	—	—	—

（8）耐蚀性

① 耐全面（均匀）腐蚀性能见表5-154。

表 5-154　耐全面（均匀）腐蚀性能

介质条件	压力/MPa	温度/℃	时间/h	腐蚀速率		备注
				mm/a	g/(m²·h)	
20%盐酸	—	沸点		0.36	—	固溶态 硬度:156HB
				0.36	—	变形度:10% 硬度:308HB
				0.36	—	变形度:20% 硬度:360HB

(续)

介质条件	压力/MPa	温度/℃	时间/h	腐蚀速率 mm/a	腐蚀速率 g/(m²·h)	备注
20%盐酸	—	沸点	—	0.33	—	变形度:30% 硬度:411HB
				0.36	—	变形度:40% 硬度:423HB
				0.36	—	变形度:50% 硬度:434HB
1%盐酸	—	沸点	—	0.02	—	试样 1066℃ 急冷
2%盐酸				0.08	—	
5%盐酸				0.13	—	
10%盐酸				0.18	—	
15%盐酸				0.28	—	
20%盐酸				0.38	—	
10%磷酸				0.05	—	
30%磷酸				0.08	—	
50%磷酸				0.15	—	
85%磷酸				0.63	—	
2%硫酸				<0.02	—	
5%硫酸				0.08	—	
10%硫酸				0.05	—	
20%硫酸				<0.02	—	
30%硫酸				<0.02	—	
40%硫酸				<0.03	—	
50%硫酸				0.03	—	
60%硫酸				0.05	—	
70%硫酸				0.23	—	
10%乙酸				<0.02	—	
30%乙酸				0.01	—	
50%乙酸	—	沸点	—	0.01	—	
70%乙酸				<0.01	—	
99%乙酸				<0.01	—	
10%甲酸				<0.01	—	
20%甲酸				<0.02	—	
30%甲酸	—	沸点	—	<0.02	—	
40%甲酸				<0.02	—	
60%甲酸				<0.02	—	
89%甲酸				<0.02	—	

② 耐晶间腐蚀性能：00Mo28Ni68Fe2 合金具有较好的耐晶间腐蚀性能，比 0Ni65Mo28Fe5V 合金的耐晶间腐蚀性能更优良，但还是应注意不要在 540~820℃ 的易敏化温度区内长时间停留或工作。

③ 耐应力腐蚀性能：00Mo28Ni68Fe2 合金有一定的耐应力腐蚀能力，试验结果表明，适量控制铁、铬含量，在中温时效状态的耐应力腐蚀能力更好。

(9) 常用标准牌号对照（见表 5-155）

表 5-155　常用标准牌号对照

国别	中国	国际标准化	欧洲		英国	德国	
标准	—	ISO	EN	Mat. No	BS	DIN	W-Nr
牌号	00Mo28Ni68Fe2	—	NiMo28	2.4617	NA44	NiMo28	2.4617

(续)

国别	法国	韩国	俄罗斯	日本	美国			
标准	NF	KS	ГОСТ	JIS	ASTM	UNS	AISI	SAE	ASI
牌号	—	—	—	—	Hastelloy B-2	N10665	—	—	—

5.2.17 00Mo26Ni60Cr8Fe2Co2

（1）概述

00Mo26Ni60Cr8Fe2Co2合金是镍钼型的镍基耐蚀合金，是一种有优良耐蚀性、高温高强度、低热膨胀的沉淀硬化型耐蚀、耐热合金。

该合金除镍、钼、铬外，还含有钴，且铁含量较低。在固溶态具有奥氏体组织，但时效处理后会有Ni_2（Mo、Cr）型金属间相在基体上沉淀析出。这种金属间相非常细小，是合金的主要强化相。

00Mo26Ni60Cr8Fe2Co2合金与其他镍钼型镍基合金最大的不同点是在固溶+时效处理后，其室温和高温强度高，并且在硫酸、盐酸、氢氟酸、磷酸及氟化物熔盐中均具有良好的耐蚀性、高温抗氧化性。

该合金可制成锻件、铸件、棒材、板材、管材等。

（2）工艺特性

00Mo26Ni60Cr8Fe2Co2合金具有良好的热加工成形性，热加工可在980~1230℃范围内进行，宜在中上限温度成形。而为了获得细晶粒结构，热加工应在中下限温度终止。热加工后应进行固溶+时效处理，以得到良好的耐蚀性和强韧性。

00Mo26Ni60Cr8Fe2Co2合金的最终热处理应为固溶+时效处理，固溶加热温度应为950~1120℃，保温后快冷。固溶处理后的时效温度一般选为650℃，时效保温时间可依据情况选在24~48h，空冷。

该合金具有良好的焊接性，焊接应在固溶状态下进行，采用相匹配的焊材和较小的热输入。焊后应进行固溶+时效处理，以保证焊接处和母材具有良好的性能。

00Mo26Ni60Cr8Fe2Co2合金具有良好的冷加工成形性，因在固溶态有良好的塑性，容易冷加工成形。冷成形后最好进行固溶+时效处理。

（3）应用

00Mo26Ni60Cr8Fe2Co2合金经固溶+时效处理后使用，用于制作重要场合（如航空、航天工业）的构件和零件，其作为耐蚀材料，可用于氢氟酸、氟化物熔盐及其他腐蚀环境中，制作管道、泵体、泵轮、阀体等。当该合金以耐蚀用途为主，不要求较高强度时，也以固溶状态使用。

（4）化学成分（见表5-156）

表5-156 化学成分（质量分数） （%）

C	Si	Mn	P	S	Cr	Ni	Mo	Fe	Co	Al	Cu	B
≤0.03	≤0.8	≤0.8	≤0.030	≤0.020	7.0~9.0	余量	24.0~28.0	≤2.0	≤2.5	≤0.5	≤0.5	≤0.006

注：其他相应（近似）牌号为Haynes242。

（5）物理性能（见表-157）

表 5-157 物理性能

温度/℃	室温	100	200	300
热导率 $\lambda/[W/(m \cdot ℃)]$	11.4	12.6	—	15.9
比定压热容 $c_p/[J/(kg \cdot ℃)]$	386	405	—	431
线胀系数/$10^{-6}℃^{-1}$	—	10.8	11.3	11.6
弹性模量 $E/10^4$MPa	—	—	—	—
切变模量 $G/10^3$MPa	—	—	—	—
泊松比 $\mu/10^{-1}$	—	—	—	—
电阻率 $\rho/10^{-8}\Omega \cdot m$	12.20	12.30	—	126.7

注：密度为 9.05g/cm³。

（6）常见热处理制度（见表5-158）

表 5-158 常见热处理制度

热处理	加热温度/℃	冷却方法	金相组织
固溶处理	950~1120	急冷	奥氏体
时效处理	650	空冷	奥氏体+析出相

（7）不同温度下的力学性能（见表5-159）

表 5-159 不同温度下的力学性能

状态	温度/℃	R_m/MPa	$R_{p0.2}$/MPa	$A(\%)$	$Z(\%)$	KU_2/J	HBW
（环件）固溶+时效	室温	1290	845	33.7	45.7	—	—
	95	1245	760	31.7	47.0	—	—
	205	1195	705	33.0	51.8	—	—
	315	1160	665	33.4	48.4	—	—
	425	1110	595	37.6	45.9	—	—
	540	1080	540	38.3	49.9	—	—
	650	1000	—	33.2	41.1	—	—
	760	730	310	44.3	54.1	—	—
	870	500	310	49.7	85.1	—	—
	980	290	210	54.0	97.8	—	—
（热轧板）固溶+时效	25	1330	868	36	—	—	—
	205	1213	696	43	52	—	—
	425	1137	627	45	52	—	—
	540	1130	613	44	51	—	—
	595	1102	613	44	51	—	—
	650	971	599	29	31	—	—
	705	813	503	28	30	—	—
（冷轧板）固溶+时效	25	1288	827	38	—	—	—
	540	1137	730	31	—	—	—
	595	1034	703	18	—	—	—
	650	930	661	14	—	—	—
	705	751	572	10	—	—	—
板材,650℃×0h	室温	1235	760	39	44	90(KV_2)	—
板材,650℃×1000h	室温	1340	820	28	38	56(KV_2)	—
板材,650℃×4000h	室温	1350	840	25	37	42(KV_2)	—
板材,650℃×8000h	室温	1330	835	24	39	35(KV_2)	—

(8) 耐蚀性

① 耐全面（均匀）腐蚀性能见表 5-160。

表 5-160 耐全面（均匀）腐蚀性能

介质条件	压力/MPa	温度/℃	时间/h	腐蚀速率 mm/a	腐蚀速率 g/(m²·h)	备注
5%HCl	—	沸点	—	8.2	—	焊态
5%HF	—	79	24	11.7	—	焊态
10%H_2SO_4	—	沸点	—	1.2	—	焊态
30%H_2SO_4	—	沸点	—	2	—	焊态
50%H_2SO_4	—	沸点	—	2.3	—	焊态
2.5%HCl+50×$10^{-6}Fe^{3+}$	—	沸点	24	33	—	固溶态
2.5%HCl+50×$10^{-6}Fe^{3+}$	—	沸点	24	26	—	固溶+时效
10%HCl+50×$10^{-6}Fe^{3+}$	—	沸点	24	58	—	固溶态
10%HCl+50×$10^{-6}Fe^{3+}$	—	沸点	24	83	—	固溶+时效
10%H_2SO_4+50×$10^{-6}Fe^{3+}$	—	沸点	24	27.5	—	固溶态
10%H_2SO_4+50×$10^{-6}Fe^{3+}$	—	沸点	24	19	—	固溶+时效
50%H_2SO_4+50×$10^{-6}Fe^{3+}$	—	沸点	24	38.3	—	固溶态
50%H_2SO_4+50×$10^{-6}Fe^{3+}$	—	沸点	24	32	—	固溶+时效
10%H_2SO_4+200×$10^{-6}Fe^{3+}$	—	沸点	24	2.15	—	固溶态
10%H_2SO_4+200×$10^{-6}Fe^{3+}$	—	沸点	24	2.25	—	固溶+时效
50%H_2SO_4+200×$10^{-6}Fe^{3+}$	—	沸点	24	26.7	—	固溶态
50%H_2SO_4+200×$10^{-6}Fe^{3+}$	—	沸点	24	86.5	—	固溶+时效
55%H_3PO_4	—	沸点	—	2.95	—	固溶态
85%H_3PO_4	—	沸点	—	3.95	—	固溶态
99%CH_3COOH	—	沸点	—	0.7	—	固溶态
88%HCOOH	—	沸点	—	0.3	—	固溶态
10%HNO_3	—	沸点	—	496	—	固溶态
ASTM G28A(方法)	—	—	—	1992	—	固溶态
5%HF	—	79	24	0.36	—	固溶态
48%HF	—	79	24	0.81	—	固溶态
70%HF	—	52	24	0.89	—	固溶态
10%HCl	—	沸点	24	0.56	—	固溶态
20%HCl	—	沸点	24	1.04	—	固溶态
55%H_3PO_4	—	沸点	24	0.08	—	固溶态
85%H_3PO_4	—	沸点	24	0.10	—	固溶态
10%H_2SO_4	—	沸点	24	0.05	—	固溶态
50%H_2SO_4	—	沸点	24	0.031	—	固溶态
99%CH_3COOH	—	沸点	24	≤0.03	—	固溶态

② 高温抗氧化性能：00Mo26Ni60Cr8Fe2Co2 合金在 815℃ 以下有良好的抗氧化性能，不需要任何表面防护措施。

(9) 常用标准牌号对照（见表 5-161）

表 5-161 常用标准牌号对照

国别标准	中国	国际标准化 ISO	欧洲 EN	欧洲 Mat. No	英国 BS	德国 DIN	德国 W-Nr
牌号	00Mo26Ni60Cr8Fe2Co2	—	—	—	—	—	—

(续)

国别	法国	韩国	俄罗斯	日本	美国				
标准	NF	KS	ΓOCT	JIS	ASTM	UNS	AISI	SAE	ASI
牌号	—	—	—	—	Haynes242	—	—	—	—

5.2.18 Ni68Cu28Fe

（1）概述

Ni68Cu28Fe合金是应用较广泛的含铜的镍基镍-铜合金。其组织结构为典型的单相奥氏体组织，由于镍与铜之间可以任何比例互溶，因此，一般没有金属间相析出，但在奥氏体基体上可见有非金属夹杂物，如硫化物、硅酸盐甚至少量碳化物。

Ni68Cu28Fe合金是综合性能最佳的耐蚀合金。其与纯镍相比，更耐还原性介质腐蚀；与纯铜相比，更耐氧化性介质腐蚀。其在大气、水中的耐蚀能力极好，在其他常见腐蚀介质中也有较好的耐蚀性。但在熔融硫和含硫介质中，由于易形成低熔点的硫化镍而受到腐蚀，所以，在这类情况下，使用温度不宜大于320℃。

Ni68Cu28Fe合金有一定的耐高温氧化性和耐高温腐蚀性能，但一般使用温度不大于600℃。

Ni68Cu28Fe合金可以制成锻件、铸件、棒材、板材、管材等。

（2）工艺特性

Ni68Cu28Fe合金在高温下变形抗力较小，容易热加工和热变形。适宜的热加工温度为650~1177℃。温度较低的热加工可得到较细的晶粒和较高的强度。

为了获得良好的综合力学性能和耐蚀性的良好配合，应进行合适的热处理。固溶处理的温度通常在870~980℃，去应力处理温度可在540~560℃。

Ni68Cu28Fe合金具有良好的焊接性，可采用多种焊接方法焊接，但应选好相应的焊接材料。

Ni68Cu28Fe合金具有单相奥氏体组织，因此具有较高的塑性、韧性及较低的冷加工硬化性，容易进行冷加工成形。

（3）应用

Ni68Cu28Fe合金应用广泛，主要用于化学工业、石油工业、海洋开发等各个领域，可制成容器、反应釜、泵体、泵轮、阀体、轴等多种零部件。

（4）化学成分（见表5-162）

表5-162 化学成分（质量分数） （%）

C	Si	Mn	P	S	Cr	Ni	Mo	Cu	Fe	Al
≤0.16	≤0.5	≤1.2	≤0.04	≤0.02	—	≥63.0	—	28.0~34.0	1.0~2.5	≤0.5

（5）物理性能（见表5-163）

表5-163 物理性能

温度/℃	室温	93	204	316	427	538	649	760
热导率 λ/[W/(m·℃)]	21.74	24.05	27.79	30.96	34.27	38.02	41.33	44.78
比定压热容 c_p/[J/(kg·℃)]	427	440	461	477	—	—	—	—
线胀系数/10^{-6}℃$^{-1}$	—	13.86	15.48	15.84	16.02	16.38	16.74	17.28

弹性模量 $E/10^4$MPa	—	—	—	—	—	—	—	—
切变模量 $G/10^3$MPa	—	—	—	—	—	—	—	—
泊松比 $\mu/10^{-1}$	3.2	—	—	—	—	—	—	—
电阻率 $\rho/10^{-8}\Omega\cdot m$	51	53	56	57	59	61	63	65

注：密度为 8.83g/cm³；熔点为 1293~1349℃。

（6）常见热处理制度（见表 5-164）

表 5-164 常见热处理制度

热处理	加热温度/℃	冷却方法	金相组织
固溶处理	870~980	快冷	奥氏体
去应力	540~560	空冷	奥氏体

（7）不同温度下的力学性能（见表 5-165）

表 5-165 不同温度下的力学性能

状态	温度/℃	R_m/MPa	$R_{p0.2}$/MPa	$A(\%)$	$Z(\%)$	KU_2/J	HBW
棒材、退火	室温	516~620	170~345	60~35	—	—	110~149
≤54mm 棒材，热加工	室温	551~757	275~690	60~30	—	—	140~241
>54mm 棒材，热加工	室温	516~689	205~380	50~30	—	—	130~184
冷拔棒，去应力处理	室温	578~827	380~690	40~22	—	—	160~225
中厚板，热轧	室温	516~655	275~515	45~30	—	—	125~215
中厚板，热轧退火	室温	482~585	195~345	50~35	—	—	110~140
冷拔	室温	715	645	19.0	71.0	—	—
	-79	810	695	21.8	70.2	—	—
锻态	21.1	635	460	31.0	72.7	—	—
	-183	885	630	44.5	71.8	—	—
	-253	980	665	38.5	61.0	—	—
退火	21.1	540	215	51.5	75.0	—	—
	-183	795	340	49.5	73.0	—	—
热轧	24	—	—	—	—	297	—
	-30	—	—	—	—	—	—
	-80	—	—	—	—	289	—
	-190	—	—	—	—	266	—
冷拔退火	24	—	—	—	—	293	—
	-30	—	—	—	—	287	—
	-80	—	—	—	—	297	—
	-190	—	—	—	—	287	—

（8）耐蚀性

Ni68Cu28Fe 合金在酸、碱、盐中均有较好的耐蚀性，只不过在不同具体条件下有差异而已。

在不含空气的硫酸中，当浓度小于 85% 时耐蚀性较好，当浓度大于 85% 时耐蚀性下降，在有空气的条件下耐蚀性下降，在浓度为 5% 时出现最大值；在沸腾温度下，当浓度不超过 15% 时，耐蚀性较好。

在亚硫酸中，Ni68Cu28Fe 合金容易受到腐蚀，只是在稀亚硫酸中，有较好的耐蚀性。

在氢氟酸中，Ni68Cu28Fe 合金具有良好的耐蚀性，但在受拉应力时，可能产生应力腐蚀；在氢氟硅酸中有较好耐蚀性。

在盐酸中的耐蚀情况是复杂的，该合金在较低温度、低浓度、不含空气的盐酸中耐蚀性较好；但在沸腾温度下，耐蚀性较差。

在磷酸中，该合金基本是耐蚀的，但当温度大于120℃时，耐蚀能力下降。

Ni68Cu28Fe合金在一些强氧化性酸中，如硝酸、亚硝酸、铬酸中都不耐蚀，在铬酸中还可能产生脆断。

该合金在碱中基本上是耐蚀的，特别是浓度不超过75%、温度不超过135℃时，耐蚀性更好些。

在熔盐中，当温度不超过500℃时，该合金的耐蚀性较好；在高温下可能产生应力腐蚀。但在液体金属中，耐蚀性较差。

Ni68Cu28Fe合金在一些介质中的耐全面（均匀）腐蚀性能见表5-166。

表5-166 耐全面（均匀）腐蚀性能

介质条件	压力/MPa	温度/℃	时间/h	腐蚀速率 mm/a	腐蚀速率 g/(m²·h)	备注
5%H_2SO_4	—	101.0	23	1.02	—	
10%H_2SO_4	—	102.5	23	0.72	—	
19%H_2SO_4	—	103.5	23	22.5	—	
50%H_2SO_4	—	122.0	20	195.0	—	
75%H_2SO_4	—	182.0	20	690.0	—	
96%H_2SO_4	—	293.0	3	990.0	—	
10%HF(开口容器)	—	21	—	2.7	—	
10%HF(开口容器)	—	58	19.2	2.4	—	
25%HF(无空气)	—	30	144	0.06	—	
25%HF(有空气)	—	30	24	11.1	—	
25%HF(无空气)	—	80	144	0.72	—	
25%HF(有空气)	—	80	24	3.3	—	
35%HF(无空气)	—	117	144	0.33	—	
48%HF(开口容器)	—	20	—	1.2	—	
48%HF(闭口容器)	—	115	192	0.27	—	
50%HF(无空气)	—	30	144	0.03	—	
50%HF(饱和空气)	—	30	24	2.4	—	
50%HF(无空气)	—	80	144	0.18	—	
50%HF(饱和空气)	—	80	24	11.7	—	
60%HF(开口容器)	—	室温	48	4.5	—	
70%HF(闭口容器)	—	21.1	192	0.03	—	
70%HF(闭口容器)	—	50	96	1.26	—	
70%HF(闭口容器)	—	115	192	5.0	—	
93%HF(闭口容器)	—	21.1	192	0.9	—	
98%HF(闭口容器)	—	115	192	0.6	—	
100%HF(闭口容器)	—	38	—	0.27	—	
100%HF(闭口容器)	—	150	192	0.27	—	
10%H_2SiF_6	—	24	—	0.092	—	
10%H_2SiF_6+30%HF	—	24	—	0.060	—	
20%H_2SiF_6	—	24	—	0.055	—	
20%H_2SiF_6+30%HF	—	24	—	0.055	—	
35.2%H_2SiF_6	—	24	—	0.0375	—	
22%H_2SiF_6	—	80	—	0.375	—	

（续）

介质条件	压力/MPa	温度/℃	时间/h	腐蚀速率 mm/a	腐蚀速率 g/(m²·h)	备注
22%H$_2$SiF$_6$+20%HF	—	80	—	0.225	—	
30%H$_2$SiF$_6$	—	24	—	0.0275	—	
3.2%H$_3$PO$_4$(未充空气)	—	25	1176	0.04	—	
3.2%H$_3$PO$_4$(未充空气)	—	100	48	1.25	—	
10%H$_3$PO$_4$(未充空气)	—	101	96	0.25	—	
25.5%H$_3$PO$_4$(未充空气)	—	95	24	0.10	—	
25.5%H$_3$PO$_4$(充空气)	—	95	24	1.21	—	
50%H$_3$PO$_4$(未充空气)	—	110	96	0.10	—	
78%~85%H$_3$PO$_4$(未充空气)	—	25	—	0.0025	—	
78%~85%H$_3$PO$_4$(未充空气)	—	49	—	0.025	—	
78%~85%H$_3$PO$_4$(未充空气)	—	105	—	0.226	—	
85%H$_3$PO$_4$(未充空气)	—	55	—	0.015	—	
85%H$_3$PO$_4$(未充空气)	—	75	—	0.11	—	
85%H$_3$PO$_4$(未充空气)	—	100	—	0.23	—	
85%H$_3$PO$_4$(未充空气)	—	98	96	0.025	—	
85%H$_3$PO$_4$(充空气)	—	98	120	0.56	—	
85%H$_3$PO$_4$(未充空气)	—	124	144	0.25	—	
85%H$_3$PO$_4$(充空气)	—	124	144	11.18	—	
85%H$_3$PO$_4$(未充空气)	—	160	24	115.0	—	
酒石酸	—	室温	—	0.030	—	
酒石酸	—	60	—	0.046	—	
草酸	—	室温	—	0.015	—	
草酸	—	60	—	0.203	—	—
柠檬酸	—	室温	—	0.0381	—	
柠檬酸	—	60	—	0.188	—	
甲酸	—	室温	—	0.086	—	
甲酸	—	60	—	0.584	—	
4%NaOH(不充气、不搅动)	—	30	24~48	0.004	—	
4%NaOH(充气、空气搅动)	—	30	24~48	0.005	—	
14%NaOH(不充气、不搅动)	—	88	2160	0.0013	—	
30%~35%NaOH(不充气、不搅动)	—	81	384	0.0005	—	
50%NaOH(不充气)	—	51~61	3240	0.005	—	
72%NaOH(不充气)	—	121	2856	0.008	—	
73%NaOH(不充气)	—	95~100	2664	0.004	—	
73%NaOH(不充气)	—	104~116	3024	0.0025	—	
74%NaOH	—	130	168~216	0.010	—	
60%~100%NaOH(不充气,不搅动)	—	150~260	48	0.340	—	
5%乙酸(气相、不充气)	—	沸点	20	50.03	—	
5%乙酸(液相、不充气)	—	沸点	20	0.033	—	
50%乙酸(气相、不充气)	—	沸点	20	0.011	—	
50%乙酸(液相、不充气)	—	沸点	20	0.053	—	
98%乙酸(气相、不充气)	—	沸点	20	0.041	—	
98%乙酸(液相、不充气)	—	沸点	20	0.048	—	
99.9%乙酸(气相、不充气)	—	沸点	20	0.051	—	
99.9%乙酸(液相、不充气)	—	沸点	20	0.157	—	

(9) 常用标准牌号对照（见表5-167）

表5-167 常用标准牌号对照

国别	中国	国际标准化	欧洲		英国	德国	
标准	—	ISO	EN	Mat. No	BS	DIN	W-Nr
牌号	Ni68Cu28Fe						2.4360

国别	法国	韩国	俄罗斯	日本	美国				
标准	NF	KS	ГOCT	JIS	ASTM	UNS	AISI	SAE	ASI
牌号	—	—	—	—	Monel 400	—	—	—	—

5.2.19 Ni68Cu28AlTi

（1）概述

Ni68Cu28AlTi合金也是含铜的镍基耐蚀合金，与Ni68Cu28Fe合金相比，含有2%~4%（质量分数）铝和0.30%~1.0%（质量分数）的钛元素。因此，其组织结构基本与Ni68Cu28Fe合金相似，为单纯奥氏体组织，但有金属间相析出，还会有少量碳化物和非金属夹杂物。

由于铝和钛的存在，在经热处理后，合金基体上可能存在弥散的Ni_3(Ti、Al)金属间化合物沉淀，因此有更高的强度和硬度。

Ni68Cu28AlTi合金的耐蚀性特点与Ni68Cu28Fe合金相似，可参照表5-166。但是该合金经固溶+时效处理后，其耐蚀性低于固溶态，这是因为时效处理后会有金属化合物析出。在一些条件下，该合金还会产生应力腐蚀断裂，如在氢氟酸中，存在拉伸应力时会产生应力腐蚀。其在流动海水中的耐蚀性较好，但在静止海水中易引起点蚀。

Ni68Cu28AlTi合金可制成锻件、铸件、棒材、板材等各种型材。

（2）工艺特性

Ni68Cu28AlTi合金有较好的热加工性，热变形温度在870~1150℃；当变形量较大时，宜采用中上限温度；为了获得细晶粒锻轧件，最终加热温度不宜超过1100℃。

为了获得良好的塑性、韧性和耐蚀性，应采用固溶处理，固溶加热温度可选用790~870℃。保温后以较快速度冷却，而为了保证性能需要采用时效处理时，固溶温度可提高至980℃，更高温度可能会引起晶粒长大，时效温度一般选择590~600℃。

该合金的焊接性较好，可采用多种方法焊接，焊接应在固溶状态下进行。

该合金可进行各种形式的冷加工成形。由于该合金塑性较好，可以克服较大的变形抗力。

（3）应用

Ni68Cu28AlTi合金可广泛用于化工、石油等各行业，可制成轴、泵体、泵轮、阀体、容器等。

（4）化学成分（见表5-168）

表5-168 化学成分（质量分数） （%）

C	Si	Mn	P	S	Cr	Ni	Ti	Fe	Al	Cu
≤0.25	≤1.0	≤1.5	≤0.030	≤0.010	—	余量	0.3~1.0	0.5~2.5	2.0~4.0	27.0~34.0

注：其他相应（近似）牌号为Monel K-500、DIN 17743、W-Nr 2.4374。

（5）物理性能（见表5-169）

表5-169 物理性能

温度/℃	室温	93	204	316	427	538	649	760
热导率 λ/[W/(m·℃)]	17.424	19.584	22.464	25.632	28.512	31.68	34.56	37.728
比定压热容 c_p/[J/(kg·℃)]	419	448	477	490	502	523	553	590
线胀系数/10^{-6}℃$^{-1}$	—	13.68	14.58	14.94	15.30	15.66	16.38	16.74
弹性模量 E/10^4MPa	18.0	—	—	—	—	—	—	—
切变模量 G/10^3MPa	—	—	—	—	—	—	—	—
泊松比 μ/10^{-1}	3.2	—	—	—	—	—	—	—
电阻率 ρ/10^{-8}Ω·m	61	62	63	64	65	65	66	66

注：密度为8.46g/cm³；熔点为1316~1349℃。

（6）常见热处理制度（见表5-170）

表5-170 常见热处理制度

热处理	加热温度/℃	冷却方法	金相组织
固溶处理	790~870	快冷	奥氏体
时效处理	590~600	空冷	奥氏体+沉淀相

（7）不同温度下的力学性能（见表5-171）

表5-171 不同温度下的力学性能

状态	温度/℃	R_m/MPa	$R_{p0.2}$/MPa	$A(\%)$	$Z(\%)$	KU_2/J	HBW
棒材,热加工	室温	620~1070	275~760	20~45	—	—	140~315
棒材,热加工+时效	室温	965~1310	690~1035	20~30	—	—	265~346
棒材,热加工+固溶	室温	620~760	275~415	25~45	—	—	140~185
棒材,热加工+固溶+时效	室温	895~1135	585~825	20~35	—	—	250~315
棒材,冷拔	室温	690~965	480~860	13~35	—	—	175~260
棒材,冷拔+时效	室温	930~1275	655~1100	15~30	—	—	255~370
棒材,冷拔+固溶	室温	620~1760	275~415	25~50	—	—	140~185
棒材,冷拔+固溶+时效	室温	895~1310	585~825	20~30	—	—	250~315
热加工	21.1	—	—	—	—	—	241
热加工	37.1	—	—	—	—	—	223
热加工	427	—	—	—	—	—	207
热加工	482	—	—	—	—	—	201
热加工	538	—	—	—	—	—	170
热加工	593	—	—	—	—	—	179
热加工+时效	21.1	—	—	—	—	—	331
热加工+时效	37.1	—	—	—	—	—	311
热加工+时效	427	—	—	—	—	—	302
热加工+时效	482	—	—	—	—	—	293
热加工+时效	538	—	—	—	—	—	255
热加工+时效	593	—	—	—	—	—	229

（8）耐蚀性

Ni68Cu28AlTi合金的耐蚀性在固溶状态时与Ni68Cu28Fe合金基本相同，但在固溶处理后又时效处理时,耐蚀性下降,要低于固溶态的耐蚀性。当该合金受拉应力时,可能产生应力腐蚀。在静止海水中,可能会引起点蚀,但腐蚀速度很慢。

(9)常用标准牌号对照(见表5-172)

表5-172 常用标准牌号对照

国别	中国	国际标准化	欧洲		英国	德国	
标准	—	ISO	EN	Mat. No	BS	DIN	W-Nr
牌号	Ni68Cu28AlTi	—	—	—	—		2.4374

国别	法国	韩国	俄罗斯	日本	美国				
标准	NF	KS	ГОСТ	JIS	ASTM	UNS	AISI	SAE	ASI
牌号	—	—	—	—	Monel K-500				

5.2.20 K409

(1)概述

K409合金是沉淀硬化型镍基铸造合金。合金中含有4.2%(质量分数)左右的钽,致使其高温强度较高、抗氧化耐蚀性较好,但因钽为稀缺贵重金属元素,合金成本高,一般情况下很少使用,可用其他镍基合金取代。

K409合金的组织稳定性好,在850~950℃的高温条件下,时效近万小时,也未发现有σ相析出。

K409合金铸态组织以γ固溶体为基体,析出大量γ'相,并有少量(γ-γ')共晶。γ'相是主要强化相,约占合金质量的61%,在晶内、晶界及枝晶间有富Ta和富Zr的MC型碳化物。晶界及共晶周围有M_3B_2型硼化物。在高温长时间时效条件下,主要组织变化是γ'相的集聚、长大和溶解,以及进一步析出细小的二次γ'相,也可析出颗粒状或片状的M_6C_3型和$M_{23}C_6$型碳化物,而未发现有α相析出。

K409合金主要用于铸件。

(2)工艺特性

K409合金的熔炼和铸造条件要求较高,最好采用真空感应炉熔炼母合金坯,再经真空感应炉重熔。K409合金铸造性良好,疏松倾向小,控制浇注温度宜为1420℃,宜采用熔模精密铸造。

K409合金的固溶处理加热温度一般为1070~1090℃,保温后空冷或风冷。时效温度约为900℃,充分保温后空冷。

K409合金可采用钴-铬-钨材料进行氩弧堆焊,以提高表面耐磨性。

(3)应用

K409合金主要用于在950℃以下温度长期工作的高温零件,如航空涡轮发动机和工业燃气轮机的叶片等。

(4)化学成分(见表5-173)

表5-173 化学成分(质量分数)

C	Si	Mn	P	S	Cr	Ni	Mo	Co	W	Al	Ti	Nb	Ta	B	Zr	Fe	Pb	Bi
0.08~0.13	≤0.25	≤0.20	≤0.015	≤0.015	7.5~8.5	余量	5.75~6.25	9.5~10.5	≤0.10	5.75~6.25	0.8~1:2	≤0.10	4.0~4.5	0.01~0.02	0.05~0.10	≤0.35	≤0.001	≤0.00005

（5）物理性能（见表5-174）

表5-174 物理性能

温度/℃	室温	110	200	300	400	500	600	700
热导率 λ/[W/(m·℃)]	8.2	8.8	10.3	11.6	12.6	13.9	15.9	18.0
比定压热容 c_p/[J/(kg·℃)]	400	400	440	450	470	460	490	500
线胀系数/10^{-6}℃$^{-1}$	—	12.2(100℃)	12.3	12.6	12.9	13.3	13.7	14.1
弹性模量 E/10^4MPa	19.6	19.3	19.1	18.5	17.7	17.3	16.6	16.1
切变模量 G/10^3MPa	81	79	78	75	72	70	67	65
泊松比 μ/10^{-1}	2.2	2.2	2.3	2.4	2.4	2.4	2.4	2.5
电阻率 ρ/$10^{-8}\Omega\cdot m$	—	—	—	—	—	—	—	—

注：密度为8.18g/cm³；熔点为1260~1289℃。

（6）常见热处理制度（见表5-175）

表5-175 常见热处理制度

热处理	加热温度/℃	冷却方法	金相组织
固溶处理	1070~1090	空冷或风冷	奥氏体+碳化物+硼化物
时效处理	890~910	空冷	奥氏体+碳化物+硼化物+析出相

（7）力学性能

① 技术标准规定的力学性能见表5-176。

表5-176 技术标准规定的力学性能

品种(标准)	规格/mm	状态	力学性能(≥)					HBW
			R_m/MPa	$R_{p0.2}$/MPa	A(%)	Z(%)	KU_2/J	
铸件	—	固溶处理+时效处理	830	725	5	—	—	325~424

② 不同温度下的力学性能见表5-177。

表5-177 不同温度下的力学性能

状态	温度/℃	R_m/MPa	$R_{p0.2}$/MPa	A(%)	Z(%)	KU_2/J
1080℃空冷+900℃空冷	室温	1051	890	12	18	14
	550	927	873	9.5	22	15.7
	650	932	878	8.0	12	16.4
	700	917	831	7.0	11	—
	760	932	783	9.2	11	13.8
	800	930	782	7.5	8	9.9
	870	890	807	4.5	9	10.9
	900	921	748	9.3	13	9.0
	950	655	591	11	14	—
	980	536	413	12	19	9.0
	1000	525	437	12	19	—
750℃×1500h	760	961	—	—	23	
750℃×300h	760	929	—	8.0		
750℃×5000h	760	1010	—	8.5	17	
750℃×7000h	760	863	—	5.0	7.5	
800℃×1500h	760	942	—	4.0	8.0	

(续)

状态	温度/℃	R_m/MPa	$R_{p0.2}$/MPa	A(%)	Z(%)	KU_2/J
800℃×3000h	760	932	—	6.5	7.0	—
800℃×5000h	760	912	—	6.5	12.0	—
800℃×7000h	760	843	—	11	14.0	—
850℃×1500h	760	873	—	2.5	6.0	—
850℃×3000h	760	873	—	13	10.0	—
850℃×5000h	760	912	—	12	11.0	—
850℃×7000h	760	892	—	7.5	11.0	—
900℃×1500h	760	902	—	7.0	11.0	—
900℃×3000h	760	892	—	4.0	4.5	—
900℃×5000h	760	912	—	9.0	12.0	—
900℃×7000h	760	863	—	5.0	7.5	—

（8）耐蚀性

K409合金具有优良的耐蚀性，用喷燃气腐蚀失重法测量耐蚀性的结果见表5-178。

表5-178 耐蚀性

试验温度/℃	试验时间/h	盐雾浓度/10^{-6}	腐蚀失重率/[mg/(cm²·h)]
900	25	100	2.71
		150	5.70
		175	7.91
		175	0.00（有涂层试样）
	55	175	0.05（有涂层试样）
	80	175	0.02（有涂层试样）

此外，K409合金有好的抗氧化性，用增重法测定抗氧化性的结果见表5-179。

表5-179 抗氧化性

试样状态	试验时间/h	氧化速率/[g/(m²·h)]		
		900℃	1000℃	1100℃
无涂层	50	—	—	0.26
	100	0.03	0.04	—
铝-硅涂层	50	—	—	0.059
	100	0.005	0.020	—

5.2.21 K438

（1）概述

K438合金是耐热腐蚀性很好的铸造镍基合金。该合金除具有优异的耐热腐蚀性外，还具有中等水平的高温强度和良好的组织稳定性。

K438合金的相组成有γ固溶体、γ′相、MC型和$M_{23}C_6$型碳化物、$M_{23}B_2$型硼化物。γ′相占合金质量的47%~49%。在750~900℃长期时效过程中，MC将分解，析出$M_{23}C_6$，同时γ′相聚集长大。在长期时效过程中，晶界上形成了$M_{23}C_6$+γ′网络状物，其对合金的高温强度有利，而对塑性、韧性不利。

K438合金主要用于铸件。

（2）工艺特性

K438合金的熔炼和铸造条件要求较高，最好采用真空感应炉熔炼母合金坯，再经真空感应炉重熔，宜用熔模精密铸造法铸造成形。其成形性和铸造性良好。

K438合金应在固溶和时效后使用，固溶加热温度一般为1120℃左右，保温后采用空冷或风冷，冷却速度缓慢时会影响合金的持久性能，时效温度为850℃左右，保温时间应长一些，保温后空冷。

（3）应用

K438合金主要用于900℃温度以下工作的耐热腐蚀零件，如涡轮机叶片、航空发动机涡轮等。

（4）化学成分（见表5-180）

表5-180 化学成分（质量分数）

C	Si	Mn	P	S	Cr	Ni	Mo	Co	W	Al	Ti	Nb	Ta	B	Zr	Fe	Pb	Sb	Sn	Bi	As
0.10~0.20	≤0.3	≤0.2	≤0.015	≤0.015	15.7~16.3	余量	1.5~2.0	8.0~9.0	2.4~2.8	3.2~3.7	3.0~3.5	0.6~1.1	1.5~2.0	0.005~0.015	0.05~0.15	≤0.5	≤0.001	≤0.001	≤0.002	≤0.001	≤0.005

（5）物理性能（见表5-181）

表5-181 物理性能

温度/℃	室温	100	200	300	400	500	600	700
热导率 λ/[W/(m·℃)]	—	—	11.8	14.0	15.9	17.7	20.4	23.1
比定压热容 c_p/[J/(kg·℃)]	—	—	465	477	494	515	557	611
线胀系数/10^{-6}℃$^{-1}$	—	9.8(150℃)	10.7	12.6	14.2	14.6	15.0	15.4
弹性模量 E/10^4MPa	20.7	20.1	19.9	19.3	18.7	18.1	17.3	16.5
切变模量 G/10^3MPa	82	81	79	77	75	72	69	66
泊松比 μ/10^{-1}	2.7	2.9	2.5	2.5	2.5	2.5	2.6	2.6
电阻率 ρ/10^{-8}Ω·m								

注：密度为8.16g/cm^3；熔点为1260~1330℃。

（6）常见热处理制度（见表5-182）

表5-182 常见热处理制度

热处理	加热温度/℃	冷却方法	金相组织
固溶处理	1110~1130	空冷或风冷	奥氏体+碳化物+硼化物
时效处理	840~860	空冷	奥氏体+碳化物+硼化物+析出相

（7）不同温度下的力学性能（见表5-183）

表5-183 不同温度下的力学性能

状态	温度/℃	R_m/MPa	$R_{p0.2}$/MPa	A(%)	Z(%)	冲击吸收能量/J(无缺口)	HBW
1120℃空冷+850℃×24h 空冷	室温	1080	878	7.3	11	36.8	400
	500	977	842	7.6	11	—	—
	600	982	811	7.5	12	59.2	—
	650	987	801	8.1	10	46.4	—
	700	1065	835	8.0	14	60	—

（续）

状态	温度/℃	R_m/MPa	$R_{p0.2}$/MPa	A(%)	Z(%)	冲击吸收能量/J(无缺口)	HBW
1120℃空冷+ 850℃×24h空冷	750	1071	888	9.3	13	42.4	—
	800	1022	854	11	15	34.4	—
	850	924	776	11	20	43.2	—
	900	833	585	11	15	52	—
	950	562	435	20	35	45.6	—
	1000	487	377	23	61	48	—
850℃×100h 时效	室温	—	—	—	—	—	400
	850	—	—	—	—	—	—
850℃×300h 时效	室温	—	—	—	—	51.2	370
	850	902	824	14	17	—	—
850℃×500h 时效	室温	—	—	—	—	27.2	360
	850	902	794	15	15	—	—
850℃×1000h 时效	室温	—	—	—	—	35.2	340
	850	834	745	17	20	—	—
850℃×300h 时效	室温	—	—	—	—	—	325
	850	745	657	16	29	—	—
850℃×5000h 时效	室温	—	—	—	—	—	325
850℃×6920h 时效	室温	—	—	—	—	14.4	—
	850	804	726	11	21	—	—
850℃×7000h 时效	室温	—	—	—	—	—	332

（8）耐蚀性

K438合金具有优良的耐高温腐蚀性，如采用坩埚熔盐腐蚀法的试验结果见表5-184。

表5-184 耐蚀性

介质条件	压力/MPa	温度/℃	时间/h	腐蚀速率		备注
				mm/a	mg/cm²	
$Na_2SO_4:NaCl=3:1$	—	750	100		0.080	—
	—	800			0.124	
	—	850			0.094	
	—	900			0.054	
	—	950			0.012	

此外，K438合金有好的抗氧化性，用增重法测定的抗氧化性结果见表5-185。

表5-185 抗氧化性

试验时间/h	氧化速率/[g/(m²·h)]			
	850℃	900℃	1000℃	1100℃
25	0.058	0.113	0.524	1.256
50	0.027	0.096	0.201	0.268
75	0.036	0.018	0.143	0.182
100	0.012	0.055	0.160	0.096
150	0.015	0.041	—	0.106
200	0.014	0.029	—	—

第6章 铸　　铁

铸铁是以铁-碳-硅为基础的复杂铁基合金，一般碳的质量分数在 2.0%~4.0%。为了改善和强化铸铁的某些性能，有时加入铜、镍、钼、铬、钒等合金元素成为合金铸铁。

铸铁在机械产品中也是被广泛采用的材料之一，这是因为铸铁具有一些独特的性质。

① 铸铁具有一定的抗拉强度，能满足一些不需要承受高应力的零部件的强度要求。

② 铸铁有较高的抗压强度，特别是灰铸铁，其抗压强度可达抗拉强度的 3~4 倍。

③ 铸铁有优良的减振性，铸铁的组织结构使铸铁具有好的减振性，特别是石墨呈球状存在时，减振性更好，制成的零件可以减振、减少噪声和防止疲劳破坏。

④ 铸铁中的石墨起到固体润滑作用，在无润滑摩擦的情况下具有良好的耐磨性。

⑤ 基体中的石墨能切割较硬的基体，切屑易断裂，又具有润滑作用，所以铸铁具有优良的加工性。

⑥ 铸铁具有较高的热导率。

⑦ 铸铁熔点低，高温条件下的流动性好，收缩性小，铸造应力小，变形小，产生裂纹的倾向性小，极适合铸造零部件。

⑧ 铸铁组织中的石墨电极电位高，铁电极电位低，所以石墨不易腐蚀，当基体腐蚀后，残留的软石墨对表面起到保护作用，尤其是当组织中加入镍时，耐蚀效果会更好。

⑨ 大部分铸铁可以通过热处理方法调整性能。

铸铁的基体组织依成分不同可能是铁素体、铁素体+珠光体或珠光体。而基体中的石墨则依据生产条件和工艺方法不同有不同形态，可有片状、球状、絮状等。铸铁组织中还可能存在渗碳体和磷共晶。某些铸铁可通过热处理获得贝氏体或马氏体组织。

根据铸铁中的石墨形态可分为灰铸铁、球墨铸铁、蠕墨铸铁等；根据铸铁的功能特点可分为耐磨铸铁、耐蚀铸铁等。

不同类型铸铁的热处理方式不同、可获得的力学性能不同、耐蚀性不同、功能不同，各有特点。因此，在选用铸铁时，应该根据零部件功能需求进行有针对性的选择。

6.1　灰铸铁

灰铸铁中的石墨呈片状分布在基体中，因破断时的断口近灰色，故称其为灰铸铁。由于灰铸铁中是片状石墨，片状石墨对基体有割裂作用，在受力时产生尖口效应，所以，灰铸铁强度不高，脆性较大，但大量的石墨片的存在对减振性和耐磨性产生积极作用。

依据化学成分不同，灰铸铁基体中铁素体和珠光体组织比例不同，随着珠光体含量的增加，其硬度、强度升高，而塑性、韧性下降，铸造性、减振性和对缺口的敏感性也呈减弱的趋势。所以，在实际应用中，应根据制造零件功能需要选用不同强度级别的灰铸铁。

灰铸铁在某些介质条件下，可具有一定的耐蚀能力。

灰铸铁可用来制造机床床身、底座、支架、缸套、泵体、缸体、衬套、叶轮、密封环、填料环等零部件，在有腐蚀条件下使用时，应考虑其耐蚀性。

6.1.1 HT100

（1）概述

HT100属于铁素体型的低强度铸铁。其铸造性好、工艺简便、铸造应力小、减振性优良，不必采用人工时效即可使用。

HT100的铸态组织为铁素体+片状石墨。

（2）工艺特性

HT100熔点较低、结晶温度范围小、流动性好、铸造性优良，可铸造成各种铸件。

HT100一般不用进行热处理，也不必采用时效处理。

HT100可以对铸件进行补焊，对于较大或形状复杂的铸件，应焊前预热至200℃左右再焊接。

HT100的可加工性尚好。

（3）应用

HT100可用于铸造对强度无要求的零部件，如盖、罩、手轮、支架、立柱、底座等。

（4）化学成分（见表6-1）

表 6-1 化学成分（质量分数）（推荐数据） （%）

C	Si	Mn	P	S
3.2~3.8	2.1~2.7	0.5~0.8	<0.3	<0.15

（5）物理性能（见表6-2）

表 6-2 物理性能

温度/℃	室温	100	200	300	400	500	600
热导率 $\lambda/[W/(m\cdot℃)]$	57	51	49	43	42	41	—
比定压热容 $c_p/[J/(kg\cdot℃)]$	—	—	—	—	—	—	—
线胀系数 $/10^{-6}℃^{-1}$	—	8.2	10.5	11.9	12.3	12.6	13.8
弹性模量 $E/10^4 MPa$	10.8	10.6	10.4	10.0	9.61	9.38	—
切变模量 $G/10^3 MPa$	48.0	47.1	46.1	45.1	43.1	41.2	—
泊松比 $\mu/10^{-1}$	1.23	1.26	1.29	1.09	1.14	1.30	—
电阻率 $\rho/10^{-8}\Omega\cdot m$	—	—	—	—	—	—	—

注：密度为7.10g/cm³；熔点为1130℃。

（6）常见热处理制度（见表6-3）

表 6-3 常见热处理制度

热处理	加热温度/℃	冷却方法	金相组织
铸态	—	—	铁素体+少量珠光体+片状石墨
去应力退火	500~600	炉冷至250℃空冷	铁素体+少量珠光体+片状石墨

（7）力学性能

技术标准规定的力学性能见表6-4。

表 6-4 技术标准规定的力学性能 (GB/T 9439—2023)

铸件壁厚/mm	单铸试棒 R_m/MPa ≥	并排试棒 R_m/MPa ≤	附铸试块 R_m/MPa ≥	φ30mm试样 抗拉强度/MPa	φ30mm试样 抗压强度/MPa	φ30mm试样 抗弯强度/MPa	铸件本体 HBW(供参考) ≤	铸件本体 预期强度 R_m/MPa ≥	金相组织
>5~40	100	200	—				170	—	铁素体+片状石墨

(8) 耐蚀性

铸铁在大气、土壤、淡水、海水中有一定的耐蚀性。

在城市大气中腐蚀速率为 $(58 \sim 87) \times 10^{-3} \mathrm{g/(m^2 \cdot h)}$。

在工业大气中腐蚀速率为 $(50 \sim 133) \times 10^{-3} \mathrm{g/(m^2 \cdot h)}$。

在海洋大气中腐蚀速率大约为 $25 \times 10^{-3} \mathrm{g/(m^2 \cdot h)}$。

(9) 常用标准牌号对照 (见表 6-5)

表 6-5 常用标准牌号对照

国别	中国	国际标准化	欧洲	欧洲	英国	德国	德国
标准	GB	ISO	EN	Mat. No	BS	DIN	W-Nr
牌号	HT100	100	EN-GJL-100	0.6010	100	GG10	0.6010

国别	法国	韩国	俄罗斯	日本	美国	美国	美国	美国	美国
标准	NF	KS	ГОСТ	JIS	ASTM	UNS	AISI	SAE	AWS
牌号	FGL-100	GC 100	СЧ10	FC100		F11401			No. 20

6.1.2 HT150

(1) 概述

HT150 属于铁素体+珠光体型铸铁，铸造性好、工艺简单、铸造应力小，有一定的机械强度和良好的减振性，可不进行热处理和人工时效处理。其工作条件适合弯曲应力不大、摩擦面间的单位压力不大于 0.49MPa 以及弱腐蚀介质。

HT150 的铸态组织为珠光体+铁素体+片状石墨。

(2) 工艺特性

HT150 熔点较低，结晶温度范围小、流动性好，可浇注复杂铸件，但随铸件截面增大，材质疏松倾向增大。

HT150 通常不需要热处理，但对于复杂形状的铸件应采用去应力退火处理，缓慢加热到 550~600℃，保温后再以缓慢速度冷却至 200℃出炉。

该材料允许补焊，对于厚大件或复杂铸件，焊前应预热至不低于 200℃。大面积补焊应进行去应力处理，加热温度为 500~600℃。

HT150 有良好的切削加工性。

(3) 应用

HT150 用于承受力不大的零件，如支柱、底座、床身、阀体、泵体、泵盖、叶轮等，使用温度不大于 230℃。

(4) 化学成分 (见表 6-6)

表6-6 化学成分（质量分数）（推荐数据） （%）

C	Si	Mn	P	S
3.0~3.7	1.8~2.4	0.5~0.8	≤0.2	≤0.12

（5）物理性能（见表6-7）

表6-7 物理性能

温度/℃	室温	100	200	300	400	500	600
热导率 $\lambda/[W/(m\cdot℃)]$	56	49	44	43	38	35	—
比定压热容 $c_p/[J/(kg\cdot℃)]$	—	531	555	591	611	628	—
线胀系数/$10^{-6}℃^{-1}$	—	10.1	11.4	12.0	12.5	12.9	13.3
弹性模量 $E/10^4$MPa	11.6	11.4	11.0	10.6	10.4	10.0	—
切变模量 $G/10^3$MPa	48.6	47.8	44.6	42.9	38.9	36.7	—
泊松比 $\mu/10^{-1}$	1.94	1.94	2.33	2.35	3.38	3.64	—
电阻率 $\rho/10^{-8}\Omega\cdot m$	80	—	—	—	—	—	—

注：密度为7.09g/cm³。

（6）常见热处理制度（见表6-8）

表6-8 常见热处理制度

热处理	加热/℃	冷却方法	金相组织
铸态	—	—	铁素体+珠光体+片状石墨
去应力退火	550~600	缓冷	铁素体+珠光体+片状石墨

（7）力学性能

技术标准规定的力学性能见表6-9。

表6-9 技术标准规定的力学性能（GB/T 9439—2023）

铸件壁厚/mm	单铸试棒 R_m/MPa	并排试棒 R_m/MPa	附铸试块 R_m/MPa	φ30mm试样 抗拉强度/MPa	φ30mm试样 抗压强度/MPa	φ30mm试样 抗弯强度/MPa	铸件本体 预期强度 R_m/MPa	金相组织
	≥	≤	≥	≥	≥	≥	≥	
>2.5~5	150 (125~205HBW)	250	—	150~250	600	270~455	165	铁素体+珠光体+片状石墨
>5~10			—				150	
>10~20			—				135	
>20~40			125				115	
>40~80			110				100	
>80~150			100				90	
>150~300			90				—	

（8）耐蚀性

HT150耐蚀性参见HT100和HT200。

（9）常用标准牌号对照（见表6-10）

表6-10 常用标准牌号对照

国别 标准	中国 GB	国际标准化 ISO	欧洲 EN	欧洲 Mat. No	英国 BS	德国 DIN	德国 W-Nr
牌号	HT150	150	EN-GJL-150	0.6015	150	GG 15	0.6015

(续)

国别	法国	韩国	俄罗斯	日本	美国				
标准	NF	KS	ГОСТ	JIS	ASTM	UNS	AISI	SAE	ASI
牌号	FGL150	GC150	СЧ15	FC150	—	F-11701	—		No. 25

6.1.3 HT200

（1）概述

HT200属于珠光体型铸铁，一般碳的质量分数为2.7%~4.0%，其中近80%左右的碳以片状石墨析出。其强度、耐磨性、耐热性均较好，优于HT100和HT150，有较好的减振性，铸造性良好；但脆性大，需进行人工时效处理。

HT200的铸态组织为珠光体+片状石墨，铁素体含量不大于5%。

（2）工艺特性

HT200可采用多种砂型生产。其液相点温度约为1195℃，流动性好，凝固收缩小，但随铸件截面增大，材质疏松倾向增大。

HT200通常不进行热处理，对复杂或厚大件可采用时效处理，缓慢升温到550~600℃，保温后缓慢冷却到200℃出炉空冷。

HT200允许补焊，大件或形状复杂的铸件应焊前预热至200℃以上。焊后应进行去应力处理，温度为500~600℃。其机械加工性好。

（3）应用

HT200可用于承受较大应力、但不受冲击的零件，如发动机缸体、飞轮、轴承座、液压泵、阀体、泵体、叶轮等零件。

（4）化学成分（见表6-11）

表6-11 化学成分（质量分数）（推荐数据） （%）

C	Si	Mn	P	S
3.0~3.6	1.4~2.2	0.6~1.0	≤0.15	≤0.12

（5）物理性能（见表6-12）

表6-12 物理性能

温度/℃	室温	100	200	300	400	500
热导率 $\lambda/[W/(m·℃)]$	—	40.0	40.3	38.3	36.5	35.1
比定压热容 $c_p/[J/(kg·℃)]$	—	494	536	557	565	573
线胀系数 $/10^{-6}℃^{-1}$	—	10.98	11.41	12.07	12.66	12.99
弹性模量 $E/10^4 MPa$	14.8	14.5	14.1	14.0	13.7	13.2
切变模量 $G/10^3 MPa$	56.6	55.8	54.7	54.0	53.2	52.1
泊松比 $\mu/10^{-1}$	3.10	3.10	2.90	3.00	2.90	2.70
电阻率 $\rho/10^{-8}\Omega·m$	77	—	—	—	—	—

注：密度为7.33g/cm³；熔点为1130℃。

（6）常见热处理制度（见表6-13）

表6-13 常见热处理制度

热处理	加热温度/℃	冷却方法	金相组织
铸态	—	—	珠光体+片状石墨
去应力退火	550~600	炉冷至250℃空冷	珠光体+片状石墨

(7) 力学性能

技术标准规定的力学性能见表 6-14。

表 6-14 技术标准规定的力学性能（GB/T 9439—2023）

铸件壁厚/mm	单铸试棒 R_m/MPa		并排试棒	附铸试块	ϕ30mm 试样			铸件本体预期强度 R_m/MPa	金相组织
	≥	≤	≥	≥	抗拉强度/MPa ≥	抗压强度/MPa ≥	抗弯强度/MPa ≥	≥	
>2.5~5	200 (150~230HBW)	300	—	—	200~300	720	345~520	220	铁素体+珠光体+片状石墨
>5~10			—	—				200	
>10~20			—	—				180	
>20~40			170	200~300				155	
>40~80			155					135	
>80~150			140					120	
>150~300			130					—	

(8) 耐蚀性

耐全面（均匀）腐蚀性能见表 6-15。

表 6-15 耐全面（均匀）腐蚀性能

介质	浓度(%)	压力/MPa	温度/℃	时间/h	腐蚀速率		备注
					mm/a	g/(m²·h)	
硫酸	3	—	25	—		39.7	—
	5	—	50	—		1280	
乙酸	0.5	—	—	—		1.80	—
盐酸	1	—	20	—		24.8	
硫酸铵	10	—	20	—		0.695	
NaOH	10	—	50	—		0.0137	
NaCl	3	—	15~19	—		0.0700	
海水	—	—	20	—		0.229	
含 SO_2 的湿空气	—	—	—	—		0.2014	
工业大气	—	—	—	—		0.1175	

(9) 常用标准牌号对照（见表 6-16）

表 6-16 常用标准牌号对照

国别	中国	国际标准化	欧洲		英国	德国	
标准	GB	ISO	EN	Mat. No	BS	DIN	W-Nr
牌号	HT200	200	EN-GJL-200	0.6020	200	GG 20	0.6020
国别	法国	韩国	俄罗斯	日本	美国				
标准	NF	KS	ГОСТ	JIS	ASTM	UNS	AISI	SAE	AWS
牌号	FGL200	GC200	СЧ20	FC200		F12101			No. 30

6.1.4 HT250

(1) 概述

HT250 属于珠光体型铸铁，其强度、耐磨性、耐热性均好，有良好的减振性，铸造性良好，需要进行人工时效处理。

HT250 的铸态组织为珠光体+片状石墨。

（2）工艺特性

HT250 的铸造流动性好，可采用多种砂型铸造，但随着铸件截面厚度增加，缩孔、疏松缺陷会增加。

铸件应采用去应力退火，缓慢加热至 550~600℃，保温后缓慢冷却至 200℃ 出炉空冷。

当出现较多渗碳体，即产生白口组织时，可采用石墨化退火，通常加热至 900~950℃，保温后炉冷至 600℃ 以下出炉，以促进渗碳体向石墨转化。

为提高强度和改善组织，可采用正火处理后使用。正火加热温度一般为 850~900℃，如果存在较多游离渗碳体，则温度可提高至 900~950℃，保温后空冷。

对于某些零件，为提高表面硬度和耐磨性，可采用火焰加热、感应加热等方法，表面加热至 900~960℃ 后喷水冷却，表面获得马氏体组织。

HT250 可以补焊，但应预热到 200℃ 以上，大面积补焊件应进行 500~600℃ 的焊后去应力处理。

（3）应用

HT250 可用于制造要求高强度的零件及要求表面高硬度和耐磨的零件，常用于制造容器、法兰、箱体、床身、立柱、气缸、齿轮、联轴器以及泵体、叶轮等。

（4）化学成分（见表 6-17）

表 6-17 化学成分（质量分数）（推荐数据） （%）

C	Si	Mn	P	S
2.9~3.5	1.4~2.1	0.7~1.1	≤0.15	≤0.12

（5）物理性能（见表 6-18）

表 6-18 物理性能

温度/℃	室温	100	200	300	400	500	600
热导率 $\lambda/[W/(m \cdot ℃)]$	—	43.0	42.0	41.0	40.0	37.0	35.0
比定压热容 $c_p/[J/(kg \cdot ℃)]$	535	—	—	—	—	—	—
线胀系数 $/10^{-6}℃^{-1}$	—	8.20	11.1	12.2	12.6	12.9	13.2
弹性模量 $E/10^4$ MPa	13.8	13.6	13.3	13.0	12.6	12.1	—
切变模量 $G/10^3$ MPa	59.8	57.9	56.9	54.9	53.0	50.0	—
泊松比 $\mu/10^{-1}$	1.56	1.78	1.72	1.89	1.91	2.35	—
电阻率 $\rho/10^{-8} \Omega \cdot m$	73	—	—	—	—	—	—

注：密度为 7.28g/cm³。

（6）常见热处理制度（见表 6-19）

表 6-19 常见热处理制度

热处理	加热温度/℃	冷却方法	金相组织
铸态	—	—	珠光体+片状石墨
去应力退火	550~600	缓冷	珠光体+片状石墨
石墨化退火	900~950	炉冷	珠光体+片状石墨
正火	850~900	空冷	珠光体+片状石墨
表面淬火	900~960	喷水冷	表面层（马氏体）+片状石墨

（7）力学性能

技术标准规定的力学性能见表 6-20。

表 6-20 技术标准规定的力学性能 (GB/T 9439—2023)

铸件壁厚/mm	单铸试棒 R_m/MPa	并排试棒 R_m/MPa	附铸试块 R_m/MPa	φ30mm 试样 抗拉强度/MPa	φ30mm 试样 抗压强度/MPa	φ30mm 试样 抗弯强度/MPa	铸件本体 预期强度 R_m/MPa	金相组织
	≥	≤	≥	≥	≥	≥	≥	
>5~10	250 (180~250HBW)	350	—	250~350	840	415~580	165	珠光体+片状石墨
>10~20			—				150	
>20~40			210				135	
>40~80			190				115	
>80~150			170				100	
>150~300			160				90	

(8) 耐蚀性

HT250 的耐蚀性参见 HT200。

(9) 常用标准牌号对照（见表 6-21）

表 6-21 常用标准牌号对照

国别	中国	国际标准化	欧洲		英国	德国	
标准	GB	ISO	EN	Mat. No	BS	DIN	W-Nr
牌号	HT250	250	EN-GJL-250	0.6025	250	GG 25	0.6025

国别	法国	韩国	俄罗斯	日本	美国				
标准	NF	KS	ГОСТ	JIS	ASTM	UNS	AISI	SAE	AWS
牌号	FGL250	GC250	СЧ25	FC250	—	F12401	—	—	No. 35

6.1.5 HT300

(1) 概述

HT300 属于珠光体型铸铁，其铸造性较差、白口倾向大。其强度和耐磨性较好，应进行人工时效处理，其铸态组织为珠光体+片状石墨。

(2) 工艺特性

HT300 的铸造性较差，产生缩孔、疏松缺陷的倾向性更明显，铸造时应采取适当措施，减少和防止铸造缺陷形成。

HT300 去应力退火温度为 550~600℃，缓慢加热和冷却。

HT300 也可进行石墨化退火、正火及表面处理，工艺方法参见 HT250。

HT300 的焊接性差，不易补焊。如补焊应采取严格补焊工艺和必要措施。

(3) 应用

HT300 可制造要承受较大应力的重要铸件，如床身导轨、床身、缸体、齿轮、阀体、泵体、叶轮，以及使用温度不大于 350℃ 的压力容器等。

(4) 化学成分（见表 6-22）

表 6-22 化学成分（质量分数）（推荐数据） (%)

C	Si	Mn	P	S
2.8~3.4	1.3~1.8	0.8~1.2	≤0.15	≤0.12

(5) 物理性能（见表 6-23）

表 6-23　物理性能

温度/℃	室温	100	200	300	400	500
热导率 λ/[W/(m·℃)]	—	47.0	46.6	43.6	41.2	38.4
比定压热容 c_p/[J/(kg·℃)]	—	523	536	565	578	571
线胀系数/10^{-6}℃$^{-1}$	—	11.22	11.80	12.45	12.90	13.16
弹性模量 E/10^4MPa	14.3	14.1	13.7	13.5	13.3	12.8
切变模量 G/10^3MPa	56.6	55.9	54.9	54.2	52.6	50.6
泊松比 μ/10^{-1}	2.70	2.60	2.60	2.50	2.70	2.70
电阻率 ρ/10^{-8}Ω·m	70	—	—	—	—	—

注：密度为 7.30g/cm³；熔点为 1130℃。

（6）常见热处理制度（见表 6-24）

表 6-24　常见热处理制度

热处理	加热温度/℃	冷却方法	金相组织
铸态	—	—	珠光体+片状石墨
去应力退火	550~600	缓冷	珠光体+片状石墨
石墨化退火	900~950	炉冷	珠光体+片状石墨
正火	850~900	空冷	珠光体+片状石墨
表面淬火	900~960	喷水冷	表面层（马氏体）+片状石墨

（7）力学性能

技术标准规定的力学性能见表 6-25。

表 6-25　技术标准规定的力学性能（GB/T 9439—2023）

铸件壁厚/mm	单铸试棒 R_m/MPa		并排试棒 R_m/MPa	附铸试块 R_m/MPa	φ30mm 试样			铸件本体 预期强度 R_m/MPa	金相组织
					抗拉强度/MPa	抗压强度/MPa	抗弯强度/MPa		
	≥	≤	≥	≥	≥	≥	≥	≥	
>10~20				—				270	
>20~40				250				235	
>40~80	300 (200~275HBW)	400	225	300~400	960	480~640	210	珠光体+片状石墨
>80~150				210				195	
>150~300				190				185	

（8）耐蚀性

HT300 的耐蚀性参见 HT200。

（9）常用标准牌号对照（见表 6-26）

表 6-26　常用标准牌号对照

国别	中国	国际标准化	欧洲		英国	德国	
标准	GB	ISO	EN	Mat. No	BS	DIN	W-Nr
牌号	HT300	300	EN-GJL-300	0.6030	300	GG 300	0.6030

国别	法国	韩国	俄罗斯	日本	美国				
标准	NF	KS	ГОСТ	JIS	ASTM	UNS	AISI	SAE	AWS
牌号	FGL 300	GC300	СЧ30	FC300	—	F13101	—	—	No. 45

6.1.6　HT350

（1）概述

HT350 属于珠光体型铸铁，也是高强度、高耐磨铸铁，强度高、耐磨性好，但白口倾向大、铸造性差，需进行人工时效处理，其铸态组织为珠光体+片状石墨。

（2）工艺特性

HT350 铸造性差，产生缩孔、疏松等铸造缺陷的倾向较强，白口倾向大。铸造时应采取必要措施，减少和防止铸造缺陷生成。

HT350 去应力（人工时效）退火温度为 550~600℃，注意缓慢加热、冷却，防止热处理裂纹产生。

HT350 也可进行石墨化退火、正火及表面处理，工艺方法参见 HT250。

HT350 焊接性很差，不易补焊。

（3）应用

HT350 适合制造承受高应力和抗拉张应力部件，可制作机床床身导轨、机座、主轴箱、缸体、泵体、阀体、齿轮、凸轮、轴套等耐磨件。

（4）化学成分（见表 6-27）

表 6-27 化学成分（质量分数）（推荐数据） （%）

C	Si	Mn	P	S
2.7~3.1	1.3~1.6	1.0~1.4	≤0.15	≤0.12

（5）物理性能（见表 6-28）

表 6-28 物理性能

温度/℃	室温	100	200	300	400	500	600
热导率 $\lambda/[W/(m \cdot ℃)]$	—	45.5	44.5	43.5	42.0	41.5	—
比定压热容 $c_p/[J/(kg \cdot ℃)]$	—	—	460	—	—	—	535
线胀系数 $/10^{-6}℃^{-1}$	—	—	11.7	—	13.0	—	—
弹性模量 $E/10^4 MPa$	12.3~14.3	—	—	—	—	—	—
切变模量 $G/10^3 MPa$	—	—	—	—	—	—	—
泊松比 $\mu/10^{-1}$	2.6	—	—	—	—	—	—
电阻率 $\rho/10^{-8}\Omega \cdot m$	67	—	—	—	—	—	—

注：密度为 7.30g/cm³。

（6）常见热处理制度（见表 6-29）

表 6-29 常见热处理制度

热处理	加热温度/℃	冷却方法	金相组织
铸态	—	—	珠光体+片状石墨
去应力退火	550~600	缓冷	珠光体+片状石墨
石墨化退火	900~950	炉冷	珠光体+片状石墨
正火	850~900	空冷	珠光体+片状石墨
表面淬火	900~960	喷水冷	表面层（马氏体）+片状石墨

（7）力学性能

技术标准规定的力学性能见表 6-30。

表 6-30　技术标准规定的力学性能（GB/T 9439—2023）

铸件壁厚/mm	单铸试棒 R_m/MPa ≥	并排试棒 R_m/MPa ≤	附铸试块 R_m/MPa ≥	φ30mm 试样 抗拉强度/MPa ≥	抗压强度/MPa ≥	抗弯强度/MPa ≥	铸件本体 预期强度 R_m/MPa ≥	金相组织
>10~20	350 (220~290HBW)	450	—	350~450	1080	540~690	315	珠光体+片状石墨
>20~40			290				275	
>40~80			260				240	
>80~150			240				220	
>150~300			220				210	

（8）耐蚀性

HT350 的耐蚀性参见 HT200。

（9）常用标准牌号对照（见表 6-31）

表 6-31　常用标准牌号对照

国别	中国	国际标准化	欧洲		英国	德国	
标准	GB	ISO	EN	Mat. No	BS	DIN	W-Nr
牌号	HT350	350	EN-GJL-350	0.6035	350	GG35	0.6035
国别	法国	韩国	俄罗斯	日本	美国			
标准	NF	KS	ГОСТ	JIS	ASTM	UNS	AISI	SAE	AWS
牌号	FGL350	GC350	СЧ35	FC350	—	F13501	—	—	No. 50

6.2　球墨铸铁

球墨铸铁中的石墨在基体中基本呈球形。球状石墨与片状石墨相比，其对基体切割作用小，很少对基体产生缺口效应。所以，球墨铸铁比灰铸铁的性能更好，强度高，塑性、韧性也好。

依据化学成分和处理方法不同，球墨铸铁分铁素体基体、铁素体+珠光体基体、球光体基体三种类型。随着基体中珠光体比例的增加，硬度、强度、抗疲劳性、耐磨性升高，而伸长率、冲击吸收能量、减振性下降。球墨铸铁通过加入合金元素和采用合理的热处理工艺，可进一步提高强韧性和耐磨性、耐热性及耐蚀性。不同组织和不同级别的球墨铸铁应用也不同。

球墨铸铁在某些介质中具有良好的耐蚀性。

球墨铸铁在通用机械产品中应用比较广泛，可用来制造阀体、泵体、泵盖、叶轮、阀盖、齿轮、曲轴、缸体、缸套、轴瓦、法兰等多种零部件。在选用球墨铸铁时，应考虑工况条件下的腐蚀条件和球墨铸铁的耐蚀性。

6.2.1　QT350-22

（1）概述

QT350-22 属铁素体型球墨铸铁。在球墨铸铁系列中，QT350-22 强度最低，但其塑性、韧性最高，特别是在-40℃低温下仍具有一定的冲击韧性。

（2）工艺特性

第6章 铸铁

QT350-22可采用稀土镁或纯镁进行球化处理,获得较好的球化组织,其铸造流动性好,优于灰铸铁。铁液经球化和孕育过程会降低温度,在生产时应适当提高出炉和浇注温度。

QT350-22可以焊接,焊前应预热,电弧焊应预热至750~760℃,气焊可预热至490~530℃,焊后应缓慢冷却,冷速一般不大于70~100℃/h。

根据需要可采用高温石墨化退火、低温石墨化退火或去应力退火。

QT350-22有较好切削加工性。

(3) 应用

QT350-22适用于要求强度不高、承受冲击载荷和振动及扭转的零件,比其他球墨铸铁更适合使用于低温条件。

QT350-22可制作阀门、阀体、缸体、泵体、泵盖、泵轮、联轴器等零件。

(4) 化学成分 (见表6-32)

表6-32 化学成分(质量分数)(供参考) (%)

C	Si	Mn	P	S	Cr	Ni	Mo	Mg	RE
3.7~4.0	2.2~2.8	≤0.5	≤0.08	≤0.025				0.05~0.07	0.03~0.05

(5) 物理性能 (见表6-33)

表6-33 物理性能

温度/℃	室温	100	200	300	400	500
热导率 $\lambda/[W/(m \cdot ℃)]$	—	—	—	36.2	—	—
比定压热容 $c_p/[J/(kg \cdot ℃)]$	—	—	—	—	—	515
线胀系数/$10^{-6}℃^{-1}$	—	—	—	—	12.5	—
弹性模量 $E/10^4$ MPa	16.9					
切变模量 $G/10^3$ MPa	—					
泊松比 $\mu/10^{-1}$	2.75					
电阻率 $\rho/10^{-8}\Omega \cdot m$	50					

注:密度为7.1g/cm³。

(6) 常见热处理制度 (见表6-34)

表6-34 常见热处理制度(视需要选择)

热处理	加热温度/℃	冷却方法	金相组织
去应力退火	600~650	炉冷至250℃空冷	铁素体+球状石墨
高温石墨化退火	900~950	炉冷至550℃空冷	
正火+回火	880~900	空冷	
	560~580	空冷	

(7) 力学性能

技术标准规定的力学性能见表6-35。

表6-35 技术标准规定的力学性能(GB/T 1348—2019)

材料牌号	铸件壁厚/mm	R_m/MPa ≥	$R_{p0.2}$/MPa ≥	A(%) ≥	最小冲击吸收能量 KV_2/J						金相组织
					(23±5)℃		(-20±5)℃		(-40±5)℃		
					三个平均值	单个值	三个平均值	单个值	三个平均值	单个值	
QT350-22	≤30	350	220	22							铁素体+球状石墨
	>30~60	330	220	18							
	>60~200	320	210	15							

(续)

材料牌号	铸件壁厚/mm	R_m/MPa	$R_{p0.2}$/MPa	A (%)	最小冲击吸收能量 KV_2/J						金相组织
					(23±5)℃		(−20±5)℃		(−40±5)℃		
		≥			三个平均值	单个值	三个平均值	单个值	三个平均值	单个值	
QT350-22L	≤30	350	220	22	—	—	—	—	12	9	铁素体+球状石墨
	>30~60	330	210	18	—	—	—	—	12	9	
	>60~200	320	200	15	—	—	—	—	10	7	
QT350-22R	≤30	350	220	22	17	14	—	—	—	—	
	>30~60	330	220	18	17	14	—	—	—	—	
	>60~200	320	210	15	15	12	—	—	—	—	

注："L"或"R"分别表示低温或高温,并有冲击吸收能量要求。

（8）耐蚀性

QT350-22 的耐蚀性参见 QT400-18。

（9）常用标准牌号对照（见表 6-36）

表 6-36 常用标准牌号对照

国别	中国	国际标准化	欧洲		英国	德国	
标准	GB	ISO	EN	Mat. No	BS	DIN	W-Nr
牌号	QT350-22	350-22	—	—	350/22	—	—

国别	法国	韩国	俄罗斯	日本	美国				
标准	NF	KS	ГОСТ	JIS	ASTM	UNS	AISI	SAE	AWS
牌号	—	GCD 350	ВЧ35	FCD350-22	—	—	—	—	—

6.2.2 QT400-18

（1）概述

QT400-18 属铁素体型球墨铸铁,有较高的强度、塑性和韧性,在低温条件下有良好的冲击韧性,脆性转变温度较低,具有较好的减振性能、抗温度急变性和一定的耐蚀能力。

（2）工艺特性

QT400-18 可采用稀土镁或纯镁进行球化处理,采用硅铁进行孕育处理,获得较好的球化组织。其流动性高于灰铸铁,因铁液经过球化和孕育过程会降低温度,所以应适当提高出炉和浇注温度。

QT400-18 可以焊接,但焊前应进行预热,一般电弧焊应预热至 750~760℃,气焊可预热至 490~530℃,焊后应注意缓慢冷却,冷速不大于 70℃/h。

根据改善组织需要,可采用高温石墨化退火、低温石墨化退火或去应力退火。

QT400-18 具有较好的切削加工性。

（3）应用

QT400-18 可用于承受冲击振动及扭转载荷的零件,用于要求有较高塑性、韧性,特别是在低温下要求有一定冲击吸收能量的零件。

QT400-18 常用于制作阀门、阀体、盖、缸体、转轮、联轴器等,在泵生产中可用于制造泵体、泵盖、泵轮等零件。

（4）化学成分（见表 6-37）

表 6-37　化学成分（质量分数）（供参考）　　　　　　　　　　　　　　　　　　　　　　（%）

C	Si	Mn	P	S	Cr	Ni	Mo	Mg	RE
3.6~3.9	2.2~2.8	≤0.05	≤0.08	≤0.025	—	—	—	0.04~0.06	0.03~0.05

（5）物理性能（见表 6-38）

表 6-38　物理性能

温度/℃	室温	100	200	300	400	500
热导率 λ/[W/(m·℃)]	—	32.5	36.4 (194℃)	36.3 (290℃)	36.5 (390℃)	35.2 (481℃)
比定压热容 c_p/[J/(kg·℃)]	—	473	502	523	548	569
线胀系数/10^{-6}℃$^{-1}$	—	12.9	13.0	13.2	13.5	13.7
弹性模量 E/10^4 MPa	16.1	15.8	15.4	14.9	14.3	13.8
切变模量 G/10^3 MPa	63.2	62.4	60.9	58.8	56.0	54.2
泊松比 μ/10^{-1}	2.74	2.66	2.64	2.67	2.77	2.73
电阻率 ρ/10^{-8} Ω·m	50	—	—	—	—	—

注：密度为 7.01g/cm³；熔点为 1090℃。

（6）常见热处理制度（见表 6-39）

表 6-39　常见热处理制度（视需要选择）

热处理	加热温度/℃	冷却方法	金相组织
去应力退火	600~650	炉冷至 250℃空冷	铁素体+球状石墨
高温石墨化退火	900~950	炉冷至 550℃空冷	
正火+回火	880~900	空冷	
	560~580	空冷	

（7）力学性能

① 技术标准规定的力学性能见表 6-40。

表 6-40　技术标准规定的力学性能（GB/T 1348—2019）

材料牌号	铸件壁厚/mm	R_m/MPa ≥	$R_{p0.2}$/MPa ≥	A(%) ≥	最小冲击吸收能量 KV_2/J						金相组织
					(23±5)℃		(-20±5)℃		(-40±5)℃		
					三个平均值	单个值	三个平均值	单个值	三个平均值	单个值	
QT400-18	≤30	400	250	18							铁素体+球状石墨
	>30~60	390	250	15							
	>60~200	370	240	12							
QT400-18L	≤30	400	240	18			12	9			
	>30~60	380	230	15			12	9			
	>60~200	360	220	12			10	7			
QT400-18R	≤30	400	250	18	14	11					
	>30~60	390	250	15	14	11					
	>60~200	370	240	12	12	9					

注："L"或"R"分别表示低温或高温，并有冲击吸收能量要求。

② 不同温度下的力学性能见表 6-41。

表 6-41　不同温度下的力学性能

状态	温度/℃	R_m/MPa	$R_{p0.2}$/MPa	A(%)	Z(%)	KU_2/J	HBW
900℃炉冷至 650℃空冷	室温	433	—	23	—	112	149

(续)

状态	温度/℃	R_m/MPa	$R_{p0.2}$/MPa	A(%)	Z(%)	KU_2/J	HBW
900℃退火	20	495	310	19	—	76	—
	200	435	290	15	—	79.2	—
	300	435	255	15	—	84.4	—
	400	350	225	18	—	70.4	—
	450	240	150	21	—	61.6	—

③ 低温冲击性能见表6-42。

表6-42 低温冲击性能（无缺口试样）

状态	温度/℃	室温	-20	-40
940℃炉冷至650℃空冷	KW_2/J	110	99	98

（8）耐蚀性

耐全面（均匀）腐蚀性能见表6-43。

表6-43 耐全面（均匀）腐蚀性能

介质	浓度(%)	压力/MPa	温度/℃	时间/h	腐蚀速率		备注
					mm/a	g/($m^2 \cdot h$)	
硫酸	3	—	25	—	—	30.7	
硫酸	5	—	50	—	—	99.5	
盐酸	1	—	20	—	—	1.7	
硫酸铵	10	—	20	—	—	0.422	
NaOH	10	—	50	—	—	0.0079	
NaCl	3	—	15~19	—	—	0.0641	
海水	—	—	20	—	—	0.292	
工业大气	—	—	—	—	—	0.1512	
含 SO_2 的湿空气	0.037 (SO_2)	—	—	—	—	0.2375	

（9）常用标准牌号对照（见表6-44）

表6-44 常用标准牌号对照

国别	中国	国际标准化	欧洲		英国	德国	
标准	GB	ISO	EN	Mat. No	BS	DIN	W-Nr
牌号	QT400-18	400-18	EN-GJS-400-18	0.7040	400/17	GCG 40	0.7040
国别	法国	韩国	俄罗斯	日本	美国		
标准	NF	KS	ГОСТ	JIS	ASTM	UNS	AISI	SAE	AWS
牌号	FGS370-17	GCD400	ВЧ40	FCD400		F32800			60-40-18

6.2.3 QT500-7

（1）概述

QT500-7属铁素体-珠光体混合型球墨铸铁，有较高的强度和适当的韧性，有良好的耐磨性和减振性，缺口敏感性比钢低，有一定的耐蚀性，铸造工艺性良好，可通过热处理改变性能。

（2）工艺特性

QT500-7 流动性良好，浇注时应适当提高出炉温度和浇注温度。

QT500-7 有一定的焊接性，焊接性略优于灰铸铁和可锻铸铁。焊接前应预热，如采用电弧焊应预热至 750~760℃，焊接后应缓冷 [(70~100)℃/h]。

QT500-7 的热处理工艺应根据具体情况确定。一般情况下可在铸造后并去除应力状态下使用，去除铸造应力温度为 510~570℃，充分保温后炉冷。如果为了在获得一定强度的同时又能改善韧性，可采用部分奥氏体化正火（低温正火），加热温度通常在 750℃ 左右，保温后空冷。为了获得更高一些的强度和珠光体量，可采用完全奥氏体化正火（高温正火），高温正火温度通常在 920℃ 左右，保温后空冷。对于复杂的铸件，在部分奥氏体化正火或奥氏体化正火后，最好进行一次去应力处理。

（3）应用

QT500-7 可用于有较高强度、硬度和耐磨性要求的零部件。

QT500-7 常用于制造泵体、轴承体、齿轮、水轮和阀体、支架连杆等零件。

（4）化学成分（见表 6-45）

表 6-45 化学成分（质量分数）（供参考） （%）

C	Si	Mn	P	S	Cr	Ni	Mo	Mg	RE
3.6~3.8	2.5~2.9	≤0.6	≤0.08	≤0.025	—	—	—	0.03~0.05	0.02~0.03

（5）物理性能（见表 6-46）

表 6-46 物理性能

温度/℃	室温	100	200	300	400	500	600	700
热导率 λ/[W/(m·℃)]	31	29	31	29	29	29	—	—
比定压热容 c_p/[J/(kg·℃)]	—	527	548	586	611	628	—	—
线胀系数/10^{-6}℃$^{-1}$	—	9.1	11.7	12.9	13.2	13.6	13.8	14.4
弹性模量 E/10^4MPa	16.2	16.0	15.6	15.3	14.7	14.2		
切变模量 G/10^3MPa	62.7	61.7	59.8	58.8	—	—		
泊松比 μ/10^{-1}	2.93	2.98	3.07	3.0				
电阻率 ρ/10^{-8}Ω·m	51	—						

注：密度为 7.0g/cm³。

（6）常见热处理制度（见表 6-47）

表 6-47 常见热处理制度（视需要选择）

热处理	加热温度/℃	冷却方法	金相组织
去应力退火	500~600	炉冷至 250℃ 空冷	
高温石墨化退火	900~950	炉冷至 550℃ 空冷	
低温石墨化退火	740~780	炉冷至 550℃ 空冷	铁素体+珠光体+球状石墨
正火+回火	880~900	空冷	
	500~580	空冷	

（7）力学性能

① 技术标准规定的力学性能见表 6-48。

② 不同温度下的力学性能见表 6-49。

表 6-48 技术标准规定的力学性能（GB/T 1348—2019）

材料牌号	铸件壁厚/mm	R_m/MPa	$R_{p0.2}$/MPa	A (%)	最小冲击吸收能量 KV_2/J						金相组织
					(23±5)℃		(−20±5)℃		(−40±5)℃		
		≥			三个平均值	单个值	三个平均值	单个值	三个平均值	单个值	
QT500-7	≤30	500	320	7	—	—	—	—	—	—	铁素体+珠光体+球状石墨
	>30~60	450	300	7	—	—	—	—	—	—	
	>60~200	420	290	5	—	—	—	—	—	—	

表 6-49 不同温度下的力学性能

状态	温度/℃	R_m/MPa	$R_{p0.2}$/MPa	A (%)
—	室温	555	—	0.5
	500	517.5	—	—
	600	472.5	—	—
	700	280	—	—
	800	74.9	—	19.8
	900	63.9	—	35.6

③ 低温冲击性能见表 6-50。

表 6-50 低温冲击性能（无缺口试样）

状态	温度/℃	−40
—	KW_2/J	4

（8）耐蚀性

QT500-7 的耐全面（均匀）腐蚀性能参见 QT400-18 和 QT600-3。

（9）常用标准牌号对照（见表 6-51）

表 6-51 常用标准牌号对照

国别	中国	国际标准化	欧洲		英国	德国	
标准	GB	ISO	EN	Mat. No	BS	DIN	W-Nr
牌号	QT500-7	500-7	EN-GJS-500-7	0.7050	500/7	GCG 50	0.7050

国别	法国	韩国	俄罗斯	日本	美国				
标准	NF	KS	ГОСТ	JIS	ASTM	UNS	AISI	SAE	AWS
牌号	FGS500-7	GCD500	ВЧ50	FCD500					70-50-05

6.2.4 QT600-3

（1）概述

QT600-3 属珠光体型球墨铸铁，其珠光体量可达到 65% 以上，有少量铁素体。其经热处理后具有中高等强度、较高的硬度和耐磨性，有一定的塑性和韧性，铸造性良好，可通过热处理获得较高的综合性能。

（2）工艺特性

QT600-3 铸造流动性尚好，浇注时可适当提高出炉温度及浇注温度。

QT600-3 可焊接，但应焊前预热，电弧焊时应预热至 750~760℃，焊后应缓慢冷却，冷速不大于70℃/h。

QT600-3应采用正火+回火后使用，正火温度通常采用910~940℃，空冷；回火温度为600℃，空冷。当用于制造凸轮轴、曲轴等要求表面耐磨的零件时，可采用表面淬火。

（3）应用

QT600-3可用于制作要求较高强度、硬度的零部件，如曲轴、连杆、凸轮轴、主轴、齿轮等。

（4）化学成分（见表6-52）

表6-52 化学成分（质量分数）（供参考） （%）

C	Si	Mn	P	S	Cr	Ni	Mo	Mg	RE
3.6~3.9	1.8~2.3	0.7~1.0	≤0.1	≤0.04				0.025~0.05	0.025~0.05

（5）物理性能（见表6-53）

表6-53 物理性能（供参考）

温度/℃	室温	100	200	300	400	500	600	700
热导率 λ/[W/(m·℃)]	—	34.5	34.5	33.5	33	33	—	—
比定压热容 c_p/[J/(kg·℃)]	—	529	548	474	596	623.5		
线胀系数/10^{-6}℃$^{-1}$	—	11.8	12.0	12.7	13.2	13.5	13.8	14.6
弹性模量 E/10^4MPa	16.9	16.6	16.2	15.8	15.2	14.5		
切变模量 G/10^3MPa	65.6	64.3	62.9	61.0	57.8	55.4		
泊松比 μ/10^{-1}	2.86	2.89	2.86	2.95	3.16	3.20		
电阻率 ρ/10^{-8}Ω·m	—	—	38.5	46.4	55.9	66.7	78.8	95.0

注：密度为7.12g/cm^3；熔点为1150℃。

（6）常见热处理制度（见表6-54）

表6-54 常见热处理制度（视需要选择）

热处理	加热温度/℃	冷却方法	金相组织
去应力退火	500~600	炉冷至250℃空冷	
高温石墨化退火	900~950	炉冷至550℃空冷	珠光体+少量铁素体+石墨
低温石墨化退火	740~780	炉冷至550℃空冷	
正火+回火	840~880	空冷	
	500~580	空冷	

（7）力学性能

① 技术标准规定的力学性能见表6-55。

表6-55 技术标准规定的力学性能（GB/T 1348—2019）

材料牌号	铸件壁厚/mm	R_m/MPa ≥	$R_{p0.2}$/MPa ≥	A(%) ≥	最小冲击吸收能量 KV_2/J						金相组织
					(23±5)℃		(-20±5)℃		(-40±5)℃		
					三个平均值	单个值	三个平均值	单个值	三个平均值	单个值	
QT600-3	≤30	600	370	3	—	—					少量铁素体+珠光体+球状石墨
	>30~60	600	360	2							
	>60~200	550	340	1							

② 不同温度下的力学性能见表6-56。

表 6-56 不同温度下的力学性能

状态	温度/℃	R_m/MPa	$R_{p0.2}$/MPa	A(%)	Z(%)	KU_2/J	HBW
930℃,空冷+600℃,空冷	室温	896	525	1.7	3.3	45.6	262
910℃正火,雾冷	室温	759	—	3.7	—	35.2	238
900~910℃正火,风冷	室温	859	—	4.4	—	36.8	268
—	29	769	544	3.0	2.2	—	—
—	350	768	437	6.8	8.1	—	—
—	400	730	427	9.1	7.8	—	—
—	450	580	376	12.1	11.5	—	—
—	500	463	319	13.5	15.3	—	—
—	550	343	239	17.7	15.7	—	—

③ 低温冲击性能见表 6-57。

表 6-57 低温冲击性能

状态	温度/℃	室温	0	-10	-20	-40
—	KU_2/J	43.2	38.4	39.2	39.2	32.8

(8) 耐蚀性

耐全面（均匀）腐蚀性能见表 6-58。

表 6-58 耐全面（均匀）腐蚀性能

介质	浓度(%)	压力/MPa	温度/℃	时间/h	腐蚀速率 mm/a	腐蚀速率 g/(m²·h)	备注
硫酸	3	—	25	—		234.1	
硫酸	5	—	50	—		780.7	
乙酸	0.5	—	—	—		0.043	
盐酸	1	—	20	—		3.4	
硫酸铵	10	—	20	—		0.605	
NaOH	10	—	50	—		0.0054	—
NaCl	3	—	15~19	—		0.0699	
海水	—	—	20	—		0.288	
工业大气	—	—	—	—		0.1173	
含 SO_2 的湿空气	0.037	—	—	—		0.1834	

(9) 常用标准牌号对照（见表 6-59）

表 6-59 常用标准牌号对照

国别	中国	国际标准化	欧洲		英国	德国	
标准	GB	ISO	EN	Mat. No	BS	DIN	W-Nr
牌号	QT600-3	600-3	EN-GJS-600-3	0.7060	600/3	GSG 60	0.7060

国别	法国	韩国	俄罗斯	日本	美国			
标准	NF	KS	ГОСТ	JIS	ASTM	UNS	AISI	SAE	AWS
牌号	FGS600-3	CD600	ВЧ60	FCD600	—	—	—	—	80-60-3

6.2.5 QT700-2

(1) 概述

QT700-2 也属珠光体型球墨铸铁，比 QT600-3 有更高的珠光体含量。其具有较高的强度、耐磨性及一定的塑性、韧性，并具有较高的疲劳极限。

(2) 工艺特性

QT700-2 的铸造流动性尚可，浇注时可适当提高出炉温度和浇注温度，有利于铸件成形。

QT700-2 有一定的焊接性，焊前应预热至 750~760℃，焊后缓慢冷却，冷速不大于 70℃/h。

QT700-2 铸铁应在正火+回火状态下使用，正火温度可采用 880~900℃，保温后空冷、回火温度采用 600℃左右，保温后空冷。对于要求表面高硬度和耐磨的零件，可采用表面淬火。

(3) 应用

QT700-2 适用范围较广，主要用于强度要求较高的零件，如曲轴、凸轮轴、气缸套、齿轮、泵轴、泵体等。

(4) 化学成分（见表 6-60）

表 6-60 化学成分（质量分数）（供参考） (%)

C	Si	Mn	P	S	Cr	Ni	Mo	Mg	RE	Cu
3.7~4.0	2.3~2.6	0.5~0.8	≤0.08	≤0.02	—	—	0.15~0.40	0.035~0.065	0.035~0.065	0.4~0.8

(5) 物理性能（见表 6-61）

表 6-61 物理性能

温度/℃	室温	100	200	300	400	500	600
热导率 $\lambda/[W/(m\cdot℃)]$	—	38	38	37	37	—	—
比定压热容 $c_p/[J/(kg\cdot℃)]$	—	531	548	562	582	619	—
线胀系数$/10^{-6}℃^{-1}$	—	10.8	12.0	12.5	12.8	13.2	13.4
弹性模量 $E/10^4$MPa	16.9	16.6	16.3	15.9	15.3	14.8	
切变模量 $G/10^3$MPa	64.7	63.7	62.7	60.7	59.8	58.8	
泊松比 $\mu/10^{-1}$	3.06	3.03	2.98	3.08	2.79	3.01	
电阻率 $\rho/10^{-8}\Omega\cdot m$	54	—					

注：密度为 7.00g/cm³。

(6) 常见热处理制度（见表 6-62）

表 6-62 常见热处理制度（视需要选择）

热处理	加热温度/℃	冷却方法	金相组织
除应力退火	500~600	炉冷至 250℃空冷	珠光体+球状石墨
高温石墨化退火	900~950	炉冷至 550℃空冷	
低温石墨化退火	740~780	炉冷至 550℃空冷	
正火+回火	840~880	空冷	
	500~580	空冷	

(7) 力学性能

① 技术标准规定的力学性能见表 6-63。

② 室温下的力学性能见表 6-64。

(8) 耐蚀性

QT700-2 的耐全面（均匀）腐蚀性能参见 QT600-3。

(9) 常用标准牌号对照（见表 6-65）

表 6-63　技术标准规定的力学性能（GB/T 1348—2019）

材料牌号	铸件壁厚/mm	R_m/MPa	$R_{p0.2}$/MPa	A(%)	最小冲击吸收能量 KV_2/J						金相组织
					(23±5)℃		(-20±5)℃		(-40±5)℃		
		≥			三个平均值	单个值	三个平均值	单个值	三个平均值	单个值	
QT700-2	≤30	700	420	2	—	—	—	—	—	—	珠光体+球状石墨
	>30~60	700	400	2	—	—	—	—	—	—	
	>60~200	650	380	1	—	—	—	—	—	—	

表 6-64　室温下的力学性能

状态	温度/℃	R_m/MPa	$R_{p0.2}$/MPa	A(%)	Z(%)	KU_2/J	HBW
880℃空冷	室温	754	—	4.5	—	38	262

表 6-65　常用标准牌号对照

国别	中国	国际标准化	欧洲		英国	德国	
标准	GB	ISO	EN	Mat. No	BS	DIN	W-Nr
牌号	QT700-2	700-2	EN-GJS-700-2	0.7070	700/2	GCG 70	0.7070
国别	法国	韩国	俄罗斯	日本	美国			
标准	NF	KS	ГОСТ	JIS	ASTM	UNS	AISI	SAE	AWS
牌号	FGS700-3	GCD700	ВЧ70	FCD700					100-7-03

6.2.6 QT800-2

（1）概述

QT800-2 属珠光体型球墨铸铁，有较高的强度和耐磨性及一定的塑性、韧性，还具有较高的疲劳强度，适用于对强度要求较高的零部件。

（2）工艺特性

QT800-2 的铸造流动性尚可，浇注时应适当提高浇注温度，以利于零件成形。

QT800-2 有一定的焊接性，焊前必须预热，电焊时的预热温度可在 750~760℃，焊后应缓慢冷却，冷却速度不大于 70℃/h。

QT800-2 通过热处理可获得较高强度，应采用正火+回火，正火加热温度为 910~940℃，保温后空冷，回火温度可在 600℃左右。QT800-2 铸件可以通过表面淬火提高表面硬度和耐磨性、疲劳强度，以满足表面高硬度而心部有较好塑性、韧性要求的零部件。

（3）应用

QT800-2 由于可通过热处理提高性能及通过表面淬火提高表面硬度和耐磨性，因此应用广泛，可制作曲轴、凸轮轴、主轴、缸体、缸套、泵体、齿轮等要求高硬度的零部件。

（4）化学成分（见表 6-66）

表 6-66　化学成分（质量分数）（供参考）　　　　　　　　　　　（%）

C	Si	Mn	P	S	Cr	Ni	Mo	Mg	RE	Cu
3.7~4.0	2.3~2.6	≤0.50	≤0.07	≤0.03	—	—	0.15~0.4	0.035~0.065	0.035~0.065	0.4~0.8

（5）物理性能（见表 6-67）

表 6-67 物理性能

温度/℃	室温	100	200	300	400	500	600	700
热导率 λ/[W/(m·℃)]	—	33	33	34	34	34	—	—
比定压热容 c_p/[J/(kg·℃)]	—	511	528	548	565	586	—	—
线胀系数/10^{-6}℃$^{-1}$	—	10.1	12.0	12.7	13.1	13.4	—	—
弹性模量 E/10^4MPa	17.4	17.2	16.9	16.7	16.2	15.6	—	—
切变模量 G/10^3MPa	68.4	67.6	66.6	65.7	63.7	61.7	13.8	14.7
泊松比 μ/10^{-1}	2.70	2.70	2.67	2.71	2.70	2.62	—	—
电阻率 ρ/10^{-8}Ω·m	54	—	—	—	—	—	—	—

注：密度为 7.16g/cm^3。

(6) 常见热处理制度（见表 6-68）

表 6-68 常见热处理制度

热处理	加热温度/℃	冷却方法	金相组织
去应力退火	500~600	炉冷至 250℃空冷	珠光体(或索氏体)+球状石墨
高温石墨化退火	900~950	炉冷至 550℃空冷	
低温石墨化退火	740~780	炉冷至 550℃空冷	
正火+回火	840~880	空冷	
	500~580	空冷	

(7) 力学性能

① 技术标准规定的力学性能见表 6-69。

表 6-69 技术标准规定的力学性能（GB/T 1348—2019）

材料牌号	铸件壁厚/mm	R_m/MPa	$R_{p0.2}$/MPa	A(%)	最小冲击吸收能量 KV_2/J						金相组织
					(23±5)℃		(-20±5)℃		(-40±5)℃		
		≥			三个平均值	单个值	三个平均值	单个值	三个平均值	单个值	
QT800-2	≤30	800	480	2	—	—	—	—	—	—	珠光体(或索氏体)+球状石墨
	>30~60	供需双方商定									
	>60~200										

② 室温下的力学性能见表 6-70。

表 6-70 室温下的力学性能

状态	温度/℃	R_m/MPa	$R_{p0.2}$/MPa	A(%)	Z(%)	KU_2/J	HBW
铸后正火	室温	842	—	4	—	41.5	265

③ 低温冲击性能见表 6-71。

表 6-71 低温冲击性能（无缺口试样）

状态	温度/℃	-40
—	KW_2/J	9.3

(8) 耐蚀性

QT800-2 的耐全面（均匀）腐蚀性能参见 QT600-3。

(9) 常用标准牌号对照（见表 6-72）

表 6-72 常用标准牌号对照

国别	中国	国际标准化	欧洲		英国	德国	
标准	GB	ISO	EN	Mat. No	BS	DIN	W-Nr
牌号	QT800-2	800-2	EN-GJS-800-2	0.7080	800/2	GCG 80	0.7080
国别	法国	韩国	俄罗斯	日本	美国		
标准	NF	KS	ГОСТ	JIS	ASTM	UNS	AISI	SAE	AWS
牌号	FGS800-3	GCD800	ВЧ80	FCD800	—	—	—	—	120-90-02

6.3 抗磨白口铸铁（含高铬铸铁）

抗磨白口铸铁与其他铸铁的主要区别是组织中的自由碳不是以石墨形式存在，而是以大量的合金碳化物（这些碳化物依合金成分不同而不同）存在。这些合金碳化物具有很高的硬度，分布在具有高硬度的珠光体或马氏体基体上。所以，这类铸铁具有很高的硬度和耐磨性，多用于制造介质中含有硬质颗粒、有较强抗磨损能力的零部件，如泥浆泵、消浆泵中的泵体、泵盖、叶轮、导叶、衬套以及其他通用机械中的耐磨损件。

因为有较高铬含量，所以抗磨白口铸铁具有较好的耐蚀性。

6.3.1 BTMCr2（KmTBCr2）

（1）概述

BTMCr2 属低铬抗磨白口铸铁。加入少量的铬（质量分数为 1%~5%），使碳与碳化物形成元素铬形成含铬碳化物，避免石墨组织的出现，从而提高铸铁耐磨性。由于铬的加入及含铬合金碳化物的存在，铸铁的硬度由 800~1100HBW 增加到 1000~1230HBW。

BTMCr2 铸铁的组织在铸态时是珠光体+共晶碳化物，根据热处理方式不同，其基体组织可能是珠光体、索氏体、马氏体或它们的混合物，在基体组织上分布有含铬碳化物（渗碳体）。

低铬抗磨白口铸铁的耐磨性优于普通白口铸铁、碳钢和大多数低合金钢。

（2）工艺特性

BTMCr2 低铬抗磨白口铸铁通过热处理改善性能，依据目的、作用不同，低铬抗磨白口铸铁的热处理方法不同。

① 去除内应力处理：低铬抗磨白口铸铁去除内应力处理的目的是稳定铸件尺寸、防止铸造应力或淬火应力对铸件的损伤。去除铸造应力可采用 570~590℃ 加热，保温后炉冷至 350℃ 以下出炉空冷的工艺；去除淬火应力可采用 200~280℃ 加热，保温后出炉空气冷却的工艺。

② 退火：低铬抗磨白口铸铁的退火目的是降低铸件硬度、便于加工。退火工艺较为复杂，加热至 920~960℃，保温 4~6h 后缓冷至 750~780℃ 再保温 4~6h，缓冷至 500℃ 以下出炉空冷，硬度可降至 33~35HRC。

③ 淬火、回火：低铬抗磨白口铸铁淬火并回火的目的是提高其硬度、强度和耐磨性。淬火工艺为加热到 960~1000℃，保温 4~6h 后空气冷却，冷却到室温后再用 200~300℃ 温度回火。淬火并回火后，铸件硬度可大于 600HBW（56HRC）。

BTMCr2 的焊接性不好，可加工性较差。由于含有铬，其在海水或弱酸介质中有一定的耐蚀能力，优于普通灰铸铁。

（3）应用

BTMCr2 类型的低铬抗磨白口铸铁，多用于承受较小冲击载荷的磨料磨损零部件，如磨球、衬板、辊套、管道等。

（4）化学成分（见表6-73）

表6-73 化学成分（质量分数）（GB/T 8263—2010） （%）

C	Si	Mn	P	S	Cr	Ni	Mo	Cu
2.1~3.6	≤1.5	≤2.0	≤0.10	≤0.10	1.0~3.0	—	—	—

（5）物理性能

BTMCr2 的热导率低、塑性差、收缩大，影响铸造性，其密度为 7.5~7.8g/cm^3。

（6）硬度要求（见表6-74）

表6-74 硬度要求（GB/T 8263—2010）

状态	HRC	HBW
铸态或铸态去应力处理	≥45	≥435
淬火+回火	—	—
软化退火	—	—

（7）热处理规范（见表6-75）

表6-75 热处理规范

热处理	主要工艺参数	硬度	
		HRC	HBW
铸态去应力处理	570~590℃，炉冷至300℃空冷	≥45	≥435
软化退火	920~960℃加热保温，缓冷至750~780℃，缓冷至600℃以下出炉空冷	—	—
硬化处理	960~1000℃，加热保温，出炉空冷	—	—
回火处理	200~300℃，加热保温，空冷或炉冷	—	—

（8）金相组织（见表6-76）

表6-76 金相组织

状态	金相组织
铸态或铸态去应力处理	珠光体+碳化物（M$_7$C$_3$）
软化退火处理	珠光体+碳化物（M$_7$C$_3$）
硬化态或硬化态去应力处理	马氏体+残余奥氏体+二次碳化物+共晶碳化物（M$_7$C$_3$）

（9）常用标准牌号对照（见表6-77）

表6-77 常用标准牌号对照

国别	中国	国际标准化	欧洲		英国	德国	
标准	GB	ISO	EN	Mat. No	BS	DIN	W-Nr
牌号	BTMCr2	—	—	—	IA	—	—

国别	法国	韩国	俄罗斯	日本	美国			
标准	NF	KS	ГОСТ	JIS	ASTM	UNS	AISI	SAE	ASI
牌号	—	—	ЧХ2	—	IC Ni-Cr-GB	F45002	—	—	—

6.3.2 BTMNi4Cr2（KmTBNi4Cr2）

（1）概述

BTMNi4Cr2 是镍铬白口铸铁中合金元素成分较低的一种，俗称镍硬铸铁。在我国标准中，根据碳含量的不同，将其分为高碳型即 BTMNi4Cr2-GT，相当于国际镍公司牌号 Ni-Hard1 及美国牌号 Ni-Cr-Hc；低碳型即 BTMNi4Cr2-DT，相当于国际镍公司牌号 Ni-Hard2 及美国牌号 Ni-Cr-Le。

BTMNi4Cr2 属亚共晶铸铁，在铁液凝固过程中先析出先共晶奥氏体，然后在冷却过程中，在不同转变温度区间，先后转变成贝氏体、马氏体，剩余部分是残余奥氏体。由于铬含量较低，其所形成的碳化物基本上属于（Fe·Cr）$_3$C 型。

BTMNi4Cr2 具有较高的硬度和耐磨性，韧性较好，还具有一定的耐蚀性，所以适用于中等磨损程度、有一定冲击的耐磨零件。

（2）工艺特性

BTMNi4Cr2 可用冲天炉或电炉熔炼，最好用电炉熔炼，以确保成分稳定和合理控制铁液温度。

BTMNi4Cr2 虽然有一定的硬度，但由于其奥氏体较多而疲劳寿命不长，因此要经过热处理改善性能、提高硬度和抗冲击疲劳能力、去除内应力。

BTMNi4Cr2 可有两种热处理方式。第一种是采用较低温度，如 260~280℃ 加热、较长时间（不低于 15h）保温，可使铸态马氏体回火及一部分奥氏体转变成贝氏体，硬度可由铸态 570HV 提高到 670HV。第二种是采用较高温度，如 430~460℃ 加热保温后炉冷或空冷至室温，之后再进行 275℃、较长保温时间的热处理。这种双重热处理可降低奥氏体中的碳含量，即降低其稳定性，较低温度处理后使一部分奥氏体转变成贝氏体或马氏体，比一次热处理可得到更长的抗冲击疲劳寿命。

（3）应用

BTMNi4Cr2 可用于制造耐磨环、杂质泵过流部件、管道、轧辊等。

（4）化学成分（见表 6-78）

表 6-78 化学成分（质量分数）（GB/T 8263—2010）   （%）

C	Si	Mn	P	S	Cr	Ni	Mo
3.0~3.6（GT）	≤0.8	≤2.0	≤0.10	≤0.10	1.5~3.0	3.3~5.0	≤1.0
2.4~3.0（DT）	≤0.8	≤2.0	≤0.10	≤0.10	1.5~3.0	3.3~5.0	≤1.0

注：GT—高碳；DT—低碳。

（5）物理性能（见表 6-79）

表 6-79 物理性能（BTMCr4Ni2-GT）

温度/℃	室温	93	200	260	400	430	600	800
热导率 λ/[W/(m·℃)]	12.98	—	17.17	—	19.68	—	22.19	23.86
比定压热容 c_p/[J/(kg·℃)]	—	—	—	—	—	—	—	—
线胀系数/10^{-6}℃$^{-1}$	—	8.1~9.0	—	11.3~11.9	—	12.2~12.8	—	—
弹性模量 E/10^4MPa	16.9~18.3	—	—	—	—	—	—	—

(续)

切变模量 $G/10^3$ MPa	—	—	—	—	—
泊松比 $\mu/10^{-1}$	—	—	—	—	—
电阻率 $\rho/10^{-8}\Omega \cdot m$	80	—	—	—	—

注：密度为 7.6~7.8g/cm³。

(6) 硬度要求（见表 6-80）

表 6-80 硬度要求（GB/T 8263—2010）

状态	HRC	HBW
铸态或铸态去应力处理	≥53	≥550
硬化态或硬化态去应力处理	≥56	≥600

(7) 热处理规范（见表 6-81）

表 6-81 热处理规范

热处理	主要工艺参数	硬度 HRC	硬度 HBW
硬化处理	加热 430~470℃，保温 4~6h 空冷或炉冷	≥56	≥600
低温硬化处理，去应力处理(回火处理)	加热 250~300℃，保温 4~15h 空冷或炉冷	≥53	≥550

(8) 金相组织（见表 6-82）

表 6-82 金相组织

状态	金相组织
铸态或铸态去应力处理	马氏体+贝氏体+奥氏体+共晶碳化物(M_3C)
硬化态或硬化态去应力处理(回火处理)	回火马氏体+贝氏体+奥氏体+共晶碳化物(M_3C)

(9) 常用标准牌号对照（见表 6-83）

表 6-83 常用标准牌号对照

国别	中国	国际标准化	欧洲	英国	德国	
标准	GB	ISO	EN	Mat. No	BS	DIN	W-Nr
牌号	BTMNi4Cr2-DT	HBW 480Cr2	—	—	2A	G-X260NiCr42	0.9620
牌号	BTMNi4Cr2-GT	HBW 510Cr2	—	—	2B	G-X330NiCr42	0.9625

国别	法国	韩国	俄罗斯	日本	美国				
标准	NF	KS	ГОСТ	JIS	ASTM	UNS	AISI	SAE	ASI
牌号			ЧН4Х2		IBNi-Cr-Lc	F45001			
牌号					IANi-Cr-Hc	F45000			

注：BTMNi4Cr2-DT 对应 Ni-Hard1（国际镍公司）；BTMNi4Cr2-GT 对应 Ni-Hard2（国际镍公司）。

6.3.3 BTMCr8（KmTBCr8）

(1) 概述

BTMCr8 属中铬抗磨白口铸铁，铬的质量分数为 5%~10%，相比于低铬抗磨白口铸铁 BTMCr2，组织中含铬碳化物增加了，从而也提高了其硬度、强度和耐磨性。BTMCr8 通常是在高温淬火并经低温回火后使用，这时的组织为马氏体+残余奥氏体+含铬碳化物。BTMCr8 在某些情况下可代替加镍的白口铸铁，节约了镍资源，并起到了镍白口铸铁的功能作用。

BTMCr8 中的铬含量更高，所以具有一定的耐蚀性。

（2）工艺特性

BTMCr8 类型的中铬抗磨白口铸铁中的碳化物主要有两种：一种是 M_3C 型，另一种是 M_7C_3 型。相对于低铬抗磨白口铸铁，BTMCr8 的 Ms 点更低，所以组织中的残余奥氏体更多。

① BTMCr8 铸铁在铸态或铸态去应力处理状态的组织以珠光体为主，并存在一些残余奥氏体，宏观硬度为 45~50HRC，耐磨性较差，应经过淬火+回火提高硬度后使用，可采用普通淬火+回火处理，即加热到 940~980℃ 保温后空冷，再经 200~550℃ 温度回火，硬度可提高到 56~60HRC；也可采用等温淬火+回火处理，硬度可达 55~58HRC。

② 对于需要加工的铸件，应采用软化退火，即加热到 920℃ 左右，保温后炉冷至低于 500℃ 出炉空冷。经软化退火后，铸件硬度可低于 40HRC。

（3）应用

BTMCr8 类型的中铬抗磨白口铸铁不但有一定的耐磨性，还有一定的耐蚀性，所以可用于承受中等冲击载荷的磨料磨损和冲蚀磨损的工况，如制造衬板、磨球、弯管等。

（4）化学成分（见表 6-84）

表 6-84 化学成分（质量分数）（GB/T 8263—2010） （%）

C	Si	Mn	P	S	Cr	Ni	Mo	Cu
2.1~3.6	1.5~2.2	≤2.0	≤0.06	≤0.06	7.0~11.0	≤1.0	≤3.0	≤1.2

（5）物理性能

BTMCr8 的热导率低、塑性差、铸造性较差，其密度为 $7.5~7.8 g/cm^3$。

（6）硬度要求（见表 6-85）

表 6-85 硬度要求（GB/T 8263—2010）

状态	HRC	HBW
铸态或铸态去应力处理	≥46	≥450
淬火+回火	≥56	≥600
软化退火	≤41	≤400

（7）热处理规范（见表 6-86）

表 6-86 热处理规范

热处理	主要工艺参数	硬度	
		HRC	HBW
铸态去应力处理	570~590℃，加热、保温，炉冷至 300℃ 以下空冷	≥46	≥450
软化退火	920~960℃，加热、保温，缓冷至 700~750℃，再保温后缓冷到 600℃ 以下出炉空冷	≤41	≤400
硬化处理	940~980℃，加热、保温后出炉空冷	≥56	≥600
回火处理	200~550℃，加热、保温后出炉空冷或炉冷	≥56	≥600

（8）金相组织（见表 6-87）

表 6-87 金相组织

状态	金相组织
铸态或铸态去应力处理	细珠光体+碳化物（$M_7C_3+M_3C$）
软化退火处理	细珠光体+碳化物（$M_7C_3+M_3C$）

(续)

状态	金相组织
硬化处理	马氏体+残余奥氏体+碳化物（$M_7C_3+M_3C$）
回火处理	马氏体+残余奥氏体+碳化物（$M_7C_3+M_3C$）

（9）常用标准牌号对照（见表 6-88）

表 6-88 常用标准牌号对照

国别	中国	国际标准化	欧洲		英国	德国	
标准	GB	ISO	EN	Mat. No	BS	DIN	W-Nr
牌号	BTMCr8						

国别	法国	韩国	俄罗斯	日本	美国			
标准	NF	KS	ГОСТ	JIS	ASTM	UNS	AISI	SAE	ASI
牌号	—		ЧХ8						

6.3.4 BTMCr9Ni5（KmTBCr9Ni5）

（1）概述

BTMCr9Ni5 是常用的含镍、铬的抗磨白口铸铁，是镍硬铸铁之一，与国际镍公司材料牌号 Ni-Hard4 相当。

BTMCr9Ni5 因镍、铬含量较高，显微组织中的铬碳化物增加，从而使其力学性能、抗磨性也有所提高，成为更优良的耐磨材料。其淬透性较好，可以在较大程度上保证零件的各种性能。此外，BTMCr9Ni5 还具有较高的抗疲劳性和较好的耐蚀性，适用于中等载荷的磨料磨损要求。

（2）工艺特性

BTMCr9Ni5 在铸态下虽然也有很高硬度，但奥氏体较多，冲击疲劳寿命不长，必须经过热处理后使用，以减少奥氏体，增加马氏体组织，提高硬度和冲击疲劳抗力，去除内应力。可依据使用条件、功能不同，采用较高温度的硬化处理，加热到 800~850℃，保温后空冷或炉冷，应注意低温装炉、缓慢加热，防止裂纹产生。

此外，为保证铸件有较小应力、防止裂纹产生，在使用前最后进行一次去应力处理，去应力处理温度可选择 250~300℃，保温 8~16h。有时也称回火处理，处理后抗磨能力不减弱，而强度和抗冲击能力略有提高。

BTMCr9Ni5 的碳、镍、铬含量较高，马氏体转变开始温度低于室温，为使组织中残余奥氏体尽量多地转变成马氏体，可进行深冷处理。深冷处理温度可在 -100℃ 左右，深冷处理后硬度可增加 4~8HRC。

（3）应用

BTMCr9Ni5 主要用于承受中等冲击载荷的磨料磨损，如制造磨辊、泵轮等杂质泵的过流部件，管道等。

（4）化学成分（见表 6-89）

表 6-89 化学成分（质量分数）（GB/T 8263—2010） （%）

C	Si	Mn	P	S	Cr	Ni	Mo
2.5~3.6	1.5~2.2	≤2.0	≤0.06	≤0.06	8.0~10.0	4.5~7.0	≤1.0

（5）物理性能（见表6-90）

表6-90 物理性能

温度/℃	室温	93	200	260	400	430	600	800
热导率 λ/[W/(m·℃)]	12.14~13.40	—	15.49~17.58	—	18.84~20.52	—	21.35~23.03	23.45~24.70
比定压热容 c_p/[J/(kg·℃)]	502.4	—	—	—	—	—	—	—
线胀系数/10^{-6}℃$^{-1}$	—	14.6	—	17.1	—	18.2	—	—
弹性模量 E/10^4MPa	19.6	19.2（100℃）	18.5	17.3（300℃）	17.3	17.0（500℃）	16.2	13.0
切变模量 G/10^3MPa	—							
泊松比 μ/10^{-1}	—							
电阻率 ρ/$10^{-8}\Omega\cdot m$	80							

注：密度为7.6~7.8g/cm³。

（6）硬度要求（见表6-91）

表6-91 硬度要求（GB/T 8263—2010）

状态	HRC	HBW
铸态或铸态去应力处理	≥50	≥500
硬化态或硬化态去应力处理	≥56	≥600

（7）热处理规范（见表6-92）

表6-92 热处理规范

热处理	主要工艺参数	硬度 HRC	硬度 HBW
硬化处理	加热800~850℃，保温6~10h，空冷或炉冷	≥56	≥600
回火处理	加热250~300℃，保温8~16h，空冷或炉冷	≥56	≥600

（8）金相组织（见表6-93）

表6-93 金相组织

状态	金相组织
铸态或铸态去应力处理	马氏体+奥氏体+共晶碳化物（M_7C_3+少量 M_3C）
回火处理	回火马氏体+残余奥氏体+共晶碳化物（M_7C_3+少量 M_3C）

（9）常用标准牌号对照（见表6-94）

表6-94 常用标准牌号对照

国别	中国	国际标准化	欧洲		英国	德国	
标准	GB	ISO	EN	Mat. No	BS	DIN	W-Nr
牌号	BTMCr9Ni5	HBW 555Cr9	—	—	2D	G-X300CrNiSi952	0.9630

国别	法国	韩国	俄罗斯	日本	美国			
标准	NF	KS	ГOCT	JIS	ASTM	UNS	AISI	SAE	ASI
牌号	FBCr9Ni5		ЧX9Н5	—	ID Ni-HiG	F45003	—	—	

注：Ni-Hard4（国际镍公司）。

6.3.5 KmTBCr9Cu2

（1）概述

KmTBCr9Cu2 也属中铬抗磨白口铸铁，相对于低铬白口铸铁有更高的硬度和耐磨性，由于加入了 2% 左右的铜，提高了其淬透性，同时起到了固溶强化作用，淬火后硬度、强度均有提高。KmTBCr9Cu2 组织中既含有 M_7C_3 型碳化物，又有 M_3C 型碳化物。由于中等程度的铬含量，又使其具有一定耐蚀性。

KmTBCr9Cu2 组织中的奥氏体量较多，淬火后组织中的残余奥氏体也较多。

（2）工艺特性

KmTBCr9Cu2 铸态应力较大，为去除铸造应力，可进行铸后去应力退火处理，可采用 570～590℃ 加热，保温后炉冷至 300℃ 以下出炉。为便于加工，应进行软化退火处理，加热至 920～960℃，保温后缓冷至 700～750℃，再保温后缓冷至 600℃ 以下出炉。硬度可降到 41HRC（400HBW）以下。KmTBCr9Cu2 应在淬火即硬化处理后再回火的状态下使用。硬化处理加热至 940～980℃，保温后出炉空冷，之后再进行 200～300℃ 的回火处理。也有的采用高温加热奥氏体化后在 260～320℃ 盐浴中等温淬火的硬化方法，这一般适用于小型铸件。

（3）应用

KmTBCr9Cu2 适用于承受冲刷磨损或中低应力条件下工作的耐磨铸件，如泵体、叶轮等过流部件，阀体及其他机械中的耐磨粒磨损件。

（4）化学成分（见表 6-95）

表 6-95 化学成分（质量分数） （%）

C	Si	Mn	P	S	Cr	Ni	Mo	Cu	Al
2.6~3.2	≤0.8	1.5~2.0	≤0.10	≤0.10	8.0~10.0	—	0.3~0.5	2.0~3.0	0.2~0.3

（5）物理性能

KmTBCr9Cu2 的热导率较低、塑性差、铸造性较差，其密度为 7.5~7.8g/cm³。

（6）硬度要求（见表 6-96）

表 6-96 硬度要求

状态	HRC	HBW
铸态或铸态去应力处理	≥46	≥450
淬火+回火	≥56	≥600
软化退火	≤41	≤400

（7）热处理规范（见表 6-97）

表 6-97 热处理规范

热处理	主要工艺参数	硬度	
		HRC	HBW
铸态去应力处理	570~590℃，加热，保温，炉冷至 300℃ 以下空冷	≥46	≥450
软化退火	920~960℃，加热，保温，缓冷至 700~750℃，再保温后缓冷到 600℃ 以下出炉空冷	≤41	≤400
硬化处理	940~980℃，加热，保温后出炉空冷	≥56	≥600
回火处理	200~550℃，加热，保温后出炉空冷或炉冷	≥56	≥600

（8）金相组织（见表 6-98）

表 6-98　金相组织

状态	金相组织
铸态或铸态去应力处理	细珠光体+碳化物(M_7C_3+M_3C)
软化退火处理	细珠光体+碳化物(M_7C_3+M_3C)
硬化处理	马氏体+残余奥氏体+碳化物(M_7C_3+M_3C)
回火处理	回火马氏体+残余奥氏体+碳化物(M_7C_3+M_3C)

（9）常用标准牌号对照（见表6-99）

表 6-99　常用标准牌号对照

国别	中国	国际标准化	欧洲	英国	德国	
标准	—	ISO	EN	Mat. No	BS	DIN	W-Nr
牌号	KmTBCr9Cu2	—	—	—	—	—	—
国别	法国	韩国	俄罗斯	日本	美国		
标准	NF	KS	ГОСТ	JIS	ASTM	UNS	AISI	SAE	ASI
牌号	—	—	ЧХ9Д2	—	—	—	—	—	—

6.3.6　BTMCr12（KmTBCr12）

（1）概述

BTMCr12是高铬抗磨白口铸铁中成分简单、铬含量偏低的一个品种。

由于铬含量较低，BTMCr12所形成的碳化物以M_7C_3型为主，具有1200~1800HV的硬度。这种碳化物呈孤立的六角形，以杆状或片状分布于基体中，由于连续程度大为降低，使碳化物对基体的破坏程度减弱，因而高铬白口铸铁的韧性稍好于低铬白口铸铁。

（2）工艺特性

BTMCr12中存在M_7C_3型碳化物，在铸态就具有很高硬度，为了便于加工，应先进行软化退火，加热到920~960℃，保温4~8h，随炉冷却至700~750℃后再保温4~8h，之后炉冷至600℃以下出炉空冷，使硬度降低至400HBW以下；但在使用时应具有高硬度，所以加工后铸件还应进行硬化处理，即淬火+回火处理，淬火硬化处理温度为920~1000℃，保温4~6h后出炉空冷，硬度可高于600HBW，为去除应力，还应进行200~500℃的回火处理，回火后基本保持原来硬度，以满足使用要求。

BTMCr12的焊接性差，但对铸件缺陷可以用补焊方法修补，焊前应预热至150~200℃，焊缝及热影响区在淬火时容易开裂，所以有的在淬火+回火后进行补焊。补焊后可进行200~300℃的去应力处理。

（3）应用

BTMCr12主要用于承受中等冲击载荷磨料磨损条件，如制造渣浆泵泵体、叶轮、盖板等过流部件，球磨机衬板、磨球等。

（4）化学成分（见表6-100）

表 6-100　化学成分（质量分数）（GB/T 8263—2010）　　　（%）

牌号	C	Si	Mn	P	S	Cr	Ni	Mo	Cu
BTMCr12-DT	1.1~2.0	≤1.5	≤2.0	≤0.06	≤0.06	11.0~14.0	≤2.5	≤3.0	≤1.2
BTMCr12-GT	2.0~3.6	≤1.5	≤2.0	≤0.06	≤0.06	11.0~14.0	≤2.5	≤3.0	≤1.2

注：Mo为可加或不可加元素。

(5) 物理性能（见表6-101）

表6-101 物理性能（供参考）

温度/℃	室温	100
热导率 $\lambda/[W/(m\cdot℃)]$	—	12.6~15.0
比定压热容 $c_p/[J/(kg\cdot℃)]$	—	—
线胀系数 $/10^{-6}℃^{-1}$	—	11.0~15.0
弹性模量 $E/10^4$ MPa	15.4~19.0	—
切变模量 $G/10^3$ MPa	—	—
泊松比 $\mu/10^{-1}$	—	—
电阻率 $\rho/10^{-8}\Omega\cdot m$	—	—

注：密度为 $7.7g/cm^3$。

(6) 硬度要求（见表6-102）

表6-102 硬度要求（GB/T 8263—2010）

状态	BTMCr12-DT		BTMCr12-GT	
	HRC	HBW	HRC	HBW
铸态或铸态去应力处理	—	—	≥46	≥450
硬化态或硬化态去应力处理	≥50	≥500	≥58	≥650
软化退火处理	≤41	≤400	≤41	≤400

(7) 热处理规范（见表6-103）

表6-103 热处理规范

热处理	主要工艺参数	硬度	
		HRC	HBW
软化退火	920~960℃保温，缓冷至700~750℃保温，缓冷至600℃以下出炉	≤41	≤400
硬化处理	920~1000℃，加热、保温后出炉空冷或风冷	≥56	≥600
回火处理	200~550℃，加热、保温后空冷或炉冷	≥56	≥600

(8) 金相组织（见表6-104）

表6-104 金相组织

状态	金相组织
铸态或铸态去应力处理	奥氏体及其转变产物+共晶碳化物(M_7C_3)
硬化态或硬化态去应力处理	马氏体+残余奥氏体+二次碳化物+共晶碳化物(M_7C_3)
回火处理	回火马氏体+残余奥氏体+二次碳化物+共晶碳化物(M_7C_3)

(9) 常用标准牌号对照（见表6-105）

表6-105 常用标准牌号对照

国别	中国	国际标准化	欧洲		英国	德国	
标准	GB	ISO	EN	Mat. No	BS	DIN	W-Nr
牌号	BTMCr12	—	—	—	3G	—	—

国别	法国	韩国	俄罗斯	日本	美国			
标准	NF	KS	ГOCT	JIS	ASTM	UNS	AISI	ASI
牌号	FBCr12MoNi	—	ЧX12	—	ⅡA12%Cr	F45004	—	—

6.3.7 KmTBCr15Mo

(1) 概述

KmTBCr15Mo 是在 KmTBCr15 成分基础上加入质量分数为 0.5%~3% 的钼形成的，钼的加入可显著提高淬透性，使较大截面铸件也能获得足够的硬度和耐磨性。

钼在 KmTBCr15Mo 中，有 50% 左右形成 Mo_2C，有 25% 左右形成 M_7C_3 碳化物，另外 20% 左右存在于基体中，起到提高淬透性的作用。

请注意，在 KmTBCr15 中钼作为残余元素，而在 KmTBCr15Mo 中钼应为加入元素，质量分数应控制在 1%~3%，但在成分标识中均为 ≤3%。

KmTBCr15Mo 相当于 GB/T 8263—2010 中的 BTMCr15。

（2）工艺特性

KmTBCr15Mo 应在热处理状态下使用。由于铸件的铸后冷却速度不同会引起组织上的差异，经过热处理可以改善和稳定组织，提高性能。

KmTBCr15Mo 在铸态下具有较高硬度，可大于 46HRC（450HBW），难以加工，应通过退火软化处理，通常软化退火工艺为加热到 920~960℃，保温并炉冷至 700~750℃ 再进行较长时间保温，之后缓冷至低于 600℃ 出炉空冷，此时铸件硬度可低于 41HRC（400HBW）。在加工后，应进行淬火以提高硬度和耐磨性，淬火加热温度为 920~1000℃，保温后空冷，之后再进行 200~550℃ 的回火处理，以降低应力。此时铸件硬度可大于 58HRC（650HBW）。

KmTBCr15Mo 焊接性差，但可用补焊方法予以修补铸件存在的缺陷，焊前应预热至 150~200℃。焊缝及热影响区淬火时易开裂，宜在淬火+回火后进行补焊。补焊后可进行 200~300℃ 的去应力处理。

（3）应用

KmTBCr15Mo 主要用于承受中等冲击载荷的磨料磨损件，如渣浆泵泵体、叶轮、盖板等过流部件，以及球磨机衬板、磨球等件。KmTBCr15Mo 可用于较大截面零部件。

（4）化学成分（见表 6-106）

表 6-106 化学成分（质量分数） （%）

C	Si	Mn	P	S	Cr	Ni	Mo	Cu
2.0~3.3	≤1.2	≤2.0	≤0.06	≤0.06	14.0~18.0	≤2.5	≤3.0	≤1.2

注：Mo 为加入元素，实际质量分数应控制为 1%~3%。

（5）物理性能（见表 6-107）

表 6-107 物理性能（供参考）

温度/℃	室温	100
热导率 $\lambda/[W/(m\cdot℃)]$	—	12.6~15.0
比定压热容 $c_p/[J/(kg\cdot℃)]$	—	—
线胀系数 $/10^{-6}℃^{-1}$	—	11.0~15.0
弹性模量 $E/10^4$ MPa	15.4~19.0	
切变模量 $G/10^3$ MPa	—	
泊松比 $\mu/10^{-1}$		
电阻率 $\rho/10^{-8}\Omega\cdot m$		

注：密度为 7.7g/cm³。

（6）硬度要求（见表 6-108）

（7）热处理规范（见表 6-109）

表 6-108 硬度要求

状态	HRC	HBW
铸态或铸态去应力处理	≥46	≥450
软化退火处理	≤41	≤400
硬化或硬化去应力处理	≥58	≥650

表 6-109 热处理规范

热处理	主要工艺参数	硬度	
		HRC	HBW
软化退火	920~960℃保温,缓冷至700~750℃保温,缓冷至600℃以下出炉	≤41	≤400
硬化处理	920~1000℃,加热、保温后出炉空冷	≥58	≥650
回火处理	200~550℃,加热、保温后空冷或炉冷	≥58	≥650

(8) 金相组织 (见表 6-110)

表 6-110 金相组织

状态	金相组织
铸态或铸态去应力处理	奥氏体及其转变产物+共晶碳化物(M_7C_3)
硬化态或硬化态去应力处理	马氏体+残余奥氏体+二次碳化物+共晶碳化物(M_7C_3)
回火处理	回火马氏体+残余奥氏体+二次碳化物+共晶碳化物(M_7C_3)

(9) 常用标准牌号对照 (见表 6-111)

表 6-111 常用标准牌号对照

国别	中国	国际标准化	欧洲		英国	德国	
标准	—	ISO	EN	Mat. No	BS	DIN	W-Nr
牌号	KmTBCr15Mo	HBW555Cr18	—	—	3B	G-X300CrMo15-3	0.9635
国别	法国	韩国	俄罗斯	日本	美国			
标准	NF	KS	ГОСТ	JIS	ASTM	UNS	AISI	SAE	ASI
牌号	FBCr15MoNi		ЧХ16М2	—	ⅡB15%Cr-Mo	F45005			

6.3.8 KmTBCr20Mo

(1) 概述

KmTBCr20Mo 铸铁也属含钼高铬耐磨铸铁,与 KmTBCr15Mo 铸铁相比,其铬含量更高。钼对其作用和影响与 KmTBCr15Mo 相同,由于铬含量提高,提高了铬碳比,有助于增加铸铁中的碳化物数量,并使组织中 M_7C_3 和总碳化物数量之比提高,提高铸铁耐磨性。同时,基体中铬浓度也增加了,从而进一步提高铸铁淬透性,使空淬效果更强。

与 KmTBCr15Mo 相似,钼作为合金元素加入,尽管在一些标准中,将钼的质量分数标为≤3%,但在铸铁实际成分中应将钼的质量分数控制在 1%~3%。

KmTBCr20Mo 相当于 GB/T 8263—2010 中的 BTMCr20。

(2) 工艺特性

与其他高铬耐磨铸铁一样,KmTBCr20Mo 铸铁在铸态下含有硬度较高的碳化物及奥氏体的转变产物,所以硬度较高,应先进行软化退火,降低硬度、去除应力,软化退火应加热至960~1060℃,充分保温后缓慢冷却至 700~750℃保温,再缓慢冷却至 600 以下出炉,硬度可降至低于 41HRC (400HBW),方便加工。在使用前应进行淬火+回火处理,以提高其硬度和耐磨性，淬火加热温度为 950~1050℃，保温后出炉空冷，为稳定组织和去除应力，再进行 200~550℃ 加热、保温的回火处理，回火可采用空冷。这时，铸件硬度应大于 58HRC（650HBW），以满足使用要求。

KmTBCr20Mo 的焊接性不良，但为修复铸件缺陷可进行补焊，补焊前应预热至 150~200℃，为防止淬火开裂，最好在淬火+回火处理后补焊。补焊后应进行 200~300℃ 的去应力处理。

(3) 应用

KmTBCr20Mo 有更好的淬透性、一定的耐蚀性和耐磨性，可承受较大冲击载荷的磨料磨损，其又具有较好的抗氧化性，适用于较高温度下工作的零件。

KmTBCr20Mo 可用于制造渣浆泵等过流部件、叶轮、泵体等，还可用于制造磨煤机、球磨机等机械的耐磨件。

(4) 化学成分（见表 6-112）

表 6-112 化学成分（质量分数） (%)

C	Si	Mn	P	S	Cr	Ni	Mo	Cu
2.0~3.3	≤1.5	≤2.0	≤0.06	≤0.10	18.0~273.0	≤2.5	≤3.0	≤1.2

注：Mo 为加入元素，实际质量分数应控制在 1%~3%。

(5) 物理性能（见表 6-113）

表 6-113 物理性能（供参考）

温度/℃	室温	100
热导率 $\lambda/[W/(m \cdot ℃)]$	—	12.6~15.0
比定压热容 $c_p/[J/(kg \cdot ℃)]$	—	—
线胀系数 $/10^{-6}℃^{-1}$	—	11.0~15.0
弹性模量 $E/10^4 MPa$	15.4~19.0	—
切变模量 $G/10^3 MPa$	—	—
泊松比 $\mu/10^{-1}$	—	—
电阻率 $\rho/10^{-8}\Omega \cdot m$	—	—

注：密度为 7.7g/cm³。

(6) 硬度要求（见表 6-114）

表 6-114 硬度要求

状态	HRC	HBW
铸态或铸态去应力处理	≥46	≥450
软化退火处理	≤41	≤400
硬化态或硬化态去应力处理	≥58	≥650

(7) 热处理规范（见表 6-115）

表 6-115 热处理规范

热处理	主要工艺参数	硬度	
		HRC	HBW
软化退火	960~1060℃ 保温，缓冷至 700~750℃ 保温，缓冷至 600℃ 以下出炉	≤41	≤400
硬化处理	950~1050℃，加热、保温后出炉空冷	≥58	≥650
回火处理	200~550℃，加热、保温后空冷或炉冷	≥58	≥650

(8) 金相组织（见表 6-116）

表 6-116 金相组织

状态	金相组织
铸态或铸态去应力处理	奥氏体及其转变产物+共晶碳化物(M_7C_3)
硬化态或硬化态去应力处理	马氏体+残余奥氏体+二次碳化物+共晶碳化物(M_7C_3)
回火处理	回火马氏体+残余奥氏体+二次碳化物+共晶碳化物(M_7C_3)

(9) 常用标准牌号对照 (见表6-117)

表 6-117 常用标准牌号对照

国别	中国	国际标准化	欧洲		英国	德国	
标准	—	ISO	EN	Mat. No	BS	DIN	W-Nr
牌号	KmTBCr20Mo	HBW555Cr21	—	—	3C	G-X260CrMoNi20-2-1	0.9645
国别	法国	韩国	俄罗斯	日本	美国			
标准	NF	KS	ГОСТ	JIS	ASTM	UNS	AISI	SAE	ASI
牌号	FBCr20MoNi	—	ЧХ22	—	ⅡD20%Cr-Mo	F45007	—	—	—

6.3.9 BTMCr26 (KmTBCr26)

(1) 概述

BTMCr26属于高铬含量的抗磨白口铸铁, 其铬碳比更高, 获得的 M_7C_3 型碳化物更多, 淬透性更好, 较高的铬含量更有效地提高了铸铁的耐蚀性和抗氧化性, 但是, 也是因铬含量较高, 铸铁中奥氏体更稳定, 淬火后的残余奥氏体更多, 因而其在淬火后的硬度反而不如Cr15型或Cr20型高铬铸铁的淬火硬度高。虽然淬火硬度稍低, 但由于高铬引起的共晶点碳含量降低, 使共晶碳化物数量增多, 所以其耐磨性相对更好一些。

正是因为BTMCr26型高铬铸铁的耐磨性好、耐蚀性好、抗氧化性好, 其应用更广泛, 特别是在腐蚀性较强、颗粒磨损较重的工况条件下, 经常被用于制造渣浆泵过流部件及其他磨损件。

(2) 工艺特性

与其他高铬抗磨白口铸铁一样, BTMCr26也应在软化退火后加工, 在淬火+回火后使用, 因其铬含量增加, 其热处理加热温度相对更高一些。软化退火加热温度一般为960~1060℃, 保温后缓慢冷却至700~750℃, 保温后再缓冷至600℃以下出炉。淬火加热温度为960~1060℃, 保温后空冷, 之后在200~550℃下加热、保温、出炉空冷或炉冷, 进行回火。

BTMCr26的焊接性不良, 为了修复铸造缺陷, 可进行补焊, 焊前预热150~200℃, 焊后应进行200~300℃的去应力处理。

(3) 应用

BTMCr26具有较好的耐磨性、耐蚀性及抗氧化性, 又有较好的淬透性, 所以常用于有腐蚀、较高温度下使用的、承受较大冲击载荷的磨损件, 如渣浆泵泵体、叶轮等过流件, 球磨机等机械中的磨损件。

(4) 化学成分 (见表6-118)

表 6-118 化学成分 (质量分数) (GB/T 8263—2010) (%)

C	Si	Mn	P	S	Cr	Ni	Mo	Cu
2.0~3.3	≤1.2	≤2.0	≤0.06	≤0.06	23.0~30.0	≤2.5	≤3.0	≤1.2

(5) 物理性能 (见表6-119)

表 6-119　物理性能（供参考）

温度/℃	室温	100
热导率 $\lambda/[W/(m\cdot℃)]$	—	—
比定压热容 $c_p/[J/(kg\cdot℃)]$	—	—
线胀系数 $/10^{-6}℃^{-1}$	—	12.0~15.0
弹性模量 $E/10^4 MPa$	15.4~19.0	—
切变模量 $G/10^3 MPa$	—	—
泊松比 $\mu/10^{-1}$	—	—
电阻率 $\rho/10^{-8}\Omega\cdot m$	—	—

注：密度为 $7.6 g/cm^3$。

（6）硬度要求（见表 6-120）

表 6-120　硬度要求（GB/T 8263—2010）

状态	HRC	HBW
铸态或铸态去应力处理	≥46	≥450
软化退火处理	≤41	≤400
硬化态或硬化态去应力处理	≥58	≥650

（7）热处理规范（见表 6-121）

表 6-121　热处理规范

热处理	主要工艺参数	硬度 HRC	硬度 HBW
软化退火	960~1060℃，加热、保温，缓冷至 700~750℃ 保温，缓冷至 600℃ 以下出炉	≤41	≤400
硬化处理	950~1060℃，加热、保温，出炉空冷	≥56	≥600
回火处理	200~550℃，加热、保温后空冷或炉冷	≥58	≥650

（8）金相组织（见表 6-122）

表 6-122　金相组织

状态	金相组织
铸态或铸态去应力处理	奥氏体及其转变产物+共晶碳化物(M_7C_3)
硬化态或硬化态去应力处理	马氏体+残余奥氏体+二次碳化物+共晶碳化物(M_7C_3)
回火处理	回火马氏体+残余奥氏体+二次碳化物+共晶碳化物(M_7C_3)

（9）常用标准牌号对照（见表 6-123）

表 6-123　常用标准牌号对照

国别	中国	国际标准化	欧洲		英国	德国	
标准	GB	ISO	EN	Mat. No	BS	DIN	W-Nr
牌号	BTMCr26	HBW 555Cr27	—	—	Grade 3D	G-X300Cr27	0.9650
国别	法国	韩国	俄罗斯	日本	美国		
标准	NF	KS	ГОСТ	JIS	ASTM	UNS	AISI　SAE　ASI
牌号	FBCr26MoNi	—	ЧХ28Д2	—	ⅡA25%Cr	F45009	—

6.4　高硅耐蚀铸铁

高硅耐蚀铸铁中一般碳的质量分数为 0.50%~1.1%，硅的质量分数为 10.0%~18.0%。

高硅耐蚀铸铁的力学性能较差，抗冲击能力较低，但高硅耐蚀铸铁对酸性介质如硫酸、硝酸、磷酸、乙酸等均具有较强的耐蚀能力，其中含铜的高硅耐蚀铸铁对含氯化物、氯离子的介质有较强的耐蚀能力。

高硅耐蚀铸铁在通用机械中，特别是泵产品中应用较多，可制造泵体、泵盖、叶轮、管道等零部件。在选用时应兼顾其力学性能和耐蚀性特征。

6.4.1　HTSSi15R（STSi15R）

（1）概述

HTSSi15R 是成分比较简单的高硅耐蚀铸铁。由于加入了较高含量的硅，显著提高了耐蚀性，在氧化性酸（如各种温度和浓度的硝酸、硫酸、铬酸等）、各种有机酸及一系列盐溶液介质中都有良好的耐蚀性，但在含有卤素的酸、盐（如氢氟酸、氟化物等）介质和强碱液中不耐蚀。

HTSSi15R 具有较好的力学性能，但不适用于有急剧交变载荷、冲击载荷和突变载荷的工况条件。其金相组织为铁素体和微细片状石墨。

（2）工艺特性

HTSSi15R 中因含有较多的硅，使材料硬度较高、脆性较大、加工较困难。

HTSSi15R 只需进行去应力处理，热处理温度为 750~850℃，缓慢冷却至低于 300℃ 出炉空冷。

该铸铁焊接性较差。

（3）应用

HTSSi15R 用于无冲击、无突变载荷条件下的耐蚀件，如各种离心泵、阀、管道配件等。

（4）化学成分（见表 6-124）

表 6-124　化学成分（质量分数）（GB/T 8491—2009）　　（%）

C	Si	Mn	P	S	Cr	Cu	Mo	R[①]
0.65~1.10	14.20~14.75	≤1.50	≤0.10	≤0.10	≤0.50	≤0.50	≤0.50	≤0.10

① 残留量。

（5）物理性能（见表 6-125）

表 6-125　物理性能

温度/℃	室温	100	200	300	400	500	600
热导率 $\lambda/[W/(m \cdot ℃)]$	52.3	—	—	—	—	—	—
比定压热容 $c_p/[J/(kg \cdot ℃)]$	—	—	—	—	—	—	—
线胀系数 $/10^{-6}℃^{-1}$	—	3.6	4.7	6.15	7.15	7.75	9.10
弹性模量 $E/10^4$ MPa	—	—	—	—	—	—	—
切变模量 $G/10^3$ MPa	—	—	—	—	—	—	—
泊松比 $\mu/10^{-1}$	—	—	—	—	—	—	—
电阻率 $\rho/10^{-8}\Omega \cdot m$	63	—	—	—	—	—	—

注：密度为 6.9g/cm³；熔点为 1220℃。

（6）常见热处理制度（见表 6-126）

表 6-126 常见热处理制度

热处理	加热温度/℃	冷却方法	金相组织
去应力处理	750~850	缓冷	铁素体+细片状石墨

（7）力学性能（见表 6-127）

表 6-127 力学性能（GB/T 8491—2009）

状态	力学性能		
	最小抗弯强度 σ_{dB}/MPa	最小挠度 f/mm	硬度 HRC（供参考）
铸态	118	0.66	≤48

（8）耐蚀性

耐全面（均匀）腐蚀性能见表 6-128。

表 6-128 耐全面（均匀）腐蚀性能

介质	浓度(%)	压力/MPa	温度/℃	时间/h	腐蚀速率/(mm/a)
硝酸	7.6	—	20~沸点	—	<0.13
	66	—	沸点	23	0.12
	93~98	—	常温	—	耐蚀
	100	—	沸点	—	耐蚀
硫酸	0.5	—	40	1300	0.052
	0.5	1.47	195	150	0.91
	8~13	—	15~20	—	<0.01
	25	—	60	1300	0.18
	25	1.18~1.37	190	100	1.51
	63~68	—	20	—	<0.01
	63~68	—	100	—	<0.1
	80	—	195	150	0.013
	85~98	—	常温	—	耐蚀
发烟硫酸	11(SO₃)	—	60	—	耐蚀
	—	—	100	—	弱蚀
	>25(SO₃)	—	高温	—	耐蚀
H_2SO_4+HNO_3	88.7 4.7	—	50	22	0.051
	6.7 0.3	—	沸点	22	0.55
亚硫酸	0.3	—	40	2500	1.17
	0.4	—	130	—	6.9
	4.5	0.49~0.59	100	—	3.2
磷酸	8~13	—	20	—	<1.0
		—	88	—	<10
	40	—	20	—	0.08
		—	沸点	—	0.13
	83~100	—	20	—	<0.5
	浓	—	沸点	—	0.60
盐酸	1~13	—	15~25	—	<0.5
	3~13	—	85~沸点	—	<6.0
	28~37	—	15~25	—	<0.1
	28~33	—	80~沸点	—	>10
	含氯	—	<26	—	耐蚀

(续)

介质	浓度(%)	压力/MPa	温度/℃	时间/h	腐蚀速率/(mm/a)
氢氟酸	—	—	—	—	不耐蚀
氢氧化钾	10~50	—	20	—	<0.13
	50~浓	—	沸点	—	<10
	熔融	—	360	—	>10
氢氧化钠	12	—	100	—	<1.3
	34	—	100	—	<1.3
	熔融	—	318	—	>10
氢氧化钙	饱和以下	—	沸点以下	—	耐蚀
氨	25	—	20	—	<0.1
	25	—	沸点	—	<1.0
硝酸铵	65	—	20	—	0.003
硝酸钾	—	—	—	—	耐蚀
硝酸铜	—	—	—	—	耐蚀
硫酸钠	25	—	20	—	0.026
硫酸氢钠	熔融	—	200	—	<0.13
硫酸铜	25	—	20	—	0.026
硫酸铵	20~30	—	常温	—	耐蚀
氯化钠	稀	—	20	—	<0.01
	饱和	—	85~沸点	—	<1.0
次氯酸钠	Cl⁻<0.1	—	30~40	—	耐蚀
氯化钙	稀	—	85~沸点	—	<0.1
氯化锌	饱和	—	沸点以下	—	<0.1
氯化铵	10	—	沸点	—	不耐蚀
海水	—	—	—	—	尚耐蚀
漂白粉	—	—	20	—	耐蚀
氯气	干	—	20	—	不耐蚀
	湿	—	20	—	耐蚀
二氧化硫	9	—	90	—	0.98
	饱和水分	—	20	—	12.5
氯化氢	100	—	100	—	0.384
	100	—	300	—	2.832
硫化氢	湿	—	<100	—	耐蚀
乙酸	8~13	—	20~沸点	—	<0.5
	58~63	—	20~沸点	—	<0.5
	96~100	—	20~沸点	—	<0.01
甲酸	50	—	20~70	—	耐蚀
甲醇	98	—	常温	—	耐蚀
甲苯	—	—	—	—	耐蚀
甲醛	—	—	—	—	耐蚀
苯酚	95	—	沸点	—	<0.13
乙醛	20	—	20	—	耐蚀
丙酮	—	—	—	—	耐蚀

（9）常用标准牌号对照（见表6-129）

表 6-129 常用标准牌号对照

国别	中国	国际标准化	欧洲		英国	德国	
标准	GB	ISO	EN	Mat. No	BS	DIN	W-Nr
牌号	HTSSi15R	—	—	—	Si14		

国别	法国	韩国	俄罗斯	日本	美国				
标准	NF	KS	ГОСТ	JIS	ASTM	UNS	AISI	SAE	ASI
牌号	—	—	ЧС15	—	A518 Ⅰ型	—			

6.4.2 STSi15Mo3R

（1）概述

STSi15Mo3R 是在 HTSSi15R 成分基础上加入质量分数为 3% 左右的钼而形成的硅钼耐蚀铸铁。

由于该铸铁中含有质量分数为 3% 左右的钼，又称抗氯铸铁，对氯化物溶液、氯离子具有高度稳定性，适用于除氢氟酸以外的各种酸类，主要用于制作抗盐酸腐蚀铸件。该铸铁不耐浓碱腐蚀，也不适于高浓度的热盐酸（沸腾浓盐酸），但适用于 65~80℃ 的浓盐酸。

（2）工艺特性

STSi15Mo3R 在去应力状态下使用，去应力退火加热温度为 750~800℃，加热保温后缓冷至 300℃ 以下出炉。

STSi15Mo3R 脆性较大，不易加工，焊接性不良。

（3）应用

STSi15Mo3R 适用于各种浓度和温度的硫酸、硝酸、盐酸、碱水及盐水等介质工况条件，但不适于动载荷和交变载荷条件。它可制成泵体、叶轮、阀体、管道配件等。典型的实例是用于输送含 10% 盐酸的泥浆泵，80℃ 含 5%~10% 盐酸的熔渣泵，50℃ 左右工作的工业盐酸泵等。

（4）化学成分（见表 6-130）

表 6-130 化学成分（质量分数） （%）

C	Si	Mn	P	S	Cr	Ni	Mo	R
0.90	14.25~15.75	≤0.50	≤0.10	≤0.10	—	—	3.00~4.00	≤0.1

（5）物理性能

STSi15Mo3R 的物理性能参见 HTSSi15R。

（6）常见热处理制度（见表 6-131）

表 6-131 常见热处理制度

热处理	加热温度/℃	冷却方法	金相组织
去应力处理	750~850	缓冷	铁素体+细片状石墨

（7）力学性能（见表 6-132）

表 6-132 力学性能

状态	力学性能		
	最小抗弯强度 σ_{dB}/MPa	最小挠度 f/mm	硬度 HRC（供参考）
铸态	130	0.66	≤48

(8) 耐蚀性

耐全面（均匀）腐蚀性能见表6-133。

表6-133 耐全面（均匀）腐蚀性能

介质	浓度(%)	压力/MPa	温度/℃	时间/h	腐蚀速率/(mm/a)
盐酸(充气)	30	—	25	—	0.05~0.5
	<40	—	25	—	0.05~0.5
盐酸(不充气)	10	—	≤80	—	0.05~0.5
	20	—	≤50	—	0.05~0.5
	30	—	≤50	—	0.05~0.5
	40	—	≤25	—	0.05~0.5
氢溴酸	10~40	—	25	—	0.05~0.5
	50	—	25	—	0.05~0.5
	80~90	—	25	—	0.05~0.5
氯化铵	<40	—	≤100	—	<0.05
	100	—	≤100	—	0.05~0.5
次氯酸钾	<20	—	≤100	—	<0.05
	100	—	25	—	<0.05
氯化铝	<40	—	≤100	—	<0.05
	50~60	—	≤25	—	<0.05
	—	—	50~100	—	0.05~0.5
	100	—	≤100	—	0.05~0.5
次氯化钙	<70	—	<100	—	0.05~0.5
	100	—	<100	—	0.05~0.5
氯化铅	10	—	≤80	—	0.05~0.5
	100	—	≤100	—	0.05~0.5
氯化锡	<50	—	25	—	<0.05
	—	—	50	—	0.05~0.5
	100	—	25~50	—	0.05~0.5
氯化亚铜	10	—	25	—	0.05~0.5
氯化汞	10~20	—	25	—	<0.05
	—	—	50~100	—	0.05~0.5
	30~40	—	100	—	0.05~0.5
	100	—	25~100	—	0.05~0.5
氯化氢	90	—	25	—	0.05~0.5
二氧化氯	10	—	25	—	<0.05
	100	—	25~50	—	<0.05

(9) 常用标准牌号对照（见表6-134）

表6-134 常用标准牌号对照

国别	中国	国际标准化	欧洲		英国	德国	
标准	—	ISO	EN	Mat. No	BS	DIN	W-Nr
牌号	STSi15Mo3R	—	—	—	—	—	—
国别	法国	韩国	俄罗斯	日本	美国				
标准	NF	KS	ГОСТ	JIS	ASTM	UNS	AISI	SAE	ASI
牌号	—	—	ЧС15М4	—	—	—	—	—	—

6.4.3 STSi15Cu7R

(1) 概述

STSi15Cu7R 是在 HTSSi15R 成分基础上加入质量分数为 6.5%~8.5% 的铜而形成的硅铜

耐蚀铸铁。

由于铜在晶界处析出而促进了含硅铁素体晶粒阳极钝化，从而提高了耐蚀性。同时，铜能在含硅铁素体和硅化物晶粒周围形成塑性外壳而提高了铸铁的力学性能，使强度提高，而韧性有所改善。

由于耐蚀性和力学性能的改善，使其在应用上更广泛。

（2）工艺特性

STSi15Cu7R 可在去应力处理状态下使用，去应力处理温度为 750~800℃，加热保温后缓冷至 300℃ 以下出炉。

由于铜的加入，改善了可加工性，因此其可进行车、刨、钻孔等机械加工。

该铸铁的焊接性不良。

（3）应用

STSi15Cu7R 广泛应用于各种浓度的硫酸、氯化铵、氯盐水、氢氧化钠等介质的腐蚀条件下的耐蚀件，如泵体、叶轮、阀体管道配件等。

（4）化学成分（见表 6-135）

表 6-135 化学成分（质量分数）   （%）

C	Si	Mn	P	S	Cr	Ni	Mo	Cu	R
0.5~0.8	13.5~15.0	0.5~0.8	≤0.05	≤0.05	—	—	—	6.5~8.5	≤0.1

（5）物理性能

STSi15Cu7R 的物理性能参见 THSSi15R。

（6）常见热处理制度（见表 6-136）

表 6-136 常见热处理制度

热处理	加热温度/℃	冷却方法	金相组织
去应力处理	750~800	缓冷	铁素体+细片状石墨

（7）力学性能（见表 6-137）

表 6-137 力学性能

状态	力学性能		
	最小抗弯强度 σ_{dB}/MPa	最小挠度 f/mm	硬度 HRC（供参考）
铸态	176~314	—	255~375

（8）耐蚀性

耐全面（均匀）腐蚀性能见表 6-138。

表 6-138 耐全面（均匀）腐蚀性能

介质	浓度（%）	压力/MPa	温度/℃	时间/h	腐蚀速率/（mm/a）
碳酸氢铵悬浮液	—	—	40	72	<0.1
氯化铵母液	—	—	40	120	<0.1
氯盐水	—	—	40	72	<0.1
硝酸	45	—	40	120	0.1~1.0
硫酸	75	—	75	120	<0.1
氢氧化钠	5	—	75	120	<0.1

(9) 常用标准牌号对照（见表 6-139）

表 6-139　常用标准牌号对照

国别	中国	国际标准化	欧洲		英国	德国	
标准		ISO	EN	Mat. No	BS	DIN	W-Nr
牌号	STSi15Cu7R	—	—	—	—	—	—

国别	法国	韩国	俄罗斯	日本	美国			
标准	NF	KS	ГОСТ	JIS	ASTM	UNS	AISI	SAE	ASI
牌号	—	—	ЧС15Д9	—	—	—	—	—	—

6.4.4　HTSSi11Cu2CrR（STSi11Cu2CrR）

（1）概述

HTSSi11Cu2CrR 是在 HTSSi15R 的基础上将硅的质量分数降低至 10%～12%，并加入一定量的铬、铜及稀土元素，所以也叫稀土高硅耐蚀铸铁。化学成分的调整，使其对氧化性酸的耐蚀性更好，如在浓度≥10%的硫酸中、浓度≤46%的硝酸中及它们的混合酸中均具有良好的耐蚀性，在浓度≥70%的硫酸中加入氯、苯、苯磺酸的混合介质中也具有较稳定的耐蚀性。

HTSSi11Cu2CrR 有较好的力学性能，但不适用于有冲击载荷、突变载荷和温度突变的工况条件。

其金相组织为铁素体和细片状石墨。

（2）工艺特性

HTSSi11Cu2CrR 的硅含量比 HTSSi15R 低，所以其硬度略有下降，脆性和可加工性略有改善，可用机械加工方法生产。

HTSSi11Cu2CrR 应进行去应力处理，热处理加热温度为 750～850℃，保温后缓慢冷却至 300℃以下出炉。

（3）应用

HTSSi11Cu2CrR 用于无冲击、无交变载荷和无温度突变条件下的耐蚀件，如泵、阀、离心机、管道等。

（4）化学成分（见表 6-140）

表 6-140　化学成分（质量分数）（GB/T 8491—2009）　　（%）

C	Si	Mn	P	S	Cr	Ni	Mo	Cu	R
≤1.20	10.00～12.00	≤0.5	≤0.10	≤0.10	0.60～0.80	—	—	1.80～2.20	≤0.10

（5）物理性能

HTSSi11Cu2CrR 的线收缩率为 1.5%～2.0%。

（6）常见热处理制度（见表 6-141）

表 6-141　常见热处理制度

热处理	加热温度/℃	冷却方法	金相组织
去应力处理	750～850	缓冷	铁素体+细片状石墨

（7）力学性能（见表 6-142）

表 6-142　力学性能

状态	力学性能		
	最小抗弯强度 σ_{dB}/MPa	最小挠度 f/mm	硬度 HRC(供参考)
铸态	190	0.8	≤42

（8）耐蚀性

耐全面（均匀）腐蚀性能见表 6-143。

表 6-143　耐全面（均匀）腐蚀性能

介质	浓度(%)	压力/MPa	温度/℃	时间/h	腐蚀速率/(mm/a)
硝酸	30	—	20	72	0.0636
	70	—	20	72	0.0285
硫酸	50	—	20	72	0.184
	94	—	110	72	0.0161
硝酸+硫酸	46% : 1 94% : 2	—	110	72	0.1070
硝酸	44~46	—	常温	120	0.0812
硫酸	70~73	—	47	96	0.0290
	92.5	—	60~90	96	0.0070
硫酸+苯磺酸	9.25	—	160~205	106.5	0.0316
硫酸+饱和氯气	60~70	—	常温	144	0.0310

（9）常用标准牌号对照（见表 6-144）

表 6-144　常用标准牌号对照

国别	中国	国际标准化	欧洲		英国	德国	
标准	GB	ISO	EN	Mat. No	BS	DIN	W-Nr
牌号	HTSSi11Cu2CrR	—			Si10		

国别	法国	韩国	俄罗斯	日本	美国			
标准	NF	KS	ГОСТ	JIS	ASTM	UNS	AISI	SAE	ASI
牌号	—	—	ЧС13						

6.5　高镍奥氏体耐蚀铸铁

在铸铁中加入质量分数为 13%~30% 的镍，使铸铁中的组织基本是奥氏体基体，石墨呈片状或球状，除镍元素外，还有的加入铬、钼、铜等合金元素。

由于奥氏体铸铁是奥氏体基体，又是铸材，所以其力学性能不够高，但耐蚀性非常好，特别是在强碱、弱酸、海水等介质中的耐蚀性很好，如果加入质量分数为 4.0%~5.0% 的硅元素，则在稀硫酸中会有更好的耐蚀性。

奥氏体耐蚀铸铁中的石墨呈片状时，也叫奥氏体灰铸铁；呈球状时也叫奥氏体球墨铸铁。

高镍奥氏体耐蚀铸铁主要用于没有太高力学性能要求、但有较高耐蚀性要求的零部件，在泵和阀制造中应用比较广泛，可制造泵体、阀体、叶轮、接管等。

6.5.1 HTANi15Cu6Cr2（Ni-Resist1）

（1）概述

HTANi15Cu6Cr2 是镍含量较低的奥氏体耐蚀灰铸铁，商业牌号为 Ni-Resist1，其石墨形态为片状，因此，有的也称为奥氏体片状石墨耐蚀铸铁或片状石墨奥氏体耐蚀铸铁。

在高镍奥氏体耐蚀铸铁中，HTANi15Cu6Cr2 是镍含量最低的品种之一，但因其含有较高量的铜，不仅补充了镍含量较低的不足，增加了奥氏体的稳定性，同时也提高了其耐蚀性，特别是在硫酸类介质中的耐蚀性。铬的加入会提高材料的力学性能，保证其具有基本的强度水平。

HTANi15Cu6Cr2 的成本相对较低，但同样具有其他镍铸铁的特点，如良好的耐蚀性、耐磨性、减振性和较高的弹性，因而获得了广泛应用。

HTANi15Cu6Cr2 的耐蚀性良好，特别是对于强碱、弱酸、海水和盐液都有较好的耐蚀性。其润滑性良好，线膨胀系数大，耐热强度较好，特别是当铬含量低时的耐高温性能更好。

HTANi15Cu6Cr2 无磁性。

（2）工艺特性

HTANi15Cu6Cr2 可以采用感应电炉熔炼，为提高石墨形成率和细化片状石墨，可采用孕育处理，经过孕育处理后，石墨片更细小，分布均匀，减少合金碳化物，从而提高了铸铁的强度。

HTANi15Cu6Cr2 最常见的热处理是去应力处理，以减小应力。去应力处理的温度通常为 620~670℃，保温后空冷或炉冷。

如果铸件冷却快或截面太小，组织中可能有较多的合金碳化物使硬度升高，可采用软化退火处理，使合金碳化物转变成石墨，保证铸铁性能，软化退火后硬度下降，但对强度影响不大，加热至 980~1040℃，保温后炉冷至 540℃ 以下出炉。

有时也可采用固溶处理，可以获得更高的强度和硬度，固溶处理加热至 925~1000℃，保温后水冷或油冷。一般情况下，很少采用固溶处理，注意防止产生裂纹。

HTANi15Cu6Cr2 可以补焊，应采用高镍焊条，一般情况下焊前不用预热，焊后可不进行热处理，但焊接时应尽量防止热裂纹产生，注意采取有效工艺措施。

该铸铁存在加工硬化倾向。

（3）应用

HTANi15Cu6Cr2 可用于腐蚀条件下和有减摩要求的零件，如泵体、叶轮、阀体、口环、轴套、活塞环等，但不推荐用于 400℃ 以上的工作条件。

（4）化学成分（见表 6-145）

表 6-145 化学成分（质量分数）（GB/T 26648—2011） （%）

C	Si	Mn	P	S	Cr	Ni	Mo	Cu
≤3.0	1.00~2.80	0.5~1.5	≤0.25	≤0.12	1.0~3.5	13.5~17.5	—	5.5~7.5

（5）物理性能（见表 6-146）

（6）常见热处理制度（见表 6-147）

表 6-146　物理性能

温度/℃	室温	100	200
热导率 $\lambda/[W/(m\cdot℃)]$	39.0	—	—
比定压热容 $c_p/[J/(kg\cdot℃)]$	460~500	—	—
线胀系数/$10^{-6}℃^{-1}$	—	—	18.7
弹性模量 $E/10^4$MPa	8.5~10.5		
切变模量 $G/10^3$MPa			
泊松比 $\mu/10^{-1}$			
电阻率 $\rho/10^8\Omega\cdot m$	160		

注：密度为 7.3g/cm³；熔点为 1232℃。

表 6-147　常见热处理制度

热处理	加热温度/℃	冷却方法	金相组织
去应力处理	620~670	空冷或炉冷	奥氏体+片状石墨+少量碳化物
软化退火处理	980~1040	炉冷至540℃出炉	奥氏体+片状石墨+少量碳化物

（7）力学性能

技术标准规定的力学性能见表 6-148。

表 6-148　技术标准规定的力学性能（GB/T 26648—2011）

状态	力学性能（≥）						备注
	R_m/MPa	抗压强度/MPa	A(%)	KU_2/J	KV_2/J	HBW	
铸造	170	(700~840)	(2)	—	—	120~215	—

注：括号内数据供参考。

（8）耐蚀性

同其他高镍耐蚀铸铁一样，HTANi15Cu6Cr2 在硫酸、硝酸、盐酸、磷酸、乙酸中的耐蚀性不够好，在温度不高的氢氟酸、硼酸中有一定的耐蚀性。在浓度低于 50% 的氢氧化钠、浓度低于 75% 的氢氧化钾中及氢氧化铵等碱液中有良好的耐蚀性，但在氢氧化钠溶液中可能产生应力腐蚀。在铵盐、钠盐、钾盐等盐类溶液中也有较好耐蚀性。所以，它主要使用于碱液和海水中。

HTANi15Cu6Cr2 高镍耐蚀铸铁在常见介质中的耐全面（均匀）腐蚀性能见表 6-149。

表 6-149　耐全面（均匀）腐蚀性能

介质	浓度(%)	压力/MPa	温度/℃	时间/h	腐蚀速率		备注
					mm/a	g/(m²·h)	
硝酸	—	—	—	—	>1.5	—	—
	1	—	20		3.47	—	
	5	—	20		10.5	—	
	10	—	20		36.06	—	
盐酸(充气)	10~20	—	25		0.5~1.5	—	—
	30~100	—	25		>1.5		
盐酸(不充气)	10~20	—	25		0.5~1.5		
		—	50		>1.5		
	>20	—	25		>1.5		

(续)

介质	浓度(%)	压力/MPa	温度/℃	时间/h	腐蚀速率 mm/a	腐蚀速率 g/(m²·h)	备注
盐酸	1	—	20	—	0.13	—	—
	10	—	20	—	0.20	—	—
	37	—	20	—	4.10	—	—
硫酸(充气)	10~20	—	25~80	—	>1.5	—	—
	45~50	—	25	—	0.5~1.5	—	—
		—	50~80	—	>1.5	—	—
	60~70	—	25~50	—	0.5~1.5	—	—
		—	80	—	>1.5	—	—
	80~100	—	25~50	—	0.05~0.5	—	—
		—	80	—	>1.5	—	—
硫酸(不充气)	<10	—	25	—	0.05~0.5	—	—
		—	50	—	0.05~0.5	—	—
		—	80	—	>1.5	—	—
	10~40	—	25~50	—	>1.5	—	—
	50~60	—	25	—	0.5~1.5	—	—
		—	50	—	>1.5	—	—
	70~80	—	25	—	0.05~0.5	—	—
		—	50	—	0.5~1.5	—	—
		—	80	—	>1.5	—	—
	90	—	25	—	0.05~0.5	—	—
		—	50~80	—	>1.5	—	—
	100	—	25~50	—	0.05~0.5	—	—
		—	80	—	>1.5	—	—
硫酸	5	—	20	—	0.18	—	—
	20	—	20	—	0.21	—	—
	25	—	60	—	0.875	—	—
发烟硫酸	—	—	25	—	0.05~0.5	—	—
	—	—	50~80	—	0.5~1.5	—	—
	—	—	150	—	>1.5	—	—
磷酸(充气)	—	—	25	—	>1.5	—	—
磷酸(不充气)	10~40	—	25	—	>1.5	—	—
	50	—	25	—	0.5~1.5	—	—
	70	—	25~50	—	0.5~1.5	—	—
	90	—	50	—	>1.5	—	—
磷酸蒸气	—	—	100	—	>1.5	—	—
氢氟酸(充气)	10	—	25	—	<0.05	—	—
		—	80	—	>1.5	—	—
	40	—	80	—	>1.5	—	—
	100	—	25~50	—	0.05~0.5	—	—
氢氟酸(不充气)	10	—	25	—	<0.05	—	—
		—	50	—	>1.5	—	—
	20	—	25	—	0.05~0.5	—	—
	30~80	—	25	—	>1.5	—	—
	100	—	25~100	—	0.05~0.5	—	—
		—	200	—	>1.5	—	—
氢氰酸	干	—	25	—	0.05~0.5	—	—
亚硫酸	10	—	25	—	0.5~1.5	—	—
	100	—	25	—	>1.5	—	—

(续)

介质	浓度(%)	压力/MPa	温度/℃	时间/h	腐蚀速率 mm/a	腐蚀速率 g/(m²·h)	备注
过硫酸	—	—	25	—	<0.05	—	—
碳酸	—	—	25	—	0.05~0.5	—	—
铬酸	10	—	25	—	0.05~0.5	—	—
	20	—	25	—	>1.5	—	—
	100	—	25	—	>1.5	—	—
硼酸	10	—	25	—	<0.05	—	—
	100	—	25~100	—	—	—	—
		—	200	—	>1.5	—	—
王水	—	—	25	—	>1.5	—	—
甲酸	10	—	25	—	0.05~0.5	—	—
		—	50	—	>1.5	—	—
	20~100	—	25	—	>1.5	—	—
乙酸	10	—	25	—	0.05~0.5	—	—
		—	50	—	>1.5	—	—
	>10	—	25	—	>1.5	—	—
乙酸蒸气	—	—	100	—	>1.5	—	—
丙酸	30	—	25	—	<0.05	—	—
丁酸	10	—	25	—	0.05~0.5	—	—
		—	50	—	>1.5	—	—
	>10	—	25	—	>1.5	—	—
脂肪酸	—	—	25~100	—	0.05~0.5	—	—
柠檬酸	—	—	25	—	>1.5	—	—
苦味酸	—	—	25	—	>1.5	—	—
氢氧化钠（可能产生应力腐蚀）	<10	—	25~80	—	<0.05	—	—
		—	>80~150	—	0.05~0.5	—	—
	20~50	—	25~80	—	<0.05	—	—
		—	100	—	0.05~0.5	—	—
		—	>150	—	>1.5	—	—
	40~45	—	95~105	—	0.004	—	—
	60	—	>80	—	>1.5	—	—
	70	—	25	—	0.05~0.5	—	—
		—	80	—	>1.5	—	—
	100	—	25~80	—	0.05~0.5	—	—
氢氧化钾	10	—	25~80	—	0.05~0.5	—	—
		—	100	—	0.5~1.5	—	—
	20~40	—	25~100	—	0.05~0.5	—	—
	50~60	—	25	—	0.05~0.5	—	—
		—	50	—	>1.5	—	—
	70	—	50	—	>1.5	—	—
	80	—	200	—	>1.5	—	—
	100	—	350	—	>1.5	—	—
氢氧化铵	<30	—	25	—	<0.05	—	—
		—	50~100	—	0.05~0.5	—	—
	100	—	25	—	<0.05	—	—
氢氧化钙	10	—	25~100	—	0.05~0.5	—	—
氢氧化镁	10	—	25~100	—	0.05~0.5	—	—
	100	—	25~100	—	<0.05	—	—

(续)

介质	浓度(%)	压力/MPa	温度/℃	时间/h	腐蚀速率 mm/a	腐蚀速率 g/(m²·h)	备注
氢氧化钡	<50	—	25~100	—	0.05~0.5	—	—
氢氧化铝	10	—	25~100	—	0.05~0.5	—	—
	30	—	25	—	0.05~0.5	—	—
硫酸铵	<40	—	25~50	—	0.05~0.5	—	—
	50	—	25~100	—	0.05~0.5	—	—
硝酸铵	10	—	25	—	0.05~0.5	—	—
	20	—	25	—	0.5~1.5	—	—
	90~100	—	25~125	—	<0.05	—	—
碳酸铵	<50	—	25~100	—	0.05~0.5	—	—
	60~70	—	100	—	0.05~0.5	—	—
	100	—	25	—	0.05~0.5	—	—
氯化铵	<30	—	25~100	—	0.05~0.5	—	—
硫酸钠（可能产生点蚀）	10	—	25	—	0.05~0.5	—	—
		—	100	—	0.05~0.5	—	—
	100	—	25	—	0.05~0.5	—	—
硝酸钠	<60	—	25~100	—	<0.05	—	—
	60	—	25~100	—	<0.05	—	—
	70~90	—	25~100	—	<0.05	—	—
	100	—	25	—	0.05~0.5	—	—
磷酸三钠	100	—	25~100	—	0.05~0.5	—	—
碳酸钠	10	—	25	—	<0.05	—	—
		—	50~100	—	0.05~0.5	—	—
	20~30	—	50~100	—	0.05~0.5	—	—
	100	—	25	—	0.05~0.5	—	—
氯酸钠	—	—	25	—	0.05~0.5	—	—
氯化钠	<30	—	25~100	—	0.05~0.5	—	—
	40	—	25~100	—	0.05~0.5	—	—
	90	—	80	—	<0.05	—	—
	100	—	25~100	—	<0.05	—	—
氟化钠	<30	—	25	—	0.05~0.5	—	—
溴化钠	<60	—	25~100	—	0.05~0.5	—	—
	100	—	25	—	0.05~0.5	—	—
氰化钠	10	—	25	—	<0.05	—	—
		—	50~200	—	0.05~0.5	—	—
	100	—	25	—	<0.05	—	—
硫化钠	10	—	25~100	—	<0.05	—	—
	20~40	—	25~100	—	0.05~0.5	—	—
		—	120	—	0.5~1.5	—	—
		—	150	—	>1.5	—	—
	60	—	15	—	>1.5	—	—
亚硫酸钠（不充气）	10	—	25~100	—	0.05~0.5	—	—
	20~30	—	100	—	0.05~0.5	—	—
硫酸氢钠	10~50	—	25	—	0.5~1.5	—	—
		—	100	—	>1.5	—	—
	100	—	25	—	<0.05	—	—
		—	100	—	0.5~1.5	—	—
亚硝酸钠	<60	—	25~80	—	<0.05	—	—
		—	100	—	0.05~1.5	—	—
	100	—	25	—	<0.05	—	—

(续)

介质	浓度(%)	压力/MPa	温度/℃	时间/h	腐蚀速率 mm/a	腐蚀速率 g/(m²·h)	备注
碳酸氢钠	<20	—	25~100	—	0.05~0.5	—	—
	100	—	25	—	<0.05	—	—
硫酸钾	<20	—	25~100	—	0.05~0.5	—	—
	100	—	25	—	0.05~0.5	—	—
硝酸钾	<100	—	25~100	—	0.05~0.5	—	—
碳酸钾	<100	—	25~100	—	0.05~0.5	—	—
氯酸钾	<60	—	25~100	—	<0.05	—	—
次氯酸钾	10	—	25	—	>1.5	—	—
氯化钾	<30	—	25~80	—	0.05~0.5	—	—
	100	—	25	—	0.05~0.5	—	—
溴化钾	<40	—	25~100	—	0.05~0.5	—	—
	100	—	25~100	—	0.05~0.5	—	—
碘化钾	10	—	25	—	0.05~0.5	—	—
氰化钾	<90	—	25~100	—	0.05~0.5	—	—
硫化钾	10	—	25	—	0.05~0.5	—	—
亚硫酸钾	10	—	25	—	>1.5	—	—
铁氰化钾	<30	—	25~100	—	0.05~0.5	—	—
	10~70	—	50~10	—	0.05~0.5	—	—
	100	—	25	—	0.05~0.5	—	—
高锰酸钾	10	—	25~100	—	0.05~0.5	—	—
	20~30	—	100	—	0.05~0.5	—	—
	100	—	25	—	0.05~0.5	—	—
硫酸铝	10~30	—	25	—	0.05~0.5	—	—
	20~50	—	100	—	>1.5	—	—
氯化铝	<20	—	25	—	>1.5	—	—
	90	—	50	—	>1.5	—	—
	100	—	80	—	>1.5	—	—
明矾	10	—	25	—	0.05~0.5	—	—
	10	—	50	—	>1.5	—	—
	20	—	25	—	>1.5	—	—
硫酸镁	<40	—	25~100	—	<0.05	—	—
	50~60	—	50~100	—	<0.05	—	—
	100	—	25	—	0.05~0.5	—	—
氯化镁	<30	—	25~100	—	0.05~0.5	—	—
	40	—	40~150	—	0.05~0.5	—	—
	100	—	25	—	0.05~0.5	—	—
硫酸钙	10	—	25	—	<0.05	—	—
		—	50~100	—	0.05~0.5	—	—
碳酸钙	10	—	25	—	0.05~0.5	—	—
	100	—	25	—	0.05~0.5	—	—
氯化钙	<40	—	25~80	—	0.05~0.5	—	—
	60~90	—	25	—	0.5~1.5	—	—
		—	150	—	>1.5	—	—
硫化钙	10	—	25~100	—	0.05~0.5	—	—
	100	—	25~100	—	0.05~0.5	—	—
硫酸铁	10	—	25	—	>1.5	—	—
	100	—	25	—	>1.5	—	—

(续)

介质	浓度(%)	压力/MPa	温度/℃	时间/h	腐蚀速率 mm/a	腐蚀速率 g/(m²·h)	备注
氯化铁	100	—	25	—	>1.5	—	—
氯化亚铁	<30	—	25	—	>1.5	—	—
碳酸钡	10	—	25	—	0.05~0.5	—	—
	100	—	25	—	0.05~0.5	—	—
氯化钡	10	—	25	—	0.05~0.5	—	—
	60	—	25~100	—	0.05~0.5	—	—
	100	—	25	—	0.05~0.5	—	—
硫酸铜	<30	—	25~100	—	<0.05	—	—
	40~70	—	100	—	<0.05	—	—
氯化铜	<40	—	25	—	>1.5	—	—
	干	—	25~100	—	0.05~0.5	—	—
氯	干气	—	25~200	—	0.05~0.5	—	—
	湿气	—	25	—	>1.5	—	—
溴	干	—	25	—	0.05~0.5	—	—
	湿	—	25	—	>1.5	—	—
氧	—	—	25~80	—	<0.05	—	—
	—	—	650	—	0.05~0.5	—	—
	—	—	760	—	>1.5	—	—
氢	—	—	25~500	—	<0.05	—	—
硫	—	—	25~200	—	0.05~0.5	—	—
	—	—	260	—	>1.5	—	—
空气	—	—	25~760	—	<0.05	—	—
氧化性气体	—	—	25~80	—	<0.05	—	—
	—	—	650	—	<0.05	—	—
	—	—	760	—	>1.5	—	—
氨	100	—	25	—	<0.05	—	—
氨水	<30	—	25	—	<0.05	—	—
	—	—	50~100	—	0.05~0.5	—	—
一氧化碳	—	—	25~500	—	<0.05	—	—
二氧化碳	—	—	25~370	—	<0.05	—	—
二氧化硫	90	—	25	—	>1.5	—	—
	干	—	25~50	—	0.05~0.5	—	—
	—	—	80~150	—	0.5~1.5	—	—
硫化氢(不充气)	10	—	25~150	—	0.05~0.5	—	—
	20	—	25	—	0.05~0.5	—	—
	90	—	100	—	0.5~1.5	—	—
	100	—	25~160	—	0.05~0.5	—	—
甲醇	100	—	25~100	—	<0.05	—	—
乙醇	100	—	25~80	—	<0.05	—	—
丙醇	100	—	25~100	—	<0.05	—	—
甲醛	50	—	25~316	—	0.05~0.5	—	—
乙醛	—	—	25~50	—	<0.05	—	—
丙醛	—	—	25	—	<0.05	—	—
丁醛	—	—	25~100	—	<0.05	—	—
(二)甲醚	—	—	25~100	—	0.05~0.5	—	—
(二)乙醚	—	—	25~100	—	<0.05	—	—
丙酮	—	—	25~100	—	<0.05	—	—
甲烷	—	—	25~100	—	<0.05	—	—

（续）

介质	浓度(%)	压力/MPa	温度/℃	时间/h	腐蚀速率 mm/a	腐蚀速率 g/(m²·h)	备注
乙烷	—	—	25~100	—	<0.05	—	—
乙烯	—	—	25~100	—	<0.05	—	—
乙炔	—	—	25~100	—	<0.05	—	—
丙烷	—	—	25~100	—	<0.05	—	—
丙烯	—	—	25~100	—	<0.05	—	—
原油(含硫1.5%)	—	—	25~260	—	0.05~0.5	—	—
汽油(含硫1%)	—	—	25~80	—	0.05~0.5	—	—
煤焦油	—	—	25~370	—	<0.05	—	—
肥皂	—	—	25~100	—	<0.05	—	—
溶纤剂	—	—	25~100	—	0.05~0.5	—	—
动物胶	—	—	25~80	—	<0.05	—	—
醋	—	—	25	—	0.05~0.5	—	—
醋	—	—	50	—	>1.5	—	—
人造奶油	—	—	25~100	—	0.05~0.5	—	—
糖浆	—	—	25	—	0.05~0.5	—	—
葡萄汁	—	—	25	—	>1.5	—	—
蔬菜汁	—	—	50	—	>1.5	—	—
工业大气	—	—	25	—	<0.05	—	—
海滨大气	—	—	25	—	<0.05	—	—
农村大气	—	—	25	—	<0.05	—	—
中性水 pH=7(可能产生点蚀)	—	—	25	—	<0.05	—	—
蒸馏水(氧)	—	—	25~212	—	<0.05	—	—
锅炉给水(可能产生点蚀)	—	—	25	—	<0.05	—	—
盐水	—	—	25	—	0.05~0.5	—	—
海水	—	—	25	—	0.05~0.5	—	流速<1.5m/s
海水	—	—	50	—	0.5~1.5	—	流速<1.5m/s
海水	—	—	25	—	0.05~0.5	—	流速>1.5m/s
污水	—	—	25	—	0.05~0.5	—	—
土壤	—	—	—	—	<0.15	—	低电阻率
土壤	—	—	—	—	<0.08	—	高电阻率
汞	—	—	25~316	—	<0.05	—	—
锌(熔体)	—	—	427	—	>1.5	—	—
铅(熔体)	—	—	327	—	0.5~1.5	—	—

（9）常用标准牌号对照（见表6-150）

表6-150 常用标准牌号对照

国别	中国	国际标准化	欧洲	英国	德国	
标准	GB	ISO	EN	Mat. No	BS	DIN	W-Nr
牌号	HTANi15Cu6Cr2	L-NiCuCr15 6 2	GGL-NiCuCr15-6-2	0.6655	F1	GGL-NiCuCr15-6-2	0.6655

国别	法国	韩国	俄罗斯	日本	美国			
标准	NF	KS	ГОСТ	JIS	ASTM	UNS	AISI	SAE	ASI
牌号	L-NUC15 6 2	—	ЧН15Д7	FCA-NiCuCr15 6 2	1	F41000	—	—	—

注：L-NiCuCr15 6 2（英国，BS-EN）。

6.5.2 HTANi15Cu6Cr3（Ni-Resist1b）

（1）概述

HTANi15Cu6Cr3 也是镍含量较低的奥氏体耐蚀铸铁，商业牌号为 Ni-Resist1b，属片状奥氏体耐蚀铸铁。

HTANi15Cu6Cr3 比 HTANi15Cu6Cr2 的铬含量更高，其他元素成分相同，所以各项性能基本与其一致，但由于铬含量提高，铬碳化物会更多，因此强度会比 HTANi15Cu6Cr2 更高一些，耐蚀性和耐热强度也更好，其使用温度可高达 480℃ 或更高。

HTANi15Cu6Cr3 无磁性。

（2）工艺特性

HTANi15Cu6Cr3 可采用感应电炉熔炼，采用孕育处理可提高片状石墨形成率和细化石墨片，提高铸铁强度。

HTANi15Cu6Cr3 一般情况下采用 620~670℃ 的去应力处理，保温后可空冷或炉冷。

如果用于 480℃ 以上的较高温度条件，应采用高温稳定化处理，加热温度通常为 750~770℃，充分保温后炉冷至 540℃ 以下再空冷，稳定化处理的作用是稳定组织，并减少在高温下由于碳的扩散和碳化物溶解及大量石墨片的沉淀可能引起的膨胀和畸变。高温稳定化的处理时机最好在零件最终加工前。这种处理同时也稳定了零件的尺寸和形状。

在某些情况下，如铸铁件硬度偏高或薄壁铸件石墨化不够理想，为改善石墨化程度，可采用软化退火，加热到 980~1040℃，充分保温后炉冷至 540℃ 以下，出炉空冷，经软化退火后，铸件硬度可能降低，但对性能不会产生明显影响。

有时也可采用固溶处理，加热温度为 925~1000℃，保温后水冷或油冷，通过固溶处理，高温加热时碳会溶入奥氏体，增强奥氏体基体强度，快速冷却后又防止了碳的沉淀析出，所以可获得较高硬度和强度，但一般情况下很少采用固溶处理。

HTANi15Cu6Cr3 可以补焊，应采用不低于母材镍含量的高镍焊材。一般情况下可不预热，也不进行焊后热处理，但应注意防止热裂纹产生。

该类铸铁有加工硬化倾向。

（3）应用

HTANi15Cu6Cr3 可用于腐蚀，特别是碱性介质腐蚀或海水腐蚀条件下使用的铸件，可制成泵体、泵轮、阀体、密封环、活塞环体、轴套、管道等铸件。

（4）化学成分（见表 6-151）

表 6-151 化学成分（质量分数） （%）

C	Si	Mn	P	S	Cr	Ni	Mo	Cu
≤3.00	1.00~2.80	0.5~1.5	≤0.25	≤0.12	2.50~3.50	13.50~17.50	—	5.50~7.50

（5）物理性能（见表 6-152）

表 6-152 物理性能

温度/℃	室温	100	200
热导率 λ/[W/(m·℃)]	37.7~41.9	—	—
比定压热容 c_p/[J/(kg·℃)]	460~500	—	—
线胀系数/10^{-6}℃$^{-1}$	—	—	18.7

(续)

弹性模量 $E/10^4$ MPa	9.8~11.3	—	—
切变模量 $G/10^3$ MPa	—	—	—
泊松比 $\mu/10^{-1}$	—	—	—
电阻率 $\rho/10^{-8}\Omega\cdot m$	110	—	—

注：密度为 7.3g/cm³；熔点为 1232℃。

(6) 常见热处理制度（见表 6-153）

表 6-153 常见热处理制度（根据需要采用）

热处理	加热温度/℃	冷却方法	金相组织
去应力处理	620~670	空冷或炉冷	奥氏体+片状石墨+少量碳化物
高温稳定化处理	750~770	炉冷至 540℃空冷	奥氏体+片状石墨+少量碳化物
软化退火处理	980~1040	炉冷至 540℃出炉	奥氏体+片状石墨+少量碳化物

(7) 力学性能

技术标准规定的力学性能见表 6-154。

表 6-154 技术标准规定的力学性能

状态	力学性能(≥)						备注
	R_m/MPa	抗压强度/MPa	A(%)	KU_2/J	KV_2/J	HBW	
铸造	190~240	860~1100	1~2	—	—	150~250	—

(8) 耐蚀性

HTANi15Cu6Cr3 的耐蚀性比 HTANi15Cu6Cr2 更好一些，具体可参见表 6-149。

(9) 常用标准牌号对照（见表 6-155）

表 6-155 常用标准牌号对照

国别	中国	国际标准化	欧洲		英国	德国	
标准	—	ISO	EN	Mat. No	BS	DIN	W-Nr
牌号	HTANi15Cu6Cr3	L-NiCuCr15 6 3	GGL-NiCuCr15 6 3	0.6656	—	GGL-NiCuCr15 6 3	0.6655
国别	法国	韩国	俄罗斯	日本	美国		
标准	NF	KS	ГОСТ	JIS	ASTM	UNS	AISI	SAE	ASI
牌号	L-NUC15 6 3	—	—	FCA-NiCuCr15 6 3	1b	F41001	—	—	—

注：L-NiCuCr15 6 3（英国，BS-EN）。

6.5.3 HTANi20Cr2（Ni-Resist2）

(1) 概述

HTANi20Cr2 中镍的质量分数在 20% 左右，比 HTANi15Cu6Cr2 镍含量更高，但不含铜，所以两者强度相当，属于片状奥氏体耐蚀铸铁，商业牌号为 Ni-Resist2。

HTANi20Cr2 对强碱的耐蚀性更好，耐高温性好，其耐热强度和减摩效果也更好。

HTANi20Cr2 无磁性。

(2) 工艺特性

HTANi20Cr2 的工艺特性参见 HTANi15Cu6Cr3。

(3) 应用

HTANi20Cr2 的应用与 HTANi15Cu6Cr2 相同，但其更适合碱介质，如苛性碱工业、肥皂工业、食品业等。

该铸铁可用来制造泵体、泵轮、阀体、口环、轴套、活塞环体等零件。

(4) 化学成分 (见表6-156)

表6-156 化学成分 (质量分数) (%)

C	Si	Mn	P	S	Cr	Ni	Mo	Cu
≤3.0	1.0~2.8	0.5~1.5	≤0.05	≤0.03	1.0~2.5	18.00~22.00	—	≤0.5

(5) 物理性能 (见表6-157)

表6-157 物理性能

温度/℃	室温	100	200
热导率 $\lambda/[W/(m \cdot ℃)]$	37.7~41.9	—	—
比定压热容 $c_p/[J/(kg \cdot ℃)]$	460~500	—	—
线胀系数/$10^{-6}℃^{-1}$	—	—	18.7
弹性模量 $E/10^4$ MPa	8.5~10.5	—	—
切变模量 $G/10^3$ MPa	—	—	—
泊松比 $\mu/10^{-1}$	—	—	—
电阻率 $\rho/10^{-8} \Omega \cdot m$	140	—	—

注: 密度为7.3g/cm³; 熔点为1232℃。

(6) 常见热处理制度 (见表6-158)

表6-158 常见热处理制度 (根据需要采用)

热处理	加热温度/℃	冷却方法	金相组织
去应力处理	620~670	空冷或炉冷	奥氏体+片状石墨+少量碳化物
高温稳定化处理	750~770	炉冷至540℃空冷	奥氏体+片状石墨+少量碳化物
软化退火处理	980~1040	炉冷至540℃出炉	奥氏体+片状石墨+少量碳化物

(7) 力学性能

技术标准规定的力学性能见表6-159。

表6-159 技术标准规定的力学性能

状态	力学性能(≥)						备注
	R_m/MPa	抗压强度/MPa	A(%)	KU_2/J	KV_2/J	HBW	
铸造	170~210	700~840	2~3	—	—	120~215	—

(8) 耐蚀性

HTANi20Cr2的耐蚀性与HTANi15Cu6Cr2相似,但对强碱的耐蚀性更好,耐高温性好。具体耐蚀性参见表6-149。

(9) 常用标准牌号对照 (见表1-160)

表6-160 常用标准牌号对照

国别	中国	国际标准化	欧洲		英国	德国	
标准	—	ISO	EN	Mat. No	BS	DIN	W-Nr
牌号	HTANi20Cr2	L-NiCr20 2	GGL-NiCr20-2	0.6660	F2	GGLNiCr20-2	0.6660

国别	法国	韩国	俄罗斯	日本	美国			
标准	NF	KS	ГОСТ	JIS	ASTM	UNS	AISI	SAE	ASI
牌号	L-NC20-2	—	ЧН19Х3Ш	FCA-NiCr20 2	2	F41002	—	—	—

注: L-NiCr20 2 (英国, BS-EN)。

6.5.4 HTANi20Cr3（Ni-Resist2b）

（1）概述

HTANi20Cr3 属片状奥氏体耐蚀铸铁，商业牌号为 Ni-Resist2b。

HTANi20Cr3 与 HTANi20Cr2 铸铁相比，铬含量更高，其他成分相同，所以，其各项性能与 HTANi20Cr2 基本相同，但是强度更高，耐腐蚀程度和耐热性更好，更适合高温条件下使用。

HTANi20Cr3 无磁性。

（2）工艺特性

HTANi20Cr3 的工艺特性参见 HTANi15Cu6Cr3。

（3）应用

HTANi20Cr3 的应用与 HTANi20Cr2 相当，但更适合在高温条件下使用，效果更好。该铸铁可以制造泵体、泵轮、阀体、口环、轴套、活塞环体等零件。

（4）化学成分（见表6-161）

表6-161 化学成分（质量分数） （%）

C	Si	Mn	P	S	Cr	Ni	Mo	Cu
≤3.00	1.00~2.80	0.5~1.5	≤0.25	≤0.12	2.5~3.5	18.00~22.00	—	≤0.5

（5）物理性能（见表6-162）

表6-162 物理性能

温度/℃	室温	100	200
热导率 $\lambda/[W/(m \cdot ℃)]$	37.7~41.9	—	—
比定压热容 $c_p/[J/(kg \cdot ℃)]$	460~500	—	—
线胀系数$/10^{-6}℃^{-1}$	—	—	18.7
弹性模量 $E/10^4 MPa$	9.8~11.3	—	—
切变模量 $G/10^3 MPa$	—	—	—
泊松比 $\mu/10^{-1}$	—	—	—
电阻率 $\rho/10^{-8}\Omega \cdot m$	120	—	—

注：密度为 7.3g/cm³；熔点为1260℃。

（6）常见热处理制度（见表6-163）

表6-163 常见热处理制度（根据需要采用）

热处理	加热温度/℃	冷却方法	金相组织
去应力处理	620~670	空冷或炉冷	奥氏体+片状石墨+少量碳化物
高温稳定化处理	750~770	炉冷至540℃空冷	奥氏体+片状石墨+少量碳化物
软化退火处理	980~1040	炉冷至540℃出炉	奥氏体+片状石墨+少量碳化物

（7）力学性能

技术标准规定的力学性能见表6-164。

表6-164 技术标准规定的力学性能

状态	力学性能(≥)						备注
	R_m/MPa	抗压强度/MPa	A(%)	KU_2/J	KV_2/J	HBW	
铸造	190~240	860~1100	1~2	—	—	160~250	—

(8) 耐蚀性

HTANi20Cr3 的耐蚀性与 HTANi20Cr2 相似，但耐腐蚀程度更好。具体耐蚀性参见表 6-149。

(9) 常用标准牌号对照（见表 6-165）

表 6-165　常用标准牌号对照

国别	中国	国际标准化	欧洲		英国	德国	
标准	—	ISO	EN	Mat. No	BS	DIN	W-Nr
牌号	HTANi20Cr3	L-NiCr20-3	GGL-NiCr20-3	0.6661	—	GGL-NiCr20-3	0.6661
国别	法国	韩国	俄罗斯	日本	美国				
标准	NF	KS	ГОСТ	JIS	ASTM	UNS	AISI	SAE	ASI
牌号	L-NC20-3			FCA-NiCr20 3	2b	F41003	—		

注：L-NiCr20-3（英国，BS-EN）。

6.5.5　HTANi30Cr3（Ni-Resist3）

(1) 概述

HTANi30Cr3 属片状石墨奥氏体耐蚀铸铁，商业牌号为 Ni-Resist3。

HTANi30Cr3 与 HTANi20Cr3 相比，主要是镍的含量有大幅度提高，而碳含量下降，所以，其耐热性更好，特别是在 800℃ 高温和骤然加热情况下也有较好的强度和承受力，在高温下的耐蚀性，如在蒸汽和热盐浆中的耐蚀性都很好。其热膨胀性中等，更适合在高温状态下使用。

HTANi30Cr3 具有磁性。

(2) 工艺特性

HTANi30Cr3 的工艺特性参见 HTANi15Cu6Cr3。

(3) 应用

HTANi30Cr3 更适合高温工作条件，特别适合制造高温腐蚀条件下工作的零件。它可制造泵体、泵轮、阀体、烟囱管道、涡轮压缩机机壳等。

(4) 化学成分（见表 6-166）

表 6-166　化学成分（质量分数）　　（%）

C	Si	Mn	P	S	Cr	Ni	Mo	Cu
≤2.60	1.00~2.00	0.5~1.5	≤0.25	≤0.12	2.50~3.50	28.00~32.00	—	≤0.5

(5) 物理性能（见表 6-167）

表 6-167　物理性能

温度/℃	室温	100	200
热导率 $\lambda/[W/(m\cdot℃)]$	37.7~41.9	—	—
比定压热容 $c_p/[J/(kg\cdot℃)]$	460~500	—	—
线胀系数 $/10^{-6}℃^{-1}$	—		12.3
弹性模量 $E/10^4$ MPa	9.8~11.3		
切变模量 $G/10^3$ MPa			
泊松比 $\mu/10^{-1}$			
电阻率 $\rho/10^{-8}\Omega\cdot m$			

注：密度为 7.3g/cm³；熔点为 1232℃。

(6) 常见热处理制度 (见表 6-168)

表 6-168 常见热处理制度 (根据需要采用)

热处理	加热温度/℃	冷却方法	金相组织
去应力处理	620~670	空冷或炉冷	奥氏体+片状石墨+少量碳化物
高温稳定化处理	750~770	炉冷至540℃空冷	奥氏体+片状石墨+少量碳化物
软化退火处理	980~1040	炉冷至540℃出炉	奥氏体+片状石墨+少量碳化物

(7) 力学性能

技术标准规定的力学性能见表 6-169。

表 6-169 技术标准规定的力学性能

状态	力学性能(≥)						备注
	R_m/MPa	抗压强度/MPa	A(%)	KU_2/J	KV_2/J	HBW	
铸造	190~240	700~910	1~3	—	—	120~215	

(8) 耐蚀性

HTANi30Cr3 因有较高的镍含量及铬含量,所以具有更好的高温耐蚀性,特别是在高温盐浆中和蒸汽中的耐蚀性更优。具体耐蚀性参见表 6-149。

(9) 常用标准牌号对照 (见表 6-170)

表 6-170 常用标准牌号对照

国别	中国	国际标准化	欧洲		英国	德国	
标准	—	ISO	EN	Mat. No	BS	DIN	W-Nr
牌号	HTANi30Cr3	L-NiCr30 3	GGL-NiCr30-3	0.6676	F3	GGL-NiCr30-3	0.6676
国别	法国	韩国	俄罗斯	日本	美国		
标准	NF	KS	ГОСТ	JIS	ASTM	UNS	AISI	SAE	ASI
牌号	L-NC30 3	—		FCA-NiCr30 3	3	F41004			

注:L-NiCr30 3 (英国,BS-EN)。

6.5.6 HTANi20Si5Cr3 (NiCroSilal)

(1) 概述

HTANi20Si5Cr3 属片状石墨奥氏体耐蚀铸铁,商业牌号为 NiCroSilal。

HTANi20Si5Cr3 与 HTANi20Cr3 相比,碳含量略有下降,铬含量控制范围加宽,特别是提高了硅含量。因此,其耐蚀性特别是耐稀硫酸腐蚀性更好,耐热强度比 HTANi20Cr2 和 HTANi20Cr3 更高,更适合在高温下使用。

(2) 工艺特性

HTANi20Si5Cr3 的工艺特性参见 HTANi15Cu6Cr3。

(3) 应用

HTANi20Si5Cr3 的耐蚀能力强,甚至有耐低浓度硫酸腐蚀的能力,耐热性也更好,所以可应用在更广泛的环境中。它可以制造泵体、泵轮、阀体、口环、轴套、活塞环体等零件,也可用于制造高温条件下使用的工业锅炉铸件等。

(4) 化学成分 (见表 6-171)

表 6-171 化学成分（质量分数） (%)

C	Si	Mn	P	S	Cr	Ni	Mo	Cu
≤2.5	4.5~5.5	0.5~1.5	≤0.25	≤0.12	1.5~4.5	18.0~22.0	—	≤0.5

（5）物理性能（见表 6-172）

表 6-172 物理性能

温度/℃	室温	100	200
热导率 $\lambda/[W/(m\cdot ℃)]$	37.7~41.9	—	—
比定压热容 $c_p/[J/(kg\cdot ℃)]$	460~500	—	—
线胀系数 $/10^{-6}℃^{-1}$	—	—	18.0
弹性模量 $E/10^4$ MPa	11.0	—	—
切变模量 $G/10^3$ MPa	—	—	—
泊松比 $\mu/10^{-1}$	—	—	—
电阻率 $\rho/10^{-8}\Omega\cdot m$	160	—	—

注：密度为 7.3 g/cm³。

（6）常见热处理制度（见表 6-173）

表 6-173 常见热处理制度（根据需要采用）

热处理	加热温度/℃	冷却方法	金相组织
去应力处理	620~670	空冷或炉冷	奥氏体+片状石墨+少量碳化物
高温稳定化处理	750~770	炉冷至540℃空冷	奥氏体+片状石墨+少量碳化物
软化退火处理	980~1040	炉冷至540℃出炉	奥氏体+片状石墨+少量碳化物

（7）力学性能

技术标准规定的力学性能见表 6-174。

表 6-174 技术标准规定的力学性能

状态	力学性能（≥）						备注
	R_m/MPa	抗压强度/MPa	$A(\%)$	KU_2/J	KV_2/J	HBW	
铸造	190~280	860~1100	2~3			140~250	

（8）耐蚀性

HTANi20Si5Cr3 中有较高含量的硅，所以其耐蚀性，特别是耐稀硫酸腐蚀性能更好。具体耐蚀性参见表 6-149。

（9）常用标准牌号对照（见表 6-175）

表 6-175 常用标准牌号对照

国别	中国	国际标准化	欧洲		英国	德国	
标准	—	ISO	EN	Mat. No	BS	DIN	W-Nr
牌号	HTANi20Si5Cr3	L-NiSiCr 20 5 3	GGL-NiSiCr20-5-3	0.6667	—	GGL-NiSiCr20-5-3	0.6667

国别	法国	韩国	俄罗斯	日本	美国				
标准	NF	KS	ГOCT	JIS	ASTM	UNS	AISI	SAE	ASI
牌号	L-NSC20 5 3	—	—	FCA-NiSiCr20 5 3					

注：L-NiSiCr20 5 3（英国，BS-EN）。

6.5.7 HTANi30Si5Cr5（Ni-Resist4）

（1）概述

HTANi30Si5Cr5 属片状石墨奥氏体耐蚀铸铁，商业牌号为 Ni-Resist4。

HTANi30Si5Cr5 与 HTANi20Si5Cr3 相比镍含量和铬含量更高，与 HTANi30Cr3 相比铬含量更高，并且含有较高的硅元素。所以，其性能既有 HTANi20Si5Cr3 的特点，又有 HTANi30Cr3 的特点。其耐腐蚀、抗侵蚀、耐热强度高，耐蚀性特别是高温下的耐蚀性更好。

HTANi30Si5Cr5 有微磁性。

（2）工艺特性

HTANi30Si5Cr5 的工艺性能参见 HTANi15Cu6Cr3。

（3）应用

HTANi30Si5Cr5 更适合高温条件，耐稀硫酸及热盐浆和蒸气的腐蚀。它可以制造泵体、泵轮、阀体、口环、轴套、活塞环体及工业锅炉部件等。

（4）化学成分（见表6-176）

表 6-176 化学成分（质量分数）　　　　　　　　　　（%）

C	Si	Mn	P	S	Cr	Ni	Mo	Cu
≤2.50	5.00~6.00	0.5~1.5	≤0.25	≤0.12	4.5~5.5	29.0~32.0	—	≤0.5

（5）物理性能（见表6-177）

表 6-177 物理性能

温度/℃	室温	100	200
热导率 $\lambda/[W/(m \cdot ℃)]$	37.7~41.9	—	—
比定压热容 $c_p/[J/(kg \cdot ℃)]$	460~500	—	—
线胀系数 $/10^{-6}℃^{-1}$	—	—	14.6
弹性模量 $E/10^4 MPa$	10.5	—	—
切变模量 $G/10^3 MPa$	—	—	—
泊松比 $\mu/10^{-1}$	—	—	—
电阻率 $\rho/10^{-8}\Omega \cdot m$	160	—	—

注：密度为 7.3g/cm³；熔点为 1204℃。

（6）常见热处理制度（见表6-178）

表 6-178 常见热处理制度（根据需要采用）

热处理	加热温度/℃	冷却方法	金相组织
去应力处理	620~670	空冷或炉冷	奥氏体+片状石墨+少量碳化物
高温稳定化处理	750~770	炉冷至540℃空冷	奥氏体+片状石墨+少量碳化物
软化退火处理	980~1040	炉冷至540℃出炉	奥氏体+片状石墨+少量碳化物

（7）力学性能

技术标准规定的力学性能见表6-179。

表 6-179 技术标准规定的力学性能

状态	力学性能（≥）						备注
	R_m/MPa	抗压强度/MPa	$A(\%)$	KU_2/J	KV_2/J	HBW	
铸造	170~240	560				150~210	—

（8）耐蚀性

HTANi30Si5Cr5 的镍含量较高，且含有质量分数为 5% 左右的硅元素，所以其耐蚀性特别是在较高温度下的耐蚀性更好，如耐稀硫酸腐蚀性能、在盐浆中的耐蚀性都优于同类型片状奥氏体耐蚀铸铁。具体耐蚀性参见表6-149。

(9) 常用标准牌号对照（见表 6-180）

表 6-180　常用标准牌号对照

国别	中国	国际标准化	欧洲		英国	德国	
标准	—	ISO	EN	Mat. No	BS	DIN	W-Nr
牌号	HTANi30Si5Cr5	L-NiSiCr30 5 5	GGL-NiSiCr30-5-5	—	—	GGL-NiSiCr30-5-5	0.6680

国别	法国	韩国	俄罗斯	日本	美国				
标准	NF	KS	ГOCT	JIS	ASTM	UNS	AISI	SAE	ASI
牌号	L-NSC30 5 5	—	—	FCA-NiSiCr30 5 5		F41005			

注：L-NiSiCr30 5 5（英国，BS-EN）。

6.5.8　QTANi20Cr2（Ni-Resist D-2）

（1）概述

QTANi20Cr2 的商业牌号为 Ni-Resist D-2。

QTANi20Cr2 在生产过程中采用了球化处理，所以石墨呈球状（不是片状）存在，即在奥氏体基体上均匀分布球状石墨，故称奥氏体球状石墨耐蚀铸铁。

QTANi20Cr2 的化学成分基本上与 HTANi20Cr2 相似，因此，各项性能也基本相似。但由于石墨以球状形态存在，相对于片状石墨，其表面积更小，并且不存在片状石墨尖角引起的应力集中现象和对基体的破坏作用，因此，球状石墨铸铁比片状石墨铸铁的力学性能更好，润滑性也好，热膨胀性大，低铬时无磁性。如果在成分中加入质量分数为 1% 左右的钼，则会进一步提高其高温强度。

QTANi20Cr2 耐碱、盐、稀酸、海水的腐蚀性都良好。

QTANi20Cr2 无磁性。

在 QTANi20Cr2 中加入质量分数为 0.12%～0.20% 的铌后，其具有更好的焊接性。

（2）工艺特性

QTANi20Cr2 可采用感应电炉熔炼，为保证石墨形状为球状，在生产过程中应对铁液进行球化处理，这是与片状石墨铸铁生产工艺最大的不同点。

QTANi20Cr2 最常用的热处理方式是去应力处理，加热温度可采用 620～670℃，保温后空冷。

在某些情况下，如石墨化不理想或薄壁铸件或硬度较高的铸件，为增进石墨的球化程度和降低硬度，可采用软化退火，加热到 980～1040℃，充分保温后炉冷至 540℃ 以下出炉空冷，经软化退火后，硬度降低，但性能无明显改变。

如果铸件用于 480℃ 以上高温条件下，应采用高温稳定化处理，加热温度通常为 750～770℃，充分保温后炉冷至 540℃ 以下出炉空冷。稳定化处理的作用是稳定组织，并减少在高温下由于碳的扩散、碳化物溶解及石墨沉淀可能引起的膨胀和畸变，同时也对尺寸稳定起积极作用。高温稳定化处理最好在零件最终加工前进行。

必要时也可进行固溶处理，加热温度为 925～1000℃，保温后水冷或油冷。这种处理是使碳在高温下溶于奥氏体，使基体得到强化，而快冷又防止了碳的沉淀析出，所以可获得较高一些的硬度和强度。但一般情况下很少采用固溶处理。注意防止产生裂纹。

对于奥氏体球状石墨耐蚀铸铁，有的可经过类似于钢的冷处理的处理方法，即在经

930℃左右温度退火后,在-196℃低温保持,之后再经650~760℃的退火处理,可以大大提高铸铁的屈服强度。这种处理通常也是很少采用的。

QTANi20Cr2可以补焊,应采用镍含量不低于母材的高镍焊材,一般情况下焊前可不预热,焊后不必热处理,但应注意防止热裂纹产生。

该铸铁存在加工硬化倾向。

（3）应用

QTANi20Cr2可用于有腐蚀的条件下,特别是碱液、稀酸、海水等腐蚀条件下。它可制成泵体、泵轮、阀体、密封环、涡轮压缩机机壳、烟囱管道及无磁性铸件。

（4）化学成分（见表6-181）

表6-181 化学成分（质量分数）（GB/T 26648—2011） （%）

C	Si	Mn	P	S	Cr	Ni	Mo	Cu
≤3.0	1.5~3.0	0.5~1.5	≤0.05	≤0.03	1.0~3.5	18.00~22.00	—	≤0.5

（5）物理性能（见表6-182）

表6-182 物理性能

温度/℃	室温	100	200
热导率 $\lambda/[W/(m \cdot ℃)]$	12.6	—	—
比定压热容 $c_p/[J/(kg \cdot ℃)]$	460~500	—	—
线胀系数 $/10^{-6}℃^{-1}$	—	—	18.7
弹性模量 $E/10^4 MPa$	11.2~13.0	—	—
切变模量 $G/10^3 MPa$	—	—	—
泊松比 $\mu/10^{-1}$	—	—	—
电阻率 $\rho/10^{-8}\Omega \cdot m$	100	—	—

注：密度为7.40~7.45g/cm³；熔点为1232℃。

（6）常见热处理制度（见表6-183）

表6-183 常见热处理制度（根据需要采用）

热处理	加热温度/℃	冷却方法	金相组织
去应力处理	620~670	空冷或炉冷	奥氏体+球状石墨+少量碳化物
软化退火	980~1040	炉冷至540℃出炉	奥氏体+球状石墨+少量碳化物
高温稳定化处理	750~770	炉冷至540℃空冷	奥氏体+球状石墨+少量碳化物

（7）力学性能

① 技术标准规定的力学性能见表6-184。

表6-184 技术标准规定的力学性能（GB/T 26648—2011）

状态	力学性能（≥）						备注
	R_m/MPa	$R_{p0.2}/MPa$	$A(\%)$	KU_2/J	KV_2/J	HBW	
铸造	370	210	7	—	(13)	140~255	—

注：括号内数据供参考。

② 不同温度下的力学性能见表6-185。

表 6-185 不同温度下的力学性能

状态	温度/℃	R_m/MPa	$R_{p0.2}$/MPa	$A(\%)$	$Z(\%)$	KV_2/J	HBW	蠕变强度 $(\sigma_{1/10^3})$MPa
铸造	20	417	246	10.5	—	—	—	—
	430	380	197	12	—	—	—	—
	540	335	197	10.5	—	—	—	197
	650	250	176	10.5	—	—	—	84
	760	155	119	15	—	—	—	39
铸造(加 Mo)	20	432	264	8.5	—	—	—	—
	430	—	—	—	—	—	—	—
	540	260	205	1.5	—	—	—	—
	650	260	177	3	—	—	—	109
	760	175	120	14.5	—	—	—	42
铸造	室温	—	—	—	—	16.76	—	—
	-17.7	—	—	—	—	15.39	—	—
	-73.3	—	—	—	—	13.43	—	—
	-195.5	—	—	—	—	5.98	—	—

(8) 耐蚀性

QTANi20Cr2 与 HTANi20Cr2 相似,对于强碱的耐蚀性好。具体耐蚀性见表 6-149 和表 6-186。

表 6-186 耐蚀性

介质	浓度(%)	速度/(m/min)	温度/℃	时间/h	腐蚀速率 mm/a	腐蚀速率 g/($m^2 \cdot h$)	备注
NH_4Cl	10	1.905	30	312	0.427	—	pH=5.15
$(CNH_4)_2SO_4$	10	1.905	30	360	0.282	—	pH=5.7
$NiCl_2$	15	1.905	30	168	0.102	—	pH=5.3
H_3PO_4	85	4.877	30	288	5.969	—	
海水	—	8.23	26.6	1440	0.457	—	
NaCl NaOH Na_2SO_4	15.5 9.0 1.0	—	82	768	0.038	—	
$NaHSO_4$	10	1.905	30	312	1.128	—	
NaCl	5	1.905	30	168	0.048	—	pH=5.6
NaOH	50	—	127 21	240 96	0.124	—	
NaOH	74	—	127	474	0.142	—	
Na_2SO_4	10	1.905	30	168	0.330	—	pH=4.0
H_2SO_4	5	4.27	30	96	2.642	—	
自来水曝气	—	4.877	-1.1	672	0.058	—	
NH_3 CO_2 H_2O	40 9 51	低速	85	2616	0.635	—	
$ZnCl_2$	20	1.905	30	312	0.163	—	pH=5.25

(9) 常用标准牌号对照(见表 6-187)

表 6-187 常用标准牌号对照

国别	中国	国际标准化	欧洲		英国	德国	
标准	GB	ISO	EN	Mat. No	BS	DIN	W-Nr
牌号	QTANi20Cr2	S-NiCr20 2	GGG-NiCr20-2	0.7660	S2	GGG-NiCr20-2	0.7660

(续)

国别	法国	韩国	俄罗斯	日本	美国				
标准	NF	KS	ГOCT	JIS	ASTM	UNS	AISI	SAE	ASI
牌号	S-NC202	—	—	FCDA-NiCr20 2	D-2	F43000	—	—	—

注：S-NiCr20 2（英国，BS-EN）。

6.5.9 QTANi20Cr3（Ni-Resist D-2B）

（1）概述

QTANi20Cr3 的商业牌号为 Ni-Resist D-2B，属奥氏体球状石墨耐蚀铸铁。

QTANi20Cr3 的成分与 QTANi20Cr2 相似，铬含量更高，其他成分相同，所以其各项性能与 QTANi20Cr2 基本相同，但耐蚀性和抗高温性更好，更适合在高温条件下使用。

QTANi20Cr3 具有微磁性。

（2）工艺特性

QTANi20Cr3 的工艺特性参见 QTANi20Cr2。

（3）应用

QTANi20Cr3 的应用与 QTANi20Cr2 相当，但更适合在高温条件下使用。它可制造泵体、泵轮、阀体、密封环、涡轮压缩机机壳等零件以及管道。

（4）化学成分（见表6-188）

表 6-188 化学成分（质量分数） （%）

C	Si	Mn	P	S	Cr	Ni	Mo
≤3.0	1.50~3.00	0.5~1.5	≤0.08	≤0.03	2.75~4.00	18.00~22.0	—

（5）物理性能（见表6-189）

表 6-189 物理性能

温度/℃	室温	100	200
热导率 $\lambda/[W/(m \cdot ℃)]$	12.6	—	—
比定压热容 $c_p/[J/(kg \cdot ℃)]$	—	—	—
线胀系数/$10^{-6}℃^{-1}$	—	—	18.7
弹性模量 $E/10^4 MPa$	11.2~13.0		
切变模量 $G/10^3 MPa$			
泊松比 $\mu/10^{-1}$			
电阻率 $\rho/10^{-8}\Omega \cdot m$	100		

注：密度为 7.4g/cm³；熔点为 1260℃。

（6）常见热处理制度（见表6-190）

表 6-190 常见热处理制度（根据需要采用）

热处理	加热温度/℃	冷却方法	金相组织
去应力处理	620~670	空冷或炉冷	奥氏体+球状石墨+少量碳化物
软化退火	980~1040	炉冷至540℃出炉	奥氏体+球状石墨+少量碳化物
高温稳定化处理	750~770	炉冷至540℃空冷	奥氏体+球状石墨+少量碳化物

（7）力学性能

技术标准规定的力学性能见表6-191。

表 6-191 技术标准规定的力学性能

状态	力学性能(≥)						备注
	R_m/MPa	$R_{p0.2}$/MPa	$A(\%)$	KU_2/J	KV_2/J	HBW	
铸造	390~490	210~260	7~15	—	12.0	150~255	—

(8) 耐蚀性

QTANi20Cr3 的耐蚀性与 QTANi20Cr2 相似,但耐高温性更好。具体耐蚀性参见表 6-149 和表 6-186。

(9) 常用标准牌号对照 (见表 6-192)

表 6-192 常用标准牌号对照

国别	中国	国际标准化	欧洲		英国	德国	
标准	—	ISO	EN	Mat. No	BS	DIN	W-Nr
牌号	QTANi20Cr3	S-NiCr20 3	GGG-NiCr20-3	0.7661	S2B	GGG-NiCr20-3	0.7661
国别	法国	韩国	俄罗斯	日本	美国		
标准	NF	KS	ГОСТ	JIS	ASTM	UNS	AISI	SAE	ASI
牌号	S-NC 20 3	—	—	FCDA-NiCr20 3	D-2B	F43001	—	—	—

注:S-NiCr20 3 (英国,BS-EN)。

6.5.10 QTANi22 (Ni-Resist D-2C)

(1) 概述

QTANi22 属奥氏体球状石墨耐蚀铸铁,商业牌号为 Ni-Resist D-2C。

QTANi22 的镍含量比 QTANi20Cr2 和 QTANi20Cr3 高,锰含量也高,但不加铬元素,所以屈服强度略低,而断后伸长率和冲击韧性比较高。其耐蚀性和抗高温性也不如 QTANi20Cr2 和 QTANi20Cr3。

QTANi22 无磁性。

(2) 工艺特性

QTANi22 的工艺特性参见 QTANi20Cr2。

(3) 应用

QTANi22 的应用与 QTANi20Cr2 相当。它可用于制造泵体、泵轮、阀体、缸套、密封环、涡轮发电机壳、排气管等零件。

(4) 化学成分 (见表 6-193)

表 6-193 化学成分 (质量分数) (GB/T 26648—2011) (%)

C	Si	Mn	P	S	Cr	Ni	Mo	Cu
≤3.0	1.5~3.0	1.5~2.5	≤0.05	≤0.03	≤0.5	21.0~24.0	—	≤0.5

(5) 物理性能 (见表 6-194)

表 6-194 物理性能

温度/℃	室温	100	200
热导率 λ/[W/(m·℃)]	12.6	—	—
比定压热容 c_p/[J/(kg·℃)]	460~500	—	—
线胀系数/10^{-6}℃$^{-1}$	—	—	18.4

弹性模量 $E/10^4$ MPa	8.5~11.2	—	—	—
切变模量 $G/10^3$ MPa	—	—	—	—
泊松比 $\mu/10^{-1}$	—	—	—	—
电阻率 $\rho/10^{-8}\Omega\cdot m$	100	—	—	—

注：密度为 7.4g/cm³。

（6）常见热处理制度（见表 6-195）

表 6-195 常见热处理制度（根据需要采用）

热处理	加热温度/℃	冷却方法	金相组织
去应力处理	620~670	空冷或炉冷	奥氏体+球状石墨+少量碳化物
软化退火	980~1040	炉冷至540℃出炉	奥氏体+球状石墨+少量碳化物
高温稳定化处理	750~770	炉冷至540℃空冷	奥氏体+球状石墨+少量碳化物

（7）力学性能

① 技术标准规定的力学性能见表 6-196。

表 6-196 技术标准规定的力学性能（GB/T 26648—2011）

状态	力学性能(≥)						备注
	R_m/MPa	$R_{p0.2}$/MPa	A(%)	KU_2/J	KV_2/J	HBW	
铸造	370	170	20	—	20	130~170	—

② 不同温度下的力学性能见表 6-197。

表 6-197 不同温度下的力学性能

状态	温度/℃	R_m/MPa	$R_{p0.2}$/MPa	A(%)	Z(%)	KV_2/J	HBW	蠕变强度 $(\sigma_{1/10^3})$/MPa
铸造	20	437	240	35	—	—	—	—
	430	368	184	23	—	—	—	—
	540	295	165	19	—	—	—	148
	650	197	170	10	—	—	—	63
	760	121	117	13	—	—	—	28
	室温	—	—	—	—	37.55	—	—
	-17.7	—	—	—	—	20.09	—	—
	-73.3	—	—	—	—	8.72	—	—
	-195.5	—	—	—	—	5.39	—	—

（8）耐蚀性

QTANi22 的耐蚀性比 QTANi20Cr2 低，具体参见表 6-149、表 6-186 和表 6-198。

表 6-198 耐全面（均匀）腐蚀性能

介质	浓度(%)	速度/(m/min)	温度/℃	时间/h	腐蚀速率		备注
					mm/a	g/(m²·h)	
NH_4Cl	10	1.905	30	312	0.711	—	pH=5.15
$(CNH_4)_2SO_4$	10	1.905	30	360	0.325	—	pH=5.7
$NiCl_2$	15	1.905	30	168	0.157	—	pH=5.3
H_3PO_4	85	4.877	30	288	5.410	—	—
海水	—	8.23	26.6	1440	0.991	—	—

(续)

介质	浓度(%)	速度/(m/min)	温度/℃	时间/h	腐蚀速率 mm/a	腐蚀速率 g/(m²·h)	备注
NaCl NaOH Na₂SO₄	15.5 9.0 1.0	—	82	768	0.071	—	—
NaHSO₄	10	1.905	30	312	1.095	—	
NaCl	5	1.905	30	168	0.071	—	pH=5.6
NaOH	50		127 21	240 96	0.122		
NaOH	74	—	127	474	0.127		
Na₂SO₄	10	1.905	30	168	0.345	—	pH=4.0
H₂SO₄	5	4.27	30	96	3.048		
自来水曝气	—	4.877	-1.1	672	0.038		
NH₃ CO₂ H₂O	40 9 51	低速	85	2616	0.279	—	—
ZnCl₂	20	1.905	30	312	0.318	—	pH=5.25

(9) 常用标准牌号对照（见表 6-199）

表 6-199 常用标准牌号对照

国别	中国	国际标准化	欧洲		英国	德国	
标准	GB	ISO	EN	Mat. No	BS	DIN	W-Nr
牌号	QTANi22	S-Ni22	GGG-Ni22	0.7670	S-2C	GGG-Ni22	0.7670
国别	法国	韩国	俄罗斯	日本	美国			
标准	NF	KS	ГОСТ	JIS	ASTM	UNS	AISI	SAE	ASI
牌号	S-N22	—	—	FCDA-Ni22	D-2C	F43002			

注：S-Ni22（英国，BS-EN）。

6.5.11 QTANi30Cr3（Ni-Resist D-3）

(1) 概述

QTANi30Cr3 铸铁的商业牌号为 Ni-Resist D-3，属奥氏体球状石墨耐蚀铸铁。

QTANi30Cr3 铸铁与 QTANi20Cr3 铸铁相比，碳含量较低，镍含量提高，所以两者强度相当，但其耐蚀性更好。而与 HTANi30Cr3 铸铁相比，成分相当，但石墨形态不同，因为 QTANi30Cr3 是球状石墨，所以力学性能有改善，特别是在骤然加热时耐高温性更好。可见 QTANi30Cr3 兼备了 QTANi20Cr3 和 HTANi30Cr3 两种铸铁的优点，所以，其在应用上更具优势。如果加入 1% 左右钼，则具有更好的高温强度，见表 6-205。

QTANi30Cr3 铸铁具有磁性。

(2) 工艺特性

QTANi30Cr3 铸铁的工艺特性参见 QTANi20Cr2。

(3) 应用

QTANi30Cr3 铸铁兼备 QTANi20Cr3 铸铁和 HTANi30Cr3 铸铁的优点，所以在应用上更安全可靠。它可以用来制造泵体、泵轮、阀体、气压机缸套、涡轮发电机壳、排气管等各类铸件。

(4) 化学成分（见表 6-200）

表 6-200　化学成分（质量分数）（GB/T 26648—2011）　（%）

C	Si	Mn	P	S	Cr	Ni	Mo	Cu
≤2.6	1.5~3.0	0.5~1.5	≤0.05	≤0.03	2.5~3.5	28.0~32.0	—	≤0.5

（5）物理性能（见表 6-201）

表 6-201　物理性能

温度/℃	室温	100	200
热导率 λ/[W/(m·℃)]	12.6	—	—
比定压热容 c_p/[J/(kg·℃)]	460~500	—	—
线胀系数/10^{-6}℃$^{-1}$	—	—	12.6
弹性模量 E/10^4MPa	9.2~10.5	—	—
切变模量 G/10^3MPa	—	—	—
泊松比 μ/10^{-1}	—	—	—
电阻率 ρ/10^{-8}Ω·m	—	—	—

注：密度为 7.45g/cm³；熔点为 1232℃。

（6）常见热处理制度（见表 6-202）

表 6-202　常见热处理制度（根据需要采用）

热处理	加热温度/℃	冷却方法	金相组织
去应力处理	620~670	空冷或炉冷	奥氏体+球状石墨+少量碳化物
软化退火	980~1040	炉冷至 540℃出炉	奥氏体+球状石墨+少量碳化物
高温稳定化处理	750~770	炉冷至 540℃出炉	奥氏体+球状石墨+少量碳化物

（7）力学性能

① 技术标准规定的力学性能见表 6-203。

表 6-203　技术标准规定的力学性能（GB/T 26648—2011）

状态	力学性能（≥）						备注
	R_m/MPa	$R_{p0.2}$/MPa	A(%)	KU_2/J	KV_2/J	HBW	
铸造	370	210	7	—	—	140~200	—

② 不同温度下的力学性能见表 6-204。

表 6-204　不同温度下的力学性能

状态	温度/℃	R_m/MPa	$R_{p0.2}$/MPa	A(%)	Z(%)	KV_2/J	HBW	蠕变强度 $(\sigma_{1/10^3})$/MPa
铸造	20	410	276	7.5	—	—	—	—
	430	—	—	—	—	—	—	—
	540	337	199	7.5	—	—	—	—
	650	293	193	7	—	—	—	105
	760	186	107	18	—	—	—	42
铸造(加钼)	20	429	281	7	—	—	—	—
	430	—	—	—	—	—	—	—
	540	329	200	7	—	—	—	—
	650	310	204	4	—	—	—	127
	760	202	153	13	—	—	—	49
铸造	室温	—	—	—	—	9.31	—	—
	-17.7	—	—	—	—	—	—	—
	-73.3	—	—	—	—	8.73	—	—
	-195.5	—	—	—	—	4.70	—	—

(8) 耐蚀性

QTANi30Cr3 的耐蚀性能优于 QTANi20Cr3，与 HTANi30Cr3 相当，具体耐蚀性见表 6-149 和表 6-186。

(9) 常用标准牌号对照（见表 6-205）

表 6-205 常用标准牌号对照

国别	中国	国际标准化	欧洲		英国	德国	
标准	GB	ISO	EN	Mat. No	BS	DIN	W-Nr
牌号	QTANi30Cr3	S-NiCr 30 3	GGG-NiCr 30.3	0.7676	S3	GGG-NiCr30 3	0.7676
国别	法国	韩国	俄罗斯	日本	美国				
标准	NF	KS	ГОСТ	JIS	ASTM	UNS	AISI	SAE	ASI
牌号	S-NC 30 3	—	—	FCDA-NiCr 30 3	D-3	F43003	—	—	—

注：S-NiCr 30 3（英国，BS-EN）。

6.5.12 QTANi30Cr1（Ni-Resist D-3A）

(1) 概述

QTANi30Cr1 的商业牌号为 Ni-Resist D-3A，属奥氏体球状石墨耐蚀铸铁。

QTANi30Cr1 与 QTANi30Cr3 相比，铬含量降低，其他成分相同，所以其性能相似，但断后伸长率和冲击韧性提高，有较好的润滑性和减摩性。

QTANi30Cr1 具有磁性。

(2) 工艺特性

QTANi30Cr1 的工艺特性参见 QTANi30Cr3。

(3) 应用

QTANi30Cr1 在应用上与 QTANi30Cr3 基本相同。它可以用来制造泵体、泵轮、阀体、气压机缸套、涡轮发电机壳、烟囱管道等铸件。

(4) 化学成分（见表 6-206）

表 6-206 化学成分（质量分数） (%)

C	Si	Mn	P	S	Cr	Ni	Mo
≤2.0	1.5~3.0	0.5~1.5	≤0.08	≤0.03	1.00~1.50	28.00~32.00	—

(5) 物理性能（见表 6-207）

表 6-207 物理性能

温度/℃	室温	100	200
热导率 $\lambda/[W/(m \cdot ℃)]$	12.6	—	—
比定压热容 $c_p/[J/(kg \cdot ℃)]$	—	—	—
线胀系数/$10^{-6}℃^{-1}$	—	—	12.6
弹性模量 $E/10^4$ MPa	11.2~13.0	—	—
切变模量 $G/10^3$ MPa	—	—	—
泊松比 $\mu/10^{-1}$	—	—	—
电阻率 $\rho/10^{-8}\Omega \cdot m$	—	—	—

注：密度为 7.4g/cm³。

(6) 常见热处理制度（见表 6-208）

表 6-208 常见热处理制度（根据需要采用）

热处理	加热温度/℃	冷却方法	金相组织
去应力处理	620~670	空冷或炉冷	奥氏体+球状石墨+少量碳化物
软化退火	980~1040	炉冷至540℃出炉	奥氏体+球状石墨+少量碳化物
高温稳定化处理	750~770	炉冷至540℃空冷	奥氏体+球状石墨+少量碳化物

（7）力学性能

① 技术标准规定的力学性能见表6-209。

表 6-209 技术标准规定的力学性能

状态	力学性能（≥）						备注
	R_m/MPa	$R_{p0.2}$/MPa	$A(\%)$	KU_2/J	KV_2/J	HBW	
铸造	370~440	210~270	13~18	—	(17.0)	130~190	—

注：括号内数据供参考。

② 不同温度下的力学性能见表6-210。

表 6-210 不同温度下的力学性能

状态	温度/℃	R_m/MPa	$R_{p0.2}$/MPa	$A(\%)$	$Z(\%)$	KV_2/J	HBW	蠕变强度 $(\sigma_{1/10^3})$/MPa
铸造	室温	—	—	—	—	18.73	—	—
	-17.7	—	—	—	—	18.73	—	—
	-73.3	—	—	—	—	17.45	—	—
	-195.5	—	—	—	—	10.10	—	—

（8）耐蚀性

QTANi30Cr1 的耐蚀性与 QTANi30Cr3 相当，具体耐蚀性参见表6-149 和表6-186。

（9）常用标准牌号对照（见表6-211）

表 6-211 常用标准牌号对照

国别	中国	国际标准化	欧洲		英国	德国	
标准	—	ISO	EN	Mat. No	BS	DIN	W-Nr
牌号	QTANi30Cr1	S-NiCr 30 1	GGG-NiCr 30 1	0.7677	—	GGG-NiCr 30 1	0.7677

国别	法国	韩国	俄罗斯	日本	美国			
标准	NF	KS	ГОСТ	JIS	ASTM	UNS	AISI	SAE	ASI
牌号	S-NC 30-1	—	—	FCDA-NiCr 30 1	D-3A	F43004			

注：S-NiCr 30 1（英国，BS-EN）。

6.5.13 QTANi20Si5Cr2（NiCroSilial spheronic）

（1）概述

QTANi20Si5Cr2 的商业牌号为 NiCroSilial spheronic，属奥氏体球状石墨耐蚀铸铁。

QTANi20Si5Cr2 与 QTANi20Cr2 相比，提高了硅的含量，其他成分相同，因此其耐蚀性特别是耐稀硫酸腐蚀性能更好，耐高温性也更好，更适合高温使用。

（2）工艺特性

QTANi20Si5Cr2 的工艺特性参见 QTANi20Cr2。

（3）应用

QTANi20Si5Cr2 的耐蚀性和耐热强度更好，所以更适合高温条件下使用。它可用来制造泵体、泵轮、阀体、轴套及承受高载荷的管件和工业炉铸件。

（4）化学成分（见表6-212）

表6-212 化学成分（质量分数） （%）

C	Si	Mn	P	S	Cr	Ni	Mo	Cu
≤3.0	4.5~5.5	0.5~1.5	≤0.08	≤0.03	1.0~2.5	18.0~22.0	—	≤0.5

（5）物理性能（见表6-213）

表6-213 物理性能

温度/℃	室温	100	200
热导率 $\lambda/[W/(m\cdot℃)]$	12.6	—	—
比定压热容 $c_p/[J/(kg\cdot℃)]$	—	—	—
线胀系数/$10^{-6}℃^{-1}$	—	—	18.0
弹性模量 $E/10^4$ MPa	11.2~13.3	—	—
切变模量 $G/10^3$ MPa	—	—	—
泊松比 $\mu/10^{-1}$	—	—	—
电阻率 $\rho/10^{-8}\Omega\cdot m$	—	—	—

注：密度为7.4g/cm³。

（6）常见热处理制度（见表6-214）

表6-214 常见热处理制度（根据需要采用）

热处理	加热温度/℃	冷却方法	金相组织
去应力处理	620~670	空冷或炉冷	奥氏体+球状石墨+少量碳化物
软化退火	980~1040	炉冷至540℃出炉	奥氏体+球状石墨+少量碳化物
高温稳定化处理	750~770	炉冷至540℃空冷	奥氏体+球状石墨+少量碳化物

（7）力学性能

技术标准规定的力学性能见表6-215。

表6-215 技术标准规定的力学性能

状态	力学性能(≥)						备注
	R_m/MPa	$R_{p0.2}$/MPa	$A(\%)$	KU_2/J	KV_2/J	HBW	
铸造	370~430	210~260	10~18	—	(14.9)	180~230	—

注：括号内数据供参考。

（8）耐蚀性

QTANi20Si5Cr2中含有较高的硅，所以其耐蚀性特别是耐稀硫酸腐蚀性更好。具体耐蚀性参见表6-149和表6-186。

（9）常用标准牌号对照（见表6-216）

表6-216 常用标准牌号对照

国别	中国	国际标准化	欧洲		英国	德国	
标准	—	ISO	EN	Mat. No	BS	DIN	W-Nr
牌号	QTANi20Si5Cr2	S-NiSiCr 20 5 2	GGG-NiSiCr 20 5 2	0.7665	—	GGG-NiSiCr 20 5 2	0.7665

国别	法国	韩国	俄罗斯	日本	美国			
标准	NF	KS	ГOCT	JIS	ASTM	UNS	AISI	SAE	ASI
牌号	S-NSC 20 5 2	—	—	FCA-NiSiCr 20 5 2					

注：S-NiSiCr 20 5 2（英国，BS-EN）。

6.5.14 QTANi30Si5Cr5（Ni-Resist D-4）

（1）概述

QTANi30Si5Cr5 的商业牌号为 Ni-Resist D-4，属奥氏体球状石墨耐蚀铸铁。

QTANi30Si5Cr5 与 QTANi20Si5Cr2 相比，降低了碳含量，提高了镍和铬的含量，所以其强度更高，耐蚀性更好。与 HTANi30Si5Cr5 相比，虽成分相当，但石墨形态不同，其具有球状形态石墨，因此具有更好的力学性能。由此可见，QTANi30Si5Cr5 兼有 QTANi20Si5Cr2 和 HTANi30Si5Cr5 的优点。加入钼后会提高其高温强度。

QTANi30Si5Cr5 有微磁性。

（2）工艺特性

QTANi30Si5Cr5 的工艺特性参见 QTANi20Cr2。

（3）应用

QTANi30Si5Cr5 有特别优异的耐蚀性和耐高温性，所以应用更广泛。其可以用来制造泵体、泵轮、阀体、涡轮发电机壳体、排气管、高温铸件等。

（4）化学成分（见表6-217）

表6-217 化学成分（质量分数）（GB/T 26648—2011） （%）

C	Si	Mn	P	S	Cr	Ni	Mo	Cu
≤2.6	5.0~6.0	0.5~1.5	≤0.05	≤0.03	4.5~5.5	28.0~32.0	—	≤0.5

（5）物理性能（见表6-218）

表6-218 物理性能

温度/℃	室温	100	200
热导率 $\lambda/[W/(m \cdot ℃)]$	12.6	—	—
比定压热容 $c_p/[J/(kg \cdot ℃)]$	460~450	—	—
线胀系数 $/10^{-6}℃^{-1}$	—	—	14.4
弹性模量 $E/10^4 MPa$	9.0	—	—
切变模量 $G/10^3 MPa$	—	—	—
泊松比 $\mu/10^{-1}$	—	—	—
电阻率 $\rho/10^{-8}\Omega \cdot m$	—	—	—

注：密度为 7.45g/cm³。

（6）常见热处理制度（见表6-219）

表6-219 常见热处理制度（根据需要采用）

热处理	加热温度/℃	冷却方法	金相组织
去应力处理	620~670	空冷或炉冷	奥氏体+球状石墨+少量碳化物
软化退火	980~1040	炉冷至540℃出炉	奥氏体+球状石墨+少量碳化物
高温稳定化处理	750~770	炉冷至540℃空冷	奥氏体+球状石墨+少量碳化物

（7）力学性能

① 技术标准规定的力学性能见表6-220。

表6-220 技术标准规定的力学性能（GB/T 26648—2011）

状态	力学性能（≥）						备注
	R_m/MPa	$R_{p0.2}/MPa$	$A(\%)$	KU_2/J	KV_2/J	HBW	
铸造	390	240	—	—	—	170~250	—

② 不同温度下的力学性能见表6-221。

表 6-221　不同温度下的力学性能

状态	温度/℃	R_m/MPa	$R_{p0.2}$/MPa	$A(\%)$	$Z(\%)$	KV_2/J	HBW	蠕变强度 $(\sigma_{1/10^3})$/MPa
铸造	20	410	312	3.5	—			
	430	—	—	—	—			
	540	426	291	4	—			
	650	337	239	11	—			67
	760	153	130	30	—			21
铸造（加钼）	20	425	302	2.5	—			
	430	—	—	—	—			
	540	383	270	3.5	—			
	650	320	250	8	—			77
	760	157	131	24.5	—			28

（8）耐蚀性

QTANi30Si5Cr5 的成分与 HTANi30Si5Cr5 相当，但其耐蚀性特别是在高温条件下的耐蚀性更好，如在稀硫酸、盐浆中的耐蚀性都超过其他奥氏体耐蚀铸铁。

具体耐蚀性参见表 6-149 和表 6-186。

（9）常用标准牌号对照（见表 6-222）

表 6-222　常用标准牌号对照

国别	中国	国际标准化	欧洲		英国	德国	
标准	GB	ISO	EN	Mat. No	BS	DIN	W-Nr
牌号	QTANi30Si5Cr5	S-NiSiCr 30 5 5	GGG-NiSiCr30-5-5	0.7680	—	GGG-NiSiCr 30 5 5	0.7680
国别	法国	韩国	俄罗斯	日本	美国			
标准	NF	KS	ГОСТ	JIS	ASTM	UNS	AISI	SAE	ASI
牌号	S-NSC30 5 5	—	—	FCDA-NiSiCr30 5 5	D-4	F43005	—	—	—

注：S-NiSiCr 30 5 5（英国，BS-EN）。

6.5.15　QTANi30Si5Cr2（Ni-Resist D-4A）

（1）概述

QTANi30Si5Cr2 的商业牌号为 Ni-Resist D-4A，属奥氏体球状石墨耐蚀铸铁。QTANi30Si5Cr2 与 QTANi30Si5Cr5 相比，铬含量偏低，其他成分相同，所以其耐蚀性相当，但强度略低，而断后伸长率和冲击韧性提高了。与 QTANi20Si5Cr2 相比，镍含量大幅度提高，其他成分相当，所以其耐蚀性优于 QTANi20Si5Cr2。因此，QTANi30Si5Cr2 具有特别好的耐蚀性、抗氧化性和高温稳定性。

QTANi30Si5Cr2 有微磁性。

（2）工艺特性

QTANi30Si5Cr2 的工艺特性参见 QTANi20Cr2。

（3）应用

QTANi30Si5Cr2 具有特别优异的耐蚀性和耐高温性，比 QTANi30Si5Cr5 的断后伸长率和冲击韧性好。其可用来制造泵体、泵轮、阀体、涡轮发电机壳体、排气管、高温铸件等。

（4）化学成分（见表 6-223）

表 6-223 化学成分（质量分数） (%)

C	Si	Mn	P	S	Cr	Ni	Mo
≤2.6	4.0~6.0	0.5~1.5	≤0.08	≤0.03	1.5~2.5	29.0~32.0	—

（5）物理性能（见表 6-224）

表 6-224 物理性能

温度/℃	室温	100	200
热导率 $\lambda/[W/(m\cdot℃)]$	12.6	—	—
比定压热容 $c_p/[J/(kg\cdot℃)]$	—	—	—
线胀系数$/[10^{-6}℃^{-1}]$	—	—	15.1
弹性模量 $E/10^4$ MPa	13.0~15.0	—	—
切变模量 $G/10^3$ MPa	—	—	—
泊松比 $\mu/10^{-1}$	—	—	—
电阻率 $\rho/10^{-8}\Omega\cdot m$	—	—	—

注：密度为 7.45g/cm³。

（6）常见热处理制度（见表 6-225）

表 6-225 常见热处理制度（根据需要采用）

热处理	加热温度/℃	冷却方法	金相组织
去应力处理	620~670	空冷或炉冷	奥氏体+球状石墨+少量碳化物
软化退火	980~1040	炉冷至540℃出炉	奥氏体+球状石墨+少量碳化物
高温稳定化处理	750~770	炉冷至540℃出炉	奥氏体+球状石墨+少量碳化物

（7）力学性能

技术标准规定的力学性能见表 6-226。

表 6-226 技术标准规定的力学性能

状态	力学性能(≥)						
	R_m/MPa	$R_{p0.2}$/MPa	$A(\%)$	KU_2/J	KV_2/J	HBW	备注
铸造	370~480	210~270	10~20	—	10~16	130~170	—

（8）耐蚀性

QTANi30Si5Cr2 的耐蚀性优异，特别是在高温条件下的耐蚀性更好，如在稀硫酸、盐浆中的耐蚀性都较好，与 QTANi30Si5Cr5 相当。具体耐蚀性参见表 6-149 和表 6-186。

（9）常用标准牌号对照（见表 6-227）

表 6-227 常用标准牌号对照

国别	中国	国际标准化	欧洲		英国	德国	
标准	—	ISO	EN	Mat. No	BS	DIN	W-Nr
牌号	QTANi30Si5Cr2	S-NiCrSi 30 5 2	GGG-NiSiCr30 5 2	0.7679	—	GGG-NiSiCr 30 5 2	0.7679
国别	法国	韩国	俄罗斯	日本	美国		
标准	NF	KS	ГОСТ	JIS	ASTM	UNS	AISI	SAE	ASI
牌号	S-NSC30-5-2	—	—	FCDA-NiSiCr30 5 2	D-4A	—	—	—	—

注：S-NiSiCr 30 5 2（英国，BS-EN）。

6.5.16 QTANi23Mn4（Ni-Resist D-2M）

（1）概述

QTANi23Mn4 的商业牌号为 Ni-Resist D-2M。

QTANi23Mn4 与其他奥氏体球墨铸铁在成分上的主要特点是在含有较高镍含量的同时，还含有较高的锰含量，进一步促进了奥氏体的稳定，所以其在性能上的主要特点是在低温下具有更好的塑性和韧性。其断后伸长率很高，在-196℃时的断后伸长率仍可达27%，可以应用于-196℃条件下的零件，其他性能又相当于同类铸铁，所以应用更广泛。

QTANi23Mn4 无磁性。

(2) 工艺特性

QTANi23Mn4 的工艺特性可参见 QTANi20Cr2。

(3) 应用

QTANi23Mn4 最主要的用途是制造在零下温度使用的零部件。其可用于制造泵体、泵轮、阀体等铸铁件。

(4) 化学成分（见表6-228）

表6-228 化学成分（质量分数）（GB/T 26648—2011）　　（%）

C	Si	Mn	P	S	Cr	Ni	Mo	Cu
≤2.6	1.5~2.5	4.0~4.5	≤0.05	≤0.03	≤0.2	22.0~24.0	—	≤0.5

(5) 物理性能（见表6-229）

表6-229 物理性能

温度/℃	室温	100	200
热导率 $\lambda/[W/(m \cdot ℃)]$	12.6	—	—
比定压热容 $c_p/[J/(kg \cdot ℃)]$	460~500	—	—
线胀系数/$10^{-6}℃^{-1}$	—	—	14.70
弹性模量 $E/10^4$ MPa	12.0~14.0	—	—
切变模量 $G/10^3$ MPa	—	—	—
泊松比 $\mu/10^{-1}$	—	—	—
电阻率 $\rho/10^{-8}\Omega \cdot m$	—	—	—

注：密度为 7.45g/cm³。

(6) 常见热处理制度（见表6-230）

表6-230 常见热处理制度（根据需要采用）

热处理	加热温度/℃	冷却方法	金相组织
去应力处理	620~670	空冷或炉冷	奥氏体+球状石墨+少量碳化物
软化退火	980~1040	炉冷至540℃出炉	奥氏体+球状石墨+少量碳化物
高温稳定化处理	750~770	炉冷至540℃出炉	奥氏体+球状石墨+少量碳化物

(7) 力学性能

① 技术标准规定的力学性能见表6-231。

表6-231 技术标准规定的力学性能（GB/T 26448—2011）

状态	力学性能（≥）						备注
	R_m/MPa	$R_{p0.2}$/MPa	A(%)	KU_2/J	KV_2/J	HBW	
铸造	440	210	25	—	24	150~180	—

② 不同温度下的力学性能见表6-232。

表 6-232 不同温度下的力学性能

状态	温度/℃	R_m/MPa	$R_{p0.2}$/MPa	$A(\%)$	$Z(\%)$	KV_2/J	HBW
铸造	20	450	220	35	32	29	—
	0	450	240	35	32	31	—
	-50	460	260	38	35	32	—
	-100	490	300	40	39	34	—
	-150	530	350	38	35	33	—
	-183	580	430	33	27	29	—
	-196	620	450	27	25	27	—

(8) 耐蚀性

QTANi23Mn4 的耐蚀性比其他奥氏体球墨铸铁略低，具体参见表 6-149、表 6-186。

(9) 常用标准牌号对照（见表 6-233）

表 6-233 常用标准牌号对照

国别	中国	国际标准化	欧洲		英国	德国	
标准	GB	ISO	EN	Mat. No	BS	DIN	W-Nr
牌号	QTANi23Mn4	S-NiMn 23 4	GGG-NiMn23 4	0.7673	S-2M	GGG-NiMn23 4	0.7673
国别	法国	韩国	俄罗斯	日本	美国		
标准	NF	KS	ГОСТ	JIS	ASTM	UNS	AISI	SAE	ASI
牌号	S-CM23-4	—	—	FCDA-NiMn23 4	D-2M	F43010			

注：S-NiMn 23 4（英国，BS-EN）。

6.5.17 QTANi35（Ni-Resist D-5）

(1) 概述

QTANi35 的商业牌号为 Ni-Resist D-5。

QTANi35 与 QTANi22 相比，降低了碳含量，提高了镍含量，不含铬和其他合金元素。其性能上的特点是塑性、韧性较好，断后伸长率和冲击韧性都较高，热膨胀性较小，耐热冲击性较好。

(2) 工艺特性

QTANi35 的工艺特性可参见 QTANi20Cr2。

(3) 应用

QTANi35 可广泛用于要求热膨胀小、耐高温冲击的零部件。

(4) 化学成分（见表 6-234）

表 6-234 化学成分（质量分数）（GB/T 26648—2011） (%)

C	Si	Mn	P	S	Cr	Ni	Mo	Cu
≤2.4	1.5~3.0	0.5~1.5	≤0.05	≤0.03	≤0.2	34.0~36.0	—	≤0.5

(5) 物理性能（见表 6-235）

表 6-235 物理性能

温度/℃	室温	100	200
热导率 λ/[W/(m·℃)]	12.6	—	—
比定压热容 c_p/[J/(kg·℃)]	460~450	—	—
线胀系数/10^{-6}℃$^{-1}$	—	—	5.0

(续)

弹性模量 $E/10^4$ MPa	11.2~14.0	—	—	—
切变模量 $G/10^3$ MPa	—	—	—	—
泊松比 $\mu/10^{-1}$	—	—	—	—
电阻率 $\rho/10^{-8}\Omega\cdot m$	—	—	—	—

注：密度为 7.60g/cm³。

（6）常见热处理制度（见表6-236）

表6-236 常见热处理制度

热处理	加热温度/℃	冷却方法	金相组织
去应力处理	620~670	空冷或炉冷	奥氏体+球状石墨+少量碳化物
软化退火	980~1040	炉冷至540℃出炉	奥氏体+球状石墨+少量碳化物
高温稳定化处理	750~770	炉冷至540℃空冷	奥氏体+球状石墨+少量碳化物

（7）力学性能

技术标准规定的力学性能见表6-237。

表6-237 技术标准规定的力学性能（GB/T 26648—2011）

状态	力学性能（≥）						备注
	R_m/MPa	$R_{p0.2}$/MPa	$A(\%)$	KU_2/J	KV_2/J	HBW	
铸造	370	210	20	—	—	130~180	—

（8）耐蚀性

QTA35Ni 的耐蚀性较好，优于 QTANi22，具体可参见表6-149、表6-186和表6-198。

（9）常用标准牌号对照（见表6-238）

表6-238 常用标准牌号对照

国别	中国	国际标准化	欧洲		英国	德国	
标准	GB	ISO	EN	Mat. No	BS	DIN	W-Nr
牌号	QTANi35	S-Ni35	GGG-Ni35	0.7683	—	GGG-Ni35	0.7683
国别	法国	韩国	俄罗斯	日本	美国		
标准	NF	KS	ГОСТ	JIS	ASTM	UNS	AISI	SAE	ASI
牌号	S-N35	—	—	FCDA-Ni35	D-5	F43006			

注：S-Ni35（英国，BS-EN）。

6.5.18 QTANi35Cr3（Ni-Resist D-5B）

（1）概述

QTANi35Cr3 的商业牌号为 Ni-Resist D-5B，属奥氏体球状石墨耐蚀铸铁。

QTANi35Cr3 与 QTANi35 相比加入了 3%左右的铬，比 QTANi30Cr3 有更高的镍含量。所以，其在性能上比 QTANi35 有更高的高温强度和高温蠕变强度，而比 QTANi30Cr3 具有更好的耐蚀性和奥氏体稳定性。

（2）工艺特性

QTANi35Cr3 的工艺特性可参见 QTANi20Cr2。

（3）应用

QTANi35Cr3 更适用于高温条件，特别是在有温度骤变的情况下。它可用于制作泵体、泵轮、阀体、涡轮发电机壳体等零部件。

(4) 化学成分（见表6-239）

表6-239 化学成分（质量分数）（GB/T 26648—2011） （%）

C	Si	Mn	P	S	Cr	Ni	Mo	Cu
≤2.4	1.5~3.0	1.5~2.5	≤0.05	≤0.03	2.0~3.0	34.0~36.0	—	≤0.5

(5) 物理性能（见表6-240）

表6-240 物理性能

温度/℃	室温	100	200
热导率 $\lambda/[W/(m \cdot ℃)]$	12.6	—	—
比定压热容 $c_p/[J/(kg \cdot ℃)]$	460~500	—	—
线胀系数 $/10^{-6}℃^{-1}$	—	—	5.0
弹性模量 $E/10^4 MPa$	11.2~12.3	—	—
切变模量 $G/10^3 MPa$	—	—	—
泊松比 $\mu/10^{-1}$	—	—	—
电阻率 $\rho/10^{-8}\Omega \cdot m$	—	—	—

注：密度为7.70g/cm³。

(6) 常见热处理制度（见表6-241）

表6-241 常见热处理制度（根据需要采用）

热处理	加热温度/℃	冷却方法	金相组织
去应力处理	620~670	空冷或炉冷	奥氏体+球状石墨+少量碳化物
软化退火	980~1040	炉冷至540℃出炉	奥氏体+球状石墨+少量碳化物
高温稳定化处理	750~770	炉冷至540℃空冷	奥氏体+球状石墨+少量碳化物

(7) 力学性能

① 技术标准规定的力学性能见表6-242。

表6-242 技术标准规定的力学性能（GB/T 26648—2011）

状态	力学性能（≥）						备注
	R_m/MPa	$R_{p0.2}$/MPa	$A(\%)$	KU_2/J	KV_2/J	HBW	
铸造	370	210	7	—	—	140~190	—

② 不同温度下的力学性能见表6-243。

表6-243 不同温度下的力学性能

状态	温度/℃	R_m/MPa	$R_{p0.2}$/MPa	$A(\%)$	$Z(\%)$	KV_2/J	HBW	蠕变强度 $(\sigma_{1/10^3})$/MPa
铸造	20	427	288	7	—	—	—	—
	430	—	—	—	—	—	—	—
	540	332	181	9	—	—	—	—
	650	286	170	6.5	—	—	—	105
	760	175	131	24.5	—	—	—	39

(8) 耐蚀性

QTANi35Cr3的耐蚀性与QTANi35相当，具体参见表6-149、表6-186和表6-198。

(9) 常用标准牌号对照（见表6-244）

表 6-244 常用标准牌号对照

国别	中国	国际标准化	欧洲		英国	德国	
标准	GB	ISO	EN	Mat. No	BS	DIN	W-Nr
牌号	QTANi35Cr3	S-NiCr 35 3	GGG-NiCr 35 3	0.7685	—	GGG-NiCr35 3	0.7685
国别	法国	韩国	俄罗斯	日本	美国			
标准	NF	KS	ГОСТ	JIS	ASTM	UNS	AISI	SAE	ASI
牌号	S-NC 35 3	—	—	FCDANiCr 35 3	D-5B	F43007	—	—	

注：S-NiCr 35 3（英国，BS-EN）。

6.5.19 QTANi35Si5Cr2（Ni-Resist D-5S）

（1）概述

QTANi35Si5Cr2 的商业牌号为 Ni-Resist D-5S，属奥氏体球状石墨耐蚀铸铁。

QTANi35Si5Cr2 与 QTANi30Si5Cr2 相比，含有更高的镍含量，因此，在性能上比 QTANi30Si5Cr2 有更高的耐蚀性、抗氧化性和高温稳定性，且有更高的抗热疲劳性。

（2）工艺特性

QTANi35Si5Cr2 的工艺特性参见 QTANi20Cr2。

（3）应用

QTANi35Si5Cr2 可用于抗高温、耐高温疲劳、抗氧化的零部件。其可制成涡轮机壳体、泵体、泵轮、阀体等。

（4）化学成分（见表 6-245）

表 6-245 化学成分（质量分数）（GB/T 26648—2011） （%）

C	Si	Mn	P	S	Cr	Ni	Mo	Cu
≤2.3	4.0~6.0	0.5~1.5	≤0.05	≤0.03	1.5~2.5	34.0~36.0	—	≤0.5

（5）物理性能（见表 6-246）

表 6-246 物理性能

温度/℃	室温	100	200
热导率 λ/[W/(m·℃)]	12.6	—	—
比定压热容 c_p/[J/(kg·℃)]	460~500	—	—
线胀系数/10^{-6}℃$^{-1}$	—	—	15.10
弹性模量 E/10^4MPa	13.0~15.0	—	—
切变模量 G/10^3MPa	—	—	—
泊松比 μ/10^{-1}	—	—	—
电阻率 ρ/10^{-8}Ω·m	—	—	—

注：密度为 7.45g/cm³。

（6）常见热处理制度（见表 6-247）

表 6-247 常见热处理制度（根据需要采用）

热处理	加热温度/℃	冷却方法	金相组织
去应力处理	620~670	空冷或炉冷	奥氏体+球状石墨+少量碳化物
软化退火	980~1040	炉冷至540℃出炉	奥氏体+球状石墨+少量碳化物
高温稳定化处理	750~770	炉冷至540℃出炉	奥氏体+球状石墨+少量碳化物

（7）力学性能

① 技术标准规定的力学性能见表 6-248。

表 6-248 技术标准规定的力学性能（GB/T 26648—2011）

状态	力学性能(≥)						备注
	R_m/MPa	$R_{p0.2}$/MPa	$A(\%)$	KU_2/J	KV_2/J	HBW	
铸造	370	200	10	—	—	130~170	—

② 不同温度下的力学性能见表 6-249。

表 6-249 不同温度下的力学性能

状态	温度/℃	R_m/MPa	$R_{p0.2}$/MPa	$A(\%)$	$Z(\%)$	KV_2/J	HBW	蠕变强度 $(\sigma_{1/10^3})$/MPa
铸造	20	450	312	3.5	—	—	—	
	430	—	—	—	—	—	—	
	540	426	291	4	—	—	—	
	650	339	139	11	—	—	—	67
	760	153	130	30	—	—	—	21

（8）耐蚀性

QTANi35Si5Cr2 的耐蚀性与 QTANi30Si5Cr2 相似，具体参见表 6-149、表 6-186 和表 6-198。

（9）常用标准牌号对照（见表 6-250）

表 6-250 常用标准牌号对照

国别	中国	国际标准化	欧洲		英国	德国	
标准	GB	ISO	EN	Mat. No	BS	DIN	W-Nr
牌号	QTANi35Si5Cr2	S-NiSiCr 35 5 2	GGG-NiSiCr 35 5 2	0.7688	S5S	GGG-NiSiCr 35 5 2	0.7688
国别	法国	韩国	俄罗斯	日本	美国		
标准	NF	KS	ГOCT	JIS	ASTM	UNS	AISI	SAE	ASI
牌号	S-NSC 35 5 2	—	—	FCDANiSiCr35 5 2	D-5S	—	—	—	—

注：S-NiSiCr 35 5 2（英国，BS-EN）。

第7章 有色金属及合金和铸造轴承合金

有色金属及合金是指除铁、锰、铬以外的其他金属及以它们为主组成的合金,工业上常用的有色金属合金包括铜合金、铝合金、钛合金等。

有色金属及合金一般强度偏低,根据主元素和辅加元素不同,具有不同的组织形态、热处理方式、力学性能、耐蚀性及其他特性,所以在机械产品中的应用也不同。

7.1 铜及铜合金

纯铜表面近浅红色,在大气中常覆盖一层近紫色的氧化膜。纯铜有很强的导电性、塑性,但强度较低,在大气、水蒸气、海水中有较好的耐蚀性。根据含氧量和脱氧方式及成分中微量元素的不同,分为不同的种类和牌号,纯铜在通用机械产品中应用不多,有的用来制作垫片、管路等。

铜合金是在铜中加入某些合金元素形成的合金材料。铜合金具有钢铁材料不具备的某些特性,如有较好的耐蚀性、导电性、化学稳定性、加工性等。所以,铜合金在机械制造行业得到了广泛应用,特别是黄铜和青铜。

黄铜是由一系列不同锌含量(最高不超过50%)与铜形成的二元铜锌合金。铜和锌组成的黄铜又常称普通黄铜,除锌之外,再加入其他合金元素会形成多元铜合金,根据加入元素种类的不同又分为镍黄铜、铁黄铜、铅黄铜、铝黄铜、锰黄铜、锡黄铜、硅黄铜等。黄铜具有良好的工艺性、力学性能、导电性、导热性。不同成分种类的黄铜还各自具有不同的特性。

青铜是在铜中加入锡、铝、铬、硅、锰等元素形成的铜合金,依据加入元素的不同,分为锡青铜、铝青铜、铬青铜、硅青铜、锰青铜等多种青铜材料。不同种类的青铜各具特点,如锡青铜有较高的耐蚀性、耐低温性;铝青铜有更好的力学性能、铸造性;硅青铜强度更高、更耐磨、还耐大气和海水的腐蚀,铸造性好;锰青铜加工性能和力学性能好,且耐蚀、耐热等。

铜合金大多具有优良的铸造性能,可以铸造成形。铸造铜合金种类较多。

铜及铜合金在许多介质中具有良好的耐蚀性,依据合金成分不同,耐蚀性也有差别。

加工铜合金和铸造铜合金在通用机械设备中应用广泛,可制造泵体、泵盖、泵轮、轴套、耐磨环、蜗轮、齿轮、衬套、滑动轴承等零部件。

7.1.1 T3

(1)概述

T3也叫三号铜,与T1、T2一样属纯铜,俗称紫铜,是工业上常用的金属材料。T3与

T1、T2 相比在纯度上略有差异。

T3 含氧和杂质比较多，具有较好的导电、导热和耐蚀性。T3 在非氧化性无机酸和有机酸介质中能保持良好的耐蚀性，但在氰化物、汞化物和氧化性酸水溶液中的腐蚀速率较大。T3 是通用机械常使用的金属材料之一，主要用作结构材料。

T3 属含氧铜，在含氢的还原性介质中易产生氢脆，俗称"氢病"，故不宜在高温（>370℃）还原性介质中加工和使用。在低温（至-250℃）下，无论冷作硬化状态或退火状态的纯铜，其强度均有提高。

T3 可制成棒材、板材、管材、线材等型材。

（2）工艺特性

T3 宜用工频电炉熔炼，可用磷作为脱氧剂，浇注温度为 1150~1180℃。

T3 有优良的冷、热加工性，热加工温度为 800~900℃，其可进行拉伸、墩铆、挤压、深冲、弯曲、旋压等各种冷加工成形工艺。

T3 常用的热处理方法是再结晶退火，以去除内应力，使金属软化和晶粒细化。退火温度一般为 400~700℃，加热应在弱氧化性气氛中进行，保温后采用水冷，以减少氧化。在 500℃ 以下加热对晶粒度影响不大，较高的加热温度或过长的保温时间可能引起晶粒长大。

T3 材料棒材的中间退火、成品退火及管材、线材的退火温度可视情况选用 410~530℃。

T3 易于熔焊、钎焊、气体保护焊，但不宜进行电阻对缝焊。

（3）应用

T3 适用于工业产品，如电器开关、垫圈、垫片、铆钉、管道、水管等。

（4）化学成分（见表 7-1）

表 7-1 化学成分（质量分数）（GB/T 5231—2022） （%）

Sn	Zn	Pb	P	S	Ni	Al	Fe
—	—	≤0.01	—	—	—	—	—
Mn	Si	As	C	Bi	Sb	Cu+Ag	杂质总和
—	—	—	—	≤0.002	—	≥99.70	—

注：适合拉制棒材、挤制棒材、板材、带材、拉制管材、挤制管材。

（5）物理性能（见表 7-2）

表 7-2 物理性能

温度/℃	室温	100	200	300	324	667
热导率 λ/[W/(m·℃)]	390	380	—	—	352	339
比定压热容 c_p/[J/(kg·℃)]	385.2	—	—	—	—	—
线胀系数/10^{-6}℃$^{-1}$	—	16.92	17.28	17.64	—	—
弹性模量 E/10^4MPa	10.79	—	—	—	—	—
切变模量 G/10^3MPa	44.1	—	—	—	—	—
泊松比 μ/10^{-1}	3.5	—	—	—	—	—
电阻率 ρ/10^{-8}Ω·m	1.71	—	—	—	—	—

注：密度为 8.89~8.94g/cm^3；熔点为 1065~1082℃。

（6）常见热处理制度（见表 7-3）

表 7-3 常见热处理制度

热处理	加热温度/℃	冷却方法	金相组织
再结晶退火	500~700	水冷	α 单轴晶体
中间退火	400~530	水冷或空冷	α 单轴晶体

(7) 力学性能

① 技术标准规定的力学性能见表 7-4。

表 7-4 技术标准规定的力学性能

品种 （标准）	状态	规格/ mm	力学性能（≥）						硬度
			R_m/ MPa	$R_{p0.2}$/ MPa	Z （%）	$A_{11.3}$ （%）	A （%）	KU_2/ J	
拉制棒材 （GB/T 4423—2020）	软化退火	3~80	200	100	—	—	40	—	30~50HRB
	半硬化	3~10	300	—	—	—	9	—	30~50HRB
		>10~45	228	217	—	—	10	—	80~95HRB
	硬化	3~10	300	200	—	—	5	—	20~55HRB
		>10~60	260	168	—	—	6	—	
		>60~80	230	—	—	—	16	—	
板材 （GB/T 2040—2017）	热轧	4~14	195	—	—	30	—	—	—
	软化退火	0.3~10	205	—	—	30	—	—	≤70HV
	1/4 硬化		215~295	—	—	25	—	—	60~95HV
	半硬化		245~345	—	—	8	—	—	80~10HV
	硬化		295~395	—	—	—	—	—	90~120HV
	特硬化		350	—	—	—	—	—	≥110HV
带材 （GB/T 2059—2017）	软化退火	>0.15	195	—	—	30	—	—	≤70HV
	1/4 硬化		215~295	—	—	25	—	—	60~95HV
	半硬化		245~345	—	—	8	—	—	80~110HV
	硬化		295~395	—	—	3	—	—	90~120HV
	特硬化		350	—	—	—	—	—	≥110HV
拉制管材 （GB/T 1527—2017） （规格尺寸为 管壁厚）	软化退火	所有	200	—	—	—	41	—	35~60HBW
	轻退火	所有	220	—	—	—	40	—	40~70HBW
	半硬化	≤15	250	—	—	—	20	—	65~95HBW
	硬化	≤6	290	—	—	—	—	—	90~125HBW
		>6~10	265	—	—	—	—	—	70~105HBW
		>10~15	260	—	—	—	—	—	65~95HBW
	特硬化	≤3	360	—	—	—	—	—	105HBW

② 不同温度下的力学性能见表 7-5。

表 7-5 不同温度下的力学性能

状态	温度/℃	R_m/MPa	Z(%)	$A_{11.3}$(%)	A(%)	HBW
棒，软化态	室温	205~235	—	—	30~48	35~45
棒，硬化态		290~360	—	—	6~13	110~130
棒，热轧态		205~235	—	—	41~51	
板，软化态	室温	215~245	—	—	30~63	
板，半硬化态		285~360	—	—	3~14	
板，硬化态		295~390	—	—	2.2~17	
管，软化态	室温	215~440	—	—	36~60	
管，硬化态		315~490	—	—	—	
管，热轧态		195~225	—	—	39~49	
带，软化态	室温	215~255	—	—	36~57	
带，硬化态		315~440	—	—	3~12	
线，软化态	室温	205~265	—	—	21~53	
线，硬化态		380~490	—	—	1.5~3.0	—

(续)

状态	温度/℃	R_m/MPa	$Z(\%)$	$A_{11.3}(\%)$	$A(\%)$	HBW
棒材 50%硬化态	300	275	34	—	13	—
	500	107	93	—	69	—
	600	68	96	—	71	—
	700	40	97	—	75	—
棒材 21%硬化态	260	262	56	—	14	—
	316	241	45	—	14	—
	371	124	46	—	41	—
	426	103	37	—	36	—
板材,软化态	100	185	76	—	57	—
	204	160	64	—	57	—
板材,软化态	−10	220	61	—	40	—
	−40	232	63	—	47	—
	−80	265	69	—	47	—
	−120	282	74	—	45	—
	−180	400	79	—	58	—

(8) 耐蚀性

耐全面（均匀）腐蚀性能见表 7-6。

表 7-6 耐全面（均匀）腐蚀性能

介质	浓度(%)	压力/MPa	温度/℃	时间/h	腐蚀速率		备注
					mm/a	g/(m²·h)	
硫酸	6~96.5(加氢)	—	35	—	0.17~0.22	—	—
	6(加氧)	—	20	—	3.73	—	—
	96.5(加氧)	—	20	—	1.01	—	—
盐酸	10	—	20	—	0.08	—	—
	20	—	20	—	0.24	—	—
	20(加氧)	—	—	—	不可用	—	—
	30	—	20	—	0.85	—	—
	浓	—	20	—	约 4.1	—	—
磷酸	25	—	95	—	0.42	—	—
	25(加空气)	—	95	—	8.97	—	—
	40~浓	—	20	—	0.02~0.04	—	—
	40	—	沸点	—	3.20	—	—
	80	—	沸点	—	0.50	—	—
	浓	—	沸点	—	1.13	—	—
乙酸	20	—	100	—	2.9	—	—
	50(加氧)	—	20	—	1.50	—	—
	50(加氢)	—	20	—	0.065	—	—
纯乙酸酐	纯	—	25	—	0.06	—	—
	纯	—	75	—	1.16	—	—
氢氧化钠	50	—	35	—	0	—	—
氢氧化钾	50	—	35	—	0.012	—	—
甲酸	无 O_2 溶液	—	20	—	<0.29	—	—
	含 O_2 溶液	—	20	—	<1.10	—	—
柠檬酸	饱和溶液	—	20	—	0.01	—	—
甲醇	—	—	—	—	可用	—	—
甲醛	—	—	—	—	可用	—	—

(9) 常用标准牌号对照（见表 7-7）

表 7-7 常用标准牌号对照

国别	中国	国际标准化	欧洲		英国	德国	
标准	GB	ISO	EN	Mat. No	BS	DIN	W-Nr
牌号	T3	Cu-FRTP	—	—	C-104	—	—

国别	法国	韩国	俄罗斯	日本	美国			
标准	NF	KS	ГОСТ	JIS	ASTM	UNS	AISI	SAE	ASI
牌号	—	—	M2	C1221	—	C12700	—	—	—

7.1.2 TP2

（1）概述

TP2 也是纯铜的一种，也叫二号脱氧铜。其在生产中以磷脱氧精炼，成分中的残留磷、氧比无氧铜（TU1、TU2）含量更高，杂质也偏高一些。由于磷强烈降低铜的导电性，因此，脱氧铜通常作为结构材料使用。

TP2 和 TP1 同属磷脱氧铜，但 TP2 与 TP1 相比，磷残留量和杂质更多一些。

TP2 具有良好的工艺性、焊接性、冷加工性和耐蚀性，其在室温大气、淡水、海水中都有良好的耐蚀能力，也有耐冷热稀硫酸、冷浓硫酸腐蚀的能力，但在硫、硫化物、氨、氨溶液中腐蚀较快，在硝酸中也易腐蚀。

TP2 可制成棒材、板材、带材、管材、线材等各类型材，是通用机械常选用的材料之一。

（2）工艺特性

TP2 等磷脱氧铜主要用工频电炉冶炼，浇注温度为 1150~1180℃。

TP2 有优良的冷、热加工性，可以进行拉伸、挤压、镦铆、弯曲、深冲等各种冷加工。

（3）化学成分（见表 7-8）

表 7-8 化学成分（质量分数）（GB/T 5231—2022） （%）

Sn	Zn	Pb	P	S	Ni	Al	Fe
—	—	—	0.015~0.040	—	—	—	—

Mn	Si	As	C	Bi	Sb	Cu+Ag	杂质总和
—	—	—	—	—	—	≥99.9	—

注：适合拉制棒材、板材、带材、拉制管材、挤制管材。

（4）物理性能（见表 7-9）

表 7-9 物理性能

温度/℃	室温	100	200	300
热导率 $\lambda/[W/(m\cdot ℃)]$	339.2	—	—	—
比定压热容 $c_p/[J/(kg\cdot ℃)]$	385.2	—	—	—
线胀系数 $/10^{-6}℃^{-1}$	—	16.92	17.28	17.64
弹性模量 $E/10^4 MPa$	11.7	—	—	—
切变模量 $G/10^3 MPa$	44.2	—	—	—
泊松比 $\mu/10^{-1}$	—	—	—	—
电阻率 $\rho/10^{-8}\Omega\cdot m$	2.03	—	—	—

注：密度为 8.94g/cm³；熔点为 1065~1082℃。

（5）常见热处理制度（见表 7-10）

表 7-10 常见热处理制度

热处理	加热温度/℃	冷却方法	金相组织
再结晶退火	500~700	水冷	α 单轴晶体
中间退火	400~530	水冷或空冷	α 单轴晶体

（6）力学性能

① 技术标准规定的力学性能见表 7-11。

表 7-11 技术标准规定的力学性能

品种（标准）	状态	规格/mm	力学性能（≥）					硬度
			R_m/MPa	$R_{p0.2}$/MPa	Z（%）	$A_{11.3}$（%）	A（%）	KU_2/J	
拉制棒材（GB/T 4423—2020）	软化退火	3~80	193~255	—	—	—	25	—	—
	硬化	3~10	310~380	—	—	—	12	—	—
		>10~25	275~345	—	—	—	12	—	—
		>25~50	240~310	—	—	—	15	—	—
		>50~75	225~295	—	—	—	15	—	—
板材（GB/T 2040—2017）	热轧	4~14	195	—	—	30	—	—	—
	软化退火	0.3~10	205	—	—	30	—	—	≤70HV
	1/4 硬化		215~295	—	—	25	—	—	60~95HV
	半硬化		245~345	—	—	8	—	—	80~110HV
	硬化		295~395	—	—	—	—	—	90~120HV
	特硬化		350	—	—	—	—	—	≥110HV
带材（GB/T 2059—2017）	软化退火	>0.15	195	—	—	30	—	—	≤70HV
	1/4 硬化		215~295	—	—	25	—	—	60~95HV
	半硬化		245~345	—	—	8	—	—	80~110HV
	硬化		295~395	—	—	3	—	—	90~120HV
	特硬化		350	—	—	—	—	—	≥110HV
拉制管材（GB/T 1527—2017）（规格尺寸为管壁厚）	软化退火	所有	200	—	—	—	41	—	35~60HBW
	轻退火	所有	220	—	—	—	40	—	40~70HBW
	半硬化	≤15	250	—	—	—	20	—	65~95HBW
	硬化	≤6	290	—	—	—	—	—	90~125HBW
		>6~10	265	—	—	—	—	—	70~105HBW
		>10~15	260	—	—	—	—	—	65~95HBW
	特硬	≤3	360	—	—	—	—	—	105HBW

② 不同温度下的力学性能见表 7-12，蠕变极限和持久极限见表 7-13。

表 7-12 不同温度下的力学性能

状态	温度/℃	R_m/MPa	Z（%）	$A_{11.3}$（%）	A（%）	HBW
带材，硬化态	室温	310~460	—	—	5.5（平均）	—
板材，硬化态		335~410	—	—	5（平均）	—
管材，硬化态		295（平均）	—	—	—	—
管材，软化态		254（平均）	—	—	52（平均）	—
板材，软化态	20	240	70	—	53.6	—
	300	185	73.8	—	41.8	—
	400	165	78.5	—	41.3	—
	500	126	83	—	41.6	—
	600	102	92	—	39.5	—
	700	46	95.6	—	41.6	—
	800	37	99.3	—	41.1	—

(续)

状态	温度/℃	R_m/MPa	Z(%)	$A_{11.3}$(%)	A(%)	HBW
板材，软化态	-40	240	—	—	55	—
	-68	260	—	—	57	—
	-196	345	—	—	66	—

表 7-13 蠕变极限和持久极限

状态	温度/℃	蠕变极限/MPa				持久极限/MPa			
		$\sigma_{1/10^3}$	$\sigma_{1/10^4}$	$\sigma_{1/3\times10^5}$	$\sigma_{1/10^6}$	σ_{10^3}	σ_{10^4}	$\sigma_{3\times10^5}$	σ_{10^6}
板材，软化态	100	62	59	55	52	195	180	170	160
	150	60	52	50	44	170	150	140	120
	200	50	41	39	30	130	110	92	71
	250	42	33	28	21	110	78	60	38

注：$\sigma_{1/10^6}$ 及 σ_{10^6} 值为曲线外推值。

（7）耐蚀性

TP2 在干燥或潮湿的大气中均耐腐蚀。在淡水、海水和中性盐类水溶液中，其处于钝态状态，故较耐腐蚀，在低速海水中腐蚀速率仅为 0.05mm/a 左右；在稀的或中等浓度的非氧化性酸中和非氧化性的有机化合物介质中均有足够的耐蚀性。但当介质中含有氧时，腐蚀速率明显提高，在氧化性酸如硝酸、铬酸、浓硫酸中不耐蚀。

在无氧的碱中耐蚀性良好，在含氧的碱介质中易受腐蚀，在氨溶液中变得不稳定，易产生应力腐蚀，不耐硫化物腐蚀，特别是在潮湿状态下腐蚀会加重。

TP2 的具体耐蚀数据参见表 7-6。

（8）常用标准牌号对照（见表 7-14）

表 7-14 常用标准牌号对照

国别	中国	国际标准化	欧洲		英国	德国	
标准	GB	ISO	EN	Mat. No	BS	DIN	W-Nr
牌号	TP2	Cu-DHP	—	—	C-106	SF-Cu	—
国别	法国	韩国	俄罗斯	日本	美国			
标准	NF	KS	ГОСТ	JIS	ASTM	UNS	AISI	SAE	ASI
牌号	Cu-b1	—	M2P	C1220	—	C12200	—	—	—

7.1.3 H62

（1）概述

H62 属高锌黄铜，具有 α+β 两相组织。

H62 具有较高的强度和优良的冷、热加工性，易于进行各种形式的压力加工和切削加工，同时具有较强的应力腐蚀倾向，也具有冷作硬化倾向。

H62 在大气、淡水中有良好的耐蚀性，在海水中的耐蚀性低于单相黄铜，在高温下有较强的脱锌倾向。

H62 在同类合金（黄铜）中价格较低，是工业上常用的黄铜材料。

H62 可制成棒材、板材、管材、线材等。

（2）工艺特性

H62 有较好的熔、铸工艺性，通常采用工频电炉熔炼。浇注温度为 1060~1160℃。

H62 不能热处理强化,常采用退火温度为 600~700℃（薄带退火温度应低些,采用 500~550℃）,去应力退火温度为 280~300℃。

H62 可采用钎焊、熔焊、气体保护焊等焊接方法。

(3) 应用

H62 广泛应用于机械产品零件,如铆钉、紧固件、船舶零件等。

(4) 化学成分（见表 7-15）

表 7-15 化学成分（质量分数）(GB/T 5231—2022)　　（%）

Sn	Zn	Pb	P	S	Ni	Al	Fe
—	余量	≤0.08	—	—	—	—	≤0.15
Mn	Si	As	Cu	Bi	Sb	Cu+所列元素总和	杂质总和
—	—	—	60.5~63.5	—	—	≥99.7	—

注:适合拉制棒材、挤制棒材、板材、带材、拉制管材、挤制管材。

(5) 物理性能（见表 7-16）

表 7-16 物理性能

温度/℃	室温	200
热导率 $\lambda/[W/(m \cdot ℃)]$	108.9	—
比定压热容 $c_p/[J/(kg \cdot ℃)]$	385.2	—
线胀系数/$10^{-6}℃^{-1}$	—	20.6
弹性模量 $E/10^4$MPa	10.3	—
切变模量 $G/10^3$MPa	—	—
泊松比 $\mu/10^{-1}$	—	—
电阻率 $\rho/10^{-8}\Omega \cdot m$	6.4	—

注:密度为 8.43g/cm³;熔点为 899~906℃。

(6) 常见热处理制度（见表 7-17）

表 7-17 常见热处理制度

热处理	加热温度/℃	冷却方法	金相组织
再结晶退火	600~700	水冷或空冷	(α+β)固溶体
去应力退火	280~300	空冷	(α+β)固溶体

(7) 力学性能

① 技术标准规定的力学性能见表 7-18。

表 7-18 技术标准规定的力学性能

品种（标准）	状态	规格/mm	力学性能(≥)					硬度
			R_m/MPa	$R_{p0.2}$/MPa	Z(%)	$A_{11.3}$(%)	A(%)	KU_2/J	
拉制棒材（GB/T 4423—2020）	半硬化	3~40	370	270	—	—	12	—	30~90HRB
		>40~80	335	105	—	—	24	—	
板材（GB/T 2040—2017）	热轧	4~14	290	—	—	30	—	—	—
	软化退火	0.3~10	290	—	—	35	—	—	≤95HV
	半硬化		350~470	—	—	20	—	—	90~130HV
	硬化		410~630	—	—	10	—	—	125~165HV
	特硬化		585	—	—	2.5	—	—	≥155HV

(续)

品种（标准）	状态	规格/mm	力学性能（≥）						硬度
			R_m/MPa	$R_{p0.2}$/MPa	Z(%)	$A_{11.3}$(%)	A(%)	KU_2/J	
带材（GB/T 2059—2017）	软化退火	≥0.2	290	—	—	35	—	—	≤95HV
	半硬化		350~470	—	—	20	—	—	90~130HV
	硬化		410~630	—	—	10	—	—	125~165HV
	特硬化		585	—	—	2.5	—	—	≥155HV
拉制管材（GB/T 1527—2017）（规格尺寸为管壁厚）	软化退火	—	300	—	—	—	43	—	55~85HBW
	轻退火		360	—	—	—	25	—	70~105HBW
	退火到半硬化		370	—	—	—	18	—	80~130HBW
	应力去除		440	—	—	—	—	—	≥110HBW

② 不同温度下的力学性能见表7-19。

表7-19 不同温度下的力学性能（供参考）

状态	温度/℃	R_m/MPa	$R_{p0.2}$/MPa	$A_{11.3}$(%)	A(%)	HBW
棒材,热轧态	室温	323~402	—	—	33~51	—
棒材,硬化态		372~490	—	—	15~44	—
板材,热轧态		323~382	—	—	40~59	—
板材,软化态		294~402	—	—	43~72	—
板材,半硬化态		343~461	—	—	28~49	—
板材,硬化态		411~549	—	—	10~29	—
带材,软化态		354~419	—	—	36~43	—
带材,硬化态		630~750	—	—	—	—
管材,热轧态		333~392	—	—	38~53	—
管材,软化态		304~451	—	—	41~53	—
管材,半硬化态		343~470	—	—	35~56	—
棒材,软化态	100	240	—	—	48	—
	200	200	—	—	40	—
	300	145	—	—	29	—
	400	125	—	—	26	—
	500	90	—	—	23	—

（8）耐蚀性

耐全面（均匀）腐蚀性能见表7-20。

表7-20 耐全面（均匀）腐蚀性能

介质	浓度(%)	压力/MPa	温度/℃	时间/h	腐蚀速率		备注
					mm/a	g/(m²·h)	
亚硫酸酐	—	—	300	—	不可用	—	—
氢溴酸	溶液	—	—	—	不可用	—	—
硝酸	6~32	—	15	—	不可用	—	—
氢氧化钠	33	—	20	—	0	—	—
碳酸氢钠	溶液	—	20	—	<0.005	—	—
四氯化碳	（干燥）	—	76~77	—	<0.1	—	—
海水	—	—	20	—	0.0258	0.0254	—

(续)

介质条件	浓度(%)	压力/MPa	温度/℃	时间/h	腐蚀速率 mm/a	腐蚀速率 g/(m²·h)	备注
硫酸	约0.01	—	50	336	0.05	—	
	0.01~0.05	—	20	336~840	0.01~0.20	—	
	约0.05	—	20	840	0.20	—	
	0.5	—	190	100	0.76	—	
	约5	—	20	600	0.04	—	
	10	—	—	—	—	0.0608	
	25	—	190	100	28.3	—	

(9) 常用标准牌号对照（见表7-21）

表7-21 常用标准牌号对照

国别	中国	国际标准化	欧洲		英国	德国	
标准	GB	ISO	EN	Mat. No	BS	DIN	W-Nr
牌号	H62	CuZn40			CZ109	CuZn40	
国别	法国	韩国	俄罗斯	日本	美国		
标准	NF	KS	ГОСТ	JIS	ASTM	UNS	AISI	SAE	ASI
牌号	Cu-Zn40	—	Л62	C2800		C28000			

7.1.4 H95

(1) 概述

H95属低锌黄铜，为单相α组织，有的称其为顿巴克黄铜。

H95具有优良的塑性，易于进行各种冷、热成形加工，特别适合制造要求高表面质量的深冲、深拉制品。

H95在大气、淡水中具有较高的耐蚀性，应力腐蚀倾向较小。

H95强度较低，仅略高于纯铜。

H95可制成棒材、板材、带板、管板、线材等。

(2) 工艺特性

H95具有良好的熔、铸工艺性，通常采用工频电炉熔炼，浇注温度为1160~1180℃。

H95不能采用热处理强化，可采用退火处理，退火温度一般为540~600℃，去应力退火温度为280~300℃。

H95可以采用钎焊、熔焊、气体保护焊等多种焊接工艺方法。

(3) 应用

H95主要用于制造管、导电类零件。

(4) 化学成分（见表7-22）

表7-22 化学成分（质量分数）（GB/T 5231—2022） （%）

Sn	Zn	Pb	P	S	Ni	Al	Fe
—	余量	≤0.05	—	—	—	—	≤0.05
Mn	Si	As	Cu	Bi	Sb	Cu+所列元素总和	杂质总和
			94.0~96.0			≥99.8	

注：适合拉制棒材、挤制棒材、板材、带材、拉制管材、挤制管材。

（5）物理性能（见表7-23）

表7-23 物理性能

温度/℃	室温	300
热导率 λ/[W/(m·℃)]	245	—
比定压热容 c_p/[J/(kg·℃)]	387	—
线胀系数/10^{-6}℃$^{-1}$	—	18.0
弹性模量 E/10^4MPa	11.7	—
切变模量 G/10^3MPa	41	—
泊松比 μ/10^{-1}	—	—
电阻率 ρ/10^{-8}Ω·m	3.07	—

注：密度为8.86g/cm^3；熔点为1056~1071℃。

（6）常见热处理制度（见表7-24）

表7-24 常见热处理制度

热处理	加热温度/℃	冷却方法	金相组织
再结晶退火	540~600	水冷或空冷	α固溶体
去应力退火	190~210	空冷	α固溶体

（7）力学性能

① 技术标准规定的力学性能见表7-25。

表7-25 技术标准规定的力学性能

品种（标准）	状态	规格/mm	力学性能(≥)					
			R_m/MPa	$R_{p0.2}$/MPa	Z(%)	$A_{11.3}$(%)	A(%)	KU_2/J	HBW
拉制棒材（GB/T 4423—2020）	软化退火	3~80	200	—	—	—	40	—	—
	硬化	3~40	275	—	—	—	8	—	—
		>40~60	245	—	—	—	10	—	—
		>60~80	205	—	—	—	14	—	—
板材（GB/T 2040—2017）	软化退火	0.3~10	215	—	—	—	30	—	—
	硬化		320	—	—	—	3	—	—
带材（GB/T 2059—2017）	软化退火	≥0.2	215	—	—	—	30	—	—
	硬化		320	—	—	—	3	—	—
管材（GB/T 1527—2017）（规格尺寸为管壁厚）	软化退火	—	205	—	—	—	42	—	40~65
	轻退火		220	—	—	—	35	—	45~70
	退火到半硬化		260	—	—	—	18	—	70~100
	应力去除		320	—	—	—	—	—	≥90

② 不同温度下的力学性能见表7-26。

表7-26 不同温度下的力学性能

状态	温度/℃	R_m/MPa	$R_{p0.2}$/MPa	$A_{11.3}$(%)	A(%)	HBW
板材、带材、软化态	室温	245~265	—	—	50~54	—
板材、带材、硬化态		370~440	—	—	3~10	—
管材、热轧态		250	—	—	43	—
管材、软化态		205	—	—	45	—
管材、硬化态		390	—	—	3	—
棒材、半硬化态	27	365	—	—	19	—
	204	204	—	—	18	—

（8）耐蚀性

耐全面（均匀）腐蚀性能见表7-27。

表7-27 耐全面（均匀）腐蚀性能

介质	浓度(%)	压力/MPa	温度/℃	时间/h	腐蚀速率 mm/a	腐蚀速率 g/(m²·h)	备注
硫酸	10	—	20	1000	0.094	—	—
		—	40	1000	2.98	—	—
	25	—	20	1000	0.1	—	—
		—	40	1000	3.5	—	—
	40	—	20	1000	0.12	—	—
		—	40	1000	1.49	—	—
	浓	—	20	1000	0.61	—	—
		—	40	1000	1.38	—	—
次氯酸钠	20	—	20	—	可用		
硫	—	—	熔体		腐蚀不大		
亚硫酸酐	—	—	300		不可用		
硅氟酸	6.5	—	40		腐蚀不大		
农村大气					0.0001~0.00073		
海滨大气					0.0013~0.0038		
淡水	—	—	常温		0.0025~0.025		
海水	—	—	常温		0.0075~0.1		

（9）常用标准牌号对照（见表7-28）

表7-28 常用标准牌号对照

国别	中国	国际标准化	欧洲		英国	德国	
标准	GB	ISO	EN	Mat. No	BS	DIN	W-Nr
牌号	H95	CuZn5	—	—	CZ125	CuZn5	—

国别	法国	韩国	俄罗斯	日本	美国			
标准	NF	KS	ГОСТ	JIS	ASTM	UNS	AISI	SAE	ASI
牌号	CuZn5	—	Л96	C2100	—	C21000	—	—	—

7.1.5 HSn62-1

（1）概述

HSn62-1是铜-锌-锡三元系的（α+β）两相组织的黄铜，俗称海军黄铜。在大气、淡水和海水中有优良的耐蚀性，并有较高的力学性能和加工性。

该合金在冷作硬化状态下有较强的应力腐蚀倾向，因此，在冷作硬化状态下必须进行去应力退火。

HSn62-1主要用于在海水和汽油等介质中工作的零件或管线。

HSn62-1的金相组织为（α+β）两相组织。

(2) 工艺特性

HSn62-1 具有良好的冷热加工性，可进行各种类型的冷热加工。热加工温度为 700~750℃。

HSn62-1 有良好的焊接性，易于锡焊、铜焊、闪光电阻焊、气体保护焊，但不宜点焊、埋弧焊和电渣焊。

HSn62-1 不能热处理强化，可进行再结晶退火和去应力退火。再结晶退火加热温度为 550~650℃，保温后空冷；去应力退火加热温度为 300~350℃，保温后空冷。

(3) 应用

HSn62-1 被广泛应用在航空工业、海洋工业、舰船工业中的管路、耐蚀零件，可制作泵体、叶轮、阀门、紧固件、套管等件。

(4) 化学成分（见表 7-29）

表 7-29 化学成分（质量分数）（GB/T 5231—2022） （%）

Sn	Zn	Pb	P	S	Ni	Al	Fe
0.7~1.1	余量	≤0.01	—	—	—	—	≤0.10

Mn	Si	As	Cu	Bi	Sb	Cu+所列元素总和	杂质总和
—	—	—	61.0~63.0	—	—	≥99.7	—

注：适合拉制棒材、挤制棒材、板材、带材、拉制管材。

(5) 物理性能（见表 7-30）

表 7-30 物理性能

温度/℃	室温	100
热导率 λ/[W/(m·℃)]	108.9	—
比定压热容 c_p/[J/(kg·℃)]	—	—
线胀系数/10^{-6}℃$^{-1}$	—	19.3
弹性模量 E/10^4MPa	10.3	—
切变模量 G/10^3MPa	—	—
泊松比 μ/10^{-1}	—	—
电阻率 ρ/$10^{-8}\Omega\cdot$m	7.2	—

注：密度为 8.45g/cm³；熔点为 886~907℃。

(6) 常见热处理制度（见表 7-31）

表 7-31 常见热处理制度

热处理	加热温度/℃	冷却方法	金相组织
再结晶退火	550~650	空冷	($\alpha+\beta$)固溶体
去应力退火	320~360	空冷	($\alpha+\beta$)固溶体

(7) 力学性能

① 技术标准规定的力学性能见表 7-32。

表 7-32 技术标准规定的力学性能

品种（标准）	状态	规格/mm	力学性能（≥）					
			R_m/MPa	$R_{p0.2}$/MPa	Z（%）	$A_{11.3}$（%）	A（%）	KU_2/J	HBW
拉制棒材（GB/T 4423—2020）	硬化	4~70	400	—	—	—	22	—	—

(续)

品种 (标准)	状态	规格/mm	力学性能(≥)						HBW
			R_m/ MPa	$R_{p0.2}$/ MPa	Z (%)	$A_{11.3}$ (%)	A (%)	KU_2/ J	
板材 (GB/T 2040—2017)	热轧	4~14	340	—		20			
	软化退火	0.3~10	295	—		35			
	半硬化		350~400	—		15			
	硬化		390	—		5			
带材 (GB/T 2059—2017)	硬化	≥0.2	390	—		5			
拉制管材 (GB/T 1527—2017)	软化退火	—	295	—			35	—	60~90
	轻退火		335	—			30		75~105
	退火到半硬化		370	—			20		85~110
	去除应力		455						≥110

② 不同温度下的力学性能见表 7-33。

表 7-33 不同温度下的力学性能

状态	温度/℃	R_m/MPa	$R_{p0.2}$/MPa	$A_{11.3}$(%)	A(%)	HBW
棒材,硬化态	室温	390~480	—	—	18~34	145
棒材,热轧态	室温	365~410	—	—	29~42	—
板材,软化态	室温	370	—	—	42	—
板材,硬化态	室温	390~590	—	—	7~28	—
管材,半硬化态	室温	400	—	—	39	
板材,软化态	20	396			41	
	200	365			54	63
	300	260			51	61
	400	156			54	
	500	105			152	51

(8) 耐蚀性

HSn62-1 在大气、淡水和海水中都有较高的耐蚀性，在海水中每 24h 的质量损失为 0.55g/m²，在 10% 硫酸溶液中为 1.51g/(m²·d)。

(9) 常用标准牌号对照（见表 7-34）

表 7-34 常用标准牌号对照

国别	中国	国际标准化	欧洲		英国	德国	
标准	GB	ISO	EN	Mat. No	BS	DIN	W-Nr
牌号	HSn62-1	CuZn38Sn1	—	—	CZ112	CuZn38Sn1	
国别	法国	韩国	俄罗斯	日本	美国		
标准	NF	KS	ГОСТ	JIS	ASTM	UNS	AISI	SAE	ASI
牌号	CuZn38Sn1	—	ЛО62-1	C4621		C46200			

7.1.6 HSn70-1

(1) 概述

HSn70-1 是含微量砷（质量分数为 0.03%~0.06%）的铜-锌-锡合金，通常称砷海军黄铜，组织为单相 α 固溶体。由于加入了锡和砷，较好地抑制了脱锌，有效提高了黄铜的耐蚀性。HSn70-1具有中等强度、优良的耐蚀性，适合在海水中工作。该合金制品在有应力时（如冷作硬化状态）会产生应力腐蚀倾向，应进行退火，以去除残余应力，保证耐蚀性。

（2）工艺特性

HSn70-1可进行热轧和热挤压加工，热加工温度通常为650~750℃。该合金具有优良的冷加工性。

HSn70-1具有良好的焊接性，宜采用锡焊、铜焊，也可进行气体保护电弧焊，但不适合电渣焊和埋弧焊。

HSn70-1可采用去应力退火，加热温度为300~350℃，也可进行再结晶退火，加热温度为560~580℃。再结晶退火不仅可以去除内应力、降低硬度、提高塑性，更主要的是可以细化晶粒。但经再结晶退火后，合金强度略有降低。

（3）应用

HSn70-1在大气、蒸汽、油类和海水中都具有很高的耐蚀性，可用于与海水、蒸汽、油类等介质接触的构件和零部件。

（4）化学成分（见表7-35）

表7-35 化学成分（质量分数）（GB/T 5231—2022） （%）

Sn	Zn	Pb	P	S	Ni	Al	Fe
0.8~1.3	余量	≤0.05	—	—	—	—	≤0.10
Mn	Si	As	Cu	Bi	Sb	Cu+所列元素总和	杂质总和
—	—	0.03~0.06	69.0~71.0	—	—	≥99.8	—

注：适合拉制棒材、挤制棒材、拉制管材。

（5）物理性能（见表7-36）

表7-36 物理性能

温度/℃	室温	100
热导率 $\lambda/[W/(m \cdot ℃)]$	91.3	—
比定压热容 $c_p/[J/(kg \cdot ℃)]$	377	—
线胀系数/$10^{-6}℃^{-1}$	—	19.7s
弹性模量 $E/10^4$MPa	11.03	—
切变模量 $G/10^3$MPa	44.1	—
泊松比 $\mu/10^{-1}$	—	—
电阻率 $\rho/10^{-8}\Omega \cdot m$	6.9	—

注：密度为8.53g/cm³；熔点为899~938℃。

（6）常见热处理制度（见表7-37）

表7-37 常见热处理制度

热处理	加热温度/℃	冷却方法	金相组织
再结晶退火	560~580	炉冷或空冷	α相固溶体
去应力退火	310~340	空冷或炉冷	α相固溶体

（7）力学性能

① 技术标准规定的力学性能见表7-38。

表 7-38 技术标准规定的力学性能

品种（标准）	状态	规格/mm	力学性能(≥)						HBW
			R_m/MPa	$R_{p0.2}$/MPa	Z(%)	$A_{11.3}$(%)	A(%)	KU_2/J	
拉制棒材（GB/T 4423—2020）	半硬化	10~30	450	200	—	—	22	—	50~80 (HRB)
		>30~75	350	105	—	—	25	—	
拉制管材（GB/T 1527—2017）	软化退火	—	295	—	—	—	40	—	55~85
	轻退火	—	320	—	—	—	35	—	65~95
	退火到半硬化	—	370	—	—	—	20	—	80~130
	去除应力	—	455	—	—	—	—	—	≥105

② 不同温度下的力学性能见表 7-39，蠕变极限和持久极限见表 7-40。

表 7-39 不同温度下的力学性能

状态	温度/℃	R_m/MPa	$R_{p0.2}$/MPa	$A_{11.3}$(%)	A(%)	HBW
管材，软态	室温	345~430	—		51~66	
管材，半硬态	室温	355~450	—		31~60	
—	100	400	160		57	
	150	390	165		55	
	200	390	160		58	
	250	365	160		64	

表 7-40 蠕变极限和持久极限

状态	温度/℃	蠕变极限/MPa				持久极限/MPa			
		$\sigma_{1/10^3}$	$\sigma_{1/10^4}$	$\sigma_{1/3\times10^4}$	$\sigma_{1/10^5}$	σ_{10^3}	σ_{10^4}	$\sigma_{3\times10^4}$	σ_{10^5}
420℃×2h 退火	100	165	145	130	110	390	380	360	330
	150	150	130	120	105	320	290	255	205
	200	120	85	65	45	240	150	115	85
	250	50	25	16	12	120	65	50	39

（8）耐蚀性

耐全面（均匀）腐蚀性能见表 7-41。

表 7-41 耐全面（均匀）腐蚀性能

介质	浓度(%)	压力/MPa	温度/℃	时间/h	腐蚀速率		备注
					mm/a	g/(m²·h)	
大气	—	—			0.0001~0.00075	—	
淡水	—	—			0.0025~0.025	—	
海水	—	—			0.0075~0.10	—	
硫酸	0.5	1.22~1.42	190	100	0.12		
	2.5	1.22~1.42	190	100	0.55		

（9）常用标准牌号对照（见表 7-42）

表 7-42 常用标准牌号对照

国别	中国	国际标准化	欧洲		英国	德国	
标准	GB	ISO	EN	Mat. No	BS	DIN	W-Nr
牌号	HSn70-1	CuZn28Sn1	—	—	CZ111	CuZn28Sn1	—

(续)

国别	法国	韩国	俄罗斯	日本	美国				
标准	NF	KS	ГOCT	JIS	ASTM	UNS	AISI	SAE	ASI
牌号	CuZn29Sn1	—	ЛО70-1	C4430	—	C44300			

7.1.7 HMn58-2

（1）概述

HMn58-2是铜-锌-锰三元系的（α+β）两相组织的黄铜。合金元素锰对黄铜的组织影响不大，但对固溶体有明显的强化作用，既可提高合金的强度、硬度，又可提高对海水、氯化物和过热蒸汽的耐蚀性。

该合金在冷作硬化状态下有应力腐蚀倾向，力学性能良好，但导热、导电性较低。其冷热加工性尚可。

HMn58-2铜主要用于腐蚀条件下工作的重要零件及弱电流工业用零件。

HMn58-2的金相组织为（α+β）两相组织。铸造状态α相呈针状，冷速越大，α相越细长。退火状态α相呈等轴晶粒状。

（2）工艺特性

HMn58-2具有良好的冷热加工性，可进行各种类型的冷热加工，热加工温度为700~750℃。

该合金有良好的焊接性，易于钎焊和电阻点焊，不宜进行碳弧焊。

HMn58-2不能热处理强化，可进行再结晶退火和去应力退火。再结晶退火温度一般为600~650℃，空冷。去应力退火加热温度为300~350℃，保温后空冷。

（3）应用

HMn58-2的应用较广泛，是造船工业大量使用的耐蚀结构材料。其可制造泵体、泵轮、阀体、阀杆、螺母等零件。

（4）化学成分（见表7-43）

表7-43 化学成分（质量分数）（GB/T 5231—2022） （%）

Sn	Zn	Pb	P	S	Ni	Al		Fe
—	余量	≤0.1	—	—	—	—		≤0.10
Mn	Si	As	Cu	Bi	Sb	Cu+所列元素总和		杂质总和
1.0~2.0	—	—	57.0~60.0	—	—	≥98.8		

注：适合拉制棒材、挤制棒材、板材、带材。

（5）物理性能（见表7-44）

表7-44 物理性能

温度/℃	室温	100
热导率 $\lambda/[W/(m \cdot ℃)]$	70.3	—
比定压热容 $c_p/[J/(kg \cdot ℃)]$	—	—
线胀系数 $/10^{-6}℃^{-1}$	—	21.2
弹性模量 $E/10^4$ MPa	9.8	
切变模量 $G/10^3$ MPa	—	
泊松比 $\mu/10^{-1}$	—	
电阻率 $\rho/10^{-8}\Omega \cdot m$	10.8	

注：密度为8.50g/cm³；熔点为866~881℃。

(6) 常见热处理制度（见表 7-45）

表 7-45 常见热处理制度

热处理	加热温度/℃	冷却方法	金相组织
再结晶退火	600~650	空冷	(α+β)固溶体
去应力退火	230~260	空冷	(α+β)固溶体

(7) 力学性能

① 技术标准规定的力学性能见表 7-46。

表 7-46 技术标准规定的力学性能

品种 （标准）	状态	规格/mm	力学性能(≥)					
			R_m/ MPa	$R_{p0.2}$/ MPa	Z (%)	$A_{11.3}$ (%)	A (%)	KU_2/ J	HBW
拉制棒材 （GB/T 4423—2020）	硬化	4~12	440	—	—	—	24	—	—
		>12~40	410	—	—	—	24	—	—
		>40~60	390	—	—	—	29	—	—
板材 （GB/T 2040—2017）	软化退火	0.3~10	380	—	—	—	30	—	—
	半硬化		440~610	—	—	—	25	—	—
	硬化		585	—	—	—	3	—	—
带材 （GB/T 2059—2017）	软化退火	≥0.2	380	—	—	—	30	—	—
	半硬化		440~610	—	—	—	25	—	—
	硬化		585	—	—	—	3	—	—

② 不同温度下的力学性能见表 7-47。

表 7-47 不同温度下的力学性能（供参考）

状态	温度/℃	R_m/MPa	$R_{p0.2}$/MPa	$A_{11.3}$(%)	A(%)	HBW
板材,热轧态	室温	460	—	—	38	—
板材,硬化态	室温	610~695	—	—	8	—
棒材(5~12mm),硬化态	室温	510~645	—	—	15~33	—
棒材(13~40mm),硬化态	室温	450~580	—	—	20~34	178
棒材,热轧态	室温	380~500	—	—	28~41	90
铸锭	室温	450	—	—	42	—
	100	430	—	—	40	—
	200	375	—	—	45	—
	300	305	—	—	55	—
	400	150	—	—	68	—
	500	50	—	—	94	—
	600	20	—	—	—	—
	700	15	—	—	—	—

(8) 耐蚀性

HMn58-2 具有良好的耐蚀性。在大气、淡水、海水和过热蒸汽中有较高的化学稳定性。在许多介质中的腐蚀速率低于简单黄铜和锡青铜。如在 5% 的盐酸介质中在 20℃ 条件下，其腐蚀速率约为 4.1mm/a。

(9) 常用标准牌号对照（见表 7-48）

表 7-48 常用标准牌号对照

国别	中国	国际标准化	欧洲		英国	德国	
标准	GB	ISO	EN	Mat. No	BS	DIN	W-Nr
牌号	HMn58-2	—	—			CuZn40Mn	—

国别	法国	韩国	俄罗斯	日本	美国			
标准	NF	KS	ГОСТ	JIS	ASTM	UNS	AISI	SAE	ASI
牌号	—	—	ЛМц58-2	—					

7.1.8 HAl77-2

（1）概述

HAl77-2 是含微量砷的铜-锌-铝合金，即含砷铝黄铜。铝的加入可以提高合金硬度，有很好的强化效果并与氧易形成致密的氧化膜，显著提高合金的耐蚀性。加入微量砷可以改善合金的加工性，并防止脱锌，从而进一步提高合金耐蚀性。

该合金具有较好的力学性能、优良的冷加工性和耐蚀性，主要用于管类及其他耐腐蚀零件。

该合金的金相组织为单相 α 固溶体，在铸态时呈树枝状偏析。

（2）工艺特性

HAl77-2 冷加工性优良，也可进行热挤压加工，热加工温度一般采用 750~850℃。

该合金可以进行焊接，能较好地进行铜焊、点焊、闪光焊，也可进行气体保护焊、锡焊、气焊，但不宜进行电渣焊和埋弧焊。

HAl77-2 可以进行再结晶退火和去应力退火。再结晶退火可以降低硬度，消除加工硬化，恢复塑性并获得细晶粒，再结晶退火温度为 600~650℃，空冷；去应力退火是为了消除加工应力，加热温度为 280~330℃，空冷。

（3）应用

HAl77-2 抗流动海水冲蚀性好，多用各类管件及其他耐蚀零件。

（4）化学成分（见表 7-49）

表 7-49 化学成分（质量分数）（GB/T 5231—2022） （%）

Sn	Zn	Pb	P	S	Ni	Al	Fe
—	余量	≤0.07	—	—	—	1.8~2.5	≤0.06
Mn	Si	As	Cu	Bi	Sb	Cu+所列元素总和	杂质总和
—	—	0.02~0.06	76.0~79.0	—	—	≥99.5	—

注：适合挤制棒材、无缝管。

（5）物理性能（见表 7-50）

表 7-50 物理性能

温度/℃	室温	300
热导率 λ/[W/(m·℃)]	100.4	—
比定压热容 c_p/[J/(kg·℃)]	376.8	—
线胀系数/10^{-6}℃$^{-1}$	—	18.5
弹性模量 E/10^4MPa	11.03	
切变模量 G/10^3MPa	41.4	
泊松比 μ/10^{-1}	—	
电阻率 ρ/10^{-8}Ω·m	7.6	

注：密度为 8.60g/cm³；熔点为 932~970℃。

(6) 常见热处理制度 (见表 7-51)

表 7-51 常见热处理制度

热处理	加热温度/℃	冷却方法	金相组织
再结晶退火	600~650	空冷	α 相固溶体
去应力退火	280~330	空冷	α 相固溶体

(7) 力学性能

① 技术标准规定的力学性能见表 7-52。

表 7-52 技术标准规定的力学性能

品种 (标准)	状态	规格/mm	力学性能(≥)					
			R_m/MPa	$R_{p0.2}$/MPa	Z(%)	$A_{11.3}$(%)	A(%)	KU_2/J	HBW
管材 (GB/T 8890—2015)	软态	10~35	345	—	—	—	50	—	—
	半硬态		370	—	—	—	45	—	—

② 不同温度下的力学性能见表 7-53，蠕变极限和持久极限见表 7-54。

表 7-53 不同温度下的力学性能

状态	温度/℃	R_m/MPa	$R_{p0.2}$/MPa	$A_{11.3}$(%)	A(%)	HBW
管材,软态	室温	345~420	—	—	50~67	65
管材,半硬态	室温	375~450	—	—	43~61	170
450℃退火	100	395	180		56	
	150	380	180		54	
	200	365	175		43	
	250	310	170		23	

表 7-54 蠕变极限和持久极限

状态	温度/℃	蠕变极限/MPa				持久极限/MPa			
		$\sigma_{1/10^3}$	$\sigma_{1/10^4}$	$\sigma_{1/3\times10^4}$	$\sigma_{1/10^5}$	σ_{10^3}	σ_{10^4}	$\sigma_{3\times10^4}$	σ_{10^5}
450℃退火	100	200	180	150	130	390	350	310	270
	150	180	150	140	120	250	190	155	125
	200	125	95	80	60	175	120	95	70
	250	50	32	25	20	95	60	50	40

(8) 耐蚀性

耐全面（均匀）腐蚀性能见表 7-55。

表 7-55 耐全面（均匀）腐蚀性能

介质	浓度(%)	压力/MPa	温度/℃	时间/h	腐蚀速率		备注
					mm/a	g/(m²·h)	
海水(厦门)	—	—	—	8760	0.042	—	—
				35040	0.024		
				70080	0.019		
海水(榆林)	—	—	—	8760	0.057	—	—
				35040	0.022		
				70080	0.025		
海水(舟山)	—	—	—	17520	0.036		
				35040	0.034		
过饱和海水	—	—	24	3840	0.25		

HAl77-2 对各种工业气氛、海洋大气、淡水、海水、石油产物和酒精等都有良好的耐蚀性，对弱有机酸和盐类溶液的耐蚀性也较好。在强酸溶液中腐蚀得较快。在含有氨的介质中可能产生应力腐蚀。

（9）常用标准牌号对照（见表 7-56）

表 7-56 常用标准牌号对照

国别	中国	国际标准化	欧洲		英国	德国	
标准	GB	ISO	EN	Mat. No	BS	DIN	W-Nr
牌号	HAl77-2	CuZn20Al2	—	—	CZ110	CuZn20Al2	—

国别	法国	韩国	俄罗斯	日本	美国			
标准	NF	KS	ГОСТ	JIS	ASTM	UNS	AISI	SAE	ASI
牌号	CuZn22Al2	—	ЛА77-2	C6870	—	C68700	—		

7.1.9 HFe59-1-1

（1）概述

HFe59-1-1 是含有铁、锰、锡、铝的复杂黄铜。铁可以细化合金组织，有助于提高合金的力学性能和工艺性。元素锰、锡、铝可溶入固溶体起到固溶强化作用，并显著提高合金在海水、过热蒸汽和氯化物中耐蚀性。

HFe59-1-1 具有较高的强度、硬度，适合制造耐蚀的摩擦零件。

HFe59-1-1 为（α+β）两相组织，铸造状态 α 相呈针状，冷却速度越大，α 相越细长。冷加工时，α 相被拉长，再结晶退火后呈等轴的 α 相晶粒。

（2）工艺特性

HFe59-1-1 具有良好的热加工性，能进行多种形式的热加工，热加工温度为 680～730℃。该合金也有一定的冷加工成形性。

HFe59-1-1 有良好的焊接性，易于铜焊、锡焊，也可以进行气焊、气体保护焊、闪光焊，但不适合电渣焊。

HFe59-1-1 不能热处理强化，可进行再结晶退火，加热温度为 600～650℃。去应力退火温度为 300～350℃。其也有应力腐蚀倾向，可通过去应力退火去除残余应力。

（3）应用

HFe59-1-1 适用于在摩擦条件下工作的零件、在海水腐蚀条件下工作的耐腐蚀零件，如衬套、滑杆等。

（4）化学成分（见表 7-57）

表 7-57 化学成分（质量分数）（GB/T 5231—2022） （%）

Sn	Zn	Pb	P	S	Ni	Al	Fe
0.3～0.7	余量	≤0.20	—	—	—	0.1～0.5	0.6～1.2
Mn	Si	As	Cu	Bi	Sb	Cu+所列元素总和	杂质总和
0.5～0.8	—	—	57.0～60.0	—	—	≥97.7	—

注：适合拉制棒材、挤制棒材、挤制管材。

（5）物理性能（见表 7-58）

表 7-58 物理性能

温度/℃	室温	300
热导率 $\lambda/[W/(m \cdot ℃)]$	100	—
比定压热容 $c_p/[J/(kg \cdot ℃)]$	—	—
线胀系数 $/10^{-6}℃^{-1}$	—	22.7
弹性模量 $E/10^4 MPa$	10.39	—
切变模量 $G/10^3 MPa$	—	—
泊松比 $\mu/10^{-1}$	—	—
电阻率 $\rho/10^{-8}\Omega \cdot m$	9.3	—

注：密度为 $8.5g/cm^3$；熔点为 886~901℃。

(6) 常见热处理制度（见表 7-59）

表 7-59 常见热处理制度

热处理	加热温度/℃	冷却方法	金相组织
再结晶退火	600~650	空冷	(α+β)固溶体
去应力退火	230~260	空冷	(α+β)固溶体

(7) 力学性能

① 技术标准规定的力学性能见表 7-60。

表 7-60 技术标准规定的力学性能

品种 （标准）	状态	规格/mm	力学性能(≥)					
			$R_m/$ MPa	$R_{p0.2}/$ MPa	Z (%)	$A_{11.3}$ (%)	A (%)	$KU_2/$ J	HBW
拉制棒材 （GB/T 4423—2020）	硬化	4~12	490	—	—	—	17	—	—
		>12~40	440	—	—	—	19	—	—
		>40~60	410	—	—	—	22	—	—

② 室温下的力学性能见表 7-61。

表 7-61 室温下的力学性能

状态	R_m/MPa	$R_{p0.2}/MPa$	$A_{11.3}(\%)$	$A(\%)$	HBW
棒材,硬化态	490~560	—	—	20~30	160
棒材,热轧态	460~510	—	—	28~37	80(软化态)
管材,热轧态	450~615	—	—	28~36	

(8) 耐蚀性

HFe59-1-1 在大气、淡水、海水中都有良好的耐蚀性。在海水中每 24h 的重量损失为 $0.22g/m^2$，在 2%强碱溶液中的重量损失为 $0.58g/(m^2 \cdot d)$，在 10%硫酸溶液中重量损失为 $1.77g/(m^2 \cdot d)$ 或 $0.009mm/a$。

(9) 常用标准牌号对照（见表 7-62）

表 7-62 常用标准牌号对照

国别	中国	国际标准化	欧洲		英国	德国	
标准	GB	ISO	EN	Mat. No	BS	DIN	W-Nr
牌号	HFe59-1-1	—	—	—	CZ114	CuZn40Al1	—
国别	法国	韩国	俄罗斯	日本	美国		
标准	NF	KS	ГОСТ	JIS	ASTM	UNS	AISI	SAE	ASI
牌号	—	—	ЛЖМц59-1-1	—	—	C67820	—	—	—

7.1.10 QAl7

（1）概述

QAl7是不含其他元素的铝青铜，属铜-铝二元系的单相合金，其在各个状态下均为单相的α固溶体。

QAl7具有较高的强度、弹性和耐磨性，在大气、淡水、海水和某些酸介质中具有较高的耐蚀性，还具有优良的铸造及冷热加工性。

（2）工艺特性

QAl7铸造性良好、流动性好、偏析倾向小，可获得致密铸件。

该合金有良好的冷热加工性，可以进行各类冷、热成形加工，热加工温度为700~800℃。

其有良好的焊接性，可进行氩弧焊、点焊、闪光焊、铜焊，但不宜钎焊。

QAl7不能用热处理方法强化，可进行退火，加热温度一般为550~750℃，保温后空冷。去应力退火温度为300~360℃。

（3）应用

QAl7主要用于制造耐蚀的弹性元件及涡轮传动机构、摩擦轮等，也可用于冷凝器、热交换器管等。

（4）化学成分（见表7-63）

表7-63 化学成分（质量分数）（GB/T 5231—2022）　　　　　　　　（%）

Sn	Zn	Pb	P	S	Ni	Al	Fe
—	≤0.20	≤0.20	—	—	—	6.0~8.5	≤0.50
Mn	Si	As	Cu	Bi	Sb	Cu+所列元素总和	杂质总和
—	≤0.10	—	余量	—	—	≥99.5	—

注：适合板材、带材。

（5）物理性能（见表7-64）

表7-64 物理性能

温度/℃	室温	100	300
热导率 λ/[W/(m·℃)]	79.4	—	—
比定压热容 c_p/[J/(kg·℃)]	376.4	—	—
线胀系数/10^{-6}℃$^{-1}$	—	17.8	19.4
弹性模量 E/10^4MPa	11.5~12.0		
切变模量 G/10^3MPa			
泊松比 μ/10^{-1}			
电阻率 ρ/10^{-8}Ω·m	11.0~13.0		

注：密度为7.8g/cm³；熔点为1041℃。

（6）常见热处理制度（见表7-65）

表7-65 常见热处理制度

热处理	加热温度/℃	冷却方法	金相组织
再结晶退火	550~750	空冷	α固溶体
去应力退火	300~360	空冷	α固溶体

(7) 力学性能

① 技术标准规定的力学性能见表7-66。

表7-66 技术标准规定的力学性能

品种（标准）	状态	规格/mm	力学性能(≥)						
			R_m/MPa	$R_{p0.2}$/MPa	Z(%)	$A_{11.3}$(%)	A(%)	KU_2/J	HBW
板材（GB/T 2040—2017）	半硬化	0.4~12	585~740	—	—	10	—	—	—
	硬化		635	—	—	5	—	—	—
带材（GB/T 2059—2017）	半硬化	≥0.2	585~740	—	—	10	—	—	—
	硬化		635	—	—	5	—	—	—

② 不同温度下的力学性能见表7-67。

表7-67 不同温度下的力学性能（供参考）

状态	温度/℃	R_m/MPa	$R_{p0.2}$/MPa	Z(%)	$A_{11.3}$(%)	A(%)	HBW
板材、带材,半硬化态	室温	540~735	—	—	—	10~29	—
板材、带材,硬化态	室温	520~910	—	—	—	5~23	—
—	20	415	—	87	—	39	—
	200	375	—	84	—	62	—
	300	350	—	90	—	36	—
	400	195	—	94	—	—	—
	500	130	—	100	—	54	—
	600	110	—	100	—	80	—
	700	50	—	100	—	119	—
	800	25	—	100	—	129	—
	900	20	—	100	—	129	—
	20	530	180	29	—	26	—
	-10	530	185	30	—	33	—
	-40	540	185	36	—	35	—
	-80	565	185	30	—	31	—
	-120	605	190	31	—	32	—
	-180	660	200	30	—	29	—

(8) 耐蚀性

耐全面（均匀）腐蚀性能见表7-68。

表7-68 耐全面（均匀）腐蚀性能

介质	浓度(%)	压力/MPa	温度/℃	时间/h	腐蚀速率	
					mm/a	g/(m²·h)
硫酸	10~25	—	40~60	1000	4.6~5.2	4.5~5.0
	40	—	60	1000	2.42	2.18
	10	—	100	—	6.9	6.22
	50	—	100	—	1.5	1.35
	80	—	100	—	4.7~5.3	4.2~4.8
	浓	—	30	—	0.13	0.12
乙酸	5	—	40	720	0.12	—
	30	—	40	720	0.25	—
	33	—	沸点	720	0.07	—
	50	—	20	720	0.07	0.066
		—	100	—	0.12	0.11

(续)

介质	浓度(%)	压力/MPa	温度/℃	时间/h	腐蚀速率 mm/a	腐蚀速率 g/(m²·h)
乙酸	浓	—	20	—	0.16	0.14
			100	—	0.9	0.8
盐酸	3	—	30	—	0.72	0.65
			100	—	>10.0	>10.0
	10	—	20	360	>10.0	>10.0
			30	—	1.36	1.23
	3~10	—	100	—	>10.0	>10.0
	20	—	20	—	0.7	0.6
			40	—	3.5	3.1
	30	—	20	—	2.5	2.25
			40	—	5.0	4.5
	50（体积分数）	—	30	—	1.47	1.32
			100	—	3.60	3.24
甲酸	约40	—	30	—	0.08	0.07
			100	—	1.29	1.16
	浓	—	30	—	0.15	0.13
			100	—	0.35	0.31
氢氟酸	18	—	室温	96	0.0178	—
无水乙酸	—	—	40	720	0.039	—
柠檬酸	5	—	20	—	0.04	—
磷酸	40~浓	—	20	—	0~0.001	0~0.009
	40	—	沸点	—	0.01	0.009
	80	—	沸点	—	0.23	0.21
	浓	—	沸点	—	1.0	0.9
硫酸铵硫酸	饱和2	—	180	—	0.08	—
硫酸铵	10	—	40	720	0.06	—
硫酸钠	10	—	20	—	0.001	—
氯化镁	5	—	20	—	0.003	—
硫化氢	—	—	20	—	可用	—
氢氧化钠	33	—	20	—	可用	—

（9）常用标准牌号对照见表 7-69

表 7-69 常用标准牌号对照

国别	中国	国际标准化	欧洲		英国	德国	
标准	GB	ISO	EN	Mat. No	BS	DIN	W-Nr
牌号	QAl7	CuAl7	—		A102	CuAl8	

国别	法国	韩国	俄罗斯	日本	美国			
标准	NF	KS	ГОСТ	JIS	ASTM	UNS	AISI	SAE	ASI
牌号	CuAl8	—	БРА7	—	—	C61000	—	—	—

7.1.11 QAl9-4

（1）概述

QAl9-4 是铜-铝-铁三元系高强度复杂铝青铜。铁元素会与铝形成微粒状的 $FeAl_3$ 化合物，显著提高合金的强度、硬度和耐磨性，铁还可以增加高温β相的稳定性，抑制β相发生共析分解和形成连续、链状、粗大的γ_2颗粒，防止合金"自行退火"引发的脆性，改进合金的加工性。

QAl9-4具有高强度、耐磨、耐寒、耐蚀的优良性能，是常用的高强度结构材料。

QAl9-4在高于565℃即β→(α+γ)的共析转变温度时，合金为α+β两相组织，快冷时β相会转变成β′马氏体相。低于565℃温度回火时，β′马氏体会发生共析分解成(α+γ_2)共析体。不同回火温度可生成不同形态的共析体，合金在基体组织中还会存在微粒状的$FeAl_3$化合物。

（2）工艺特性

QAl9-4中的β相在高温时具有塑性，所以该合金有良好的热加工性，可进行多种热加工，热加工温度为750~850℃。该合金也具有一定的冷加工成形性，可以进行冷轧、冷弯等冷加工。

QAl9-4可以焊接、可以良好地进行氩弧焊、闪光焊、铜焊，但不宜进行气焊、锡焊和电渣焊。

QAl9-4不能热处理强化，在650~700℃加热后空冷，可以降低合金脆性。再结晶退火温度为600~700℃，保温后空冷。去应力退火温度为300~400℃，保温后空冷。

（3）应用

QAl9-4常被用于制造高强度的耐磨、耐蚀零件，如轴承、轴套、齿轮、蜗轮、阀座、凸轮、导阀等各种零件，也可用于制作在含有硫酸盐类介质中使用的泵体、泵轮等。

（4）化学成分（见表7-70）

表7-70 化学成分（质量分数）（GB/T 5231—2022） （%）

Sn	Zn	Pb	P	S	Ni	Al	Fe
≤0.1	≤1.0	≤0.01	≤0.01	—	—	8.0~10.0	2.0~4.0
Mn	Si	As	Cu	Bi	Sb	Cu+所列元素总和	杂质总和
≤0.5	≤0.1	—	余量	—	—	≥98.3	—

注：适合拉制棒材、挤制棒材、板材、带材、挤制管材。

（5）物理性能（见表7-71）

表7-71 物理性能

温度/℃	室温	300	-20	-40	-60	-100	-140	-180
热导率λ/[W/(m·℃)]	58.6	—	—	—	—	—	—	—
比定压热容c_p/[J/(kg·℃)]	376.3	—	—	—	—	—	—	—
线胀系数/10^{-6}℃$^{-1}$	16.2(100℃)	19.0	15.8	15.3	14.7	13.8	13.2	12.0
弹性模量E/10^4MPa	11.38	—	—	—	—	—	—	—
切变模量G/10^3MPa	41.4	—	—	—	—	—	—	—
泊松比μ/10^{-1}	—	—	—	—	—	—	—	—
电阻率ρ/10^{-8}Ω·m	12.3	—	—	—	—	—	—	—

注：密度为7.50g/cm^3；熔点为1037~1048℃。

（6）常见热处理制度（见表7-72）

表 7-72 常见热处理制度

热处理	加热温度/℃	冷却方法	金相组织
再结晶退火	600~700	空冷	(α+γ₂)共析体+FeAl₃ 微粒
去应力退火	300~400	空冷	(α+γ₂)共析体+FeAl₃ 微粒

(7) 力学性能

① 技术标准规定的性能见表 7-73。

表 7-73 技术标准规定的力学性能

品种（标准）	状态	规格/mm	力学性能(≥)						HBW
			R_m/MPa	$R_{p0.2}$/MPa	Z(%)	$A_{11.3}$(%)	A(%)	KU_2/J	
拉制棒材（GB/T 4423—2020）	硬化	4~10	550	—	—	—	11	—	—
板材（GB/T 2040—2017）	硬化	0.4~12	585	—	—	—	—	—	—
带材（GB/T 2059—2017）	硬化	≥0.2	635	—	—	—	—	—	—

② 不同温度下的力学性能见表 7-74。

表 7-74 不同温度下的力学性能

状态	温度/℃	R_m/MPa	$R_{p0.2}$/MPa	Z(%)	$A_{11.3}$(%)	A(%)	HBW
棒材,热轧态	室温	539~686	—	—	—	18~41	
管材,热轧态	室温	519~657	—	—	—	19~38	
980℃淬火	室温	765		6		7	
980℃淬火,300℃回火	室温	765		4		3	
980℃淬火,400℃回火	室温	795		6		4	
980℃淬火,600℃回火	室温	725		42		33	
980℃淬火,700℃回火	室温	745		31		21	
—	100	564				19.2	
—	200	540				18	
—	300	504				21	
—	400	420				30	
—	500	300				38	
—	600	180				36	
—	700	96				27	
热挤压	−183	710	380	16		15	
	−196	725	365	16		17	
650℃软化退火	−183	670	315	25		25	
	−196	715	345	25		27	
700℃软化退火	−183	640	325	20		18	
	−196	660	335	21		22	
750℃软化退火	−183	610	330	13		14	
	−196	650	340	16		18	

(8) 耐蚀性

QAl9-4 在大气、淡水、静止和流动的海水中有稳定的耐蚀性，对非氧化性酸、盐酸、硫酸和乙酸等也有很好的耐蚀性，但不宜在碱溶液中使用。

QAl9-4 耐全面（均匀）腐蚀性能见表 7-75。

表 7-75 耐全面（均匀）腐蚀性能

介质	浓度（%）	压力/MPa	温度/℃	时间/h	腐蚀速率 mm/a	腐蚀速率 g/(m²·h)	备注
硫酸	0.5~2.5	—	20	—	可用		
			沸腾	—	可用		
盐酸	10	—	20	—	3.92	—	—
磷酸	浓	—	90	—	0.026~0.05		
氢氧化钾	20	—	20	—	0.020		
		—	100	—	0.45		

（9）常用标准牌号对照（见表 7-76）

表 7-76 常用标准牌号对照

国别	中国	国际标准化	欧洲		英国	德国	
标准	GB	ISO	EN	Mat. No	BS	DIN	WNr
牌号	QAl9-4	CuAl10Fe3	—	—	CA103	CuAl8Fe3	—
国别	法国	韩国	俄罗斯	日本	美国		
标准	NF	KS	ГОСТ	JIS	ASTM	UNS	AISI	SAE	ASI
牌号	CuAl7Fe2	—	БРАЖ9-4	—	—	C62300	—	—	—

7.1.12　QAl10-3-1.5

（1）概述

QAl10-3-1.5 是铜-铝-铁-锰四元系高强度复杂铝青铜。锰元素溶入固溶体，可显著增加高温 β 相的稳定性，降低 β→α+γ₂ 共析分解的温度和速度，抑制由于共析转变生成粗大脆性相而变脆的"自行退火"现象，并提高合金的力学性能和耐蚀性。铁与铝可形成微粒状的 $FeAl_3$ 化合物，细化晶粒和提高合金的耐磨性。

QAl10-3-1.5 具有高强度、硬度和耐磨性，有一定的热处理强化作用，在适当条件的淬火和回火后可提高合金硬度。

该合金适合制造高强度零件和耐磨零件，可在铸态下使用。

QAl10-3-1.5 的金相组织随材料的冷却条件不同有所变化。在生产条件下冷却组织为 α+（α+γ₂）共析体，经过缓慢冷却，形成的（α+γ₂）共析体有明显的片状特征，合金变脆。如果高温加热后快速冷却，高温 β 相将转变成亚稳定的针状 β′马氏体。回火时 β′共析分解成为（α+γ₂）共析体，通过回火制度调整的（α+γ₂）共析体可能是粗大的，也可能是细小的，不同形态的共析体具有不同的性能。

（2）工艺特性

QAl10-3-1.5 在高温下有良好的塑性，易于进行热加工，可进行热轧、热锻、热挤压等各种加工，热加工温度为 775~825℃。

该合金可以进行焊接，能良好地进行氩弧焊、电阻点焊、闪光焊、铜焊，但不宜进行气焊、锡焊和电渣焊。

QAl10-3-1.5 可通过淬火并回火改变性能，淬火加热温度为 840~860℃，保温后水冷。回火温度可在 350~450℃ 之间选择，再结晶退火温度为 650~750℃。

（3）应用

QAl10-3-1.5 可以制作高温条件下工作的耐磨件和各种标准件，如齿轮、轴承、衬套、飞轮、紧固件；也可代替高锡青铜制作重要机件，用于化工、船舶等行业机械的耐磨零件。

（4）化学成分（见表7-77）

表7-77 化学成分（质量分数）（GB/T 5231—2022） （%）

Sn	Zn	Pb	P	S	Ni	Al	Fe
≤0.1	≤0.5	≤0.03	≤0.01	—	—	8.5~10.0	2.0~4.0
Mn	Si	As	Cu	Bi	Sb	Cu+所列元素总和	杂质总和
1.0~2.0	≤0.1	—	余量	—	—	≥99.3	—

注：适合拉制棒材、挤制棒材、挤制管材。

（5）物理性能（见表7-78）

表7-78 物理性能

温度/℃	室温	400	-20	-60	-100	-120	-160	-196
热导率 λ/[W/(m·℃)]	58.6	—	—	—	—	—	—	—
比定压热容 c_p/[J/(kg·℃)]	356	—	—	—	—	—	—	—
线胀系数/10^{-6}℃$^{-1}$	16.1(100℃)	20.0	15.9	15.1	14.5	14.2	13.6	12.0
弹性模量 E/10^4MPa	10.2	—	—	—	—	—	—	—
切变模量 G/10^3MPa	—	—	—	—	—	—	—	—
泊松比 μ/10^{-1}	—	—	—	—	—	—	—	—
电阻率 ρ/$10^{-8}\Omega\cdot m$	19.0	—	—	—	—	—	—	—

注：密度为7.50g/cm³；熔点为1020~1046℃。

（6）常见热处理制度（见表7-79）

表7-79 常见热处理制度

热处理	加热温度/℃	冷却方法	金相组织
再结晶退火	650~750	空冷	$\alpha+(\alpha+\gamma_2)+FeAl_3$ 微粒
淬火	840~860	水冷	β'马氏体+$FeAl_3$ 微粒
回火	350~450	空冷	$(\alpha+\gamma_2)+FeAl_3$ 微粒

（7）力学性能

① 技术标准规定的力学性能见表7-80。

表7-80 技术标准规定的力学性能

品种（标准）	状态	规格/mm	力学性能(≥)						HV
			R_m/MPa	$R_{p0.2}$/MPa	Z(%)	$A_{11.3}$(%)	A(%)	KU_2/J	
拉制棒材（GB/T 4423—2020）	硬化	4~10	630	—	—	—	15	—	—
—	淬火+回火	—	610	—	—	—	13	—	130

② 不同温度下的力学性能见表7-81。

表7-81 不同温度下的力学性能

状态	温度/℃	R_m/MPa	$R_{p0.2}$/MPa	Z(%)	$A_{11.3}$(%)	A(%)	HBW
棒材,热轧态	室温	590~685	—	—	—	16~44	146~208
管材,热轧态	室温	560~725	—	—	—	11~38	161~179
850℃淬火	室温	830	—	20.2	—	17	—
850℃淬火,300℃空冷	室温	795	—	32.2	—	17.7	205

（续）

状态	温度/℃	R_m/MPa	$R_{p0.2}$/MPa	Z(%)	$A_{11.3}$(%)	A(%)	HBW
850℃淬火,350℃空冷	室温	815	—	28.7	—	18.4	210
850℃淬火,400℃空冷	室温	810	—	35.5	—	22.2	—
850℃淬火,450℃空冷	室温	745	—	—	—	15.7	185
—	100	620	—	25	—	20.5	—
—	200	580	—	20	—	15	85
—	300	470	—	21	—	13	70
—	400	330	—	40	—	27	54
—	500	240	—	50	—	40	38
—	600	130	—	50	—	41	21
—	700	40	—	53	—	43	—
465mm挤制棒 不热处理	20	580	200	31.2	—	28.1	—
465mm挤制棒 不热处理	-183	712	282	25.5	—	24.0	—
465mm挤制棒 不热处理	-196	730	298	32.7	—	26.6	—

（8）耐蚀性

耐全面（均匀）腐蚀性能见表7-82。

表7-82 耐全面（均匀）腐蚀性能

介质	浓度(%)	压力/MPa	温度/℃	时间/h	腐蚀速率 mm/a	腐蚀速率 g/(m²·h)	备注
人造海水	—	—	20	—	0.013	0.012	
人造海水	—	—	40	—	0.008	0.007	
乙酸	30	—	20	720	0.03	0.03	
乙酸	30	—	40	720	0.12	0.104	
盐酸	10	—	20	720	1.53	1.35	
盐酸	10	—	40	720	11.66	10.22	
硫酸	10	—	20~80	720	<0.20	<0.20	
硫酸	35~55	—	20~80	720	0.10	0.10	
硫酸	35	—	80	720	0.45	0.404	
硫酸	55	—	80	720	0.06	0.054	
硫酸	浓	—	20	720	0.033	0.03	
硫酸	浓	—	40	720	0.190	0.166	

此外，QAl10-3-1.5在大气、淡水等介质中也具有较好耐蚀性。

（9）常用标准牌号对照（见表7-83）

表7-83 常用标准牌号对照

国别	中国	国际标准化	欧洲		英国	德国	
标准	GB	ISO	EN	Mat. No	BS	DIN	W-Nr
牌号	QAl10-3-1.5	CuAl10Fe3	CuAl10Fe3Mn2	—	CA105	CuAl10Fe3Mn2	—
国别	法国	韩国	俄罗斯	日本	美国		
标准	NF	KS	ГОСТ	JIS	ASTM	UNS	AISI	SAE	ASI
牌号	—	—	БРАЖМЦ10-3-1.5	C6161	—	C63200	—	—	—

7.1.13 QAl10-4-4

（1）概述

QAl10-4-4是含铁和镍的铝青铜，即铜-铝-镍-铁四元系的热强型复杂的铝青铜，属高强度的耐热青铜。这是因为合金中的铁、镍与铝能形成在室温下具有体心立方晶格的马氏体 K

相。K相在高温时会溶入α相和β相中，随温度降低而析出，因此可通过适当的热处理控制其析出的形态和尺寸，从而提高合金的力学性能。

QAl10-4-4在高温（400℃）下力学性能稳定，有良好的减摩性，在大气、淡水和海水中有很好的耐蚀性。还具有良好的冷、热加工性，可焊接和通过热处理强化。

QAl10-4-4可在锻、铸及变形状态下使用。

（2）工艺特性

QAl10-4-4有良好的高温塑性，即有良好的热加工性，可进行各种形式的热加工，热加工温度为850~900℃。热加工终止温度不低于750℃。

QAl10-4-4在高于950℃为α+β两相，在室温时为α+K相，K相是在冷却过程中析出的，因此，QAl10-4-4可通过热处理强化。热处理是先在900℃左右温度加热，保温后水冷，为获得较高强度可在400℃左右回火时效，如果要获得高的冲击韧性，可在650℃左右回火时效。

QAl10-4-4宜进行氩弧焊，在预热至200℃的条件下，可获得优良的焊接效果；也可进行接触电阻焊、点焊、闪光焊等。但其不适宜进行锡焊、电渣焊和气焊。

（3）应用

QAl10-4-4可制作高强度的耐磨零件和在400℃以下工作的零件，如轴套、轴衬、齿轮、螺母、导向螺杆，其也可制作泵体、泵轮、阀体、轴等。

（4）化学成分（见表7-84）

表7-84 化学成分（质量分数）（GB/T 5231—2022） （%）

Sn	Zn	Pb	P	S	Ni	Al	Fe
≤0.1	≤0.5	≤0.02	≤0.01	—	3.5~5.5	9.5~11.0	3.5~5.5
Mn	Si	As	Cu	Bi	Sb	Cu+所列元素总和	杂质总和
≤0.3	≤0.1	—	余量	—	—	≥99.0	—

（5）物理性能（见表7-85）

表7-85 物理性能

温度/℃	室温	100	300	593	-20	-40	-60	-80
热导率 λ/[W/(m·℃)]	75.4	—	—	—	—	—	—	—
比定压热容 c_p/[J/(kg·℃)]	376.8	—	—	—	—	—	—	—
线胀系数/10^{-6}℃$^{-1}$	—	17.10	17.28	19.26	16.26	15.40	14.90	14.55
弹性模量 E/10^4MPa	12.5	—	—	—	—	—	—	—
切变模量 G/10^3MPa								
泊松比 μ/10^{-1}								
电阻率 ρ/10^{-8}Ω·m	19.3	—	—	—	—	—	—	—

注：密度为7.68g/cm³；熔点为1038~1054℃。

（6）常见热处理制度（见表7-86）

表7-86 常见热处理制度

热处理	加热温度/℃	冷却方法	金相组织
再结晶退火	650~700	空冷	α固溶体+K
淬火	880~900	水冷	α固溶体+K
回火	500~600	空冷	α固溶体+K

(7) 力学性能

① 技术标准规定的力学性能见表 7-87。

表 7-87 技术标准规定的力学性能

品种 （标准）	状态	规格/mm	力学性能（≥）						HV
			R_m/MPa	$R_{p0.2}$/MPa	Z(%)	$A_{11.3}$(%)	A(%)	KU_2/J	
—	淬火+回火	—	690	590	—	—	10	—	130

② 不同温度下的力学性能见表 7-88，蠕变极限和持久极限见表 7-89。

表 7-88 不同温度下的力学性能

状态		温度/℃	R_m/MPa	$R_{p0.2}$/MPa	Z(%)	$A_{11.3}$(%)	A(%)	HBW
管材,热轧		室温	657~814	—	—	—	7~30	—
棒材(<29mm),热轧		室温	696~843	—	—	—	10~28	—
棒材(≥29mm),热轧		室温	657~814	—	—	—	8~27	—
挤制棒 900℃水冷	—	室温	735	435	—	—	5.5	—
	500℃回火	室温	770	515	—	—	8.5	—
	550℃回火	室温	765	520	—	—	11.0	—
	600℃回火	室温	760	435	—	—	11.0	—
	650℃回火	室温	705	455	—	—	14.0	—
	750℃回火	室温	755	440	—	—	12.5	—
棒材,热轧		−7	735	450	—	—	25	—
		−59	770	485	—	—	26	—
		−181	860	485	—	—	10	—
φ80mm 挤制棒 不热处理		20	705	336	12.7	—	8.2	—
		−183	784	425	9.0	—	4.0	—
		−196	772	418	4.9	—	3.4	—

表 7-89 蠕变极限和持久极限

状态	温度/℃	蠕变极限/MPa				持久极限/MPa			
		$\sigma_{1/10^3}$	$\sigma_{1/10^4}$	$\sigma_{3/10^4}$	$\sigma_{1/10^5}$	σ_{10^3}	σ_{10^4}	$\sigma_{3\times10^4}$	σ_{10^5}
挤制棒 700℃空冷	150	340	320	310	290	610	590	580	560
	200	310	280	270	260	520	470	430	400
	250	280	260	250	230	400	330	310	270
	300	230	180	160	130	280	220	190	160

(8) 耐蚀性

QAl10-4-4 在大气、淡水和海水中有很好的耐蚀性，对碱、非氧化性酸、磷酸、乙酸、硫酸都有较好的耐蚀性。如在海水中的腐蚀速率为 $0.0075g/(m^2 \cdot h)$，在 10% 硫酸溶液中为 $0.024g/(m^2 \cdot h)$。具体可参见表 7-82。

(9) 常用标准牌号对照（见表 7-90）

表 7-90 常用标准牌号对照

国别	中国	国际标准化	欧洲		英国	德国	
标准	GB	ISO	EN	Mat. No	BS	DIN	W-Nr
牌号	QAl10-4-4	CuAl10Ni5Fe5	—	—	CA104	CuAl10Ni5Fe4	—

(续)

国别	法国	韩国	俄罗斯	日本	美国				
标准	NF	KS	ГОСТ	JIS	ASTM	UNS	AISI	SAE	ASI
牌号	CAl10Ni5Fe4	—	БРАЖН10-4-4	—	—	C63000	—	—	—

7.1.14　QSn7-0.2

（1）概述

QSn7-0.2是高锡含量的铜-锡-磷系三元锡青铜。相对于其他锡青铜，QSn7-0.2含有较多的磷，可适当提高合金的力学性能，改善耐蚀性和浇注时的流动性。合金组织特征是在α相固溶体中含有少量的（α+δ）共析体，因为δ相是硬脆相，含量高时会降低合金的塑性和力学性能，所以应控制δ相的含量；也可通过均匀化处理，变形加工和退火后消除。

QSn7-0.2强度高，弹性和耐磨性好，在大气、淡水和海水中都具有良好的耐蚀性。

QSn7-0.2适宜制作中等载荷和中等滑动速度条件下的承受摩擦的零件。

（2）工艺特性

QSn7-0.2有良好的热加工性，可进行热挤压等加工，热加工温度一般在700~800℃。它也具有好的冷加工成形性，可进行冷拉伸、弯曲、冲压等。

QSn7-0.2不能热处理强化，可采用再结晶退火或去应力退火，再结晶退火温度为500~680℃，去应力退火温度为200~260℃，保温后空冷。

QSn7-0.2易于焊接和钎焊。

（3）应用

QSn7-0.2主要用于承受一定载荷且有一定滑动速度的耐磨零件，如抗磨垫圈、轴承、轴套、蜗轮，也可制造弹簧等弹性元件。

（4）化学成分（见表7-91）

表7-91　化学成分（质量分数）（GB/T 5231—2022）　　　　　（%）

Sn	Zn	Pb	P	S	Ni	Al	Fe
6.0~8.0	≤0.3	≤0.02	0.10~0.25	—	—	≤0.01	≤0.05
Mn	Si	As	Cu	Bi	Sb	Cu+所列元素总和	杂质总和
—	—	—	余量	—	—	≥99.6	—

注：适合拉制棒材、挤制棒材、板材、带材。

（5）物理性能（见表7-92）

表7-92　物理性能

温度/℃	室温	100	400
热导率 $\lambda/[W/(m\cdot℃)]$	54.4	—	—
比定压热容 $c_p/[J/(kg\cdot℃)]$	376.8	—	—
线胀系数/$10^{-6}℃^{-1}$	—	—	19.0
弹性模量 $E/10^4$MPa	10.59	—	—
切变模量 $G/10^3$MPa	—	—	—
泊松比 $\mu/10^{-1}$	—	—	—
电阻率 $\rho/10^{-8}\Omega\cdot m$	14.0	—	—

注：密度为8.65g/cm³；熔点为1025℃。

(6) 常见热处理制度（见表7-93）。

表7-93 常见热处理制度

热处理	加热温度/℃	冷却方法	金相组织
再结晶退火	500~680	空冷	α固溶体
去应力退火	200~260	空冷	α固溶体

(7) 力学性能

① 技术标准规定的力学性能见表7-94。

表7-94 技术标准规定的力学性能

品种（标准）	状态	规格/mm	力学性能(≥)					
			R_m/MPa	$R_{p0.2}$/MPa	Z(%)	$A_{11.3}$(%)	A(%)	KU_2/J	HBW
拉制棒材 (GB/T 4423—2020)	硬化	4~40	440	—	—	—	19	—	130~200
	特硬	4~40							≥180
板材 (GB/T 2040—2017)	软化退火	0.2~12	295			40			
	半硬化		540~690			8			
	硬化		665			2			
带材 (GB/T 2059—2017)	软化	≥0.15	295			40			
	硬化		540~690			8			
	特硬		665			2			

② 室温下的力学性能见表7-95。

表7-95 室温下的力学性能

状态	R_m/MPa	$R_{p0.2}$/MPa	$A_{11.3}$(%)	A(%)	HBW
棒材,热轧	355~430	—	—	47~73	9~80
棒材,退火	435	—	—	40	—
棒材,硬化	505	—	—	20~38	175~184
棒材,特硬	600	—	—	22	—

(8) 耐蚀性

QSn7-0.2对大气、淡水、海水具有较高的耐蚀稳定性，在海水中的腐蚀速率小于0.0018mm/a，对稀硫酸、有机酸等也有良好的耐蚀性。

(9) 常用标准牌号对照（见表7-96）

表7-96 常用标准牌号对照

国别	中国	国际标准化	欧洲		英国	德国	
标准	GB	ISO	EN	Mat. No	BS	DIN	W-Nr
牌号	QSn7-0.2	CuZn8				CuSn8	
国别	法国	韩国	俄罗斯	日本	美国		
标准	NF	KS	ГОСТ	JIS	ASTM	UNS	AISI	SAE	ASI
牌号	CuSn8P	—	БРОФ7-0.2	C5210	—	C52100	—		

7.1.15 B19

(1) 概述

B19是典型的白铜，即含镍（其中含有钴）的钼-镍合金，因常用作结构件，故也称为结构白铜。

B19 有良好的力学性能、足够的塑性，也具有良好的耐蚀性，特别是在较高温度的腐蚀介质中，仍具有良好的耐蚀性。

(2) 工艺特性

B19 具有足够的塑性，所以可以满意地进行冷、热加工，热加工温度为 980～1030℃。热加工温度应严格控制，防止过烧。

B19 一般在退火状态使用，退火加热温度为 690～780℃。

B19 冷加工性不好。

(3) 应用

B19 可用于有腐蚀特别是较高温度腐蚀条件下工作的结构件，如泵体、泵轮、阀体、管路等。

(4) 化学成分（见表 7-97）

表 7-97 化学成分（质量分数）（GB/T 5231—2022） (%)

Sn	Zn	Pb	P	S	Ni+Co	Al	Fe
—	≤0.3	≤0.005	≤0.01	≤0.01	18.0～20.0	≤0.01	≤0.5

Mn	Si	Cu	C	Bi	Mg	Cu+所列元素总和	杂质总和
≤0.5	≤0.15	余量	≤0.05	—	≤0.05	≥98.2	—

注：适合板材、带材。

(5) 物理性能（见表 7-98）

表 7-98 物理性能

温度/℃	室温	100
热导率 λ/[W/(m·℃)]	38.5	—
比定压热容 c_p/[J/(kg·℃)]	376.8	—
线胀系数/10^{-6}℃$^{-1}$	—	16.0
弹性模量 E/10^4MPa	13.72	—
切变模量 G/10^3MPa	—	—
泊松比 μ/10^{-1}	—	—
电阻率 ρ/10^{-8}Ω·m	28.7	—

注：密度为 8.9g/cm³；熔点为 1132～1192℃。

(6) 常见热处理制度（见表 7-99）

表 7-99 常见热处理制度

热处理	加热温度/℃	冷却方法	金相组织
退火	650～750	空冷	α 固溶体
去应力退火	250～280	空冷	α 固溶体

(7) 力学性能

① 技术标准规定的力学性能见表 7-100。

表 7-100 技术标准规定的力学性能

品种（标准）	状态	规格/mm	力学性能（≥）					
			R_m/MPa	$R_{p0.2}$/MPa	Z(%)	$A_{11.3}$(%)	A(%)	KU_2/J	HBW
板材（GB/T 2040—2017）	热轧	7～14	295	—	—	20	—	—	—
	软化退火	0.5～10	290	—	—	25	—	—	—
	硬化	0.5～10	390	—	—	3	—	—	—

(续)

品种 （标准）	状态	规格/mm	力学性能（≥）						
			R_m/ MPa	$R_{p0.2}$/ MPa	Z (%)	$A_{11.3}$ (%)	A (%)	KU_2/ J	HBW
带材 （GB/T 2059—2017）	软化	≥0.2	290	—	—	25	—	—	—
	硬化	≥0.2	390	—	—	3	—	—	—

② 不同温度下的力学性能见表 7-101。

表 7-101 不同温度下的力学性能

状态	温度/℃	R_m/MPa	$R_{p0.2}$/MPa	Z(%)	$A_{11.3}$(%)	A(%)	HBW
板材,退火	室温	392	—	—	—	35	70
板材,硬化	室温	784	588	—	—	5	128
ϕ25mm 棒材 20% 加工率	200	392				28	
	400	324				22	
	600	170				16	
	800	40				29	
	20	354	190	78	—	26	
	−10	386	197	77	—	28	
	−40	410	199	77	—	29	
	−80	423	200	76	—	29	
	−120	455	201	75	—	28	
	−180	506	223	72	—	36	—

（8）耐蚀性

耐全面（均匀）腐蚀性能见表 7-102。

表 7-102 耐全面（均匀）腐蚀性能

介质	浓度(%)	压力/MPa	温度/℃	时间/h	腐蚀速率		备注
					mm/a	g/(m²·h)	
工业区大气	—	—	—	—	0.0022	—	
海洋大气	—	—	—	—	0.001	—	
农村大气	—	—	—	—	0.00035	—	
淡水	—	—	—	—	0.03	—	
海水	—	—	—	—	—	0.007	
蒸汽凝结水	—	—	—	—	0.1	—	
盐酸	1	—	20	—	0.3	—	
	10	—	20	—	0.8	—	
硫酸	10	—	20	—	0.1	—	
亚硫酸	饱和液	—	—	—	2.6	—	—
氢氟酸	38	—	110	—	0.9	—	
	98	—	38	—	0.05	—	
	无水	—	—	—	0.13	—	
磷酸	8	—	20	—	0.58	—	
乙酸	10	—	20	—	0.028	—	
柠檬酸	5	—	20	—	0.02	—	
酒石酸	5	—	20	—	0.019	—	
脂肪酸	60	—	100	—	0.066	—	
氨水	7	—	30	—	0.5	—	
氢氧化钠	10~50	—	100	—	0.13	—	

(9) 常用标准牌号对照（见表7-103）

表 7-103 常用标准牌号对照

国别	中国	国际标准化	欧洲		英国	德国	
标准	GB	ISO	EN	Mat. No	BS	DIN	W-Nr
牌号	B19	—	—	—	CN104	CuNi20Fe	—

国别	法国	韩国	俄罗斯	日本	美国			
标准	NF	KS	ГОСТ	JIS	ASTM	UNS	AISI	SAE	ASI
牌号	CuNi20	—	MH19	C7100	—	C71000	—	—	—

7.1.16 NCu28-2.5-1.5

(1) 概述

NCu28-2.5-1.5 属固溶强化型的镍-铜-铁-锰四元合金，加入少量的铁、锰元素溶入镍-铜固溶体，从而进一步提高了合金的强度和耐蚀性。该合金在国外的商品名称为蒙乃尔合金。该合金也可归类于含铜镍合金。

NCu28-2.5-1.5 兼有铜和镍的许多优点。在耐蚀性方面的特征是：在还原性介质中比镍耐蚀，在氧化性介质中比铜耐蚀。

该合金还具有良好的力学性能和工艺性。其具有较高的强度和热强性，在 750℃ 以上具有较好的抗氧化性，加热至 500℃ 时，其力学性能变化很小。

NCu28-2.5-1.5 还具有抗海水冲击腐蚀和抗湍流冲击腐蚀的能力。

该合金在大气、淡水、海水、碱溶液、各种盐溶液以及有机和无机酸液中都有较高的耐蚀性。

(2) 工艺特性

NCu28-2.5-1.5 具有优良的热加工性，可进行各种形式的热加工，热加工温度为 1125~1180℃。

该合金宜采用锡焊、铜焊、点焊、对焊、气体保护焊等各种焊接方法，但不宜采用电渣焊。

NCu28-2.5-1.5 不能热处理强化，所以只可采用退火处理，退火加热温度为 800~900℃，也可采用去应力退火，加热温度为 400~500℃。

该合金冷加工性良好，可进行各种形式的冷变形加工，但也有冷作硬化倾向。

(3) 应用

NCu28-2.5-1.5 可用于制作在蒸汽、盐、碱、酸溶液介质中工作的零件。

该合金可制作泵体、泵轮、阀体、管路等，使用时应注意不能与稀有金属接触，以防止材料的快速腐蚀。

(4) 化学成分（见表7-104）

表 7-104 化学成分（质量分数）（GB/T 5235—2021） （%）

Sn	Zn	Pb	P	S	Ni+Co	Sb	Fe
—	—	≤0.003	≤0.005	≤0.02	余量	≤0.002	2.0~3.0

Mn	Si	C	Cu	Bi	Mg	As	杂质总和
1.2~1.8	≤0.1	≤0.20	27.0~29.0	≤0.002	≤0.10	≤0.010	

注：适合棒材、板材、管材。

（5）物理性能（见表7-105）

表7-105　物理性能

温度/℃	室温	93	204	316	427	538	649
热导率 λ/[W/(m·℃)]	21.8	24.1	27.8	31.0	34.0	38.1	41.4
比定压热容 c_p/[J/(kg·℃)]	520	—	—	—	—	—	—
线胀系数/10^{-6}℃$^{-1}$	—	13.9	15.5	15.8	16.0	16.4	—
弹性模量 E/10^4MPa	18.33	17.92	17.65	17.02	14.42	11.03	8.96
切变模量 G/10^3MPa	65.5	64.1	61.4	58.5	45.6	—	—
泊松比 μ/10^{-1}	—	—	—	—	—	—	—
电阻率 ρ/$10^{-8}\Omega\cdot m$	42.5	—	—	—	—	—	—

注：密度为8.83g/cm^3；熔点为1300~1350℃。

（6）常见热处理制度（见表7-106）

表7-106　常见热处理制度

热处理	加热温度/℃	冷却方法	金相组织
退火	800~900	缓冷	α-固溶体
去应力退火	540~650	空冷	α-固溶体

（7）力学性能

① 技术标准规定的力学性能见表7-107。

表7-107　技术标准规定的力学性能

品种（标准）	状态	规格/mm	力学性能（≥）					
			R_m/MPa	$R_{p0.2}$/MPa	Z（%）	$A_{11.3}$（%）	A（%）	KU_2/J	HBW
棒材（GB/T 4435—2010）	软化	3~30	440	—	—	—	20	—	
		>30~65	440	—	—	—	20	—	
	半硬化	3~20	590	—	—	—	10	—	
		>20~30	540	—	—	—	12	—	
	硬化	3~15	665	—	—	—	4	—	
		>15~30	635	—	—	—	6	—	
		>30~65	590	—	—	—	8	—	
板材（GB/T 2054—2023）	热轧	6~254	390	—	—	—	25	—	
	热轧	>4	440	—	—	25（50mm）	—	—	
	退火	—	440	160	—	35（50mm）	—	—	
	半硬化	—	570	—	—	6.5（50mm）	—	—	82~90
管材（GB/T 2882—2023）	退火	所有	440	—	—	20（50mm）	—	—	
	半硬化		540	—	—	—	6	—	
	硬化		585	—	—	—	3	—	

② 不同温度下的力学性能见表7-108。

表7-108　不同温度下的力学性能（供参考）

状态	温度/℃	R_m/MPa	$R_{p0.2}$/MPa	Z(%)	$A_{11.3}$(%)	A(%)	HBW
棒材,硬化	室温	750	—	—	—	4~10	—
棒材,特硬	室温	815	785	—	—	4~10	—

(续)

状态	温度/℃	R_m/MPa	$R_{p0.2}$/MPa	Z(%)	$A_{11.3}$(%)	A(%)	HBW
退火	20	575	223	—	—	45	—
	93	546	205	—	—	44	—
	149	528	187	—	—	43	—
	204	525	177	—	—	42	—
	260	530	175	—	—	44	—
	316	—	173	—	—	46	—
	371	—	—	—	—	48	—
	427	480	—	—	—	49	—
	483	422	130	—	—	42	—
	538	370	158	—	—	41	—
退火	20	490	—	75	—	41	—
	−10	530	—	77	—	48	—
	−40	550	—	76	—	47	—
	−80	590	—	74	—	40	—
	−120	625	—	74	—	41	—
	−180	745	—	72	—	51	—

(8) 耐蚀性

耐全面（均匀）腐蚀性能见表7-109。

表7-109 耐全面（均匀）腐蚀性能

介质	浓度(%)	压力/MPa	温度/℃	时间/h	腐蚀速率		备注
					mm/a	g/(m²·h)	
工业区大气	—	—	—	—	0.0015~0.0003	—	—
海洋大气	—	—	—	—	0.0002~0.0008	—	
天然淡水	—	—	—	—	<0.003	—	
天然海水	—	—	—	—	0.008~0.025	—	
酸性地下水	—	—	—	—	0.36~2.8	—	
蒸汽凝结水					<0.003	—	无空气和CO_2
					1.52	—	有空气和CO_2
硫酸	5	—	30	—	1.246	—	被空气饱和
		—	101	—	0.066	—	
	10	—	102	—	0.061	—	
	20	—	104	—	0.19	—	
	50	—	123	—	13.16	—	
	75	—	182	—	43	—	
	96	—	295	—	83.3	—	
盐酸	10	—	30	—	2.2	—	
	20	—	30	—	3	—	
	30	—	30	—	8	—	
	0.5	—	沸点	—	0.74	—	
	1.0	—	沸点	—	1.07	—	
	5.0	—	沸点	—	6.2	—	
氢氟酸	6	—	76	—	0.02	—	
	25	—	30	—	0.005	—	
		—	80	—	0.061	—	
	50	—	80	—	0.015	—	
	100	—	50	—	0.013	—	

(续)

介质	浓度(%)	压力/MPa	温度/℃	时间/h	腐蚀速率 mm/a	腐蚀速率 g/(m²·h)	备注
乙酸	50	—	20	—	0.3~0.6	—	未被空气饱和
	5	—	沸点	—	0.033	—	
	50	—	沸点	—	0.053	—	
	98	—	沸点	—	0.048	—	
	99.9	—	沸点	—	0.157	—	
磷酸	10	—	60	—	0.13	—	—
	90	—	105	—	0.08	—	
脂肪酸	—	—	260	—	0.1	—	带水层
氢氧化钠	5~50	—	20~100	—	0.001~0.015	—	—
	70	—	90~115	—	0.028	—	沸腾点
	60~75	—	150~175	—	0.12	—	
	60~98	—	150~260	—	0.34	—	
	—	—	400	—	1.25	—	
氯化钠	饱和液	—	95	—	0.066	—	溶液水解呈碱性
氯化铵	30~40	—	102	—	0.3	—	
硝酸钠	27	—	50	—	0.05	—	—
硫酸锌	35	—	105	—	0.51	—	
四氯化碳	—	—	30	—	0.003	—	
三氯甲烷	—	—	30	—	0.005	—	
三氯乙烯	—	—	30	—	0.018	—	
氢氧化钠	—	—	30	—	—	0.00417	浸渍静止
	—	—	30	—	—	0.00542	浸渍空气搅动
	—	—	30	—	—	0.00167	持续交错浸渍
	—	—	30	—	—	0.00375	交替浸渍
	—	—	室温	720	—	<0.00042	蒸熏试验
氨	—	—	30	—	—	0.00208	浸渍静止
	—	—	30	—	—	0.00167	浸渍空气搅动
	—	—	30	—	—	0.00625	持续交错浸渍
	—	—	30	—	—	0.00667	交替浸渍
	—	—	室温	720	—	<0.00042	蒸熏试验

(9) 常用标准牌号对照（见表7-110）

表7-110 常用标准牌号对照

国别	中国	国际标准化	欧洲		英国	德国	
标准	GB	ISO	EN	Mat. No	BS	DIN	W-Nr
牌号	NCu28-2.5-1.5	—	—	—	NA13	NiCu30Fe	—
国别	法国	韩国	俄罗斯	日本	美国		
标准	NF	KS	ГОСТ	JIS	ASTM	UNS	AISI	SAE	ASI
牌号	NiCu32Fe1.5Mn	—	НМЖМЦ28-2.5-1.5	—	—	No4400	—	—	—

7.1.17 NiCu30-4-2-1

(1) 概述

NiCu30-4-2-1合金是弥散硬化型高耐磨镍铜合金。其与NiCu28-2.5-1.5合金相比，提高了硅的含量，所以，也称含硅蒙乃尔合金。硅的加入提高了合金的强度、硬度及再结晶温度，改善了合金的铸造性，但塑性明显降低。该合金也可归类于含铜镍合金。

NiCu30-4-2-1 合金具有高硬度、高强度、优良的耐磨性和抗黏合性。该合金可在锻、轧及铸态下使用。

（2）工艺特性

NiCu30-4-2-1 合金有一定的热加工性，热加工温度范围较窄，较高的硅含量使合金在热加工过程中较敏感，一般的热加工温度为 920~950℃。

该合金的焊接性较差，采用同类成分焊材，可进行良好的钎焊。

NiCu30-4-2-1 合金在固溶+时效热处理后，力学性能良好。固溶加热温度为 920~940℃，保温后油冷，时效温度为 550~600℃，空冷。时效后组织为 α 固溶体+第二相。

（3）应用

NiCu30-4-2-1 合金可用于在大气或海水腐蚀条件下使用的零件。其可制作泵体、泵轮、阀体及精密的摩擦件。

（4）化学成分（见表 7-111）

表 7-111 化学成分（质量分数）（专用标准） （%）

Sn	Zn	Pb	S	P	Ni+Co	Sb	Fe
—	—	—	≤0.02	—	余量	—	1.50~2.50（轧棒材）1.5~2.5（铸材）

Mn	Si	C	Cu	Bi	Mg	Al	杂质总和
0.80~1.50（轧棒材）0.8~1.5（铸材）	3.80~4.50（轧棒材）3.9~4.7（铸材）	≤0.20	29.00~31.00（轧棒材）29.00~31.0（铸材）	—	≤0.10	≤0.30	≤0.5

注：适合棒材、铸材。

（5）物理性能（见表 7-112）

表 7-112 物理性能

温度/℃	室温	100	200	300	400	500	600	700
热导率 λ/[W/(m·℃)]	18.0	19.2	20.9	22.2	23.8	25.5	28.0	—
比定压热容 c_p/[J/(kg·℃)]	—	420	439	460	500	544	628	710
线胀系数/10^{-6}℃$^{-1}$	—	14.2	14.7	15.3	15.8	16.2	16.7	
弹性模量 E/10^4MPa	16.6	—	—	—	—	—	—	
切变模量 G/10^3MPa	66.5							
泊松比 μ/10^{-1}	—							
电阻率 ρ/$10^{-8}\Omega\cdot m$	65							

注：密度为 8.5g/cm³；熔点为 1152℃。

（6）常见热处理制度（见表 7-113）

表 7-113 常见热处理制度

热处理	加热温度/℃	冷却方法	金相组织
固溶处理	920~940	油冷	α 固溶体
时效处理	570~600	空冷	α 固溶体+第二相

（7）力学性能

① 技术标准规定的力学性能见表 7-114。

表 7-114 技术标准规定的力学性能

品种(标准)	规格/mm	状态	力学性能(≥)				HBW
			R_m/MPa	$R_{p0.2}$/MPa	$A_{11.3}$(%)	A(%)	
棒材(专用标准)	27	热轧	882	—	—	5	—
铸棒(专用标准)	30	铸态	500	—	—	0.5	—

② 不同温度下的力学性能见表 7-115。

表 7-115 不同温度下的力学性能（供参考）

状态	温度/℃	R_m/MPa	$R_{p0.2}$/MPa	Z(%)	$A_{11.3}$(%)	A(%)	HBW
铸态	室温	820	—	—	—	3	—
	100	810	—	—	—	—	345
	200	784	—	—	—	—	335
	300	755	—	—	—	—	325
	400	735	—	—	—	—	300
	500	715	—	—	—	—	280
	600	686	—	—	—	—	250
热处理	100	940	—	—	—	—	390
	200	920	—	—	—	—	385
	300	882	—	—	—	—	375
	400	855	—	—	—	—	355
	500	825	—	—	—	—	330
	600	800	—	—	—	—	300

（8）耐蚀性

耐全面（均匀）腐蚀性能见表 7-116。

表 7-116 耐全面（均匀）腐蚀性能（供参考）

介质	浓度(%)	压力/MPa	温度/℃	时间/h	腐蚀速率		备注
					mm/a	g/(m²·h)	
硫酸	1	—	20	—	0.07	—	—
			沸点	—	1.05	—	
	10		20	—	0.06	—	
			沸点	—	0.09	—	
	浓		20	—	<1.0	—	
亚硫酸	饱和	—	20	—	2.46	—	加氧
亚硫酸酐	干燥的	—	20	—	<1.0	—	
盐酸	1~10	—	20	—	0.12	—	—
	1	—	100	—	1.0	—	
	10	—	100	—	3.38	—	
	浓	—	20	—	2.58	—	
氢氟酸	5	—	30	168	0.170	—	通空气
		—	沸水浴	168	0.527	—	通空气
		—	沸水浴	168	0.180	—	通氮气
	40	—	30	168	0.203	—	通空气
		—	沸水浴	168	0.951	—	通空气
		—	60	168	35.1	—	通空气,在气相处
	48		20	—	0.09	—	
			80	—	1.01	—	
	50		20	—	0.05	—	

(9) 常用标准牌号对照（见表7-117）

表7-117 常用标准牌号对照

国别	中国	国际标准化	欧洲		英国	德国	
标准	—	ISO	EN	Mat. No	BS	DIN	W-Nr
牌号	NiCu30-4-2-1						

国别	法国	韩国	俄罗斯	日本	美国				
标准	NF	KS	ГОСТ	JIS	ASTM	UNS	AISI	SAE	ASI
牌号	—	—	НМКЖМЦ30-4-2-1	—					

7.1.18 ZCuSn10Zn2（ZQSn10-2）

（1）概述

ZCuSn10Zn2 合金是锡含量较高的、无铅的铜-锡-锌三元系铸造青铜。锌可以强化固溶体，改善合金流动性，减小结晶温度范围，减少锡青铜的反偏析，提高合金致密度。该合金具有较高的强度、高的抗滑动摩擦性和耐蚀性，可用于在中等及较高载荷的、小滑动速度下工作的耐磨零件，最高工作温度可达 260℃。在合金表面易形成 SnO_2 薄膜，有很好的保护作用。由于合金不含铅，无自润滑作用。

ZCuSn10Zn2 合金在大气、淡水和海水中有高的化学稳定性，也能耐碱溶液和非氧化性酸的腐蚀，但在有机酸类中腐蚀较快。砂型单铸试片空泡腐蚀试验在 2h 和 4h 时失重分别为 5.8mg 和 15.3mg。

（2）工艺特性

ZCuSn10Zn2 合金结晶温度较宽，合金流动性较低，不利于补缩，容易形成显微缩孔、疏松及反偏析，但由于线收缩率较低，不易形成大的集中缩孔，适合金属型、砂型、石墨型及离心铸造。

该合金可焊接，宜采用锡焊、铜焊、闪光焊，也可进行气体保护焊，但不宜采用电渣焊和埋弧焊。

ZCuSn10Zn2 合金不能热处理强化，可铸后去应力处理，去应力退火温度通常在 260~400℃。

（3）应用

ZCuSn10Zn2 合金可用于制造蜗轮、衬套、轴承、轴套、齿轮、活塞环，也可用于制造泵体、叶轮、阀体等。

（4）化学成分（见表7-118）

表7-118 化学成分（质量分数）（GB/T 1176—2013） （%）

Sn	Zn	Pb	P	S	Ni	Al	Fe	Mn	Si	As	C	Bi	Sb	Cu	杂质总和
9.0~11.0	1.0~3.0	≤1.5	≤0.05	≤0.10	≤2.0	≤0.01	≤0.25	≤0.2	≤0.01	—			≤0.3	其余	≤1.5（Ni、Pb不计入杂质）

（5）物理性能（见表7-119）

表 7-119 物理性能

温度/℃	室温	100	200	300	400	500	600
热导率 $\lambda/[W/(m\cdot℃)]$	74.4	—	—	—	—	—	—
比定压热容 $c_p/[J/(kg\cdot℃)]$	37	—	—	—	—	—	—
线胀系数 $/10^{-6}℃^{-1}$	—	—	—	18.36	—	18.30	—
弹性模量 $E/10^4$ MPa	11.34	—	—	—	—	—	—
切变模量 $G/10^3$ MPa	44.1	—	—	—	—	—	—
泊松比 $\mu/10^{-1}$	—	—	—	—	—	—	—
电阻率 $\rho/10^{-8}\Omega\cdot m$	15.6	—	17.2	—	—	—	—

注:密度为 8.73g/cm³;熔点为 854~998℃。

(6) 常见热处理制度(见表 7-120)

表 7-120 常见热处理制度

热处理	加热温度/℃	冷却方法	金相组织
去应力退火	260~400	空冷或炉冷	$\alpha+(\alpha+\delta)$

(7) 力学性能

① 技术标准规定的力学性能见表 7-121。

表 7-121 技术标准规定的力学性能(GB/T 1176—2013)

铸造方法	力学性能(≥)			
	R_m/MPa	$R_{p0.2}$/MPa	$A(\%)$	HBW
砂型铸造(S)	240	120	12	(70)
金属型铸造(J)	245	140	6	(80)
离心铸造(Li)	270	140	7	(80)
连续铸造(La)	270	140	7	(80)

注:括号内数据供参考。

② 不同温度下的力学性能见表 7-122。

表 7-122 不同温度下的力学性能(供参考)

状态	温度/℃	R_m/MPa	$R_{p0.2}$/MPa	$A_{11.3}(\%)$	$Z(\%)$	KU_2/J	HBW
砂型铸造(S)	室温	225	135	10	—	—	75
金属型铸造(J)	室温	235	155	8	—	—	80
金属型铸造(J),450℃退火	室温	295	195	20	—	—	90
连铸(La)	室温	355	200	18	—	—	92
	200	260	200	20	—	—	—
	400	155	100	6	—	—	—

(8) 耐蚀性

耐全面(均匀)腐蚀性能见表 7-123。

表 7-123 耐全面(均匀)腐蚀性能

介质	浓度(%)	压力/MPa	温度/℃	时间/h	腐蚀速率		备注
					mm/a	g/(m²·h)	
海水	—	—	—	—	—	0.0383	
海雾	—	—	—	—	—	0.0025	
H_2SO_4	10	—	—	—	—	0.0058	
过热蒸汽	—	—	200	—	—	0.0008	
NaCl	20	—	—	—	—	0.0.0483	—
	30	—	—	—	—	0.0.0213	
HCl	15	—	100	—	—	0.625	
	30	—		—	—	0.625	

(9) 常用标准牌号对照（见表 7-124）

表 7-124 常用标准牌号对照

国别	中国	国际标准化	欧洲		英国	德国	
标准	GB	ISO	EN	Mat. No	BS	DIN	W-Nr
牌号	ZCuSn10Zn2	CuSn10Zn2	—	—	C1	GCuSn10Zn	2.1086.01
国别	法国	韩国	俄罗斯	日本	美国		
标准	NF	KS	ГОСТ	JIS	ASTM	UNS	AISI	SAE	ASI
牌号	CuSn12	—	БРОЦ10-2	13C3	—	C90500			

7.1.19 ZCuSn5Pb5Zn5（ZQSn5-5-5）

(1) 概述

ZCuSn5Pb5Zn5 合金是锡含量较低的铜-锡-锌-铅系铸造锡青铜。锌可以强化固溶体，改善合金的铸造工艺性。铅可呈质点状存在，显著提高合金的耐磨性和切削加工性。

ZCuSn5Pb5Zn5 合金对许多工厂气氛、乡村和海洋大气、淡水和海水有很高的化学稳定性，也能有效地耐石油、有机溶剂、亚硫酸盐及一些干燥气体的腐蚀，但在汞化物、强氧化性酸类、湿氨气中的腐蚀速度较快。

该合金具有中等强度、良好的耐蚀性、易加工性，还可较好地承受冲击载荷，适合制造在中等载荷（小于 10MPa）和中等滑动速度（2.5m/s）下工作的耐磨零件，也属耐磨性轴承合金。

(2) 工艺特性

ZCuSn5Pb5Zn5 合金的结晶温度宽、流动性较低，结晶凝固时补缩比较困难，易形成显微缩孔和疏松，又因合金线收缩率较低，不会形成大的集中缩孔，适合金属型、砂型、石墨型及离心铸造。对于批量小的中小型铸件可采用金属型铸造，获得致密度高的铸造表面。

该合金只用于铸造，不能热加工，在冷态下可变形 20%~30%。

ZCuSn5Pb5Zn5 合金有一定的焊接性，易于锡焊、钎焊、点焊，但不宜气焊、气体保护焊等。

该合金不能热处理强化，可做铸后去应力处理，去应力退火温度通常采用 270~450℃。

(3) 应用

ZCuSn5Pb5Zn5 合金主要用于中等载荷滑动摩擦零件，如轴瓦、阀门、泵零件等。

(4) 化学成分（见表 7-125）

表 7-125 化学成分（质量分数）（GB/T 1176—2013） （%）

Sn	Zn	Pb	P	S	Ni	Al	Fe	Mn	Si	As	C	Bi	Sb	Cu	杂质总和
4.0~6.0	4.0~6.0	4.0~6.0	≤0.05	≤0.10	≤2.5	≤0.01	≤0.3	—	≤0.01	—	—	—	≤0.25	余量	≤1.0（Ni 不计入杂质）

(5) 物理性能（见表 7-126）

表 7-126 物理性能

温度/℃	室温	200
热导率 λ/[W/(m·℃)]	71.0	90.0
比定压热容 c_p/[J/(kg·℃)]	377	—
线胀系数/10^{-6}℃$^{-1}$	—	19.62
弹性模量 E/10^4MPa	9.38	
切变模量 G/10^3MPa	35.2	
泊松比 μ/10^{-1}	3.36	
电阻率 ρ/10^{-8}Ω·m	11.5	13.0

注：密度为 8.79g/cm³；熔点为 854~1010℃。

(6) 常见热处理制度（见表 7-127）

表 7-127　常见热处理制度

热处理	加热温度/℃	冷却方法	金相组织
去应力退火	270~450	空冷或炉冷	α 相,分布铅质点

(7) 力学性能

① 技术标准规定的力学性能见表 7-128。

表 7-128　技术标准规定的力学性能（GB/T 1176—2013）

铸造方法	力学性能（≥）			
	R_m/MPa	$R_{p0.2}$/MPa	A(%)	HBW
熔模(R)或砂型铸造(S)	200	90	13	(60)
金属型铸造(J)	200	90	13	(60)
离心铸造(Li)	250	100	13	(65)
连续铸造(La)	250	100	13	(65)

注：括号内数据供参考。

② 不同温度下的力学性能见表 7-129。

表 7-129　不同温度下的力学性能

状态	温度/℃	R_m/MPa	$R_{p0.2}$/MPa	A(%)	Z(%)	KU_2/J	HBW
砂型铸造(S)	室温	175~245	90~117	12~25	20	—	60~75
金属型铸造(J)	室温	196~261	110~140	6~15	—	—	65~75
连铸(La)	室温	270~340	100~140	13~35	—	—	60~80
	93	226	—	27			
	148	215	—	26			
	232	206	—	26			

(8) 耐蚀性

耐全面（均匀）腐蚀性能见表 7-130。

表 7-130　耐全面（均匀）腐蚀性能

介质	浓度(%)	压力/MPa	温度/℃	时间/h	腐蚀速率		备注
					mm/a	g/(m²·h)	
海水	—	—	—	—		0.0267	—
H_2SO_4	10	—	—	—		0.2042	

(9) 常用标准牌号对照（见表 7-131）

表 7-131　常用标准牌号对照

国别	中国	国际标准化	欧洲	英国		德国	
标准	GB	ISO	EN	Mat. No	BS	DIN	W-Nr
牌号	ZCuSn5Pb5Zn5	CuPb5Sn5Zn5	—	—	LC2	G-CuSn5ZnPb	2.1~96.01
国别	法国	韩国	俄罗斯	日本	美国			
标准	NF	KS	ГОСТ	JIS	ASTM	UNS	AISI	SAE	ASI
牌号	CuPb5Zn5Sn5	—	БРОЦС5-5-5	BC6		C83600			

7.1.20　ZCuSn6Zn6Pb3（ZQSn6-6-3）

(1) 概述

ZCuSn6Zn6Pb3 合金是中等锡含量的铜-锡-锌-铅铸造锡青铜。锌可以缩小锡青铜的结晶温度范围，提高合金的充型能力和补缩能力，可以减轻疏松，提高合金耐水压、不渗漏的性能。铅可以减少晶间显微缩孔的体积，提高铸件致密度和切削性。

ZCuSn6Zn6Pb3 合金在大气、淡水及海水中具有良好的耐蚀性，能承受冲击载荷，适合制造滑动摩擦工作的耐磨零件。

ZCuSn6Zn6Pb3 合金的铸态组织由 α 枝晶、少量的（α+δ）共析体和铅质点组成，充分退火后共析体消失。

（2）工艺特性

ZCuSn6Zn6Pb3 合金的结晶温度范围较宽、流动性较低，补缩困难，易形成显微缩孔和疏松，虽然含铅，但形成显微缩孔和疏松的倾向仍较大，合金线收缩率较低，铸件不易形成大的集中缩孔。

ZCuSn6Zn6Pb3 合金适合砂型、金属型、离心铸造，特别是采用金属型的铸件可以获得致密的表面层，提高其耐水压性和抗磨性。该合金只能作为铸造合金使用。

该合金可采用锡焊、钎焊、点焊，不宜气焊和电弧焊。

ZCuSn6Zn6Pb3 合金不能热处理强化，可进行去应力退火，加热温度一般为 270~290℃，保温后空冷。

（3）应用

该合金适用于在中等或较高载荷及中等滑动速度下工作的零件，如衬套、滑动轴承及其他耐磨件。

（4）化学成分（见表 7-132）

表 7-132 化学成分（质量分数） （%）

Sn	Zn	Pb	P	S	Ni	Al	Fe	Mn	Si	As	C	Bi	Sb	Cu	杂质总和
5.0~7.0	5.0~7.0	2.0~4.0	≤0.05	—	—	≤0.05	≤0.4	—	≤0.05	—	—	—	≤0.3	余量	≤1.0

（5）物理性能（见表 7-133）

表 7-133 物理性能

温度/℃	室温	100	300
热导率 $\lambda/[W/(m \cdot ℃)]$	63.0	—	—
比定压热容 $c_p/[J/(kg \cdot ℃)]$	376	—	—
线胀系数 $/10^{-6}℃^{-1}$	—	17.1	18.2
弹性模量 $E/10^4 MPa$	9.0	—	—
切变模量 $G/10^3 MPa$		—	—
泊松比 $\mu/10^{-1}$		—	—
电阻率 $\rho/10^{-8}\Omega \cdot m$	14.3~15.6	—	—

注：密度为 8.82g/cm³；熔化温度范围液相点 976℃。

（6）常见热处理制度（见表 7-134）

表 7-134 常见热处理制度

热处理	加热温度/℃	冷却方法	金相组织
去应力退火	270~290	空冷	α+(α+δ)+Pb 质点

（7）力学性能

① 技术标准规定的力学性能见表7-135。

表 7-135 技术标准规定的力学性能

铸造方法	力学性能(≥)			
	R_m/MPa	$R_{p0.2}$/MPa	$A(\%)$	HBW
砂型铸造(S)	175	—	8	60
金属型铸造(J)	195	—	10	65

② 室温下的力学性能见表7-136。

表 7-136 室温下的力学性能

状态	温度/℃	R_m/MPa	$R_{p0.2}$/MPa	$A(\%)$	$Z(\%)$	KU_2/J	HBW
砂型铸造(S)	室温	195	105	14	—	—	67
金属型铸造(J)	室温	200	110	18	—	—	65~72
石墨型铸造	室温	355	160	36	—	—	95

(8) 耐蚀性（见表7-137）

表 7-137 耐蚀性

介质	浓度(%)	压力/MPa	温度/℃	时间/h	腐蚀速率		备注
					mm/a	g/(m²·h)	
海水	—	—	—	—	—	0.028	
10%H_2SO_4	—	—	—	—	—	0.204	

(9) 常用标准牌号对照（见表7-138）

表 7-138 常用标准牌号对照

国别	中国	国际标准化	欧洲		英国	德国	
标准		ISO	EN	Mat. No	BS	DIN	W-Nr
牌号	ZCuSn6Zn6Pb3	CuPb3Sn6Zn6	—	—	LG3	G-CuSn7ZnPb	—
国别	法国	韩国	俄罗斯	日本	美国				
标准	NF	KS	ГОСТ	JIS	ASTM	UNS	AISI	SAE	ASI
牌号	CuSn7Pb6Zn4	—	БРОПС6-6-3	BC7					

7.1.21 ZCuSn10P1（ZQSn10-1）

(1) 概述

ZCuSn10P1合金是锡含量较高、磷含量也较高的铸造锡青铜，在该合金中，磷单独作为一种元素加入，因磷在铜中的溶解度很小，主要以共晶形式（α+Cu₃P）存在，Cu₃P化合物有很高的硬度，所以显著提高了合金的力学性能。磷还明显提高了合金的铸造流动性，易于铸件成形。

ZCuSn10P1合金具有很高的强度及良好的耐磨、耐蚀、耐压性，在300℃以下有足够的热稳定性，获得广泛应用。它也属于耐磨铸造轴承合金。

ZCuSn10P1合金在室温下的显微组织为α枝晶+(α+δ) 共析体+(α+Cu₃P) 共晶体。

(2) 工艺特性

ZCuSn10P1合金有良好的铸造性，流动性好，线收缩性较低，易于成形且不易形成大的集中缩孔。但其吸气性强，易于形成皮下气孔，适合金属型、干砂型铸造。该合金只能作为铸造合金使用。

该合金可采用锡焊、铜焊、闪光焊及气体保护电弧焊，但不适合电渣焊。

ZCuSn10P1合金不能热处理强化，只可去应力退火，退火温度为400~500℃，空冷。

(3) 应用

该合金用于高载荷（不大于20MPa）和高滑动速度（不大于8m/s）条件下工作的轴承、衬套、齿轮等，也可用于制作在含有硫铵、氯化钠、氢氧化钠等介质中使用的泵体、泵轮、阀体等。

(4) 化学成分（见表7-139）

表7-139 化学成分（质量分数）（GB/T 1176—2013） (%)

Sn	Zn	Pb	P	S	Ni	Al	Fe	Mn	Si	As	C	B	Sb	Cu	杂质总和
9.0~11.5	≤0.05	≤0.25	0.8~1.1	≤0.05	≤0.10	≤0.01	≤0.1	≤0.05	≤0.02	—	—	—	≤0.05	余量	≤0.75

(5) 物理性能（见表7-140）

表7-140 物理性能

温度/℃	室温	100	200	300
热导率 λ/[W/(m·℃)]	47	—	59	—
比定压热容 c_p/[J/(kg·℃)]	396	—	—	—
线胀系数/10^{-6}℃$^{-1}$	—	17.1	18.3	19.0
弹性模量 E/10^4MPa	10.34	—	—	—
切变模量 G/10^3MPa	36.6	—	—	—
泊松比 μ/10^{-1}	—	—	—	—
电阻率 ρ/$10^{-8}\Omega\cdot m$	19.1	—	21.5	—

注：密度为8.75g/cm³；熔点为831~1000℃。

(6) 常见热处理制度（见表7-141）

表7-141 常见热处理制度

热处理	加热温度/℃	冷却方法	金相组织
去应力退火	400~500	空冷	α+(α+δ)共析体+(α+Cu_3P)共晶体

(7) 力学性能

① 技术标准规定的力学性能见表7-142。

表7-142 技术标准规定的力学性能（GB/T 1176—2013）

铸造方法	力学性能(≥)			
	R_m/MPa	$R_{p0.2}$/MPa	A(%)	HBW
熔模(R)或砂型铸造(S)	220	130	3	(80)
金属铸造(J)	310	170	2	(90)
离心铸造(Li)	330	170	4	(90)
连续铸造(La)	360	170	6	(90)

注：括号内数据供参考。

② 室温下的力学性能见表7-143。

表7-143 室温下的力学性能

状态	温度/℃	R_m/MPa	$R_{p0.2}$/MPa	$A_{11.3}$(%)	Z(%)	KU_2/J	HBW
砂型铸造(S)	室温	220~280	135	3~8	—	—	80~100

(续)

状态	温度/℃	R_m/MPa	$R_{p0.2}$/MPa	$A_{11.3}(\%)$	$Z(\%)$	KU_2/J	HBW
金属型铸造（J）	室温	230~300	155	2~8	—	—	120
水冷模铸造	室温	360	—	13	—	—	100
压力结晶铸造	室温	365	—	13	—	—	105

（8）耐蚀性

ZCuSn10P1 合金在大气和淡水中有极好的腐蚀稳定性，在海水中也有良好的耐蚀性。在 1%HCl 和 1%H_2SO_4 水溶液中的腐蚀速率分别为 $0.307g/(m^2 \cdot h)$ 和 $0.024g/(m^2 \cdot h)$。

以金属型单铸试片在海水中进行空泡腐蚀性能试验，在 2h 和 4h 的试验时间内，质量损失分别为 7.7mg 和 18.3mg。

（9）常用标准牌号对照（见表 7-144）

表 7-144 常用标准牌号对照

国别	中国	国际标准化	欧洲		英国	德国	
标准	GB	ISO	EN	Mat. No	BS	DIN	W-Nr
牌号	ZCuSn10P1	CuSn10P	—	—	PB4	—	—
国别	法国	韩国	俄罗斯	日本	美国		
标准	NF	KS	ГОСТ	JIS	ASTM	UNS	AISI	SAE	ASI
牌号	—	—	БРОФ10-1	PBC2B	—	C90700	—	—	—

7.1.22　ZCuAl10Fe3（ZQAl9-4）

（1）概述

ZCuAl10Fe3 合金是铜-铝-铁三元系高强度铸造铝青铜。由于铁在固溶体中的溶解度约为 1%，多余的铁与铝会形成 $FeAl_3$ 化合物并成为凝固时的结晶核心，使网状的脆性（α+γ₂）共析体转变成粒状，从而提高了合金的强度、硬度和耐磨性。

ZCuAl10Fe3 合金在生产冷却条件下的铸态组织为 α+β+$FeAl_3$，如果缓慢冷却，组织中可能会产生少量的（α+γ₂）共析体。

该合金具有较高的力学性能、优良的耐蚀性和耐水压性，其在 350℃ 以下的热稳定性良好。

ZCuAl10Fe3 合金可以在铸态下使用，也可在变形状态下使用，也属耐蚀铸造轴承合金。

（2）工艺特性

ZCuAl10Fe3 合金结晶温度范围较窄（1039~1047℃），流动性好、易于充型，线收缩率较大，易形成集中的深缩孔，易存在氧化渣，易形成气孔，可采用金属型、干砂型及熔模精铸工艺。

该合金可以通过压力变形加工，在 750~850℃ 时具有良好热加工性。

该合金可采用气体保护电弧焊、电阻焊，但不宜锡焊和气焊。

ZCuAl10Fe3 合金有热处理强化作用，但强化作用不明显。经淬火和回火后，硬度稍有提高，淬火加热温度通常采用 950~1000℃，快冷，回火温度一般为 300~400℃，合金加热到 950℃ 以上时，成为 β 相组织，淬火后转变成 β′相马氏体组织。经过回火，β′马氏体共析分解为（α+γ₂）共析体，根据回火工艺不同，共析体形态不同。ZCuAl10Fe3 合金还可以采用加热 650~700℃ 保温后空冷的热处理，可减少脆性。去应力退火温度为 300~400℃，空冷。

(3) 应用

ZCuAl10Fe3 合金主要用于制造在中等载荷和中等转速下工作的耐磨零件和高强度结构零件，如衬套、齿轮、涡轮、螺母及250℃以下工作的管配件等。

该合金也可用于制作泵体、泵轮、阀体等耐蚀件。

(4) 化学成分（见表7-145）

表7-145 化学成分（质量分数）（GB/T 1176—2013） （%）

Sn	Zn	Pb	P	S	Ni	Al	Fe	Mn	Si	As	C	Bi	Sb	Cu	杂质总和
≤0.3	≤0.4	≤0.2	—	—	≤3.0	8.5~11.0	2.0~4.0	≤1.0	≤0.2	—	—	—	—	余量	≤1.0（Ni、Mn不计入杂质）

(5) 物理性能（见表7-146）

表7-146 物理性能

温度/℃	室温	100	300
热导率 λ/[W/(m·℃)]	53.6	—	—
比定压热容 c_p/[J/(kg·℃)]	377	—	—
线胀系数/10^{-6}℃$^{-1}$	—	18.0	19.0
弹性模量 E/10^4MPa	11.0	—	—
切变模量 G/10^3MPa	41.3	—	—
泊松比 μ/10^{-1}	3.35	—	—
电阻率 ρ/10^{-8}Ω·m	14.3~16.4	—	—

注：密度为 7.0g/cm³；熔点为 1039~1047℃。

(6) 常见热处理制度（见表7-147）

表7-147 常见热处理制度

热处理	加热温度/℃	冷却方法	金相组织
淬火	950~1000	快冷	β′马氏体
回火	300~400	空冷	(α+γ₂)共析体
去应力退火	300~400	空冷	(α+γ₂)共析体

(7) 力学性能

① 技术标准规定的力学性能见表7-148。

表7-148 技术标准规定的力学性能（GB/T 1176—2013）

铸造方法	力学性能（≥）			
	R_m/MPa	$R_{p0.2}$/MPa	A(%)	HBW
砂型铸造(S)	490	180	13	(100)
金属型铸造(J)	540	200	15	(110)
离心铸造(Li)	540	200	15	(110)
连续铸造(La)	540	200	15	(110)

注：括号内数据供参考。

② 不同温度下的力学性能见表7-149。

表 7-149　不同温度下的力学性能

状态	温度/℃	R_m/MPa	$R_{p0.2}$/MPa	$A(\%)$	$Z(\%)$	KU_2/J	HBW
砂型铸造试样	室温	550	206	35	—	7.2	125
	20	500	180	15	—	—	—
	150	440	177	14	—	—	—
	200	415	175	14	—	—	—
	250	—	173	14	—	—	—
	300	375	172	13	—	—	—

（8）耐蚀性

ZCuAl10Fe3 合金在大气、淡水和海水中有很高的化学稳定性。在海水中，每昼夜的质量损失为 $0.25g/(m^2 \cdot d)$。对盐酸、硫酸、乙酸、氯水等也有良好的耐蚀性，但在碱性溶液中腐蚀速度快。

（9）常用标准牌号对照（见表 7-150）

表 7-150　常用标准牌号对照

国别	中国	国际标准化	欧洲		英国	德国	
标准	GB	ISO	EN	Mat. No	BS	DIN	W-Nr
牌号	ZCuAl10Fe3	CuAl10Fe3	—	—	AB1	G-CuAl10Fe	—
国别	法国	韩国	俄罗斯	日本	美国		
标准	NF	KS	ГОСТ	JIS	ASTM	UNS	AISI	SAE	ASI
牌号	CuAl10Fe3	—	БРАЖ9-4Л	AlBC1	—	C95200	—	—	—

7.1.23　ZCuAl10Fe3Mn2（ZQAl10-3-1.5）

（1）概述

ZCuAl10Fe3Mn2 合金是含有锰元素的铸造铝青铜，相对于 ZCuAl10Fe3 加入了锰元素，锰在铜-铝合金中有较大的溶解度，同时降低了铝在 α 固溶体中的固溶度，还对 β 相的分解起稳定作用，降低相变开始温度、推迟共析转变。锰的加入对合金的力学性能与耐蚀性有益。

有铁、锰元素的铸造铝青铜化学稳定性更高，比锡青铜更耐蚀。该合金可锻、铸，其强度、硬度、塑性都优于锡青铜，还可以用热处理方法提高力学性能。但其在过热蒸汽中不稳定，铸件内容易产生难熔的氧化物。

ZCuAl10Fe3Mn2 合金具有较高的力学性能和耐磨性，高温下的耐蚀性和耐氧化性好，在大气、淡水、海水中的耐蚀性好。

（2）工艺特性

ZCuAl10Fe3Mn2 合金在凝固时收缩率较大，易形成集中的深缩孔，宜采用金属型、干砂型、熔模铸造等工艺方法。大型铸件自 700℃ 空冷可防止变脆。

该合金还可以作为热压力加工的变形合金使用，在 750~850℃ 的温度范围内有良好的热加工性。

ZCuAl10Fe3Mn2 合金可采用气体保护电弧焊，但不宜采用锡焊和气焊。

ZCuAl10Fe3Mn2 合金可以通过热处理方法强化。其淬火加热温度为 830~860℃，保温后快冷，低的冷却速度会产生沉淀相而脆化，且使强度下降。淬火后应进行回火，以稳定组织和性能。该合金的回火温度对性能变化影响较大，开始时，随回火温度升高，合金的硬度和强度提高，塑性下降，而当回火温度超过500℃时，即在共析温度以上回火时，硬度、强度降低而塑性增加。在600℃回火时，可以获得强度和塑性的优化组合。该合金常采用的回火温度为300~350℃，可获得200~285HBW的硬度。该合金去应力退火温度可采用300~350℃，铸造退火温度为650~750℃。

（3）应用

ZCuAl10Fe3Mn2合金可以制作要求强度高、耐磨、耐蚀的零件，如齿轮、轴承、衬套，以及海水用泵泵体、叶轮、螺旋桨叶片等。

（4）化学成分（见表7-151）

表7-151 化学成分（质量分数）（GB/T 1176—2013） （%）

Sn	Zn	Pb	P	S	Ni	Al	Fe	Mn	Si	As	C	Bi	Sb	Cu	杂质总和
≤0.1	≤0.5	≤0.3	≤0.01	—	—	9.0~11.0	2.0~4.0	1.0~2.0	≤0.10	≤0.01	—	—	≤0.05	余量	≤0.75（Zn不计入杂质）

（5）物理性能（见表7-152）

表7-152 物理性能

温度/℃	室温	100	200	300	400
热导率 λ/[W/(m·℃)]	59.0	—	—	—	—
比定压热容 c_p/[J/(kg·℃)]	—	452	473	477	482
线胀系数/10^{-6}℃$^{-1}$	—	—	16.94	17.65	18.15
弹性模量 E/10^4MPa	10.8	10.3	10.2	10.1	—
切变模量 G/10^3MPa	41	40	38	37	—
泊松比 μ/10^{-1}	16.4	—	—	—	—
电阻率 ρ/10^{-8}Ω·m	3.0	3.1	3.2	3.4	—

注：密度为7.55g/cm³；熔点为978℃。

（6）常见热处理制度（见表7-153）

表7-153 常见热处理制度

热处理	加热温度/℃	冷却方法	金相组织
淬火	830~860	快冷	β'马氏体
回火	300~350	空冷	($\alpha+\gamma_2$)共析体
去应力退火	300~350	—	($\alpha+\gamma_2$)共析体

（7）力学性能

① 技术标准规定的力学性能见表7-154。

表7-154 技术标准规定的力学性能（GB/T 1176—2013）

铸造方法	力学性能(≥)			
	R_m/MPa	$R_{p0.2}$/MPa	A(%)	HBW
砂型铸造(S)	490	—	15	110
熔模铸造(R)	490	—	15	110
金属型铸造(J)	540	—	20	120

② 室温下的力学性能见表7-155。

表 7-155　室温下的力学性能

状态	温度/℃	R_m/MPa	$R_{p0.2}$/MPa	$A(\%)$	$Z(\%)$	KU_2/J	HBW
砂型铸造(S)	室温	584	179	18	21	—	158

（8）耐蚀性

QCuAl10Fe3Mn2 合金化学稳定性高，比锡青铜更耐蚀，在酸、碱、蒸汽等介质中有较好的耐蚀性，在大气、淡水、海水中均有较好的耐蚀性。耐全面（均匀）腐蚀性能见表 7-156。

表 7-156　耐全面（均匀）腐蚀性能

介质	浓度(%)	压力/MPa	温度/℃	时间/h	腐蚀速率	
					mm/a	g/(m²·h)
人工海水	—	—	20	—	0.013	0.012
	—	—	40	—	0.008	0.007
硫酸	10	—	20	—	1.35	1.35
		—	40	—	11.66	10.22

（9）常用标准牌号对照（见表 7-157）

表 7-157　常用标准牌号对照

国别	中国	国际标准化	欧洲		英国	德国	
标准	GB	ISO	EN	Mat. No	BS	DIN	W-Nr
牌号	ZCuAl10Fe3Mn2	—	—	—	—	—	—
国别	法国	韩国	俄罗斯	日本	美国		
标准	NF	KS	ГОСТ	JIS	ASTM	UNS	AISI	SAE	ASI
牌号	CuAl10Fe3	—	БРАЖМц10-3-1.5	—	—	—	—	—	—

7.1.24　ZCuAl8Mn13Fe3Ni2（ZQAl8-13-3-2）

（1）概述

ZCuAl8Mn13Fe3Ni2 合金是含锰、铁、镍的铸造铝青铜。其相对于 ZCuAl9Fe3Mn2 合金提高了锰的含量并加入了镍。镍的加入可以改变合金的相变点和 α 相形态，镍的质量分数为 2% 时的 α 相呈针状，从而会提高合金的强度、硬度、热稳定性和耐蚀性。铁与镍的共同加入又可使合金获得更好的综合性能，并细化合金晶粒。

ZCuAl8Mn13Fe3Ni2 合金有很高的力学性能，在大气、淡水和海水中均有良好的耐蚀性，特别是有较高的耐腐蚀疲劳强度。

（2）工艺特性

ZCuAl8Mn13Fe3Ni2 合金具有良好的铸造性，可获得组织致密的优质铸件。该合金可以焊接，但不宜钎焊。

ZCuAl8Mn13Fe3Ni2 合金通常在退火状态下使用，需要时可采用固溶+时效方法进行强化和改善耐蚀性，固溶加热温度为 870~925℃，保温后快冷，时效温度可选用 525~545℃，铸后退火温度为 650~750℃，去应力温度为 300~350℃。

（3）应用

ZCuAl8Mn13Fe3Ni 合金主要用于要求强度高、耐腐蚀的重要铸件，如船用螺旋桨、高压阀体、泵体、泵轮，以及耐压、耐磨件，如蜗轮、齿轮、衬套等。

（4）化学成分（见表 7-158）

表7-158 化学成分（质量分数）（GB/T 1176—2013） （%）

Sn	Zn	Pb	P	S	Ni	Al	Fe	Mn	Si	As	C	Bi	Sb	Cu	杂质总和
—	≤0.3	≤0.02	—	—	1.8~2.5	7.0~8.5	2.5~4.0	11.5~14.0	≤0.15	—	≤0.10	—	—	余量	≤1.0（Zn不计入杂质）

(5) 物理性能（见表7-159）

表7-159 物理性能

温度/℃	室温	100	375
热导率 λ/[W/(m·℃)]	30.1	—	—
比定压热容 c_p/[J/(kg·℃)]	439	—	—
线胀系数/10^{-6}℃$^{-1}$	—	17.74	—
弹性模量 E/10^4MPa	11.72	—	9.20
切变模量 G/10^3MPa	43.8	—	—
泊松比 μ/10^{-1}	3.4	—	—
电阻率 ρ/10^{-8}Ω·m	47.8	—	—

注：密度为7.50g/cm³；熔化温度范围，液相点987℃。

(6) 常见热处理制度（见表7-160）

表7-160 常见热处理制度

热处理	加热温度/℃	冷却方法	金相组织
淬火	870~925	快冷	α固溶体（针状）
时效处理	525~545	空冷	α固溶体（针状）
铸后退火	650~750	空冷	α固溶体
去应力退火	300~350	空冷	α固溶体

(7) 力学性能

① 技术标准规定的力学性能见表7-161。

表7-161 技术标准规定的力学性能（GB/T 1176—2013）

铸造方法	力学性能(≥)			
	R_m/MPa	$R_{p0.2}$/MPa	A(%)	HBW
砂型铸造(S)	645	280	20	160
金属型铸造(J)	670	310	18	170

② 不同温度下的力学性能见表7-162。

表7-162 不同温度下的力学性能

状态	温度/℃	R_m/MPa	$R_{p0.2}$/MPa	A(%)	Z(%)	KU_2/J	HBW
砂型铸造(S)	室温	650~730	280~340	18~25			165~210
金属型铸造(J)	室温	670~740	310~370	27~40		2.72~3.76	
离心铸造(Li)	室温	660~725	305~345	30			188
铸态	20	724	320	25			—
	0	749	339	26.5			—
	-76	801	356	28			—
	-140	815	383	28			—
	-189	812	399	17			—

(8) 耐蚀性

ZCuAl8Mn13Fe3Ni2合金有较好的耐海水腐蚀性能，在20℃海水中的腐蚀速度为

0.051mm/a；冲刷腐蚀的质量损失为 2.4mg/(m² · h)。

（9）常用标准牌号对照（见表 7-163）

表 7-163 常用标准牌号对照

国别	中国	国际标准化	欧洲		英国	德国	
标准	GB	ISO	EN	Mat. No	BS	DIN	W-Nr
牌号	ZCuAl8Mn13Fe3Ni2	—	—	—	CMA1	Al-MnBZ13	—
国别	法国	韩国	俄罗斯	日本	美国		
标准	NF	KS	ГOCT	JIS	ASTM	UNS	AISI	SAE	ASI
牌号	—	—	HBBa-70	ALBC4	—	C95700	—	—	—

7.1.25 ZCuPb25Sn5

（1）概述

ZCuPb25Sn5 合金是低锡含量的铜-铅-锡铸造铅青铜。锡的添加虽然会使该合金比不含锡的高铅铸造青铜的耐磨性和导热性有所降低，但能显著提高合金强度，使其可以单独铸造成滑动轴承，属典型的滑动轴承合金。大量的铅以孤立状态分布在铜-锡枝晶中，在受摩擦作用时能起到减摩擦自润滑作用。

ZCuPb25Sn5 合金不能进行冷、热加工，只能作为铸造合金使用。

因为铅不溶于铜，所以该合金的组织结构是 α 相枝晶间分布铅的质点。

（2）工艺特性

ZCuPb25Sn5 合金的线收缩率低，铸造时不会形成大的集中缩孔，结晶温度较宽，但易产生铅的偏析。为减少铅的偏析，浇注时应采取快速冷却措施，采用金属型、水冷模、干砂型较为适宜。

该合金有一定焊接性，同种金属之间或与其他金属可焊接。

ZCuPb25Sn5 合金不能热处理强化，可进行去应力处理，去应力处理温度在 270~290℃，保温后空冷。

（3）应用

ZCuPb25Sn5 合金适合制造轻载、高速和润滑不良条件下的耐磨件，如轴套、滑动轴承等。

（4）化学成分（见表 7-164）

表 7-164 化学成分（质量分数） （%）

Sn	Zn	Pb	P	S	Ni	Al	Fe	Mn	Si	As	C	Bi	Sb	Cu	杂质总和
4.0~6.0	—	23.0~27.0	≤0.08	≤0.05	—	≤0.02	≤0.2	—	≤0.02	—	—	≤0.005	≤0.3	余量	≤0.75

（5）物理性能（见表 7-165）

表 7-165 物理性能

温度/℃	室温	100	300
热导率 λ/[W/(m·℃)]	58.7	—	—
比定压热容 c_p/[J/(kg·℃)]			
线胀系数/10^{-6}℃$^{-1}$	—	18.0	19.3

(续)

弹性模量 $E/10^4$ MPa	73.5	—	—
切变模量 $G/10^3$ MPa	27	—	—
泊松比 $\mu/10^{-1}$	3.61	—	—
电阻率 $\rho/10^{-8}\Omega\cdot m$	11.6	—	—

注：密度为 9.20g/cm³；熔点为 899℃。

（6）常见热处理制度（见表 7-166）

表 7-166　常见热处理制度

热处理	加热温度/℃	冷却方法	金相组织
去应力处理	260~300	空冷	α+Pb 质点

（7）力学性能

① 技术标准规定的力学性能见表 7-167。

表 7-167　技术标准规定的力学性能

铸造方法	力学性能（≥）			
	R_m/MPa	$R_{p0.2}$/MPa	A(%)	HBW
砂型铸造,铸态	135	—	4	45
金属型铸造,铸态	147	—	6	55

② 室温下的力学性能见表 7-168。

表 7-168　室温下的力学性能

状态	温度/℃	R_m/MPa	$R_{p0.2}$/MPa	$A_{11.3}$(%)	Z(%)	KU_2/J	HBW
砂型铸造(S)	室温	115~160	60~80	5~8			46~65
金属型铸造(J)	室温	145~170	80~110	5~12			55~70

（8）耐蚀性

ZCuPb25Sn5 合金在大气、淡水和汽油中有良好的耐蚀性。

（9）常用标准牌号对照（见表 7-169）

表 7-169　常用标准牌号对照

国别	中国	国际标准化	欧洲		英国	德国	
标准	—	ISO	EN	Mat. No	BS	DIN	W-Nr
牌号	ZCuPb25Sn5	CuPb20Sn5	—	—	LB5	G-CuPb20Sn	—
国别	法国	韩国	俄罗斯	日本	美国		
标准	NF	KS	ГОСТ	JIS	ASTM	UNS	AISI	SAE	ASI
牌号	CuPb20Sn5	—	БРОС5-25	LBC5	—	C94300	—	—	—

7.1.26　ZCuPb10Sn10

（1）概述

ZCuPb10Sn10 合金是高含锡量的铜-铅-锡三元系铸造铅青铜。铅元素不溶于铜-锡合金，以单独质点形式分布于枝晶间，因此，可以显著提高合金的耐磨性和切削加工性，但会使力学性能下降。该合金兼有铅青铜和锡青铜的耐磨、导热、易切削加工、高耐蚀性和强度特性。同低铅锡青铜相比,该合金虽然强度较低,但更适合在润滑不良的条件下工作。并且,该合金在300℃以下温度区间的力学性能变化不大,适合制造重载高速工作的耐磨件。

该合金也属于耐磨性轴承合金。

（2）工艺特性

ZCuPb10Sn10合金的结晶温度较宽,凝固时有糊状结晶倾向,合金流动性好,易充型,线收缩率低,不会形成大的集中缩孔,但易产生铅的偏析。该合金适合金属型、半金属型、熔模铸造及离心铸造。该合金仅适于铸造。

该合金可焊接,易于锡焊、钎焊和电阻焊,但不宜进行氧炔焰气焊、气体保护焊。

ZCuPb10Sn10合金不能热处理强化,只可去应力处理,去应力处理温度为260~300℃。

（3）应用

ZCuPb10Sn10合金适合铸造表面压力大,又有侧压力的轴承及双金属轴瓦。

（4）化学成分（见表7-170）

表7-170 化学成分（质量分数）（GB/T 1176—2013） （%）

Sn	Zn	Pb	P	S	Ni	Al	Fe	Mn	Si	As	C	Bi	Sb	Cu	杂质总和
9.0~11.0	≤2.0	8.0~11.0	≤0.05	≤0.10	≤2.0	≤0.01	≤0.25	≤0.2	≤0.01	—	—	—	≤0.5	余量	≤1.0（Ni不计入杂质）

（5）物理性能（见表7-171）

表7-171 物理性能

温度/℃	室温	100	200	250
热导率 $\lambda/[W/(m·℃)]$	47.0	—	59.0	—
比定压热容 $c_p/[J/(kg·℃)]$	376.8			
线胀系数 $/10^{-6}℃^{-1}$	—			19.0
弹性模量 $E/10^4$ MPa	7.58			
切变模量 $G/10^3$ MPa	27.6			
泊松比 $\mu/10^{-1}$	3.73			
电阻率 $\rho/10^{-8}\Omega·m$	17.2	—	19.1	—

注：密度为8.87g/cm³；熔点为779~947℃。

（6）常见热处理制度（见表7-172）

表7-172 常见热处理制度

热处理	加热温度/℃	冷却方法	金相组织
去应力退火	260~300	空冷	α+(α+δ)共析体+Pb质点

（7）力学性能

① 技术标准规定的力学性能见表7-173。

表7-173 技术标准规定的力学性能（GB/T 1176—2013）

铸造方法	力学性能(≥)			
	R_m/MPa	$R_{p0.2}$/MPa	A(%)	HBW
砂型铸造(S)	180	80	7	(65)
金属型铸造(J)	220	140	5	(70)
连铸或离心铸造(La或Li)	220	110	6	(70)

注：括号内数据供参考。

② 不同温度下的力学性能见表7-174。

表 7-174　不同温度下的力学性能（供参考）

状态	温度/℃	R_m/MPa	$R_{p0.2}$/MPa	$A(\%)$	$Z(\%)$	KU_2/J	HBW
砂型(S)	室温	190~270	80~130	5~18	—	—	65~85
金属型(J)	室温	220~280	140~200	3~12	—	—	80~90
连铸(La)	室温	280~390	160~220	6~15	—	—	80~90
离心铸造(Li)	室温	230~310	140~190	5~10	—	—	80~90
—	100	235	85	—	—	—	62
	200	218	78	—	—	—	56

（8）耐蚀性

ZCuPb10Sn10 合金在大气、淡水和海水中有高的化学稳定性，也能耐碱溶液和非氧化性酸类溶液的腐蚀，但在有机酸中腐蚀较快。

（9）常用标准牌号对照（见表7-175）

表 7-175　常用标准牌号对照

国别	中国	国际标准化	欧洲		英国	德国	
标准	GB	ISO	EN	Mat. No	BS	DIN	W-Nr
牌号	ZCuPb10Sn10	CuPb10Sn10	—	—	LB2	G-CuPb10Sn	—

国别	法国	韩国	俄罗斯	日本	美国			
标准	NF	KS	ГОСТ	JIS	ASTM	UNS	AISI	SAE	ASI
牌号	CuPb10Sn10	—	БРОС10-10	LBC3	—	C93700	—	—	—

7.1.27　ZCuZn16Si4（ZHSi80-3）

（1）概述

ZCuZn16Si4 合金是铜-锌-硅三元系铸造黄铜，硅元素一部分溶入固溶体，一部分形成 γ 相（Cu_2Si），所以，硅元素的加入会提高合金的强度和硬度。

ZCuZn16Si4 合金在大气、淡水和海水中，表面会形成一层致密的 SiO_2 保护膜，从而提高合金的耐蚀能力和耐应力腐蚀能力。

ZCuZn16Si4 合金在具有较高力学性能的同时又具有较好的耐蚀性，铸造性良好，铸件组织致密、气密性好，适用于不规则形状的薄壁件铸造，因此应用广泛。

ZCuZn16Si4 合金在室温下具有 α+(α+γ) 两相组织。

（2）工艺特性

ZCuZn16Si4 合金流动性好，线收缩率较低，不易形成分散的显微缩孔，适用于砂型、金属型、熔模铸造及压铸等不同铸造方法。

ZCuZn16Si4 合金除作为铸造合金使用，还可作为变形合金使用，在热态或冷态下均可较容易地进行压力加工，热加工温度一般为 750~850℃。

该合金可以采用钎焊方法焊接，但不宜采用氧-乙炔焊或炭弧焊。

ZCuZn16Si4 合金可采用低温去应力退火，温度为 260~370℃，缓慢冷却，有利于提高耐蚀性。

该合金具有良好的切削加工性，优于普通黄铜。

（3）应用

ZCuZn16Si4 合金可用于在空气、淡水、油以及工作压力不大于 4.5MPa 和 250℃ 以下蒸汽中工作的零部件。

该合金特别适合制造在海水介质中工作的管件、泵体、泵轮、阀体等件。

（4）化学成分（见表 7-176）

表 7-176 化学成分（质量分数）（GB/T 1176—2013） （%）

Sn	Zn	Pb	P	S	Ni	Al	Fe	Mn	Si	As	C	Bi	Sb	Cu	杂质总和
≤0.3	余量	≤0.5	—	—	≤0.1	≤0.6	≤0.5	2.5~4.5	—	—	—	≤0.1	79.0~81.0	≤2.0

（5）物理性能（见表 7-177）

表 7-177 物理性能

温度/℃	室温	300
热导率 $\lambda/[W/(m \cdot ℃)]$	41.8	—
比定压热容 $c_p/[J/(kg \cdot ℃)]$	3.76	—
线胀系数 $/10^{-6}℃^{-1}$	—	17.0
弹性模量 $E/10^4$ MPa	13.7	
切变模量 $G/10^3$ MPa	51.7	
泊松比 $\mu/10^{-1}$	3.25	
电阻率 $\rho/10^{-8}\Omega \cdot m$	24.3	

注：密度为 8.32g/cm³；熔点为 821~916℃。

（6）常见热处理制度（见表 7-178）

表 7-178 常见热处理制度

热处理	加热温度/℃	冷却方法	金相组织
去应力	260~350	缓冷	α+(α+γ)

（7）力学性能

① 技术标准规定的力学性能见表 7-179。

表 7-179 技术标准规定的力学性能（GB/T 1176—2013）

铸造方法	力学性能（≥）			
	R_m/MPa	$R_{p0.2}$/MPa	A(%)	HBW
熔模（R）或砂型铸造（S）	345	180	15	90
金属型铸造（J）	390	—	20	100

② 不同温度下的力学性能见表 7-180。

表 7-180 不同温度下的力学性能

状态	温度/℃	R_m/MPa	$R_{p0.2}$/MPa	A(%)	Z(%)	KU_2/J	HBW
砂型铸造（S）	室温	390~480	220	20~30	—	9.4	90~129
金属型铸造（J）	室温	470~520	345	15~30	34	—	115
压铸,铸态	室温	460~510	—	22~35	—	—	121
铸态	260	385	—	9.0	—	—	—
	316	316	—	6.6	—	—	—
	371	255	—	10.8	—	—	—
铸态	-40	480	250	18	24	—	118

(8) 耐蚀性

ZCuZn16Si4 合金对大气、淡水、低浓度盐水、稀硫酸、稀盐酸、稀乙酸、干燥的二氧化硫以及一些干燥气体都有良好的耐蚀性，但不耐硝酸及其他高氧化性酸类的腐蚀。在海水中的腐蚀速率为 0.011mm/a。

(9) 常用标准牌号对照（见表 7-181）

表 7-181　常用标准牌号对照

国别	中国	国际标准化	欧洲		英国	德国	
标准	GB	ISO	EN	Mat. No	BS	DIN	W-Nr
牌号	ZCuZn16Si4	—	—	—	—	G-CuZn15Si4	—
国别	法国	韩国	俄罗斯	日本	美国		
标准	NF	KS	ГОСТ	JIS	ASTM	UNS	AISI	SAE	ASI
牌号	—	—	ЛК80-3Л	S2BC3	—	C87400	—	—	—

7.1.28　ZCuZn40Mn2（ZHMn58-2）

(1) 概述

ZCuZn40Mn2 合金是铜-锌-锰三元系铸造黄铜，因其锌含量较高，所以强度也较高，但塑性稍低，锰的加入改善了其力学性能、热稳定性和耐蚀性，属 α+β 双相铸造锰黄铜。

ZCuZn40Mn2 合金具有较高的力学性能和耐蚀性，特别是在海水及过热蒸汽中有良好的耐蚀性。

(2) 工艺特性

ZCuZn40Mn2 合金具有良好的铸造性，适用于砂型、金属型、熔模铸造等。

该合金可以焊接，宜采用气焊、钎焊，不宜电焊。

ZCuZn40Mn2 合金可采用低温去应力处理，加热温度为 260~350℃。

该合金有良好的切削加工性。

(3) 应用

ZCuZn40Mn2 合金主要用于在空气、淡水、海水及不高于 300℃ 的蒸汽中使用的零部件。其可制作泵体、泵轮、阀体、阀杆等铸件。

(4) 化学成分（见表 7-182）

表 7-182　化学成分（质量分数）（GB/T 1176—2013）　（%）

Sn	Zn	Pb	P	S	Ni	Al	Fe	Mn	Si	As	C	Bi	Sb	Cu	杂质总和
≤1.0	余量	—	—	—	—	≤1.0	≤0.8	1.0~2.0	—	—	—	—	≤0.1	57.0~60.0	≤2.0（Al 不计入杂质）

(5) 物理性能（见表 7-183）

表 7-183　物理性能

温度/℃	室温	300
热导率 $\lambda/[W/(m \cdot ℃)]$	70	—
比定压热容 $c_p/[J/(kg \cdot ℃)]$	377	—
线胀系数/$10^{-6}℃^{-1}$	—	21.0

(续)

弹性模量 $E/10^4$ MPa	10.3	—
切变模量 $G/10^3$ MPa	41.3	—
泊松比 $\mu/10^{-1}$	—	—
电阻率 $\rho/10^{-8}\Omega \cdot m$	8.2	—

注：密度为 8.50g/cm³；熔点为 866~881℃。

(6) 常见热处理制度（见表7-184）

表 7-184 常见热处理制度

热处理	加热温度/℃	冷却方法	金相组织
去应力处理	260~350	空冷	α+β

(7) 力学性能

① 技术标准规定的力学性能见表7-185。

表 7-185 技术标准规定的力学性能（GB/T 1176—2013）

铸造方法	力学性能(≥)			
	R_m/MPa	$R_{p0.2}$/MPa	$A(\%)$	HBW
砂型铸造(S)	345	—	20	80
熔模铸造(R)	345	—	20	80
金属型铸造(J)	390	—	25	90

② 不同温度下的力学性能见表7-186。

表 7-186 不同温度下的力学性能（供参考）

状态	温度/℃	R_m/MPa	$R_{p0.2}$/MPa	$A(\%)$	$Z(\%)$	$KU_2/\%$	HBW
铸态	室温	490	195	10	—	—	98
	50	470	150	42	44	—	97
	100	440	140	48	52	—	95
	150	400	160	57	65	—	90

(8) 耐蚀性

耐全面（均匀）腐蚀性能见表7-187。

表 7-187 耐全面（均匀）腐蚀性能

介质	浓度(%)	压力/MPa	温度/℃	时间/h	腐蚀速率		备注
					mm/a	g/(m²·h)	
海水	—	—	—	—	0.0169	—	—
硫酸	10	—	20	—	0.067	—	—

(9) 常用标准牌号对照（见表7-188）

表 7-188 常用标准牌号对照

国别	中国	国际标准化	欧洲		英国	德国	
标准	GB	ISO	EN	Mat. No	BS	DIN	W-Nr
牌号	ZCuZn40Mn2	—	—	—	—	—	—

国别	法国	韩国	俄罗斯	日本	美国			
标准	NF	KS	ГОСТ	JIS	ASTM	UNS	AISI	SAE	ASI
牌号	—	—	ЛМЦ58-2	HBSC2C	—	C86500	—	—	—

7.1.29 ZCuNi30Fe1Mn1（BFe30-1-1）

（1）概述

ZCuNi30Fe1Mn1 合金是含镍、铁、锰的铜-镍合金，常称其为铁白铜，是镍含量较高的一种白铜。其铸造状态和使用时牌号为 ZCuNi30Fe1Mn1，作为锻、压品应用时牌号为 BFe30-1-1。

该合金有良好的力学性能，在海水、淡水和蒸汽中有较高的耐蚀性，在磷酸、氢氟酸及氢氧化钠溶液中也有较好的耐蚀性，但在硝酸中耐蚀性差。

该合金铸造性能良好，铸件致密、可焊接。

（2）工艺特性

ZCuNi30Fe1Mn1 合金的浇注温度为 1330~1350℃，热加工温度为 900~960℃。

ZCuNi30Fe1Mn1 合金应在退火状态下使用，退火加热温度为 780~810℃，去应力温度为 250~300℃。

该合金的切削性较差。

（3）应用

ZCuNi30Fe1Mn1 合金主要用于耐海水腐蚀条件下工作的零件，在较高温度和压力条件下仍保持良好性能。

该合金可制作耐海水腐蚀的泵体、泵轮、阀体、弯管、凸轮、冷凝器等。

（4）化学成分（见表 7-189）

表 7-189 化学成分（质量分数）（GB/T 1176—2013） （%）

Sn	Zn	Pb	P	S	Ni	Al	Fe	Mn	Si	As	C	Bi	Sb	Cu	杂质总和
—	—	≤0.01	≤0.02	≤0.02	29.5~31.5	—	0.25~1.5	0.8~1.5	≤0.5	—	≤0.15	—	—	65.0~67.0	≤1.0

（5）物理性能（见表 7-190）

表 7-190 物理性能（供参考）

温度/℃	室温	100
热导率 λ/[W/(m·℃)]	29.4	—
比定压热容 c_p/[J/(kg·℃)]	376	—
线胀系数/10^{-6}℃$^{-1}$	—	16.2
弹性模量 E/10^4MPa		
切变模量 G/10^3MPa		
泊松比 μ/10^{-1}		
电阻率 ρ/10^{-8}Ω·m	4.2	—

注：密度为 8.94g/cm³；熔点为 1174~1237℃。

（6）常见热处理制度（见表 7-191）

表 7-191 常见热处理制度

热处理	加热温度/℃	冷却方法	金相组织
去内应力处理	250~300	空冷	α 固溶体
退火处理	780~810	空冷或炉冷	α 固溶体

（7）力学性能

技术标准规定的力学性能见表 7-192。

表 7-192 技术标准规定的力学性能（GB/T 1176—2013）

铸造方法	力学性能(≥)			
	R_m/MPa	$R_{p0.2}$/MPa	$A(\%)$	HBW
砂型铸造(S)	415	220	20	140
金属型铸造(J)	415	220	20	140
离心铸造(Li)	415	220	20	140
连铸(La)	415	220	20	140

（8）耐蚀性

耐全面（均匀）腐蚀性能见表 7-193。

表 7-193 耐全面（均匀）腐蚀性能（供参考）

介质	浓度(%)	压力/MPa	温度/℃	时间/h	腐蚀速率		备注
					mm/a	g/(m²·h)	
工业区大气	—	—	—	—	0.002	—	
海洋大气	—	—	—	—	0.0011	—	
农村大气	—	—	—	—	0.00035	—	
淡水	—	—	—	—	0.03	—	—
海水	—	—	—	—	0.03~0.13	—	
蒸气凝结水	—	—	—	—	0.08	—	
	—	—	—	—	0.3	—	含30%CO_2
水蒸气	—	—	—	—	0.0025	—	
硝酸	50	—	—	—	2336	—	
盐酸(2mol溶液)	25	—	—	—	2.3~76	—	
硫酸	10	—	20	—	0.08	—	
亚硫酸	饱和液	—	—	—	2.5	—	
氢氰酸	38	—	110	—	0.09	—	
	98	—	38	—	0.05	—	
	无水	—	—	—	0.008	—	
磷酸	8	—	20	—	0.5	—	
乙酸	10	—	20	—	0.025	—	
脂肪酸	60	—	100	—	0.06	—	
氨水	7	—	30	—	0.25	—	
氢氧化钠	10~50	—	100	—	0.005	—	

（9）常用标准牌号对照（见表 7-194）

表 7-194 常用标准牌号对照

国别	中国	国际标准化	欧洲		英国	德国	
标准	GB	ISO	EN	Mat. No	BS	DIN	W-Nr
牌号	ZCuNi30Fe1Mn1	—	—	—	—	—	—

国别	法国	韩国	俄罗斯	日本	美国			
标准	NF	KS	ГОСТ	JIS	ASTM	UNS	AISI	SAE	ASI
牌号									

7.1.30 ZCuNi30Be1.2

（1）概述

ZCuNi30Be1.2 合金属铸造铍白铜。

铍在铜-镍合金中的固溶度不高，其主要与合金中的镍形成 NiBe 化合物，经过沉淀强化提高合金强度、耐热性和耐磨性。铍还可以改善合金的铸造性，但降低了合金的抗应力腐蚀能力。

ZCuNi30Be1.2合金在大气、海水、无机酸和氨气氛条件下有良好的耐蚀性，并有很高的强度、耐磨性和耐热性。

（2）工艺特性

ZCuNi30Be1.2合金有良好的铸造性，浇注温度为1200~1300℃，大件取中下限温度，小件取中上限温度。

ZCuNi30Be1.2合金通常在退火状态下使用，退火加热温度一般为780~810℃，去应力退火温度为250~300℃，也可进行固溶+时效处理。

ZCuNi30Be1.2合金适用于钎焊及电阻焊，不可采用氧气-乙炔焊，慎重采用气体保护焊和电焊。

该合金的切削加工性较差。

（3）应用

ZCuNi30Be1.2合金可用于抗海水腐蚀的零部件，如阀座、泵壳等。

（4）化学成分（见表7-195）

表7-195 化学成分（质量分数） （%）

Sn	Zn	Pb	P	S	Ni	Ti	Fe
—	—	≤0.1	—	—	29.0~33.0	0.10~0.20	0.7~1.0
Mn	Si	C	Cu	Bi	Mg	Zr	杂质总和
≤0.7	≤0.15	—	余量	1.1~1.2	—	0.10~0.20	≤0.5

注：适合铸材。

（5）物理性能（见表7-196）

表7-196 物理性能

温度/℃	室温	300
热导率 λ/[W/(m·℃)]	30	—
比定压热容 c_p/[J/(kg·℃)]	376	—
线胀系数/10^{-6}℃$^{-1}$	—	16.0
弹性模量 E/10^4MPa	15.0	
切变模量 G/10^3MPa	57.0	
泊松比 μ/10^{-1}	3.3	
电阻率 ρ/10^{-8}Ω·m	4.0	

注：密度为8.60g/cm³；熔点为1065~1155℃。

（6）常见热处理制度见表7-197

表7-197 常见热处理制度

热处理	加热温度/℃	冷却方法	金相组织
去内应力处理	250~300	空冷	α固溶体
退火处理	780~810	空冷或炉冷	α固溶体
固溶处理	985~1000	快冷	α固溶体
时效处理	500~520	空冷	α固溶液+沉淀相

（7）力学性能

① 技术标准规定的力学性能见表7-198。

表 7-198 技术标准规定的力学性能

铸造方法	力学性能（≥）			
	R_m/MPa	$R_{p0.2}$/MPa	$A(\%)$	HBW
铸棒,铸态+510℃空冷	515	260	12	89

② 室温下的力学性能见表 7-199。

表 7-199 室温下的力学性能

状态	温度/℃	力学性能（≥）					硬度
		R_m/MPa	$R_{p0.2}$/MPa	$A(\%)$	$Z(\%)$	KU_2/J	
铸造+510℃空冷	室温	555	310	15(50mm)	—	—	90HRB
995℃水冷+510℃空冷	室温	860	550	70(50mm)	—	—	26HRC

（8）耐蚀性

ZCuNi30Be1.2 合金在大气、淡水、海水和无机酸中具有良好的耐蚀性。具体见表 7-193 和表 7-200。

表 7-200 耐全面（均匀）腐蚀性能

介质	浓度(%)	压力/MPa	温度/℃	时间/h	腐蚀速率		备注
					mm/a	g/(m²·h)	
工业大气	—	—	—	—	0.002	—	
海洋大气	—	—	—	—	0.001	—	
淡水	—	—	—	—	0.003	—	
海水	—	—	—	—	0.03	—	
NaCl	3	—	—	—	0.019	—	—
H_2SO_4	10	—	—	—	0.08	—	
NaOH	10	—	—	—	0.005	—	

（9）常用标准牌号对照（见表 7-201）

表 7-201 常用标准牌号对照

国别	中国	国际标准化	欧洲		英国	德国	
标准	GB	ISO	EN	Mat. No	BS	DIN	W-Nr
牌号	ZCuNi30Be1.2	—	—	—	—	—	—
国别	法国	韩国	俄罗斯	日本	美国		
标准	NF	KS	ГOCT	JIS	ASTM	UNS	AISI	SAE	ASI
牌号	—	—	—	—	—	C96700	—	—	—

7.2 铝及铝合金

铝及铝合金密度小、塑性好、耐蚀性好，还有良好的导电性，有一定的力学性能和工艺性。铝合金铸造性优良，铸造铝合金广泛应用于机械产品制造中。铸造铝合金中铝-硅合金力学性能较好，耐蚀性高；铝-铜合金有较高的力学性能及耐热性；铝-镁合金耐蚀性最好，特别是抗电化学腐蚀性好。

铝及铝合金，特别是铸造铝合金在通用机械中应用较多。铸造铝合金在机械产品生产中，主要用于制造在某些耐蚀介质中工作泵的泵体、叶轮、阀体等。

7.2.1 1035（L4）

（1）概述

1035 属工业纯铝，过去曾表示为 L4，工业纯铝接近银白色，密度小，塑性高，耐蚀性好，电导率和热导率高。其易于气焊和接触焊，铸造性较好，但切削加工性较差。

铝易被环境中的氧氧化，表面形成一层保护膜，从而具有良好的耐蚀性，在一般大气环境下是稳定的，能抵抗浓硝酸（浓度 90%～98%）的腐蚀，但易被硫酸、盐酸和碱腐蚀破坏。

纯铝中常见的杂质为铁和硅。其中铁在铝中的溶解度很小，多呈 $FeAl_3$ 相存在。而硅在共晶温度下可在铝中溶解 1.6%，随着温度下降，其溶解度剧烈下降。当铁、硅同时存在于铝中时，可形成两种三元相，即 α（$Fe_3Si_2Al_{12}$）和 β（$Fe_2Si_2Al_9$），它们在铸态时呈针状存在。

纯铝不能以热处理方式强化，一般在退火状态下应用。

（2）工艺特性

纯铝的熔炼一般采用坩埚炉或反射炉，用半连续法铸造。熔炼温度不超过 745℃，浇注温度在 675～745℃。

纯铝无论在冷态还是热态，其塑性都很好，易成形。变形温度范围在 260～510℃，冷变形是提高纯铝性能的唯一手段。

纯铝不能热处理强化，其热处理的主要方式是退火。1035 的退火温度一般为 350～450℃，保温后水冷或空冷。有时也采用不完全退火，加热温度为 150～300℃，保温后空冷。

1035 纯铝的焊接性良好，可采用气焊、氢原子焊和接触焊。

纯铝的切削加工性不好。

（3）应用

1035 等工业纯铝主要用于不受力构件和需要有较高的可塑性、良好的焊接性、较高的耐蚀性或高的热、电传导性的构件。

（4）化学成分（见表 7-202）

表 7-202 化学成分（质量分数）（GB/T 3190—2020） （%）

Sn	Zn	Pb	P	S	Ni	Al	Fe
—	≤0.10	—	—	—	—	≥99.35	≤0.6
Mn	Si	Mg	V	Ti	Sb	Cu	单个
≤0.05	≤0.35	≤0.05	≤0.05	≤0.03	—	≤0.10	≤0.05

注：适合挤压棒材、管材。

（5）物理性能（见表 7-203）

表 7-203 物理性能

温度/℃	室温	100	200	300	400	500	600
热导率 λ/[W/(m·℃)]	226	—	—	—	—	—	—
比定压热容 c_p/[J/(kg·℃)]	—	946	962	999	994	—	—
线胀系数/10^{-6}℃$^{-1}$	—	—	24	24.7	25.6	—	—
弹性模量 E/10^4MPa	7.0	—	—	—	—	—	—
切变模量 G/10^3MPa	26	—	—	—	—	—	—
泊松比 μ/10^{-1}	3.1	—	—	—	—	—	—
电阻率 ρ/10^{-8}Ω·m	2.92	—	—	—	—	—	—

注：密度为 2.21g/cm³；熔点为 643～657℃。

(6) 常见热处理制度（见表7-204）

表7-204 常见热处理制度

热处理	加热温度/℃	冷却方法	金相组织
不完全退火	150~300	空冷	α+β
完全退火	350~410	水冷或空冷	α+β

(7) 力学性能

① 技术标准规定的力学性能见表7-205。

表7-205 技术标准规定的力学性能

品种（标准）	状态	规格/mm	力学性能（≥）						HBW
			R_m/MPa	$R_{p0.2}$/MPa	Z(%)	$A_{11.3}$(%)	A(%)	KU_2/J	
压棒材 (GB/T 3191—2019)	退火	≤150	60~120	—	—	—	25	—	—
	热加工成型		60	—	—	—	25	—	—
管材 (GB/T 6893—2022)	退火	≤20.00	60~95	—	—	22.0(50mm)	25	—	—
	加工硬化	≤10.00	100~135	70	—	5.0(50mm)	6	—	—

② 室温下的力学性能见表7-206。

表7-206 室温下的力学性能（供参考）

状态	规格/mm	温度/℃	R_m/MPa	$R_{p0.2}$/MPa	$A_{11.3}$(%)	Z(%)	KU_2/J	HBW
板材 （退火态）	0.3~4.0	室温	72.6~86.6	—	40	—	—	—
	0.4	室温	84.5~87.5	—	38.6	—	—	—
	2.0	室温	73.8~76.5	—	46.1	—	—	—
	6.0~8.0	室温	74.4~87.2	—	38.6	—	—	—
板材 （不完全退火）	0.3~4.0	室温	111~159	—	14.6	—	—	—
	0.5	室温	145~151	—	9.8	—	—	—
	2.0~4.0	室温	116~141	—	10.4	—	—	—
板材 （硬化态）	0.3~4.0	室温	169~205	—	4.2	—	—	—
	0.5~4.0	室温	134~211	—	4.6	—	—	—
板材（热加工态）	6.0	室温	105	—	29.4	—	—	—
	10.0	室温	83	—	35.2	—	—	—
棒材（热加工）	20~100	室温	65.0~79.5	—	42.4	—	—	—
管材（热加工）	厚20	室温	76	—	40.5	—	—	—
冷拉管（退火态）	厚1.0	室温	81	—	26.3	—	—	—

(8) 耐蚀性

耐全面（均匀）腐蚀性能见表7-207。

表7-207 耐全面（均匀）腐蚀性能

介质	浓度(%)	压力/MPa	温度/℃	时间/h	腐蚀速率		备注
					mm/a	g/(m²·h)	
硫酸	—	—	25	—	>1.5	—	—
硝酸	<0.5	—	25	—	0.05~0.5	—	—
	0.5~7.0	—	25	—	>1.5	—	—
		—	25	—	0.05~0.5	—	—
	80~100	—	50	—	0.05~1.5	—	—
		—	80	—	>1.5	—	—
盐酸		—	25	—	>1.5	—	—

（续）

介质	浓度(%)	压力/MPa	温度/℃	时间/h	腐蚀速率		备注
					mm/a	g/(m²·h)	
磷酸（充气）	>70	—	25	—	>1.5	—	—
	80~100	—	25	—	0.05~0.5	—	—
磷酸（不充气）	—	—	25	—	>1.5	—	—
氢氰酸	<40	—	25	—	0.05~0.5	—	—
	100	—	25~100	—	0.05~0.5	—	—
亚硫酸	10	—	25	—	0.05~0.5	—	—
	100	—	25	—	0.05~0.5	—	—
过硫酸	—	—	25	—	>1.5	—	—
亚硝酸	10	—	25	—	0.5~1.5	—	—
铬酸	15	—	25	—	0.05~0.5	—	—
		—	50	—	>1.5	—	—
	>15	—	25	—	>1.5	—	—
氯酸	—	—	25	—	>1.5	—	—
次氯酸	—	—	25	—	>1.5	—	—
高氯酸	—	—	25	—	>1.5	—	—
砷酸	<30	—	25	—	>1.5	—	—
	100	—	25	—	0.05~1.5	—	—
硼酸	10	—	25	—	0.5~1.5	—	—
		—	50	—	0.05~0.5	—	—
		—	100	—	>1.5	—	—
	20	—	25	—	0.05~1.5	—	—
		—	50	—	0.05~0.5	—	—
	30	—	50	—	0.05~1.5	—	—
		—	100	—	>1.5	—	—
	100	—	25	—	<0.05	—	—
王水	—	—	25	—	>1.5	—	—
硫酸+硝酸	—	—	25	—	>1.5	—	—
乙酸（充气）	<60	—	25	—	<0.05	—	—
		—	50	—	0.05~0.5	—	—
		—	100	—	>1.5	—	—
	70~90	—	25	—	<0.05	—	—
		—	50	—	0.05~0.5	—	—
		—	100	—	0.5~1.5	—	—
	100	—	25	—	<0.05	—	—
		—	50	—	<0.05	—	—
		—	80	—	<0.05	—	—
		—	100	—	>1.5	—	—
乙酸（不充气）	<90	—	25	—	<0.05	—	—
		—	50	—	0.05~0.5	—	—
		—	80	—	0.5~1.5	—	—
		—	100	—	>1.5	—	—
	100	—	25	—	<0.05	—	—
		—	50	—	<0.05	—	—
		—	80	—	0.05~0.5	—	—
		—	100	—	>1.5	—	—
丁酸	<90	—	25	—	0.05~0.5	—	—
		—	100	—	>1.5	—	—
	100	—	25~80	—	<0.05	—	—

(续)

介质	浓度(%)	压力/MPa	温度/℃	时间/h	腐蚀速率 mm/a	腐蚀速率 g/(m²·h)	备注
苦味酸	<100	—	25	—	>1.5	—	—
氢氧化钠	<100	—	25	—	>1.5	—	—
氢氧化铵	<30	—	25	—	<0.05	—	—
氢氧化铵	<30	—	50	—	0.05~0.5	—	—
氢氧化铵	100	—	25~100	—	<0.05	—	—
氢氧化铝	10	—	25~100	—	0.05~0.5	—	—
氢氧化镁	10	—	25	—	<0.05	—	—
氢氧化镁	100	—	25~100	—	0.05~0.5	—	—
硫酸铵	<100	—	25	—	>1.5	—	—
硝酸铵	<100	—	25~150	—	0.05~0.5	—	—
硝酸铵	100	—	25~熔点	—	0.05~0.5	—	—
氯化铵	10	—	25	—	0.05~0.5	—	—
氯化铵	20	—	25	—	0.05~0.5	—	—
氯化铵	20	—	50	—	>1.5	—	—
氯化铵	50	—	50	—	>1.5	—	—
氯化铵	100	—	25	—	0.05~0.5	—	—
硫化铵	10	—	25~100	—	0.05~0.5	—	—
硫化铵	100	—	25	—	0.05~0.5	—	—
乙酸铵	10	—	25~100	—	<0.05	—	—
乙酸铵	20~50	—	25~50	—	<0.05	—	—
硝酸钠	<50	—	25	—	<0.05	—	—
硝酸钠	90	—	25	—	<0.05	—	—
硝酸钠	100	—	25~熔化	—	0.05~0.5	—	—
硫酸钠	<30	—	25~100	—	<0.05	—	—
硫酸钠	100	—	25~100	—	<0.05	—	—
氯化钠	<30	—	25	—	0.5~1.5	—	—
亚硫酸钠	10	—	25~100	—	0.05~0.5	—	—
亚硫酸钠	>10	—	25	—	0.05~0.5	—	—
碳酸氢钠	10	—	25	—	0.05~0.5	—	—
碳酸氢钠	10	—	100	—	0.5~1.5	—	—
碳酸氢钠	100	—	25	—	0.05~0.5	—	—
硫酸钾	<100	—	25~80	—	<0.05	—	—
硫酸钾	<100	—	100~熔点	—	0.05~0.5	—	—
硫酸钾	100	—	25	—	<0.05	—	—
硝酸钾	<80	—	25~100	—	<0.05	—	—
硝酸钾	100	—	25~370	—	<0.05~0.5	—	—
高锰酸钾	10	—	25~100	—	<0.05	—	—
高锰酸钾	20~30	—	25~100	—	0.05~0.5	—	—
高锰酸钾	100	—	25	—	0.05~0.5	—	—
硫酸钙	10	—	25~100	—	0.05~0.5	—	—
硫酸钙	100	—	25~100	—	0.05~0.5	—	—
硝酸钙	10	—	25~100	—	0.05~0.5	—	—
硝酸钙	20~40	—	25	—	0.05~0.5	—	—
硝酸钙	90	—	25	—	>1.5	—	—
磷酸钙	10	—	25	—	0.05~0.5	—	—
磷酸钙	10	—	100	—	>1.5	—	—
磷酸钙	100	—	25	—	0.05~0.5	—	—
磷酸钙	100	—	100	—	>1.5	—	—

(续)

介质	浓度(%)	压力/MPa	温度/℃	时间/h	腐蚀速率 mm/a	腐蚀速率 g/(m²·h)	备注
碳酸钙	20	—	25	—	>1.5	—	—
	100	—	25	—	0.5~1.5	—	—
氯化钙	<20	—	25~100	—	<0.05	—	—
	30	—	25~80	—	<0.05	—	—
		—	100~150	—	0.5~1.5	—	—
	40~60	—	25~80	—	<0.05	—	—
	100	—	25	—	>1.5	—	—
硫酸铁	—	—	25	—	>1.5	—	—
硝酸铁	—	—	25	—	>1.5	—	—
氯化铁	—	—	25	—	>1.5	—	—
溴化铁	—	—	25	—	>1.5	—	—
硫化铁	—	—	25	—	0.05~0.5	—	—
硝酸钡	10	—	25~100	—	0.05~0.5	—	—
	20~30	—	25~100	—	0.05~0.5	—	—
碳酸钡	<100	—	25	—	>1.5	—	—
	干	—	25	—	0.05~0.5	—	—
氯化钡	<50	—	25~80	—	0.05~0.5	—	—
	100	—	25	—	>1.5	—	—
硫酸铜	—	—	25	—	>1.5	—	—
硝酸铜	—	—	25	—	>1.5	—	—
氯	干气	—	25~80	—	0.05~0.5	—	—
		—	100	—	0.5~1.5	—	—
		—	150	—	>1.5	—	—
	湿气 70	—	25~100	—	>1.5	—	—
	湿气 90	—	25~100	—	>1.5	—	—
硫	不充气	—	25~100	—	<0.05	—	—
	充气	—	25	—	>1.5	—	—
空气	—	—	25~370	—	<0.05	—	—
液态空气	—	—	25	—	0.05~0.5	—	—
氧化性气体	—	—	<370	—	<0.05	—	—
煤气	—	—	25	—	0.05~0.5	—	—
天然气	—	—	25	—	0.05~0.5	—	—
一氧化碳	100	—	<566	—	<0.05	—	—
二氧化碳	10	—	25	—	<0.05	—	—
	100	—	<260	—	<0.05	—	—
硫化氢	干	—	<370	—	0.05~0.5	—	—
	湿(水>1.0)	—	≤100	—	<0.05	—	—
甲醇	干	—	<50	—	0.05~0.5	—	—
		—	150	—	>1.5	—	—
乙醇	湿(水>0.8)	—	<100	—	0.05~0.5	—	—
	干	—	≤50	—	0.05~0.5	—	—
	—	—	80~156	—	>1.5	—	—
甘油(丙三醇)	—	—	<150	—	<0.05	—	—
丙酮	<100	—	<100	—	0.05~0.5	—	—
	100	—	<316	—	<0.05	—	—
甲烷	—	—	<100	—	<0.05	—	—
乙烷	—	—	<100	—	<0.05	—	—
乙烯	—	—	<100	—	<0.05	—	—

(续)

介质	浓度(%)	压力/MPa	温度/℃	时间/h	腐蚀速率 mm/a	腐蚀速率 g/(m²·h)	备注
乙炔	干	—	<100	—	<0.05	—	—
丙烷	—	—	<100	—	<0.05	—	—
苯	<80	—	<100	—	0.05~0.5	—	—
	90	—	25	—	0.05~0.5	—	—
	100	—	<50	—	<0.05	—	—
原油($w_S \leqslant 1.5\%$)	—	—	<200	—	0.05~0.5	—	—
矿物油	—	—	<80	—	0.05~0.5	—	—
汽油	—	—	<80	—	0.05~0.5	—	—
煤油	—	—	<80	—	0.05~0.5	—	—
柴油	—	—	<80	—	0.05~0.5	—	—
润滑油	—	—	<80	—	0.05~0.5	—	—
机油	—	—	<80	—	0.05~0.5	—	—
变压器油	—	—	<25	—	0.05~0.5	—	—
尿素	<50	—	<80	—	0.05~0.5	—	—
	100	—	<25	—	0.05~0.5	—	—
豆油	—	—	<100	—	0.05~0.5	—	—
桐油	—	—	<100	—	0.05~0.5	—	—
水	pH≈7	—	<80	—	0.05~0.5	—	—
	4.5<pH<7	—	<50	—	<0.05	—	—
	7<pH<8.6	—	<100	—	<0.05	—	—
蒸馏水	不充气	—	<200	—	<0.05	—	—
	充气	—	<50	—	<0.05	—	—
盐水	—	—	25	—	0.05~0.5	—	—

(9) 常用标准牌号对照（见表7-208）

表7-208 常用标准牌号对照

国别	中国	国际标准化	欧洲		英国	德国	
标准	GB	ISO	EN	Mat. No	BS	DIN	W-Nr
牌号	1035(L4)	A199.5	AW-A199.35	—	—	AW-A199.35	—

国别	法国	韩国	俄罗斯	日本	美国			
标准	NF	KS	ГОСТ	JIS	ASTM	UNS	AISI	SAE	ASI
牌号	—	—	АДОЕ	1050	1035	—	—	—	—

7.2.2 ZAlSi7Mg（ZL101）

(1) 概述

ZAlSi7Mg（合金代号为ZL101）是铝-硅-镁铸造铝合金，可通过热处理强化。该合金具有优良的铸造工艺性，即有高的流动性、气密性和低的热裂、疏松倾向，还具有良好的耐蚀性和焊接性，是常用的铸造铝合金。

ZAlSi7Mg铸造铝合金的基体组织为α相，并含有共晶状态的Si及Mg_2Si。共晶Si相在固溶处理后由片状趋于球状，而Mn_2Si相在固溶处理时溶入基体，而在时效时呈弥散状析出，合金被强化。

ZAlSi7Mg铸造铝合金一般在固溶（淬火）并人工时效后使用。

(2) 工艺特性

ZAlSi7Mg 铸造铝合金具有优良的铸造性和气密性。合金的组织和力学性能因铸造方法和铸件壁厚而改变，随着冷却速度的提高，α相和共晶组织细化，力学性能提高。

ZAlSi7Mg 铸造铝合金常见的热处理方式有：退火，退火加热温度一般为 300℃ 左右，保温后空冷或炉冷；固溶处理，固溶处理加热温度为（535±5）℃。保温后快速投入 20~100℃ 的水中冷却；固溶处理+不完全时效处理，即在固溶处理后经（150±5）℃的加热保温，空气冷却；固溶处理+完全时效处理，即在固溶处理后经 200℃ 加热保温后空气冷却。

ZAlSi7Mg 铸造铝合金和其他铸造铝合金一样，对热处理加热、保温温度要求较严，一般温度差应保证在 ±5℃ 范围内，而固溶（淬火）的冷却条件不但要求快速投入水中冷却，而且对水温有明确要求，一般控制在 20~100℃，水温对热处理效果有影响。对于复杂零件水温可提高至 80~100℃，防止变形和开裂。固溶（淬火）后的时效是合金的主要强化手段。

此外，对于 ZAlSi7Mg 铸造铝合金，有时还采用固溶处理后的高温时效，高温时效温度可达 200~250℃，可有效减小铸件内应力、稳定零件尺寸和减小残余变形。有时也称这种处理为稳定化处理。

ZAlSi7Mg 铸造铝合金焊接性良好，通常采用氩弧焊，也可采用气焊、碳弧焊等方法。

(3) 应用

ZAlSi7Mg 铸造铝合金适用于铸造形状复杂、中等载荷零件，或要求气密性高、高耐蚀性、环境温度不超过 200℃ 的零件，如泵体、泵轮、阀体及传动装置等。

(4) 化学成分（见表 7-209）

表 7-209 化学成分（质量分数）（GB/T 1173—2013） （%）

Sn	Zn	Pb	P	S	Ni	Al	Fe	Mn	Si	Mg	Ti+Zr	Be	Sb	Cu	杂质总和
≤0.05	≤0.3	≤0.05	—	—	—	余量	砂型 ≤0.5 金属型 ≤0.9	≤0.35	6.5~7.5	0.25~0.45	≤0.25	≤0.1	—	≤0.2	砂型 ≤1.1 金属型 ≤1.5

(5) 物理性能（见表 7-210）

表 7-210 物理性能

温度/℃	室温	100	200	300	400
热导率 λ/[W/(m·℃)]	151	155	163	168	168
比定压热容 c_p/[J/(kg·℃)]	—	879	921	1005	1047
线胀系数/10^{-6}℃$^{-1}$	—	23.0	24.0	24.5	—
弹性模量 E/10^4MPa	6.9	—	—	—	—
切变模量 G/10^3MPa	27	—	—	—	—
泊松比 μ/10^{-1}	3.1	—	—	—	—
电阻率 ρ/10^{-8}Ω·m	4.57	—	—	—	—

注：密度为 2.66g/cm³；熔点为 577~620℃。

(6) 常见热处理制度（见表 7-211）

表 7-211 常见热处理制度

热处理	加热温度/℃	冷却方法	金相组织
退火	300±10	空冷或炉冷	α+Si+Mg$_2$Si
固溶	535±5	水冷	α+Si
固溶+不完全时效	535±5/150±5	水冷/空冷	α+Si+Mg$_2$Si
固溶+完全时效	535±5/200±5	水冷/空冷	α+Si+Mg$_2$Si
固淬+稳定化回火	535±5/225±5	水冷/空冷	α+Si+Mg$_2$Si
固溶+软化回火	535±5/250±5	水冷/空冷	α+Si+Mg$_2$Si

(7) 力学性能

① 技术标准规定的力学性能见表 7-212。

表 7-212 技术标准规定的力学性能（GB/T 1173—2013）

品种(标准)	铸造方法	状态	力学性能(≥)					HBW
			R_m/MPa	$R_{p0.2}$/MPa	A(%)	Z(%)	KU_2/J	
单铸试样	砂型、熔模、壳型 金属型	铸态	155	—	2	—	—	50
		退火	135	—	2	—	—	45
	金属型(变质处理)	固溶+自然时效	185	—	4	—	—	50
	砂型、熔模、壳型	固溶+自然时效	175	—	4	—	—	50
	金属型、金属型(变质处理)	固溶+不完全人工时效	205	—	2	—	—	60
	砂型、熔模、壳型	固溶+不完全人工时效	195	—	2	—	—	60
	砂型(变质处理) 熔模(变质处理) 壳型(变质处理)	固溶+不完全人工时效	195	—	2	—	—	60
		固溶+完全人工时效	225	—	1	—	—	70
		固溶+稳定化处理	195	—	2	—	—	60
		固溶+软化处理	155	—	3	—	—	55

② 不同温度下的力学性能见表 7-213。

表 7-213 不同温度下的力学性能（供参考）

状态	温度/℃	R_m/MPa	$R_{p0.2}$/MPa	$A_{11.3}$(%)	Z(%)	KU_2/J	HBW
砂型 (固溶+自然时效)	室温	195	110	4	—	—	—
	100	180	—	—	—	—	—
	150	160	—	—	—	—	—
	200	160	—	—	—	—	—
	250	150	—	—	—	—	—
砂型 (固溶+不完全人工时效)	−196	223	157	2.8	—	3.6	—
	−70	189	133	3.7	—	4.0	—
	室温	245	165	4.0	—	—	—
	200	140	—	—	—	—	—
	250	110	—	—	—	—	—
	300	90	—	—	—	—	—
砂型 (固溶+完全人工时效)	−196	257	231	0.9	—	2.3	—
	−70	231	215	1.3	—	2.4	—
	室温	235	205	2	—	—	—
砂型(固溶+稳定化处理)	室温	185	135	4.5	—	—	—
金属型(固溶+自然时效)	室温	215	—	8.5	—	—	—
金属型(固溶+不完全人工时效)	室温	275	185	5	—	—	—
砂型(变质处理) (固溶+自然时效)	室温	195	—	8	—	—	—

③ 蠕变极限和持久极限见表7-214。

表7-214 蠕变极限和持久极限

状态	温度/℃	蠕变极限/MPa $\sigma_{0.2/10^2}$	持久极限/MPa σ_{10^2}
砂型固溶+不完全时效	200	—	60
	250	—	45
	300	12	28

(8) 耐蚀性

ZAlSi7Mg 铸造铝合金有较好的抗氧化性能，具有优良的耐大气腐蚀和抗应力腐蚀性能，可应用于工业和海洋的气氛中而无须防护。合金中含过量的铜和铁会大大降低合金腐蚀的稳定性。

该合金在各种介质的腐蚀情况参见纯铝的腐蚀效果，具体见表7-207。

(9) 常用标准牌号对照（见表7-215）

表7-215 常用标准牌号对照

国别	中国	国际标准化	欧洲		英国	德国	
标准	GB	ISO	EN	Mat. No	BS	DIN	W-Nr
牌号	ZAlSi7Mg	AlSi7Mg(Fe)	—	—	LM25	G-AlSi7Mg	—
国别	法国	韩国	俄罗斯	日本	美国		
标准	NF	KS	ГОСТ	JIS	ASTM	UNS	AISI	SAE	ASI
牌号	A-S7G	—	АЛ9	AC4C	—	A03560	—	—	—

7.2.3 ZAlSi9Cu2Mg（ZL111）

(1) 概述

ZAlSi9Cu2Mg（合金代号 ZL111）为铝-硅-铜-镁铸造铝合金。

ZAlSi9Cu2Mg 铸造铝合金的铸造性能优良，无热裂倾向，线收缩小，气密性高，在铸态及热处理后力学性能优良，还具有较高的高温性能，加工性、焊接性都好，可通过热处理强化，但其耐蚀性较差。

ZAlSi9Cu2Mg 铸造铝合金的基体组织为 α 相，并含有共晶的 Si 相、Mg_2Si、$CuAl_2$ 等相。固溶处理时，Mg_2Si 和 $CuAl_2$ 相溶入固溶体，时效后析出，从而使合金强化。

ZAlSi9Cu2Mg 铸造铝合金一般在固溶时效后使用。

(2) 工艺特性

ZAlSi9Cu2Mg 铸造铝合金具有优良的铸造性和气密性，合金的组织和力学性能因铸造方法和铸件壁厚而改变，一般快速冷却时会因组织细化而提高强度。

ZAlSi9Cu2Mg 铸造铝合金应在固溶+时效状态下使用。固溶（淬火）加热温度为（525±5）℃，对于大型或形状复杂的铸件，为防止应力过大、高温加热时间太长，保证加热均匀，可先加热到 510~515℃、保温，再升温至 525℃保温后冷却，冷却介质应采用 20~100℃的水；对形状复杂的零件，为防止产生冷却裂纹，可将水温升至 60~100℃。固溶后还应采用时效处理，析出强化相 Mg_2Si 和 $CuAl_2$，以提高合金强度。依据对零件使用要求的不同，可采用不同时效温度，高载荷条件下使用的零件可采用（175±5）℃时效，高温条件下使用的零件可采用（200±5）℃时效，用空气均匀冷却。

对于在高温条件下使用又要求尺寸稳定的零件，可进一步提高时效温度至（230±5）℃，空冷，但强度会有所下降。

另外，对于中小载荷条件下使用的零件，还可直接采用（180±5）℃的时效处理使用。

ZAlSi9Cu2Mg铸造铝合金的焊接性良好，可采用氩弧焊、气焊等焊接方法。对于经过补焊的铸件，在补焊区及热影响区会使强度降低，因此，应重新进行固溶时效处理。

（3）应用

ZAlSi9Cu2Mg铸造铝合金适用于铸造形状复杂、要求高载荷和高气密性的大型铸件以及在高压气体和液体中工作的零件，如发动机缸体、大型水泵泵体、叶轮、阀体等重要铸件。

（4）化学成分（见表7-216）

表7-216 化学成分（质量分数）（GB/T 1173—2013）　　　　　　　　（%）

Sn	Zn	Pb	P	S	Ni	Al	Fe	Mn	Si	Mg	Ti	Be	Sb	Cu	杂质总和
≤0.05	≤0.1	≤0.05	—	—	—	余量	≤0.4	0.10~0.35	8.0~10.0	0.4~0.6	0.10~0.35	—	—	1.3~1.8	≤1.2

（5）物理性能（见表7-217）

表7-217 物理性能（供参考）

温度/℃	室温	100	200	300
热导率 $\lambda/[W/(m\cdot℃)]$	128	—	—	—
比定压热容 $c_p/[J/(kg\cdot℃)]$	—	963	—	—
线胀系数/$10^{-6}℃^{-1}$	—	20.9	21.5	22.9
弹性模量 $E/10^4$ MPa	—	—	—	—
切变模量 $G/10^3$ MPa	—	—	—	—
泊松比 $\mu/10^{-1}$	—	—	—	—
电阻率 $\rho/10^{-8}\Omega\cdot m$	5.95	—	—	—

注：密度为2.71g/cm³；熔点为570~610℃。

（6）常见热处理制度（见表7-218）

表7-218 常见热处理制度

热处理	加热温度/℃	冷却方法	金相组织
（无固溶）时效	180±5	空冷	$\alpha+Si+Mg_2Si+CuAl_2$
固溶	525±5	水冷	$\alpha+Si$
固溶+不完全时效	525±5/175±5	水冷/空冷	$\alpha+Si+Mg_2Si+CuAl_2$
固溶+完全时效	525±5/200±5	水冷/空冷	$\alpha+Si+Mg_2Si+CuAl_2$
固溶+稳定化	525±5/230±5	水冷/空冷	$\alpha+Si+Mg_2Si+CuAl_2$

（7）力学性能

① 技术标准规定的力学性能见表7-219。

表7-219 技术标准规定的力学性能（GB/T 1173—2013）

品种（标准）	铸造方法	状态	力学性能（≥）					HBW
			R_m/MPa	$R_{p0.2}$/MPa	A(%)	Z(%)	KU_2/J	
单铸试样	金属型	铸态	205	—	1.5	—	—	80
	金属型（变质或不变质处理）	固溶+完全时效	315	—	2	—	—	100
	砂型（变质处理）	固溶+完全时效	255	—	1.5	—	—	90

② 不同温度下的力学性能见表7-220。

表 7-220 不同温度下的力学性能

状态	温度/℃	R_m/MPa	$R_{p0.2}$/MPa	$A(\%)$	$Z(\%)$	$KU_2(\%)$	HBW
金属型（铸态）	室温	210	—	2			80
金属型（固溶+完全时效）	室温	320	—	2			100
金属型 （固溶+完全时效）	−178	470	390	6.0			
	−80	405	295	6.0			
	24	380	285	6.0			
	100	345	285	6.0			
	150	325	275	6.0			
	205	290	270	6.0			
	260	195	170	16.0			
	315	90	85	29.0			

（8）耐蚀性

ZAlSi9Cu2Mg 铸造铝合金的表面易生成致密氧化膜，可进一步防止氧化。

该合金可耐工业和海洋大气腐蚀，在硝酸和大部分有机酸中有一定抗腐蚀能力，易受盐酸、硫酸及钾、钙的氢氧化物腐蚀。成分中的铜是降低耐蚀性的主要合金元素，所以该合金的耐蚀性低于 ZAlSi7Mg（ZL101）类铝合金，但其具有一定的抗应力腐蚀能力，具体可参见表7-207。

（9）常用标准牌号对照（见表7-221）

表 7-221 常用标准牌号对照

国别	中国	国际标准化	欧洲		英国	德国	
标准	GB	ISO	EN	Mat. No	BS	DIN	W-Nr
牌号	ZAlSi9Cu2Mg	Al-Si10Mg			LM2	G-AlSi8Cu3	—
国别	法国	韩国	俄罗斯	日本	美国		
标准	NF	KS	ГОСТ	JIS	ASTM	UNS	AISI	SAE	ASI
牌号	A-S9G	—	АЛ32	AC4B		A03540	—	—	—

7.2.4 ZAlMg5Si（ZL303）

（1）概述

ZAlMg5Si（合金代号 ZL303）为铝-镁铸造铝合金，成分中含有 1% 左右的硅。

ZAlMg5Si（ZL303）铸造铝合金具有优良的耐蚀性及较好的切削加工性、焊接性和耐热性。但其不能热处理强化，一般不做热处理，故力学性能较低。

ZAlMg5Si 铸造铝合金的金相组织的基体组织为 α 相，并含有共晶的 Mg_2Si 相。

（2）工艺特性

ZAlMg5Si 铸造铝合金因镁含量较高，在熔化时具有较高的氧化和吸气倾向，所以在熔炼和浇注过程中应采取防氧化措施。

该合金一般不进行热处理，自然时效后可应用，也可人工时效，加热温度为 170~180℃，保温后空冷。重要件可进行固溶+自然时效处理，固溶加热温度为 420~430℃，保温后沸水或油冷，自然时效时间不低于 24h。

该合金有良好的焊接性。

(3) 应用

ZAlMg5Si 铸造铝合金主要用于海水或其他腐蚀介质条件下要求承载不大或温度较高（200℃左右）条件下工作的零件，可用于泵体、叶轮、阀体及其他零件。

(4) 化学成分（见表 7-222）

表 7-222　化学成分（质量分数）（GB/T 1173—2013）　　　（%）

Sn	Zn	Pb	P	S	Ni	Al	Fe	Mn	Si	Mg	Ti	Be	Sb	Cu	杂质总和
—	≤0.2	—	—	—	—	余量	≤0.5	0.1~0.4	0.8~1.3	4.5~5.5	≤0.2	—	—	≤0.1	≤0.7

(5) 物理性能（见表 7-223）

表 7-223　物理性能

温度/℃	室温	100	200	300	400
热导率 λ/[W/(m·℃)]	120	130	134	138	138
比定压热容 c_p/[J/(kg·℃)]	—	962	1000	1050	1130
线胀系数/10^{-6}℃$^{-1}$	—	20.0	24.0	27.0	—
弹性模量 E/10^4MPa	6.6	—	—	—	—
切变模量 G/10^3MPa	25	—	—	—	—
泊松比 μ/10^{-1}	3.3	—	—	—	—
电阻率 ρ/10^{-8}Ω·m	6.43	—	—	—	—

注：密度为 2.60g/cm^3；熔点为 550~650℃。

(6) 常见热处理制度（见表 7-224）

表 7-224　常见热处理制度

热处理	加热温度/℃	冷却方法	金相组织
时效处理	170~180	空冷	$\alpha+Mg_2Si$
固溶处理	420~430	沸水或油	$\alpha+Mg_2Si$

(7) 力学性能

① 技术标准规定的力学性能见表 7-225。

表 7-225　技术标准规定的力学性能（GB/T 1173—2013）

品种（标准）	铸造方法	状态	力学性能(≥)					HBW
			R_m/MPa	$R_{p0.2}$/MPa	A(%)	Z(%)	KU_2/J	
铸件	砂型、金型熔模、壳型	铸态或去应力	143	—	1	—	—	55

② 不同温度下的力学性能见表 7-226。

表 7-226　不同温度下的力学性能

状态	温度/℃	R_m/MPa	$R_{p0.2}$/MPa	A(%)	Z(%)	KU_2/J	HBW
砂型、单铸样、铸态	室温	165	100	3($A_{11.3}$)	—	—	65
金属型、单铸样、铸态	室温	195	—	5($A_{11.3}$)	—	—	70
砂型,15mm 厚切样	室温	152	—	1.8	—	—	—
砂型,30mm 厚切样	室温	125	—	1.0	—	—	—
砂型,45mm 厚切样	室温	115	—	0.8	—	—	—
砂型,60mm 厚切样	室温	108	—	0.6	—	—	—

③ 持久极限见表7-227。

表 7-227 持久极限

状态	温度/℃	持久极限/MPa σ_{10^2}
砂型,铸态	250	44
	300	34

(8) 耐蚀性

ZAlMg5Si 铸造铝合金的表面可形成致密氧化膜,可防止进一步氧化。在大气、海水和碱性溶液中的耐蚀性优于其他系列的铸造铝合金。但在合金组织中如果存在较多的游离 β 相（Al_3Mg_2）或铁杂质,则耐蚀性下降。

(9) 常用标准牌号对照（见表 7-228）

表 7-228 常用标准牌号对照

国别	中国	国际标准化	欧洲		英国	德国	
标准	GB	ISO	EN	Mat. No	BS	DIN	W-Nr
牌号	ZAlMg5Si	AlMg5Si1	—	—	LM5	G-AlMg5Si1	—

国别	法国	韩国	俄罗斯	日本	美国			
标准	NF	KS	ГОСТ	JIS	ASTM	UNS	AISI	SAE	ASI
牌号	—	—	АЛ13	—	—	A25140	—	—	—

7.3 钛及钛合金

钛以其高强度、高耐蚀性、优良的耐热性和低温性、相对密度小等许多特点得到越来越广泛的应用,尤其在航空航天、核能、海洋、化工等各个领域发挥着重要作用。

工业纯钛中钛的质量分数不低于99%,可含有少量的铁、碳、氧、氮等杂质。

工业纯钛强度较低、塑性好、易于加工成形,冲压性、焊接性也好。工业纯钛在大气、海水中均有较好的耐蚀性、抗氧化性。耐蚀性一般优于不锈钢。工业纯钛主要用于制造350℃以下、受力不大、要求高塑性的零部件。

以钛为基体金属,还含有其他合金元素,如铝、锡、铬、钼、钒等,并含有少量杂质的合金称为钛合金。

钛合金中根据加入合金元素的不同而具有不同组织形态和特点。

α 型钛合金中因含有 α 相的稳定元素（α 稳定剂）,其在室温状态的组织是单相 α 相。α 型钛合金经过固溶处理后可以得到强化,但强化效果不大。所以,α 型钛合金在室温下强度不高,而在 500~600℃的温度范围内可具有较高的强度和蠕变强度。α 型钛合金组织稳定、抗氧化性好,耐蚀性和焊接性也好。α 型钛合金适合制造 400~600℃的温度区间内工作的设备零部件。

β 型钛合金是加入稳定 β 相的合金元素（β 稳定剂）的钛合金,在室温的组织为单相 β 相。β 型钛合金可通过热处理强化获得较高的强度,可用于制造在 350℃以下工作的设备零部件。

α+β 型钛合金是以加入一定量稳定 β 相元素的钛合金,其在室温下具有 α+β 两相组织,

β相含量一般在10%～50%。α+β型钛合金可通过热处理方法强化获得良好的综合力学性能和耐蚀性，还具有良好的加工性。α+β型钛合金还可用于制造在500℃以下使用的零部件。

钛合金有以锻轧加工成形的变形钛合金和在铸造状态下使用的铸造钛合金。

钛和钛合金依据类型不同，分别具有不同的耐蚀性，在不同的腐蚀工况条件下使用。钛及钛合金在通用机械产品中用于制造有特殊条件要求的零部件，如泵体、阀体、缸体、泵盖、阀盖、叶轮、密封环等。

7.3.1 TA2 和 ZTA2（ZTi2）

（1）概述

TA2 与 TA1、TA3 一样属工业纯钛，只是在成分、杂质含量上略有差异。而 ZTA2 是与 TA2 成分相同的铸造工业纯钛。

工业纯钛指含有一定量铁、碳、氧、氮等杂质的非合金钛，与化学纯钛相比杂质较多。

工业纯钛强度不高、塑性好，力学性能与奥氏体不锈钢相似，易于加工、冲压，室温下硬度为 131～183HBW。

工业纯钛的抗氧化性优于多数奥氏体不锈钢，但耐热性较差。工业纯钛有很高的化学活性，能与许多元素发生反应。在通常使用温度下的空气介质中加热时，在表面生成一种极薄的致密、稳定的氧化膜，具有防止氧向金属内部扩散的防护作用，所以其在500℃以下的空气中是稳定的。纯钛在大部分介质中有突出的耐蚀性。但在氢氟酸、盐酸、硫酸、正磷酸及热浓有机酸［如草酸、甲酸、三氯（代）乙酸等］和氯化铝中会产生严重腐蚀。钛极易发生氢脆。

工业纯钛从高温β区缓慢冷却后为单相α组织，快速冷却后会成为针状α相组织。α相向β相转变温度为885～900℃。

工业纯钛不能用热处理方法强化。

工业纯钛可以制成棒材、板材、管材，也可以制成铸件（ZTA2），获得了广泛应用。

（2）工艺特性

工业纯钛的熔炼条件较为苛刻，需要采用1～2次的真空自耗电极电弧炉熔炼。

工业纯钛有良好的成形性，可进行轧、冲等各种冷加工和热加工。锻轧温度为900～950℃，锻轧终止温度不小于650℃。

工业纯钛不能热处理强化和改善性能，但可根据需要进行退火，即去应力退火和去氢真空退火。一般退火可采用650～720℃加热、保温后空冷或炉冷。去应力退火一般采用480～600℃加热、保温后空冷或炉冷。为了防止氢脆，降低含氢量，可采用去氢真空退火，真空炉内压强应不大于 $7×10^{-2}$Pa，加热温度一般为600～750℃，较长时间保温后炉冷低于300℃出炉。

工业纯钛适合各种焊接，焊缝会具有与母材相当的力学性能和耐蚀性。一般情况下可不进行焊后去应力处理，对于复杂焊缝或有特殊要求时，可采用400～450℃加热、较长时间保温，或采用500～600℃加热、较短时间保温后空冷。

（3）应用

TA2可用于工作温度不大于350℃、受力不大和耐腐蚀的结构件，如泵体、叶轮、阀门、管道、气阀、航空工业及飞机上的零部件。TA2应用较广泛，TA1常用于有高成形性的零件，TA3 常用于要求较高强度和耐磨性零件。

（4）化学成分（见表 7-229）

表 7-229　化学成分（质量分数）（GB/T 3620.1—2016，GJB 2744A—2019）　（%）

C	Si	Mn	P	S	Cr	Ni	Mo
≤0.10	—	—	—	—	—	—	—

N	H	O	Ti	Fe	Sb	Cu	其他元素
≤0.05	≤0.015	≤0.25	余量	≤0.30	—	—	单个≤0.10 总和≤0.40

注：适合棒材、板材、带材、管材、锻件、铸件。

（5）物理性能（见表 7-230）

表 7-230　物理性能

温度/℃	室温	100	200	300	400	500	600	700
热导率 λ/[W/(m·℃)]	19.3	18.9	18.4	18.0	18.0	18.0	18.0	—
比定压热容 c_p/[J/(kg·℃)]	—	503	545	566	587	628	670	—
线胀系数/10^{-6}℃$^{-1}$	—	8.2	8.6	8.8	9.1	9.3	9.5	9.6
弹性模量 E/10^4MPa	10.79	10.20	8.82	—	—	—	—	—
切变模量 G/10^3MPa	4.4	—	—	—	—	—	—	—
泊松比 μ/10^{-1}	3.4~4.5	—	—	—	—	—	—	—
电阻率 ρ/$10^{-8}\Omega\cdot m$	48.7	—	—	—	—	—	—	—

注：密度为 4.50g/cm³；熔点为 1640~1670℃。

（6）常见热处理制度（见表 7-231）

表 7-231　常见热处理制度

热处理	加热温度/℃	冷却方法	金相组织
退火	650~720	空冷或炉冷	α
去应力退火	480~600	空冷或炉冷	α
真空退火	600~750 （炉内压强≤7×10^{-2}Pa）	炉冷到≤300℃出炉	α

（7）力学性能

① 技术标准规定的力学性能见表 7-232。

表 7-232　技术标准规定的力学性能

品种（标准）	状态	规格/mm	力学性能（≥）						HBW
			R_m/MPa	$R_{p0.2}$/MPa	Z（%）	$A_{11.3}$（%）	A（%）	KU_2/J	
棒材 （GB/T 2965—2023）	退火（纵向）	≤450	440	320	30	—	18	—	—
板材 （GB/T 3621—2022）	退火（横向）	0.3~1.0	440~ 620	320	—	—	35	—	—
		>1.0~2.0					30		
		>2.0~10.0					25		
		>10.0~30.0					18		
锻件 （GJB 2744A—2019）	退火	≤200	410	—	35	—	18	39.2	131~163
铸件（ZTA2） （GB/T 6614—2014）	退火	—	440	370	—	—	13	—	≥235

② 不同温度下的力学性能见表 7-233。

表 7-233 不同温度下的力学性能（实测值供参考）

状态	温度/℃	力学性能					HBW
		R_m/MPa	$R_{p0.2}$/MPa	$A(\%)$	$Z(\%)$	KU_2/J	
棒材(≤90mm)退火,纵向	室温	522(平均值)	386(平均值)	30.1	51.3	—	131~163
板材(1.0~3.0mm)退火,横向	室温	486(平均值)	405(平均值)	41.7	—	—	—
管材(12~30)mm×(0.6~3.0)mm退火,纵向	室温	510(平均值)	—	35.3(50mm)	—	—	—
铸件(ZTA2)	室温	498(平均值)	427(平均值)	15.9	—	—	—
锻棒(直径14mm)退火,纵向	-253	1177	1079	10	35	—	—
	-196	951	735	20	48	—	—
	20	490	373	30	55	—	—
	100	412	294	30	55	—	—
	150	342	245	30	55	—	—
	200	294	206	30	55	—	—

（8）耐蚀性

耐全面（均匀）腐蚀性能见表 7-234。

表 7-234 耐全面（均匀）腐蚀性能

介质	浓度(%)	压力/MPa	温度/℃	时间/h	腐蚀速率		备注
					mm/a	g/(m²·h)	
乙酸	100	—	20	—	0.000	—	—
		—	沸点	—	0.000	—	—
蚁酸	50	—	20	—	0.000	—	—
草酸	5	—	20	—	0.127	—	—
		—	沸点	—	9.390	—	—
	10	—	20	—	0.008	—	—
乳酸	10	—	20	—	0.000	—	—
		—	沸点	—	0.033	—	—
	25	—	沸点	—	0.028	—	—
甲酸	10	—	沸点	—	1.270	—	—
	25	—	100	—	2.440	—	—
	50	—	100	—	7.620	—	—
鞣酸	25	—	20	—	<0.127	—	—
		—	沸点	—	<0.127	—	—
柠檬酸	50	—	20	—	<0.127	—	—
		—	沸点	—	<0.127	—	—
硬脂酸	100	—	20	—	<0.127	—	—
		—	沸点	—	<0.127	—	—
盐酸	1	—	20	—	0.000	—	—
		—	沸点	—	0.345	—	—
	5	—	20	—	0.000	—	—
		—	沸点	—	6.530	—	—
	10	—	20	—	0.175	—	—
		—	沸点	—	40.870	—	—
	20	—	20	—	1.340	—	—
	35	—	20	—	6.660	—	—

(续)

介质	浓度(%)	压力/MPa	温度/℃	时间/h	腐蚀速率 mm/a	腐蚀速率 g/(m²·h)	备注
磷酸	10	—	20	—	0.000	—	—
		—	沸点	—	6.400	—	—
	30	—	20	—	0.000	—	—
		—	沸点	—	17.600	—	—
	50	—	20	—	0.097	—	—
硫酸	5	—	20	—	0.000	—	—
		—	沸点	—	13.01	—	—
	10	—	20	—	0.231	—	—
	60	—	20	—	0.277	—	—
	80	—	20	—	32.660	—	—
硝酸	37	—	20	—	0.000	—	—
		—	沸点	—	<0.127	—	—
	64	—	20	—	0.000	—	—
		—	沸点	—	<0.127	—	—
	95	—	20	—	0.0025	—	—
铬酸	20	—	20	—	<0.127	—	—
		—	沸点	—	<0.127	—	—
硝酸+盐酸	1:3	—	20	—	0.004	—	—
		—	沸点	—	<0.127	—	—
	3:1	—	20	—	<0.127	—	—
硝酸+硫酸	7:3	—	20	—	<0.127	—	—
	4:6	—	20	—	<0.127	—	—
苯(含微量 HCl)	蒸气与液体	—	80	—	0.005	—	—
四氯化碳	蒸气与液体	—	沸点	—	0.005	—	—
四氯乙烯(H_2O)	100%蒸气与液体	—	沸点	—	0.0005	—	—
三氯甲稀烷	100%蒸气与液体	—	沸点	—	0.0003	—	—
三氯甲烷	—	—	沸点	—	0.127	—	—
三氯乙烯	99%蒸气与液体	—	沸点	—	0.00254	—	—
三氯乙烯(稳定)	99	—	沸点	—	0.00254	—	—
甲醛	37	—	沸点	—	0.127	—	—
甲醛(2.5%H_2SO_4)	50	—	沸点	—	0.305	—	—
氢氧化钾	10	—	沸点	—	<0.127	—	—
	25	—	沸点	—	0.305	—	—
	50	—	30	—	0.000	—	—
		—	沸点	—	2.743	—	—
氢氧化钠	10	—	沸点	—	0.020	—	—
	20	—	20	—	<0.127	—	—
		—	沸点	—	<0.127	—	—
	50	—	20	—	0.0025	—	—
		—	沸点	—	0.0508	—	—
	73	—	沸点	—	<0.127	—	—
氢氧化铵	28	—	20	—	0.0025	—	—
碳酸钠	20	—	20	—	<0.127	—	—
		—	沸点	—	<0.127	—	—

(续)

介质	浓度(%)	压力/MPa	温度/℃	时间/h	腐蚀速率 mm/a	腐蚀速率 g/(m²·h)	备注
氨(含2%NaOH)	—	—	20	—	0.0708	—	—
氯化铁	40	—	20	—	0.000	—	—
		—	95	—	0.002	—	—
氯化亚铁	30	—	20	—	0.000	—	—
		—	沸点	—	<0.127	—	—
氯化亚铅	10	—	20	—	<0.127	—	—
		—	沸点	—	<0.127	—	—
氯化亚铜	50	—	20	—	<0.127	—	—
		—	沸点	—	<0.127	—	—
氯化铵	10	—	20	—	<0.127	—	—
		—	沸点	—	0.000	—	—
氯化钙	10	—	20	—	<0.127	—	—
		—	沸点	—	0.000	—	—
氯化铝	25	—	20	—	<0.127	—	—
		—	沸点	—	<0.127	—	—
氯化镁	10	—	20	—	<0.127	—	—
		—	沸点	—	<0.127	—	—
氯化镍	5~10	—	20	—	<0.127	—	—
		—	沸点	—	<0.127	—	—
氯化钡	20	—	20	—	<0.127	—	—
		—	沸点	—	<0.127	—	—
硫酸铜	20	—	20	—	<0.127	—	—
		—	沸点	—	<0.127	—	—
硫酸铵	20℃时饱和	—	20	—	<0.127	—	—
		—	沸点	—	<0.127	—	—
硫酸钠	50	—	20	—	<0.127	—	—
		—	沸点	—	<0.127	—	—
硫酸亚铅	20℃时饱和	—	20	—	<0.127	—	—
		—	沸点	—	<0.127	—	—
硫酸亚铜	10	—	20	—	<0.127	—	—
		—	沸点	—	<0.127	—	—
	30	—	20	—	<0.127	—	—
		—	沸点	—	<0.127	—	—
硝酸银	11	—	20	—	<0.127	—	—

(9) 常用标准牌号对照（见表7-235）

表7-235 常用标准牌号对照

国别	中国	国际标准化	欧洲		英国	德国	
标准	GB	ISO	EN	Mat. No	BS	DIN	W-Nr
牌号	TA2	Grade2	—	—	IMI-130	Ti3	3.7055

国别	法国	韩国	俄罗斯	日本	美国				
标准	NF	KS	ГOCT	JIS	ASTM	UNS	AISI	SAE	ASI
牌号	—	—	BT1-0	2级	Ti65A/Grade2	—	—	—	—

7.3.2 TA7 和 ZTA7（ZTiAl5Sn2.5）

（1）概述

TA7 是钛与铝、锡组成的具有中等强度的 α 型钛合金。ZTA7 是具有同等成分的铸造钛合金。

TA7 钛合金不能用热处理方法强化，通常在退火状态下使用。其在室温和高温下都有良好的断裂韧性，可长期工作在 500℃ 的环境中，也可短期工作在 800℃ 条件下。该类钛合金中还有一种更纯净、含间隙杂质元素较少的，型号为 TA7ELI，更适合在低温下应用。

TA7 钛合金在低于 α 向 α+β 转变温度（约 950℃）时具有单相 α 组织。当合金从 α+β 相区上部（如 1010℃）快冷时，可获得 α′相和 α 相，从 β 相区快冷时可获得 α′相，在退火时，α′相逐渐转变成 α 相。TA7 钛合金组织稳定性好。

TA7 钛合金可制成锻件、棒材、板材、带材，也可制成铸件。

（2）工艺特性

TA7 钛合金熔炼条件较苛刻，应采用两次以上真空自耗电极电弧炉熔炼，并采用石墨型铸造。

TA7 钛合金可锻轧成形，锻轧加热温度为 1100~1180℃，锻轧终止温度不小于 850~900℃。

TA7 钛合金不能热处理强化，一般在退火状态下使用。板材退火通常加热到 700~800℃，保温后空冷；棒材和锻件退火温度为 750~850℃，保温后空冷；铸件退火温度为 600~700℃，保温后空冷或炉冷。去应力退火温度为 540~650℃，保温后空冷或炉冷。

TA7 钛合金具有良好的焊接性，可采用惰性气体保护焊，不采用钎焊，以防止脆性产生。

（3）应用

TA7 钛合金可制成长期工作在 500℃ 以下环境的锻件或结构件，以及航空工业用零部件，也可用作超低温部件，特别是 TA7ELI。

（4）化学成分（见表 7-236）

表 7-236 化学成分（质量分数） （%）

C	Si	Mn	P	S	Cr	Al	Mo	
≤0.08	—	—	—	—	—	4.0~6.0	—	
N	H	O	Ti	Fe	Sn	Cu	其他元素	（GB/T 3620.1—2016）
≤0.05	≤0.015	0.20	余量	≤0.50	2.0~3.0	—	单个≤0.1 总和≤0.4	
C	Si	Mn	P	S	Cr	Al	Mo	
≤0.10	—	—	—	—	—	4.00~6.00	—	
N	H	O	Ti	Fe	Sn	Cu	其他元素	（GJB 2744A—2019）
≤0.05	≤0.015	0.20	余量	≤0.50	2.00~3.00	—	单个≤0.10 总和≤0.40	

注：适合棒材、板材、锻件、铸件。

（5）物理性能（见表 7-237）

表 7-237 物理性能

温度/℃	室温	100	200	300	400	500	600	700
热导率 λ/[W/(m·℃)]	8.8	9.6	10.9	12.2	13.4	14.7	15.9	17.2
比定压热容 c_p/[J/(kg·℃)]	—	503	545	566	587	628	670	712
线胀系数/10^{-6}℃$^{-1}$	—	8.5	8.9	9.1	9.3	9.5	9.6	9.7
弹性模量 E/10^4MPa	11.28	—	9.33 (250℃)	8.34 (350℃)	—	7.16	—	—
切变模量 G/10^3MPa	44.1	—	—	—	38.2	—	34.3	32.2
泊松比 μ/10^{-1}	3.3	—	—	—	4.3	—	4.5	4.5
电阻率 ρ/$10^{-8}\Omega$·m	138	169	175	180	184	187	188	—

注:密度为 4.42g/cm³;熔点为 1540~1650℃。

(6) 常见热处理制度(见表 7-238)

表 7-238 常见热处理制度

热处理	加热温度/℃	冷却方法	金相组织
板材退火	700~800	空冷	α
棒材,锻件退火	750~850	空冷	α
铸件退火	600~700	空冷	α
去应力退火	540~650	空冷或炉冷	α

(7) 力学性能

① 技术标准规定的力学性能见表 7-239。

表 7-239 技术标准规定的力学性能

品种(标准)	状态	规格/mm	力学性能(≥)						
			R_m/MPa	$R_{p0.2}$/MPa	Z(%)	$A_{11.3}$(%)	A(%)	KU_2/J	HBW
棒材 (GB/T 2965—2023)	退火 (纵向)	≤450	785 490 (350℃)	680 440 (350℃)	25	—	10	—	—
板材 (GB/T 3621—2022)	退火 (横向)	0.8~1.5	735~930	856	—	—	20	—	—
		>1.5~2.0	735~930	685	—	—	15	—	—
		>2.0~10.0	735~930	685	—	—	12	—	—
		>10.0~30.0	730~900	660	—	—	9	—	—
锻件 (GJB 2744A—2019)	退火	≤150	785	—	25	—	10	24	247~321
铸件(ZTA7) (GB/T 6614—2014)	退火	—	795	725	—	—	8	—	≤235

② 不同温度下的力学性能见表 7-240。

表 7-240 不同温度下的力学性能

状态	温度/℃	R_m/MPa	$R_{p0.2}$/MPa	A(%)	Z(%)	KU_2/J	HBW
棒材(≥60mm) 退火,纵向	20	785	—	10	25	—	277
	350	490	—	—	—	—	—
板材(2.0~3.0mm) 退火,横向	20	735	—	12	—	—	—
	350	490	—	—	—	—	—
棒材(22mm) 退火,纵向	-70	950	—	14.5	42.5	—	—
	20	827	778	20.0	42.2	—	—
	100	715	652	20.8	49.1	—	—

(续)

状态	温度/℃	R_m/MPa	$R_{p0.2}$/MPa	A(%)	Z(%)	KU_2/J	HBW
棒材(22mm)退火,纵向	200	625	544	22.8	54.9	—	—
	300	552	436	23.8	53.7	—	—
	350	520	407	28.0	54.9	—	—
	400	496	402	24.8	55.5	—	—
	500	464	353	23.7	53.1	—	—
	600	398	294	55.2	62.3	—	—
	700	252	217	86.2	82.2	—	—
板材(<3mm)退火,横向	20	834	735	13	—	—	—
	250	588	510	13	—	—	—
	350	539	471	10	—	—	—
	400	529	451	10	—	—	—
	500	473	392	9	—	—	—
TA7ELI棒材,退火	−196	1177~1324	1157~1236	15	25	—	—
	−253	1324~1569	1275~1471	8	16	—	—

③ 蠕变极限和持久极限见表7-241。

表7-241 蠕变极限和持久极限

状态	温度/℃	蠕变极限/MPa	持久极限/MPa			
		$\sigma_{0.2/10^2}$	σ_{10^2}	$\sigma_{5\times10^2}$	σ_{10^3}	$\sigma_{2\times10^3}$
棒材(<100mm)退火	250	—	588	—	—	—
	300	—	559	—	—	—
	350	—	539	—	—	—
	400	373	461	392	—	263
	450	196	324	275	—	225
	500	78	245	196	—	147
	550	—	147	—	—	—
板材(3mm)退火	250	490	—	—	578	—
	300	441	—	—	549	—
	350	373	—	—	429	—
	400	—	—	—	382	—
	450	—	—	—	255	—
	500	49	—	—	167	—

(8) 耐蚀性

TA7钛合金在大气条件下和海水中稳定。与TC4钛合金相比,其对热盐应力腐蚀更敏感。在人造海盐重度覆盖环境中,在316℃和207MPa应力下,100h时会产生应力腐蚀。

(9) 常用标准牌号对照(见表7-242)

表7-242 常用标准牌号对照

国别	中国	国际标准化	欧洲		英国	德国	
标准	GB	ISO	EN	Mat. No	BS	DIN	W-Nr
牌号	TA7	—	—	—	IMI317	TiAl5Sn2	3.7114

国别	法国	韩国	俄罗斯	日本	美国			
标准	NF	KS	ГОСТ	JIS	ASTM	UNS	AISI	SAE	ASI
牌号	T-A5E	—	BT5-1	—	Ti-5Al-2.5Sn Grade6	—	—	—	—

7.3.3 TB2

(1) 概述

TB2 是钛与 5%钼、5%钒（与钛同晶型的稳定元素）和 8%铬（β 型稳定元素）及 3% 铝（α 稳定元素）共同组成的亚稳定 β 型钛合金。

TB2 钛合金在固溶状态下具有优异的冷成形性和良好的焊接性，并具有高的强度和良好的塑性匹配。但 TB2 钛合金密度较高，弹性模量和抗蠕变性较低。

TB2 钛合金在高温 β 相区固溶水冷或空冷后，为单一的体心立方结构的 β 相。退火缓冷后组织为 β 相和少量的 α 相，固溶时效后为 β+α 两相组织。α+β 向 β 转变温度为 730~750℃。

TB2 钛合金抗氧化性能与 TC4 钛合金相近，且具有良好的耐蚀性。

TB2 钛合金主要可制成棒材、板材、带材、丝材等型材和锻件。

TB2 钛合金冶炼工艺复杂，性能不够稳定，应用不如 α 型或 α+β 型钛合金广泛。

(2) 工艺特性

TB2 钛合金熔炼工艺较复杂，应采用两次以上真空自耗电极电弧炉熔炼。

TB2 钛合金应根据不同要求采用不同热处理工艺。常用固溶热处理加热温度为 750~800℃，多采用 (800±10)℃，保温后空冷或快冷。

时效处理温度为 450~550℃，通常采用 (500±10)℃，保温后空冷。

去应力退火加热温度为 650~700℃，保温后空冷或炉冷。

对于 TB2 钛合金的成品件应采用真空无氧化处理，如 TB2 钛合金紧固件的真空热处理加热温度为 720~800℃，保温后炉冷至 500~550℃，再保温后炉冷，炉内压力应不大于 9×10^{-2} Pa。

(3) 应用

TB2 钛合金主要用于使用温度不大于 350℃ 条件下工作的板材冲压件、焊接件、叶片、轮盘、轴、紧固件等。

(4) 化学成分（见表 7-243）

表 7-243 化学成分（质量分数）（GB/T 3620.1—2016）   （%）

C	Si	Mn	P	S	Cr	Al	Mo
≤0.05	—	—	—	—	7.5~8.5	2.5~3.5	4.7~5.7

N	H	O	Ti	Fe	V	Cu	其他元素
≤0.04	≤0.015	≤0.15	余量	≤0.30	4.7~5.7	—	单个≤0.1 总和≤0.4

注：适合棒材、板材。

(5) 物理性能（见表 7-244）

表 7-244 物理性能（固溶态/固溶时效态）

温度/℃	室温	100	200	300	400	500	600
热导率 $\lambda/[W/(m\cdot℃)]$	—	8.9/8.2	10.9/10.8	12.6/11.9	14.7/13.1	16.3/14.7	16.8/16.3
比定压热容 $c_p/[J/(kg\cdot℃)]$	—	536/523	553/540	565/557	628/574	607/590	858/607

(续)

线胀系数/10^{-6}℃$^{-1}$	—	$\dfrac{8.5}{8.7}$	$\dfrac{9.3}{9.1}$	$\dfrac{9.5}{9.4}$	$\dfrac{9.7}{9.7}$	$\dfrac{9.8}{9.8}$	$\dfrac{10.0}{10.8}$
弹性模量 E/10^4MPa	$\dfrac{8.5}{11.0}$	$\dfrac{8.4}{10.8}$	$\dfrac{8.3}{10.4}$	$\dfrac{8.2}{10.0}$	$\dfrac{7.9}{9.6}$	$\dfrac{7.5}{9.2}$	$\dfrac{7.0}{8.6}$
切变模量 G/10^3MPa	$\dfrac{32}{41}$	$\dfrac{32}{40}$	$\dfrac{31}{39}$	$\dfrac{31}{37}$	$\dfrac{30}{36}$	$\dfrac{29}{34}$	$\dfrac{27}{32}$
泊松比 μ/10^{-1}	$\dfrac{3.3}{3.4}$	$\dfrac{3.3}{3.4}$	$\dfrac{3.2}{3.3}$	$\dfrac{3.1}{3.2}$	$\dfrac{2.9}{3.2}$	$\dfrac{2.7}{3.4}$	$\dfrac{2.7}{3.5}$
电阻率 ρ/$10^{-8}\Omega\cdot$m	$\dfrac{155}{136}$	$\dfrac{151}{136}$	$\dfrac{150}{141}$	$\dfrac{149}{144}$	$\dfrac{148}{147}$	$\dfrac{147}{150}$	—

注：密度为 4.83g/cm^3。横线上是固溶态数据，横线下是固溶+时效态数据。

（6）常见热处理制度（见表 7-245）

表 7-245　常见热处理制度

热处理	加热温度/℃	冷却方法	金相组织
去应力退火	650~700	空冷或炉冷	β+少量 α
固溶处理	750~800	空冷或快冷	β
时效处理	450~550	空冷	β+α

（7）力学性能

① 技术标准规定的力学性能见表 7-246。

表 7-246　技术标准规定的力学性能

品种（标准）	状态	规格/mm	力学性能（≥）					HBW
			R_m/MPa	$R_{p0.2}$/MPa	Z(%)	$A_{11.3}$(%)	A(%) / KU_2/J	
棒材 （GB/T 2965—2023）	固溶处理	≤45	≤980	820	40	—	18	—
	固溶+时效效果		1370	1100	10	—	7	
板材 （GB/T 3621—2022）	固溶处理	1.0~3.5	≤980			20		
	固溶+时效效果		1320			8		

② 不同温度下的力学性能见表 7-247。

表 7-247　不同温度下的力学性能

状态	温度/℃	R_m/MPa	$R_{p0.2}$/MPa	A(%)	Z(%)	KU_2/J	HBW
棒材（10mm） 固溶时效处理	20	1137	1061	18.0	50.5	—	—
	200	1060	956	18.9	55.4	—	—
	250	996	867	17.6	54.8	—	—
	300	954	819	16.0	52.9	—	—
	400	895	771	17.1	63.2	—	—
	500	814	731	18.2	74.9	—	—

（8）耐蚀性

TB2 钛合金具有良好的耐蚀性和抗接触腐蚀性，不锈钢与其接触基本上不产生腐蚀。铝合金及结构钢与其接触时，TB2 不腐蚀，铝合金和结构钢发生腐蚀。

（9）常用标准牌号对照（见表 7-248）

表 7-248 常用标准牌号对照

国别	中国	国际标准化	欧洲		英国	德国	
标准	GB	ISO	EN	Mat. No	BS	DIN	W-Nr
牌号	TB2	—	—	—	—	—	—
国别	法国	韩国	俄罗斯	日本	美国			
标准	NF	KS	ГОСТ	JIS	ASTM	UNS	AISI	SAE	ASI
牌号	—	—	—	—					

7.3.4 TC4 和 ZTC4（ZTiAl6V4）

（1）概述

TC4 是钛与铝（稳定 α 相的元素）和钒（稳定 β 相的元素）组成的具有 α+β 两相的钛合金。ZTC4 是与 TC4 同等成分的铸造钛合金。

TC4 钛合金具有良好的综合力学性能，比纯钛有更高的强度，其长期工作温度可达 410℃。

TC4 钛合金的力学性能与相组成有关，初生 α 相愈多，其室温下的塑性和疲劳性能愈好，α 相少则高温持久和蠕变强度及断裂韧性好。为保证良好的综合力学性能，初生 α 相一般控制在 15%~50% 范围内。α 相含量的多少可以通过热处理方法调整。初生 α 相少时可在两相区重新热变形提高含量，初生 α 相多时可以通过高温固溶热处理，即在 β 相转变温度以下 30~60℃ 范围内保温后水冷或空冷。

TC4 钛合金在 430℃ 以下长时间加热，形成很薄而且具有保护性的氧化膜，保证其抗氧化性，随着温度升高，氧化膜增厚、保护性变差，在 800℃ 以上形成的氧化层变得疏松，对合金的保护性变得更差。

TC4 钛合金具有良好的低温韧性、良好的耐海水应力腐蚀性能和良好的耐热盐应力腐蚀能力。

TC4 钛合金可以焊接、冷热成形和热处理强化。

TC4 钛合金可制成锻件、板材、棒材、管材等各种型材，也可以铸造成形，即 ZTC4 铸件。

TC4 钛合金的主要缺点是组织不够稳定。与铝合金之间接触时会使铝合金产生严重的接触腐蚀；与钢接触时也会对钢产生一定程度的接触腐蚀。使用时应采取隔离措施。TC4 钛合金还应严格地防止与铅、锌、镉、锡、银、铋等金属接触。TC4 钛合金硬度较低、耐磨性较差，应注意防止微动磨蚀破坏。

TC4 钛合金在高温区为 β 相，当其从高温 β 区快速冷却时，得到过饱和的马氏体型 α 相；从 α+β 相区上部快速冷却时得到 α+α′ 相，并伴有少量保留下来的 β 相。在时效过程中，α′ 和 β 相都分解成 α+β 相。从 α+β 相区上部缓慢冷却时得到初生 α 相、片状 α 相（次生 α 相）和少量保留下来的 β 相。所以，TC4 钛合金在室温平衡状态下是 α+β 两相合金，其中 β 相一般在 8%~10%。α+β 相向 β 相转变温度为 980~1010℃。

（2）工艺特性

TC4 钛合金对熔炼条件要求苛刻，应采用两次以上的真空自耗电极电弧炉冶炼。

钛是一种化学活性很高的金属，在熔化状态几乎与各种造型材料均能产生反应，所以通常采用石墨加工型、石墨捣实型或石墨熔模型或氧化物陶瓷熔模型。

TC4钛合金可锻轧加工，坯料锻轧开始温度应为950~1020℃，模锻始锻温度为930~970℃，终锻温度不低于800℃。

TC4钛合金根据不同情况可选用不同的热处理方法。

型材退火通常采用700~820℃，保温后空冷；当需要采用真空退火时，炉内绝对压强应不大于$9×10^{-2}$Pa，温度为700~800℃，保温后炉冷至200℃以下出炉空冷；固溶处理温度为910~940℃，加热保温后水冷，时效温度为520~550℃，保温后空冷。去应力退火可选用较低温度，如500~620℃，保温后空冷。其中固溶+时效处理可提高TC4钛合金的强度。

对TC4钛合金零件进行热处理时，应保证炉膛洁净，炉内气氛应为微氧化性气氛。

TC4钛合金可采用氩弧焊、点焊、电子束焊和等离子弧焊等多种焊接方式，焊接接头强度与基体金属强度相当。焊后应采用550~650℃的去应力退火，工件去应力退火最好在真空或保护气氛炉中进行。

（3）应用

TC4钛合金可用于400℃以下温度长期工作的零件，如各种容器、泵零件、低温泵用件、坦克履带、船用耐压壳体、发动机轮盘、叶片及飞机上的重要承压构件。

（4）化学成分（见表7-249）

表7-249 化学成分（质量分数）（GB/T 3620.1—2016） （%）

C	Si	Mn	P	S	Cr	Mo	Al
≤0.08	—	—	—	—	—	—	5.5~6.75
N	H	O	Ti	Fe	V	Cu	其他元素
≤0.05	≤0.015	≤0.20	余量	≤0.30	3.5~4.5	—	单个≤0.1 总和≤0.4

注：适合棒材、板材。

（5）物理性能（见表7-250）

表7-250 物理性能

温度/℃	室温	100	200	300	400	500	600	700
热导率λ/[W/(m·℃)]	6.8	7.4	8.7	9.8	10.3	11.8	—	—
比定压热容c_p/[J/(kg·℃)]	611	624	653	674	691	703	—	—
线胀系数/10^{-6}℃$^{-1}$	—	9.1	9.2	9.3	9.5	9.7	10.0	—
弹性模量E/10^4MPa	10.9	—	9.7 (150℃)	9.1 (250℃)	8.5 (350℃)	—	—	—
切变模量G/10^3MPa	44	43	41	38	36	34	32	—
泊松比μ/10^{-1}	3.4	3.4	3.4	3.5	3.7	3.7	3.9	—
电阻率ρ/10^{-8}Ω·m	170	176	182	186	189	191	192	192

注：密度为4.44g/cm³；熔点为1630~1650℃。

（6）常见热处理制度（见表7-251）

表7-251 常见热处理制度

热处理	加热温度/℃	冷却方法	金相组织
退火	700~820	空冷	α+β
真空退火	700~800（炉内压强≤$9×10^{-2}$Pa）	炉冷到≤200℃ 空冷	α+β
去应力退火	500~620	空冷	α+β
固溶处理	910~940	水冷	α+β
时效处理	520~550	空冷	α+β

(7) 力学性能

① 技术标准规定的力学性能见表 7-252。

表 7-252 技术标准规定的力学性能

品种(标准)	状态	规格/mm	力学性能(≥)					
			R_m/MPa	$R_{p0.2}$/MPa	Z(%)	$A_{11.3}$(%)	A(%)	KU_2/J	HBW
棒材 (GB/T 2965—2023)	退火 (纵向)	≤45	895 620 (400℃)	825 570 (400℃)	26 —	— —	10 —	— —	— —
板材 (GB/T 3621—2022)	退火 (横向)	0.5~4.0	925~1150	870	—	—	12	—	—
		>4.0~5.0	925~1150	870	—	—	10	—	—
		>5.0~10.0	895~1100	825	—	—	10	—	—
		>10.0~100.0	895~1100	825	—	—	9	—	—

② 不同温度下的力学性能见表 7-253。

表 7-253 不同温度下的力学性能(供参考)

状态	温度/℃	R_m/MPa	$R_{p0.2}$/MPa	A(%)	Z(%)	KU_2/J	HBW
棒材(≤50mm)退火、纵向	室温	903~943	841~878	12	25	—	255~341
棒材(>50~150mm)退火、纵向	室温	911~937	820~855	10	25	—	
板材(0.8~4mm)退火、横向	室温	925	870	12			
棒材(20mm)退火、纵向	-55	1059	—	16.8	39.1	34.6(-70℃)	
	-30	1020	—	17.7	44.5	38.7(-40℃)	
	20	967	860	16.2	44.1	36.8	
	100	846	736	15.4	39.3	53.4(150℃)	
	200	741	613	17.4	54.8	87.2(250℃)	
	300	690	543	17.0	58.9		
	350	665	532	16.1	58.1	111.2	
	400	645	508	17.3	60.1	124	
	500	583	401	26.5	78.1	148	
	600	413	212	47.9	93.8	152.8	
	700	245	89	118.0	99.0	168.8	

(8) 耐蚀性

TC4 钛合金耐蚀性较好。但与其他金属材料接触时,可引起其他材料腐蚀,如与结构钢和铝合金接触时会引起它们的腐蚀,腐蚀结果见表 7-254。其在热盐中的应力腐蚀结果见表 7-255。

表 7-254 TC4 与结构钢和铝合金接触腐蚀结果

试验条件			接触偶		
介质	θ/℃	时间	材料	表面状态	强度损失(%)
3.5%NaCl 水溶液	35	5 个月	30CrMnSiA	无防护涂层 氰化镀锌钝化 氰化镀锌钝化并涂 H61-1 耐热漆	92.2 10.2 1.4
			30CrMnSiNi2A	喷砂磷化 喷砂磷化并涂 H61-1 耐热漆	13.8 0
		12 个月	LY12CZ	无防护涂层 阳极化并涂 H06-2 漆 涂 XM-220 密封漆	29.6 2.4 2.6

表 7-255 TC4 在热盐中的应力腐蚀结果

试验条件			盐脆标准	盐脆应力	试验条件			盐脆标准	盐脆应力
盐浓度/(mg/cm^2)	θ/℃	t/h	$(\psi_0-\psi)/\psi_0$ (%)	σ/MPa	盐浓度/(mg/cm^2)	θ/℃	t/h	$(\psi_0-\psi)/\psi_0$ (%)	σ/MPa
0.1	250	100	≥25	677	0.1	350	200	≥25	343
	300	100	≥25	628		400	100	≥25	~216
	350	100	≥25	363		—	—	—	—

(9) 常用标准牌号对照（见表 7-256）

表 7-256 常用标准牌号对照

国别	中国	国际标准化	欧洲		英国	德国	
标准	GB	ISO	EN	Mat. No	BS	DIN	W-Nr
牌号	TC4	Ti-6Al-4V	—	—	IMI 318	TiAl6V4	3.7164
国别	法国	韩国	俄罗斯	日本	美国			
标准	NF	KS	ГОСТ	JIS	ASTM	UNS	AISI	SAE	ASI
牌号	TA6V	—	BT6	KS30AV	Ti-6Al-4V/Grade5	—	—	—	—

7.4 铸造轴承合金

轴承合金本质上是锡基、铅基或铜基、铝基有色金属合金，在基体合金元素之外再加入一些其他合金元素构成的，这类合金适用于制作滑动轴承，并用铸造方法生产。

铸造轴承合金具有一系列特点，应有足够的硬度、强度、塑性、韧性，良好的耐磨性、耐蚀性、抗疲劳性和导热性，此外还特别具有抗咬合性、嵌藏性、亲油性以及良好的铸造性和工艺性。

锡基轴承合金硬度和强度较低，具有优良的减摩性和磨合性，但力学性能较低、抗疲劳性不足，常用来制造低负载、使用温度不高的轴承。

铅基轴承合金特性与锡基轴承合金相似，可相互代用。锡基和铅基轴承合金适用于制作双金属滑动轴承。

铜基轴承合金具有较大的承载能力，疲劳强度高、导热性好、耐热性也优良，适用于制造中高速、大功率的机械用滑动轴承。锡基轴承合金的特性相似于铜基轴承合金。铜基和铝基轴承合金适用于制作整体滑动轴承。

7.4.1 ZSnSb11Cu6（ZChSnSb11-6）

(1) 概述

ZSnSb11Cu6 是常用的锡锑铸造轴承合金，曾标记为 ZChSnSb11-6，也有的称为 ZChSn2 合金，其是以锡为主要化学成分再加入锑和铜而组成的低熔点合金。合金的组织是以锑和铜在锡内的固溶体为基体，以铜和锡结合成的一种针状结晶体及锑和锡结合成的立方结晶体组成。其中针状结晶体和立方结晶体为两种硬质化合物，它们以硬而微小的质点状态均匀地分布在基体中。因此，该合金具有较好的韧性，硬度适中，抗压强度较高，可塑性好，抗咬合性、嵌藏性和耐蚀性也较好，是工业上应用较广泛的铸造轴承合金之一。

（2）工艺特性

ZSnSb11Cu6 铸造轴承合金的凝固温度范围为 240～370℃。其容易冶炼，流动性好，适宜浇注，成品有较好的黏合性和加工性，合金重熔性良好。

（3）应用

ZSnSb11Cu6 铸造轴承合金广泛应用于浇注发动机、压缩机、泵、冷冻机、柴油机等各种机械的滑动轴承、轴瓦等。

（4）化学成分（见表 7-257）

表 7-257 化学成分（质量分数）（GB/T 1174—2022） （%）

Sn	Zn	Pb	P	S	Ni	Al	Fe	Mn	Si	As	Cd	Bi	Sb	Cu	其他元素总和
余量	≤0.01	≤0.35	—	—	—	≤0.01	≤0.1	—	—	≤0.1	—	≤0.08	10.0～12.0	5.5～6.5	≤0.50

（5）物理性能（见表 7-258）

表 7-258 物理性能

温度/℃	室温	100	150	190	200
热导率 λ/[W/(m·℃)]	—	38.2	40.9	—	42.3
比定压热容 c_p/[J/(kg·℃)]	—	230	243	—	—
线胀系数/10^{-6}℃$^{-1}$	—	22.6	23.2	23.6	—
弹性模量 E/10^4MPa	5.88	5.39	—	—	—
切变模量 G/10^3MPa	21.6	—	—	—	—
泊松比 μ/10^{-1}	3.6	—	—	—	—
电阻率 ρ/10^{-8}Ω·m	—	—	—	—	—

注：密度为 7.17g/cm^3；熔点为 229℃。

（6）标准规定的性能

金属型铸造硬度不低于 27HBW。

（7）不同温度下的力学性能（见表 7-259）

表 7-259 不同温度下的力学性能

状态	温度/℃	R_m/MPa	$R_{p0.2}$/MPa	A(%)	Z(%)	KU_2/J	HBW
铸造	15～20	88.2	80.3	6	—	5.2	30
	50	—	—	—	—	—	22.8
	70	—	—	—	—	—	19.4
	75	—	—	—	—	—	18.5
	100	53	—	15.2	26.3	5.34	14.5
	125	—	—	—	—	—	10.9
	150	31	—	8.4	13.5	5.26	8.2

（8）耐蚀性

耐全面（均匀）腐蚀性能见表 7-260。

表 7-260 耐全面（均匀）腐蚀性能（供参考）

介质	浓度(%)	压力/MPa	温度/℃	时间/h	腐蚀速率		备注
					mm/a	g/(m^2·h)	
HCl	1	—	—	—	0.14	0.0058	—
KOH	1	—	—	—	0.08	0.0033	—
NaCl	3	—	—	—	0.08	0.0033	—
润滑油	—	—	—	—	0.11	—	—

(9) 常用标准牌号对照（见表 7-261）

表 7-261 常用标准牌号对照

国别	中国	国际标准化	欧洲		英国	德国	
标准	GB	ISO	EN	Mat. No	BS	DIN	W-Nr
牌号	ZSnSb11Cu6	—	—	—	3332/3	—	—
国别	法国	韩国	俄罗斯	日本	美国		
标准	NF	KS	ГОСТ	JIS	ASTM	UNS	AISI	SAE	ASI
牌号	—	—	Б83	WJ3					

7.4.2 ZSnSb8Cu4（ZChSnSb8-4）

（1）概述

ZSnSb8Cu4 是锡锑铸造轴承合金，曾标记为 ZChSnSb8-4，也有的称为 ZChSn3 合金。其与 ZSnSb11Cu6 轴承合金相比，由于锑和铜两个元素的减少，锡含量增大，因此韧性更好，但强度和硬度略有降低。金相组织及其他性能相似。该合金也是工业上常用的锡锑铸造轴承合金之一，特别是制造薄层合金轴瓦的优良材料。

（2）工艺特性

ZSnSb8Cu4 铸造轴承合金的凝固温度范围为 240～370℃。它容易冶炼，适宜浇注，有良好的黏合性和加工性。合金易回收，重溶性良好。

（3）应用

ZSnSb8Cu4 铸造轴承合金适用于浇注工作温度在 100℃以下的大型机械轴承、轴衬以及高速重载条件下工作的薄壁轴承，如内燃机、涡轮机、高速泵的轴承等。

（4）化学成分（见表 7-262）

表 7-262 化学成分（质量分数）（GB/T 1174—2022） （%）

Sn	Zn	Pb	P	S	Ni	Al	Fe	Mn	Si	As	Cd	Bi	Sb	Cu	其他元素总和
余量	≤0.005	≤0.35	—	—	—	≤0.005	≤0.1	—	—	≤0.1	—	≤0.08	7.0~8.0	3.0~4.0	≤0.50

（5）物理性能（见表 7-263）

表 7-263 物理性能

温度/℃	室温	100	150	190	200
热导率 $\lambda/[W/(m \cdot ℃)]$	—	42.5	46.7	—	
比定压热容 $c_p/[J/(kg \cdot ℃)]$		255	255		
线胀系数 $/10^{-6}℃^{-1}$	—	22.3	22.6	23.6	
弹性模量 $E/10^4$ MPa	5.59	5.10	—		4.32
切变模量 $G/10^3$ MPa	25.5				
泊松比 $\mu/10^{-1}$	0.96				
电阻率 $\rho/10^{-8}\Omega \cdot m$					

注：密度为 7.16g/cm³；熔点为 240℃。

（6）标准规定的性能

金属型铸造硬度不低于 24HBW。

（7）不同温度下的力学性能（见表 7-264）

表 7-264 不同温度下的力学性能（供参考）

状态	温度/℃	R_m/MPa	$R_{p0.2}$/MPa	$A(\%)$	$Z(\%)$	KU_2/J	HBW
铸造	室温	72.1	51.9	9.8	—	—	25
	50	62	—	24	27	—	18.2
	75	—	—	—	—	—	14.8
	100	41	—	23	28	—	11.3
	150	27	—	32	38	—	10.8
	175	20	—	38	44	—	—

（8）耐蚀性

该合金的耐蚀性参见表 7-260。

（9）常用标准牌号对照（见表 7-265）

表 7-265 常用标准牌号对照

国别	中国	国际标准化	欧洲	英国	德国	
标准	GB	ISO	EN	Mat. No	BS	DIN	W-Nr
牌号	ZSnSb8Cu4	—	—	—	3332/1	LgSn89	—

国别	法国	韩国	俄罗斯	日本	美国			
标准	NF	KS	ГОСТ	JIS	ASTM	UNS	AISI	SAE	ASI
牌号	—	—	Б89	WJ2	No2/No11	—	—	—	—

7.4.3 ZPbSb16Sn16Cu2（ZChPbSb16-16-2）

（1）概述

ZPbSb16Sn16Cu2 是常用的铅锑铸造轴承合金，曾标记为 ZChPbSb16-16-2，也有的称为 ZChPb1 合金。其是以铅为主要化学成分，再加入锑、锡、铜组成的低熔点合金。合金的组织是以锑和锡在铅内的固溶体为基体，再加上以铜和锡结合成的针状晶体及以锑和锡结合成的立方晶体组成，两种硬质化合物均匀分布于软的基体上。它和锡锑轴承合金相比，耐压强度更高，耐磨性更好，使用寿命更高。

（2）工艺特性

ZPbSb16Sn16Cu2 铸造轴承合金的凝固温度范围为 240~410℃。它较容易冶炼，流动性尚好，适宜浇注，成品加工性尚好，但黏合性较差，容易回收，重熔性尚好。

（3）应用

ZPbSb16Sn16Cu2 铸造轴承合金适用于承受中等载荷、工作中冲击力不大的机械的滑动轴承、轴瓦，如压缩机、减速机、离心泵等使用的滑动轴承、轴瓦等。

（4）化学成分（见表 7-266）

表 7-266 化学成分（质量分数）（GB/T 1174—2022） （%）

Sn	Zn	Pb	P	S	Ni	Al	Fe	Mn	Si	As	Cd	Bi	Sb	Cu	其他元素总和
15.0~17.0	≤0.15	余量	—	—	—	≤0.1	—	—	—	≤0.3	—	≤0.1	15.0~17.0	1.5~2.0	≤0.60

（5）物理性能（见表 7-267）

表 7-267 物理性能

温度/℃	室温	100	150	200
热导率 $\lambda/[W/(m \cdot ℃)]$	—	—	27.5	—
比定压热容 $c_p/[J/(kg \cdot ℃)]$	—	167	176	—
线胀系数 $/10^{-6}℃^{-1}$	—	23.3	22.3	21.4
弹性模量 $E/10^4$ MPa	3.62	3.43	—	2.74
切变模量 $G/10^3$ MPa	13.7	—	—	—
泊松比 $\mu/10^{-1}$	3.2	—	—	—
电阻率 $\rho/10^{-8}\Omega \cdot m$	—	—	—	—

注：密度为 9.28g/cm³；熔点为 240~410℃。

(6) 标准规定的性能

金属型铸造硬度不低于 30HBW。

(7) 不同温度下的力学性能（见表 7-268）

表 7-268 不同温度下的力学性能

状态	温度/℃	R_m/MPa	$R_{p0.2}$/MPa	$A(\%)$	$Z(\%)$	KU_2/J	HBW
铸造	室温	76.5	—	0.2	—	1.096	34.0
	50	—	—	—	—	—	29.5
	70	—	—	—	—	—	22.8
	80	60	—	1.0	—	—	—
	100	54	—	1.4	—	—	15.0
	125	—	—	—	—	—	6.9
	150	41	—	2.4	—	—	6.4
	200	24.5	—	7.0	—	—	—

(8) 耐蚀性

耐全面（均匀）腐蚀性能见表 7-269。

表 7-269 耐全面（均匀）腐蚀性能（供参考）

介质	浓度(%)	压力/MPa	温度/℃	时间/h	腐蚀速率 mm/a	腐蚀速率 g/(m²·h)	备注
HCl	1	—	—	—	0.27	0.0113	—
KOH	1	—	—	—	1.19	0.0466	—
NaCl	3	—	—	—	0.52	0.0217	—
润滑油	—	—	—	—	0.17	—	—

(9) 常用标准牌号对照（见表 7-270）

表 7-270 常用标准牌号对照

国别	中国	国际标准化	欧洲		英国	德国	
标准	GB	ISO	EN	Mat. No	BS	DIN	W-Nr
牌号	ZPbSb16Sn16Cu2						

国别	法国	韩国	俄罗斯	日本	美国			
标准	NF	KS	ГОСТ	JIS	ASTM	UNS	AISI	SAE	ASI
牌号			Б16						

7.4.4 ZPbSb15Sn5Cu3Cd2（ZChPbSb15-5-3）

(1) 概述

ZPbSb15Sn5Cu3Cd2 也属铅锑铸造轴承合金，曾标记为 ZChPbSb15-5-3，也有的称为

ZChPb2 合金。其与铅锑轴承合金 ZPbSb16Sn16Cu2 相比，锡含量减少了，强度和硬度略低，但也是优良的铸造轴承合金，可满足船舶机械、电动机、抽水机等机械滑动轴承的使用需要。

（2）工艺特性

ZPbSb15Sn5Cu3Cd2 铸造轴承合金的凝固温度范围为 234～416℃，容易冶炼，适宜浇注，成品加工性尚可，重熔性较好。

（3）应用

ZPbSb15Sn5Cu3Cd2 铸造轴承合金可用于制作船舶、功率小于 250kW 的电动机、抽水机等机械设备的滑动轴承。

（4）化学成分（见表 7-271）

表 7-271　化学成分（质量分数）（GB/T 1174—2022） （%）

Sn	Zn	Pb	P	S	Ni	Al	Fe	Mn	Si	As	Cd	Bi	Sb	Cu	其他元素总和
5.0~6.0	≤0.15	余量	—	—	—	—	≤0.1	—	—	0.6~1.0	1.75~2.25	≤0.1	14.0~16.0	2.5~3.0	≤0.40

（5）物理性能（见表 7-272）

表 7-272　物理性能

温度/℃	室温
热导率 $\lambda/[W/(m\cdot℃)]$	20.93
比定压热容 $c_p/[J/(kg\cdot℃)]$	—
线胀系数 $/10^{-6}℃^{-1}$	28.0
弹性模量 $E/10^4$ MPa	—
切变模量 $G/10^3$ MPa	—
泊松比 $\mu/10^{-1}$	—
电阻率 $\rho/10^{-8}\Omega\cdot m$	—

注：密度为 $9.6g/cm^3$；熔点为 234～416℃。

（6）标准规定的性能

金属型铸造硬度不低于 32HBW。

（7）不同温度下的力学性能（见表 7-273）

表 7-273　不同温度下的力学性能

状态	温度/℃	R_m/MPa	$R_{p0.2}$/MPa	$A(\%)$	$Z(\%)$	KU_2/J	HBW
铸造	室温	—	—	0.2	—	1.18	32.0
	50	—	—	—	—	—	24.9
	70	—	—	—	—	—	21.3
	100	—	—	—	—	—	14.0
	125	—	—	—	—	—	12.1
	150	—	—	—	—	—	8.1

（8）耐蚀性

ZPbSb15Sn5Cu3Cd2 铸造轴承合金的耐蚀性参见表 7-269。

（9）常用标准牌号对照（见表 7-274）

表 7-274　常用标准牌号对照

国别	中国	国际标准化	欧洲		英国	德国	
标准	GB	ISO	EN	Mat. No	BS	DIN	W-Nr
牌号	ZPbSb15Sn5Cu3Cd2	—					
国别	法国	韩国	俄罗斯	日本	美国		
标准	NF	KS	ГОСТ	JIS	ASTM	UNS	AISI	SAE	ASI
牌号	—		Б6	WJ8					

7.4.5　其他铸造轴承合金

其他铸造轴承合金是指除专用铸造轴承合金外，没有纳入铸造轴承合金标准，但是可以作为轴承合金使用的铸造合金，它们主要包括在有色金属合金中，许多铸造铜合金也都可以作为铸造轴承合金使用，如 ZCuSn10Pb1（参见本书 7.1.21 小节）、ZCuAl10Fe3Mn2（参见本书 7.1.23 小节）、ZCuPb10Sn10（参见本书 7.1.26 小节）、ZCuPb15Sn8（参见 GB/T 1176—2013）、ZCuAl9Fe4Ni4Mn2（参见 GB/T 1176—2013）、ZCuZn38Mn2Pb2（参见 GB/T 1176—2013）、ZCuPb30（参见 GB/T 1176—2013）等。

附 录

附录 A 常用不锈钢材料物理化学性质

序号	牌号	熔点/℃	密度 ρ/ (t/m³)	弹性模量 E/ MPa	比定压热容 c_p/ [J/(kg·℃)]	热导率 λ/ [W/(m·℃)]	线胀系数 α/ 10^{-6}℃$^{-1}$ (20~100℃)	电阻率 ρ/ 10^{-8}Ω·m
1	10Cr17	1427~1510	7.72	—	—	25.12	10.0	60.0
2	1Cr28①	1427~1510	7.72	196000	460.55	16.74	10.0	70.0
3	1Cr17Ti①	1427~1510	7.70	205800	460.55	25.12	10.0	60.0
4	1Cr17Mo2Ti①	1427~1510	7.60	196000	460.55	25.12	10.5	70.0
5	06Cr13	—	7.76	219520	481.39	25.12	10.5	—
6	12Cr13	1483~1532	7.75	204330	460.55	25.12 (100℃)	10.5	55.0
7	20Cr13	1450~1510	7.75	212170	460.55	23.03 (100℃)	10.5	55.0
8	30Cr13	—	7.76	212170	473.30	25.12 (100℃)	10.5	55.0
9	40Cr13	—	7.75	212415	460.55	27.63	10.5	55.0
10	32Cr13Mo	—	7.71	221480	—	—	10.5	—
11	14Cr17Ni2	—	7.75	205800	460.55	20.93	10.0	70.0
12	95Cr18	1371~1510	7.70	199812	460.55	29.30	10.5	60.0
13	90Cr18MoV	—	7.70	210700	—	29.30	10.5	65.0
14	022Cr19Ni10N	1398~1454	7.90	—	502.42	16.33 (100℃)	16.8	72.0
15	06Cr19Ni10	1398~1454	7.85	198940	502.42	14.65	16.0	73.0
16	12Cr18Ni9	1398~1420	7.90	198940	502.42	—	16.0	—
17	17Cr18Ni9	—	7.85	196000	502.42	17.58	16.0	72.0
18	10Cr18Ni9Ti	—	7.90	197960	502.42	16.33 (100℃)	16.6	73.0
19	1Cr18Ni11Nb①	1398~1427	7.90	196000	502.42	15.87 (100℃)	16.5	75.0
20	1Cr14Mn14Ni①	—	7.80	198940 (100℃)	—	20.21	10.2	—
21	00Cr17Ni4Mo2①	—	7.96	—	502.42	15.03 (100℃)	16.0	71.0
22	0Cr18Ni12Mo2Ti①	1371~1398	7.90	198940	502.42	15.87	15.7	75.0
23	1Cr18Ni12Mo3Ti①	1371~1398	8.00	198940	502.42	14.62	16.0	75.0
24	022Cr18Ni14Mo2Cu2	—	8.03	—	502.42	16.20 (100℃)	16.0	—
25	0Cr18Ni18Mo2Cu2Ti①	—	7.90	—	502.42	16.70	16.5	85.0
26	0Cr21Ni5Ti①	1500	7.80	198940	—	16.70	9.6	79.0
27	0Cr17Mn14Mo2N①	1410	7.80	211680	468.92 (100℃)	20.46 (100℃)	15.30	—
28	05Cr17Ni4Cu4Nb	1400~1440	7.78	194880	460.55	17.12 (100℃)	10.80 (TH900)	77.0
29	07Cr17Ni7Al	1415~1450	—	194880	460.55	17.12 (150℃)	10.80 (TH1050)	80.0

（续）

序号	牌号	熔点/℃	密度 ρ/ (t/m³)	弹性模量 E/ MPa	比定压热容 c_p/ [J/(kg·℃)]	热导率 λ/ [W/(m·℃)]	线胀系数 α/ 10^{-6}℃$^{-1}$ (20~100℃)	电阻率 ρ/ 10^{-8}Ω·m
30	Y1Cr13Se[①]	1482~1532	7.75	195840	460.55	24.64 (100℃)	9.90	—
31	Y12Cr18Ni9Se	1399~1421	8.03	193060	502.42	16.29 (100℃)	17.3	72.0
32	022Cr19Ni5Mo3Si2N	—	7.70	197933	—	20.88	13.2	—
33	00Cr25Ni5Mo2[①]	—	7.70	193060	—	20.88	—	—

注：除标注温度外，其余均是20℃时的值。
① 实际应用，但现行标准中没有的牌号。

附录 B 常用有色金属材料的密度

材料名称	密度/ (g/cm³)	材料名称	密度/ (g/cm³)
纯铜，无氧铜	8.9	ZCuZn40Mn2	8.5
磷脱氧铜	8.89	ZCuZn33Pb2	8.55
加工黄铜：		ZCuZn40Pb2	8.5
H95、H90	8.8	加工青铜：	
H85	8.75	QSn4-3	8.8
H80	8.5	QSn4-4-2.5	8.77
H68、H68A	8.5	QSn4-4-4	8.9
H65、H62、H59	8.5	QSn6.5-0.1	8.8
HPb63-3	8.5	QSn6.5-0.4	8.8
HPb63-0.1	8.5	QSn7-0.2	8.8
HPb62-0.8	8.5	QSn4-0.3	8.8
HPb61-1	8.5	QBe2	8.3
HPb59-1	8.5	QBe1.9	8.3
HSn90-1	8.8	QAl5	8.2
HSn70-1	8.54	QAl7	7.8
HSn62-1	8.5	QAl9-2	7.6
HSn60-1	8.5	QAl9-4	7.5
HAl77-2	8.6	QAl10-3-1.5	7.5
HAl67-2.5	8.5	QAl10-4-4	7.7
HAl66-6-3-2	8.5	QSi3-1	8.4
HAl60-1-1	8.5	QSi1-3	8.6
HAl59-3-2	8.4	QMn1.5	8.8
HMn58-2	8.5	QMn5	8.6
HMn57-3-1	8.5	QZr0.2	8.9
HMn55-3-1	8.5	QZr0.4	8.9
HFe59-1-1	8.5	QCr0.5	8.9
HSi80-3	8.6	QCr0.5-0.2-0.1	8.9
HNi65-5	8.5	QCd1	8.9
铸造黄铜：		铸造青铜：	
ZCuZn38	8.43	ZCuSn3Zn8Pb6Ni1	8.8
ZCuZn25Al6Fe3Mn3	7.7	ZCuSn10Pb1	8.76
ZCuZn26Al4Fe3Mn3	7.83	ZCuSn10Pb5	8.85
ZCuZn31Al2	8.5	ZCuSn10Zn2	8.73
ZCuZn35Al2Mn2Fe1	8.5	ZCuSn5Pb5Zn5	8.83
ZCuZn40Mn3Fe1	8.5	ZCuPb10Sn10	8.9

(续)

材料名称	密度/(g/cm³)	材料名称	密度/(g/cm³)
ZCuPb15Sn8	9.1	6063	2.7
ZCuPb17Sn4Zn4	9.2	7A03	2.85
ZCuPb30	9.54	7A04	2.85
ZCuAl8Mn13Fe3Ni2	7.5	7A09	2.85
ZCuAl9Mn2	7.6	4A01	2.68
ZCuAl9Fe4Ni4Mn2	7.64	5A41	2.64
ZCuAl10Fe3	7.45	5A66	2.68
ZCuAl10Fe3Mn2	7.5	LQ1、LQ2	2.74
加工白铜:		铸造铝合金:	
B0.6,B5,B10	8.9	ZL101	2.68
B19,B30	8.9	ZL101A	2.68
BFe30-1-1	8.9	ZL102	2.65
BMn3-12	8.4	ZL104	2.63
BMn40-1.5	8.9	ZL105	2.71
BZn15-20	8.6	ZL105A	2.71
BAl13-3	8.5	ZL106	2.73
BAl6-1.5	8.7	ZL107	2.80
加工铝及铝合金:		ZL108	2.68
1070A~8A06	2.71	ZL109	2.71
7A01	2.72	ZL110	2.89
1A50	2.72	ZL114	2.68
5A02	2.68	ZL116	2.66
5A03	2.67	ZL201	2.78
5083	2.67	ZL201A	2.83
5A05	2.65	ZL203	2.80
5056	2.64	ZL204A	2.81
5A06	2.64	ZL205A	2.82
5B0A	2.65	ZL207	2.8
3A21	2.73	ZL301	2.55
5A43	2.68	ZL303	2.6
2A01	2.76	ZL401	2.95
2A02	2.75	ZL402	2.81
2A04	2.76	加工镍及镍合金:	
2A06	2.76	N2,N4,N6	8.9
2B11	2.8	N8,DN	8.9
2B12	2.78	NY1~NY3	8.85
2A10	2.8	NSi0.19	8.85
2A11	2.8	NCu40-2-1	8.85
2A12	2.78	NCu28-2.5-1.5	8.85
2A16	2.84	NMg0.1	8.8
2A17	2.84	NCr10	8.7
6A02	2.7	加工锌及锌合金:	
2A50	2.75	Zn1,Zn2	7.15
2B50	2.75	电池锌板	7.15
2A70	2.75	照相制版用普通锌板和微晶锌板	7.15
2A80	2.77	胶印锌板	7.2
2A90	2.8	ZnCu1.5	7.2
2A14	2.8	铸造锌合金:	
6061	2.7	ZZnAl10-5	6.3

（续）

材料名称	密度/(g/cm³)	材料名称	密度/(g/cm³)
ZZnAl9-1.5	6.2	PbSb0.5	11.32
ZZnAl4-1	6.7	PbSb2	11.25
ZZnAl4-0.5	6.7	PbSb4	11.15
ZZnAl4	6.6	PbSb6	11.06
加工铅、锡及其合金：		PbSb8	10.97
Pb1~Pb3	11.34	Sn1~Sn3	7.3

附录 C　温度换算（摄氏度⇌华氏度）

−459.4~39

℃	换算值	℉	℃	换算值	℉	℃	换算值	℉
−273	−459.4		−112	−170	−274	−12.2	10	50.0
−268	−450		−107	−160	−256	−11.7	11	51.8
−262	−440		−101	−150	−238	−11.1	12	53.6
−257	−430		−96	−140	−220	−10.6	13	55.4
−251	−420		−90	−130	−202	−10.0	14	57.2
−246	−410		−84	−120	−184	−9.4	15	59.0
−240	−400		−79	−110	−156	−8.9	16	60.8
−234	−390		−73	−100	−148	−8.3	17	62.6
−229	−380		−68	−90	−130	−7.8	18	64.4
−223	−370		−62	−80	−112	−7.2	19	66.2
−218	−360		−57	−70	−94	−6.7	20	68.0
−212	−350		−51	−60	−76	−6.1	21	69.8
−207	−340		−46	−50	−58	−5.6	22	71.6
−201	−330		−40	−40	−40	−5.0	23	73.4
−196	−320		−34	−30	−22	−4.4	24	75.2
−190	−310		−29	−20	−4	−3.9	25	77.0
−184	−300		−23	−10	−14	−3.3	26	78.8
−179	−290					−2.8	27	80.6
−173	−280					−2.2	28	82.4
−169	−273	−459.4				−1.7	29	84.2
−168	−270	−454	−17.8	0	32	−1.1	30	86.0
−162	−260	−436	−17.2	1	33.8	−0.6	31	87.8
−157	−250	−418	−16.7	2	35.6	0.0	32	89.6
−151	−240	−400	−16.1	3	37.4	0.6	33	91.4
−146	−230	−382	−15.6	4	39.2	1.1	34	93.2
−140	−220	−364	−15.0	5	41.0	1.7	35	95.0
−134	−210	−346	−14.4	6	42.8	2.2	36	96.8
−129	−200	−328	−13.9	7	44.6	2.8	37	98.6
−123	−190	−310	−13.3	8	46.4	3.3	38	100.4
−118	−180	−292	−12.8	9	48.2	3.9	39	102.2

（续）

℃	换算值	℉	℃	换算值	℉	℃	换算值	℉
\multicolumn{9}{c}{40~390}							

℃	换算值	℉	℃	换算值	℉	℃	换算值	℉
4.4	40	104.0	21.1	70	158.0	38	100	212
5.0	41	105.8	21.7	71	159.8	43	110	230
5.6	42	107.6	22.2	72	161.6	49	120	248
6.1	43	109.4	22.8	73	163.4	54	130	266
6.7	44	111.2	23.3	74	165.2	60	140	284
7.2	45	113.0	23.9	75	167.0	66	150	302
7.8	46	114.8	24.4	76	168.8	71	160	320
8.3	47	116.6	25.0	77	170.6	77	170	338
8.9	48	118.4	25.6	78	172.4	82	180	356
9.4	49	120.2	26.1	79	174.2	88	190	374
10.0	50	122.0	26.7	80	176.0	93	200	392
10.6	51	123.8	27.2	81	177.8	99	210	410
11.1	52	125.6	27.8	82	179.6	100	212	414
11.7	53	127.4	28.3	83	181.4	104	220	428
12.2	54	129.2	28.9	84	183.2	110	230	446
12.8	55	131.0	29.4	85	185.0	116	240	464
13.3	56	132.8	30.0	86	186.8	121	250	482
13.9	57	134.6	30.6	87	188.6	127	260	500
14.4	58	136.4	31.1	88	190.4	132	270	518
15.0	59	138.2	31.7	89	192.2	138	280	536
15.6	60	140.0	32.2	90	194.0	143	290	554
16.1	61	141.8	32.8	91	195.8	149	300	572
16.7	62	143.6	33.3	92	197.6	154	310	590
17.0	63	145.4	33.9	93	199.4	160	320	608
17.8	64	147.2	34.4	94	201.2	166	330	626
18.3	65	149.0	35.0	95	203.0	171	340	644
18.9	66	150.8	35.6	96	204.8	177	350	662
19.4	67	152.6	36.1	97	206.6	182	360	680
20.0	68	154.4	36.7	98	208.4	188	370	698
20.6	69	156.2	37.2	99	210.2	193	380	716
			37.8	100	212.0	199	390	734

400~1290

℃	换算值	℉	℃	换算值	℉	℃	换算值	℉
204	400	752	260	500	932	316	600	1112
210	410	770	266	510	950	321	610	1130
216	420	788	271	520	968	327	620	1148
221	430	806	277	530	986	332	630	1166
227	440	824	282	540	1004	338	640	1184
232	450	842	288	550	1022	343	650	1202
238	460	860	293	560	1040	349	660	1220
243	470	878	299	570	1058	354	670	1238
249	480	896	304	580	1076	360	680	1256
254	490	914	310	590	1094	368	690	1274

（续）

400~1290								
℃	换算值	℉	℃	换算值	℉	℃	换算值	℉
371	700	1292	482	900	1652	593	1100	2012
377	710	1310	488	910	1670	599	1110	2030
382	720	1328	493	920	1688	604	1120	2048
388	730	1346	499	930	1706	610	1130	2066
393	740	1364	504	940	1724	616	1140	2084
399	750	1382	510	950	1742	621	1150	2102
404	760	1400	516	960	1760	627	1160	2120
410	770	1418	521	970	1778	632	1170	2138
416	780	1436	527	980	1796	638	1180	2156
421	790	1454	532	990	1814	643	1190	2174
427	800	1472	538	1000	1832	649	1200	2192
432	810	1490	543	1010	1850	654	1210	2210
438	820	1508	549	1020	1868	660	1220	2228
443	830	1526	554	1030	1886	666	1230	2246
449	840	1544	560	1040	1904	671	1240	2264
454	850	1562	566	1050	1922	677	1250	2282
460	860	1580	571	1060	1940	682	1260	2300
466	870	1598	577	1070	1958	688	1270	2318
471	880	1616	582	1080	1976	693	1280	2336
477	890	1634	588	1090	1994	699	1290	2354

1300~2190								
℃	换算值	℉	℃	换算值	℉	℃	换算值	℉
704	1300	2372	816	1500	2732	927	1700	3092
710	1310	2390	821	1510	2750	932	1710	3110
716	1320	2408	827	1520	2768	938	1720	3128
721	1330	2426	832	1530	2786	943	1730	3146
727	1340	2444	838	1540	2804	949	1740	3164
732	1350	2462	843	1550	2822	954	1750	3182
738	1360	2480	849	1560	2840	960	1760	3200
743	1370	2498	854	1570	2858	966	1770	3218
749	1380	2516	860	1580	2876	971	1780	3236
754	1390	2534	866	1590	2894	977	1790	3254
760	1400	2552	871	1600	2912	983	1800	3272
766	1410	2570	877	1610	2930	988	1810	3290
771	1420	2588	882	1620	2948	993	1820	3308
777	1430	2606	888	1630	2966	999	1830	3326
782	1440	2624	893	1640	2984	1004	1840	3344
788	1450	2642	899	1650	3002	1010	1850	3362
792	1460	2660	904	1660	3020	1016	1860	3380
799	1470	2678	910	1670	3038	1021	1870	3398
804	1480	2696	916	1680	3056	1027	1880	3416
810	1490	2714	921	1690	3074	1032	1890	3464

（续）

℃	换算值	℉	℃	换算值	℉	℃	换算值	℉
1300~2190								
1038	1900	3452	1093	2000	3632	1149	2100	3812
1043	1910	3470	1099	2010	3650	1154	2110	3830
1049	1920	3488	1104	2020	3668	1160	2120	3848
1054	1930	3506	1110	2030	3686	1166	2130	3866
1060	1940	3524	1116	2040	3704	1171	2140	3884
1066	1950	3542	1121	2050	3722	1177	2150	3902
1071	1960	3560	1127	2060	3740	1182	2160	3920
1077	1970	3578	1132	2070	3758	1188	2170	3938
1082	1980	3596	1138	2080	3776	1193	2180	3956
1088	1990	3614	1143	2090	3794	1199	2190	3974
2200~3000								
℃	换算值	℉	℃	换算值	℉	℃	换算值	℉
1204	2200	3992	1371	2500	4532	1538	2800	5072
1210	2210	4010	1377	2510	4550	1543	2810	5090
1216	2220	4028	1382	2520	4568	1549	2820	5108
1221	2230	4046	1388	2530	4586	1554	2830	5126
1227	2240	4064	1393	2540	4604	1560	2840	5144
1232	2250	4082	1399	2550	4622	1566	2850	5162
1238	2260	4100	1404	2560	4640	1571	2860	5180
1243	2270	4118	1410	2570	4658	1577	2870	5198
1249	2280	4136	1416	2580	4676	1582	2880	5216
1254	2290	4154	1421	2590	4694	1588	2890	5234
1260	2300	4172	1427	2600	4712	1593	2900	5252
1266	2310	4190	1432	2610	4730	1599	2910	5270
1271	2320	4208	1438	2620	4748	1604	2920	5288
1277	2330	4226	1443	2630	4766	1610	2930	5306
1282	2340	4244	1449	2640	4784	1616	2940	5324
1288	2350	4262	1454	2650	4802	1621	2950	5342
1293	2360	4280	1460	2660	4820	1627	2960	5360
1299	2370	4298	1466	2670	4838	1632	2970	5378
1304	2380	4316	1471	2680	4856	1638	2980	5396
1310	2390	4334	1477	2690	4874	1643	2990	5414
1316	2400	4352	1482	2700	4892	1649	3000	5432
1321	2410	4370	1488	2710	4910			
1327	2420	4388	1493	2720	4928			
1332	2430	4406	1499	2730	4946			
1338	2440	4424	1504	2740	4964			
1343	2450	4442	1510	2750	4982			
1349	2460	4460	1516	2760	5000			
1354	2470	4478	1521	2770	5018			
1360	2480	4496	1527	2780	5036			
1366	2490	4514	1532	2790	5054			

附录 D 黑色金属各种硬度之间的换算

硬度						
洛氏		表面洛氏			维氏	布氏
HRC	HRA	HR15N	HR30N	HR45N	HV	HBW
20.0	60.2	68.8	40.7	19.2	226	225
21.0	60.7	69.3	41.7	20.4	230	229
22.0	61.2	69.8	42.6	21.5	235	234
23.0	61.7	70.3	43.6	22.7	241	240
24.0	62.2	70.8	44.5	23.9	247	245
25.0	62.8	71.4	45.5	25.1	253	251
26.0	63.3	71.9	46.4	26.3	259	257
27.0	63.8	72.4	47.3	27.5	266	263
28.0	64.3	73.0	48.3	28.7	273	269
29.0	64.8	73.5	49.2	29.9	280	276
30.0	65.3	74.1	50.2	31.1	288	283
31.0	65.8	74.7	51.1	32.3	296	291
32.0	66.4	75.2	52.0	33.5	304	298
33.0	66.9	75.8	53.0	34.7	313	306
34.0	67.4	76.4	53.9	35.9	321	314
35.0	67.9	77.0	54.8	37.0	331	323
36.0	68.4	77.5	55.8	38.2	340	332
37.0	69.0	78.1	56.7	39.4	350	341
38.0	69.5	78.7	57.6	40.6	360	350
39.0	70.0	79.3	58.6	41.8	371	360
40.0	70.5	79.9	59.5	43.0	381	370
41.0	71.1	80.5	60.4	44.2	393	381
42.0	71.6	81.1	61.3	45.4	404	392
43.0	72.1	81.7	62.3	46.5	416	403
44.0	72.6	82.3	63.2	47.7	428	415
45.0	73.2	82.9	64.1	48.9	441	428
46.0	73.7	83.5	65.0	50.1	454	441
47.0	74.2	84.0	65.9	51.2	468	455
48.0	74.7	84.6	66.8	52.4	482	470
49.0	75.3	85.2	67.7	53.6	497	486
50.0	75.8	85.7	68.6	54.7	512	502
51.0	76.3	86.3	69.5	55.9	527	518
52.0	76.9	86.8	70.4	57.1	544	535
53.0	77.4	87.4	71.3	58.2	561	552
54.0	77.9	87.9	72.2	59.4	578	569
55.0	78.5	88.4	73.1	60.5	596	585
56.0	79.0	88.9	73.9	61.7	615	601
57.0	79.5	89.4	74.8	62.8	635	616
58.0	80.1	89.8	75.6	63.9	655	628
59.0	80.6	90.2	76.5	65.1	676	639
60.0	81.2	90.6	77.3	66.2	698	647
61.0	81.7	91.0	78.1	67.3	721	
62.0	82.2	91.4	79.0	68.4	745	
63.0	82.8	91.7	79.8	69.5	770	
64.0	83.3	91.9	80.6	70.6	795	
65.0	83.9	92.2	81.3	71.7	822	
66.0	84.4				850	
67.0	85.0				879	
68.0	85.5				909	

附录 E　肖氏硬度与洛氏、布氏、维氏硬度的换算

硬度				
肖氏 HS	洛氏		布氏 HBW30D^2	维氏 HV
	HRC	HRA		
48.0	36.2	68.5	333	339
49.0	37.1	69.0	341	348
50.0	38.0	69.5	350	356
51.0	38.8	69.9	358	365
52.0	39.7	70.4	366	373
53.0	40.5	70.8	375	382
54.0	41.3	71.2	383	391
55.0	42.1	71.6	391	400
56.0	42.8	72.0	400	409
57.0	43.6	72.4	408	418
58.0	44.4	72.8	417	428
59.0	45.1	73.2	426	437
60.0	45.8	73.6	434	447
61.0	46.6	74.0	443	452
62.0	47.3	74.3	452	467
63.0	48.0	74.7	461	477
64.0	48.7	75.1	470	488
65.0	49.4	75.5	479	498
66.0	50.0	75.8	488	509
67.0	50.7	76.2	498	521
68.0	51.4	76.5		532
69.0	52.1	76.9		544
70.0	52.7	77.3		556
71.0	53.4	77.6		568
72.0	54.0	78.0		580
73.0	54.7	78.3		593
74.0	55.3	78.6		606
75.0	56.0	79.0		620
76.0	56.6	79.3		633
77.0	57.2	79.7		647
78.0	57.9	80.0		661
79.0	58.5	80.3		676
80.0	59.1	80.7		691
81.0	59.7	81.0		706
82.0	60.3	81.3		721
83.0	60.9	81.6		737
84.0	61.5	82.0		752
85.0	62.1	82.3		768
86.0	62.6	82.6		785
87.0	63.2	82.9		801
88.0	63.8	83.2		818
89.0	64.3	83.5		834
90.0	64.8	83.8		851
91.0	65.4	84.1		868
92.0	65.9	84.3		885
93.0	66.4	84.6		902
94.0	66.9	84.9		919

附录 F 钢铁硬度及强度换算（一）

硬度								抗拉强度/MPa								
洛氏		表面洛氏			维氏	布氏		碳钢	铬钢	铬钒钢	铬镍钢	铬钼钢	铬镍钼钢	铬锰硅钢	超高强度钢	不锈钢	不分钢种
HRC	HRA	HR15N	HR30N	HR45N	HV	HBW 30D^2	d/mm (10/3000)										
70.0	86.6				1037												
69.5	86.3				1017												
69.0	86.1				997												
68.5	85.8				978												
68.0	85.5				995												
67.5	85.2				941												
67.0	85.0				923												
66.5	84.7				906												
66.0	84.4				889												
65.5	84.1				872												
65.0	83.9	92.2	81.3	71.7	856												
64.5	83.6	92.1	81.0	71.2	840												
64.0	83.3	91.9	80.6	70.6	825												
63.5	83.1	91.8	80.2	70.1	810												
63.0	82.8	91.7	79.8	69.5	795												
62.5	82.5	91.5	79.4	69.0	780												
62.0	82.2	91.4	79.0	68.4	766												
61.5	82.0	91.2	78.6	67.9	752												
61.0	81.7	91.0	78.1	67.3	739												
60.5	81.4	90.8	77.7	66.8	726												
60.0	81.2	90.6	77.3	66.2	713										2691		2607
59.5	80.9	90.4	76.9	65.6	700										2623		2551
59.0	80.6	90.2	76.5	65.1	688										2558		2496
58.5	80.3	90.0	76.1	64.5	676										2496		2443
58.0	80.1	89.8	75.6	63.9	664										2437		2391
57.5	79.8	89.6	75.2	63.4	653										2380		2341
57.0	79.5	89.4	74.8	62.8	642										2326		2293
56.5	79.3	89.1	74.4	62.2	631										2274		2246
56.0	79.0	88.9	73.9	61.7	620										2224		2201
55.5	78.7	88.6	73.5	61.1	609										2177		2157
55.0	78.5	88.4	73.1	60.5	599				2066	2098			2086		2131		2115
54.5	78.2	88.1	72.6	59.9	589				2033	2061			2048		2087		2074
54.0	77.9	87.9	72.2	59.4	579				2000	2025			2010		2045		2034
53.5	77.7	87.6	71.8	58.8	570				1968	1990			1974		2005		1995
53.0	77.4	87.4	71.3	58.2	561				1937	1955	1925	1985	1938		1967		1957
52.5	77.1	87.1	70.9	57.6	551				1906	1920	1893	1951	1903		1930		1921
52.0	76.9	86.8	70.4	57.1	543			1881	1875	1887	1861	1918	1870		1894		1885
51.5	76.6	86.6	70.0	56.5	534			1841	1845	1854	1830	1886	1836		1860		1851
51.0	76.3	86.3	69.5	55.9	525	501	2.73	1803	1816	1821	1799	1854	1804		1827		1817
50.5	76.1	86.0	69.1	55.3	517	494	2.75	1767	1787	1790	1769	1823	1773		1795		1785

（续）

硬度								抗拉强度/MPa								
洛氏		表面洛氏			维氏	布氏		碳钢	铬钢	铬钒钢	铬镍钢	铬钼钢	铬镍钼钢	铬锰硅钢	超高强度钢	不锈钢	不分钢种
HRC	HRA	HR15N	HR30N	HR45N	HV	HBW 30D^2	d/mm (10/3000)										
50.0	75.8	85.7	68.6	54.7	509	488	2.77	1744	1731	1758	1758	1739	1793	1742	1765	1759	1753
49.5	75.5	85.5	68.2	54.2	501	481	2.79	1714	1698	1730	1728	1710	1762	1712	1735	1723	1722
49.0	75.3	85.2	67.7	53.6	493	474	2.81	1686	1666	1702	1698	1682	1733	1683	1707	1688	1692
48.5	75.0	84.9	67.3	53.0	485	468	2.83	1658	1635	1675	1669	1654	1704	1654	1679	1655	1663
48.0	74.7	84.6	66.8	52.4	478	461	2.85	1631	1605	1649	1640	1626	1676	1627	1652	1623	1635
47.5	74.5	84.3	66.4	51.8	470	455	2.87	1606	1576	1623	1612	1599	1648	1600	1625	1592	1608
47.0	74.2	84.0	65.9	51.2	463	449	2.89	1581	1549	1597	1584	1573	1620	1573	1600	1563	1581
46.5	73.9	83.7	65.5	50.7	456	442	2.91	1556	1522	1572	1557	1547	1593	1547	1575	1535	1555
46.0	73.7	83.5	65.0	50.1	449	436	2.93	1533	1497	1547	1531	1522	1567	1522	1550	1508	1529
45.5	73.4	83.2	64.6	49.5	443	430	2.95	1510	1472	1522	1505	1497	1541	1498	1526	1482	1504
45.0	73.2	82.9	64.1	48.9	436	424	2.97	1488	1448	1498	1480	1472	1516	1474	1502	1457	1480
44.5	72.9	82.6	63.6	48.3	429	418	2.99	1466	1426	1475	1455	1448	1491	1450	1478	1433	1457
44.0	72.6	82.3	63.2	47.7	423	413	3.01	1445	1403	1452	1431	1425	1467	1427	1455	1410	1434
43.5	72.4	82.0	62.7	47.1	417	407	3.03	1425	1382	1429	1408	1402	1443	1405	1432	1387	1411
43.0	72.1	81.7	62.3	46.5	411	401	3.05	1405	1361	1407	1385	1379	1420	1384	1409	1366	1389
42.5	71.8	81.4	61.8	45.9	405	396	3.07	1386	1341	1385	1362	1357	1397	1362	1385	1345	1368
42.0	71.6	81.1	61.3	45.4	399	391	3.09	1367	1322	1364	1340	1336	1375	1342	1362	1325	1347
41.5	71.3	80.8	60.9	44.8	393	385	3.11	1348	1303	1343	1319	1315	1353	1322	1339	1305	1327
41.0	71.1	80.5	60.4	44.2	388	380	3.13	1331	1284	1322	1298	1294	1331	1302	1315	1286	1307
40.5	70.8	80.2	60.0	43.6	382	375	3.15	1313	1267	1302	1277	1274	1310	1283	1291	1268	1287
40.0	70.5	79.9	59.5	43.0	377	370	3.17	1296	1249	1282	1257	1254	1290	1264	1267	1250	1268
39.5	70.3	79.6	59.0	42.4	372	365	3.19	1279	1332	1262	1238	1235	1270	1246	1243	1233	1250
39.0	70.0	79.3	58.6	41.8	367	360	3.21	1263	1216	1243	1219	1216	1250	1228	1218	1216	1232
38.5		79.0	58.1	41.2	362	355	3.24	1246	1199	1225	1200	1197	1231	1211	1193	1200	1214
38.0		78.7	57.6	40.6	357	350	3.26	1231	1184	1206	1182	1179	1212	1194		1184	1197
37.5		78.4	57.2	40.0	352	345	3.28	1215	1168	1188	1165	1162	1194	1177		1168	1180
37.0		78.1	56.7	39.4	347	341	3.30	1200	1153	1171	1148	1144	1176	1161		1153	1163
36.5		77.8	56.2	38.8	342	336	3.32	1185	1138	1153	1131	1128	1158	1146		1138	1147
36.0		77.5	55.8	38.2	338	332	3.34	1170	1124	1136	1115	1111	1141	1130		1123	1131
35.5		77.2	55.3	37.6	333	327	3.37	1156	1109	1120	1099	1095	1125	1115		1109	1115
35.0		77.0	54.8	37.0	329	323	3.39	1141	1095	1104	1084	1079	1108	1101		1095	1100
34.5		76.7	54.4	36.5	324	318	3.41	1127	1082	1088	1069	1064	1092	1086		1081	1085
34.0		76.4	53.9	35.9	320	314	3.43	1113	1068	1072	1054	1049	1077	1073		1067	1070
33.5		76.1	53.4	35.3	316	310	3.46	1100	1055	1057	1040	1035	1062	1059		1054	1056
33.0		75.8	53.0	34.7	312	306	3.48	1086	1042	1042	1027	1020	1047	1046		1041	1042
32.5		75.5	52.5	34.1	308	302	3.50	1073	1029	1027	1013	1007	1032	1033		1028	1028
32.0		75.2	52.0	33.5	304	298	3.52	1060	1016	1013	1001	993	1018	1020		1015	1015
31.5		74.9	51.6	32.9	300	294	3.54	1047	1004	999	988	980	1005	1008		1003	1001
31.0		74.7	51.1	32.3	296	291	3.56	1034	991	985	976	967	991	996		990	989
30.5		74.4	50.6	31.7	292	287	3.59	1021	979	972	964	955	978	985		978	976

(续)

硬度							抗拉强度/MPa								
洛氏		表面洛氏			维氏	布氏		碳钢	铬钢	铬钒钢	铬镍钢	铬钼钢	铬镍钼钢	铬锰硅钢	超高强度钢	不锈钢	不分钢种
HRC	HRA	HR15N	HR30N	HR45N	HV	HBW $30D^2$	d/mm (10/3000)										
30.0	74.1	50.2	31.1	289	283	3.61	1009	967	959	953	943	966	973		966	964
29.5	73.8	49.7	30.5	285	280	3.63	997	955	946	942	931	953	962		954	951
29.0	73.5	49.2	29.9	281	276	3.65	984	943	933	932	919	941	951		942	940
28.5	73.3	48.7	29.3	278	273	3.67	972	932	921	922	908	930	941		931	928
28.0	73.0	48.3	28.7	274	269	3.70	961	920	909	912	897	918	930		919	917
27.5	72.7	47.8	28.1	271	266	3.72	949	909	897	902	887	907	920		908	906
27.0	72.4	47.3	27.5	268	263	3.74	937	898	886	893	877	897	910		897	895
26.5	72.2	46.9	26.9	264	260	3.76	926	887	875	884	867	886	901		885	884
26.0	71.9	46.4	26.3	261	257	3.78	914	876	864	876	857	876	892		875	874
25.5	71.6	45.9	25.7	258	254	3.80	903	865	853	868	847	866	882		864	864
25.0	71.4	45.5	25.1	255	251	3.83	892	855	843	860	838		874		853	854
24.5	71.1	45.0	24.5	252	248	3.85	881	844	833	852	830		865		843	844
24.0	70.8	44.5	23.9	249	245	3.87	870	834	823	845	821		856		832	835
23.5	70.6	44.0	23.3	246	242	3.89	860	824	813	838	813		848		822	825
23.0	70.3	43.6	22.7	243	240	3.91	849	814	803	831	805		840		812	816
22.5	70.0	43.1	22.1	240	237	3.93	839	804	794	825	797		832		802	808
22.0	69.8	42.6	21.5	237	234	3.95	829	794	785	819	789		825		792	799
21.5	69.5	42.2	21.0	234	232	3.97	819	785	776	813	782		817		782	791
21.0	69.3	41.7	20.4	231	229	4.00	809	775	767	807	775		810		773	782
20.5	69.0	41.2	19.8	229	227	4.02	799	766	759	802	768		803		764	774
20.0	68.8	40.7	19.2	226	225	4.03	790	757	751	797	761		796		754	767
19.5	68.5	40.3	18.6	223	222	4.05	780	748	743	792	755		789		745	759
19.0	68.3	39.8	18.0	221	220	4.07	771	739	735	788	749		782		737	752
18.5	68.0	39.3	17.4	218	218	4.09	762	731	727	783	743		776		728	744
18.0	67.8	38.9	16.8	216	216	4.11	753	723	719	779	737		769		719	737
17.5	67.6	38.4	16.2	214	214	4.13	744	714	712	775	731		763		711	731
17.0	67.3	37.9	15.6	211	211	4.15	736	706	705	772	726		757		703	724

附录 G 钢铁硬度及强度换算（二）

硬度							抗拉强度/MPa
洛氏	表面洛氏			维氏	布氏		
HRB	HR15T	HR30T	HR45T	HV	HBW$10D^2$	d/mm(10/1000)	
100.0	91.5	81.7	71.7	233			803
99.5	91.3	81.4	71.2	230			793
99.0	91.2	81.0	70.7	227			783
98.5	91.1	80.7	70.2	225			773
98.0	90.9	80.4	69.6	222			763
97.5	90.8	80.1	69.1	219			754
97.0	90.6	79.8	68.6	216			744

（续）

硬度								抗拉强度/MPa
洛氏	表面洛氏			维氏	布氏			
HRB	HR15T	HR30T	HR45T	HV	HBW10D^2	d/mm(10/1000)		
96.5	90.5	79.4	68.1	214				735
96.0	90.4	79.1	67.6	211				726
95.5	90.2	78.8	67.1	208				717
95.0	90.1	78.5	66.5	206				708
94.5	89.9	78.2	66.0	203				700
94.0	89.8	77.8	65.5	201				691
93.5	89.7	77.5	65.0	199				683
93.0	89.5	77.2	64.5	196				675
92.5	89.4	76.9	64.0	194				667
92.0	89.3	76.6	63.4	191				659
91.5	89.1	76.2	62.9	189				651
91.0	89.0	75.9	62.4	187				644
90.5	88.8	75.6	61.9	185				636
90.0	88.7	75.3	61.4	183				629
89.5	88.6	75.0	60.9	180				621
89.0	88.4	74.6	60.3	178				614
88.5	88.3	74.3	59.8	176				607
88.0	88.1	74.0	59.3	174				601
87.5	88.0	73.7	58.8	172				594
87.0	87.9	73.4	58.3	170				587
86.5	87.7	73.0	57.8	168				581
86.0	87.6	72.7	57.2	166				575
85.5	87.5	72.4	56.7	165				568
85.0	87.3	72.1	56.2	163				562
84.5	87.2	71.8	55.7	161				556
84.0	87.0	71.4	55.2	159				550
83.5	86.9	71.1	54.7	157				545
83.0	86.8	70.8	54.1	156				539
82.5	86.6	70.5	53.6	154	140	2.98		534
82.0	86.5	70.2	53.1	152	138	3.00		528
81.5	86.3	69.8	52.6	151	137	3.01		523
81.0	86.2	69.5	52.1	149	136	3.02		518
80.5	86.1	69.2	51.6	148	134	3.05		513
80.0	85.9	68.9	51.0	146	133	3.06		508
79.5	85.8	68.6	50.5	145	132	3.07		503
79.0	85.7	68.2	50.0	143	130	3.09		498
78.5	85.5	67.9	49.5	142	129	3.10		494
78.0	85.4	67.6	49.0	140	128	3.11		489
77.5	85.2	67.3	48.5	139	127	3.13		485
77.0	85.1	67.0	47.9	138	126	3.14		480
76.5	85.0	66.6	47.4	136	125	3.15		476

(续)

硬度								抗拉强度/MPa
洛氏	表面洛氏			维氏	布氏			
HRB	HR15T	HR30T	HR45T	HV	HBW10D^2		d/mm(10/1000)	
76.0	84.8	66.3	46.9	135	124		3.16	472
75.5	84.7	66.0	46.4	134	123		3.18	468
75.0	84.5	65.7	45.9	132	122		3.19	464
74.5	84.4	65.4	45.4	131	121		3.20	460
74.0	84.3	65.1	44.8	130	120		3.21	456
73.5	84.1	64.7	44.3	129	119		3.23	452
73.0	84.0	64.4	43.8	128	118		3.24	449
72.5	83.9	64.1	43.3	126	117		3.25	445
72.0	83.7	63.8	42.8	125	116		3.27	442
71.5	83.6	63.5	42.3	124	115		3.28	439
71.0	83.4	63.1	41.7	123	115		3.29	435
70.5	83.3	62.8	41.2	122	114		3.30	432
70.0	83.2	62.5	40.7	121	113		3.31	429
69.5	83.0	62.2	40.2	120	112		3.32	426
69.0	82.9	61.9	39.7	119	112		3.33	423
68.5	82.7	61.5	39.2	118	111		3.34	420
68.0	82.6	61.2	38.6	117	110		3.35	418
67.5	82.5	60.9	38.1	116	110		3.36	415
67.0	82.3	60.6	37.6	115	109		3.37	412
66.5	82.2	60.3	37.1	115	108		3.38	410
66.0	82.1	59.9	36.6	114	108		3.39	407
65.5	81.9	59.6	36.1	113	107		3.40	405
65.0	81.8	59.3	35.5	112	107		3.40	403
64.5	81.6	59.0	35.0	111	106		3.41	400
64.0	81.5	58.7	34.5	110	106		3.42	398
63.5	81.4	58.3	34.0	110	105		3.43	396
63.0	81.2	58.0	33.5	109	105		3.43	394
62.5	81.1	57.7	32.9	108	104		3.44	392
62.0	80.9	57.4	32.4	108	104		3.45	390
61.5	80.8	57.1	31.9	107	103		3.46	388
61.0	80.7	56.7	31.4	106	103		3.46	386
60.5	80.5	56.4	30.9	105	102		3.47	385
60.0	80.4	56.1	30.4	105	102		3.48	383

附录 H 力学性能新旧名称对照

新标准(GB/T 228.1—2021)		旧标准	
性能名称	符号	性能名称	符号
断面收缩率	Z[2]	断面收缩率	ψ[1]
断后伸长率	A[2]	断后伸长率	δ_5[1]
	$A_{11.3}$		δ_{10}
	A_{xmm}		δ_{xmm}

(续)

新标准（GB/T 228.1—2021）		旧标准	
性能名称	符号	性能名称	符号
断裂总延伸率	A_t	—	
最大力总延伸率	A_{gt}	最大力下的总伸长率	δ_{gt}
最大力塑性延伸率	A_g	最大力下的非比例伸长率	δ_g
屈服点延伸率	A_e	屈服点延伸率	δ_s
屈服强度	—	屈服点	σ_s [1]
上屈服强度	R_{eH} [2]	上屈服点	σ_{sU}
下屈服强度	R_{eL} [2]	下屈服点	σ_{sL}
规定非比例延伸强度	R_p，例如 $R_{p0.2}$ [2]	规定非比例伸长应力	σ_p，例如 $\sigma_{p0.2}$ 也曾记 $\sigma_{0.2}$
规定总延伸强度	R_t，例如 $R_{t0.5}$	规定总伸长应力	σ_t，例如 $\sigma_{t0.5}$
规定残余延伸强度	R_r，例如 $R_{r0.2}$	规定残余伸长应力	σ_r，例如 $\sigma_{r0.2}$
抗拉强度	R_m [2]	抗拉强度	σ_b [1]

[1] 常用的旧标准的标识符号。
[2] 常用的新标准的标识符号。

附录 I 不同腐蚀速率单位的换算系数

B	A						
	克/(米²·时) [g/(m²·h)]	克/(米²·天) [g/(m²·d)]	毫克/(分米²·天) [mg/(dm²·d) 或 mdd]	毫米/年 (mm/a 或 mmpy)	毫米/月 (mm/M 或 mmpm)	英寸/年 (in/a 或 ipy)	密耳/年 (mil/a 或 mpy)
克/(米²·时) [g/(m²·h)]	1	24	240	$8.76/\rho$	$0.73/\rho$	$0.3449/\rho$	$344.9/\rho$
克/(米²·天) [g/(m²·d)]	0.04167	1	10	$0.365/\rho$	$0.0304/\rho$	$0.01437/\rho$	$14.37/\rho$
毫克/(分米²·天) [mg/(dm²·d) 或 mdd]	0.004167	0.10	1	$0.0365/\rho$	$0.00304/\rho$	$0.001437/\rho$	$1.437/\rho$
毫米/年 (mm/a 或 mmpy)	0.1142ρ	2.74ρ	27.4ρ	1	0.0833	0.0394	39.4
毫米/月 (mm/M 或 mmpm)	1.37ρ	32.9ρ	329ρ	12	1	0.4724	472.4
英寸/年 (in/a 或 ipy)	2.899ρ	69.6ρ	696ρ	25.4	2.12	1	1000
密耳/年 (mil/a 或 mpy)	0.002899ρ	0.0696ρ	0.696ρ	0.0254	0.00212	0.001	1

注：$A = B \times$ 换算系数；ρ = 金属密度（g/cm³）；1mil = 0.001in = 0.0254mm。

参 考 文 献

[1] 陆世英. 超级不锈钢和耐蚀合金 [M]. 北京：化学工业出版社，2012.
[2] 刘建章，等. 核结构材料 [M]. 北京：化学工业出版社，2007.
[3] 吴玖. 双相不锈钢 [M]. 北京：冶金工业出版社，1999.
[4] 张文华. 不锈钢及其热处理 [M]. 沈阳：辽宁科学技术出版社，2010.
[5] 黄建中，左禹. 材料的耐蚀性和腐蚀数据 [M]. 北京：化学工业出版社，2003.
[6] 左禹，熊金平. 工程材料及其耐蚀性 [M]. 北京：中国石化出版社，2008.
[7] 压力容器实用技术丛书编委会. 压力容器材料及热处理 [M]. 北京：化学工业出版社，2005.
[8] 日本热处理技术协会. 特殊鋼の熱处理 [M]. 东京：日刊工业新闻社，1970.
[9] 李益民，范长信，杨百勋，等. 大型火电机组用新型耐热钢 [M]. 北京：中国电力出版社，2013.
[10] 闫昌琪，王建军，谷海峰. 核反应堆结构与材料 [M]. 哈尔滨：哈尔滨工程大学出版社，2015.
[11] 陈国帮. 低温工程材料 [M]. 杭州：浙江大学出版社，1998.
[12] 黄乾尧，李汉康，等. 高温合金 [M]. 北京：冶金工业出版社，2000.
[13] 张文华. 镍铸铁：一种有发展前途的泵用材料 [J]. 水泵技术，2000（3）：41-43.
[14] 张文华，蔡蕾. 泵零件材料的正确选择与应用 [J]. 水泵技术，2001（1）：36-39.
[15] 张文华. 稳定化热处理对奥氏体型不锈钢力学性能的影响 [J]. 金属热处理，2001（12）：31-33.
[16] 沈宁福，张东捷，李仲达. 新编金属材料手册 [M]. 北京：科学出版社，2003.
[17] 机械工程材料性能数据手册编委会. 机械工程材料性能数据手册 [M]. 北京：机械工业出版社，1995.
[18] 潘家祯. 压力容器材料实用手册 [M]. 北京：化学工业出版社，2000.
[19] 工程材料实用手册编委会. 工程材料实用手册 [M]. 北京：中国标准出版社，2002.
[20] 中国机械工程学会热处理手册编委会. 热处理手册 [M]. 北京：机械工业出版社，2008.
[21] 火力发电厂金属材料手册编委会. 火力发电厂金属材料手册 [M]. 北京：中国电力出版社，2001.
[22] 中国特钢协会不锈钢分会. 不锈钢实用手册 [M]. 北京：中国科学技术出版社，2003.
[23] 林慧国，林钢，吴静雯. 袖珍世界钢号手册 [M]. 5版. 北京：机械工业出版社，2020.
[24] 中国航空材料手册编委会. 中国航空材料手册 [M]. 北京：中国标准出版社，2002.
[25] 黄嘉虎，吴剑. 耐腐蚀铸锻材料手册 [M]. 北京：机械工业出版社，1991.
[26] 工程材料实用手册编委会. 工程材料实用手册 [M]. 北京：中国标准出版社，2002.
[27] 宋小龙，安继儒. 新编中外金属材料手册 [M]. 2版. 北京：化学工业出版社，2012.
[28] 潘家祯. 压力容器材料实用手册：碳钢及合金钢 [M]. 北京：化学工业出版社，2000.
[29] 左景伊，左禹. 腐蚀数据与选材手册 [M]. 北京：化学工业出版社，1995.
[30] 曾正明. 实用工程材料技术手册 [M]. 北京：机械工业出版社，2004.
[31] 机械工程材料性能数据手册编委会. 机械工程材料性能数据手册 [M]. 北京：机械工业出版社，1995.
[32] 岗毅民. 中国不锈钢腐蚀手册 [M]. 北京：冶金工业出版社，1992.
[33] 朱中平. 中外钢号对照手册 [M]. 北京：化学工业出版社，2007.
[34] 张文华. 机械材料选择与应用手册 [M]. 北京：化学工业出版社，2020.
[35] 中国铸造协会. 中外铸件标准应用手册：铸铁分册 [M]. 北京：中国铸造协会，2002.
[36] 陈华辉，邢建东. 耐磨材料应用手册 [M]. 2版. 北京：机械工业出版社，2013.